실무로 완성하는 PLC

멜섹Q

서보를 이용한 위치 제어 (QD77MS+J4 서보)

한빛아카데미
Hanbit Academy, Inc.

지은이 **정완보** jwbrambo@kopo.ac.kr

경남대학교 공과대학 전자공학과에서 학사와 석사 학위를 취득했으며, 현재 한국폴리텍II대학 인천캠퍼스 메카트로닉스학과 교수로 재직 중이다. 주 관심 분야는 PLC와 마이크로프로세서를 이용한 공장자동화 분야이며, 주요 강의 과목은 PLC, 공유압, 마이크로프로세서 등이다. 주요 저서로 『위치 결정(모션)제어』(2007년, 한국폴리텍대학), 『멜섹Q PLC IN/OUT 프로그래밍 방법』(2012년, 복두출판사), 『멜섹Q PLC 인버터, A/D, D/A, CC-Link 프로그래밍 방법』(2013년, 복두출판사), 『멜섹Q PLC 이론과 실습(3판)』(2015년, 복두출판사), 『실전에 강한 PLC』(2015년, 한빛아카데미), 『지멘스 S7-300 PLC 이론과 실습(3판)』(2015년, 복두출판사), 『기초부터 시작하는 PLC : 멜섹Q』(2017년, 한빛아카데미), 『기초부터 시작하는 PLC : 지멘스 S7-1500』(2018년, 한빛아카데미)가 있다.

실무로 완성하는 PLC : 멜섹Q

초판발행 2020년 1월 2일
3쇄 발행 2025년 9월 10일

지은이 정완보 / **펴낸이** 전태호
펴낸곳 한빛아카데미(주) / **주소** 서울시 서대문구 연희로2길 62 한빛아카데미(주) 2층
전화 02-336-7112 / **팩스** 02-336-7199
등록 2013년 1월 14일 제2017-000063호 / **ISBN** 979-11-5664-473-6 93560

총괄 박현진 / **책임편집** 김평화 / **기획 · 편집** 김은정 / **교정** 김희진 / **진행** 임여울
디자인 표지 박정화 / **전산편집** 태을기획 / **제작** 박성우, 김정우
마케팅 김호철, 김태진, 김성삼, 이정훈, 임현기, 이성훈, 김주성, 심지연

이 책에 대한 의견이나 오탈자 및 잘못된 내용에 대한 수정 정보는 아래 이메일로 알려주십시오.
잘못된 책은 구입하신 서점에서 교환해 드립니다. 책값은 뒤표지에 표시되어 있습니다.
홈페이지 www.hanbit.co.kr / **이메일** question@hanbit.co.kr

Published by HANBIT Academy, Inc. Printed in Korea

지은이 머리말

서보 제어 기술은 선택이 아닌 필수다!

필자가 처음 서보를 접했던 90년대에는 서보의 파라미터 설정과 간단한 시운전 정도만 할 수 있어도 고급 엔지니어 대접을 받았다. 하지만 오늘날에는 간단한 자동화 기계 장치에도 서보를 사용하고 있을 정도로 서보 제어 기술은 특정 엔지니어의 영역에서 벗어나, 자동화 분야에 종사하는 엔지니어라면 반드시 다룰 줄 알아야 하는 필수 기술이 되었다.

최근에 새롭게 만들어지는 반도체 및 배터리 관련 공장 설비에는, 생산성과 제품의 품질 향상을 위해 공압실린더 대신 서보에 의해 동작하는 서보실린더의 사용이 확대되고 있는 추세이다. 전국 대학에 공장자동화 관련 기술을 가르치는 학과가 점차 확대되고 있고, 한국산업인력공단에서 실시하는 생산자동화 산업기사 및 기사의 실기시험에도 서보 제어 기술이 포함된다. PLC의 위치 결정 모듈을 사용한 서보 제어는, 피드백 제어가 아닌 공압실린더 제어와 동일한 시퀀스 제어에 해당된다. 서보 앰프 및 서보 모터를 이용한 서보 제어는 사실 아주 복잡한 절차를 거친다. 하지만 사용자가 위치 결정 모듈을 사용하여 원하는 제어 동작에 필요한 데이터를 서보 앰프에 전달만 하면, 실질적인 서보 제어는 서보 앰프가 알아서 처리해주기 때문에 사용자의 역할은 생각 외로 간단하다.

하지만 필자가 아무리 PLC를 이용한 서보 제어가 쉽다고 강조해도, 서보 제어를 처음 접하는 초보자에게는 어렵게 느껴질 것이다. 왜 초보 엔지니어들은 서보 제어를 어렵게 느끼는 걸까? 가장 큰 이유는, 서보 제어를 배우기 위한 마땅한 교재가 없다는 것이 아닐까 생각한다. 시중에는 서보 제어를 배우기 위한 책이 제조사에서 만든 매뉴얼밖에 없는 실정이고, 서보에 대해 전혀 알지 못하는 초보자 입장에서는 매뉴얼을 이해한다는 것 자체가 쉽지 않다. 그리고 봐야 할 매뉴얼의 내용이 너무 방대하다. 이러한 어려움을 해결하고자 이 책은 PLC를 이용한 서보 제어를 배우기 위해 꼭 필요한 요소와 기술만을 정리했다. 그리고 해당 기술을 사용하기 위한 다양한 실습과제를 다루어 봄으로써 서보 제어에 필요한 결선 방법과 파라미터 설정 방법, 그리고 PLC 프로그램 작성법에 대해 배울 수 있도록 구성하였다.

필자는 머리로 하는 공부보다는 몸으로 하는 공부가 더 중요하다고 생각한다. 몸에 익힌 기술은 수 년, 수십 년간 사용하지 않아도, 필요할 때 적은 노력으로도 금방 예전 실력을 회복할 수 있기 때문이다. 머리로 완벽하게 이해가 되었다 하더라도, 반드시 직접 타이핑해서 프로그램을 작성하고 테스트 과정을 거친 뒤 오류를 바로 잡는 연습을 반복하길 바란다. 그래야 자동화 산업현장에서 필요로 하는 PLC를 이용한 서보 제어 기술을 몸으로 익힐 수 있다.

이 책의 특징

❶ 멜섹Q PLC의 위치 결정 모듈 QD77MS와 MR-J4-10B를 사용한 다양한 실습과제를 통해 서보 제어를 위한 신호 인터페이스 방법, 파라미터 설정법, 프로그램 작성법에 대해 학습할 수 있으며, 산업현장에 직접 적용할 수 있다.

❷ 산업현장에서 위치 제어 시 필요로 하는 핵심 제어 기능을 기능별로 분류하여 그 사용 방법과 프로그램 작성법에 대해 학습할 수 있고, 각각의 기능을 조합하여 복잡한 위치 제어도 실습할 수 있는 다양한 예제가 준비되어 있다.

❸ 위치 제어에 필요한 각각의 기능에 대해 학습한 후, 생산자동화 기능사 및 산업기사와 같은 국가기술자격 취득을 위한 다양한 MPS 제어 프로그램 작성법을 학습할 수 있다.

감사의 글

PLC에 입문한 이후 20여 년간 부족한 지식으로 여러 권의 PLC 관련 도서를 출간하였는데, 독자들의 감사 메일이 새로운 책을 집필할 용기를 갖게 했습니다. 이 자리를 빌어 모든 독자들께 감사인사를 드립니다. 그간 산업체 재직자들의 교육 과정과 기술 지원 현장에서 자동화 분야에서의 'PLC를 이용한 위치 제어 기술'에 대한 요구가 많다는 것을 느꼈습니다. 그러한 요구에 맞춰 PLC 위치 제어 기술을 가능한 한 쉽고 정확하게 배울 수 있도록 최선을 다했고, 가급적 실제적이고 다양한 실습과제를 다루고자 했습니다. 이 책이 세상에 나올 수 있도록 도움을 주신 한국폴리텍 학교법인과 동료 교직원, 한국미쓰비시 관계자. 한빛아카데미(주) 편집자 및 관계자 여러분께 감사의 마음을 전합니다.

이 책의 집필과 편집 과정에서 많은 노력을 기울였으나, 간혹 내용에 오류가 있을 수 있습니다. 오류를 발견했다면 부디 너그러이 양해해주시고, 한빛아카데미(주)로 문의하거나 필자에게 연락 주시길 바랍니다. 이 책이 PLC를 다루는 분들에게 어둠 속에서 불을 밝혀 길을 안내하는 등대와 같은 역할을 하기 바랍니다.

지은이 **정완보**

이 책의 구성

PART 1_PLC 입출력을 이용한 모터 제어

- **1장** : 기계의 심장 역할을 하는 모터의 종류, 구동 방식 및 제어 방식을 배우고, DC 모터와 AC 모터의 동작 원리를 학습한다.
- **2장** : 서보 제어에 필요한 PLC와 HMI를 사용하기 위해 통신 환경 설정 방법과 HMI의 화면 작화 방법을 학습한다.
- **3장** : 서보를 이용한 위치 제어를 학습하기 전에, DC 모터를 이용한 위치 제어 실습과제를 통해 신호 인터페이스 방법과 프로그램 작성법에 대해 학습한다.

PART 2_서보 제어

- **4장** : 서보 제어에 대한 기본 개념과 서보 제어를 통한 위치 제어의 시스템 구성 요소 및 그 역할에 대해 학습한다.
- **5장** : 실습에 사용할 서보 앰프 MR-J4-10B에 대한 기능을 살펴보고, 신호 인터페이스 방법과 파라미터 설정 및 모니터링 방법에 대해 학습한다.
- **6장** : PLC를 이용한 위치 제어를 할 때 사용하는 위치 결정 모듈 QD77MS에 대한 기능과 서보 앰프와의 신호 인터페이스 방법, 그리고 위치 제어 시 필요한 파라미터 설정 방법에 대해 학습한다.

PART 3_서보를 이용한 위치 제어 실습

- **7장** : QD77MS와 MR-J4-10B를 사용하여, 위치 제어 시 필요한 각종 데이터를 모니터링하는 방법에 대해 학습한다.
- **8장** : 서보 제어를 이용한 위치 제어 동작을 구현하기 위한 기능 설정 방법을 알아보고, 그 기능을 사용하기 위한 프로그램 작성법에 대해 학습한다.
- **9장** : 위치 제어 시 필요한 위치 데이터를 설정하기 위한 PLC 프로그램 작성법을 살펴보고, 설정한 위치 데이터를 반영구적으로 저장하기 위한 플래시 메모리 백업 방법에 대해 학습한다.
- **10장** : X축과 Y축에 해당되는 두 대의 서보를 사용하여 평면에 다양한 도형을 그리기 위한 직선 보간과 원호 보간의 원리에 대해 학습하고, 다양한 형상을 그리기 위한 위치 데이터 설정 방법과 프로그램 작성법에 대해 학습한다.

PART 4_생산자동화 실습 장치(MPS) 제어

- **11장** : 한국산업인력공단에서 시행하는 국가기술자격인 생산자동화 기능사와 산업기사의 실기 평가에 사용되는 MPS의 구성 요소와 각각의 구성 요소를 제어하기 위한 프로그램 작성법에 대해 학습한다.
- **12장** : MPS의 구성 요소 및 서보를 이용한 다양한 위치 제어 예제를 통해 산업현장의 자동화 장치를 제어하는 PLC 프로그램 작성법에 대해 학습한다. 이 장에서는 생산자동화 기능사, 산업기사 자격증 취득 준비와 더불어 자동화 분야에서 필요로 하는 위치 제어 요소 기술을 학습한다.

목차

PART 1

PLC 입출력을 이용한 모터 제어

산업현장에서는 수많은 자동화 장치들이 사용되는데, 이러한 장치들의 동작을 제어하는 액추에이터는 크게 모터와 실린더로 구분된다. 이 중 모터는 사용되는 전기의 종류에 따라 DC 모터와 AC 모터로 구분되며, AC 모터는 단상과 3상 모터로 구분된다.

이 책의 최종 목표는 정밀하게 위치를 제어하는 서보 모터를 이용하여 제어 시스템을 구성하고, 그에 적합한 PLC 프로그램을 작성하는 능력을 갖추는 것이다. 우선은 서보를 처음 접하는 독자를 위해 쉽게 접할 수 있는 DC 모터를 사용하여 위치 제어를 위한 PLC 프로그램이 어떤 방식으로 작성되는지를 살펴볼 것이다.

PART 1의 학습을 마치면, 여러분은 모터를 이용한 위치 제어의 동작 원리를 이해함으로써 다음 PART부터 시작되는 서보 시스템을 이용한 위치 제어 PLC 프로그램의 작성 순서와 절차를 좀 더 쉽게 배울 수 있을 것이다.

Chapter 01

모터 제어의 기초

기계 장치의 심장 역할을 하는 모터는, 물리 법칙에 따라 전기 에너지를 자기 에너지로 변환한 후 이를 기계 에너지로 변환시켜 회전 또는 직선 운동을 일으킴으로써 기계의 동작을 제어하는 구동 장치이다. 모터는 사용하는 전원이나 구동 방식, 제어 방식, 크기와 출력, 형태와 용도에 따라 다양하게 분류된다. 사용하는 전원으로 구분하면 모터는 DC 모터와 AC 모터로 나뉜다. 이번 장에서는 실습에 사용할 DC 모터 및 AC 모터의 동작 원리를 학습한다.

1.1 모터란

자동화 기계 장치를 구동하는 대표적인 액추에이터(구동기)actuator로는 실린더와 모터가 있다. 실린더는 유압실린더와 공압실린더로 구분되고, 모터는 사용하는 전원에 따라 AC(직류)Alternating Current 전기로 구동되는 AC 모터와 DC(교류)Direct Current 전기로 구동되는 DC 모터로 구분된다. AC 모터는 또다시 AC 단상 모터와 AC 3상 모터로 나뉜다.

(a) DC 기어드 모터 (b) 삼상 AC 모터 (c) 스테핑 모터 (d) 서보 모터

[그림 1-1] 모터의 종류

산업현장에서는 기계 장치를 구동하기 위한 동력원으로 모터를 주로 사용한다. 모터motor는 전류가 흐르는 도체가 자기장 속에서 받는 힘을 이용해 전기 에너지를 기계 에너지로

바꾸는 장치이다. 모터는 세탁기, 믹서, 선풍기, 전기면도기와 같은 가전제품이나 엘리베이터, 전철, 펌프 등을 구동시키는 대표적인 구동기로, 필요한 대부분의 회전 운동의 동력을 생산한다. 모터는 시동 및 운전이 용이하고, 부하에 적합한 기종을 선택하기 쉬우며, 소음 및 진동이 적고, 배기가스의 공해가 없을 뿐만 아니라, 조작이 간편하고, 고속·정밀 구동도 가능하다. 이러한 장점 때문에 모터는 일상생활에서뿐만 아니라 선반, 머시닝 센터와 같은 산업용 기기와, 로봇, 반도체, 디스플레이 제조공정 등 정밀제어가 요구되는 자동화 장치에 많이 사용되고 있다.

모터의 역사는 1831년 패러데이Faraday가 전자기 유도 법칙을 발견하면서 시작되었다. 코일에 흐르는 전류(I)와 자석에서 발생하는 자기장(B), 그리고 이때 발생되는 힘의 크기(F)와 방향은 플레밍의 왼손 법칙Fleming's left hand rule으로 정리된다. [그림 1-2]와 같이 자기장의 방향과 수직으로 코일을 놓고, 이 코일에 화살표 방향으로 전류를 흘리면, 코일은 위쪽 방향으로 힘을 받는다. 이와 같이 자기장과 전류 간의 관계에서 발생하는 힘을 전자력(로렌츠의 힘)이라 한다. 이때 전자력 F의 방향은 항상 전류 I 및 자기장 B의 방향에 수직이며, 자기장과 전류의 방향이 이루는 각을 θ, 자기장 속의 코일 길이를 l이라 할 때 전자력의 크기는 $F = IBl\sin\theta$로 표현된다. 즉 전자력의 크기는 전류와 자기장의 세기 및 코일의 길이(l)에 비례한다.

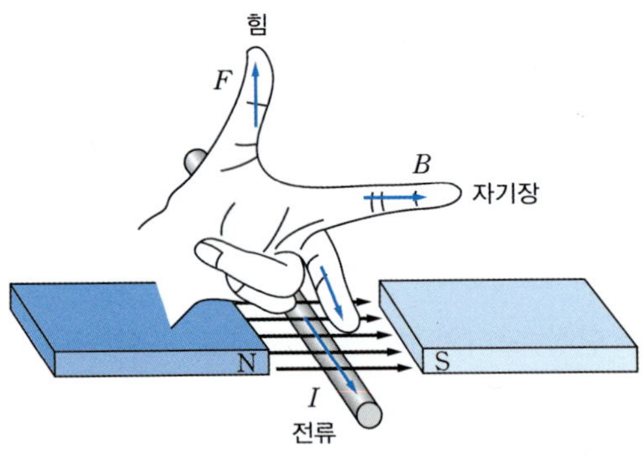

$F = IBl\sin\theta$ [N]

[그림 1-2] 플레밍의 왼손 법칙

1.2 모터의 종류

1.2.1 DC 모터

DC 모터의 구동 원리

DC 모터의 구동 원리를 통해 모터의 기초적인 회전 원리를 알 수 있다. [그림 1-3]과 같이, DC 모터는 크게 (a) DC 전원을 연결할 수 있는 2개의 단자가 있는 모터, (b) 브러시brush를 교체할 수 있는 DC 모터, (c) 센서를 사용하여 브러시가 없는 BLBlushlessDC 모터의 세 종류로 구분된다. BLDC 모터는 회전 제어를 위한 별도의 컨트롤러와 연결하여 사용하기 때문에 여러 가닥의 전선이 모터에 연결되어 있다.

(a) 일반 DC 모터 (b) 브러쉬 교체용 DC 모터 (c) BLDC 모터

[그림 1-3] DC 모터의 외형

[그림 1-4]는 플레밍의 왼손 법칙을 이용해 제작된 DC 모터의 회전 원리를 나타낸 것이다. [그림 1-4]의 (a)에 의하면, 직류 전원에서 공급되는 전류는 브러시와 정류자commutator를 거쳐 코일coil로 공급된다. 이때 영구자석에 의해 발생하는 자계가 코일을 통과하면서 전자력이 발생한다. 플레밍의 왼손 법칙을 적용하면, 회전축을 기준으로 왼쪽에서는 수직 상단 방향으로, 오른쪽에서는 수직 하단 방향으로 힘이 발생하므로, 모터는 그림 (b)를 거쳐 (c)와 같이 시계방향으로 회전하게 된다.

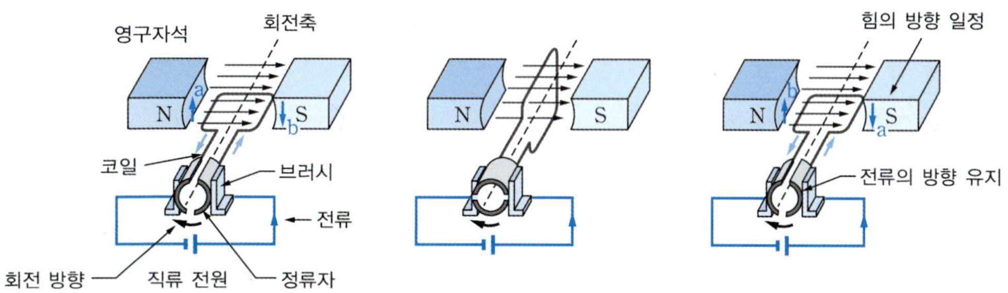

(a) (b) (c)

[그림 1-4] DC 모터의 구조와 회전 원리

이번에는 코일에 공급되는 직류 전원의 극성을 반대로 연결해보자. 플레밍의 왼손 법칙에서 전류의 방향이 반대가 되면 힘의 방향도 반대가 되므로, 모터의 회전 방향이 반대로 바뀐다. 그러나 전류 방향이 반대로 바뀐 상태에서 [그림 1-4]의 (a)에서 (c)로 모터가 회전하면, 두 가지 문제가 발생한다. 첫 번째 문제는 코일에 전류를 공급하는 선이 꼬이게

되어 지속적인 회전이 불가능하다는 것이다. 두 번째 문제는 코일이 180도 회전하면, 전류의 방향이 다시 반대가 된다는 것이다. 전류가 흐르는 방향이 반대가 되면, 플레밍의 왼손 법칙에 의해 힘의 방향도 반대로 바뀌게 되어 다시 역회전을 하게 된다. 따라서 DC 모터는 회전 운동을 계속하지 못하고, 180도만을 왕복하는 요동 운동을 하게 된다.

이 두 가지 문제를 해결하기 위해 DC 모터에 정류자와 브러시를 장착하였다. [그림 1-5]를 보면, 정류자는 모터의 회전축에 부착되어 2개의 단자를 통해 코일과 연결되어 있다. 브러시는 정류자 바깥에서 정류자와의 기계적인 접촉을 통해 정류자에 전류를 공급한다. 모터 축이 회전하면, 브러시와 접속하는 전원의 극이 자동으로 바뀐다. 따라서 모터가 회전해도 전원 공급선이 꼬이지 않으며, 전류가 흐르는 방향도 일정하게 유지되어, 모터의 회전 방향 또한 일정하게 유지할 수 있다.

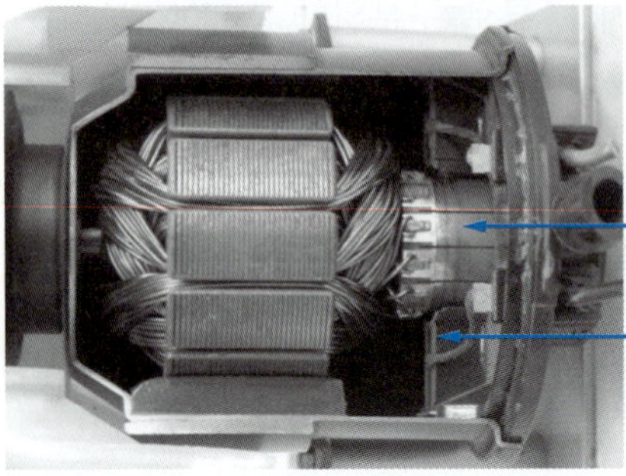

[그림 1-5] DC 모터의 내부 구조

정류자와 브러시 구조를 이용해 모터 회전 시 발생하는 문제점은 해결했으나, 한편으로는 이 구조가 DC 모터의 최대의 약점으로 작용한다. 브러시와 정류자는 기계적으로 접촉되어 있으므로, 모터가 1회전할 때마다 두 번의 단락과 접속을 반복하게 된다(실제로는 코일이 여러 개 존재하기 때문에 수십 번의 단락과 접속을 반복하는 구조임). 그 결과로 브러시가 계속 마모되기 때문에, 지속적이고 정기적인 점검과 교체가 필요하다. 또한 전류가 흐르는 상태에서 일어나는 스위칭[switching] 동작(단락과 접속을 반복하는 동작)은 전기 스파크를 발생시키는 등 전기 노이즈의 발생 원인으로 작용한다. 따라서 장시간 지속적으로 동작시키는 자동화 공정에 많은 수의 DC 모터를 사용하는 것은 부적절할 수 있다.

그러나 DC 모터는 구조가 간단하고, 다루기 쉬우며, 소형에 저가이다. 또한 DC 모터는 건전지 등 휴대용 전원을 이용하는 장비에 손쉽게 적용할 수 있다. 따라서 DC 모터는 외부 전원 공급 없이 동작해야 하는 모바일 로봇을 비롯해 자동차 내부의 구동 장치, 휴대용 전기면도기나 RC 모형 자동차 등 완구에서도 많이 사용되고 있다.

DC 모터의 제어 방법

■ ON/OFF 제어

DC 모터의 제어 방법은 모든 모터 제어 회로의 기본이 되기 때문에 숙지할 필요가 있다.

단방향으로 작동하는 DC 모터의 회전과 정지를 제어하는 데 [그림 1-6]과 같은 회로를 많이 사용한다. 전원의 (+) 단자에 연결된 DC 모터는 트랜지스터 스위칭 소자를 거쳐 (−) 단자로 연결된다. 트랜지스터의 베이스(B) 단자에 제어신호가 ON되면 트랜지스터의 C, E 단자가 닫히면서 모터가 회전하고, 제어신호가 OFF되면 모터의 회전은 정지한다. 이러한 원리로 작은 전류의 마이크로컴퓨터나 PLC 출력의 제어신호로 큰 전류가 흐르는 DC 모터를 손쉽게 제어할 수 있는 것이다.

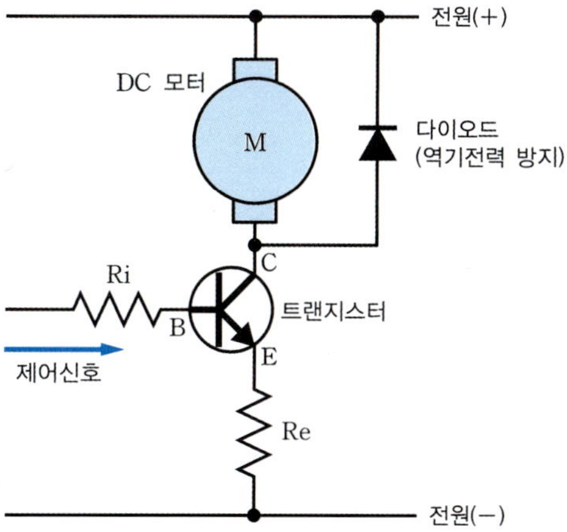

[그림 1-6] DC 모터의 단방향 제어 회로

한편 모터에 갑자기 전력이 차단되면, 코일에서 순간적으로 수십에서 수백 볼트에 이르는 역기전력이 전류 반대 방향으로 발생한다. 바로 전기 노이즈이다. 전기 노이즈가 심할 경우에는 스위칭 소자가 파괴되기도 한다. 이를 막기 위해 DC 모터와 병렬로 역방향 다이오드를 연결한다. 이 다이오드는 역기전력을 상쇄시키는 역할을 함으로써 매우 효과적으로 노이즈를 방지한다. 단, 다이오드의 부착 방향에 주의한다.

■ 방향 제어

DC 모터는 구조상 모터에 공급되는 전원의 방향이 바뀌면 반대로 회전한다. 이러한 성질을 이용해 스위칭 소자 4개로 [그림 1-7]과 같이 H-Bridge 회로를 구성하면, 모터에 공급되는 전류의 방향을 변경할 수 있다. 그림에서 트랜지스터 Q2, Q3이 OFF되고 Q1, Q4가 ON되면, 전류는 모터의 왼쪽에서 오른쪽으로 흐르면서 시계방향(CW)Clock Wise으로 회전한다. 반면 트랜지스터 Q1, Q4가 OFF되고 Q2, Q3이 ON되면, 전류는 모터의 오른쪽에서 왼쪽으로 흐르면서 반시계방향(CCW)Counter Clock Wise으로 회전하게 된다. 이를 정리하면 [표 1-1]과 같다.

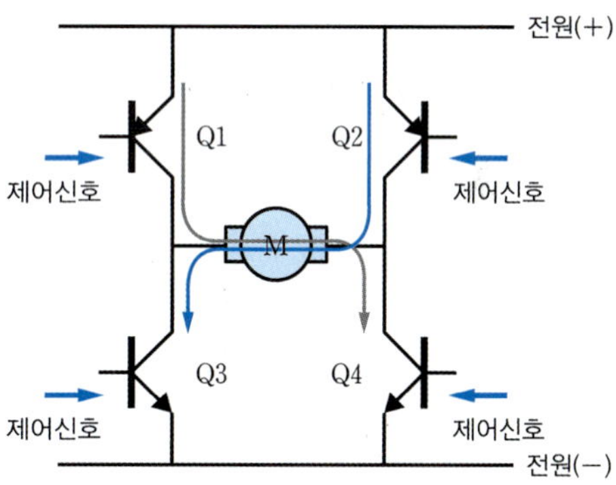

[그림 1-7] DC 모터의 H-Bridge 회로

[표 1-1] H-Bridge 회로의 제어 패턴

방향	Q1	Q2	Q3	Q4
반시계방향(CCW)	OFF	ON	ON	OFF
시계방향(CW)	ON	OFF	OFF	ON

H-Bridge 회로를 이용해 DC 모터를 제어할 때, Q1과 Q3, 또는 Q2와 Q4가 동시에 ON되면 전류가 모터를 거치지 않고 곧바로 단락되어 모터가 회전하지 못할 뿐만 아니라 과전류로 인해 모터 제어 회로가 손상을 입을 수 있다. 따라서 회전 방향을 바꿀 때, 스위칭 소자가 OFF된 후에 충분한 시간 간격을 두고 이를 ON해야 한다.

■ 속도 제어

모터의 회전속도를 제어한다는 말은 모터 내부의 전자력의 크기를 제어한다는 의미이다. 플레밍의 왼손 법칙에 의하면, 전자력의 크기는 자속의 세기, 전류의 크기, 코일 길이에 비례한다. 자속의 세기와 코일 길이는 모터를 만들 때 정해지는 상숫값이기 때문에 변경이 불가능하므로, 전자력의 크기를 제어하기 위해서는 전류의 크기를 조절해야 한다. 따라서 전류의 크기를 조절함으로써 모터의 회전속도를 제어할 수 있다.

일반적으로 전기회로에 흐르는 전류의 크기를 조절하기 위해 [그림 1-8(a)]와 같이 회로에 직렬로 연결된 저항의 크기를 변화시킨다. 즉 가변저항의 크기를 조절하여 모터에 흐르는 전류를 제어함으로써 모터의 회전속도를 제어한다는 것이다. 그러나 이러한 방식에는 모터의 용량이 커짐에 따라 가변저항의 용량도 같이 커져야 한다는 문제가 있다. 또한 이 방식으로는 마이크로컴퓨터나 PLC를 이용해 자동으로 전류를 제어하기도 어렵다.

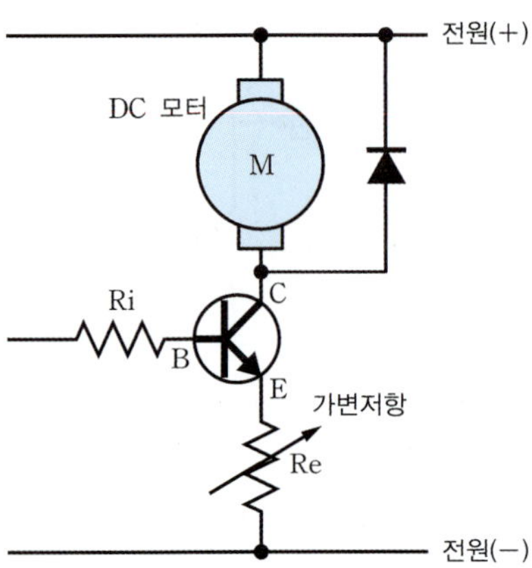

(a) 가변저항을 이용한 전류 제어

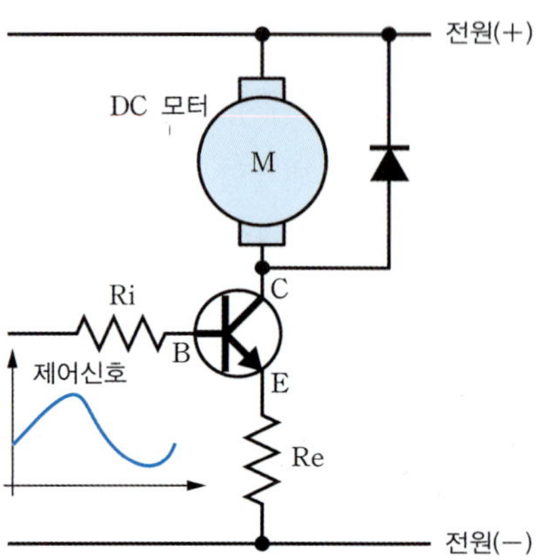

(b) 제어신호의 크기 조절을 이용한 전류 제어

[그림 1-8] 모터의 전류량 제어 방법

다른 방법으로는 [그림 1-8(b)]와 같이 트랜지스터의 베이스(B)에 공급되는 제어신호 전류의 크기를 제어함으로써 모터에 흐르는 전류의 크기를 제어하는 방식이 있다. 이 방식은 가변저항을 이용하는 방식보다 장점이 많다. 이런 방식의 제어를 PAM(펄스 진폭 변조)Pulse Amplitude Modulation 방식이라고 한다. 그러나 정밀한 전류량 제어를 위해서는 제어신호 또한 정밀하게 제어되어야 하는데, 그러다 보면 전기회로가 복잡해진다. 특히 마이크로컴퓨터 등의 디지털 제어기를 이용하는 경우에는 D/A 컨버터 등 부가적으로 값비싼 부품이 많이 필요하다.

따라서 실용적인 DC 모터 제어회로에서는 PWMPulse Width Modulation 제어 방식을 많이 사용한다. PWM은 펄스 폭을 변조하는 방식이다. 이는 [그림 1-9]와 같이 일정한 크기와 주기(T)를 가지는 파형에 ON 되어 있는 시간 t_{ON}을 조절하는 것이다. t_{ON}이 커지면 스위칭 소자가 ON되는 시간이 많아져 전류가 많이 공급되고, 반대로 t_{ON}이 작아지면 스위칭 소자가 OFF되는 시간이 많아져 전류가 조금만 공급된다. 이때 전체 주기 T에 대해 ON되는 시간 t_{ON}의 비를 듀티비duty ratio라 하며, 퍼센트(%)로 나타낸다.

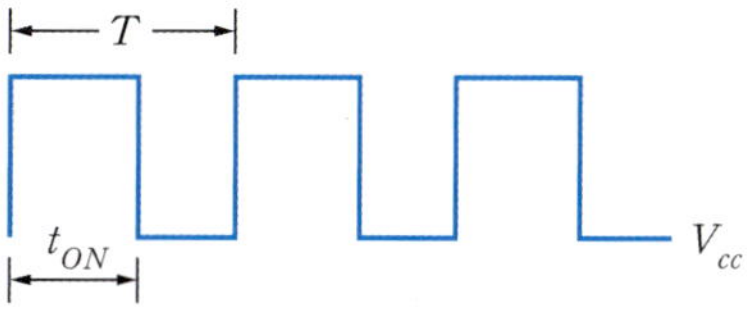

[그림 1-9] PWM 파형과 듀티비

$$(\text{듀티비}) = \frac{t_{\mathrm{ON}}}{T} \times 100\,(\%)$$

예를 들어 [그림 1-10]과 같이, 듀티비 75%는 주기 T 중에서 제어신호가 75%는 켜져(ON) 있고 25%는 꺼져(OFF) 있음을 의미하고, 듀티비 25%는 주기 T 중 25%는 켜져 있고 75%는 꺼져 있음을 의미한다. 이때 주기 T가 길면 모터는 정지와 회전을 주기에 맞추어 반복하게 되지만, 주기 T가 충분히 짧아지면 모터의 관성과 모터 회로의 지연에 의해 부드럽게 회전하게 된다.

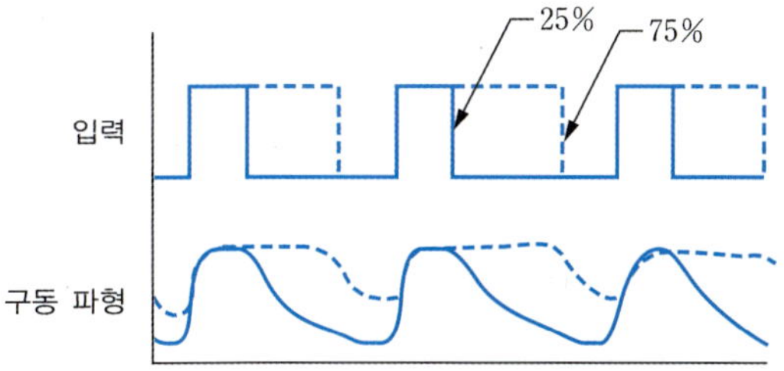

[그림 1-10] PWM 입력과 실제 구동 파형

따라서 제어 장치는 [그림 1-11]과 같이 원하는 제어신호의 진폭이 높을 경우에는 PWM의 듀티비를 높게, 진폭이 낮을 경우에는 듀티비를 낮게 설정하여 출력을 내보냄으로써 모터를 제어한다.

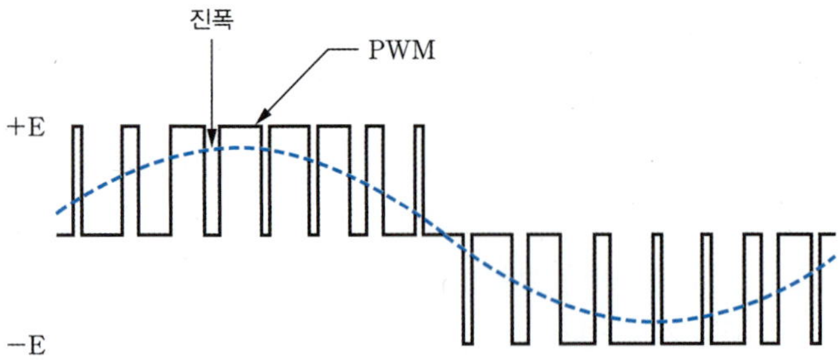

[그림 1-11] 진폭과 PWM 파형

PWM 제어 방식은 그 구조도 단순하고, 디지털 제어 장비를 이용해 아날로그 제어를 편리하게 구현할 수 있기 때문에, 모터 제어뿐만 아니라 여러 제어기기의 제어 방식으로 폭넓게 사용되고 있다.

1.2.2 AC 모터(유도 전동기)

AC 모터는 AC(교류) 전원을 사용하는 모터로서, 일반적으로 유도 전동기라 한다. 유도 전동기는 동급 출력을 사용하는 DC 모터에 비해 상대적으로 가격이 저렴하고, 기계적 구조가 간단하면서도, 고효율에 수명이 길다는 장점 때문에 산업현장에서 큰 힘이 필요한 기계에 주로 사용한다. 유도 전동기의 단점은 미끄러짐에서 토크를 얻는 모터의 구조로 인해 회전 속도의 제어가 어렵다는 점이었다. 그러나 전력용 전자공학의 발전에 따른 인버터 기술의 발전에 힘입어 유도 전동기의 회전수를 자유자재로 제어할 수 있기 때문에 그 단점이 이제는 더 이상 문제가 되지 않는다.

유도 전동기는 공급되는 AC 전원의 종류에 따라 단상 유도 전동기와 3상 유도 전동기로 나뉘는데, 산업현장에서는 주로 3상 유도 전동기가 많이 사용된다. [그림 1-12]와 같은 유도 전동기의 구조를 살펴보자.

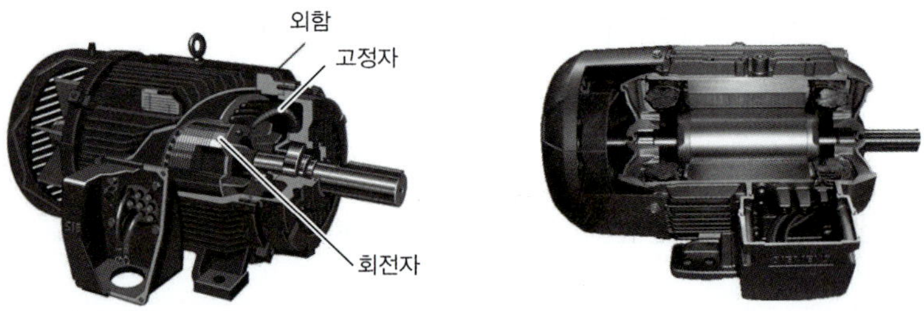

[그림 1-12] 3상 유도 전동기의 구조

유도 전동기의 구조

유도 전동기는 [그림 1-12]와 같이 크게 세 부분, 즉 고정자, 회전자, 외함으로 구분된다.

■ 고정자

고정자stator는 유도 전동기의 전기회로를 구성하는 고정 부분이다. 고정자는 얇은 금속판steel lamination을 층층이 쌓은 후에 절연된 구리선으로 코일을 만들어서 고정자 코어의 슬롯에 집어넣어 완성한다. 고정자 코일에 전원이 가해지면 코일은 전자석이 되면서 전자기 유도 법칙에 따라 모터를 회전시키는 자기장을 생성한다.

(a) 고정자를 구성하는 금속판 (b) 고정자에 코일 삽입 (c) 완성된 고정자

[그림 1-13] 유도 전동기 고정자 만드는 방법

■ 회전자

회전자rotor는 유도 전동기에서 회전하는 부분을 담당하는 부품으로, 고정자와 마찬가지로 얇은 금속판을 가공하여 층층이 쌓아 만들어진다. 이 얇은 금속판들 사이의 틈에 도체 물질conductor bar을 집어넣는다. 이 도체 물질로는 주로 알루미늄이 사용되지만, 고효율을 위해 구리가 사용되기도 한다.

(a) 회전자를 구성하는 금속판 (b) 금속판을 층층이 쌓아서 만든 완성된 회전자

[그림 1-14] 유도 전동기의 회전자 만드는 방법

■ 외함

외함enclosure은 프레임frame과 베어링 하우징bearing housing으로 구성된다. 고정자가 외함에 고정되면, 회전자는 고정자와 약간의 공간air gap을 유지한 채로, 고정자의 샤프트가 베이링에 삽입된다. 외함은 유도 전동기를 외부 환경으로부터 보호하고 방수하는 역할을 한다. 그리고 끝부분에는 냉각팬cooling fan을 달아 유도 전동기에서 발생하는 열을 식힌다.

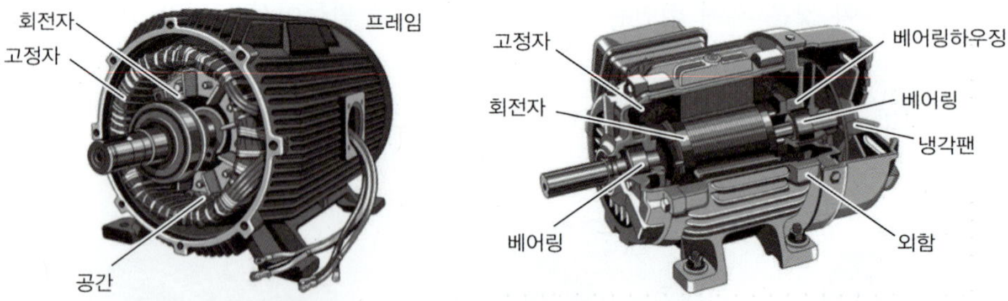

(a) 유도 전동기 외함 (b) 유도 전동기의 전체 구조

[그림 1-15] 유도 전동기의 외함과 회전자, 고정자와 함께 조립된 모습

유도 전동기의 회전 원리

[그림 1-16]은 2극 유도 전동기의 고정자 단면을 간단히 표시한 것이다. A, B, C의 3쌍의 마주 보는 권선이 있는데, 여기에 교류 전원을 인가하면 각 권선은 전자석이 된다. 마주 보는 같은 상의 권선끼리 각각 다른 극의 자석이 된다.

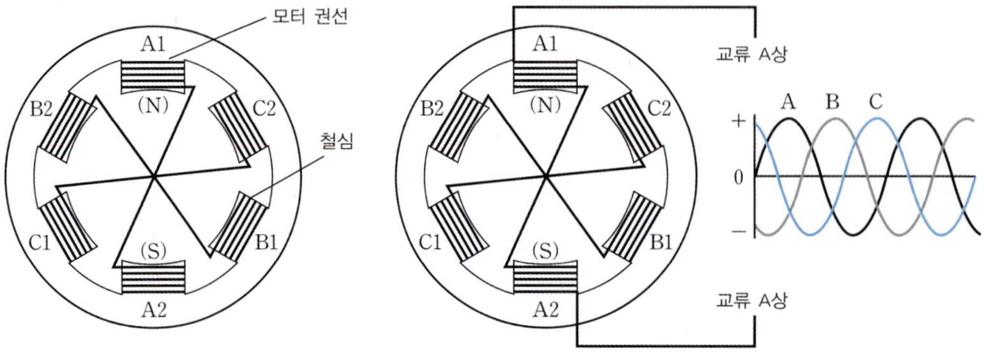

(a) 2극 유도 전동기의 고정자 권선 (b) 고정자 권선에 교류 전원을 공급

[그림 1-16] 고정자 권선에 교류 전원을 인가하여 회전 자계를 만드는 방법

[그림 1-17]과 같이 3상 교류 전원을 권선에 인가하면 유도 전동기의 회전자가 시계방향으로 회전하기 시작한다.

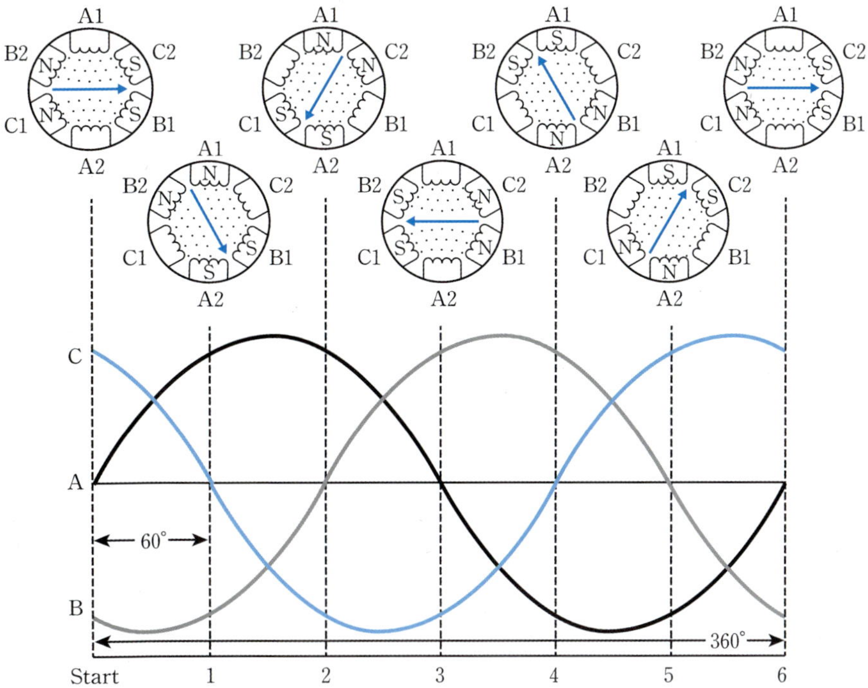

[그림 1-17] 3상 교류 전원에 의해 회전 자계가 만들어지는 원리

[표 1-2] 고정자 권선에 교류 전원을 인가하여 회전 자계가 만들어지는 순서

순서	회전 자계가 만들어지는 원리	설명
1	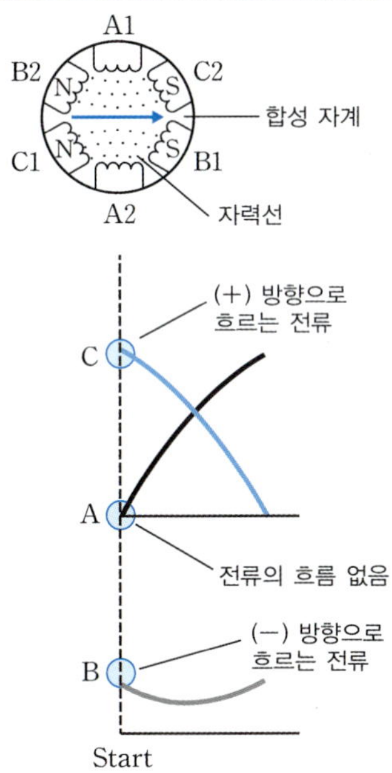	모터가 기동할 때 A상에는 전류가 흐르지 않기 때문에 자기장이 형성되지 않고, B와 C상에 전류가 흘러 왼쪽에서 오른쪽 방향으로 합성 자계가 형성된다.

(계속)

2	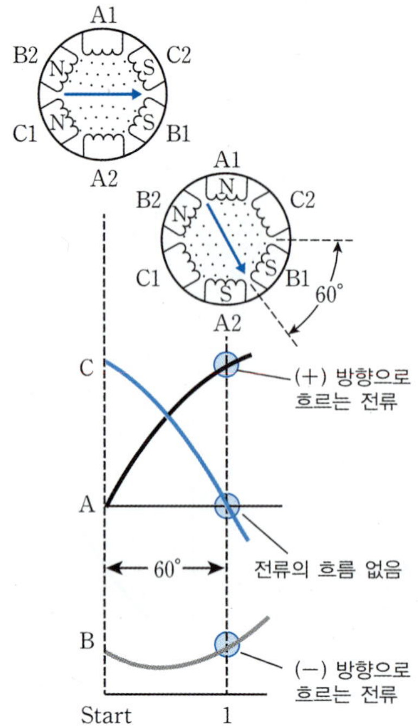	시간이 지나서 시간축의 1의 위치에서는 C상에 전류가 흐르지 않고 A와 B상에 전류가 흘러, 시계의 5시 방향으로 합성 자계가 형성된다. 그 결과, 시작 위치에 비해 60도 회전한 위치가 된다.
3	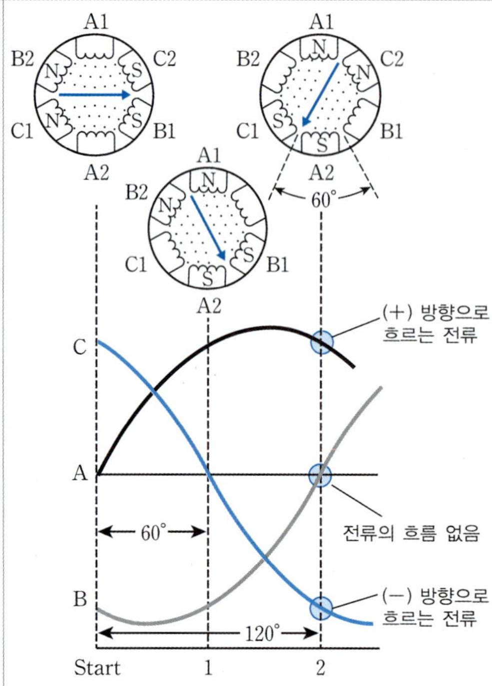	시간이 지나서 시간축의 2의 위치에서는 B상에 전류가 흐르지 않고 A와 C상에 전류가 흘러, 시계의 7시 방향으로 합성 자계가 형성된다. 그 결과, 시작 위치에 비해 120도 회전한 위치가 된다. 이러한 순서로 3상 A, B, C의 전류의 흐름에 따라 자석이 회전하는 것처럼 유도 전동기의 고정자에서 발생하는 자기장은 시계방향으로 계속해서 돌아가게 된다.

[표 1-2]처럼 유도 전동기 고정자 코일에 3상 교류 전원이 인가되면 [그림 1-18]처럼 회전하는 자기장이 형성된다. 이 자기장으로 인해 회전자에 삽입된 도체 바[conductor bar]에 전류가 유도되고, 이 유도 기전력에 의해 회전자는 전자석이 된다. 고정자 코일 A1에 전

류가 흐르면, 인접한 회전자의 도체 바는 S극이 되어 회전자는 시계방향으로 회전하게 된다. 이러한 방식으로 유도 전동기가 회전하는 것이다.

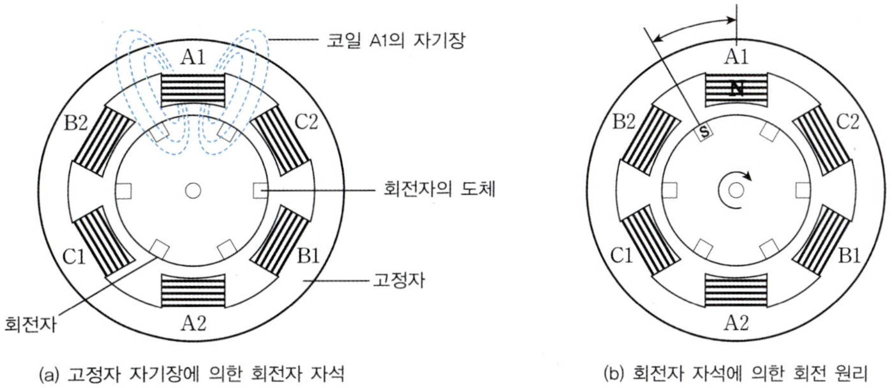

[그림 1-18] 고정자의 자기장에 의해 회전자의 도체 바가 자석이 되는 원리

유도 전동기의 회전속도 구하는 방법

■ 동기 속도

유도 전동기의 회전속도는 앞에서 살펴보았듯이 교류 전원의 주파수에 의존한다. 회전속도를 동기 속도(N_s)라 하는데, 동기 속도는 다음과 같이 나타낸다.

$$N_s = \frac{120 \times f}{P}$$

f : 유도 전동기에 공급되는 교류 전원의 주파수

P : 유도 전동기의 극 수

유도 전동기에 공급되는 교류 전원의 주파수가 60Hz와 50Hz일 때 극 수에 따른 회전속도는 [표 1-3]과 같다.

[표 1-3] 유도 전동기의 극 수와 교류 전원 주파수에 따른 회전속도

유도 전동기의 극 수	60Hz	50Hz
2극	3600	3000
4극	1800	1500
6극	1200	1000
8극	900	750
10극	720	600

■ 유도 전동기의 극 수

유도 전동기의 극 수는 고정자에 권선을 감아서 전자석을 만드는 개수를 의미한다. [그림 1-19]와 같이 3상 교류 전원의 A, B, C상 각각에 대해 1쌍의 대칭되는 자석(N극과 S극)을 만들면 2극이고, 2쌍을 만들면 4극, 3쌍을 만들면 6극이 된다.

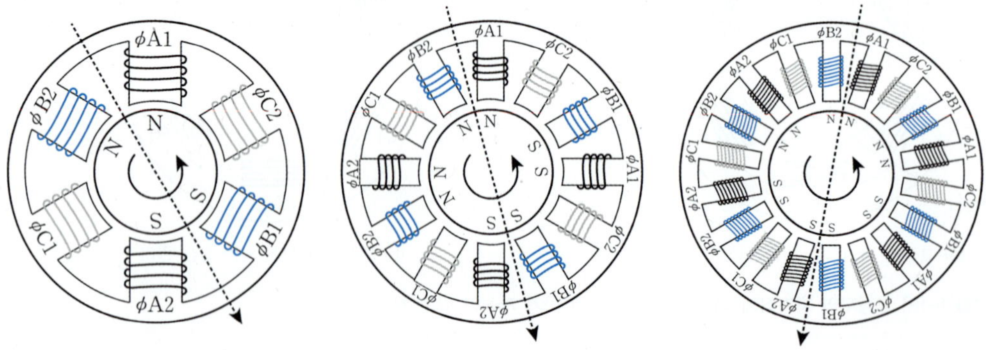

(a) 2극 유도 전동기 (b) 4극 유도 전동기 (c) 6극 유도 전동기

[그림 1-19] 유도 전동기의 극 수에 따른 고정자의 구조

■ 슬립

유도 전동기의 고정자에 3상 교류 전원을 인가하여 발생하는 회전 자기장의 회전속도는 회전자의 회전속도보다 항상 빠르다. 회전 자기장과 회전자의 회전속도 차이를 슬립slip이라 한다. 슬립은 유도 전동기에 토크를 발생시키는 데 꼭 필요한 것으로, 부하에 따라 슬립은 달라진다. 부하가 클수록 회전자의 회전속도는 느려지고 회전자에 더 많은 전류가 유도되어 유도 전동기의 소모 전력이 커진다.

$$\text{슬립}(\%) = \frac{N_s - N_r}{N_s} \times 100$$

N_s : 동기 속도, N_r : 실제 속도

유도 전동기가 4극 모터이고, 인가된 3상 교류 전원이 60Hz일 때, 동기 속도는 1800RPM이어야 하나, 실제 회전속도가 1775RPM이면 슬립은 1.4%이다.

Chapter 02 모터 제어를 위한 PLC의 구성과 사용법

모터를 제어하기 위한 PLC의 구성을 살펴보자. 이 책의 최종 목표는 서보 제어 전용 위치 결정 모듈 QD77MS를 이용한 위치 제어 방법을 학습하는 것이지만, 서보를 제어하기 전에 DC 모터를 사용한 위치 제어가 어떻게 이루어지는지를 먼저 살펴볼 것이다. 이 책의 실습에 사용하는 PLC의 구성 조건은, 입출력을 이용한 DC 모터의 제어를 통한 위치 제어 방법과, QD77MS를 이용한 위치 제어 방법이 가능해야 한다. 이 책에 제시된 PLC의 시스템이 여러분이 가진 PLC 시스템과 일치하지 않는다면, 해당 PLC 프로그램에서 입출력 번지를 변경해서 사용하기 바란다.

2.1 PLC 시스템

2.1.1 PLC 시스템의 구성

실습에 사용할 PLC 시스템의 구성과 모듈에 할당된 입출력 번지는 [표 2-1]과 같다. 또한 실습을 위해 미쓰비시 터치스크린 GOT2000을 사용한다.

[표 2-1] PLC 시스템의 구성

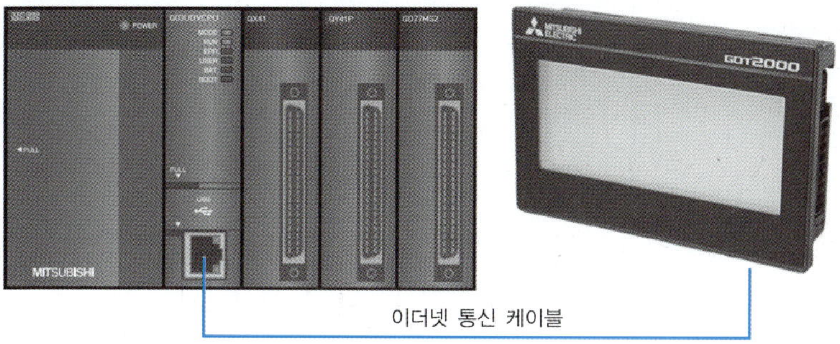

(계속)

모듈 구분	모델명	입출력 번지 할당
전원부	Q61P	–
CPU	Q03UDV	IP : 192.168.0.39 MASK : 255.255.255.0
입력	QX41	X00 ~ X1F(32점)
출력	QY41	Y20 ~ Y3F(32점)
심플 모션 유닛	QM77MS	X40 ~ X5F(32점) Y40 ~ Y5F(32점)
GOT2000		IP : 192.168.0.18 MASK : 255.255.255.0

2.1.2 PLC 프로그램 작성에 필요한 프로그램 툴과 버전

위치 제어를 하기 위해서는, PLC 프로그램 툴과 위치 결정 모듈 QD77MS의 파라미터 설정에 필요한 MR Configurator2가 PC에 설치되어 있어야 한다. 그리고 터치스크린 GOT의 화면을 작화하기 위한 GT Designer3도 설치되어 있어야 한다. GX Works2를 설치한 후에 MR_Configurator2를 설치하면, GX Works2에 심플 모션 모듈 셋팅 툴이 설치된다. 이 책의 실습을 따라 하기 위해서는 필자가 사용하는 소프트웨어와 같은 버전이거나 또는 보다 높은 버전이 PC에 설치되어 있어야 한다.

(a) GX Works2

(b) GT Designer3

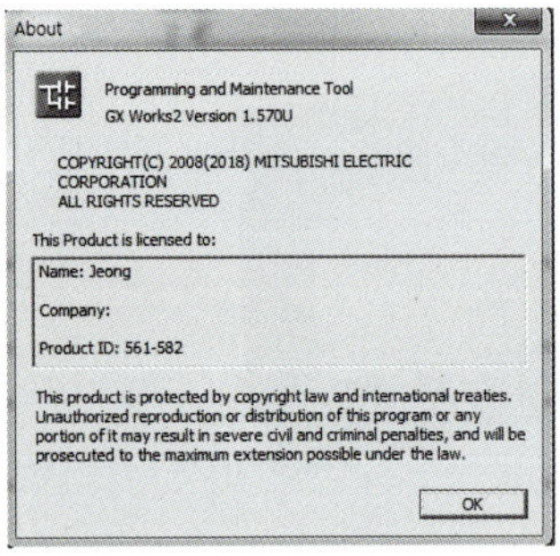

(c) GX Works2 Version

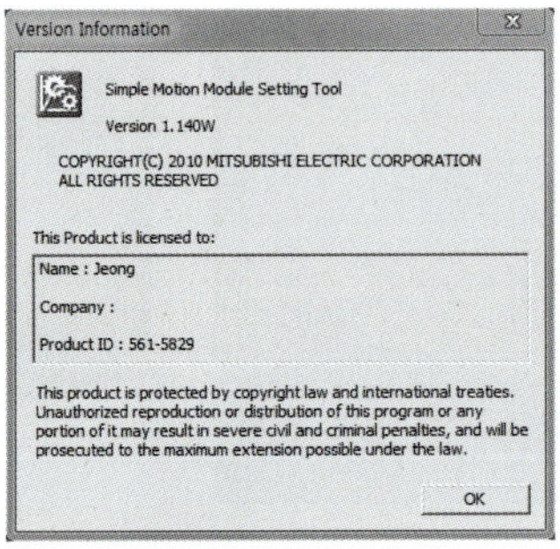

(d) Simple Motion Version

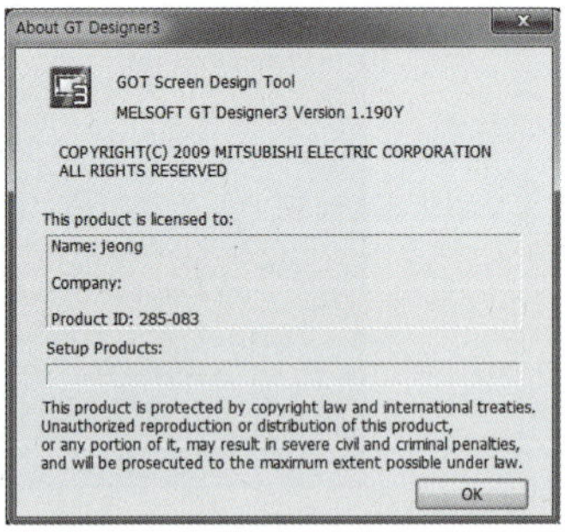

(e) GT Designer3 Version

[그림 2-1] 실습에 사용할 프로그램 툴((a), (b))과 버전((c), (d), (e))

2.2 PLC와 PC 간의 연결

2.2.1 PC ↔ PLC 간의 USB 통신 연결 방법

1. CPU를 처음 사용할 때에는 [그림 2-2(b)]의 ❶ 배터리 홀더에 있는 배터리를 CPU 모듈에 연결한다.
2. [그림 2-2(a)] ❷에 해당하는 RUN/STOP/RESET 모드 선택 스위치를 STOP 위치에 설정한다.
3. [그림 2-2(a)] ❸의 USB 포트에, GX Works2가 설치된 컴퓨터의 USB와 USB 케이블을 연결한다.

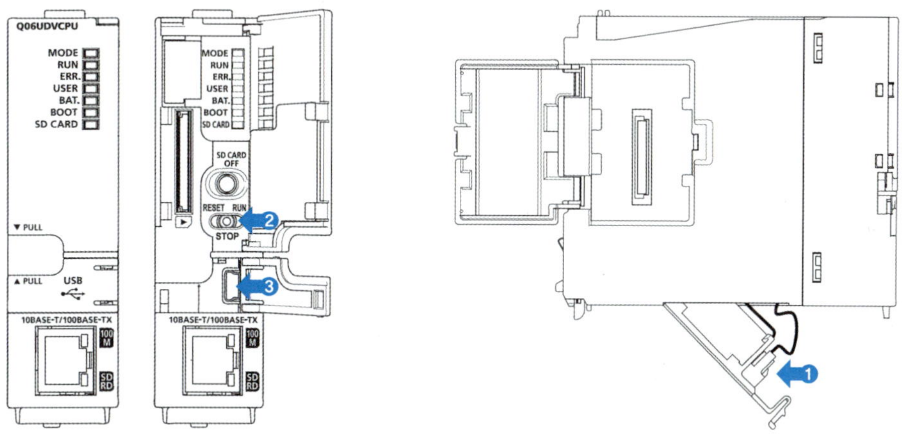

(a) CPU 전면 (b) CPU 측면

[그림 2-2] 실습에 사용하는 PLC CPU의 전면과 측면 모습

4. GX Works2를 실행시켜 새로운 프로젝트를 만든 후에 [그림 2-3]과 같은 순서로 작업해서 [Transfer Setup Connection1] 창이 표시되도록 한다.

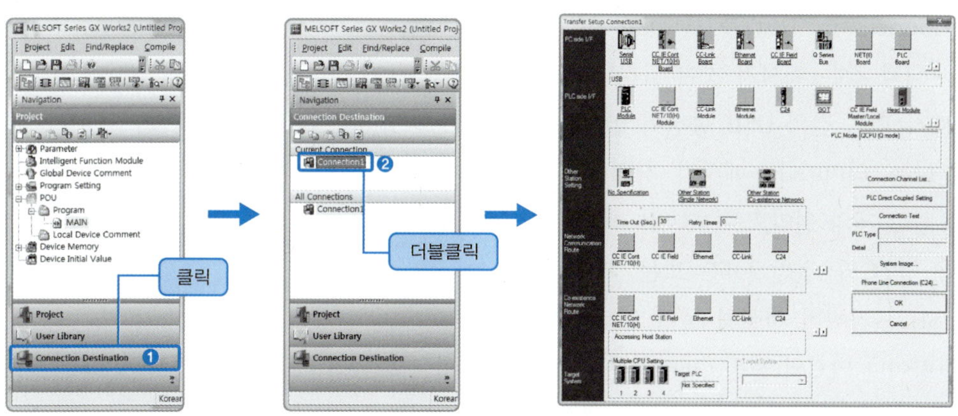

[그림 2-3] PC ↔ PLC 간의 USB 통신 연결

5 [그림 2-4]와 같은 순서로 [Transfer Setup Connection1] 창에서 통신 방식을 'USB'로 설정하고, PLC는 'QCPU'를 선택한다.

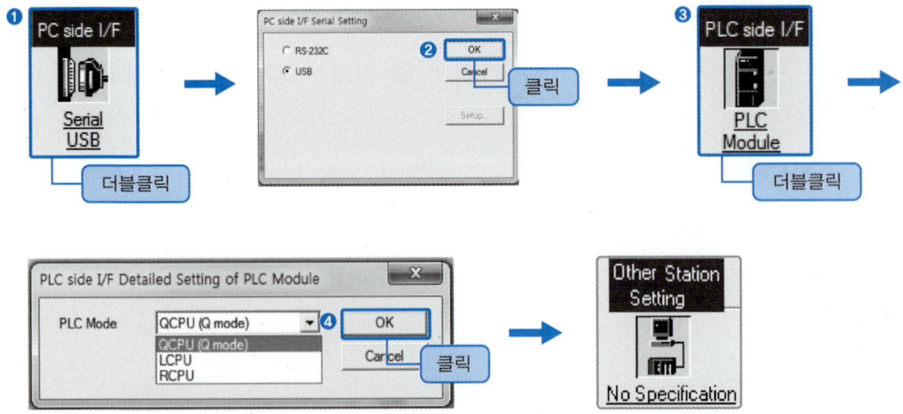

[그림 2-4] PC ↔ PLC 간의 USB 통신 연결

6 [Connection Test]를 클릭해서 통신이 정상적으로 이루어지는지 확인한다.

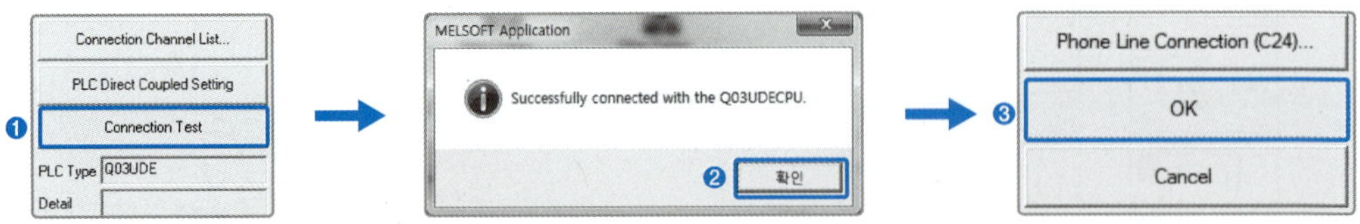

[그림 2-5] PC ↔ PLC 간의 USB 통신 연결 확인

2.2.2 USB 통신이 연결되지 않을 때의 조치 방법

[Transfer Setup Connection1] 창에서 [Connection Test]를 클릭했을 때 [그림 2-6]과 같은 메시지 창이 나타나면, 이는 PC↔PLC 간의 USB 통신이 연결되지 않는다는 의미이다. 메시지 창의 내용처럼 통신 문제의 원인으로는 USB 케이블의 불량, PLC의 전원 OFF 또는 리셋 상태, USB 드라이버 미설치 등이 있다. 케이블 불량이나 PLC의 전원 OFF 등은 손쉽게 확인이 가능하기 때문에, 여기서는 USB 드라이버 미설치로 인한 통신 문제의 해결 방법만 살펴본다.

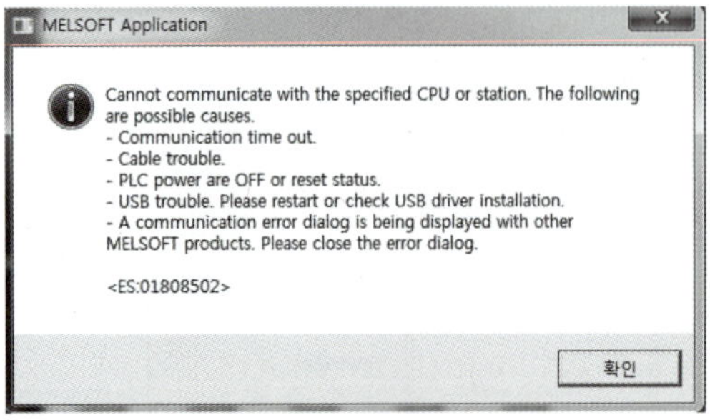

[그림 2-6] 통신 연결 실패 메시지

1 PLC의 USB 드라이버가 제대로 설치되었는지를 [그림 2-7]의 순서로 [장치 관리자]에서 확인한다. [그림 2-8]처럼 미설치 상태이면 드라이버를 설치한다.

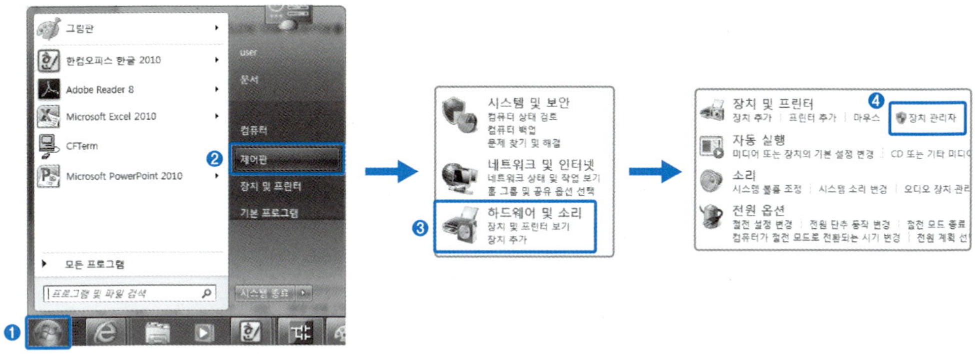

[그림 2-7] USB 통신 드라이버 설치 확인

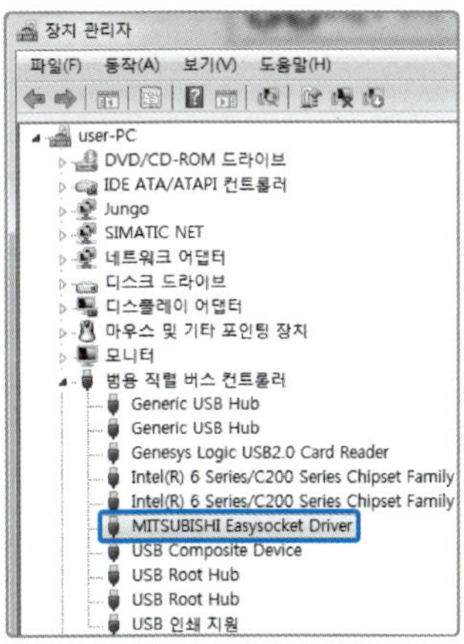

(a) USB 드라이버 정상 설치 상태

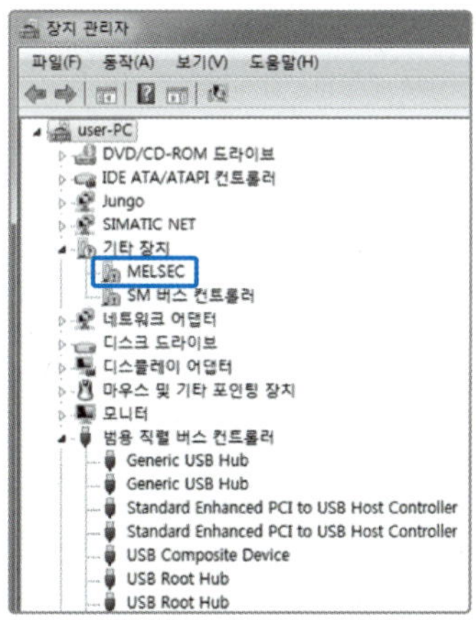

(b) USB 드라이버 미설치 상태

[그림 2-8] USB 통신 드라이버 설치 확인

2 PLC의 USB 드라이버를 다음과 같은 순서로 설치한다.

1단계	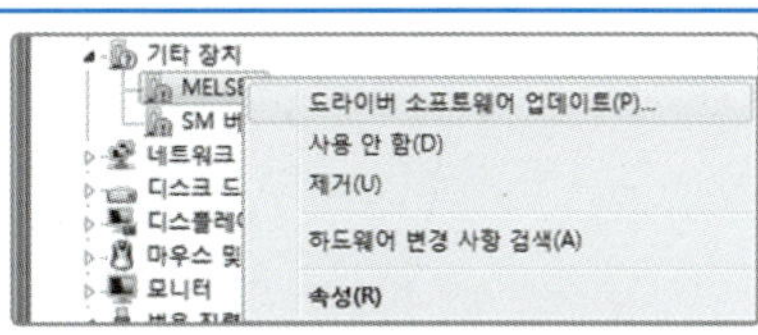	[기타 장치]의 [MELSEC]을 우클릭하면 나타나는 메뉴에서 [드라이버 소프트웨어 업데이트]를 선택한다.
2단계	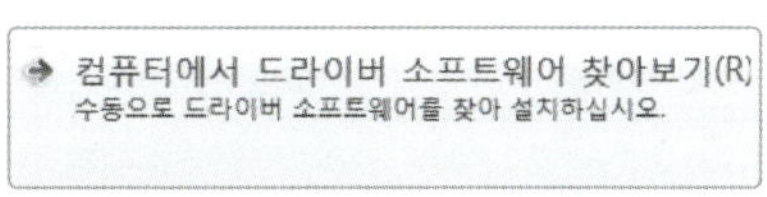	[컴퓨터 드라이버 소프트웨어 찾아보기] 항목을 선택한다.
3단계	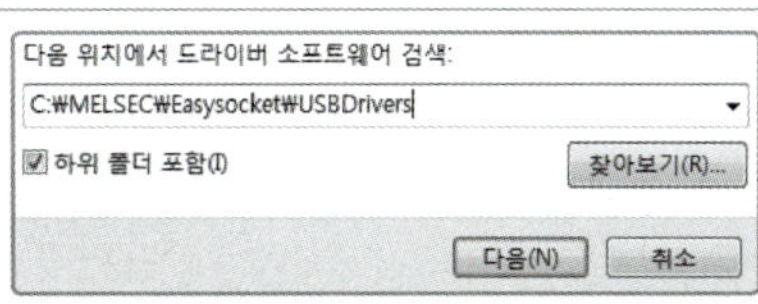	[찾아보기]를 클릭하고, 하드 C의 [MELSEC] 폴더에 있는 [USBDrivers]를 선택한 후, [다음]을 클릭한다.

4단계	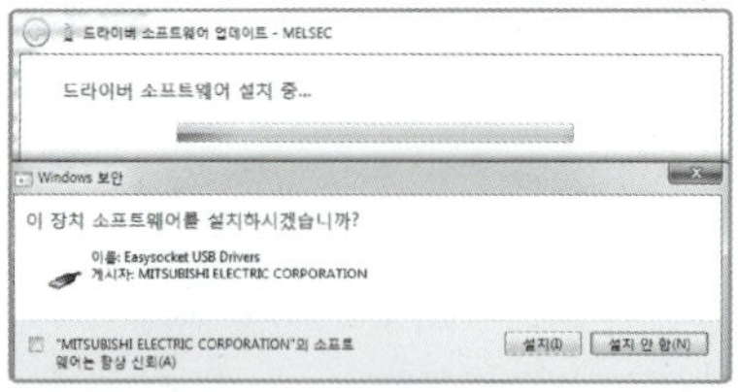	USB 드라이버 설치가 완료되면, [장치 관리자]의 [범용 직렬 버스 컨트롤러] 항목에 미쓰비시 USB 드라이버가 설치되어 있는지 확인한다.

3 드라이버 설치가 완료되면, [Transfer Setup Connection1] 창에서 USB 통신을 설정한 후에, [Connection Test]를 클릭해서 통신이 정상적으로 이루어지는지 확인한다.

2.2.3 이더넷을 이용한 PC와 PLC 간의 연결 방법

실습에 사용하는 CPU에는 이더넷 통신 포트가 있기 때문에 이더넷 통신으로 PC와 CPU를 연결할 수 있다. 그 연결 방식에는 다음의 두 가지가 있다.

PC ↔ PLC 간의 이더넷 직접 접속

이 방식은 PC의 이더넷 포트와 PLC CPU의 이더넷 포트를 한 개의 이더넷 케이블을 사용하여 허브[HUB] 없이 연결하는 방법을 의미한다. 직접 접속 시에는 별도의 IP 어드레스를 설정할 필요 없이 GX Works2에서 연결 대상만 지정하면 연결이 가능하다. 노트북을 사용할 경우에는 무선 이더넷을 통해 와이파이로 인터넷과 연결하고, 유선 이더넷(랜 포트) 포트를 사용해서 PLC를 연결하면 인터넷과 PLC 접속을 동시에 할 수 있다.

1 [그림 2-9]와 같이 이더넷 케이블을 이용하여 PC↔PLC를 연결한다.

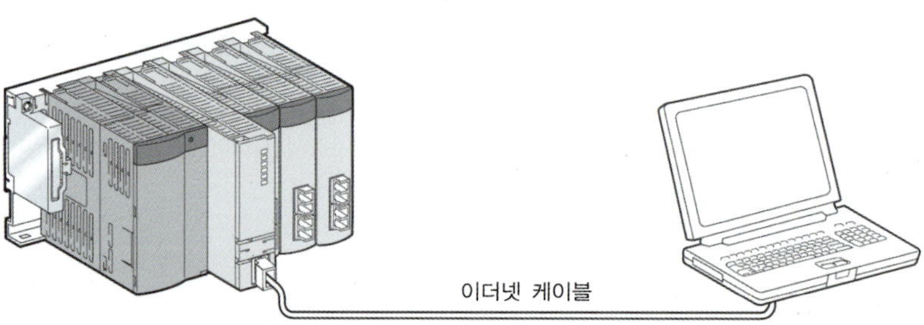

[그림 2-9] 이더넷을 이용한 직접 접속

2 [그림 2-10]과 같은 순서로 작업하면 [Transfer Setup Connection1] 창이 나타난다.

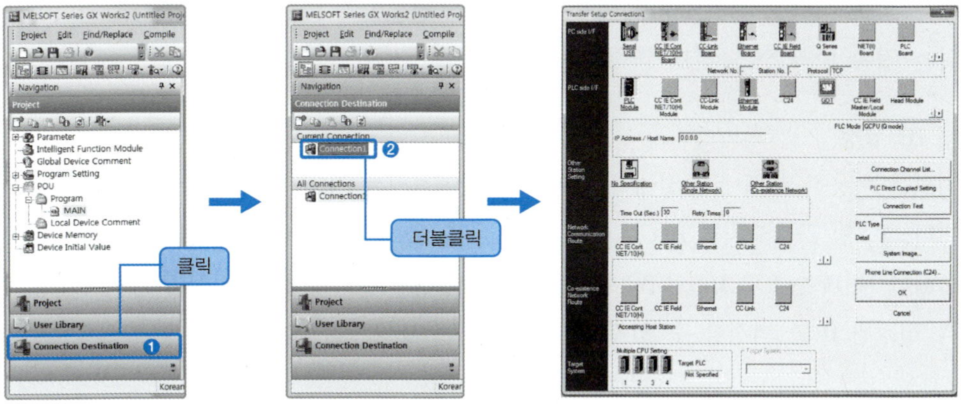

[그림 2-10] PC↔PLC 간의 이더넷 직접 연결 작업

3 [그림 2-11]과 같은 순서로 [Transfer Setup Connection1] 창에서 통신 방식을 ❶ 'Ethernet Board'로 설정하고, ❹ [Ethernet Port Direct Connection(이더넷 직접 접속)]을 선택한다.

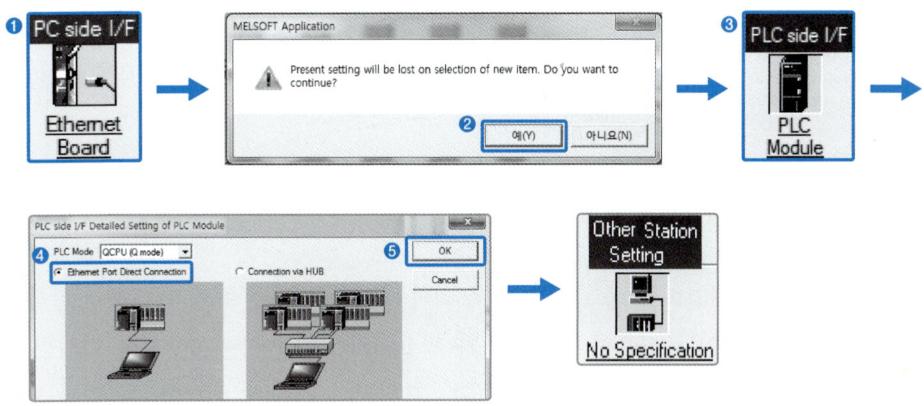

[그림 2-11] PC↔PLC 간의의 이더넷 직접 접속

4 [Connection Test]를 클릭해서 통신이 정상적으로 이루어지는지 확인한다.

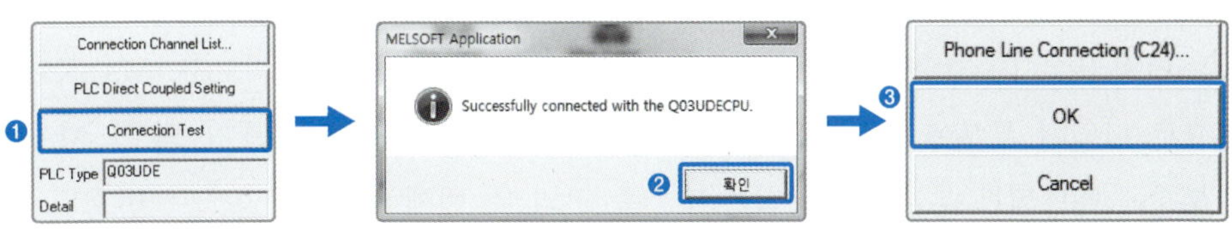

[그림 2-12] PC↔PLC 간의 이더넷 직접 통신 연결 확인

PC ↔ HUB ↔ PLC 간의 이더넷 접속

이 방식은 이더넷 통신을 사용해서 여러 대의 컴퓨터와 PLC를 하나의 네트워크에 연결하는 접속 방식으로, 허브HUB를 사용한다.

1 IP 설정

허브를 이용한 이더넷 통신에서는 이더넷에 연결되는 장비에 IP와 MASK가 설정되어야 한다. [그림 2-13]처럼 PLC 1대와 PC 1대를 허브로 연결해보자. PLC의 경우, 제품이 출하될 때 IP는 192.168.3.39, MASK는 255.255.255.0으로 설정되어 있다. 필요에 따라 설정된 IP를 변경할 수 있지만, 실습에서는 변경하지 않고 사용한다.

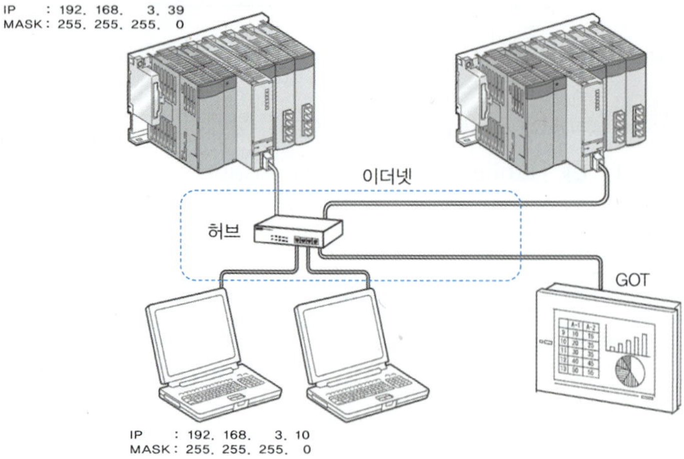

[그림 2-13] 허브를 이용한 PC ↔ PLC의 통신 연결

이와 비슷한 예로 휴대전화를 들 수 있다. 우리가 휴대전화로 통화하기 위해서는 휴대전화 각각을 구분할 수 있는 고유한 전화번호가 필요하다. 예전에는 휴대전화 회사를 식별할 수 있는 통신회사 번호(010, 016, 017)와, 휴대전화 각각을 식별할 수 있는 번호가 조합되어 휴대전화 번호가 되었다. 이처럼 이더넷 통신을 식별하는 번호도 네트워크 번호(휴대전화 회사 식별 번호 역할)와 호스트 번호(각각의 휴대전화 식별 번호 역할)로 구분된다. 즉 IP와 MASK를 조합한 번호가 네트워크 번호와 호스트 번호로 구분된다.

[표 2-2]의 IP : 192.168.3.39, MASK : 255.255.255.0의 예를 살펴보자. MASK가 1이 연속으로 나열된 부분에 해당되는 IP인 '192.168.3'이 네트워크 번호가 되고, MASK가 0인 부분에 해당되는 부분에 해당되는 IP, 즉 IP의 네 번째 8비트가 호스트 번호가 된다. 즉 192.168.3.39에서 MASK가 255.255.255.0이면, 네트워크 번호는 192.168.3, 호스트 번호는 192.168.3.0 ~ 192.168.3.255이다. 호스트 번호는 단일 네트워크 번호 내에 접속되어 있는 각각의 PC와 이더넷 장치를 구분할 수 있는 IP를 의미한다.

[표 2-2] 네트워크 번호와 호스트 번호의 구분 방법

IP 주소	십진수 표현	192	168	3	39
	이진수 표현	1100 0000	1010 1000	0000 0011	0010 0111
MASK	십진수 표현	255	255	255	0
	이진수 표현	1111 1111	1111 1111	1111 1111	0000 0000
IP 구분		네트워크 번호			호스트 번호

호스트 번호 192.168.3.0 ~ 192.168.3.255 중에서 192.168.3.0번은 네트워크를 대표하는 번호이고, 192.168.3.255번은 브로드캐스트 주소로 사용되기 때문에, 1 ~ 254를 호스트 번호로 사용할 수 있다. 허브를 사용해서 이더넷 통신을 하기 위해서는 허브에 연결되는 이더넷 장비의 네트워크 번호가 동일해야 한다. 따라서 PC의 네트워크 번호(이 책에서는 [표 2-2]의 네트워크 번호 192.168.3을 의미함)를 PLC의 네트워크 번호와 일치시키고 호스트 번호를 다르게 부여해야 한다.

2 PC의 IP 확인하기

IP를 설정하기 전에, 현재 사용하고 있는 PC의 IP가 어떻게 설정되어 있는지 확인해보자. 윈도우 버튼을 눌러 화면 하단의 [프로그램 및 파일 검색] 창에서 ❶ 'CMD'를 실행시키면 명령 프롬프트 화면이 나타난다. 여기에 ❷ 'ipconfig'를 적고 엔터키를 누르면 ❸ 현재 사용하는 PC에 설정된 IP를 확인할 수 있다. [그림 2-14]에서의 IPv4 주소는 112.76.1로 시작되기 때문에 IP 주소가 192.168.3으로 설정된 PLC와는 통신이 불가능하다.

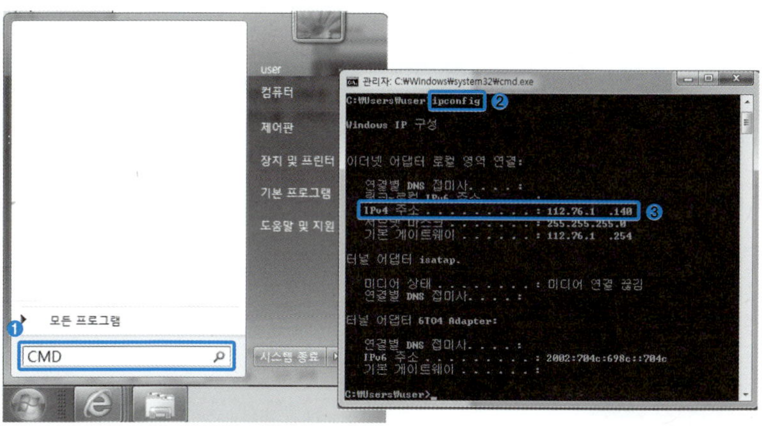

[그림 2-14] PC의 IP 확인하기

3 PC의 IP 변경하기

[그림 2-15]와 같이 윈도우 메뉴에서 ❶ [제어판]으로 들어간 후 ❷ [네트워크 및 인터넷] 항목을 선택하고, ❸ [네트워크 및 공유 센터]를 선택한다.

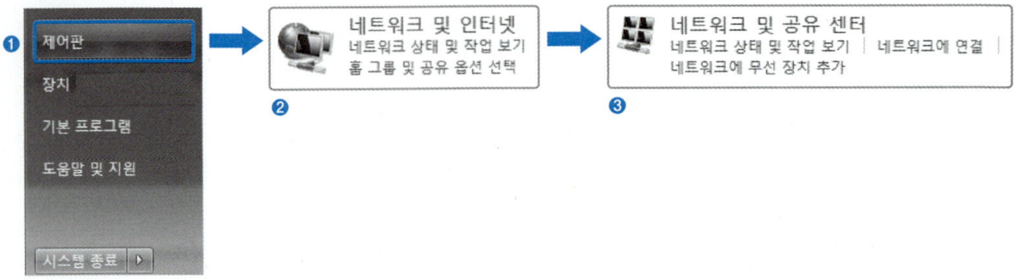

[그림 2-15] PC의 IP 설정을 위한 네트워크 환경 보기

[그림 2-16]의 [네트워크 및 공유 센터]에서 ❶ [어댑터 설정 변경]을 선택하면, PC에서 사용할 수 있는 네트워크의 종류가 나타난다. 랜선으로 이더넷을 연결하기 위해 ❷ [로컬 영역 연결] 항목을 선택하고, 마우스 우클릭으로 나타나는 메뉴에서 ❸ [속성]을 선택한다. [로컬 영역 연결 속성] 창에서 ❹ 'Internet Protocol Version 4(TCP/IPv4)'를 선택하고, ❺ [속성]을 클릭한다.

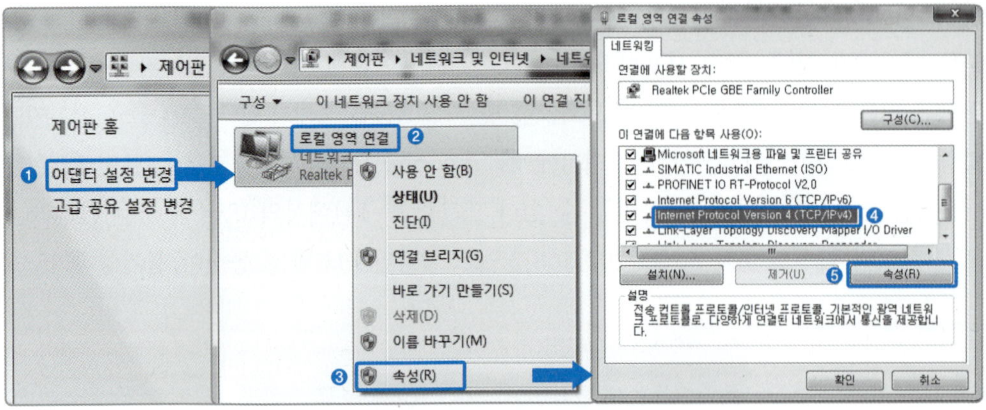

[그림 2-16] PC의 IP 설정을 위한 인터넷 프로토콜 속성 설정

[그림 2-17]과 같은 [Internet Protocol Version 4(TCP/IPv4)]의 속성 창이 뜨면, PC에 설정할 IP와 MASK를 설정한 후에 [확인]을 클릭한다. 그러면 PC의 IP가 192.168.3.10으로 설정된다.

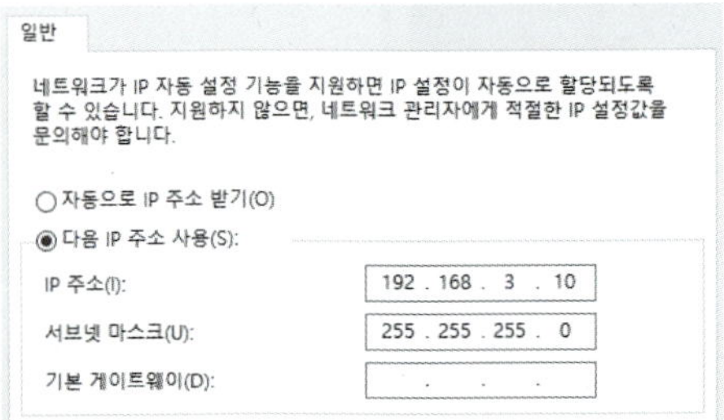

[그림 2-17] PC의 IP 설정(IP : 192.168. 3. 10)

PC의 IP 설정이 끝나면, 이제는 설정된 IP를 확인하는 절차가 남았다. 현재는 이더넷 스위치를 사용해서 PLC CPU와 PC를 이더넷으로 연결한 상태이다. 여기서 이더넷 연결에 사용한 랜선이나 랜 카드의 불량이 발생할 수 있기 때문에 통신 설정 테스트를 통해 문제가 없는지를 점검한다.

4 통신 설정 테스트(ping)

[그림 2-14]와 같이 [프로그램 및 파일 검색] 창에서 'CMD'를 실행해 프롬프트 화면이 나타나면 'ping 192.168.3.10'을 입력하여 실행시킨다. 그러면 방금 설정한 PC의 IP가 제대로 설정되어 있는지 확인할 수 있다. ping 테스트 결과로 에러가 발생하면 PC의 IP가 잘못 설정된 것이다. 프롬프트 창에서 'ipconfig'를 사용하여 PC의 IP를 재차 확인한다.

(a) 통신 정상 ping 결과 (b) 통신 에러 ping 결과

[그림 2-18] 통신(ping) 테스트

5 PLC의 IP 설정

PLC의 IP는 CPU가 판매될 때부터 이미 공장 초깃값으로 '192.168.3.39'로 설정되어 있다. 즉 별도의 IP 설정 작업 없이도 PC와 PLC는 같은 네트워크 번호를 가지고 있기 때문에, 프롬프트 창에 'ping 192.168.3.39'를 입력하면 서로 통신이 이루어져야 한다. 만약 통신이 제대로 이루어지지 않는다면, 이더넷의 연결 상태나 랜선의 상태, IP의 설정 상태를 점검해서 통신을 정상으로 만들어야 한다. CPU의 IP를 설정하기 위해서는, 프로젝트 창에서 ❶ [PLC Parameter]를 선택한 후에 [Q Parameter Setting] 창에서 ❷ [Bulit-in Ethernet Port Setting] 탭을 선택한다.

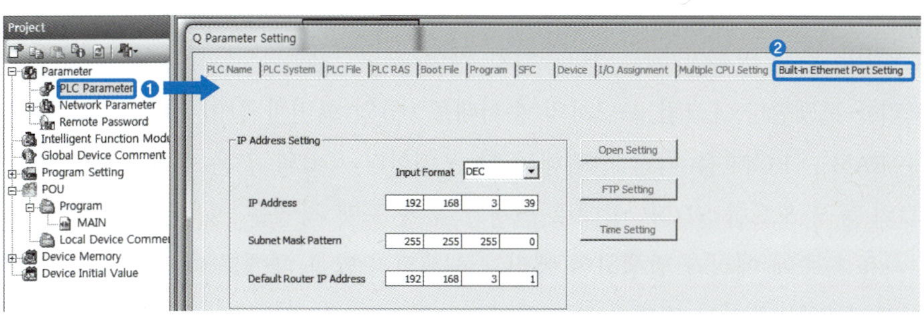

[그림 2-19] CPU의 IP 설정

6 PC ↔ PLC 간의 연결 방법 지정

[Transfer Setup Connection1] 화면에서 통신 방식을 ❶ 'Ethernet Board'로 설정하고, ❹ [허브를 통한 접속(Connection via HUB)]을 선택한다. ❺ 해당 창에서 IP Address를 직접 입력하거나, 또는 창의 하단에 있는 [Find CPU on Network]를 눌러 이더넷에 연결된 CPU 항목 리스트에서 이더넷 통신을 할 CPU를 선택한다. 그 후에 [Selection IP Address Input]을 클릭하면 IP Address가 자동으로 설정된다. 반드시 IP Address가 설정된 상태에서 [OK]를 눌러야 한다.

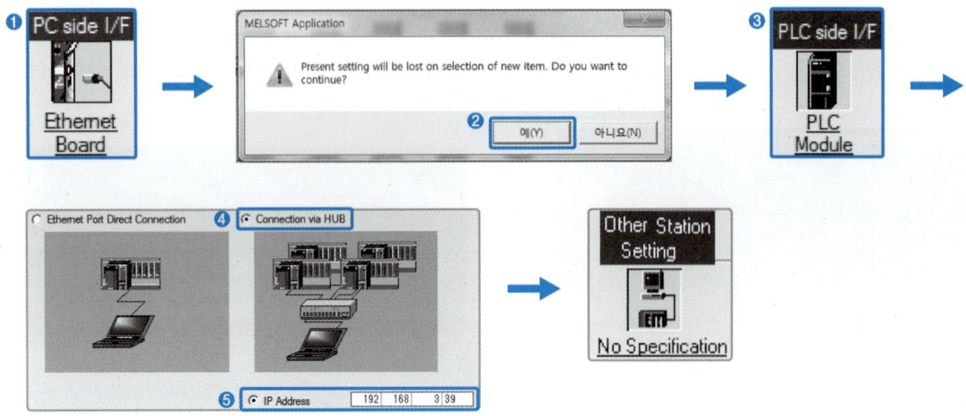

[그림 2-20] PC ↔ PLC 간의 USB 통신 연결

7 통신 연결 테스트

[Connection Test]를 클릭하여 통신이 정상적으로 이루어지는지 확인한다.

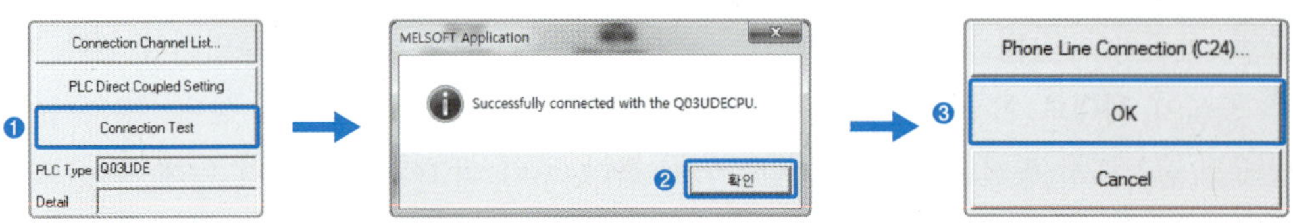

[그림 2-21] PC ↔ PLC 간의 이더넷 직접 통신 연결 확인

8 PLC 메모리 포맷하기

PC ↔ PLC 간의 통신 연결이 완료되면, 위치 제어 프로그램을 작성하기 전에 사용할 PLC의 메모리를 포맷한다. [그림 2-22]의 순서대로 (b)의 화면과 같이 ❸ '프로그램 메모리', '표준 RAM', 'ROM'을 각각 선택해서 ❹ 포맷한다. (d)와 같은 메시지가 나타날 때에는 CPU의 동작 모드를 STOP 상태로 변경한 후에 포맷 작업을 처음부터 다시 실시한다. PLC 사용 도중에 에러가 발생하여 에러가 해제되지 않을 때에도 이 메모리 포맷과 다음에 이어서 설명할 클리어 작업을 실시한다.

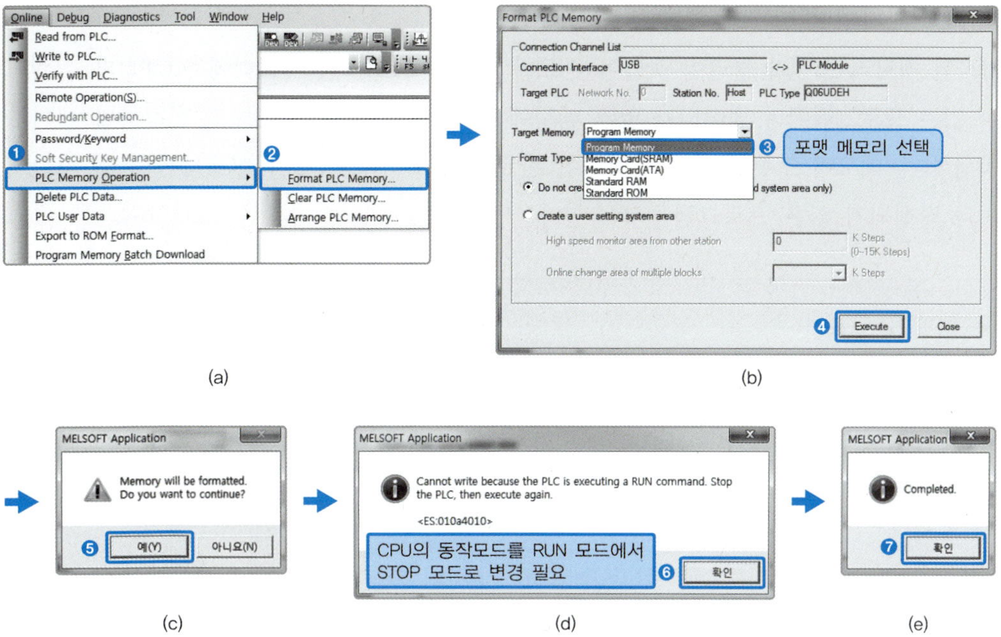

[그림 2-22] PLC 메모리의 포맷 방법

9 메모리 클리어 작업

PLC의 메모리 포맷 작업이 완료되면, [그림 2-23]과 같은 순서로 메모리의 내용을 삭제하는 클리어링clearing 작업을 실행한다. 클리어 작업이 완료되면 ❼ [확인]을 눌러 종료한다.

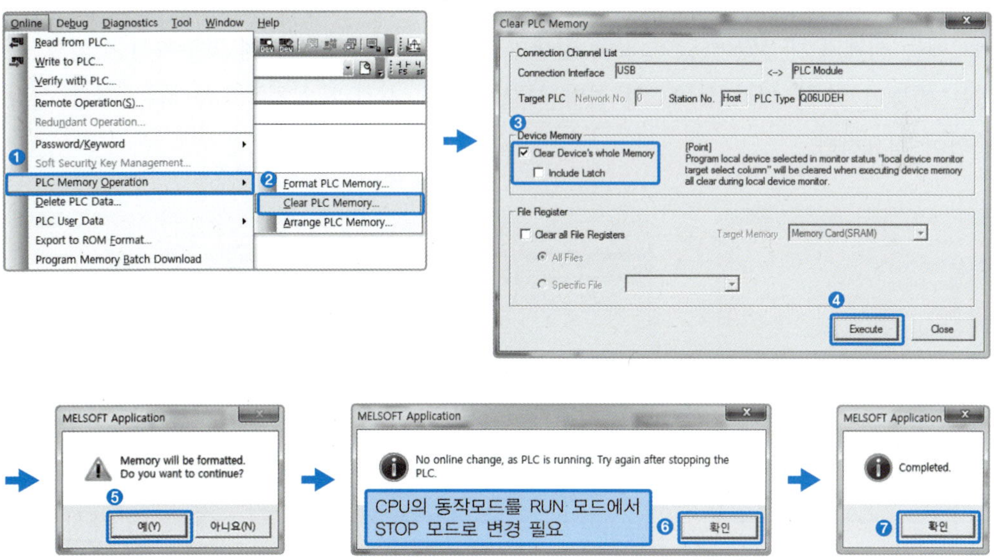

[그림 2-23] PLC 메모리의 클리어 방법

10 PLC 파라미터 및 프로그램 전송

PLC의 메모리 포맷과 클리어 작업이 완료된 상태의 프로그램 메모리에는 CPU가 실행될 수 있는 프로그램이나 데이터가 없기 때문에 CPU 모드를 RUN 상태로 변경하면 에러가 발생한다. 메모리 포맷과 클리어 작업이 완료되면 GX Works2를 실행시킨 후에 파라미터와 작성되지 않은 프로그램을 전송한다.

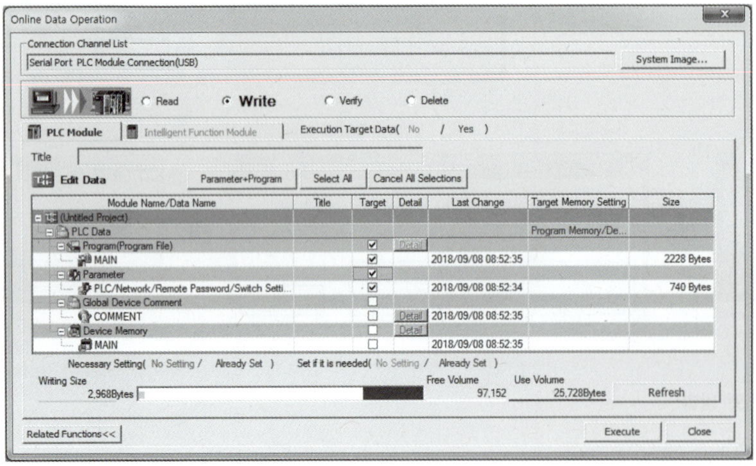

[그림 2-24] 파라미터 및 프로그램 전송

2.2.4 PLC 시간 설정 작업

PLC에는 시계가 내장되어 있어 알람 발생 시간 또는 정해진 시간에 맞추어서 작업할 수 있는 기능이 있다. 따라서 PLC의 설정 시간이 현재 시간과 일치하도록 하는 시간 설정 작업이 필요하다.

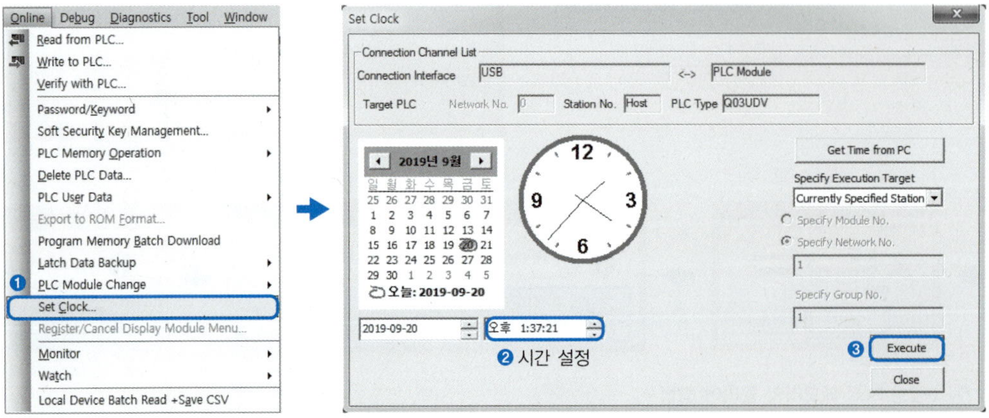

[그림 2-25] PLC 시간 설정 방법

2.2.5 에러 이력 확인 및 삭제

PLC CPU에서 에러가 발생하면, 진단 기능을 통해 에러의 종류를 확인한다. 에러 이력을 삭제할 때에는 ❷ [Clear History]를 클릭한다.

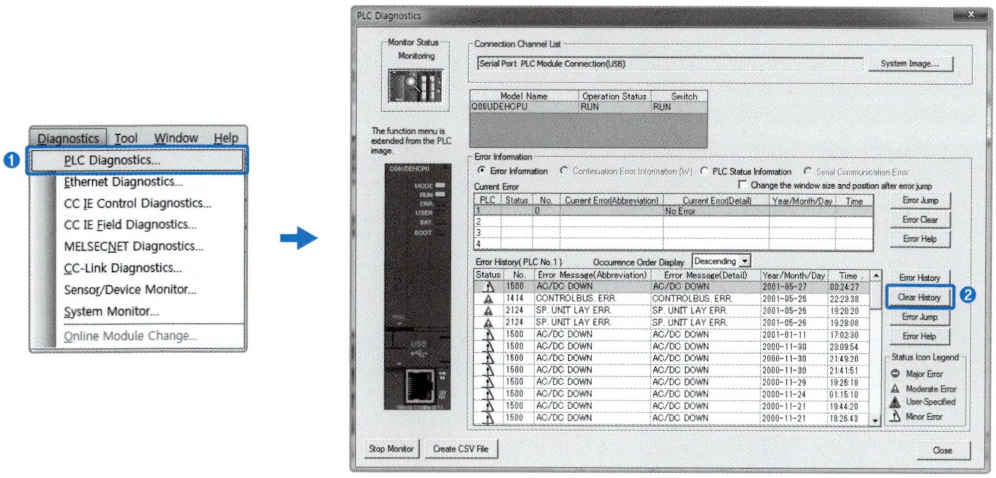

[그림 2-26] PLC 에러 이력 확인 및 삭제 방법

메모리 포멧, 메모리 클리어, 에러 이력 클리어, CPU 시간 설정은 PLC CPU를 처음 사용할 때 반드시 수행해야 할 작업이다.

2.3 GOT를 PLC와 PC에 연결하기

GOT[Graphic Operation Terminal]는 기존 조작판에서 사용하던 스위치, 램프, 데이터, 메시지 표시 등을 터치 모니터에서 사용할 수 있도록 만들어 놓은 제품으로, 조작반의 소형화 및 배선 비용 절감, 조작 성능 향상 등의 장점 때문에 자동화 기기에서 필수적으로 사용하는 장치이다. 위치 제어 실습에서도 모니터링 데이터 표시나 제어용 스위치 및 램프 표시를 많이 사용하기 때문에 GOT를 필요로 한다. 이 책에서는 GOT의 수많은 기능 중에서 실습에 필요한 기본 항목만 학습하기 때문에 자세한 기능에 대해서는 해당 제품의 매뉴얼을 참고하기 바란다.

GOT 사용을 위한 시스템 구성은 [그림 2-27]과 같다. PC와 GOT의 연결은 USB 또는 이더넷으로 할 수 있고, GOT와 PLC 간의 연결은 이더넷으로 한다. 따라서 GOT2000에 이더넷 통신 모듈이 설치되어 있어야 한다.

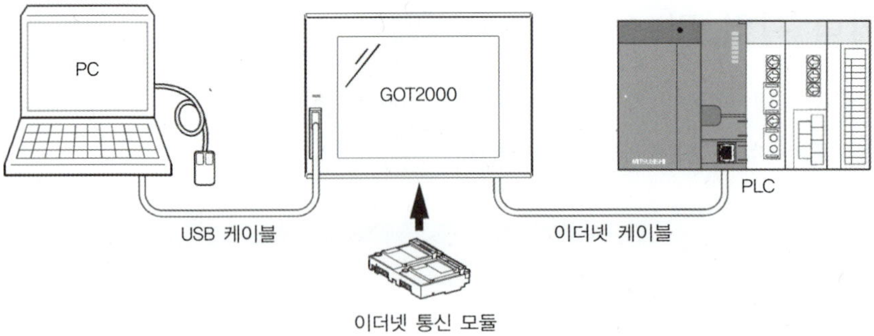

[그림 2-27] PC - GOT - PLC의 시스템 구성

GOT의 작업 절차는 [표 2-3]과 같이 3단계로 이루어진다.

[표 2-3] GOT 작업 절차

단계	작업 내용	작업 화면
1	GT Designer3이 설치된 PC에서 GOT에 표시되는 화면을 작성한다.	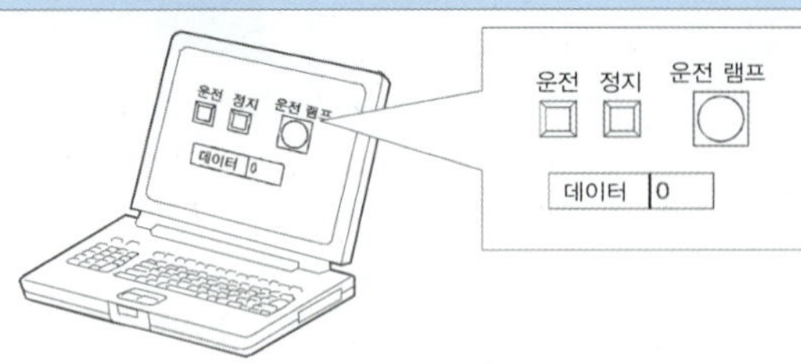
2	작성한 GOT 화면 데이터를 USB 통신 또는 이더넷 통신을 이용해서 GOT에 전송한다.	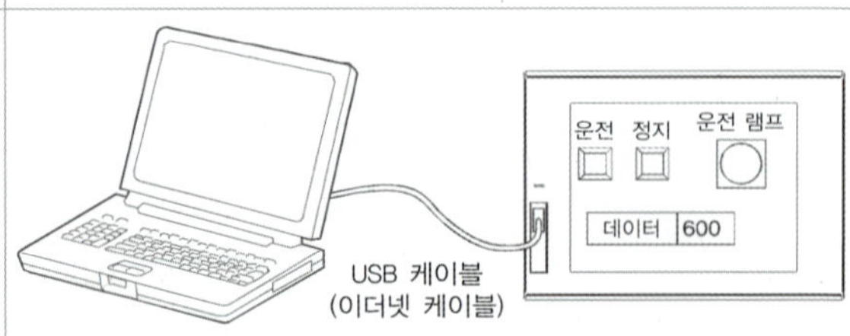
3	GOT는 PLC CPU와의 통신을 통해 입력과 출력을 하고, 내부 메모리의 읽고 씀으로써 PLC의 메모리 상태를 화면에 표시한다.	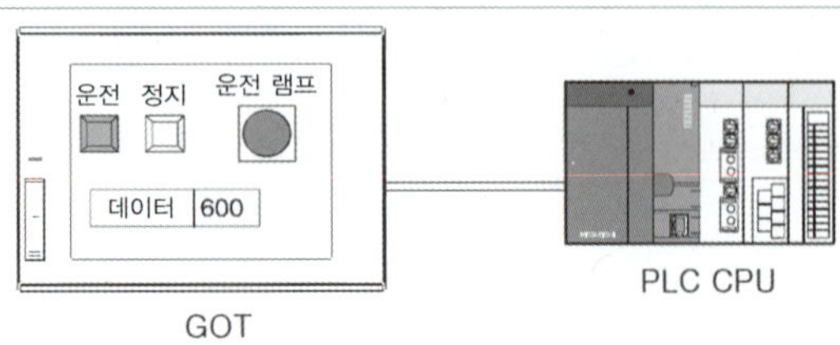

2.3.1 GT Designer3에서 프로젝트 새로 만들기

GT Designer3에서 새로운 프로젝트를 만드는 방법을 살펴보자. 이 책에서는 마법사 기능을 사용해서 새로운 프로젝트를 만든다.

[표 2-4] 프로젝트 새로 만들기

순서	작업 내용	작업 화면
1	**프로그램 이름 변경** GT Designer3을 실행하면, 마법사 기능이 실행되면서 왼쪽과 같은 창이 생성된다. ❶ [NEW...]를 누른다.	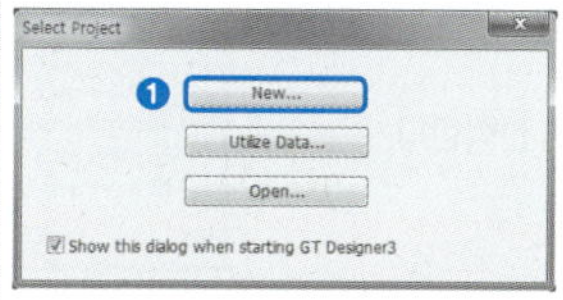
2	**프로젝트 작업 내용 확인** 마법사에서 새로운 프로젝트를 만드는 과정을 설명하는 화면이다. ❶ 마법사 기능의 동작 순서를 확인한 후에 [Next]를 누른다.	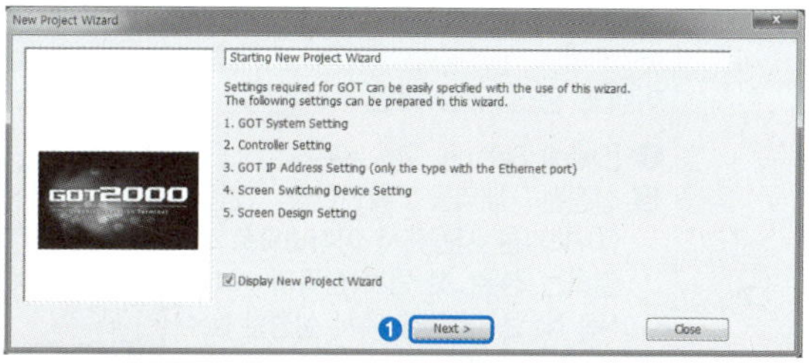
3	**사용할 GOT의 종류 선택** 프로젝트에 사용할 GOT의 종류를 선택한다. ❶ GOT2000을 선택한다. ❷ GOT의 모델을 선택한다. ❸ [Next]를 누른다.	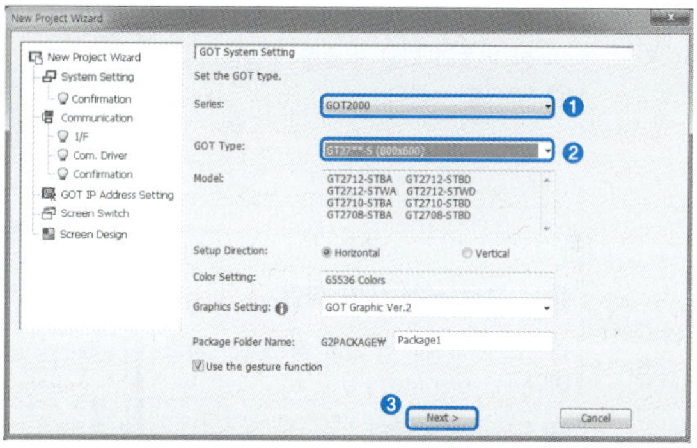
4	**선택한 GOT 확인** 앞에서 선택한 GOT의 사양을 확인하는 화면이다. ❶ [Next]를 누른다.	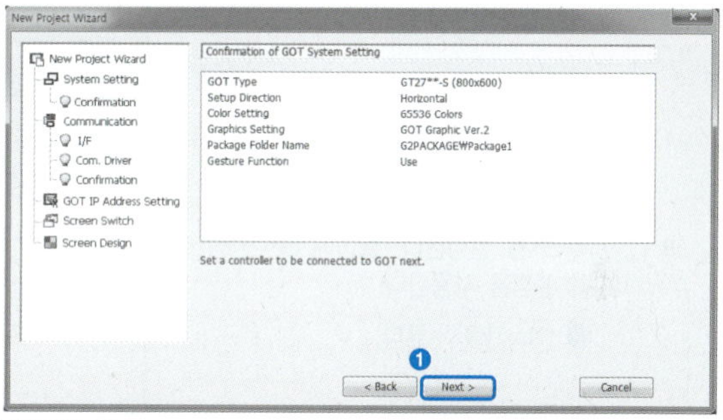
5	**GOT와 연결할 PLC 선택** GOT와 멜섹 Q03UDVCPU를 이더넷 통신으로 연결한다. ❶ PLC의 제조사를 선택한다. ❷ Q시리즈 PLC를 선택한다. ❸ [Next]를 누른다.	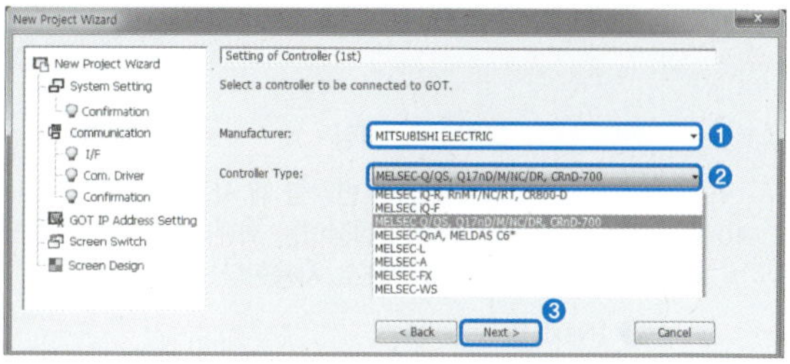

(계속)

6

GOT와 PLC의 통신 방법 선택

GOT와 PLC를 이더넷 통신으로 연결한다.

❶ [Ethernet:Multi]를 선택한다.
❷ [Next]를 누른다.

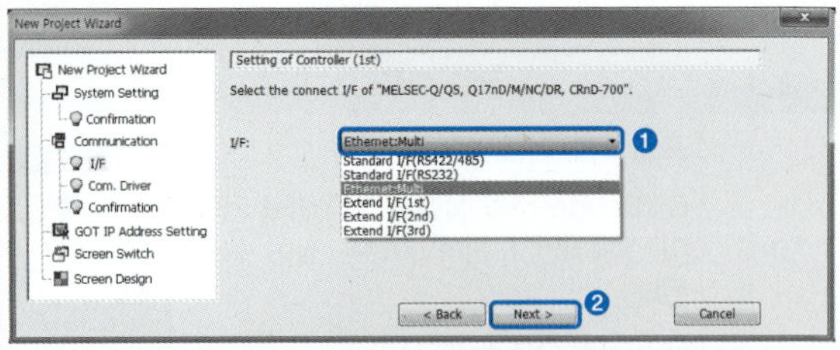

7

이더넷 통신 구성 확인

❶ [Detail Setting...]을 누른다.
❷ 설정된 내역을 확인한다. 만약 QJ71E71을 사용해서 이더넷으로 연결하는 경우, 첫 번째 항목의 GOT Net No.는 QJ71E71에서 설정한 Net No.와 일치해야 하고, 두 번째 항목인 Got Station은 QJ71E71에서 설정한 번호와 다른 번호를 설정한다.
❸ [OK]를 누른다.

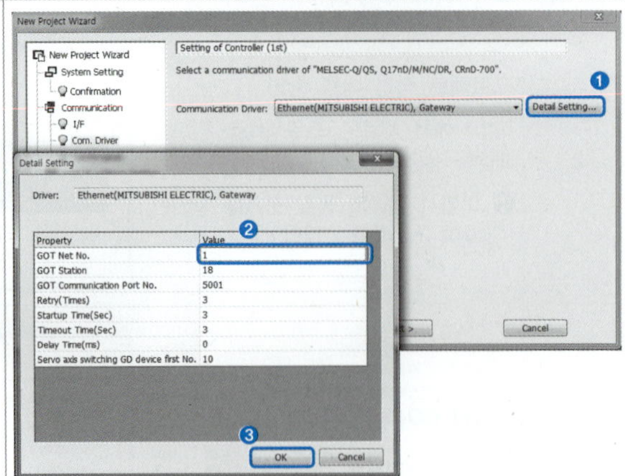

8

통신 구성 설정 내역 확인

설정한 네트워크 구성을 확인하는 화면이다.

❶ [Next]를 누른다.

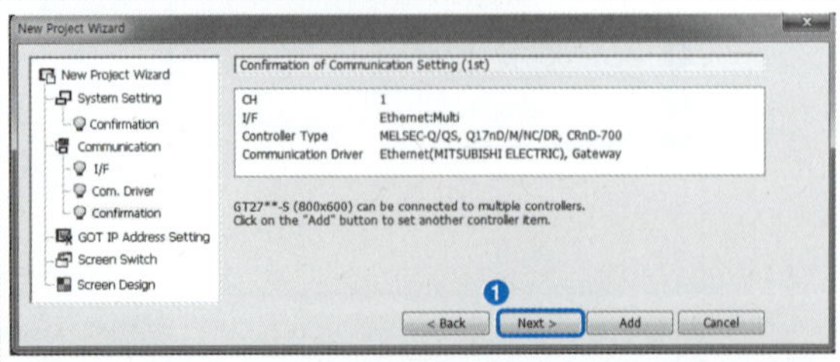

9

GOT의 IP 설정

이더넷 통신으로 연결한 GOT의 IP와 MASK를 설정한다. 실습에서는 공장 출하 설정을 사용한다.

❶ [Next]를 누른다.

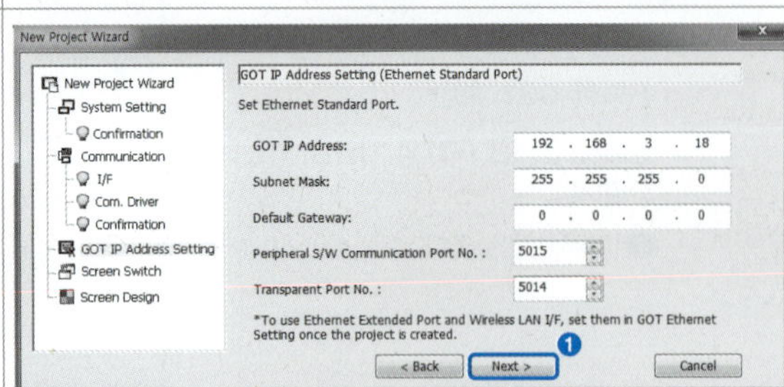

10

화면 변경 디바이스 설정

GOT에서 작성한 화면을 변경할 때 사용할 디바이스(메모리)를 설정하는 화면이다. 공장 출하 값을 그대로 사용한다.

❶ [Next]를 누른다.

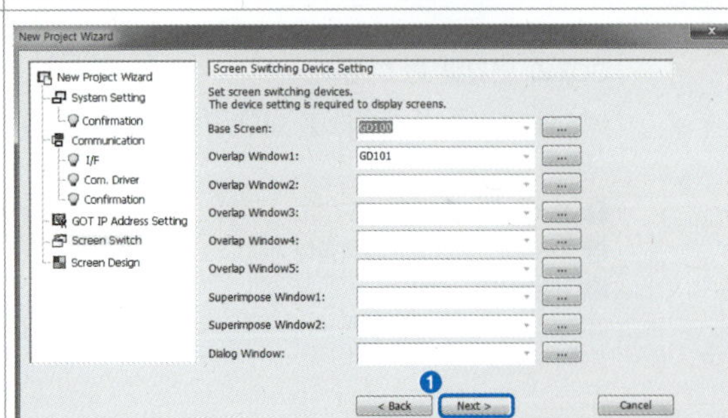

(계속)

11

화면 디자인 선택

GOT 작업에서 사용할 기본 화면을 선택하는 화면이다.

❶ [Next]를 누른다.

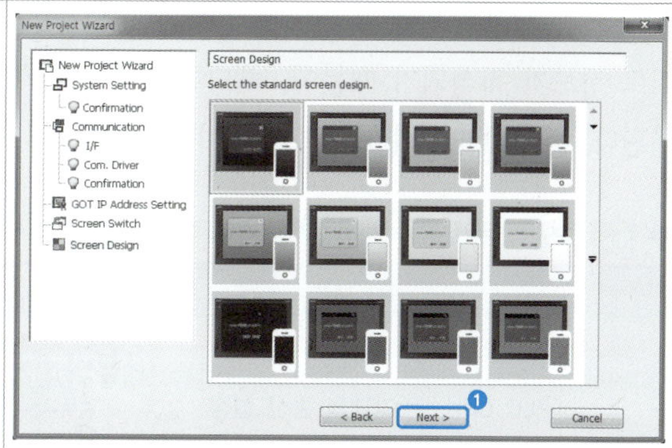

12

전체 설정 내역 확인

GOT에서 만들 프로젝트의 전체 설정 내역을 확인하는 화면이다.

❶ [Finish]를 누르면 프로젝트 작업 화면이 표시된다.

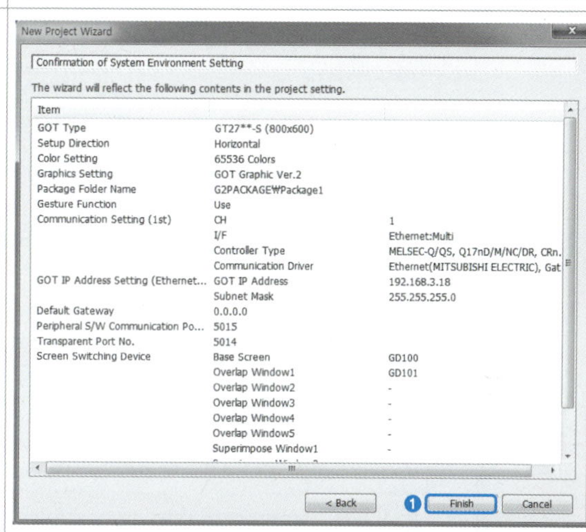

13

작업 화면

스위치, 램프, 설정 표시창 등을 만들 수 있는 작업 화면이다.

2.3.2 PLC와 GOT 간의 이더넷 통신 연결

GOT는 PLC와의 통신을 통해서 PLC CPU의 메모리의 내용을 읽거나 쓰는 역할을 한다. 따라서 GOT는 PLC CPU의 메모리 내용을 읽어서 램프의 ON/OFF 상태를 그래픽으로 표시한다. 그래픽으로 표시된 스위치를 조작하면 스위치에 할당된 PLC CPU의 메모리에 비트 정보가 작성되기 때문에, 해당 비트의 ON/OFF의 상태에 따라 PLC 프로그램이 실행된다. 우선 GOT와 PLC 간에 이더넷 통신을 연결하는 방법을 살펴보자.

[표 2-5] PLC ↔ GOT 간의 이더넷 통신 연결 설정

순서	작업 내용	작업 화면
1	PLC CPU ↔ GOT의 통신 설정 ❶ [System]을 선택한다. ❷ [Controller Setting] 폴더를 열고 [CH1]을 선택한다.	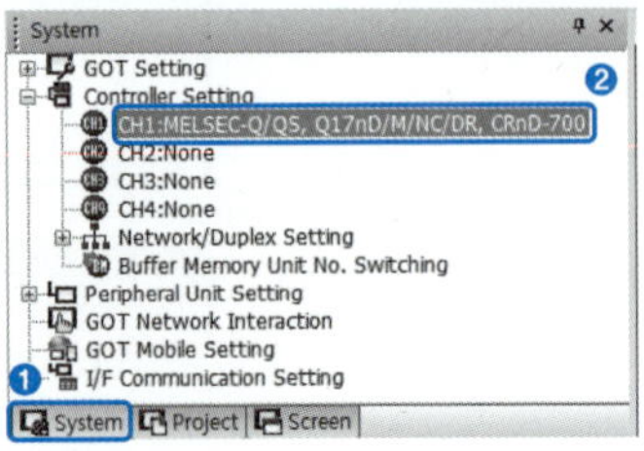
2	GOT의 통신 설정 내역 확인 및 이더넷 통신으로 연결될 PLC CPU의 IP 확인 ❶ PLC와의 통신 설정 내용을 반드시 확인한다. ❷ PLC CPU의 이더넷 포트와 통신을 하기 때문에 PLC CPU에서 설정한 IP와 동일한지 확인한다. ❸ [Apply]를 클릭한다. ❹ [OK]를 클릭한다.	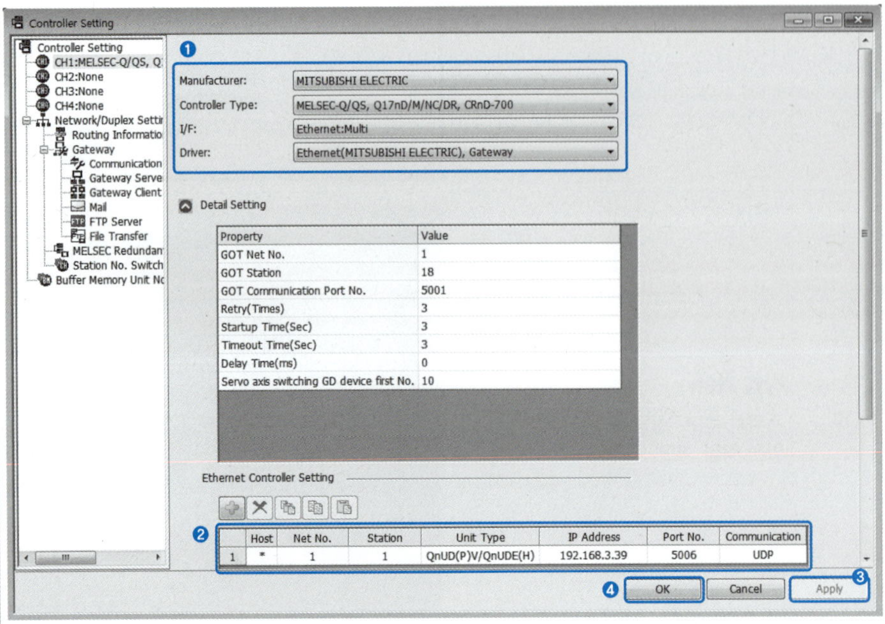

2.3.3 GOT에서 화면 작성에 필요한 필수 부품

마법사 기능을 사용하여 새로운 프로젝트를 만들었다면, 제어에 필요한 스위치와 램프, 숫자 표시창을 GOT 화면에 만들어보자. GOT 화면을 작화하는 데에는 많은 부품들이 필요하지만, 입력인 스위치와 출력인 램프, 숫자 입력 및 출력에 대해서만 살펴보자.

스위치

자동화 현장에서 사용하는 스위치는 [그림 2-28]과 같이 4가지로 구분할 수 있다. GOT에서는 이러한 동작을 어떻게 구분하는지 살펴보자.

(a) 푸시 버튼 (b) ON/OFF 버튼 (c) 조광형 스위치 (d) 셀렉터 스위치

[그림 2-28] **스위치의 종류**

푸시push 버튼은 버튼을 누르고 있는 동안에 접점이 ON되는 기능을 가진 스위치로, GOT에서는 푸시 버튼과 같은 기능을 'Momentary'라 한다. 푸시 버튼처럼 생겼지만 한 번 누르면 ON, 또다시 누르면 OFF되면서 동작 상태가 반전되는 푸시 버튼도 있는데, 이러한 버튼의 동작을 'Alternate'라 한다. [그림 2-28]에서 셀렉터selector 스위치가 Alternate에 해당한다. ON/OFF 버튼의 경우, ON 버튼을 누르면 접점이 ON이 되고 OFF 버튼을 누르면 접점이 OFF가 된다. ON/OFF 버튼의 ON 동작을 Set, OFF 동작을 Reset이라 한다. 조광형 스위치는 푸시 버튼에 램프가 내장되어 있는 스위치이다.

GOT에서 스위치를 만드는 절차를 살펴보자. GOT에서는 제어 동작을 구성하기 위한 다양한 부품이 라이브러리 형태로 미리 만들어져 사용자에게 제공된다. 부품을 사용하기 위해서 GT Designer의 메뉴에서 [Object]를 선택한다.

[표 2-6] **스위치 만들기**

순서	작업 내용	작업 화면
1	**스위치 메뉴 선택** ❶ [Object]를 선택한다. ❷ [Switch]를 선택한다. ❸ [Bit Switch]를 선택한다.	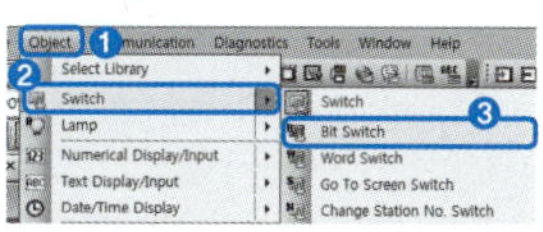
2	**스위치 기능 선택** ❶ 화면에 표시된 스위치를 더블클릭한다. ❷ 스위치에 할당할 PLC의 메모리 번지를 설정한다. ❸ 스위치 동작의 종류를 설정한다. ❹ 조광형 스위치의 사용 여부를 선택한다(조광형은 Bit-ON/OFF 선택). ❺ [OK]를 클릭한다.	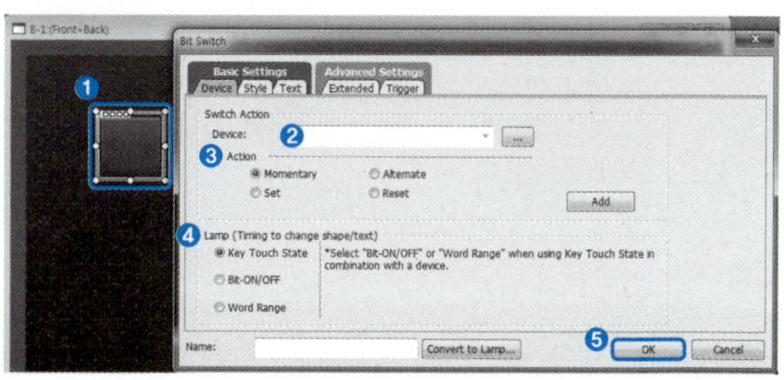

(계속)

3	**스위치 모양 변경** GOT에서는 스위치의 모양을 다양하게 표현할 수 있다. 모양을 선택하는 순서는 다음과 같다. ❶ [Style] 탭을 클릭한다. ❷ [Shape...]를 클릭한다. ❸ 스위치 폴더를 클릭한다. ❹ OFF 및 ON 스위치의 형상을 선택한다. ❺ 변경할 스위치의 모양을 선택한다. ❻ 스위치의 색상을 선택한다. ❼ [OK]를 클릭한다.	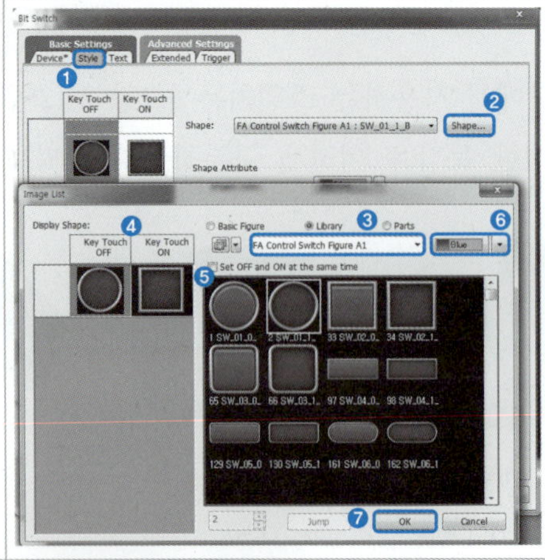
4	**완성된 스위치** 스크린에 완성된 스위치가 PLC의 입력 메모리 X00에 할당된 모습이다.	

램프

GOT에서 램프는 비트 램프와 워드 램프를 구분된다. 비트 램프를 해당 비트 메모리의 0과 1의 값에 의해 ON/OFF가 제어되는 램프이고, 워드 램프는 16비트 크기의 값을 비교해서 조건을 만족할 때 ON/OFF가 제어되는 램프이다. GOT에서 비트 램프를 만드는 절차를 살펴보자.

[표 2-7] 램프 만들기

순서	작업 내용	작업 화면
1	**램프 만들기 메뉴 선택** ❶ [Object]를 선택한다. ❷ [Lamp]를 선택한다. ❸ [Bit Lamp]를 선택한다.	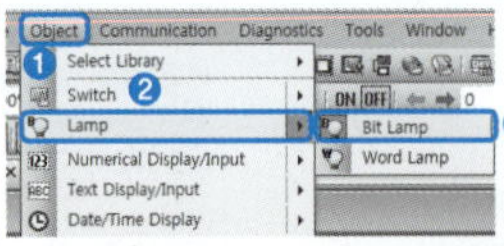
2	**램프 만들기** 화면에 마우스 커서를 위치시키고, 마우스를 우클릭한 후, 램프 크기만큼 사각 박스를 늘인다.	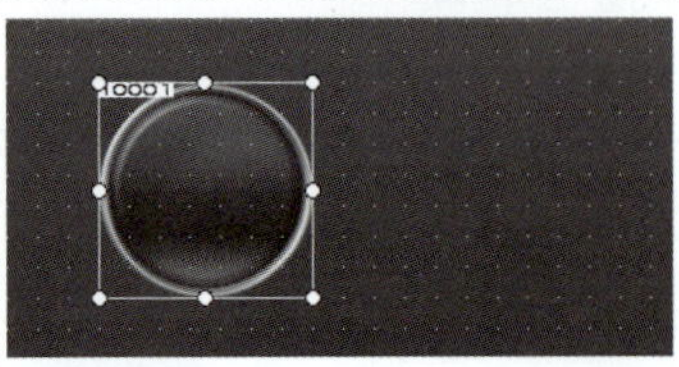

(계속)

3	**램프 기능 설정하기** ❶ 화면에 만들어진 스위치를 선택한 후에 더블클릭한다 ❷ [Bit Lamp] 창에서 램프의 PLC 메모리를 설정한다. ❸ 스위치의 형상을 변경할 경우에는 [Shape...]를 클릭한다. ❹ [Image List] 창에서 사용할 램프의 라이브러리를 선택한다. ❺ 램프에 사용할 컬러를 선택한다. ❻ 램프의 OFF 및 ON의 형상을 선택한다. ❼ [OK]를 클릭한다.	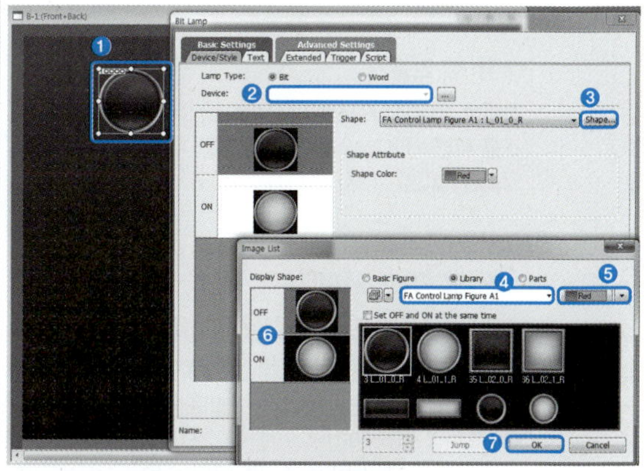
4	**완성된 램프** 스크린에 완성된 램프가 PLC의 출력 메모리 Y20에 할당된 모습이다.	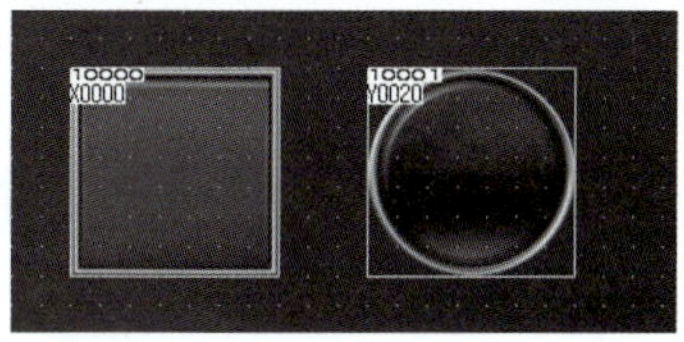

숫자 표시창과 숫자 설정창

PLC의 입출력 장치는 앞에서 언급한 스위치나 램프가 대부분이지만, 때로는 온도나 카운터의 설정값을 숫자로 입력하거나 표시할 수 있는 도구가 필요하다. 숫자 표시창은 지정된 PLC의 워드 메모리에 저장된 값을 표시하는 창이며, 숫자 설정창은 지정된 PLC의 워드 메모리에 값을 설정할 수 있는 창이다. GOT에서 숫자 표시창과 숫자 설정창을 만드는 절차를 살펴보자.

[표 2-8] **숫자 표시 및 설정창 만들기**

순서	작업 내용	작업 화면
1	**숫자 표시 및 설정창 만들기** ❶ [Object]를 선택한다. ❷ [Numerical Display/Input]을 선택한다. ❸ 숫자 표시창을 만드는 경우에는 [Numerical Display]를 선택한다. 숫자 설정창을 만드는 경우에는 [Numerical Input]을 선택한다.	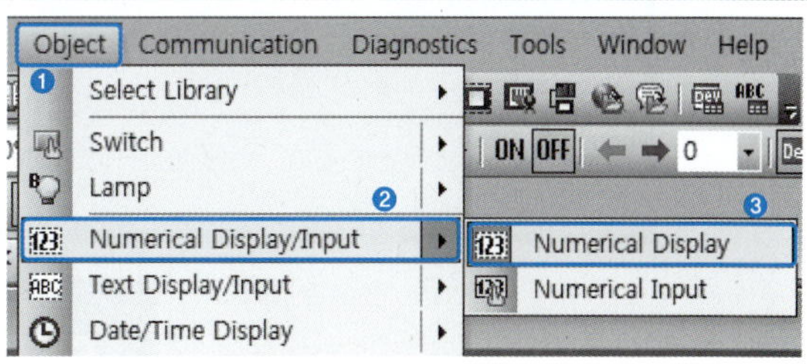

(계속)

2

숫자 창 만들기

화면에 마우스 커서를 위치시키고, 마우스를 우클릭한다. 숫자 창 크기만큼 사각 박스를 늘인다.

3

숫자 창 기능 설정하기

스크린에 만들어진 숫자 창을 더블클릭하면 [Numerical Display] 창이 생성된다.

❶ 숫자 창의 타입을 선택하고, ❷ 숫자 창에 표시할 값을 저장하고 있는 PLC 메모리를 지정한다.
❸ 설정한 메모리의 데이터 타입을 설정하고, ❹ 표시할 숫자의 폰트를 설정한 후, ❺ 폰트 크기를 정한다.
❻ 표시할 형식(10진수, 16진수, 2진수, 8진수, 실수 선택)을 설정하고, ❼ 표시할 최대 크기 숫자의 자릿수를 설정한다(천 단위는 4, 만 단위는 5)
❽ [OK] 클릭한다.

표시할 숫자의 컬러를 변경하거나 테두리를 만들려면 [Style] 탭을 선택한다.

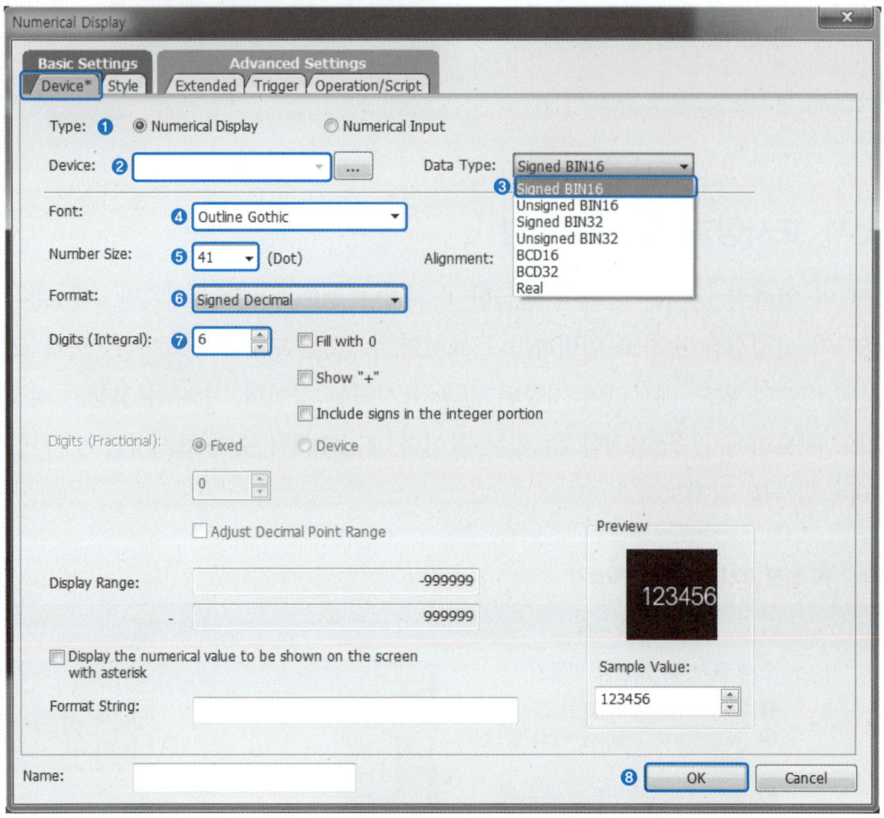

4

완성된 숫자 창

'Style'을 사용해서 완성한 숫자 창이다.

이번에는 숫자 설정창에 대해 살펴보자. 숫자 설정창을 만드는 작업 순서는 앞의 숫자 표시창의 경우와 동일하다. 다만 숫자 입력에 대한 상한과 하한의 값을 설정하는 부분만 추가된다. 하지만 두 창은 상당히 다르게 보인다. 숫자 표시창은 말 그대로 PLC의 메모리 값을 표시하는 창인데 반해, 숫자 설정창에는 표시된 위치를 터치하면 숫자를 입력할 수 있는 전자계산기와 같은 키패드가 생성된다.

[표 2-9] 숫자 설정창의 상한과 하한 설정하기

작업 화면

숫자 설정창 기능 설정하기

숫자 창의 타입을 [Numerical Input]으로 선택하면 [Basic Setting]에 [Input Case] 탭이 추가된다.

❶ [Input Case] 탭을 클릭하고, ❷ 덧셈(+) 버튼을 클릭하면 조건 입력이 추가된다.
❸ [Exp...]를 클릭한다.
❹ 입력 설정값의 하한을 설정하고, ❺ 입력 설정값의 상한을 설정한다.
❻ [OK]를 클릭하면, 하한과 상한 범위 안에 있는 값만 숫자 설정창에 입력할 수 있다.
❼ [OK]를 클릭한다

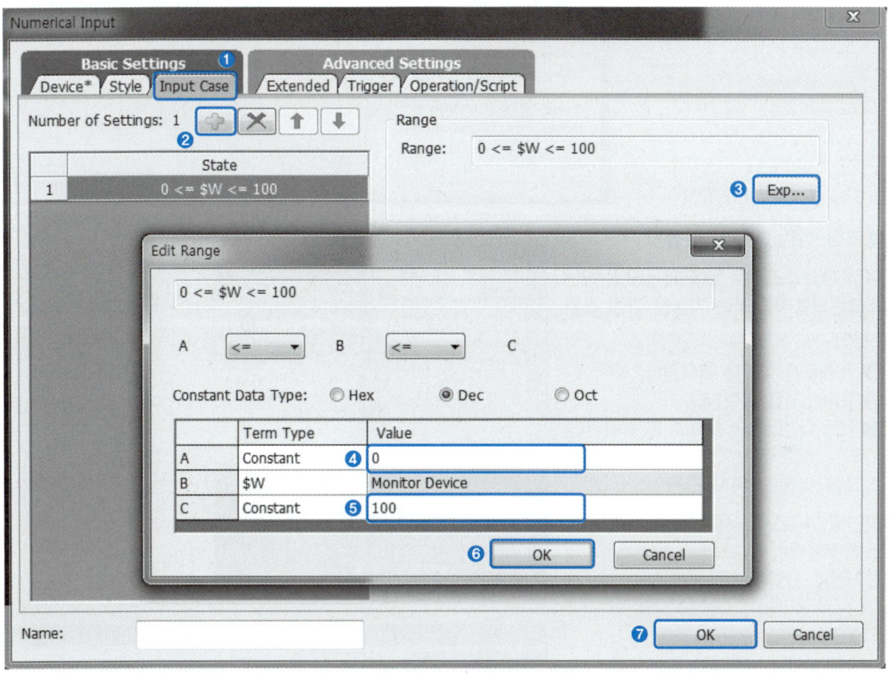

2.3.4 새로운 스크린 추가하기 및 스크린 이동하기

터치에서는 여러 개의 스크린(화면)을 구성하여 기능별로 사용할 수 있다. 여러 개의 스크린을 추가하는 방법과 스크린 이동 버튼을 만드는 방법을 살펴보자.

[표 2-10] 스크린 추가 및 이동 버튼 만들기

순서	작업 내용	작업 화면
1	**새로운 스크린 추가하기** ❶ [Screen] 탭을 클릭한다. ❷ [Base Screen] 폴더를 열어서 [New] 항목을 더블클릭한다. ❸ [Screen Property] 창에서 상단의 [Basic] 탭을 클릭하고, ❹ 새롭게 만드는 Screen의 번호를 설정한다. ❺ [OK]를 클릭하면 [Base Screen] 폴더에 2번 스크린이 추가된다. 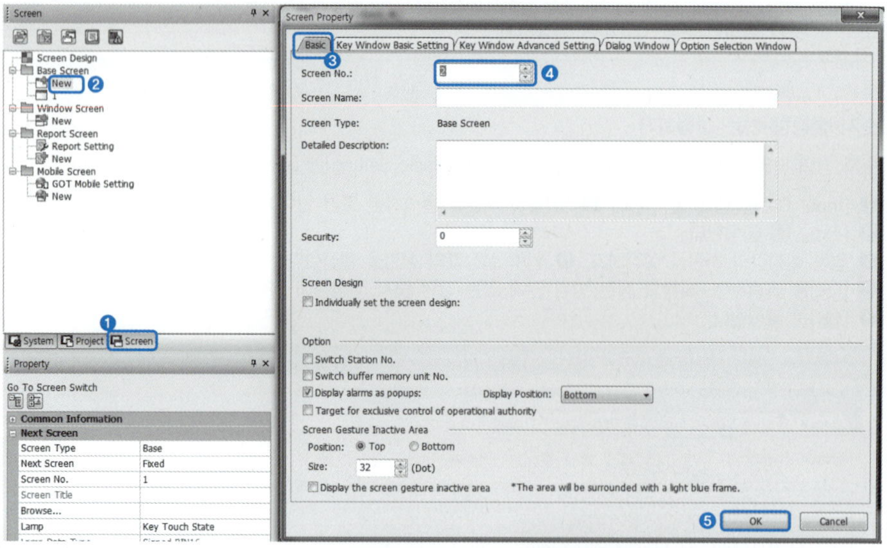 	
2	**스크린 이동 스위치 만들기** 여러 개의 스크린이 있을 때 필요로 하는 스크린으로 이동하는 기능을 가진 스위치이다. ❶ [Object] 항목을 클릭한다. ❷ [Switch]를 클릭한다. ❸ [Go To Screen Switch]를 클릭한다.	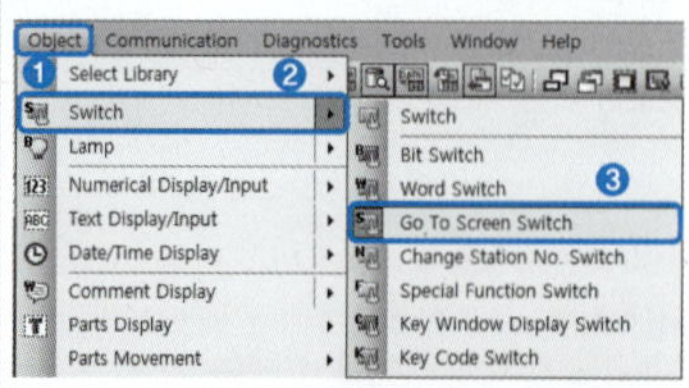
3	**스크린 이동 스위치 만들기** 화면에 마우스 커서를 위치시키고, 마우스를 우클릭한 후, 스크린 선택 스위치의 크기만큼 사각 박스를 늘인다.	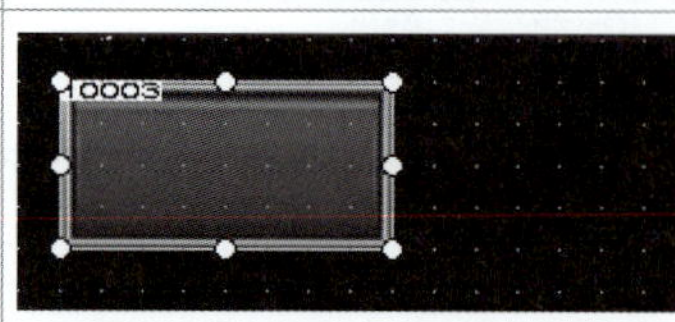
4	**스크린 이동 스위치의 속성 설정** ❶ [Next Screen] 탭을 클릭한다. ❷ 이동할 스크린의 번호 2를 설정한다. ❸ [OK]를 클릭하면 스크린 이동 스위치가 만들어진다. 1번 스크린에 만들어진 스크린 이동 스위치를 선택하면 설정값이 2로 되어 있기 때문에 2번 스크린으로 터치 화면이 변경된다. 따라서 2번 스크린에서도 1번 스크린으로 이동할 수 있는 스크린 이동 버튼을 작성한다.	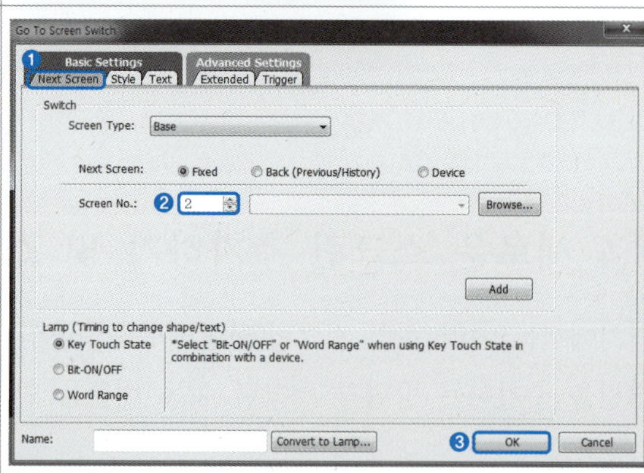

2.3.5 작업한 프로젝트를 GOT2000으로 전송하기

PC에 설치된 GOT2000 GT Designer3에서 작업한 내용을 터치 스크린으로 전송해야 한다. 전송하는 방법에는 USB를 이용하는 방법과 이더넷을 이용한 방법이 있다. 이 책에서는 USB를 이용한 전송 방법을 사용한다.

[표 2-11] 작업한 프로젝트를 GOT로 전송하기

<table>
<tr><th>순서</th><th>작업 내용 / 작업 화면</th></tr>
<tr><td>1</td><td>

PC ↔ GOT의 통신 설정

❶ [Communication] 메뉴를 선택하고, ❷ [Communication Configuration...] 항목을 선택한다.
❸ PC ↔ GOT의 통신 방법을 USB로 설정한다.
❹ [Test]를 눌러서 GOT와 USB 통신이 정상적으로 이루어지는지 확인한 후, ❺ [OK]를 클릭하면 USB 통신 설정이 완료된다.

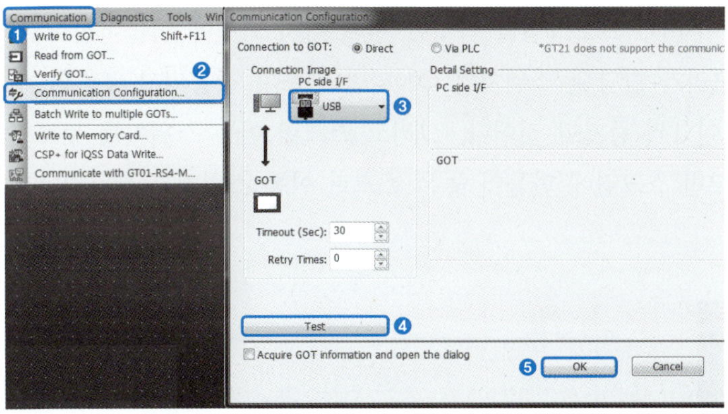

</td></tr>
<tr><td>2</td><td>

작업한 프로젝트를 GOT로 전송하기

❶ [Communication] 메뉴를 선택하고, ❷ [Write to GOT...] 항목을 선택한다.
❸ USB 통신 설정을 확인하고, ❹ [OK]를 클릭한다.
❺ [GOT Write]를 클릭하면 작업한 내용이 GOT로 전송된다.

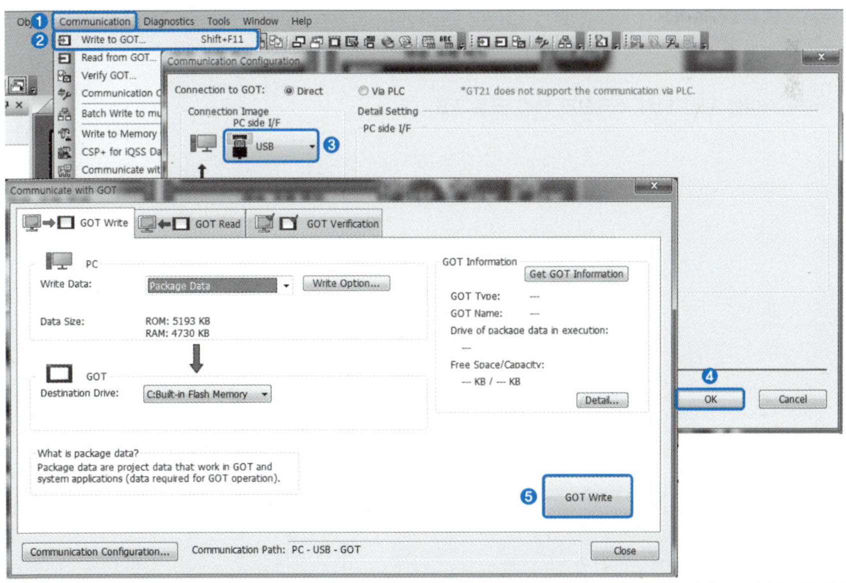

</td></tr>
</table>

2.3.6 작성한 터치 스크린의 동작 확인하기

앞에서 작성한 터치 스크린이 PLC 프로그램과 연동해서 정상적으로 작동하는지 살펴보자. GT Designer 3에서 작업한 내용을 GOT에 전송하면 터치 스크린에 작업한 내용이 표시된다. 이때 PLC와 GOT의 이더넷 통신이 정상적으로 이루어지면 작업한 모든 내용이 나타날 것이다. 그러나 PLC와 GOT의 이더넷 통신에 문제가 발생했다면 램프가 표시되지 않는다. 램프의 동작은 PLC의 메모리 내용을 GOT에서 읽어와서 표시하는 것인데, 통신에 문제가 발생하면 PLC 메모리 내용을 읽어올 수 없기 때문에 램프가 표시되지 않는 것이다. 램프가 터치 스크린에 표시되지 않는다면, 앞에서 언급한 PLC와 GOT의 이더넷 설정 부분을 다시 살펴보기 바란다.

[그림 2-29]와 같이 PLC 프로그램을 작성한 후에 터치 화면에 만들어진 스위치를 터치해보자. X0의 메모리가 할당된 스위치가 ON되면 램프가 점등되고, D0의 숫자 표시창에 표시된 숫자 값이 1씩 증가할 것이다. 그리고 스크린 이동 스위치를 누르면 2번 스크린으로 이동하고, 2번 스크린에 만들어 놓은 스크린 이동 스위치를 누르면 1번 스크린으로 이동한다.

(a) 작업한 터치 스크린

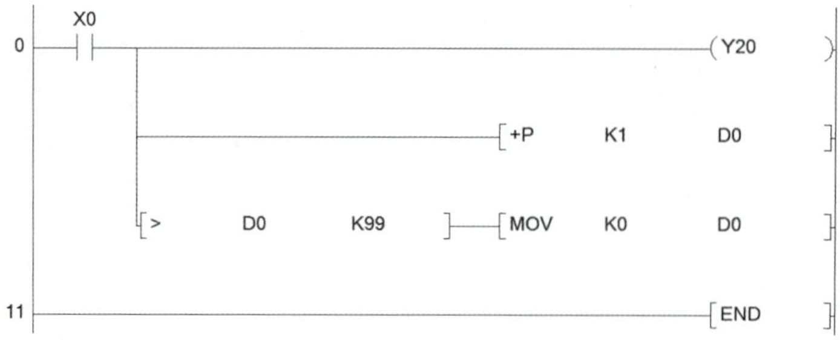

(b) PLC 프로그램

[그림 2-29] 제어를 위한 터치 스크린과 PLC 프로그램

Chapter 03

DC 모터를 이용한 위치 제어

이 장에서는 위치 제어의 원리를 파악하는 한 방법으로 DC 모터를 이용한 위치 제어 방법을 학습한다. PLC의 디지털 출력을 이용한 DC 모터의 ON/OFF 위치 제어 방법을 통해 다양한 위치 제어 방법을 학습할 수 있다.

3.1 위치 검출용 센서를 이용한 위치 제어 시스템 구성

[실습과제 3-1, 3-2, 3-3, 3-4]

DC 모터를 이용해 위치 제어를 하는 방법에 대해 살펴보자. 이 책의 최종 목표는 서보 모터를 이용한 정밀 위치 제어이지만, 먼저 시중에서 쉽게 구할 수 있는 DC 모터를 이용해서 위치 제어가 어떤 방식으로 이루어지는지 학습하고자 한다. 추후 실습을 통해 위치 제어를 위한 PLC 프로그램 작성 방법을 배운다.

3.1.1 DC 모터 제어 실습 장치

[그림 3-1]은 PLC를 이용한 DC 모터 제어에 사용할 실습 장치를 나타낸 것이다. 이 장치는 DC 모터의 정역 회전 제어를 통해 스크류에 설치된 이송테이블의 위치를 좌우로 이동시키는 장치이다. 모터의 회전 운동을 직선 운동으로 변환하는 기계 구조를 갖는 장치에서는 전체 이동 거리에 한계가 있기 때문에, 센서 또는 리밋limit 스위치 등을 이용해 이동 가능 거리를 벗어나지 않도록 주의해야 한다.

[그림 3-1]의 실습 장치를 살펴보면, DC 모터의 정역 회전 운동에 의해 스크류에 설치된 이송테이블이 좌우로 이동하고, 이송테이블의 이동 위치 검출 및 이동 거리를 제한하기 위한

센서가 설치되어 있다. 이송테이블의 위치 검출을 위해 포토마이크로센서를 사용한다.

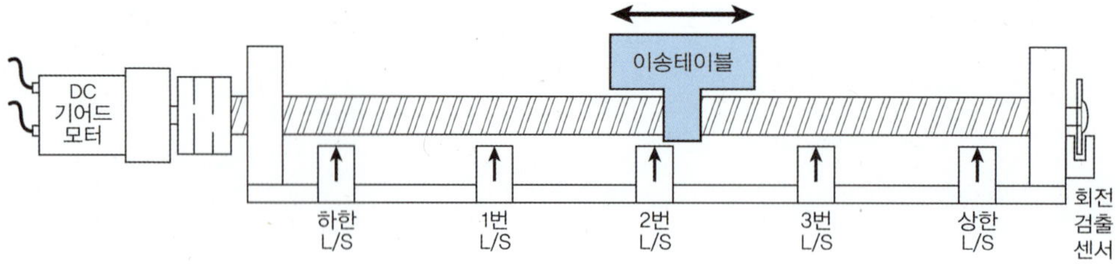

[그림 3-1] DC 모터 제어 실습 장치

3.1.2 포토마이크로센서

포토마이크로센서는 소형 앰프 내장형 광센서로, 이송테이블의 측면에 부착된 '도그'라는 금속편을 검출하여 이송테이블의 현재 위치를 알아내는 센서이다. 포토마이크로센서는 용도에 따라 여러 가지 형태를 가지고 있지만, 그중에서도 [그림 3-2]와 같은 타입이 널리 사용되고 있다. 포토마이크로센서는 광센서이기 때문에 동작 모드를 선택할 수 있다.

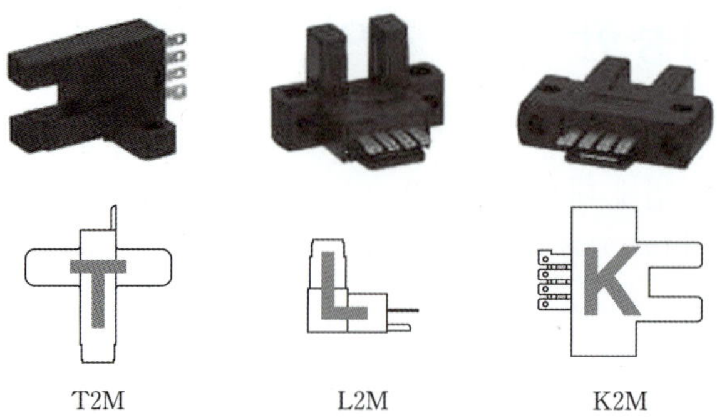

[그림 3-2] 포토마이크로센서의 형상

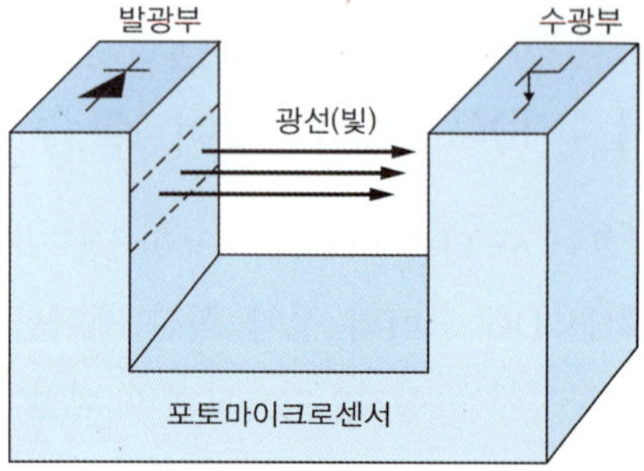

[그림 3-3] 포토마이크로센서의 동작 원리

광센서는 기본적으로 빛을 발생하는 발광부와 빛을 검출하는 수광부로 구성되어 있다. 포토마이크로센서는 발광부와 수광부가 일체형으로 제작된 제품으로, 전원이 ON되면 발광부에서 항상 빛을 발생하고, 수광부에서는 그 빛을 검출하여 센서의 출력을 ON/OFF하게 된다.

포토마이크로센서의 동작 모드는, [그림 3-3]에 나타낸 것처럼 발광부에서 발생한 광선을 수광부에서 검출했을 때 센서의 출력을 ON으로 할 것인지, 또는 광선을 수광부에서 검출하지 못했을 때 센서의 출력을 ON으로 할 것인지를 결정하는 방법을 의미한다. 대부분의 광센서에는 이러한 동작 모드를 선택하는 기능이 있다.

[그림 3-4]의 포토마이크로센서는 4개의 전기 단자를 가지고 있다. 센서를 동작시키기 위한 외부 전원 입력 단자가 2개, 센서의 출력 신호 단자가 1개이다. 그리고 남은 1개의 단자가 포토마이크로센서의 동작 모드를 결정하는 Control 단자이다. Control 단자가 개방되어 있다면, 발광부의 빛을 수광부에서 검출하지 못했을 때 센서의 출력이 ON된다. 반면 Control 단자가 전원의 (+) 전압에 연결되면 발광부의 빛을 수광부에서 검출했을 때 센서의 출력이 ON된다.

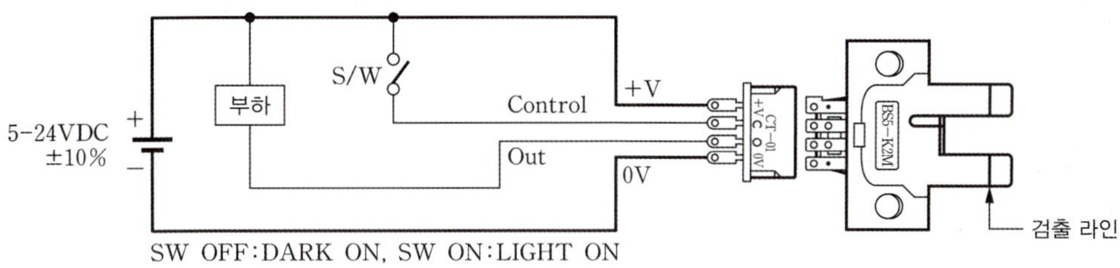

[그림 3-4] 포토마이크로센서의 결선도

광센서에 이러한 동작 모드가 있는 이유가 무엇일까? 센서는 전기 제품에서 기존에 수작업으로 동작시키던 스위치를 대체하는 부품이라 생각할 수 있다(여기서의 센서는 아날로그 센서를 제외한 ON/OFF형 디지털 타입의 센서를 의미한다). 스위치는 [그림 3-5]와 같이 기본적으로 2가지의 접점을 가지고 모든 전기의 흐름을 제어한다.

[그림 3-5] 스위치 접점의 종류

NO 접점(Normally Open contact)은 상시 열림형 접점 또는 a접점(arbeit contact)이라 하는데, 평상시에는 OFF되어 있다가 스위치가 동작하면 접점이 ON되는 스위치이다. NC 접점(Normally Closed contact)은 b접점(break contact)이라고도 불리는데, 평상시 ON되어 있다가 스위치가 동작하면 접점이 OFF된다. 스위치에서 a접점은 전기 공급이 차단된 전기회로에 전기를 공급하는 역할을 하고, b접점은 전기가 공급되어 작동하고 있는 전기회로의 전원을 차단하여 동작을 중지시키는 역할을 한다. 따라서 일반 전기 제품에서 a접점은 주로 ON하는 용도의 스위치로, b접점은 OFF하는 용도의 스위치로 사용된다.

포토마이크로센서는 특히 기존의 리밋 스위치를 대체하기 위해서 만들어진 제품이기 때문에 스위치의 a접점 및 b접점의 기능을 제공하는 Control 단자를 가지고 있다. 포토마이크로센서는 Control 단자가 개방되면 리밋 스위치의 a접점에 해당하는 역할을 하고,

Control 단자가 전원 (+) 단자에 연결되어 있으면 리밋 스위치의 b접점에 해당하는 역할을 한다.

[그림 3-6]은 포토마이크로센서가 Control 단자가 개방된 상태에서, 즉 DARK ON 상태에서 동작하고 있는 모습을 나타낸 것이다. 수광부에서 빛을 검출하면 센서의 출력이 OFF되어 램프가 소등된 상태가 유지되고, 장애물에 의해 수광부에서 빛이 검출되지 않으면 센서의 출력이 ON되어 램프가 점등된다. 이는 스위치의 a접점을 이용해 램프를 ON/OFF하는 동작과 같다.

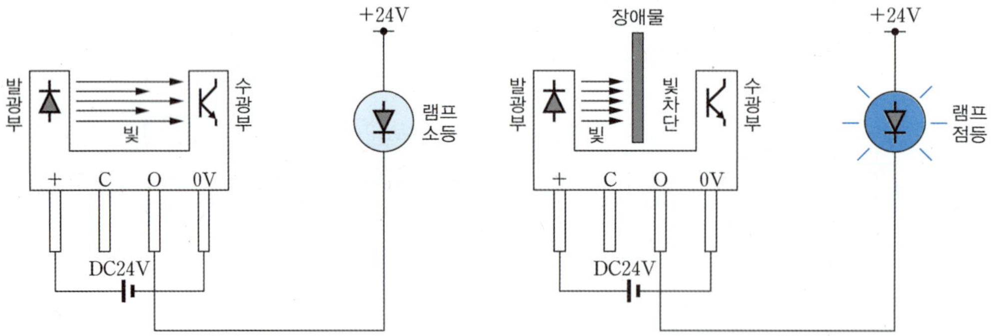

[그림 3-6] Control 단자가 개방된 상태의 포토마이크로센서의 동작

[그림 3-7]은 Control 단자가 +24V 전원에 연결되었을 때 포토마이크로센서의 동작 모습을 나타낸 것이다. 그림에서 수광부에서 빛이 검출되면 센서의 출력이 ON되어 램프를 점등하고, 수광부에서 빛이 검출되지 않으면 센서의 출력이 OFF되어 램프가 소등됨을 알 수 있다. 이는 스위치의 b접점을 이용해 램프를 ON/OFF하는 동작과 같다.

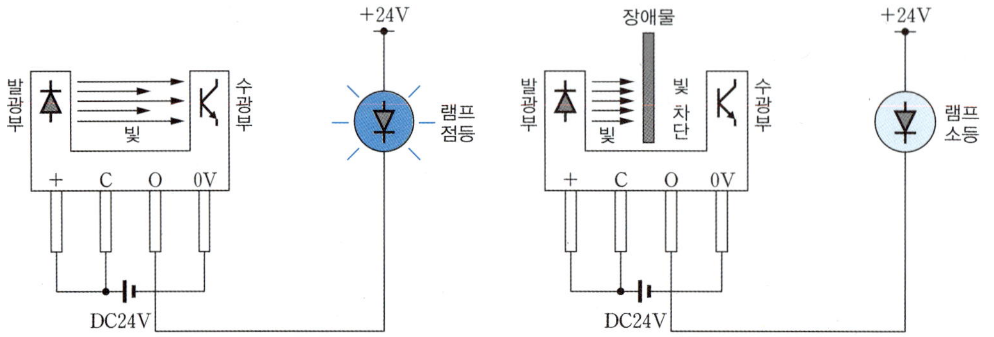

[그림 3-7] Control 단자가 전원에 연결된 상태의 포토마이크로센서의 동작

포토마이크로센서를 실제로 어떻게 활용하는지 살펴보자. [그림 3-1]에서 모터를 회전시키면 이송테이블은 좌측 또는 우측으로 계속 이동해 언젠가는 상한 또는 하한을 만나게 된다. 그러면 상한/하한 센서가 동작하면서 즉시 모터의 회전 동작을 멈춘다.

그러나 만약 상한 또는 하한 센서가 고장났거나 전선 연결에 문제가 있을 때 모터를 회전시키면 어떻게 될까? 이런 경우에는 상한/하한의 위치를 검출할 수 없기 때문에 기계에 심각한 문제를 초래하는 사고가 발생할 수 있다. 따라서 산업현장에서는 이러한 문제점을 해결하기 위해 비상정지 입력(여기에서는 상한/하한 센서)의 신호 접점으로 반드시 b접점을 사용해, 센서의 고장이나 센서와 연결된 전선의 단선으로 센서의 신호가 검출되지 않을 때에는 모터가 회전하지 않도록 한다.

[그림 3-8]의 (a), (c)는 a접점을 사용하여 PLC의 입력을 ON/OFF하는 그림이고, (b), (d)는 b접점을 사용하여 PLC의 입력을 ON/OFF하는 그림이다. a접점을 사용한 경우에는 전선의 끊어짐이나 스위치의 불량을 확인하기 위해서는 스위치를 따로 조작해야 한다. 하지만 b접점을 사용한 경우에는 스위치를 조작하지 않아도 평상시 입력이 ON 상태를 유지하기 때문에 전선의 끊김 또는 스위치의 고장이 발생하면 즉시 입력 신호가 OFF 된다. 즉 PLC의 입력 신호로 b접점을 사용할 경우에는 입력에 연결된 센서나 스위치의 고장 또는 전선의 끊김을 검출할 수 있다. 따라서 산업현장에서 비상정지 조건의 입력에 센서 또는 스위치를 사용할 경우엔 반드시 b접점을 이용한다. [그림 3-1]에 나타낸 DC 모터 제어 실습 장치에도 위치를 검출하는 센서는 a접점으로, 상한 및 하한으로 사용하는 센서는 b접점으로 PLC 입력에 연결하여 사용한다.

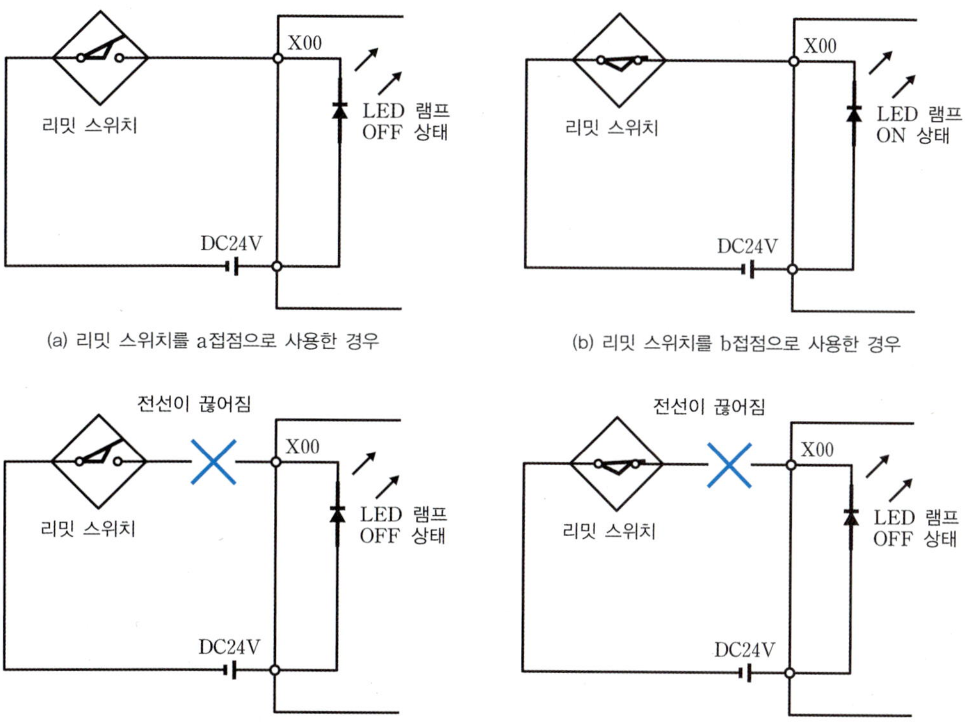

(a) 리밋 스위치를 a접점으로 사용한 경우

(b) 리밋 스위치를 b접점으로 사용한 경우

(c) 리밋 스위치를 a접점으로 사용한 경우

(d) 리밋 스위치를 b접점으로 사용한 경우

[그림 3-8] 스위치를 b접점으로 사용하는 이유

3.1.3 DC 기어드 모터

[그림 3-1]에서 이송테이블을 좌우로 이동시키는 데 DC 기어드 모터를 사용하였다. DC 기어드 모터는 DC 모터와 감속 변환용 기어가 조합되어 있는 모터이다. DC 모터는 고속 회전에서 효율이 좋도록 설계되어 있다. 하지만 기계 장치에 따라, 고속회전보다는 낮은 속도에서 높은 힘을 요구하는 경우에는 감속 기어를 사용하여 모터의 회전수를 낮추는 대신 토크를 크게 해서 사용한다.

[그림 3-9] DC 기어드 모터

3.1.4 릴레이

릴레이의 특징과 원리

1장에서 학습한 것처럼 DC 모터의 정역 회전을 제어하기 위해서는 별도의 전자회로가 필요하다. 이 책에서 DC 모터의 제어는 릴레이 접점을 이용한 정역 제어만을 사용한다. 따라서 PLC의 출력을 사용해서 릴레이를 제어하고, 릴레이 접점을 사용해서 DC 모터의 정역 회전을 제어한다. 릴레이는 전기적인 힘(전자력)에 의해 작동하는 스위치이다. 대부분의 스위치들은 사람이 조작하거나 또는 기계의 움직임에 의해 동작하는 구조를 가지고 있지만, 릴레이는 전자석의 원리를 이용해 릴레이의 전자석 코일에 전기가 흐를 때 스위치가 동작하는 구조로 만들어져 있다. 또 릴레이는 한 번에 여러 개의 접점을 동시에 ON/OFF할 수도 있다. 릴레이의 특징을 살펴보면 다음과 같다.

- 주변의 온도에 거의 영향을 받지 않는다(−40℃ ~ +80℃에서 사용 가능).
- 전류의 개폐 용량이 크고 전기적 노이즈에 강하다.
- 각 접점들 사이가 절연되어 있어 개별적인 동작이 가능하다.
- 동작 소음이 있고, 기계적 마찰로 인해 수명에 한계가 있다.
- 응답 시간이 비교적 길다(3ms ~ 20ms).
- 접점이 ON에서 OFF될 때, 아크arc 발생으로 접점이 손상될 수 있다.
- 접점이 ON/OFF될 때 스프링에 의해 접점이 진동하는 채터링chattering 현상이 발생한다.

전기 릴레이의 원리는 [그림 3-10(b)]와 같다. 전자석 코일에 전류가 흐르면, 힌지 한쪽 끝 절연체에 붙어있는 금속이 전자석 철심에 의해 끌어 당겨진다. 그러면 공통 접점 단자가 밀려서 움직이면서 접점을 ON/OFF하는 것이다. DC 모터의 정역 회전을 제어하기 위해서는 PLC의 트랜지스터 출력으로 전기 릴레이를 제어하고, 이 릴레이의 접점을 사용해서 DC 모터에 전류를 공급하는 형태로 전기회로를 구성해야 한다.

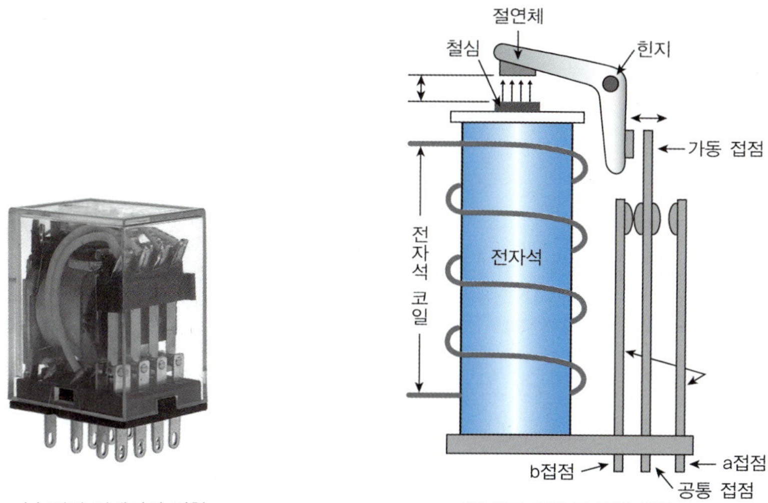

(a) 전기 릴레이의 외형 (b) 전기 릴레이 동작 원리

[그림 3-10] **전기 릴레이 외형과 구조**

PLC의 TR 출력 모듈에 릴레이를 연결해서 사용해야 하는 이유가 있다. 현장에서 PLC의 출력으로 제어하는 대부분의 전기기기들은 공압 솔레노이드 밸브, 램프 등과 같은 ON/OFF 형 부하들로, 동작 중에 1초에 1~2회 정도의 ON/OFF 빈도수를 가진다. 멜섹Q PLC의 TR 출력 모듈의 각 접점별 ON/OFF 전류는 16mA 이하의 값이어야 한다. 하지만 램프나 솔레노이드 밸브의 경우에는 수십에서 수백 mA를 요구하므로, PLC의 TR 출력 모듈의 접점으로 이들을 직접 구동하면 TR 출력 모듈의 접점이 파손될 수도 있다. 따라서 TR 출력 모듈의 접점을 이용해 전류 크기 16mA 이내의 부하에서 릴레이 코일을 안정적으로 구동하고, 실제 부하의 ON/OFF는 릴레이 접점을 이용해서 구동하면 TR 출력 모듈의 접점이 전기적 충격으로 인해 파손되는 일을 방지할 수 있다. 만약 구동 부하에 전기적 문제가 발생해도 릴레이의 접점만 손상되고 전기적으로 절연된 릴레이 코일이나 PLC의 TR 출력 모듈의 접점은 영향을 받지 않는다. 따라서 PLC의 TR 출력 모듈의 접점을 장기적으로 신뢰성 있게 사용하기 위해서는 TR 출력 모듈의 접점에 릴레이를 연결해서 사용하는 게 좋다.

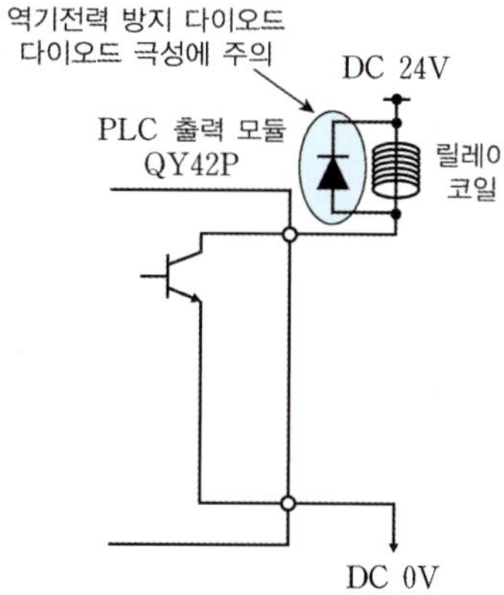

[그림 3-11] **역기전력 방지 다이오드**

PLC의 TR 출력 모듈의 접점을 이용해 릴레이를 구동할 때 주의할 점이 있다. 릴레이 코일이 유도성 부하(전자석의 원리를 이용한 부하 : 모터, 릴레이, 솔레노이드 밸브 등)이기 때문에, 릴레이 코일에 흐르는 전류를 차단시키면, 코일에 저장되어 있던 자장 에너지가 순간적으로 전기 에너지로 환원되면서 역기전력이 발생해 출력 접점인 TR을 손상시킬 수 있다. 따라서 TR 출력 접점

을 이용해 유도성 부하를 ON/OFF할 경우에는 다이오드를 이용한 역기전력 방지 회로를 반드시 설치해야 한다. [그림 3-11]은 역기전력 방지 다이오드를 설치한 전기회로 모습을 나타낸 것이다.

릴레이를 이용한 모터 정역 회로 구성

DC 모터를 정·역 회전시키는 전기회로를 구성하기 위해서는 [그림 3-12]와 같은 MY-4 DC 24V용 릴레이 2개가 필요하다. MY-4는 하니웰, 옴런 등에서 생산하는 릴레이 모델이다. 다른 모델의 릴레이인 경우에도, C접점이 2개 이상인 DC 24V용 릴레이를 준비한다.

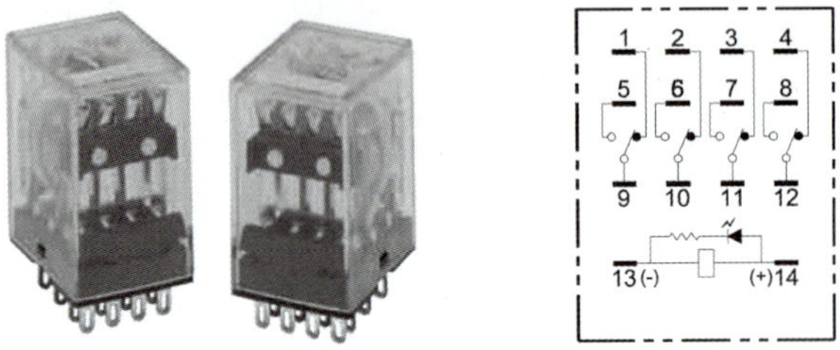

[그림 3-12] MY4 릴레이의 외형 및 접점 구성

DC 모터에 공급되는 전류의 방향이 바뀌면 DC 모터의 회전 방향도 변경된다. 이러한 원리를 이용해 릴레이 2개를 사용하여 DC 모터에 공급되는 전류의 방향을 변경함으로써 모터의 회전 방향을 바꾸는 회로를 구현할 수 있다. [그림 3-13]에 DC 모터 정·역 회전 제어를 위한 PLC의 입·출력 구성을 나타내었다.

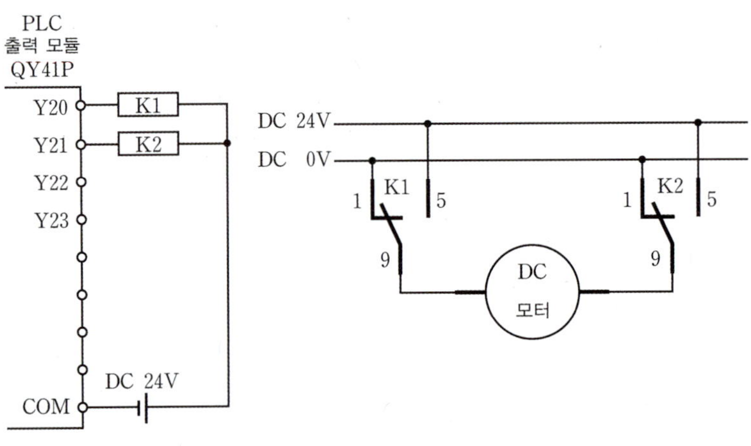

[그림 3-13] DC 모터 정·역 제어를 위한 PLC 출력 시스템 구성도

[그림 3-13]에서 릴레이 K1이 동작하면 DC 모터는 시계방향으로 정회전하고, 릴레이 K2가 동작하면 모터는 반시계방향으로 역회전한다. 릴레이 K1, K2가 동시에 동작하면, DC 모터는 정지된 상태를 유지하기 때문에 전기적으로 아무런 문제가 발생하지 않는다. DC 모터가 회전하다가 정지하면, 모터의 전선 양쪽이 DC 0V에 연결되기 때문에 모터가 급정지하는 효과가 나타난다. 이러한 모터 정지 방법을 발전 제동이라 한다. DC 모터가 회전하다가 정지하면(즉, 모터의 회전수가 점차 줄어들면), DC 모터가 발전기로 동작하게 되어 모터에서 전류가 생성된다. 이때 발생하는 전류를 큰 부하를 통해서 소모시키면 모터를 급격하게 제동할 수 있다. 실습에 사용하는 DC 모터는 소형이기 때문에 발생된 전기를 DC 0V로 쇼트시켜도 큰 문제가 되지 않는다. 단, 모터의 용량이 큰 경우에는 저항을 사용해야 한다.

DC 모터의 정·역 제어에는 [그림 3-13]과 같은 릴레이가 포함된 회로를 주로 사용한다. 릴레이를 이용하면 큰 전류 용량을 가진 DC 모터의 정·역 제어도 손쉽게 할 수 있다. 하지만 모터의 속도 제어는 불가능하므로 이때는 트랜지스터 모듈을 이용한다.

3.1.5 DC 모터 정·역 제어 실습을 위한 PLC 입·출력 구성

[그림 3-14]와 같이 DC 모터 정·역 제어 실습에 사용할 PLC의 구성은 (+)콤먼 입력 모듈 QX41(32점), 트랜지스터 출력 모듈 QY41P(32점)를 이용한다. 이 PLC 입·출력 결선도에서는 6개의 푸시 버튼과 5개의 포토마이크로센서, 그리고 DC 모터 정·역 제어를 위한 두 개의 릴레이 출력을 사용한다. DC 모터의 정·역 제어를 위한 릴레이 결선은 [그림 3-13]을 참고한다.

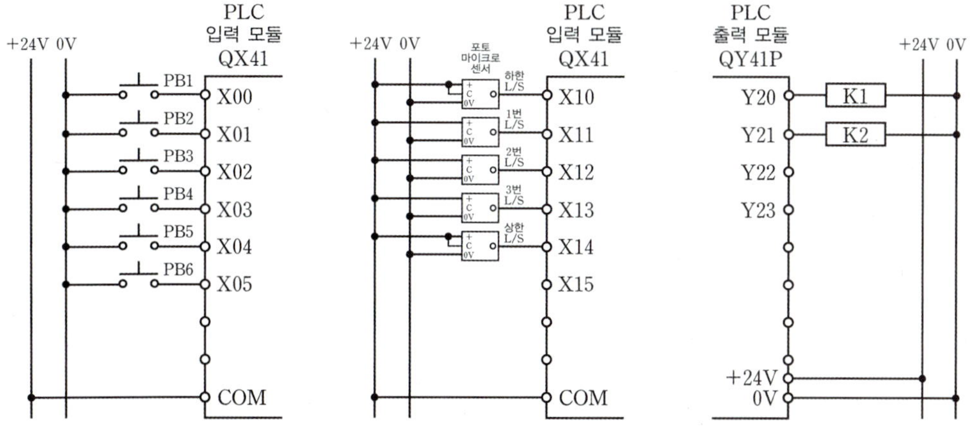

[그림 3-14] DC 모터 정·역 제어 실습을 위한 PLC 결선도

[그림 3-14]에서 PLC의 입력 X10과 X14에 연결되는 포토마이크로센서는 Light ON 모드에 놓는다. Light ON 모드(수광부에서 발광부의 빛이 검출될 때 센서의 출력이 ON되는 모드)는 Control 단자가 +24V에 연결되어 평상시 ON 출력 상태가 유지되는 모드이다.

여기까지 학습한 독자들은 3.2절을 들어가기에 앞서, 먼저 [실습과제 3-1] ~ [실습과제 3-4]를 학습하기 바란다.

3.2 회전 검출 센서를 이용한 위치 제어

[실습과제 3-5, 3-6, 3-7, 3-8]

위치 검출용 센서를 이용한 위치 제어에서는 정해진 위치만 이동할 수 있었다. 이번에는 모터의 축에 연결되어 있는 회전 검출 장치와 포토마이크로센서를 사용하여 임의의 위치로 이송테이블을 이동시킬 수 있는 위치 제어 방법에 대해 학습해보자.

[그림 3-15]의 실습 장치는 [그림 3-1]에서 위치 검출용 센서 1번의 기능을 원점 센서로 변경하고, 위치 센서 2번과 3번은 제거한 후, 스크류 축단에 모터의 회전을 검출하기 위한 회전 검출 시스템을 추가한 것이다.

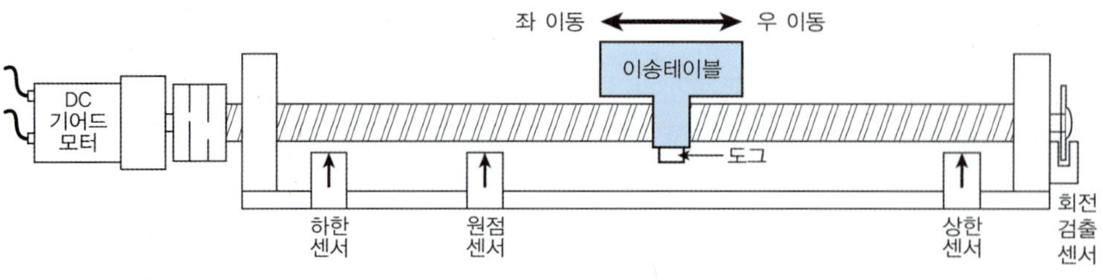

[그림 3-15] DC 기어드 모터를 이용한 이송테이블 위치 제어 장치

볼 스크류 축에 연결된 모터 회전 검출 장치는 [그림 3-16]과 같이 회전 원판에 8개의 구멍이 뚫려있는 형태로, 모터가 1회전할 때 8개의 전기 신호가 회전 검출용 포토마이크로센서에 의해 만들어진다. [그림 3-15]와 같은 기계 장치는 요즘 시판되는 [그림 3-17]과 같은 3D 프린터 부품을 활용하면 저렴한 가격에 어렵지 않게 만들 수 있다.

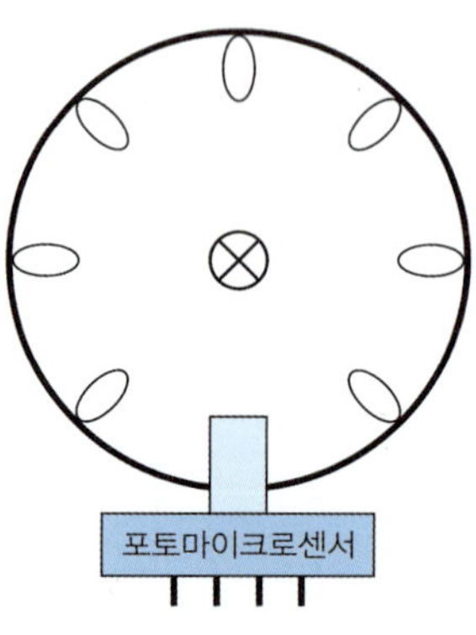

[그림 3-16] 회전 검출 장치

이송테이블 위치 제어 장치에 사용된 리드 스크류는 1회전할 때 8mm를 이동한다. 그렇기 때문에 회전 검출 장치의 원판에 8개의 구멍을 가공해서 1mm 단위로 위치를 검출할 수 있도록 하고 있다.

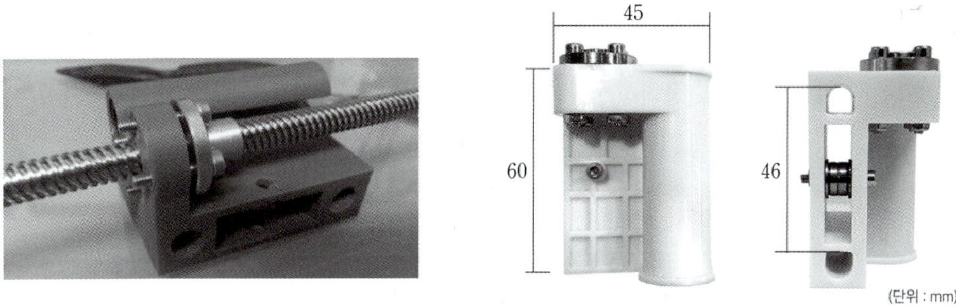

(a) 이송테이블 조립 형태

(b) 조립에 사용된 3D 프린터 부품

[그림 3-17] 3D 프린터 부품을 활용한 이송테이블 제작

회전 검출 장치는 서보 제어 시 사용하는 서보 모터의 엔코더 역할을 한다. 서보 모터에서 사용하는 엔코더의 분해능은 모터 1회전에 수천에서 수만 개의 펄스 신호를 만들어 내기 때문에 μm 단위의 정밀한 위치 제어가 가능하다. 실습에서의 DC 기어드 모터를 사용한 위치 제어는 1mm 단위의 이동을 검출할 수 있는 매우 낮은 수준의 위치 제어 장치이다. 하지만 이 정도로도 정밀한 서보 시스템에서 구현할 수 있는 다양한 위치 제어 기능을 학습하는 데에는 아무런 문제가 없다. 우리가 DC 모터 제어를 통해 배우고자 하는 것은 정밀한 위치 제어 방법이 아니라, 어떤 방식으로 서보가 위치 제어를 하는지에 대한 내용이기 때문이다. 해당 실습과제들을 통해 회전 검출 장치를 사용한 위치 제어 방법에 대해 차근차근 학습해보자.

실습과제 3-1 DC 모터의 정·역 제어 실습 1

DC 모터를 이용한 위치 제어 시스템의 동작 여부를 확인하는 간단한 정·역 제어를 해보자.

[Section 3.1]

GOT에 [그림 3-18]과 같이 작화하여, 좌 이동이나 우 이동 버튼이 눌리고 있는 동안에 DC 모터가 회전하는 PLC 프로그램을 작성해보자.

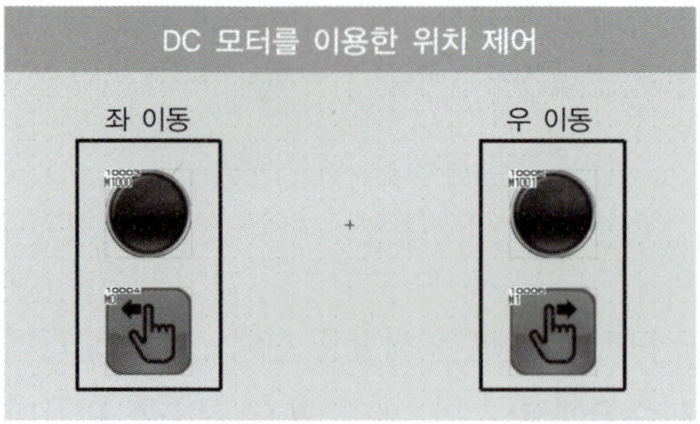

[그림 3-18] DC 모터 조작 패널

[표 3-1] PLC 입·출력 번지 할당표

입력 번호	기능	출력 번호	기능
X00 / M0	좌 이동	Y20	DC 모터 좌 이동
X01 / M1	우 이동	Y21	DC 모터 우 이동
X10	하한(좌측) 센서	Y30/M1000	좌 이동 표시 램프
X14	상한(우측) 센서	Y31/M1001	우 이동 표시 램프

동작 조건

❶ 좌 이동 버튼과 우 이동 버튼은 GOT에서 만든 버튼 M0와 M1에 의해 동작할 뿐만 아니라 입력 X00과 X01에 의해서도 동작해야 한다.

❷ 좌 이동 버튼을 누르고 있는 동안에 이송테이블이 좌측으로 이동하고, 좌 이동 표시 램프는 점등 동작을 한다. 이송테이블이 좌측으로 이동하던 중에 하한 센서가 동작하면 모터는 즉시 정지하고, 좌 이동 표시 램프는 0.5초 간격으로 점멸 동작을 한다. 이 상태에서는 좌 이동 버튼을 누르고 있어도 모터가 동작하지 않고 좌 이동 표시 램프만 점멸 동작한다. 좌 이동 버튼이 OFF이면 램프의 점멸 동작도 OFF된다. 이 상태에서 우 이동 버튼을 누르면, 이송테이블이 우측으로 이동하면서 우 이동 표시 램프가 점등된다.

❸ 우 이동 버튼을 누르고 있는 동안에 이송테이블은 우측으로 이동하고, 우 이동 표시 램프가 점등 동작을 한다. 이송테이블이 우측으로 이동하던 중에 상한 센서가 동작하면 모터는 즉시 정지하고, 우 이동 표시 램프는 0.5초 간격으로 점멸 동작한다. 이 상태에서는 우 이동 버튼을 누르고 있어도 모터는 동작하지 않고 우 이동 표시 램프만 점멸 동작한다. 우 이동 버튼이 OFF이면 램프의 점멸 동작도 OFF된다. 이 상태에서 좌 이동 버튼을 누르면, 이송테이블이 좌측으로 이동하면서 좌 이동 표시 램프가 점등된다.

PLC 프로그램 작성법

실습과제를 수행하기 전에 PLC의 입력 모듈 상단에 있는 입력 신호 확인용 램프를 이용해 PLC의 입력 모듈에 연결된 포토마이크로센서의 상태를 0(OFF 상태), 1(ON 상태)로 표시하면 [표 3-2]와 같다.

[표 3-2] 실습 장치의 센서 출력 상태

센서 구분	하한 센서(X10)	1번 위치(X11)	2번 위치(X12)	3번 위치(X13)	상한 센서(X14)
입력 상태	1	0	0	0	1

하한 및 상한 센서는, 포토마이크로센서의 Control 단자에 +24V 전원을 연결하여 수광부에서 빛이 검출되었을 때 출력이 ON되는 타입이기 때문에, 평상시에 센서의 출력은 ON 상태이다. 1, 2, 3번 센서는 수광부에서 빛이 차단될 때 출력이 ON되기 때문에 평상시에 출력은 OFF 상태이다. 이는 하한 및 상한 센서를 b접점 형태로 사용한다는 의미이다. 따라서 상한 및 하한 센서가 연결된 PLC의 입력 상태는 평상시 ON 상태이므로, PLC의 프로그램에서 상한 및 하한 센서를 입력 신호로 사용할 때에는 a접점을 사용한다.

모터를 이용한 단순한 정역 회전 제어는 일상생활에서 어떤 용도로 사용될까? 한 예로, [그림 3-19]와 같이 높낮이 조절 책상 또는 전동 침대의 자세를 제어하는 데 DC 모터의 정역 회전 제어가 이용된다. 또한 기계 장치를 구동하는 액추에이터에도 DC 모터의 정역 회전이 활용된다. 모터의 정역 제어를 위한 PLC 프로그램 작성법에 대해 살펴보자.

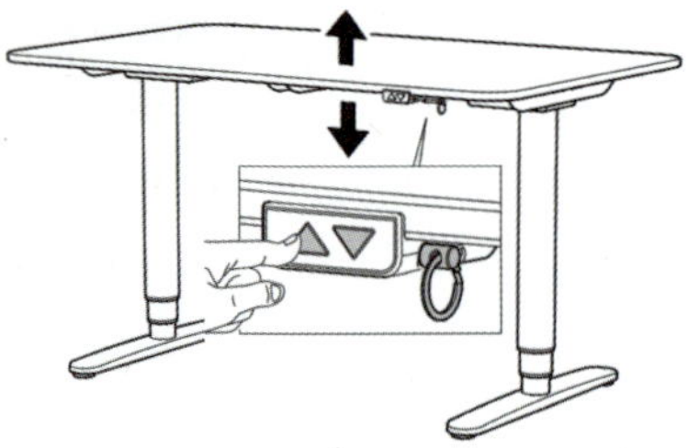

(a) 전동 높낮이 조절 책상

(b) 높낮이 조절 전동 침대

[그림 3-19] DC 모터 정역 회전을 이용한 실생활 용품

[실습과제 3-1]에는 좌 이동 버튼과 우 이동 버튼의 2개의 입력이 존재한다. 각각의 입력에 따라 어떤 동작을 할지를 순서대로 나열하면 프로그램의 작성 순서도가 된다.

[표 3-3]에서와 같이 좌 이동 버튼이 눌렸을 때의 동작 순서를 살펴보자. 좌 이동 버튼이 눌렸다고 출력이 무조건 동작하는 건 아니다. 좌 이동 버튼에 대한 특정한 입력 조건이 충족되어야만 출력이 동작할 수 있다. 좌 이동 버튼의 조건은 [표 3-3]에 나타낸 것처럼 두 가지로 구분된다. 따라서 이 두 가지 조건에 따라 제어할 대상을 ON/OFF하면 프로그램이 완성된다.

[표 3-3] 동작 조건 분석에 따른 PLC 프로그램 작성 순서

<table>
<tr><th>(a) 좌 이동 버튼이 눌렸을 때 동작 조건</th><th>(b) 좌 이동 버튼이 눌렸을 때 프로그램</th></tr>
<tr><td>주어진 동작 조건을 분석해서 입력 조건이 무엇인지 확인한다. 좌 이동 입력 조건은 두 가지로 분리된다.

좌 이동 조건 1 :
① 좌 이동 버튼이 눌리고
② 우 이동 버튼이 눌리지 않은 상태에서
③ 하한 센서가 동작하지(OFF) 않을 때,

좌 이동 조건 1이 충족되면 모터 좌 이동을 위한 메모리 M200이 ON되었을 때 프로그램 라인 223번과 242번에 의해 좌 이동 동작이 시작되고, 좌 이동 램프를 점등한다. 동작 중에 하한 센서가 동작하면 M201이 ON되었을 때 프로그램 라인 223번에 의해 좌 이동이 중지된다.

좌 이동 조건 2 :
① 좌 이동 버튼이 눌리고
② 하한 센서가 동작 상태(OFF)일 때,

좌 이동 조건 2가 충족되면 메모리 M202가 ON되고, 프로그램 라인 242번의 2번째 줄의 조건에 의해 좌 이동 램프가 점멸 동작한다.</td><td>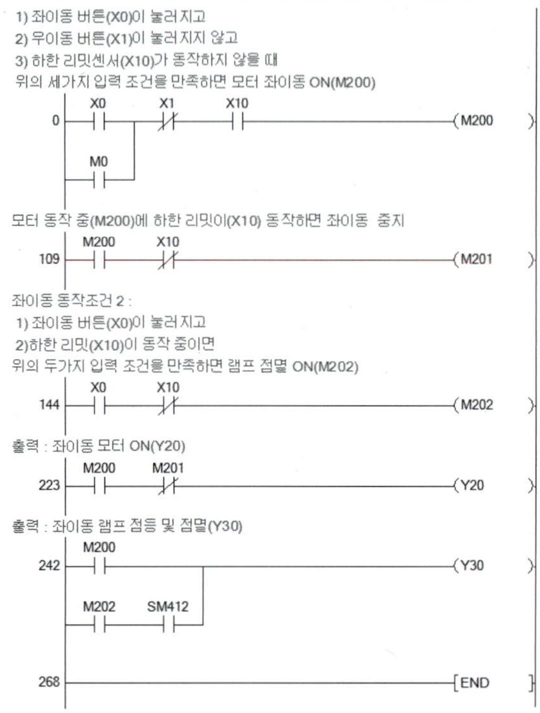
</td></tr>
</table>

PLC 프로그램

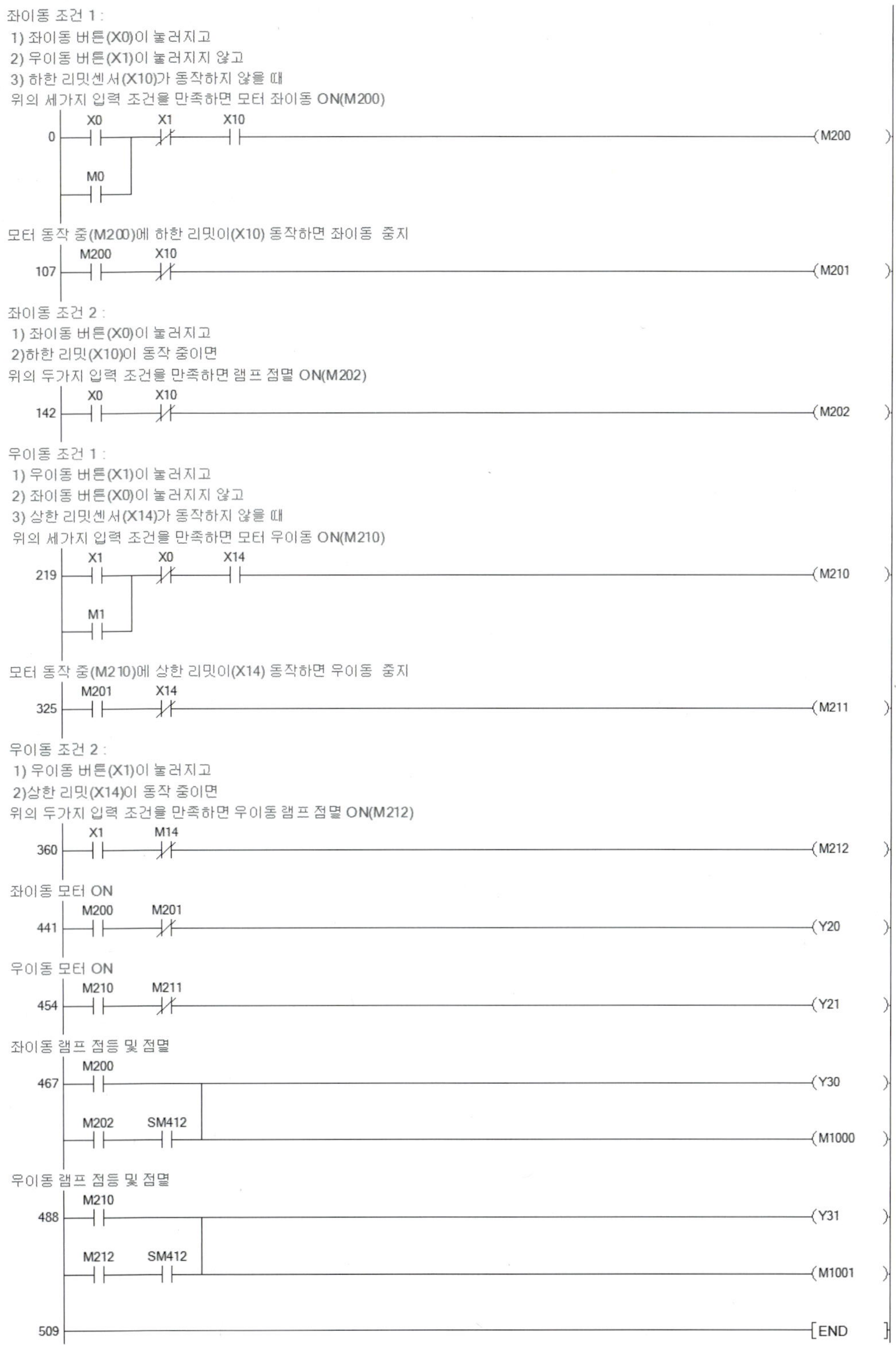

[프로그램 3-1] DC 모터 정 · 역 제어

실습과제 3-2 DC 모터의 정·역 제어 실습 2

[실습과제 3-1]이 DC 모터를 이용한 정·역 제어 시스템의 동작을 확인하였다. 이번 과제에서는 산업현장에 실제 사용되는 모터의 정역 제어에 대해 학습한다.

[Section 3.1]

다음 주어진 조건을 만족하는 DC 모터 정·역 회전 PLC 프로그램을 자기유지 회로를 이용해 작성해보자.

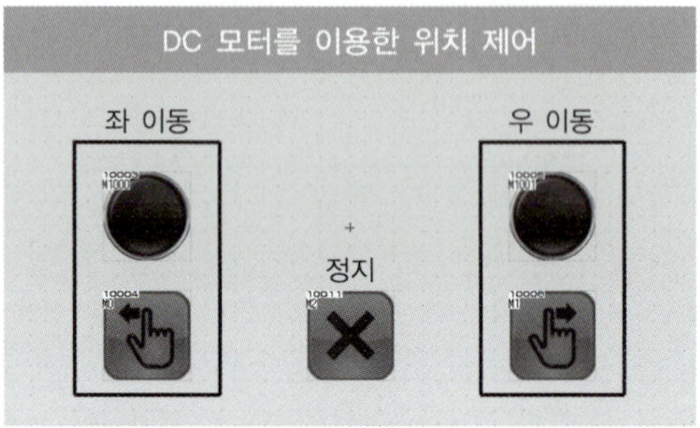

[그림 3-20] DC 모터 조작 패널

[표 3-4] PLC 입·출력 번지 할당표

입력 번호	기능	출력 번호	기능
X00 / M0	좌 이동	Y20	DC 모터 좌 이동
X01 / M1	우 이동	Y21	DC 모터 우 이동
X02 / M2	정지		
X10	하한(좌측) 센서	M1000	좌 이동 표시 램프
X14	상한(우측) 센서	M1001	우 이동 표시 램프

동작 조건

❶ 좌 이동 버튼을 누르면 이송테이블이 좌측으로 이동하고, 좌 이동 표시 램프가 점등된다. 이송테이블이 좌측으로 이동하는 중에 하한 센서가 동작하면 모터는 즉시 정지하고, 좌 이동 램프는 0.5초 간격으로 3번 점멸 동작 후 소등된다. 만약 좌 이동 버튼을 눌렀을 때 하한 센서가 동작 중이면, 좌 이동 표시 램프는 좌 이동 버튼을 누르는 동안 0.5초 간격으로 점멸 동작한다.

❷ 우 이동 버튼을 누르면 이송테이블은 우측으로 이동하고, 우 이동 표시 램프가 점등 동작을 한다. 이송테이블이 우측으로 이동하는 중에 상한 센서가 동작하면 모터는 즉시 정지하고, 우 이동 램프는 0.5초 간격으로 3번 점멸 동작 후 소등된다. 만약 우 이동 버튼을 눌렀을 때 상한 센서가 동작 중이면, 우 이동 표시 램프는 우 이동 버튼을 누르는 동안 0.5초 간격으로 점멸 동작한다.

❸ 이송테이블이 좌측 또는 우측으로 이송하는 도중에 정지 버튼을 누르면, 이송테이블은 즉시 정지하고 모든 램프는 소등된다.

PLC 프로그램 작성법

[그림 3-21]은 일상생활에서 자주 볼 수 있는 사례이다. 일반 상가의 출입문 또는 대형 건물의 방화 셔터는 모터의 정역 제어를 이용해서 셔터를 열고 닫는다. 모터를 이용한 이러한 장치는 학교의 강의실에서 사용하는 전동 스크린이나 주차장 출입구에 설치되는 차량용 게이트에도 사용된다.

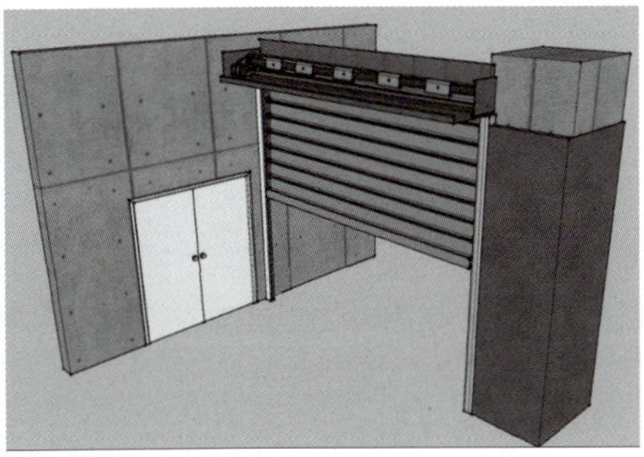

(a) 철재 전동 셔터

(b) 전동 셔터 스위치 박스

[그림 3-21] 모터의 정역 제어 사용 사례

[실습과제 3-1]에서는 좌 이동과 우 이동 버튼을 누르고 있는 동안에 모터가 정·역 회전 동작을 했다. 하지만 [실습과제 3-2]에서는 좌 이동 또는 우 이동 버튼을 누르면 상한과 하한 센서가 동작할 때까지, 또는 정지 버튼이 눌릴 때까지 모터가 회전해야 한다. 이런 경우에는 자기유지 회로나 SET/RESET 명령어를 사용한다. 그리고 좌·우 이동 중에 상·하한 센서 동작에 의해 램프가 3초간 점멸할 때 좌·우 이동 버튼이 동작하지 않도록 입력 조건에 램프 점멸 조건을 추가한다.

PLC 프로그램

좌이동 조건 1 :
1) 좌이동 버튼(X0)이 눌러지고
2) 우이동 버튼(X1)과 정지버튼(X2, M2)이 눌러지지 않고
3) 하한 리밋센서(X10)가 동작하지 않을 때
4) 모터 동작 또는 상 하한 동작에 의해 램프 점멸이 아닐 때
위의 네가지 입력 조건을 만족하면 모터 좌이동 ON(M200)

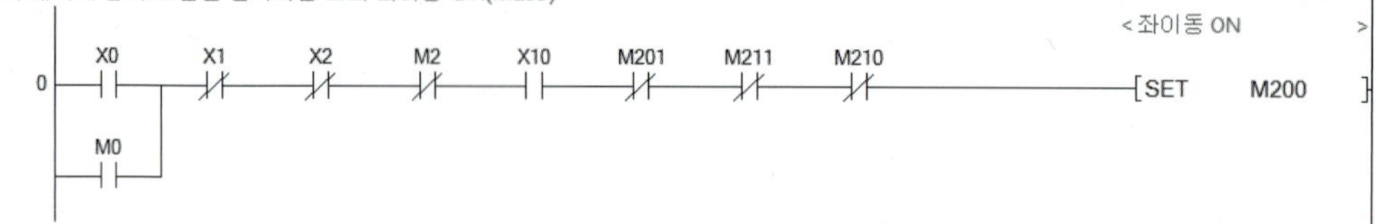

모터 동작 중(M200)에 하한 리밋이(X10) 동작하면 좌이동 중지

모터 정지 후 3초간 0.5초 간격 램프 점멸 동작

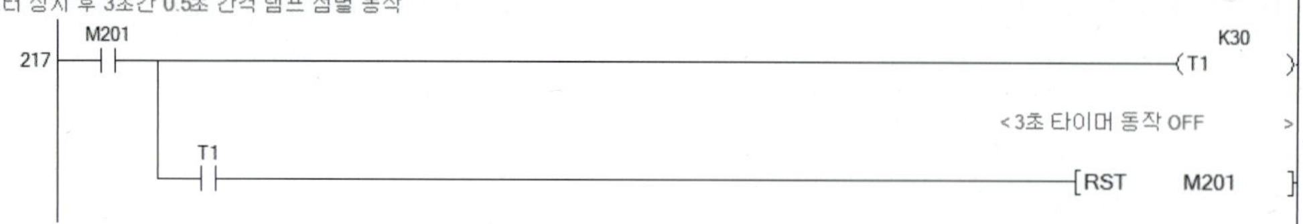

좌이동 조건 2 :
1) 좌이동 버튼(X0)이 눌러지고
2)하한 리밋(X10)이 동작 중이면
위의 두가지 입력 조건을 만족하면 램프 점멸 ON(M202)

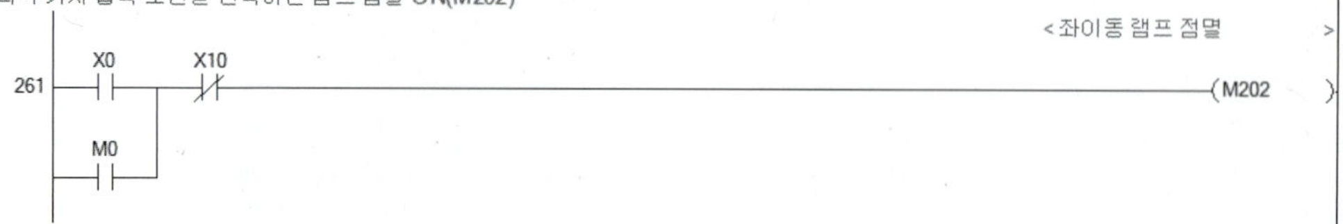

우이동 조건 1 :
1) 우이동 버튼(X1)이 눌러지고
2) 좌이동 버튼(X0)과 정지버튼(X2, M2)이 눌러지지 않고
3) 상한 리밋센서(X14)가 동작하지 않을 때
4) 모터 동작 또는 상 하한 동작에 의해 램프 점멸이 아닐 때
위의 네가지 입력 조건을 만족하면 모터 우이동 ON(M210)

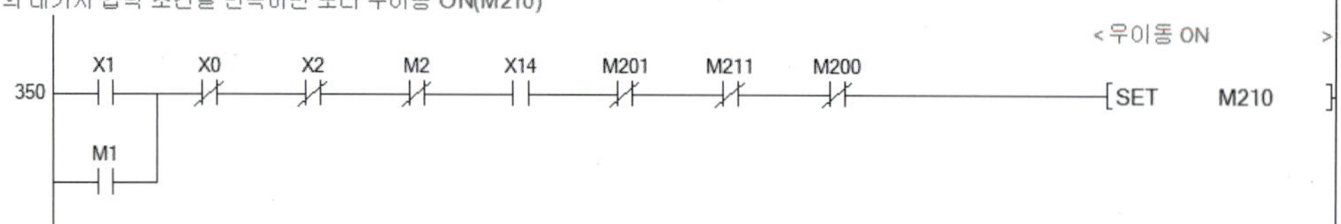

모터 동작 중(M210)에 상한 리밋이(X14) 동작하면 우이동 중지

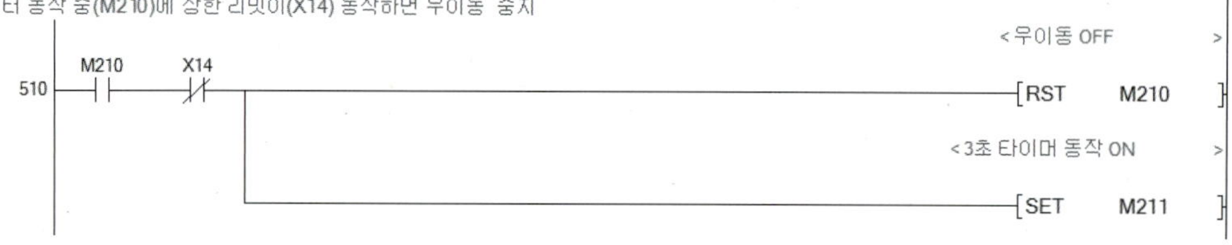

(계속)

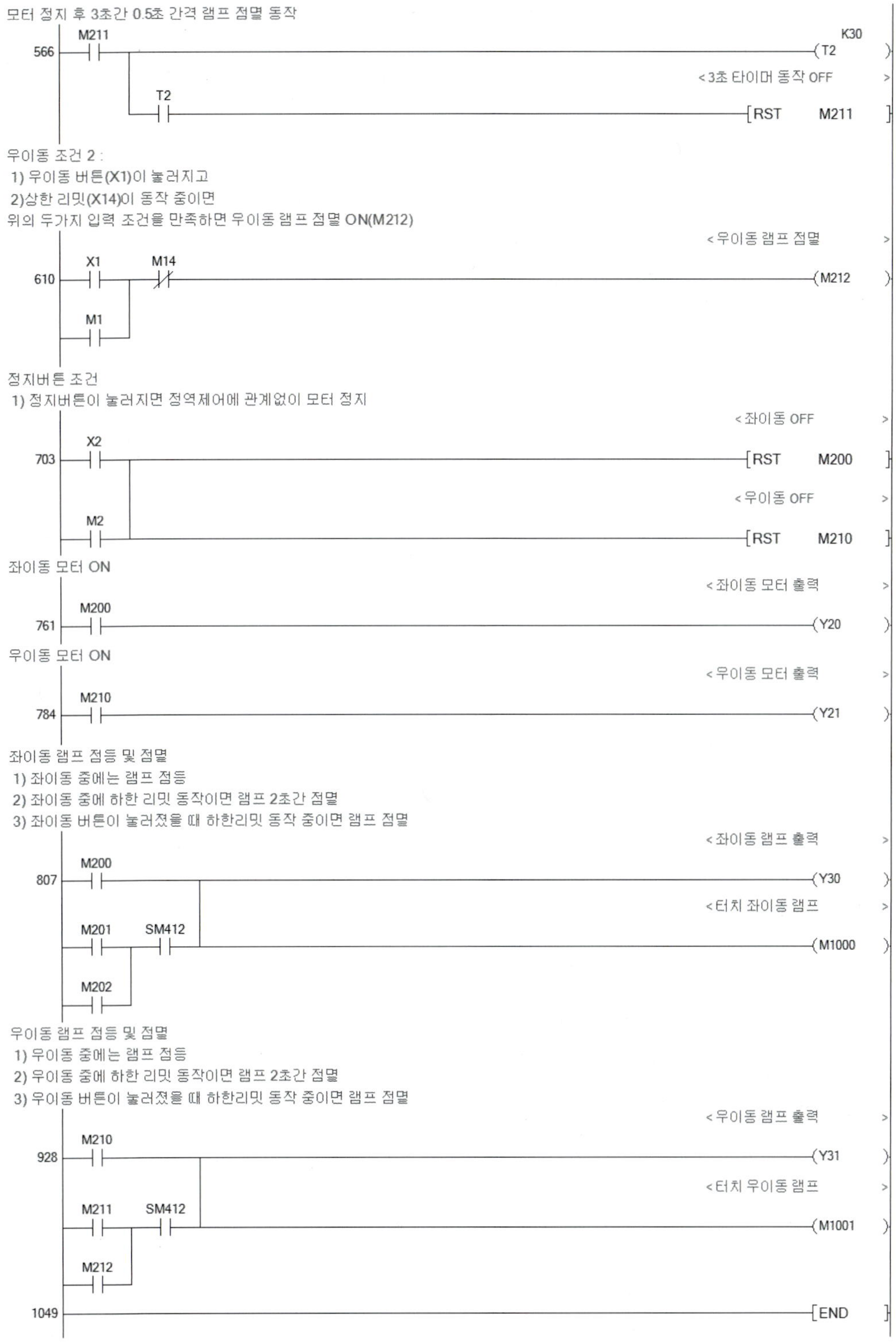

[프로그램 3-2] DC 모터 정 · 역 제어

실습과제 3-3 센서를 이용한 위치 제어 실습 1

상한 및 하한 센서를 이용해서 DC 모터가 회전할 수 있는 최대한의 이동 거리를 제한했다면, 이제는 위치 검출 센서를 이용해서 사용자가 원하는 위치로 이동하는 제어 방법을 학습해보자.

[Section 3.1]

[실습과제 3-2]에서 SET과 RESET 명령어를 이용해 DC 모터의 정·역 회전을 제어하는 PLC 프로그램을 작성하였다. 이번 실습에서는 실습 장치에 설치된 1번 센서 ~ 3번 센서를 이용해 이송테이블의 위치를 제어하는 방법에 대해 살펴보자.

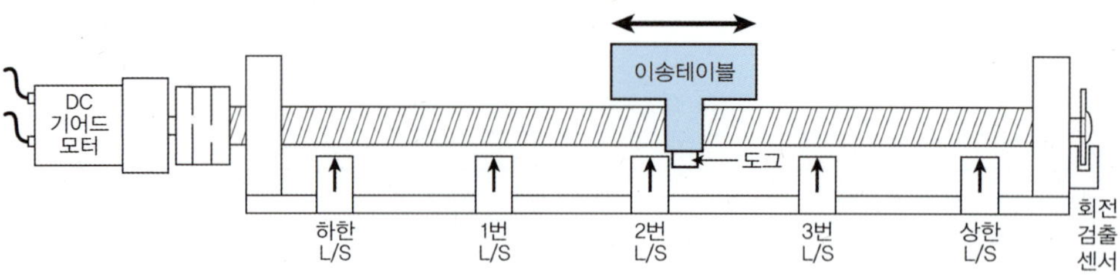

[그림 3-22] DC 모터 제어 실습 장치

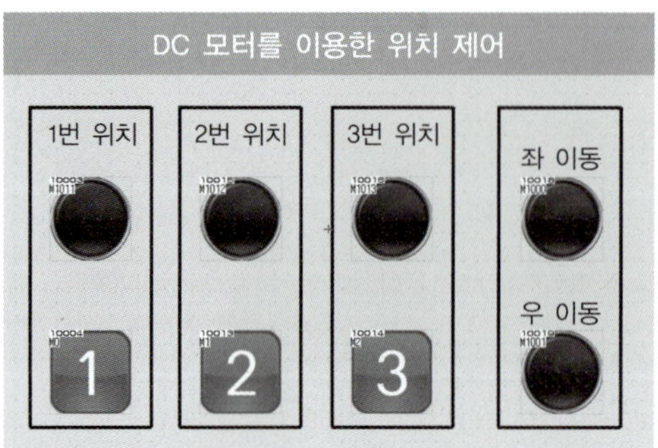

[그림 3-23] DC 모터 조작 패널

[표 3-5] PLC 입·출력 번지 할당표

입력 번호	기능	출력 번호	기능
X00 / M0	1번 위치	Y20	DC 모터 좌 이동
X01 / M1	2번 위치	Y21	DC 모터 우 이동
X02 / M2	3번 위치		
X10	하한(좌측) 센서	Y30/M1000	좌 이동 표시 램프
X11	1번 센서	Y31/M1001	우 이동 표시 램프
X12	2번 센서	M1011	1번 위치 표시 램프
X13	3번 센서	M1012	2번 위치 표시 램프
X14	상한(우측) 센서	M1013	3번 위치 표시 램프

동작 조건

❶ 이송테이블은 동작 전에 반드시 1번~3번 센서의 동작 위치 중 어느 한 곳에 있어야 한다. 이때 해당 위치의 표시 램프가 점등된다.

❷ 테이블이 이동할 위치 번호 버튼을 누르면, 이송테이블은 해당 위치로 이동한다. 이때 이송테이블의 이동 방향에 따라 좌 이동 또는 우 이동 램프가 0.5초 간격으로 점멸 동작한다. 해당 위치의 위치 센서가 동작하면 이송테이블은 즉시 정지하고, 이동 표시 램프가 소등된 후 현재 위치 표시 램프가 점등된다.

❸ 이송테이블의 위치가 1번~3번 센서의 동작 위치를 벗어나면, 위치 번호 버튼을 눌러도 이송테이블은 동작하지 않는다.

PLC 프로그램 작성법

[실습과제 3-3]의 제어 방법은 일상생활 어디에서 활용되고 있을까? 앞에서 살펴본 높낮이 조절 전동 책상의 경우, 단순히 모터의 정·역회전 버튼을 조작하여 책상의 높낮이를 임의의 위치로 이동시키는 제어 방법에 더하여, 사전에 등록된 특정 위치로 이동시키는 조작 방법이 추가될 수 있다. 그러면 업무 조건에 따라 간단하게 사용자가 사전에 설정한 위치로 책상의 높낮이를 선택할 수 있을 것이다. [그림 3-24]는 높낮이 전동 책상의 컨트롤러와 높낮이 조절에 사용되는 전동 실린더의 모터이다.

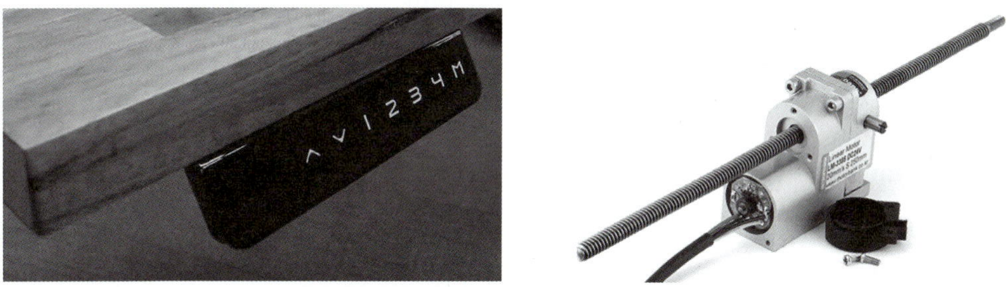

(a) 높낮이 조절 책상의 조작 패널 (b) 전동 실린더 모터

[그림 3-24] 정해진 설정 위치로 이동시키는 장치

■ 이송테이블을 1번 위치로 이동

이송테이블이 1번 위치로 이동할 수 있는 조건은 테이블이 2번이나 3번 위치에 있어야 한다는 것이다. 따라서 1번 버튼이 눌리면, ON 상태인 위치 센서의 번호를 우선 확인한다. 그 번호가 2번이나 3번이면 모터를 좌 이동시킨 후, 1번 위치의 센서가 ON될 때 모터의 동작을 OFF한다.

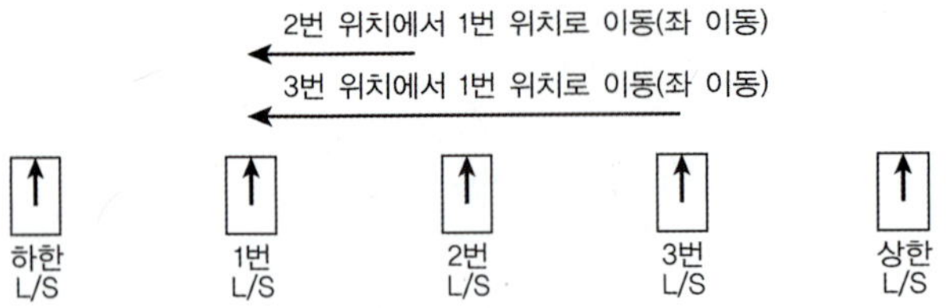

[그림 3-25] 1번 위치로의 이동 조건

■ 이송테이블을 2번 위치로 이동

이송테이블이 2번 위치로 이동할 수 있는 조건은 테이블이 1번과 3번 위치에 있어야 한다는 것이다. 1번에서 2번 위치로 이동하기 위해서는 모터가 우 이동해야 하지만, 3번에서 2번 위치로 이동하기 위해서는 모터가 좌 이동해야 한다. 따라서 2번 위치로의 이동 지령이 ON되면, 먼저 이송테이블의 현재 위치를 파악해서 좌 이동할지 우 이동할지를 결정해야 한다. 그 후, 2번 센서가 ON될 때 모터의 동작을 OFF한다.

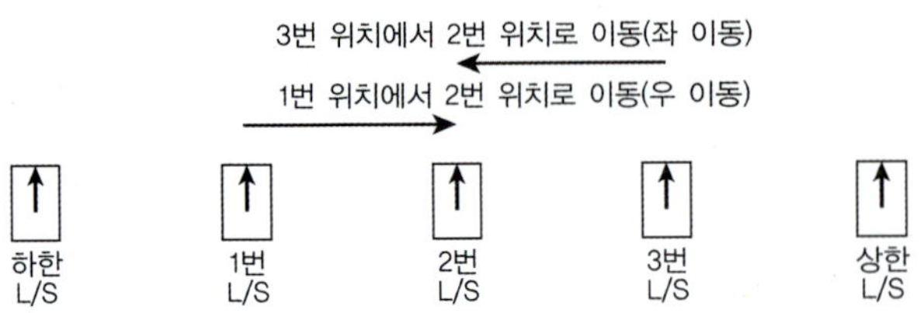

[그림 3-26] 2번 위치로의 이동 조건

■ 이송테이블이 3번 위치로 이동

이송테이블이 3번 위치로 이동할 수 있는 조건은 테이블이 1번과 2번 위치에 있다는 것이다. 따라서 모터를 우 이동시킨 후에 3번 위치의 센서가 ON될 때 모터의 동작을 OFF 한다.

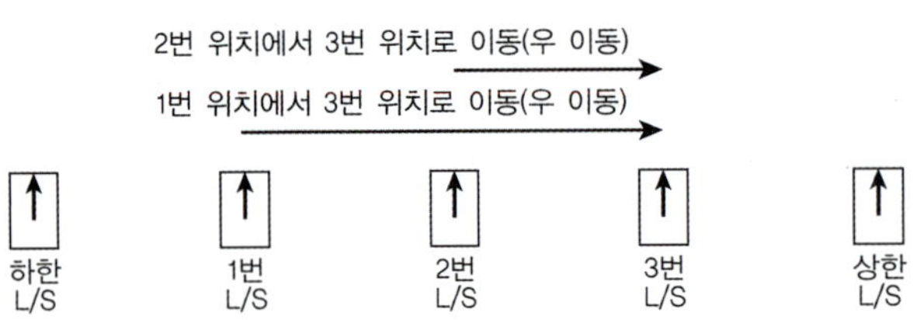

[그림 3-27] 3번 위치로의 이동 조건

■ 하한 및 상한 센서의 동작

하한 및 상한 센서는 평상시 ON되어 있는 b접점으로 동작한다. 따라서 하한 및 상한 센서는 동작하지 않을 때 ON 상태를 유지한다. 그러므로 PLC 프로그램에서 하한 및 상한 신호를 a접점으로 사용하면 평상시 ON 상태로 유지되는 반면, b접점을 사용하면 평상시 OFF 상태가 된다.

PLC 프로그램

1번 위치로 이동 조건
1) 1번 위치 버튼(X0)이 눌러지고
2) 2번(X12), 3번(X13) 위치 버튼이 눌러지지 않고
3) 모터가 좌측(Y20) 및 우측(Y21)이동 하지 않고
4) 하한 리밋(X10)이 정상동작(ON상태)하고
5) 위치센서 2번(X12), 3번(X13)이 ON일 때

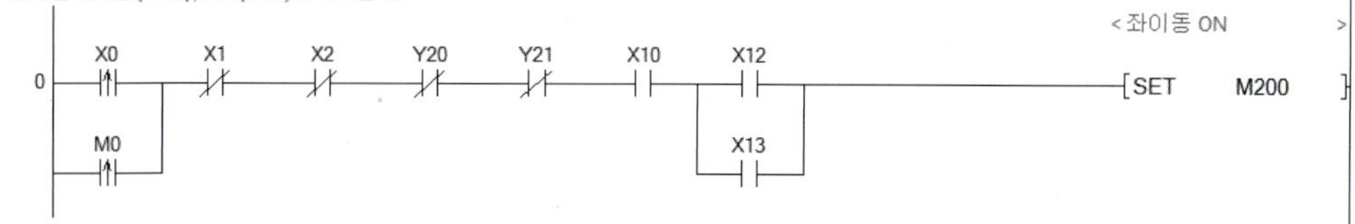

1번 위치로 이동 중에 1번 위치센서가 ON되면 좌이동 정지

2번 위치로 이동 조건
1) 2번 위치 버튼(X1)이 눌러지고
2) 1번(X11), 3번(X13)위치 버튼이 눌러지지 않고
3) 모터가 좌측(Y20) 및 우측(Y21)이동하지 않고
4) 하한 리밋(X10)과 상한 리밋(X14)이 정상동작(ON상태) 하고
5) 위치센서 1번(X10)이 ON이면 우이동 ON
6) 위치센서 3번(X13)이 ON이면 좌이동 ON

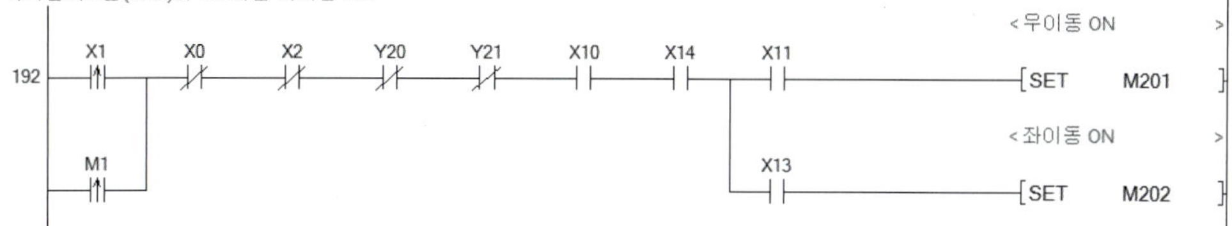

좌측 또는 우측 이동 중에 2번 위치센서가 ON되면 이동 정지

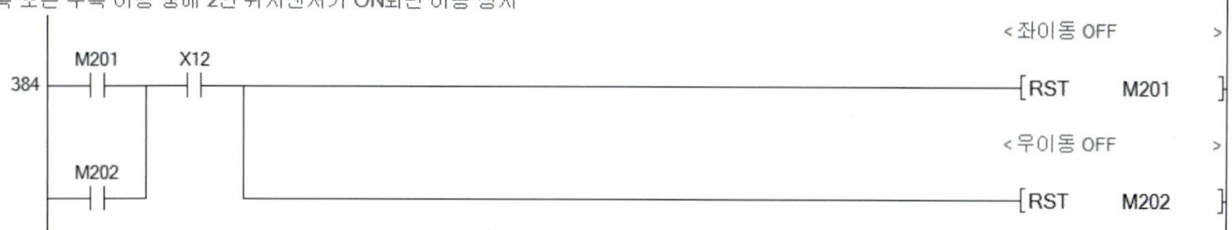

3번 위치 이동 조건
1) 3번 위치 버튼(X2)이 눌러지고
2) 1번(X0), 2번(X1)위치 버튼이 눌러지지 않고
3) 모터가 좌측(Y20) 및 우측(Y21)이동하지 않고
4) 상한 리밋(X14)이 정상동작(ON상태)하고
5) 위치센서 1번(X11) 또는 2번(X12)이 ON일 때

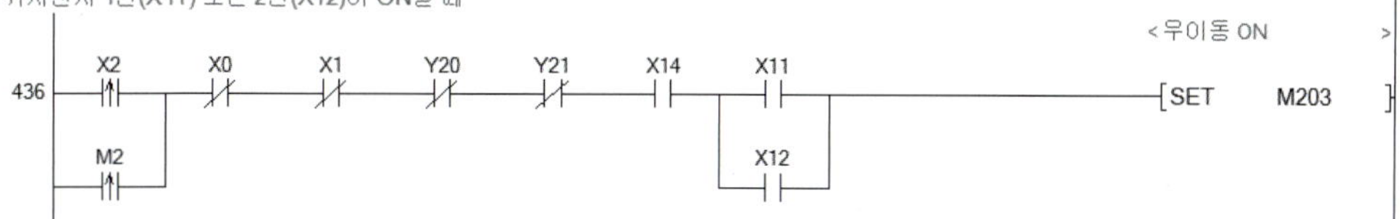

우측 이동 중에 3번 위치센서가 ON되면 우측 이동 정지

(계속)

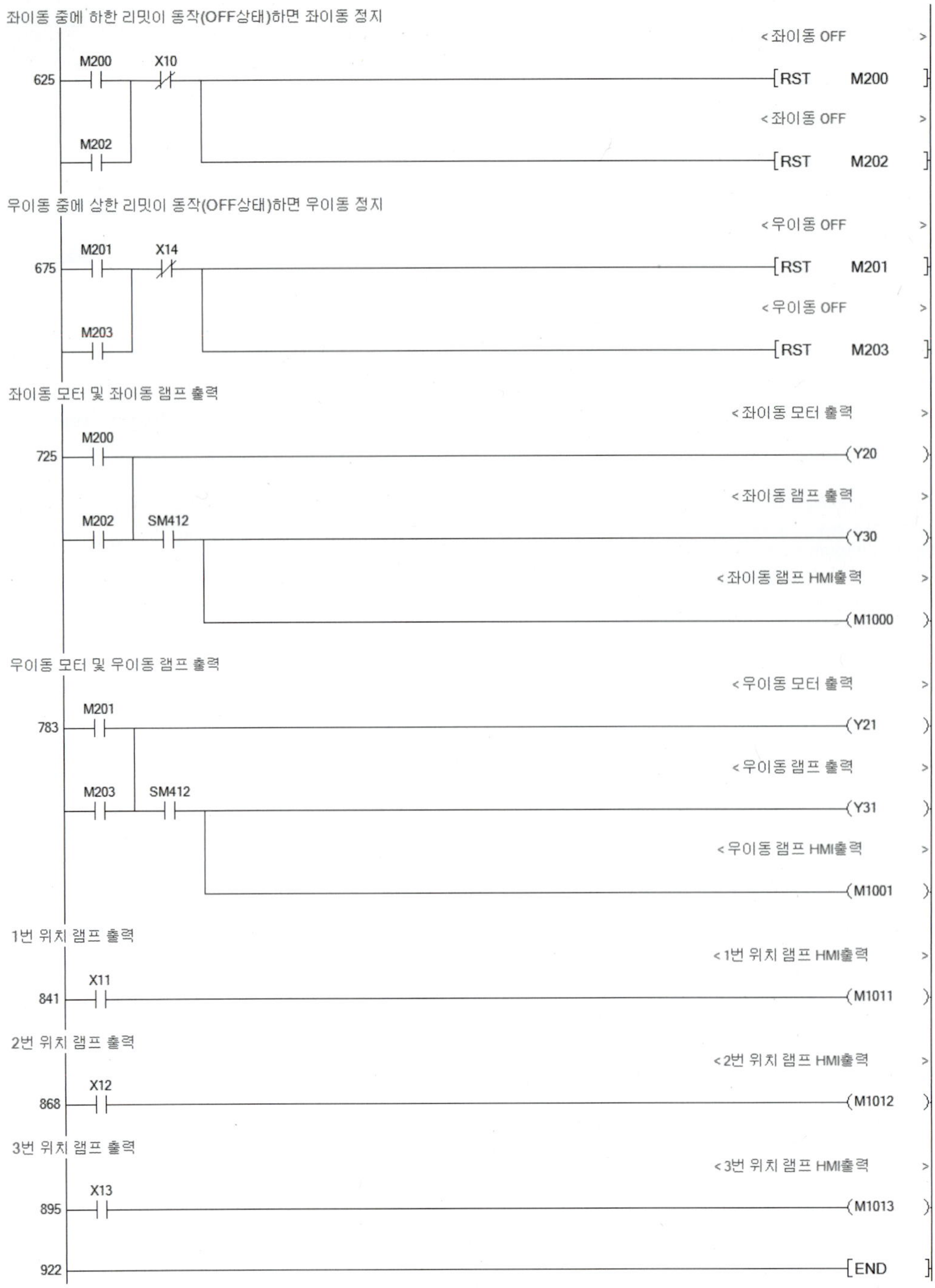

[프로그램 3-3] 센서를 이용한 위치 제어

→ 실습과제 3-4 센서를 이용한 위치 제어 실습 2

[실습과제 3-3]에 이송테이블의 좌 이동 및 우 이동 수동 조작 버튼을 추가하여 자유롭게 이송테이블의 위치를 설정해보자.

[Section 3.1]

[실습과제 3-3]에서 이송테이블의 위치를 확인하는 센서에 문제가 발생해 이송테이블의 위치가 위치 센서가 검출하는 범위를 벗어나면, 사용자가 직접 이송테이블의 위치를 수동으로 이동시켜야 한다. 이번 실습에서는 [실습과제 3-3]에 수동 및 자동 모드 셀렉트 버튼을 추가하여, 이송테이블이 센서의 감지 범위를 벗어난 경우에 좌 또는 우 이동 버튼을 조작하여 이송테이블을 센서 감지가 가능한 위치로 이동시키는 기능을 추가해보자.

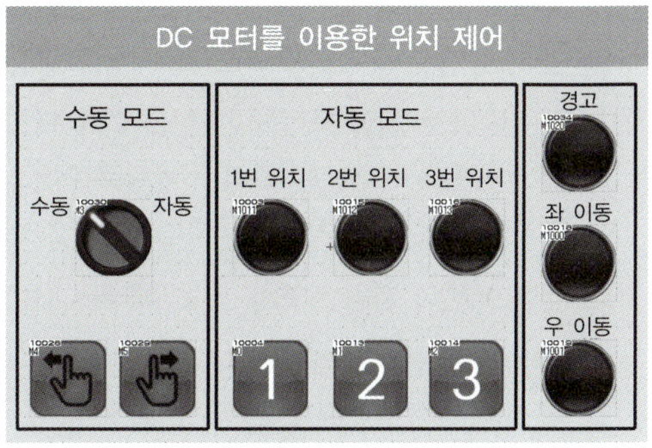

[그림 3-28] DC 모터 조작 패널

[표 3-6] PLC 입·출력 번지 할당표

입력 번호	기능	출력 번호	기능
X00 / M0	1번 위치	Y20	DC 모터 좌 이동
X01 / M1	2번 위치	Y21	DC 모터 우 이동
X02 / M2	3번 위치		
M3	수동/자동 선택	Y30/M1000	좌 이동 표시 램프
X04 / M4	좌 이동	Y31/M1001	우 이동 표시 램프
X05 / M5	우 이동	M1011	1번 위치 표시 램프
X10	하한(좌측) 센서	M1012	2번 위치 표시 램프
X11	1번 센서	M1013	3번 위치 표시 램프
X12	2번 센서	M1020	경고 램프
X13	3번 센서		
X14	상한(우측) 센서		

동작 조건

❶ 동작 모드는 선택 버튼(X03)에 의해 수동 모드와 자동 모드로 구분된다. X03이 OFF이면 수동 모드, ON이면 자동 모드가 선택된다.

❷ 자동 모드 동작 중에 동작 모드가 수동 모드로 변경되면, 그 즉시 자동 모드에서의 동작은 중지된다.

❸ 좌 이동 버튼(X04)과 우 이동 버튼(X05)은 수동 모드에서만 동작한다.

❹ 좌 이동 버튼을 누르고 있는 동안 이송테이블은 좌측으로 이동한다. 이때 좌 이동 램프는 0.5초 간격으로 점멸 동작한다. 한편 자동 모드의 1번~3번 위치 표시 램프는 해당 센서가 동작할 때 점등된다. 이송테이블이 좌측으로 이동하는 중에 하한 센서가 동작하면 이송테이블은 즉시 정지한다. 하한 센서가 동작하는 동안엔 경고 램프가 0.5초 간격으로 점멸 동작한다.

❺ 우 이동 버튼을 누르고 있는 동안 이송테이블은 우측으로 이동한다. 이때 우 이동 램프는 0.5초 간격으로 점멸 동작한다. 한편 자동 모드의 1번~3번 위치 표시 램프는 해당 센서가 동작할 때 점등된다. 이송테이블이 우측으로 이동하는 중에 상한 센서가 동작하면 이송테이블은 즉시 정지한다. 상한 센서가 동작하는 동안엔 경고 램프가 0.5초 간격으로 점멸 동작한다.

❻ 선택 버튼이 자동 모드에 있을 때에는 1번, 2번, 3번 위치 버튼이 동작한다.

❼ 1번 위치 버튼을 누르면 이송테이블이 1번 위치로 이동한 후 정지한다. 이송테이블이 1번 위치로 이동하는 방향에 따라 우 이동 또는 좌 이동 램프가 0.5초 간격으로 점멸 동작한다.

❽ 2번 위치 버튼을 누르면 이송테이블이 2번 위치로 이동한 후 정지한다. 이송테이블이 2번 위치로 이동하는 방향에 따라 우 이동 또는 좌 이동 램프가 0.5초 간격으로 점멸 동작한다.

❾ 3번 위치 버튼을 누르면 이송테이블이 3번 위치로 이동한 후 정지한다. 이송테이블이 3번 위치로 이동하는 방향에 따라 우 이동 또는 좌 이동 램프가 0.5초 간격으로 점멸 동작한다.

❿ 자동 모드에서 이송테이블이 좌측 또는 우측으로 이동 중에 센서의 고장 등의 원인으로 인해 상한 또는 하한 센서가 동작하면 이송테이블의 이동은 즉시 정지하고, 경고 램프가 3초 동안 0.5초 간격으로 점멸한다.

PLC 프로그램 작성법

[실습과제 3-4]는 [실습과제 3-3]의 기능에 자동 및 수동 모드를 선택할 수 있는 동작 모드를 추가한 과제이다. 자동 모드 중에 수동 모드가 선택되면, 자동 모드에서의 모터 정·역 제어 동작은 즉시 중지되어야 한다. SET과 RST 명령어를 사용했기 때문에 모터 정·역 제어 동작을 즉시 중지시키기 위해서는 관련된 모든 비트를 한꺼번에 리셋을 해야 한다. 이런 경우에는 BKRST 명령어를 사용하여 편리하게 프로그램을 작성할 수 있다.

■ 비트 디바이스 일괄 리셋 명령어(BKRST(P))

BKRST 명령어는 Ⓢ로 지정된 비트부터 시작해서 n으로 지정된 개수만큼 해당 비트를 0으로 설정하는 명령어이다. [BKRST M200 K4] 명령어는 M200 ~ M203까지 4개의 비트를 0으로 설정한다.

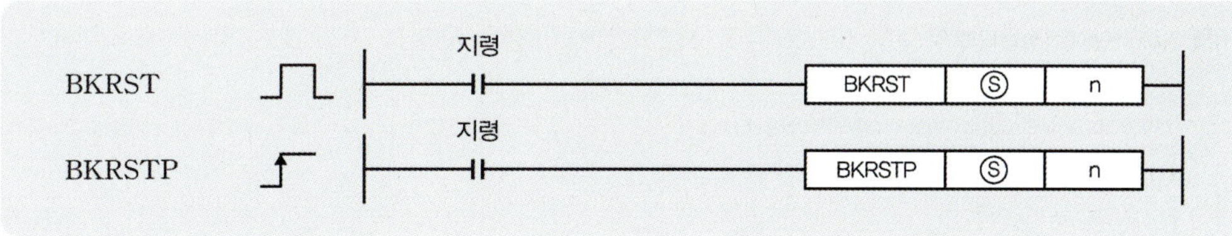

[그림 3-29] BKRST 명령어 사용법

PLC 프로그램

자동에서 수동 전환시 자동에서 모터출력 전체 OFF

수동모드에서 좌이동 조건
1) 수동모드 선택되고 좌이동 버튼(X4, M4)이 눌러지고
2) 우이동 버튼(X5, M5)이 눌러지지 않고
3) 자동모드에서 경고램프(M205, M206)가 동작하지 않고
4) 하한 리밋(X10)이 동작하지 않을 때
수동모드 좌이동 중에 하한리밋이 동작(X10)하면 경고램프 점멸

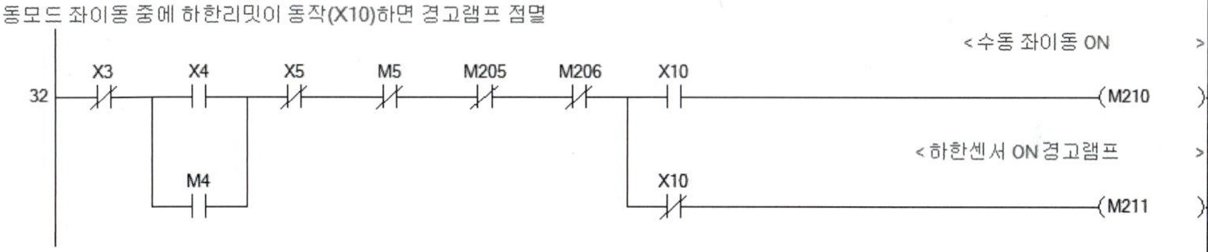

수동모드에서 우이동 조건
1) 수동모드 선택되고 우이동 버튼(X5, M5)이 눌러지고
2) 좌이동 버튼(X4, M4)이 눌러지지 않고
3) 자동모드에서 경고램프(M205, M206)가 동작하지 않고
4) 상한 리밋(X14)이 동작하지 않을 때
수동모드 좌이동 중에 상한 리밋이 동작(X14)하면 경고램프 점멸

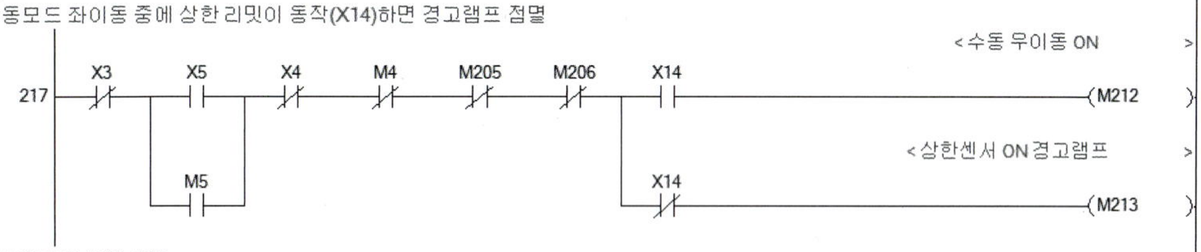

1번 위치로 이동 조건
1) 1번 위치 버튼(X0)이 눌러지고
2) 2번(X12), 3번(X13) 위치 버튼이 눌러지지 않고
3) 모터가 좌측(Y20) 및 우측(Y21)이동 하지 않고
4) 하한 리밋(X10)이 정상동작(ON상태)하고
5) 위치센서 2번(X12), 3번(X13)이 ON일 때

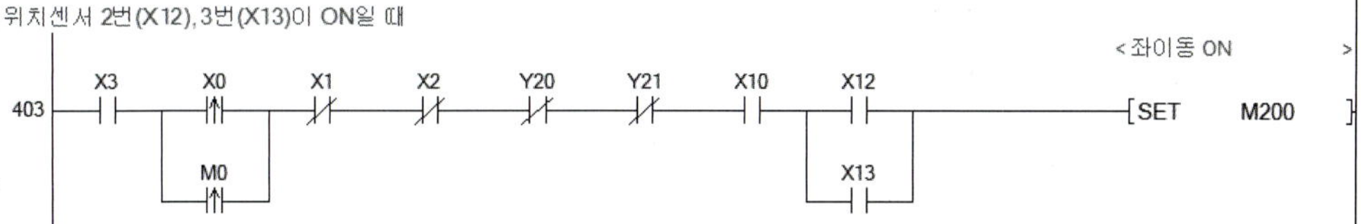

1번 위치로 이동 중에 1번 위치센서가 ON되면 좌이동 정지

(계속)

2번 위치로 이동 조건
1) 2번 위치 버튼(X1)이 눌러지고
2) 1번(X11), 3번(X13)위치 버튼이 눌러지지 않고
3) 모터가 좌측(Y20) 및 우측(Y21)이동하지 않고
4) 하한 리밋(X10)과 상한 리밋(X14)이 정상동작(ON상태) 하고
5) 위치센서 1번(X10)이 ON이면 우이동 ON
6) 위치센서 3번(X13)이 ON이면 좌이동 ON

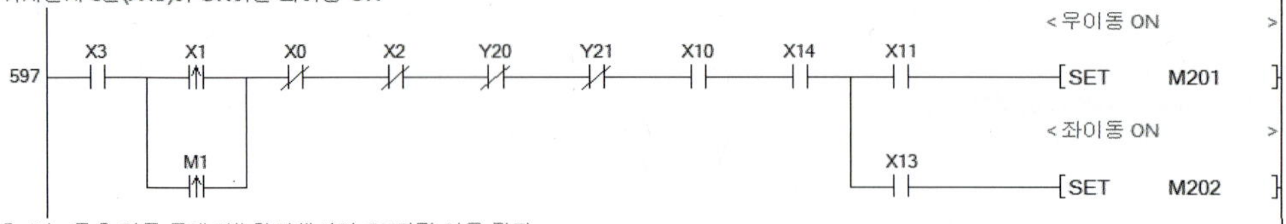

좌측 또는 우측 이동 중에 2번 위치센서가 ON되면 이동 정지

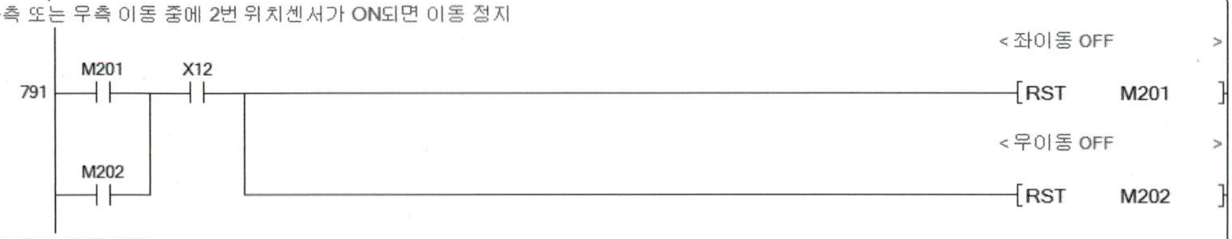

3번 위치 이동 조건
1) 3번 위치 버튼(X2)이 눌러지고
2) 1번(X0), 2번(X1)위치 버튼이 눌러지지 않고
3) 모터가 좌측(Y20) 및 우측(Y21)이동하지 않고
4) 상한 리밋(X14)이 정상동작(ON상태)하고
5) 위치센서 1번(X11) 또는 2번(X12)이 ON일 때

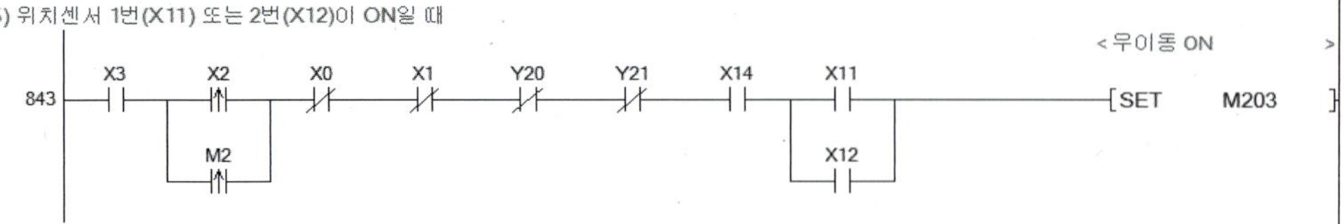

우측 이동 중에 3번 위치센서가 ON되면 우측 이동 정지

좌이동 중에 하한 리밋이 동작(OFF상태)하면
1) 좌이동 정지
2) 3초간 경고램프 점멸동작

3초간 점멸 동작을 위한 타이머 작동

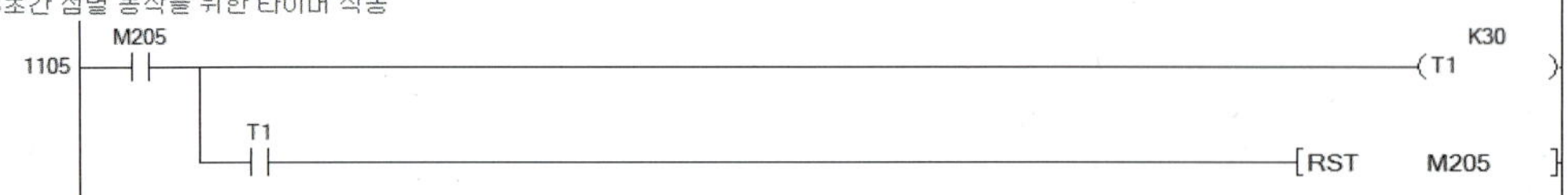

우이동 중에 상한 리밋이 동작(OFF상태)하면
1) 우이동 정지
2) 3초간 경고램프 점멸 동작

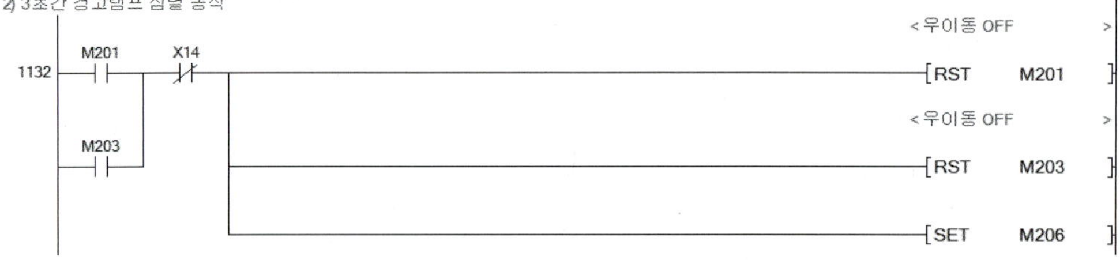

(계속)

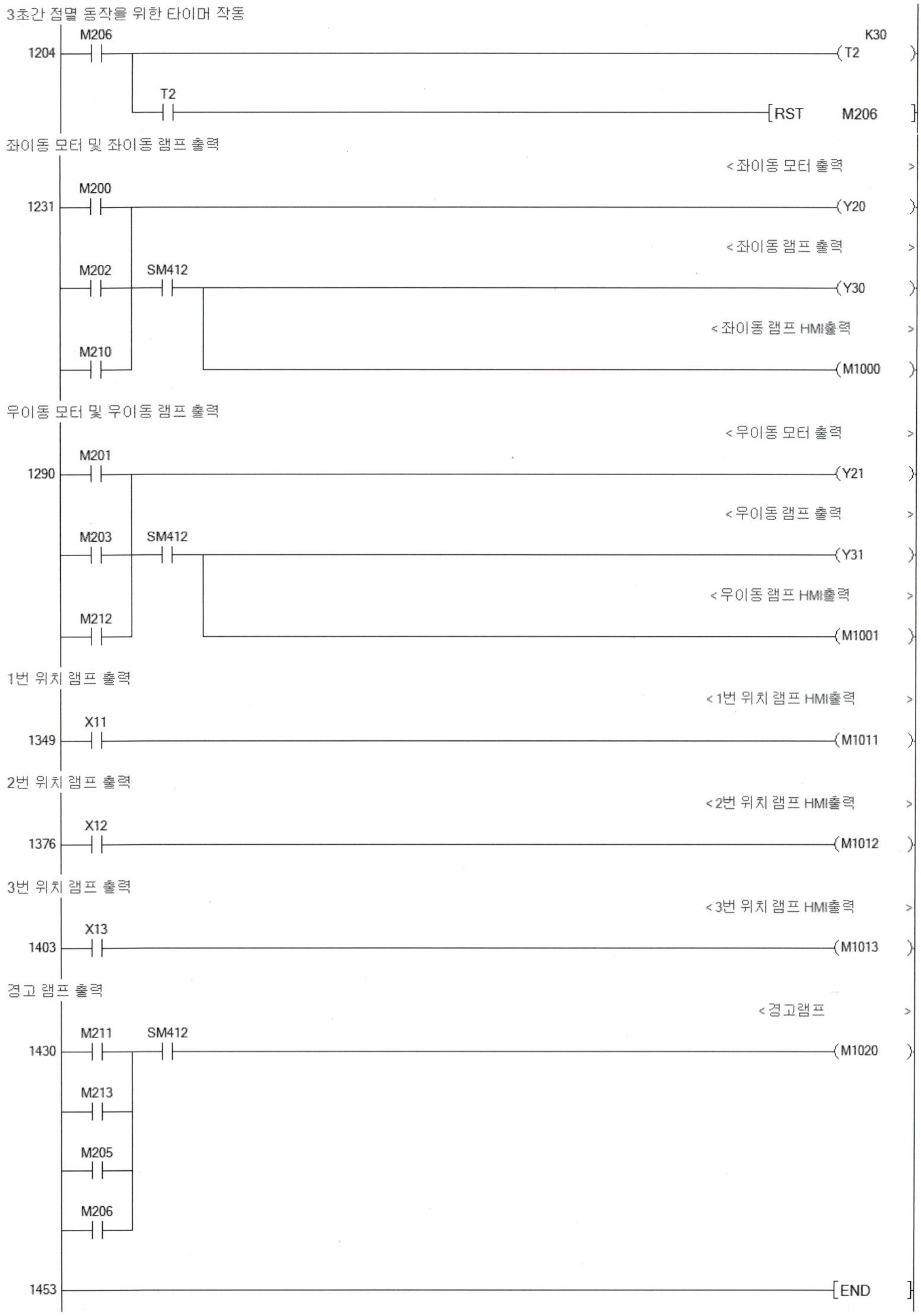

[프로그램 3-4] 자동과 수동 모드를 이용한 위치 제어

실습과제 3-5 위치 제어를 위한 원점복귀

모터와 기계 장치를 조립하여 사용하는 위치 제어 시스템은 원점복귀라는 제어 동작을 통해 위치 제어에 필요한 기준점을 정한다. 이번 실습에서는 원점복귀 방법을 학습해보자.

[Section 3.2]

[그림 3-15]의 시스템을 이용해 이송테이블을 좌우로 이동시키고, 이송테이블의 위치를 원점복귀를 하는 제어 방법에 대해 살펴보자. 원점은 위치 제어를 하기 위해 정한 기준 위치를 의미한다. 따라서 원점복귀는 사전에 설정된 원점 위치로 이송테이블이 이동한 후 원점 위치에서 정지하는 동작이다. [그림 3-15]에서 원점 위치는 이송테이블이 좌측으로 이동하다가 원점 센서가 ON되는 지점이다. 따라서 원점복귀 버튼을 누르면 이송테이블은 그 위치에 관계없이 무조건 원점 위치로 이동하는 동작을 해야 한다. 이러한 원점복귀 동작을 하는 PLC 프로그램을 작성해보자.

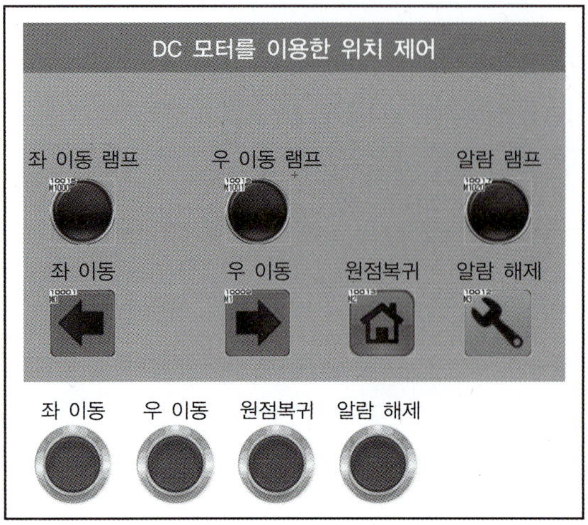

[그림 3-30] DC 모터 조작 패널

[표 3-7] PLC 입·출력 번지 할당표

입력 번호	기능	출력 번호	기능
X00/M0	좌 이동	Y20	DC 모터 정회전(우 이동)
X01/M1	우 이동	Y21	DC 모터 역회전(좌 이동)
X02/M2	원점복귀		
X03/M3	알람 해제	Y30/M1000	좌 이동 표시 램프
X10	하한 센서(Light ON)	Y31/M1001	우 이동 표시 램프
X11	원점 센서(Dark ON)	Y32/M1020	알람 발생 램프
X12	상한 센서(Light ON)		
X13	회전 검출 센서(Dark ON)		

동작 조건

❶ 좌 이동 버튼을 누르고 있는 동안 이송테이블은 좌측으로 이동하는데, 그와 동시에 좌 이동 표시 램프가 점등된다. 이송테이블이 좌측으로 이동하던 중에 하한 센서가 동작하면 더 이상 좌측으로 이동하지 않고 즉시 정지한 후, 알람 램프가 0.5초 간격으로 점멸 동작한다. 알람 램프가 점멸 상태일 때는 어떠한 입력 버튼도 동작하지 않는다. 알람 해제 버튼을 누르면 알람 램프가 소등된다. 이때 우 이동 버튼을 누르면 이송테이블은 우측으로 이동한다. 반면 좌 이동 버튼을 누르면 알람 발생 램프가 다시 점멸 동작한다.

❷ 우 이동 버튼을 누르고 있는 동안 이송테이블은 우측으로 이동하는데, 그와 동시에 우 이동 표시 램프가 점등된다. 이송테이블이 우측으로 이동하던 중에 상한 센서가 동작하면 더 이상 우측으로 이동하지 않고 즉시 정지한 후, 알람 램프가 0.5초 간격으로 점멸 동작한다. 알람 램프가 점멸 상태일 때는 어떠한 입력 버튼도 동작하지 않는다. 알람 해제 버튼을 누르면 알람 램프가 소등된다. 이때 좌 이동 버튼을 누르면 이송테이블은 좌측으로 이동한다. 반면 우 이동 버튼을 누르면 알람 발생 램프가 다시 점멸 동작한다.

❸ 이송테이블이 원점 센서와 상한 센서의 사이에 위치해 있는 상태에서 원점복귀 버튼을 누르면 이송테이블은 좌측으로 이동한다. 좌측으로 이동 중에 원점 센서가 ON되면 즉시 정지한다. 이송테이블 이동 동작 중에 상한 또는 하한 센서가 동작하면 이송테이블의 이동 동작이 즉시 정지하고, 알람 램프가 0.5초 간격으로 점멸 동작한다. 이때 알람 해제 버튼을 누르면 알람 램프는 소등된다. 상한 또는 하한 센서가 동작 중에 원점복귀 버튼을 누르면 알람 램프가 다시 점멸 동작한다.

PLC 프로그램 작성법

원점복귀 제어는 우선 기점이 되는 위치(원점)를 확립한 후, 그 기점을 기준으로 위치 결정을 하는 제어를 의미한다.

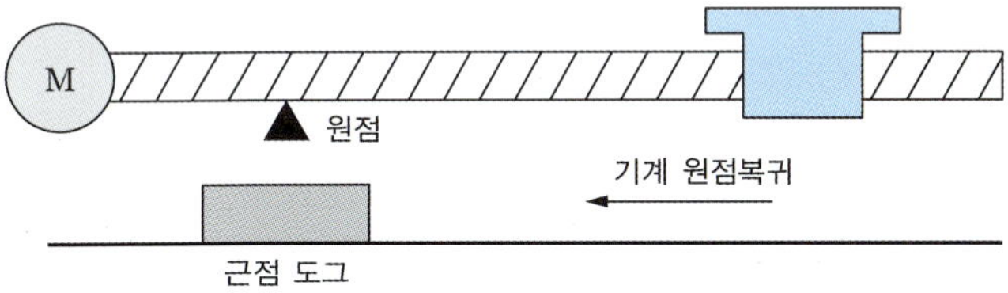

[그림 3-31] **원점복귀 제어**

산업현장에서는 기계 장치의 위치 제어 방식으로 절대 좌표absolute 방식과 상대 좌표increment 방식을 사용하고 있다. 절대 좌표 위치 제어 방식은 [그림 3-32]처럼 원점을 기준으로 위치를 지정해서 위치 제어를 하는 방법으로, 사전에 원점을 기준으로 한 위치값이 정해져 있다. 위치 제어를 위해 기준점의 되는 원점의 위치를 정하는 동작을 기계 원점복귀라고 한다. 위치 제어 동작은 언제나 기계 원점을 확정한 후에 실행되어야 한다. 만약 원점이 확정되어 있지 않은 상태에서 위치 제어를 하면, 작업자가 생각하는 위치와

PLC 프로그램에서 이동하는 위치가 달라질 수 있기 때문에 기계장치가 파손되는 사태가 발생할 수도 있다.

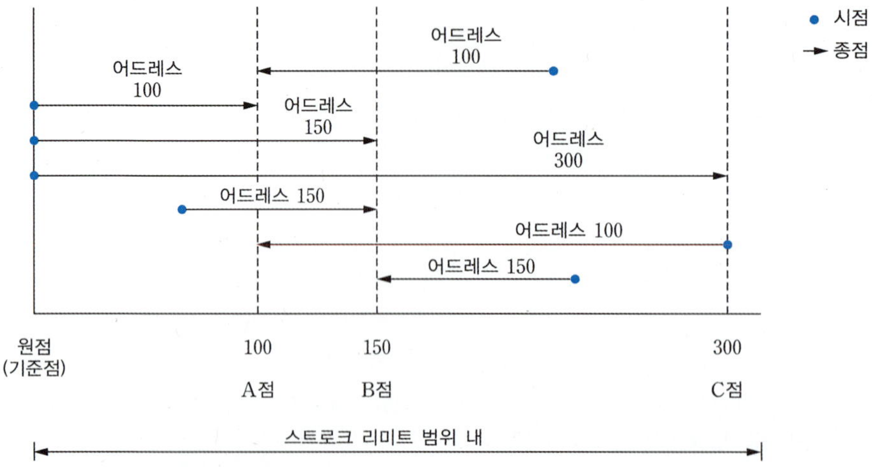

[그림 3-32] **절대 좌표 방식의 위치 제어**

기계 원점복귀 지령이 입력되면 모터는 사전에 정해진 방향으로 회전하며, 이송테이블에 설치된 도그에 의해 원점 센서가 동작하는 위치에 정지한다. 그러면 이 정지된 지점이 원점으로 확정되고 절대 좌표 '0'의 위치로 정해진다. 실습에 사용하는 [그림 3-15]의 시스템의 기계 원점복귀 동작에서는 이송테이블이 오른쪽에서 왼쪽으로 이동하다가 원점 센서가 동작하는 위치를 원점으로 사용한다.

'오른쪽에서 왼쪽으로' 방향을 정한 이유는 [그림 3-33]처럼 이송테이블이 왼쪽에서 오른쪽로 이동할 때와, 오른쪽에서 왼쪽으로 이동할 때의 원점 센서 검출 위치가 서로 다르기 때문이다. μm 단위의 위치 정밀도를 유지해야 하는 정밀 시스템에서 원점복귀 방법에 따라 위치 오차가 발생하면 정밀한 제어를 할 수 없다. 그렇기 때문에 원점을 확정하기 위한 원점복귀 방향을 한쪽 방향, 즉 오른쪽에서 왼쪽으로 정한 것이다.

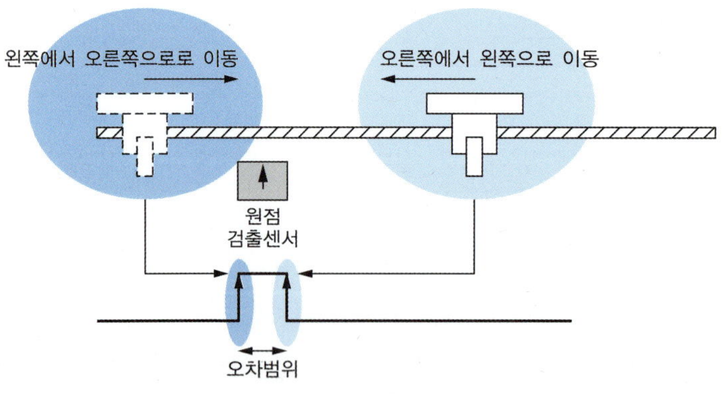

[그림 3-33] **원점복귀 방법에 따른 센서의 오차 발생**

그러나 원점복귀 방향으로 항상 한쪽 방향만 사용해서 발생하는 문제도 있다. [표 3-8]과 같이 원점이 확립된 상태에서 다시 원점복귀 동작을 실행하면, 이송테이블이 오른쪽에서 왼쪽으로 무조건 이동하기 때문에 원점보다 더 왼쪽으로 이동하게 된다. 그 결과로 하한 검출 센서를 동작시키게 된다. 하한 검출 센서가 동작하면 더 이상 왼쪽으로 이동할 수 없기 때문에 모터는 즉시 정지하고 알람이 발생한다.

[표 3-8] **원점복귀 순서**

순서	동작 방법	동작 그림
1	원점복귀 버튼이 눌리면 이송테이블이 오른쪽에서 왼쪽으로 이동한다. 그러다가 원점 검출 센서가 ON되면 모터는 즉시 정지하는데, 이때 위치 제어에 필요한 원점이 확립된다.	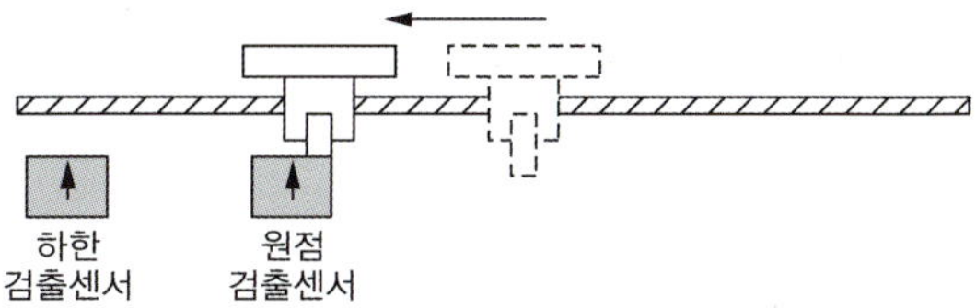
2	원점이 확립된 상태에서 원점복귀 동작을 실행하면, 이송테이블은 왼쪽으로 이동한다. 이동 중에 하한 검출 센서를 동작시키면 모터는 즉시 정지하고, 알람 램프가 점멸 동작한다.	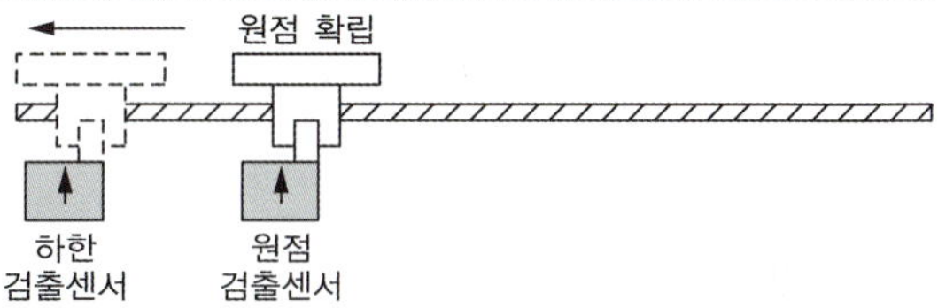

PLC 프로그램

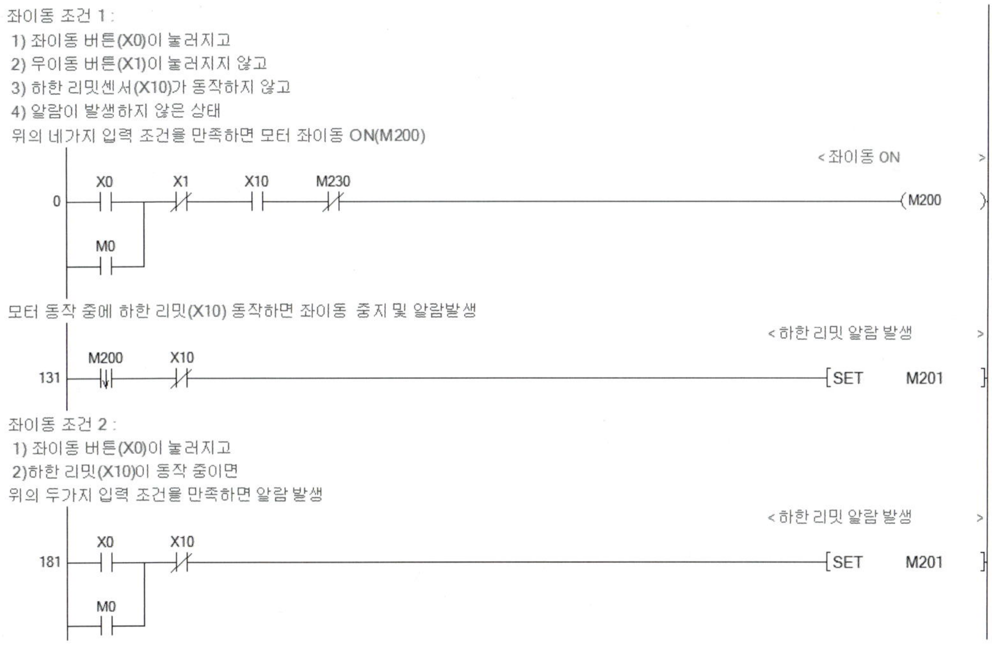

(계속)

우이동 조건 1 :
1) 우이동 버튼(X1)이 눌러지고
2) 좌이동 버튼(X0)이 눌러지지 않고
3) 상한 리밋센서(X14)가 동작하지 않고
4) 알람이 발생하지 않은 상태
위의 세가지 입력 조건을 만족하면 모터 우이동 ON(M210)

모터 동작 중에 상한 리밋(X14) 동작하면 우이동 중지 및 알람발생

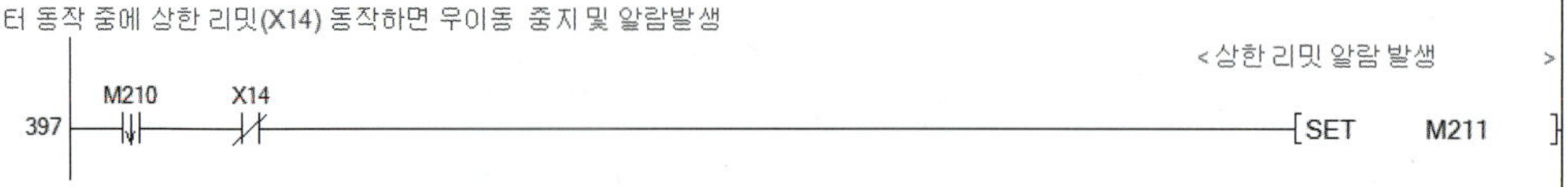

우이동 조건 2 :
1) 우이동 버튼(X1)이 눌러지고
2)상한 리밋(X14)이 동작 중이면
위의 두가지 입력 조건을 만족하면 알람 발생

원점복귀 조건
1) 원점복귀 버튼(X2, M2)이 눌러지고
2) 좌우이동 버튼이 눌러지지 않고
3) 알람이 발생하지 않는 상태
위의 세가지 조건을 만족하면 원점복귀 동작 ON

1) 원점복귀 동작 중 원점센서가 ON되는 순간 원점복귀 완료
2) 원점복귀 동작 중 하한센서가 ON되면 원점복귀 종료 및 알람

알람해제

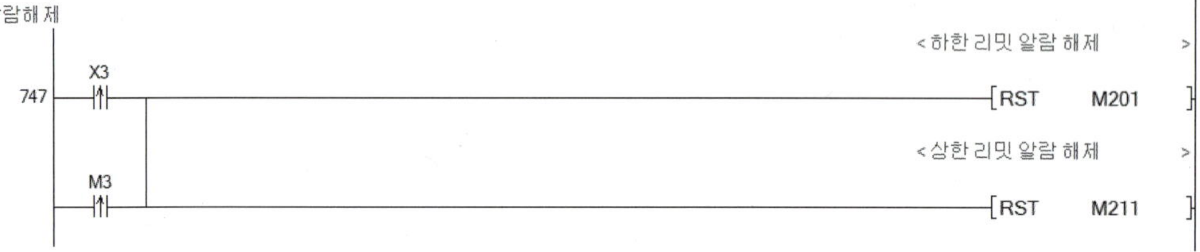

(계속)

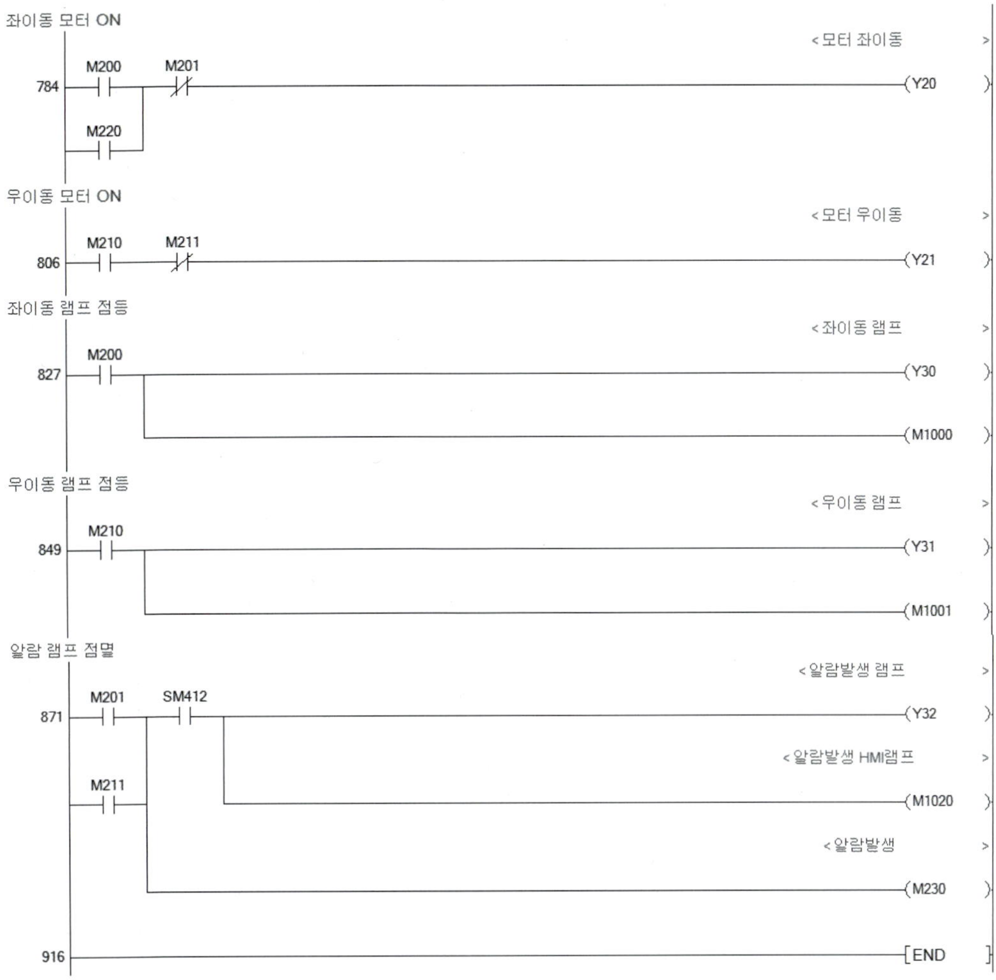

[프로그램 3-5] 회전 검출 센서를 이용한 원점복귀 제어

실습과제 3-6 위치 제어를 위한 비상정지 및 알람 기능 구현

위치 제어 동작 중에 발생하는 다양한 알람을 램프만으로 표시한다면 램프의 개수가 너무 많아지는 문제가 발생한다. 따라서 알람이 발생했을 때 해당 알람을 숫자로 표시하는 방법과 비상정지 조건을 추가하는 방법에 대해 학습해보자.

[Section 3.2]

앞에서 학습한 [실습과제 3-5]의 내용에 비상정지 버튼 기능과 알람 표시 기능을 추가해보자. 알람이 발생한 경우에 알람 발생 램프 1개로 모든 알람을 표시했기 때문에 사용자는 알람 발생 사실은 확인할 수 있어도 어떤 이유로 알람이 발생했는지는 알 수 없다. 따라서 현장에서 사용하는 제어 장치는 알람이 발생한 경우에 램프로 표시하기보다는 대부분 숫자로 알람 번호를 표시한다. 사용자는 알람 번호를 보고 매뉴얼 등을 통해서 어떤 문제가 발생했는지 확인한 후, 알람 발생의 원인에 대해 조치를 취할 수 있다. 이번 과제에서는 알람이 발생했을 때 알람 발생 램프의 점멸과 함께 숫자 표시창을 이용해서 알람 번호를 표시하는 방법을 구현해보자.

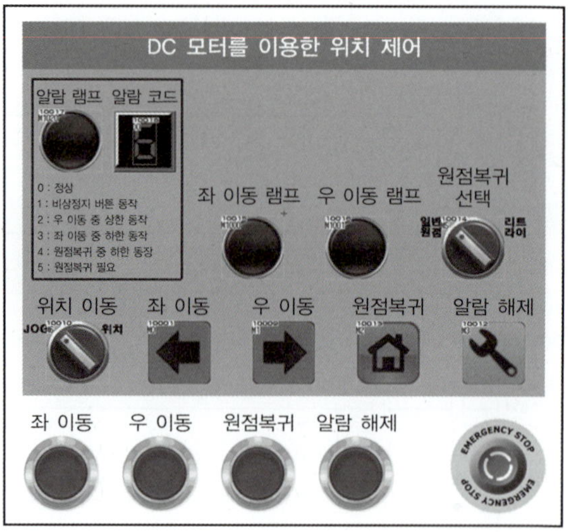

[그림 3-34] DC 모터 조작 패널

[표 3-9] PLC 입·출력 번지 할당표

입력 번호	기능	출력 번호	기능
X00 / M0	좌 이동	Y20	DC 모터 정회전(우 이동)
X01 / M1	우 이동	Y21	DC 모터 역회전(좌 이동)
X02 / M2	원점복귀		
X03 / M3	알람 해제	Y30/M1000	좌 이동 표시 램프
X04	비상정지	Y31/M1001	우 이동 표시 램프
X10	하한 센서(Light ON)	Y32/M1020	알람 발생 램프
X11	원점 센서(Dark ON)		
X12	상한 센서(Light ON)	D0	알람 표시창
X13	회전 검출 센서(Dark ON)		

동작 조건

❶ 좌 이동 버튼을 누르고 있는 동안 이송테이블은 좌측으로 이동한다. 이때 좌 이동 표시 램프가 점등된다. 이송테이블이 좌측으로 이동하던 중에 하한 센서가 동작하면 더 이상 좌측으로 이동하지 않고 즉시 정지한다. 그와 동시에 알람 램프가 1초 간격으로 점멸 동작하며, 알람 표시창에는 '3'이 표시된다. 알람 램프가 점멸 상태일 때에는 어떠한 입력 버튼도 동작하지 않는다. 알람 해제 버튼을 누르면, 알람 램프가 소등되면서 알람 표시창에는 '0'이 표시된다. 이때 우 이동 버튼을 누르면 이송테이블은 우측으로 이동하지만, 좌 이동 버튼을 누르면 알람 발생 램프는 점멸 동작을 하고 알람 표시창에 '3'이 표시된다.

❷ 우 이동 버튼을 누르고 있는 동안 이송테이블은 우측으로 이동한다. 이때 우 이동 표시 램프가 점등된다. 이송테이블이 우측으로 이동하던 중에 상한 센서가 동작하면 더 이상 우측으로 이동하지 않고 즉시 정지한다. 그와 동시에 알람 램프가 1초 간격으로 점멸 동작하며, 알람 표시창에는 '2'가 표시된다. 알람 램프가 점멸 상태일 때에는 어떠한 입력 버튼도 동작하지 않는다. 알람 해제 버튼을 누르면, 알람 램프가 소등되면서 알람 표시창에 '0'이 표시된다. 이때 좌 이동 버튼을 누르면 이송테이블은 좌측으로 이동하지만, 우 이동 버튼을 누르면 알람 발생 램프는 점멸 동작을 하고 알람 표시창에 '2'가 표시된다.

❸ 이송테이블이 원점 센서와 상한 센서의 사이에 위치해 있는 상태에서 원점복귀 버튼을 누르면, 이송테이블은 좌측으로 이동한다. 좌측으로 이동하던 중에 원점 센서가 ON되면 즉시 정지한다. 이송테이블의 이동 동작 중에 상한 또는 하한 센서가 동작하면 이송테이블은 즉시 정지하고, 알람 램프가 1초 간격으로 점멸 동작하며 알람 표시창에는 '4'가 표시된다. 이때 알람 해제 버튼(X03)을 누르면 알람 램프는 소등되고, 알람 표시창에는 '0'이 표시된다. 상한 또는 하한 센서가 동작하는 중에 원점복귀 버튼이 눌리면 알람 램프는 점멸 동작을 하고 알람 표시창에 '4'가 표시된다.

❹ 비상정지 버튼을 누르면 알람 발생 램프가 1초 간격으로 점멸 동작하고, 알람 표시창에는 '1'이 표시되며 이송테이블의 동작은 즉시 정지한다. 비상정지 버튼이 눌러진 상태에서는 어떤 입력 스위치도 동작하지 않는다. 비상정지 버튼의 동작을 해제한 후 알람 해제 버튼을 누르면 알람 발생 램프는 소등되고, 알람 표시창에는 '0'이 표시된다. 이때 입력 스위치는 동작한다.

PLC 프로그램 작성법

■ 알람 표시 방법

[실습과제 3-5]에서 알람이 발생하면 알람 램프가 점멸하는 동작을 구현해보았다. [실습과제 3-5]의 프로그램에서 알람이 발생하는 조건의 출력에 병렬로 알람 번호를 표시할 수 있는 명령어를 추가하면 된다. 그리고 비상정지 버튼을 눌렀을 때 발생하는 알람 기능을 추가하고, 또한 비상정지 버튼의 눌림에 의한 알람 번호 '1'이 D0의 데이터 레지스터에 설정되도록 하면 된다.

■ 알람 해제 방법

알람 해제는 알람 해제 버튼 X3과 M3에 의해 동작한다. 따라서 X3 또는 M3이 ON될 때 D0의 데이터 레지스터에 '0'이 설정되도록 한다.

PLC 프로그램

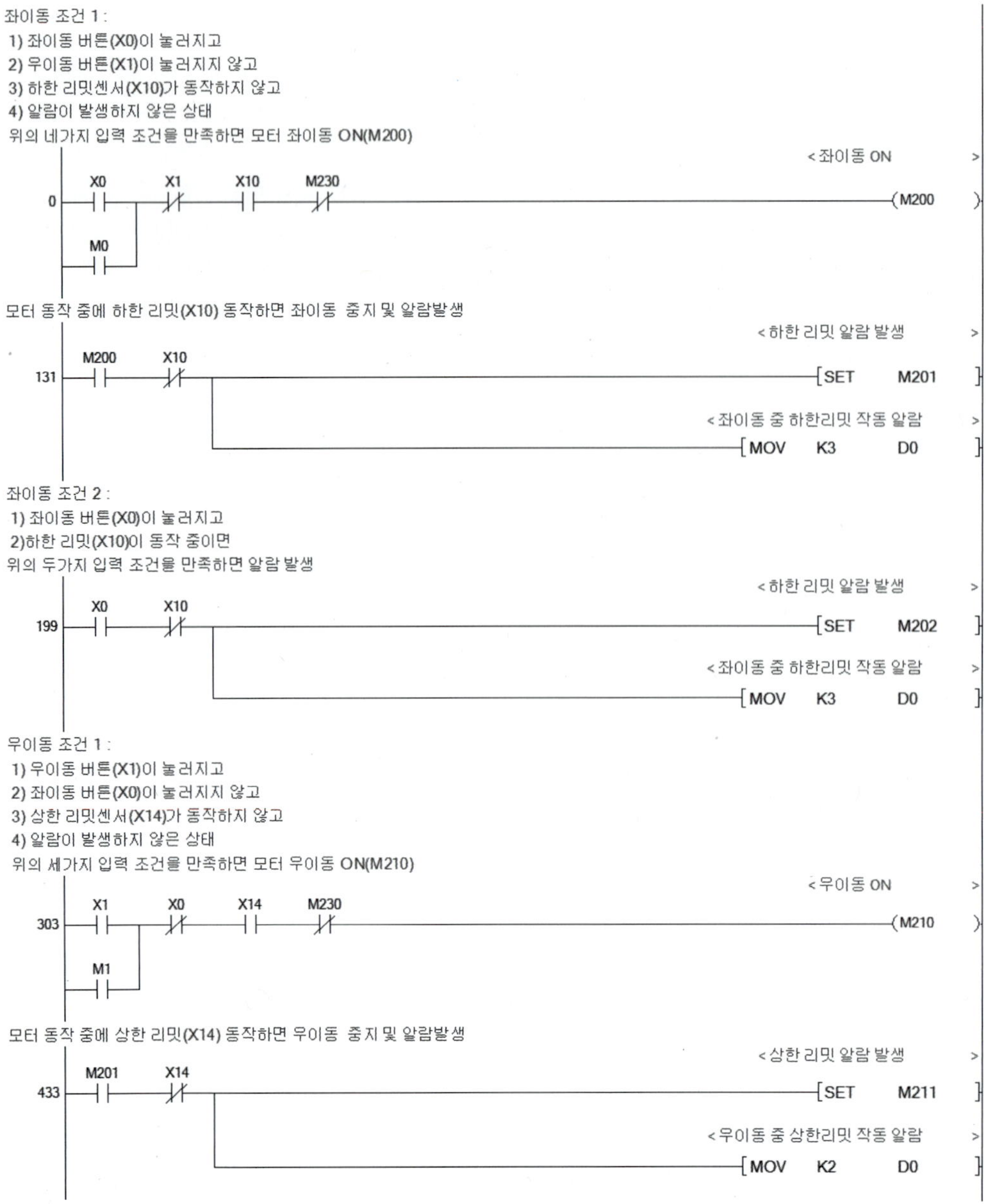

(계속)

우이동 조건 2 :
1) 우이동 버튼(X1)이 눌러지고
2)상한 리밋(X14)이 동작 중이면
위의 두가지 입력 조건을 만족하면 알람 발생

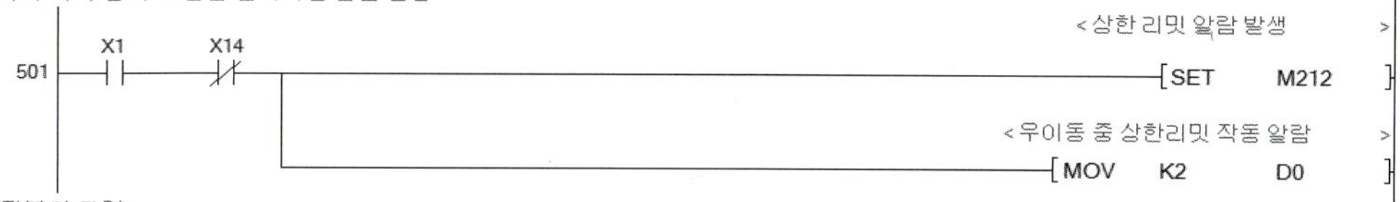

원점복귀 조건
1) 원점복귀 버튼(X2, M2)이 눌러지고
2) 좌우이동 버튼이 눌러지지 않고
3) 알람이 발생하지 않는 상태
위의 세가지 조건을 만족하면 원점복귀 동작 ON

1) 원점복귀 동작 중 원점센서가 ON되는 순간 원점복귀 완료
2) 원점복귀 동작 중 하한센서가 ON되면 원점복귀 종료 및 알람

비상정지

알람해제

(계속)

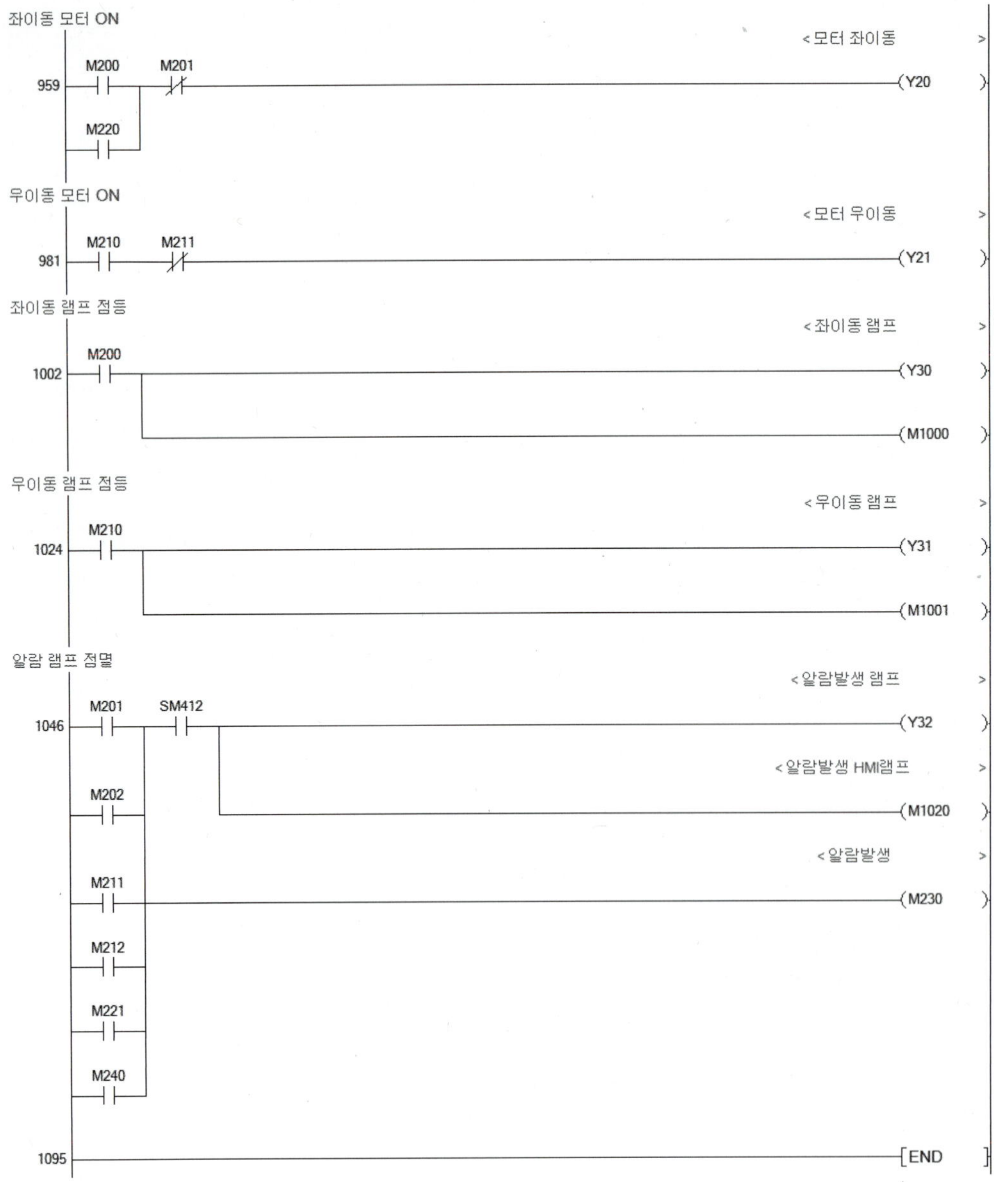

[프로그램 3-6] 비상정지 및 알람 기능 추가

실습과제 3-7 원점복귀 방법 선택

위치 제어를 위해서는 위치의 기준점이 되는 원점이 확립되어야 한다. 따라서 앞에서 원점을 확립하는 방법에 대해 살펴보았다. 이번에는 원점 리트라이 기능을 추가해서 사용자가 원점복귀 방법을 선택할 수 있는 프로그램 작성법에 대해 학습해보자.

[Section 3.2]

이번 실습에서는 원점복귀 방법을 선택할 수 있는 기능을 추가해보자. 서보 모터 등을 이용한 위치 제어 장치에는 다양한 원점복귀 방법이 있는데, 여기서는 그 방법 두 가지 중 하나를 사용자가 선택하여 사용할 수 있도록 한다. 첫 번째 방법은 [실습과제 3-5]에서 실습했던 원점복귀 방법이고, 두 번째 방법은 원점복귀 리트라이retry 방법이다. 원점복귀 리트라이 방법은, 원점복귀 도중에 하한 센서가 동작했을 때 기계 원점을 확립하기 위해 이송테이블을 반대 방향으로 회전하여 기계 원점을 확립하는 방법이다.

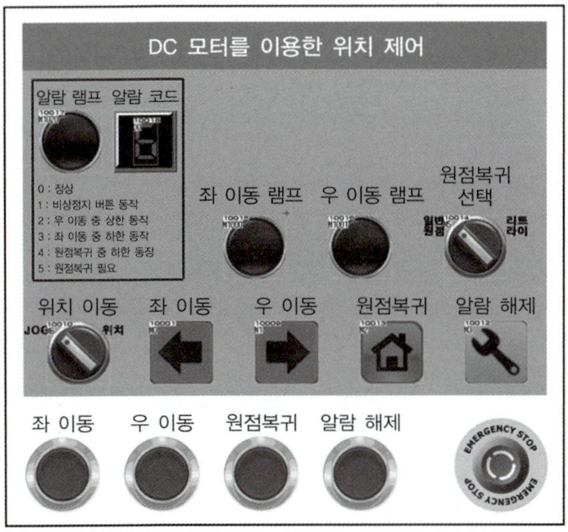

[그림 3-35] DC 모터 조작 패널

[표 3-10] PLC 입 · 출력 번지 할당표

입력 번호	기능	출력 번호	기능
X00 / M0	좌 이동	Y20	DC 모터 정회전(우 이동)
X01 / M1	우 이동	Y21	DC 모터 역회전(좌 이동)
X02 / M2	원점복귀		
X03 / M3	알람 해제	Y30/M1000	좌 이동 표시 램프
X04	비상정지	Y31/M1001	우 이동 표시 램프

(계속)

X05	원점복귀 방법 선택	Y32/M1020	알람 발생 램프
X10	하한 센서(Light ON)		
X11	원점 센서(Dark ON)	D0	알람 표시창
X12	상한 센서(Light ON)		
X13	회전 검출 센서(Dark ON)		

동작 조건

❶ 좌 이동 버튼(X00)을 누르고 있는 동안 이송테이블은 좌측으로 이동하고, 동시에 좌 이동 표시 램프(Y21)가 점등된다. 이송테이블이 좌측으로 이동하던 중에 하한 센서(X10)가 동작하면, 이송테이블은 더 이상 좌측으로 이동하지 않고 즉시 정지한다. 또한 알람 램프(Y32)가 1초 간격으로 점멸 동작하며 알람 표시창에 '3'이 표시된다. 알람 램프가 점멸 상태일 때는 어떠한 입력 버튼도 동작하지 않는다. 알람 해제 버튼을 누르면 알람 램프가 소등되고, 알람 표시창에는 '0'이 표시된다. 이때 우 이동 버튼(Y21)을 누르면 이송테이블은 우측으로 이동하지만, 좌 이동 버튼을 누르면 알람 발생 램프는 점멸 동작을 하고 알람 표시창에 '3'이 표시된다.

❷ 우 이동 버튼(X01)을 누르고 있는 동안 이송테이블은 우측으로 이동하고, 동시에 우 이동 표시 램프(Y21)가 점등된다. 이송테이블이 우측으로 이동 중에 상한 센서(X12)가 동작하면, 이송테이블은 더 이상 우측으로 이동하지 않고 즉시 정지한다. 또한 알람 램프(Y32)가 1초 간격으로 점멸 동작하며 알람 표시창에 '2'가 표시된다. 알람 램프가 점멸 상태일 때는 어떠한 입력 버튼도 동작하지 않는다. 알람 해제 버튼을 누르면 알람 램프가 소등되고, 알람 표시창에는 '0'이 표시된다. 이때 좌 이동 버튼을 누르면 이송테이블은 좌측으로 이동하지만, 우 이동 버튼을 누르면 알람 발생 램프는 점멸 동작을 하고 알람 표시창에 '2'가 표시된다.

❸ 원점복귀 방법 선택 버튼(X05)은 OFF 상태이면 일반 원점복귀로, ON 상태이면 원점복귀 리트라이 방식으로 동작한다.

❹ 비상정지 버튼을 누르면 알람 발생 램프가 1초 간격으로 점멸 동작하며 알람 표시창에 '1'이 표시되고, 이송테이블의 동작은 즉시 정지한다. 비상정지 버튼이 눌린 상태에서는 어떤 입력 스위치도 동작하지 않는다. 비상정지 버튼의 동작을 해제한 후 알람 해제 버튼을 누르면 알람 발생 램프는 소등되고, 알람 표시창에는 '0'이 표시된다. 이때 입력 스위치는 동작할 수 있다.

PLC 프로그램 작성법

■ 일반 원점복귀 방법

이송테이블이 원점 센서와 상한 센서의 사이에 위치해 있는 상태에서 원점복귀 버튼(X02)을 누르면 이송테이블은 좌측으로 이동한다. 좌측으로 이동 중에 원점 센서가 ON

되면 즉시 정지한다. 이송테이블의 이동 동작 중에 상한 또는 하한 센서가 동작하면 이송테이블의 이동 동작은 즉시 정지하고, 알람 램프가 1초 간격으로 점멸 동작하며, 알람 표시창에는 '4'가 표시된다. 이때 알람해제 버튼(X03)을 누르면 알람 램프는 소등되고 알람 표시창에는 '0'이 표시된다. 상한 또는 하한 센서가 동작하는 중에 원점복귀 버튼을 누르면 알람 발생 램프는 점멸 동작하고 알람 표시창이 다시 동작한다.

■ 원점복귀 리트라이 방법

이송테이블이 원점 센서와 상한 센서 사이에 위치해 있는 상태에서 원점복귀 버튼(X02)을 누르면 이송테이블은 좌측으로 이동하며, 좌측으로 이동하던 중에 원점 센서가 ON되면 즉시 정지한다. 이송테이블의 이동 동작 중에 상한 센서가 동작하면 이송테이블의 이동 동작은 즉시 정지하고, 알람 램프가 1초 간격으로 점멸 동작하며, 알람 표시창에는 '4'가 표시된다. 이때 알람 해제 버튼(X03)을 누르면 알람 램프는 소등되고, 알람 표시창에는 '0'이 표시된다. 이송테이블이 원점 센서와 하한 센서 사이에 위치한 상태에서 원점복귀 버튼을 누르면, 이송테이블은 다음과 같은 순서로 원점복귀한다.

[표 3-11] **원점복귀 순서**

순서	동작 방법	동작 그림
1	원점복귀 버튼을 누르면 이송테이블은 좌측으로 이동한다. 이동 중에 하한 센서가 동작하면 즉시 정지하고 알람은 발생하지 않는다.	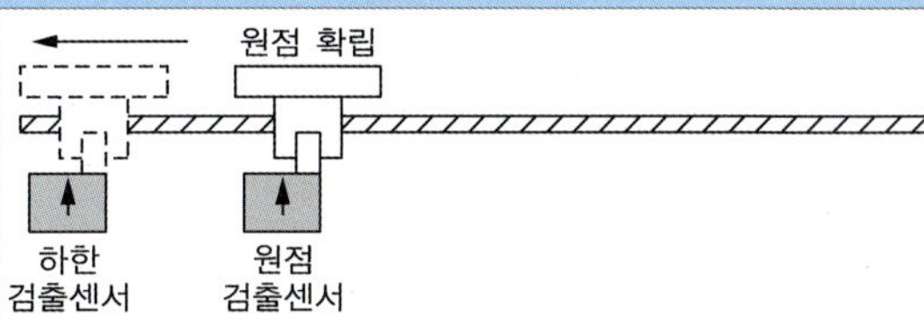
2	0.5초 후에 이송테이블은 우측으로 이동해서 원점 검출 센서가 ON → OFF되는 시점부터 3초간 더 우측으로 이동한 후에 정지한다.	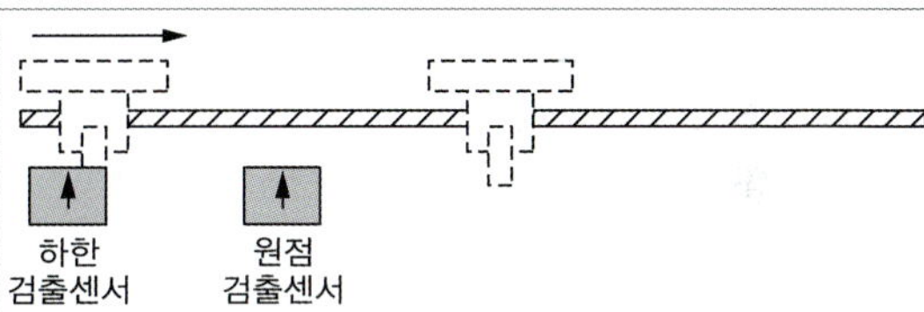
3	0.5초 후에 이송테이블은 좌측으로 이동해서 원점 센서가 검출되는 위치에 정지한다.	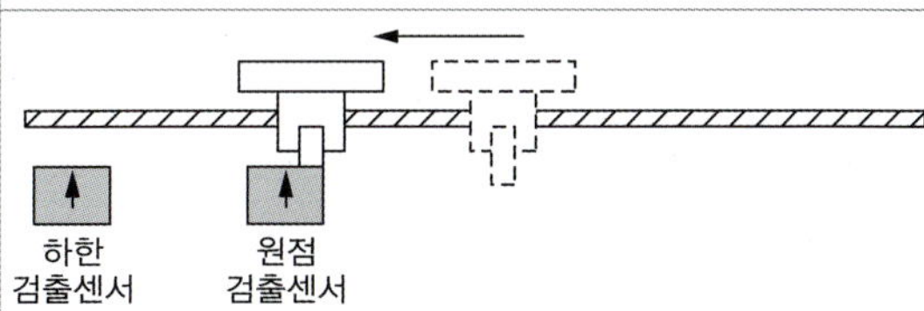

PLC 프로그램

좌이동 조건 1 :
1) 좌이동 버튼(X0)이 눌러지고
2) 우이동 버튼(X1)이 눌러지지 않고
3) 하한 리밋센서(X10)가 동작하지 않고
4) 알람이 발생하지 않은 상태
위의 네가지 입력 조건을 만족하면 모터 좌이동 ON(M200)

모터 동작 중에 하한 리밋(X10) 동작하면 좌이동 중지 및 알람발생

좌이동 조건 2 :
1) 좌이동 버튼(X0)이 눌러지고
2)하한 리밋(X10)이 동작 중이면
위의 두가지 입력 조건을 만족하면 알람 발생

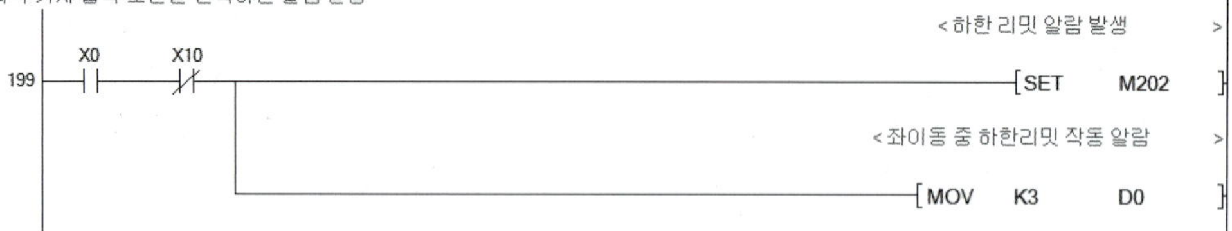

우이동 조건 1 :
1) 우이동 버튼(X1)이 눌러지고
2) 좌이동 버튼(X0)이 눌러지지 않고
3) 상한 리밋센서(X14)가 동작하지 않고
4) 알람이 발생하지 않은 상태
위의 세가지 입력 조건을 만족하면 모터 우이동 ON(M210)

모터 동작 중에 상한 리밋(X14) 동작하면 우이동 중지 및 알람발생

(계속)

우이동 조건 2 :
1) 우이동 버튼(X1)이 눌러지고
2)상한 리밋(X14)이 동작 중이면
위의 두가지 입력 조건을 만족하면 알람 발생

일반 원점복귀 조건
1) 일반 원점복귀 모드일 때
2) 원점복귀 버튼(X2, M2)이 눌러지고
3) 좌우이동 버튼이 눌러지지 않고
4) 알람이 발생하지 않는 상태
위의 네가지 조건을 만족하면 원점복귀 동작 ON

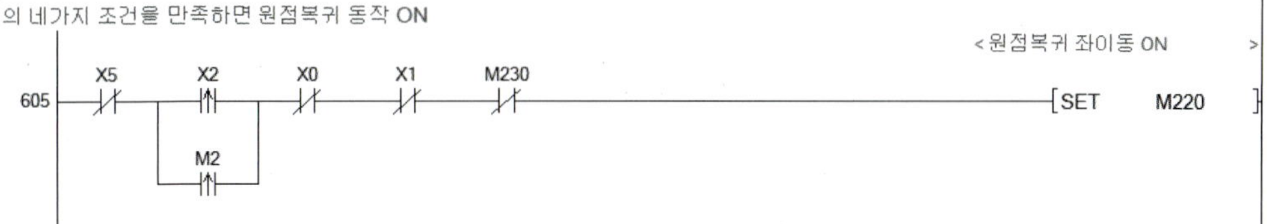

1) 원점복귀 동작 중 원점센서가 ON되는 순간 원점복귀 완료
2) 원점복귀 동작 중 하한센서가 ON되면 원점복귀 종료 및 알람

원점복귀 리트라이 동작 조건
1) 원점복귀 리트라이 모드일 때
2) 원점복귀 버튼(X2, M2)이 눌러지고
3) 좌우이동 버튼이 눌러지지 않고
4) 알람이 발생하지 않는 상태
위의 네가지 조건을 만족하면 원점복귀 리트라이 동작 ON

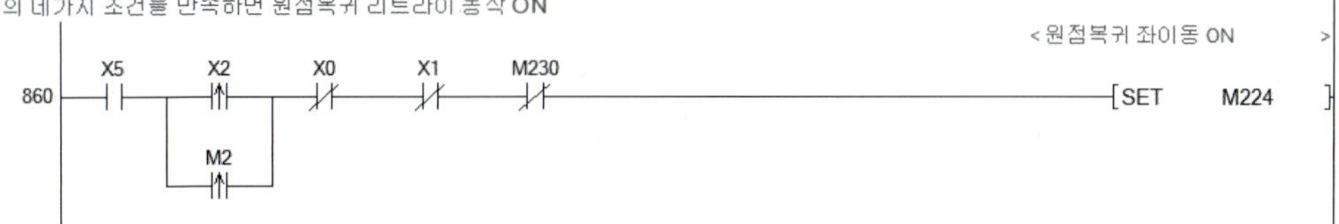

1) 원점복귀을 위한 좌이동 중 원점센서 ON이면 원점복귀 완료
2) 원점복귀 중 하한리밋을 만나면 좌이동 중지 및 타이머 동작

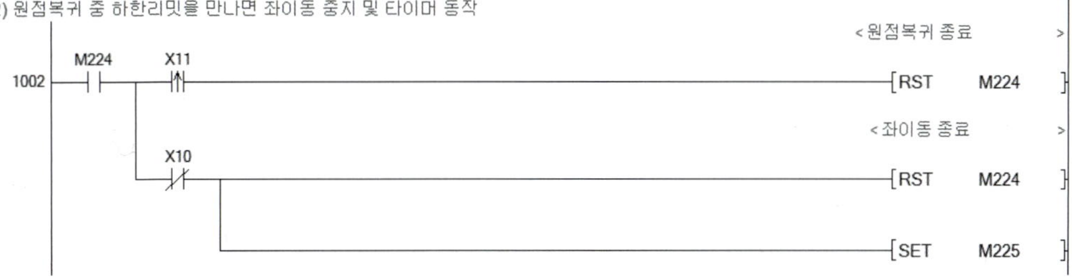

(계속)

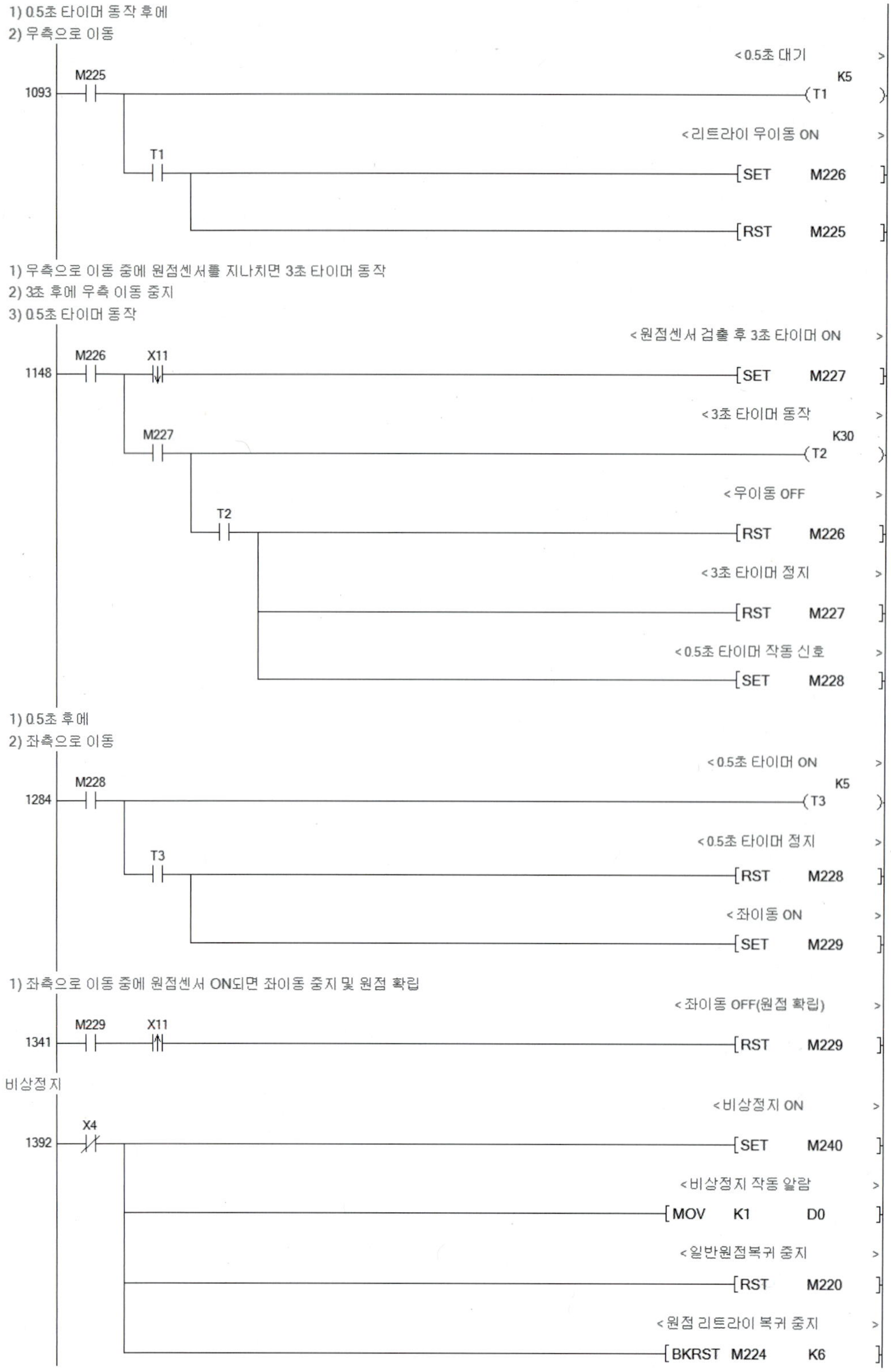
1) 0.5초 타이머 동작 후에
2) 우측으로 이동
<0.5초 대기>
1093
M225
K5
T1
<리트라이 우이동 ON>
T1
SET M226
RST M225
1) 우측으로 이동 중에 원점센서를 지나치면 3초 타이머 동작
2) 3초 후에 우측 이동 중지
3) 0.5초 타이머 동작
<원점센서 검출 후 3초 타이머 ON>
1148
M226
X11
SET M227
<3초 타이머 동작>
M227
K30
T2
<우이동 OFF>
T2
RST M226
<3초 타이머 정지>
RST M227
<0.5초 타이머 작동 신호>
SET M228
1) 0.5초 후에
2) 좌측으로 이동
<0.5초 타이머 ON>
1284
M228
K5
T3
<0.5초 타이머 정지>
T3
RST M228
<좌이동 ON>
SET M229
1) 좌측으로 이동 중에 원점센서 ON되면 좌이동 중지 및 원점 확립
<좌이동 OFF(원점 확립)>
1341
M229
X11
RST M229
비상정지
<비상정지 ON>
1392
X4
SET M240
<비상정지 작동 알람>
MOV K1 D0
<일반원점복귀 중지>
RST M220
<원점 리트라이 복귀 중지>
BKRST M224 K6

(계속)

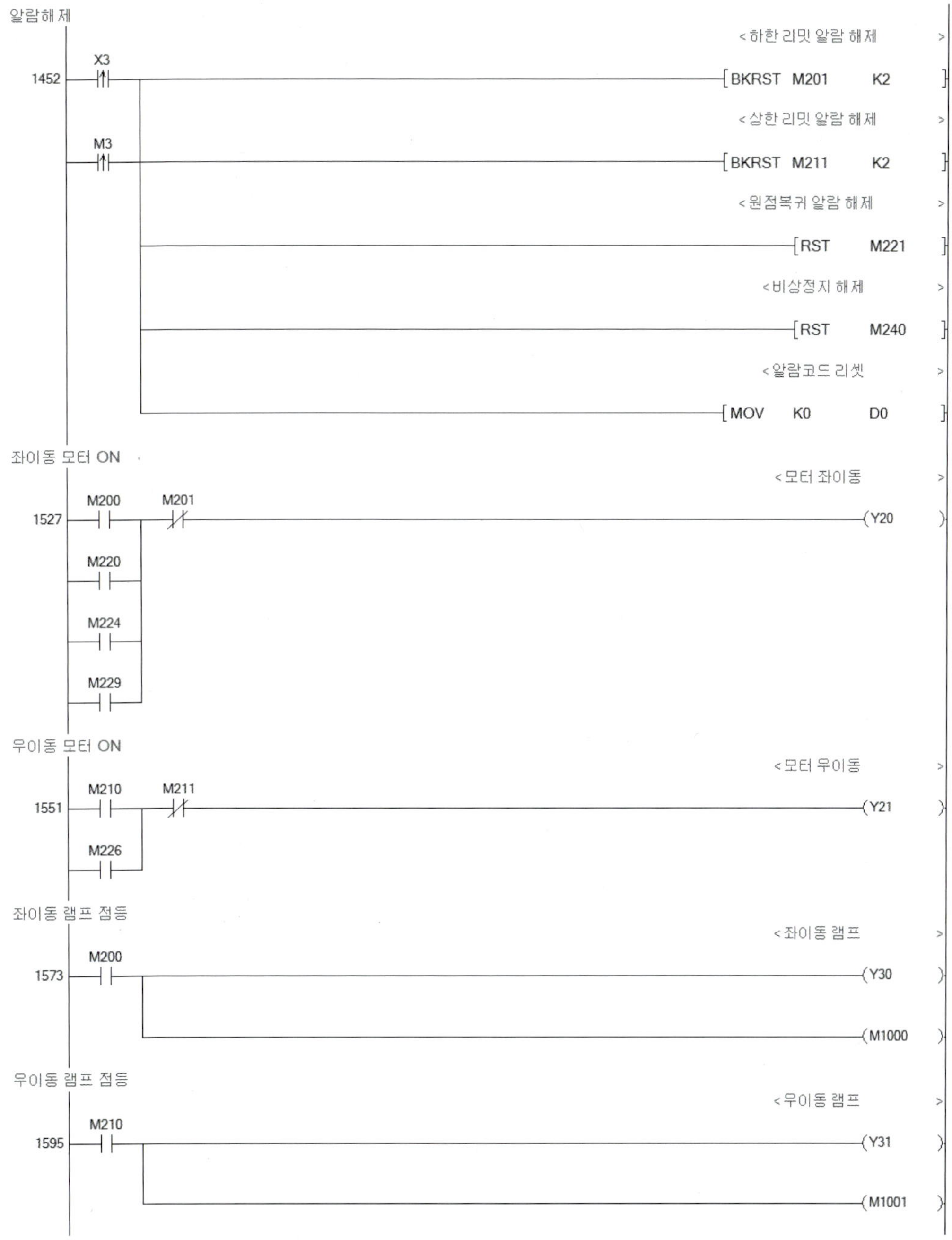

알람해제
<하한 리밋 알람 해제 >
1452
X3
[BKRST M201 K2]
<상한 리밋 알람 해제 >
M3
[BKRST M211 K2]
<원점복귀 알람 해제 >
[RST M221]
<비상정지 해제 >
[RST M240]
<알람코드 리셋 >
[MOV K0 D0]
좌이동 모터 ON
<모터 좌이동 >
1527
M200
M201
(Y20)
M220
M224
M229
우이동 모터 ON
<모터 우이동 >
1551
M210
M211
(Y21)
M226
좌이동 램프 점등
<좌이동 램프 >
1573
M200
(Y30)
(M1000)
우이동 램프 점등
<우이동 램프 >
1595
M210
(Y31)
(M1001)

(계속)

[프로그램 3-7] 원점복귀 방법 추가

실습과제 3-8 회전 검출 센서를 이용한 위치 제어

원점 확립 방법을 통해 위치 제어를 위한 기준점을 잡았다면, 모터 축의 회전을 검출하는 센서의 펄스 신호를 사용하여 사용자가 설정한 위치로 이동하는 프로그램 작성법에 대해 살펴보자.

[Section 3.2]

회전 검출 센서를 이용해서 사용자가 설정한 위치로 이송테이블을 이동시키는 위치 제어 프로그램을 작성해보자. 모터에 의해 회전하는 축 끝단에 [그림 3-16]처럼 1mm를 이동할 때마다 펄스 신호를 발생하는 장치가 구성되어 있다. 모터의 정역회전에 따라서 펄스 신호를 카운팅하면 이송테이블의 이동 위치를 파악할 수 있고, 이동 위치는 [그림 3-36]의 현재 위치 표시창에 표시된다. 그리고 사용자가 원하는 이송테이블의 이동 위치를 [그림 3-36]의 설정 위치 설정창에 설정한 후에 좌이동 또는 우이동 버튼을 누르면 이송테이블은 설정한 위치로 이동한 후에 정지한다. 주어진 조건을 만족하는 프로그램을 작성해보자.

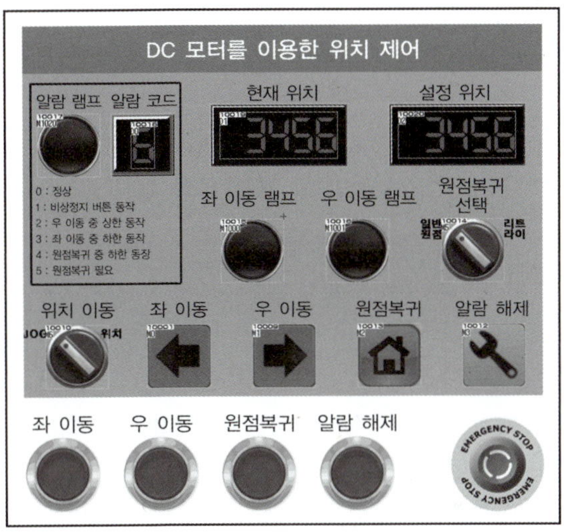

[그림 3-36] 위치 제어를 위한 패널 구성

[표 3-12] PLC 입·출력 번지 할당표

입력 번호	기능	출력 번호	기능
X00/M0	좌 이동	Y20	DC 모터 좌 이동
X01/M1	우 이동	Y21	DC 모터 우 이동
X02/M2	원점복귀		
X03/M3	알람 해제	Y30/M1000	좌 이동 램프
X04	비상정지(b접점 사용)	Y31/M1001	우 이동 램프

(계속)

M5	원점복귀	OFF : 일반	Y32/M1020	알람 램프
		ON : 리트라이		
M6	위치 이동	OFF : JOG	D0	알람 코드 (숫자 표시창)
		ON : 위치	D1	현재 위치 (숫자 표시창)
			D2	설정 위치 (숫자 입력창)
X10	하한 센서(Light ON)			
X11	원점 센서(Dark ON)			
X12	상한 센서(Light ON)			
X13	회전 검출 센서(Dark ON)			

동작 조건

❶ 시스템의 전원이 OFF → ON, 또는 PLC CPU가 리셋 되었을 때에는 알람 발생 램프가 1초 간격으로 점멸 동작하며, 알람 코드 '5'가 표시되어 작업자에게 원점복귀가 필요함을 알려야 한다.

❷ 원점복귀가 완료되지 않은 상태에서는 위치 제어 동작을 할 수 없다. 원점복귀가 완료되지 않는 상태에서 기동을 시키면 알람 코드 5번이 발생한다. 단, JOG 모드에서 좌 이동 및 우 이동은 가능하다.

❸ 원점복귀 동작 필요 알람이 발생한 상태에서 알람 해제 버튼을 눌러 알람을 해제한 후에 원점복귀 버튼을 누르면, 원점복귀 방법 선택 스위치에 의해 선택된 방법으로 원점복귀가 실시된다.

❹ 원점복귀 동작을 완료하면, 현재 위치와 설정 위치를 표시하는 숫자창에 '000'이 표시된다.

❺ 이송테이블이 움직이면 이송테이블의 스크류 축 끝단에 설치된 회전 검출 센서를 이용해 이동거리를 현재 위치 숫자창에 표시한다. 원점을 기준으로 좌측으로 이동하면 현재 값은 회전 검출 센서의 펄스 신호에 의해 -1씩 감소하고, 우측으로 이동하면 +1씩 증가한다.

❻ 위치 이동 선택 스위치가 JOG 위치에 있을 때, 좌 이동 버튼을 누르는 동안 이송테이블은 좌측으로 이동하며, 동시에 좌 이동 표시 램프가 점등된다. 이송테이블이 좌측으로 이동하면 현재 위치의 표시값은 감소한다. 좌 이동 중에 하한 센서가 동작하면 이송테이블의 이동은 즉시 정지하고, 알람 램프는 1초 간격으로 점멸 동작하며, 알람 코드는 '3'으로 표시된다. 알람 램프가 점멸 상태일 때에는 어떠한 입력 버튼도 동작하지 않는다. 알람 해제 버튼을 누르면 알람 램프가 소등되고 알람 표시창에는 '0'이 표시된다. 이때 우 이동 버튼을 누르면 이송테이블은 우측으로 이동하지만, 좌 이동 버튼을 누르면 알람 발생 램프는 점멸 동작을 하고 알람 코드 '3'이 표시된다.

❼ 위치 이동 선택 스위치가 JOG 위치에 있을 때, 우 이동 버튼을 누르는 동안 이송테이블은 우측으로 이동하며, 동시에 우 이동 표시 램프가 점등된다. 이송테이블이 우측으로 이동하면 현재 값은 증가한다. 우측으로 이동 중에 상한 센서가 동작하면 이송테이블은 즉시 정지하고, 알람 램프가 1초 간격으로 점멸 동작하며, 알람 코드는 '2'로 표시된다. 알람 램프가 점멸 상태일 때에는 어떠한 입력 버튼도 동작하지 않는다. 알람 해제 버튼을 누르면 알람 램프가 소등되고

알람 코드는 '0'으로 표시된다. 이때 좌 이동 버튼을 누르면 이송테이블은 좌측으로 이동하지만, 우이동 버튼을 누르면 알람 발생 램프는 점멸 동작을 하고 알람 코드 '2'가 표시된다.

❽ 이송테이블은, 원점복귀 방법 선택 버튼이 OFF 상태이면 일반 원점복귀 방식으로, ON 상태이면 원점복귀 리트라이 방식으로 동작한다.

❾ 비상정지 버튼을 누르면 알람 발생 램프가 1초 간격으로 점멸 동작하며, 알람코드는 '1'로 표시되고, 이송테이블의 동작은 즉시 정지한다. 비상정지 버튼이 눌린 상태에서는 어떤 입력 스위치도 동작하지 않는다. 비상정지 버튼의 동작을 해제한 후 알람 해제 버튼을 누르면 알람 발생 램프는 소등되고, 알람 코드는 '0'이 표시된다. 이때 입력 스위치는 동작할 수 있다.

❿ 위치 이동 선택 스위치가 위치모드에 있을 때 위치 설정값에 따라 위치 제어 동작을 한다. 위치 값은 000~200까지 설정할 수 있다. 위치 값을 설정한 후 좌 이동 또는 우 이동 버튼을 누르면, 이송테이블은 현재 위치에서 설정 위치 값만큼 좌측 또는 우측으로 이동한 후 정지한다. 만약 이송테이블의 이동 중에 상한 및 하한 센서 또는 비상정지 버튼이 동작하면 이송테이블은 즉시 정지하고, 해당 알람을 울린다.

PLC 프로그램 작성법

■ PLC 입력 모듈의 채터링 방지 시간 설정

실습에 사용한 실습장치의 DC 기어드 모터의 회전속도가 너무 빨라서 이송테이블의 이동을 검출하는 센서의 입력 신호를 검출하지 못하는 경우가 발생할 수 있다. 가장 좋은 방법은 DC 기어드 모터의 감속비를 높여 센서 신호를 검출할 수 있는 속도를 맞추는 것이지만, 실습장비의 형편에 따라 맞추지 못하는 경우도 있을 수 있다.

[그림 3-37]과 같이, 입력 모듈에 연결된 스위치나 릴레이 접점이 ON/OFF될 때 발생되는 입력 신호의 채터링(입력 신호의 떨림 현상으로 인해 수십 번 ON/OFF되는 현상)을 방지하기 위해 입력 모듈에 시간 필터를 사용하고 있다. 이처럼 입력 신호의 지연 필터 시간을 줄이면 신호를 좀 더 빨리 입력받을 수 있다. 하지만 지연 필터 시간보다 더 긴 시간의 채터링이 발생하게 되면 입력 신호가 오작동할 수 있으니 설정에 주의하기 바란다.

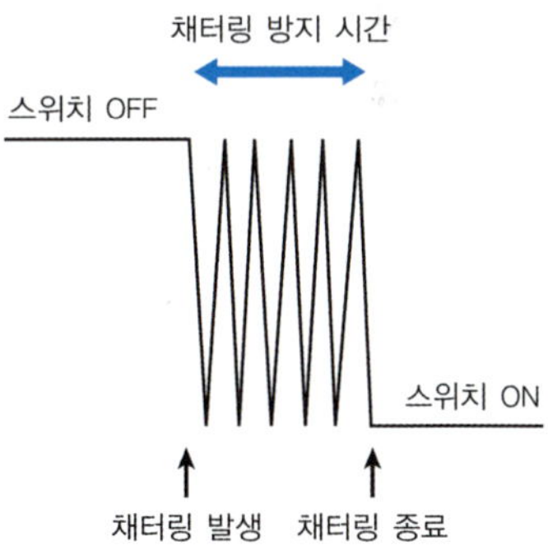

[그림 3-37] 채터링 현상

[그림 3-37]에 나타낸 순서대로 입력 모듈의 채터링 방지를 위한 지연 시간을 설정한 후에 PLC CPU에 파라미터를 새롭게 설정하고 PLC CPU를 리셋한다.

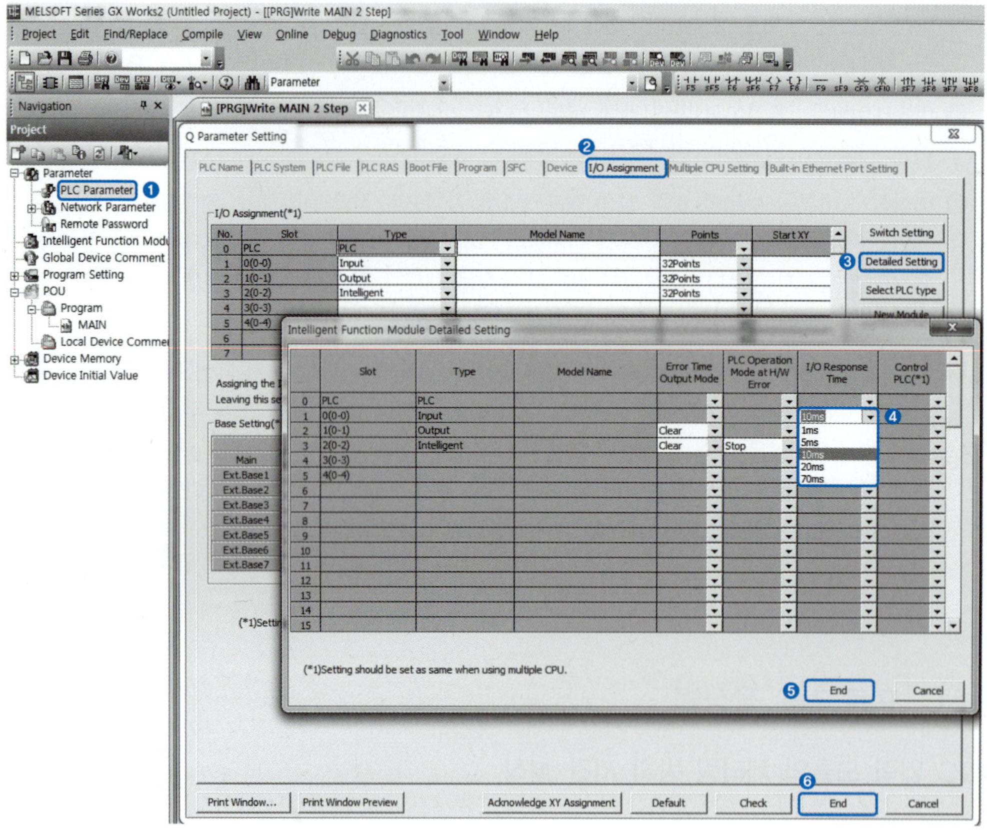

❶ [내비게이션] 창에서 [PLC Parameter]를 더블클릭한다.
❷ [I/O Assignment] 탭을 클릭한 후, [Read PLC Data]를 클릭해서 PLC의 구성을 읽어온다.
❸ [Detailed Setting]을 클릭한다.
❹ 입력 모듈의 [I/O Response Time] 항목의 화살표 탭을 클릭해서 시간을 선택한다.
❺ [End]를 클릭한다.
❻ [End]를 클릭한다.

[그림 3-38] PLC 입력 신호 채터링 방지 시간 설정 방법

■ 위치 제어 방법

모터가 회전하면 회전 검출 센서에 의해 데이터 레지스터 D1에 모터의 회전량이 계산되어 표시된다. 즉 현재의 이송테이블의 위치를 파악하고 있다는 뜻이다. 이 상태에서 사용자가 이동하려는 좌표값을 설정 위치 입력창에 입력한 후에 좌우 이동 버튼을 누르면, 현재 위치와 설정 위치의 값을 비교한 후에 설정 위치로 이송테이블이 자동으로 이동한다.

[표 3-13] 현재 위치와 설정 위치 비교를 통한 회전 방향 결정 방법

이송테이블의 회전 방향 결정 방법	동작 상태
현재 이송테이블이 40mm에 위치하고 있을 때, 설정 위치 120mm로 이동하기 위해서는 우측으로 이동해야 한다. 따라서 현재 위치를 기준으로 설정 위치의 대소 비교를 통해 이송테이블의 이동 방향을 결정한다. 현재 위치 < 설정 위치 ⇨ 우 이동 현재 위치 > 설정 위치 ⇨ 좌 이동	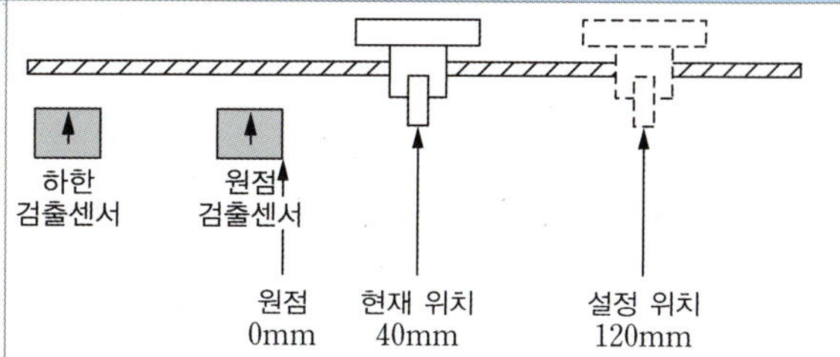 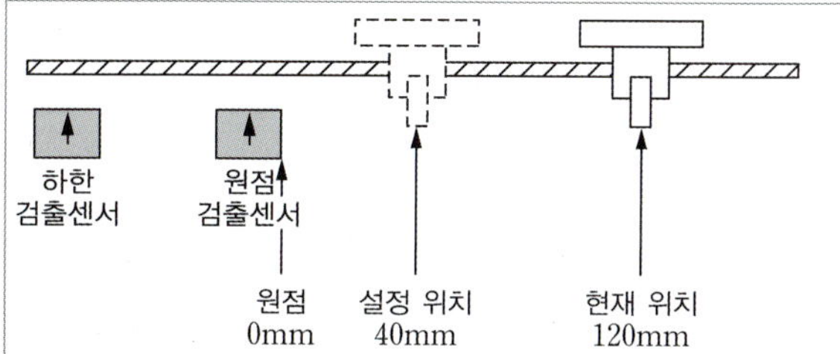

PLC 프로그램

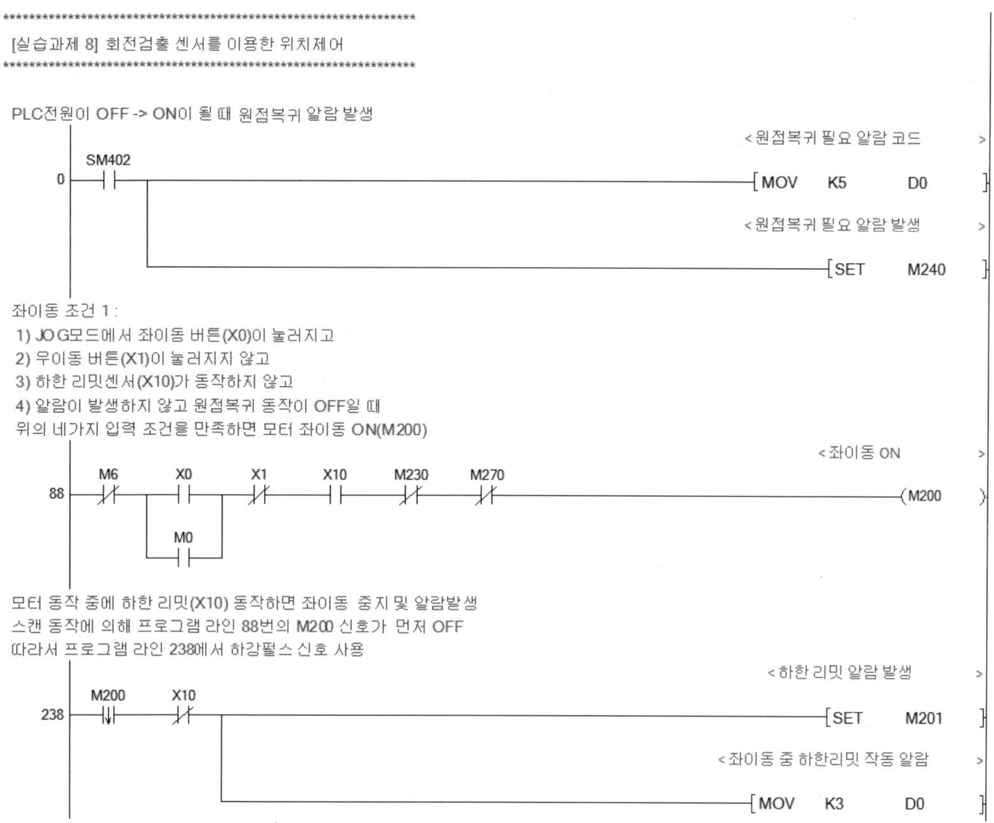

(계속)

좌이동 조건 2 :
1) 좌이동 버튼(X0)이 눌러지고
2)하한 리밋(X10)이 동작 중이면
위의 두가지 입력 조건을 만족하면 알람 발생

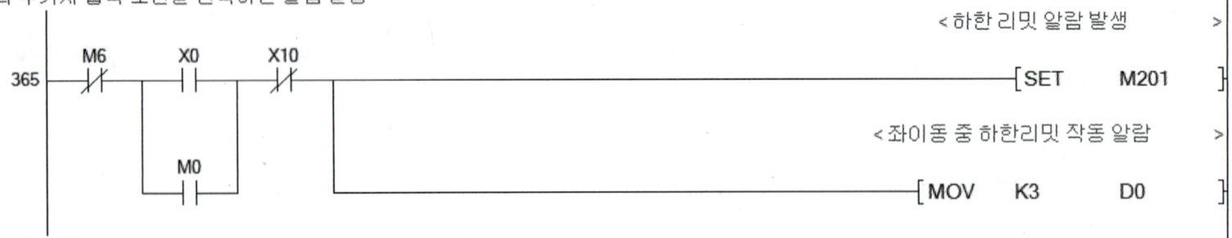

우이동 조건 1 :
1) 우이동 버튼(X1)이 눌러지고
2) 좌이동 버튼(X0)이 눌러지지 않고
3) 상한 리밋센서(X14)가 동작하지 않고
4) 알람이 발생하지 않고 원점복귀 동작이 OFF일 때
위의 네가지 입력 조건을 만족하면 모터 우이동 ON(M210)

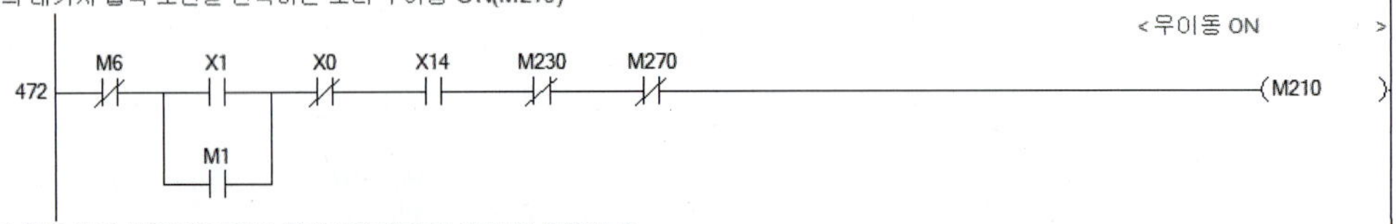

모터 동작 중에 상한 리밋(X14) 동작하면 우이동 중지 및 알람발생
스캔 동작에 의해 프로그램 라인 448번의 M210 신호가 먼저 OFF
따라서 프로그램 라인 591에서 하강펄스 신호 사용

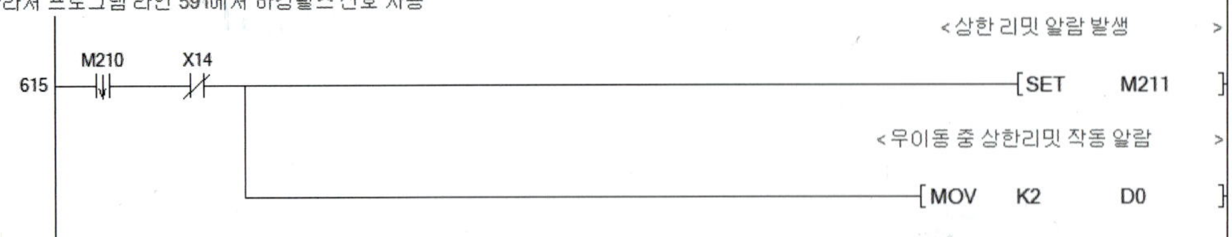

우이동 조건 2 :
1) 우이동 버튼(X1)이 눌러지고
2)상한 리밋(X14)이 동작 중이면
위의 두가지 입력 조건을 만족하면 알람 발생

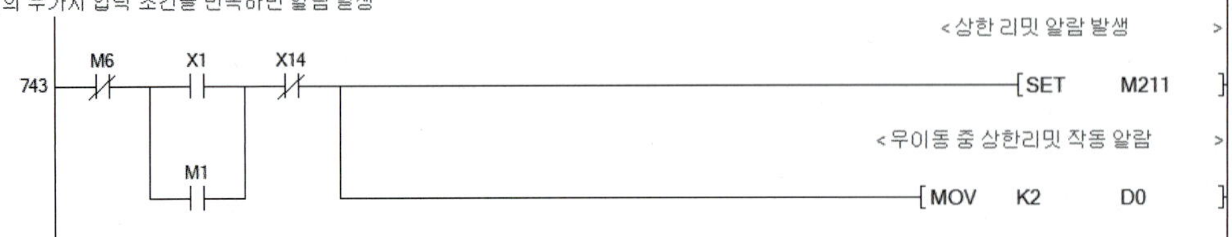

일반 원점복귀 조건
1) 일반 원점복귀 모드일 때
2) 원점복귀 버튼(X2, M2)이 눌러지고
3) 좌우이동 버튼이 눌러지지 않고
4) 알람이 발생하지 않는 상태
위의 네가지 조건을 만족하면 원점복귀 동작 ON

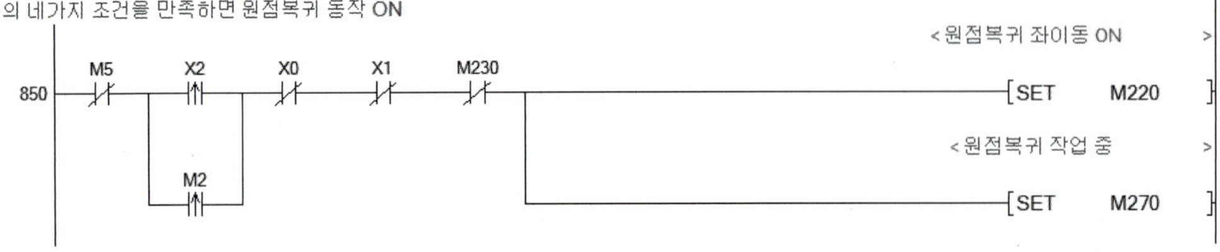

(계속)

1) 원점복귀 동작 중 원점센서가 ON되는 순간 원점복귀 완료
2) 원점복귀 동작 중 하한센서가 ON되면 원점복귀 종료 및 알람

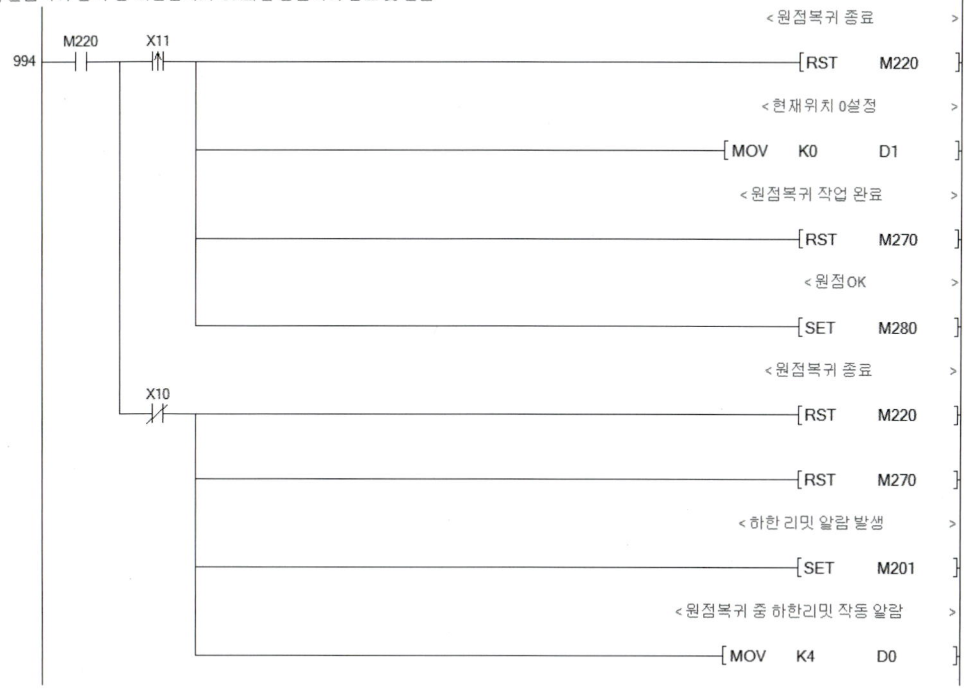

원점복귀 리트라이 동작 조건
1) 원점복귀 리트라이 모드일 때
2) 원점복귀 버튼(X2, M2)이 눌러지고
3) 좌우이동 버튼이 눌러지지 않고
4) 알람이 발생하지 않는 상태
위의 네가지 조건을 만족하면 원점복귀 리트라이 동작 ON

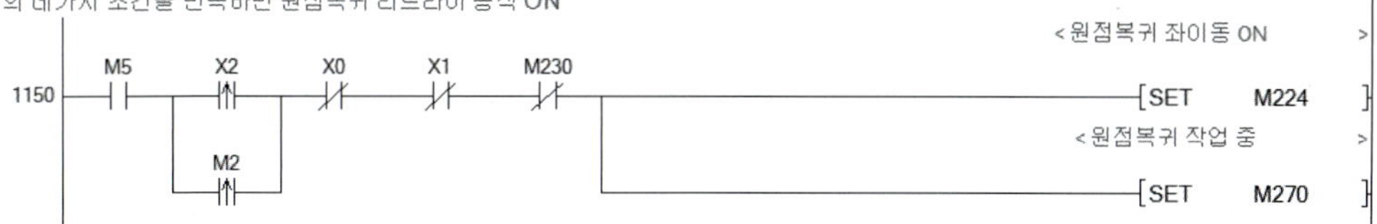

1) 원점복귀를 위한 좌이동 중 원점센서 ON이면 원점복귀 완료
2) 원점복귀 중 하한리밋을 만나면 좌이동 중지 및 타이머 동작

(계속)

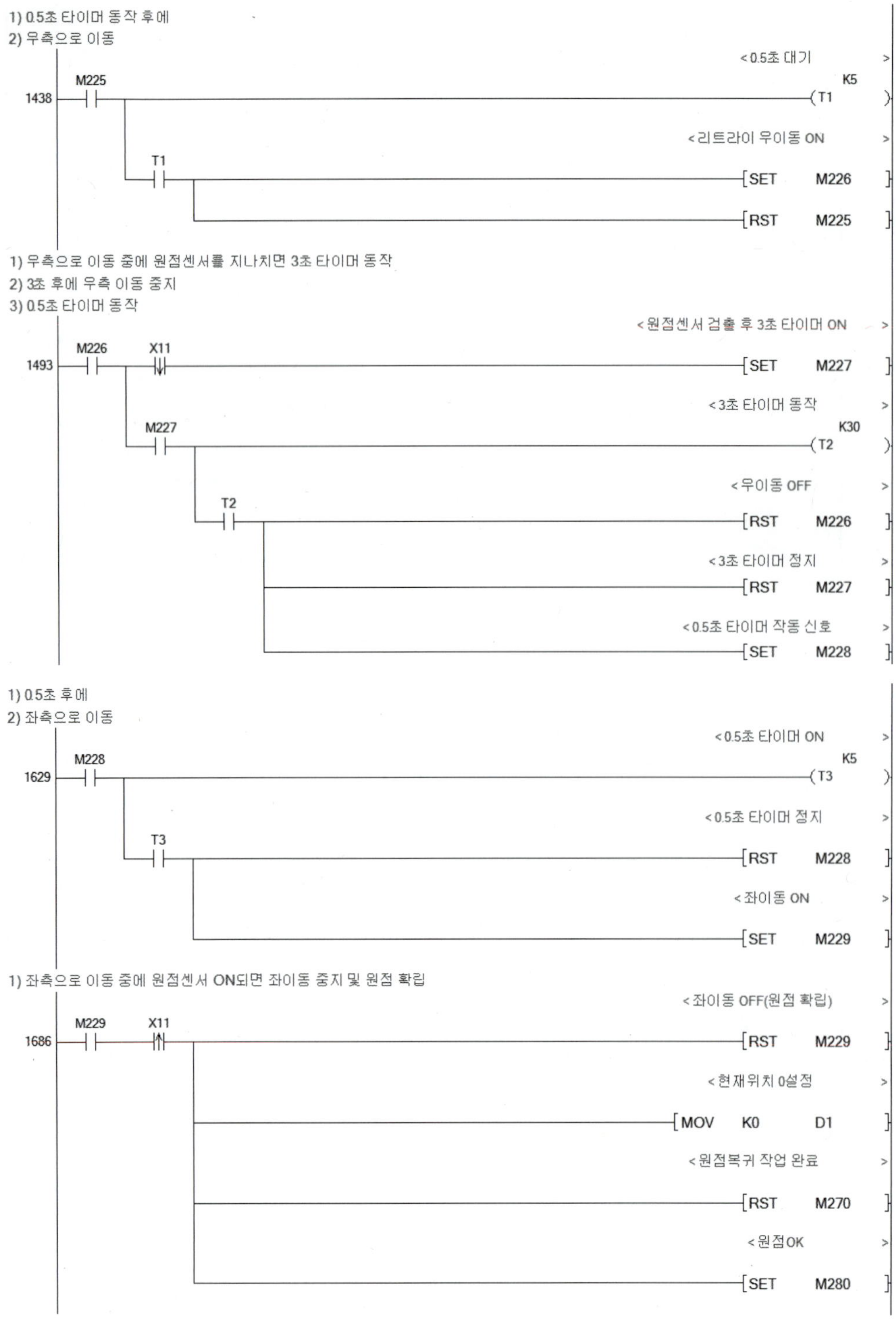
1) 0.5초 타이머 동작 후에
2) 우측으로 이동
<0.5초 대기 >
1438 M225 K5 T1
<리트라이 우이동 ON >
T1 SET M226
RST M225
1) 우측으로 이동 중에 원점센서를 지나치면 3초 타이머 동작
2) 3초 후에 우측 이동 중지
3) 0.5초 타이머 동작
<원점센서 검출 후 3초 타이머 ON >
1493 M226 X11 SET M227
<3초 타이머 동작 >
M227 K30 T2
<우이동 OFF >
T2 RST M226
<3초 타이머 정지 >
RST M227
<0.5초 타이머 작동 신호 >
SET M228
1) 0.5초 후에
2) 좌측으로 이동
<0.5초 타이머 ON >
1629 M228 K5 T3
<0.5초 타이머 정지 >
T3 RST M228
<좌이동 ON >
SET M229
1) 좌측으로 이동 중에 원점센서 ON되면 좌이동 중지 및 원점 확립
<좌이동 OFF(원점 확립) >
1686 M229 X11 RST M229
<현재위치 0설정 >
MOV K0 D1
<원점복귀 작업 완료 >
RST M270
<원점OK >
SET M280

(계속)

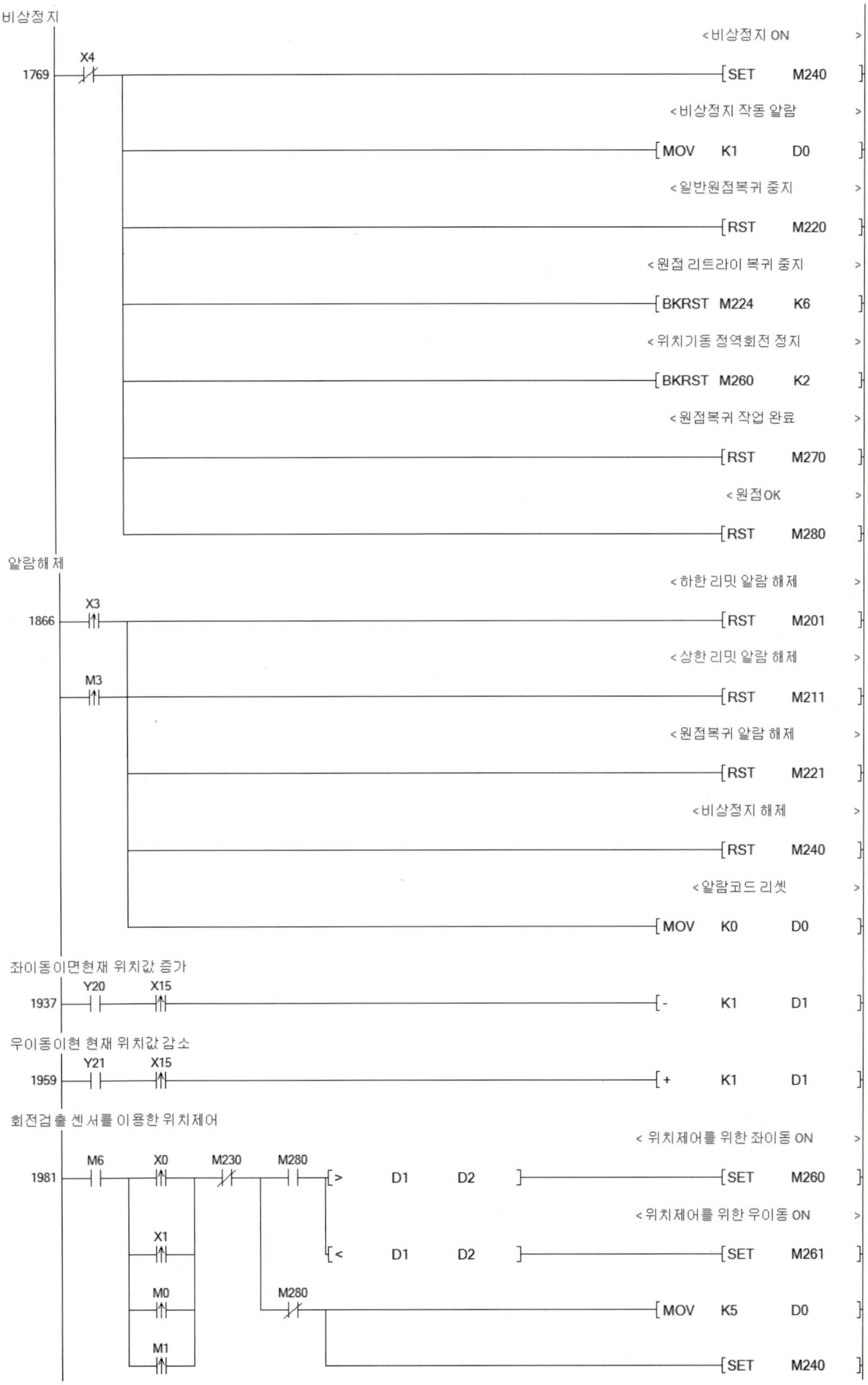

비상정지
1769
X4
<비상정지 ON >
SET M240
<비상정지 작동 알람 >
MOV K1 D0
<일반원점복귀 중지 >
RST M220
<원점 리트라이 복귀 중지 >
BKRST M224 K6
<위치기동 정역회전 정지 >
BKRST M260 K2
<원점복귀 작업 완료 >
RST M270
<원점OK >
RST M280
알람해제
1866
X3
M3
<하한 리밋 알람 해제 >
RST M201
<상한 리밋 알람 해제 >
RST M211
<원점복귀 알람 해제 >
RST M221
<비상정지 해제 >
RST M240
<알람코드 리셋 >
MOV K0 D0
좌이동이면현재 위치값 증가
1937
Y20 X15
- K1 D1
우이동이현 현재 위치값 감소
1959
Y21 X15
+ K1 D1
회전검출 센서를 이용한 위치제어
1981
M6 X0 M230 M280
X1
M0
M1
M280
< 위치제어를 위한 좌이동 ON >
> D1 D2
SET M260
<위치제어를 위한 우이동 ON >
< D1 D2
SET M261
MOV K5 D0
SET M240

(계속)

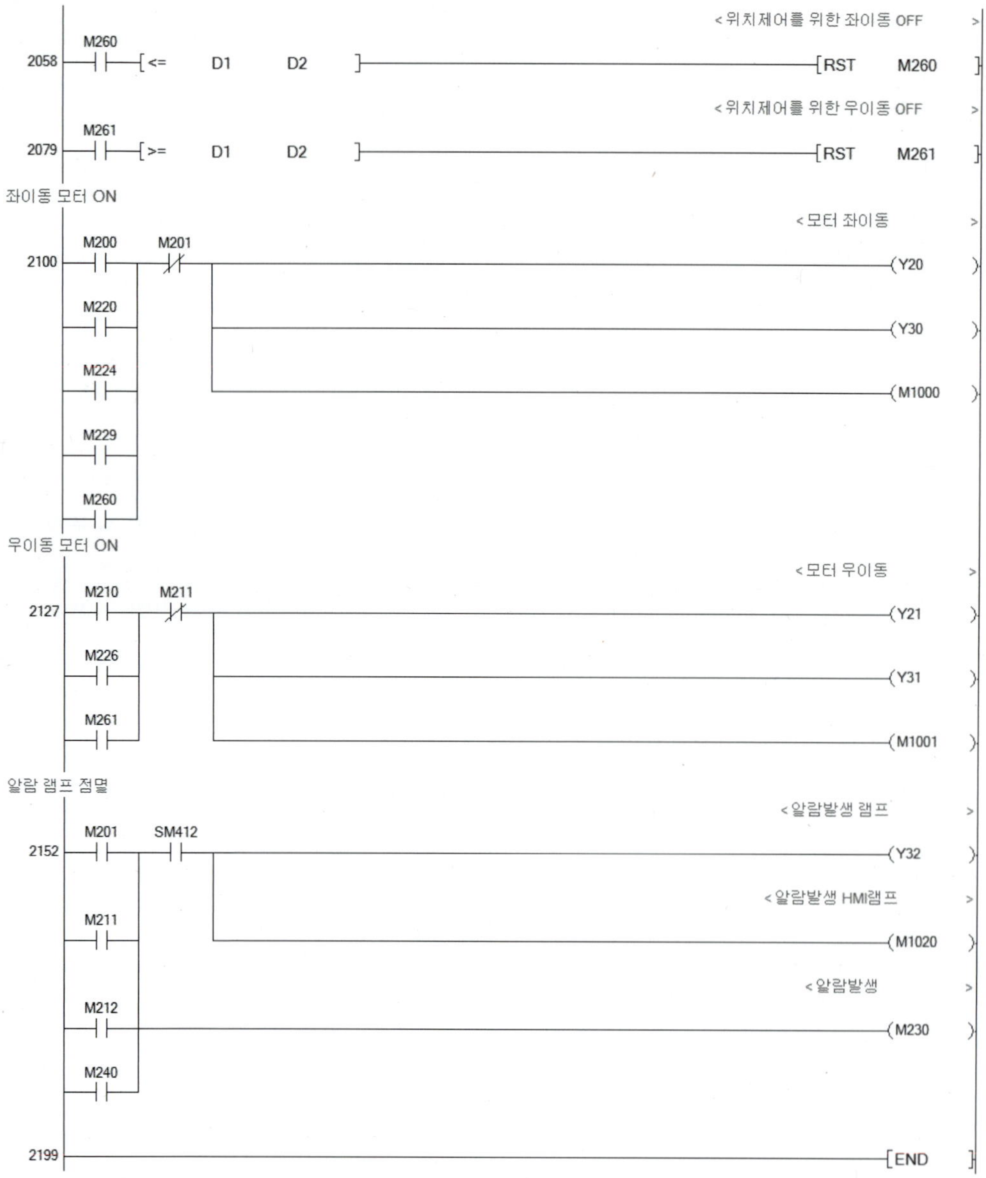

[프로그램 3-8] 회전 검출 센서를 이용한 위치 제어 프로그램

PART 2
서보 제어

서보가 적용되는 분야라면 얼핏 정밀 공작 기계를 생각하기 쉽지만, 대한민국을 대표하는 반도체, OLED, 휴대전화, 자동차와 같은 제품을 생산하는 모든 공정에 서보 제어 기술이 사용되고 있다. 특히 4차 산업과 더불어 각광받는 로봇 분야에서는 서보 제어 기술의 사용이 필수적이다.

서보 제어 시스템은 제어 기능을 수행하는 서보 앰프와 실제 제어 출력을 구현하는 서보 모터로 구성되어 있다. 서보 제어 시스템은 상위 시스템인 NC나 모션 컨트롤러, 그리고 PLC, PC 등과 연결되어 서보 제어가 이루어진다.

PART 2에서는 서보 제어를 통한 위치 제어 및 속도 제어, 토크 제어의 개념과, 서보 제어 중에서 가장 많이 사용되는 위치 제어를 위한 시스템의 종류를 알아본다. 그리고 멜섹Q PLC를 이용한 위치 제어 시스템이 어떻게 구성되는지 살펴본다. 또한 서보 제어의 핵심인, 실습에 사용할 미쓰비시의 서보 앰프 MR-J4-B와 위치 결정 모듈 QD77MS의 기능을 살펴보고, 다양한 실습 예제를 통해 산업현장에서 사용되는 제어 방법을 학습한다.

Chapter 04

서보 제어의 기초

서보 제어에 대한 기본 개념과 서보의 필요성 및 서보 제어의 종류, 그리고 서보 제어를 위한 위치 제어 시스템의 구성 요소와 각각의 역할을 간략하게 살펴보면서, 서보 제어가 산업현장에 어떻게 적용되고 있는지를 알아보자.

4.1 서보 제어란

서보servo란, 기구와 결합하여 구동력을 얻는 액추에이터를 사용하여 정밀한 위치나 속도, 토크를 제어하는 것을 의미한다. 예전에는 유압 기기를 이용하여 서보 시스템을 구축하였으나, 최첨단 자동화 기기들에 빠른 응답과 정밀 제어가 요구되면서 '서보'는 '서보 모터에 의한 제어'를 의미하게 되었다. 일본 공업 규격(JIS)에서는 '서보'를 "물체의 위치, 각도, 자세, 경로 및 속도 제어를 목표값으로 하고, 임의의 변화에 대응해 목표값을 항상 추종하도록 구성된 제어 장치"로 정의한다.

자동화 관련 산업현장에서 사용하는 서보 제어 시스템의 구성은 [그림 4-1]과 같다. 사용자가 원하는 위치, 각도, 자세, 속도와 같은 동작을 구현하기 위한 복잡한 산술연산 및 프로그램 처리를 담당하는 상위 제어기와, 지령에 의한 동작을 구현하기 위한 액추에이터를 구동하는 서보 시스템, 그리고 실질적인 움직임을 구현하는 기계로 구성되어 있다.

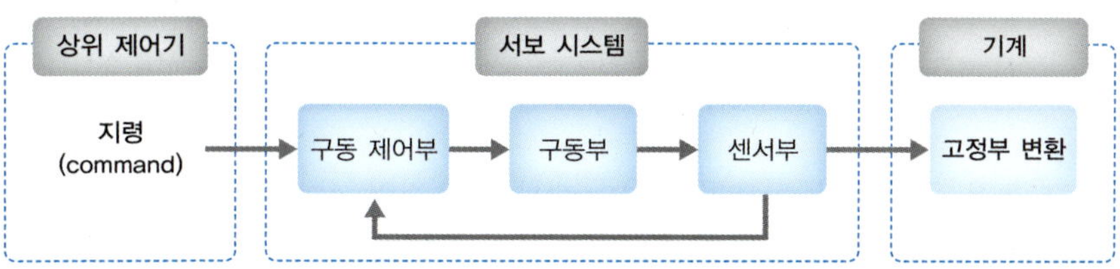

[그림 4-1] 서보 제어 시스템의 구성

대부분의 서보 시스템은 미리 설정된 위치로 물체를 이동시키는 위치 제어, 부하의 변동에 관계없이 항상 일정한 속도를 유지하기 위한 속도 제어, 그리고 일정한 힘으로 물건을 이동시키기 위한 토크 제어를 할 수 있다. 서보 제어의 위치, 속도, 토크 제어 중에서 하나의 종류를 선택해서 사용할 수도 있고, 또는 두 개의 제어 방법을 조합해서 주어진 조건에 따라 제어 방법을 선택해서 사용할 수도 있다.

[표 4-1] 서보 제어의 종류

제어 구분	기능
위치 제어	• 지시한 위치에 정확하게 이동 및 정지하게 하는 제어로, 그 위치 정밀도는 마이크로미터(μm : 천분의 1밀리) 이하까지 가능하다. • 빈번한 기동과 정지가 가능하다.
속도 제어	• 부하가 변경되어도 목표한 속도에서 극히 미세한 변동 범위 내로 제어가 가능하다. • 넓은 속도 범위 내에서 연속 운전이 가능하다.
토크 제어	• 부하가 변경되어도 목표한 토크로 정확하게 운전할 수 있다. • 토크는 회전축을 돌리는 힘이다.

[표 4-2] 서보 제어 방법에 따른 산업체 적용 분야

제어 방식	운전 방법	내용	적용 분야	
위치 제어	연속 운전	시작점에서 종점까지의 경로를 곡선 및 직선으로 운전	공작 기계	CNC 머신
			산업용 로봇	용접용 로봇
			권선 장비	트레버스 권선기
	고정밀도 위치 결정	중간 경로보다는 최종 위치 결정의 정밀도를 중시한 운전	공작 기계	방전 가공기
			반도체 장비	테이블 위치 결정
	고빈도 위치 결정	중간 경로, 정밀도보다는 운전/정지의 빈도가 높은 운전	부품 실장기	칩 마운터
			반도체 장비	본딩기
			섬유 기계	편직기
속도 제어	고안정 회전 운동	정속 구간에서의 속도 안전성을 중시한 운전	공작 기계	연삭기
			반도체 장비	실리콘 투입 장비
	동기 운전	상대 기계와의 속도 동기가 요구되는 운전	절단기	로터리 절단기
			포장기	식품 포장기
토크 제어	위상 동조 운전	운전/정지 시 동일한 속도가 요구되는 운전	인쇄 장비	인쇄기
	출력 토크 제어 운전	위치/속도보다는 모터의 출력 토크 제어가 요구되는 운전	성형기	사출 성형기

서보 제어는 빠르고 높은 정밀도가 필요하다. 이 때문에 움직임 상태를 항상 감시하고, 지령의 어긋남이 생기지 않도록 피드백을 제어하는 일이 중요하다. 서보 제어가 적용된

최초의 제품은 어뢰로 알려져 있다. 오늘날에는 전자 및 기계 구동 기술의 발전으로 인해 자동 공작 기계, 위성 추적 안테나, 망원경의 천체 추적 장치, 항공기의 자동 항법 장치, 미사일 및 로켓의 제어 장치 등, 정밀 제어가 필요한 곳에 서보 제어가 사용되고 있다. [표 4-2]는 서보 시스템의 제어 방법에 따라 산업체에 적용되는 분야 및 장비의 종류를 구분해놓은 것이다.

4.2 서보를 이용한 위치 제어 시스템의 종류

위치 제어란, 기계 장치를 설정된 속도로 현재 위치에서 설정된 위치로 정확하게 이동 및 정지시키는 것을 목적으로 하는 제어로, 기계 장치 구동부를 서보 모터 또는 스테핑stepping 모터에 연결하고 위치 결정 제어 신호에 의해 해당 모터를 동작시키는 고정밀도의 제어 동작을 의미한다. 이러한 위치 제어는 다른 용어로 모션 제어motion control라고도 불린다.

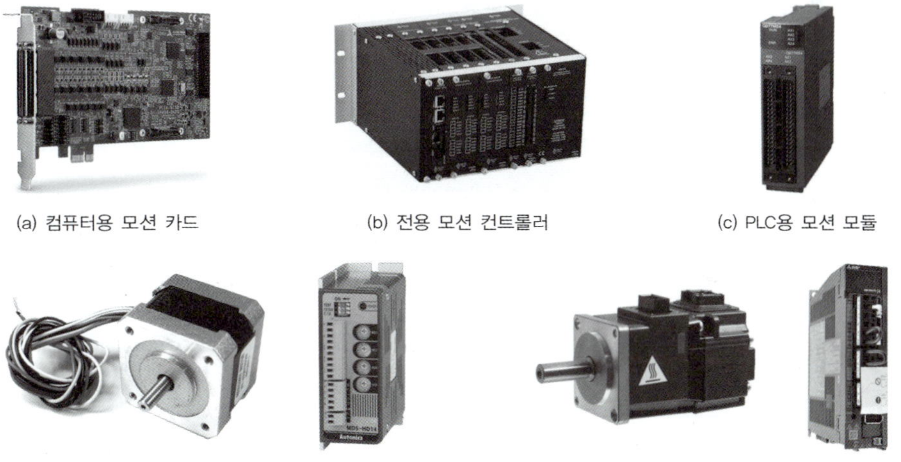

(a) 컴퓨터용 모션 카드　(b) 전용 모션 컨트롤러　(c) PLC용 모션 모듈

(d) 스테핑 모터 및 드라이버　(e) 서보 모터 및 앰프

[그림 4-2] 위치 제어 시스템의 구성품

위치 제어 방식은 컴퓨터와 컴퓨터용 모션 컨트롤러를 이용하는 방법, 전용 위치 결정 장치를 이용하는 방법, PLC의 위치 결정 모듈을 이용하는 방법으로 구분된다. 정밀한 위치 결정 제어를 위해서는 위치 결정 제어용 전용 모듈과 서보 드라이브 또는 스테핑 드라이브를 조합하여 사용한다. 위치 제어 시스템은 오픈 루프 방식과 클로즈 루프 방식으로 구분되는데, 이를 좀 더 세분화하면 다음과 같이 4종류의 시스템으로 구분된다.

오픈 루프 방식

오픈 루프open loop 방식은 스테핑 모터를 이용한 제어 방법으로, 위치 이동을 계측하는 센서의 피드백 없이 모터의 회전에 의존한 위치 제어 방식을 의미한다. 피드백이 없기 때문에 이 방식은 서보 제어가 아니다. 오픈 루프 방식에서 과부하가 걸리면 모터의 회전에 문제가 발생하여 정해진 위치에 도달하지 못하기 때문에, 이 방식은 주로 부하가 적게 발생하는 가벼운 부하 장치를 구동할 때 많이 사용한다.

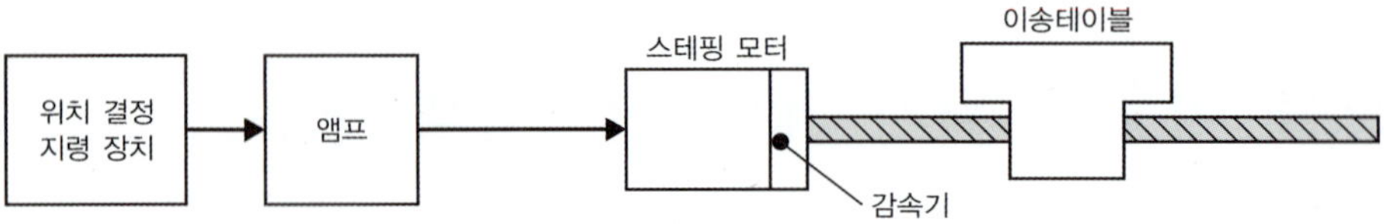

[그림 4-3] 오픈 루프 방식의 위치 제어

세미 클로즈 방식 : 모터축 회전 검출 방식

세미 클로즈semi close 방식 중 모터축 회전 검출 방식은 서보 앰프와 모터를 이용한 위치 제어로, 서보 모터에 부착된 엔코더의 피드백 신호를 이용해 위치를 제어하는 방법이다. 이 방식은 산업현장에서 위치 제어를 할 때 많이 사용하는 제어 시스템으로 신뢰성이 높은 것이 장점이다. 하지만 정밀한 위치 제어를 위해서는 기구부의 감속기 및 볼 스크류 등에서 발생할 수 있는 기계적인 오차, 즉 백래시backlash[1] 보정이 필요하다.

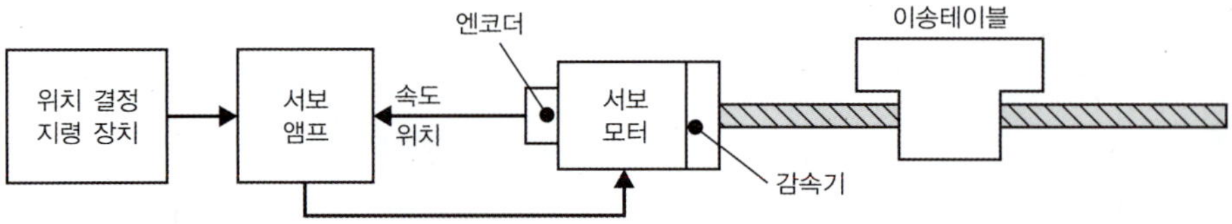

[그림 4-4] 세미 클로즈 방식의 위치 제어 시스템 구성

세미 클로즈 방식 : 모터축 및 볼 스크류 회전 검출 방식

세미 클로즈 방식 중 볼 스크류 회전 검출 방식은 서보 모터를 이용한 위치 제어로, 서보

1 백래시는 한 쌍의 기어 또는 볼트와 너트가 맞물렸을 때 생기는 틈새 공간을 의미하는 말로, 모터가 회전하기 위해서는 적당한 백래시가 반드시 필요하다. 모터의 회전에 의해 테이블이 좌우 이송을 반복하면서 모터의 회전 방향이 변경될 때마다 너트 역할을 하는 테이블과 볼트 역할을 하는 스크류가 완전히 맞물려야 하는데, 이러한 틈새 공간만큼 테이블이 움직이지 않기 때문에 위치 오차가 발생하게 된다. 이러한 오차를 백래시라 한다.

모터에 부탁된 엔코더의 피드백 신호와 실제 기계 움직임을 검출할 수 있는 별도의 위치 검출 시스템을 추가해서 위치 제어를 하는 방식을 의미한다. 별도의 위치 검출을 위한 엔코더 추가로 인해 시스템의 구성이 복잡해지는 것은 단점이지만, 감속기 및 스크류에서 발생할 수 있는 백래시 보정이 필요 없다는 장점이 있다.

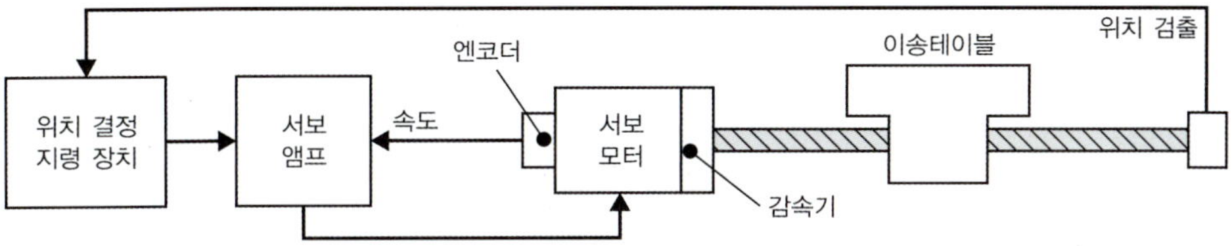

[그림 4-5] **세미 클로즈 방식의 위치 제어 시스템 구성**

풀 클로즈 방식

풀 클로즈full close 방식은 서보 모터를 이용한 위치 제어로, 서보 모터에 부착된 엔코더의 피드백 신호와 스크류 회전에 의해 이송되는 테이블의 실제 움직임을 리니어linear 스케일을 이용해서 검출한다. 이 방식은 아주 정밀한 위치 제어가 필요할 때 사용한다.

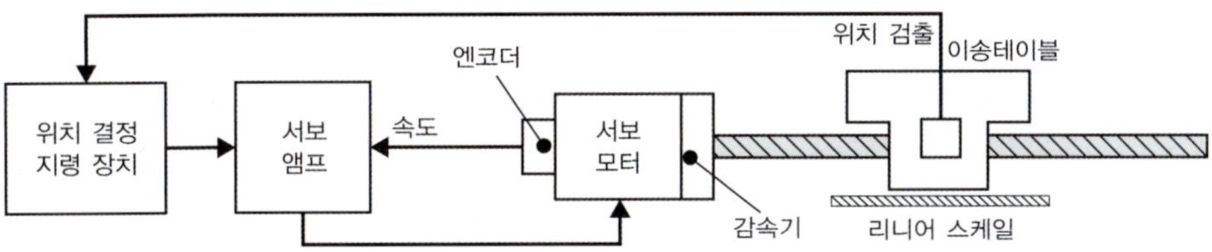

[그림 4-6] **풀 클로즈 방식의 위치 제어 시스템 구성**

4.3 PLC를 이용한 위치 제어 시스템의 구성 요소

위치 제어를 위한 시스템 구성은 다양하지만, 이 책에서는 PLC와 위치 결정 모듈을 이용한 모터축 검출의 세미 클로즈 방식을 사용한다. [그림 4-7]처럼 멜섹Q PLC와 위치 결정 모듈인 QD77MS를 사용한다. 위치 제어 시스템의 구성 요소들의 각 기능을 살펴보자.

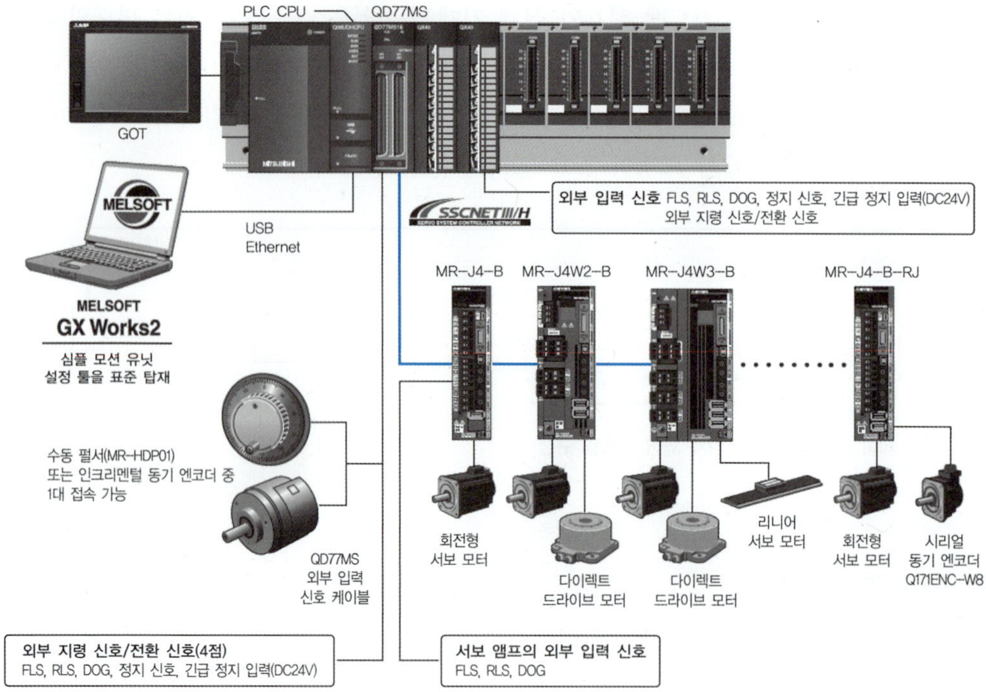

[그림 4-7] PLC를 이용한 위치 제어 시스템의 구성

GOT

GOT(Graphic Operation Treminal)는 위치 제어에 필요한 스위치 조작, 램프 표시, 데이터 표시, 메시지 표시 등을 모니터 화면에서 조작할 수 있는 터치 스크린이다.

PC

컴퓨터 또는 PC에는 위치 제어를 위한 프로그램 작성 및 위치 결정 모듈의 파라미터 설정 및 동작을 테스트할 때 사용하는 GX Works2와, GOT 화면 작화를 위한 GT Designer3가 설치되어 있어야 한다.

PLC CPU 및 입출력 모듈

이 모듈은 사용자가 조작할 수 있는 외부의 스위치 및 GOT와 연계해 위치 결정 제어 동작을 할 수 있도록 제어 프로그램을 실행하는 역할을 한다.

위치 결정 제어 모듈

이 모듈은 위치 결정을 위한 위치 좌표 데이터와 위치 결정을 위한 각종 파라미터를 저장하고, PLC의 제어 명령에 따라 서보 앰프에 위치 결정 동작에 필요한 전기 펄스 신호를 전송하거나, 또는 통신으로 위치 제어 지령을 전달하는 역할을 한다. 멜섹에는 [표 4-3]과 같이 QD75P부터 QD77MS까지 5종류의 모듈이 있다.

[표 4-3] 위치 결정 제어 모듈의 사양 비교

구분	QD75P	QD75D	QD75M	QD75MH	QD77MS
제어 방식	펄스 출력	차동 펄스 출력	SSCNET	SSCNETⅢ	SSCNETⅢ/H
타사 서보 앰프 연결	가능	가능	불가능	불가능	불가능
배선	복잡함	복잡함	단순함	단순함	단순함
서보 앰프와의 통신	불가능	불가능	가능	가능	가능
서보 앰프의 거리	2M	10M	30M	50M	100M
고속성	저속	저속	중속	고속	고속
동기 제어	불가능	불가능	불가능	불가능	가능
내노이즈성	보통	보통	높음	아주 높음	아주 높음
사용 가능 서보 앰프	MR-J2-□A	MR-J3-□A MR-J4-□A	MR-J2-□B	MR-J3-□B	MR-J3-□B MR-J4-□B

멜섹 PLC에서 사용하는 위치 제어 모듈은 크게 위치 결정 모듈에서 위치 제어를 위한 신호를 서보 앰프로 전달할 때 펄스 출력을 이용하는지, 아니면 SSCNET이라는 통신 방식을 이용하는지로 구분된다. QD75P와 QD75D는 타사 제품이라 하더라도 펄스 신호로 동작하는 서보 앰프 및 스테핑 모터 드라이브와 연결이 가능하다. 그러나 SSCNET이라는 명칭을 가진 미쓰비시 서보 제어 전용 통신 방식을 사용하는 QD75M, QD75MH, QD77MS는 이 통신 방식을 지원하는 제품에 한해서만, 즉 정해진 몇 종류의 앰프만이 연결 가능하다. 이 책에서는 SSCNETⅢ/H 방식의 통신 방식을 지원하는 QD77MS와 서보 앰프 J4-10B를 사용한다. 한편 QD77MS는 동기 제어synchronization[2]가 가능한 것이 특징이다.

서보 앰프

서보 앰프는 크게 QD75P/D에 연결해서 사용할 수 있는 펄스 신호를 입력 받아서 위치 제어를 하는 서보 앰프와, SSCNET 통신으로 위치 이동에 대한 데이터를 전송 받아서 위

2 기구적으로 연결된 하나의 축을 여러 개의 모터를 이용해 움직이게 할 때, 축에 연결된 여러 개의 모터는 항상 동일한 속도로 움직여야 한다. 이처럼 2개 이상의 모터를 똑같이 움직이게 하는 제어를 동기 제어라 한다. 이는 보간 제어(interpolation)와 다른 개념이다.

치 제어를 하는 서보 앰프의 두 가지 형태로 구분된다. 미쓰비시 제품에서 서보 앰프의 형명 끝자리의 문자가 A인 경우에는 펄스 신호를 입력 받아서 동작하는 서보 앰프를, 문자가 B인 경우에는 SSCNET 통신 방식에 의해 동작하는 서보 앰프를 의미한다.

[그림 4-8]에서 미쓰비시 서보 앰프 A타입과 B타입의 외형을 살펴보자. A타입의 CN1(그림에서 화살표 위치)은 전선 연결이 가능한 커넥터 형태를 갖추고 있고, B타입의 CN1(그림에서 화살표 위치)은 광케이블 연결이 가능한 커넥터 형태를 갖추고 있다.

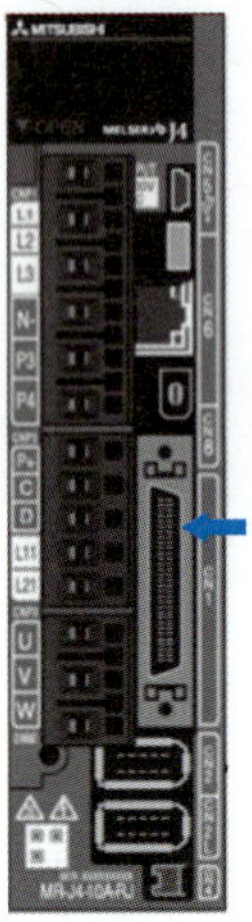

(a) MR-J4-10A

(b) MR-J4-10B

MR-J4-□□

Mitsubishi Genenral Purpose AC Servo Amplifier

Symbol	Interface
A	General-purpose
B	SSCNET III/H

Symbol	Rated Output[kW]
03	0.03
10	0.1
20	0.2
40	0.4
60	0.6
70	0.75
100	1
200	2
350	3.5
500	5
700	7
11K	11
15K	15
22K	22

(c) 서보 앰프 형명 구분

[그림 4-8] 펄스 타입과 SSCNET 타입의 서보 앰프

서보 모터

(a) HG-KR 타입 서보 모터

HG-KR13

정격 회전 속도 3000[r/min]

정격 출력

시리즈명	특징
HG-MR	초저관성 · 소용량
HG-KR	저관성 · 소용량
HG-SR	중관성 · 중용량
HG-JR	저관성 · 중대용량
HG-RR	초저관성 · 중용량
HG-UR	플랫 타입 · 중용량

기호	정격 출력[kW]
05	0.05
1	0.1
2	0.2
4	0.4
7	0.75
10	1.0
⋮	⋮
70	7.0

(b) 서보 모터 형명 구분

[그림 4-9] 서보 모터의 구분

서보 모터는 서보 앰프로부터 서보 모터 회전을 위한 전기 신호를 받아 기계 장치를 움직이는 역할을 한다. 서보 모터로 구동되는 기계 장치의 관성inertia[3]에 따라 선택할 모터의 종류가 달라진다.

4.4 위치 결정 제어 시스템의 동작 원리

[그림 4-10]은 QD75P/D 타입의 위치 결정 제어 시스템의 동작 원리를 나타낸 것이다.

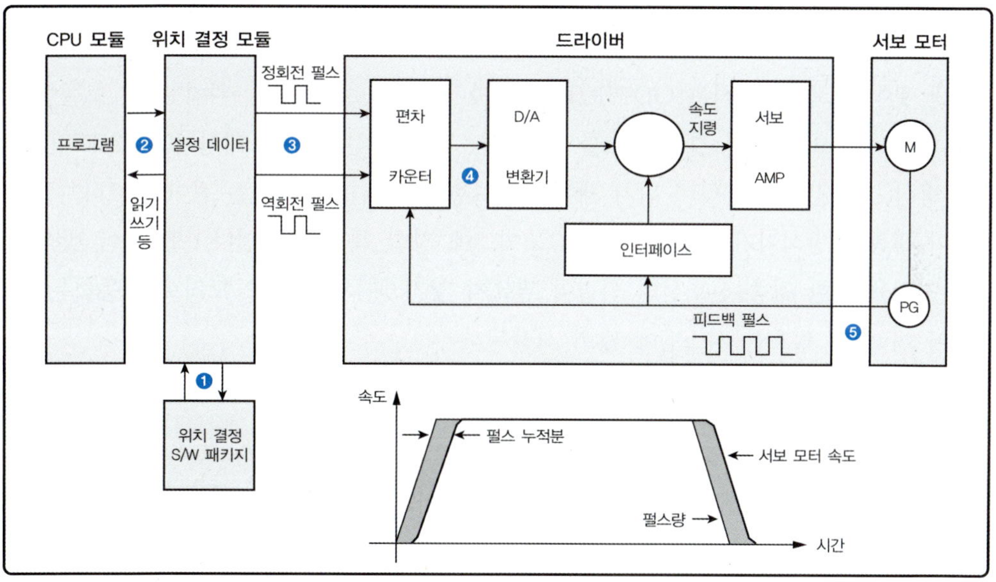

[그림 4-10] **위치 결정 제어 시스템의 동작 원리**

위치 결정 제어 시스템의 동작 순서를 살펴보면 다음과 같다.

❶ 사용자는 기계 장치의 이동 지점에 대한 위치 데이터 및 이동 속도, 각종 파라미터 등을 위치 결정 소프트웨어를 이용해 위치 결정 모듈에 저장한다.

❷ 사용자는 기계 장치의 이동 조건을 PLC용 제어 프로그램으로 작성해 PLC에 저장한다.

❸ PLC 프로그램에서 기계 장치가 이동할 조건이 충족되면, 위치 결정 모듈에 위치 결정 동작을 지시한다. 그러면 위치 결정 모듈에서 서보 모터를 구동하는 데 필요

3 관성은 물체에 가해지는 외부 힘의 합력이 0일 때 자신의 운동 상태를 지속하려는 성질이다. 질량이 클수록 관성도 크다.

한 전기 펄스 신호를 서보 드라이브로 전송한다.

❹ 서보 드라이브로 전송된 전기 펄스 신호는 드라이브 내의 편차 카운터 증가 값으로 저장된다. 저장된 전기 펄스 신호의 양에 따라 D/A 변환기(디지털 값을 아날로그 신호로 변환하는 장치)에서 아날로그 신호가 발생되고, 서보 앰프를 통해 이 아날로그 신호의 출력이 증폭되어 서보 모터를 구동하기 위한 전기 신호가 서보 모터로 전달된다.

❺ 서보 모터는 서보 앰프로부터 지령 받은 위치만큼 회전한다. 서보 모터가 회전하면 서보 모터에 부착된 엔코더에서 발생된 펄스열이 서보 드라이브로 입력되어 편차 카운터의 값을 감소시킨다. 편차 카운터의 값이 '0'이 되면, 서보 모터는 정지한다.

[그림 4-11]은 SSCNET 통신 방식인 QD77MS의 위치 결정 제어 시스템의 동작 원리를 나타낸 것이다. 동작 방식은 QD75P/D 타입과 별 차이가 없지만, 위치 결정 모듈에서 서보 앰프 방향으로 위치 결정 신호를 보낼 때, 펄스열 전기 신호 대신에 SSCNETⅢ/H 통신 방식(광통신)을 이용하여 위치 제어에 필요한 데이터를 보낸다는 점이 다르다. 통신 방식이 광통신 방식이기 때문에 전기적 노이즈에 강한 특징을 보인다. 또한 이 방식은 위치 결정을 위한 각종 신호선의 연결이 필요치 않기 때문에, 서보 모터로 구동하는 기계축이 여러 개 필요한 시스템에 많이 사용된다.

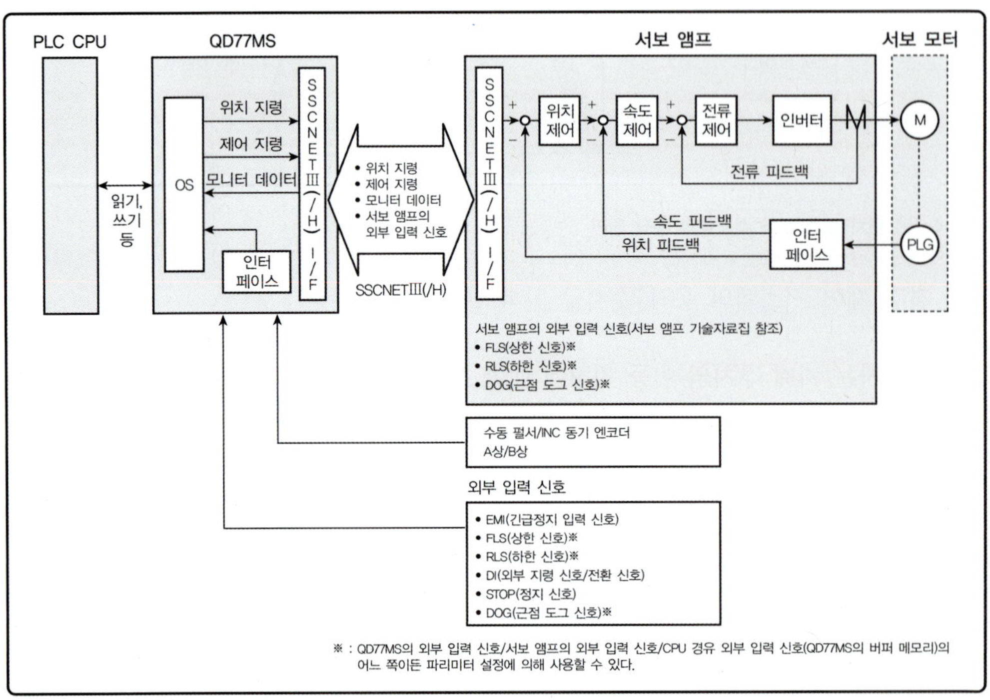

[그림 4-11] QD77MS를 사용한 서보 제어 방법

Chapter 05

서보 앰프 MR-J4-B

이 장에서는 반도체, OLED, 휴대전화, 자동차 생산용 정밀 제어 기계 장치에 많이 사용되는 미쓰비시의 서보 앰프 J4 시리즈에 대해 학습한다. 기존의 J3 서보 앰프의 엔코더가 가진 18bit의 분해능에 비해 J4의 엔코더 분해능은 16배나 증가한 22bit이다. 고정밀도의 위치 결정 기능과 함께 다양한 기능이 추가된 J4 서보 앰프에 대해 살펴보자.

5.1 서보 앰프 MR-J4-10B의 특징

실습에 사용하는 서보 앰프 MR-J4-10B에 대해 살펴보자. MR-J4는 기존에 출시된 MR-J3의 후속으로, 상위 제어기인 QD77MS와 고속 동기 네트워크 SSCNETⅢ/H 광통신으로 접속 가능한 서보 앰프이다. J4 서보 앰프에 연결 가능한 서보 모터는 22비트(4,194,304pulse/rev)의 고분해능 절대 위치 엔코더를 채용하고 있으며, 주파수 응답은 2.7kHz까지 고속화되어, J3 서보 앰프에 비해 고속, 고정밀 제어가 가능하다.

- SSCNETⅢ/H 통신 방식 사용
  : 광통신 방식, 150Mpps 전이중 통신 방식, 국간(서보 앰프 간의 통신 연결 가능 거리) 최대 100m 간격 배선 가능
- 22비트(4,194,304pulse/rev)의 고분해능 엔코더 사용
- MR Configurator2를 이용한 파라미터 설정, 테스트 운전, 게인gain 조정 가능

[그림 5-1]에서 왼쪽 사진은 실습에 사용하는 서보 앰프(모델명 MR-J4-10B)와 서보모터의 외형을 나타낸 것이고, 오른쪽 그림들은 산업체의 자동화 장비에서 사용되는 서보 제어 시스템의 여러 장치를 나타낸 것이다.

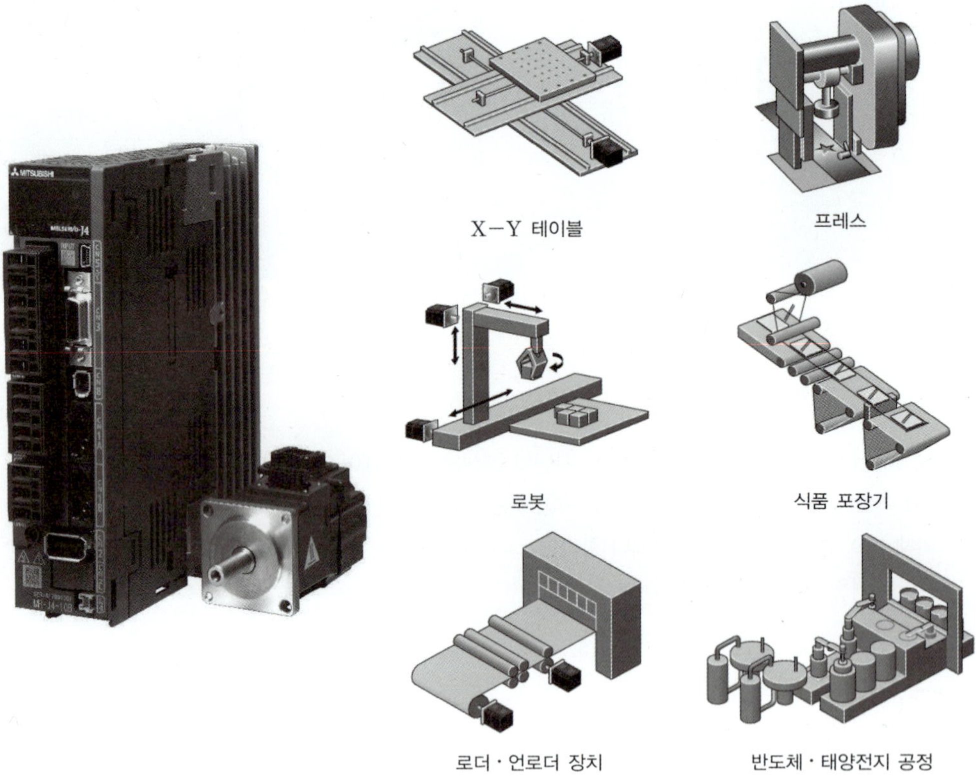

[그림 5-1] MR-J4-10B 서보 앰프 / 서보 모터 및 적용 사례

5.2 서보 앰프의 구성과 명칭

[표 5-1]은 실습에 사용하는 MR-J4-10B 서보 앰프의 구성과 각각의 기능을 나타낸 것이다.

실습을 할 때 주의할 점은, [표 5-1]의 축 선택 로터리 스위치가 모두 OFF되어 있어야 한다는 점이다. 서보 앰프 상단의 축 선택 로터리 스위치가 모두 OFF되어 있지 않는 경우에는 [표 5-6]을 참고하기 바란다. 이와 같이 16축 이하의 서보 앰프를 제어할 때에는 모두 축 선택 로터리 스위치가 OFF 상태이다.

[표 5-1] 서보 앰프의 구성과 명칭

서보 앰프의 구성도	명칭 및 용도
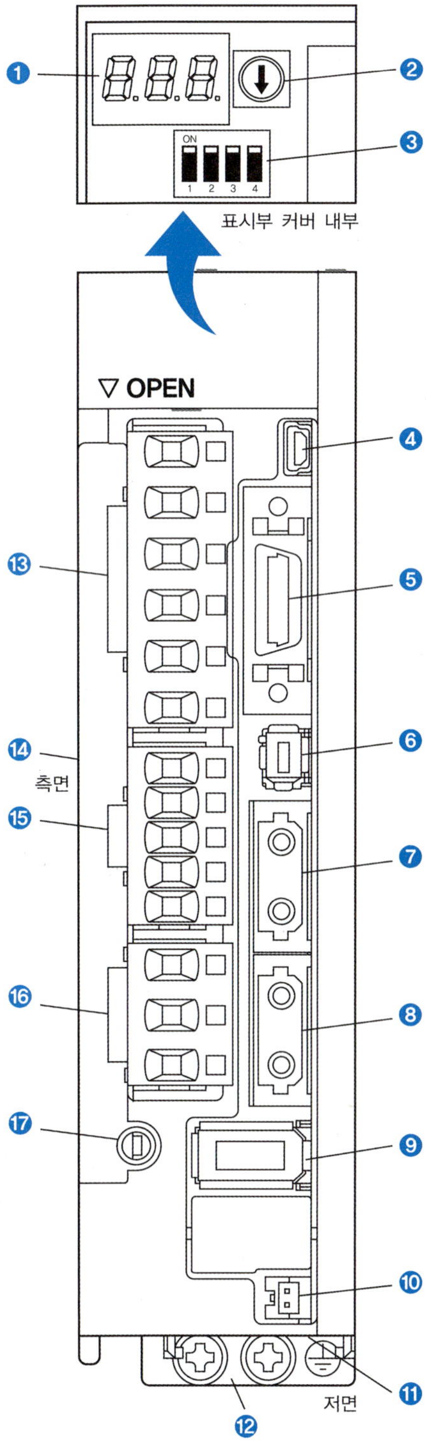	❶ **표시부 :** 3자리 SEG로 서보 상태 및 알람 번호 표시
	❷ **축 선택 로터리 스위치(SW1)** 서보 앰프의 축 번호 설정
	❸ **제어축 설정 스위치(SW2)** 테스트 운전, 제어축 무효, 축 번호 보조
	❹ **USB 통신용 커넥터(CN5)** PC와 접속용 포트
	❺ **입출력 신호용 커넥터(CN3)** 디지털 입출력 신호 접속
	❻ **STO 입력 신호용 커넥터(CN8)** 세이프티 입력 신호 접속
	❼ **SSCNETⅢ 케이블 접속용 커넥터(CN1A)** 컨트롤러 또는 전축 연결용 광 커넥터
	❽ **SSCNETⅢ 케이블 접속용 커넥터(CN1B)** 후축 서보 앰프 접속용 광 커넥터
	❾ **엔코더 커넥터(CN2)** 서보 모터 엔코더 접속
	❿ **배터리용 커넥터(CN4)** 절대 위치 데이터 보존용 배터리 유닛 접속
	⓫ **배터리 홀더** 배터리 수납
	⓬ **보호 접지(PE) 단자** 접지 단자
	⓭ **주회로 전원 커넥터(CNP1)** 입력 전원 접속
	⓮ **정격 명판**
	⓯ **제어 회로 전원 커넥터(CNP2)** 제어 회로 전원, 회생 옵션 접속
	⓰ **서보 모터 전원 커넥터(CNP3)** 서보 모터의 전원 케이블 연결
	⓱ **차지 램프** 주회로 전원 ON 상태에 점등

5.3 주변 기기와의 연결

[그림 5-2]는 서보 앰프 MR-J4와 주변 기기 간의 인터페이스 관계를 나타낸 것이다. 서보 앰프에는 서보 모터 구동을 위한 3상 전원 입력 단자와, 서보 앰프 제어기의 전원 공급을 위한 단상 전원 입력 단자가 구분되어 있다. 필요에 따라 서보 앰프의 3상 전원에 단상 전원을 공급해도 서보 앰프 및 서보 모터의 동작이 가능하다.

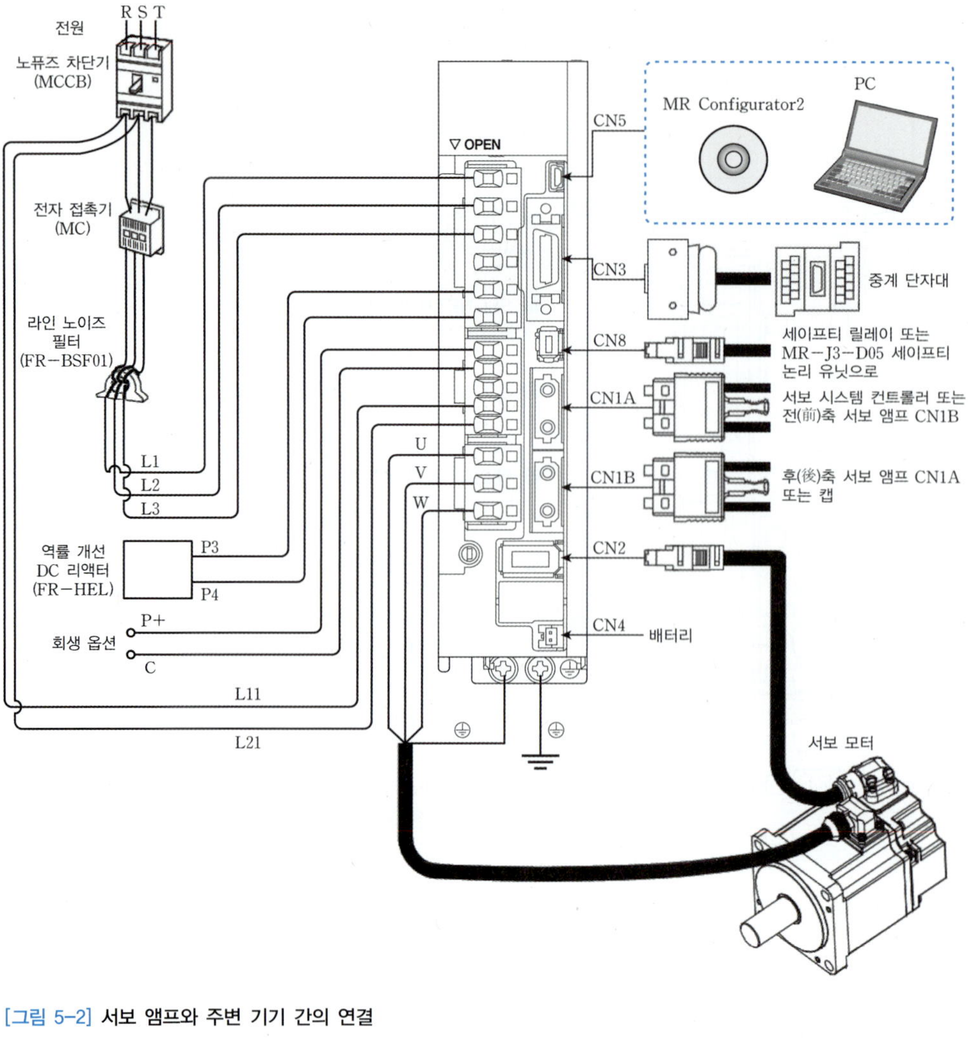

[그림 5-2] 서보 앰프와 주변 기기 간의 연결

서보 앰프를 단상 전원에 연결해서 사용할 때에는 [그림 5-3]처럼 L1과 L3 단자에 단상 전원을 연결한다. 3상 전원용 서보 앰프를 단상 전원에 연결하면 서보 앰프의 정격 출력이 감소되므로 주의한다. 실습에 사용하는 서보 앰프도 단상 전원으로 작동한다. 또한 CN3에 연결되는 강제 정지2(EM2)는 싱크^{sink} 방식의 결선으로 되어 있다.

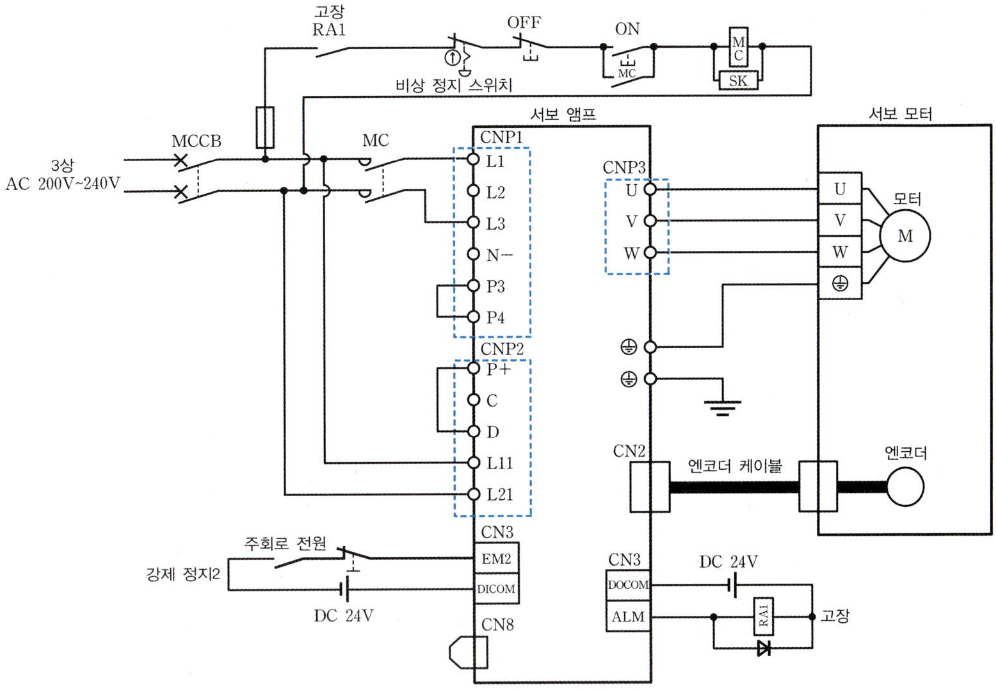

[그림 5-3] 서보 앰프의 단상 AC 전원 연결 방법

5.4 입출력 인터페이스

[그림 5-4]는 서보 앰프와 주변 기기 간의 입출력 신호 인터페이스를 나타낸 것이다. 실습에 사용하는 서보 앰프는 J4-10B 타입으로 상위의 서보 시스템 컨트롤러와는 광케이블로 연결되기 때문에 입출력 인터페이스가 아주 간단하다. 아래에 나타낸 주의사항만 잘 지킨다면 별 문제없이 입출력 인터페이스가 가능하다.

- 운전 시에는 서보 앰프의 EM2 입력을 반드시 ON으로 설정해야 한다. EM2 입력을 연결하지 않고, 서보 앰프의 파라미터 설정을 통해 EM2 입력을 사용하지 않게 설정할 수도 있다.
- 외부 입력 신호(FLS, RLS, DOG, EM2)를 사용할 때에는 외부에서 DC 24V 전원을 공급해야 한다.
- 알람 출력 신호는 정상 상태에서 ON 출력(b접점 출력)이다.
- FLS, RLS, DOG 입력 신호는 파라미터 설정으로 대체 가능하다.

- 입력 신호와 출력 신호는 파라미터 설정을 통해 그 기능을 대체할 수 있다.
- 서보 앰프 출력 신호(MBR, INP, ALM)는 오픈 콜렉터 방식이다.

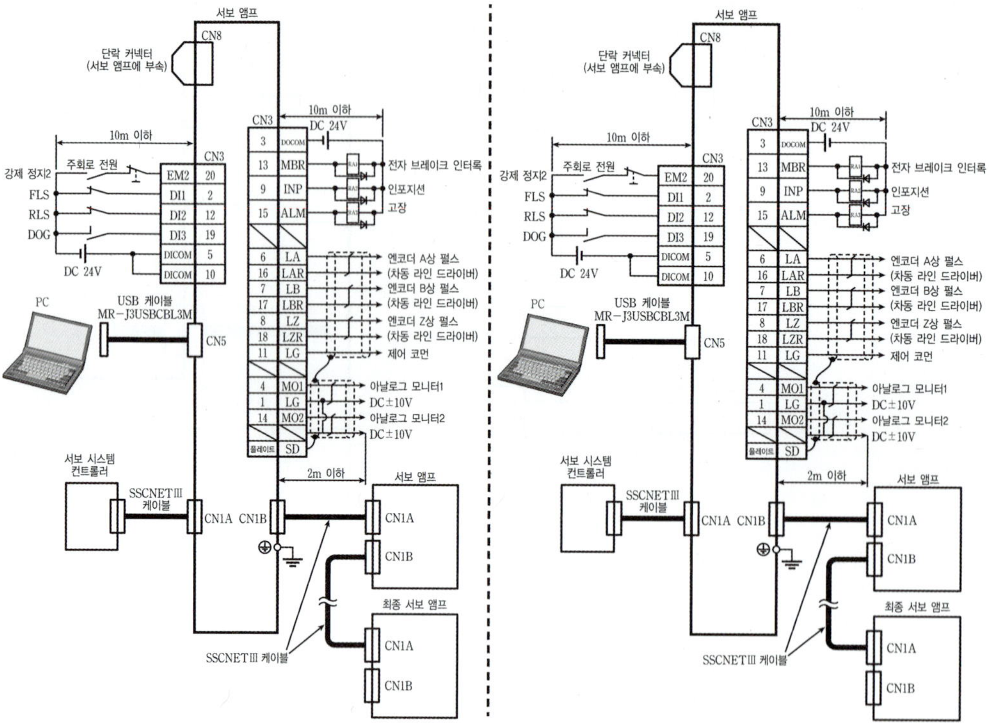

(a) 싱크 방식의 입출력 결선 방식 (b) 소스 방식의 입출력 결선 방식

[그림 5-4] 서보 앰프의 입출력 결선 방식

[그림 5-4]에서 싱크 방식과 소스 방식의 입출력 결선 방식을 비교해보면, 입력 COM인 DICOM과 출력 COM인 DOCOM에 연결되는 전원 극성이 다르다는 점을 알 수 있다. 싱크 방식에서는 입력 COM에 +24V, 출력 COM에 0V를 연결하지만, 소스 방식에서는 반대로 입력 COM에 0V, 출력 COM에 +24V가 연결된다. 결선 방식에 따라 FLS, RLS, DOG에 사용되는 센서의 타입도 NPN과 PNP 출력 타입으로 구분해서 사용해야 한다. 싱크 방식에는 NPN 출력 타입의 센서를 사용하고, 소스 방식에는 PNP 출력 타입을 사용한다.

5.4.1 서보 앰프 커넥터의 위치와 기능

[그림 5-5]에 서보 앰프에 사용되는 각종 커넥터의 위치를 나타내었다. 그 중에서 CN3 커넥터 단자에는 강제 정지2(EM2), FLS, RLS, DOG의 센서 신호가 연결된다. CN2L

커넥터는 MR-J4-B-RJ 타입의 서보 앰프에 있는 것으로, 풀 클로즈full-closed 제어 방식을 적용할 때 기계단의 위치를 검출하기 위한 리니어 엔코더의 신호를 입력받기 위한 것이다. 각각의 커넥터에 대한 기능을 살펴보자.

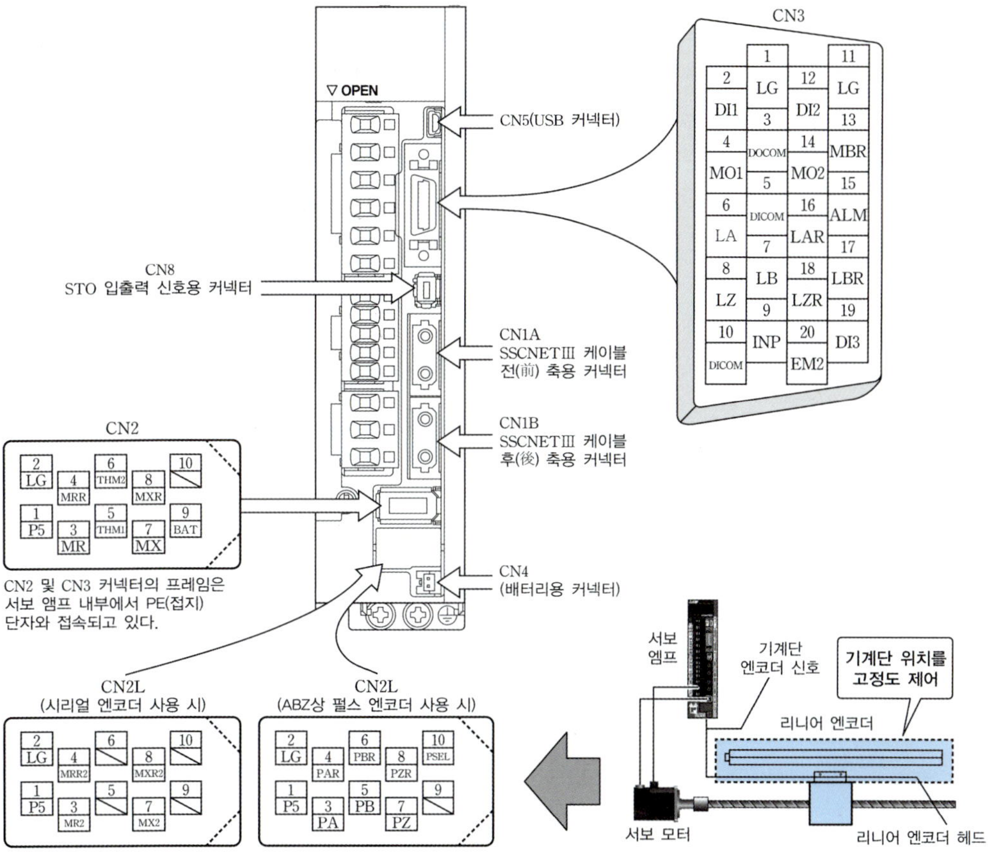

[그림 5-5] **서보 앰프의 커넥터 위치와 기능**

■ CN8

CN8은 STO 입출력 커넥터로, IEC/EN61800-5-2에서 규정한 STOSafe Torque Off 기능을 갖추고 있어서 안전 시스템을 간편하게 구축할 수 있도록 한다. 서보 모터 운전 중에 STO 기능이 동작하면, 서보 모터가 긴급 감속 정지하게 된다. STO 기능을 통해 SS1Safe Stop 1 신호와 안전 PLC에서의 비상 상황 발생 시 안전하게 서보 모터의 동작을 정지시킬 수 있다.

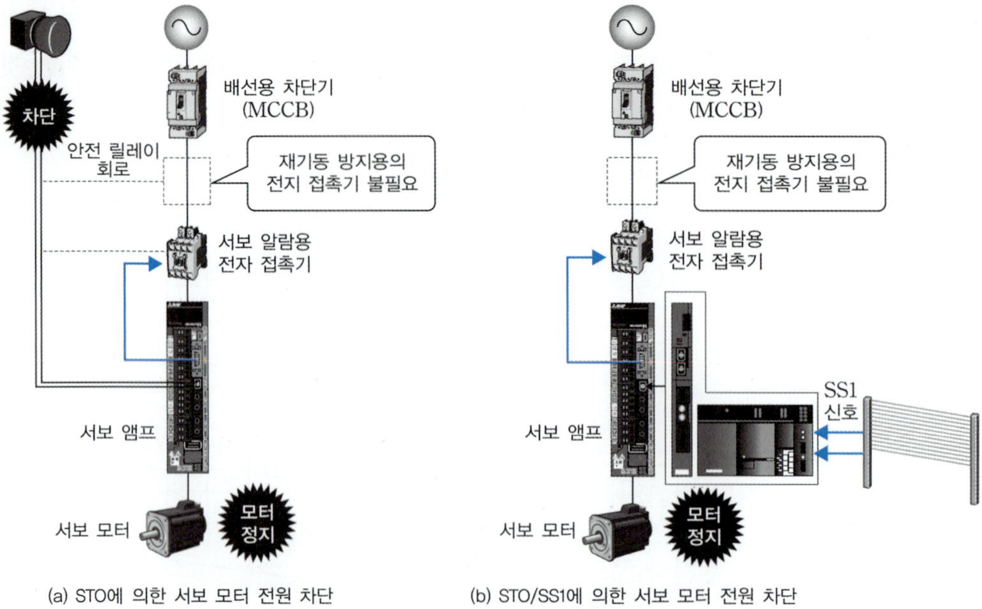

[그림 5-6] CN8 커넥터의 기능

■ CN1A, CN1B

CN1A, CN1B는 SSCNET 통신을 위한 광통신 커넥터이다. 여러 개의 서보 앰프를 연결하는 방법은 [그림 5-7]과 같다.

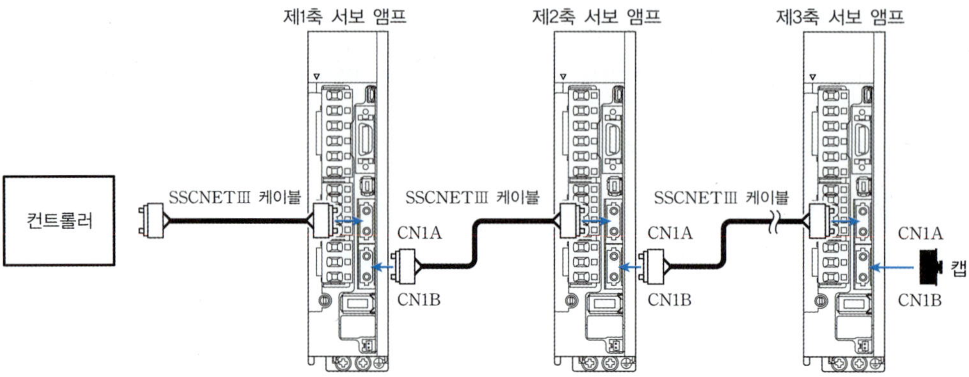

[그림 5-7] SSCNETⅢ/H 광통신 연결

■ CN2

CN2는 서보 모터의 엔코드 케이블을 연결하는 커넥터이다.

■ CN3

CN3는 입출력 신호 인터페이스를 위한 커넥터이다. 자세한 사항은 [표 5-2]와 같다. 서보 앰프의 입출력 신호에 따른 CN3의 핀 번호와 각 기능은 다음 이어지는 내용들을 참고하기 바란다.

❶ 사용자 지정 입력 신호

사용자 지정 입력 신호에는 네 종류가 있다. 서보 앰프가 처음 출하될 때 [표 5-2]처럼 사용자 지정 신호의 기능이 설정되어 있지만, 파라미터 설정에 의해 다른 기능의 입력 신호로도 사용될 수 있다.

[표 5-2] 사용자 지정 입력 신호

신호 명칭	약칭	커넥터 핀 No.	기능		I/O 구분
비상 정지	EM1	CN3-20	• 비상 정지 입력 신호, 평상시 도통 상태(B접점) • 파라미터에서 사용 유무를 설정		DI-I
FLS 상한 센서	DI1	CN3-2	상한 리밋 센서와 연결	QD77MS 파라미터에서 사용 유무 결정	DI-I
RLS 하한 센서	DI2	CN3-12	하한 리밋 센서와 연결		DI-I
DOG 근점 도그	DI3	CN3-19	근점 도그 센서와 연결		DI-I

❷ 사용자 지정 출력 신호

서보 앰프는 세 가지 사용자 출력 신호를 가지고 있다. 사용자 출력 신호의 기능은 서보 앰프가 처음 출하될 때 지정되어 있지만, 파라미터의 설정에 따라 다른 기능의 출력 신호로도 사용될 수 있다. [표 5-3]은 서보 앰프의 공장 초깃값으로 설정된 신호를 나타낸 것이다. 보다 자세한 사항에 대해서는 서보 앰프 매뉴얼(MR-J4-□ 서보 앰프 기술 자료집)을 참고한다.

[표 5-3] 사용자 지정 출력 신호

신호 명칭	약칭	커넥터 핀 No.	기능	I/O 구분
고장	ALM	CN3-15	서보 앰프의 알람 또는 고장이 발생했을 때 출력되는 신호로, 정상 상태일 때 ON	DO-1
전자 브레이크 인터록	MBR	CN3-13	서보 모터의 전자 브레이크를 사용할 때 사용	DO-2
인포지션 (위치 결정 완료)	INP	CN3-9	누적 펄스가 설정된 값 범위에 있을 때 ON	DO-3

서보 앰프의 사용자 출력 신호의 경우, RD, SA, TLC, ZSP, WNG, BWNG, CDPS, ABSV 등의 신호를 파라미터를 설정(PD07~PD09)함으로써 사용할 수 있다.

❸ 서보 앰프의 출력 신호

서보 앰프의 출력 신호에는 엔코더의 피드백 신호와 아날로그 모니터링 신호가 있다. 이들 신호의 커넥터 핀 번호는 고정되어 있지만, 사용 기능은 파라미터 설정을 통해 변경 가능하다. 자세한 사항은 서보 앰프의 기술 자료집을 참고하기 바란다.

[표 5-4] 출력 신호

신호 명칭	약칭	커넥터 핀 No.	기능
엔코드 A상 펄스	LA LAR	CN3-6 CN3-16	• 서보 앰프의 파라미터에서 설정한 서보 모터 1회전당 펄스를 차동 라인 드라이브 방식으로 출력 • Z상 펄스는 서보 모터 1회전당 1펄스 출력
엔코드 B상 펄스	LB LBR	CN3-7 CN3-17	
엔코드 Z상 펄스	LZ LZR	CN3-8 CN3-18	
아날로그 모니터1	MO1	CN3-4	• MO1-LG 간 전압으로 출력 • 10비트 분해능
아날로그 모니터2	MO2	CN3-14	• MO2-LG 간 전압으로 출력 • 10비트 분해능

❹ 서보 앰프의 전원 신호

서보 앰프의 입출력 신호 및 모니터링에 필요한 전원 연결은 다음과 같다.

[표 5-5] 전원 신호

신호 명칭	약칭	커넥터 핀 No.	기능
입출력 신호 인터페이스용 DC 24V 전원 입력	DICOM	CN3-5 CN3-10	• DC 24V의 +24V 전원의 입력 핀 • 5-10 핀에 내부적으로 접속되어 있음
	DOCOM	CN3-3	DC 24V의 COM 전원의 입력 핀
모니터 COM	LG	CN3-1 CN3-11	누적 펄스가 설정된 값 범위에 있을 때 ON

5.4.2 서보 앰프의 입출력 신호 인터페이스 방법

서보 앰프와 상위 제어기 및 주변 장치와의 신호 연결을 위해서는 신호 인터페이스 방법을 이해하고 있어야 한다. 신호 인터페이스 방법에는 디지털 입력 신호 인터페이스 방법, 디지털 출력 신호 인터페이스 방법, 엔코더 출력 펄스 신호 인터페이스 방법, 모니터링

전압 신호 인터페이스 방법 등이 있다.

디지털 입력 신호 인터페이스

이 방식은 서보 앰프 외부에서 릴레이, 스위치, 트랜지스터를 이용하여 서보 앰프에 전기적 신호를 인가하고자 할 때의 서보 앰프의 입력 신호 인터페이스 방법이다. 서보 앰프 입력 신호를 검출하는 데 사용된 옵토 커플러opto coupler가 양방향이기 때문에 DICOM 단자에 연결되는 전원에 따라 싱크와 소스 방식으로 연결할 수 있다. [그림 5-8]은 싱크 방식의 연결을 나타낸 것이다.

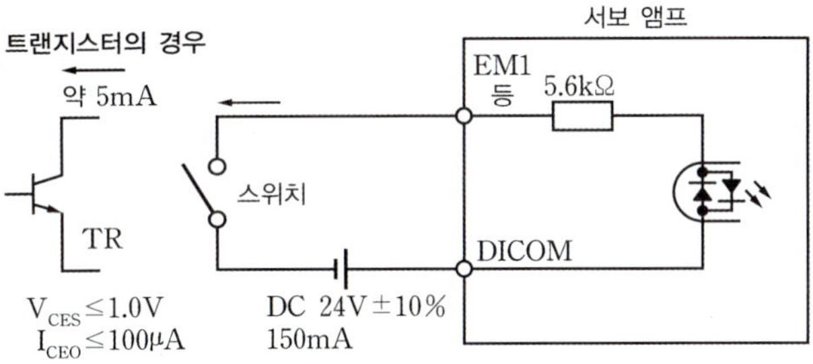

[그림 5-8] 싱크 결선 방식의 입력 신호 인터페이스

디지털 출력 신호 인터페이스

[그림 5-9]는 서보 앰프의 출력 신호의 결선 방법을 나타낸 것이다. 오픈 콜렉터 방식의 트랜지스터 출력이지만 다이오드를 사용해서 싱크 방식과 소스 방식으로 결선 가능하도록 구성하였다. DOCOM 단자에 연결되는 전원에 따라서 싱크와 소스 방식이 구분된다.

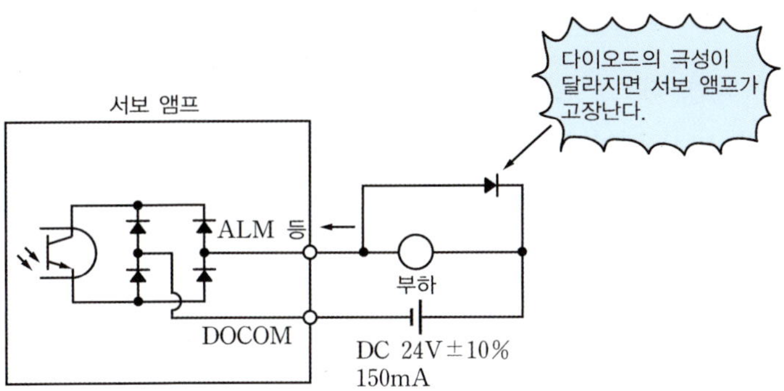

[그림 5-9] 싱크 결선 방식의 출력 신호 인터페이스

[그림 5-9]의 출력 결선은 싱크 방식이다. 서보 앰프의 출력단에 사용된 트랜지스터의 허용 전류는 40mA 이하이고, 돌입 전류는 100mA 이하이다. 유도 부하(릴레이, 솔레노이드 밸브 등 자기장을 이용한 전기 장치)인 경우에는 트랜지스터 보호용 다이오드를, 램프 부하에는 돌입 전류 억제용 저항을 설치해야 한다.

5.5 서보 앰프의 스위치 설정과 표시부

서보 앰프의 스위치 설정으로 테스트 운전 모드의 전환, 제어축의 무효 설정 및 제어축 번호 설정을 할 수 있다. 서보 앰프의 표시부(3자릿수 7세그먼트)로 전원 투입 시의 서보 시스템 컨트롤러와의 교신 상태 확인, 축 번호 확인, 이상 시의 알람 발생 번호 표시 등의 확인을 할 수 있다.

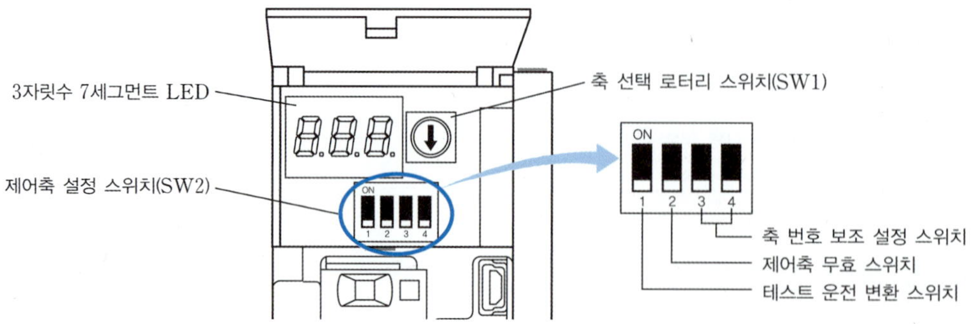

[그림 5-10] **서보 앰프 설정 및 표시부**

테스트 운전 변환 스위치(SW2-1)

테스트 운전 변환 스위치가 ON되면, 테스트 운전 모드가 되어 MR-Configurator2를 이용해 JOG 운전, 위치 결정 운전, 머신 애널라이저machine analyzer 등을 사용할 수 있다. 테스트 운전 변환 스위치를 ON한 경우에는 제어축 무효 스위치를 반드시 OFF로 한다.

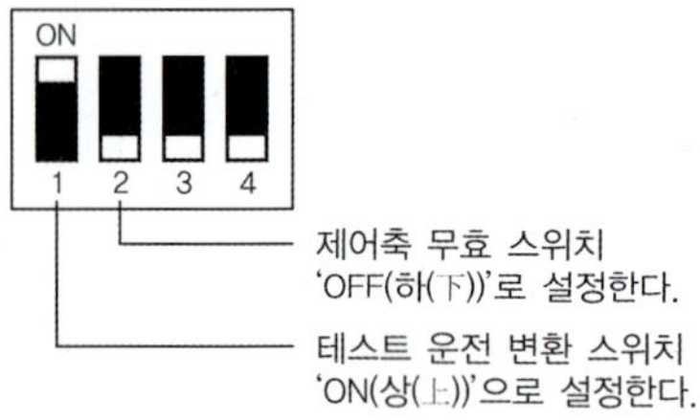

[그림 5-11] **테스트 운전 변환 모드**

제어축 무효 스위치(SW2-2)

제어축 무효 스위치를 ON으로 설정하면, 해당 서보 모터는 컨트롤러로부터 인식되지 않고 축 무효 상태가 된다.

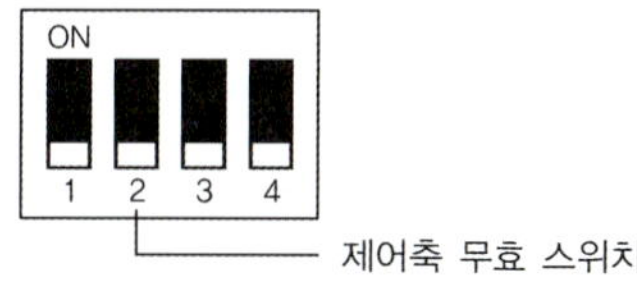

[그림 5-12] 제어축 무효

축 번호 보조 설정 스위치(SW2-3, SW2-4)

축 번호 보조 설정 스위치와 축 선택 로터리 스위치에 의해 1~64축까지의 축 번호를 설정할 수 있다. 축 선택 로터리 스위치의 조작에 따라 16개의 축 번호를 선택할 수 있는데, 여기에 축 번호 보조 설정 스위치를 조합해서 16개 축 번호를 가진 그룹 4개로 1~64국까지 축 번호를 지정한다.

[표 5-6] 축 번호 설정 방법

축 번호 보조 설정 스위치	축 선택 로터리 스위치	설정 제어 축 번호
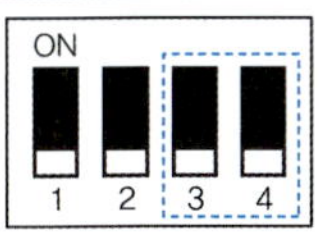	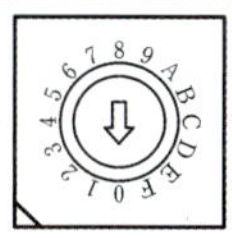	1 ~ 16
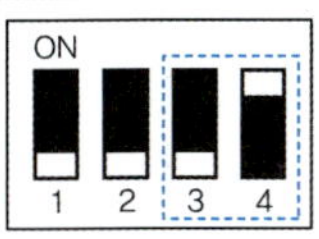	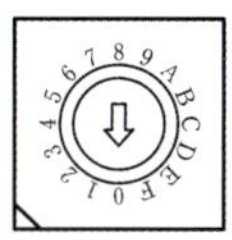	17 ~ 32
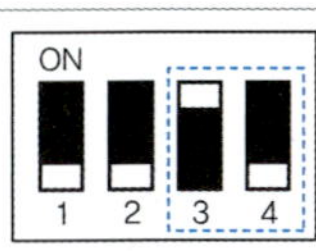	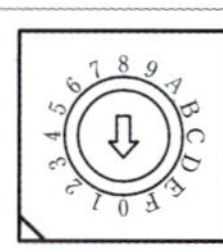	33 ~ 48
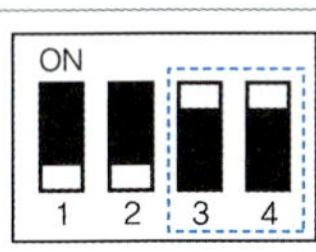	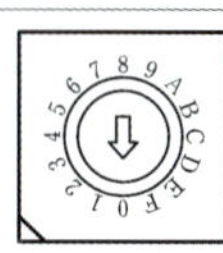	49 ~ 64

5.6 서보 앰프의 동작 상태 표시

5.6.1 정상 상태 표시

서보 앰프에 전원을 공급하면, 서보 앰프의 동작 상태가 서보 앰프 상단에 설치되어 있는 3개의 FND를 통해 표시된다. 서보 앰프가 정상적으로 동작 중이면, 축 번호와 공백blank이 표시된다. [그림 5-13]과 같이 3개의 FND 중 첫 번째는 서보 상태 표시, 나머지 2개의 FND는 서보 앰프의 축 설정 번호를 표시한다.

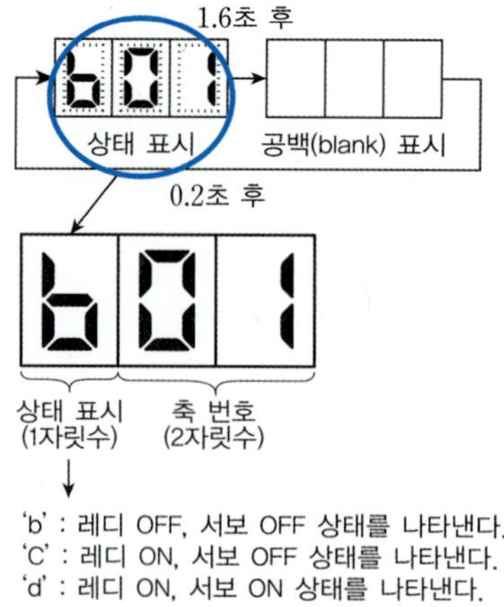

[그림 5-13] 서보 앰프 동작 표시

5.6.2 알람 및 경고 상태 표시

서보 앰프에 알람 및 경고가 발생한 경우, 상태 표시 후에 알람 번호(2자리)와 알람 상세 번호(1자리)를 표시한다. [표 5-7]에 서보 앰프의 알람 발생 시의 FND 표시 상태와 알람 코드를 나타내었다. 알람 번호에 대한 더욱 상세한 알람 내용은 해당 매뉴얼을 참고하기 바란다.

[표 5-8]은 서보 앰프의 경고 번호에 대한 경고 내용을 나타낸 것이다. 경고 번호에 대한 더욱 상세한 경고 내용은 해당 매뉴얼을 참고하기 바란다.

[표 5-7] 알람 및 경고 표시

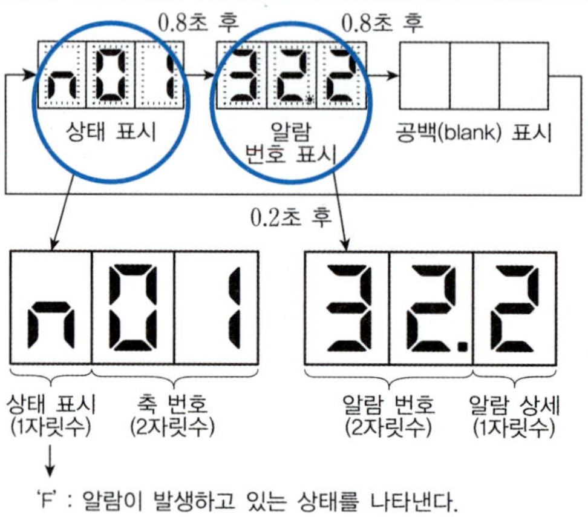

(계속)

알람 번호	알람 내용	알람 번호	알람 내용
10	전압 부족	32	과전류
12	메모리 이상1	33	과전압
12	제어 클록 이상	34	SSCNET 수신 이상1
14	제어 처리 이상	35	지령 주파수 이상
15	메모리 이상2	36	SSCNET 수신 이상2
16	엔코더 초기 통신 이상1	37	파라미터 이상
17	기판 이상	3A	돌입 전류 억제 회로 이상
19	메모리 이상3	3E	운전 모드 이상
1A	서보 모터 조합 이상	42	서보 제어 이상
1E	엔코더 초기 통신 이상2	45	주회로 소자 과열
1F	엔코더 초기 통신 이상3	46	서보 모터 과열
20	엔코더 통상 통신 이상1	47	냉각팬 이상
21	엔코더 통상 통신 이상2	50	과부하1
24	주회로 이상	51	과부하2
25	절대 위치 소실	52	오차 과대
27	초기 자극 검출 이상	54	발진 검지
28	리니어 엔코더 이상1	56	강제 정지 이상
2A	리니어 엔코더 이상2	63	STO 타이밍 이상
2B	엔코더 카운터 이상	8A	USB 통신 타임아웃 이상
30	회생 이상	8E	USB 통신 이상
31	과속도	888	위치 도그

[표 5-8] 서보 앰프의 경고 번호 및 경고 내용

경고 번호	경고 내용	경고 번호	경고 내용
91	서보 앰프 과열 경고	E6	서보 강제 정지 경고
92	배터리 단선 경고	E7	컨트롤러 긴급 정지 경고
95	STO 경고	E8	냉각팬 회전 속도 저하 경고
96	원점 세트 미스 경고	E9	주회로 OFF 경고
9F	배터리 경고	EC	과부하 경고2
E0	과회생 경고	ED	출력 오버 경고
E1	과부하 경고	F0	터프 드라이브 경고
E2	서보 모터 과열 경고	F2	드라이브 레코드 기록 미스 경고
E3	절대 위치 카운터 경고	F3	발진 검지 경고
E4	파라미터 경고		

5.7 서보 앰프의 통신 상태 표시

[그림 5-14]는 서보 앰프에 전원을 투입했을 때, 서보 앰프의 동작 상태를 표시하는 순서를 나타낸 것이다. 서보 앰프가 상위 제어기와 정상적으로 연결되어 통신 상태가 정상이고, 서보 앰프의 FND에 축 번호 1번일 때에는 'b01'이 표시되어야 한다. 이 상태에서 서보가 ON되면 'd01'로 표시가 변경된다.

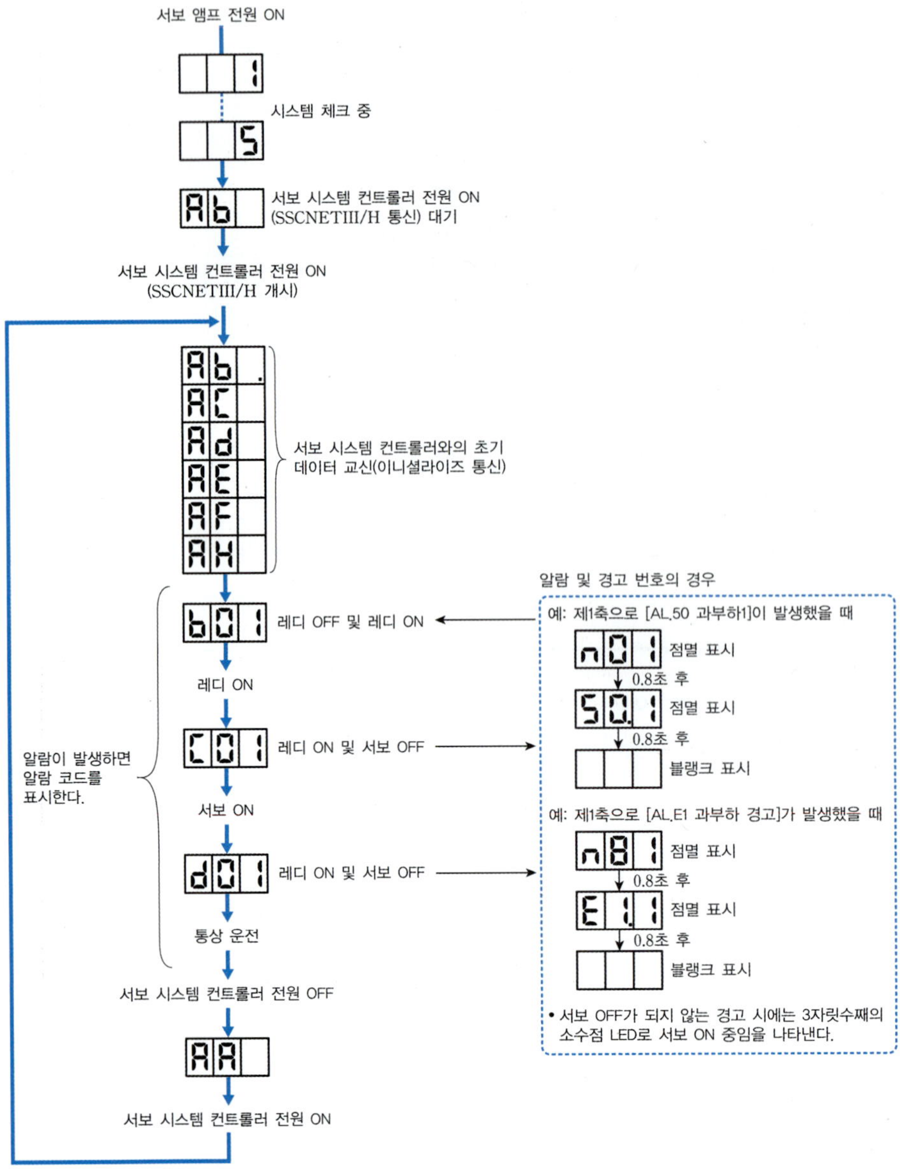

[그림 5-14] 서보 앰프의 동작 상태 순서 표시

[표 5-9]는 서보 앰프의 동작 상태를 나타내는 표시 내용을 나타낸 것이다. 서보 앰프에 문제가 발생했을 경우에는 먼저 서보 앰프 상단에 위치한 FND 표시 장치에 표시된 내용을 확인한다. 정상 동작 중에 서보 앰프에 문제가 발생하는 경우에는 대부분 알람 또는 경고가 발생하기 때문에 해당 코드를 확인한 후에 매뉴얼을 통해서 문제점을 해결한다. 하지만 서보 앰프의 전원을 ON했을 때 발생하는 문제는 상위 제어기인 심플 모션 유닛과의 통신 문제가 대부분이다. 따라서 서보 앰프의 상단의 표시부에 표시된 내용을 참고해서 문제를 해결한다.

[표 5-9] 서보 앰프 동작 상태 표시

표시	상태	내용
Ab	초기화 상태	• QD77MS의 전원이 OFF되어 있는 상태에서 서보 앰프의 전원이 ON되어 있음 • QD77MS에서 설정한 축 번호와 서보 앰프에서 설정한 축 번호가 일치하지 않음 • 서보 앰프의 고장 또는 QD77MS 간의 통신 이상(고장)
Ab.	초기화 중	통신 초기 설정 중
AC	초기화 중	통신 초기 설정 완료 및 QD77MS와의 통신 중
Ad	초기화 중	QD77MS와 초기 파라미터 설정 통신 중
AE	초기화 중	QD77MS와 모터 및 엔코더 정보 통신 중
AF	초기화 중	QD77MS와 초기 신호 데이터 통신 중
AH	초기화 완료	QD77MS와 초기 신호 데이터 통신 완료
AA	초기화 대기 중	서보 앰프 전원 투입 중에 QD77MS 전원 OFF
b # #	레디 OFF	QD77MS로부터 READY 신호 OFF 지령 수신
d # #	서보 ON	QD77MS로부터 서보 ON 지령 수신
C # #	서보 OFF	QD77MS로부터 서보 OFF 지령 수신
* *	알람·경고	발생한 알람 No. 경고 No. 표시

m.e.m.o

Chapter 06

심플 모션 유닛 QD77MS

이 장에서는, 미쓰비시의 서보 앰프 J4를 SSCNET/Ⅲ 광통신으로 연결함으로써 정밀한 위치 제어를 하는 상위 제어기인 심플 모션 유닛 QD77MS에 대해 학습한다. QD77MS는 기존의 위치 결정 모듈로 사용되는 QD75 타입을 계승 발전시킨 후속 모델로, 기존의 위치, 속도, 토크 제어 이외에 정압 제어, 동기 제어, 캠 제어 등의 기능이 추가된 모듈이다.

6.1 심플 모션 유닛 QD77MS 개요

위치 결정을 위한 제어기로 심플 모션 유닛 QD77MS를 사용한다. QD77MS는 광통신 방식 SSCNETⅢ/H를 사용하기 때문에 고속 동기 네트워크가 가능하고, 서보 앰프로는 MR-J4-B 또는 MR-J3-B 시리즈를 사용할 수 있다. 이 중 MR-J3-B는 SSCNETⅢ를 사용하기 때문에 QD77MS의 기능을 100% 활용하기 위해서는 서보 앰프 MR-J4-B 타입을 사용하는 것을 권장한다.

6.1.1 QD77MS를 제어하기 위한 입출력 번지 및 신호

[그림 6-1]과 같이 위치 제어에 필요로 하는 모든 파라미터와 데이터는 QD77MS에 저장되어 있고, QD77MS는 광통신으로 서보 앰프와 연결되어 위치 제어 동작을 실행한다.

PLC CPU는 프로그래머가 작성한 위치 제어 프로그램을 실행하면서 위치 제어에 필요한 각종 제어 신호를 QD77MS에 할당된 입출력을 사용해서 송수신하거나, 필요한 모니터링 데이터를 QD77MS의 버퍼 메모리에 보관하는 동작을 한다. QD77MS를 이용하여 위치 결정 제어를 하기 위해서는 [그림 6-1]의 PC에 설치된 GX Works2와 PLC, 서보 앰프와 서보 모터에 의해 위치 제어 동작을 구현할 수 있는 기계 구조물이 필요하다. GX Works2는 제어 동작 순서와 조건을 프로그램으로 작성하고, 위치 결정 제어를 위한 파라미터 설정, 위치 결정 데이터 설정, 위치 결정 제어 동작의 모니터링에 필요하다.

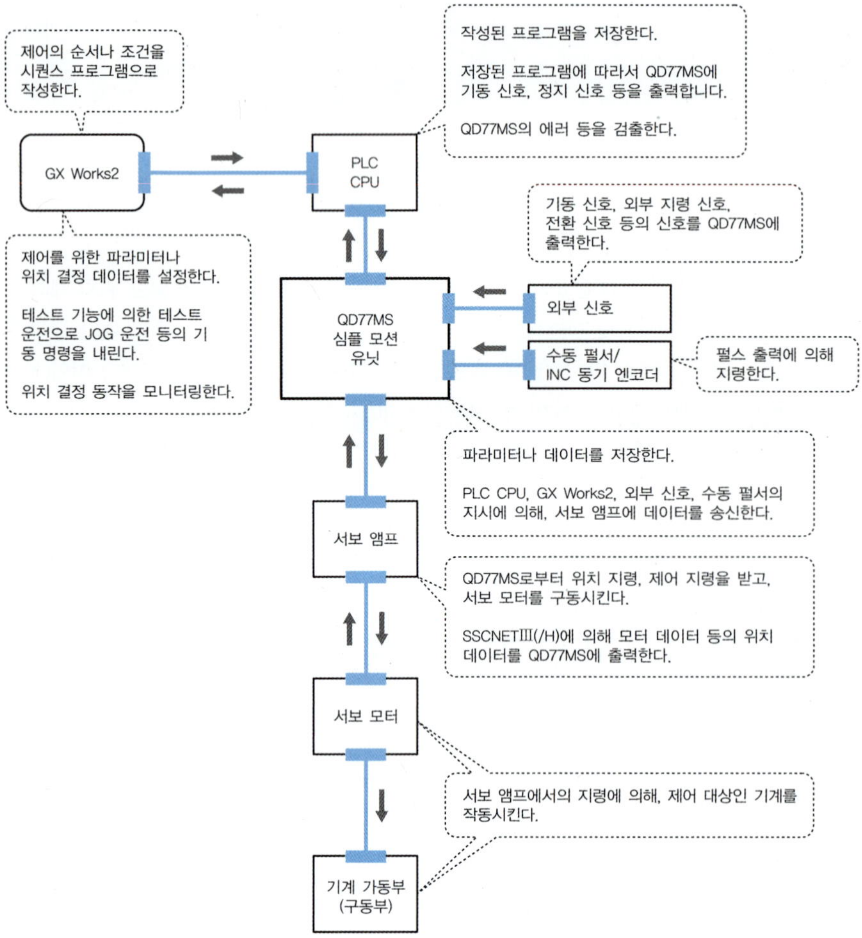

[그림 6-1] **위치 제어 시스템의 전체 구성**

[그림 6-2]에서는 QD77MS를 제어하기 위한 입출력 번지가 X0~X1F / Y0~Y1F에 할당되어 있지만, 실제 실습에 사용할 QD77MS의 입출력 번지는 [표 6-1]과 같이 X40 ~ X5F / Y40 ~ Y5F 번지를 사용한다.

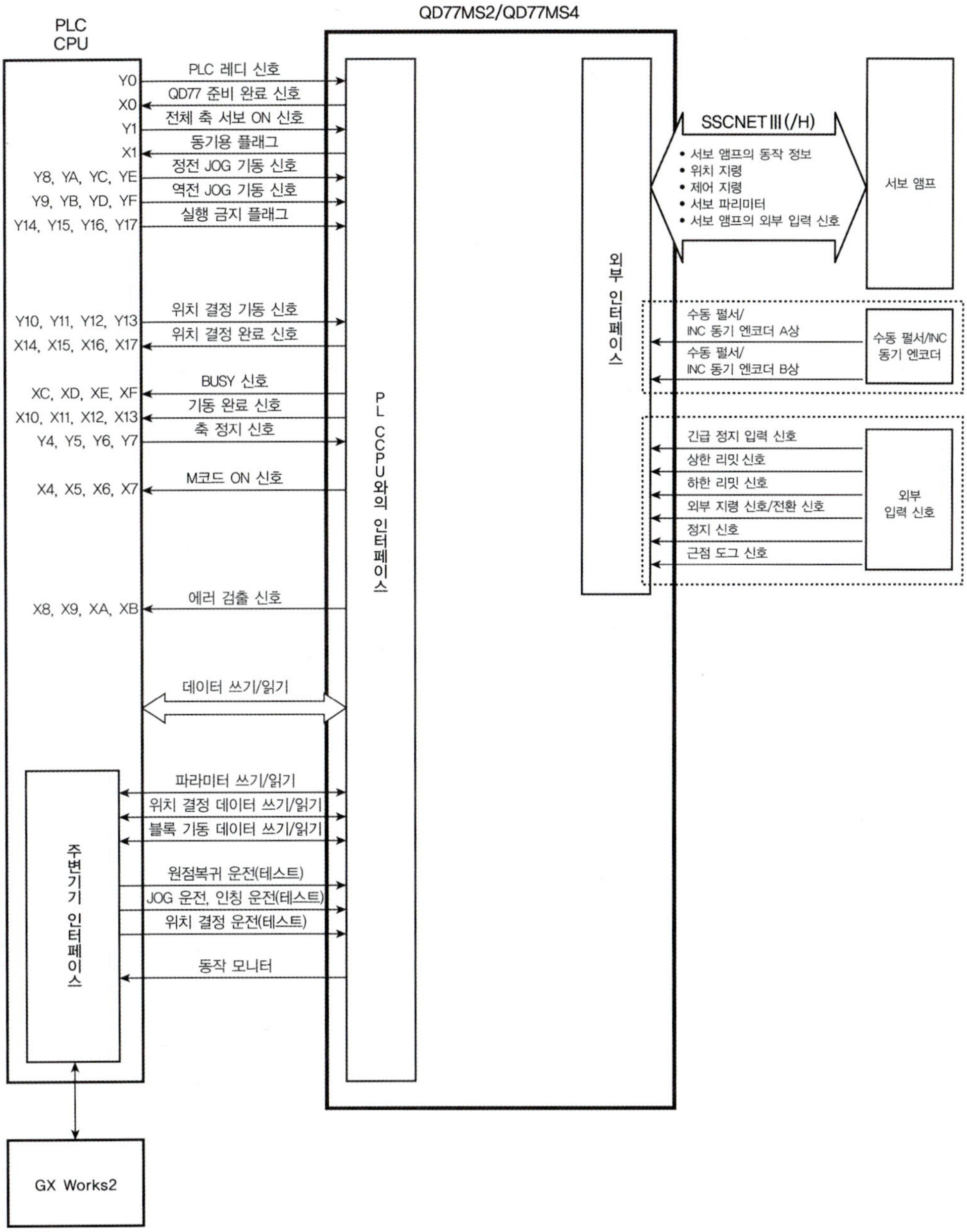

[그림 6-2] QD77MS 신호 인터페이스

[표 6-1] 위치 결정 모듈 QD77MS4의 입·출력 할당 디바이스 번호

신호 방향 : QD77MS → PLC			신호 방향 : PLC → QD77MS		
디바이스 No.	신호 명칭		디바이스 No.	신호 명칭	
X40	QD77MS 준비 완료		Y40	PLC Ready	
X41	동기용 플래그		Y41	전체 축 서보 ON	
X42	사용 금지		Y42	사용 금지	
X43			Y43		
X44	축1	M코드 ON	Y44	축1	축 정지
X45	축2		Y45	축2	
X46	축3		Y46	축3	
X47	축4		Y47	축4	
X48	축1	에러 검출	Y48	축1	정전 JOG 기동
X49	축2		Y49	축1	역전 JOG 기동
X4A	축3		Y4A	축2	정전 JOG 기동
X4B	축4		Y4B	축2	역전 JOG 기동
X4C	축1	BUSY	Y4C	축3	정전 JOG 기동
X4D	축2		Y4D	축3	역전 JOG 기동
X4E	축3		Y4E	축4	정전 JOG 기동
X4F	축4		Y4F	축4	역전 JOG 기동
X50	축1	기동 완료	Y50	축1	위치 결정 기동
X51	축2		Y51	축2	
X52	축3		Y52	축3	
X53	축4		Y53	축4	
X54	축1	위치 결정 완료	Y54	축1	실행 금지 플래그
X55	축2		Y55	축2	
X56	축3		Y56	축3	
X57	축4		Y57	축4	
X58	사용 금지		Y58	사용 금지	
X59			Y59		
X5A			Y5A		
X5B			Y5B		
X5C			Y5C		
X5D			Y5D		
X5E			Y5E		
X5F			Y5F		

[표 6-1]은 QD77MS의 동작 상태를 제어하는 데 사용하는 입출력 신호의 기능을 나타낸 것이다. QD77MS의 입출력 신호에 대해 좀 더 자세히 알아보자.

QD77MS의 입력 신호

■ X40 : QD77MS 준비 완료

위치 결정 모듈 QD77MS가 정상 동작 중인 상태임을 나타내는 신호로, 이 신호가 ON이면 QD77MS의 동작 준비 완료, OFF이면 동작 준비 미완료 상태를 의미한다. PLC 프로그램에서 PLC Ready 신호(Y40)를 ON하면, QD77MS가 동작 준비 완료 신호(X40)를 ON하는 형태로 정상 동작한다. PLC 래더 프로그램에서는 QD77MS 준비 완료 신호가 QD77MS의 동작 상태를 확인하기 위한 인터록 신호로 사용된다. 신호의 동작 순서는 다음과 같다.

① QD77MS의 PLC Ready 신호(Y40)가 OFF→ON되면 QD77MS는 설정된 각종 파라미터를 확인하고, 이상이 없을 시에 X40 신호를 ON하여 PLC CPU에 동작 준비 상태가 되었음을 알린다.

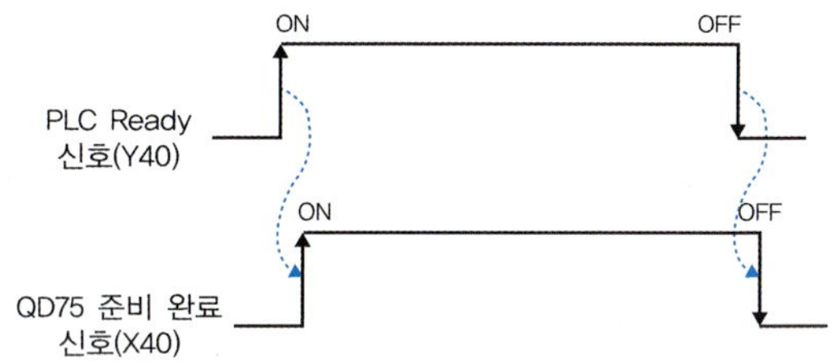

[그림 6-3] PLC Ready와 QD77MS 준비 완료 신호의 동작 순서

② PLC Ready 신호(Y40)가 OFF되면 X40 신호도 OFF된다.

③ WDT[Watch Dog Timer] 에러가 발생하면 X40 신호도 OFF된다.

■ X41 : 동기용 플래그

PLC CPU가 QD77MS의 버퍼 메모리의 내용을 읽을 수 있는 상태인지의 여부를 나타내는 신호이다. 위치 결정 제어를 위해 PLC 프로그램에서 QD77MS의 버퍼 메모리의 설정 데이터를 읽거나 쓰기 동작을 하는데, 이때 QD77MS 버퍼 메모리의 이상 유무를 확인할 때 사용하는 신호가 이 신호이다. 이 신호가 ON이면 버퍼 메모리 액세스 가능, OFF이면 버퍼 메모리 액세스 불가능 상태를 나타낸다.

■ X44 ~ X47 : M코드 ON

M코드의 발생 유무를 확인하는 신호이다. M코드에는 WITH 모드와 AFTER 모드가 있다. WITH 모드는 위치 결정 제어 동작의 시작과 함께 해당 축 신호를 ON하지만, AFTER 모드는 위치 결정 제어 동작의 완료 시 신호를 ON한다.

■ X48 ~ X4B : 에러 검출

QD77MS에서 각 축별로 에러가 발생했을 때 ON되는 신호이다.

■ X4C ~ X4F : BUSY 신호

위치 결정 동작, 원점복귀 동작 및 JOG 동작 시에 ON되는 신호이다. BUSY 신호는 위치 결정 동작 중에는 항상 ON되는 신호로, 위치 결정 동작이 완료되면 OFF된다. PLC 프로그램에서는 이 신호를 위치 결정 완료를 확인하는 신호로 사용하기도 한다.

■ X50 ~ X53 : 기동 완료

위치 결정 기동 신호 ON에 의해 ON되는 신호로, QD77MS가 위치 결정 동작을 하는 동안 ON 상태를 유지한다. 위치 결정 기동 신호가 OFF되면 이 신호도 자동으로 OFF된다.

■ X54 ~ X5F : 위치 결정 완료

이 신호는 각 위치 결정 데이터 No.의 위치 결정 제어가 완료된 시점에서부터 QD77MS의 파라미터 'Pr.40 위치 결정 완료 출력 시간'에서 설정한 시간만큼 ON된다.

QD77MS의 출력 신호

■ Y40 : PLC Ready

PLC CPU가 정상 동작 중임을 QD77MS에 알리는 신호이다. 이 신호가 OFF되면 QD77MS는 동작을 중지한다. 따라서 PLC 프로그램에서 QD77MS를 사용하기 위해서는 이 신호를 항상 ON 상태로 두어야 한다. 주로 SM403(PLC 전원 ON 후에 1스캔 이후 계속 ON되는 기능을 가진 특수 릴레이)을 사용하는데, 그 이유는 에러가 발생할 확률이 가장 높은 첫 번째 스캔 시간을 제외하기 위한 것이다. 이는 위치 제어를 위해 설정한 파라미터 및 프로그램의 에러 발생 시점이 주로 첫 번째 스캔 시간이기 때문이다.

■ Y41 : 전체 축 서보 ON

이 신호는 QD77MS에 접속되어 있는 전체 서보 앰프의 서보를 ON/OFF한다. 개별 축의 서보를 OFF하기 위해서는 'Cd.100 서보 OFF 지령'과 Y41 신호를 조합해서 사용한다.

■ Y44 ~ Y47 : 축 정지

위치 결정 동작을 중지하고자 할 때 사용하는 신호이다. 해당 축의 축 정지 신호가 ON 되면, 원점복귀 제어, 위치 결정 제어, JOG 운전, 인칭 운전, 수동 펄스 운전, 속도·토크 제어를 중지한다.

■ Y48 ~ Y4F : JOG 기동 신호(인칭 운전 신호)

각 축의 정회전, 역회전 JOG 기동 신호로, 이 신호가 ON되면 QD77MS 파라미터에서 설정한 JOG 속도로 서보 모터는 회전한다. JOG의 속도를 0으로 설정한 다음 이 신호를 동작시키면 인칭 운전 신호로 사용된다.

■ Y50 ~ Y53 : 위치 결정 기동

원점복귀, 고속 원점복귀, 위치 결정 제어 동작을 지시하는 신호이다. 위치 결정 제어를 위한 파라미터와 설정 데이터를 설정한 다음, 위치 이동을 위한 각 축의 위치 결정 기동 신호를 ON하면, 서보 모터가 회전하여 위치 결정 제어 동작을 진행한다. 위치 결정 제어 동작 중에는 이 신호가 반드시 ON되어 있어야 한다.

■ Y54 ~ Y57 : 실행 금지 플래그

위치 결정 기동 신호 ON에서 실행 금지 플래그 ON인 경우, 실행 금지 플래그가 OFF할 때까지 위치 결정 기동을 하지 않는다.

[그림 6-4]는 위치 제어 동작을 위한 QD77MS의 입출력 신호의 동작 상태를 나타낸 것이다. 위치 결정을 위해 QD77MS의 준비 완료 신호와 함께 전체 축 서보 ON 상태에서 위치 결정 기동 신호를 ON한다. 그러면 [그림 6-4]와 같이 서보 모터의 구동으로 위치 결정 동작이 이루어지면서 기동 완료 신호와 BUSY 신호가 동시에 ON된다. 위치 결정이 완료되면 서보 모터가 정지하는데, 이때 BUSY 신호가 OFF되고 위치 결정 완료 신호는 ON한다. PLC 프로그램에서는 BUSY 신호가 OFF되는 시점에 위치 결정 기동 신호를 OFF함으로써 기동 완료 신호가 자동으로 OFF되면서 위치 제어 동작을 종료한다.

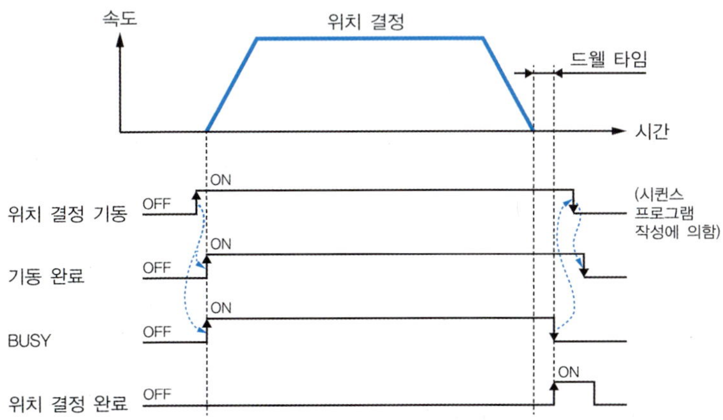

[그림 6-4] 위치 제어 동작을 위한 QD77MS의 입출력 신호 사용 방법

6.1.2 QD77MS의 제어 기능

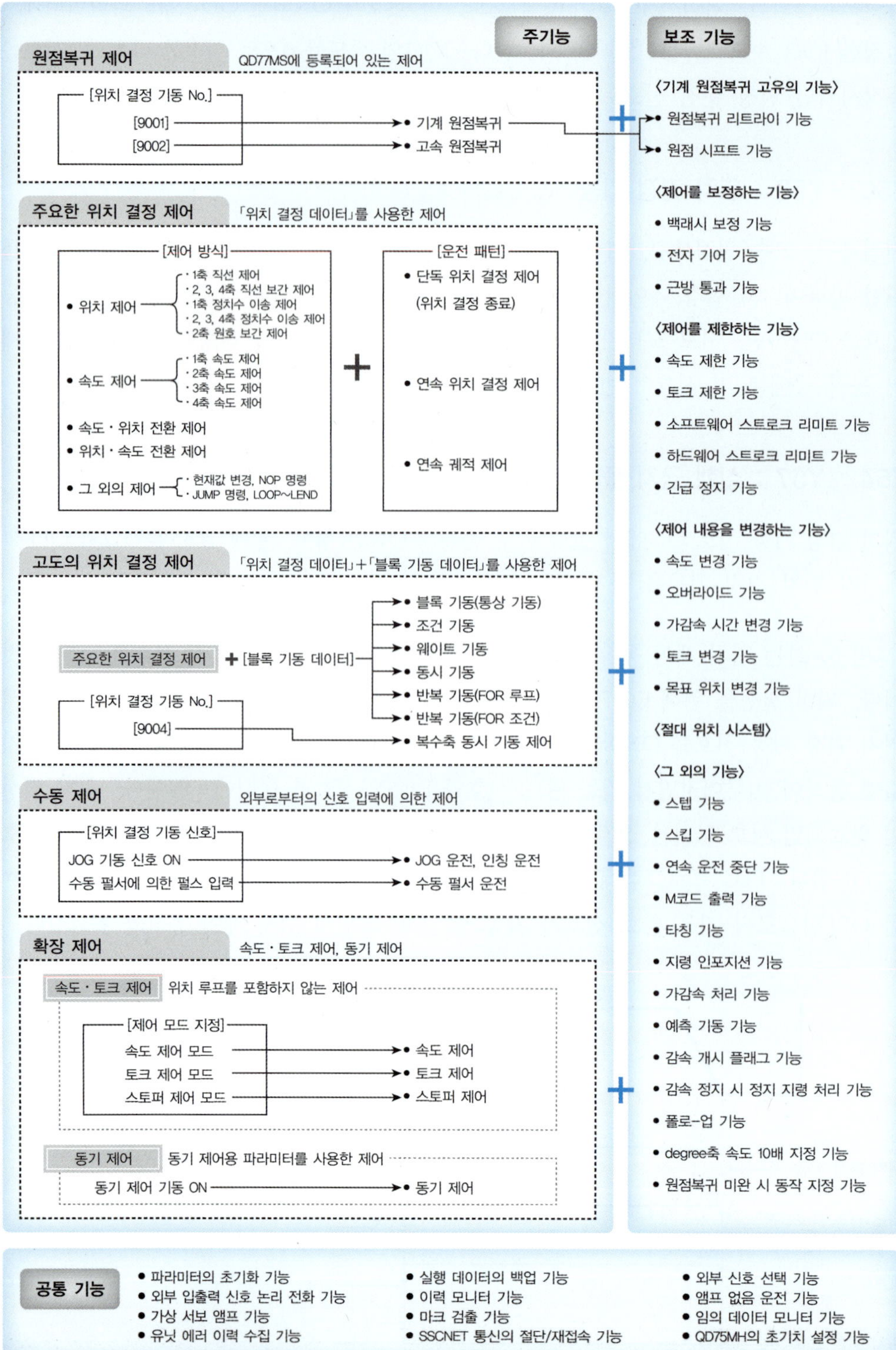

[그림 6-5] QD77MS의 주요 기능

QD77MS는 위치 제어에 필요한 기능 외에도 다양한 기능을 내장하고 있는 인텔리전트 모듈로, 그 기능을 구분하면 [그림 6-5]처럼 주기능, 보조 기능, 공통 기능으로 나눌 수 있다.

6.1.3 위치 결정 제어를 위한 QD77MS의 신호 인터페이스

위치 결정 제어를 위한 QD77MS는 [그림 6-6]과 같이 2축, 4축 16축 제어용으로 구분되어 시판되고 있다.

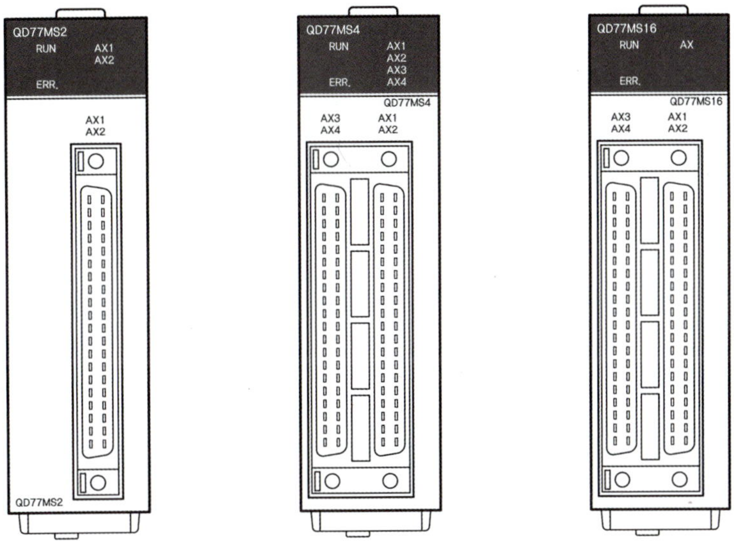

(a) QD77MS2 (b) QD77MS4 (c) QD77MS16

[그림 6-6] QD77MS의 종류

위치 결정 제어 시스템을 구성하기 위해서는 위치 결정 제어에 필요한 신호를 결선하는 작업이 선행되어야 한다. [표 6-2]와 [표 6-3]은 신호 결선을 위한 각 핀의 번호와 기능을 나타낸 것이다.

핀 번호 1A8과 1B8번에 연결되는 긴급정지 신호는 현장에서 사용할 때에는 비상정지를 위해 반드시 연결해야 할 신호이지만, 실습에서는 실습의 편의를 위해 "파라미터 설정으로 사용하지 않음"으로 설정해서 사용한다.

[표 6-2] QD77MS의 커넥터 핀 번호 및 신호 명칭

핀 배열	AX4		AX3		AX2		AX1	
	축4 (외부 입력 신호4)		축3 (외부 입력 신호3)		축2 (외부 입력 신호2)		축1 (외부 입력 신호1)	
	핀 번호	신호명	핀 번호	신호명	핀 번호	신호명	핀 번호	신호명
	2B20		2A20		1B20	HB	1A20	5V
	2B19		2A19		1B19	HA	1A19	5V
	2B18		2A18		1B18	HBL	1A18	HBH
	2B17		2A17		1B17	HAL	1A17	HAH
	2B16		2A16		1B16	사용 안 함	1A16	사용 안 함
	2B15		2A15		1B15	5V	1A15	5V
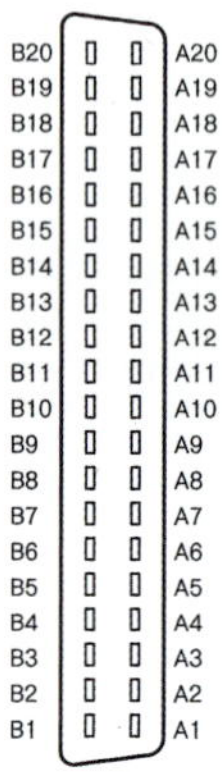	2B14	사용 안 함	2A14	사용 안 함	1B14	SG	1A14	SG
	2B13		2A13		1B13		1A13	
	2B12		2A12		1B12		1A12	
	2B11		2A11		1B11	사용 안 함	1A11	사용 안 함
	2B10		2A10		1B10		1A10	
	2B9		2A9		1B9		1A9	
	2B8		2A8		1B8	EMICOM	1A8	EMI
	2B7	COM	2A7	COM	1B7	COM	1A7	COM
유닛 정면에서 보았을 경우	2B6	COM	2A6	COM	1B6	COM	1A6	COM
	2B5	DI4	2A5	DI3	1B5	DI2	1A5	DI1
	2B4	STOP	2A4	STOP	1B4	STOP	1A4	STOP
	2B3	DOG	2A3	DOG	1B3	DOG	1A3	DOG
	2B2	RLS	2A2	RLS	1B2	RLS	1A2	RLS
	2B1	FLS	2A1	FLS	1B1	FLS	1A1	FLS

[표 6-3] QD77MS의 커넥터 핀 번호 및 신호의 기능

신호의 기능	핀 번호	신호 내용
QD75MH와의 호환을 위한 수동 펄스 전원 출력	1A20 1A19	QD75MH의 외부 입력 신호 케이블과 호환을 위한 전원
상한 리밋 신호 (FLS)	1A1 1B1 2A1 2B1	상한 리밋 스위치의 입력 신호
하한 리밋 신호 (RLS)	1A2 1B2 2A2 2B2	하한 리밋 스위치의 입력 신호

(계속)

근점 도그 신호 (DOG)	1A3 1B3 2A3 2B3	• 근점 도그 검출 센서의 입력 신호 • 원점복귀 시의 근점 도그 검출에 사용한다. • 상승 에지(edge) 신호에서 해당 신호의 ON을 검출하고, 하강 에지에서 OFF를 검출한다.
정지 신호 (STOP)	1A4 1B4 2A4 2B4	• 위치 결정 중지를 위한 입력 신호 • 해당 신호가 ON되면 위치 결정을 중지하고, 그 후엔 신호를 ON에서 OFF해도 움직이지 않는다.
외부 지령/전환 신호 (DI1, DI2, DI3, DI4)	1A5 1B5 2A5 2B5	• 외부에서 위치 결정 기동, 속도 변경 요구, 스킵 요구, 마크 검출용 입력 신호로 사용한다. • 해당 입력을 어떤 기능으로 사용할지는 'Pr.42 : 외부 지령 기능 선택'에서 설정한다.
긴급 정지 입력 신호(EMI)	1A8 1B8	• 서보 앰프 전체 축을 긴급 정지하는 경우 사용한다. • +24V 입력 상태 : 긴급 정지 해제 상태
수동 펄스 전원 출력	1A15 1B15 1A14 1A14	• 수동 펄스 장치를 위한 DC 5V 전원 • QD77MS의 내부에서 DC 5V 전원을 수동 펄스 장치에 공급한다.

위치 결정 제어에 필요한 최소한의 외부 신호로는 상한 검출용 센서 신호(FLS)와 근점 신호(DOG), 하한 검출용 센서 신호(RLS), 서보 앰프의 강제 정지 입력(EM1) 신호가 있다. 그 중에서 FLS, RLS, DOG의 신호 연결 방법은 QD75 시리즈와는 달리 다음과 같은 세 가지 방법 중에 하나를 선택해야 한다. 이는 QD77MS의 파라미터 설정에서 결선한 방법을 선택해서 사용하는 것이다.

- QD77MS에 FLS, RLS, DOG 검출용 신호 연결하는 방법
- 서보 앰프에 FLS, RLS, DOG 검출용 신호 연결하는 방법
- 입력 유닛에 FLS, RLS, DOG 검출용 신호 연결하는 방법

먼저 위치 제어를 위한 FLS, RLS, DOG의 센서가 기계 구조물의 어느 위치에 있는지를 [그림 6-7]에 나타내었다.

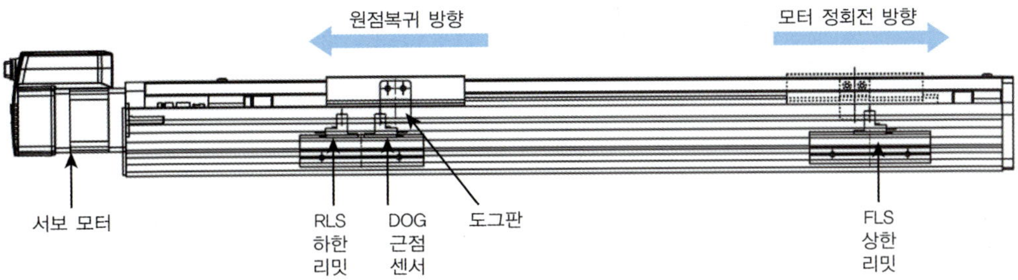

[그림 6-7] 상한 및 하한, 원점 센서의 위치

위치 검출을 위한 FLS, RLS, DOG의 센서의 신호선은 QD77MS의 해당 입력 핀에 연결되어야 하는데, 실제 자동화 장치에서는 QD77MS가 설치된 위치와 해당 센서가 사용되는 기계 장치의 위치가 각기 다를 수 있다. 따라서 QD77MS에서는 다음의 세 가지 결선 방법 중 하나를 선택해서 사용할 수 있도록 하고 있다.

QD77MS에 FLS, RLS, DOG 검출용 신호 연결하는 방법

QD77MS의 파라미터 'Pr.80 외부 신호 선택'에서 0을 설정하면 FLS, RLS, DOG를 QD77MS의 커넥터의 핀에 연결한다. 검출용 센서의 신호선을 연결하는 방법은 [그림 6-9]와 같다.

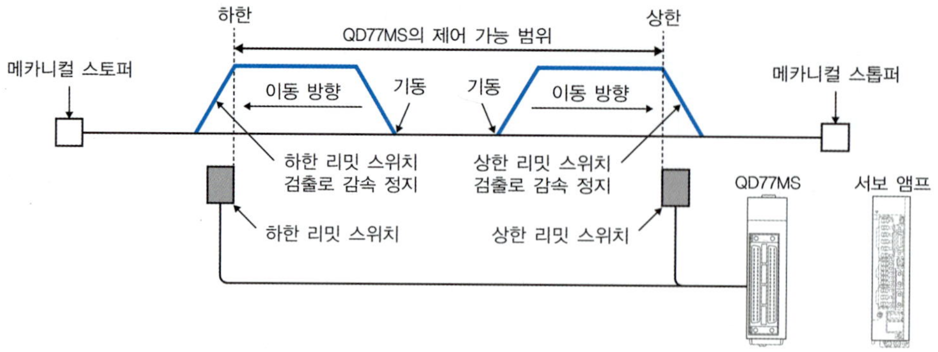

[그림 6-8] QD77MS에 상한 및 하한 검출용 신호 연결

[그림 6-9]는 QD77MS와 외부 입력 신호와의 결선도를 나타낸 것이다. 3개의 광센서 FLS, RLS, DOG를 자세히 살펴보면 DOG 광센서의 결선이 FLS, RLS와 다름을 알 수 있을 것이다. 광센서는 C단자(Control 단자)의 결선에 따라 Light ON(B접점)이나 Dark ON 방식(A접점)을 선택할 수 있다. FLS와 RLS는 평상시 도통되어 전류가 흐르는 B접점을 사용해야 하므로 C단자에 +24V를 연결하여 Light ON 모드로 사용한다. 평상시엔 FLS, RLS, EMI 신호가 ON되어 있어야 한다. 이들 신호가 OFF되면 서보 모터는 긴급 정지 동작을 할 것이다.

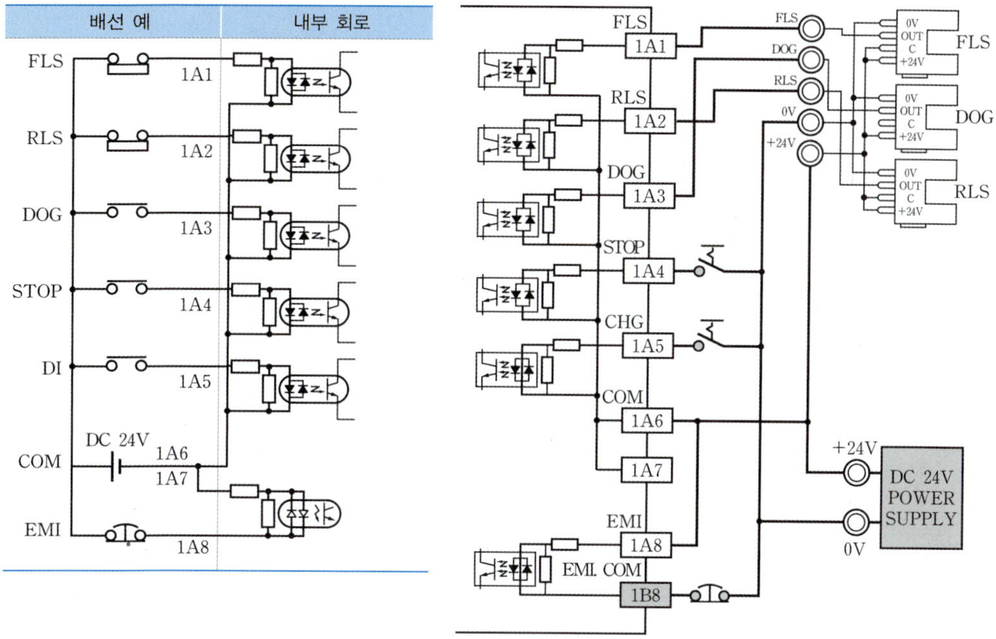

(a) QD77MS의 결선도

(b) 센서를 이용한 실제 결선도

[그림 6-9] QD77MS에 대한 FLS, RLS, DOG 결선도

서보 앰프에 FLS, RLS, DOG 검출용 신호 연결하는 방법

이 방식은 QD77MS의 파라미터 'Pr.80 외부 신호 선택'에서 1을 설정하면 FLS, RLS, DOG를 서보 앰프의 커넥터의 핀에 연결하는 것이다. QD77MS의 커넥터 대신에 서보 앰프에 검출용 신호를 결선하면, 해당 신호의 동작 상태는 SSCNET 통신을 통해서 QD77MS에 전달된다. 이러한 결선 방법을 [그림 6-11]에 나타내었다.

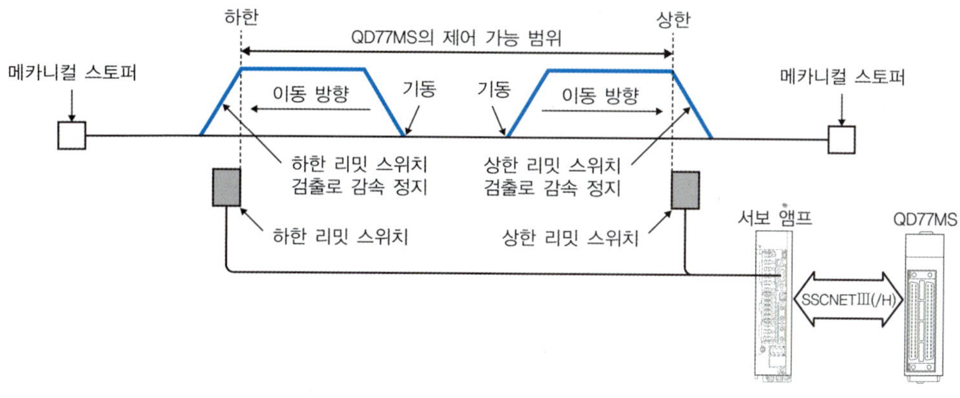

[그림 6-10] 서보 앰프에 상한 및 하한 검출용 신호 연결

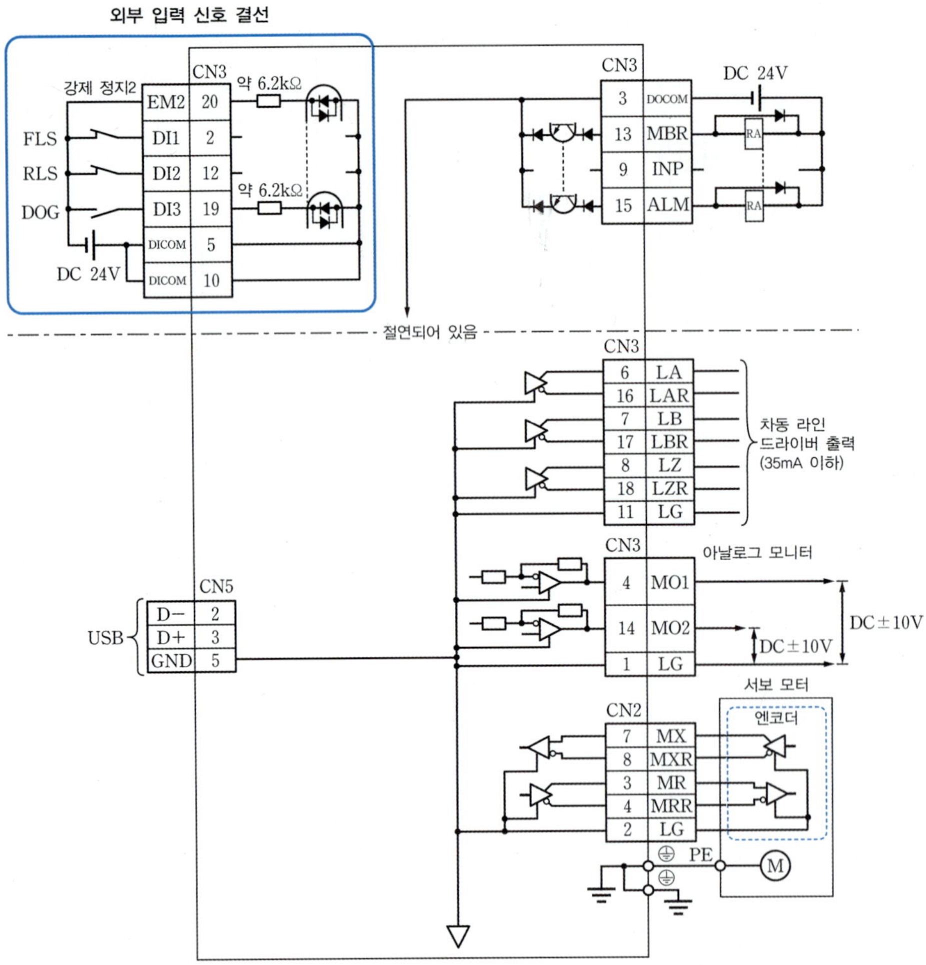

[그림 6-11] 서보 앰프에 외부 입력 신호 결선 방법

[그림 6-11]의 서보 앰프에 외부 신호를 싱크sink 회로 방식으로 연결하기 때문에 서보 앰프의 DI_COM에는 +24V가 연결된다. FLS, RLS, DOG 신호 검출용으로 사용되는 센서는 NPN 출력 타입을 사용한다.

입력 유닛에 FLS, RLS, DOG 검출용 신호 연결하는 방법

이 방식은 QD77MS의 파라미터 'Pr.80 외부 신호 선택'에서 2를 설정하면 FLS, RLS, DOG를 PLC의 입력에 연결하는 것이다. PLC의 입력 모듈에 연결된 검출용 신호는 PLC 프로그램 작성을 통해서 QD77MS의 버퍼 메모리인 'Cd.44 외부 입력 신호 조작 디바이스'에 저장될 수 있어야 한다.

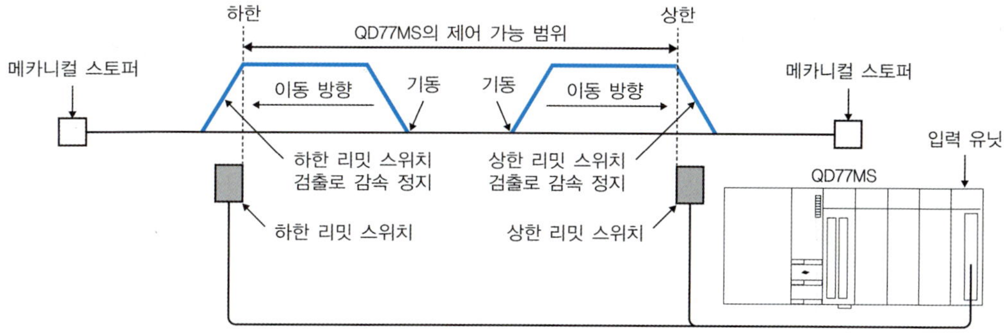

[그림 6-12] PLC의 입력 모듈에 상한 및 하한 검출용 신호 연결

[표 6-4]는 QD77MS의 'Cd.44 외부 입력 신호 조작 디바이스'인 버퍼 메모리 1928번지의 비트별 기능을 나타낸 것이다. 입력 모듈에 연결된 상한(FLS), 하한(RLS), 근점(DOG) 신호의 ON/OFF 상태를 각 축의 해당 비트에 등록한다.

[표 6-4] Cd.44 외부 입력 신호 조작 디바이스 비트별 기능

QD77MS 버퍼 메모리 1928번지															
4축				3축				2축				1축			
b15	b14	b13	b12	b11	b10	b9	b8	b7	b6	b5	b4	b3	b2	b1	b0
STOP	DOG	RLS	FLS	STOP	DOG	RLS	FLS	STOP	DOG	RLS	FLS	STOP	DOG	RLS	FLS

예를 들어 PLC의 입력 모듈 X0에 상한(FLS), X1에 하한(RLS), X2에 근점(DOG)이 연결되어 있는 경우에는 [그림 6-13]처럼 PLC 프로그램을 작성해서 해당 버퍼 메모리의 비트를 ON/OFF해야 한다.

[그림 6-13] QD77MS의 상한, 하한, 근점 센서가 입력 모듈에 연결되었을 때의 PLC 프로그램

6.2 GX Works2를 이용한 심플 모션 파라미터 설정 방법

심플 모션 유닛 QD77MS를 사용하기 위해서는 GX_Work2를 사용해야 한다. GX_Work2는, 기존에 사용하던 GX Developer와 GX Configurator-QP의 프로그램(QD77MS 시리즈 위치 결정 모듈의 파라미터 설정 및 테스트 운전을 위해 사용함)을 통합해서 만든 일종의 PLC 프로그램 작성용 통합형 소프트웨어 툴이다. 사용법은 기존 프로그램과 큰 차이가 없기 때문에 사용법을 쉽게 익힐 수 있다.

6.2.1 GX Works2에서 심플 모션 유닛 QD77MS의 설정

GX Works2에서 QD77MS의 파라미터를 설정하는 방법을 살펴보자. QD77MS는 [표 6-5]와 같이 PLC의 베이스 보드에 장착되어 있다. QD77MS의 파라미터를 설정하는 방법은 [표 6-6]에 나타내었다.

[표 6-5] 설정 항목 및 내용

항목		내용
Module Selection	Module Type	Simple Motion Module
	Module Name	QD77MS2
Mount Position	Module Slot No.	2
	Start X/Y Address	40

[표 6-6] GX Works2에서 QD77MS 사용을 위한 설정

순서	작업 내용	작업 화면
1	**PLC의 시스템 구성 읽어오기** PLC의 시스템 구성을 Online을 통해서 읽어온 내용과 실제의 시스템 구성을 비교해서 차이가 없는지 확인한다. 슬롯 1번에는 32점 입력 모듈, 슬롯 2번에는 32점 출력 모듈, 슬롯 3번에 32점 크기의 입출력을 가진 QD77MS 모듈이 장착되어 있다. ❶ GX Works2의 내비게이션에서 [PLC Parameter] 항목을 클릭한다. ❷ [Parameter Setting] 창에서 [I/O Assignment] 탭을 클릭한다. ❸ [Read PLC Data] 버튼을 클릭한다. ❹ PLC의 시스템 구성이 읽혔음을 확인한 후에 [End] 버튼을 클릭한다.	

(계속)

1		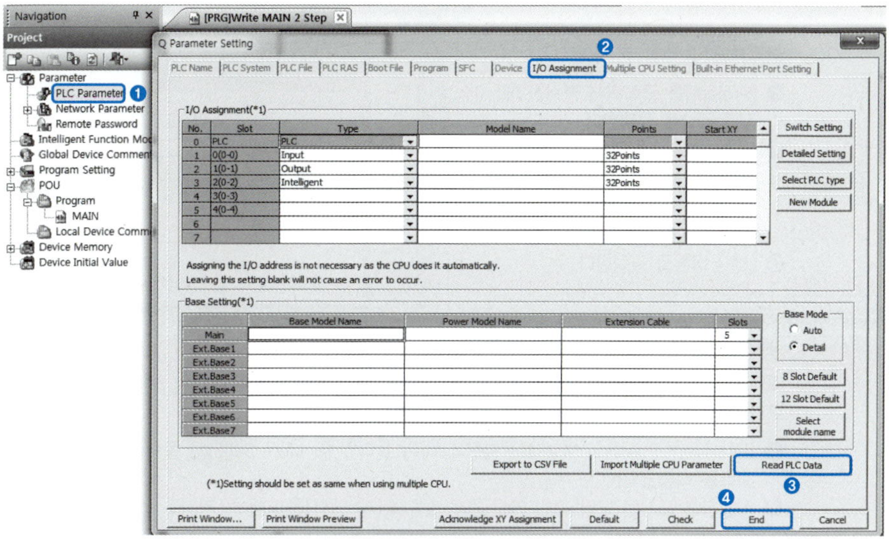
2	QD77MS의 설치 ❶ 내비게이션의 [Intelligent Function Module]을 클릭한다. ❷ [New Module...]을 클릭한다.	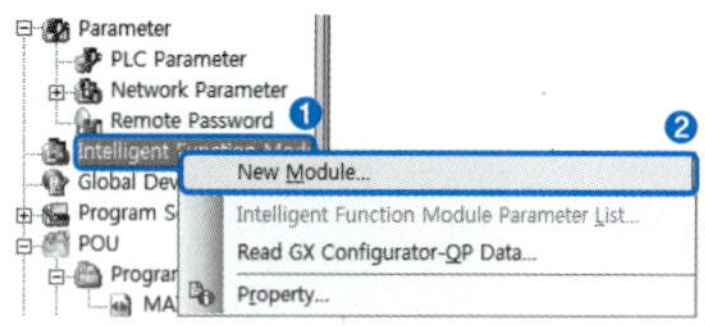
3	QD77MS의 설치 ❶ [Module Type]에서 [Simple Motion Module]을 선택한다. ❷ [Module Name]에서 [QD77MS2]를 선택한다. ❸ [Acknowledge I/O Assignment] 버튼을 클릭한다. ❹ 새롭게 생성된 창에서 슬롯 2번 입출력 번지 0040으로 시작하는 칸을 마우스 커서로 선택한 후 [Setting] 버튼을 클릭한다. ❺ [New Module] 창에서 [OK] 버튼을 클릭한다.	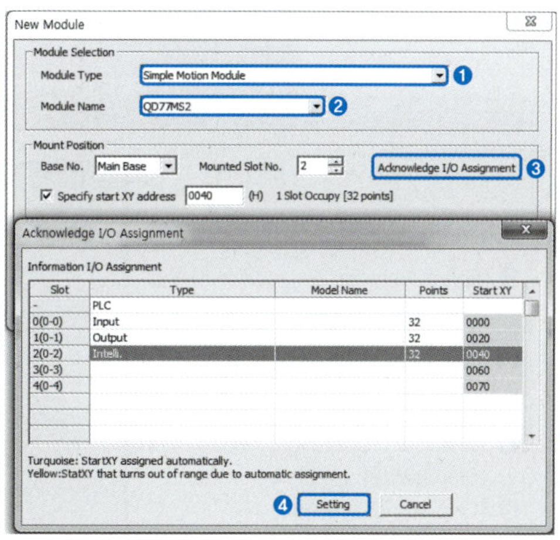
4	QD77MS의 셋팅 툴 실행 내비게이션의 [Intelligent Function Module]에 새롭게 생성된 폴더를 클릭한 후, 그 하위 메뉴에서 [Simple Motion Module Setting] 항목을 더블클릭하면 새로운 프로그램이 실행된다.	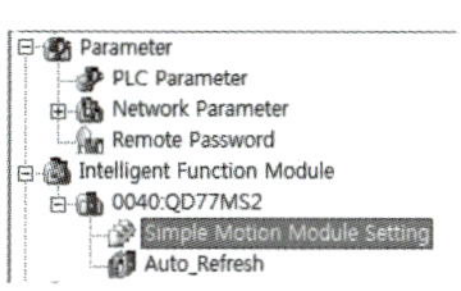

(계속)

5

QD77MS의 셋팅 툴 실행

❶ [Project]를 클릭해서 펼쳐진 메뉴에서 [New]를 클릭한다.
❷ [New Module] 창의 [Module Name]에서 [QD77MS2]를 선택하고, [Mount Position] 항목에서 X/Y Address에 '0040'을 입력한다.
❸ [OK] 버튼을 클릭한다.

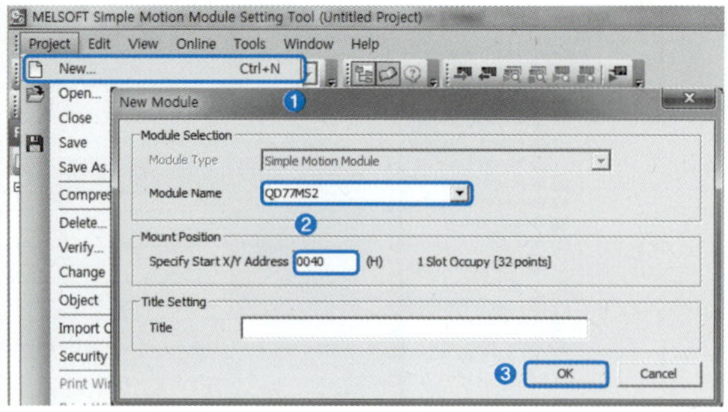

6

QD77MS에서 사용할 모터축 선택

QD77MS2는 2축을 제어할 수 있는 모듈로, 실습에서는 1축만 사용한다. 만약 2축을 사용한다면 화면에 표시된 모터 [Axis #1]과 [Axis #2] 모두를 선택해서 클릭한다.

❶ [Intelligent Function Module] 항목의 하위 폴더인 [System Setting] 폴더에서 [System Configuration] 항목을 더블클릭한다.
❷ 작업창에 표시된 모터 그림 2개 중에 왼쪽의 [Axis #1]을 마우스 커서로 더블클릭한다.

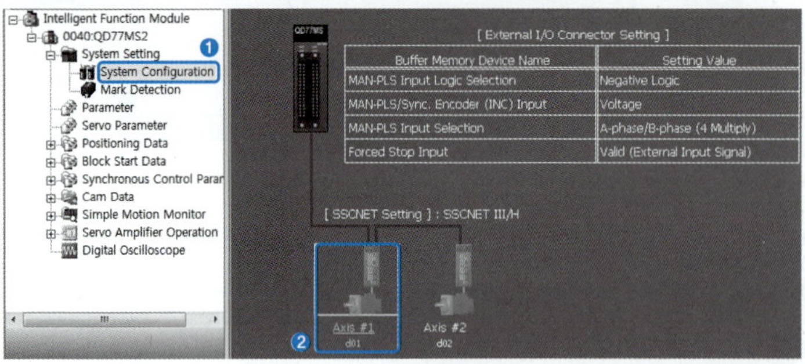

7

QD77MS에서 사용할 서보 앰프 선택

❶ [Servo Amplifier Series]에서 사용할 서보 앰프의 종류를 선택한다. 실습에서 사용하는 서보 앰프는 [MR-J4-B]이기 때문에 초기 설정값을 사용한다.
❷ [Amplifier Operation Mode]에서 [Standard]를 선택한다.
❸ [OK] 버튼을 클릭한다.

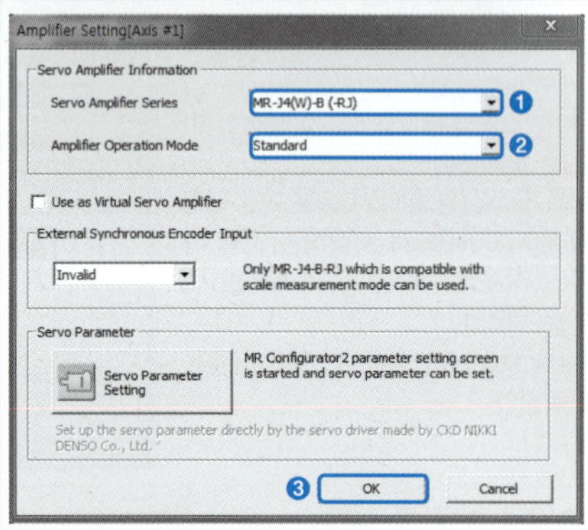

8

QD77MS의 파라미터 설정

QD77MS를 이용한 위치 제어에 필요한 각종 파라미터를 설정한다.

[Parameter] 항목을 선택하고 클릭하면, QD77MS를 이용한, 서보 제어를 위한 파라미터 설정창이 나타난다.

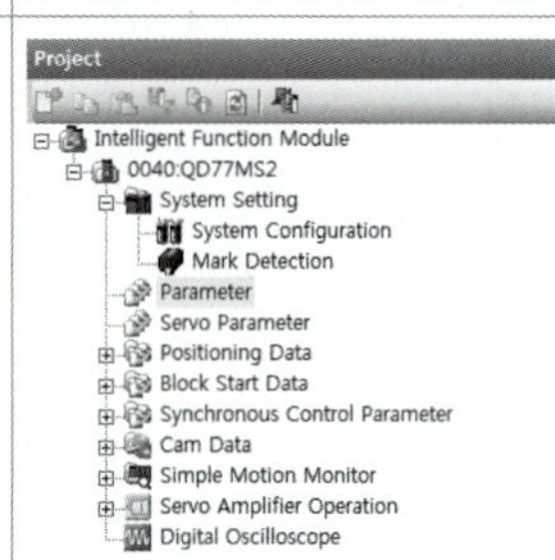

6.2.2 QD77MS 파라미터 설정

앞에서 GX Works2를 이용한 심플 모션 유닛 QD77MS의 파라미터 설정을 위한 프로그램 툴 조작 방법에 대해 살펴보았다. 위치 제어에 필요한 파라미터와 위치 결정 데이터를 사전에 설정한 후, 이 데이터를 QD77MS 모듈 내부에 있는 플래시 메모리에 전송해 두어야 한다. 실습에 사용하는 QD77MS 타입은 SSCNETⅢ/H 통신 방식을 사용하기 때문에, 해당 서보 앰프의 파라미터도 QD77MS에 저장해 두었다가 서보 앰프와의 통신이 개시되면 서보 앰프로 저장된 파라미터를 전송한다. QD77MS에서 설정할 파라미터와 서보 앰프의 파라미터에 대해 살펴보자.

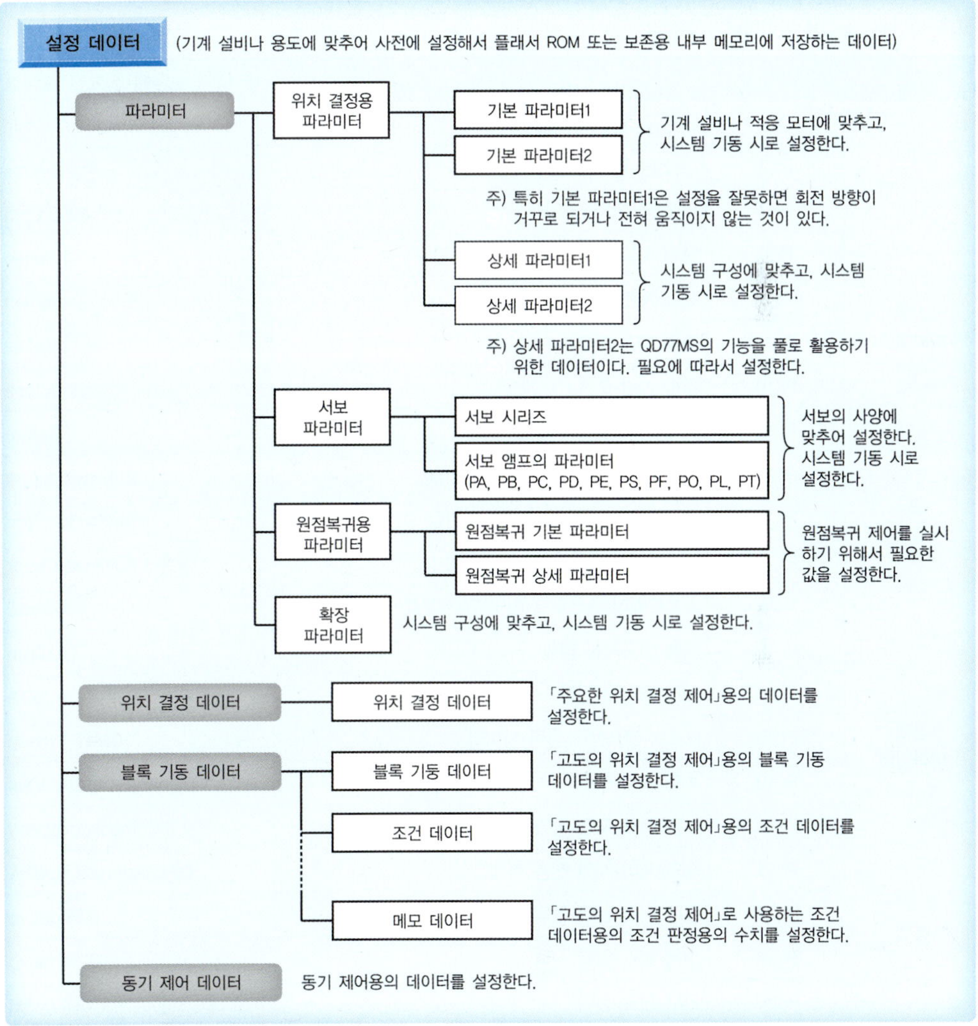

[그림 6-14] QD77MS 파라미터 항목

QD77MS 설정 파라미터

QD77MS에 설정할 파라미터는 위치 결정용과 원점복귀용으로 구분된다.

■ 위치 결정용 파라미터

위치 결정용 파라미터는 [표 6-7]과 같이 기본 파라미터1, 2, 상세 파라미터1, 2로 구분된다. 표의 우측 설정값 중에 사용자가 사용하는 기계 시스템의 구성에 따라 초깃값을 변경해야 하는 항목들은 음영으로 표시하였다. 설정값이 변경되는 부분은 상세 설명을 잘 읽어보고 사용자 시스템에 맞게 설정해야 한다.

[표 6-7] 위치 결정용 파라미터의 설정값

구분	파라미터 번호	내용	이 책의 실습에 필요한 설정값
기본 파라미터 1	Pr.1	단위 설정	0:mm
	Pr.2	1회전당 필요한 펄스 수	4194304pls
	Pr.3	1회전당 이동 거리	4000.0μm
	Pr.4	단위 배율	1:1times
기본 파라미터 2	Pr.8	속도 제한값	12000.00mm/min
	Pr.9	가속 시간 0	100ms
	Pr.10	감속 시간 0	100ms
상세 파라미터 1	Pr.11	백래쉬 보정량	0.0μm
	Pr.12	소프트웨어 스트로크 리밋 상한값	214748364.7μm
	Pr.13	소프트웨어 스트로크 리밋 하한값	−214748364.7μm
	Pr.14	소프트웨어 스트로크 리밋 선택	0:Valid command addr
	Pr.15	소프트웨어 스트로크 리밋 유효/무효	0:Valid
	Pr.16	지령 인포지션 범위	10.0μm
	Pr.17	토크 제한 설정값	300%
	Pr.18	M코드 ON 신호 출력 타이밍	0:WITH mode
	Pr.19	속도 전환 모드	0:change speed from
	Pr.20	보간 속도 지정 방법	0:Composed speed
	Pr.21	속도 제어 시의 전송 현재값	0:No address update
	Pr.22	입력 신호 논리 선택	0:Negative
	Pr.24	수동 펄스 입력 선택	0:Negative
	Pr.80	외부 신호 선택	0:Use signal via QD77MSM
	Pr.81	속도 위치 기능 선택	0:Execute V/P switching
	Pr.82	긴급 정지 유효/무효 설정	1:Invalid

(계속)

상세 파라미터 2	Pr.25	가속 시간1	200ms
	Pr.26	가속 시간2	300ms
	Pr.27	가속 시간3	400ms
	Pr.28	감속 시간1	200ms
	Pr.29	감속 시간2	300ms
	Pr.30	감속 시간3	400ms
	Pr.31	JOG 속도 제한값	10000.00mm/min
	Pr.32	JOG 운전 가속 시간 선택	0:100
	Pr.33	JOG 운전 감속 시간 선택	0:100
	Pr.34	가감속 처리 선택	0:Trapezoid acceleration
	Pr.35	S자 비율	100%
	Pr.36	급정지 감속 시간	100ms
	Pr.37	정지 그룹1 급정지 선택	0:Normal stop
	Pr.38	정지 그룹2 급정지 선택	0:Normal stop
	Pr.39	정지 그룹3 급정지 선택	0:Normal stop
	Pr.40	위치 결정 완료 신호 출력 시간	300ms
	Pr.41	원호 보간 오차 허용 범위	10.0μm
	Pr.42	외부 지령 기능 선택	0:External start
	Pr.83	degree축 속도 10배 설정	0:Invalid
	Pr.84	서보 OFF→ON 시의 재기동 허용값 범위	0pls

■ 원점복귀용 파라미터

원점복귀 제어를 실행하려면 원점복귀용 파라미터를 설정해야 한다. QD77MS가 지원하는 원점복귀 방법으로는 기계식 원점복귀 제어와 고속 원점복귀 제어가 있다. 기계식 원점복귀 제어의 경우에는 근점 도그식, 카운터식, 데이터 설정 방식이 있다.

[표 6-8] 원점복귀용 파라미터의 설정값

구분	파라미터 번호	내용	실습에 필요한 설정값
기본 파라미터	Pr.43	원점복귀 방식 선택	0:Proximity Dog Methode
	Pr.44	원점복귀 방향	0:Reverse direction
	Pr.45	원점 어드레스	0.0μm
	Pr.46	원점복귀 속도	3000.00mm/min
	Pr.47	크리프 속도(creep rate, 서보 모터의 원점 신호를 검출하기 위한 서보 모터의 회전 속도)	500.00mm/min
	Pr.48	원점복귀 리트라이	1:Retry HPR with L/S

(계속)

상세 파라미터	Pr.50	근점 도그 ON 후의 이동량 설정	0.0μm
	Pr.51	원점복귀 가속 시간 선택	0:100
	Pr.52	원점복귀 감속 시간 선택	0;100
	Pr.53	원점 시프트량	0.0μm
	Pr.54	원점복귀 토크 제한값	300%
	Pr.55	원점복귀 미완료 시 동작 설정	0:Not Execute position
	Pr.56	원점 시프트 시 속도 지정	0:OPR speed
	Pr.57	원점복귀 리트라이 시 드웰 타임	0ms

QD77MS 설정 파라미터 상세 설명

[표 6-7]과 [표 6-8]에서 QD77MS의 파라미터 항목의 종류를 살펴보았다. QD77MS를 사용하기 위해서는 [표 6-7], [표 6-8]의 파라미터 항목에서 음영으로 표시된 부분만 정확하게 설정하면 된다. 여기서는 앞에서 살펴본 파라미터 항목에 대해 더욱 자세하게 살펴보고자 한다. QD77MS의 파라미터 설정이 잘못되면 위치 제어가 불가능하거나 위치 제어가 제대로 동작하지 않는다. 따라서 파라미터의 기능을 잘 이해하고, 제어하고자 하는 시스템에 맞게 파라미터를 설정할 수 있어야 한다.

■ 기본 파라미터란

기본 파라미터basic parameter는 QD77MS를 사용하기 위해 반드시 설정해야 하는 파라미터 항목으로, 주로 위치 결정 제어의 가장 기본적인 부분을 설정하는 항목이다. 기본 파라미터는 기본 파라미터1과 기본 파라미터2로 구분된다.

기본 파라미터1은 서보 모터 1회전에 기계의 이동량을 결정하는 전자 기어비를 설정하는 부분이다. 전자 기어비가 필요한 이유는 서보 앰프가 인지하는 서보 모터의 이동 단위와 사람이 인지하는 서보 모터의 이동 단위가 다르기 때문이다. 서보 모터를 제어하는 서보 앰프는 서보 모터가 1회전하면 엔코더에 4,194,304펄스가 입력됨을 알고 있다. 따라서 서보 앰프에서는 서보 모터 엔코더의 펄스 수를 카운트해서 기계 장치의 이동량을 파악한다.

하지만 사람은 서보 모터의 회전에 의해 이동하는 기구물에 따라 이동 단위를 다르게 생각한다. [그림 6-15]와 같이 서보 모터축에 볼 스크류를 연결해서 좌우로 이동하는 기구물의 경우에는 서보 모터 1회전당 이동 거리 단위인 [mm]를 단위로 보고, 서보 모터에 의해 회전하는 턴테이블 같은 경우에는 각도를 단위로 본다.

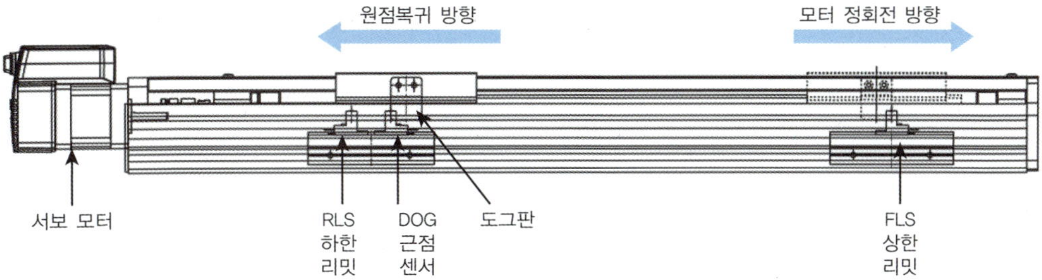

[그림 6-15] 원점복귀 방향과 정회전 이동 방향

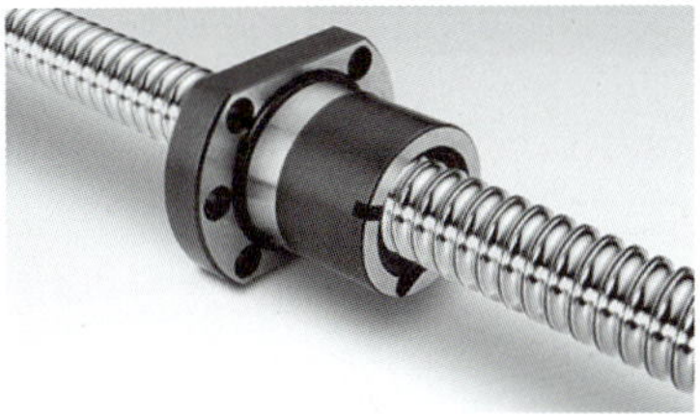

(a) 이동량이 [mm] 단위인 장치

(b) 이동량이 각도 단위인 장치

[그림 6-16] 이동량의 단위가 다른 기계 장치

볼 스크류를 사용해서 이동하는 기계 장치의 경우, 모터 1회전당 이동 거리를 파악하기 위해서는 볼 스크류의 피치pitch와 리드lead에 대해 알고 있어야 한다.

피치란 스크류 홈 사이의 거리이며, 리드는 너트가 볼 스크류 1회전당 이동하는 직선거리를 의미한다. [그림 6-17(a)]의 한 줄 나사는 피치와 리드의 길이가 같기 때문에 나사가 1회전할 때 이동하는 피치와 리드의 거리가 같다. [그림 6-17(b)]의 세 줄 나사의 경우, 나사가 한 바퀴 돌 때 이동거리는 (피치)×3이 되는 형태이다. 따라서 서보 모터축에 연결되어 회전하는 볼 스크류의 피치와 리드를 파악해야 서보 모터 1회전당 이동거리를 파악할 수 있다.

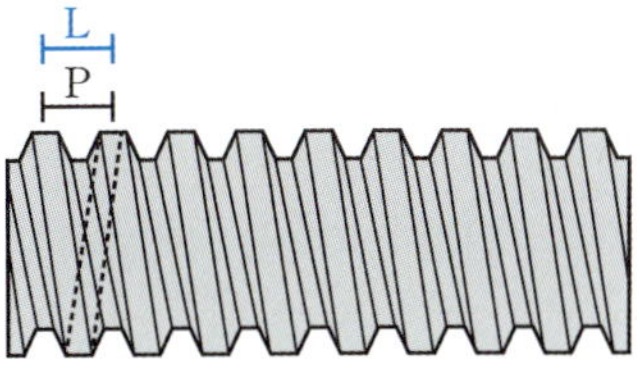

(a) 한 줄 나사

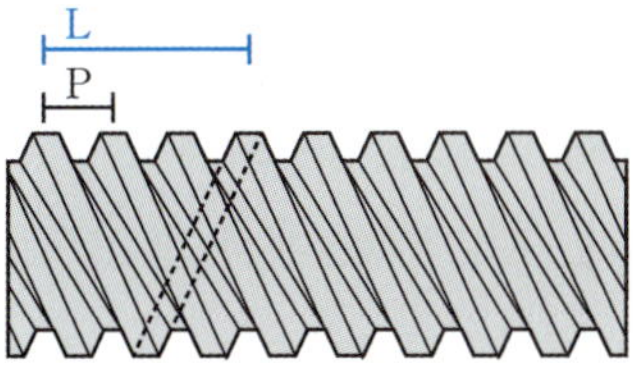

(b) 세 줄 나사

[그림 6-17] 볼 스크류의 피치와 리드

1 볼 스크류를 사용한 경우 전자 기어비 계산 방법

서보 모터를 이용해서 위치를 제어할 때 [μm] 단위로 이동거리를 설정하면, QD77MS는 설정된 [μm] 단위의 이동거리를 전자 기어비를 통해 펄스의 개수로 변환하여 서보 앰프에 전달한다. [표 6-9]처럼 서보 모터와 볼 스크류가 직결되어 있고, 볼 스크류 리드가

4mm일 때, 전자 기어비가 어떻게 작용하는지 살펴보자. 서보 앰프에서는 서보 모터에 연결된 엔코더에 4,194,304개의 펄스가 입력됐을 때 서보 모터 1회전으로 판단한다.

[표 6-9] **전자 기어비의 설정이 필요한 이유**

작업 과정과 작업 내용

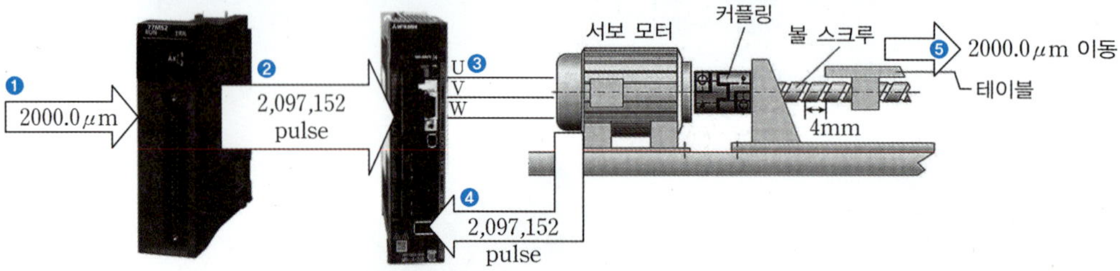

전자 기어비는 사람이 인지하는 이동거리(단위 : mm)와 서보 앰프가 인지하는 서보 모터의 회전량(단위 : pulse)의 비율을 맞추는 역할을 한다.

❶ PLC CPU에서 QD77MS로 서보 모터를 회전시켜 볼 스크류에 체결된 테이블을 2mm 이동시키라는 지령을 내린다.
❷ 볼 스크류가 회전하여 2mm 이동하기 위해서는 서보 모터가 볼 스크류의 1/2회전에 해당하는 180°를 회전해야 한다. QD77MS에서는 서보 모터 1회전당 4,194,304개의 펄스가 필요함을 알기 때문에 4,194,304÷2=2,097,152에 해당되는 펄스의 개수를 서보 앰프에 전달한다.
❸ 서보 모터 회전 지령을 받은 서보 앰프는 전력 변환 장치를 통해 서보 모터에 전원을 공급하고 모터를 회전시킨다.
❹ 서보 앰프에서는 서보 모터 회전에 의해 만들어지는 엔코더의 펄스가 2,097,152개 입력될 때까지 서보 모터를 회전시킨다.
❺ 엔코더의 펄스가 2,097,152개가 되면, 볼 스크류에 연결된 테이블이 2mm 이동한다.

기본 파라미터1의 'Pr.2 1회전당 펄스 수', 'Pr.3 1회전당 이동거리'를 설정하기 위한 전자 기어비 공식은 다음과 같다.

$$\text{지령 단위}[\mu m] \times \underbrace{\frac{\text{모터 1회전당 엔코더 펄스 수}}{\text{모터 1회전당 이동 거리}[\mu m]}}_{\text{전자 기어}} = \text{지령 단위에 비례한 펄스 개수}$$

SSCNET 통신으로 QD77MS에서 서보 앰프로 이동거리에 필요한 펄스 수를 전달했을 때, 서보 앰프에서는 어떤 방식으로 위치 제어 동작을 하는지 살펴보자. 서보 앰프 내부에는, 서보 모터가 회전할 때 발생하는 엔코더의 펄스 수를 카운트한 결과값을 저장하는 CV[Current Value]라는 메모리와, QD77MS에서 통신으로 전달받는 위치 지령을 저장하는 PV[Preset Value]라는 메모리가 있다.

[그림 6-18]처럼 QD77MS를 사용해서 기계 원점을 확립한 후에 ❶ → ❷ → ❸ → ❹의 위치 순서로 서보 모터를 회전시켜 위치를 이동한다고 할 때, CV와 PV가 어떤 방식으로 동작하여 위치 이동을 하는지 살펴보자.

기계 원점이 결정되면 CV와 PV의 값은 다음과 같다.

$$\text{CV : } 0.0\mu m, \qquad \text{PV : } 0.0\mu m$$

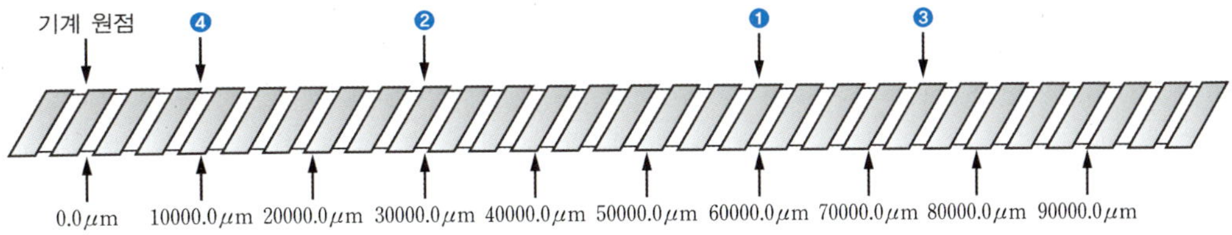

[그림 6-18] 볼 스크류 이동 거리

- **❶번 위치(60mm)로 이동 지령이 떨어질 때**

전자 기어비에 의해 PV 값은 62,914,560으로 설정된다. 볼 스크류 리드가 4mm이기 때문에 60mm를 이동하기 위해서는 60÷4=15로 서보 모터가 15회전해야 한다. 서보 모터 1회전당 4,194,304pulse이므로, 15회전은 4,294,304×15=62,914,560 pulse이다.

$$60000.0\mu\text{m} \times \frac{4,194,304\,\text{pulse}}{4000\mu\text{m}} = 62,914,560\,\text{pulse}$$

따라서 CV : 0, PV : 62,914,560으로 설정된다. CV<PV이기 때문에 서보 모터는 위치 값이 증가하는 방향으로 회전한다. 서보 모터가 회전하면 CV 값이 증가하는데, PV 값과 비교하여 CV=PV가 되는 곳이 서보 모터가 정지해야 할 위치이다. 따라서 CV와 PV 값의 차이를 비교하면서 가감속 속도를 결정한다.

- **❷번 위치(30mm)로 이동 지령이 떨어질 때**

현재 CV는 ❶번 위치에 해당되는 펄스 값 62,914,560을 가지고 있고, PV는 전자 기어비에 의해 31,457,280으로 설정된다. 따라서 CV>PV가 되어 서보 모터는 역회전해야 함을 확인한다. 서보 모터가 회전해서 발생되는 펄스 신호에 따라 CV 값이 감소하고, 이를 PV 값과 비교하여 설정한 위치를 찾아간다.

$$30000.0\mu\text{m} \times \frac{4,194,304\,\text{pulse}}{4000\mu\text{m}} = 31,457,280\,\text{pulse}$$

- **❸번 위치(75mm)로 이동 지령이 떨어질 때**

현재 CV는 ❷번 위치에 해당되는 펄스 값 31,457,280을 가지고 있고, PV는 전자 기어에 의해 78,643,200으로 설정된다. 따라서 CV<PV가 되어 서보 모터는 정회전하고, 서보 모터가 회전해서 발생되는 펄스 신호에 따라서 CV 값이 증가한다. 이를 PV 값과 비교하여 설정한 위치를 찾아간다.

$$75000.0\mu\text{m} \times \frac{4,194,304\,\text{pulse}}{4000\mu\text{m}} = 78,643,200\,\text{pulse}$$

2 기계 장치에 따른 전자 기어비 계산 방법

앞에서는 볼 스크류를 사용한 경우의 전자 기어비 구하는 방법에 대해 살펴보았다. 서보 모터를 이용해 구동하는 기계 장치는 다양한 구동 방법을 가지고 있기 때문에 기계 장치의 구조에 따라서도 전자 기어비를 구하는 방식이 달라진다.

[표 6-10] 기계 장치에 따른 전자 기어비 계산 방법

전자 기어비 설정 방법	기구물 구조
볼 스크류(수평 이동)를 이용한 경우의 전자 기어비 설정 감속기 비율(NL/NM)이 1/3(서보 모터 3회전일 때 볼 스크류는 1회전)인 경우에 전자 기어비는 다음과 같다. $\frac{\text{볼 스크류 1회전당 필요 펄스 수}}{\text{볼 스크류 1회전당 이동량}} = \frac{4,194,304 \times 3}{4000.0} = \frac{12,582,912\text{pulse}}{4000.0\mu m}$ 분모 4000.0을 40000으로 볼 때 분모와 분자의 최대공약수는 64이다. 두 값을 64로 나누면 최적의 전자 기어비를 구할 수 있다. $\frac{196,608\text{pulse}}{62.5\mu m}$	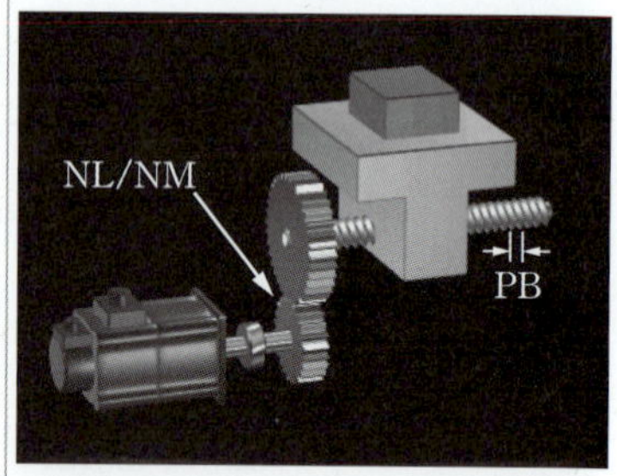
볼 스크류(수직 이동)를 이용한 경우의 전자 기어비 설정 감속기 비율(NL/NM)이 3/5(서보 모터 5회전일 때 볼 스크류는 3회전)인 경우에 전자 기어비는 다음과 같다. $\frac{\text{볼 스크류 1회전당 필요 펄스 수}}{\text{볼 스크류 1회전당 이동량}} = \frac{4,194,304 \times 5}{4000.0 \times 3} = \frac{20,971,520\text{pulse}}{12000.0\mu m}$ 분모 12000.0을 120000으로 볼 때 분모와 분자의 최대공약수는 320이다. 두 값을 320으로 나누면 최적의 전자 기어비를 구할 수 있다. $\frac{65536\text{pulse}}{37.5\mu m}$	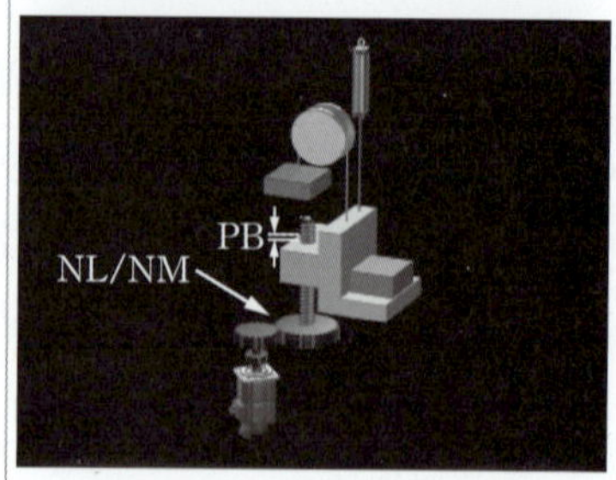
피니언(PINION)과 랙크(RACK)를 이용한 경우의 전자 기어비 설정 피니언 기어의 이동거리를 구하는 방법 ① 1회전당 이동거리 : 모듈 × 잇수 × π 모듈(M) = 피치 ÷ π ② 1회전당 이동거리 : 피치 원지름 × π 피니언 기어의 규격이 우측 그림과 같을 때 1회전 이동거리는 다음과 같다. ① $1.5915 \times 20 \times \pi = 99996.9\mu m$ ② $31.83 \times \pi = 99996.9\mu m$ 피니언 기어의 DP(피치원 지름)가 31.83mm이면 1회전 이동량이 99,996.9um이다. NL/NM이 3/5일 때의 전자 기어비는 다음과 같다. $\frac{\text{피니언 1회전당 필요 펄스 수}}{\text{피니언 1회전당 이동량}} = \frac{4,194,304 \times 5}{99,996.9 \times 3} = \frac{20,971,520\text{pulse}}{299,990.7\mu m}$ 분모 300000.0을 3000000으로 볼 때 분모와 분자의 최대공약수는 1이다. 따라서 최적의 전자 기어비는 다음과 같다. $\frac{20,971,520\text{pulse}}{299,990.7\text{um}}$	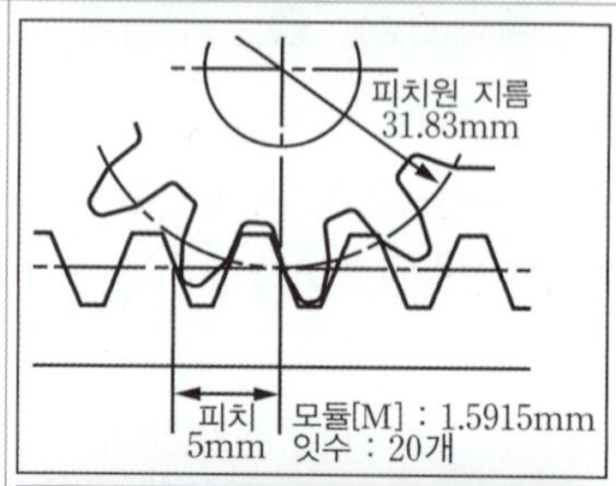 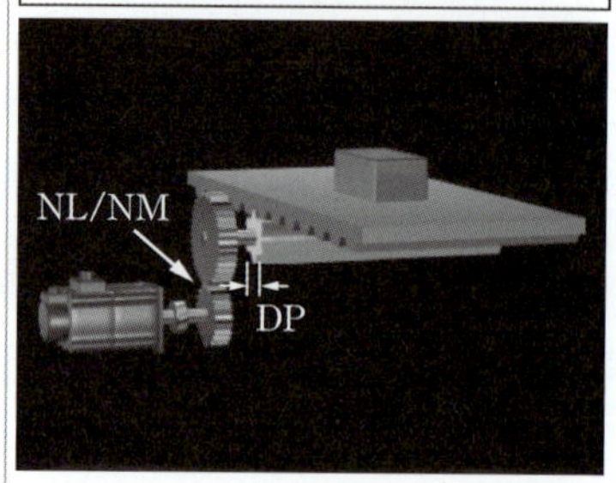

(계속)

롤러를 이용한 경우의 전자 기어비 설정

롤러는 1회전 이동량은 원의 둘레 공식 'π×지름'으로 구한다.
NL/NM이 3/5이고 지름이 20mm일 때 전자 기어비는 다음과 같다.

$$\frac{\text{롤러 1회전당 필요 펄스 수}}{\text{롤러 1회전당 이동량}} = \frac{4,194,304\times5}{\pi\times20000.0\times3} = \frac{20,971,520\,\text{pulse}}{188495.6\mu\text{m}}$$

분모 188495.6을 1884956으로 볼 때 분모와 분자의 최대공약수는 40이다. 두 값을 4로 나누면 최적의 전자 기어비는 다음과 같다.

$$\frac{5,242,880\,\text{pulse}}{47123.9\mu\text{m}}$$

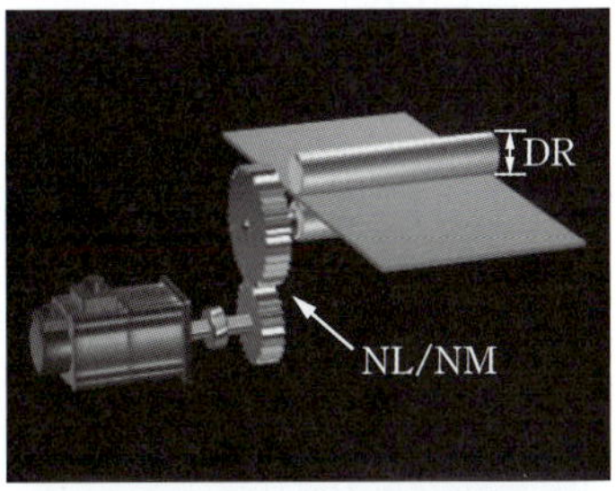

카트(cart)를 이용한 경우의 전자 기어비 설정

소형 폴리 톱니수가 10이고 대형 폴리 톱니수가 25이면 NL/NM은 1/2.5가 된다. 이때 카트의 바퀴 지름이 100mm이면 다음 식이 성립한다.

$$\frac{\text{카트 바퀴 1회전당 필요 펄스 수}}{\text{카트 바퀴 1회전당 이동량}} = \frac{4,194,304\times2.5}{\pi\times100000.0} = \frac{10,485,760\,\text{pulse}}{314,159.3\mu\text{m}}$$

두 값의 최대공약수가 1이기 때문에 전자 기어비는 다음과 같다.

$$\frac{10,485,760\,\text{pulse}}{314,159.3\mu\text{m}}$$

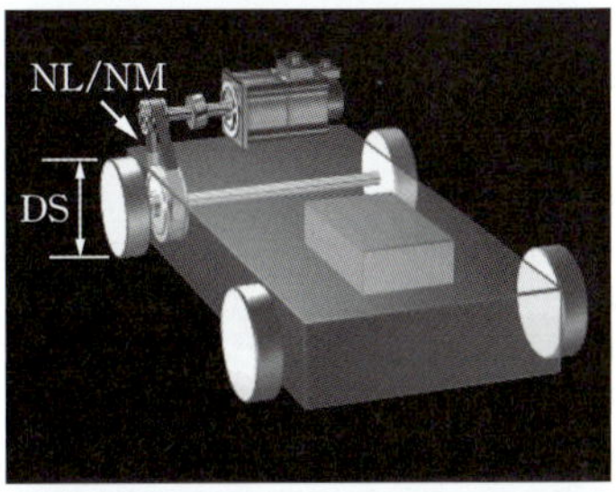

롤러로 수직 이동하는 경우의 전자 기어비 설정

롤러의 1회전 이동량은 원의 둘레 공식 'π×지름'으로 구한다.
NL/NM이 3/5이고 지름이 100mm일 때 전자 기어비는 다음과 같다.

$$\frac{\text{롤러 1회전당 필요 펄스 수}}{\text{롤러 1회전당 이동량}} = \frac{4,194,304\times5}{\pi\times100000.0\times3} = \frac{20,971,520\,\text{pulse}}{942477.8\mu\text{m}}$$

분모와 분자의 최대공약수가 2이기 때문에 전자 기어비는 다음과 같다.

$$\frac{10,485,760\,\text{pulse}}{471,238.9\mu\text{m}}$$

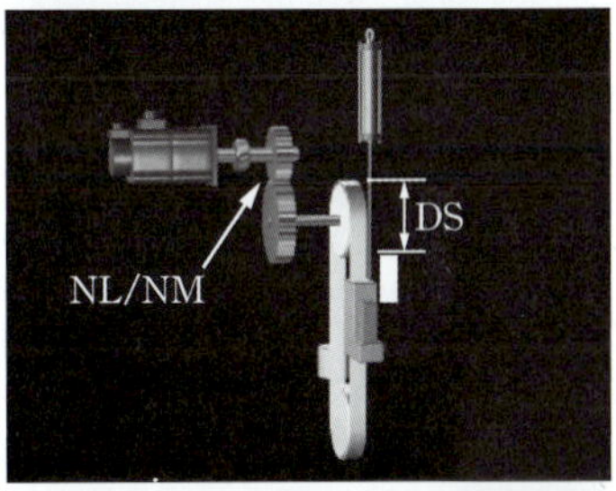

컨베이어 벨트로 수평 이동하는 경우의 전자 기어비 설정

롤러는 1회전 이동량은 원의 둘레공식 'π×지름'으로 구한다.
NL/NM이 3/5이고 지름이 100mm일 때 전자 기어비는 다음과 같다.

$$\frac{\text{롤러 1회전당 필요 펄스 수}}{\text{롤러 1회전당 이동량}} = \frac{4,194,304\times5}{\pi\times100000.0\times3} = \frac{20,971,520\,\text{pulse}}{942477.8\mu\text{m}}$$

분모와 분자의 최대공약수가 2이기 때문에 전자 기어비는 다음과 같다.

$$\frac{10,485,760\,\text{pulse}}{471,238.9\mu\text{m}}$$

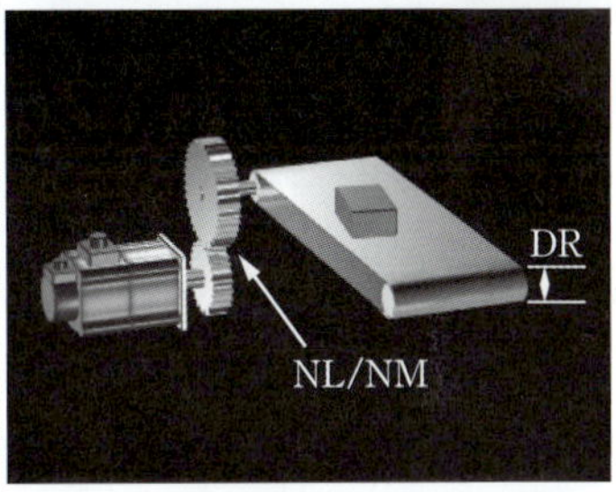

회전 테이블(턴테이블)을 이용한 각도 제어의 전자 기어비 설정

회전 테이블은 각도를 제어하기 때문에 단위를 펄스로 설정한다. NL/NM이 3/5이고 360°를 360,000펄스 단위로 사용할 때 다음 식이 성립한다.

$$\frac{\text{회전테이블 1회전당 필요 펄스 수}}{\text{회전테이블 1회전당 지령 펄스 수}}$$

$$= \frac{4,194,304\times5}{360000\,\text{pulse}\times3} = \frac{20,971,520\,\text{pulse}}{1,080,000\,\text{pulse}}$$

분모와 분자의 최대공약수가 320이기 때문에 전자 기어비는 다음과 같다.

$$\frac{65536\,\text{pulse}}{3375\,\text{pulse}}$$

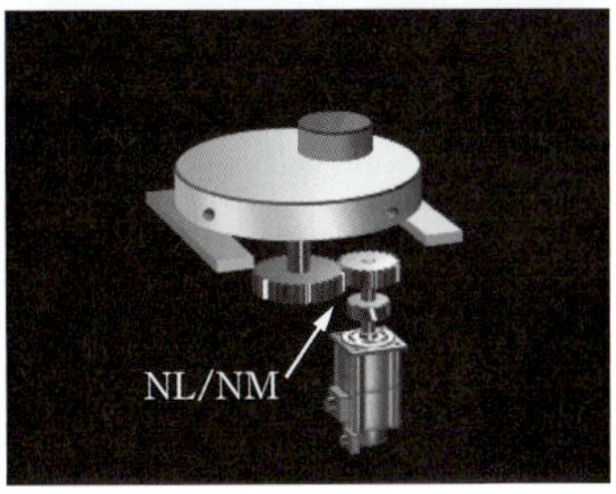

■ 기본 파라미터 설정

MELSOFT Simple Motion Module Setting Tool 프로그램에서 기본 파라미터1을 설정하는 방법을 살펴보자.

[표 6-11] 기본 파라미터 설정 방법

작업 화면과 작업 내용
기본 파라미터1 설정하기

이 책의 실습에서 사용하는 기계 시스템은 리드가 4mm인 한줄 나사 볼 스크류를 사용하고, 서보 모터가 볼 스크류에 직결되어 있는 구조이다.

❶ [Pr.1]의 단위 설정 항목을 클릭해서 나타나는 끝부분의 사각 버튼을 클릭한다.
❷ [Machine Configuration]에서 사용자가 사용하는 기계 시스템의 구조를 선택한다.
❸ [Unit Setting] 항목에서 단위를 선택한다.
❹ [Lead of Ball Screw]에서 모터축에 연결된 볼 스크류의 리드 길이를 설정한다.
❺ 서보 모터와 제어축 사이에 감속기가 위치한다면 [Reduction Ratio]에서 감속 비율을 설정한다.
❻ [Encoder Resolution]에서 사용하는 서보 모터의 1회전당 만들어지는 엔코더 펄스 수를 설정한다.
❼ [Compute Basic Parameters 1] 버튼을 클릭한다.
❽ [Caculation Result]에서 자동으로 계산된 [Basic Parameters1] 부분을 확인해서 사용자가 계산한 내용과 자동으로 계산된 내용이 일치하는지 확인하다.
❾ [OK] 버튼을 클릭한다.

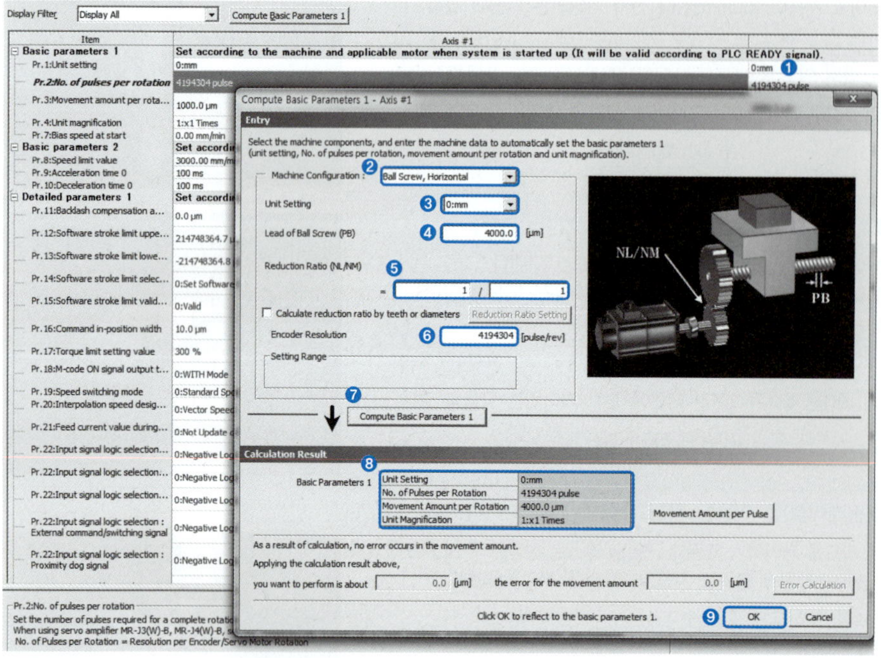

■ 기본 파라미터1 설정 내역

기본 파라미터1은 [표 6-10]에서 살펴본 것처럼 기계장치의 구성에 따른 전자 기어비를 설정하는 부분이다.

Basic parameters 1	Set according to the machine and applicable motor when system is started up
Pr.1:Unit setting	0:mm
Pr.2:No. of pulses per rotation	4194304 pulse
Pr.3:Movement amount per rota...	4000.0 μm
Pr.4:Unit magnification	1:x1 Times
Pr.7:Bias speed at start	0.00 mm/min

[그림 6-19] 기본 파라미터1 설정

■ 기본 파라미터2 설정 내역

기본 파라미터2는 최고 속도와 가감속 시간을 설정하는 부분이다. 서보 모터는 분당 3000rpm으로 회전할 수 있다. 이때 서보 모터에 연결된 볼 스크류의 리드가 4mm이면, 서보 모터 1회전당 4mm를 이동할 수 있기 때문에 3000rpm×4mm=12000mm/min의 속도로 움직일 수 있다. 가속과 감속 시간은 100ms로 설정한다.

Basic parameters 2	Set according to the machine and applicable motor when system is started up.
Pr.8:Speed limit value	12000.00 mm/min
Pr.9:Acceleration time 0	100 ms
Pr.10:Deceleration time 0	100 ms

[그림 6-20] 기본 파라미터2 설정

상세 파라미터1 설정

상세 파라미터1에서는 [Pr.80 : External signal selection]에서 상한, 하한, 근점의 센서 입력이 어디로 연결되는지를 설정한다. 실습에서는 이 센서들이 QD77MS의 커넥터에 연결되어 있기 때문에 초기 설정값 [0 : Use External Input Signal of QD77MS]를 사용한다. [Pr.82 : Forced stop Valid/invalid selection]은 외부 비상 정지 신호의 사용 유무를 선택하는 파라미터로, 실습에서는 해당 신호를 사용하지 않기 때문에 설정값은 [1 : Invalid]로 한다. 나머지 파라미터는 초기 설정값을 변경하지 않고 그대로 사용한다.

Detailed parameters 1	Set according to the system configuration when the system is started up.
Pr.11:Backlash compensation a...	0.0 µm
Pr.12:Software stroke limit uppe...	214748364.7 µm
Pr.13:Software stroke limit lowe...	-214748364.8 µm
Pr.14:Software stroke limit selec...	0:Set Software Stroke Limit to Feed Current Value
Pr.15:Software stroke limit valid...	0:Valid
Pr.16:Command in-position width	10.0 µm
Pr.17:Torque limit setting value	300 %
Pr.18:M-code ON signal output t...	0:WITH Mode
Pr.19:Speed switching mode	0:Standard Speed Switching Mode
Pr.20:Interpolation speed desig...	0:Vector Speed
Pr.21:Feed current value during...	0:Not Update of Feed Current Value
Pr.22:Input signal logic selection...	0:Negative Logic
Pr.22:Input signal logic selection...	0:Negative Logic
Pr.22:Input signal logic selection...	0:Negative Logic
Pr.22:Input signal logic selection...	0:Negative Logic
Pr.22:Input signal logic selection...	0:Negative Logic
Pr.22:Input signal logic selection...	0:Negative Logic
Pr.80:External signal selection	0:Use External Input Signal of QD77MS
Pr.24:Manual pulse generator/I...	0:A-phase/B-phase Mode (4 Multiply)
Pr.81:Speed-position function s...	0:Speed-position Switching Control (INC Mode)
Pr.82:Forced stop valid/invalid s...	1:Invalid

[그림 6-21] 상세 파라미터1 설정

상세 파라미터2 설정

상세 파라미터2는 가감속시간과 JOG 운전 속도를 설정하는 파라미터로 구성되어 있다. 가감속시간은 200, 300, 400ms 순으로 각각 입력하고, JOG 운전의 최고 속도는 10000.00mm/min으로 설정한다.

Detailed parameters 2	Set according to the system configuration when the system is started up
Pr.25:Acceleration time 1	200 ms
Pr.26:Acceleration time 2	300 ms
Pr.27:Acceleration time 3	400 ms
Pr.28:Deceleration time 1	200 ms
Pr.29:Deceleration time 2	300 ms
Pr.30:Deceleration time 3	400 ms
Pr.31:JOG speed limit value	10000.00 mm/min
Pr.32:JOG operation acceleratio...	0:100
Pr.33:JOG operation deceleratio...	0:100
Pr.34:Acceleration/deceleration ...	0:Trapezoidal Acceleration/Deceleration Process
Pr.35:S-curve ratio	100 %
Pr.36:Rapid stop deceleration time	1000 ms
Pr.37:Stop group 1 rapid stop s...	0:Normal Deceleration Stop
Pr.38:Stop group 2 rapid stop s...	0:Normal Deceleration Stop
Pr.39:Stop group 3 rapid stop s...	0:Normal Deceleration Stop
Pr.40:Positioning complete signa...	300 ms
Pr.41:Allowable circular inte...	10.0 µm
Pr.42:External command functio...	0:External Positioning Start
Pr.83:Speed control 10x multipli...	0:Invalid
Pr.84:Restart permissible value ...	0 pulse
Pr.89:Manual pulse generator/I...	1:Voltage Output/Open Collector Type
Pr.90:Operation setting for SPD...	0:Command Torque
Pr.90:Operation setting for SPD...	0:Command Speed
Pr.90:Operation setting for SPD...	0:Switching Conditions Valid at Mode Switching

[그림 6-22] 상세 파라미터2 설정

원점복귀 기본 파라미터 설정

원점복귀를 위한 파라미터 설정은 [그림 6-23]과 같다. 여기서 주의해야 할 항목은 원점복귀 방향 설정이다.

HPR basic parameters	Set the values required for carrying out HPR control (Valid when the PLC READY signals ON).
Pr.43:HPR method	0:Proximity Dog Method
Pr.44:HPR direction	1:Reverse Direction (Address Decrease Direction)
Pr.45:HP address	0.0 µm
Pr.46:HPR speed	3000.00 mm/min
Pr.47:Creep speed	500.00 mm/min
Pr.48:HPR retry	1:Retry HPR with Limit Switch

[그림 6-23] 원점복귀 기본 파라미터 설정

서보 모터의 회전 방향은 위치값이 증가하는 방향과 위치값이 감소하는 방향으로 구분된다. 서보 모터의 축을 정면으로 바라보았을 때, 반시계방향으로 회전하는 방향이 위치값이 증가하는 방향이다. 따라서 기계 장치에 연결된 서보 모터의 회전축을 반시계방향으로 회전시켰을 때, 원점복귀 방향의 반대편으로 볼 스크류에 의해 이송테이블(워크)이 움직이는지를 확인해보기 바란다.

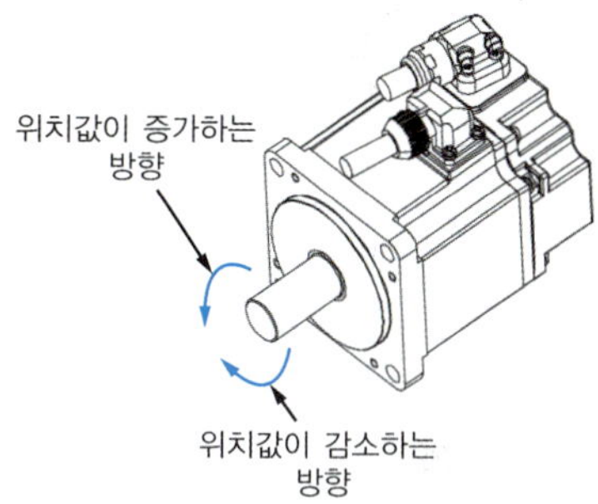

[그림 6-24] 모터의 회전 방향

[표 6-12] 서보 모터 회전 방향과 원점복귀 방향의 판별 방법

설명	동작
오른쪽 그림과 같이 서보 모터가 볼 스크류에 직결된 구조를 가진 기구물에서 서보 모터가 위치한 방향이 위치값이 감소하는 방향이고, 반대 방향이 위치값이 증가하는 방향이다. 서보 모터를 반시계방향으로 회전시키면 이송테이블이 서보 모터가 위치한 방향으로 이동하고, 서보 모터의 축을 시계방향으로 회전시키면 이송테이블이 서보 모터가 위치한 반대 방향으로 이동할 때, 모터의 회전 방향과 기구물의 이동 방향이 반대로 된 것이다. 이런 경우에는 QD77MS의 파라미터에서 서보 모터의 회전 방향을 반대로 설정해야 한다.	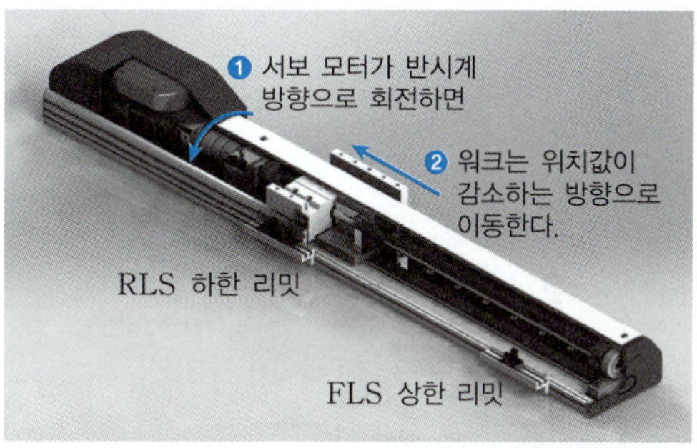 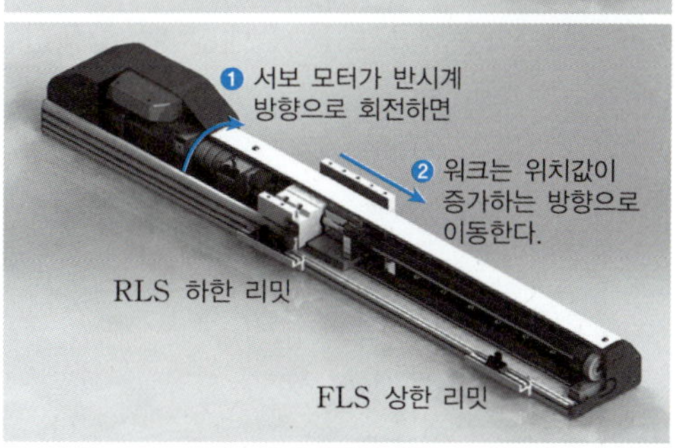

(계속)

QD77MS의 파라미터에서 서보 모터의 회전 방향을 반대로 설정하면, 서보 모터가 시계방향으로 회전할 때 위치값이 증가하는 형태로 동작하고, 원점복귀 방향은 위치값이 감소하는 방향으로 이동하기 때문에 서보 모터의 위치값이 증가하는 방향의 반대인 Reverse Direction(Address Decrease Direction)이 된다.

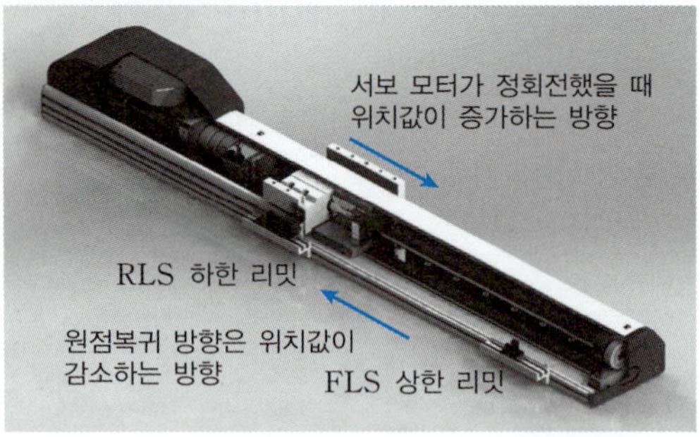

6.2.3 서보 앰프 파라미터

이 책의 실습에 사용하는 서보 앰프 MR-J4-B는 SSCNETⅢ/H 타입의 광통신을 사용하므로, 상위 제어기의 QD77MS 심플 모션 컨트롤러에서 파라미터를 설정하고 통신을 통해서 서보 앰프로 파라미터를 전송하는 방식을 사용한다. 서보 앰프에는 다양한 종류의 파라미터 항목들이 존재하지만, 모든 파라미터 항목을 설정하는 것이 아니라 필요한 부분의 파라미터 항목의 설정값만을 변경한다. 이 책에서도 실습에 필요한 파라미터 항목만을 살펴보도록 한다.

기본 설정 파라미터

기본 설정 파라미터는 서보 앰프를 사용할 때 기본으로 설정해야 할 파라미터로, 해당 파라미터는 4자리의 16진수 값을 설정할 수 있다. 각각의 16진수 자리마다 고유의 기능이 부여되어 있으므로, 해당 기능의 숫자를 설정한다.

■ PA01 : 운전 모드 선택 파라미터

서보 앰프의 운전 모드를 선택할 때 사용하는 파라미터이다. J4 서보 앰프에는 회전형 서보 모터와 리니어linear 서보 모터, DDDirect Drive 모터 등을 연결할 수 있다.

(a) 회전형 서보 모터 (b) 리니어 서보 모터 (c) DD 서보 모터

[그림 6-25] 서보 앰프에 연결 가능한 서보 모터의 종류

DD 모터는 축 부분이 회전하는 기계 장치에 적용하면 기계 구조 장치의 간소화 및 소형화를 이룰 수 있기 때문에 최근에 많이 사용되고 있다.

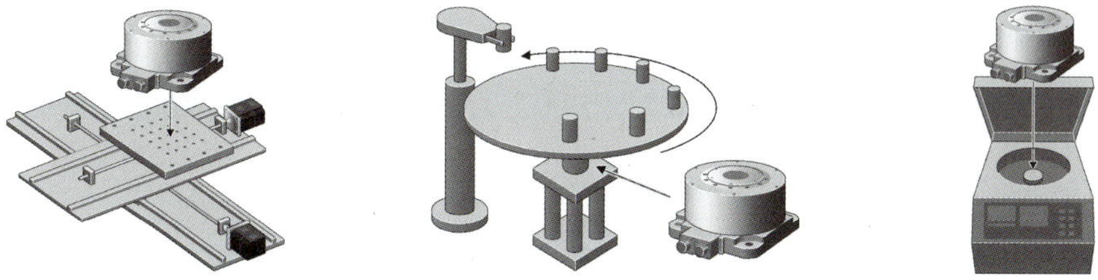

(a) X-Y 테이블의 θ축 (b) 인덱스 테이블 (c) 스핀식 세정 장치

[그림 6-26] DD 모터의 활용 사례

서보 앰프에 연결되는 모터의 종류는 PA01 파라미터 설정값을 통해 지정한다. J4는 J3 타입으로 변경해서 사용할 수 있다. QD77MS에 J4와 J3 앰프를 혼용해서 사용할 경우, PA01 파라미터의 설정을 통해서 J4 서보 앰프를 J3 타입의 호환 모드로 변경하여 사용한다.

[표 6-13]에서 [표 6-16]까지의 설정 위치(X)는 숫자 4자리로 구성된 설정값으로, 각각의 자리마다 고유한 설정 조건이 있다. 이때 X 표시는 해당 설정 위치를 나타낸다.

[표 6-13] PA01 파라미터 설정 내용

설정 위치(X)	설명	초깃값
_ _ _ X	메이커 설정용	0
_ _ X _	운전 모드 선택 • 0 : 표준 제어 모드 • 1 : 풀 클로즈 제어 모드 • 4 : 리니어 서보 모터 제어 모드 • 6 : DD 모터 제어 모드 상기 이외의 값을 설정하면 "AL37 : 파라미터 이상" 알람이 발생한다.	0
_ X _ _	메이커 설정용	0
X _ _ _	호환 모드 선택 • 0 : J3 호환 모드 • 1 : J4 모드	1

■ PA03 : 절대 위치 검출 시스템

이 파라미터는 절대 위치 검출 시스템을 사용할 때 설정하는 파라미터로, 속도 제어 모드 및 토크 제어 모드에서는 사용할 수 없다. 서보 모터에 연결된 엔코더는 서보 모터의 회전량을 엔코더 장치에 있는 회전 누적 카운터 메모리에 보존하면서 그 값을 서보 앰프로 전송한다. 회전 누적 카운터의 메모리에 저장된 현재 위치를 서보 앰프의 전원에 관계없이 보존할 수 있다면, 기계 장치의 전원이 OFF/ON될 때마다 기계 장치의 원점을 확립하는 동작을 하지 않아도 된다. 절대 위치 검출 시스템 선택을 '유효'로 하면 배터리 백업에 의해 서보 모터의 누적 카운터 값을 보관한다.

[표 6-14] PA03 파라미터 설정 내용

설정 위치(X)	설명	초깃값
_ _ _ X	절대 위치 검출 시스템 선택 • 0 : 무효(인크리멘털 시스템으로 사용한다.) • 1 : 유효(절대 위치 검출 시스템으로 사용한다.)	0
_ _ X _	메이커 설정용	0
_ X _ _		
X _ _ _		

■ PA04 : 기능 선택 A-1

이 파라미터는 서보 앰프의 동작을 외부 입력 신호를 이용하여 강제 정지시킬 때 사용한다. 강제 정지 입력 및 강제 정지 감속 기능을 선택한다. 강제 정지 입력을 사용하지 않는 경우에는 '무효'로 설정한다.

[표 6-15] PA04 파라미터 설정 내용

설정 위치(X)	설명	초깃값
_ _ _ X	메이커 설정용	0
_ _ X _		
_ X _ _	서보 강제 정지 선택 • 0 : 유효(강제 정지 입력 EM2 또는 EM1을 사용한다.) • 1 : 무효(강제 정지 입력 EM2 또는 EM1을 사용하지 않는다.)	0
X _ _ _	강제 정지 감속 기능 선택 • 0 : 강제 정지 감속 기능 무효(EM1을 사용한다.) • 2 : 강제 정지 감속 기능 유효(EM2를 사용한다.)	2

■ PA14 : 회전 방향 선택/이동 방향 선택

이 파라미터는 서보 모터의 회전 방향 또는 리니어 모터의 이동 방향을 변경할 때 사용한다. 서보 모터는 인버터에 연결되는 일반 유도 전동기와는 다르게 위치를 검출하는 엔코더와 일체형으로 구성되어 있다. 서보 모터의 엔코더는 위치값의 증가 및 감소를 계측할 뿐만 아니라, 모터에 공급되는 3상 전기 U, V, W의 주파수 위상을 확인하는 기능도 함께 가지고 있다. 따라서 서보 모터의 회전 방향을 변경할 때에는 서보 모터의 결선을 변경하지 않고 파라미터 설정으로 변경한다.

[표 6-16]의 모터 그림에서 파라미터 설정값이 0일 때, 모터의 축을 정면에서 바라본 상태에서 모터가 반시계방향(CCW)으로 회전하면 위치값이 증가한다. 만약 1로 설정했다면, 모터가 시계방향(CW)으로 회전할 때 위치값이 증가한다.

[표 6-16] PA14 파라미터 설정 내용

<table>
<tr><th>설정 위치(X)</th><th colspan="2">설명</th><th>초깃값</th></tr>
<tr><td>_ _ _ X</td><td>• 0 : CCW가 위치값 증가
• 1 : CW가 위치값 증가</td><td rowspan="4">0을 설정했을 때 회전 방향
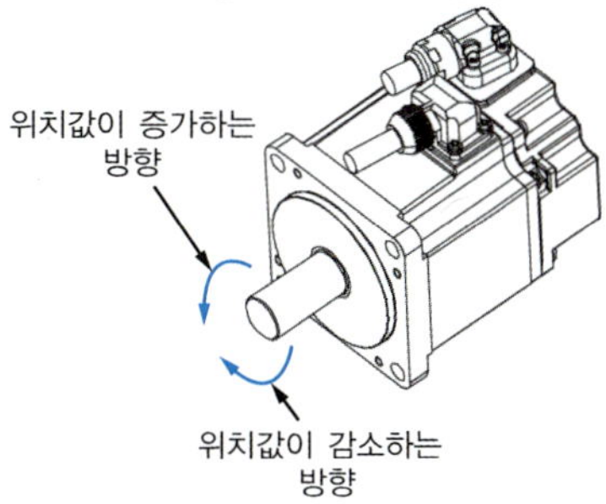
</td><td>0</td></tr>
<tr><td>_ _ X _</td><td rowspan="3">메이커 설정용</td><td rowspan="3">0</td></tr>
<tr><td>_ X _ _</td></tr>
<tr><td>X _ _ _</td></tr>
</table>

서보 앰프 파라미터 설정

QD77MS는 내부 메모리에 서보 앰프의 파라미터를 갖고 있다가, 서보 앰프와 통신이 연결되면 서보 앰프로 관련 파라미터를 전송한다. 서보 앰프의 파라미터에는 수많은 설정 항목이 있지만, 실습에서 설정해야 할 파라미터는 두 가지뿐이다. 즉 [표 6-17]과 같이 서보 앰프의 비상 정지 신호를 사용하지 않겠다는 설정과 서보 모터 회전 방향을 변경하는 설정이다. 해당 파라미터 항목은 PA04, PA14이다.

[표 6-17] 서보 앰프 파라미터 설정 항목

ITEM	Axis#1
PA04 : Function selection A-1	0100
PA14 : Rotation direction selection	0

서보 앰프의 파라미터를 설정하는 방법을 살펴보자.

[표 6-18] 서보 앰프 파라미터 설정 방법

순서	작업 내용	화면 내용
1	**서보 앰프의 파라미터 설정창** 내비게이션의 [System Setting] 폴더를 열어서 [Servo Parameter]를 더블클릭한다. 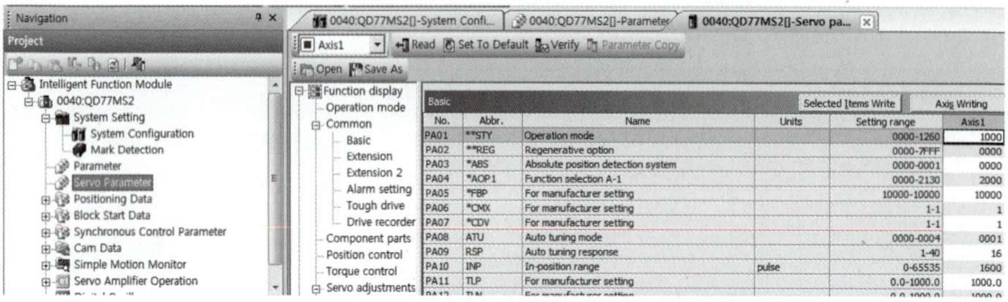	
2	**서보 앰프의 PA04, PA14의 파라미터 설정** 서보 앰프 파라미터 설정창에서 필요에 따라 설정값을 변경한다. 이 책에서는 PA04만 변경한다. 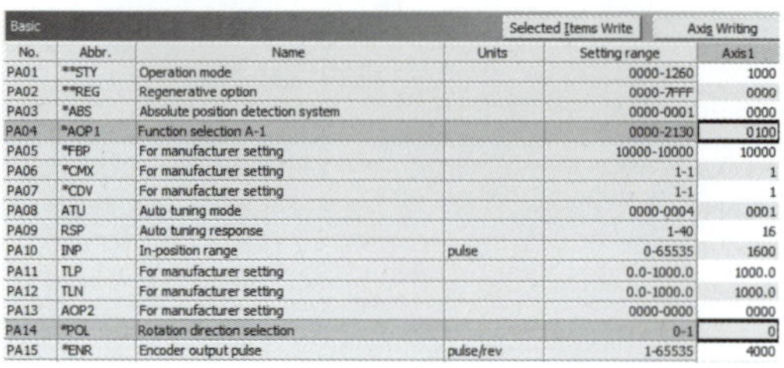	

6.3 QD77MS를 이용한 위치 결정 제어 테스트

6.3.1 QD77MS로 파라미터 전송

GX_Works2를 이용해 실습에 필요한 QD77MS 및 서보 앰프의 파라미터 설정을 마쳤다면, QD77MS로 파라미터를 전송해야 한다. 파라미터를 전송하는 절차를 살펴보자.

[표 6-19] QD77MS로 파라미터 전송 방법

순서	작업 내용	화면 내용
1	**QD77MS에 파라미터 쓰기 메뉴 선택** [Online]을 클릭해서 나타난 메뉴에서 [Write to Module...]을 선택한다.	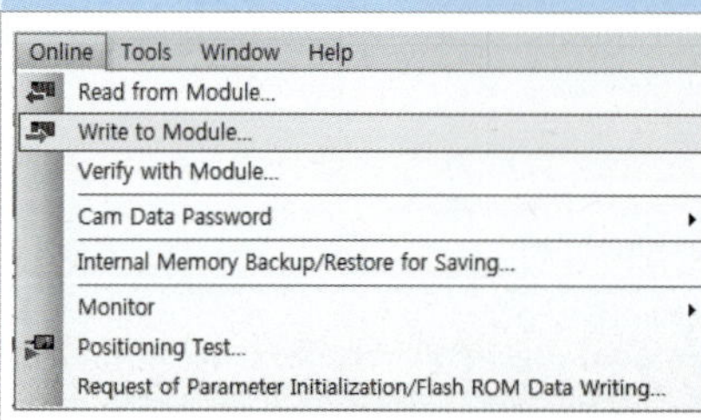

(계속)

2	**QD77MS에 쓰기 할 파라미터 선택** QD77MS는 다양한 종류의 파라미터를 사용하고 있기 때문에 전부를 선택해서 한꺼번에 쓰기를 할 수도 있지만, 가능하면 필요한 파라미터만 선택해서 쓰기 한다. ❶ + 표시된 위치를 마우스 커서로 선택, 클릭하면 전체 파라미터 항목이 나타난다. ❷ [Cancel All Targets] 버튼을 클릭해서 파라미터 전체 선택을 해제한다. ❸ [Valid]의 체크 박스를 선택해서 체크 표시한다. ❹ QD77MS에 쓰기 할 파라미터 항목을 체크 표시한다. ❺ [Execute] 버튼을 클릭해서 쓰기 한다. 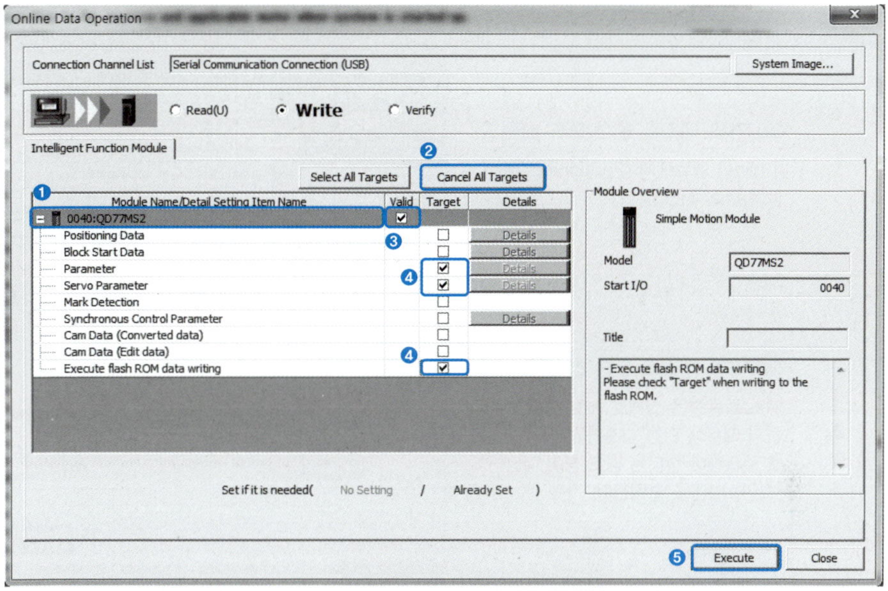
3	**QD77MS의 EEPROM에 쓰기** QD77MS의 파라미터 파일은 RAM과 flash ROM 중 선택해서 쓰기를 할 수 있다. 2번 작업에서 flash ROM에 쓰기를 선택했기 때문에 쓰기를 할 것인지를 묻는 창이 생성된다. ❶ [예(Y)] 버튼을 클릭하면 PLC의 동작 모드를 STOP으로 변경하겠다는 메시지 창이 나타난다. [예(Y)] 버튼을 클릭한다. ❷ 파라미터 쓰기가 끝나면 [Cancel] 버튼이 [Close] 버튼으로 변경된다. 이때 [Close] 버튼을 클릭한다. 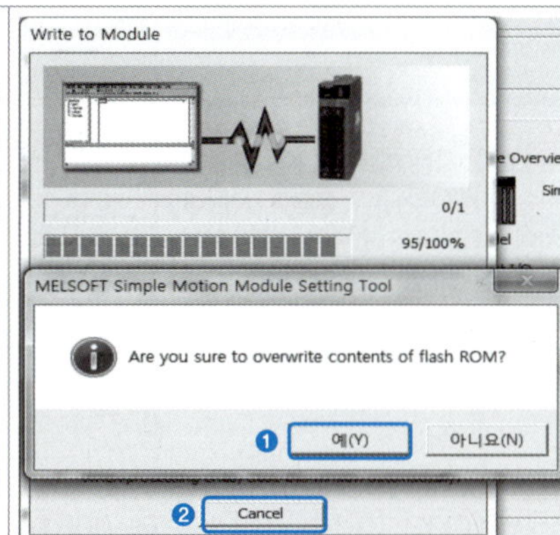

6.3.2 QD77MS의 테스트 운전

QD77MS로 파라미터 전송을 마치면 PLC CPU를 리셋한다. 실습에 사용하는 서보 앰프는, SSCNETⅢ/H 광통신을 통해 상위 제어기인 QD77MS에서 서보 모터를 구동하기 위한 파라미터를 전송받을 수 있도록 설계된 제품이다. 서보 앰프의 파라미터를 변경한 경우에는 PLC CPU를 리셋하여 변경된 파라미터를 서보 앰프로 전송한 후에 사용한다.

QD77MS에 파라미터를 전송한 후, 설정한 파라미터로 서보 모터가 동작하는지를 확인해야 한다. 아직까지 위치 데이터를 설정하지 않았기 때문에 원점복귀와 JOG 운전 등을 테스트할 수 있다. QD77MS에 설정한 파라미터가 정상적으로 동작하는지 테스트 운전을 통해서 확인하는 방법을 살펴보자.

[표 6-20] QD77MS 테스트 운전 방법

순서	작업 내용	화면 내용
1	**QD77MS 테스트 운전 모드 선택** [Online] 메뉴에서 [Positioning Test...] 항목을 선택한다.	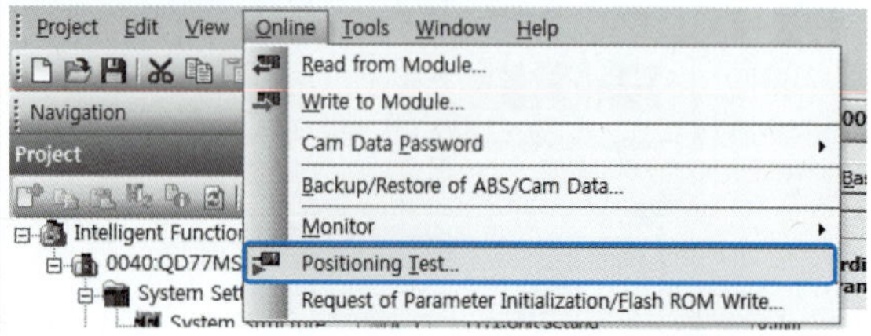
2	**QD77MS 테스트 운전 경고창** 테스트 운전은 실제로 서보 모터가 동작하기 때문에 안전 사고가 발생하지 않도록 주의해야 한다는 경고 창이 나타난다. [확인] 버튼을 클릭한다.	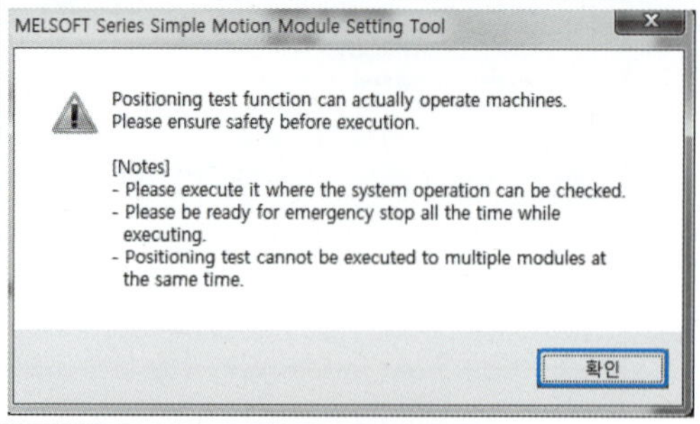
3	**테스트 운전 QD77MS 입출력 번지** 테스트하고자 하는 QD77MS의 모듈을 선택하는 창이 나타난다. 실습에 사용하는 장치에는 QD77MS 모듈이 1개만 장착되어 있기 때문에 별다른 선택 없이 [OK] 버튼을 클릭한다. 여러 개의 QD77MS를 사용하는 경우에는 테스트할 모듈을 선택한 후에 [OK] 버튼을 클릭한다.	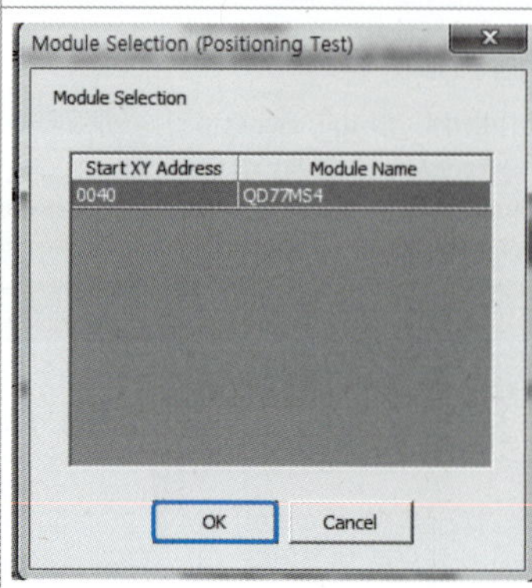
4	**테스트 운전 시 서보 ON** 테스트 운전을 위한 창이 생성된 후에 서보를 ON해야 한다는 알림창이다. [확인] 버튼을 클릭한다.	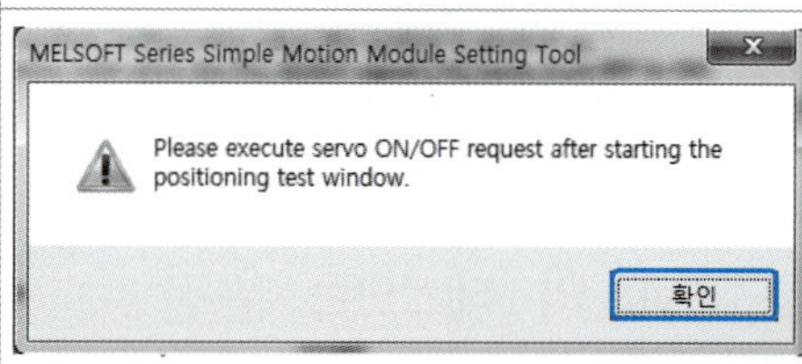
5	**QD77MS의 입력 신호 모니터링 및 JOG 운전** ❶ 외부 입력 신호를 확인한다. 상한(FLS) 센서(Upper limit)와 하한(RLS) 센서(Lower limit)는 평상시 ON 상태이고 동작할 때 OFF가 된다. 그리고 근접 센서인 Proximity Dog Signal은 평상시 OFF 상태이고 동작할 때 ON 상태가 되는지 확인한다. 해당 센서가 동작할 때 동작의 상태가 변경되지 않으면 결선이 잘못되었거나 파라미터 설정이 잘못된 것이다.	

(계속)

❷ [Selsection Function]에서 [JOG Operation]을 선택한다.

❸ [JOG Speed]를 1000mm/min으로 설정한다.

❹ [Servo ON/OFF Request] 버튼을 클릭해서 나타난 창에서 [All Axes Servo ON Request] 버튼을 클릭하면, 서보 모터에서 윙 소리가 나면서 서보 모터에 전원이 공급된다. 이때 손으로 축을 잡고 회전시키면 축이 움직이지 않으려 함을 느낄 수 있다.

❺ 서보가 ON인 상태에서 [Forward]와 [Reverse] 버튼을 누르면, 버튼을 누르는 동안 서보 모터가 회전하면서 스크류에 있는 테이블이 좌우로 이동한다.
[Forward] 버튼을 누르면 테이블이 위치값이 증가하는 방향으로 이동하고, [Reverse] 버튼을 누르면 위치값이 감소하는 방향으로 이동하는지 관찰한다. 만약 잘못된 방향으로 이동한다면 테스트 운전을 종료한 후, 서보 앰프의 파라미터 Pa.14의 설정값을 0이면 1로, 1이면 0으로 변경한다. 그런 다음, 파라미터 쓰기를 한 후에 CPU를 리셋하고 테스트 운전을 통해 정상적으로 동작하는지 확인한다.

❻ JOG 운전을 사용해서 이송테이블을 상한과 하한 센서의 중간에 위치시킨 후에 [HPR] 버튼을 누르면, 이송테이블이 정해진 원점의 위치로 이동한다. 만약 정해진 원점의 위치와 반대로 이동한다면, QD77MS의 파라미터에서 원점복귀 방향 파라미터를 변경한 후에 테스트 운전을 통해서 원점복귀 방향이 맞는지 확인한다. 원점복귀가 완료된 상태에서 다시 [HPR] 버튼을 누르면 이송테이블이 하한 센서(또는 설정 조건에 따라 상한 센서) 방향으로 이동하다가 하한 센서가 동작하면 다시 반대 방향으로 이동한다. 근점 센서를 지나면 원점복귀 동작이 새롭게 시작되면서 다시 원점 위치에 이송테이블이 정지한다. 이 기능이 원점복귀 리트라이 기능이다. 원점복귀 파라미터에서 해당 기능을 사용할 수 있도록 설정해야 이러한 동작이 가능하다. 해당 기능이 설정되어 있지 않은 상태에서 하한 센서가 동작하면 에러가 발생한다.

❼ 테스트 도중에 에러나 경고가 발생하면 해당 문제점을 해결한 후에 [Error/Warning Reset] 버튼을 클릭한다. 그러면 에러 및 경고가 해제된다.

❽ JOG 운전과 원점복귀 운전이 완료되면 [Close] 버튼을 눌러 테스트 운전을 종료한다.

5

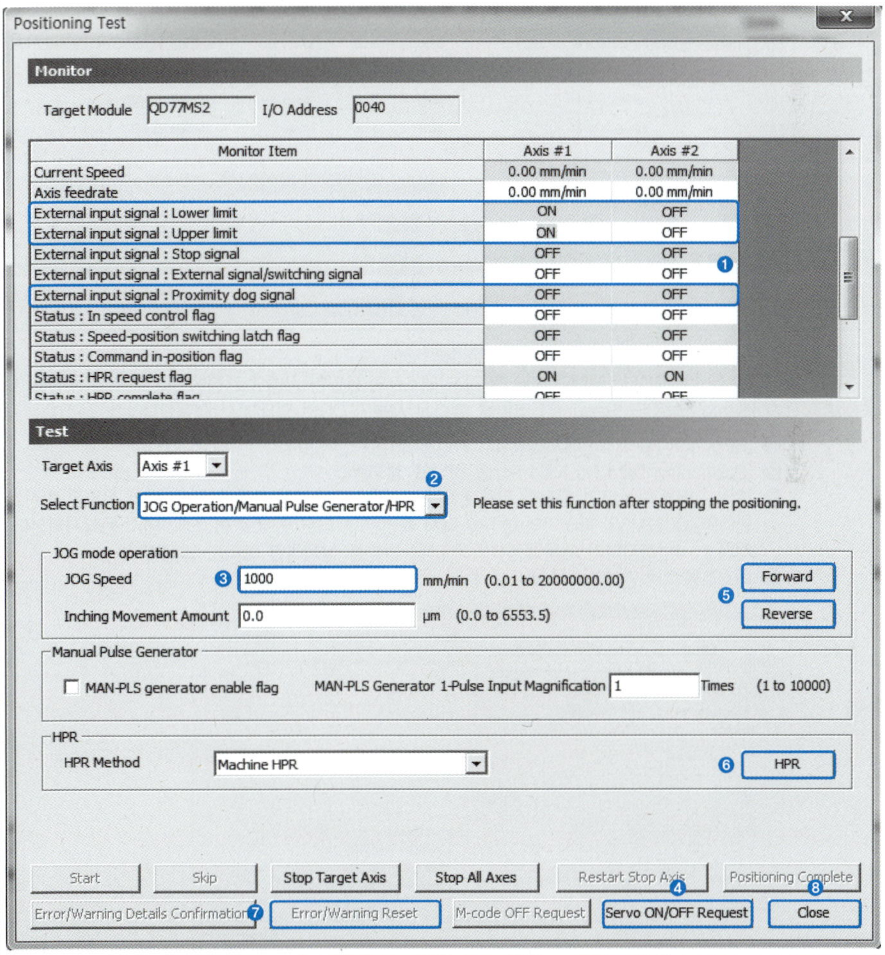

6.3.3 위치 결정 데이터 설정

JOG 운전과 원점복귀 동작을 정상적으로 완료했다면, 위치 결정 데이터 설정에 의해 이송테이블이 정해진 위치로 움직이는지를 테스트해보자.

[표 6-21] **위치 결정 데이터 설정 순서**

<table>
<tr><th>순서</th><th>작업 내용</th><th>화면 내용</th></tr>
<tr><td>1</td><td>위치 결정 데이터 설정 메뉴 선택
내비게이션 창에서 [Positioning Data] 폴더를 열고 [Axis #1 Positioning]을 클릭하면 네비게이션 우측 창에 1번 축의 위치 결정 데이터 설정창이 생성된다.</td><td>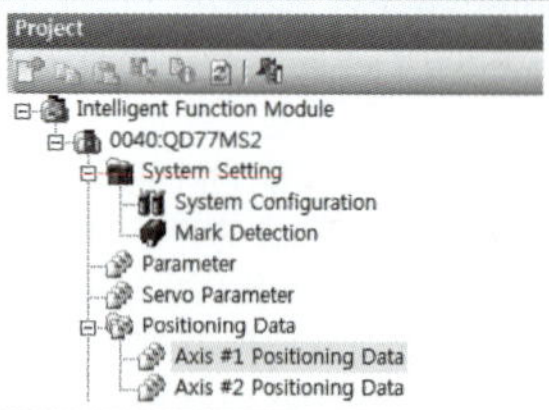
</td></tr>
<tr><td>2</td><td colspan="2">위치 결정 데이터 설정
아래와 같이 위치 결정 데이터를 설정한다. 위치 결정 데이터를 설정할 때 [Positioning address[μm]] 항목의 데이터는 이동할 절대 좌표값의 위치를 의미하기 때문에 장비의 이동거리를 감안하여 설정해야 한다. 그리고 [Command speed[mm/min]]의 최고 설정값이 12000.000이므로, 이 범위를 초과하지 않도록 한다.
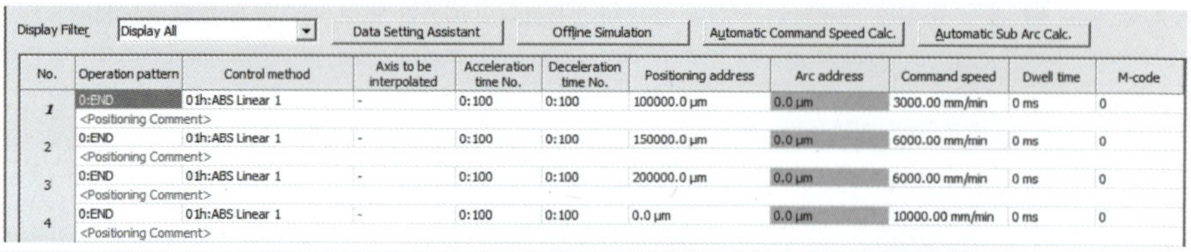
</td></tr>
<tr><td>3</td><td>위치 결정 데이터 쓰기
위치 결정 데이터 항목과 flash ROM에 쓰기 항목을 체크한 후에 QD77MS에 쓰기를 한다.</td><td>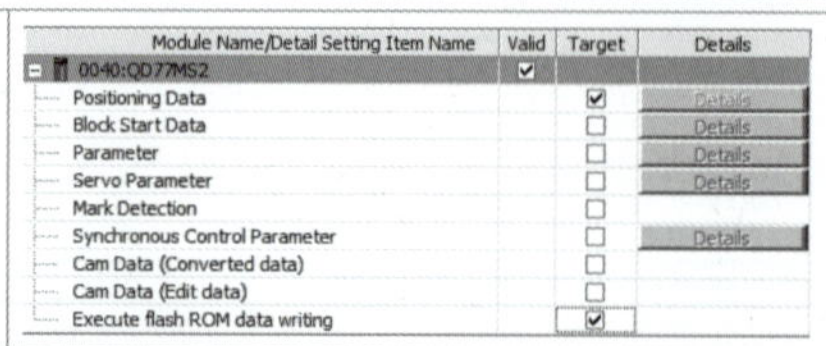
</td></tr>
<tr><td>4</td><td colspan="2">위치 결정 데이터를 이용한 위치 제어 테스트
테스트 운전은 앞에서 행했던 JOG 및 HPR 테스트와 동일한 방법으로 진행된다. 테스트 운전을 할 때에는 반드시 [Servo ON/OFF Request] 버튼을 눌러서 서보가 ON인 상태에서 진행한다.
❶ [Selection Function]에서 [Positioning Start]를 선택한다.
❷ [Positioning Data No.]에 1~4 중 하나를 설정한다.
❸ [Start] 버튼을 누르면 설정한 위치로 이송테이블이 이동하는지 확인한다. 만약 잘못된 방향과 위치로 이동한다면, QD77MS의 파라미터 설정을 다시 확인한다. 다른 번호로 변경해가면서 동작시켜본다. 설정한 데이터가 1~4번까지이기 때문에 이 외에 다른 번호를 설정하면 에러가 발생한다.
❹ 테스트를 마치면 [Close] 버튼을 눌러서 테스트 작업을 종료한다.
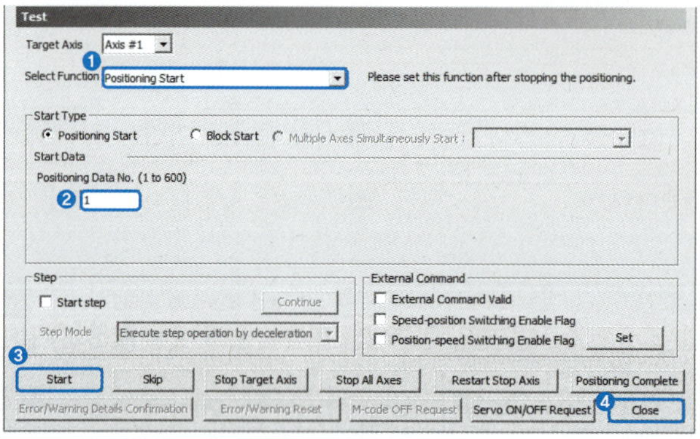
</td></tr>
</table>

6.4 QD77MS 메모리 구성

위치 결정 제어를 위해서는 앞에서 학습한 바와 같이 QD77MS의 파라미터를 먼저 설정한 후, 각각의 상태에 맞는 위치 제어 프로그램을 작성해야 한다. QD77MS에는 위치 제어를 위한 파라미터 설정값과, 위치 제어 데이터를 저장할 수 있는 있는 버퍼 메모리가 들어 있다. QD77MS의 버퍼 메모리의 용도는 미리 정해져 있으므로, 사용자는 정해진 용도에 맞게 QD77MS의 버퍼 메모리에 설정값을 기입한 후 QD77MS에 할당된 입·출력 신호를 ON/OFF하여 위치 제어를 한다. 따라서 QD77MS를 사용하여 위치 결정 제어를 하기 위해서는 QD77MS의 메모리 구성과 역할에 대해 잘 알고 있어야 한다.

6.4.1 QD77MS의 메모리 구성과 역할

QD77MS에는 RAM과 플래시[flash] ROM의 두 종류의 메모리가 있다. QD77MS의 RAM 영역을 사용하는 버퍼 메모리는 PLC CPU에서 시퀀스 프로그램에 의한 직접 액세스가 가능한 메모리 영역이고, QD77MS의 플래시 ROM은 위치 결정에 필요한 파라미터 설정과 위치 데이터를 백업하기 위한 메모리 영역이다. QD77MS의 메모리는 사용 용도에 따라 파라미터 영역, 모니터 데이터 영역, 제어 데이터 영역, 위치 결정 데이터 영역, 블록 기동 데이터 영역, PLC CPU 메모리 영역으로 구분된다. 다음은 QD77MS의 메모리의 영역 구성과 영역 구성의 지원 여부에 대해서 나타낸 것이다.

[표 6-22] QD77MS의 메모리와 메모리에 저장되는 데이터의 종류

메모리 구분	영역 구분						백업
	파라미터 영역	모니터 데이터 영역	제어 데이터 영역	위치 결정 데이터 영역	블록 기동 데이터 영역	PLC CPU 메모리 영역	
버퍼 메모리 (RAM)	○	○	○	○	○	○	불가능
플래시 ROM	○	–	–	○	○	–	가능

*○ : 설정 · 저장 가능, – : 설정 · 저장 불가능

*백업 : 전원이 OFF되어도 설정 데이터를 저장

QD77MS의 메모리 구성을 자세히 살펴보면 버퍼 메모리와 플래시 ROM 메모리에 중복된 동일 영역이 있음을 알 수 있다. 또한 메모리에 설정한 데이터는 QD77MS의 전원이 OFF되어도 백업이 가능한 메모리와 불가능한 메모리로 구분되어 있다. QD77MS의 버퍼 메모리와 플래시 ROM은 사실상 동일한 데이터를 저장하는 메모리 영역이다.

여러분이 컴퓨터를 이용하여 워드를 작성하거나 또는 그래픽 작업 등을 하는 데 필요한 데이터는 컴퓨터의 RAM 영역에 저장된다. 하지만 모든 작업이 종료되면 컴퓨터의 전원을 OFF하기 전에 반드시 하드 디스크 또는 다른 보조 기억매체에 작업한 데이터를 저장해야 한다. RAM에 저장된 데이터는 컴퓨터의 전원이 OFF되면 모두 삭제되기 때문이다. 그럼에도 컴퓨터에서 RAM이라는 메모리가 필요한 이유는 CPU가 원하는 시간에 데이터를 저장하거나 데이터를 전송할 수 있는 처리 속도가 빠른 메모리이기 때문이다. 따라서 컴퓨터 작업 시에는 RAM을 메인 메모리로 사용하다가 작업을 종료할 때 반영구적으로 저장 가능한 하드 디스크 또는 CD-ROM 등을 이용하여 데이터를 저장한다.

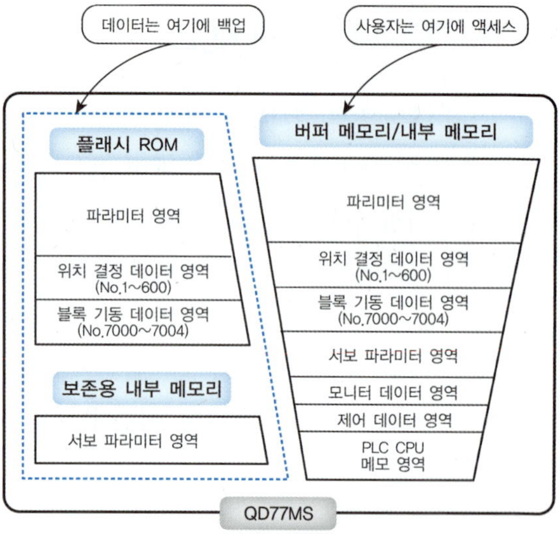

[그림 6-27] 메모리에 저장되는 데이터 종류

QD77MS의 데이터도 컴퓨터의 데이터와 동일한 방식으로 처리한다. QD77MS의 버퍼 메모리는 컴퓨터의 RAM 영역이고, 플래시 ROM은 컴퓨터의 하드 디스크 영역에 해당된다. 따라서 QD77MS의 플래시 ROM에는 전원의 ON/OFF 여부에 관계없이 반드시 저장되어야 하는 필수 데이터가 저장된다. QD77MS의 전원이 ON되면 플래시 ROM의 데이터가 버퍼 메모리 RAM에 전송되어 PLC가 요구하는 작업을 실시간으로 진행할 수 있는 형태로 QD77MS의 메모리를 운영한다.

6.4.2 메모리 영역의 상세 설명

파라미터 영역

파라미터 영역은 위치 결정용 파라미터, 원점복귀용 파라미터를 설정 및 저장하는 메모리 영역이다. 즉 앞에서 학습한 QD77MS의 파라미터 설정 데이터가 저장되는 영역이다. 각 축마다 Pr.1 ~ Pr.57, Pr.150의 파라미터 항목이 존재한다.

■ 모니터 데이터 영역

위치 결정 시스템의 가동 상태의 데이터가 저장되는 영역이다. Md.1 ~ Md.48까지의 항목이 존재한다.

■ 제어 데이터 영역

위치 결정 시스템을 운전 및 제어하기 위한 데이터를 설정 및 저장하는 메모리 영역이다. Cd.1 ~ Cd.41까지의 항목이 존재한다.

■ 위치 결정 데이터 영역

각 축마다 600개의 위치 결정을 위한 위치 설정 데이터를 설정 및 저장하는 메모리 영역이다. 하나의 위치 결정 데이터는 Da.1 ~ Da.10까지의 세부 항목으로 구분된다.

■ 블록 기동 데이터 영역

고도의 위치 결정 동작에 필요한 데이터를 설정 및 저장하는 메모리 영역이다. 하나의 블록 기동 데이터 영역은 Da.11 ~ Da.19까지의 세부 항목으로 구분된다.

■ PLC CPU 메모리 영역

특수한 위치 결정을 할 경우에만 필요한 조건 판정값 등을 설정 및 저장하는 메모리 영역이다.

버퍼 메모리의 영역 구성

[표 6-23]은 QD77MS의 파라미터 설정 및 위치 데이터 설정 버퍼 메모리의 각 영역 구성별 메모리의 번지를 나타낸 것이다. QD77MS에서 설정하는 각종 파라미터와 위치 데이터 등은 해당된 각각의 메모리 번지에 저장되는데, 모니터 데이터 영역을 제외하고는 이곳에서 읽기와 쓰기가 가능하다. 그리고 QD77MS는 서보 앰프의 파라미터 설정값도 함께 버퍼 메모리 영역에 저장하고 있다가, PLC CPU가 리셋되어 동작할 때 SSCNET 통신을 통하여 서보 앰프로 그 값들을 전송한다. [표 6-24]는 서보 앰프의 파라미터 설정 버퍼 메모리 영역을 나타낸 것이다.

[표 6-23] QD77MS 파라미터 설정 및 위치 데이터 설정 버퍼 메모리 영역

버퍼 메모리 영역 구성		버퍼 메모리 어드레스				읽기(R) 쓰기(W) 가능 여부
		1축	2축	3축	4축	
파라미터 영역	기본 파라미터	0~15	150~165	300~315	450~465	R/W
	상세 파라미터	17~62	167~212	317~362	467~512	
	원점복귀 기본 파라미터 영역	70~78	220~228	370~378	520~528	
	원점복귀 상세 파라미터 영역	79~89	229~239	379~389	529~539	
모니터 데이터 영역	시스템 모니터 영역	1200~1425				R
	축 모니터 영역	800~899	900~999	1000~1099	1100~1199	
제어 데이터 영역	시스템 제어 데이터 영역	1900~1905				R/W
	축 제어 데이터 영역	1500~1599	1600~1699	1700~1799	1800~1899	
위치 결정 데이터 영역	위치 결정 데이터 영역	2000~7999	8000~13999	14000~19999	20000~25999	R/W
블록 기동 데이터 영역 No.7000	블록 기동 데이터 영역	26000~26049	27000~27049	28000~28049	29000~29049	
		26050~26099	27050~27099	28050~28099	29050~29099	
	조건 데이터 영역	26100~26199	27100~27199	28100~28199	29100~29199	
블록 기동 데이터 영역 No.7001	블록 기동 데이터 영역	26200~26249	27200~27249	28200~28249	29200~29249	
		26250~26299	27250~27299	28250~28299	29250~29299	
	조건 데이터 영역	26300~26399	27300~27399	28300~28399	29300~29399	
블록 기동 데이터 영역 No.7002	블록 기동 데이터 영역	26400~26499	27400~27499	28400~28499	29400~29499	
		26450~26499	27450~27499	28450~28499	29450~29499	
	조건 데이터 영역	26500~26599	27500~27599	28500~28599	29500~29599	
블록 기동 데이터 영역 No.7003	블록 기동 데이터 영역	26600~26649	27600~27649	28600~28649	29600~29649	
		26650~26699	27650~27699	28650~28699	29650~29699	
	조건 데이터 영역	26700~26799	27700~27799	28700~28799	29700~29799	
블록 기동 데이터 영역 No.7004	블록 기동 데이터 영역	26800~26849	27800~27849	28800~28849	29800~29849	
		26850~26899	27850~27899	28850~28899	29850~29899	
	조건 데이터 영역	26900~26999	27900~27999	28900~28999	29900~29999	
PLC 메모 영역	PLC CPU 메모 영역	30000~30099				R/W

[표 6-24] QD77MS 서보 파라미터 설정 버퍼 메모리 영역

<table>
<tr><th colspan="3" rowspan="2">버퍼 메모리 영역 구성</th><th colspan="4">버퍼 메모리 어드레스</th><th rowspan="2">읽기(R)
쓰기(W)
가능 여부</th></tr>
<tr><th>1축</th><th>2축</th><th>3축</th><th>4축</th></tr>
<tr><td rowspan="20">서보
파라미터
영역</td><td colspan="2">서보 시리즈</td><td colspan="4">30100+200n</td><td rowspan="20">R/W</td></tr>
<tr><td rowspan="3">PA 그룹</td><td>PA01 ~ PA18</td><td colspan="4">30101+200n ~ 30118+200n</td></tr>
<tr><td>PA19</td><td colspan="4">30932+50n</td></tr>
<tr><td>PA20 ~ PA32</td><td colspan="4">64400+250n ~ 64412+250n</td></tr>
<tr><td colspan="2" rowspan="2">PB 그룹</td><td colspan="4">30119+200n ~ 30163+200n</td></tr>
<tr><td colspan="4">64413+250n ~ 64431+250n</td></tr>
<tr><td colspan="2" rowspan="2">PC 그룹</td><td colspan="4">30164+200n ~ 30195+200n</td></tr>
<tr><td colspan="4">64432+250n ~ 64463+250n</td></tr>
<tr><td colspan="2" rowspan="2">PD 그룹</td><td colspan="4">30196+200n ~ 30227+200n</td></tr>
<tr><td colspan="4">64464+250n ~ 64479+250n</td></tr>
<tr><td colspan="2" rowspan="2">PE 그룹</td><td colspan="4">30228+200n ~ 30267+200n</td></tr>
<tr><td colspan="4">64480+250n ~ 64503+250n</td></tr>
<tr><td colspan="2">PS 그룹</td><td colspan="4">30268+200n ~ 30299+200n</td></tr>
<tr><td colspan="2" rowspan="2">PF 그룹</td><td colspan="4">30900+50n ~ 30915+50n</td></tr>
<tr><td colspan="4">64504+250n ~ 64535+250n</td></tr>
<tr><td colspan="2" rowspan="2">PO 그룹</td><td colspan="4">30916+50n ~ 30931+50n</td></tr>
<tr><td colspan="4">64536+250n ~ 64551+250n</td></tr>
<tr><td colspan="2">PL 그룹</td><td colspan="4">64552+250n ~ 64599+250n</td></tr>
<tr><td colspan="2">PT 그룹</td><td colspan="4">64600+250n ~ 64647+250n</td></tr>
</table>

6.4.3 QD77MS의 메모리 읽기와 쓰기

PLC CPU에서 QD77MS를 이용한 위치 제어를 위해서는 QD77MS의 버퍼 메모리 내용의 읽기나 쓰기가 자유로워야 한다. QD77MS도 제어를 위한 별도의 CPU를 가지고 있기 때문에 일반적인 PLC 명령어로는 QD77MS의 버퍼 메모리를 읽거나 쓸 수 없고, QD77MS의 동작 상태에 따라 읽거나 쓸 수 있는 버퍼 메모리도 달라진다. [표 6-25]는 PLC에 전원이 투입되어 QD77MS의 동작 상태에 따라 읽거나 쓰기가 가능한 시점과 해당 버퍼 메모리의 종류를 나타낸 것이다.

[표 6-25] QD77MS의 메모리 읽기와 쓰기

QD77MS의 버퍼 메모리 읽기와 쓰기

QD77MS에는 서보 앰프의 동작 상태와 QD77MS 자신의 동작 상태를 버퍼 메모리에 저장하고 있기 때문에, FROM/TO 명령어 또는 인텔리전트 명령어를 사용해서 읽거나 쓰기를 할 수 있다.

❶ 전원 ON 또는 PLC CPU가 리셋되면, QD77MS의 플래시 ROM에 저장되어 있는 사용자가 설정한 파라미터와 위치데이터가 QD77MS의 버퍼 메모리와 내부 메모리로 복사되어 위치 제어를 위한 준비 상태가 된다.
❷ TO 명령어 또는 인텔리전트 명령어로 필요한 데이터를 QD77MS의 버퍼 메모리에 설정할 수 있다.
❸ PLC Ready 신호에 의해 유효해지는 파라미터 영역이다.
❹ PLC Ready가 되면 FROM 명령어 또는 인텔리전트 명령어를 사용해서 버퍼 메모리를 읽을 수 있다.
❺ 서보 앰프 측에서 파라미터가 변경되면 자동으로 QD77MS가 읽기를 해서 버퍼 메모리와 보존용 내부 메모리에 변경 사항을 반영한다.

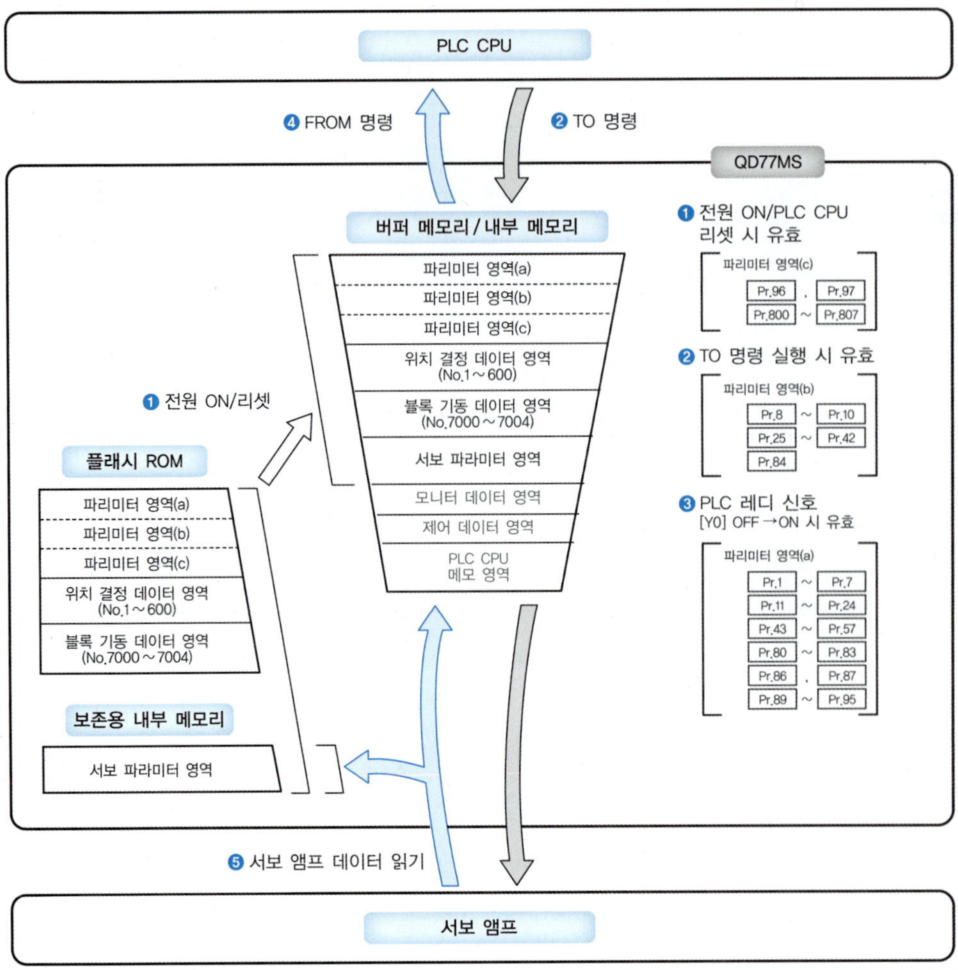

인텔리전트 기능 모듈 디바이스 명령어는, 기존의 인텔리전트 기능 모듈에서 버퍼 메모리를 읽고 쓰기 위한 명령어인 FROM, TO 명령어를 좀 더 간단하게 사용할 수 있도록 만들어진 명령어이다. 인텔리전트 기능 모듈 명령어를 사용하면 MOV 명령어를 이용하여 필요한 인텔리전트 기능 모듈의 버퍼 메모리의 데이터를 쉽게 읽거나 쓸 수 있다. 버퍼 메모리 지정 방법은 [그림 6-28]과 같다.

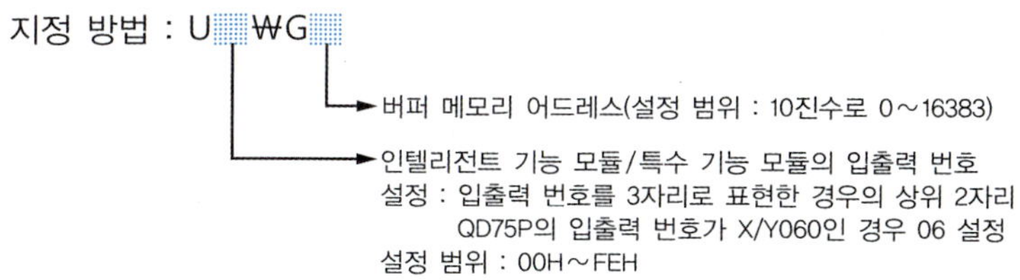

[그림 6-28] 인텔리전트 기능 모듈의 버퍼 메모리 설정 방법

버퍼 메모리 지정 방법은 인텔리전트 기능 모듈 디바이스 명령어라는 의미로 U로 시작한다. U 다음에 오는 항목이 인텔리전트 기능 모듈이 장착된 위치 어드레스 번호가 된다. 패스를 의미하는 \G 또는 ₩G 다음에 오는 항목이 버퍼 메모리의 어드레스 번지가 된다. [그림 6-29]는 인텔리전트 기능 모듈 디바이스 명령어를 사용해서 버퍼 메모리의 데이터를 PLC CPU로 읽어오는 명령어를 나타낸 것이고, [그림 6-30]은 PLC CPU의 메모리에 저장된 데이터를 버퍼 메모리에 쓰기 하는 명령어를 나타낸 것이다.

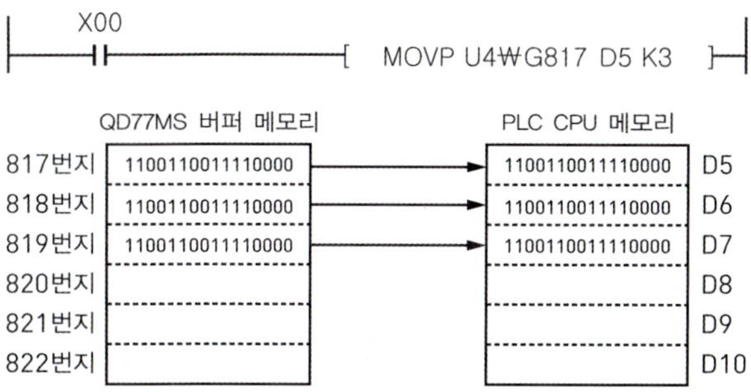

[그림 6-29] PLC CPU로 버퍼 메모리 데이터 읽어오기

[그림 6-29]의 명령어들은 QD77MS의 버퍼 메모리의 데이터를 PLC CPU로 읽어오는 명령이다. PLC의 입력 X00가 ON되면, 이는 QD77MS의 버퍼 메모리 817번지부터 819번지의 데이터를 PLC CPU 메모리 D5에서 D7까지 저장하라는 의미이다.

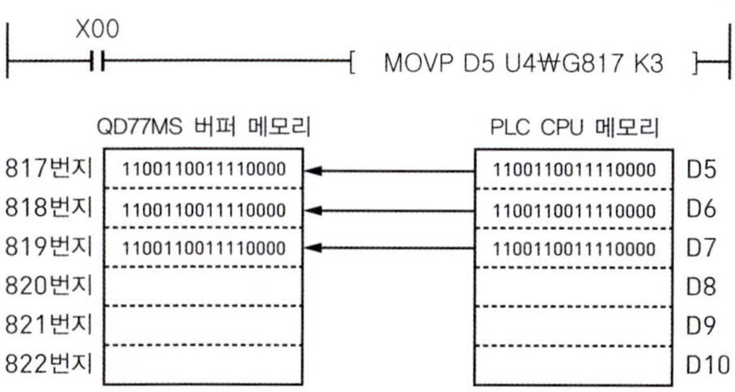

[그림 6-30] PLC CPU의 메모리 데이터를 버퍼 메모리에 쓰기

[그림 6-30]의 명령어들은 PLC CPU의 데이터 레지스터의 내용을 QD77MS의 버퍼 메모리에 기재write하라는 명령이다. 이는 PLC의 입력 X00이 ON되면 PLC CPU의 메모리 D5~D7의 내용을 QD77MS의 버퍼 메모리 817번지부터 819번지에 저장하라는 의미이다. 위와 같이 인텔리전트 기능 모듈 디바이스 명령어를 사용하면 MOV 명령어를 이용하여 간단하게 인텔리전트 기능 모듈의 버퍼 메모리의 데이터를 읽고 쓸 수 있다.

PART 3

서보를 이용한 위치 제어 실습

PART 2에서 PLC, QD77MS, 서보 드라이브를 사용한 위치 제어 시스템을 구성하기 위한 각각의 장치에 대해 살펴보았다면, PART 3에서는 위치 제어를 위한 프로그램 작성법에 대해 살펴본다. 위치 제어를 위한 프로그램은 QD77MS의 기능을 사용하여 작성한다. 따라서 QD77MS의 다양한 기능을 사용하기 위한 파라미터 설정 방법 외에도 동작 테스트 프로그램 작성 방법과 실제 위치 제어 동작을 구현하기 위한 프로그램 작성법에 대해서도 숙지해야 한다.

위치 제어 프로그램에서 다양한 기능을 사용하기 위해 모니터링과 제어화면 구성을 위한 HMI의 사용은 선택이 아닌 필수이다. 따라서 PART 3에서는 위치 제어를 위한 HMI 화면 구성도 함께 살펴볼 것이다. PART 3의 학습을 마치고 나면, QD77MS를 사용한 다양한 위치 제어 프로그램을 사용하는 환경에 맞게 작성할 수 있을 것이다.

Chapter 07

QD77MS 모니터링

QD77MS와 서보 드라이브를 이용한 위치 제어에서 필요한 정보를 모니터링하기 위한 HMI와 같은 표시 장치의 화면 작화 방법과, QD77MS와 서보 앰프의 동작 상태를 모니터링하는 프로그램 작성법을 살펴보자.

7.1 위치 제어를 위한 QD77MS 모니터링 및 수동 제어

QM77MS 위치 결정 모듈을 이용한 위치 제어 방법에 대해 학습해보자. 앞서 6장에서 QD77MS를 사용하기 위한 파라미터 설정과, 테스트 운전을 통해 설정한 파라미터가 정상 동작하는지의 여부를 판별하는 법에 대해 살펴보았다. 이제는 위치 결정 데이터를 등록한 후, PLC 프로그램을 통하여 정밀한 위치 제어 동작을 구현해보자.

7.1.1 GOT 화면 작화

QD77MS를 사용하여 위치 제어 동작을 완벽하게 구현하기 위해서는 수차례의 시운전을 통해 원하는 동작이 나올 때까지 파라미터 및 프로그램을 지속적으로 수정해나가야 한다. 시운전 과정에서 발생하는 다양한 문제에 효율적으로 대처하기 위해 HMI와 같은 표시 장치를 사용하여 시운전 중에 발생하는 에러 및 경고를 확인하고, 위치 제어를 위한 각종 버튼과 램프 등을 표시 장치 화면에 작화하여 사용한다. 따라서 이 책에서도 미쓰비시에서 시판하는 HMI인 GOT2000을 사용하여 QD77MS를 모니터링하고 제어할 수 있는 터치 화면(스크린)을 작화한다. 이 책의 2장에서 GOT2000의 화면 작화에 대한 기본적인 내용을 학습했기 때문에 여기서는 2장에서 다루지 않았던 기능만 살펴보겠다.

실습에 사용할 GOT는 [그림 7-1]과 같이 6개의 화면으로 구성된다. 이는 [그림 7-2]와 같이 각 화면을 상하로 나누어 상단에는 공통 화면, 하단에는 제어 모드에 따른 개별 화면으로 구성했음을 확인할 수 있다. 화면 상단의 공통 화면은 QD77MS를 제어할 때 필요한 항목만을 따로 구성한 것이다. 여기에는 화면의 변경과 관계없이 항상 모니터링해야 하는 데이터와 제어에 필요한 요소만을 나타내었다.

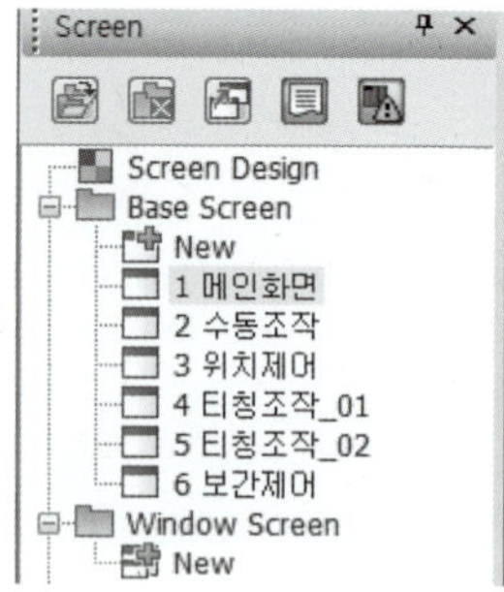

[그림 7-1] 실습에 사용할 화면

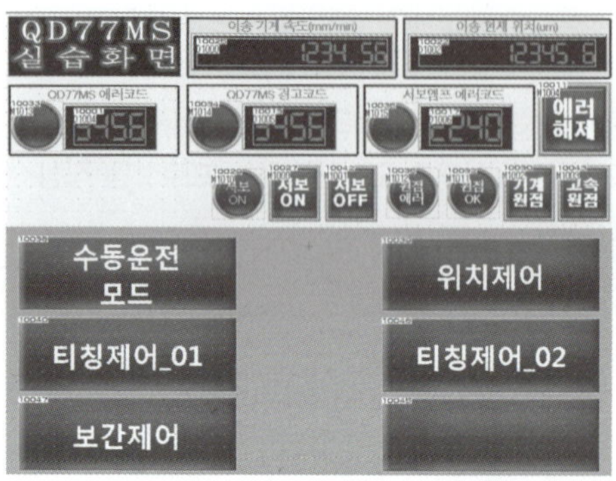

(a) 1_메인 화면

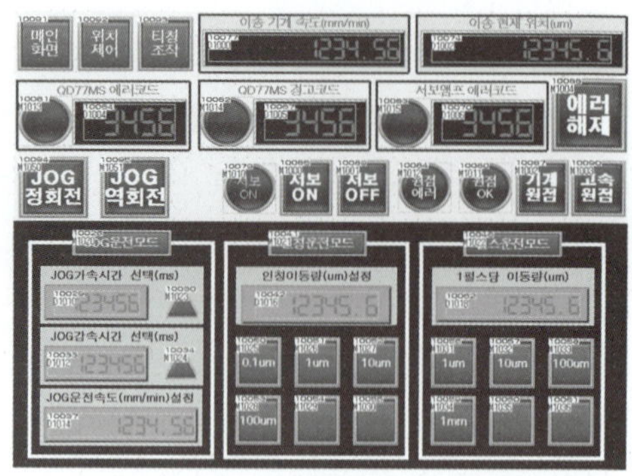

(b) 2_수동 조작

(c) 3_위치 제어

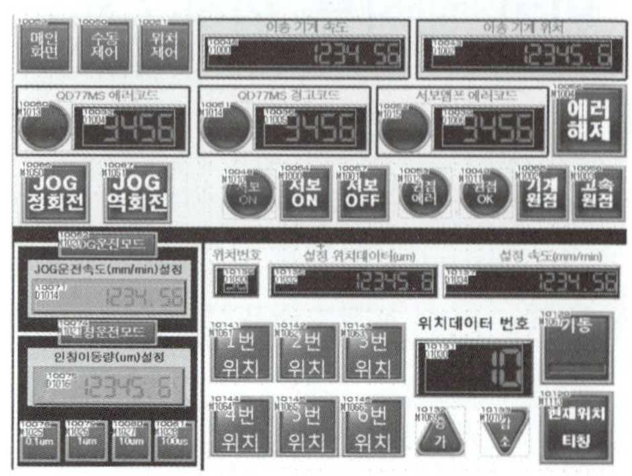

(d) 4_티칭 조작_01

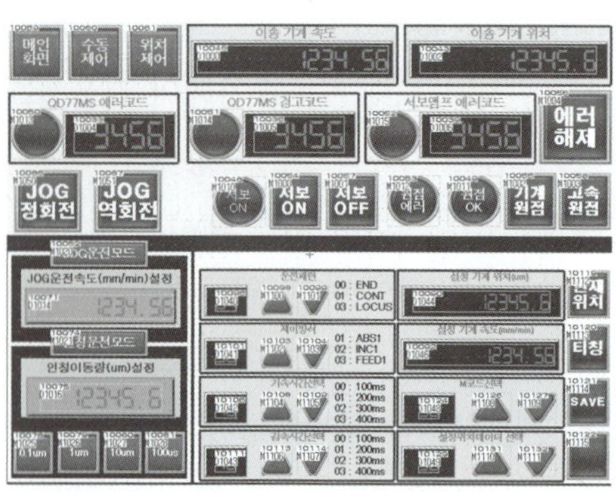

(e) 5_티칭 조작_02

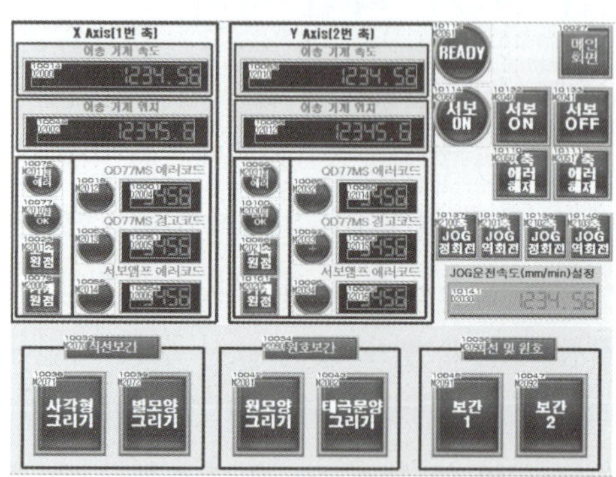

(f) 6_직선 및 원호 보간

[그림 7-2] QD77MS 제어를 위한 GOT2000 화면

7.1.2 메인 화면 작화

위치 제어를 위한 실습에 사용하는 메인 화면의 구성과 메모리 할당 내역은 [표 7-1]과 같다.

[표 7-1] 메인 화면의 구성과 메모리 번지 할당 내역

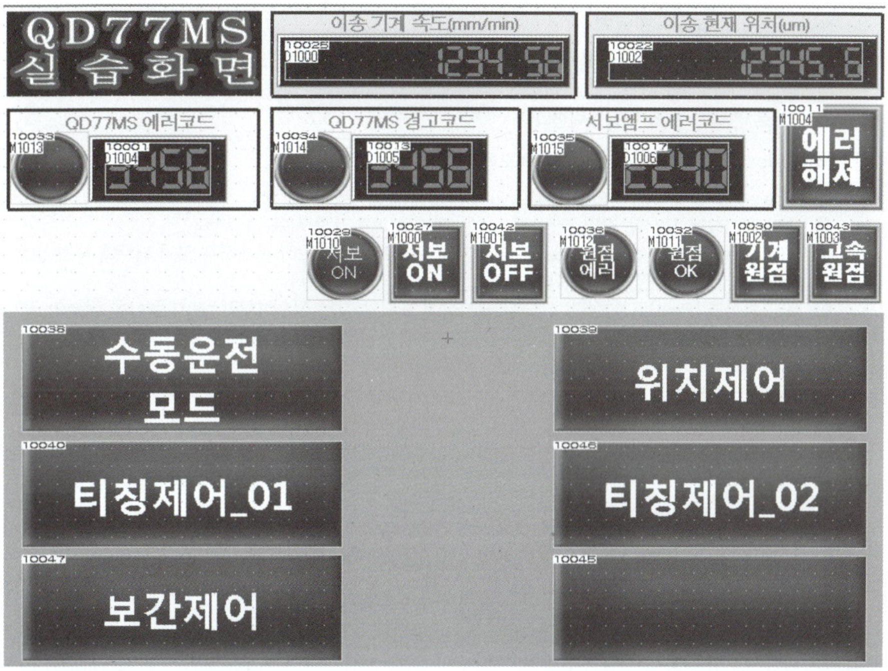

구분	메모리 번지	추가 기능	구분	메모리 번지	추가 기능
이송 기계 속도	D1000	32비트	이송 현재 위치	D1002	32비트
QD77MS 에러 코드	D1004	16비트	QD77MS 에러 램프	M1013	
QD77MS 경고 코드	D1005	16비트	QD77MS 경고 램프	M1014	
서보 앰프 에러 코드	D1006	16비트	서보 앰프 에러 램프	M1015	
서보 ON 버튼	M1000		서보 OFF 버튼	M1001	
기계 원점 버튼	M1002		고속 원점 버튼	M1003	
에러 해제 버튼	M1004		서보 ON 램프	M1010	
원점 OK 램프	M1011		원점 에러 램프	M1012	
수동 운전 모드		화면 전환	위치제어		화면 전환
티칭제어_01		화면 전환	티칭제어_02		화면 전환

메인 화면 상단에 있는 공통 화면에 이송 기계 속도와 현재 이송 위치값을 표시하는 Numerical Display를 만들어보자.

[표 7-2] Numerical Display 만들기

<table>
<tr><th>순서</th><th>작업 내용</th><th>작업 화면</th></tr>
<tr><td>1</td><td>Numerical Dispaly 메뉴 선택

❶ GT Designer2의 메인 메뉴 중 [Object]를 선택한다.
❷ [Numerical Display/Input]을 선택한다.
❸ [Numerical Display]를 클릭한다.</td><td>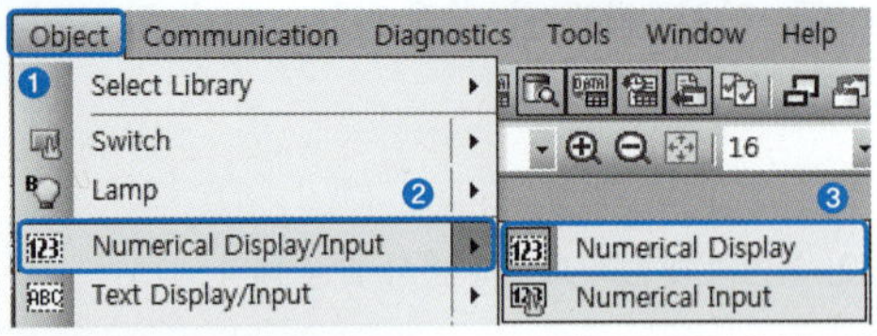
</td></tr>
<tr><td>2</td><td>Numerical Dispaly 만들기

마우스 커서를 사용해서 바탕 화면에 Numerical Display를 만들고, 다시 마우스 커서로 선택한 후에 더블클릭한다.</td><td>
</td></tr>
<tr><td>3</td><td colspan="2">Numerical Dispaly 설정 항목 살펴보기

❶ [Numerical Display] 창의 타입을 [Numerical Display]로 선택한다.
❷ 숫자 표시창에 표시할 값이 저장되어 있는 PLC의 메모리 번지를 설정한다.
❸ 데이터 타입을 [Unsigned BIN32]로 설정한다. 속도에는 음수값이 존재하지 않기 때문에 부호 없는 32비트 바이너리 값으로 설정한 것이다.
❹ 표시 형식을 [Real]로 설정한다. 숫자 표시창에 표시할 값은 정수이지만, 표시 형식은 정수의 끝자리에서 2번째 위치에 소수점을 표시해서 정수를 실수처럼 보이기 위한 설정이다. 예를 들어 속도값이 1200000일 때, 실제로 GOT 화면에 표시되는 값은 12000.00이다.
❺ [Digits(Fractional)] 부분은 소수점을 표시하기 위한 설정이다. 표시할 정수의 끝에서 2번째 자리에 소수점을 표시한다.

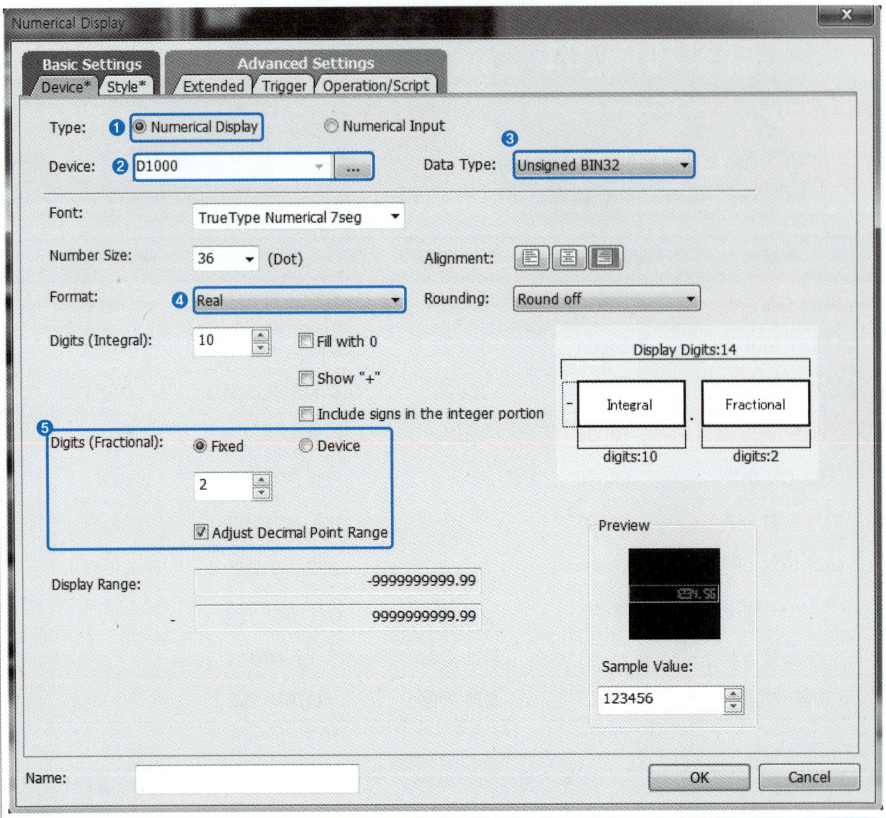
</td></tr>
</table>

이송 기계 속도는 서보 모터가 움직이는 속도를 나타내는 값으로, 단위는 [mm/min]이다. 예를

들어 서보 모터가 회전하여 이송테이블을 1분에 12000mm만큼 이동시키면, 이송 기계 속도는 12000.00mm/min으로 표시되어야 한다. 이송 기계 속도값은 서보 모터가 회전하면 QD77MS에서 자동적으로 계산되어 32비트의 크기의 메모리에 저장된다. 이때 메모리에는 소수점이 생략된 정숫값, 즉 1200000이 저장된다. 이송 기계 속도값은 일반적으로 16비트 정수로 표현할 수 있는 최댓값인 32768을 초과하는 경우가 빈번하기 때문에 32비트 크기의 정수로 표현된다. 따라서 16비트 크기를 가진 메모리 D1000번지와 D1001번지 2개를 묶어서 32비트 크기의 메모리에 이송 기계 속도값을 저장하게 된다. 이 값을 터치스크린에 표시할 때 [표 7-2]처럼 실수 형식으로 설정하고, 소수점을 뒤에서 두 번째 위치에 표시하면 GOT 화면의 표시는 12000.00이 된다. 이송테이블의 현재 위치 표시창의 설정도 [표 7-2]와 거의 같다. 단, 현재 위치 표시는 소수점 한 자리를 사용하기 때문에 ❺의 과정에서 '1'로 설정해야 한다.

메인 화면 상단 공통 화면의 QD77MS의 에러 및 경고 코드, 그리고 서보 앰프의 에러 표시창은 [그림 7-3]처럼 설정한다.

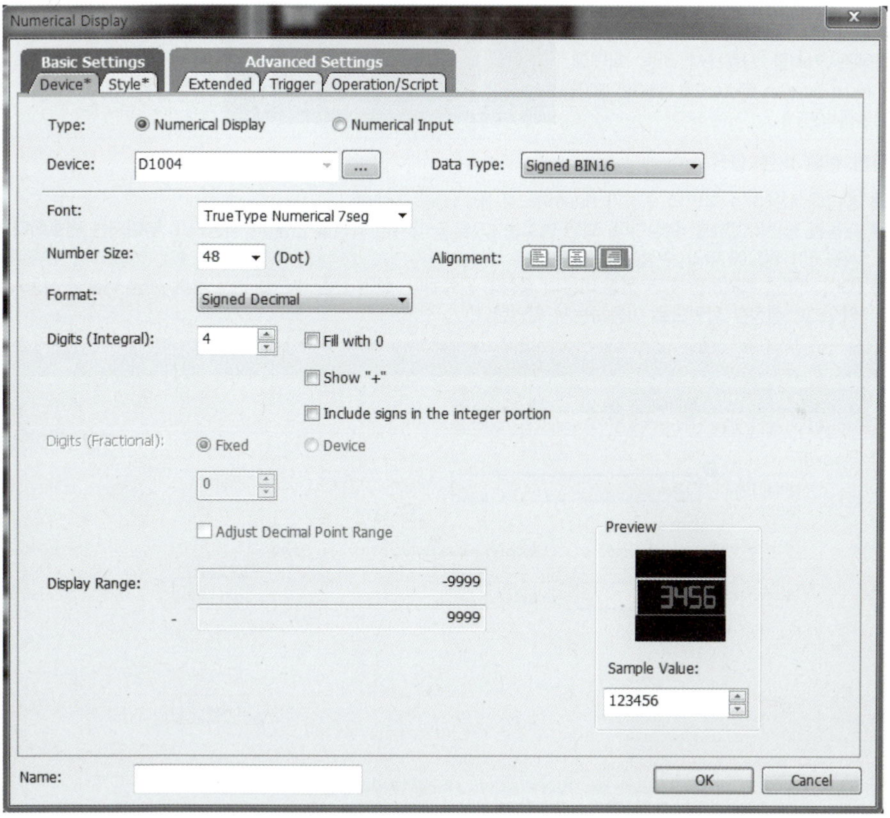

[그림 7-3] 에러 및 경고 코드 표시창 설정 내역

에러 및 경고 코드는 16비트 크기의 메모리에 저장된 정숫값을 사용하고, 값을 표시할 때에도 정수로 표시하기 때문에 [Format]에서 [Signed Decimal]을 선택한다.

[메인 화면]에는 수동 운전 모드, 위치제어, 티칭제어_01, 티칭제어_02로 표시된 화면 전환 버튼이 위치하고 있다. 화면 전환 버튼([표 7-3] 참조)을 누르면 작업자가 작업한 화면으로 이동한다. [그림 7-1]에서 화면의 명칭 앞에 부여된 숫자가 화면을 찾아가기 위한 번호에 해당한다. 예를 들어 [메인화면]은 1번, [티칭조작_01] 화면은 4번이다.

[표 7-3] 화면 전환 버튼 만들기

<table>
<tr><th>순서</th><th>작업 내용</th><th>작업 화면</th></tr>
<tr><td>1</td><td>화면 전환 버튼 만들기
GT Designer2의 메인 메뉴 중 [Object]를 클릭한 후, [Switch] → [Go To Screen Switch]를 선택한다.</td><td>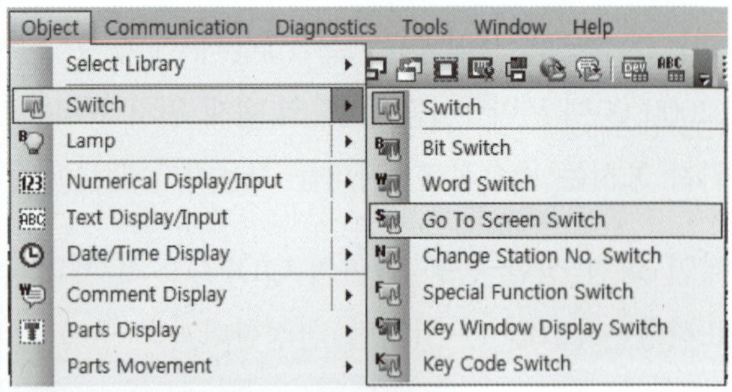
</td></tr>
<tr><td>2</td><td>화면 전환 버튼 배치
마우스 커서를 사용해서 바탕 화면에 [Go To Screen Switch]를 배치한 후에 더블클릭한다.</td><td>
</td></tr>
<tr><td>3</td><td colspan="2">화면 전환 버튼 설정
❶ 실습에 사용하는 화면의 종류가 Base이므로 [Base]를 선택한다.
❷ 이동할 화면의 번호를 설정한다. 화면 번호는 [그림 7-1]처럼 화면을 만들 때 자동으로 부여되는 번호이다. 사용자가 필요에 따라 수정할 수 있다.
❸ [OK] 버튼을 클릭하면 화면 전환 버튼의 설정이 완료된다. 화면 전환 버튼을 만든 후에 해당 버튼을 작동시켜 보고, 설정한 화면으로 이동하는지 확인한다.
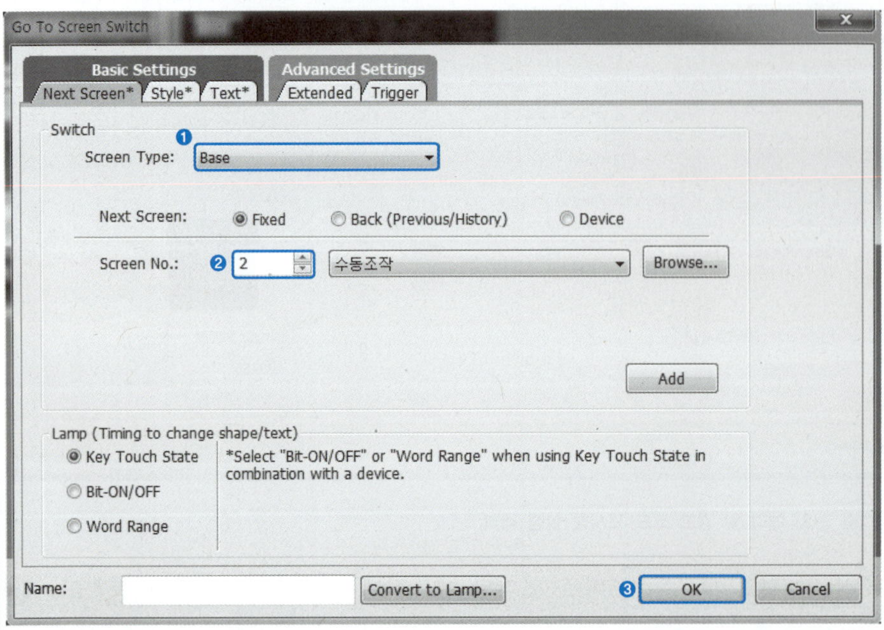
</td></tr>
</table>

7.1.3 수동 운전 화면 작화

[표 7-4]와 같이 공통 화면의 좌측 상단에 화면 전환 버튼 3개가 추가되었고, JOG 정회전과 역회전 버튼도 추가됐다. 따라서 해당 화면을 작화할 때 수동 운전 모드에서 작화한 공통 화면을 복사해서 붙여넣기 한 후에 해당 버튼을 추가한다.

[표 7-4] 수동 조작 화면의 구성과 메모리 할당 내역

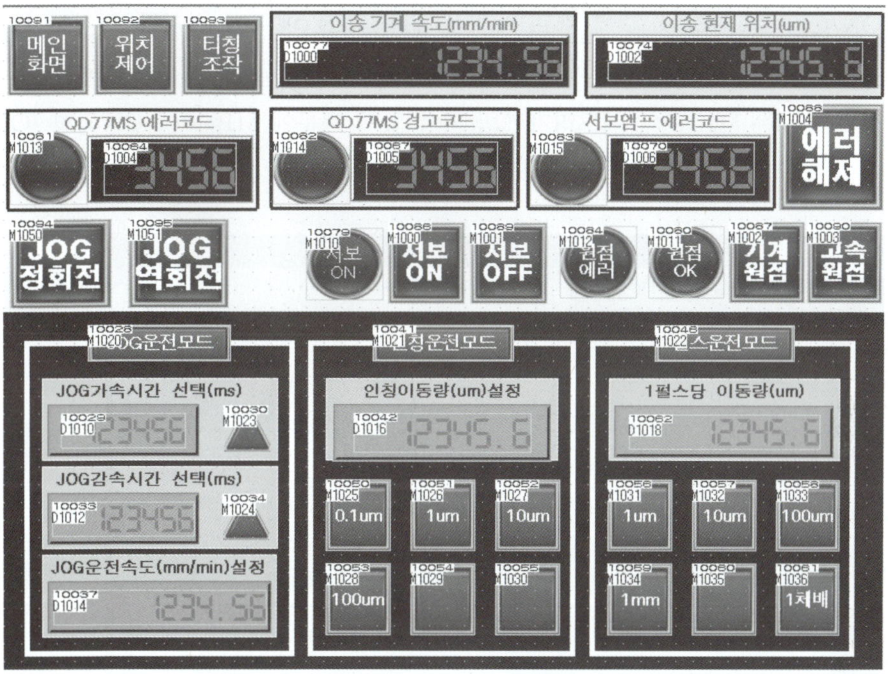

구분	메모리 번지	추가 기능	구분	메모리 번지	추가 기능
메인 화면		화면 전환	인칭 이동량 설정	D1016	16비트
위치제어		화면 전환	0.1μm	M1025	
티칭 조작		화면 전환	1μm	M1026	
JOG 정회전	M1050		10μm	M1027	
JOG 역회전	M1051		100μm	M1028	
JOG 운전 모드	M1020	램프(M1040)	펄스 운전 모드	M1022	램프(M1042)
JOG 가속시간 선택	M1023		1펄스당 이동량 표시	D1018	16비트
JOG 가속시간 표시창	D1010	32비트	1μm	M1031	
JOG 감속시간 선택	M1024		10μm	M1032	
JOG 감속시간 표시창	D1012	32비트	100μm	M1033	
JOG 운전 속도 설정창	D1014	32비트	1mm	M0134	
인칭 운전 모드	M1021	램프(M1041)	1체배	M1036	램프(M1036)

[표 7-4]의 수동 조작 화면을 살펴보면, 수동 운전 모드를 선택하기 위한 세 개의 운전 모드 선택 버튼(표에서 음영으로 표시된 부분 : JOG 운전, 인칭 운전, 펄스 운전)이 배치되어 있다. 운전 모드 선택 버튼에는 버튼 기능과 함께 램프 기능도 추가되어 있다. 실습 시 특정 운전 모드가 선택되면, 해당 램프 기능이 작동되어 어떤 운전 모드가 선택됐는지 표시된다.

버튼에 램프 기능을 추가하기 위해서는, [그림 7-4]처럼 Lamp의 설정 부분에서 [Bit-ON/OFF]를 선택한 후에 램프 동작을 위한 비트 메모리 번지를 설정해야 한다. [그림 7-4]에서 JOG 운전 버튼에는 M1020의 메모리가 할당되어 있고, JOG 운전 버튼의 내장 램프에는 M1040의 메모리가 할당되어 있기 때문에 M1040이 ON되면 JOG 운전 버튼에 램프가 ON된 형태로 표시된다.

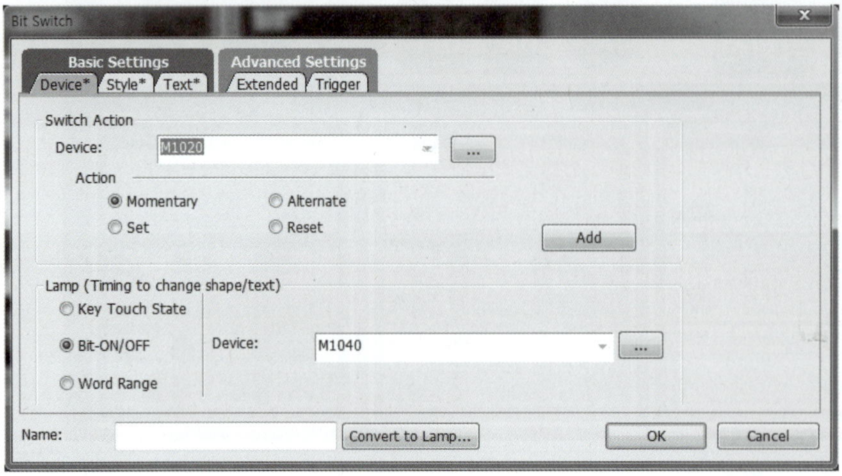

[그림 7-4] JOG, 인칭, 펄스 운전 모드의 버튼에 램프 기능 추가 설정

JOG 운전 모드의 가속시간 및 감속시간 선택 표시창에서 [그림 7-5]처럼 32비트 크기의 메모리를 설정한다.

JOG 운전 속도 설정창은 [Numerical Input]으로 만든다. 공통 화면의 이송 기계 속도 및 이송 현재 위치의 표시창은 값을 표시하는 창이기 때문에 [Numerical Display]로 만들었다. [Numerical Input]으로 만든 창에서는, GOT2000의 화면에 표시된 숫자 입력창을 손으로 터치하면 숫자를 입력하기 위한 숫자 키패드 화면이 팝업되어 JOG 운전 속도를 설정할 수 있다. JOG 운전 속도는 소수점 둘째 자리까지 표시돼야 하기 때문에 [그림 7-6]의 [Format]에서 [Real]을 선택한다.

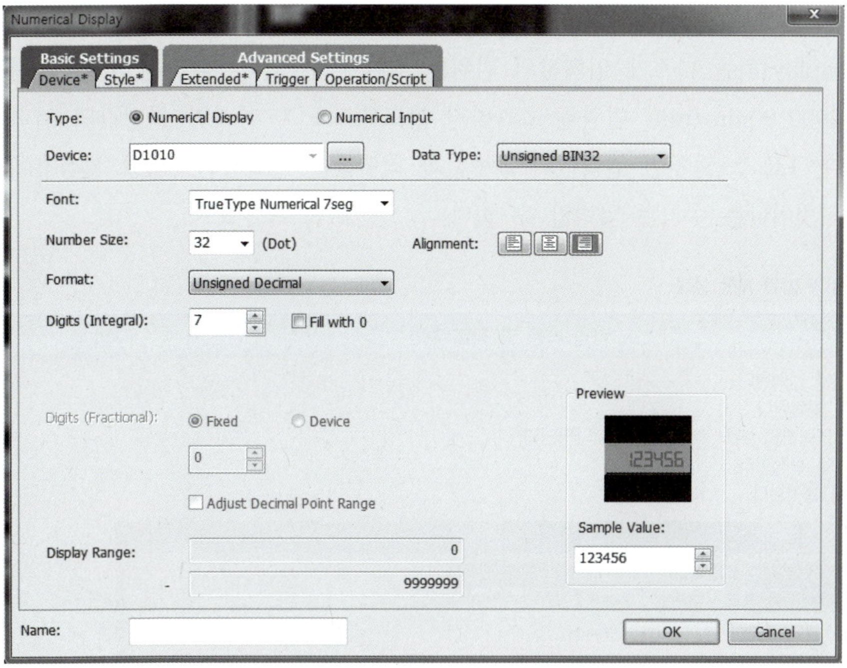

[그림 7-5] JOG 운전 모드에서 가속 및 감속시간 표시창의 설정 내용

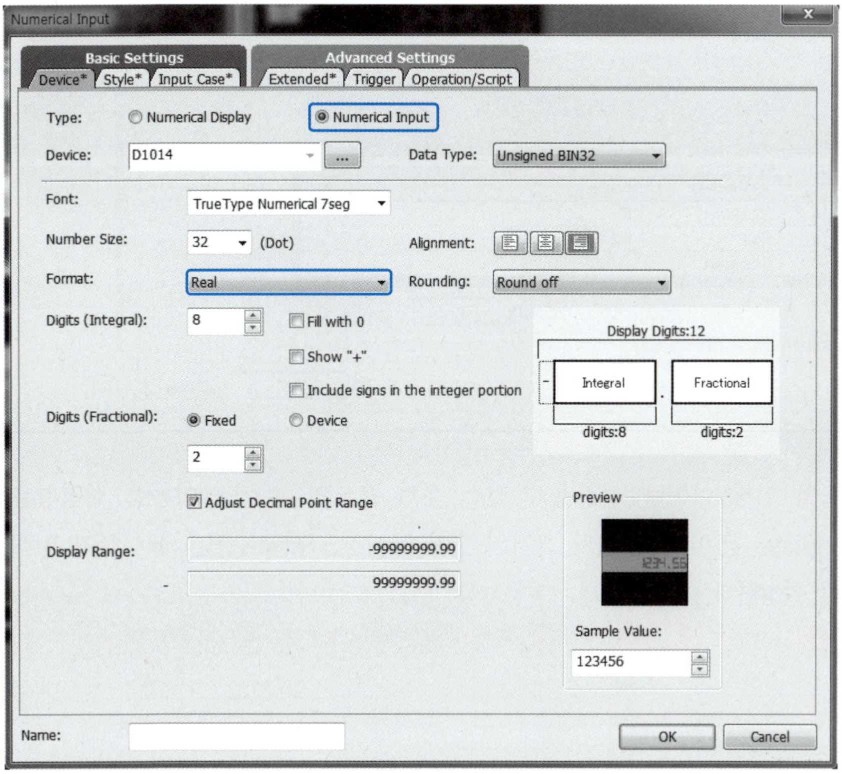

[그림 7-6] JOG 운전 속도 설정창의 설정 내역

[Numerical Input]에서는 숫자 키패드를 이용해서 설정값을 입력할 수 있기 때문에 [Numerical Display]와는 다르게 입력값의 범위를 제한할 수 있다. 따라서 JOG 운전 속도가 최대 10000.00mm/min 범위를 초과하지 않도록 [표 7-5]처럼 설정값의 입력 범위를 제한한다. [표 7-5]처럼 입력값의 최솟값과 최댓값을 설정하면, 해당 설정창에 그 설정 범위를 벗어나는 수치는 입력할 수 없다.

[표 7-5] 입력 설정값의 범위 제한 설정

작업 내용 및 작업 화면
❶ [Input Case] 탭을 선택한다. ❷ [+] 표시 버튼을 클릭한다. ❸ [Exp...] 버튼을 클릭하면 [Edit Range] 창이 나타난다. ❹ 최솟값과 최댓값을 설정한다. ❺, ❻ [OK] 버튼을 클릭한다.

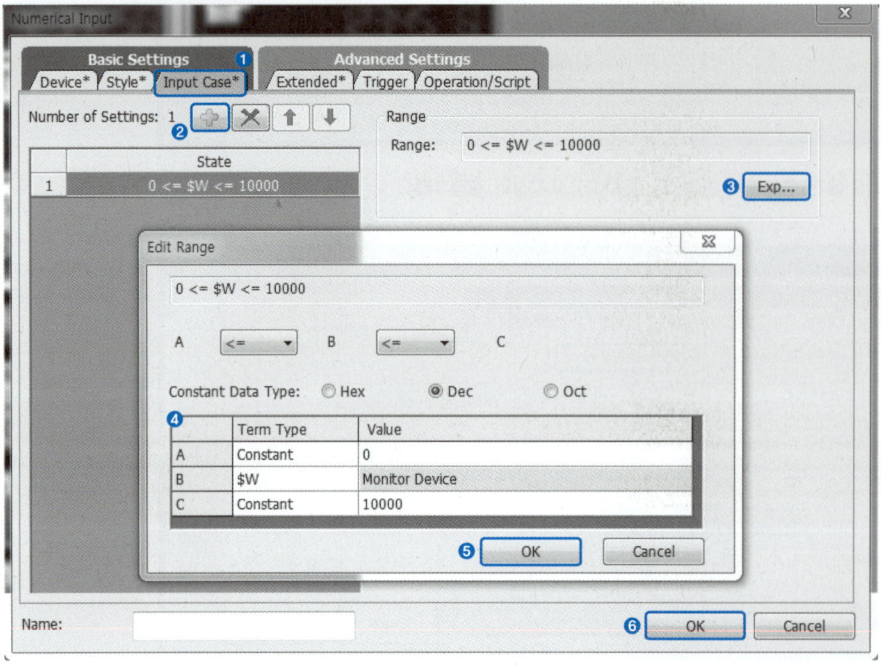

인칭 운전 모드의 인칭 이동량 설정창과 펄스 운전 모드의 펄스당 이동량 설정창은 [Numerical Display] 창이다. 16비트 크기의 숫자 표시창으로 소수점을 표시하기 위해 [그림 7-7]처럼 설정한다.

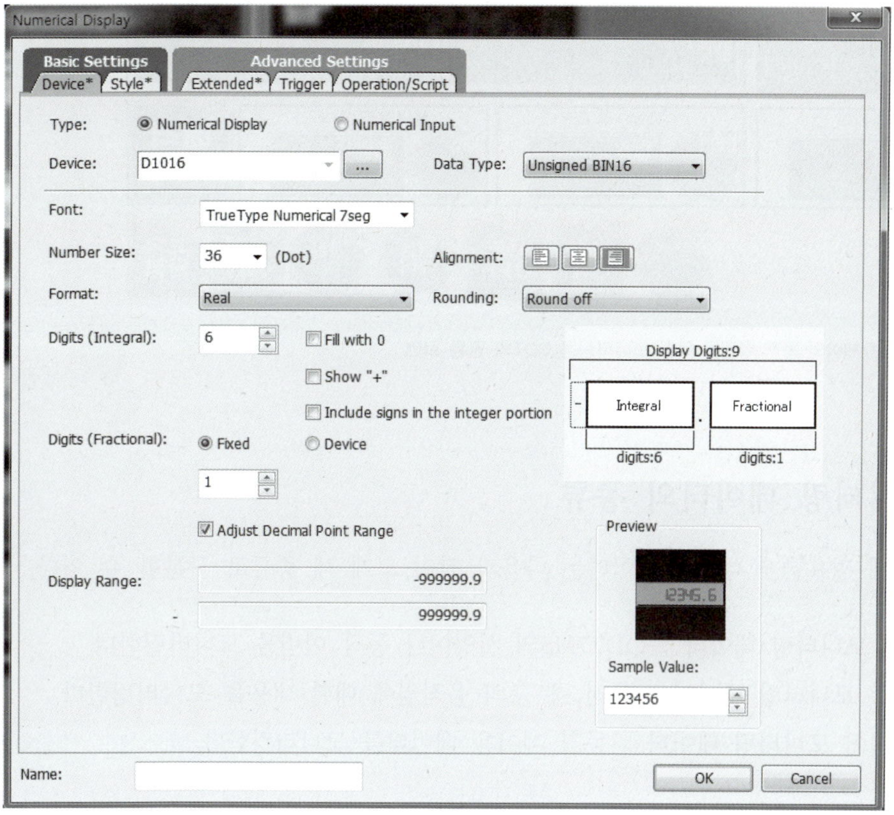

[그림 7-7] 인칭 및 펄스 운전 모드의 이동량 설정창의 설정 내역

7.2 모니터링 데이터

본격적인 위치 제어 동작을 구현하기 전에 QD77MS에서 발생하는 에러와 그에 대한 경고, 그리고 서보 앰프에서 발생한 에러 등을 GOT의 공통 화면에 표시하면, 사용자는 에러 발생 및 그 원인을 수월하게 파악할 수 있다. 에러가 발생했을 때, 에러 해제를 위한 조치 후에 에러 해제 버튼을 눌러서 발생된 에러를 해제하는 프로그램 작성법에 대해 살펴보자.

앞에서 작성한 GOT 화면을 살펴보면, [그림 7-8]과 같은 공통 화면이 모든 화면에 표시되어 있음을 확인할 수 있다. 공통 화면에는 위치 제어에 필요한 모니터링 데이터와 기능 버튼이 배치되어 있다. 이 책에서는 에러 및 경고 코드와 함께, 위치 제어에 필요한 서보의 이송 위치와 이송 속도를 모니터링할 수 있도록 화면을 배치했다.

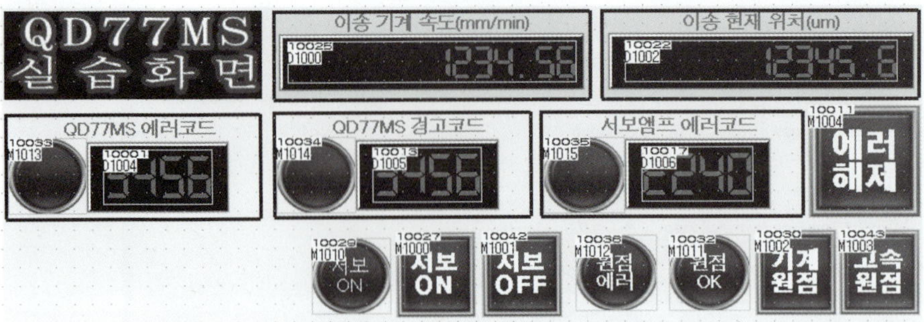

[그림 7-8] 서보 제어의 동작 확인을 위한 모니터링용 GOT의 공통 화면

7.2.1 모니터링 데이터의 종류

위치 제어에 필요한 모니터링 데이터는 다음과 같이 크게 세 종류로 구분할 수 있다.

- **시스템 모니터링 데이터** : QD77MS의 사양이나 동작 이력을 모니터링한다.
- **현재 축 모니터링 데이터** : 운전 중 축의 움직임에 대한 내용을 모니터링한다.
- **동기 제어 모니터링 데이터** : 동기 제어용 데이터를 모니터링한다.

QD77MS에서 모니터링할 데이터의 종류는 많지만, 실습에서는 서보 모터의 회전에 의해 움직이는 기계 장치의 이동 속도와 현재 위치값, 그리고 위치 제어 동작 중에 발생하는 에러 및 알람을 모니터링한다. QD77MS는 자신의 상태를 모니터링할 뿐만 아니라, 서보 앰프와의 SSCNETⅢ/H 타입의 통신을 통해 서보 앰프 동작 상태의 모니터링도 가능하다. 이러한 모니터링 데이터는 QD77MS의 버퍼 메모리에 저장되며, PLC 프로그램을 통해 이 메모리를 다시 읽어온다. [그림 7-8]의 GOT 화면에서 QD77MS 및 서보 앰프의 에러 및 경고 모니터링 데이터는 시스템 모니터링 데이터에 해당하고, 이송 기계 속도 및 이송 현재 위치는 현재 축 모니터링 데이터에 해당한다.

현재 축 모니터링 데이터

서보 모터의 동작 상태, 서보 모터에 의해 동작하는 기계장치의 현재의 위치나 속도를 파악하기 위한 데이터이다. 위치는 이송 기계 위치, 이송 현재 위치, 목표 위치로 구분해서 모니터링할 수 있고, 속도에서는 이송 속도, 현재 속도, 개별 축의 이송 속도, 목표 속도, 지령 중 속도를 모니터링할 수 있다. 이 책에서는 이송 기계 위치와 이송 속도에 대해서만 모니터링하는 방법에 대해 학습한다.

■ 이송 기계 위치

이송 기계 위치는 서보 모터에 연결된 축이 회전하면서 움직이는 워크의 현재 위치를 나타내는 모니터링 데이터이다. 이 데이터는 'Md.20 이송 현재값', 'Md.21 이송 기계값'으로 구분되는데, 이 책에서는 'Md.20 이송 현재값'을 모니터링한다.

[표 7-6] 이송 기계 위치 모니터링 데이터의 차이점

구분	버퍼 메모리 저장 내용	버퍼 메모리 번지
Md.20 이송 현재 위치	현재 지령하고 있는 위치의 좌표값이 저장된다. • 기계 원점복귀 완료 시에는 원점 좌표값이 저장된다. • 현재값 변경 기능에 의해 현재값이 변경되었을 경우에는 변경된 값이 저장된다.	800번지 801번지
Md.21 이송 기계 위치	기계 좌표에 의한 현재 위치의 좌표값이 저장된다. • 현재값 변경 기능에 의해서도 이송 기계 값은 변경되지 않는다.	802번지 803번지

■ 이송 기계 속도

이송 기계 속도는 서보 모터에 연결된 축이 회전하면서 움직이는 워크의 지령 속도(단위 : mm/min)를 나타내는 모니터링 데이터이다.

[표 7-7] 이송 기계 속도 모니터링 데이터

구분	버퍼 메모리 저장 내용	버퍼 메모리 번지
Md.22 이송 속도	운전 중에 모터 회전에 의해 움직이는 **워크의 지령 출력 속도**가 저장된다. 단축 운전의 경우엔 "Md.22 이송 속도"와 "Md.28 축 이송 속도"가 같다. 하지만 보간 운전에서 합성 모드인 경우, "Md.22 이송 속도"는 합성 방향의 속도, "Md.28 축 이송 속도"는 각 축 방향의 속도가 된다.	804번지 805번지

시스템 모니터링 데이터

이 데이터는 QD77MS의 동작과 서보 앰프의 동작 상태를 모니터링하는 데이터이다. 이 모니터링 데이터에 대해 학습해보자.

■ 서보 동작 상태 모니터링

QD77MS는 SSCNET/Ⅲ 통신을 통해 서보 앰프의 동작 상태를 모니터링할 수 있다. [표 7-8]에 모니터링 결과를 저장하는 메모리 번지와 비트별 기능을 나타내었다. 해당 비트를 검사해서 [그림 7-8]의 GOT 공통 화면에서의 서보 ON 램프와 서보 앰프의 알람과 경고를 표시한다. 서보 동작 상태 모니터링용 버퍼 메모리의 기능은 비트별로 부여되어 있다.

[표 7-8] 서보 동작 상태 모니터링 데이터

<table>
<tr><th>구분</th><th>버퍼 메모리 저장 내용</th><th>버퍼 메모리 번지</th></tr>
<tr><td>Md.108
서보
동작 상태</td><td>
비트별로 기능이 부여되어 있다.
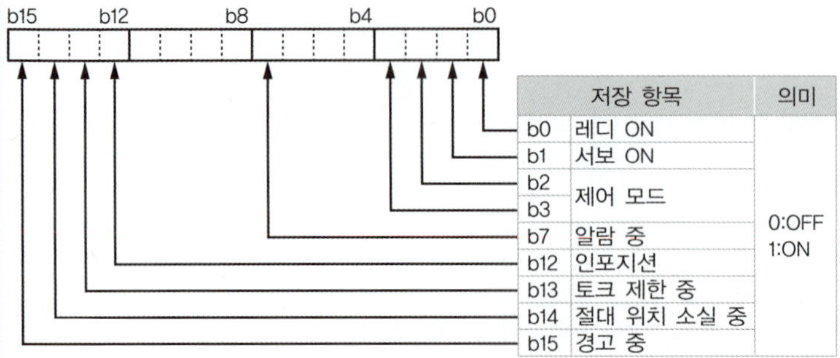

<table>
<tr><th colspan="2">저장 항목</th><th>의미</th></tr>
<tr><td>b0</td><td>레디 ON</td><td rowspan="9">0:OFF
1:ON</td></tr>
<tr><td>b1</td><td>서보 ON</td></tr>
<tr><td>b2
b3</td><td>제어 모드</td></tr>
<tr><td>b7</td><td>알람 중</td></tr>
<tr><td>b12</td><td>인포지션</td></tr>
<tr><td>b13</td><td>토크 제한 중</td></tr>
<tr><td>b14</td><td>절대 위치 소실 중</td></tr>
<tr><td>b15</td><td>경고 중</td></tr>
</table>
• 레디 ON : QD77MS와 서보 앰프의 통신이 정상 상태이면 해당 비트가 ON된다.
• 서보 ON : 서보 모터에 전원이 공급되어 Lock 상태가 될 때 해당 비트가 ON된다.
• 제어 모드 : 2개의 비트를 사용해서 서보 앰프의 제어 모드(00 : 위치 제어, 01 : 토크 제어, 10 : 속도 제어)를 나타낸다.
• 알람 중 : 서보 알람 발생 시에 ON
• 경고 중 : 서보 앰프에서 경고 발생 시에 ON
</td><td>877번지</td></tr>
</table>

■ QD77MS 동작 상태 모니터링

[표 7-9] QD77MS의 동작 상태 모니터링(스테이터스) 데이터 비트별 기능

<table>
<tr><th>구분</th><th>버퍼 메모리 저장 내용</th><th>버퍼 메모리 번지</th></tr>
<tr><td>Md.31
스테이터스
(status)</td><td>
비트별로 기능이 부여되어 있다.
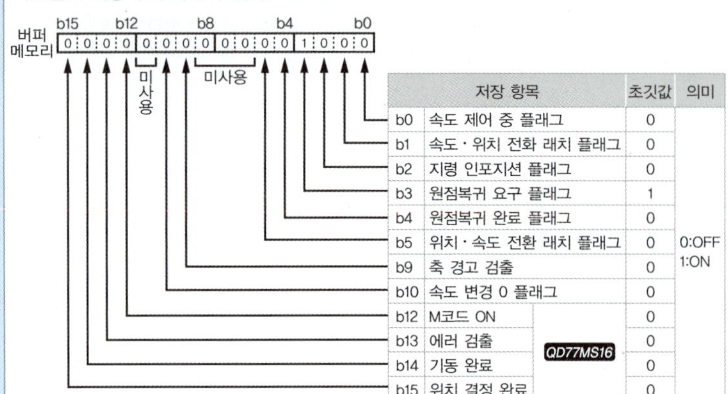

<table>
<tr><th colspan="2">저장 항목</th><th>초깃값</th><th>의미</th></tr>
<tr><td>b0</td><td>속도 제어 중 플래그</td><td>0</td><td rowspan="12">0:OFF
1:ON</td></tr>
<tr><td>b1</td><td>속도·위치 전환 래치 플래그</td><td>0</td></tr>
<tr><td>b2</td><td>지령 인포지션 플래그</td><td>0</td></tr>
<tr><td>b3</td><td>원점복귀 요구 플래그</td><td>1</td></tr>
<tr><td>b4</td><td>원점복귀 완료 플래그</td><td>0</td></tr>
<tr><td>b5</td><td>위치·속도 전환 래치 플래그</td><td>0</td></tr>
<tr><td>b9</td><td>축 경고 검출</td><td>0</td></tr>
<tr><td>b10</td><td>속도 변경 0 플래그</td><td>0</td></tr>
<tr><td>b12</td><td>M코드 ON (QD77MS16)</td><td>0</td></tr>
<tr><td>b13</td><td>에러 검출 (QD77MS16)</td><td>0</td></tr>
<tr><td>b14</td><td>기동 완료 (QD77MS16)</td><td>0</td></tr>
<tr><td>b15</td><td>위치 결정 완료 (QD77MS16)</td><td>0</td></tr>
</table>
• bit3 : 원점복귀 요구 플래그
전원 투입 시 또는 기계 원점복귀 기동 시에 ON되고, 기계 원점복귀가 완료하면 OFF된다. 즉 원점복귀가 필요할 때 ON되는 비트이다.
• bit4 : 원점복귀 완료 플래그
원점복귀가 정상적으로 완료되었을 때 ON되고, 기동할 때 OFF된다.
• bit9 : 축 경고 검출
축 경과 발생 시에 ON, 축 에러 리셋 ON으로 OFF된다.
</td><td>817번지</td></tr>
</table>

QD77MS의 동작 상태를 모니터링하기 위해서는 [표 7-9]에 나타낸 버퍼 메모리 817번지를 확인해야 한다. 해당 메모리는 QD77MS의 동작 상태를 비트별로 구분해서 동작 상태를 표시한다. 비트 12번부터 비트 15번까지는 QD77MS16 모듈에서 사용하기 때문에 실습에서 사용하는 QD77MS2와는 관계없는 비트 정보이다. 책에서는 QD77MS의 동작 상태 모니터링 데이터 중에서 [표 7-9]에서 설명한 3개의 비트 정보만을 사용한다.

7.2.2 QD77MS의 에러 및 경고 모니터링

위치 결정 모듈 QD77MS의 사용 중에 에러와 경고가 발생하면, 경험이 부족한 초보자들은 에러나 경고의 발생 원인이 무엇인지, 또 해결 방법에는 어떤 것이 있는지를 확인하지도 않고, PLC CPU를 리셋해서 모든 작업을 초기화하는 방법을 사용하곤 한다. 이러한 방법은 에러나 경고를 일시적으로 해결할 수는 있지만, 근본적인 해법이 될 수는 없다. 에러 발생의 원인이 해결되지 않으면 또 다시 에러 및 경고가 발생하기 때문에, 정상적인 위치 결정 제어를 할 수 없게 된다. 따라서 에러나 경고가 발생하면 원인을 파악하고 문제점을 해결한 후에, PLC 프로그램을 통해 QD77MS의 에러와 경고를 해제하는 방법을 살펴보자.

QD77MS가 검출하는 에러에는 파라미터 설정 에러와, 위치 결정 제어 중에 발생하는 에러가 있다. QD77MS에서 자주 발생하는 에러 일람표는 이 책의 부록에 수록하여 놓았다. 서보 앰프에서 발생하는 에러는 앞에서 학습한 5장의 '5.6.2 알람 및 경고 상태 표시'에서 확인할 수 있다.

QD77MS 에러의 종류

■ 파라미터 설정 범위 에러

QD77MS를 사용하기 위해서는 첫째로 CPU가 정상 상태로 동작 중임을 의미하는 SM403 신호를 사용해서 QD77MS의 PLC Ready 신호를 ON 상태로 만들어야 한다. QD77MS는, PLC Ready 신호가 ON될 때 사용자가 설정한 QD77MS의 파라미터 설정 내용을 체크해서 설정 내용에 오류가 있는 경우에 에러를 발생한다. 파라미터 설정 에러가 발생하면, QD77MS에서 PLC CPU에 전달하는 QD77MS 준비 완료 신호가 ON되지 않는다.

■ 운전 기동 시 에러 / 운전 중 에러

이 에러는, QD77MS에서 위치 결정 제어, JOG 운전, 인칭 운전, 운전 기동 시 또는 운전 중에 발생하는 에러이다. 에러 코드는 크게 QD77MS에서 발생하는 에러와, 서보 앰프에서 발생되는 에러로 구분할 수 있다. 에러가 발생하면 QD77MS의 에러 발생 입력 신호(X48)가 ON되고, QD77MS의 버퍼 메모리 806번지(Md.23 축 에러 코드(번호))에 최신의 에러 코드가 저장되며, 버퍼 메모리 888번지에는 서보 앰프의 에러 코드가 저장된다. 단, 에러 검출용 입력 신호가 ON한 후 에러 코드가 저장될 때까지 최대 1.8ms의 시간 지연이 있을 수 있다.

[표 7-10] QD77MS의 축별 에러 검출 신호 및 버퍼 메모리 번지 내역

축 번호	에러 발생 확인용 입력 신호	축 에러 코드(번호) 저장 버퍼 메모리 어드레스	서보 앰프 알람 저장 버퍼 메모리 어드레스
1	X48	806	888
2	X49	906	988
3	X4A	1006	1088
4	X4B	1106	1188

[표 7-11] 축 에러 및 서보 알람 내용

구분	버퍼 메모리 저장 내용	버퍼 메모리 번지
Md.23 축 에러 코드(번호)	축 에러 발생 시, 에러 내용에 해당되는 에러 코드가 저장된다. • 최신의 에러 코드가 저장된다. • 축 에러 리셋 기능을 사용하여 에러 코드를 클리어할 수 있다.	806번지
Md.114 서보 알람	서보 앰프 전면에 있는 FND 표시 장치에 표시되는 서보 알람 코드와 경고 코드가 저장된다. • 축 에러 리셋 기능을 사용하여 서보 알람을 클리어할 수 있다.	888번지

QD77MS 경고의 종류

경고에는 시스템 경고와 축 경고가 있다. 시스템 경고에는 시스템 제어 데이터의 설정 경고와 위치 데이터의 설정 경고가 있다. 축 경고는 위치 결정 운전, JOG 운전, 수동펄스 운전 등의 운전과 시스템 에러 항목 중에서 설정 경고에 의해 발생하는 경고로, 'Cd.5 축에러 리셋'을 ON하면 해제할 수 있다. [표 7-12]에 경고 코드를 분류하여 나타내었다.

[표 7-12] 경고 코드 내용

경고 코드	경고 구분	경고코드	경고 구분
100~199	공통적 경고	700~799	동기 제어 출력 축 경고
300~399	JOG 운전 시 경고	800~899	캠 데이터 조작의 경고
400~499	수동펄스 운전 시 경고	900~999	시스템 제어 데이터 체크 경고
500~599	위치 결정 운전 시 경고	2000~2999	서보 앰프 검출 경고
600~699	동기 제어 입출력 경고		

축 경고가 발생하면 [표 7-13]처럼 경고가 발생한 축 번호에 해당되는 QD77MS의 버퍼 메모리에 경고 코드가 저장된다. 예를 들어 1축에 축 경고가 발생하면 [표 7-14]처럼 807번지(Md.24 축 경고 코드(번호))에 해당 경고 코드가 저장된다. 1번 축 경고가 발생하면 [표 7-9]에 나타낸 QD77MS의 버퍼 메모리 817번지(Md.31 스테이터스)의 bit9에 '1'이 세트된다. 해당 비트가 1로 세트되면, 버퍼 메모리에 저장된 경고 코드를 확인하여 어떤 원인으로 인해 경고가 발생했는지를 알 수 있다. 2번 축의 경고를 확인하기 위해서는 버퍼 메모리 917번지의 bit 9를 확인해야 한다.

[표 7-13] 축별 경고 코드 저장 및 알림의 버퍼 메모리 번지 내역

축 No.	경고 코드 저장 버퍼 메모리	경고 코드 알림 버퍼 메모리
1	807	817
2	907	917
3	1007	1017
4	1107	1117

[표 7-14] 1번 축 경고 코드 저장 버퍼 메모리 번지와 기능

구분	버퍼 메모리 저장 내용	버퍼 메모리 번지
Md.24 축 경고 코드(번호)	축 경고 발생 시, 경고 내용에 해당되는 경고 코드가 저장된다. • 최신의 에러 코드가 저장된다. • 축 에러 리셋 기능을 사용하여 경고 코드를 클리어할 수 있다.	807번지

GX Works2를 이용한 QD77MS의 에러 코드 확인

QD77MS에서 에러가 발생하면, [표 7-9]의 버퍼 메모리에 저장된 에러 코드를 확인할 수도 있지만, GX Works2를 사용해서도 확인이 가능하다. [표 7-15]에 나타낸 순서처럼 작업하면 쉽게 에러 코드를 확인할 수 있다.

[표 7-15] GX Works2에서의 QD77MS의 에러 코드 확인 절차

<table>
<tr><th>순서</th><th>작업 내용</th><th>작업 화면</th></tr>
<tr><td>1</td><td>PLC 에러 모니터링
❶ GX Works2 메인 메뉴에서 [Diagnostics]를 선택한다.
❷ 펼쳐진 메뉴에서 [System Monitor]를 선택한다.</td><td>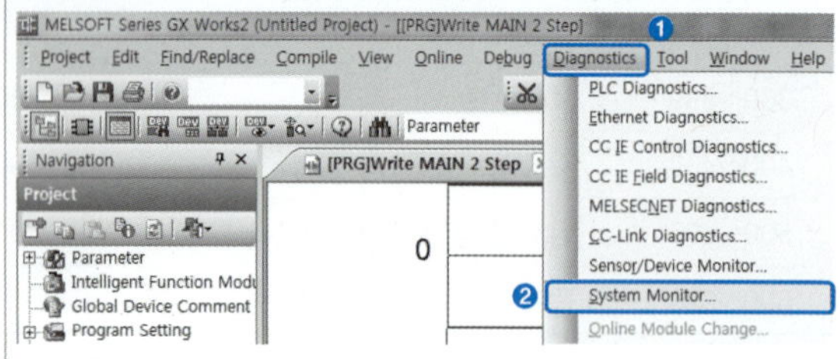
</td></tr>
<tr><td>2</td><td colspan="2">에러 발생 코드 확인
❶ [System Monitor] 창에서 QD77MS가 설치된 모듈을 더블클릭한다.
❷ 새롭게 생성된 창에서 QD77MS의 에러 코드를 확인한다.
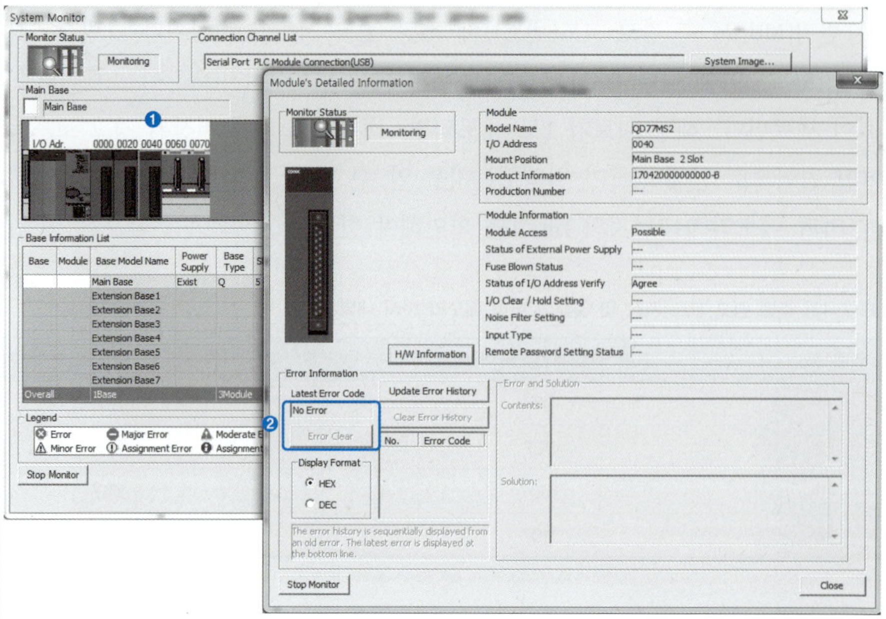
</td></tr>
</table>

7.2.3 에러/경고 리셋

7.2.2절에서 살펴본 것처럼 QD77MS 사용 중에 에러 및 경고가 발생하면, 이 책의 부록으로 있는 에러 일람표에서 에러 및 경고의 발생 원인이 무엇인지를 파악하고 해당 조치를 취한 후에, 에러 리셋을 실시하면 QD77MS를 정상 운전 상태로 만들 수 있다. 에러 및 경고를 리셋하는 방법은, 우선 QD77MS의 버퍼 메모리 1502번지(Cd.5 축 에러 리셋)에 '1'을

[표 7-16] 축별 에러 리셋을 위한 QD77MS의 버퍼 메모리 내역

축 No.	버퍼 메모리 어드레스
1	1502
2	1602
3	1702
4	1802

세트하는 것이다. 이후 다음과 같은 순서로 에러 및 경고 리셋 처리를 하면, 버퍼 메모리 1502의 설정값이 0으로 자동으로 재설정되면서 QD77MS가 정상 운전 상태가 된다.

① 축 에러 검출 신호를 OFF한다.
② 'Md.23 축 에러 코드'를 클리어한다.
③ 'Md.24 축 경고 코드'를 클리어한다.
④ 'Md.26 축 동작 상태'가 '에러 발생 중'에서 '대기 중'으로 이행한다.
⑤ 'Md.31 축 경고 검출(bit 9)'을 OFF한다.

7.3 위치 제어 프로그램 작성

[실습과제 7-1]

먼저 QD77MS로 위치 제어 프로그램을 작성하는 데 필요한 내용에 대해 살펴보자.

7.3.1 QD77MS 버퍼 메모리의 읽기와 쓰기

PLC CPU에서 QD77MS의 버퍼 메모리를 읽고 쓰는 방법으로는 '인텔리전트 기능 디바이스'를 사용하는 방법과 'FROM/TO 명령'을 사용하는 방법이 있다. 이 중 인텔리전트 기능 디바이스를 사용하면 프로그램이 좀 더 간단해지는 장점이 있으나, 산업현장에서는 멜섹A 시리즈부터 FROM/TO 명령을 사용해오고 있기 때문에, 두 가지 사용 방법에 모두 익숙해져야 한다. [실습과제 7-1]은 모니터링을 위해 QD77MS의 버퍼 메모리의 내용을 CPU로 읽어오는 과제로, 인텔리전트 기능 디바이스를 이용한 방법을 사용한다.

인텔리전트 기능 모듈의 식별 코드

인텔리전트 기능 모듈 디바이스 명령어는 MOV 명령어를 이용하여 기존의 인텔리전트 기능 모듈의 버퍼 메모리를 읽고 쓰기 위한 명령어이다. 인텔리전트 기능 모듈 디바이스는 QD77MS에서 사용되는 버퍼 메모리를 의미한다. [그림 7-9]와 같이 PLC CPU가 장착된 베이스 보드에 여러 개의 QD77MS를 장착하여 사용할 수 있다. [그림 7-9]에는 슬롯 4번~7번까지 4개의 인텔리전트 기능 모듈이 장착되어 있다. 동일한 인텔리전트 기능 모듈이 사용되는 경우에는 모듈을 구분하기 위한 식별 코드가 필요하다. 식별 코드로 인텔리전트 기능 모듈에 할당된 입출력 번지를 사용한다.

[그림 7-9] PLC의 베이스 보드에 장착된 인텔리전트 기능 모듈의 입출력 번지

입출력 모듈과 인텔리전트 기능 모듈에 할당된 입출력 번지에서 마지막 자리의 0~F는 PLC의 베이스 보드에 장착되는 모든 모듈에 공통으로 사용되기 때문에 마지막 16진수 숫자를 제외한 나머지 숫자 중에서 낮은 숫자를 식별 코드로 사용한다. [그림 7-9]에서 슬롯 4번에 설치된 인텔리전트 기능 모듈의 입출력 번지는 0x70~0x8F인데, 마지막 자리는 식별 코드로 사용하지 않는다. 이를 뺀 나머지 숫자는 7과 8이기 때문에 식별 코드는 '7'이 된다. 한편 슬롯 7번에 설치된 인텔리전트 기능 모듈의 식별 코드는 'D'가 된다. 실습에 사용하는 QD77MS의 입출력 번지는 0x40~0x5F로 할당되어 있기 때문에 식별 코드는 '4'가 된다. 식별 코드는 독자들이 사용하는 PLC의 시스템 구성에 따라 달라지기 때문에 해당 내용을 참고하여 QD77MS의 식별 코드를 확인하기 바란다.

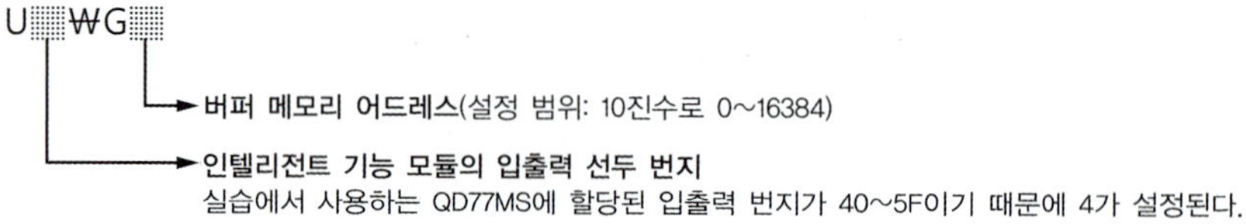

[그림 7-10] 인텔리전트 기능 모듈의 버퍼 메모리 번지 표현 방법

인텔리전트 기능 모듈 디바이스를 CPU로 읽어 오기 위한 명령

QD77MS의 동작 상태를 모니터링하기 위해서는 QD77MS의 버퍼 메모리를 CPU로 읽어 와야 한다. [그림 7-11]은 입력 X00이 ON되었을 때, 입출력 선두 번지가 40으로 시작하는 인텔리전트 기능 모듈인 QD77MS의 버퍼 메모리 817번지에 저장되어 있는 데이터를, CPU의 D0의 메모리로 읽어오는 명령이다.

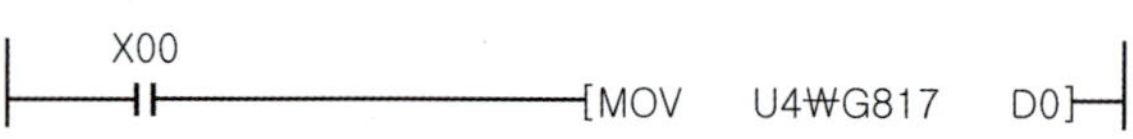

[그림 7-11] 인텔리전트 모듈의 버퍼 메모리 읽기 명령어

CPU에서 인텔리전트 기능 모듈 디바이스에 데이터를 쓰기 위한 명령

[그림 7-12]는 X00이 ON되었을 때, 인텔리전트 기능 모듈의 버퍼 메모리 1500번지에 9001의 값을 쓰기 위한 명령어이다.

[그림 7-12] 인텔리전트 모듈의 버퍼 메모리 쓰기 명령어

앞에서 살펴본 인텔리전트 기능 모듈 디바이스의 읽기 및 쓰기 명령을 사용하면 QD77MS를 이용한 위치 제어 프로그램을 좀 더 편리하게 작성할 수 있다.

FROM / TO 명령어

■ TO 명령어

TO 명령어는 인텔리전트 기능 모듈의 버퍼 메모리에 데이터를 쓰기 위한 명령이다.

[표 7-17] TO 명령어

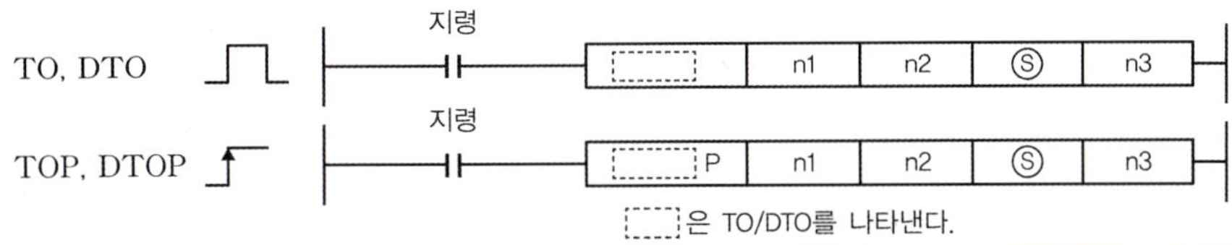

설정 내역	기능
n1	인텔리전트 기능 모듈의 선두 입출력 번호(식별 코드)
n2	데이터 쓰기를 할 인텔리전트 기능 모듈의 버퍼 메모리 선두 번지
S	쓰기 할 데이터 또는 쓰기 할 데이터가 저장되어 있는 메모리 선두 번지
n3	쓰기 할 데이터의 수(TO는 1~6144 / DTO는 1~3072)

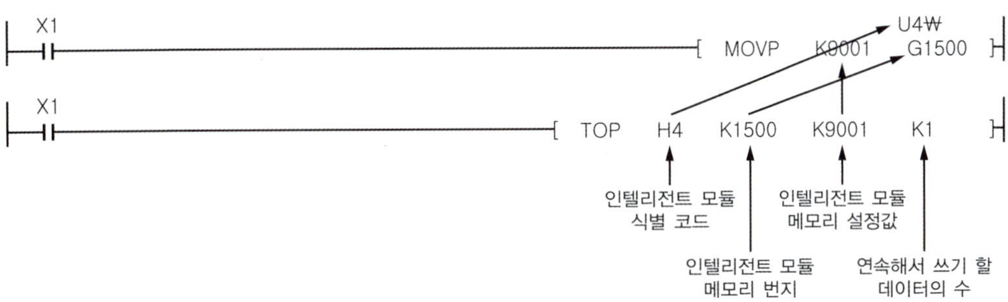

[그림 7-13] 인텔리전트 명령어와 TO 명령어의 사용법

■ FROM 명령어

FROM 명령어는 인텔리전트 기능 모듈 버퍼 메모리의 데이터를 읽기 위한 명령이다.

[표 7-18] FROM 명령어

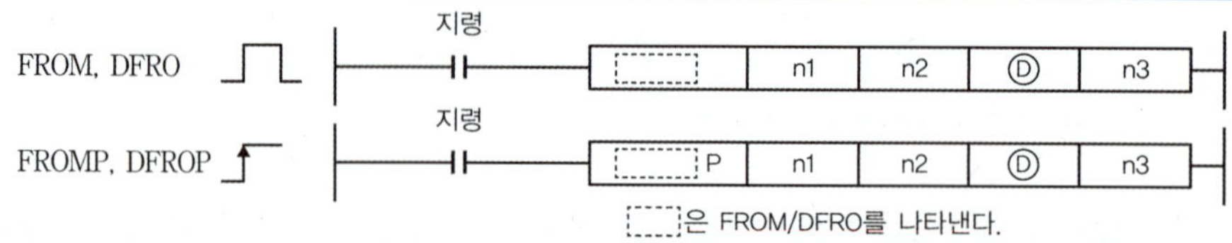

설정 내역	기능
n1	인텔리전트 기능 모듈의 선두 입출력 번호(식별 코드)
n2	읽기 할 인텔리전트 기능 모듈의 버퍼 메모리 선두 번지
S	읽은 데이터를 저장할 메모리 선두 번지
n3	읽기 할 데이터의 수(TO는 1~6144 / DTO는 1~3072)

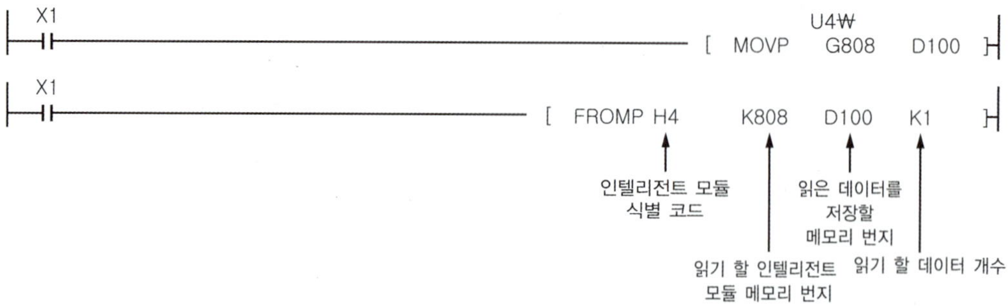

[그림 7-14] 인텔리전트 명령어와 FROM 명령어의 사용법

인텔리전트 모듈의 버퍼 메모리의 데이터를 비교하거나 논리 연산을 할 때에는 FROM 명령어를 사용해서 비교할 데이터가 저장되어 있는 버퍼 메모리의 데이터를 PLC CPU의 메모리로 읽어온 후에 비교 또는 논리 연산을 실시한다. [그림 7-15]에 비교 연산을 할 때의 인텔리전트 명령어와 FROM 명령어의 사용법을 나타내었다.

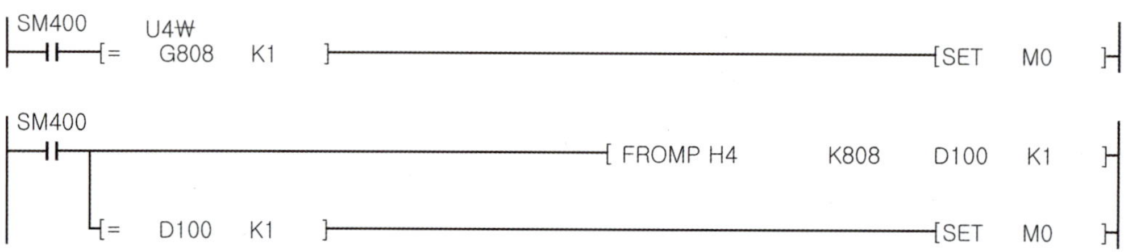

[그림 7-15] 비교 및 논리 연산을 할 때 FROM 명령어 사용법

이 책에서는 프로그램을 작성할 때 인텔리전트 명령어를 사용하지만, FROM/TO 명령어를 사용하고자 할 경우에는 [그림 7-13]과 [그림 7-14]의 내용을 참고하여 인텔리전트 명령어를 FROM/TO로 변환해서 사용하기 바란다.

7.3.2 기능별 프로그램 작성하기

이 책에서는 QD77MS가 가지고 있는 다양한 기능을 사용하여 위치 제어 프로그램을 작성한다. QD77MS를 처음 배우는 초보자에게는, 복잡하고 다양한 기능을 가지고 있는 위치 제어 프로그램을 한 개의 프로그램으로 작성하는 것이 어렵게 느껴질 수 있다. 그래서 실습과제별로 프로그램을 분할하여 작성한 후에 PLC의 파라미터에서 실행할 프로그램을 선택해서 기능별로 프로그램을 테스트할 수 있도록 한다.

각 실습과제에 해당하는 프로그램명은 다음과 같이 할당한다.

[표 7-19] 실습과제별 할당 프로그램

실습과제 번호	해당 프로그램명	실습과제 번호	해당 프로그램명
실습과제 7-1	EXEC_01	실습과제 8-9	EXEC_6_3
실습과제 8-1	EXEC_02	실습과제 8-10	EXEC_7_1
실습과제 8-2	EXEC_3_1, EXEC_3_2	실습과제 8-11	EXEC_7_2
실습과제 8-3	EXEC_3_1, EXEC_3_2	실습과제 8-12	EXEC_7_3
실습과제 8-4	EXEC_4	실습과제 9-1	EXEC_8_1
실습과제 8-5	EXEC_4	실습과제 9-2	EXEC_8_2
실습과제 8-6	EXEC_5_1, EXEC_5_2, EXEC_5_3	실습과제 9-3	EXEC_8_3
실습과제 8-7	EXEC_6_1	실습과제 9-4	EXEC_9_1, EXEC_9_2
실습과제 8-8	EXEC_6_2		

■ 실습과제별로 프로그램 분할 작성하기

[표 7-20] PLC 프로그램을 기능별로 분할하기 위해 새로운 모듈 프로그램 만들기

순서	작업 내용	작업 화면
1	**프로그램명 변경** GX Works2를 실행한 후, 새로운 프로젝트를 만들고, MAIN으로 설정된 프로그램명을 변경한다. ❶ [MAIN]을 선택한 후에 마우스를 우클릭한다. ❷ [Rename]을 선택한 후에 MAIN을 'EXEC_01'로 변경한다.	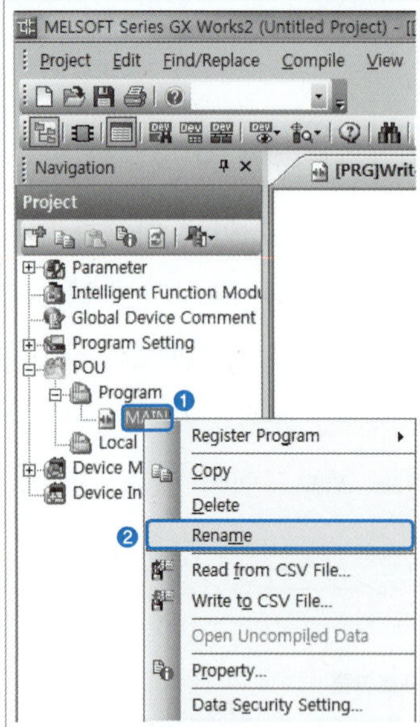
2	**새로운 프로그램 추가** 실습과제별로 새로운 프로그램 모듈을 추가한다. ❶ [Program]을 선택한 후에 마우스를 우클릭한다. ❷ 팝업 창에서 [Add New Data...]를 선택한다. ❸ 새롭게 생성된 [New Data] 창에서 [Data Name]에 'EXEC_02'를 입력한다. ❹ [OK] 버튼을 클릭한다.	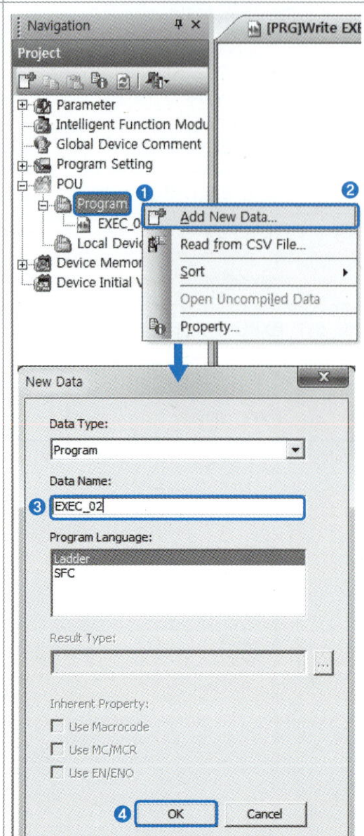

GX Works2에서는 프로그램을 분할해서 작성한 후, 이를 순차적으로 실행시켜서 하나의 프로그램이 실행되듯이 할 수 있다. 따라서 실습과제별로 프로그램을 작성한 후에 프로그램을 실행할 때에는 기능별로 분할해서 만든 프로그램이 하나의 프로그램처럼 동작할 수 있도록 한다.

■ 실습과제별로 작성한 프로그램의 실행 방법

[실습과제 7-1]부터 [실습과제 9-4]까지 모듈별로 프로그램을 작성한 후에, 모듈을 연결해서 한 개의 프로그램이 실행되듯이 전체 프로그램을 실행하려면, 기능별로 작성된 프로그램을 실행 순서에 맞게 등록해야 한다.

[표 7-21] **모듈별로 작성한 프로그램 중 실행할 프로그램을 선택해서 등록하기**

작업 화면 및 작업 내용
❶ 프로그램 폴더에 여러 개의 프로그램이 있음을 확인한다. ❷ [PLC Parameter]를 선택한 후에 더블클릭한다. ❸ [Parameter Setting] 창에서 [Program] 탭을 선택한다. ❹ 실행할 프로그램 중에서 제일 마지막에 실행할 프로그램(여기서는 EXEC_02)부터 선택한다. [Delete]를 누르면 등록된 프로그램이 삭제된다. ❺ [Insert] 버튼을 클릭하면 우측의 실행 프로그램 리스트에 프로그램이 추가된다. 나머지 실행할 프로그램도 ❹처럼 추가한다. ❻ [End] 버튼을 누른다.

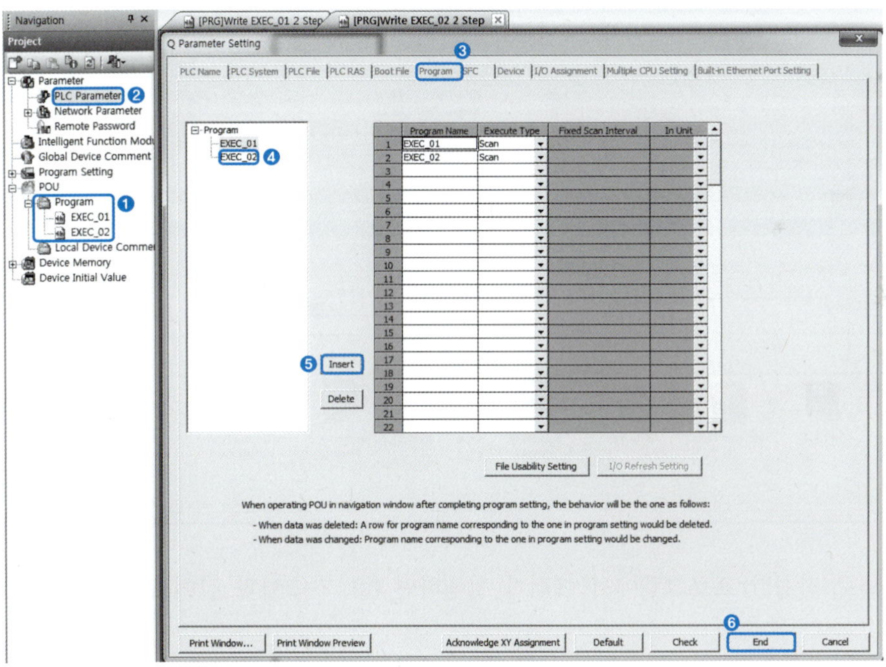

모듈로 작성한 프로그램이 정상적으로 실행되기 위해서는, 여러 모듈을 하나의 프로그램처럼 실행하기 위한 PLC의 파라미터 설정 내역을 PLC로 다운로드해야 한다. 실행할 프로그램과 파라미터를 다운로드한 후에는 CPU를 리셋해야 변경된 파라미터가 적용되어 프로그램이 정상적으로 실행될 수 있다. 만약 프로그램 모듈 2개를 PLC CPU로 다운로드했는데 파라미터에서 실행할 프로그램을 등록하지 않았다면, CPU는 둘 중 어떤 프로그램을 실행시켜야 할지 알 수 없기 때문에 에러가 발생한다.

만약 이 책에서 제시한 기능별 프로그램 작성이 번거롭다고 생각되면, 과제별 프로그램을 하나의 프로그램에 연결해서 작성한다.

[표 7-22] **모듈별로 작성한 프로그램의 실행을 위한 프로그램과 PLC 파라미터 다운로드**

작업 화면 및 작업 내용
메인 메뉴 [Online]에서 [Write to PLC]를 선택하면, 앞에서 작성한 2개의 프로그램 모듈이 나타난다. 이때 PLC의 파라미터에서 두 개의 프로그램 중에서 어떤 것을 실행할 것인지를 설정하지 않고 파라미터를 전송하면, CPU에서 에러가 발생한다.

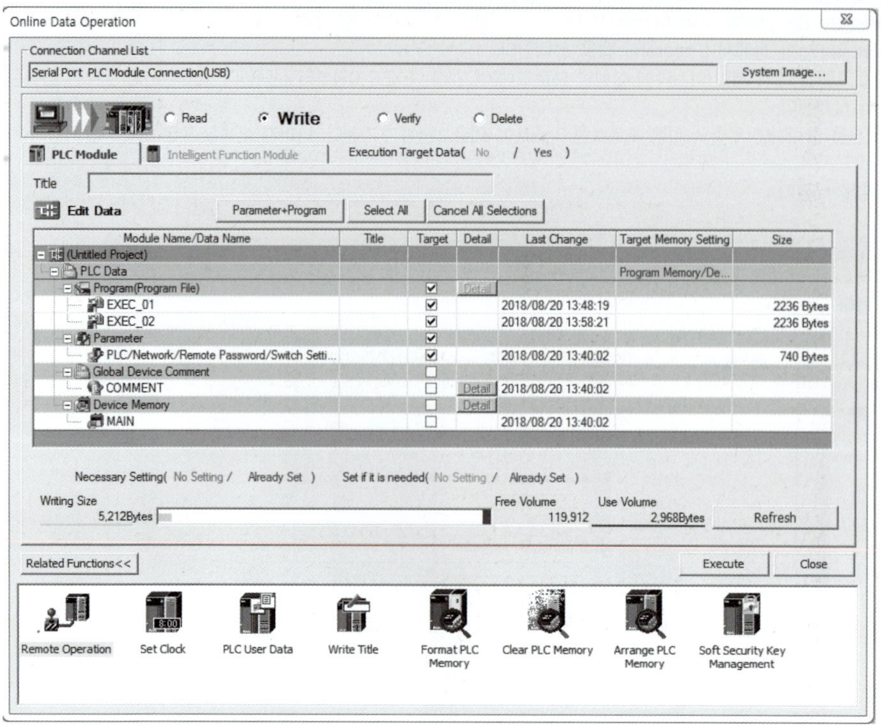

만약 모듈별로 작성한 프로그램에서 에러가 발생하면 [표 7-23]과 같이 조치한다.

[표 7-23] 모듈로 작성한 프로그램에서 에러가 발생했을 때의 조치 방법

<table>
<tr><th>순서</th><th>작업 화면 및 작업 내용</th></tr>
<tr><td>1</td><td>

CPU 에러 확인

CPU에서 발생한 에러의 원인을 확인한다.

❶ 메인 메뉴에서 [Diagnostics]를 선택한다.
❷ [PLC Diagnostics]를 선택한다.

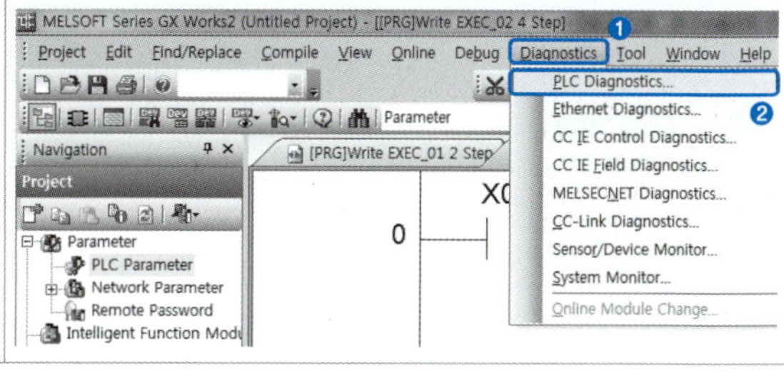

</td></tr>
<tr><td>2</td><td>

프로그램에서 발생한 에러 확인 절차

❶ PLC 진단창의 [Error Information]에서 1번의 에러 내용을 더블클릭한다.
❷ 에러창에서 발생한 에러를 확인한다(여기서는 파라미터 에러가 발생했다. 그 원인은 CPU의 메모리에 여러 개의 프로그램 모듈이 다운로드되어 있음에도 불구하고 PLC의 파라미터에는 어떤 프로그램을 어떤 순서로 실행할 것인지에 대한 정보가 없기 때문이다).
❸ 에러 내용을 확인하고 [Close]를 클릭한다.

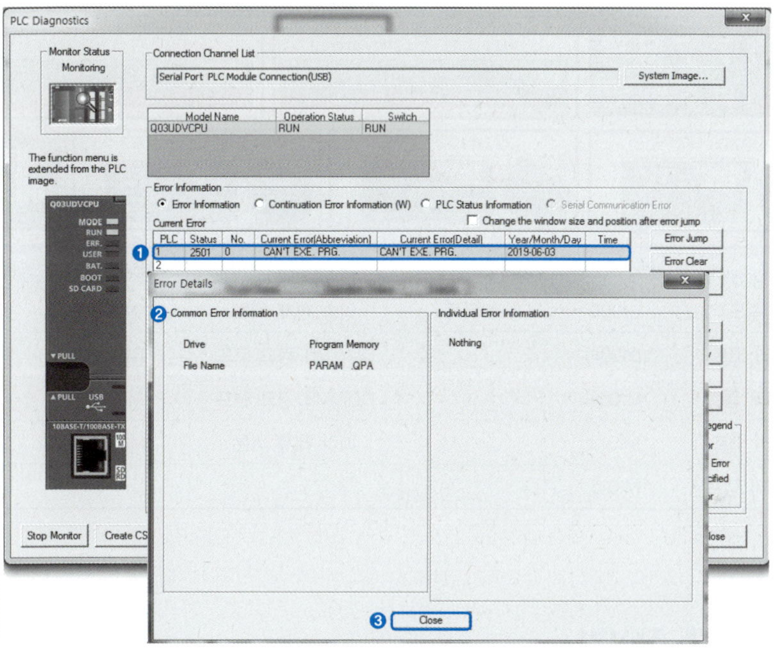

</td></tr>
</table>

에러 발생 내용을 확인한 후 PLC의 파라미터에서 실행할 프로그램을 순서대로 등록하고, 새로운 파라미터를 PLC로 다운로드한 후에 CPU를 리셋하면, 에러가 해제될 것이다.

➔ 실습과제 7-1 모니터링 및 에러/경고 리셋

QD77MS의 동작 상태 모니터링을 위해 지정된 버퍼 메모리의 데이터를 읽어서 GOT에 표시하는 프로그램의 작성법에 대해 학습한다.

[Section 7.3]

해당 프로그램명 : EXEC_01

QD77MS의 동작 상태를 모니터링하고, 에러 및 경고가 발생하면 해당 코드를 GOT에 표시하면서도, 에러 해제 버튼을 누르면 발생한 에러 및 경고를 리셋할 수 있는 프로그램을 작성해보자.

[표 7-24] GOT2000의 공통 화면의 메모리 할당 내역

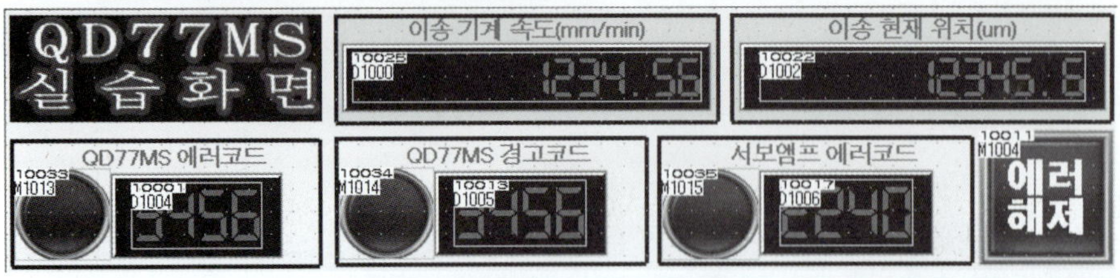

구분	메모리 번지	추가 기능	구분	메모리 번지	추가 기능
이송 기계 속도	D1000	32비트	이송 현재 위치	D1002	32비트
QD77MS 에러 코드	D1004		QD77MS 경고 코드	D1005	
서보 앰프 에러 램프	M1006		QD77MS 경고 램프	M1014	
QD77MS 에러 램프	M1013		에러 해제 버튼	M1004	램프(M0)
서보 앰프 에러 램프	M1015				

PLC 프로그램 작성법

■ QD77MS 동작 상태 모니터링 과에러 및 경고 발생 확인용 버퍼 메모리

[실습과제 7-1]은 QD77MS에서 모니터링 데이터를 확인할 수 있도록 해주고, 에러나 경고가 발생했을 때 사용자에게 에러나 경고 코드를 알려주며, 발생한 에러와 경고를 리셋하기 위한 과제이다. 이 과제를 해결하기 위해서는 모니터링 데이터와 에러 및 경고 코드가 저장되어 있는 버퍼 메모리의 번지를 확인해야 한다. 이송 기계 속도와 이송 현재 위치, QD77MS 및 서보 앰프의 에러 및 경고 확인, 그리고 해당 램프의 점멸 동작을 위해서는 해당 데이터를 저장하는 버퍼 메모리의 번지 확인을 우선해야 한다.

[표 7-25]는 [실습과제 7-1]의 프로그램 작성에 필요한 QD77MS의 버퍼 메모리의 기능과 번지에 대해 정리한 것이다.

[표 7-25] 실습과제에서 모니터할 QD77MS의 버퍼 메모리 내역

모니터 항목	버퍼 메모리 번지	메모리 크기 및 위치
이송 현재값	800번지	32비트 크기
이송 기계 속도	804번지	32비트 크기
축 에러 코드	806번지	16비트 크기
축 경고 코드	807번지	16비트 크기
서보 앰프 에러 코드	888번지	16비트 크기
QD77MS 경고 램프	817번지	Bit 9번
서보 앰프 에러 및 경고 램프	877번지	Bit 7번, 15번

■ 분할 작성된 프로그램의 실행 방법

[표 7-21]과 같이 실습과제의 프로그램을 과제마다 별도로 작성했기 때문에, 주어진 실습과제를 테스트하기 위해서는 과제별로 작성된 프로그램을 어떻게 실행할 것인지 PLC 파라미터에서 설정해야 한다. [실습과제 7-1]에서는 프로그램 명칭을 EXEC_01로 작성했다. 해당 프로그램을 실행하기 위해서는 [그림 7-16]과 같은 형태로 PLC 파라미터를 설정하고, 작성한 프로그램과 파라미터를 PLC CPU로 전송한 후, [실습과제 7-1]의 동작을 테스트한다.

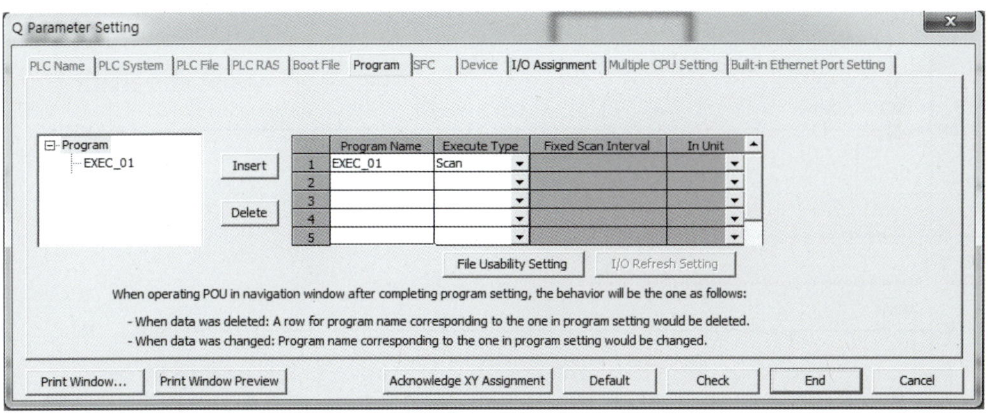

[그림 7-16] EXEC_01의 프로그램 실행 방법

PLC 프로그램

실습과제 1 : EXEC_01

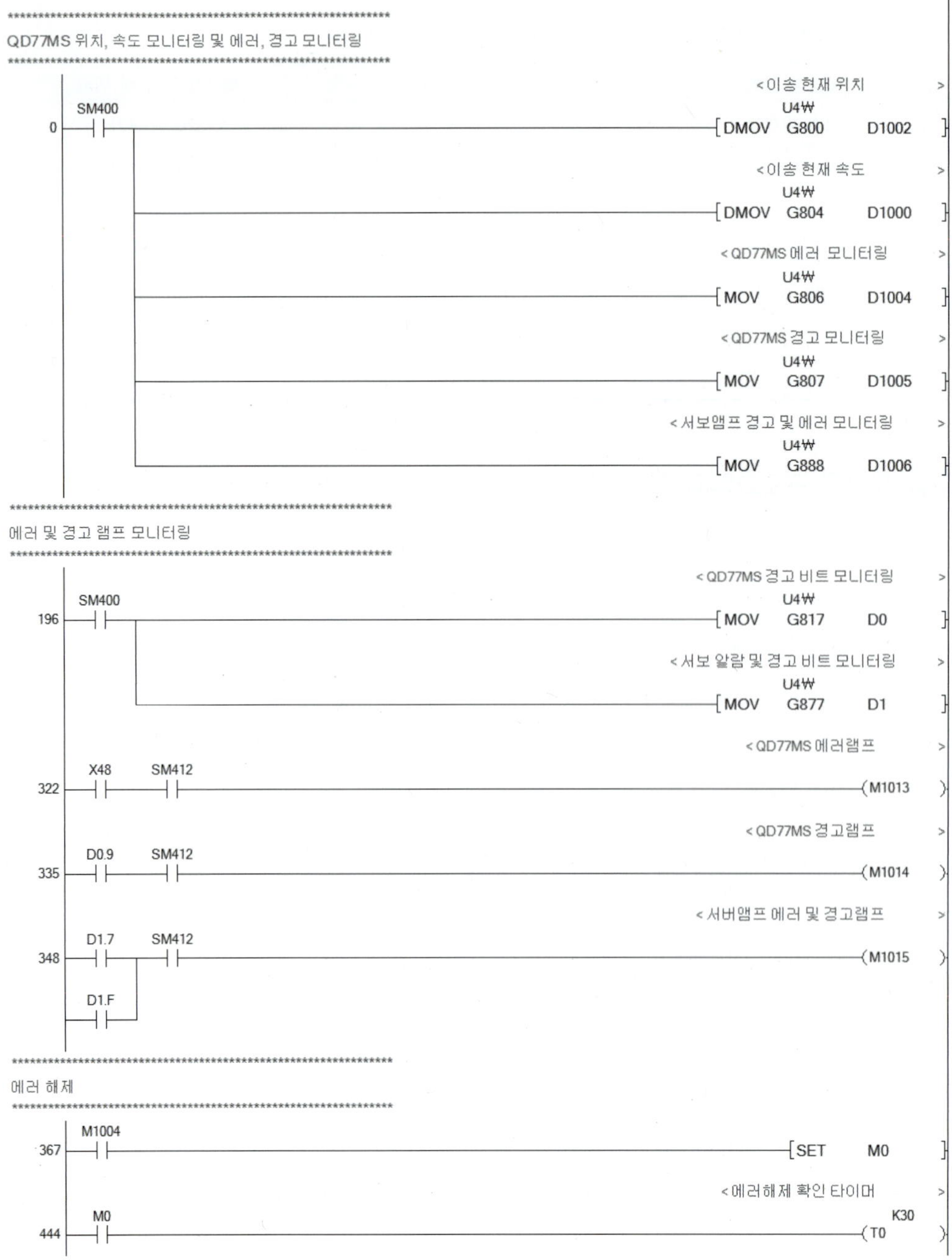

(계속)

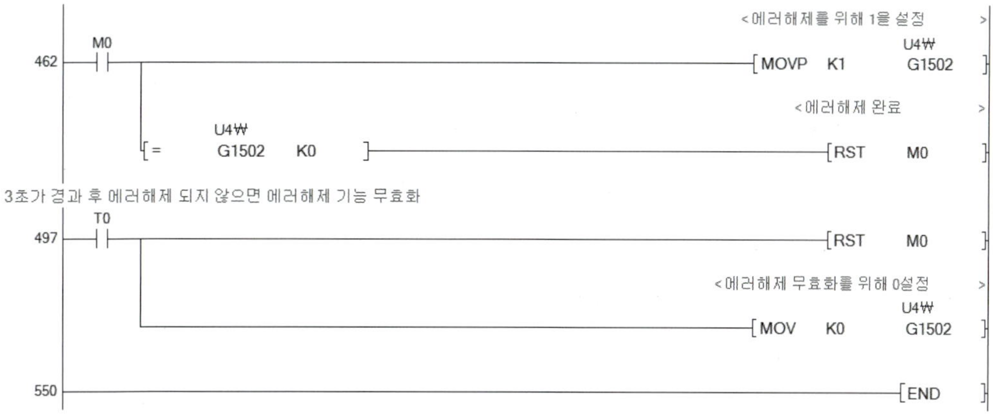

[프로그램 7-1] EXEC_01 : QD77MS 모니터링 프로그램

작성한 PLC 파라미터와 프로그램을 PLC CPU로 다운로드한 후에는 반드시 PLC CPU를 리셋한 후에 프로그램 동작 테스트를 실시한다. [프로그램 7-1]을 작성해서 PLC CPU로 다운로드한 후에 서보 모터를 손으로 회전시켜 보면 위치값이 변경됨을 확인할 수 있다. QD77MS에서는 서보 앰프에 전원이 인가되어 있다. 광통신 케이블로 통신이 연결되어 있으면 서보 모터 OFF 상태에서도 모터의 회전량을 검출하여 이송 현재값에 반영하는 팔로 업follow up 기능이 있다.

프로그램 라인 0번에서 이송 현재 위치와 속도값은 32비트 크기의 데이터를 사용하기 때문에 DMOV 명령을 사용하고, 에러 및 경고는 16비트 크기의 데이터를 사용하기 때문에 MOV 명령을 사용하고 있다.

에러를 발생시켜서 에러 코드가 GOT에 표시되는지 확인하기 위해 서보 앰프에 연결되어 있는 서보 모터의 엔코더 케이블을 분리해보자. 엔코더 케이블이 분리되면 서보 앰프에서 에러가 발생한다. 이때 QD77MS에서는 '2020', 서보 앰프에서는 '201'이라는 에러 코드가 표시되면서 에러 램프가 점멸 동작한다.

QD77MS의 매뉴얼에서 에러 코드를 찾아보면 [표 7-26]과 같다. 서보 앰프 FND에는 20.1로 표시되는데, GOT에서는 소수점을 표시하지 않기 때문에 201로 표시된다. 에러 발생을 확인한 후, 분리한 엔코더 케이블을 서보 앰프에 다시 연결하고, 에러 해제 램프를 눌러보자.

[표 7-26] 에러 코드

QD77MS 에러 코드	서보 앰프 LED 표시	에러 내용	상세 내용
2020	20.1	엔코더 통상 통신 이상 1	엔코더 통신 수신 데이터 이상 1
	20.2		엔코더 통신 수신 데이터 이상 2
	20.3		엔코더 통신 수신 데이터 이상 3

에러 해제 버튼을 누르면, 에러 해제 버튼에 내장된 램프가 점등되었다가 3초 후에 소등되지만 에러는 해제되지 않음을 확인할 수 있다. 에러 해제 버튼을 누르면 QD77MS와 서보 앰프에서 발생한 에러가 해제되어야 할 듯하지만, 서보 앰프에서 발생한 에러에는 해제 가능한 에러와 해제가 불가능한 에러가 있다. 에러 해제가 불가능한 에러의 경우에는 에러 해제를 위해 QD77MS의 버퍼 메모리 1502에 설정한 1의 값이 0으로 변경되지 않고 1의 상태가 유지되는 문제점을 가지고 있다. 따라서 에러 해제 버튼을 누르고 일정 시간이 경과해도 에러 해제가 되지 않는 경우에는 강제로 에러 해제 기능을 무효로 해야 하기 때문에[1] 버퍼 메모리 1502에 0을 재설정해야 한다. 프로그램 라인 497번을 살펴보면, 3초가 경과해도 에러 해제가 되지 않았을 경우에 에러 해제 기능을 무효화하는 기능이 구현되어 있음을 확인할 수 있다.

서보 모터의 엔코더 케이블을 연결한 서보 앰프의 AC 전원을 OFF했다가 다시 ON하면, 서보 앰프에서 발생한 에러 201은 해제되기 때문에 서보 앰프 에러 점멸 램프는 소등된다. 그러나 QD77MS의 에러 램프는 계속 점멸 동작하고, 에러 코드는 이전의 값이 그대로 표시된다. 이때 에러 해제 버튼을 누르면 에러가 해제됨을 확인할 수 있다.

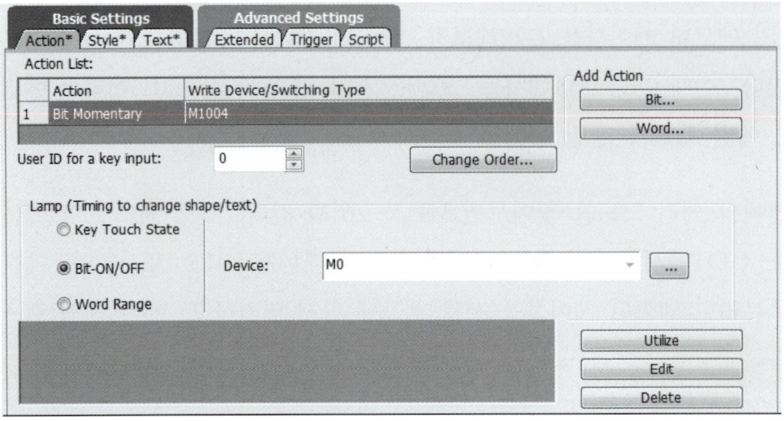

[그림 7-17] 에러 해제 버튼에 램프 기능 추가

1 에러 해제를 실시했음에도 불구하고 에러가 해제되지 않기 때문에 이전에 실행한 에러 해제의 유효 기능을 무효화해야 한다.

Chapter 08

QD77MS 위치 제어

QD77MS를 이용한 위치 제어에 필요한 수동 운전(JOG, 인칭, 펄스 운전)과 원점복귀, 그리고 주요한 위치 결정·제어 방법에 대해 학습한다. 기능별로 프로그램을 작성해서 테스트하기 전에 PLC 파라미터 설정에서 테스트할 프로그램 설정이 정확한지를 확인한다.

8.1 수동 운전

[실습과제 8-1]

GOT의 첫 번째 메인 화면에서 화면 전환 버튼을 눌러 수동 조작 화면으로 변경한다. 수동 운전은 JOG 운전, 인칭 운전, 펄스 운전 모드로 구분된다.

8.1.1 JOG 운전

JOG 운전은, 정회전 JOG 기동 신호(X48)와 역회전 JOG 기동 신호(X49)가 ON 상태인 동안, 사전에 설정한 JOG 운전 속도로 서보 모터에 연결된 볼 스크류를 회전시켜 테이블을 이송하는 동작을 의미한다.

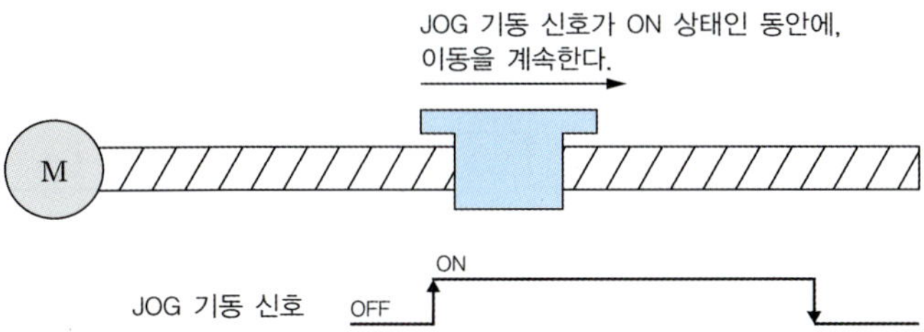

[그림 8-1] JOG 운전

JOG 운전은 [그림 8-2]의 동작 타임 차트와 같이 QD77MS의 버퍼 메모리 설정과 입출력 신호의 ON/OFF 제어에 의해 이루어진다.

❶ PLC 레디(Ready) 신호를 ON하면 QD77MS 준비 완료 신호가 ON된다. 이 상태에서 모든 축이 서보 ON하면 서보 모터에 전원이 공급되어 서보 모터의 동작 준비가 완료된다. 이때 정전 JOG 기동 신호를 ON하면, 'Pr.32 JOG 운전 가속시간 선택'에서 지정된 가속시간으로 가속이 시작되고, Busy(X4C) 신호가 OFF → ON 상태로 변경된다.

❷ 가속 중에 'Cd.17 JOG 속도'에 이르면, 이 속도로 서보 모터가 회전한다.

❸ JOG 기동 신호를 OFF하면, 'Pr.33 JOG 운전 감속시간 선택'에서 지정한 감속시간으로 감속을 시작하고 속도가 0이 되면 정지한다. 이때 Busy 신호가 ON → OFF로 변경된다.

역전 JOG 운전은 서보 모터의 회전 방향만 반대일 뿐 정전 JOG 운전과 동일한 순서로 동작한다.

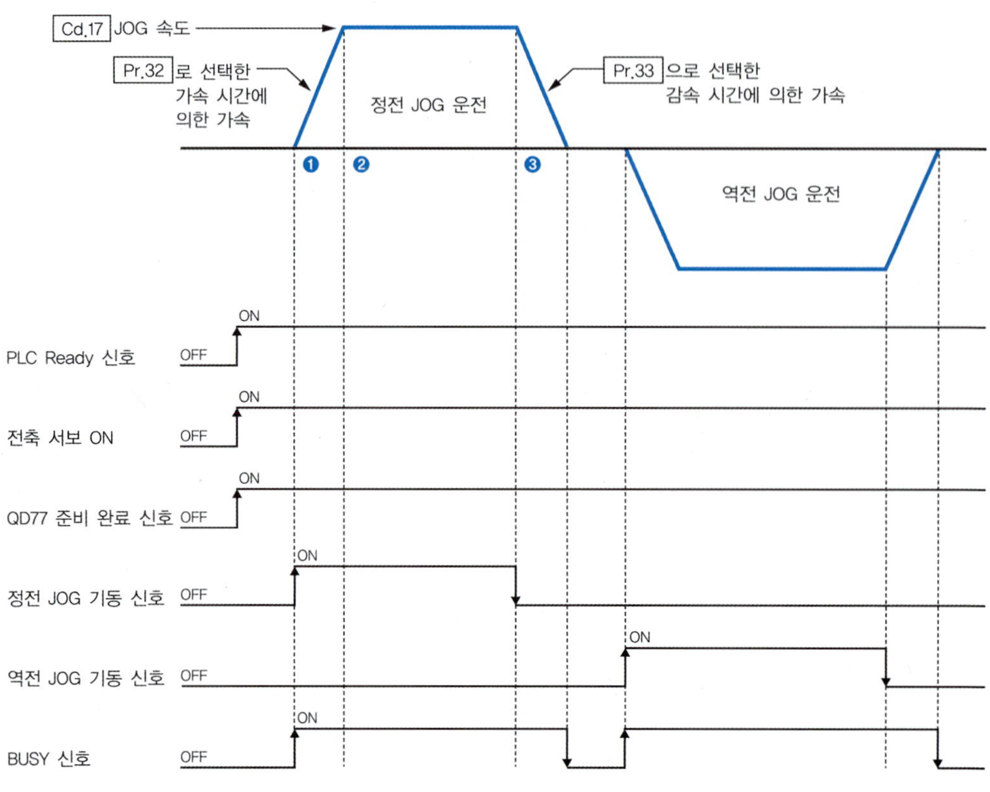

[그림 8-2] JOG 운전의 동작 타임 차트

JOG 운전을 실행하기 위해서는 QD77MS의 버퍼 메모리에 JOG 운전을 위한 설정값을 등록해야 한다. QD77MS의 파라미터에서 설정한 값을 그대로 사용하거나, 또는 JOG 운전 중에 설정값을 변경해서 사용할 수 있다. 이 책에서는 Pr.32와 Pr.33의 JOG 가감속시간 및 JOG 속도를 변경해서 사용할 수 있도록 프로그램을 작성한다.

[표 8-1] JOG 운전에 필요한 QD77MS의 버퍼 메모리 번지와 기능

<table>
<tr><th colspan="2">설정 항목</th><th>설정값</th><th>설정 내용</th><th>버퍼 메모리</th></tr>
<tr><td>Pr.31</td><td>JOG 속도 제한값</td><td>10000.00
mm/mim</td><td>JOG 운전의 최고 속도 설정값이다. Cd.17의 설정 값은 이 값을 초과할 수 없다.</td><td>48+150n
49+150n</td></tr>
<tr><td rowspan="4">Pr.32</td><td rowspan="4">JOG 가속시간 선택</td><td>0 : Pr.9 가속시간 0</td><td rowspan="4">JOG 운전의 가속시간으로, Pr.9와 Pr.25~27의 설정값에서 선택해서 사용한다.</td><td rowspan="4">50+150n</td></tr>
<tr><td>1 : Pr.25 가속시간 1</td></tr>
<tr><td>2 : Pr.26 가속시간 2</td></tr>
<tr><td>3 : Pr.27 가속시간 3</td></tr>
<tr><td rowspan="4">Pr.33</td><td rowspan="4">JOG 감속시간 선택</td><td>0 : Pr.10 감속시간 0</td><td rowspan="4">JOG 운전의 감속시간으로, Pr.10과 Pr.28~30의 설정값에서 선택해서 사용한다.</td><td rowspan="4">51+150n</td></tr>
<tr><td>1 : Pr.28 감속시간 1</td></tr>
<tr><td>2 : Pr.29 감속시간 2</td></tr>
<tr><td>3 : Pr.30 감속시간 3</td></tr>
<tr><td>Cd.16</td><td>인칭 이동량</td><td>0</td><td>'0'을 설정한다.</td><td>1517+100n</td></tr>
<tr><td>Cd.17</td><td>JOG 속도</td><td>10000</td><td>'Pr.7 기동 시 바이어스 속도' 이상 'Pr.31 JOG 속도 제한값' 이하의 값을 설정한다.</td><td>1518+100n
1519+100n</td></tr>
</table>

Pr.32와 Pr.33의 경우, 해당 버퍼 메모리에 0~3의 설정값이 저장되면 QD77MS의 파라미터에서 설정한 가감속시간의 값을 선택해서 사용할 수 있다.

JOG 운전을 할 때에 [표 8-1]에서 제시한 파라미터의 설정값이 잘못되면 에러나 경고가 발생한다. JOG 운전을 할 때 에러나 경고가 발생하지 않도록 주의해야 할 사항에 대해 살펴보자.

- JOG 기동 시 JOG 속도가 '설정 범위' 이외의 값이나 '0'일 경우에는 축 에러(에러 코드 300)가 발생하여 JOG 기동이 되지 않는다.
- 'Pr31. JOG 속도 제한값'을 'Pr.8 속도 제한값'보다 큰 값으로 설정했을 경우, 축 에러(에러 코드 956)가 발생하여 JOG 기동이 되지 않는다.
- 'Cd.17 JOG 속도'를 'Pr.31 JOG 속도 제한값'보다 큰 값으로 설정했을 경우, JOG 운전 속도는 'Pr.31 JOG 속도 제한값'으로 동작하고 축 경고(경고 코드 301)가 발생한다.
- 축 경고가 발생해도 JOG 기동은 계속할 수 있다.

• 정회전 JOG, 역회전 JOG 기동 신호가 동시에 입력되었을 때에는 정회전 JOG 기동 신호가 우선시된다.

8.1.2 인칭 운전

인칭[inching] 운전은 수동 조작으로 최소 이동량의 펄스를 1제어 주기로 출력하는 제어 방식이다. 인칭 운전은 정회전 JOG 기동 신호(Y48) 또는 역회전 JOG 기동 신호(Y49)를 ON할 때마다 설정된 이동량만큼 이송테이블을 이동시킨다.

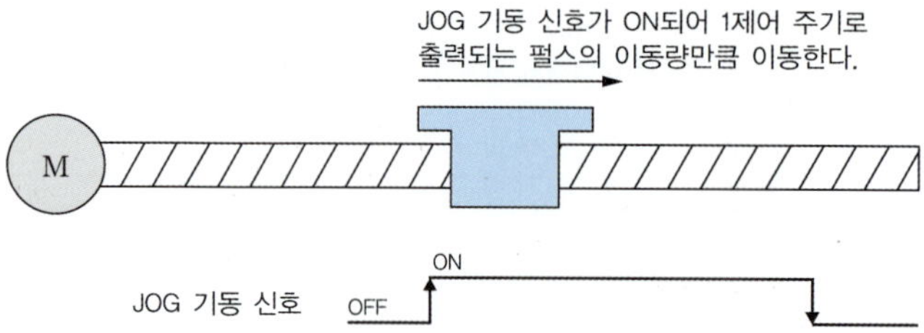

[그림 8-3] 인칭 운전

인칭 운전을 실행하기 위해서는 다음의 제어 데이터를 시퀀스 프로그램에서 설정한 후, JOG 기동 신호를 ON해야 한다.

[표 8-2] 인칭 운전에 필요한 QD77MS의 제어 데이터 메모리

설정 항목		설정값	설정 내용	제어 데이터 메모리 어드레스			
				축1	축2	축3	축4
Cd.16	인칭 이동량	100	설정값 '100'은 10.0μm를 의미한다.	1517	1617	1717	1817

인칭 운전을 할 때에 [표 8-2]에서 제시한 인칭 이동량 설정값이 잘못되면 인칭 동작이 이루어지지 않을 수 있다. 인칭 운전에서 주의할 사항은 다음과 같다.

• 'Cd.16 인칭 이동량' 설정 버퍼 메모리에는 반드시 '0' 이외의 값을 설정해야 한다. 만약 '0'을 설정하면 JOG 운전으로 동작한다.
• 인칭 운전에는 가감속 처리를 하지 않는다.
• QD77MS의 버퍼 메모리 1518, 1519번지에 JOG 속도 설정값이 설정되어 있어도 인칭 운전 시에는 무시된다.

8.1.3 수동펄스 운전

수동펄스 운전은 QD77MS에 연결된 수동펄스 발생기(MPG)에서 발생된 펄스 수에 맞춰 이송테이블을 이동시키는 제어를 의미한다. 이 기능은 정밀한 위치 결정 시의 미세 조정 등을 수동으로 해서 위치 결정 어드레스를 구할 경우에 주로 사용한다.

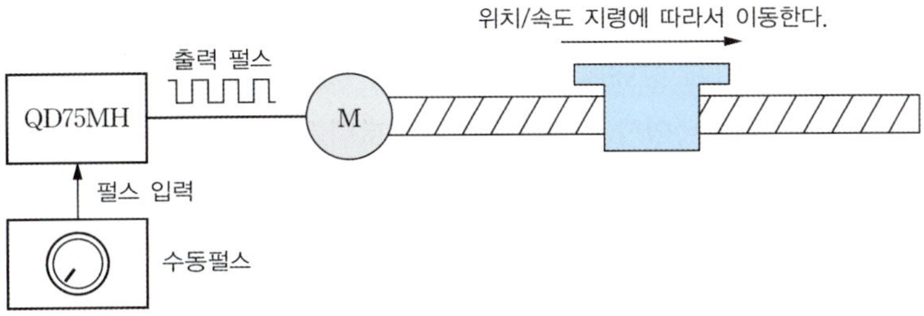

[그림 8-4] 수동펄스 운전

수동펄스 발생기와 QD77MS와의 신호 인터페이스

수동펄스 발생기를 이용하여 수동펄스 운전을 하기 위해서는 시중에 시판되는 핸들형의 로터리 엔코더를 구입하여 QD77MS에 연결해야 한다. 수동펄스 발생기의 회전 방향에 따라 2개의 펄스 신호(A상, B상)가 [그림 8-5(b)]와 같이 나타난다. A상과 B상의 위상을 비교해서 수동펄스 발생기의 회전 방향을 판별하고, ON/OFF되는 펄스 신호를 카운트해서 서보 모터의 이동량을 결정한다.

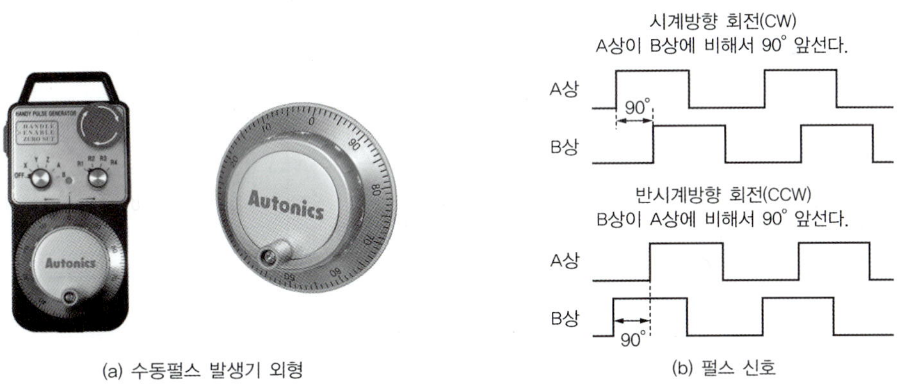

(a) 수동펄스 발생기 외형 (b) 펄스 신호

[그림 8-5] 핸들형 인크리멘털(incremental) 로터리 엔코더

수동펄스 발생기는 펄스 신호를 발생하는 방법에 따라 다음과 같이 세 가지 형태로 구분된다.

• **토템폴 출력** : 토템폴totem-pole 출력 회로는 [그림 8-6(a)]와 같이 NPN 트랜지스터 두 개를 직렬로 연결한 구조이다. 위쪽 트랜지스터가 OFF, 아래쪽 트랜지스터가 ON 상태이면 오픈 콜렉터open collector 형태로 동작하며, 이에 따라 출력은 LOW 상태가 되어 *1로 표기된 부하가 동작하게 된다. 반대로 위쪽 트랜지스터가 ON, 아래쪽 트랜지스터가 OFF 상태이면 출력은 HIGH 상태가 되어 *2로 표기된 부하가 동작하는 전압 출력 형태가 된다. 토템폴 회로의 장점은 출력의 논리 레벨(HIGH/LOW)에 관계없이 다른 논리게이트에 비해 상대적으로 큰 전류를 제어할 수 있고, 출력 신호의 ON/OFF 속도를 빠르게 할 수 있다는 점이다. 단, 토템폴 출력을 가진 장치를 함께 연결했을 때 장치의 출력 상태에서 ON/OFF가 반대일 경우, 전원 쇼트 상태가 되어 출력단의 트랜지스터가 파손될 수 있다. 파형의 왜곡 및 노이즈 영향을 적게 받기 때문에 엔코더와의 거리가 멀 때 유용하다.

• **전압 출력** : 엔코더와 연결되는 장치의 전원 전압이 엔코더와 동일한 전압일 때 사용되는 출력 방식이다. 토템폴 출력에서 *2로 표기된 부하가 동작하는 원리와 동일하다.

• **라인 드라이버 출력** : 엔코더 출력 회로에 라인 드라이버line driver 전용 IC를 사용하는 출력 방식이다. [그림 8-6(c)]와 같이 1개의 펄스 신호에 2개의 출력 신호선으로 구성되는데, 한쪽 신호선이 HIGH이면 다른 신호선은 LOW가 되는 출력 형태가 된다([그림 8-7]). 고속 응답 특성과 전기 노이즈에 대응하는 특성이 강해 장거리 신호 전송에 주로 사용된다.

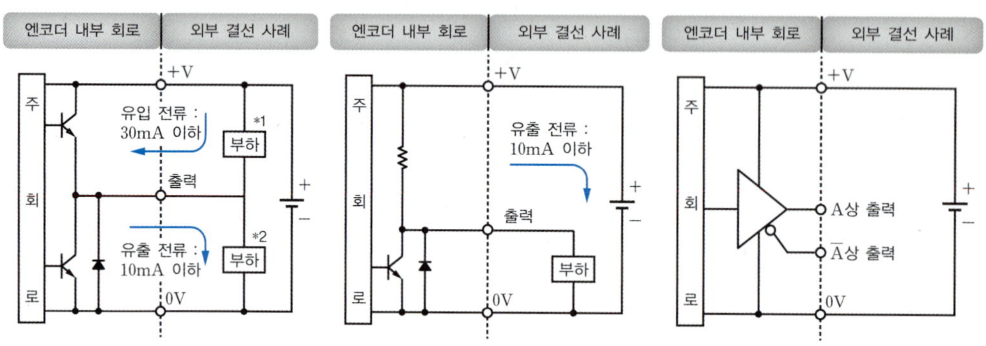

(a) 토템폴 출력 (b) 전압 출력 (c) 라인 드라이버 출력

*1 : 오픈 콜렉터 출력에 연결된 부하
*2 : 전압 출력에 연결된 부하

[그림 8-6] 수동펄스 발생기의 출력 신호 종류

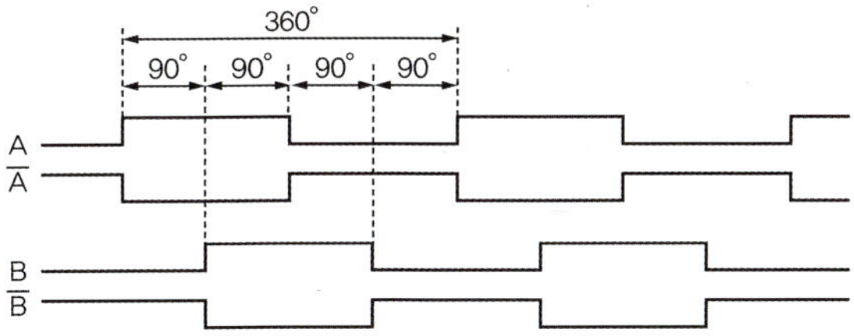

[그림 8-7] 라인 드라이버 펄스 출력

QD77MS에 수동펄스 발생기의 연결 방법

수동펄스 발생기는 펄스 신호의 출력 방식에 따라 세 종류로 구분되기 때문에 QD77MS에서도 세 종류의 수동펄스 발생기를 연결할 수 있도록 되어 있다. 이 책의 실습과제에서는 라인 드라이버 출력 타입의 수동펄스 발생기를 사용하기 때문에 [표 8-3]처럼 QD77MS2의 커넥터 핀 번호에 맞게 결선한다. 특히 수동펄스 발생기 동작에 필요한 DC5V 전압은 QD77MS에서 제공되기 때문에 수동펄스 발생기를 위한 별도의 전원을 준비하지 않아도 된다.

[표 8-3] 라인 드라이브(차동 출력 타입) 수동펄스 발생기 결선 방법

입출력 구분	신호 명칭		핀 번호	배선 예 / 내부 회로	사양	내용
입력	수동 펄스 A상/ PLS	A+ HAH	1A17	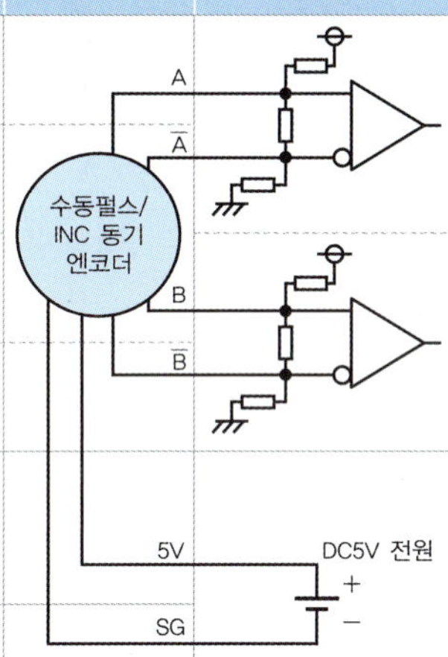	• 정격 입력 전압 DC5.5V 이하 • HIGH 레벨 DC2.0~5.25V • LOW 레벨 D DC0.8V 이하 • 26LS31 상당	수동펄스/ INC 동기 엔코더 접속용 • 펄스 폭 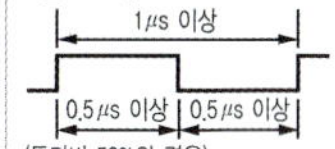 (듀티비 50%의 경우) • 상승, 하강 시간 0.25㎲ 이하 • 위상 차이 (A상/B상의 경우) 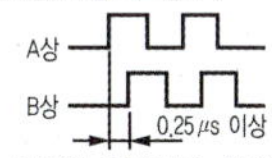 1. A상이 B상보다 위상이 진행되고 있을 때 위치 결정 어드레스가 증가한다. 2. B상이 A상보다 위상이 진행되고 있을 때 위치 결정 어드레스가 감소한다.
		A− HAL	1B17			
	수동 펄스 B상/ SIGN	B+ HBH	1A18			
		B− HBL	1B18			
전원	5V		1A15 1B15			
	SG		1A14 1B14			

수동펄스 발생기 사용을 위한 파라미터 설정

수동펄스 발생기를 사용하기 위해서는 QD77MS의 파라미터를 설정해야 한다. [표 8-4]

에 수동펄스 발생기 사용을 위한 파라미터 항목을 나타내었다.

[표 8-4] 수동펄스 발생기 사용을 위한 QD77MS 파라미터 설정

기능	설정 내역	초기 설정값	버퍼 메모리 번지
Pr.22 입력 신호 논리 선택	b8 : 수동펄스 입력 선택 0 : 부논리 1 : 정논리	0	31＋150n
Pr.24 수동펄스/INC 동기 엔코더 입력 선택	0 : A상/B상 4체배 1 : A상/B상 2체배 2 : A상/B상 1체배 3 : PLS/SIGN	0	33
Pr.89 수동펄스/INC 동기 엔코더 입력 타입 선택	0 : 차동 출력 타입 1 : 전압/오픈 콜렉터 타입	1	67

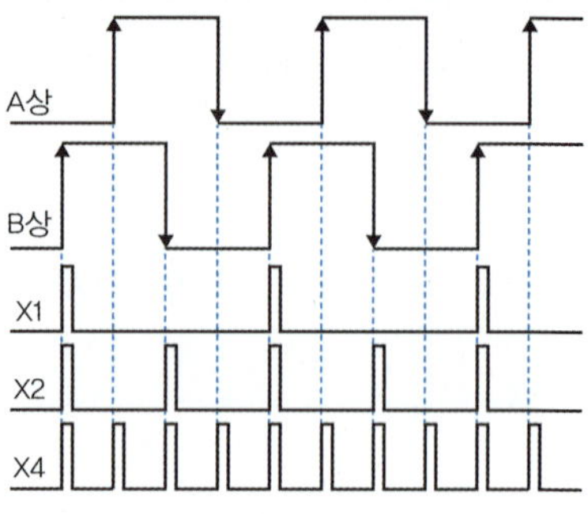

[그림 8-8] 펄스 체배

Pr.24는 수동펄스 발생기의 펄스 신호를 1체배, 2체배, 4체배로 구분하고 있다. 수동펄스 발생기의 회전 방향에 따라 서로 90°의 위상 차이를 가진 A상, B상의 전기 펄스 신호가 만들어지는데, [그림 8-8]처럼 펄스 신호를 어떻게 카운트하는지에 따라 체배가 구분된다. 1체배(X1)는 한 개의 펄스 신호가 ON될 때만 카운트하는 방식이고, 2체배(X2)는 펄스 신호가 ON/OFF될 때 카운트하는 방식이며, 4체배(X4)는 A상과 B상 펄스가 ON/OFF될 때마다 카운트하는 방식을 의미한다. 체배가 높을수록 펄스가 세분화되어 분해능이 높아지는 효과가 있다.

[표 8-5]는 Pr.24와 Pr.22를 조합하여 수동펄스 신호를 어떤 식으로 처리하는지를 나타낸 것이다. Pr.22의 정논리와 부논리의 선택은 수동펄스 신호 발생기의 신호 파형을 반전시키는 역할을 하기 때문에 수동펄스 발생기의 회전 방향에 따라 서보 모터가 회전하는 방향을 변경하는 효과를 볼 수 있다. 예를 들어 Pr.22의 설정값이 정논리인 경우에 수동펄스 신호 발생기를 시계방향으로 회전시켰을 때 서보 모터의 축이 시계방향으로 회전했다고 한다면, 부논리가 되면 수동펄스 발생기를 시계방향으로 회전시켰을 때 서보 모터의 축은 반시계 방향으로 회전한다.

[표 8-5] 펄스 입력 신호 종류

Pr.24 수동펄스/INC 동기 엔코더 입력 선택	Pr.22 입력 신호 논리 선택	
	정논리 (정전 / 역전)	부논리 (정전 / 역전)
A상/B상	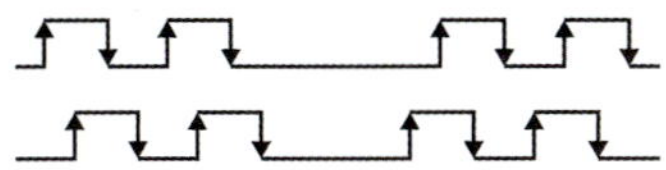	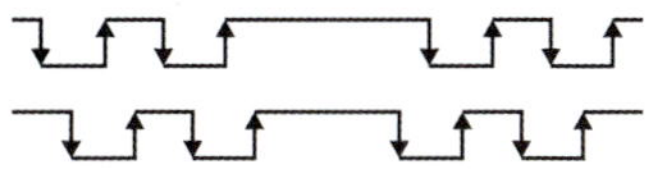
PLS/SIGN	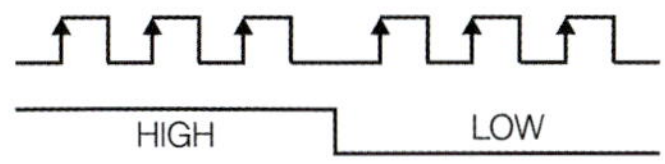	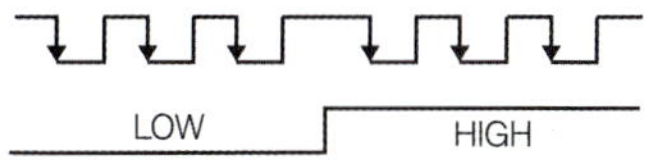

실습에 사용할 수동펄스 발생기는 오토닉스의 핸들형 인크리멘털 엔코더이다. 이 발생기는 라인 드라이버 펄스 출력 타입으로, 1회전에 100개의 전기 펄스 신호를 생성한다. 펄스 신호는 1체배로 사용한다.

수동펄스 운전을 위한 제어 내용

수동펄스 운전을 실행하기 위해서는 [표 8-6]의 제어 데이터 메모리의 설정값을 시퀀스 프로그램에서 설정한 후, 수동펄스 발생기를 이용하여 QD77MS에 펄스를 입력해야 한다.

[표 8-6] 수동펄스 운전에 필요한 QD77MS의 제어 데이터 메모리

설정 항목 (제어 데이터 메모리)		설정값	설정 내용	제어 데이터 메모리 어드레스			
				축1	축2	축3	축4
Cd.20	수동펄스 1펄스 입력 배율	1	• 수동펄스 1펄스의 입력 배율을 설정한다.	1522 1523	1622 1623	1722 1723	1822 1823
Cd.21	수동펄스 허가 플래그	1(0)	• 1 : 수동펄스 운전을 허가한다. • 0 : 수동펄스 운전을 불허한다. • 수동펄스 운전을 하지 않을 때는 항상 '0'으로 설정한다.	1524	1624	1724	1824

수동펄스 운전 시 주의사항

수동펄스 운전은 사람이 수동펄스 발생기를 조작하여 서보 모터 회전에 의해 움직이는 이송테이블의 미세한 움직임을 제어하거나 또는 수동으로 이송테이블을 특정 위치로 이송시키고자 할 때 사용한다. 수동펄스 운전을 할 때 주의할 사항에 대해 살펴보자.

- 수동펄스 운전 시의 속도는 'Pr.8 속도 제한값'으로 제한된다.

- QD77MS의 BUSY 신호 ON 중에 'Cd.21 수동펄스 허가 플래그'를 ON하면 경고가 발생한다.
- 수동펄스 운전 중에 정지 요인이 발생하면, 정지 요인에 대한 처리를 한 후 'Cd.21 수동펄스 허가 플래그'를 ON→OFF→ON 상태로 다시 변경해야 수동펄스 운전이 가능하다.
- QD77MS 1개의 모듈에 1개의 수동펄스 발생기를 연결할 수 있다.
- QD77MS에서는 1개의 수동펄스 발생기를 이용하여 1~4축의 동시 운전이 가능하다.

수동펄스에서 1펄스당 이동량 계산 방법

수동펄스 운전에서, 수동펄스 발생기로부터 발생하는 1개의 펄스당 이동량은 다음 수식을 통해 계산된다.

(이동량) = (입력 펄스 수) × (Cd.20 1펄스 입력 배율) × (펄스당 이동량)

- 입력 펄스 수 : 수동펄스 발생기에서 발생된 펄스 수
- Cd.20 1펄스 입력 배율 : 사용자가 설정하는 값
- 펄스당 이동량 : [Pr.1 단위 설정]에서 설정 단위에 따라 다음 표와 같이 자동 설정된다.

Pr.1 단위 설정	mm	inch	degree	pulse
수동펄스당 이동량	0.1 µm	0.0001 inch	0.0001 degree	1 pulse

예를 들어 [Pr.1 단위 설정 : mm]이고 [Cd.20 수동펄스 1펄스 입력 배율 : 2]로 설정되어 있을 때, 수동펄스가 100개 입력되면 이송테이블의 이동 거리는 다음과 같다.

$$100 \times 2 \times 0.1 = 20\,\mu m$$

즉 수동펄스 100펄스당 20µm를 이동한다.

실습과제 8-1 수동 운전

수동 운전은 위치 제어 중에 수동으로 현재의 위치를 변경하고자 할 때 사용하는 제어 방법으로, JOG 운전, 인칭 운전, 수동펄스 운전으로 구분된다. 수동 운전 프로그램 작성법에 대해 살펴보자.

[Section 8.1]

해당 프로그램명 : EXEC_02

[표 8-7]은 GOT에서 작성한 수동 운전 모드 화면이다. 수동 운전은 JOG 운전, 인칭 운전, 펄스 운전 모드 중에서 하나를 선택하여 사용한다.

[표 8-7] 수동 운전 화면

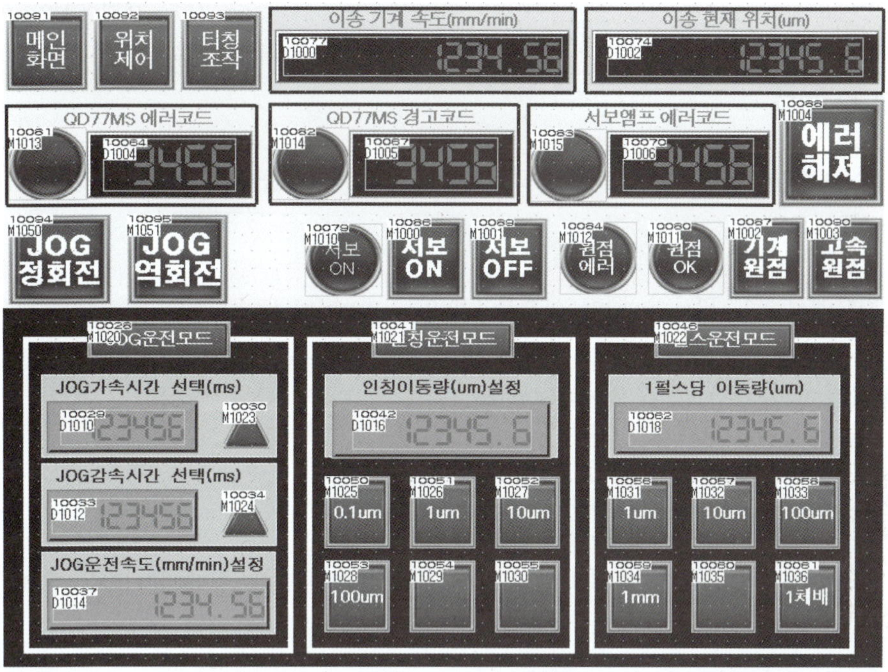

구분	메모리 번지	추가 기능	구분	메모리 번지	추가 기능
JOG 정회전	M1050		인칭 이동량 표시	D1016	16비트
JOG 역회전	M1051		0.1μm	M1025	
서보 ON	M1000		1μm	M1026	
서보 OFF	M1001		10μm	M1027	
서보 ON 램프	M1010		펄스 운전 모드	M1022	램프(1042)
JOG 운전 모드	M1020	램프(M1040)	1펄스 이동량 표시	D1018	16비트
가속시간 선택 버튼	M1023		1μm	M1031	
감속시간 선택 버튼	M1024		10μm	M1032	
JOG 가속시간 표시	D1010	16비트	100μm	M1033	

PLC 프로그램 작성법

■ 서보 ON/OFF

수동 운전은 서보 모터의 축에 연결된 볼 스크류를 회전시켜서 사용자가 원하는 위치로 기계 장치를 이동시키는 동작을 의미한다. 일반 DC 모터나 AC 모터는 동작 전원이 공급되면 모터가 회전하지만, 서보 모터는 일반 모터와는 다르게 동작한다. 서보 모터가 회전하기 위해서는 일단 서보 ON 상태가 되어야 한다. 서보 ON 상태가 되어도 서보 모터는 즉시 회전하지 않고 현재의 위치에 정지 상태로 있는데 이 상태를 서보 락lock 상태라 한다. 서보 락 상태에서 서보 앰프의 FND 표시는 b01에서 d01로 변경되고, 서보 축을 손으로 잡고 움직여 보면 약간 움직이는 듯하다가 원래의 위치로 복귀됨을 확인할 수 있다. 이 상태에서 기동 지령이 ON되어야 서보가 회전하기 시작한다. 한편 서보 OFF는 서보 락 상태의 해제를 의미한다. 서보 락이 해제된 상태에서는 서보 축을 손으로 잡고 움직일 수 있다.

서보 ON/OFF를 위해서는 QD77MS의 전체 축 서보 ON 출력 신호인 Y41을 ON/OFF 하면 된다.

① PLC에서 Y40(PLC Ready) 신호를 ON한다.

② 서보 ON 버튼이 눌렸을 때 X40(QD77MS 준비 완료) 신호가 ON되어 있음을 확인한 후에 Y41(전체 축 서보 ON) 신호를 ON한다.

■ 수동 운전 모드 선택

JOG 운전, 인칭 운전, 펄스 운전 모드 중에서 한 개의 모드를 선택해서 수동 운전을 실시한다. GOT에 만든 운전 모드 선택 버튼에 램프 기능을 내장해서 선택된 운전 모드가 표시되도록 한다.

1 후입 우선 회로

후입 우선 회로는 1개의 시스템으로 여러 종류의 동작 모드 중에 하나를 선택할 때 사용하는 회로이다. 예를 들어 세탁기는 [그림 8-9]와 같이 하나의 제품으로 세탁, 헹굼, 탈수의 세 가지 기능을 수행할 수 있다. 각 기능에 대응하는 세 개의 버튼 중에서 원하는 버튼을 누르면 해당 기능이 선택된다. 이때 또 다른 버튼을 누르면 이전에 선택된 기능은 해제되고, 가장 최근에 누른 버튼의 기능이 선택된다.

[그림 8-9] 세탁기의 동작 모드 선택

수동 운전 모드에서도 JOG, 인칭, 펄스 운전 모드를 선택할 때 후입 우선 회로를 사용한다. [표 8-7]의 수동 운전 화면의 운전 모드 선택 버튼에는 선택된 동작 모드를 표시하기 위한 램프 기능이 내장되어 있다.

2 마스터 컨트롤 셋(MC)과 리셋(MCR) 명령

수동 운전 모드에서 사용할 운전 모드가 선택되면, 해당 조작 버튼만 동작하고 나머지 동작 버튼은 동작하지 않도록 해야, 잘못된 조작으로부터 기계 장치를 보호할 수 있다. 따라서 선택된 운전 모드의 조작만 가능하도록 마스터 컨트롤 MC 및 MCR 명령을 사용한다.

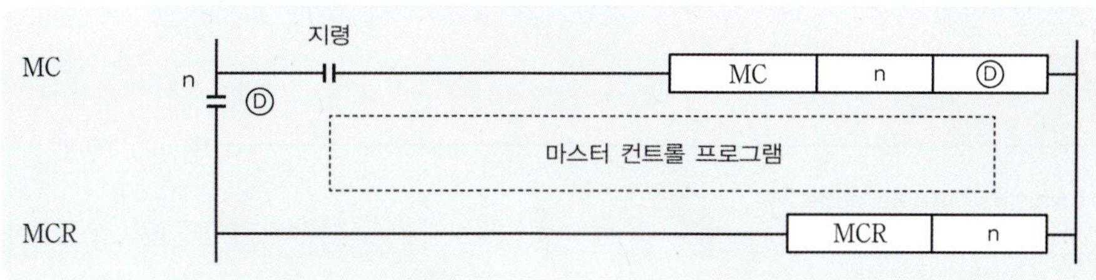

[그림 8-10] 마스터 컨트롤 셋과 리셋 명령

마스터 컨트롤 명령은 래더 프로그램에서 좌측의 공통 모선line을 ON/OFF해서 해당 프로그램의 사용 여부를 선택할 수 있도록 하는 명령어이다.

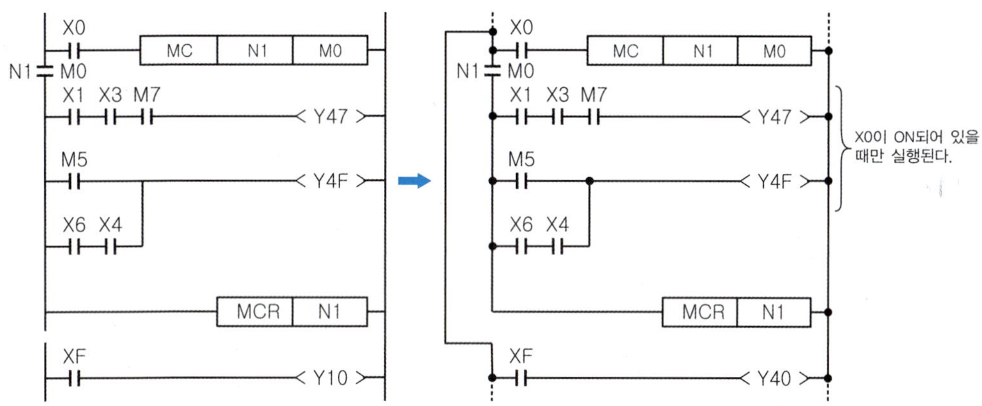

(a) GPP의 래더 모드에서의 표시 화면 (b) 실제로 동작하는 래더 프로그램

[그림 8-11] 마스터 컨트롤 명령의 표시와 실제 실행 동작 형태

3 프로그램 실행 방법

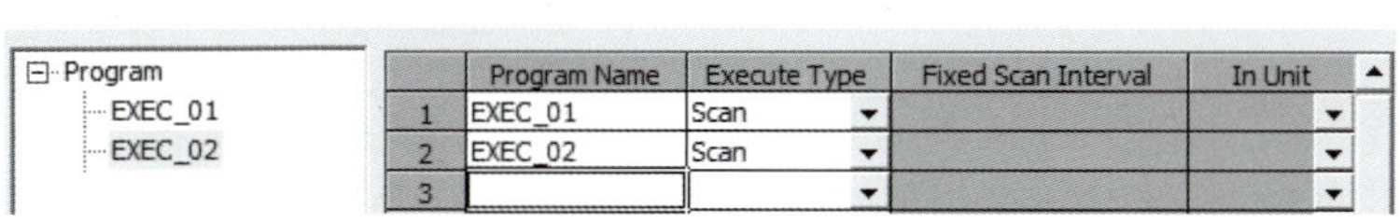

[그림 8-12] 수동 운전 모드 프로그램의 등록

PLC 프로그램

■ JOG 및 인칭 운전 모드 프로그램 : EXEC_02

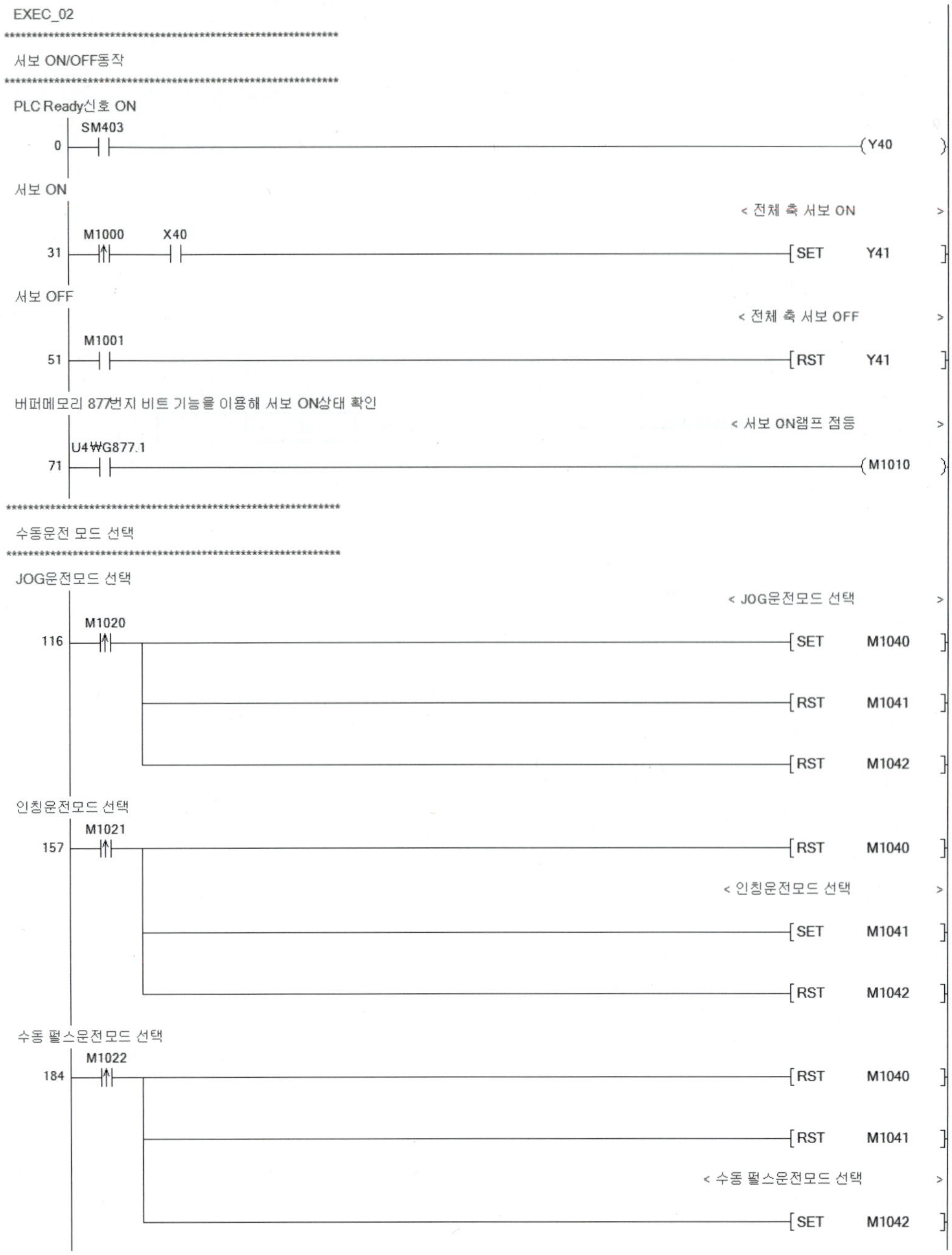

(계속)

```
*****************************************************************
JOG운전모드 선택 시 표시해야 할 초깃값 설정
*****************************************************************
                                        < JOG운전 가속시간 초깃값 설정      >
     M1040
217 ─┤↑├─┬──────────────────────────────[MOV    K0        D2      ]
         │                              < JOG운전 가속시간 선택        >
         │                                                U4\
         ├──────────────────────────────[MOV    D2        G50     ]
         │                              < 선택된 JOG가속시간 표시      >
         │                                      U4\
         ├──────────────────────────────[DMOV   G12       D1010   ]
         │                              < JOG운전 감속시간 초깃값 설정  >
         ├──────────────────────────────[MOV    K0        D3      ]
         │                              < JOG운전 감속시간 선택        >
         │                                      U4\
         ├──────────────────────────────[DMOV   G14       D1012   ]
         │                              < JOG운전속도 1000.00mm/min설정 >
         └──────────────────────────────[DMOV   K100000   D1014   ]

*****************************************************************
JOG운전모드 설정에 따른 MC명령어 사용
*****************************************************************
     M1040
356 ─┤ ├────────────────────────────────[MC     N1        M1      ]

JOG운전 가속시간 선택(100, 200, 300, 400ms)
                                        < 가속시간 선택을 위한 숫자 증가  >
     M1023
383 ─┤↑├─┬──────────────────────────────[+      K1        D2      ]
         │                              < 3이상이면 0으로 재설정       >
         ├[>   D2   K3  ]───────────────[MOV    K0        D2      ]
         │                              < 해당 버퍼메모리에 가속시간 설정 >
         │                                                U4\
         ├──────────────────────────────[MOV    D2        G50     ]
         │                              < 가속시간 100ms 표시          >
         │                                      U4\
         ├[=   D2   K0  ]───────────────[DMOV   G12       D1010   ]
         │                              < 가속시간 200ms 표시          >
         │                                      U4\
         ├[=   D2   K1  ]───────────────[DMOV   G36       D1010   ]
         │                              < 가속시간 300ms 표시          >
         │                                      U4\
         ├[=   D2   K2  ]───────────────[DMOV   G38       D1010   ]
         │                              < 가속시간 400ms 표시          >
         │                                      U4\
         └[=   D2   K3  ]───────────────[DMOV   G40       D1010   ]
```

(계속)

```
JOG운전 감속시간 선택(100, 200, 300, 400ms)
                                                      < 감속시간 선택을 위한 숫자 증가      >
     M1024
553 ─┤↑├──┬───────────────────────────────────────[+      K1      D3    ]
          │                                           < 3이상이면 0으로 재설정        >
          ├[>   D3   K3  ]────────────────────────[MOV    K0      D3    ]
          │                                       < 해당 버퍼메모리에 감속시간 설정   >
          │                                                       U4₩
          ├───────────────────────────────────────[MOV    D3      G51   ]
          │                                           < 감속시간 100ms 표시        >
          │                                               U4₩
          ├[=   D3   K0  ]────────────────────────[DMOV   G14     D1012 ]
          │                                           < 감속시간 200ms 표시        >
          │                                               U4₩
          ├[=   D3   K1  ]────────────────────────[DMOV   G42     D1012 ]
          │                                           < 감속시간 300ms 표시        >
          │                                               U4₩
          ├[=   D3   K2  ]────────────────────────[DMOV   G44     D1012 ]
          │                                           < 감속시간 400ms 표시        >
          │                                               U4₩
          └[=   D3   K3  ]────────────────────────[DMOV   G46     D1012 ]

723 ──────────────────────────────────────────────────────[MCR    N1    ]

*****************************************************************
인칭운전모드 선택시 초깃값 설정
*****************************************************************
                                                      < 인칭 이동량 0.1um설정        >
     M1041
724 ─┤↑├──────────────────────────────────────────[MOV    K1      D1016 ]

*****************************************************************
인칭운전모드 설정
*****************************************************************
     M1041
761 ─┤ ├──────────────────────────────────────────[MC     N2      M2    ]

인칭 이동량 0.1um설정
     M1025
777 ─┤↑├──────────────────────────────────────────[MOV    K1      D1016 ]

인칭 이동량 1.0um설정
     M1026
794 ─┤↑├──────────────────────────────────────────[MOV    K10     D1016 ]

인칭 이동량 10.0um설정
     M1027
811 ─┤↑├──────────────────────────────────────────[MOV    K100    D1016 ]

인칭 이동량 100.0um설정
     M1028
829 ─┤↑├──────────────────────────────────────────[MOV    K1000   D1016 ]

847 ──────────────────────────────────────────────────────[MCR    N2    ]
```

(계속)

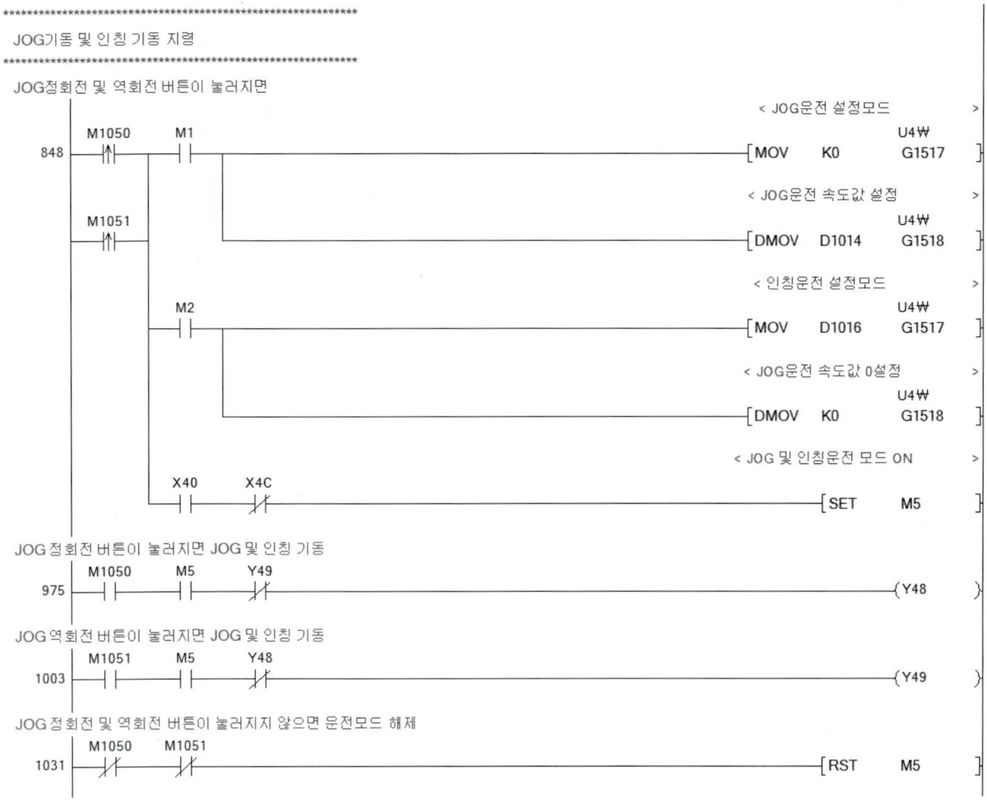

[프로그램 8-1] EXEC_02 : **수동 운전**

작성한 PLC 파라미터와 프로그램을 PLC CPU로 다운로드한 후, 반드시 PLC CPU를 리셋한 후에 프로그램 동작 테스트를 실시한다.

프로그램 라인 116번~184번은 후입 우선 회로를 사용해서 수동 운전 모드(JOG, 인칭, 펄스) 버튼을 누르면 해당 운전 모드가 선택되도록 구성한 프로그램이다. 이러한 프로그램은 [프로그램 8-2]처럼 작성할 수도 있다.

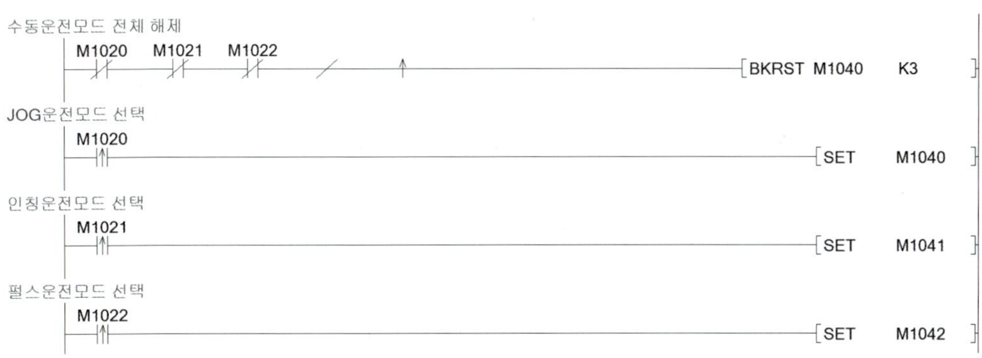

[프로그램 8-2] EXEC_02 **프로그램 라인 116번~184번 교체 가능 프로그램**

이 프로그램은, 수동 운전 모드 선택 버튼이 눌릴 때마다 BKRST 명령어로 이전에 선택된 모드를 강제로 해제한 후에 눌린 버튼에 따라 운전 모드를 설정하도록 구성되었다.

[프로그램 8-1]의 라인 217번에서는 JOG 운전 모드가 선택되었을 때 JOG 가속시간, 감속시간, 운전속도의 초깃값을 설정하고 있다.

또, 프로그램 라인 383번은 JOG 운전 모드가 선택된 상태에서 QD77MS의 파라미터의 설정을 통해 JOG 가감속시간과 JOG 운전속도를 설정하는 내용이다. JOG 운전의 가감속시간 설정은 GX Works2에서 QD77MS의 파라미터로 설정한 가감속시간을 사용한다. [그림 8-13]은 GX Works2에서 설정한 가감속시간이다.

⊟ Basic parameters 2	Set according to the machine and applicable motor when system is started up.
Pr.8:Speed limit value	12000.00 mm/min
Pr.9:Acceleration time 0	100 ms
Pr.10:Deceleration time 0	100 ms
⊟ Detailed parameters 2	Set according to the system configuration when the system is started up(Set as required).
Pr.25:Acceleration time 1	200 ms
Pr.26:Acceleration time 2	300 ms
Pr.27:Acceleration time 3	400 ms
Pr.28:Deceleration time 1	200 ms
Pr.29:Deceleration time 2	300 ms
Pr.30:Deceleration time 3	400 ms

[그림 8-13] JOG 운전에 사용되는 QD77MS 파라미터에 설정한 가감속시간

JOG 운전의 가감속시간 설정은 [표 8-1]처럼 Pr.32와 Pr.33의 버퍼 메모리 번지 U4\G50과 U4\G51에 설정되는 값에 의해 결정된다. 프로그램을 살펴보면, JOG 가감속시간 선택 버튼인 M1023과 M1024가 눌릴 때마다 D2, D3의 설정값을 0~3의 범위에서 증가시키고, D2와 D3에 설정되는 설정값을 비교해서 버퍼 메모리에 설정된 가감속시간의 값을 32비트 크기의 D1010과 D1012에 표시하도록 되어 있다.

JOG 운전속도(mm/min)는 'Numerical Input'으로 설정되어 있어서 사용자가 해당 창을 터치하면 사용자가 원하는 JOG 속도값을 설정할 수 있다. JOG 운전과 인칭 운전은 [표 8-1]처럼 동일한 QD77MS의 버퍼 메모리를 사용한다. 하지만 JOG 운전일 때에는 Cd.16의 인칭 이동량 설정 버퍼 메모리에 0이 설정되어야 하고, JOG 속도는 Cd.17의 버퍼 메모리 번지에 설정되어야 한다. 인칭 운전 모드일 때에는 Cd.16의 버퍼 메모리 번지에 인칭 이동량 값이 설정되어 있어야 한다.

프로그램 라인 848번을 살펴보자. JOG 운전 모드가 선택되면 버퍼 메모리 1517번지에 0이 설정되고, 인칭 운전 모드가 설정되면 버퍼 메모리 1517번지에 인칭 이동량 값이 설정됨을 확인할 수 있다. JOG 운전과 인칭 운전에서는 정역 회전 지령을 내릴 때 QD77MS에서 동일한 출력 번지인 Y48과 Y49를 사용한다. 따라서 GOT2000의 수동 운

전 모드 화면에서 JOG 정회전과 JOG 역회전 버튼이 눌렸을 때 운전 모드의 선택에 따라 JOG 운전과 인칭 운전이 이루어진다.

■ 수동펄스 모드 프로그램 : EXEC_02

본 프로그램은 앞서 작성한 JOG 및 인칭 운전 모드 프로그램 EXEC_02의 마지막 부분에 이어서 작성한다.

```
*************************************************************
 수동펄스 운전모드
*************************************************************
                                                   < 1체배 선택 램프 ON             >
       M1042
 1065 ─┤↑├──┬──────────────────────────────────[SET      M1046      ]
            │                                  < 1펄스당 이동량 10.0um설정      >
            ├──────────────────────────────[MOV     K100     D1018   ]
            │                                  < 수동펄스 입력신호 정논리 설정  >
            │                                                   U4₩
            ├──────────────────────────────[WOR     H100     G31     ]
            │                                  < A상/B상 1체배 설정             >
            │                                                   U4₩
            ├──────────────────────────────[MOV     K2       G33     ]
            │                                  < 차동출력 타입 설정             >
            │                                                   U4₩
            ├──────────────────────────────[MOV     K0       G67     ]
            │                                  < 수동펄스 배율 100으로 설정     >
            │                                                   U4₩
            ├──────────────────────────────[DMOV    K100     G1522   ]
            │                                  < 수동펄스 운전 허락             >
            │                                                   U4₩
            └──────────────────────────────[MOV     K1       G1524   ]
 수동펄스 운전모드가 해제될 때
                                                   < 수동펄스 이동량 0.0um설정      >
       M1042
 1201 ─┤↓├──┬──────────────────────────────[MOV     K0       D1018   ]
            │                                  < 수동펄스 운전 불허             >
            │                                                   U4₩
            ├──────────────────────────────[MOV     K0       G1524   ]
            │                                  < 1체배 램프 소등                >
            └──────────────────────────────────[RST      M1046      ]
*************************************************************
 수동운전 모드
*************************************************************
       M1042
 1265 ─┤ ├─────────────────────────────────[MC      N3       M3      ]
                                                   < 1펄스 당 배율 10설정           >
       M1031                                                    U4₩
 1280 ─┤↑├──┬──────────────────────────────[DMOV    K10      G1522   ]
            │                                  < 1펄스 당 1.0um단위로 이동 표시 >
            └──────────────────────────────[MOV     K10      D1018   ]
```

(계속)

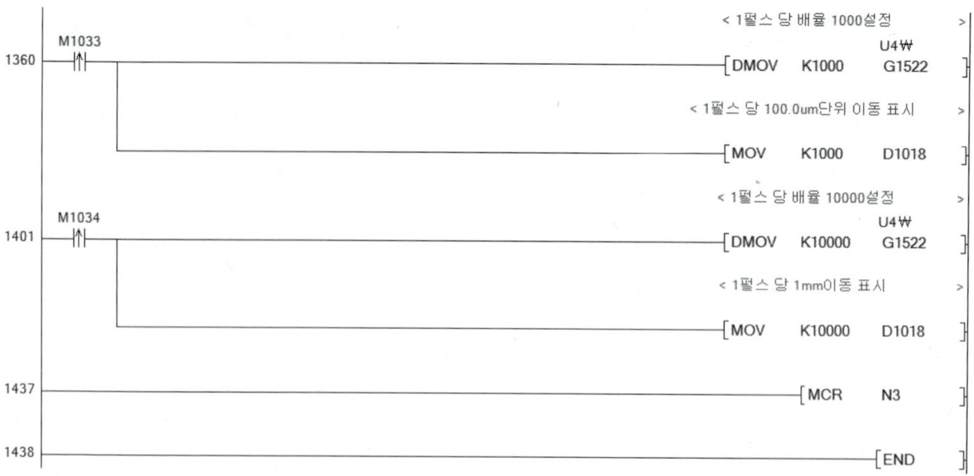

[프로그램 8-3] EXEC_02 : 수동펄스 운전 기능 추가

작성한 PLC 파라미터와 프로그램을 PLC CPU로 다운로드한 후, 반드시 PLC CPU를 리셋한 후에 프로그램 동작 테스트를 실시한다.

프로그램 라인 1065번을 살펴보면, 수동펄스 운전 모드가 선택될 때 GOT의 화면에 펄스당 이동량의 초깃값으로 10.0㎛가 설정됐고, 1체배가 선택되었음을 표시하는 1체배 확인용 램프(M1046)가 점등되었음을 알 수 있다. QD77MS의 버퍼 메모리 31번지의 b8을 1로 만들어서 펄스 신호를 정논리로 선택한다. 버퍼 메모리 31번지처럼 한 개의 워드 번지에 비트별로 기능을 설정하는 경우에는 WAND와 WOR 명령어를 사용하여 필요한 비트를 ON/OFF한다.

1 특정 비트의 설정

주어진 데이터의 특정 비트를 1로 설정하기 위해 WOR 명령어를 사용한다. [표 8-8]처럼 1로 설정하고자 하는 비트 위치를, 1을 가진 값과 OR 연산하면 해당 위치의 비트 값은 소스 값에 관계없이 무조건 1로 설정된다.

[표 8-8] WOR 명령어를 사용하여 특정 비트를 1로 설정하기

명령어 표현 형식	명령어 실행 결과			
[WOR Ⓢ1 ⓈS2 Ⓓ] [WOR HF555 H0F00 D10]	Ⓢ1	HF555		1111 **0101** 0101 0101
	Ⓢ2	H0F00	WOR	0000 **1111** 0000 0000
	Ⓓ	HFF55		1111 **1111** 0101 0101

2 특정 비트의 클리어

주어진 데이터의 특정 비트를 0으로 설정하기 위해서는 WAND 명령어를 사용한다. [표

8-9]처럼 0으로 설정하고자 하는 비트 위치를, 0을 가진 값과 AND 연산하면 해당 위치의 비트 값은 소스 값에 관계없이 무조건 0으로 설정된다.

[표 8-9] WAND 명령어를 사용하여 특정 비트를 0으로 설정하기

명령어 표현 형식	명령어 실행 결과			
[WAND Ⓢ1 ⓈS2 Ⓓ] [WAND HF555 HF0FF D10]	Ⓢ1	HF555		1111 **0101** 0101 0101
	Ⓢ2	H0F00	WAND	1111 **0000** 1111 1111
	Ⓓ	HFF55		1111 **0000** 0101 0101

3 특정 비트의 반전

주어진 데이터의 특정 비트를 0→1, 1→0으로 반전하기 위해서는 WXOR, WXNR 명령어를 사용한다. [표 8-10]처럼 반전 설정하고자 하는 비트 위치를, 0 또는 1을 가진 값과 WXOR, WXNR 연산하면 해당 위치의 비트 값이 반전된다.

[표 8-10] WXOR, WXNR 명령어를 사용하여 특정 비트를 반전하기

명령어 표현 형식	명령어 실행 결과			
[WXOR Ⓢ1 Ⓢ2 Ⓓ] [WXOR HF555 HFFFF D10]	Ⓢ1	HF555		1111 0101 0101 0101
	Ⓢ2	HFFFF	WXOR	1111 1111 1111 1111
	Ⓓ	HFF55		0000 1010 1010 1010
[WXNR Ⓢ1 ⓈS2 Ⓓ] [WXNR HF555 H0000 D10]	Ⓢ1	HF555		1111 0101 0101 0101
	Ⓢ2	H0000	WXNR	0000 0000 0000 0000
	Ⓓ	HFF55		0000 1010 1010 1010

프로그램 라인 1201번에서는 수동펄스 운전 모드가 해제될 때 수동펄스 운전 모드를 불허하기 위해 버퍼 메모리 1524번에 0을 설정했다. 프로그램 라인 1280번부터는 수동펄스 발생기의 펄스당 이동량을 설정하는 부분이다. 이동 거리의 단위가 mm이기 때문에 1펄스의 이동 거리는 0.1μm이다. 여기에 버퍼 메모리 1522번지에 설정되는 배율 값이 곱해져서 실제 이동 거리의 단위가 설정된다. 예를 들어 1mm 이동 단위의 M1034 버튼이 눌리면 단위 배율이 10,000으로 설정되기 때문에 0.1×10,000=1000.0μm 단위가 되어 1펄스에 1mm 단위로 이동하게 된다.

8.2 위치 결정 기동 제어

[실습과제 8-2, 8-3]

원점복귀 제어와 고속 원점복귀 제어, 주요한 위치 결정 제어, 고도의 위치 결정 제어 모두를 위치 결정 기동이라 한다. 즉 서보 모터를 동작시켜 이송테이블을 사용자가 원하는 위치로 자동으로 옮겨주는 동작이 위치 결정 기동 제어이다. 위치 결정 기동 제어를 위해서는 사전에 기계 원점 제어를 통해 기계장치의 원점이 확립되어 있어야 한다. 위치 결정 기동 제어를 학습하기에 앞서 먼저 원점복귀 제어 방법에 대해서 살펴보자.

8.2.1 원점복귀 제어

'원점복귀 제어'는 기점이 되는 위치(원점)를 확립하고, 그 기점으로부터 위치를 결정하는 제어를 의미한다. 이 제어는 전원 투입 시, 또는 QD77MS가 원점복귀 요구를 했을 경우나 위치 결정 정지 후 등, 원점 이외의 위치에 있는 기계를 원점으로 복귀시키고 싶을 때 사용하는 제어이다.

QD77MS에는 다음과 같이 두 개의 원점복귀 제어 방식이 있다.

- **기계 원점복귀**(**위치 결정 기동** No.9001) : 위치 결정 제어 원점을 확립한다.
- **고속 원점복귀**(**위치 결정 기동** No.9002) : 원점을 향하는 방향으로 위치 결정을 한다.

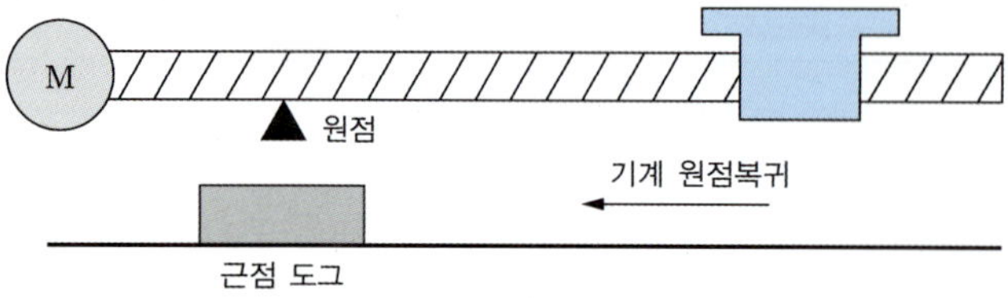

[그림 8-14] **원점복귀**

기계 원점이란 기계 좌표축에서 기준이 되는 점을 의미한다. QD77MS에서는 기계 원점을 확립하는 데 다음의 5가지 기계 원점복귀 방식을 제공하고 있다. 사용자는 기계 장치의 조건에 따라 기계 원점복귀 방식을 선택할 수 있다.

[표 8-11] **원점복귀 방식의 종류**

<table>
<tr><th>기계 원점복귀 방법</th><th>동작 패턴</th></tr>
<tr><td>

근점 도그식

근점 도그 ON에서 감속 후, 근점 도그가 OFF된 이후에 서보 모터의 영점 신호(C상 출력)가 출력되는 위치를 원점으로 확립하는 방식

</td><td>

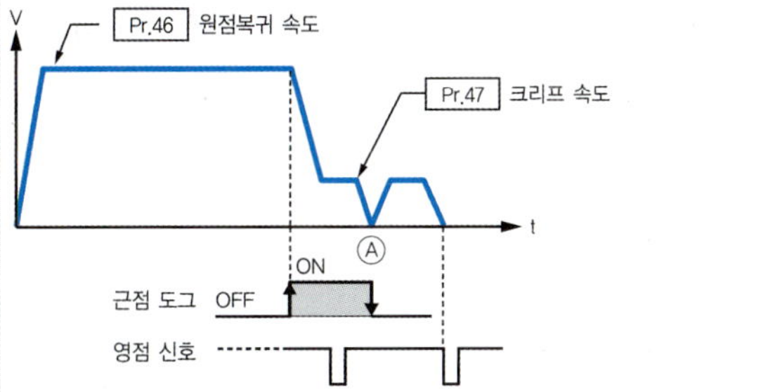

</td></tr>
<tr><td>

카운터식 1

근점 도그 ON에서 감속 후, 지정 거리를 이동하고 서보 모터의 영점 신호(C상 출력)가 출력되는 위치를 원점으로 확립하는 방식

</td><td>

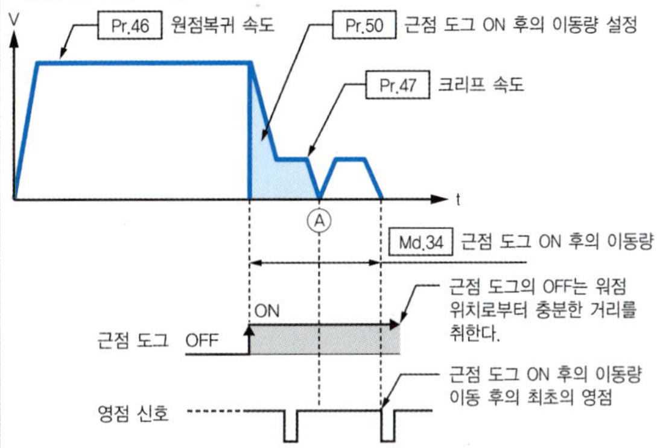

</td></tr>
<tr><td>

카운터식 2

근점 도그 ON에서 감속 후, 지정 거리를 이동하고 원점을 확립하는 방식

</td><td>

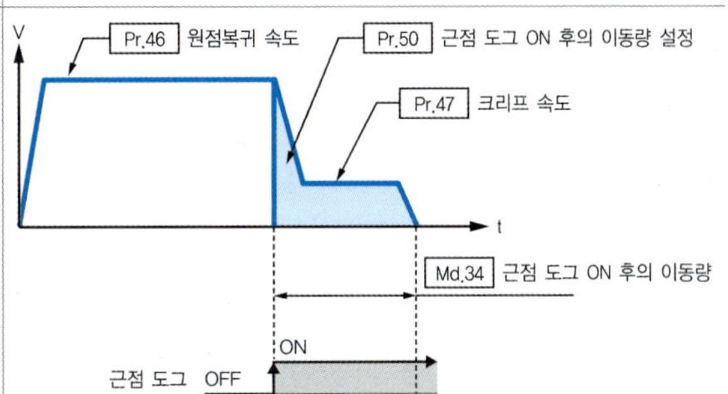

</td></tr>
<tr><td>

스케일 원점 신호 검출식

근점 도그 ON에서 감속 정지 후 역방향으로 이동하고, 다시 근점 도그 OFF 후에 처음 발생하는 영점 신호에 의해 감속 정지 후, 다시 원점복귀 방향으로 이동할 때 발생되는 영점 신호를 원점으로 확립하는 방식

</td><td>

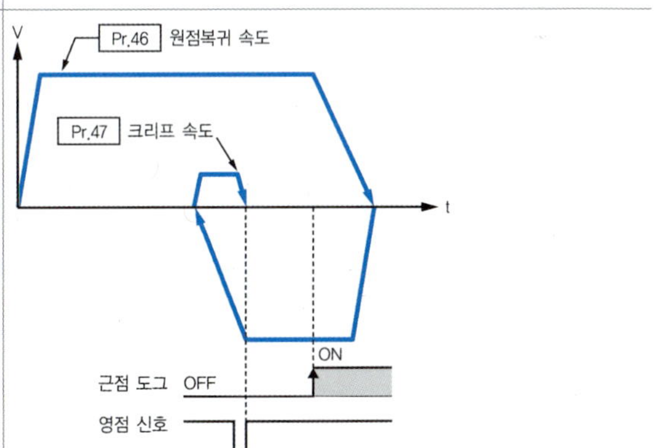

</td></tr>
<tr><td>

데이터 세트식

기계 원점복귀 명령이 실행될 때의 위치를 원점으로 확립하는 방식

</td><td></td></tr>
</table>

8.2.2 위치 결정 기동 제어 절차

위치 결정 기동 제어를 위한 프로그램 작성법에는, QD77MS의 위치 결정 기동(Y50) 출력 신호를 ON해서 기동하는 방법과, 축 번호에 따라 기동 전용 명령어를 사용한 기동 방법이 있다.

QD77MS의 위치 결정 기동 출력 신호를 이용한 기동 절차

[그림 8-15]는 QD77MS의 버퍼 메모리 1500번지(Cd.3 위치 결정 기동 번호)에 위치 결정 기동 번호를 설정한 후에 위치 결정 기동 출력(Y50) 신호를 ON해서 서보 모터를 동작시켜 설정한 위치로 이송테이블을 이동하는 방법의 순서를 나타낸 것이다.

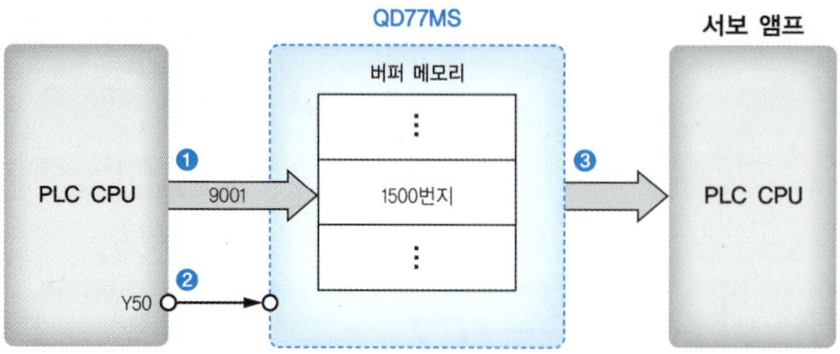

[그림 8-15] 위치 결정 기동

[그림 8-15]의 ❶~❸의 과정은 다음과 같다.

❶ 기동하고자 하는 위치 결정 기동 번호를 QD77MS의 버퍼 메모리 1500번지(Cd.3 위치 결정 기동 번호)에 설정한다. 기계 원점복귀는 9001로 설정한다. 버퍼 메모리 1500번지에 설정 가능한 위치 결정 기동 번호를 [표 8-12]에 나타내었다.

❷ 위치 결정 기동 신호(Y50)를 ON한다.

❸ QD77MS에서 기계 원점복귀 기동을 위해 서보 앰프를 제어한다.

[표 8-12] 위치 결정 기동을 위한 기동 번호

설정 항목	설정값 및 내용	버퍼 메모리 어드레스	
		QD77MS2/4	QD77MS16
Cd.3 위치 결정 기동 번호	1~600 : 위치 결정 데이터 번호 9001 : 기계 원점복귀 9002 : 고속 원점복귀 9003 : 현재값 변경 9004 : 동시 기동 7000~7004 : 블록 번호	1500+100n	4300+100n

기동 전용 명령어 ZP.PSTRT1을 이용한 기동 절차

버퍼 메모리와 위치 결정 기동 출력(Y50) 신호를 사용하지 않으면서도 보다 쉽게 기동할 수 있고, 정해진 위치로 순차적인 기동을 할 때 프로그램을 편리하게 작성할 수 있는 기동 전용 명령어 사용법에 대해 살펴보자. 기동 전용 명령어는 1축~4축까지 제어할 수 있는데, ZP.PSTRT□의 표현에서 □에 숫자 1, 2, 3, 4를 넣어 축을 구분한다.

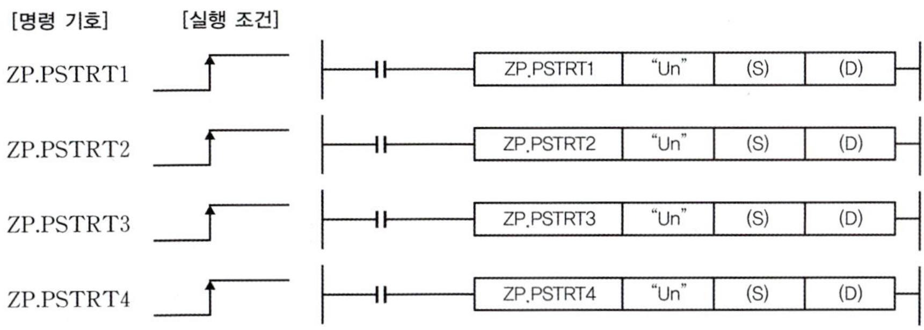

[그림 8-16] 위치 결정 기동 전용 명령어

■ 기동 전용 명령어의 설정 내용

기동 전용 명령어를 사용하기 위해서는 QD77MS가 장착되어 있는 PLC의 선두 번지와 QD77MS의 버퍼 메모리에 설정할 설정값을 저장할 디바이스 메모리를 지정해야 한다.

- "Un" : [그림 8-16]에서 "Un"은 7장에서 학습한, 인텔리전트 기능 모듈을 구분하기 위한 입출력 번지의 선두 번지를 표현하는 방법과 동일하다. **QD77MS의 입출력 시작 번지가 H040이므로 "U4"를 기재한다.**
- (S) : 이 부분은 컨트롤 데이터가 저장되어 있는 PLC 디바이스의 선두 번호를 의미한다. 티칭 전용 명령어는 [표 8-13]과 같이 3개의 16비트 디바이스를 필요로 한다.
- (D) : [그림 8-16]에서 (D)는 실행 데이터 백업 전용 명령어의 명령 완료 여부를 나타내는 비트 정보를 저장하는 영역이다. 이 비트는 명령어 수행 완료 시 1스캔 시간 동안 ON/OFF되는 비트로서, 2개의 비트 메모리 영역을 사용하여 명령어 정상 수행 여부를 나타낸다. 예를 들어 이 부분을 "M0"으로 지정하면, 이는 "M0, M1" 두 개의 비트를 사용한다는 의미이다. 이 명령어가 정상적으로 수행되면, 명령어 수행 후 1스캔 시간 동안 "M0=1, M1=0"이 설정되지만, 에러 발생 시에는 명령어 수행 후 1스캔 시간 동안 "M0=1, M1=1"이 된다.

[표 8-13] 컨트롤 디바이스 설정 내역

디바이스	항목	설정 데이터	설정 범위	세트측*
(S)+0	시스템 영역	−		−
(S)+1	완료 상태	완료 시의 상태가 저장된다. • 0 : 정상 종료 • 0 이외 : 이상 완료(에러 코드)		시스템
(S)+2	기동 번호	PSTRT□ 명령어로 아래 데이터의 기동 번호를 지정한다. • 위치 결정 데이터 No. : 1~600 • 블록 기동 : 7000~7004 • 기계 원점복귀 : 9001 • 고속 원점복귀 : 9002 • 현재값 변경 : 9003 • 복수의 축 동시 기동 : 9004	1~600 7000~7004 9000~9004	사용자

*세트측은 다음과 같은 의미를 가진다.
사용자 : 전용 명령 실행 전에 사용자가 저장하는 데이터
시스템 : PLC CPU가 전용 명령 실행 결과를 저장하는 데이터

■ 위치 결정 기동 시 주의사항

ZP.PSTRT□ 전용 명령어를 사용하여 위치 결정 기동을 할 때의 주의사항을 살펴보자.

- ZP.PSTRT 명령으로 위치 결정 기동을 했을 경우에는 위치 결정 기동 신호(이 책에서는 Y50~Y53)를 ON하지 않는다.
- ZP.PSTRT 명령으로 위치 결정 기동을 한 후 위치 결정 완료 전에 정지 지령이 입력되었을 경우, 완료 디바이스(D)가 1스캔 ON하고 ZP.PSTRT 명령의 실행이 완료된다.
- ZP.PSTRT 명령은 QD77MS의 준비 완료 신호(X40)가 ON일 때 실행될 수 있다.
- 동일 축에 대해 다음의 전용 명령은 동시에 실행될 수 없다.
  위치 결정 기동 명령(ZP.PSTRT1 ~ ZP.PSTRT4)
  티칭 명령(ZP.TEACH1 ~ ZP.TEACH4)

QD77MS의 위치 결정 기동을 위한 QD77MS의 입출력 신호 조건

위치 결정 기동을 위해서는 [표 8-14]와 같이 QD77MS의 입출력 신호 조건을 만족하고 있는 상태에서 위치 결정 기동 신호(Y50)가 ON되어야 한다. [그림 8-17]은 근점 도그식 기계 원점복귀의 타임 차트이다. [표 8-14]의 기동을 위한 입출력 신호와, 타임 차트에 나타낸 입출력 신호의 동작을 비교해보기 바란다.

[표 8-14] 위치 결정 기동을 위한 QD77MS의 입출력 신호 조건

신호명		신호 상태	입출력 번지 : QD77MS2/4
QD77MS 입출력 신호	PLC Ready	ON	Y40 ([그림 8-17]에서 Y0)
	QD77 준비 완료	ON	X40 ([그림 8-17]에서 X0)
	전체 축 서보 ON	ON	Y41 ([그림 8-17]에서 Y1)
	동기용 플래그	ON	X41 ([그림 8-17]에서 X1)
	축 정지	OFF	Y44 ~ Y47
	기동 완료	OFF	X50 ~ X53 ([그림 8-17]에서 X10)
	BUSY	OFF	X4C ~ X4F ([그림 8-17]에서 XC)
	에러 검출	OFF	X48 ~ X4B ([그림 8-17]에서 X8)
	M코드 ON	OFF	X44 ~ X47
외부 신호	긴급 정지 입력	ON	사용하지 않음으로 설정
	정지	OFF	사용하지 않음으로 설정
	상한 리밋(FLS)	ON	
	하한 리밋(RLS)	ON	

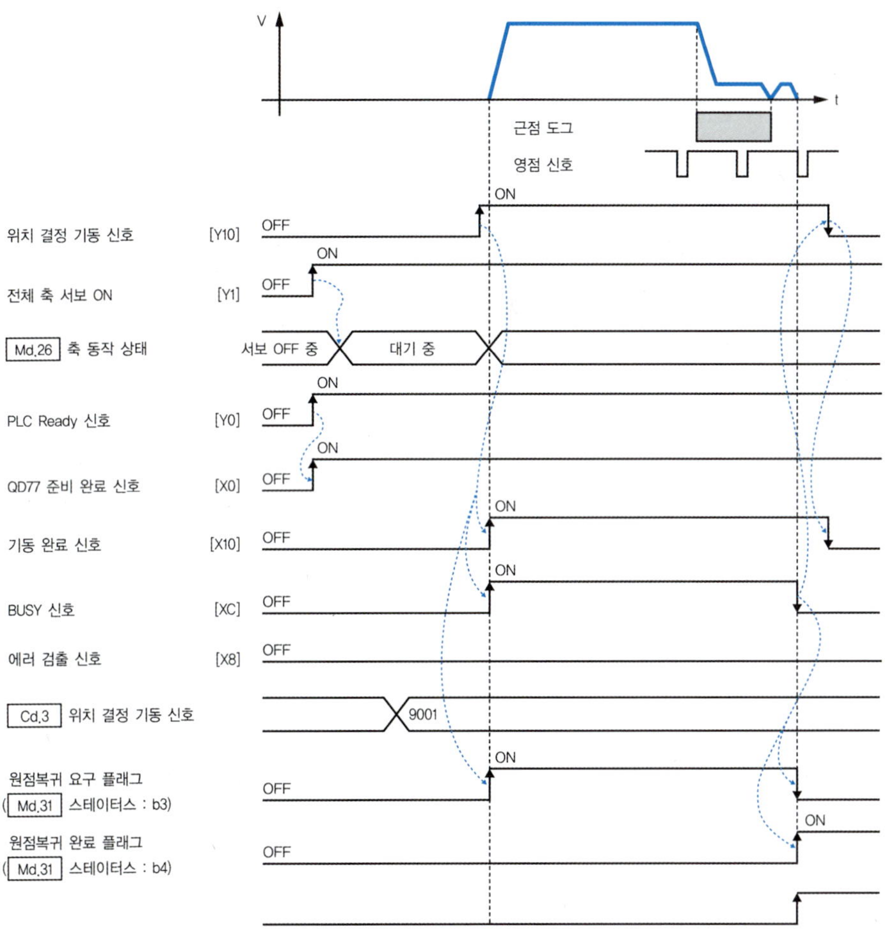

[그림 8-17] 근점 도그식 기계 원점복귀를 위한 타임 차트

고속 원점복귀

고속 원점복귀는 '기계 원점복귀'에 의해 확립된 원점의 좌표값과 현재 위치의 좌표값과의 비교연산을 통해 정해진 원점 위치로 복귀하는 동작을 의미한다. 고속 원점복귀 동작 프로그램은 기계 원점복귀 동작 프로그램과 동일하나, 버퍼 메모리 1500번지에 9001 대신 9002가 설정된다. [그림 8-17]의 근점 도그식 기계 원점복귀 동작의 타임 차트와 [그림 8-18]의 고속 원점복귀 동작의 타임 차트를 비교해보면, 'Md.31 스테이터스'의 비트 3번과 4번 동작이 고속 원점복귀 동작에서는 실행되지 않음을 확인할 수 있다. 이 비트가 동작하지 않는 이유는, 기계 원점복귀 동작에 의해 기계 원점이 확립되어야만 고속 원점복귀 동작이 이루어지기 때문이다.

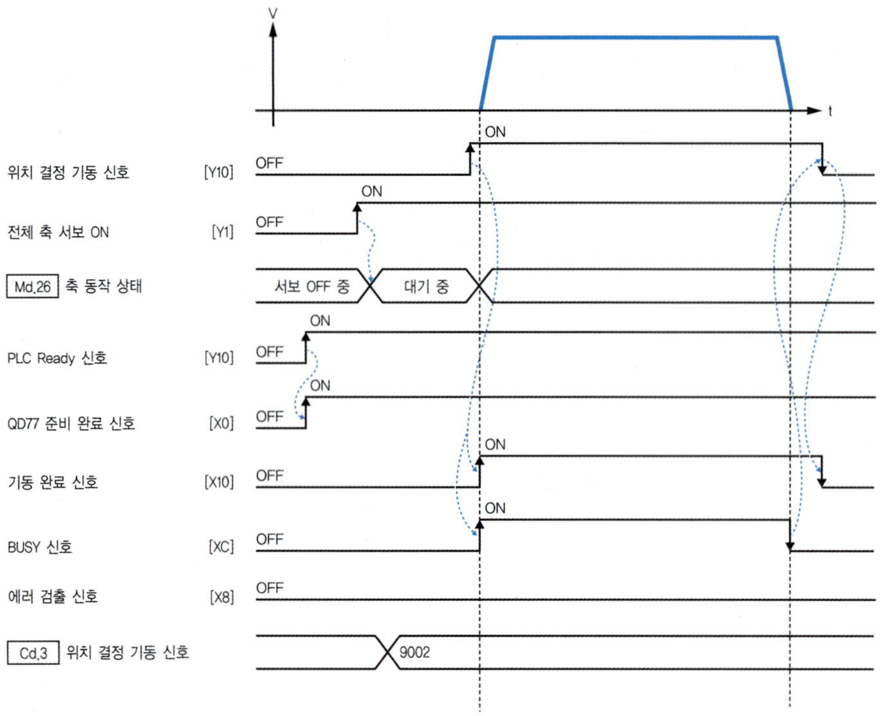

[그림 8-18] 고속 원점복귀 동작을 위한 타임 차트

실습과제 8-2 기계 원점복귀 제어

기계 원점복귀 제어에는 다섯 가지 방법이 있다. 산업현장에서 사용되는 기계 장치의 조건에 따라서 원점복귀 제어 방법도 달라진다. 이 책에서는 서보를 이용한 위치 제어에서 가장 많이 사용하는, 근점 도그를 이용한 원점복귀 제어 방법에 대해 학습한다.

[Section 8.2]

해당 프로그램명 : EXEC_3_1, EXEC_3_2

기계 원점복귀 제어 프로그램은 PLC 프로그램 EXEC_3_1과 EXEC_3_2로 분할하여 작성한다. EXEC_3_1에서는 QD77MS의 버퍼 메모리 1500번지와 위치 결정 기동 신호(Y50)를 이용한 프로그램을 작성하고, EXEC_3_2에서는 기동 전용 명령어 ZP.PSTRT1을 이용해서 프로그램을 작성한다. 따라서 프로그램을 실행하기 위해서는 EXEC_3_1과 EXEC_3_2 중에서 한 개의 프로그램을 선택해야 한다.

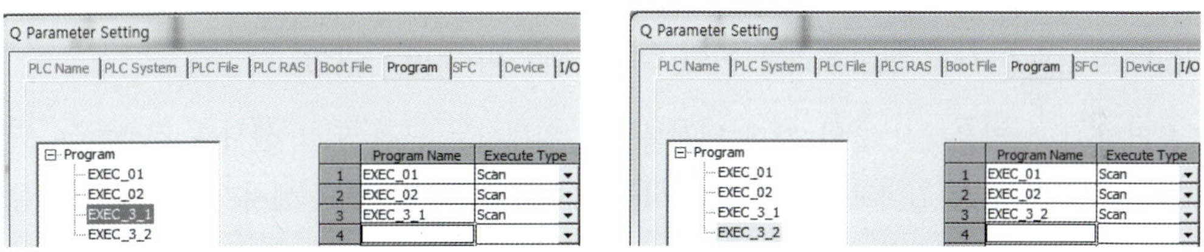

(a) 버퍼 메모리를 이용한 원점복귀 (b) ZP.PSTRT1을 이용한 원점복귀

[그림 8-19] **기계 원점복귀를 위한 프로그램 실행 방법**

기계 원점복귀 제어 방법에는 다섯 가지가 있다. 따라서 다섯 가지의 동작을 확인하기 위해서는 QD77MS의 파라미터 설정을 각각 다르게 해야 한다. 책에서 제시한 기계 원점복귀 동작을 위한 파리미터를 참고하여 사용자 시스템에 맞는 파라미터를 설정한 후 PLC로 전송한다. 파라미터를 PLC로 전송할 때 PLC는 STOP 상태가 되고, 전송이 끝나면 RUN 상태가 되면서 변경된 파라미터가 적용되어 변경된 동작을 확인할 수 있다. 독자들은 다섯 종류의 기계 원점복귀 제어 방법 중에서 실습 환경에 맞는 방법을 선택하면 된다.

기계 원점복귀 동작을 위한 파라미터 설정

■ 근점 도그식 기계 원점복귀를 위한 QD77MS 파라미터 설정

근점 도그식 기계 원점복귀와 관련한 QD77MS의 파라미터 설정은 [표 8-15]와 같다. 근점 도그식은 Pr.46에 설정한 원점복귀 속도로 이동하다가, 근점 도그 센서가 OFF 상태에서 ON 상태가 될 때 Pr.47에 설정한 클리퍼 속도로 감속한 후에, 근점 도그 센서가

ON에서 OFF로 되면 서보 모터 엔코더의 영점 신호에 의해 기계 원점을 확립하는 방식을 의미한다. 따라서 [표 8-15]와 서보 앰프의 파라미터 설정에서 PA.14의 서보 모터 회전 방향 파라미터를 각자의 실습 환경에 맞게 설정한 후에 근점 도그식 기계 원점복귀 동작을 테스트한다.

[표 8-15] 근점 도그식 기계 원점 파라미터

파라미터	설정 내용	설정값
Pr.43	원점복귀 방식	0 : Proximity Dog Methode
Pr.44	원점복귀 방향	1 : Reverse Direction(Address Decrease Direction)
Pr.45	원점 어드레스	0.0 μm
Pr.46	원점복귀 속도	3000.00 mm/min
Pr.47	클리프 속도	500.00 mm/min
Pr.48	원점복귀 리트라이	1 : Retry HPR with Limit Switch

■ 카운터식 ①/② 기계 원점복귀를 위한 QD77MS 파라미터 설정

카운터식 ①과 카운터식 ②의 기계 원점복귀를 위해서는 근점 도그 센서를 검출하는 도그판이 이동량 설정 길이보다 길어야 한다. 그 이유는, 근점 도그 센서가 ON되고 설정한 이동 거리만큼 이동한 상태에서 기계 원점이 확립되는데, 이때 근점 도그 센서가 도그판에 의해 ON 상태를 유지하고 있어야 하기 때문이다. [표 8-16]에서 근점 도그 ON 후 이동량을 1cm(=10000.0μm)로 설정했기 때문에 카운터식 ① 방식의 기계 원점은 근점 도그 센서가 도그판에 의해 ON된 위치로부터 1cm를 초과해서 확립된다. [그림 8-20]은 원점을 검출하는 도그판을 나타낸 것이다. 카운터식 기계 원점복귀에 사용되는 도그판의 길이는 Pr.50에 설정한 값보다 길어야 한다.

[그림 8-20] 도그판

[표 8-16] 카운터식 ①/② 기계 원점 파라미터

파라미터	설정 내용	설정값
Pr.43	원점복귀 방식	4 : Count Method(1) 또는 5 : Count Method(2)
Pr.44	원점복귀 방향	1 : Reverse Direction(Address Decrease Direction)
Pr.45	원점 어드레스	0.0 μm
Pr.46	원점복귀 속도	3000.00 mm/min
Pr.47	클리프 속도	500.00 mm/min
Pr.48	원점복귀 리트라이	1 : Retry HPR with Limit Switch
Pr.50	근점 도그 ON 후 이동량	10000.0 μm

■ 스케일 원점 신호 검출식 기계 원점복귀를 위한 QD77MS 파라미터 설정

스케일 원점 신호 검출 방식의 기계 원점복귀는 근점 도그 센서 앞단에 기계 원점이 확립되는 방식이다. 이는 기계 원점복귀 방향으로 이송테이블이 이동하다가 도그판에 의해 근점 도그 센서가 ON되면 감속정지 후, 원점복귀 방향과의 반대 방향으로 이송테이블이 이동하다가 서보 모터의 원점 신호가 ON되는 위치를 기계 원점으로 확립하는 방식이다.

[표 8-17] 스케일 원점 신호 검출식 기계 원점 파라미터

파라미터	설정 내용	설정값
Pr.43	원점복귀 방식	7 : Scale Home Position Signal Detection Method
Pr.44	원점복귀 방향	1 : Reverse Direction(Address Decrease Direction)
Pr.45	원점 어드레스	0.0 μm
Pr.46	원점복귀 속도	3000.00 mm/min
Pr.47	클리프 속도	500.00 mm/min

■ 데이터 세트식 기계 원점복귀를 위한 QD77MS 파라미터 설정

데이터 세트식 기계 원점복귀는 기계 원점복귀 명령이 실행될 때의 이송테이블의 위치가 기계 원점으로 확립되는 방식이다. 특정 위치를 기계 원점으로 확립할 때 주로 사용한다.

[표 8-18] 데이터 세트식 기계 원점 파라미터

파라미터	설정 내용	설정값
Pr.43	원점복귀 방식	6 : Data Set Method
Pr.44	원점복귀 방향	1 : Reverse Direction(Address Decrease Direction)
Pr.45	원점 어드레스	0.0 μm

PLC 프로그램 작성법

■ 원점 에러 및 원점 OK 램프 제어

[그림 8-21] 원점복귀 관련 버튼과 램프

기계 원점복귀 제어와 관련한 GOT 화면의 내용은 [그림 8-21]과 같다. 기계 원점의 위치가 소실되어 위치 제어를 할 수 없는 상태를 나타내는 '원점 에러' 램프와, '원점 OK' 램프는 QD77MS의 버퍼 메모리 817번지의 비트를 통해 제어할 수 있다. [표 7-9]에서 버퍼 메모리 817번의 'Md31. 스테이터스'의 b3은

원점복귀 요구 플래그로, 원점이 확립되지 않은 경우에는 1로 설정되고, 원점이 확립되면 0이 된다. b4는 기계 원점복귀가 완료되면 1로 설정되지만, 원점 확립 후 수동 운전 또는 위치 기동이 이루어지면 0이 된다.

■ 기계 원점 동작 확인 방법

GX Work2를 사용해서 QD77MS의 원점복귀 방법 중에서 원하는 방식으로 원점복귀 파라미터를 변경하고 프로그램을 작성한 후에 PLC로 다운로드한다. 변경된 QD77MS의 파라미터는 PLC CPU가 STOP에서 RUN으로 변경될 때(PLC Ready 신호(Y40)가 OFF → ON으로 변경될 때) 적용된다. QD77MS의 파라미터가 다운로드될 때, PLC CPU는 자동으로 STOP되었다가 다운로드 완료 후에 RUN 모드로 변경되기 때문에, PLC CPU를 리셋하는 동작이 따로 필요하지는 않다.

하지만 PLC의 프로그램을 분할하여 작성하기 때문에 기계 원점 프로그램(EXEC_4)을 PLC의 파라미터에서 실행할 프로그램으로 추가 등록해야 한다. 이런 경우에는 PLC CPU가 리셋되어야 정상 동작한다. QD77MS을 잘 알지 못하는 초보자 입장에서는 프로그램 또는 파라미터를 변경하고, 이를 PLC CPU로 전송한 후에 CPU를 리셋하면 된다. 그러나 CPU를 리셋하면 PLC의 메모리가 초기화된다는 점을 기억하기 바란다. 다섯 가지의 기계 원점복귀 방법을 QD77MS 파라미터 변경을 통해 동작시키면서 그 차이점이 무엇인지 확인해보자.

PLC 프로그램

■ 버퍼 메모리 1500번지를 이용한 기계 원점복귀 프로그램 : EXEC_3_1

(계속)

[프로그램 8-4] EXEC_3_1 : 기계 원점복귀 동작 프로그램(QD77MS 버퍼 메모리 사용)

프로그램 라인 0번과 88번은 [그림 8-22]의 QD77MS의 버퍼 메모리 817번지의 비트별 기능을 사용해서 원점복귀 여부를 확인하는 램프를 점멸 및 점등시키는 부분이다. U4\G817.4의 원점복귀 완료 플래그 비트는 위치 결정 기동이 실행되면 0으로 되기 때문에 원점 OK 램프는 SET 명령어를 사용해서 점등한다.

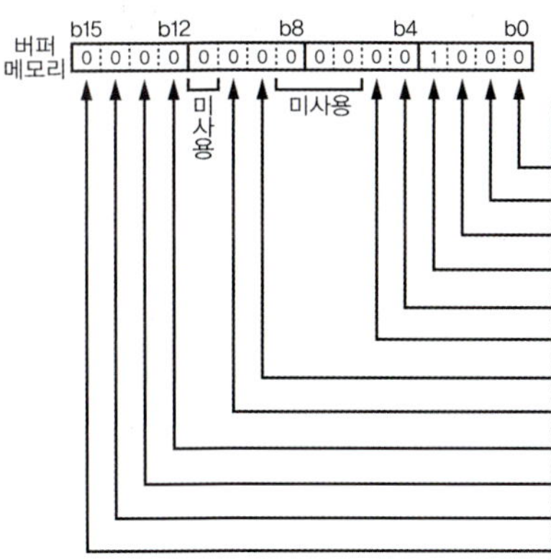

	저장 항목	초깃값	의미
b0	속도 제어 중 플래그	0	0:OFF 1:ON
b1	속도·위치 전화 래치 플래그	0	
b2	지령 인포지션 플래그	0	
b3	원점복귀 요구 플래그	1	
b4	원점복귀 완료 플래그	0	
b5	위치·속도 전환 래치 플래그	0	
b9	축 경고 검출	0	
b10	속도 변경 0 플래그	0	
b12	M코드 ON (QD77MS16)	0	
b13	에러 검출 (QD77MS16)	0	
b14	기동 완료 (QD77MS16)	0	
b15	위치 결정 완료 (QD77MS16)	0	

[그림 8-22] QD77MS 버퍼 메모리 817번지의 비트별 기능

프로그램 라인 131번은 기계 원점복귀 버튼을 눌렀을 때 QD77MS의 버퍼 메모리 1500번지에 기계 원점복귀 설정값 9001을 등록한 후에 기동 완료 신호(Y50)를 ON해서 기계 원점복귀 동작을 실행시키는 부분이다. 원점복귀 동작이 완료되면, Busy(X4C) 신호를 체크해서 해당 신호가 OFF될 때 기동 완료 신호(Y50)를 강제로 OFF한다. Busy 신호인 X4C 대신 DX4C를 사용한 이유는, 입출력 번호 앞에 D가 있어서 스캔 도중에 해당 접점 명령을 만나면 입출력 조건을 재확인하므로 실시간으로 Busy 신호를 체크할 수 있기 때문이다. 일반 입출력 번지는 스캔 동작 중에 입출력 리프레시 시간에만 입력에 연결된 스위치 또는 센서의 ON/OFF 신호만 확인할 수 있고, 프로그램 실행 시간에 변경되는 스위치나 센서의 신호의 파악은 불가능하다. 기계 원점복귀 동작을 포함한 모든 위치 결정 기동 동작은, **수동 모드의 펄스 운전 모드에서는 실행될 수 없다.** 수동펄스 운전 모드가 선택되면 Busy(X4C) 신호가 ON 상태가 되기 때문이다. 이 점을 잊지 않도록 주의하기 바란다.

■ 인텔리전트 전용 명령어를 이용한 기계 원점복귀 프로그램 : EXEC_3_2

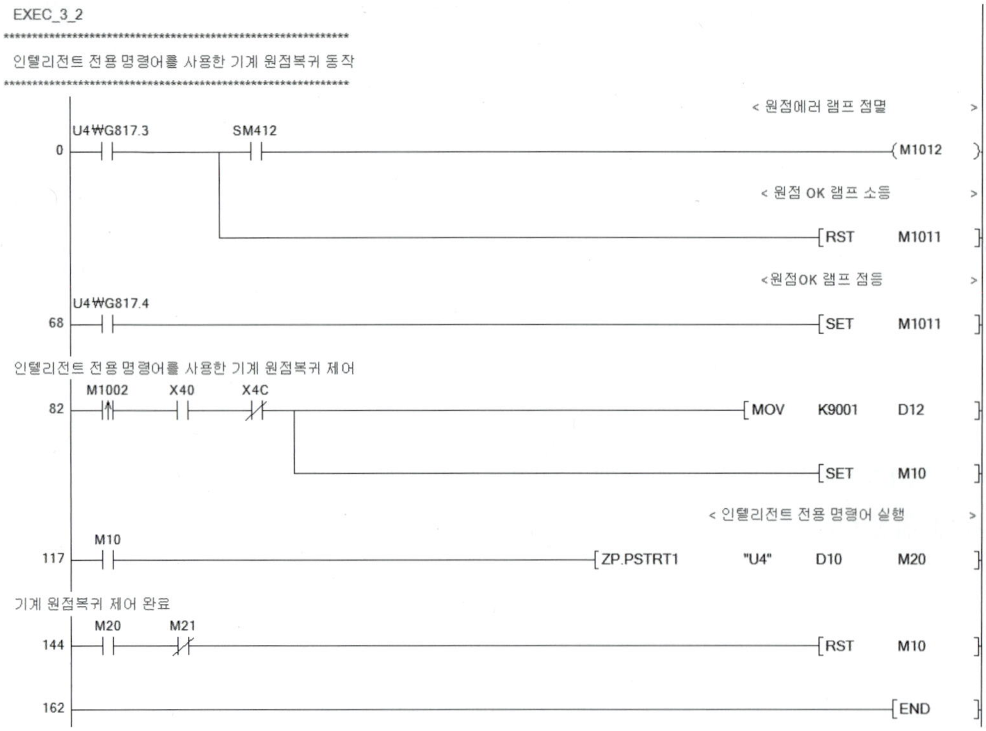

[프로그램 8-5] EXEC_3_2 : 기계 원점복귀 동작 프로그램(인텔리전트 전용 명령어 사용)

[프로그램 8-4]와 [프로그램 8-5]를 비교해보면, 인텔리전트 전용 명령어를 사용함으로써 프로그램이 보다 단순해졌음을 알 수 있다. 따라서 이 책에서는 인텔리전트 전용 명령어로 작성된 위치 결정 기동 프로그램을 사용한다.

[프로그램 8-5]의 프로그램 라인 82번과 117번에서 기계 원점복귀를 위한 인텔리전트 전용 명령어로 [SET M10] 명령어를 사용하고 있다. SET 명령어를 사용하면 인텔리전트 기능 명령이 제대로 실행되지 않아 M10이 리셋될 수 없기 때문에 해당 명령어의 정상 실행 여부는 프로그램 모니터링을 통해서 쉽게 파악할 수 있다. 인텔리전트 명령어 실행에 문제가 생겼다면 M10이 1의 상태로 모니터링될 것이다. 이런 경우, 해당 M10을 0의 상태, 즉 리셋시키기 위해서는 PLC CPU를 리셋해야 함을 기억해두자.

해당 프로그램을 작성해서 PLC로 전송한 후, 기계 원점 버튼을 눌렀을 때 기계 원점복귀가 정상적으로 되는지 확인해보자. 만약 원점복귀가 정상적으로 실행되지 않는다면, 서보 모터의 회전 방향을 결정하는 서보 앰프의 파라미터 설정과 QD77MS의 원점복귀 파라미터 설정을 확인해보기 바란다. 원점복귀가 정상적으로 실행된다면, 원점복귀 방법을 변경해가면서 각각의 방법에 어떤 차이가 있는지 확인해보자.

실습과제 8-3 고속 원점복귀 제어

기계 원점복귀가 완료되었다면, 이제 고속 원점복귀 동작을 구현해보자. 고속 원점복귀 제어는 기계 원점이 확립된 상태에서 QD77MS가 기억하고 있는 이송 위치를 삭제하고 현재 위치값에 대한 산술연산을 통해 원점 위치로 복귀하는 동작을 의미한다.

[Section 8.2]

해당 프로그램명 : EXEC_3_1, EXEC_3_2

고속 원점복귀 동작은 기계 원점복귀를 통해 기계 원점이 확립된 상태에서 실행되어야 한다. 고속 원점복귀는 '기계 원점복귀'에 의해서 확립된 원점의 좌표값 연산을 통해 해당 원점 위치로 복귀하는 동작을 의미한다.

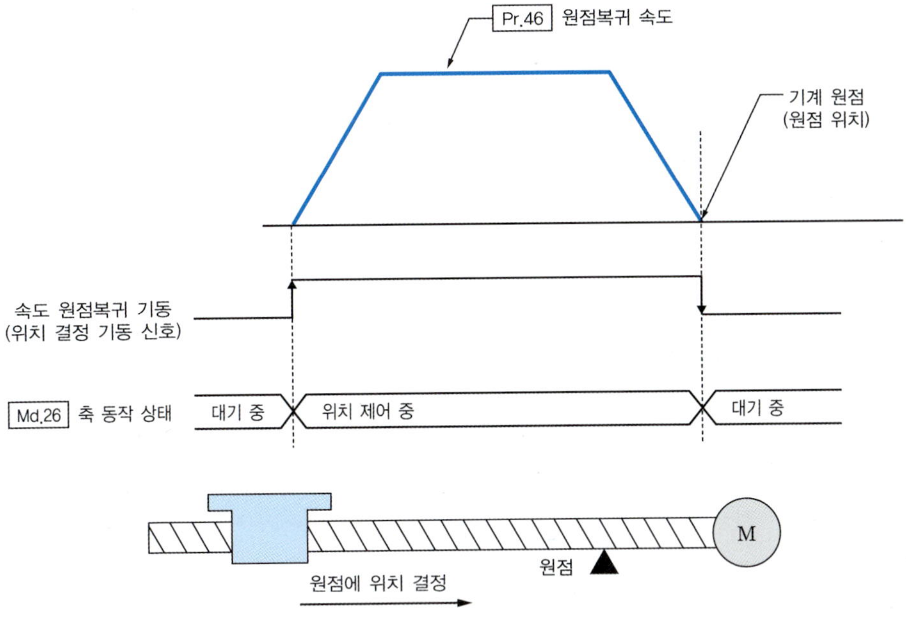

[그림 8-23] 고속 원점복귀 동작

PLC 프로그램 작성법

고속 원점복귀 동작을 위한 프로그램 작성 순서는 다음과 같다.

① 기계 원점복귀 동작을 통해 기계 원점이 확립되었는지 확인한다.

② 인텔리전트 디바이스 명령어를 이용하여 QD77MS의 버퍼 메모리 1500번지에 '9002'를 기록한다.

③ 고속 원점복귀 동작을 위한 인텔리전트 전용 명령어를 실행한다.

PLC 프로그램

■ 버퍼 메모리 1500번지를 이용한 기계 원점 및 고속 원점복귀 프로그램 : EXEC_3_1

기계 원점복귀 동작 프로그램과 고속 원점복귀 동작 프로그램의 차이는, QD77MS의 버퍼 메모리 1500번지에 9001이 설정되느냐(전자), 9002가 설정되느냐(후자)이다. 따라서 [프로그램 8-4]에서 작성한 EXEC_3_1의 프로그램을 수정하여 기계 원점과 고속 원점을 함께 사용할 수 있도록 한다.

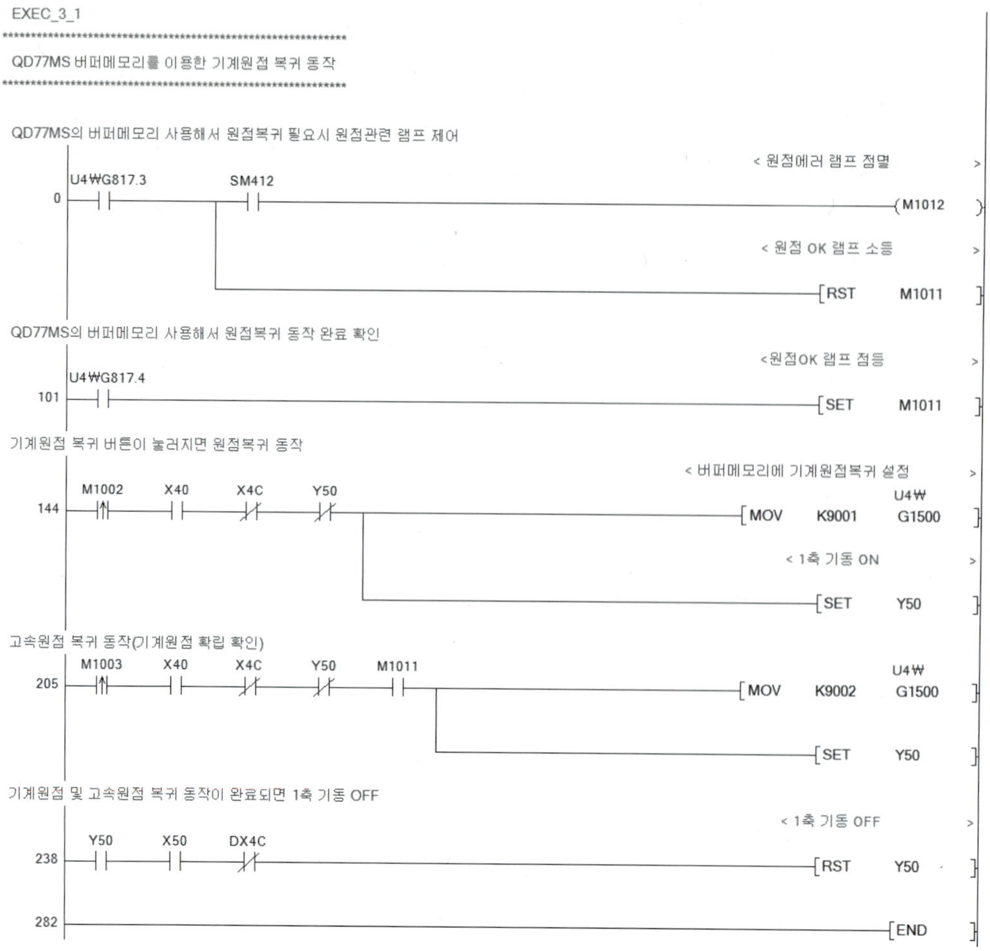

[프로그램 8-6] EXEC_3_1 : 기계 및 고속 원점복귀 동작 프로그램(QD77MS 버퍼 메모리 사용)

프로그램 라인 205번이 고속 원점복귀 동작 프로그램이다. 고속 원점복귀 동작을 하기 전에 기동 완료 신호(Y50)와 기계 원점복귀 완료를 통해 원점 OK 램프 신호를 확인하도록 되어 있다.

■ 인텔리전트 전용 명령어를 이용한 기계 원점 및 고속 원점복귀 프로그램 : EXEC_3_2

인텔리전트 전용 명령어를 이용한 기계 원점 및 고속 원점복귀 프로그램은 앞에서 학습한 [프로그램 8-5]의 내용을 [프로그램 8-7]로 수정해서 사용한다.

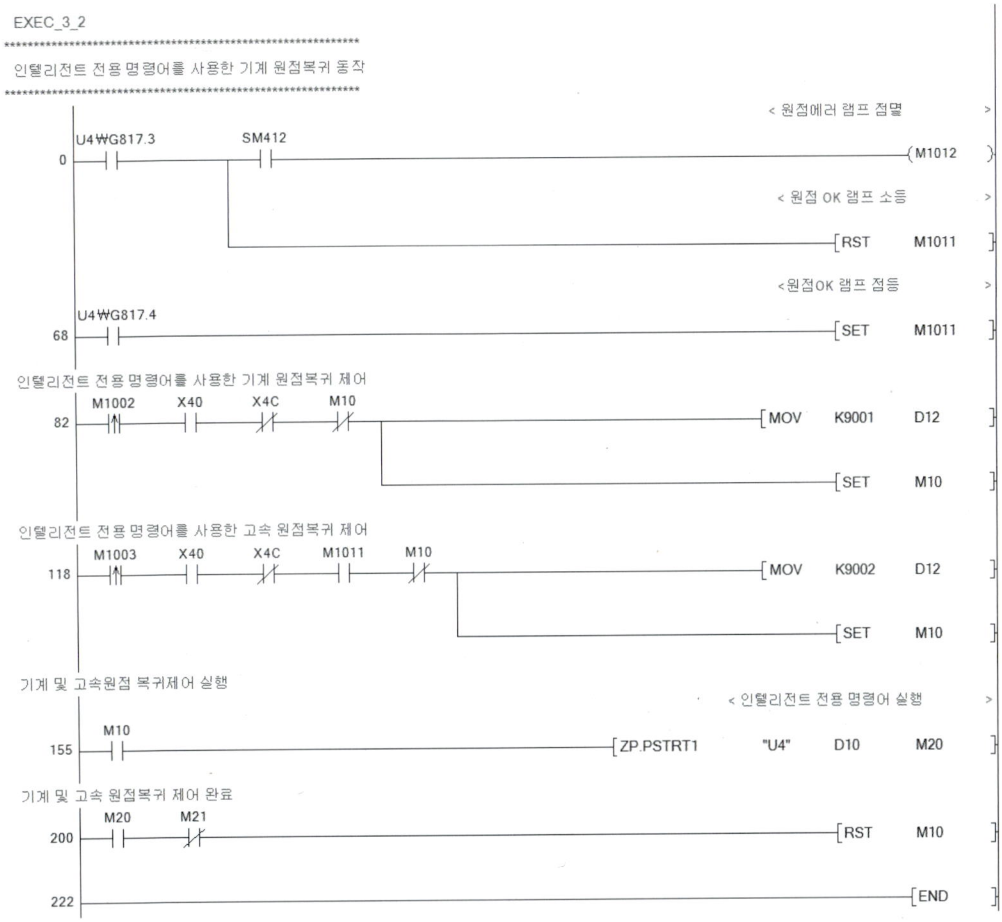

[프로그램 8-7] EXEC_3_2 : 기계 및 고속 원점복귀 동작 프로그램(인텔리전트 전용 명령어 사용)

8.3 위치 제어

[실습과제 8-4, 8-5]

위치 제어를 위한 GOT2000의 화면은 [표 8-19]와 같다. 위치 제어를 위한 화면은 공통 화면과 위치 제어를 위한 화면으로 구성된다. 공통 화면에는 수동 제어에 필요한 JOG 정회전과 역회전 버튼이 삭제되어 있다.

[표 8-19] **위치 제어를 위한 GOT2000의 화면 구성**

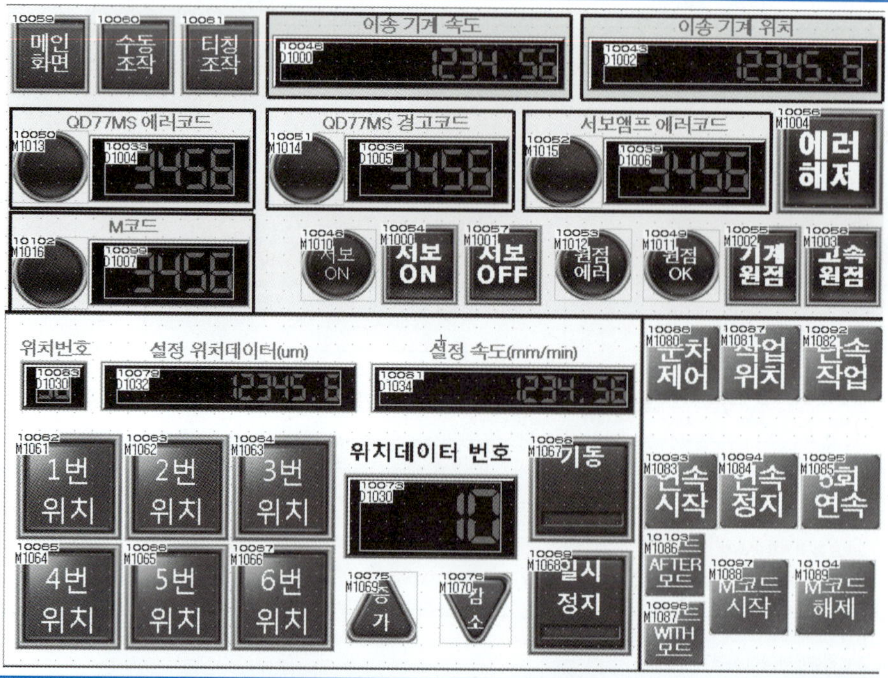

구분	메모리 번지	구분	메모리 번지
위치 번호 표시창	D1030	증가	M1069
위치 데이터 번호 표시창	D1030	감소	M1070
설정 위치 데이터 표시창	D1032 ~ D1033	시퀀스 제어	M1080 (M1090)
설정 속도 표시창	D1034 ~ D1044	작업위치	M1081 (M1091)
1번 위치 (램프)	M1061 (M1071)	연속작업	M1082 (M1092)
2번 위치 (램프)	M1062 (M1072)	연속시작	M1083 (M1093)
3번 위치 (램프)	M1063 (M1073)	연속정지	M1084 (M1094)
4번 위치 (램프)	M1064 (M1074)	5회 연속	M1085 (M1095)
5번 위치 (램프)	M1065 (M1075)	M코드 AFTER 모드	M1086 (M1096)
6번 위치 (램프)	M1066 (M1076)	M코드 WITH 모드	M1087 (M1097)
기동 (램프)	M1067 (M1067)	M코드 시작	M1088 (M1098)
일시정지 (램프)	M1068 (M1068)	M코드 해제	M1089 (M1099)

위치 제어 화면에서 1번~6번 위치 버튼과 시퀀스 제어 버튼부터 M코드 해제 버튼에는

램프가 내장되어 있다. 버튼에 램프의 기능을 추가하는 방법은 앞서 7장에서 학습한 [그림 7-4]를 참조하기 바란다. 설정 위치와 설정 속도를 표시하는 표시창은 32비트 크기의 데이터 값을 표시하는데, 그 설정 방법은 앞에서 학습한 [표 7-2]를 참조한다. [표 8-19]에서 설정 위치 데이터는 소수점 1자리, 설정 속도는 소수점 2자리로 표현하는 것과, 메모리 번지를 제외하면, 설정 방법은 [표 7-2]와 동일하다. 기동 및 일시정지 버튼에도 램프가 내장되어 있다. 이 내장된 램프는 자신의 번지를 사용하기 때문에 버튼을 누르고 있는 동안에는 버튼에 표시된 램프가 점등된다. 기동과 일시정지 버튼을 만드는 방법은 [그림 7-4]와 거의 동일하지만, 램프의 메모리 번지가 버튼의 메모리 번지와 일치한다는 점이 다르다.

8.3.1 위치 결정 데이터 등록 방법

위치 제어란 정지된 물체를 목표 위치로 이동시키는 동작을 의미한다. 따라서 위치 제어를 하기 위해서는 목표로 하는 위치값과, 목표로 하는 위치로 이동할 때의 속도값이 있어야 한다. QD77MS에 위치 제어를 위한 위치 결정 데이터를 등록하는 방법을 살펴보자.

위치 결정 데이터 등록 절차

[표 8-20]은 QD77MS의 버퍼 메모리에 위치 제어를 위한 위치 결정 데이터를 등록하는 절차를 나타낸 것이다.

[표 8-20] 위치 제어를 위한 위치 결정 데이터 등록 절차

순서	작업 내용	작업 화면
1	**심플 모션 모듈 설정창 생성하기** GX Works2의 [Navigation]에서 [인텔리전트 펑션 모듈] 폴더 속의 [QD77MS2]를 선택한 후에 더블클릭하면, QD77MS의 파라미터 설정 및 테스트를 위한 [Simple Motion Module Setting] Tool 프로그램 작성창이 새롭게 생성된다.	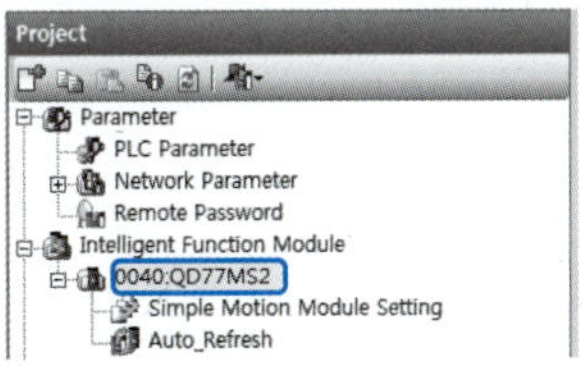
2	**위치 결정 데이터 창 열기** 심플 모션 모듈 설정창의 [내비게이션]에서 [Positioning Data] 폴더에 있는 [Axis #1]을 더블클릭한다.	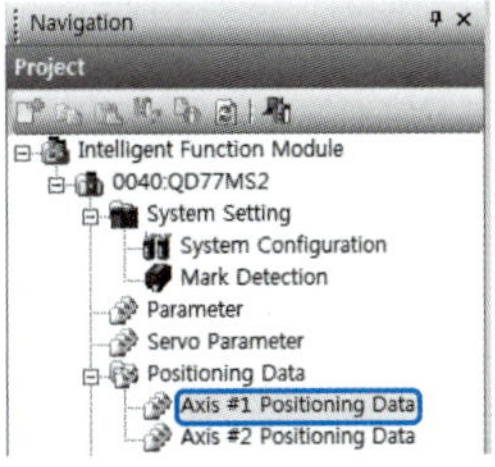

(계속)

<table>
<tr><td>3</td><td>
위치 결정 데이터 등록
❶ [Operation pattern] : 세 종류의 운전 패턴 중에서 [END]를 선택한다.
❷ [Control method]에서 [ABS Linear1]을 선택한다.
❸ Acc/Dec Time : 사전에 등록된 4종류의 가감속시간 중에서 1개를 선택한다.
❹ [Positioning address] : 목표 위치값을 설정한다.
❺ [Command speed] : 목표 위치로 이동할 속도를 설정한다.
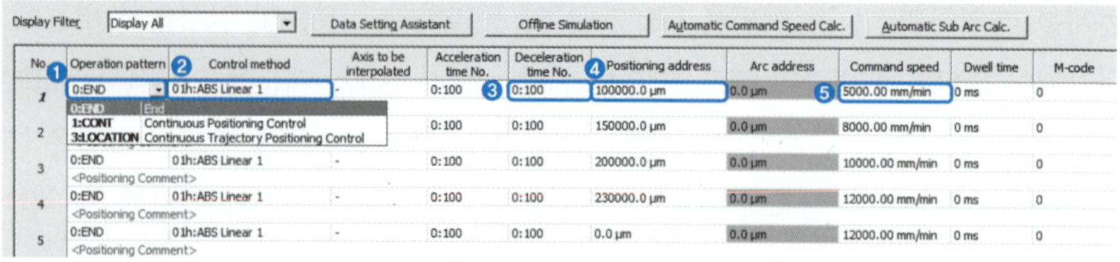

</td></tr>
<tr><td>4</td><td>
위치 결정 데이터 쓰기
설정한 위치 결정 데이터를 QD77MS2에 전송하기 위해 [Online]에서 [쓰기]를 선택한다.
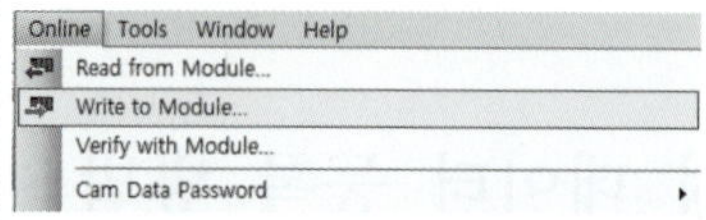

</td></tr>
<tr><td>5</td><td>
위치 결정 데이터 쓰기
❶ [Write]가 선택되었는지 확인한다.
❷ 쓰기 할 항목의 폴더를 연 후에 선택된 모든 항목을 해제하고 [Valid]만 체크한다.
❸ 쓰기 할 항목에서 [Positioning Data]와 [Execute flash ROM data writing]만 체크한다.
❹ [Execute]를 클릭한다.
[Execute]를 누른 후 나타나는 메시지를 주의 깊게 살펴보면서 버튼을 클릭한다. 나타나는 메시지의 주된 사항은, 위치 결정 데이터를 쓰기 위해 CPU를 STOP 해야 한다는 점과, ROM에 데이터를 쓰기 할 것인지를 확인하는 메시지, 그리고 STOP 상태인 CPU를 RUN 상태로 전환한다는 내용이다.
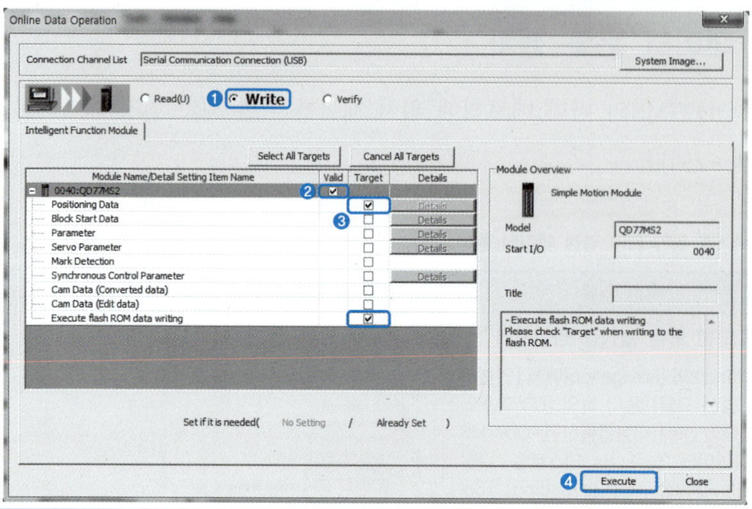

</td></tr>
</table>

[표 8-20]처럼 위치 결정 데이터를 등록한다. 등록할 때 목표 위치값과 속도는 이 책에서 주어진 대로 따라하는 게 아니라, 독자들이 사용하는 실습 장치의 조건에 맞추어 설정해야 한다. 위치 결정 데이터의 등록을 마치면 테스트 운전을 통해 등록한 위치 결정 데이터에 문제가 없는지 확인한다.

[표 8-21]은 등록한 위치 결정 데이터에 대하여 위치 제어가 정확하게 동작하는지 확인하기 위한 절차를 나타낸 것이다. 실제로 서보 모터가 회전하여 이송테이블이 움직이기

때문에 테스트 전에 안전에 문제가 없는지 확인해야 한다.

[표 8-21] 등록한 위치 결정 데이터 테스트 절차

<table>
<tr><th>순서</th><th>작업 내용</th><th>작업 화면</th></tr>
<tr><td>1</td><td>위치 결정 데이터 테스트
[Online]에서 [Positioning Test...]를 선택한다. 이후 나타나는 메시지 창의 내용을 주의 깊게 살펴보고 버튼을 클릭한다.</td><td>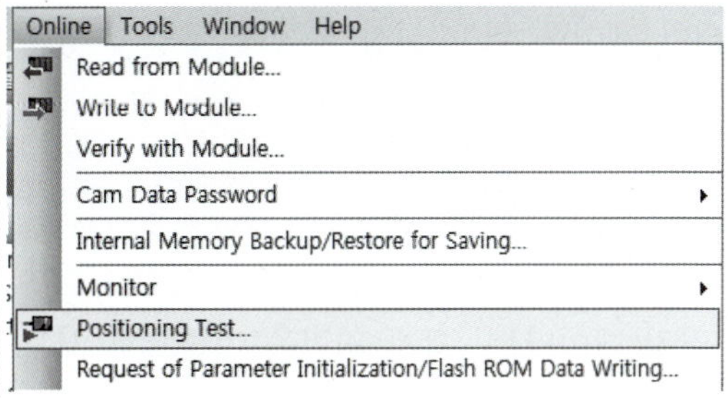
</td></tr>
<tr><td>2</td><td colspan="2">위치 결정 제어 동작 테스트
❶ [Servo ON/OFF Request]를 클릭하여 서보를 ON한다.
❷ 위치 결정 데이터 테스트를 하기 전에 [Selection Function]에서 [JOG/HPR] 항목을 선택해서 기계 원점복귀를 완료한 후에, [Positioning start]를 선택한다.
❸ 위치 결정 데이터 번호(1~5)를 선택한다.
❹ [Start]를 클릭하면, 설정한 위치 결정 데이터 위치로 워크가 이동한다.
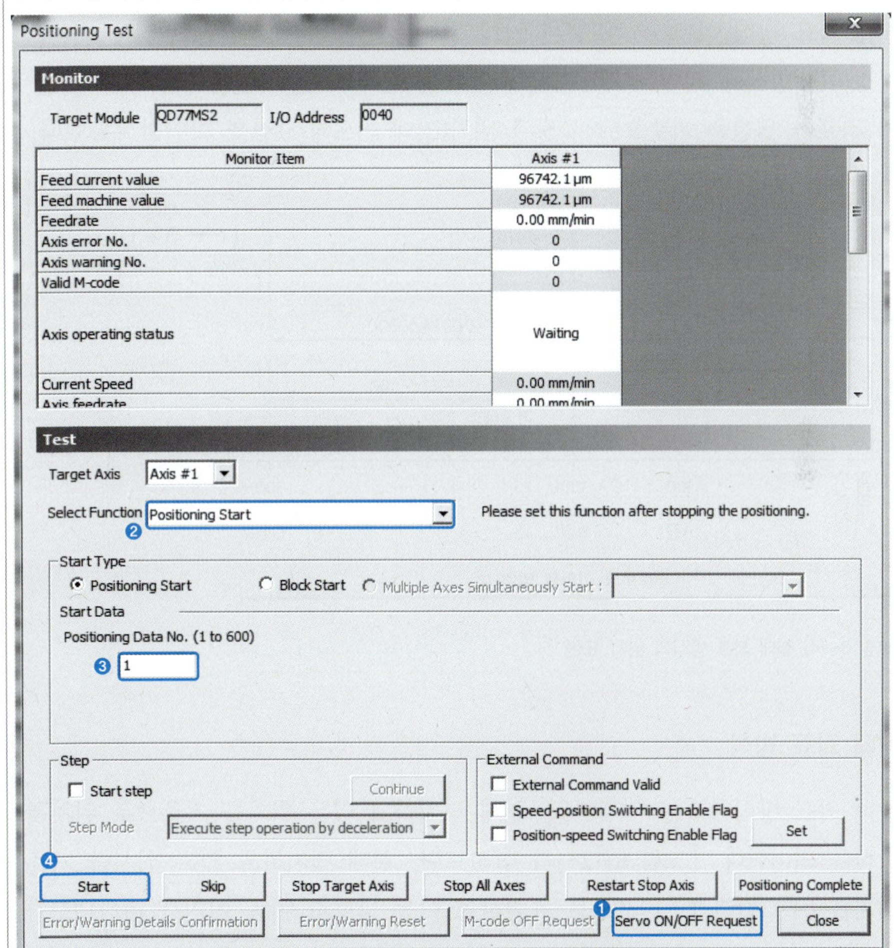
</td></tr>
</table>

8.3.2 위치 결정 데이터 설정 항목 살펴보기

[표 8-20]의 3번 순서를 살펴보면, 위치 제어를 위한 다양한 제어 방식을 데이터 테이블 형식으로 만들어진 도표에 각각의 동작을 위한 항목을 선택하여 설정하도록 되어 있다. 위치 제어를 위한 설정 항목에 무엇이 있는지 살펴보자.

좌표 방식

위치 결정 데이터는, 기계 원점을 기준으로 서보 모터에 의해 구동되는 이송테이블이 이동해야 할 목표 위치positioning address를 의미한다. 이러한 목표 위치를 지정할 때 사용하는 좌표 방식을 알아보자.

■ 절대 좌표 방식

절대 좌표 방식absolute positioning은 기계 원점복귀에 의해 설정된 원점을 기준으로 위치를 설정하는 방식을 의미한다. [그림 8-24]를 살펴보면, 시점은 각각 다르지만 종점의 위치 좌표가 원점을 기준으로 설정된 위치(절대 어드레스)임을 확인할 수 있다.

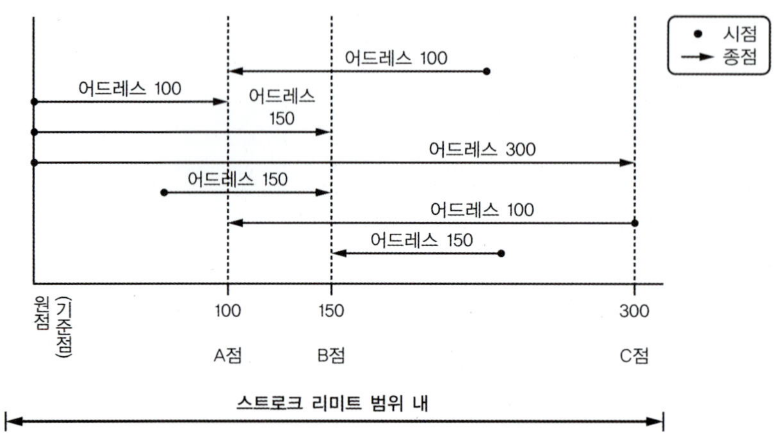

[그림 8-24] 절대 좌표 방식의 위치 표현

■ 상대 좌표 방식

상대 좌표 방식relative positioning은, 현재 정지하고 있는 위치를 기준으로 위치를 설정하는 방식을 의미한다. [그림 8-25]를 살펴보면, 현재 정지하고 있는 위치를 기준으로 이동 위치를 (+) 값과 (−) 값으로 표현하여 이동 방향과 이동 거리를 나타내고 있다.

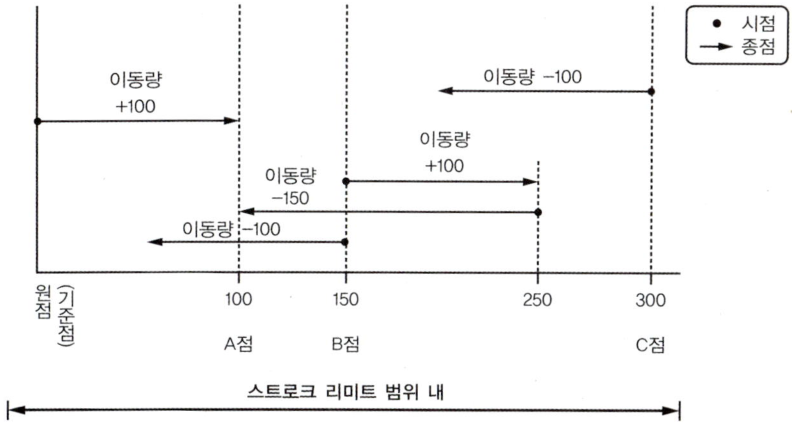

[그림 8-25] 상대 좌표 방식의 위치 표현

운전 패턴

운전 패턴operation pattern은 단독 위치 결정 제어 방식인 END(운전 패턴 : 00)와 연속 위치 결정 제어 방식인 CONT(운전 패턴 : 01), 연속 궤적 제어 방식인 Location(운전 패턴 : 11)으로 구분된다. 실제 위치 결정 제어 동작에서는 [그림 8-26]과 같이 세 종류의 운전 패턴을 조합한 형태로 사용한다.

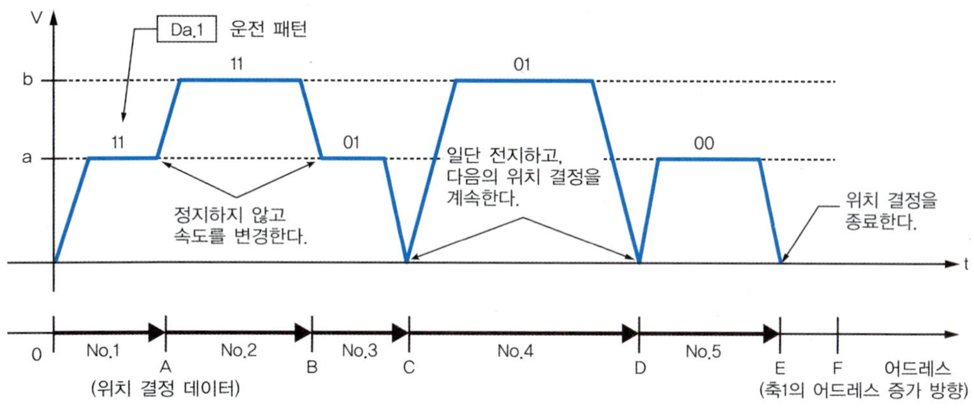

[그림 8-26] 운전 패턴에 따른 위치 제어 동작

■ END : 단독 위치 결정 제어 방식(운전 패턴 : 00)

지정한 1개의 위치 결정 데이터에 대해서만 위치 결정을 실행하는 제어 방식으로, [그림 8-26]의 No.5 형태가 이에 해당한다. END의 동작 타임 차트는 [그림 8-27]과 같다. **이 책에서 사용하는 입출력 번지는 [그림 8-27]의 값에 0x40을 더한 번지이다**(예 Y10 → Y50).

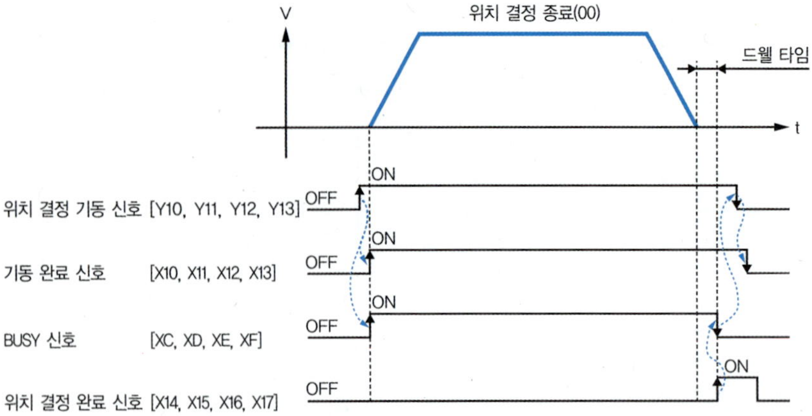

[그림 8-27] 단독 위치 결정 제어 방식의 동작 타임 차트

■ CONT : 연속 위치 결정 제어 방식(운전 패턴 : 01)

지정된 위치 결정 데이터로부터 END로 설정된 위치 결정 데이터까지 연속으로 위치 결정을 하는 제어 방식이다. 이 방식은 하나의 위치 결정 데이터의 위치 결정이 완료될 때마다 반드시 자동 감속 정지하고, 정지한 후에 다음 위치 결정 데이터의 운전을 위해 가속하는 과정을 반복한다. CONT의 동작 타임 차트는 [그림 8-28]과 같다. **이 책에서 사용하는 입출력 번지는 [그림 8-28]의 값에 0x40을 더한 번지이다**(예 Y10 → Y50).

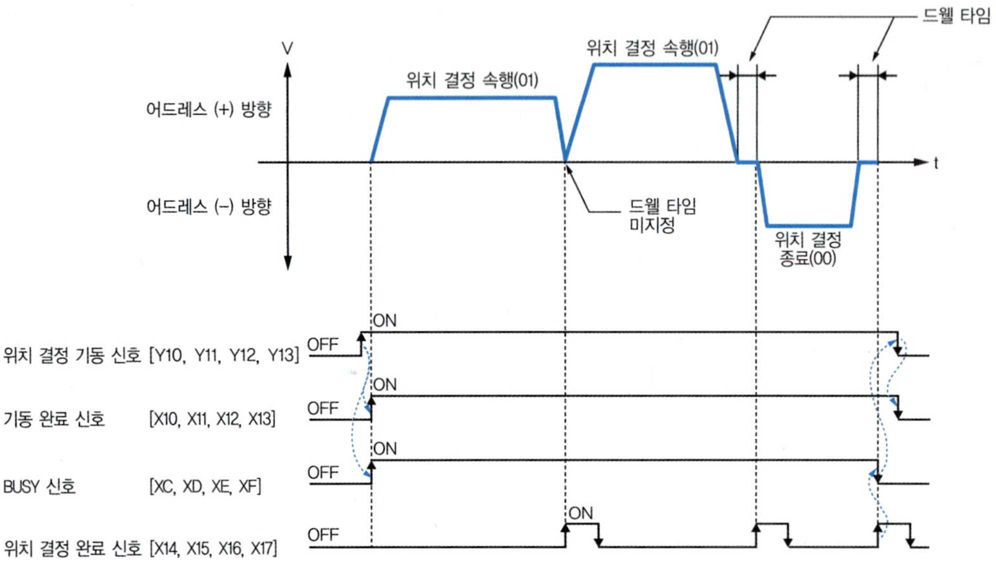

[그림 8-28] 연속 위치 결정 제어 방식의 동작 타임 차트

■ LOCATION : 연속 궤적 제어

지정된 위치 결정 데이터로부터 END로 설정된 위치 결정 데이터까지 연속으로 위치 결정을 하는 제어 방식이다. 이 방식과 CONT와의 차이점은, CONT는 [그림 8-28]처럼 위치 결정을 할 때마다 시작과 정지를 반복하지만, LOCATION은 [그림 8-29]처럼 현재 운전 중인 위치 결정 데이터에 설정된 지령 속도에서 다음 위치 결정 데이터의 지령 속도로 감속 정지하지 않고 속도 변경을 한다는 점이다. LOCATION의 동작 타임 차트는 [그림 8-29]와 같다. **이 책에서 사용하는 입출력 번지는 [그림 8-29]의 값에 0x40을 더한 번지이다**(예 Y10 → Y50).

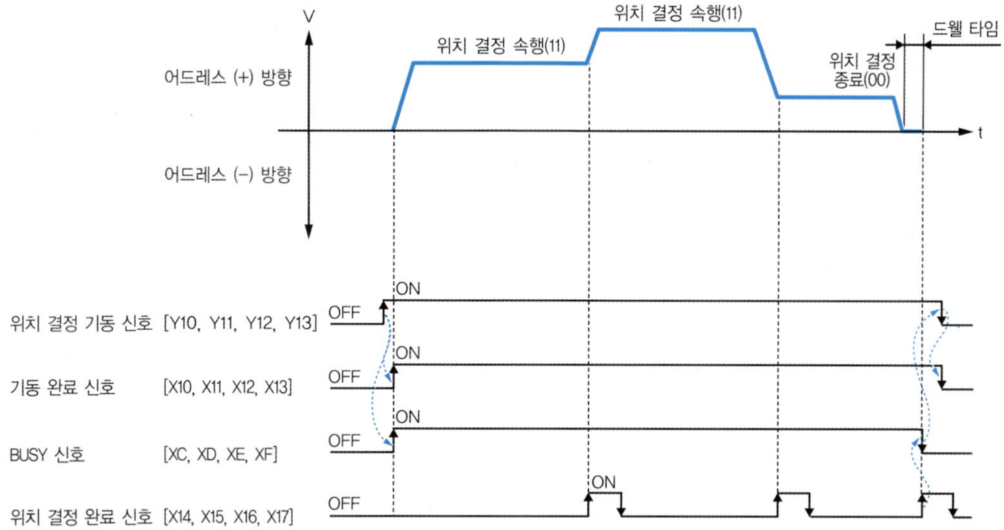

[그림 8-29] **연속 궤적 제어 방식의 동작 타임 차트**

제어 방식

QD77MS는 제어 가능한 축 수에 따라 QD77MS2, QD77MS4, QD77MS16으로 구분된다. 1개의 모듈로 2축, 4축, 16축을 동시에 제어할 수 있기 때문에 [표 8-22]처럼 다양한 제어 방식을 적용할 수 있다. 1축, 2축, 3축의 직선 제어 및 보간 제어에 대해 살펴보자(단, 이 책의 실습에서는 1축만 사용하는 위치 제어 방식을 사용한다).

[표 8-22] QD77MS에서 사용할 수 있는 제어 방법

제어 방법			내용
직선 제어	1축 직선 제어	01h : ABS Linear 1 02h : INC Linear 1	1축을 사용하여 시점 위치부터 지정 위치까지를 결정하는 제어 방법
	2축 직선 보간 제어	0Ah : ABS Linear 2 0Bh : INC Linear 2	정해진 축을 사용해서 시점 위치부터 지정 위치까지 직선 보간하는 제어 방법
	3축 직선 보간 제어	15h : ABS Linear 3 16h : INC Linear 3	
	4축 직선 보간 제어	1Ah : ABS Linear 4 1Bh : INC Linear 4	
정치수 이송 제어	1축 정치수 이송 제어	03h : Feed1	해당 축을 사용해서 시점부터 설정한 이동량만큼 이동시키는 위치 제어 방법 (기동 시에 'Md.20 이송 현재값'을 0으로 설정해야 한다.)
	2축 정치수 이송 제어	0Ch : Feed2	
	3축 정치수 이송 제어	17h : Feed3	
	4축 정치수 이송 제어	1Ch : Feed4	
2축 원호 보간	보조점 지정	0D : ABS ArcMP 0E : INC ArcMP	2축을 사용해서 시점 위치부터 지정 위치까지 원호의 궤적으로 위치를 결정하는 제어 방법
	중심점 지정	0Fh : ABC ArcRGY 10h : ABC ArcLFT 11h : INC ArcRGY 12h : INC ArcLFT	
속도 제어	1축 속도 제어	04h : FWD V1 05h : RVS V1	정해진 축의 속도 제어를 실행하는 방법
	2축 속도 제어	13h : FWD V2 14h : RVS V2	
	3축 속도 제어	18h : FWD V3 19h : RVS V3	
	4축 속도 제어	1Dh : FWD V4 1Eh : RVS V4	
속도·위치 전환 제어		06h : FWD V/P 07h : RVS V/P	속도 제어 중 '속도·위치 전환 신호'에 의해 위치 제어를 실행한다.
위치·속도 전환 제어		08h : FWD P/V 09h : RVS P/V	위치 제어 중 '위치·속도 전환 신호'에 의해 속도 제어를 실행한다.
기타 제어	NOP 명령		이 명령이 설정되어 있는 경우, 다음 위치 결정 데이터 No.를 실행한다.
	현재값 변경		'Md20. 이송 현재값'을 위치 결정 데이터에 설정한 위치 값으로 변경한다.
	JUMP 명령		지정된 위치 결정 데이터 No.로 무조건 또는 조건부로 JUMP를 실행한다.
	LOOP		반복 LOOP~LEND에 의한 반복 제어를 실행할 때 사용한다.
	LEND		

■ 절대 위치 1축 직선 제어(01h : ABS Linear 1)

절대 위치 방식의 1축 직선 제어는 현재의 정지 위치(또는 시점 위치)로부터 지정한 목표 위치로 움직이는 위치 결정 제어 동작을 의미한다. 예를 들어 [그림 8-30]과 같이 시점 위치가 1000이고 종점 위치가 8000인 경우, 정방향으로 이동량 7000(=8000-1000)의 위치 결정 제어를 실행한다. 이 책의 실습에서는 대부분 1축 직선 제어를 사용한다.

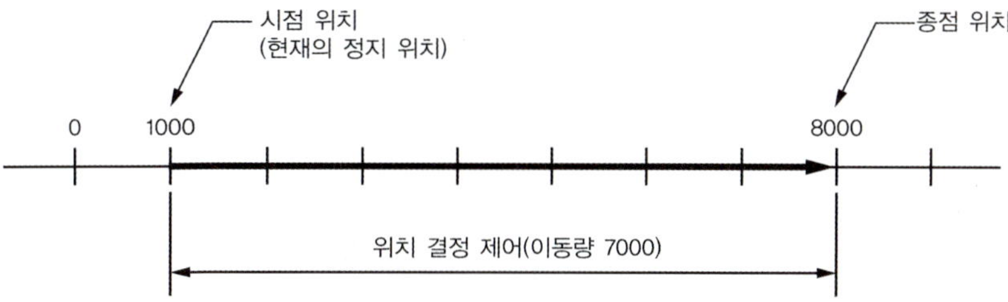

[그림 8-30] 절대 좌표 방식의 1축 직선 제어

■ 상대 위치 1축 직선 제어(02h : INC Linear 1)

상대 위치 방식의 1축 직선 제어는 현재의 정지 위치(또는 시점 위치)로부터 지정된 목표 위치로 움직이는 위치 결정 제어 동작을 의미한다. 그 이동 방향은 이동량의 부호에 의해 결정된다. 예를 들어 [그림 8-31]과 같이 시점이 5000일 때 이동량의 설정이 −7000이면, 역방향으로 위치 결정 제어 동작이 완료됨 정점의 위치는 −2000의 위치가 된다.

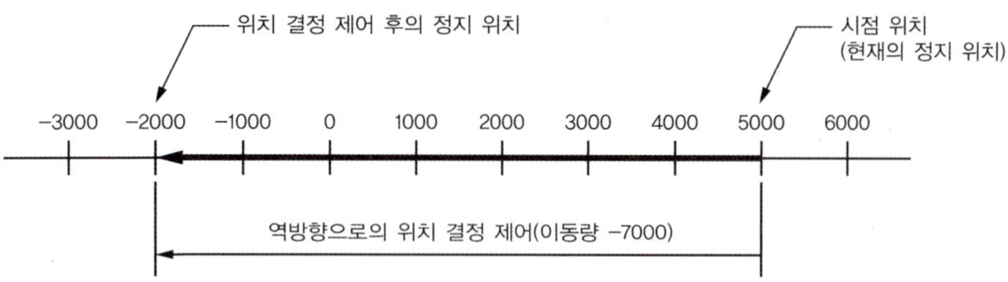

[그림 8-31] 상대 좌표 방식의 1축 직선 제어

■ 절대 좌표 2축 직선 보간 제어(02h : INC Linear 1)

절대 좌표 2축 직선 보간 제어는 2대의 모터를 사용하여 각각 설정한 축 방향으로 보간하면서 직선 궤적으로 움직이도록 위치 제어를 실행하는 방식을 의미한다. [그림 8-32]는 시점이 1000, 1000이고 종점이 10000, 4000일 때의 직선 보간 제어를 나타낸 것이다.

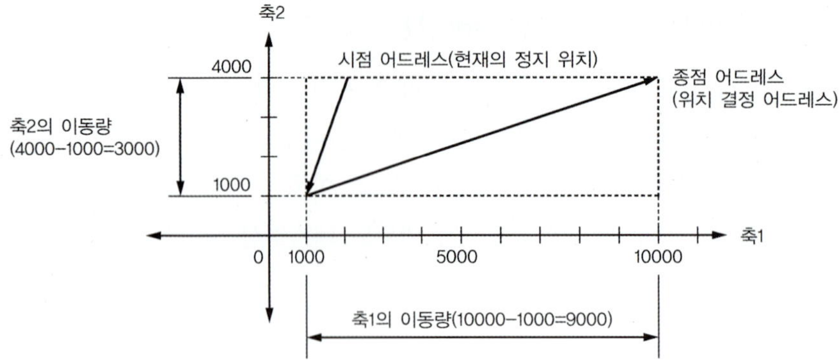

[그림 8-32] **절대 좌표 방식의 2축 직선 보간 제어**

■ 상대 좌표 2축 직선 보간 제어(02h : INC Linear 1)

상대 좌표 2축 직선 보간 제어는 앞에서 설명한 절대 좌표 2축 직선 보간 제어와 동일한 방법으로 동작하며, 이동할 위치값을 설정할 때 절대 좌표가 아닌 이동량을 더하거나 빼는 방식으로 계산된다. [그림 8-33]은 시점으로부터 축1의 이동량이 9000, 축2의 이동량이 −3000인 경우의 직선 보간 제어를 나타낸 것이다.

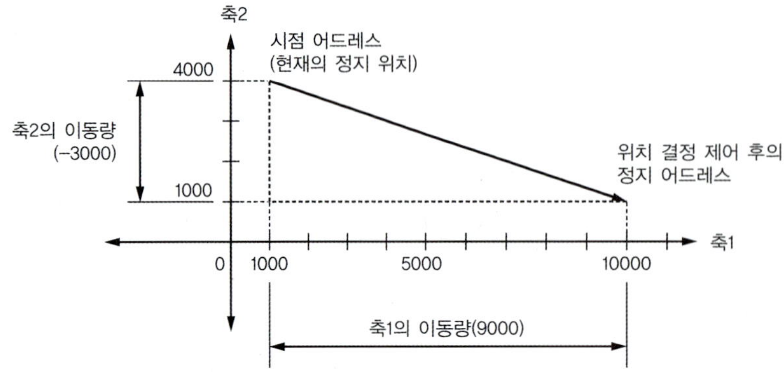

[그림 8-33] **상대 좌표 방식의 2축 직선 보간 제어**

■ 절대 좌표 3축 직선 보간 제어(02h : INC Linear 1)

절대 좌표 3축 직선 보간 제어는 3대의 모터를 사용해서 현재의 정지 위치로부터 설정한 종점 위치로 보간하면서 직선 궤적으로 움직이는 위치 제어 실행 방식을 의미한다. [그림 8-34]는 시점 위치(1000, 2000, 1000)에서 종점 위치(4000, 8000, 4000)로 3축 직선 보간 제어의 동작을 나타낸 것이다.

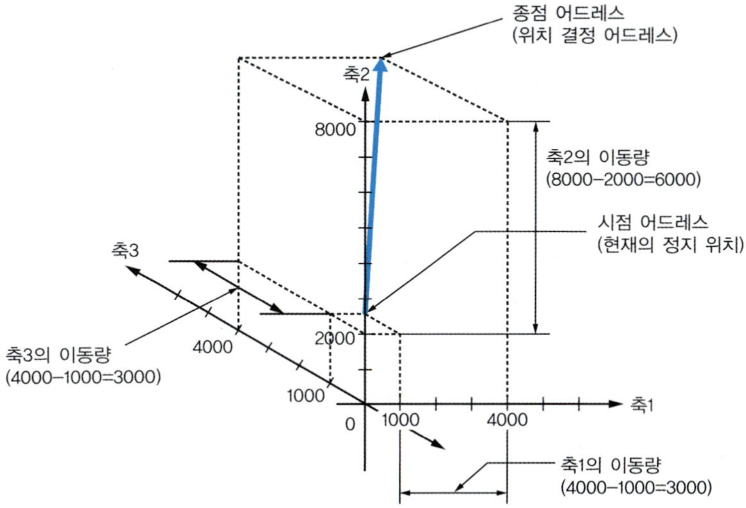

[그림 8-34] 절대 좌표 방식의 3축 직선 보간 제어

■ 상대 좌표 3축 직선 보간 제어(02h : INC Linear 1)

상대 좌표 3축 직선 보간 제어도 절대 좌표와 동일한 방법으로 동작하며, 이동할 위치값을 설정할 때 절대 좌표가 아닌 이동량을 더하거나 빼는 방식으로 계산된다. [그림 8-35]는 시점 위치에서 1축의 이동량이 1000, 2축의 이동량이 5000, 3축의 이동량이 6000인 경우의 3축 직선 보간 제어의 동작을 나타낸 것이다.

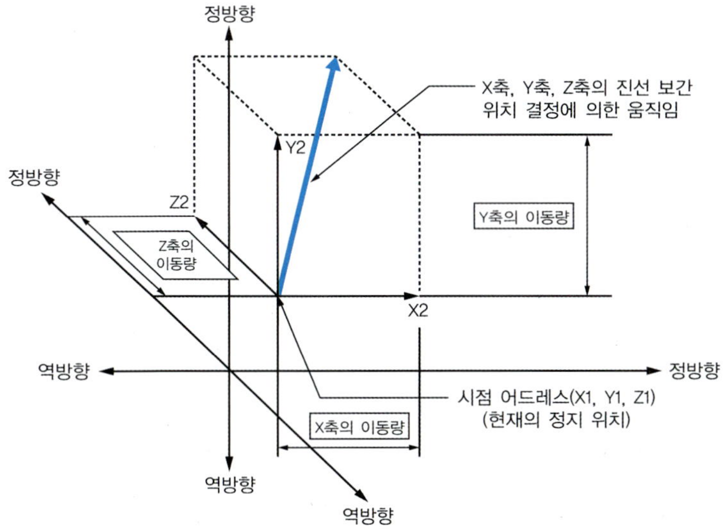

[그림 8-35] 상대 좌표 방식의 3축 직선 보간 제어

➔ 실습과제 8-4 설정한 위치 결정 데이터의 확인

[Simple Motion Setting Tool]에서 설정한 위치 결정 데이터가 저장되어 있는 QD77MS의 버퍼 메모리를 읽어서 GOT에 표시하는 프로그램 작성법을 살펴보자.

[Section 8.3]

해당 프로그램명 : EXEC_4

PLC 프로그램 작성법

■ 위치 결정 데이터가 등록되는 QD77MS의 버퍼 메모리

[그림 8-36]과 같이 [Simple Motion Setting Tool]에서 설정한 위치 결정 데이터는 QD77MS의 버퍼 메모리에 저장된다. 설정된 위치 결정 데이터의 내용을 터치 또는 프로그램에서 확인하거나 변경하려면, 해당 위치 결정 데이터가 저장되어 있는 버퍼 메모리의 내용을 읽거나 쓰기 해야 한다.

No.	Operation pattern	Control method	Axis to be interpolated	Acceleration time No.	Deceleration time No.	Positioning address	Arc address	Command speed	Dwell time	M-code
1	0:END	01h:ABS Linear 1	-	0:100	0:100	100000.0 µm	0.0 µm	5000.00 mm/min	0 ms	0
	<Positioning Comment>									
2	0:END	01h:ABS Linear 1	-	0:100	0:100	150000.0 µm	0.0 µm	8000.00 mm/min	0 ms	0
	<Positioning Comment>									
3	0:END	01h:ABS Linear 1	-	0:100	0:100	200000.0 µm	0.0 µm	10000.00 mm/min	0 ms	0
	<Positioning Comment>									
4	0:END	01h:ABS Linear 1	-	0:100	0:100	230000.0 µm	0.0 µm	12000.00 mm/min	0 ms	0
	<Positioning Comment>									
5	0:END	01h:ABS Linear 1	-	0:100	0:100	0.0 µm	0.0 µm	12000.00 mm/min	0 ms	0
	<Positioning Comment>									

[그림 8-36] QD77MS에 등록된 위치 결정 데이터

QD77MS에서 등록할 수 있는 위치 결정 데이터는 No.1~No.600까지 600개이다. [그림 8-37]은 600개의 위치 결정 데이터가 등록되는 QD77MS의 버퍼 메모리 번지 중에서 N0.1~No.20까지를 나타낸 것이다.

Data No.	Positioning identifier	M code	Dwell time	Command speed		Positioning address		Arc data	
				Low-order	High-order	Low-order	High-order	Low-order	High-order
1	2000	2001	2002	2004	2005	2006	2007	2008	2009
2	2010	2011	2012	2014	2015	2016	2017	2018	2019
3	2020	2021	2022	2024	2025	2026	2027	2028	2029
4	2030	2031	2032	2034	2035	2036	2037	2038	2039
5	2040	2041	2042	2044	2045	2046	2047	2048	2049
6	2050	2051	2052	2054	2055	2056	2057	2058	2059
7	2060	2061	2062	2064	2065	2066	2067	2068	2069
8	2070	2071	2072	2074	2075	2076	2077	2078	2079
9	2080	2081	2082	2084	2085	2086	2087	2088	2089
10	2090	2091	2092	2094	2095	2096	2097	2098	2099

Data No.	Positioning identifier	M code	Dwell time	Command speed		Positioning address		Arc data	
				Low-order	High-order	Low-order	High-order	Low-order	High-order
11	2100	2101	2102	2104	2105	2106	2107	2108	2109
12	2110	2111	2112	2114	2115	2116	2117	2118	2119
13	2120	2121	2122	2124	2125	2126	2127	2128	2129
14	2130	2131	2132	2134	2135	2136	2137	2138	2139
15	2140	2141	2142	2144	2145	2146	2147	2148	2149
16	2150	2151	2152	2154	2155	2156	2157	2158	2159
17	2160	2161	2162	2164	2165	2166	2167	2168	2169
18	2170	2171	2172	2174	2175	2176	2177	2178	2179
19	2180	2181	2182	2184	2185	2186	2187	2188	2189
20	2190	2191	2192	2194	2195	2196	2197	2198	2199

[그림 8-37] 위치 결정 데이터가 저장되는 QD77MS의 버퍼 메모리 번지 내역

[그림 8-37]의 No.1에 설정한 Positioning address를 확인하려면, QD77MS의 16비트 크기의 버퍼 메모리 2006번과 2007번지의 합친 32비트 크기의 메모리 번지를 확인한다.

운전 패턴operation pattern이나 제어 방식control methode, 가속Acc 및 감속Dec 시간을 확인하려면 2000번지를 확인한다. 2000번지의 데이터는 [그림 8-38]처럼 비트를 분할하여 제어 방식을 설정하도록 되어 있다. 예를 들어 운전 패턴인 연속 위치 결정 종료(END), 연속 위치 결정 제어(CONT), 연속 궤적 제어(LOCTION)의 선택은 16비트 크기의 메모리 2000번지의 b0와 b1, 이 2개의 비트로 조합할 수 있는 네 가지의 조합 중에서 [그림 8-38]과 같은 비트 조합에 의해 결정된다.

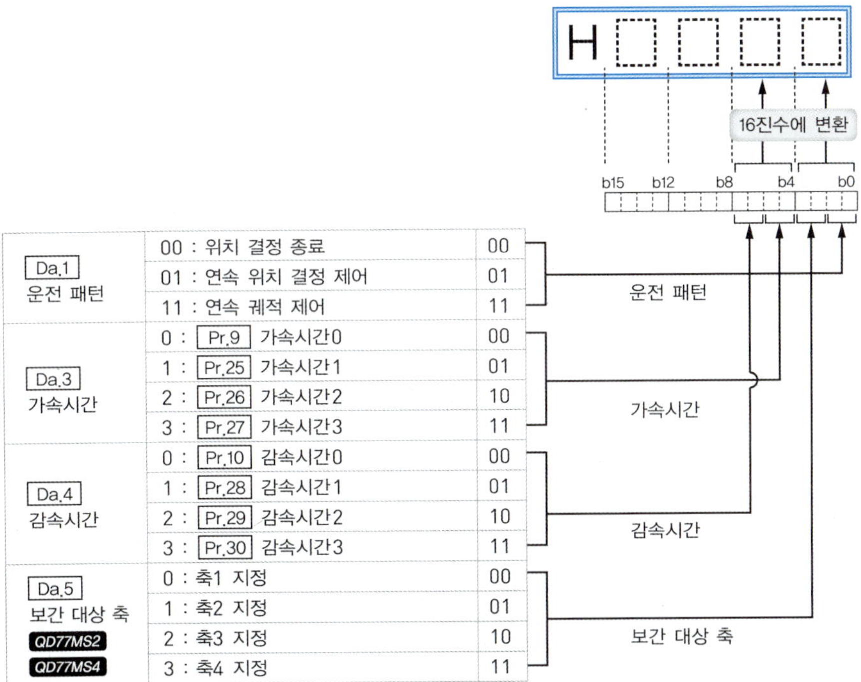

[그림 8-38] QD77MS의 버퍼 메모리에 운전 패턴 및 가감속시간 설정하기

실습에 사용할 GOT의 위치 제어 화면에서 [그림 8-39]에 나타낸 부분을 살펴보자. M1061~M1066번지에 할당된 푸시 버튼을 누르면, 디스플레이 창에 해당 위치 데이터와 설정 속도가 표시되어야 한다.

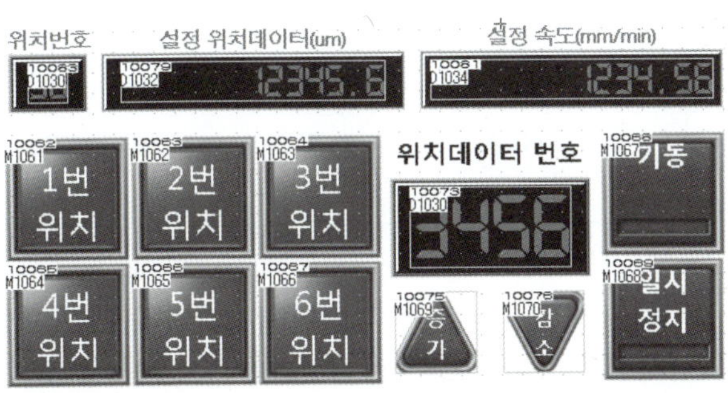

[그림 8-39] 위치 제어 화면의 위치 제어 데이터 확인용 푸시 버튼

화면에 버튼이 있는 1번~6번의 위치 결정 데이터는 해당 번호의 버튼을 누르면 확인할 수 있다. 더 큰 번호의 위치 결정 데이터를 확인하기 위해서는 증가(M1069) 및 감소(M1070) 버튼을 사용하여 위치 결정 데이터 번호를 선택해야 한다. 또는 증가, 감소 버튼 위에 있는 위치 데이터 번호 디스플레이가 'Display Input'으로 설정되어 있기 때문에 해당 디스플레이 부분을 터치하면 숫자를 입력할 수 있는 키패드가 표시된다. 이 키패드로 위치 결정 데이터 번호를 등록하면, 그 번호의 위치 데이터와 설정 속도를 볼 수 있어야 한다. 이러한 기능을 구현하기 위해서는 인덱스 레지스터를 사용해야 한다.

■ 인덱스 레지스터란?

'인덱스index'는 색인 또는 목록이라는 의미를 가지고 있는데, 일반적으로 책에서 원하는 항목을 쉽게 찾아볼 수 있도록 해 놓은 '찾아보기'를 의미한다. 멜섹Q PLC의 인덱스 레지스터는 형태가 같은 메모리들을 연속적으로 나열해 놓은 메모리 배열을 관리하기 위한 것이다. 이 인덱스 레지스터는 16비트의 크기로, 식별자는 Z로 시작하며, Z0~Z19까지 총 20점의 레지스터가 있다. [그림 8-37]에서 위치 결정 데이터를 저장하는 No.1~No.20까지의 메모리 번지는 2000번지부터 2199번지까지 연속된 메모리 배열이다. [표 8-23]과 같이 기준 메모리 번지를 2000번지로 고정한 후에 Z0의 값을 더하면, Z0의 설정값에 따라 다양한 메모리 번지를 표현할 수 있다.

[표 8-23] 위치 결정 데이터 저장 버퍼 메모리 번지와 인덱스 번지 표현 방법

메모리 번지	설정값	인덱스	메모리 번지 + 인덱스 번지	Z0의 설정값	인덱스 번지 표현
2000	****	0	2000 + 0	0	U4\G2000Z0
2001	****	1	2000 + 1	1	U4\G2000Z0
2002	****	2	2000 + 2	2	U4\G2000Z0
2003	****	3	2000 + 3	3	U4\G2000Z0
2004	****	4	2000 + 4	4	U4\G2000Z0
2005	****	5	2000 + 5	5	U4\G2000Z0
2006	****	6	2000 + 6	6	U4\G2000Z0
2007	****	7	2000 + 7	7	U4\G2000Z0
2008	****	8	2000 + 8	8	U4\G2000Z0
2009	****	9	2000 + 9	9	U4\G2000Z0

U4\G2000은 버퍼 메모리 2000번지를, U4\G2000Z0은 '2000+Z0'을 의미한다. 만약 Z0에 설정된 값이 7이면 '2000+7=2007'이므로, 이는 U4\G2007번지를 의미한다.

[표 8-24]는 인덱스 레지스터 Z0와 Z1을 사용하여, QD77MS의 버퍼 메모리에 설정된 위치 결정 데이터 중에서 속도와 위치 설정값을 읽어오기 위한 인덱스 번지의 표현 방법을 나타낸 것이다. 속도 설정값을 읽어오기 위해 버퍼 메모리 2004번지를 기준으로 10 단위씩 증가하는 인덱스 레지스터의 Z0의 값으로 인덱스 번지를 표현한다.

[표 8-24] 속도 및 위치 데이터 저장 버퍼 메모리 번지와 인덱스 번지 표현 방법

속도 설정값 인덱스 번지 표현			위치 설정값 인덱스 번지 표현		
메모리 번지	Z0의 설정값	인덱스 번지 표현	메모리 번지	Z1의 설정값	인덱스 번지 표현
2004	0	U4\G2004Z0	2006	0	U4\G2004Z1
2014	10	U4\G2004Z0	2016	10	U4\G2004Z1
2024	20	U4\G2004Z0	2026	20	U4\G2004Z1
2034	30	U4\G2004Z0	2036	30	U4\G2004Z1
2044	40	U4\G2004Z0	2046	40	U4\G2004Z1
2054	50	U4\G2004Z0	2056	50	U4\G2004Z1
2064	60	U4\G2004Z0	2066	60	U4\G2004Z1
2074	70	U4\G2004Z0	2076	70	U4\G2004Z1
2084	80	U4\G2004Z0	2086	80	U4\G2004Z1
2094	90	U4\G2004Z0	2096	90	U4\G2004Z1

인덱스 레지스터는 16비트 크기이고, 최상위 비트를 부호 비트로 사용하므로, 인덱스 레지스터에 설정할 수 있는 값의 범위는 −32768~32767이다. 단, 타이머나 카운터와 조합해서 사용할 때에는 −16384~16384의 범위 내에서 사용해야 한다.

PLC 프로그램

■ 인텔리전트 전용 명령어를 이용한 위치 결정 제어 프로그램 : EXEC_4

현재 위치 결정 데이터가 1~6번까지 등록되어 있다. 따라서 1번~6번의 위치 버튼을 누르거나, 또는 증가 및 감소 버튼을 사용해서 위치 데이터 번호를 1~6번으로 설정한 후에 기동 버튼을 눌렀을 때, 위치 결정 데이터에서 설정한 위치로 워크를 이동시키는 프로그램을 EXEC_4로 작성해보자. 그리고 프로그램을 실행하기 전에 PLC의 파라미터 Program에서 [표 8-25]와 같이 실행 프로그램에 EXEC_4를 포함시키고, 해당 프로그램과 파라미터를 PLC로 전송한 후에 프로그램의 동작을 테스트한다.

[표 8-25] 위치 제어 구현을 위한 PLC 프로그램의 구성

	Program Name	Execute Type	Fixed Scan Interval	In Unit
1	EXEC_01	Scan		
2	EXEC_02	Scan		
3	EXEC_3_2	Scan		
4	EXEC_4	Scan		
5				

프로그램 명칭	기능
EXEC_01	QD77MS 버퍼 메모리 모니터링을 위한 프로그램
EXEC_02	수동 운전(JOG, 인칭, 수동펄스) 프로그램
EXEC_3_2	전용 명령어를 이용한 기계 원점 / 고속 원점복귀 프로그램
EXEC_4	위치 제어 프로그램

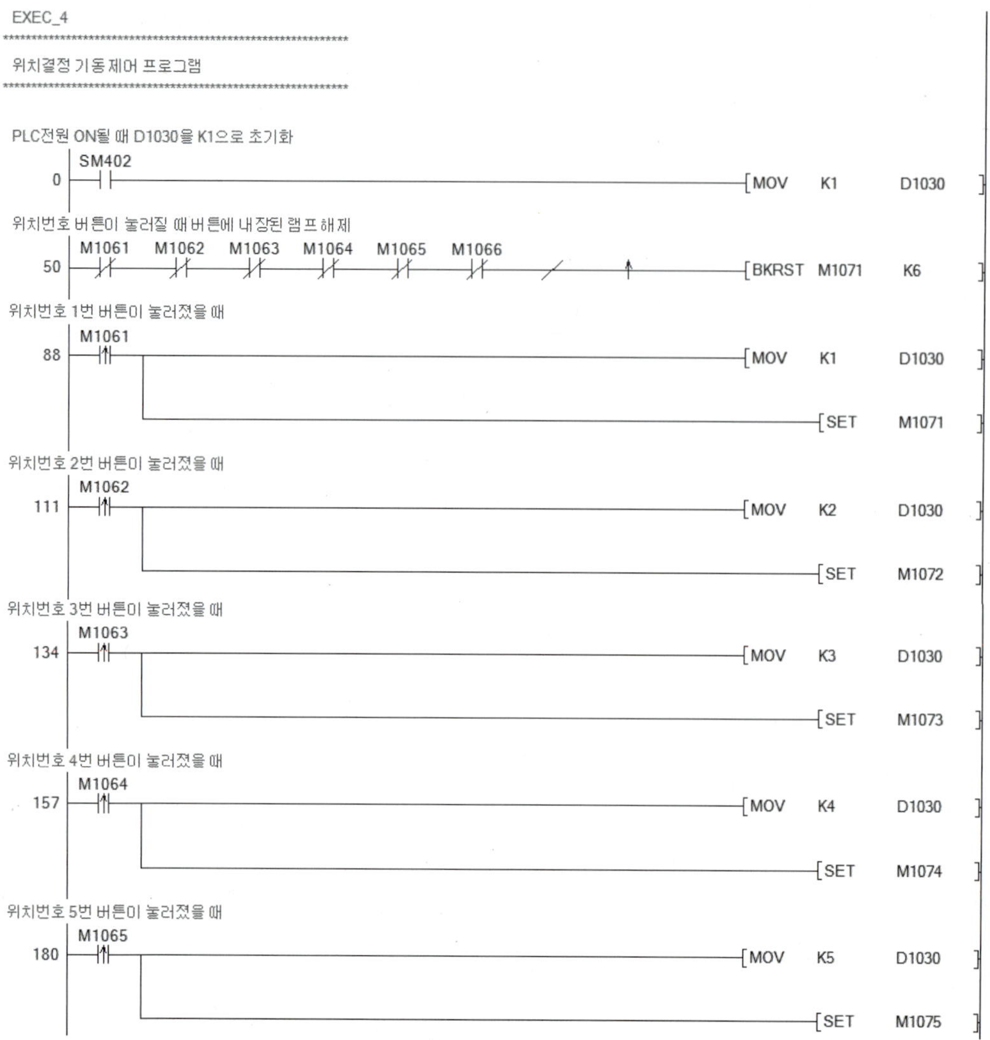

(계속)

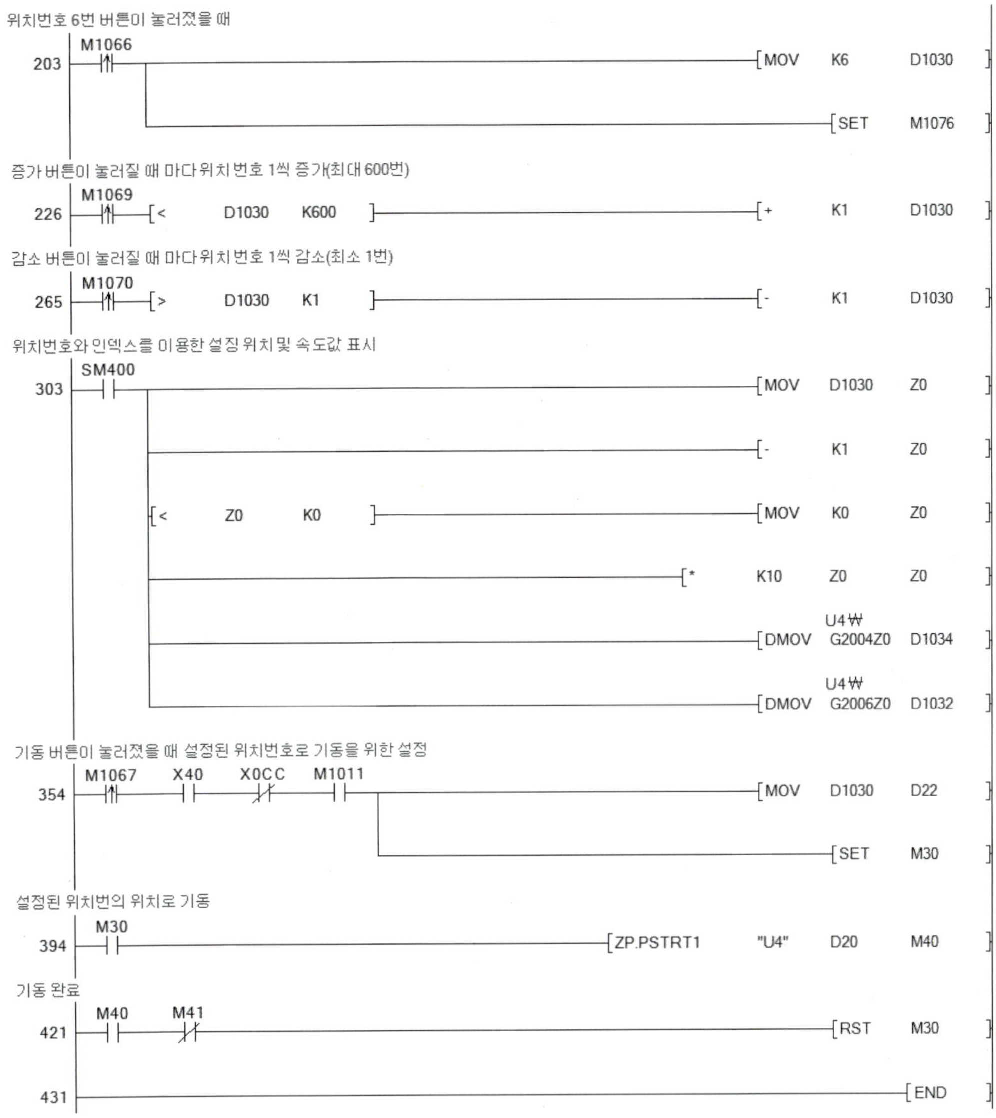

[프로그램 8-8] EXEC_4 : **위치 결정 데이터 테스트 프로그램**

위치 결정 제어를 위한 프로그램인 [프로그램 8-8]을 자세히 살펴보자.

프로그램 라인 0번은 PLC의 전원이 ON될 때 D1030을 1로 설정해서 프로그램 라인 303번의 인덱스 레지스터에 의해 위치 결정 데이터 1번의 위치 및 속도 설정값을 GOT 화면에 표시하기 위한 것이다.

프로그램 라인 50번은 1번~6번 위치 번호 버튼이 눌렸을 때 해당 버튼에 내장되어 있는 램프를 소등하기 위한 것이다. 여러 개의 버튼을 OR 형태로 사용하는 경우에는 프로그램 라인 50번처럼 사용하기도 한다.

프로그램 라인 88번부터 203번은 위치 번호 버튼이 눌렸을 때 위치 결정 데이터가 등록된 위치 데이터 번호를 D1030에 설정하고, 해당 버튼이 눌렸음을 표시하는 램프를 동작시키기 위한 프로그램이다.

프로그램 라인 226번, 265번은 증가 및 감소 버튼에 의해 위치 데이터 번호를 설정하는 부분이다.

프로그램 라인 303번은 인덱스 레지스터를 사용해서 QD77MS의 버퍼 메모리에 설정된 위치와 속도 설정값을 GOT에 표시하기 위한 프로그램이다. 위치 데이터 번호가 설정된 D1030의 값을 복사해서 Z0에 저장한 후, Z0의 값에 10을 곱한다. 그 다음으로, 위치와 속도값을 저장하고 있는 QD77MS의 선두 번지 G2004와 G2006번지에 Z0의 값을 대입해서 설정된 속도와 위치값을 읽고, 이를 GOT에 표시한다.

프로그램 라인 354번은 기동 버튼이 눌리면 선택된 위치 데이터 번호에 등록된 위치값으로 서보 모터를 구동시켜서 이송테이블을 이동시키는 프로그램이다. 인텔리전트 전용 명령어를 사용했음을 확인할 수 있다. 기동을 위해서는 반드시 기계 원점이 확립되어 있어야 한다.

→ 실습과제 8-5 축 정지 동작 구현하기

축 정지 출력 신호를 사용해서 기동 중에 있는 위치 결정 제어 기동 동작을 일시정지시키는 방법과 재기동에 대해 살펴보자.

[Section 8.3]

해당 프로그램명 : EXEC_4

PLC 프로그램 작성법

■ QD77MS에서 정지의 종류

QD77MS에서 정지의 의미는 아래와 같이 6가지로 구분된다. 아래 정지 방법 중에 프로그램에서 사용할 수 있는 정지 방법은 ❻번에 의한 정지 방법으로, QD77MS의 입출력 번지 중에서 Y44~Y47을 축 정지 신호로 사용할 수 있다. 위치 제어 동작 중에 아래 6가지 원인에 의한 축 정지가 발생하면, QD77MS에서 축의 동작 상태를 모니터링하는 'Md.26: 축의 동작 상태 모니터링'용 버퍼 메모리 809번지의 값을 살펴봐야 한다.

❶ 위치 결정 제어 동작이 정상적으로 종료된 후 정지
❷ 서보 앰프 전원이 OFF되어 정지
❸ PLC CPU에 에러가 발생했을 때 정지
❹ PLC의 레디 신호(Y40)가 OFF됐을 때 정지
❺ QD77MS의 에러 발생으로 인한 정지
❻ 의도적인 정지

[표 8-26] 모니터링 데이터에 의한 축의 동작 상태

설정값	축 동작 상태	설정값	축 동작 상태
-2	스텝 대기 중	10	속도·위치 제어의 속도 제어 중
-1	에러 발생 중	11	속도·위치 제어의 위치 제어 중
0	대기 중	12	위치·속도 제어의 위치 제어 중
1	정지 중	13	위치·속도 제어의 속도 제어 중
2	보간 중	15	동기 제어 중
3	JOG 운전 중	20	서보 미접속/서보 전원 OFF
4	수동펄스 운전 중	21	서보 OFF 중
5	해석 중	30	제어 모드 전환 중
6	특수 기동 대기 중	31	속도 제어 모드 중
7	원점복귀 중	32	토크 제어 모드 중
8	위치 제어 중	33	스토퍼 제어 모드 중
9	속도 제어 중		

■ 정지 상태에서의 재기동

위치 제어 운전 중 ❻번에 의해 정지한 경우, Md.26의 설정값이 1이 된다. 이러한 정지의 경우, 'Cd6. 재기동 지령'에 의해 정지한 위치로부터 위치 결정 데이터에서 설정한 종점 위치로 위치 결정 제어를 재개할 수 있다. 'Md.26 축 동작 상태'의 설정값이 1 외의 경우에는 재기동 불가(경고 코드 : 104)가 되어 재기동할 수 없다. 'Cd.6 재기동 지령'의 버퍼 메모리 번지는 1503번지이다. 해당 버퍼 메모리 번지를 1로 설정하면 재기동 지령이 ON되고, 재기동 접수가 완료되면 해당 버퍼 메모리의 설정값이 자동으로 0으로 설정된다.

[표 8-27] 재기동을 위한 버퍼 메모리 번지

재기동 버퍼 메모리	1축	2축	3축	4축
	1503	1603	1703	1803

[그림 8-40]은 축 정지와 재기동의 타임 차트이다. 축 정지 신호(Y44)가 ON되면 축이 정지하고, 'Md.26 : 축 동작 상태' 모니터링 버퍼 메모리 809번지에 '1'이 설정된다. 축 정지 중에 'Cd6. 재기동 지령'의 버퍼 메모리 번지 1503에 '1'을 설정하면, Busy 신호 ON과 함께 재기동 동작이 이루어진다. **이 책에서 사용하는 입출력 번지는 [그림 8-40]의 값에 0x40을 더한 번지이다**(예 Y10 → Y50).

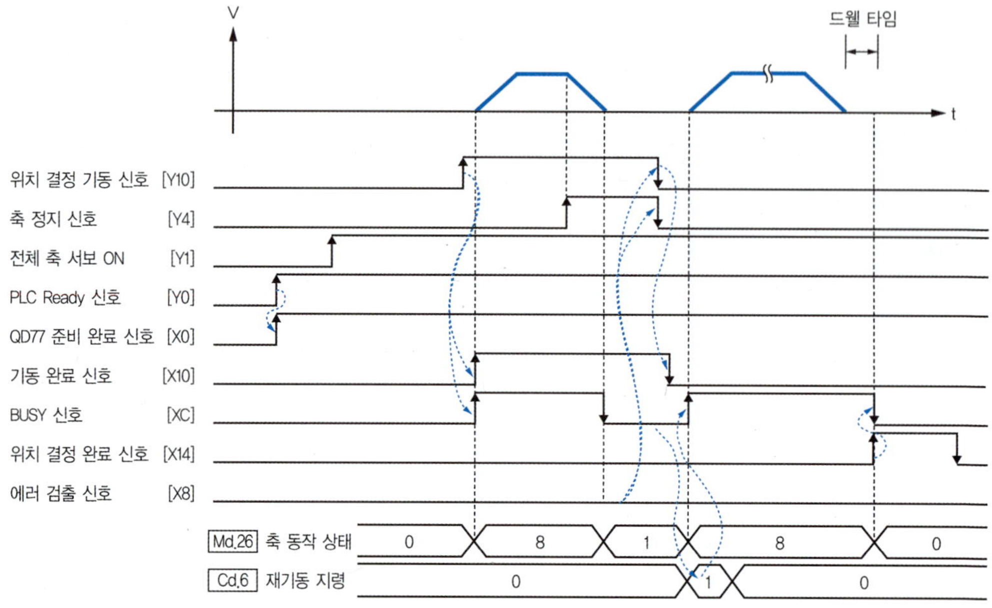

[그림 8-40] 축 정지 타임 차트

PLC 프로그램

■ 인텔리전트 전용 명령어를 이용한 위치 결정 제어 프로그램 : EXEC_4

[실습과제 8-5]의 프로그램은 [실습과제 8-4]에서 작성한 EXEC_4의 프로그램의 마지막 부분에 이어서 작성한다.

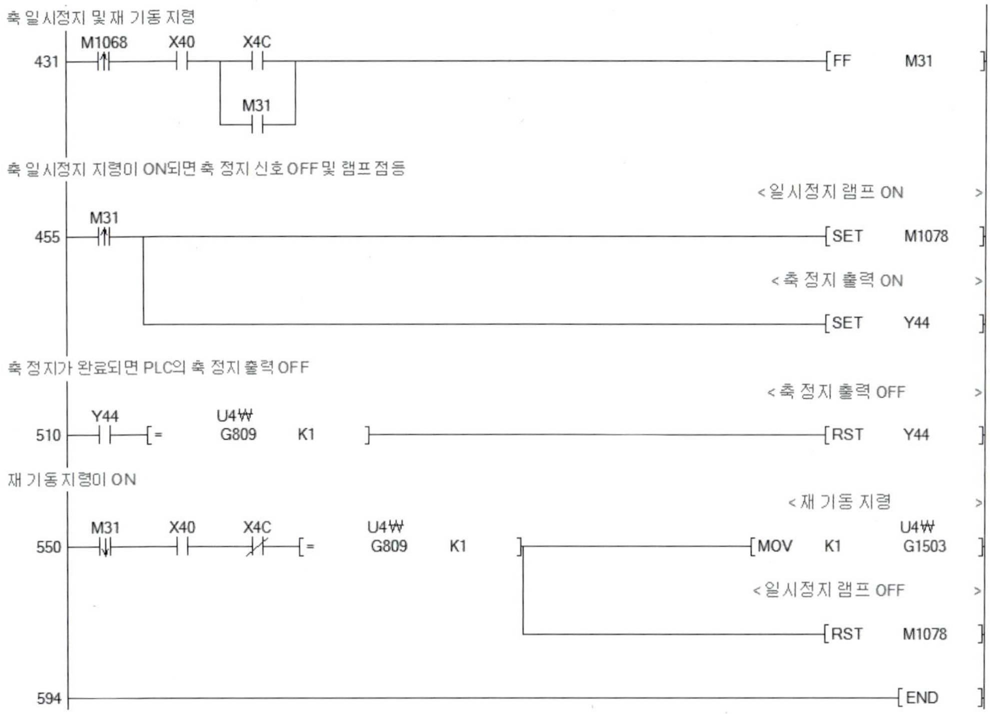

[프로그램 8-9] EXEC_4 : 축 정지 프로그램 추가

프로그램 라인 431번은 GOT2000의 화면에 작화된 일시정지 버튼이 눌리면 축 정지와 재기동을 하기 위한 것이다. 축 정지는 위치 결정 제어 동작 중에만 사용 가능한 기능이기 때문에 Busy(X4C) 신호가 ON이 되었는지를 체크한다. 하지만 축 정지가 되면 [그림 8-40]의 타임 차트처럼 Busy 신호가 OFF되기 때문에, 재기동을 위해 일시정지 버튼을 다시 눌렀을 때 Busy 신호가 OFF되어 있어도 일시 정지 상태를 기억하는 비트 M31을 Busy 신호와 OR로 사용한다.

프로그램 라인 455와 510번은, PLC의 축 정지 출력 Y44를 ON시키고 QD77MS의 버퍼 메모리를 확인하여, 축 정지가 완료되면 Y44를 OFF하는 프로그램이다. 또한 프로그램 라인 550번은 재기동을 위한 지령으로, QD77MS의 버퍼 메모리 1503번지에 1을 설정한다.

8.4 위치 제어 동작 프로그램 작성법

[실습과제 8-6, 8-7, 8-8, 8-9]

"QD77MS와 서보 드라이브를 이용한 위치 제어는 피드백 제어일까, 아니면 시퀀스 제어일까?"라는 질문을 하면, "피드백 제어"라고 답하는 경우가 많을 것이다. 필자도 서보를 위한 위치 제어를 배울 때 서보 모터의 축에 연결된 엔코더를 이용해서 위치값을 피드백받기 때문에 피드백 제어라 생각했다. 하지만 실제 프로그램을 작성해보면 QD77MS와 서보 드라이브를 이용한 위치 제어는 피드백 제어가 아닌 시퀀스 제어이다. 서보 앰프(여기서는 J4-10B 앰프)에서 상위 제어기인 QD77MS의 지령을 받아 서보 모터를 제어하는 방법은 피드백 제어이지만, PLC와 QD77MS 사이의 동작을 제어하는 프로그램은 시퀀스 제어이다. 따라서 위치 제어 동작은 피드백 제어이면서 동시에 시퀀스 제어라 할 수 있다.

8.4.1 시퀀스 제어 프로그램 작성법

시퀀스 제어 회로의 동작 원리를 이해하기 위해, 먼저 400m 릴레이(계주) 경기를 생각해보자. 400m 릴레이에는 4명의 선수(주자)가 필요하며, 선수 1명당 100m씩 뛰어 4번 주자가 결승선을 통과하면 경기가 종료된다. 경기를 진행하는 선수의 동작은, 정해진 순서에 따라 동작하는 시퀀스 제어 회로의 동작과 동일한 방식이다.

시퀀스 제어 전기 회로의 동작과 400m 릴레이 경기를 하는 각 선수의 동작을 [그림 8-41]과 비교하여 살펴보자.

- **1번 주자** : 심판의 "선수 정렬" 구령에 맞춰 각 선수가 출발선에 정렬하고(출발 준비를 완료한 상태), 심판의 출발 신호(버튼1을 누름)에 1번 주자가 달리기 시작한다. 100m를 달려 2번 주자에게 배턴을 전달(1번 주자가 버튼2를 누름)한다.
- **2번 주자** : 2번 주자가 1번 주자로부터 배턴을 전달받아 달리기 시작한다. 2번 주자가 달리는 즉시, 1번 주자의 경기는 종료된다. 2번 주자는 100m를 달려 3번 주자에게 배턴을 전달(2번 주자가 버튼3을 누름)한다.
- **3번 주자** : 3번 주자가 2번 주자로부터 배턴을 전달받아 달리기 시작한다. 3번 주자가 달리는 즉시, 2번 주자의 경기는 종료된다. 3번 주자는 100m를 달려 4번 주자에게 배턴을 전달(3번 주자가 버튼4를 누름)한다.
- **4번 주자** : 4번 주자가 3번 주자로부터 배턴을 전달받아 달리기 시작한다. 4번 주자가 달리는 즉시, 3번 주자의 경기는 종료된다. 4번 주자가 100m를 달려 결승선을 통과(4번 주자가 버튼5를 누름)하면 모든 경기는 종료된다.

각 주자가 출발 신호에 출발하여 100m씩 차례로 배턴을 주고받으며 달리는 모습은 [그림 8-41]에 나타낸 자기유지 회로의 동작과 유사하다. 따라서 선수가 4명인 400m 릴레이 동작은 [그림 8-41]과 같이 4개의 자기유지 회로와 1개의 결승선 확인 전기회로로 만든 시퀀스 제어 회로로 표현될 수 있다.

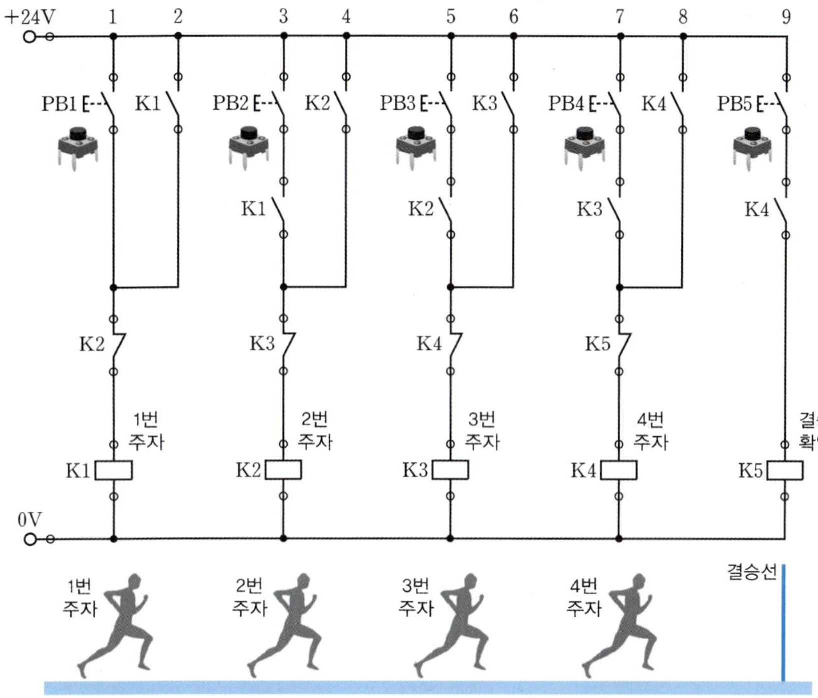

[그림 8-41] 400m 릴레이 동작과 자기유지 회로를 이용한 시퀀스 제어 회로의 표현

[그림 8-41]의 동작 단계를 보다 자세히 살펴보자.

❶ 심판(작업자)이 푸시 버튼 PB1을 누른다.

[그림 8-42]의 전기 회로에서 심판(전기회로 조작자)이 PB1 버튼을 누르면, 전기 릴레이 K1이 자기유지되어 400m 릴레이에서 1번 주자(K1)가 달리는 상태가 된다. 이때 2번 주자(K2)는 1번 주자(K1)가 출발했음을 K1의 접점을 통해 확인한다. 전기회로에서 1번 주자에 해당되는 K1의 a접점이 ON되면, 1번 주자가 달리고 있음을 의미한다.

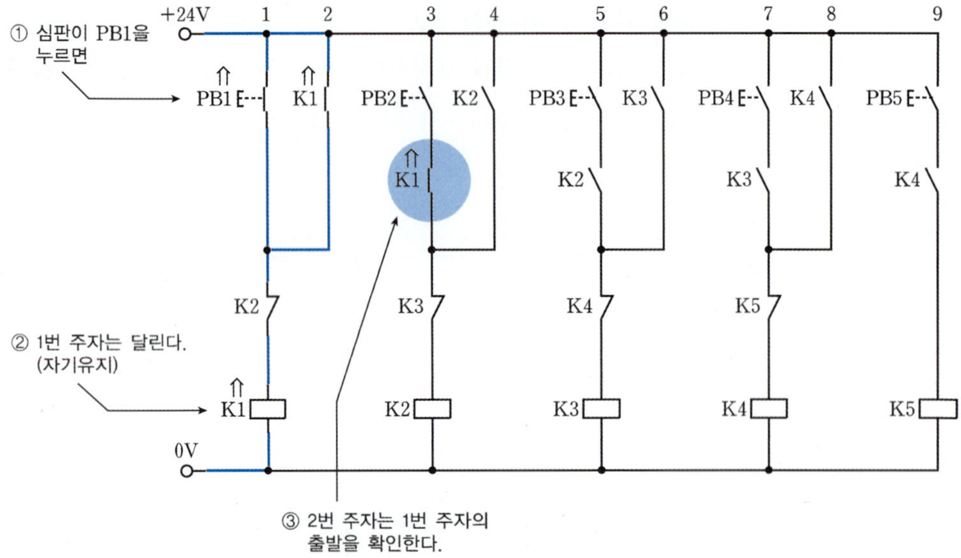

[그림 8-42] 자기유지 회로를 이용한 릴레이 시퀀스 전기회로 동작 ❶

❷ 1번 주자(K1)가 100m를 달려 PB2를 누른다.

1번 주자가 100m를 달려 [그림 8-43]과 같이 PB2 버튼을 누르면, 2번 주자(K2)가 ON되어 자기유지 상태로 달리기 시작한다. 그 순간 1번 주자에 해당되는 K1 자기유지 회로의 리셋(K2의 b접점)이 동작하여 1번 주자의 경기가 종료된다.

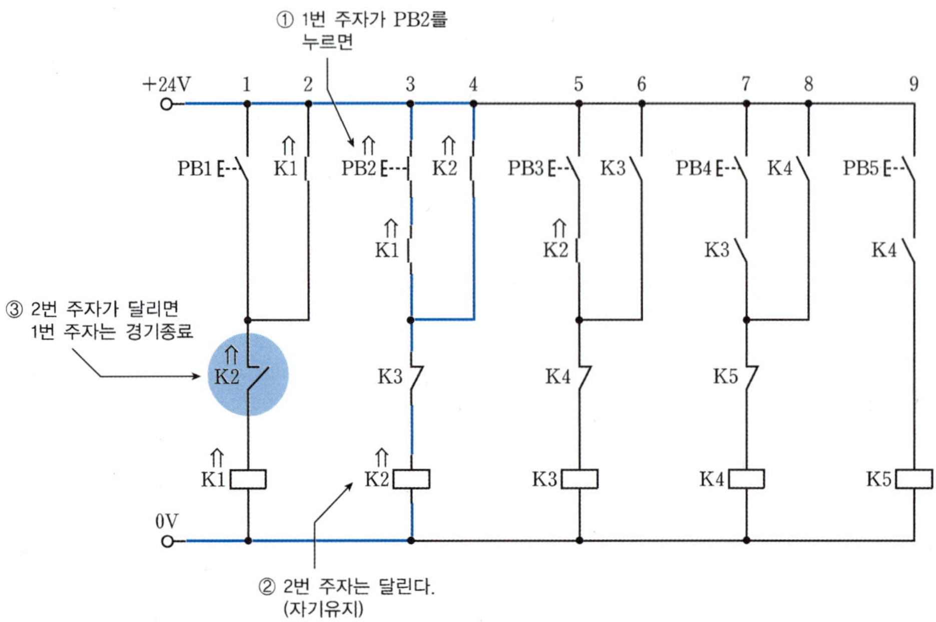

[그림 8-43] 자기유지 회로를 이용한 릴레이 시퀀스 전기회로 동작 ❷

❸ 2번 주자(K2)가 100m를 달려 PB3을 누른다.

2번 주자가 100m를 달려 [그림 8-44]와 같이 PB3 버튼을 누르면, 3번 주자(K3)가 ON되어 자기유지 상태로 달리기 시작한다. 그 순간 2번 주자에 해당되는 K2 자기유지 회로의 리셋(K3의 b접점)이 동작하여 2번 주자의 경기가 종료된다.

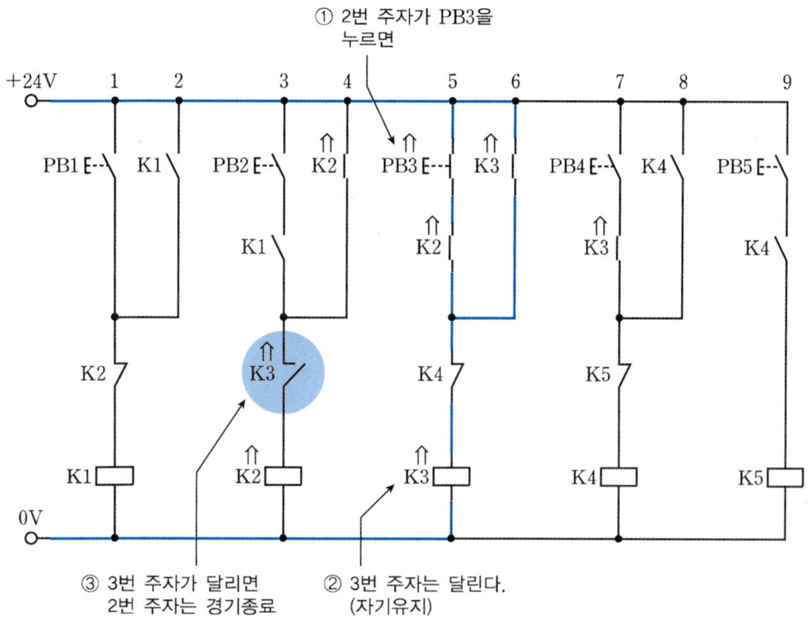

[그림 8-44] 자기유지 회로를 이용한 릴레이 시퀀스 전기회로 동작 ❸

❹ 3번 주자(K3)가 100m를 달려 PB4를 누른다.

3번 주자가 100m를 달려 [그림 8-45]와 같이 PB4 버튼을 누르면, 4번 주자(K4)가 ON되어 자기유지 상태가 되어 달리기 시작한다. 그 순간 3번 주자에 해당되는 K3 자기유지 회로의 리셋(K4의 b접점)이 동작하여 3번 주자의 경기가 종료된다.

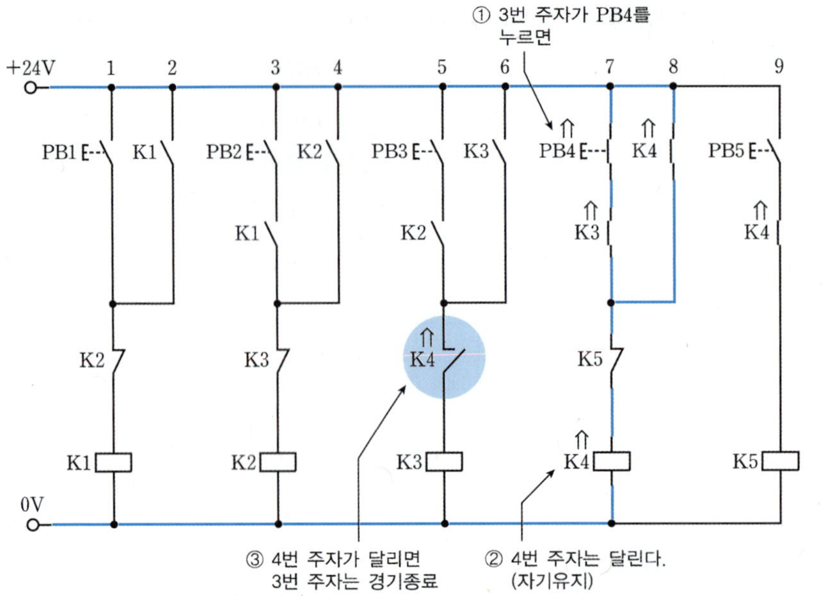

[그림 8-45] **자기유지 회로를 이용한 릴레이 시퀀스 전기회로 동작 ❹**

❺ 4번 주자(K4)가 100m를 달려 PB5를 누른다.

[그림 8-46]과 같이 4번 주자가 100m를 달려 결승선을 통과하는 순간(PB5를 누르는 순간), 전기 릴레이 K5가 작동함으로써 4번 주자(K4)의 경기가 종료된다. 결승선은 자기유지가 되지 않기 때문에 4번 주자(K4)의 경기가 종료되는 순간에 K5도 종료되어 모든 시퀀스 제어 동작이 종료된다.

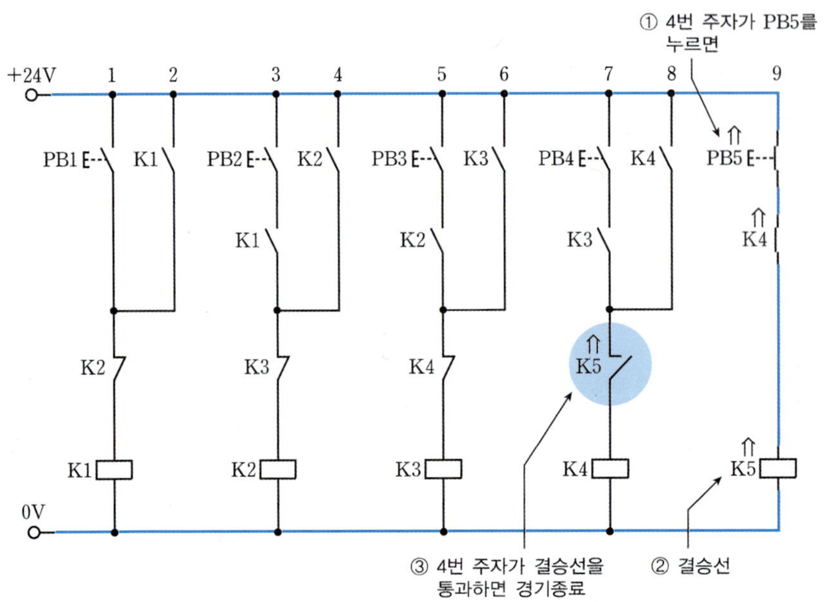

[그림 8-46] **자기유지 회로를 이용한 릴레이 시퀀스 전기회로 동작 ❺**

시퀀스 제어 회로 동작에 대해 이토록 자세히 알아보는 이유는, 앞으로 작성할 위치 제어 및 공압실린더 제어가 시퀀스 제어로 이루어지기 때문이다. [그림 8-47]은 [그림 8-41]의 릴레이를 이용한 시퀀스 제어 회로를 PLC의 래더 프로그램으로 표현한 것이다. 푸시 버튼 PB1 ~ PB5가 PLC의 입력 비트 메모리 X1 ~ X5로 변경되었고, 릴레이 코일 K1 ~ K5가 내부 비트 메모리 M1 ~ M5로 변경된 점을 제외하고는 릴레이 시퀀스 제어 회로와 래더 프로그램의 표현 방법이 동일하다.

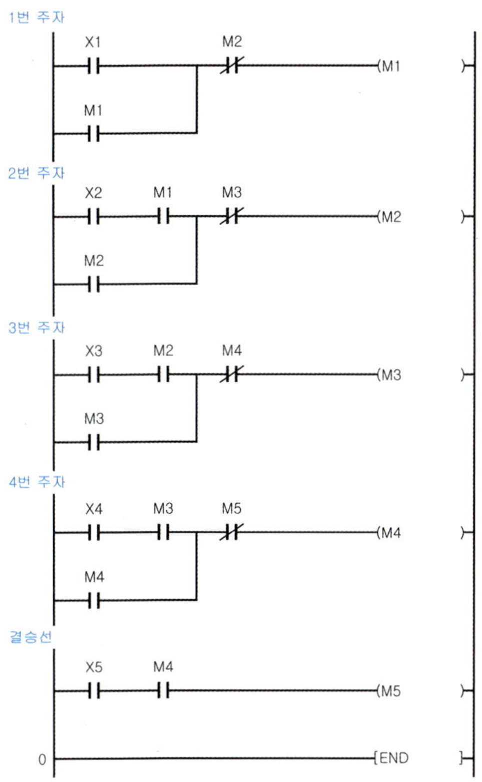

☞ 심판이 X1을 ON하면 1번 주자(M1)가 달린다.
☞ 2번 주자가 달리면(M2가 ON), 1번 주자 M1은 OFF된다.

☞ 1번 주자가 달리기 시작했음을 확인하고(M1), 1번 주자가 100m를 달려 X2를 ON하면 2번 주자가 달린다.
☞ 3번 주자가 달리면(M30| ON), 2번 주자 M2는 OFF된다.

☞ 2번 주자가 달리기 시작했음을 확인하고(M2), 2번 주자가 100m를 달려 X3을 ON하면 3번 주자가 달린다.
☞ 4번 주자가 달리면(M4가 ON), 3번 주자 M3은 OFF된다.

☞ 3번 주자가 달리기 시작했음을 확인하고(M3), 3번 주자가 100m를 달려 X4를 ON하면 4번 주자가 달린다.
☞ 5번 주자가 달리면(M5가 ON), 4번 주자 M4은 OFF된다.

☞ 4번 주자가 달리기 시작했음을 확인하고(M4), 4번 주자가 100m를 달려 X5를 ON하면, 결승선을 통과한 4번 주자 M4는 OFF된다.

[그림 8-47] PLC 프로그램으로 표현한 시퀀스 제어 회로

8.4.2 전용 명령어의 동작 완료 신호

위치 제어를 위한 QD77MS의 인텔리전트 전용 명령어 'ZP.PSTRT1'을 사용하면, [그림 8-47]의 시퀀스 프로그램을 이용한 [그림 8-48]과 같은 형태의 위치 제어를 위한 시퀀스 제어 프로그램을 작성할 수 있다.

'ZP.PSTRT1' 명령어를 살펴보면, [**ZP.PSTRT1 "U4" D10 M10**]에서 M10, M11의 메모리가 [그림 8-48]의 시퀀스 제어 프로그램에서 자기유지 회로의 셋 동작 신호로 사용된

다. [그림 8-48]에서 M10과 M11은 완료 디바이스(M10)와 완료 시의 상태 표시 디바이스(M11)에 해당되고, ZP.PSTRT의 명령 수행의 결과를 나타낸다.

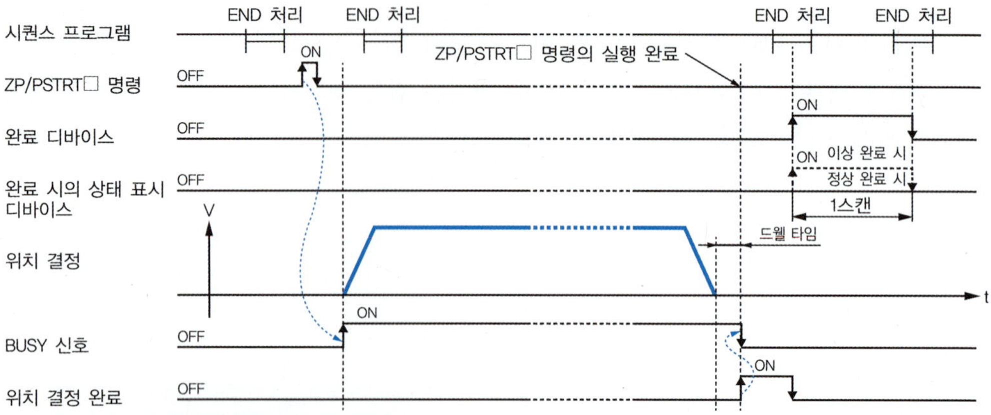

[그림 8-48] ZP.PSTRT1 명령어의 동작 타임 차트

[ZP.PSTRT1 "U4" D10 M10] 명령어의 실행 결과를 나타내는 완료 디바이스는 [표 8-28]과 같이 1스캔 시간 동안 동작한다.

[표 8-28] 완료 및 완료 상태 표시 디바이스의 동작 상태

명칭	디바이스 번지	정상 완료	비정상 완료
완료 디바이스	M10	ON	ON
완료 시의 상태 표시 디바이스	M11	OFF	ON

[그림 8-49]의 위치 제어를 위한 시퀀스 제어 프로그램을 살펴보면, 입력 X1의 신호가 ON되면 M1이 ON됨과 동시에 위치 데이터 번호 1번이 D12에 설정된다. 그러면 프로그램 라인 77번에서 사용한 위치 결정 전용 명령어에 서보 모터가 회전하여 설정한 위치로 이동 완료된다. 이와 더불어 M10과 M11번의 완료 디바이스에 의해 M101이 ON되면 M2가 ON되고 M1은 OFF된다. M2가 ON되면 위치 데이터 번호 2번에 설정된 위치로 이동하는 시퀀스 제어 동작이 이루어진다. 전용 명령어를 사용하면 손쉽게 위치 제어 프로그램을 작성할 수 있다.

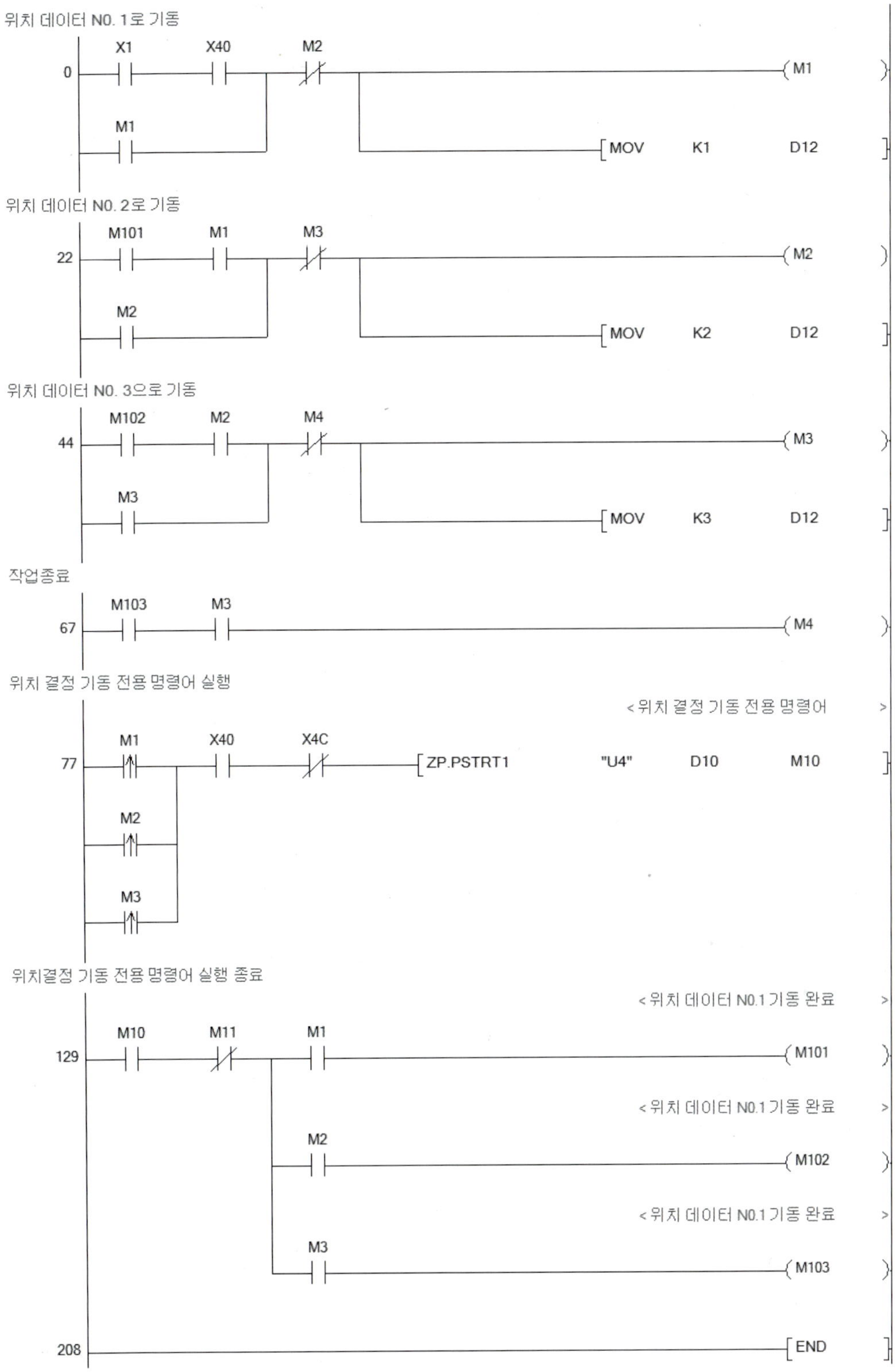

[그림 8-49] 위치 결정 전용 명령어의 완료 디바이스(M10, M11)를 사용한 위치 제어

→ 실습과제 8-6 위치 제어 동작 구현하기

ZP.PSTRT 명령어를 사용해서 위치 제어를 위한 시퀀스 제어 프로그램 작성법을 살펴보자.

[Section 8.4]

해당 프로그램명 : EXEC_5_1, EXEC_5_2, EXEC_5_3

GOT2000의 위치 제어 화면의 우측에는 [표 8-29]와 같은 시퀀스 제어 버튼(M1080)이 배치되어 있다. 시퀀스 제어 버튼은 램프(M1090)가 내장되어 있는 버튼이다. 버튼을 누르면 [표 8-29]에 주어진 순서대로 시퀀스 제어 동작을 하는 프로그램을 작성해보자.

[표 8-29] 시퀀스 제어 순서

시퀀스 제어 순서	제어 내용
1	4번 위치로 이동
2	3초간 0.2초 주기로 램프 점멸
3	2번 위치로 이동
4	3초간 1초 주기로 램프 점멸
5	5번 위치로 이동

PLC 프로그램 작성법

[표 8-29]에 주어진 시퀀스 제어 동작은 [표 8-30]과 같이 5개의 자기유지 회로와 1개의 작업 종료 회로로 만들 수 있다.

[표 8-30] 시퀀스 제어 프로그램의 제어 순서에 따른 시작 신호

시퀀스 제어 순서	제어 내용	시작 신호
1	4번 위치로 이동	시작 버튼
2	3초간 0.2초 주기로 램프 점멸	위치 결정 제어 명령 완료 신호
3	2번 위치로 이동	온 딜레이 타이머 신호
4	3초간 1초 주기로 램프 점멸	위치 결정 제어 명령 완료 신호
5	5번 위치로 이동	온 딜레이 타이머 신호
6	작업 종료	위치 결정 제어 명령 완료 신호

[표 8-30]에서 위치 결정 제어 완료 신호는, 전용 명령어 [ZP.PSTRT1 "U4" D50 M60]을 사용할 때 M60과 M61을 의미한다. 전용 명령어가 정상 완료되는 시점부터 1스

캔 시간 동안 M60은 ON, M61은 OFF 상태로 동작한다. 위치 제어 동작 프로그램은 다음 세 가지 시퀀스 제어 프로그램을 사용해서 작성한다.

❶ EXEC5_1 : SET과 RST 명령어를 사용한 시퀀스 제어 프로그램
❷ EXEC5_2 : 자기유지 회로를 사용한 시퀀스 제어 프로그램
❸ EXEC5_3 : BSFL 명령어를 사용한 시퀀스 제어 프로그램

PLC 프로그램

■ SET과 RST 명령어를 이용한 위치 결정 제어 프로그램 : EXEC_5_1

프로그램을 실행하기 전에 PLC의 파라미터 Program에서 [표 8-31]과 같이 실행 프로그램에 EXEC_5_1을 포함시킨다. 해당 프로그램과 파라미터를 PLC로 전송한 후에 프로그램의 동작을 테스트한다.

[표 8-31] SET과 RST를 사용한 시퀀스 제어 프로그램

	Program Name	Execute Type	Fixed Scan Interval	In Unit
1	EXEC_01	Scan		
2	EXEC_02	Scan		
3	EXEC_3_2	Scan		
4	EXEC_4	Scan		
5	EXEC_5_1	Scan		
6				

프로그램 명칭	기능
EXEC_01	QD77MS 버퍼 메모리 모니터링을 위한 프로그램
EXEC_02	수동 운전(JOG, 인칭, 수동펄스) 프로그램
EXEC_3_2	전용 명령어를 이용한 기계 원점/고속 원점복귀 프로그램
EXEC_4	위치 제어 프로그램
EXEC_5_1	SET과 RST를 사용한 시퀀스 제어 프로그램

[프로그램 8-10]은 위치 결정 제어를 위해 SET과 RST 명령어를 사용해서 만든 시퀀스 제어 프로그램이다. M51 ~ M55의 비트 메모리를 사용해서 [표 8-30]의 작업종료를 제외한 1~5번까지의 5개의 시퀀스 제어 동작을 구현하였다.

```
EXEC5_1
**************************************************************
SET과 RST명령어를 이용한 위치제어 프로그램
**************************************************************

위치제어를 위한 인터락 신호 확인
QD77MS READY(X40)신호 ON, BUSY(X4C)신호 OFF, 서보 ON, 원점 OK
        X40      X4C      M1010    M1011
   0 ---| |------|/|------| |------| |----------------------------------( M50 )

순차제어 버튼이 눌러지면 인터락신호 확인 M51을 SET
순차제어 순서 1 : 4번 위치로 이동
                                               <위치결정 데이터 4번 위치 설정  >
        M1080    M50
  91 ---|↑|------| |------+-------------------------------[MOV   K4    D52 ]
                          |                    <순차제어 동작 1번 실행  >
                          +-------------------------------[SET   M51       ]

2번 위치로 이동 완료 확인 및 다음 동작을 위한 M52을 SET
                                               <위치결정 제어 완료  >
        M51      M60      M61
 175 ---| |------| |------|/|------+----------------------[RST   M51       ]
                                   |           <순차제어 동작 2번 실행  >
                                   +----------------------[SET   M52       ]

순차제어 순서 2 : 3초간 램프 0.2초 주기로 점멸
                                               <3초 주기 타이머 ON  >
        M52                                                        K30
 236 ---| |------+---------------------------------------------( T50 )
                 |                             <타이머 OFF  >
                 |  T50
                 +--| |------+----------------------------[RST   M52       ]
                             |                 <순차제어 동작 3번 실행  >
                             +----------------------------[SET   M53       ]

순차제어 순서 3 : 2번 위치로 이동
        M53      M50
 304 ---| |------| |--------------------------------------[MOV   K2    D52 ]

        M53      M60      M61
 327 ---| |------| |------|/|------+----------------------[RST   M53       ]
                                   |           <순차제어 동작 4번 실행  >
                                   +----------------------[SET   M54       ]

순차제어 순서 4 : 3초간 램프 0.2초 주기로 점멸
        M54                                                        K30
 346 ---| |------+---------------------------------------------( T51 )
                 |  T51
                 +--| |------+----------------------------[RST   M54       ]
                             |                 <순차제어 동작 5번 실행  >
                             +----------------------------[SET   M55       ]

순차제어 순서 5 : 5번 위치로 이동
                                               <위치결정 데이터 5번 설정'  >
        M55      M50
 394 ---| |------| |--------------------------------------[MOV   K5    D52 ]
```

(계속)

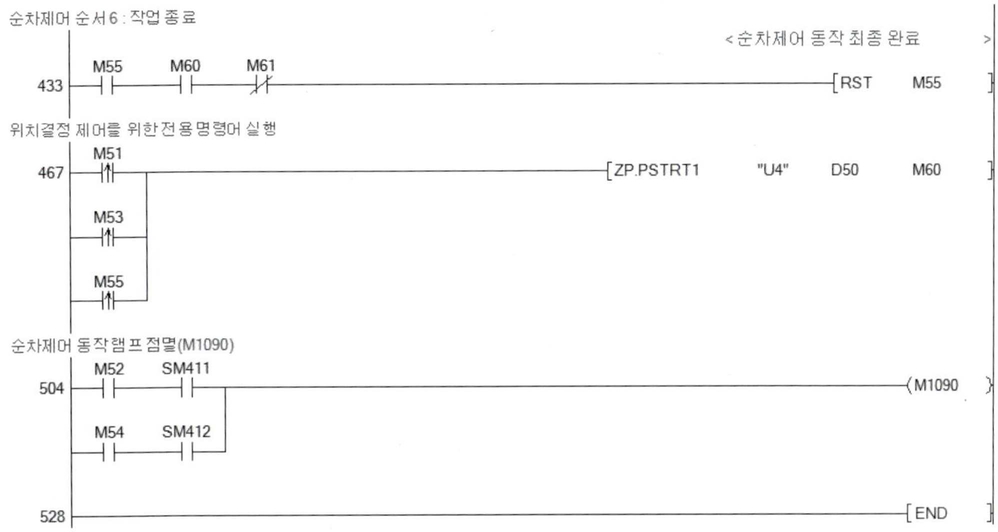

[프로그램 8-10] EXEC_5_1

프로그램 라인 0번을 살펴보면, 위치 결정 제어에 필요한 신호를 M50을 사용해서 1비트로 표현하였다.

GOT2000의 위치 제어 화면의 위치 제어 버튼을 누르면, 프로그램 라인 91번은 첫 번째 시퀀스 제어 동작인 위치 결정 데이터 4번의 위치로 이동하기 위해 전용 명령어 ZP.PSTRT1에서 사용할 D52번지에 4를 설정하고 M51이 ON이 되도록 SET한다. 프로그램 라인 467번에서 M51이 ON되어 있기 때문에 위치 결정 전용 명령어 ZP.PSTRT1이 실행된다. 이때 D52번지에는 4가 설정되어 있기 때문에 위치 데이터 4번에 설정한 위치로 이송 테이블이 이동한다. M51의 ON에 의해 실행되는 전용 명령어 ZP.PSTRT1의 실행 완료 디바이스 M60, M61, 그리고 1번 동작의 실행 비트 M51을 직렬로 연결하여 [표 8-30]의 2번 동작이 실행될 수 있도록 프로그램 라인 175번에서 M51을 OFF하고, M52를 ON한다.

프로그램 라인 175번은 시퀀스 제어 동작 1번의 완료 후 3초간의 타이머 동작을 나타낸다. 프로그램 라인 304번은 시퀀스 제어 동작 3번으로, 위치 결정 데이터 2번의 위치로 이동하기 위해 D52번지에 K2를 설정하고, 프로그램 라인 467번에 있는 위치 결정 전용 명령어에 의해 해당 제어 동작이 구현되도록 하였다. 프로그램 라인 346번은 시퀀스 제어 동작 4번으로, 3초 타이머 동작을 나타내었다.

프로그램 라인 394번은 시퀀스 제어 동작 5번으로, 위치 결정 데이터 5번의 위치로 이동하기 위해 D52번지에 K5를 설정하고, 프로그램 라인 467번에 있는 위치 결정 전용 명령어에 의해 해당 제어 동작이 구현되도록 하였다. 프로그램 라인 433번은 전체 제어 동작의 종료 명령이다.

이상으로 SET과 RST 명령어를 사용해서 위치 결정 제어를 하는 시퀀스 제어 동작 프로그램 작성에 대해 살펴보았다. 이제는 프로그램 모듈 EXEC_5_2를 만들고, 자기유지 회로를 이용하여 위치 결정 제어를 하는 시퀀스 제어 프로그램 작성법을 살펴보자.

■ 자기유지 회로를 이용한 위치 결정 제어 프로그램 : EXEC_5_2

프로그램을 실행하기 전에 PLC의 파라미터 Program에서 [표 8-32]와 같이 실행 프로그램의 EXEC_5_1을 삭제하고 EXEC_5_2를 포함시킨다. 해당 프로그램과 파라미터를 PLC로 전송한 후에 프로그램의 동작을 테스트한다.

[표 8-32] 자기유지 회로를 사용한 시퀀스 제어 프로그램

	Program Name	Execute Type	Fixed Scan Interval	In Unit
1	EXEC_01	Scan		
2	EXEC_02	Scan		
3	EXEC_3_2	Scan		
4	EXEC_4	Scan		
5	EXEC_5_2	Scan		
6				

프로그램 명칭	기능
EXEC_01	QD77MS 버퍼 메모리 모니터링을 위한 프로그램
EXEC_02	수동 운전(JOG, 인칭, 수동펄스) 프로그램
EXEC_3_2	전용 명령어를 이용한 기계 원점 / 고속 원점복귀 프로그램
EXEC_4	위치 제어 프로그램
EXEC_5_2	자기유지 회로를 사용한 시퀀스 제어 프로그램

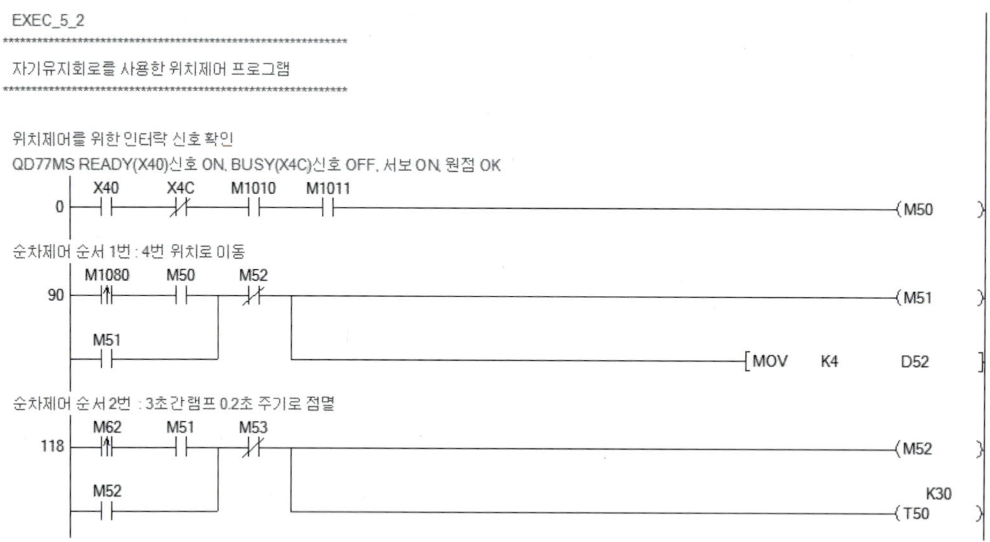

(계속)

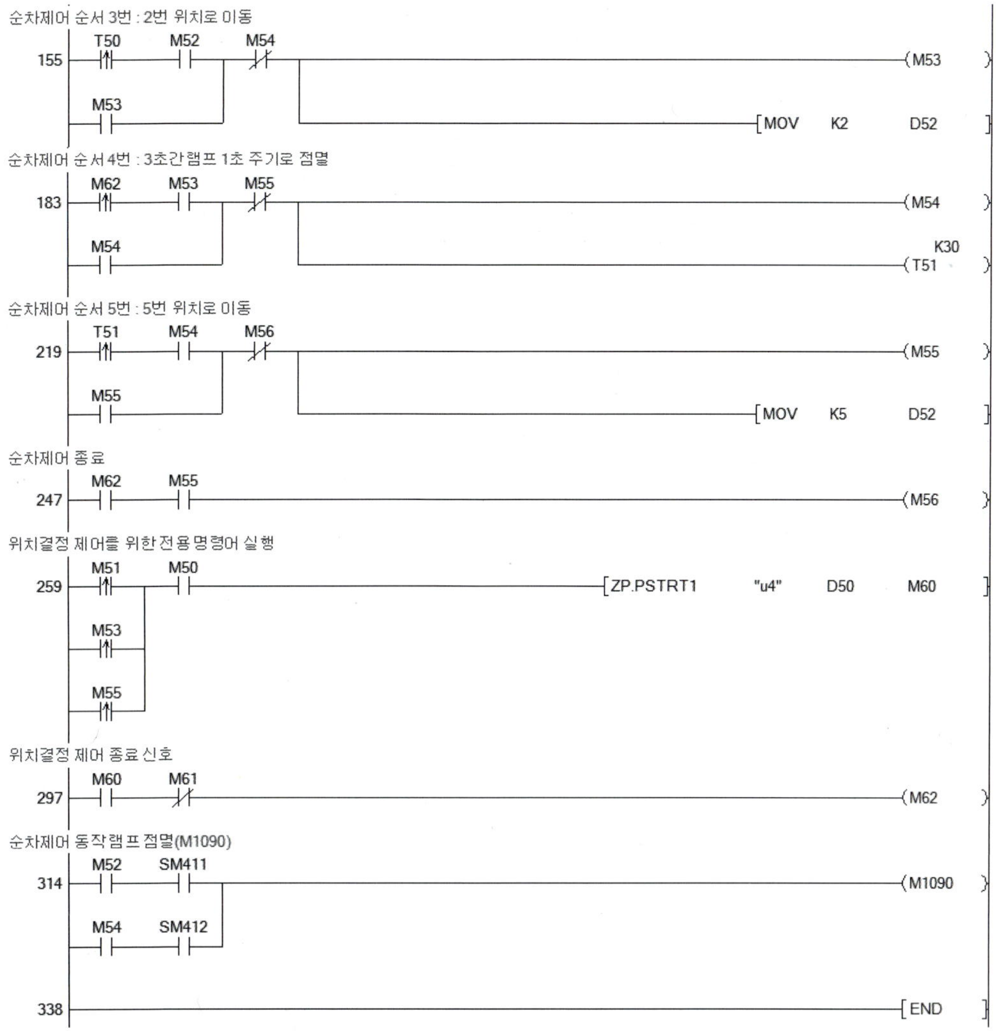

[프로그램 8-11] EXEC_5_2

[프로그램 8-11]은 자기유지 회로를 사용한 위치 결정 제어 프로그램이다. 앞에서 학습한 SET과 RST 명령어를 사용한 동작과 별 다른 차이점이 없음을 확인할 수 있을 것이다.

■ BSFL 명령어를 이용한 위치 결정 제어 프로그램 : EXEC_5_3

프로그램을 실행하기 전에 PLC의 파라미터 Program에서 [표 8-33]과 같이 실행 프로그램의 EXEC_5_2를 삭제하고 EXEC_5_3을 포함시킨다. 해당 프로그램과 파라미터를 PLC로 전송한 후에 프로그램의 동작을 테스트한다.

[표 8-33] BSFL을 사용한 시퀀스 제어 프로그램

	Program Name	Execute Type	Fixed Scan Interval	In Unit
1	EXEC_01	Scan		
2	EXEC_02	Scan		
3	EXEC_3_2	Scan		
4	EXEC_4	Scan		
5	EXEC_5_3	Scan		
6				

프로그램 명칭	기능
EXEC_01	QD77MS 버퍼 메모리 모니터링을 위한 프로그램
EXEC_02	수동 운전(JOG, 인칭, 수동펄스) 프로그램
EXEC_3_2	전용 명령어를 이용한 기계 원점 / 고속 원점복귀 프로그램
EXEC_4	위치 제어 프로그램
EXEC_5_3	BSFL을 사용한 시퀀스 제어 프로그램

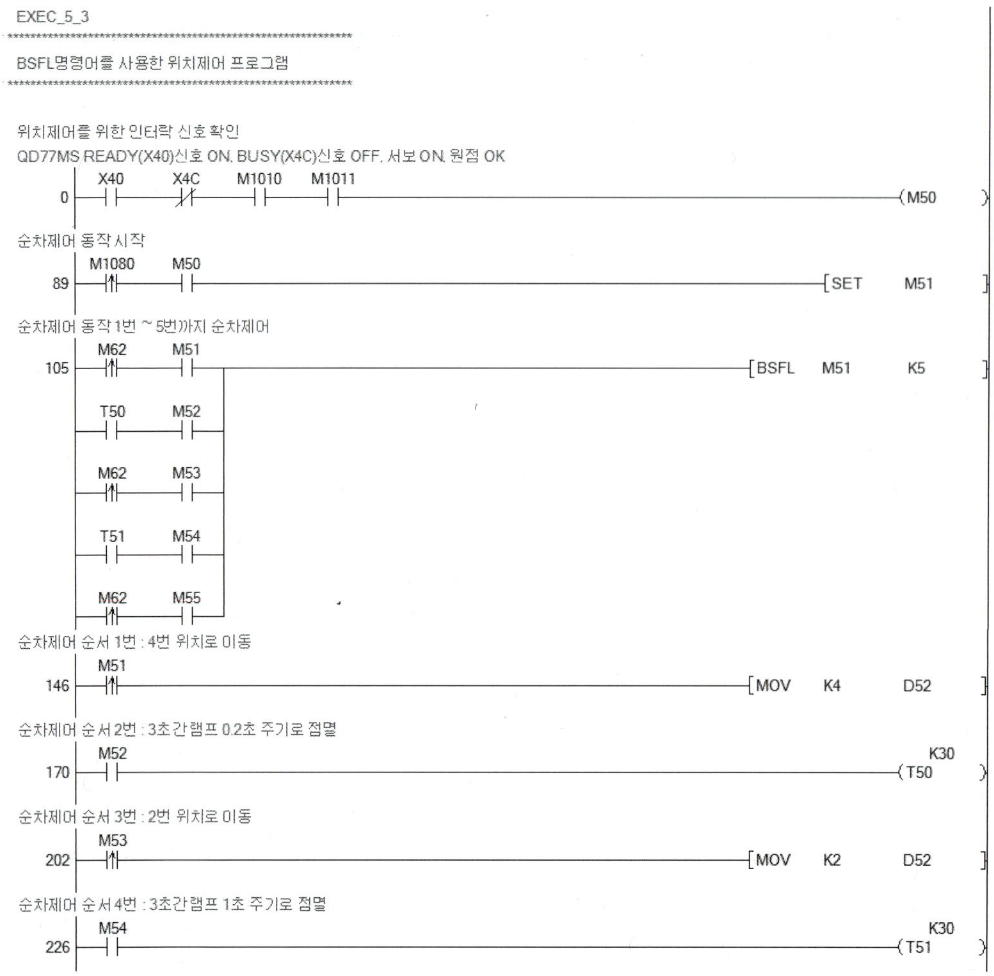

(계속)

[프로그램 8-12] EXEC_5_3

[프로그램 8-12]는 BSFL 명령어를 사용한 위치 결정 제어 프로그램이다. 앞에서 학습한 SET과 RST 명령어, 자기유지 회로를 사용한 동작과 별 다른 차이점이 없음을 확인할 수 있을 것이다.

이번 실습에서는 QD77MS의 인텔리전트 전용 명령어 'ZP.PSTRT1'을 사용해서 위치 결정 제어 동작을 시퀀스 제어 프로그램 형식으로 작성하는 방법에 대해 살펴보았다. 이제는 공압실린더의 동작과 조합된 위치 결정 제어 프로그램을 작성해보자.

➔ 실습과제 8-7 공압실린더와 위치 결정 제어 프로그램

위치 결정 제어 동작은 서보 모터 단독으로 동작하는 경우보다는 공압실린더와 같은 다양한 액추에이터의 동작과 병행하여 동작하는 경우가 대부분이다. 이번 실습과제에서는 공압실린더와 위치 결정 제어 동작이 함께 이루어지는 프로그램 작성법에 대해 살펴보자.

[Section 8.4]

해당 프로그램명 : EXEC_6_1

QD77MS를 사용한 위치 결정 제어 장치에서는 위치 제어 동작과 다른 액추에이터와의 조합을 통하여 제어 동작이 이루어진다. [그림 8-50]은 안경에 사용되는 렌즈를 연마하는 공정을 나타낸 것이다. 서보 모터에 의해 구동되는 축의 이송테이블에는 렌즈를 옮기기 위한 진공 패드가 장착된 공압실린더가 설치되어 있다.

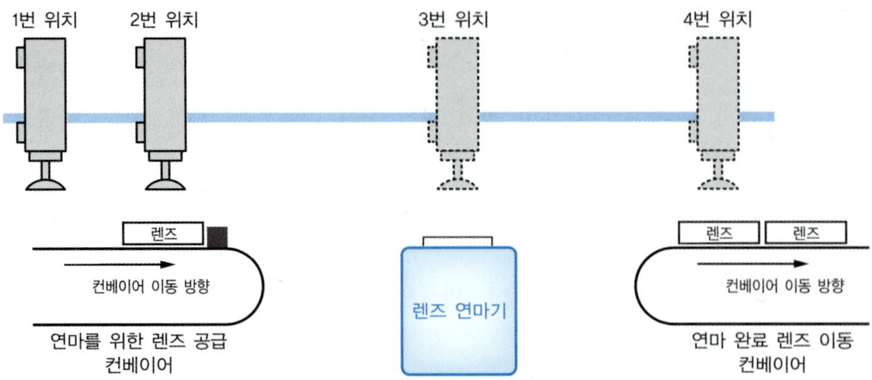

[그림 8-50] **렌즈 연마 공정**

■ 렌즈 연마 공정의 작업 순서

[그림 8-50]의 렌즈 연마 공정의 작업 순서는 [표 8-34]와 같다. 표에서는 시퀀스 제어 동작 순서가 큰 공정별로 구분되어 있다. 시퀀스 제어 순서 1번 공정은 4개의 작은 작업으로 구성되어 있고, 2번 공정은 8개의 작은 작업으로 구성되어 있다. GOT2000의 위치 제어 화면에 작화된 작업 위치 버튼을 누르면, 서보 축에 연결된 이송테이블이 어떤 위치에 있든지 관계없이 1번 위치로 이동한다. 1번 위치에 도착하면 작업 위치 버튼에 내장된 램프가 점등되어 작업 위치로 이송테이블이 이동 완료됐음을 표시한다.

시퀀스 제어 순서의 작업 시작 조건이 충족된 상태에서 [표 8-29]에 나타낸 버튼 중 단속 작업 버튼을 누르면, [표 8-34]의 1번 공정부터 5번 공정까지 순차적으로 작업이 실행된다. 단속 작업 버튼을 누르면, 단속 작업 버튼에 내장된 램프(M1092)가 점등되었다가,

5번 공정의 작업을 완료한 후에 소등된다. 해당 버튼을 누를 때마다 이 동작을 반복한다.

[표 8-34] 렌즈 연마 공정의 시퀀스 제어 공정 순서와 공정별 세부 작업 순서

시퀀스 제어 순서	세부 제어 순서		시작 신호
작업 시작 조건	공압실린더 후진 위치 진공 패드 OFF 상태일 때 1번 위치 이동		작업 위치 버튼이 눌리면 공압실린더가 후진함. 진공패드 OFF 상태일 때 1번 위치로 이동
1	1 2 3 4	2번 위치로 이동 공압실린더 하강 진공 흡착 ON 공압실린더 상승	단속 작업 버튼이 눌리고, 작업 시작 조건이 만족되었을 때 1번 공정 작업 시작
2	1 2 3 4 5 6 7 8	3번 위치로 이동 공압실린더 하강 진공 흡착 OFF 공압실린더 상승 연마 공정(타이머 3초) 공압실린더 하강 진공 흡착 ON 공압실린더 상승	시퀀스 제어 순서의 1번 공정 1~4번의 작업이 완료되면 2번 공정 시작
3	1 2 3 4	4번 위치로 이동 공압실린더 하강 진공 흡착 OFF 공압실린더 상승	시퀀스 제어 순서의 2번 공정 1~8번의 작업이 완료되면 3번 공정 시작
4	1	1번 위치로 이동	시퀀스 제어 순서의 3번 공정 1~4번의 작업이 완료되면 4번 공정 시작
5	1	전체 공정의 작업 종료	전체 공정의 완료로 인한 작업 종료

[그림 8-51]과 [표 8-35]는 서보의 이송테이블에 장착된 렌즈를 작업 위치로 이동시키는, 공압실린더 및 진공 흡착을 위한 공압 회로도와 입출력 할당표이다.

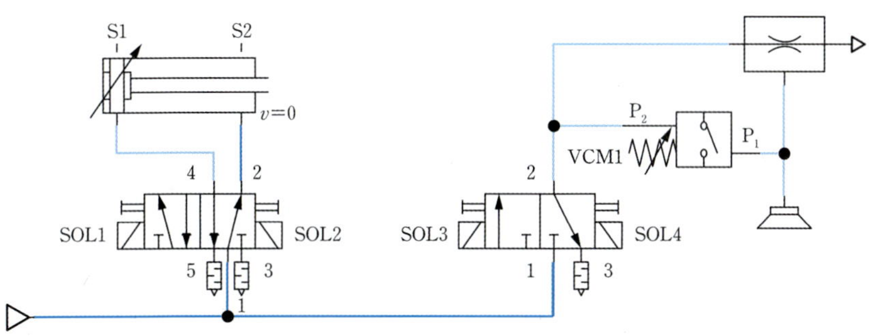

[그림 8-51] 렌즈 연마 공정 장치의 공압 회로도

[표 8-35] 렌즈 연마 공정의 입출력 할당

입력 번호	기능	출력 번호	기능
X00	흡착 센서	Y38	SOL1 : 실린더 하강
X01	렌즈 확인 센서	Y39	SOL2 : 실린더 상승
X10	S1 : 실린더 상승 위치	Y3A	SOL3 : 진공 흡착 ON
X11	S2 : 실린더 하강 위치	Y3B	SOL4 : 진공 흡착 OFF

PLC 프로그램 작성법

[표 8-34]를 살펴보면, 프로그램의 동작은 크게 두 부분으로 나눌 수 있다. 바로 작업 위치 버튼을 눌렀을 때 작업을 위해 1번 위치로 이동하는 부분과, 단속 작업 버튼을 눌렀을 때 정해진 순서로 렌즈 연마 작업을 실행하는 부분이다. 앞에서도 살펴보았지만 대부분의 기계 장치를 제어하는 프로그램은 시퀀스 제어 동작으로 이루어진다. 해당 프로그램을 EXEC_6_1로 새롭게 작성한다. 이 프로그램을 실행하기 위해서는 PLC의 파라미터를 새롭게 설정해야 한다.

PLC 프로그램

■ BSFL 명령어를 이용한 렌즈 연마 위치 결정 제어 프로그램 : EXEC_6_1

프로그램을 실행하기 전에 PLC의 파라미터 Program에서 [표 8-36]과 같이 실행 프로그램의 EXEC_5_3을 삭제하고 EXEC_6_1을 포함시킨다. 해당 프로그램과 파라미터를 PLC로 전송한 후에 프로그램의 동작을 테스트한다.

[표 8-36] 렌즈 연마를 위한 위치 결정 제어 PLC의 프로그램 구성

	Program Name	Execute Type	Fixed Scan Interval	In Unit
1	EXEC_01	Scan		
2	EXEC_02	Scan		
3	EXEC_3_2	Scan		
4	EXEC_4	Scan		
5	EXEC_6_1	Scan		
6				

프로그램 명칭	기능
EXEC_01	QD77MS 버퍼 메모리 모니터링을 위한 프로그램
EXEC_02	수동 운전(JOG, 인칭, 수동펄스) 프로그램
EXEC_3_2	전용 명령어를 이용한 기계 원점 / 고속 원점복귀 프로그램
EXEC_4	위치 제어 프로그램
EXEC_6_1	렌즈 연마 시퀀스 제어 프로그램

```
EXEC_6_1
************************************************************
렌즈 연마 위치제어 프로그램
************************************************************

작업위치 이동을 위한 인터락 신호 확인
QD77MS READY(X40)신호 ON, BUSY(X4C)신호 OFF, 서보 ON, 원점 OK
      X40     X4C     M1010    M1011
  0 ──┤ ├─────┤/├─────┤ ├──────┤ ├──────────────────────────────(M70      )

작업위치 버튼이 눌러졌을 때 1번 위치로 이동
      M1081   M70
 86 ──┤↑├─────┤ ├──┬─────────────────────────────[MOV   K1      D62      ]
                   │
                   └─────────────────────────────[SET   M71              ]

작업위치인 1번 위치로 이동완료
      M71     M102
116 ──┤ ├─────┤ ├────────────────────────────────[RST   M71              ]

렌즈 연마를 위한 작업 시작인터락 신호 확인
QD77MS READY(X40)신호 ON, BUSY(X4C)신호 OFF, 서보 ON, 원점 OK
작업위치 1번 확인, 흡착센서, 실린더 상승 위치, 렌즈 확인 센서
      M70     M1091   X0      X1      X10
137 ──┤ ├─────┤ ├─────┤/├─────┤ ├─────┤ ├───────────────────────(M72      )

작업 시작 버튼이 눌러지면 렌즈연마 순차제어 실행
      M1082   M72
233 ──┤↑├─────┤ ├──┬─────────────────────────────[SET   M73              ]
                   │                              <단속작업 램프 ON      >
                   └─────────────────────────────[SET   M1092            ]

BSFL명령어를 사용하여 1 ~ 17번 까지의 순차제어
M73 -> 2번 위치로 이동, M74 ->실린더 하강, M75->진공흡착ON
M76->실린더 상승, M77->3번 위치로 이동, M78->실린더 하강
M79->흡착 OFF, M80->실린더 상승, M81-> 연마, M82->실린더 하강
M83->흡착ON, M84->실린더 상승, M85->4번 위치로 이동
M86->실린더 하강, M87->흡착OFF, M88->실린더 상승, M89->1번 위치
      M102    M73
276 ──┤↑├─────┤ ├──┬─────────────────────────────[BSFL  M73     K17      ]
      X11     M74  │
    ──┤ ├─────┤ ├──┤
      X0      M75  │
    ──┤ ├─────┤ ├──┤
      X10     M76  │
    ──┤ ├─────┤ ├──┤
      M102    M77  │
    ──┤↑├─────┤ ├──┤
      X11     M78  │
    ──┤ ├─────┤ ├──┤
      X0      M79  │
    ──┤/├─────┤ ├──┤
      X10     M80  │
    ──┤ ├─────┤ ├──┤
```

(계속)

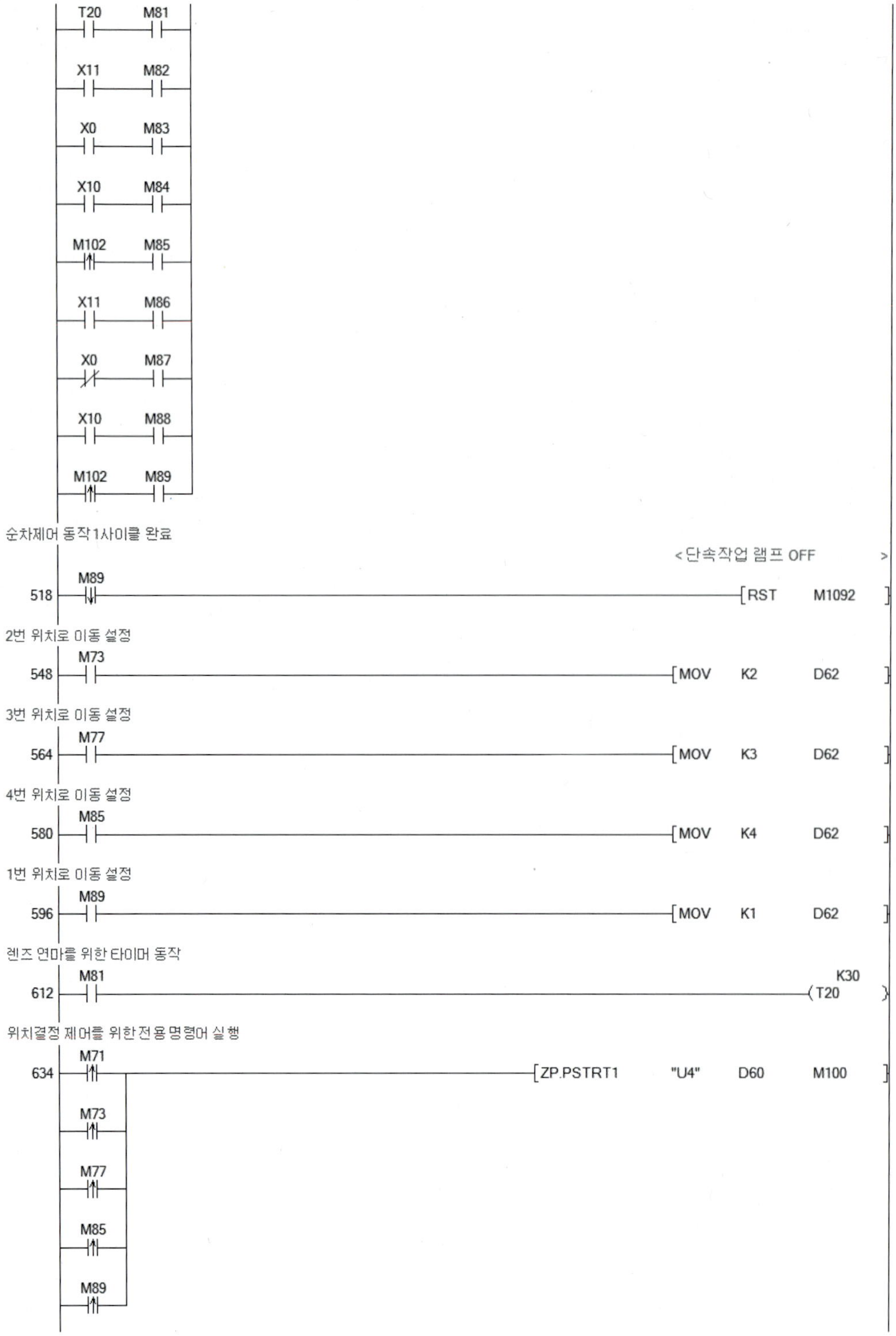
T20 M81
X11 M82
X0 M83
X10 M84
M102 M85
X11 M86
X0 M87
X10 M88
M102 M89
순차제어 동작1사이클 완료
<단속작업 램프 OFF >
518 M89 [RST M1092]
2번 위치로 이동 설정
548 M73 [MOV K2 D62]
3번 위치로 이동 설정
564 M77 [MOV K3 D62]
4번 위치로 이동 설정
580 M85 [MOV K4 D62]
1번 위치로 이동 설정
596 M89 [MOV K1 D62]
렌즈 연마를 위한 타이머 동작
612 M81 K30 (T20)
위치결정 제어를 위한전용명령어 실행
634 M71 [ZP.PSTRT1 "U4" D60 M100]
M73
M77
M85
M89

(계속)

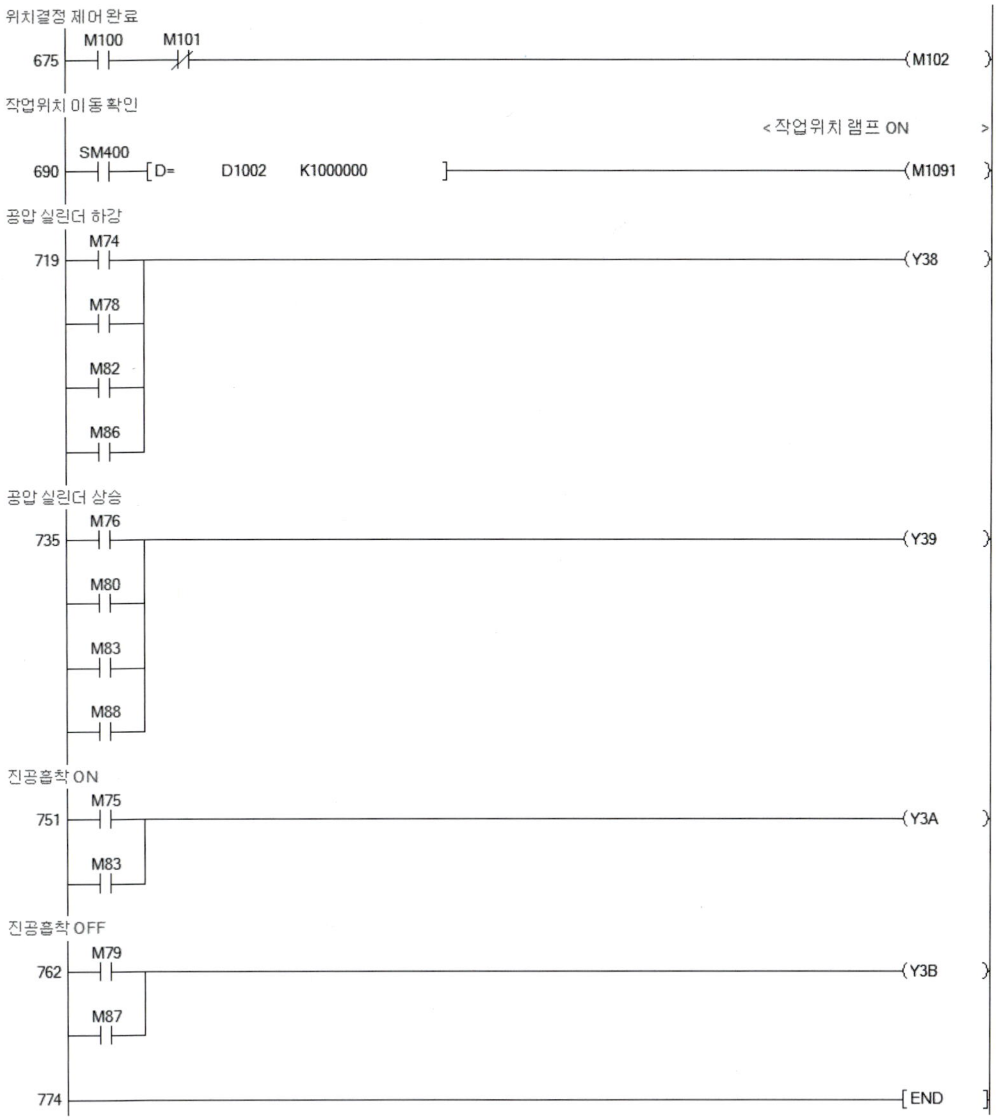

[프로그램 8-13] EXEC_6_1

프로그램 라인 0번~116번은 작업 위치 버튼을 눌렀을 때 해당 작업 위치로 이동하기 위한 프로그램이다. 그리고 프로그램 라인 690번은 작업 위치 1번의 설정값 100000.0μm와, 서보의 현재 위치를 기억하는 32비트 크기 데이터 레지스터 D1002를 비교하여 작업 위치 램프를 점등한다.

프로그램 라인 233번은, 단속 작업 버튼이 눌리면 렌즈 연마 작업을 위한 시퀀스 제어 동작으로 5개의 공정에서 5번을 제외한 1~4번 공정의 세부 동작 17개가 순차적으로 이루어지도록 BSFL 명령을 사용하였다.

프로그램 라인 518번은 시퀀스 제어 동작의 종료 신호이다. 시퀀스 제어 동작이 17개의 동작으로 이루어졌기 때문에 M73~M89번까지 17개의 비트 메모리를 사용했다. M89번은 시퀀스 제어 마지막 동작인 1번 위치로 이동하는 역할을 하는 비트 메모리이다. 해당 동작을 완료하면 M89번이 OFF되기 때문에 OFF되는 시점을 시퀀스 제어 작업 종료 신호로 사용해서 단속 작업 램프를 OFF한다.

프로그램 라인 518번~596번은, 위치 결정 제어 기동을 위한 위치 데이터 번호를 설정한 후에, 프로그램 라인 634번의 위치 결정 전용 명령어를 사용해서 위치 결정 제어를 실행하는 부분이다. 위치 결정 제어 동작이 완료되면, 프로그램 라인 675번의 위치 결정 제어 완료 신호 M102를 1스캔 시간 동안 ON한다.

프로그램 라인 612번은 렌즈 연마기를 가동하기 위해 타이머를 3초간 설정하는 부분이다. 또, 프로그램 라인 719번부터는 시퀀스 제어 동작에 의해 이루어지는 공압실린더의 상승과 하강, 그리고 진공 흡착 밸브의 ON/OFF 출력을 제어한다.

실습과제 8-8 연속 동작 프로그램

위치 결정 제어를 적용하여 렌즈 연마 공정을 연속적으로 수행할 수 있는 프로그램의 작성법을 살펴보자.

[Section 8.4]

해당 프로그램명 : EXEC_6_2

동작 조건

[실습과제 8-7]에서 학습한 렌즈 연마를 위한 위치 결정 제어 동작의 프로그램은 단속(1사이클 운전) 작업 버튼을 누르면 1사이클만 동작한 후에 정지한다. 단속 작업 버튼과 함께 사용할 수 있는 연속 작업의 시작/정지 버튼을 만들어서 사용자가 원하는 만큼 연속 작업이 이루어지는 프로그램을 작성해보자. 연속 동작을 하기 위한 조건은 다음과 같다.

❶ GOT2000의 위치 제어 화면의 연속 시작 버튼(M1083)을 누르면 연속 시작 램프(M1093)가 점등되고, 렌즈 연마를 위한 시퀀스 제어 동작이 연속해서 이루어진다.

❷ 연속 작업 중에 연속 정지 버튼(M1084)을 누르면 연속 정지 램프(M1094)가 점등된다. 현재 진행 중인 시퀀스 제어 동작이 완료되면 연속 작업이 중지되고, 연속 정지 램프도 소등된다.

[그림 8-52] 연속 작업 화면 구성

PLC 프로그램 작성법

연속 동작 프로그램은 [표 8-37]의 절차에 따라 [실습과제 8-7]의 프로그램 EXEC_6_1을 복사해서 EXEC_6_2로 변경한 후, 연속 시작 및 연속 정지 버튼의 동작을 추가해서 프로그램을 완성한다.

[표 8-37] 분할된 프로그램 복사 및 붙여넣기 절차

순서	작업 내용	작업 화면
1	**프로그램 복사하기** 분할 작성된 프로그램 중에서 복사본을 만들어서 새로운 프로그램으로 수정한다. ❶ 복사본을 만들 프로그램(EXEC_6_1)을 선택한 후에 마우스를 우클릭한다. ❷ 나타낸 메뉴에서 [Copy]를 선택한다.	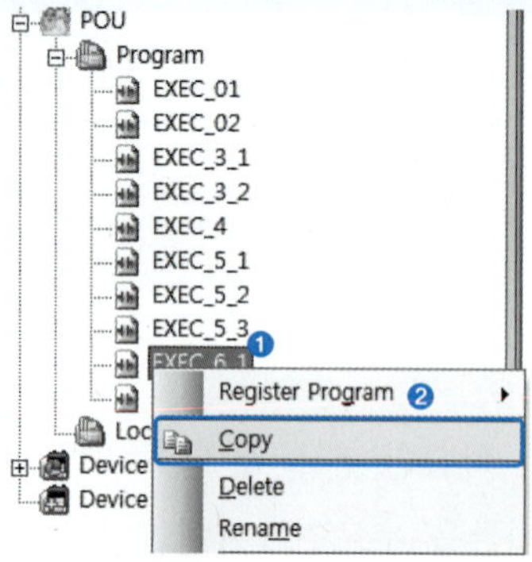
2	**프로그램 붙여넣기** 복사한 프로그램을 붙여넣기 한다. ❶ [Program] 폴더를 선택한 후에 마우스를 우클릭한다. ❷ 나타낸 메뉴에서 [Paste]를 선택한다.	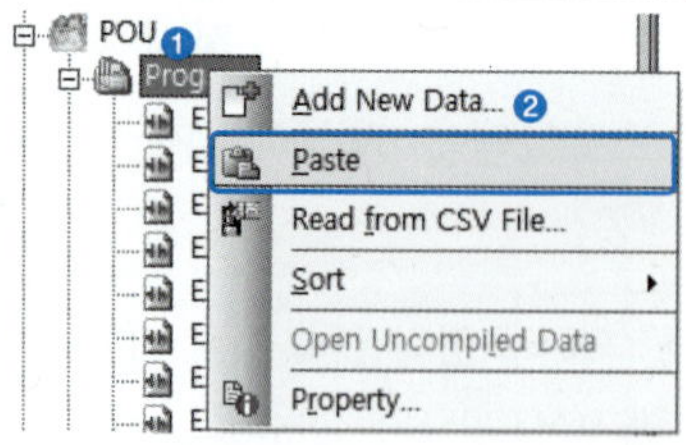
3	**프로그램 이름 변경하기** 복사한 프로그램의 이름을 변경한다. ❶ 붙여넣기 할 분할된 프로그램의 이름을 새롭게 설정한다. ❷ [OK]를 클릭한다.	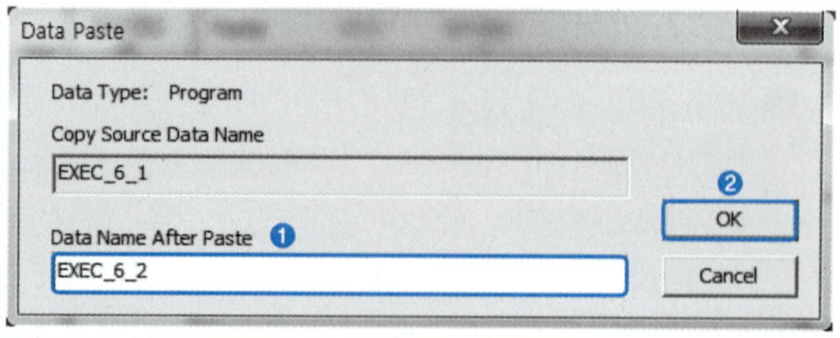

PLC 프로그램

■ BSFL 명령어를 이용한 렌즈 연마 위치 결정 제어 프로그램 : EXEC_6_2

프로그램을 실행하기 전에, PLC의 파라미터 Program에서 [표 8-38]과 같이 실행 프로그램의 EXEC_6_1을 삭제하고 EXEC_6_2를 포함시킨다. 해당 프로그램과 파라미터를 PLC로 전송한 후에 프로그램의 동작을 테스트한다. 그리고 [표 8-37]을 참고해서 EXEC_6_2의 프로그램에는 EXEC_6_1의 프로그램에서 수정된 내용과 추가된 내용만 표시한다.

[표 8-38] 위치 제어 구현을 위한 PLC의 프로그램 구성

	Program Name	Execute Type	Fixed Scan Interval	In Unit
1	EXEC_01	Scan		
2	EXEC_02	Scan		
3	EXEC_3_2	Scan		
4	EXEC_4	Scan		
5	EXEC_6_2	Scan		
6				

프로그램 명칭	기능
EXEC_01	QD77MS 버퍼 메모리 모니터링을 위한 프로그램
EXEC_02	수동 운전(JOG, 인칭, 수동펄스) 프로그램
EXEC_3_2	전용 명령어를 이용한 기계 원점 / 고속 원점복귀 프로그램
EXEC_4	위치 제어 프로그램
EXEC_6_2	렌즈 연마 연속 작업 시퀀스 제어 프로그램

단속 작업 버튼이 눌렸을 때의 조건 비교 내용이 수정되었다. [프로그램 8-14]는 EXEC_6_1의 프로그램 내용이다.

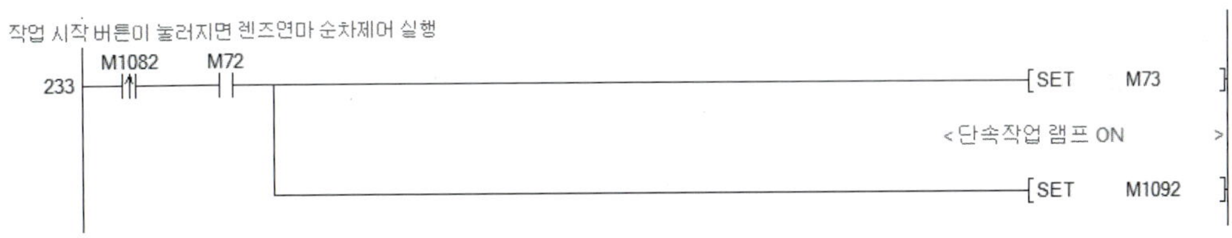

[프로그램 8-14] EXEC_6_1 수정 전 프로그램

[프로그램 8-15]는 EXEC_6_2의 프로그램에서 단속 작업 버튼이 눌렸을 때 작동할 수정된 프로그램이다. 수정된 내용을 살펴보면 M1093 비트 메모리가 인터락을 위해 B접점으로 포함되었음을 알 수 있다. M1093은 연속 작업 중임을 나타내는 램프 비트로, 연속 작업 중일 때에는 단속 작업 버튼이 동작하지 않도록 한다.

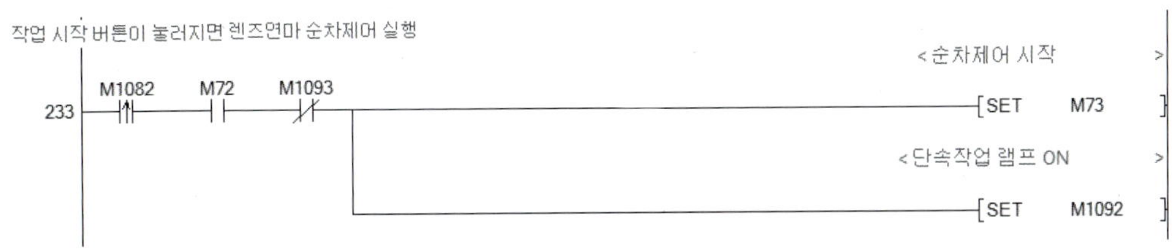

[프로그램 8-15] EXEC_6_1 수정 후 EXEC_6_2 프로그램

[프로그램 8-16]은 연속 시작과 연속 정지 버튼 기능을 추가한 부분으로, EXEC_6_2에만 있는 내용이다. 이 부분을 [프로그램 8-15]의 프로그램 마지막에 이어서 작성하면 된다.

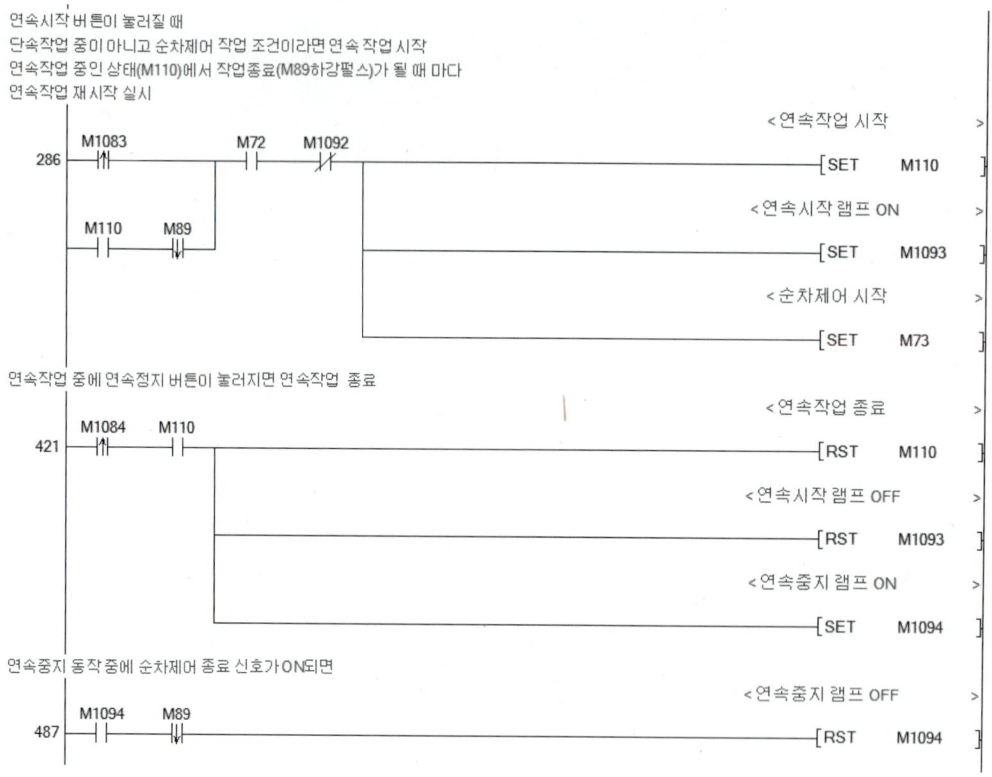

[프로그램 8-16] EXEC_6_2 : 연속 시작과 연속 정지 버튼의 기능 추가

프로그램 라인 286번은, 연속 시작 버튼이 눌리면 연속 작업 중임을 확인하기 위한 비트 M110을 ON하고, 연속 시작 램프 M1093을 ON한다. 그리고 BSFL 명령에 의해 시퀀스 제어를 하는 첫 번째 동작 비트 M73을 ON한다. 연속 작업 중인 상태(M110이 ON)에서는 연속 시작 버튼 대신에, 시퀀스 제어 작업의 종료 신호인 M89의 하강 펄스 신호에 의해 시퀀스 제어 동작이 새로 시작될 수 있다. M110이 ON되어 있고 M89의 하강 펄스 신호가 ON될 때마다 시퀀스 제어 동작이 새롭게 시작되는 것이다.

프로그램 라인 421번은, 연속 정지 버튼이 눌리면 연속 작업 중을 나타내는 M110을 OFF하고, 연속 시작 램프도 OFF하고, 연속 중지 램프를 ON해서, 현재 진행 중인 사이클이 종료되는 시점에 연속 작업이 종료됨을 알린다. 이 동작에 의해 M110이 OFF되기 때문에 프로그램 라인 286번에 작성한 M89의 하강 펄스 신호가 ON되어도 더 이상의 시퀀스 제어 동작이 실행되지 않는다.

프로그램 라인 487번은, 연속 종료 중 시퀀스 제어 동작의 작업 종료 신호인 M89의 하강 펄스 신호가 ON될 때 연속 중지 램프를 소등시킴으로써 연속 작업이 최종적으로 종료됨을 알려준다.

실습과제 8-9 카운터를 이용한 반복 제어

[실습과제 8-8]에서는 연속 시작과 정지 버튼을 사용해서 연속 작업이 이루어졌다면, 이번 실습과제에서는 카운터를 사용해서 정해진 횟수만큼 연속 작업을 하는 프로그램 작성법에 대해 살펴보자.

[Section 8.4]

해당 프로그램명 : EXEC_6_3

동작 조건

렌즈 연마 공정의 동작이 카운터를 사용하여 정해진 횟수만큼 반복하는 프로그램 작성을 위한 동작 조건을 살펴보자.

❶ GOT2000의 위치 제어 화면의 5회 연속 버튼(M1085)을 누르면 5회 연속 램프(M1095)가 점등되고, 렌즈 연마를 위한 시퀀스 제어 동작이 5회 연속해서 이루어진다.

❷ 5회 연속 작업 중에 연속 정지 버튼(M1084)을 누르면 연속 정지 램프(M1094)가 점등된다. 현재 진행 중인 시퀀스 제어 동작이 완료되면 연속 작업이 중지되고 연속 램프는 소등되지만, 5회 연속 램프는 1초 간격으로 점멸한다.

❸ 점멸 동작을 하는 5회 연속 버튼을 누르면, 정지되기 전 남은 횟수만큼 동작한 후, 5회 횟수가 완료되면 연속 작업을 정지하고, 5회 연속 램프도 소등된다.

[그림 8-53] 연속 작업 화면 구성

PLC 프로그램 작성법

연속 동작 프로그램은 [실습과제 8-8]의 프로그램 EXEC_6_1을 복사해서 EXEC_6_3으로 변경한 후에 5회 연속 버튼의 동작을 추가해서 완성한다.

PLC 프로그램

■ BSFL 명령어를 이용한 렌즈 연마 위치 결정 제어 프로그램 : EXEC_6_3

프로그램을 실행하기 전에 PLC의 파라미터 Program에서 [표 8-39]와 같이 실행 프로그램의 EXEC_6_2를 삭제하고 EXEC_6_3을 포함시킨다. 해당 프로그램과 파라미터를

PLC로 전송한 후에 프로그램의 동작을 테스트한다. EXEC_6_3의 프로그램도 전체를 나타내는 것이 아니라 EXEC_6_1의 프로그램 중에서 변경된 사항만을 나타낸다.

[표 8-39] **위치 제어 구현을 위한 PLC의 프로그램 구성**

	Program Name	Execute Type	Fixed Scan Interval	In Unit
1	EXEC_01	Scan		
2	EXEC_02	Scan		
3	EXEC_3_2	Scan		
4	EXEC_4	Scan		
5	EXEC_6_3	Scan		
6				

프로그램 명칭	기능
EXEC_01	QD77MS 버퍼 메모리 모니터링을 위한 프로그램
EXEC_02	수동 운전(JOG, 인칭, 수동펄스) 프로그램
EXEC_3_2	전용 명령어를 이용한 기계 원점 / 고속 원점복귀 프로그램
EXEC_4	위치 제어 프로그램
EXEC_6_3	렌즈 연마 카운터를 사용한 연속 작업 시퀀스 제어 프로그램

[프로그램 8-17]은 EXEC_6_1의 프로그램에서 프로그램 라인 233번의 단속 작업을 위한 2줄의 프로그램을 5회 연속 작업을 위한 것으로 변경된 부분을 나타낸 것이다.

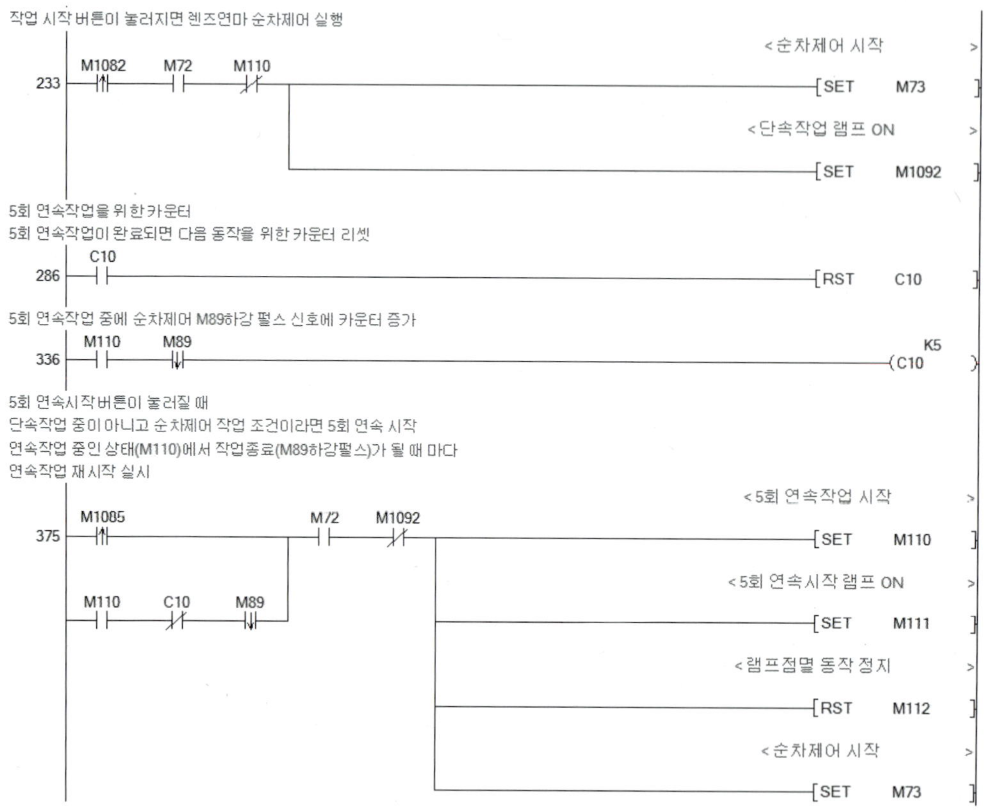

(계속)

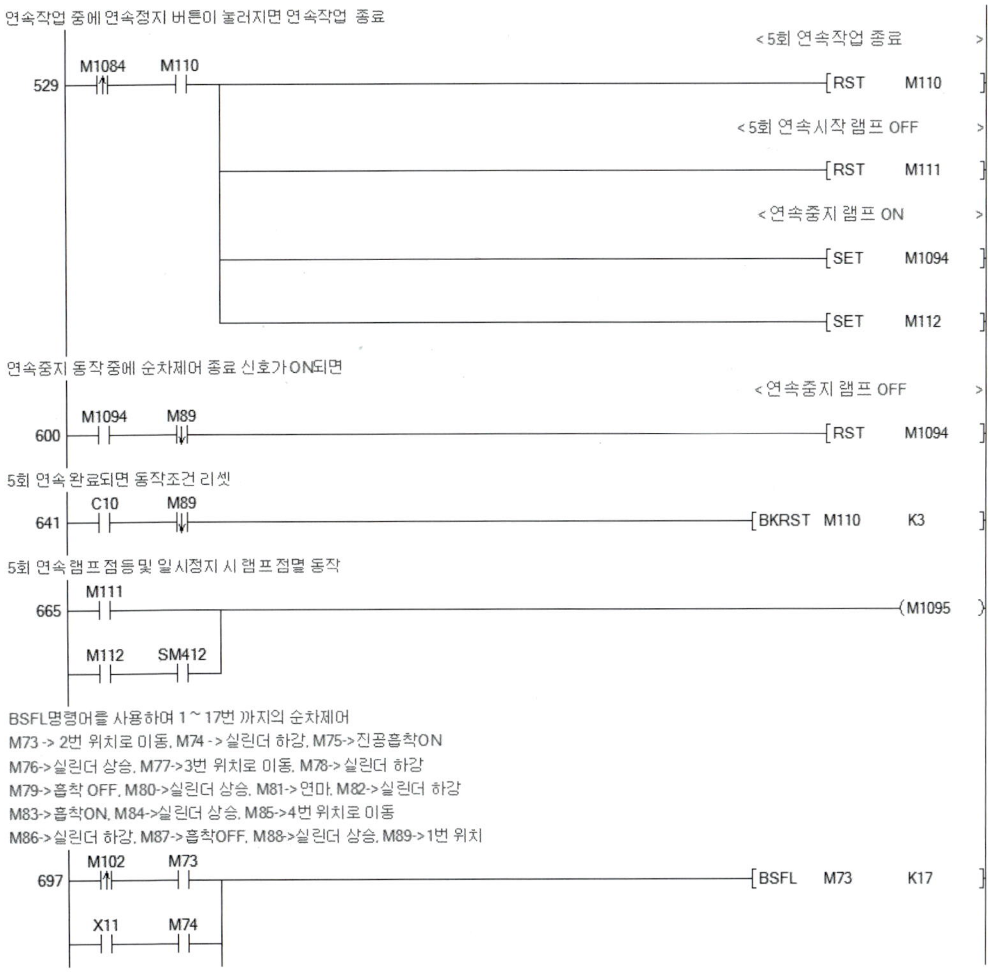

[프로그램 8-17] EXEC_6_3 : EXEC_6_1의 프로그램에서 카운터를 이용한 반복 제어 기능 추가

프로그램 라인 233번은 5회 연속 버튼이 눌렸을 때 카운터를 이용하여 반복 작업을 실행하는 프로그램이다. EXEC_6_1과 다른 점은 M110의 B접점이 사용된다는 점이다. M110은 5회 연속 작업이 진행 중일 때 ON되는 비트로, 단속 작업 버튼이 연속 작업 중에는 동작하지 않도록 인터락 신호로 사용된다.

프로그램 라인 286과 336은 5회 동작을 카운트하기 위한 부분이다. 카운터의 출력을 이용해 카운터를 리셋할 때에는 리셋 기능이 카운터 앞에 위치해야 한다. 그래야 카운터의 출력 접점이 1스캔 시간 동안 전체 프로그램에 영향을 미칠 수 있기 때문이다. 336번은 렌즈 연마 공정이 5회 연속 동작 중일 때만 한정하여 카운트하기 위한 부분이다.

프로그램 라인 375번은 5회 연속 버튼이 눌렸을 때 5회 연속으로 시퀀스 제어 동작을 실행하는 부분이다. M1092의 B접점을 사용하여 단속 작업 중에는 5회 연속 작업이 동작하지 않도록 인터락 신호를 보낸다. M1085 버튼이 눌리면 5회 연속 작업임을 확인하기 위해 M110을 ON하고, 5회 연속 램프 점등을 위해 M111을 ON한다. 그리고 시퀀스 제어 동작을 위해 M73도 ON한다. 시퀀스 제어 동작의 마지막 작업 완료 신호인 M89의 하강 펄스 신호를 사용하면 시퀀스 제어 동작을 반복할 수 있다. M89와 함께 카운터의 접점과 M110의 접점을 직렬로 연결하여, 5회 연속 작업 중에 카운터가 동작하지 않을 때(동작 횟수가 5회 미만일 때)에 한해서 M89의 하강 펄스 신호가 ON될 때 시퀀스 제어 동작을 반복시킨다.

프로그램 라인 529번은, 5회 연속 작업 중에 연속 정지 버튼이 눌리면 현재 진행 중인 시퀀스 제어 동작을 완료한 후에 정지시키기 위한 부분이다. 5회 연속 작업과 관련된 M110, M111을 OFF하고 연속 중지 램프를 점등한다. 그리고 5회 연속 램프를 점멸하기 위해 M112를 ON한다. 또한 프로그램 라인 600번은 연속 중지 버튼이 눌려 현재 진행 중인 시퀀스 제어 동작이 완료되면 연속 중지 램프를 소등하기 위한 부분이다.

프로그램 라인 641번은 시퀀스 제어 동작의 횟수를 카운트한다. 5회가 되면 카운터 출력 접점이 ON되는 조건과, 시퀀스 제어 마지막 작업 완료 신호인 M89의 하강 펄스 신호를 조합해서 5회 연속 제어와 관련된 비트 M110~M112를 OFF한다.

프로그램 라인 665번은 5회 연속 램프 점등 및 연속 정지 버튼에 의해 동작이 정지되었을 때 5회 연속 램프를 점멸하기 위한 부분이다. 프로그램 라인 697번부터는 EXEC_6_1에서 작성된 시퀀스 제어 동작 프로그램으로, 이후부터는 EXEC_6_3과 EXEC_6_1이 동일하다.

■

8.5 M코드 출력 기능을 이용한 위치 결정 제어

[실습과제 8-10, 8-11, 8-12]

M코드는 당초 공작 기계를 제어하기 위한 명령으로, 여기서 M은 다기능miscellaneous function 이라는 말의 머리글자를 딴 것이다. QD77MS에서의 'M코드 출력 기능'은 실행 중인 위치 데이터에 관련한 보조 작업(클램프, 드릴 회전, 공구 교환 등)에 지령을 내리기 위한 기능이다. 이송테이블의 위치 이동 후 반복 작업을 수행하는 경우에 M코드 기능을 잘 사용하면 프로그램의 스텝 수를 줄일 수 있고, 프로그램을 간단하게 작성할 수 있다.

8.5.1 M코드 ON 신호의 출력 타이밍 설정

QD77MS의 파라미터 설정을 통한 방법

M코드를 사용하기 위해서는 다음과 같이 QD77MS의 상세 파라미터(1)의 'M코드 ON 신호 출력 타이밍'을 우클릭한다. 위치 결정 기동 시의 M코드 출력을 원하면 'WITH 모드(0)'로, 위치 결정 완료 후 M코드 출력을 원하면 'AFTER 모드'로 설정한다.

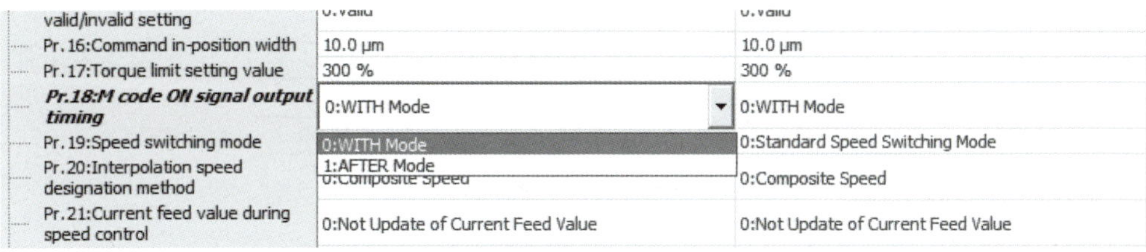

[그림 8-54] M코드 ON신호의 출력 타이밍 설정 파라미터

QD77MS의 버퍼 메모리 설정값 변경을 통한 방법

M코드 ON 신호 출력 타이밍을, 다음과 같이 상세 파라미터가 아닌 QD77MS의 버퍼 메모리를 사용해서 설정할 수도 있다.

[표 8-40] M코드 출력 타이밍 변경을 위한 버퍼 메모리 번지 및 기능

설정 항목		설정값	설정 내용	제어 데이터 메모리 어드레스			
				축1	축2	축3	축4
Pr.18	M코드 ON 신호 출력 타이밍		M코드 ON 신호를 출력하는 타이밍을 설정한다. • 0 : WITH 모드 • 1 : AFTER 모드	27	177	327	477

8.5.2 M코드 출력 타이밍

M코드의 출력 타이밍에는 WITH 모드와 AFTER 모드 두 종류가 있다.

AFTER 모드에서의 M코드 출력 타이밍

AFTER 모드는 위치 이동을 완료한 후 M코드가 출력되는 모드로, 기계 장치가 위치 이동을 완료한 후 특정한 작업을 수행하는 경우에 주로 사용된다. [그림 8-55]에 이에 대한 동작 타임 차트를 나타내었다. 타임 차트를 살펴보면, 위치 결정 완료 시에 M코드 ON 신호(X44)가 ON되는데, 이때 위치 결정 데이터를 설정할 때 등록한 M코드가 QD77MS의 버퍼 메모리 808번지 'Md.25 유효 M코드'에 저장된다. 이 상태에서 M코드 OFF 요구가 발생하면 M코드 ON 신호가 OFF되면서 그 이후의 위치 제어 동작이 이루어진다.

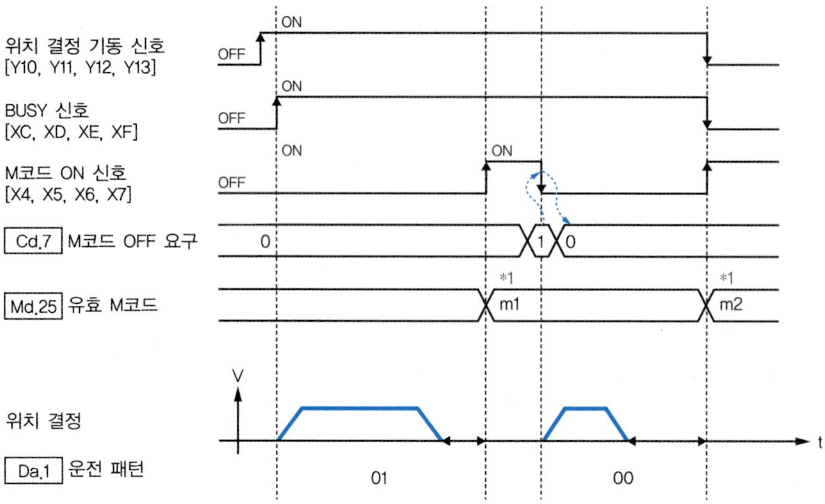

*1 : m1, m2는 설정되어 있는 M코드를 나타낸다.

[그림 8-55] AFTER 모드의 동작 타임 차트

WITH 모드에서의 M코드 출력 타이밍

WITH 모드는 위치 결정 제어의 시작과 함께 M코드가 출력되는 모드로, 기계 장치가 위치 이동을 하면서 특정한 작업을 수행하는 경우에 주로 사용된다. [그림 8-56]에 동작 타임 차트를 나타내었다. 타임 차트를 살펴보면, 위치 결정 시작 시에 M코드 ON 신호(X44)가 ON되는데, 이때 위치 결정 데이터를 설정할 때 등록한 M코드가 QD77MS의 버퍼 메모리 808번지 'Md.25 유효 M코드'에 저장된다. 이 상태에서 M코드 OFF 요구가 발생하면 M코드 ON 신호가 OFF된다. 그 이후에 위치 제어 동작이 이루어질 때 새롭게 M코드 ON 신호가 발생된다.

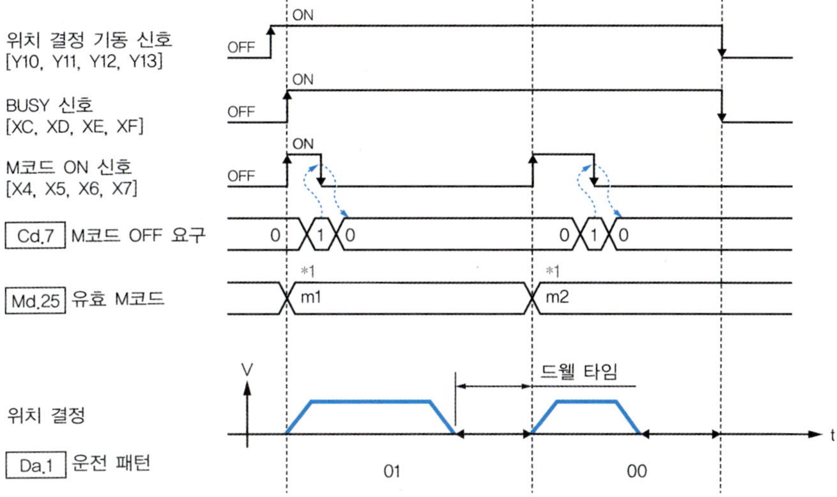

*1 : m1, m2는 설정되어 있는 M코드를 나타낸다.

[그림 8-56] WITH 모드의 동작 타임 차트

AFTER, WITH 모드에서 M코드 ON 신호가 발생하면, 위치 데이터를 설정할 때 등록한 M코드는 축 번호에 따라 QD77MS의 각각 다른 버퍼 메모리에 저장된다. [표 8-41]은 M코드 확인을 위한 버퍼 메모리 번지를, [표 8-42]는 M코드 OFF를 위한 버퍼 메모리 번지를 나타낸 것이다. AFTER나 WITH 모드에서 M코드의 번호를 확인한 후에는 반드시 M코드 OFF 요구를 실행해야 한다. 즉 축별로 지정된 버퍼 메모리 번지에 1을 설정함으로써 M코드를 해제할 수 있다.

[표 8-41] M코드 확인을 위한 버퍼 메모리 번지 및 기능

모니터 항목		모니터 값	저장 내용	제어 데이터 메모리 어드레스			
				축1	축2	축3	축4
Md.25	유효 M코드		위치 결정 데이터 No.에 설정된 M코드 번호 (Da.10 M코드)가 저장된다.	808	908	1008	1108

[표 8-42] M코드 OFF를 위한 버퍼 메모리 번지와 기능

설정 항목		설정값	설정 내용	제어 데이터 메모리 어드레스			
				축1	축2	축3	축4
Cd.7	M코드 OFF 요구	1	1 : M코드 ON 신호를 OFF한다.	1504	1604	1704	1804

8.5.3 M코드 사용을 위한 위치 결정 데이터 등록하기

M코드 사용을 위한 위치 결정 데이터를 새롭게 등록해보자. M코드는 위치 결정 데이터의 Operation pattern에서 CONT와 LOCATION에서 사용하는 기능이다. 이 책의 실습에서는 1축만 사용하기 때문에 Operation pattern을 CONT로 등록해서 사용한다. [그림 8-57]처럼 6개의 위치 결정 데이터를 No.10~15까지 등록한다. No.10~No.14까지는 Operation pattern이 CONT이고, No.15는 END이다.

No.	Operation pattern	Control method	Axis to be interpolated	Acceleration time No.	Deceleration time No.	Positioning address	Arc address	Command speed	Dwell time	M-code
10	1:CONT	01h:ABS Linear 1	-	0:100	0:100	10000.0 µm	0.0 µm	3000.00 mm/min	0 ms	0
	<Positioning Comment>									
11	1:CONT	01h:ABS Linear 1	-	0:100	0:100	50000.0 µm	0.0 µm	3000.00 mm/min	0 ms	0
	<Positioning Comment>									
12	1:CONT	01h:ABS Linear 1	-	0:100	0:100	100000.0 µm	0.0 µm	3000.00 mm/min	0 ms	0
	<Positioning Comment>0									
13	1:CONT	01h:ABS Linear 1	-	0:100	0:100	150000.0 µm	0.0 µm	3000.00 mm/min	0 ms	0
	<Positioning Comment>									
14	1:CONT	01h:ABS Linear 1	-	0:100	0:100	200000.0 µm	0.0 µm	3000.00 mm/min	0 ms	0
	<Positioning Comment>									
15	0:END	01h:ABS Linear 1	-	0:100	0:100	0.0 µm	0.0 µm	12000.00 mm/min	0 ms	0
	<Positioning Comment>									

[그림 8-57] 위치 결정 데이터 추가 등록

해당 위치 결정 데이터를 QD77MS로 전송한 후에, 증가 및 감소 버튼([그림 8-59]의 부분)을 조작하여 위치 데이터 번호 10을 선택하고, 기동 버튼을 눌러보자. 연속적으로 위치 결정 제어 동작이 이루어지기 때문에 안전사고가 나지 않도록 주의하면서 테스트 운전을 실시해야 한다. 기동 버튼을 누르면 No.10의 위치로 이송테이블이 이동한 후에 바로 이어서 N0.11 → … → No.15까지 이동하는 동작을 확인할 수 있다. 이송테이블이 각 설정 위치로 갔다가 서보 모터가 일시정지한 후에 다음 동작으로 이동하게 된다. 해당 동작이 워낙 빠르게 이루어지기 때문에 육안으로 확인하기 쉽지 않지만, 모터의 회전축을 살펴보면 가속, 등속, 감속, 정지 동작이 이루어짐을 확인할 수 있다.

이제 [그림 8-58]처럼 No.10~No.15에 M코드를 등록한 후에 기동 데이터 버튼을 눌러보자. 이송테이블이 No.10의 위치로 이동한 후에 정지 상태에 머무른다. 이때 QD77MS의 입출력의 X44번지를 살펴보면 ON되어 있음을 확인할 수 있다. X44는 M코드 ON을 의미하는 입력 신호로, 해당 위치 결정 데이터에 M코드가 등록되어 있음을 나타낸다. M코드에 대한 프로그램을 작성하지 않았기 때문에 PLC CPU를 리셋시켜서 동작을 초기화한다.

No.	Operation pattern	Control method	Axis to be interpolated	Acceleration time No.	Deceleration time No.	Positioning address	Arc address	Command speed	Dwell time	M-code
10	1:CONT	01h:ABS Linear 1	-	0:100	0:100	10000.0 µm	0.0 µm	3000.00 mm/min	0 ms	1
	<Positioning Comment>									
11	1:CONT	01h:ABS Linear 1	-	0:100	0:100	50000.0 µm	0.0 µm	3000.00 mm/min	0 ms	2
	<Positioning Comment>									
12	1:CONT	01h:ABS Linear 1	-	0:100	0:100	100000.0 µm	0.0 µm	3000.00 mm/min	0 ms	3
	<Positioning Comment>0									
13	1:CONT	01h:ABS Linear 1	-	0:100	0:100	150000.0 µm	0.0 µm	3000.00 mm/min	0 ms	1
	<Positioning Comment>									
14	1:CONT	01h:ABS Linear 1	-	0:100	0:100	200000.0 µm	0.0 µm	3000.00 mm/min	0 ms	2
	<Positioning Comment>									
15	0:END	01h:ABS Linear 1	-	0:100	0:100	0.0 µm	0.0 µm	12000.00 mm/min	0 ms	0
	<Positioning Comment>									

[그림 8-58] 위치 데이터 No.10 ~ No.15에 M코드 번호 등록

실습과제 8-10 M코드 동작 테스트

M코드를 본격적으로 사용하기 전에 M코드가 어떻게 동작하는지 확인하는 테스트 프로그램을 작성해보자.

[Section 8.5]

해당 프로그램명 : EXEC_7_1

■ GOT2000의 위치 제어 화면의 수정

M코드 사용을 위해 GOT2000의 위치 제어 화면에 M코드를 확인할 수 있는 기능을 추가해보자.

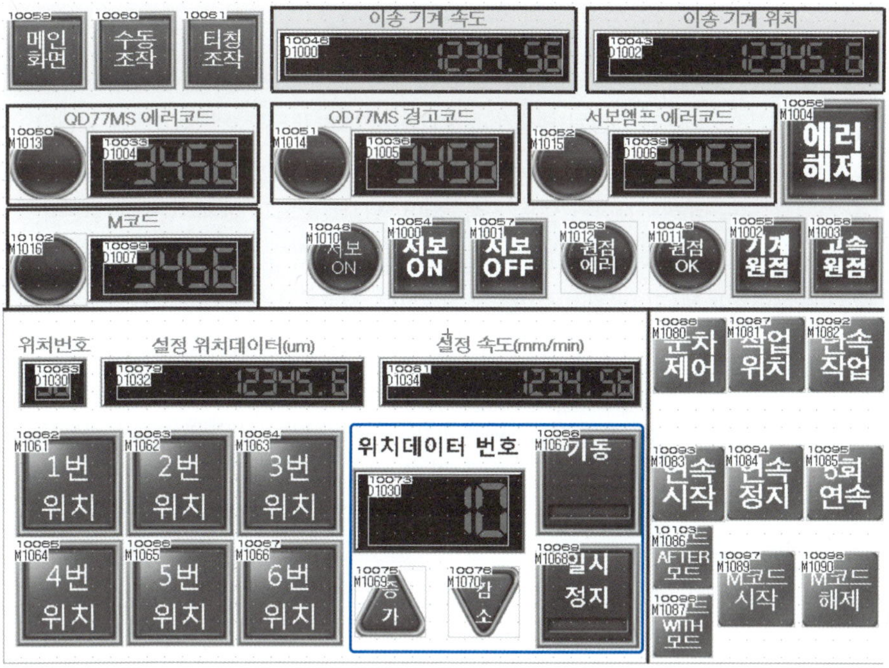

[그림 8-59] M코드 확인을 위한 표시창과 램프 추가

[그림 8-59]에서 공통 화면의 왼쪽 하단에 M코드 표시창과 램프가 설치되어 있고, 위치 제어 화면의 오른쪽 하단에 M코드 제어 기능을 위한 4개의 버튼이 추가되어 있다. 추가된 기능에 대한 메모리 번지 할당은 [표 8-43]에 표시하였다. 해당 내용을 참고하여 GOT2000의 위치 제어 화면의 수정을 완료해야 한다.

[표 8-43] M코드 동작 테스트를 위한 GOT 화면의 추가 표시창과 버튼의 할당 번지

구분	메모리 번지	메모리 크기	기능	표시 숫자
M코드 표시창	D1007	16비트	Numerical Display	4자리
M코드 발생 램프	M1016	비트	램프	
M코드 AFTER 모드	M1086(M1096)	비트	스위치(램프)	
M코드 WITH 모드	M1087(M1097)	비트	스위치(램프)	
M코드 시작	M1088(M1098)	비트	스위치(램프)	
M코드 해제	M1089(M1099)	비트	스위치(램프)	

동작 조건

❶ M코드 AFTER 모드 버튼을 누르면 QD77MS의 버퍼 메모리 U4\G27번지의 설정값이 '1'로 설정되고, AFTER 모드 버튼에 내장된 램프가 점등되어 AFTER 모드가 선택되었음을 알린다.

❷ M코드 WITH 모드 버튼을 누르면 QD77MS의 버퍼 메모리 U4\G27번지의 설정값이 '0'으로 설정되고, WITH 모드 버튼에 내장된 램프가 점등되어 WITH 모드가 선택되었음을 알린다.

❸ M코드 시작 버튼을 누르면 위치 결정 데이터 No.10이 설정되면서 위치 결정 제어 동작이 이루어진다. 이송테이블이 N0.10의 위치로 이동을 완료하면, M코드가 등록되어 있기 때문에 M코드 표시창(D1007)에 'M코드'가 표시된다. 이때 M코드가 발생했다는 사실을 알리기 위해 M코드 발생 램프(M1016)가 점등된다.

❹ M코드 발생 램프가 점멸 동작하고 있는 상태에서 M코드 해제(M1089) 버튼을 누르면, M코드가 해제되고 다음 위치로 이동한다. 다음 위치로 이동하면 M코드가 발생하면서 ❹의 동작을 반복한다.

❺ QD77MS의 기본 파라미터 1과 상세 파라미터 1, 원점복귀용 파라미터는 PLC의 Ready 신호(Y40)가 OFF → ON으로 변경될 때 유효하다. 따라서 M코드 WITH 모드와 AFTER 모드를 선택할 때에는 Y40을 OFF한 후에 ON으로 변경한다.

❻ 해당 프로그램은 EXEC_7_1도 새롭게 만들어서 작성한다.

PLC 프로그램

■ M코드 테스트 프로그램 : EXEC_7_1

프로그램을 실행하기 전에 PLC의 파라미터 Program에서 [표 8-44]와 같이 실행 프로그램에 EXEC_6_3을 삭제하고 EXEC_7_1을 포함시킨다. 해당 프로그램과 파라미터를 PLC로 전송한 후에 프로그램의 동작을 테스트한다.

[표 8-44] 위치 제어 구현을 위한 PLC 프로그램의 구성

	Program Name	Execute Type	Fixed Scan Interval	In Unit
1	EXEC_01	Scan		
2	EXEC_02	Scan		
3	EXEC_3_2	Scan		
4	EXEC_4	Scan		
5	EXEC_7_1	Scan		
6				

프로그램 명칭	기능
EXEC_01	QD77MS 버퍼 메모리 모니터링을 위한 프로그램
EXEC_02	수동 운전(JOG, 인칭, 수동펄스) 프로그램
EXEC_3_2	전용 명령어를 이용한 기계 원점 / 고속 원점복귀 프로그램
EXEC_4	위치 제어 프로그램
EXEC_7_1	M코드 테스트 프로그램

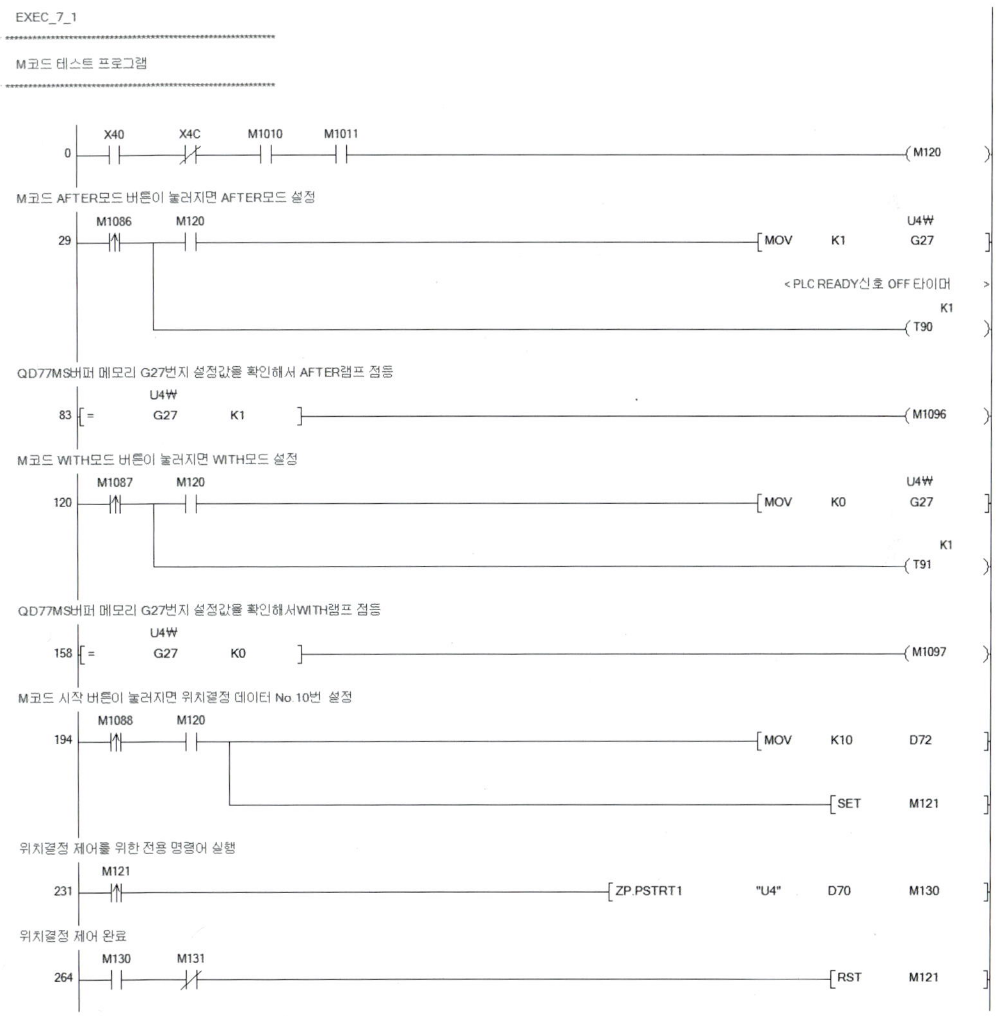

(계속)

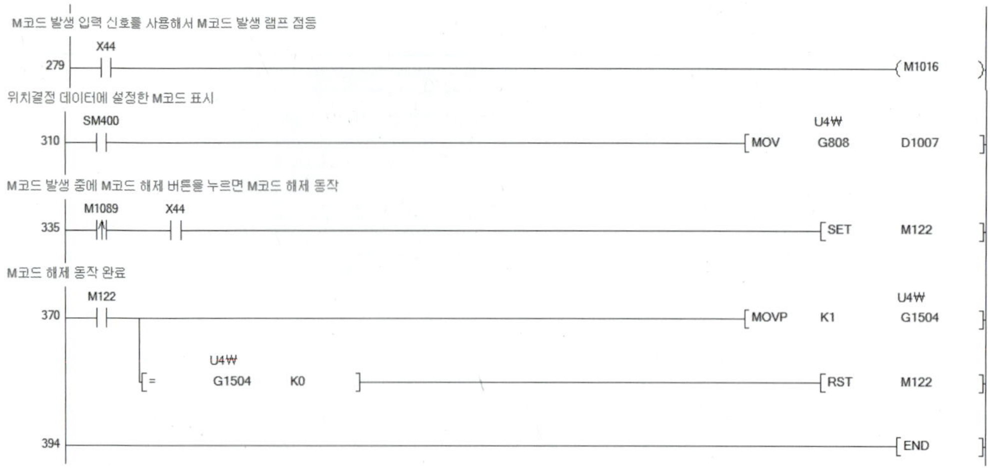

[프로그램 8-18] EXEC_7_1 : M코드 테스트 프로그램

■ M코드 테스트를 위한 EXEC_02 프로그램 수정

M코드 테스트를 위한 프로그램 EXEC_7_1이 정상적으로 동작하기 위해서는, [프로그램 8-19]처럼 앞에서 작성한 [프로그램 8-1]의 EXEC_02 프로그램에서 PLC의 Ready 신호(Y40)를 OFF했다가 ON으로 변경하는 기능이 추가되어야 한다. M코드 모드도 PLC의 Ready 신호(Y40)가 OFF에서 ON으로 될 때 변경되기 때문이다.

[프로그램 8-19] EXEC_02 프로그램 수정

[프로그램 8-18]의 프로그램을 살펴보자. 프로그램 라인 29번과 62번은, M코드 AFTER 모드 버튼이 눌렸을 때 QD77MS의 버퍼 메모리 U4\G27번지에 '1'을 설정하여 AFTER 모드로 변경하기 위한 것이다. 이때 [프로그램 8-19]의 프로그램과 같이 PLC의 READY 신호인 Y40을 OFF→ON으로 변경해야 동작 모드가 변경된다.

프로그램 라인 99번과 131번은, M코드 WITH 모드 버튼이 눌렸을 때 QD77MS의 버퍼 메모리 U4\G27번지에 '0'을 설정하여 WITH 모드로 변경하기 위한 것이다. 이때 [프로그램 8-19]와 같이 PLC의 READY 신호인 Y40을 OFF→ON으로 변경해야 동작 모드가 변경된다.

프로그램 라인 167번은, M코드 시작 버튼을 눌렀을 때 위치 결정 데이터 No.10을 설정함으로써 위치 결정 전용 명령어를 실행하여 M코드가 등록된 위치 결정 데이터 번호를 등록하는 부분이다. 위치 결정 데이터 No.10~No.15까지는 M코드가 등록되어 있다. 따라서 AFTER 모드인 경우 위치 결정 데이터에서 설정한 위치로 이동한 후에 M코드 발생 램프 점등과 함께 위치 결정 데이터에서 설정한 M코드 번호가 표시된다. 만약 WITH 모드인 경우에는 이동과 함께 바로 M코드 발생 램프가 점등되고, M코드가 표시될 것이다.

프로그램 라인 252번은, 위치 결정 제어 동작 중에 M코드가 발생하면 PLC CPU에 M코드 발생을 알리기 위해 입력 신호 X44를 ON하는 부분이다. PLC CPU에서는 X44 신호가 ON 상태인지 아닌지로 M코드 발생 여부를 확인한다. 또한 프로그램 라인 283번은, M코드가 발생했을 때 위치 결정 데이터에 사전에 등록된 M코드 번호를 GOT2000의 화면의 표시창에 나타내기 위한 것이다.

프로그램 라인 308번은 M코드 해제 버튼이 눌렀을 때 M코드 동작을 해제하기 위한 것이다. M코드 해제를 위해서는 QD77MS의 버퍼 메모리 U4\G1504에 '1'을 설정한다. M코드 동작이 해제되면, U4\G1504는 자동으로 '0'으로 설정된다. 따라서 프로그램에서는 MOVP 명령을 사용하여 해당 버퍼 메모리를 '1'로 설정하고 있다. 이때 사용된 명령어가 MOVP임을 주의하자. 버퍼 메모리가 '0'으로 설정됐음을 확인하기 위해 SET 명령을 통해 M122비트 메모리를 ON 상태를 만들어 두었기 때문에, 신호 간섭을 피하기 위해 MOVP를 사용한 것이다. M코드 해제 버튼을 누르면 서보 모터가 회전하여 이송테이블은 No.11의 위치로 이동하고, 다시 M코드가 발생한다. 이때 M코드 해제 버튼을 누르면, 이송테이블은 No.12의 위치로 이동하게 된다.

M코드의 AFTER 모드와 WITH 모드의 차이점에 대해서 살펴보기 바란다. AFTER 모드의 경우에는 설정 위치로 위치 결정 제어 동작이 완료된 후에 M코드 발생이 이루어지지만, WITH 모드에서는 위치 결정 제어 동작의 시작과 함께 M코드가 발생한다.

실습과제 8-11 M코드 AFTER 모드를 이용한 위치 제어

M코드의 AFTER 모드를 사용하여 산업 현장에서 사용되는 위치 결정 제어 방법에 대해 살펴보자.

[Section 8.5]

해당 프로그램명 : EXEC_7_2

■ M코드 AFTER 모드를 이용한 용접 작업

M코드를 사용해서 [그림 8-60]과 같은 산소 절단기로 [그림 8-61]처럼 금속판에 ●으로 표시된 위치에 구멍을 뚫어야 한다고 해보자.

[그림 8-60] 산소 절단기(출처 : ㈜유광공업 홈페이지)

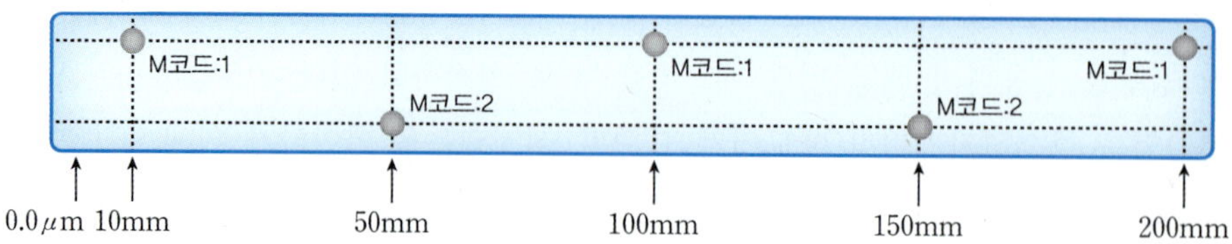

[그림 8-61] 산소 절단기로 구멍을 뚫어야 할 금속판의 위치

[그림 8-61]과 같이 구멍을 뚫어야 할 위치는 5군데이다. 그리고 작업을 마친 후에 복귀할 위치는 원점 0.0μm이기 때문에, 6군데의 좌표를 [그림 8-62]처럼 QD77MS의 위치 결정 데이터로 등록한다. 이때 구멍을 뚫어야 할 위치에 따라 M코드를 등록해야 한다.

No.	Operation pattern	Control method	Axis to be interpolated	Acceleration time No.	Deceleration time No.	Positioning address	Arc address	Command speed	Dwell time	M-code
10	1:CONT <Positioning Comment>	01h:ABS Linear 1	-	0:100	0:100	10000.0 μm	0.0 μm	10000.00 mm/min	100 ms	1
11	1:CONT <Positioning Comment>	01h:ABS Linear 1	-	0:100	0:100	50000.0 μm	0.0 μm	10000.00 mm/min	100 ms	2
12	1:CONT <Positioning Comment>0	01h:ABS Linear 1	-	0:100	0:100	100000.0 μm	0.0 μm	10000.00 mm/min	100 ms	1
13	1:CONT <Positioning Comment>	01h:ABS Linear 1	-	0:100	0:100	150000.0 μm	0.0 μm	10000.00 mm/min	100 ms	2
14	1:CONT <Positioning Comment>	01h:ABS Linear 1	-	0:100	0:100	200000.0 μm	0.0 μm	10000.00 mm/min	100 ms	1
15	0:END <Positioning Comment>	01h:ABS Linear 1	-	0:100	0:100	0.0 μm	0.0 μm	12000.00 mm/min	100 ms	0

[그림 8-62] 구멍을 뚫어야 할 위치 결정 데이터

산소 절단기에는 서보 모터에 의해 위치 제어가 이루어지는 이송테이블에, [그림 8-63]과 같은 2개의 공압실린더를 사용하여 산소 절단기의 위치를 결정한다. 그림에는 나타내지 못했지만, 그림 (b)의 B 실린더 끝단에 산소 절단기가 달려있다고 생각한다.

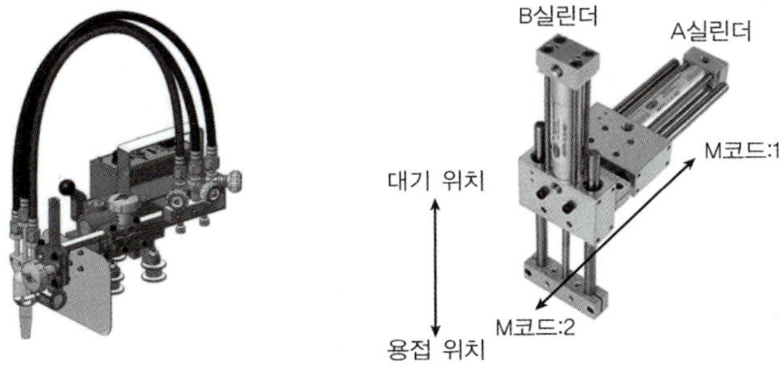

(a) 산소 절단기 (b) 산소 절단기의 위치 제어 기구물

[그림 8-63] 산소 절단기 외형 및 산소 절단기 위치

M코드 1번의 위치에 구멍을 뚫는 작업을 살펴보자. A실린더는 동작하지 않고, B실린더만 하강해서 산소 절단기를 5초 동안 동작한 후에 B실린더가 상승한다. M코드 2번의 위치에 구멍을 뚫을 때에는, A실린더가 전진한 후에 B실린더가 하강해서 산소 절단기를 3초 동안 동작한 후에, B실린더가 상승하고 A실린더가 후진하는 동작을 한다.

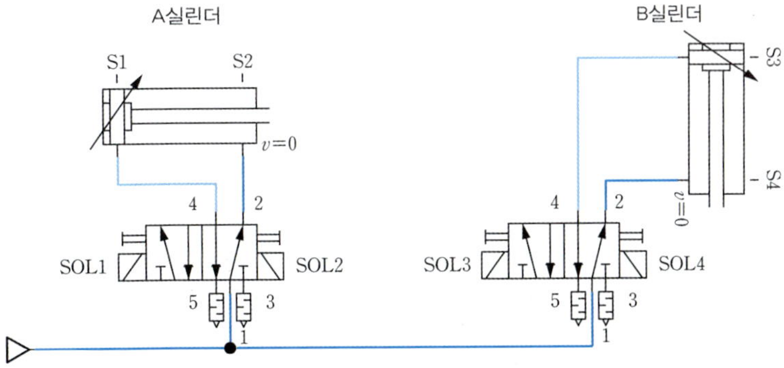

[그림 8-64] 산소 절단기 제어를 위한 공압실린더 회로도

[그림 8-64]는 산소 절단기의 상하 동작과, M1과 M2의 위치에 구멍을 뚫기 위한 전후진 동작을 제어하기 위한 공압실린더의 구성을 나타낸 것이다. 입출력은 [표 8-45]에 나타내었다.

[표 8-45] 산소 절단기 입출력 번지

입력 번호	기능	출력 번호	기능
X10	S1 : A실린더 후진 위치	Y30	산소 절단기 동작 ON/OFF
X11	S2 : A실린더 전진 위치	Y38	SOL1 : A실린더 전진
X12	S3 : B실린더 상승 위치	Y39	SOL2 : A실린더 후진
X13	S4 : B실린더 하강 위치	Y3A	SOL3 : B실린더 하강
		Y3B	SOL4 : B실린더 상승

PLC 프로그램 작성법

산소 절단기를 이용해서 금속판에 구멍을 뚫을 때에는, 사전에 설정된 위치로 이동한 후에 구멍 뚫는 작업이 진행되기 때문에 M코드의 AFTER 모드를 사용해야 한다. M코드 작업 조건은 다음과 같다.

- M코드 1번 : B실린더 하강 → 산소 절단기 작동(5초) → B실린더 상승
- M코드 2번 : A실린더 전진 → B실린더 하강 → 산소 절단기 작동(5초) → B실린더 상승 → A실린더 후진

주어진 조건을 만족하기 위한 프로그램 작성법의 순서를 살펴보자.

① [그림 8-62]에 주어진 위치 결정 제어 데이터를 No.10~ No.15에 등록한다.

② M코드 동작 모드를 AFTER로 설정한다.

③ M코드 시작 버튼을 눌렀을 때 위치 결정 제어 데이터 No.10을 설정한 후에 전용 명령어 ZP.PSTRT1을 실행한다.

④ 산소 절단기가 No.10의 위치에 도달하여 M코드 발생 신호가 ON되었음을 확인하고, 해당 위치 결정 제어 데이터에 설정된 M코드를 확인한 후, 주어진 M코드에 따른 작업을 실행한다.

⑤ 주어진 M코드 작업을 완료한 후에 M코드 발생을 해제한다.

⑥ No.14까지 ④번과 ⑤번의 동작을 반복 수행하고, No.15에서 원점의 위치로 복귀한 후에 작업을 완료한다.

PLC 프로그램

■ M코드 AFTER 모드 위치 제어 프로그램 : EXEC_7_2

프로그램을 실행하기 전에 PLC의 파라미터 Program에서 [표 8-46]과 같이 실행 프로그램의 EXEC_7_1을 삭제하고 EXEC_7_2를 포함시킨다. 해당 프로그램과 파라미터를 PLC로 전송한 후에 프로그램의 동작을 테스트한다.

[표 8-46] 위치 제어 구현을 위한 PLC 프로그램 구성

	Program Name	Execute Type	Fixed Scan Interval	In Unit
1	EXEC_01	Scan		
2	EXEC_02	Scan		
3	EXEC_3_2	Scan		
4	EXEC_4	Scan		
5	EXEC_7_2	Scan		
6				

프로그램 명칭	기능
EXEC_01	QD77MS 버퍼 메모리 모니터링을 위한 프로그램
EXEC_02	수동 운전(JOG, 인칭, 수동펄스) 프로그램
EXEC_3_2	전용 명령어를 이용한 기계 원점 / 고속 원점복귀 프로그램
EXEC_4	위치 제어 프로그램
EXEC_7_2	M코드 AFTER 모드 테스트 프로그램

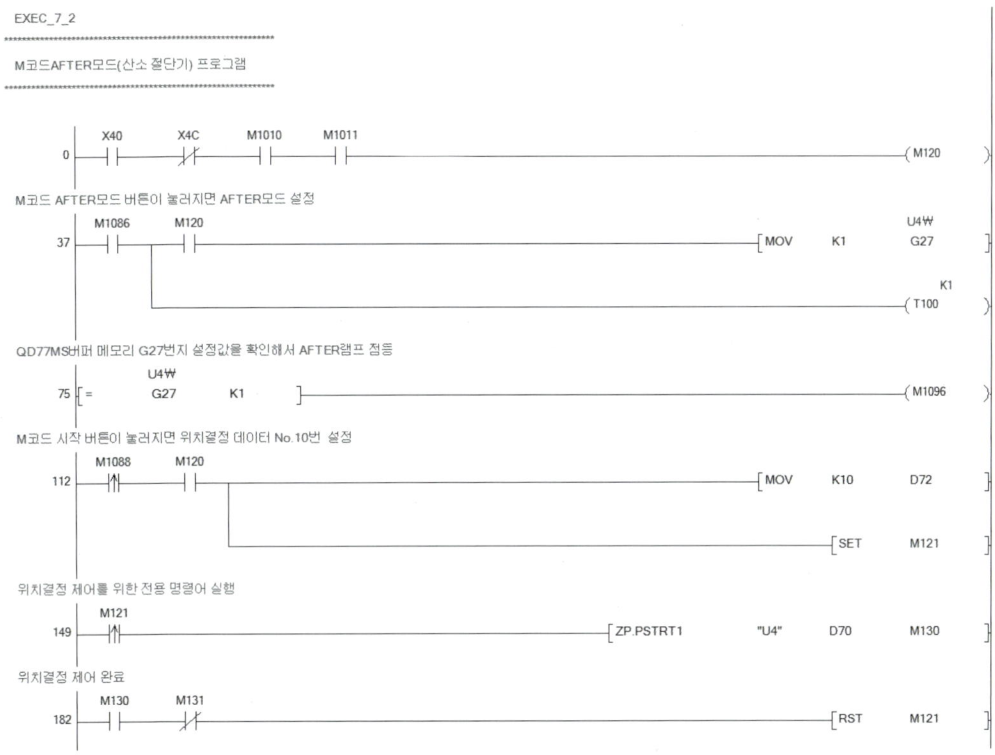

(계속)

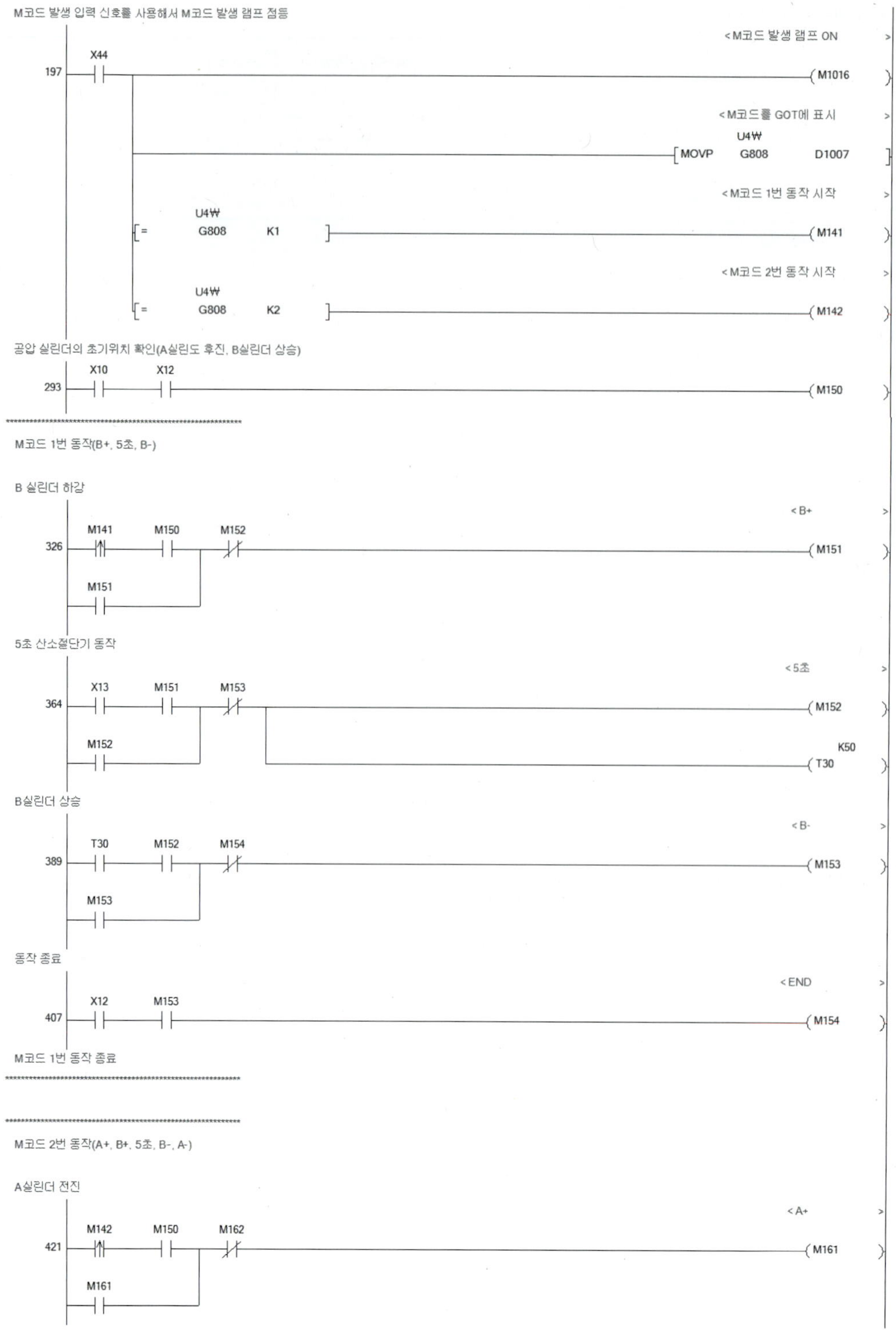
M코드 발생 입력 신호를 사용해서 M코드 발생 램프 점등
<M코드 발생 램프 ON
197 X44 M1016
<M코드를 GOT에 표시
MOVP U4\G808 D1007
<M코드 1번 동작 시작
= U4\G808 K1 M141
<M코드 2번 동작 시작
= U4\G808 K2 M142
공압 실린더의 초기위치 확인(A실린도 후진, B실린더 상승)
293 X10 X12 M150
M코드 1번 동작(B+, 5초, B-)
B 실린더 하강
<B+
326 M141 M150 M152 M151
M151
5초 산소절단기 동작
<5초
364 X13 M151 M153 M152
M152
K50 T30
B실린더 상승
<B-
389 T30 M152 M154 M153
M153
동작 종료
<END
407 X12 M153 M154
M코드 1번 동작 종료
M코드 2번 동작(A+, B+, 5초, B-, A-)
A실린더 전진
<A+
421 M142 M150 M162 M161
M161

(계속)

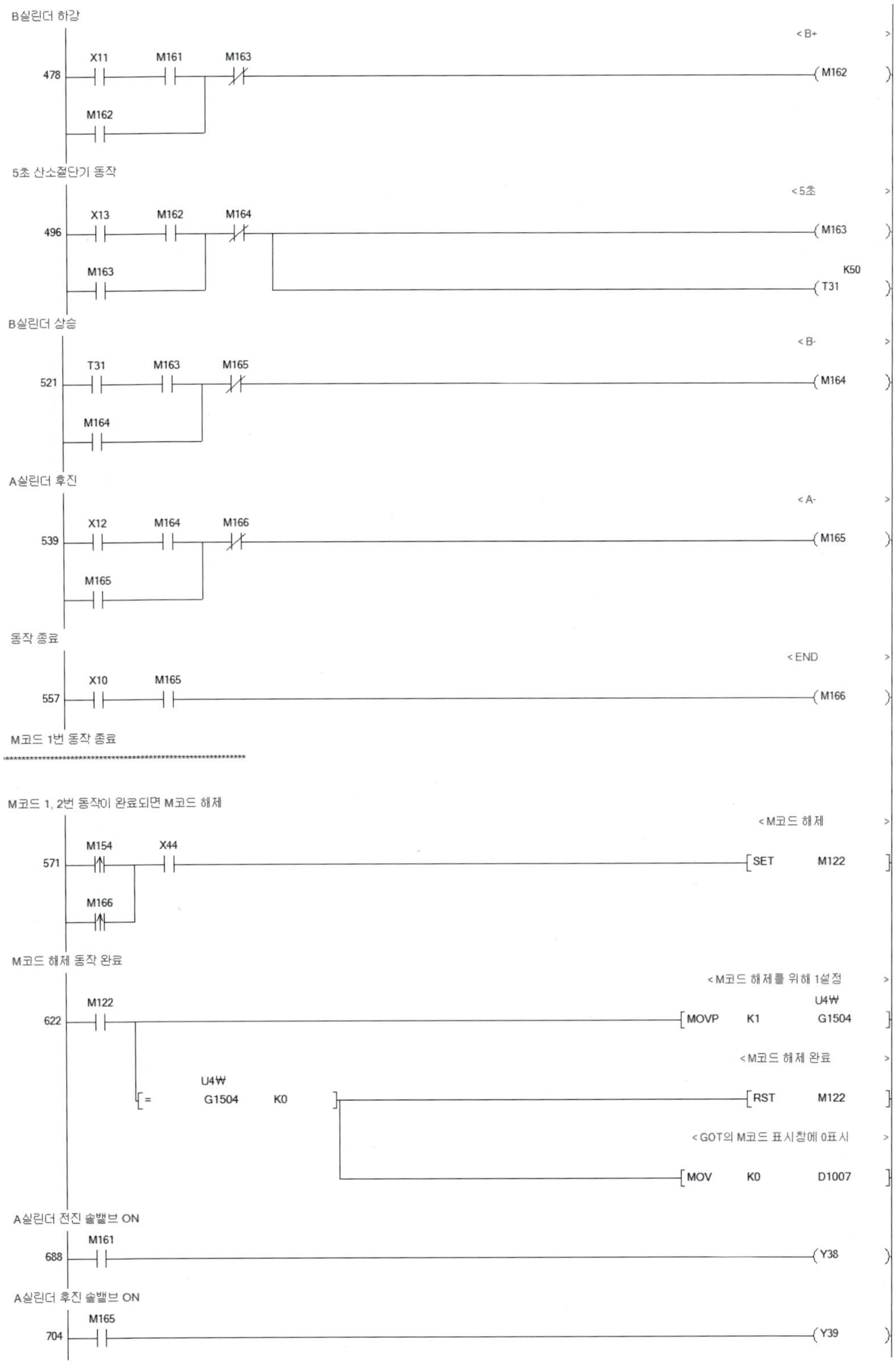
B실린더 하강
478 X11 M161 M163 M162
<B+ >
M162
5초 산소절단기 동작
496 X13 M162 M164 M163
<5초 >
M163
K50
T31
B실린더 상승
521 T31 M163 M165 M164
<B- >
M164
A실린더 후진
539 X12 M164 M166 M165
<A- >
M165
동작 종료
557 X10 M165
<END >
M166
M코드 1번 동작 종료
M코드 1, 2번 동작이 완료되면 M코드 해제
571 M154 X44 M166
<M코드 해제 >
SET M122
M코드 해제 동작 완료
622 M122
<M코드 해제를 위해 1설정 >
MOVP K1 U4₩ G1504
= U4₩ G1504 K0
<M코드 해제 완료 >
RST M122
<GOT의 M코드 표시창에 0표시 >
MOV K0 D1007
A실린더 전진 솔밸브 ON
688 M161
Y38
A실린더 후진 솔밸브 ON
704 M165
Y39

(계속)

[프로그램 8-20] EXEC_7_2 : M코드 AFTER 모드를 이용한 위치 제어

프로그램 라인 37번은 M코드를 AFTER 모드로 변경하기 위해 QD77MS의 버퍼 메모리 U4\G27번지에 1을 설정하는 부분이다. 그리고 해당 버퍼 메모리의 설정값은 Y40 신호가 OFF → ON으로 변경될 때 적용되기 때문에 M코드 AFTER 모드 선택 버튼이 눌리면 0.1초 후에 Y40 신호를 OFF하기 위해 타이머 T100을 사용한다. 그리고 T100의 출력을 사용해서 앞에서 작성한 EXEC_02 프로그램의 Y40을 OFF→ON 상태로 변환하기 위해 [프로그램 8-21]처럼 EXEC_02 프로그램의 0번 라인을 수정한다.

[프로그램 8-21] EXEC_02의 프로그램에서 PLC READY 신호를 OFF→ON으로 변경

프로그램 라인 197번은, 위치 결정 제어 동작 중에 M코드가 발생하면 M코드 발생 램프(M1016)를 점등하고, 버퍼 메모리 U4\G808에 등록된 M코드를 GOT의 M코드 표시창에 표시한다. 그리고 M코드를 비교해서 M코드에 따른 작업을 시작하는 신호(M141과 M142)를 ON한다.

프로그램 라인 326번~407번은 M코드가 1일 때 동작하는 시퀀스 제어 프로그램이다. 동작 조건이 3개이기 때문에 3개의 자기유지 회로와 1개의 END 신호를 만들어내는 회로를 사용했다. END 신호는 M코드 해제에 사용된다.

프로그램 라인 421번~557번은 M코드가 2일 때 동작하는 시퀀스 제어 프로그램이다. 동작 조건이 5개이기 때문에 5개의 자기유지 회로와 1개의 END 신호를 만들어내는 회로를 사용했다. END 신호는 M코드 해제에 사용된다.

프로그램 라인 571번은 M코드 해제를 위한 부분이다. M코드 1번과 2번의 작업 종료 신호(M154와 M166)가 ON될 때, 프로그램 라인 617번에서 M코드 해제 동작을 실행한다. M코드 해제가 완료되면 GOT의 M코드 표시창에 0이 표시될 수 있도록 D1007번지에 0을 설정한다.

프로그램 라인 688번부터는 공압실린더 출력을 제어하기 위한 부분이다.

실습과제 8-12 M코드 WITH 모드를 이용한 위치 제어

M코드의 WITH 모드를 사용하여 금속에 구멍을 뚫는 드릴링 장치의 제어 프로그램을 작성하는 방법을 살펴보자.

[Section 8.5]

해당 프로그램명 : EXEC_7_3

■ M코드 WITH 모드를 이용한 드릴링 작업

M코드를 사용하여 [그림 8-65]와 같은 CNC 드릴 및 태핑 머신tapping machine으로 [그림 8-67]과 같은 금속 제품에 나사 구멍을 뚫고 나사 체결을 위한 탭 작업을 한다고 가정해보자.

(a) CNC 드릴 및 태핑 머신 (b) 드릴 및 태핑 머신 헤드

[그림 8-65] 서보 모터를 이용한 드릴 및 태핑 머신의 종류

[그림 8-65]의 드릴 및 태핑 머신을 사용해서 [그림 8-66]의 도면처럼 M10 볼트를 체결하기 위한 구멍을 뚫는 작업을 해보자. [그림 8-66]을 기초로 하여 서보 모터에 의해 상하로 움직이는 드릴 머신의 드릴 끝단과, 구멍 가공을 위한 공작물의 거리를 절대 좌표 형식으로 나타내면 [그림 8-67]과 같은 형태가 된다.

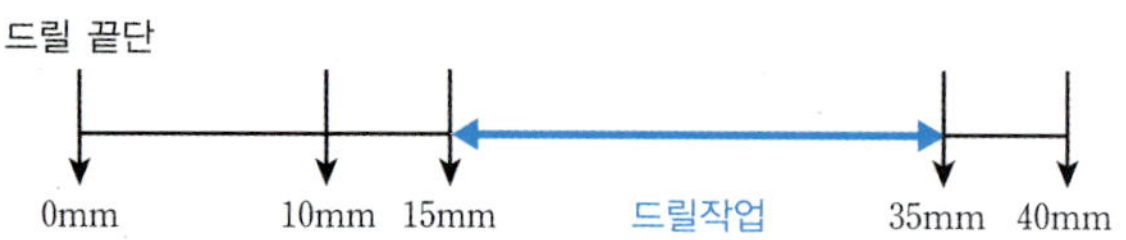

[그림 8-67] 드릴링 작업을 위한 절대 좌표 위치

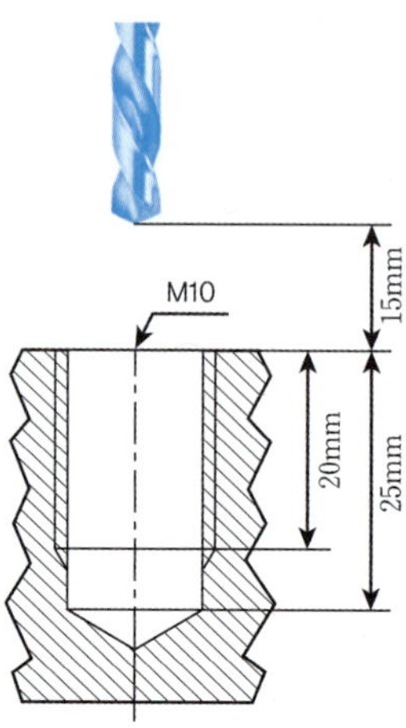

[그림 8-66] 드릴 구멍 깊이

드릴링 작업을 위한 절대 위치와 각 위치별 작업을 [표 8-47]에 나타내었다. 작업 내용을 살펴보면, 10mm까지는 단순 이동 작업이고, 10mm~35mm까지는 구멍을 뚫기 위한 드릴 정회전 작업, 35mm~10mm까지는 드릴 역회전 작업, 그리고 0mm까지는 단순한 이동 작업이다.

[표 8-47] [그림 8-69]를 기초로 한, 이동 거리에 따른 작업 내용

작업 구분	작업 시작 위치	이동	드릴 정회전	드릴 역회전	이동
절대 위치	0mm	10mm	35mm	10mm	0mm

[표 8-47]을 따라 [그림 8-68]과 같이 20번부터 23번까지 4개의 위치 결정 데이터를 등록한다.

No.	Operation pattern	Control method	Axis to be interpolated	Acceleration time No.	Deceleration time No.	Positioning address	Arc address	Command speed	Dwell time	M-code
20	1:CONT	01h:ABS Linear 1	-	0:100	0:100	10000.0 μm	0.0 μm	3000.00 mm/min	0 ms	0
	<Positioning Comment>									
21	1:CONT	01h:ABS Linear 1	-	0:100	0:100	35000.0 μm	0.0 μm	300.00 mm/min	0 ms	1
	<Positioning Comment>									
22	1:CONT	01h:ABS Linear 1	-	0:100	0:100	10000.0 μm	0.0 μm	2000.00 mm/min	0 ms	2
	<Positioning Comment>									
23	0:END	01h:ABS Linear 1	-	0:100	0:100	0.0 μm	0.0 μm	3000.00 mm/min	0 ms	3
	<Positioning Comment>									

[그림 8-68] 드릴링 작업용 위치 결정 데이터

[그림 8-68]에서 M코드 1은 드릴 정회전 작업, M코드 2는 드릴 역회전 작업, M코드 3은 드릴 정지 작업이다.

[표 8-48] 드릴링 작업을 위한 입출력 번지

입력 번호	기능	출력 번호	기능
Y31	드릴 정회전 출력	Y32	드릴 역회전 출력

PLC 프로그램 작성법

CNC 드릴 및 태핑 머신을 사용한 구멍 뚫은 작업의 동작 순서는 다음과 같다.

① [그림 8-68]에 주어진 위치 결정 제어 데이터를 No.20~No.23에 등록한다.

② M코드 동작 모드는 WITH로 설정한다.

③ M코드 시작 버튼이 눌렸을 때 위치 결정 제어 데이터 No.20을 설정한 후에 전용 명령어 ZP.PSTRT1을 실행한다.

④ 구멍 가공을 위한 드릴 및 태핑 머신이 No.21의 위치에 도달하면 M코드 발생 신호가 ON됨을 확인한다. 해당 위치 결정 제어 데이터에 설정된 M코드를 확인한 후, 주어진 M코드에 따른 드릴 장치의 정역회전 동작을 제어한다.

⑤ 주어진 M코드 작업을 완료한 후에 M코드 발생을 해제한다.

PLC 프로그램

■ M코드 AFTER 모드 위치 제어 프로그램 : EXEC_7_3

프로그램을 실행하기 전에 PLC의 파라미터 Program에서 [표 8-49]와 같이 실행 프로그램의 EXEC_7_2를 삭제하고 EXEC_7_3을 포함시킨다. 해당 프로그램과 파라미터를 PLC로 전송한 후에 프로그램의 동작을 테스트한다.

[표 8-49] 위치 제어 구현을 위한 PLC 프로그램 구성

	Program Name	Execute Type	Fixed Scan Interval	In Unit
1	EXEC_01	Scan		
2	EXEC_02	Scan		
3	EXEC_3_2	Scan		
4	EXEC_4	Scan		
5	EXEC_7_3	Scan		
6				

프로그램 명칭	기능
EXEC_01	QD77MS 버퍼 메모리 모니터링을 위한 프로그램
EXEC_02	수동 운전(JOG, 인칭, 수동펄스) 프로그램
EXEC_3_2	전용 명령어를 이용한 기계 원점 / 고속 원점복귀 프로그램
EXEC_4	위치 제어 프로그램
EXEC_7_3	M코드 WITH 모드 테스트 프로그램

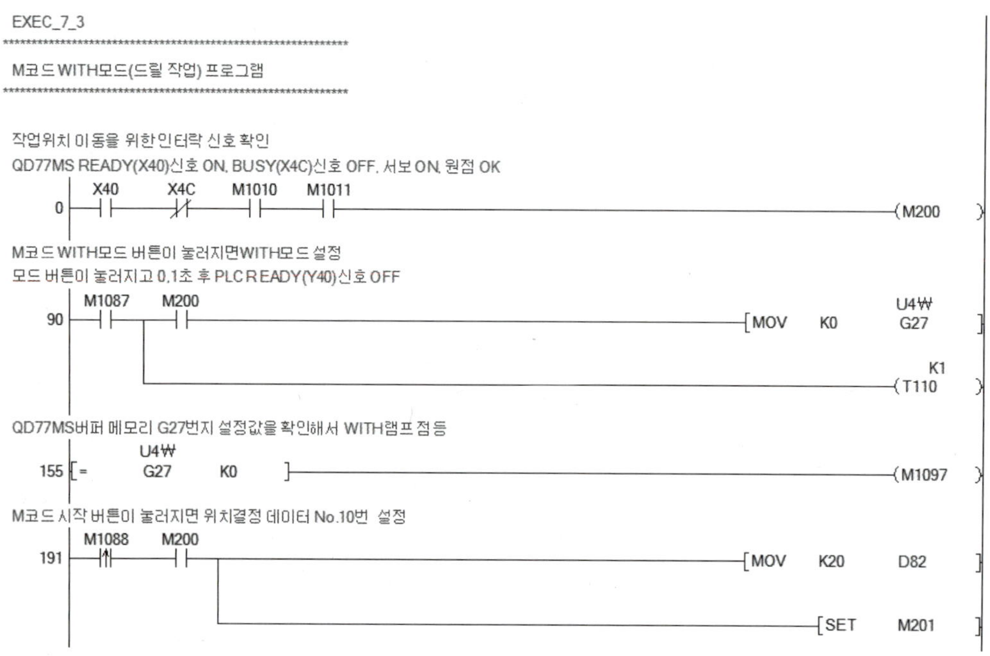

(계속)

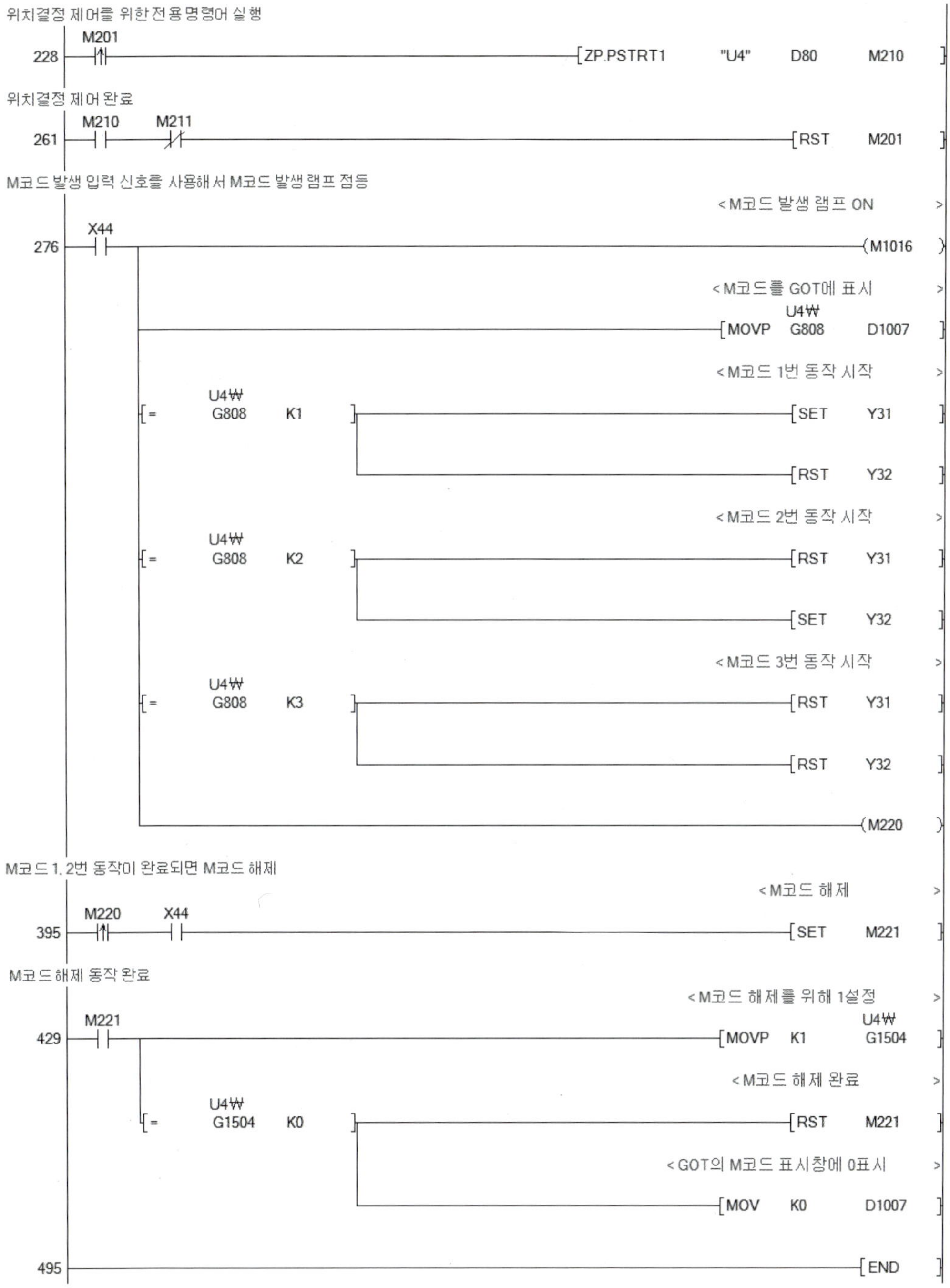

[프로그램 8-22] EXEC_7_3 : M코드 WITH 모드를 이용한 드릴링 작업

프로그램 라인 90번은 M코드를 WITH 모드로 변경하기 위해 QD77MS의 버퍼 메모리 U4\G27번지에 0을 설정하는 부분이다. 그리고 해당 버퍼 메모리의 설정값은 Y40 신호가 OFF → ON으로 변경될 때 적용되기 때문에, M코드 WITH 모드 선택 버튼이 눌리

면 0.1초 후에 Y40 신호를 OFF하기 위해 타이머 T110을 사용한다. 그리고 T110의 출력을 사용하여, 앞에서 작성한 EXEC_02 프로그램의 Y40을 OFF→ON 상태로 변환시키기 위해 [프로그램 8-23]처럼 EXEC_02 프로그램의 0번 라인을 수정한다.

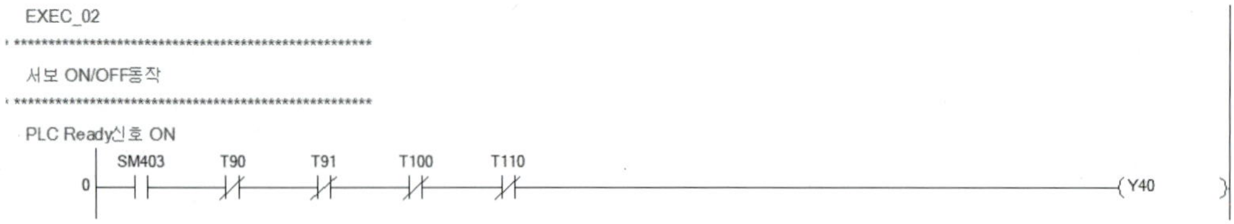

[프로그램 8-23] EXEC_02의 프로그램에서 PLC READY 신호를 OFF→ON으로 변경

프로그램 라인 155번은 M코드 WITH 모드로 변경되었을 때 M코드 WITH 모드 선택 버튼에 내장된 램프를 점등한다.

프로그램 라인 191번에서는, M코드 시작 버튼이 눌렸을 때 위치 결정 데이터 No.20부터 철판에 구멍을 뚫기 위한 작업을 시작할 수 있도록 K20을 설정한다. 이렇게 설정하면, 프로그램 라인 228번에서 전용 명령어 ZP.PSTRT1을 실행했을 때 위치 결정을 위한 서보 모터가 동작하게 된다.

프로그램 라인 276번은, 등록된 M코드에 의해 위치 결정 동작 실행 중에 M코드 ON 신호(X44)가 ON되면, 등록된 M코드를 검사해서 사전에 약속된 M코드 동작을 실행시킨다. M코드가 1일 때는 드릴 모터 정회전 동작을 위해 Y31을 ON하고, M코드가 2일 때는 드릴 모터 역회전 동작을 위해 Y32를 ON한다. M코드가 3일 때에는 드릴 모터의 동작이 정지하도록 SET과 RST 명령을 사용해서 Y31과 Y32를 제어한다.

프로그램 라인 395번과 429번은 M코드 해제를 위한 것이다.

Chapter 09

QD77MS 티칭 및 실행 데이터 백업

위치 제어 중에 GX Works2의 QD77MS 설정용 소프트웨어인 Simple Motion Module Setting Tool을 사용하지 않고, QD77MS의 버퍼 메모리에 설정한 위치 결정 데이터를 활용하여 위치 결정 데이터를 수정하거나 추가할 수 있는 방법이 있다. 위치 데이터가 저장되는 QD77MS의 버퍼 메모리 번지에, 시퀀스 프로그램을 사용해서 데이터를 직접 등록하는 것을 티칭이라 한다. 티칭을 통해 버퍼 메모리에 등록된 데이터는 QD77MS의 RAM 영역의 메모리에 저장되며, PLC의 전원이 꺼지면 이 데이터들은 삭제된다. 따라서 반영구적으로 사용할 데이터는 ROM 영역에 저장해야 한다. RAM 영역에 저장된 데이터를 ROM에 저장하는 것을 실행 데이터 백업이라 한다. 9장에서는 이러한 방법에 대해 살펴볼 것이다.

9.1 티칭 기능

[실습과제 9-1, 9-2, 9-3]

QD77MS의 티칭[teaching] 기능은 수동 제어(JOG 운전, 인칭 운전, 수동펄스 운전)로 서보 모터를 회전시켜 이송테이블을 원하는 위치로 이동시킨 후, QD77MS의 이송 현재 위치값을 시퀀스 프로그램을 사용해서 원하는 위치 결정 데이터의 메모리 번지에 설정하는 기능이다.

9.1.1 티칭을 위한 제어 기본 사항

- **티칭 타이밍** : QD77MS의 Busy 신호가 OFF일 때, 전용 명령어 또는 QD77MS의 지정된 버퍼 메모리의 설정값을 지정하여 티칭 동작을 구현할 수 있다. 서보 모터의 동작 상태가 Busy가 아닌 이상, 수동 제어 중이거나 에러 또는 경고가 발생한 경우에도 티칭을 할 수 있다.

• **티칭 가능 데이터** : [그림 9-1]에 나타낸 위치 결정 데이터 중에서 티칭 가능한 데이터는 □로 표시된 부분이다. 티칭은 서보의 '이송 현재값'을 'Da.6 위치 결정 어드레스Positioning address', 'Da.7 원호 어드레스Arc address'에 각각 설정하는 동작을 의미한다.

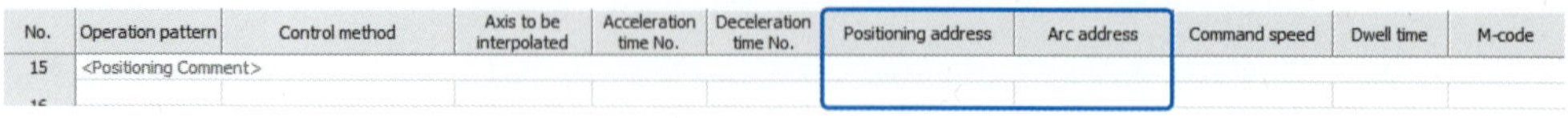

[그림 9-1] 위치 결정 데이터 중에서 티칭 가능한 데이터

• **티칭 전용 명령어** : QD77MS에서는 티칭 전용 명령어인 'TEACH1, TEACH2, TEACH3, TEACH4, PFWRT'를 사용하면 손쉽게 티칭할 수 있다.

QD77MS의 위치 데이터를 저장하는 버퍼 메모리에 시퀀스 프로그램을 이용해 티칭을 할 때에는 다음 사항에 주의한다.

• 티칭을 하기 전에 반드시 '기계 원점복귀'를 실행하여 원점을 확립해 두어야 정확한 위치 데이터를 티칭할 수 있다.
• 수동 제어에 의해 기동할 수 없는 위치는 티칭할 수 없다.
• 티칭한 위치 데이터를 저장하는 플래시 ROM은 10만 회까지 기록 가능하다.

9.1.2 티칭을 위한 QD77MS의 버퍼 메모리 번지 및 기능

티칭에 사용하는 QD77MS의 버퍼 메모리는 [표 9-1]과 같다. 각 제어축별로 버퍼 메모리 번지가 지정되어 있다. 플래시 ROM에 기록하는 기능은 축에 관계없이 버퍼 메모리 1900번지를 사용한다.

[표 9-1] 티칭에 필요한 QD77MS의 버퍼 메모리 번지 및 기능

설정 항목		설정값	설정 내용	제어 데이터 메모리 어드레스			
				축1	축2	축3	축4
Cd. 1	플래시 ROM 기록 요구	1	설정한 내용을 플래시 ROM에 기록한다. (변경한 데이터를 백업한다.)	1900			
Cd.38	티칭 데이터 선택	–	'이송 현재값'을 어느 쪽에 기록할지 설정한다. • 0 : 'Da.6 위치 결정 어드레스'에 기록 • 1 : 'Da.7 원호 어드레스'에 기록	1548	1648	1748	1848
Cd.39	티칭 위치 결정 데이터 No.	–	티칭할 위치 결정 데이터의 No.를 지정한다. (설정값은 1 ~ 600번)	1549	1649	1749	1849

티칭을 위한 시퀀스 프로그램은 다음과 같은 순서로 작성한다.

① 기계 원점을 실행하여 원점을 확립한다.

② 수동 운전(JOG 운전, 인칭 운전, 수동펄스 운전)으로 목표 위치까지 서보 모터 축에 연결된 이송테이블을 이동시킨다.

③ 티칭할 위치 결정 데이터 No.를 설정한다.
제어 데이터 메모리의 어드레스 '1549번지'에 위치 결정 데이터 No.를 설정한다.

④ 티칭 데이터 선택에서 이송 현재값을 위치 결정 어드레스에 설정한다.
제어 데이터 메모리 어드레스 '1548번지'에 '0'을 설정한다.

①~④번까지의 동작을 마치면 티칭을 통해 결정한 위치 결정 어드레스는 QD77MS의 버퍼 메모리 중 RAM 메모리에 등록된다. PLC의 전원이 꺼지면, 이 RAM 메모리 영역에 저장된 모든 데이터는 삭제된다. 따라서 티칭을 통한 위치 결정 어드레스 부분을 반영구적으로 사용하기 위해서는 이 정보를 반드시 QD77MS의 플래시 ROM 영역에 저장해야 한다. 변경된 버퍼 메모리의 내용을 플래시 ROM에 저장하는 부분은 9.2절에서 학습한다.

9.1.3 티칭 전용 명령어

■ 티칭 전용 명령어의 설정 내용

티칭 전용 명령어 ZP.TEACH를 사용해서 티칭하는 방법에 대해 살펴보자. 티칭을 위한 전용 명령어는 [그림 9-2]처럼 각각의 축에 대해 설정되어 있다.

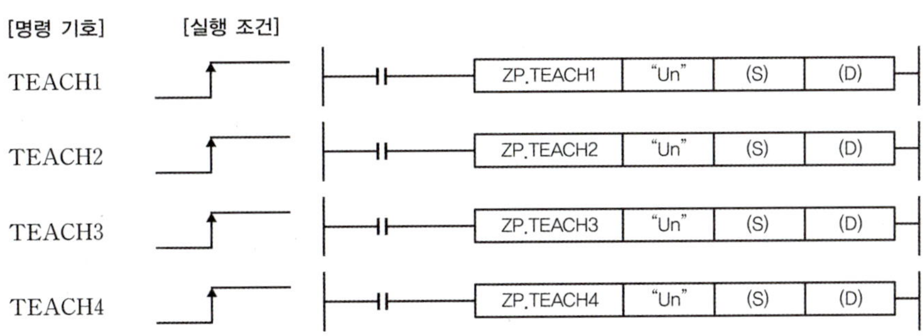

[그림 9-2] 티칭 전용 명령어

전용 명령어는 다음과 같이 세 부분으로 구성되어 있다.

• "Un" : "Un"은 QD77MS의 입출력 선두 번지를 기재하는 부분으로, 입출력 번호를 3자리로 표현했을 경우에 상위 2자리를 기재한다. PLC CPU 1개에 여러 개의 QD77MS가 대응할 수 있으므로, 티칭 전용 명령어를 실행할 QD77MS를 지정하는 부분이다. **[실습과제 9-2]에서는 QD77MS의 입출력 시작 번지가 H40이므로 "U4"를 기재한다.**

• (S) : (S)는 컨트롤 데이터가 저장되어 있는 PLC 디바이스의 선두 번호를 의미한다. 티칭 전용 명령어는 [표 9-2]와 같이 4개의 16비트 메모리를 필요로 한다. 이 메모리는 9.1.2절에서 학습한 QD77MS의 버퍼 메모리를 이용한 티칭 기능과 동일한 '티칭 데이터 선택', '위치 결정 데이터 No.'를 지정함을 알 수 있다. 또한 전용 명령어를 사용해 티칭하면 티칭 데이터 설정이 정상적으로 수행되었는지를 확인할 수 있으며, 에러 발생 시 에러 코드를 확인할 수 있다.

[표 9-2] 티칭 전용 명령어 컨트롤 디바이스 기능

디바이스	항목	설정 데이터	설정 범위	세트측*
(S)+0	시스템 영역	–	–	
(S)+1	완료 상태	완료 시의 상태가 저장된다. • 0 : 정상 종료 • 0 이외 : 이상 완료(에러 코드)	–	시스템
(S)+2	티칭 데이터 선택	이송 현재값을 기록한 어드레스(위치 결정 어드레스/원호 어드레스)를 설정한다. • 0 : 이송 현재값을 위치 결정 어드레스에 기록 • 1 : 이송 현재값을 원호 어드레스에 기록	0, 1	사용자
(S)+3	위치 결정 데이터 No.	티칭할 위치 결정 데이터 No.를 설정한다.	1~600	사용자

*세트측은 다음과 같은 의미를 갖는다.
사용자 : 전용 명령 실행 전에 사용자가 저장하는 데이터
시스템 : 전용 명령 실행 결과를 PLC CPU가 저장하는 데이터

• (D) : 이 부분은 티칭 전용 명령어의 명령 완료 여부를 나타내는 비트 정보를 저장하는 영역이다. 이 비트는 명령어 수행 완료 시 1스캔 시간 동안 ON/OFF되는 비트로, 2개의 비트 메모리 영역을 사용하여 명령어 정상 수행 여부를 나타낸다. 예를 들어 이 부분을 'M0'으로 지정하면 'M0, M1' 두 개의 비트를 사용한다는 의미이다. 그러면 정상적인 명령어 수행 후에는 1스캔 시간 동안 'M0=1, M1=0'이 설정되고, 에러 발생 시에는 명령어 수행 후 1스캔 시간 동안 'M0=1, M1=1'이 된다.

■ 위치 데이터 티칭 시 주의사항

티칭 전용 명령어를 사용하여 위치 데이터를 티칭할 때에는 다음 사항에 주의한다.

• 티칭 전용 명령어는 QD77MS의 BUSY 신호가 OFF일 때 실행할 수 있다.
• 동일 축에 대해 아래의 전용 명령은 동시에 실행할 수 없다.
위치 결정 기동 명령(ZP.PSTRT1 ~ ZP.PSTRT4)
티칭 명령(ZP.TEACH1 ~ ZP.TEACH4)

9.1.4 위치 결정 식별자와 위치 및 속도값 티칭하기

티칭을 위한 GOT 화면 구성

티칭 작업에 필요한 기능에는, 위치 데이터 설정을 위한 JOG 운전과 인칭 운전, 그리고 운전 패턴, 제어 방식, 가감속시간 등을 설정할 수 있는 방법이 있다.

[표 9-3] 위치 결정 식별자와 위치 및 속도값을 티칭하기 위한 GOT2000의 화면 구성

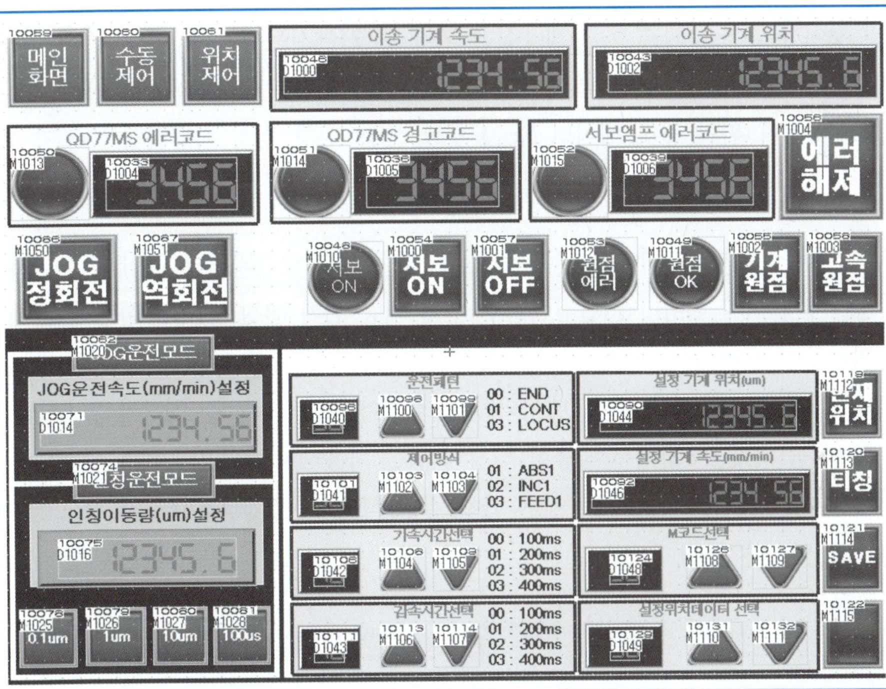

구분	메모리 번지	구분	메모리 번지
JOG 운전 모드	M1020/M1040	가속시간 증가 버튼	M1105
JOG 운전 속도 설정창	D1014/D1015	감속시간 선택 표시창	D1043
인칭 운전 모드	M1021/M1041	감속시간 증가 버튼	M1106
인칭 이동량 표시창	D1016	감속시간 감소 버튼	M1107
0.1µm	M1025	설정 기계 위치 입력창	D1044/D1045

(계속)

1μm	M1026	설정 기계 속도 입력창	D1046/D1047
10μm	M1027	M코드 선택 표시창	D1048
100μm	M1028	M코드 선택 증가 버튼	M1108
운전 패턴 선택 표시창	D1040	M코드 선택 감소 버튼	M1109
운전 패턴 증가 버튼	M1100	설정 위치 데이터 표시창	D1049
운전 패턴 감소 버튼	M1101	설정 위치 데이터 증가 버튼	M1110
제어 방식 선택 표시창	D1041	설정 위치 데이터 감소 버튼	M1111
제어 방식 증가 버튼	M1102	현재 위치 버튼	M1112
제어 방식 감소 버튼	M1103	티칭 버튼	M1113
가속시간 선택 표시창	D1042	SAVE 버튼	M1114
가속시간 증가 버튼	M1104		

[표 9-3]은 위치 결정 데이터에서의 위치 결정 식별자(운전 패턴, 제어 방식, 가감속시간 설정을 의미함)와 위치 데이터 및 속도 데이터를 티칭하기 위한 GOT2000의 화면 구성을 나타낸 것이다. [실습 과제 9-1]과 [실습 과제 9-2]에서는 다양한 구성을 가지고 있는 위치 결정 데이터 중에서 위치 데이터만 QD77MS의 이송 현재값으로 설정할 수 있었다. [그림 9-3]처럼 위치 결정 데이터 No.1 ~ No.5는 위치 결정 식별자와 속도가 설정된 상태에서 위치 데이터만 티칭을 했기 때문에 아무런 문제가 발생하지 않는다.

하지만 위치 결정 데이터 No.6 ~ No.8은 위치 결정 식별자와 속도값이 설정되어 있지 않는 상태에서 위치 데이터만 설정했기 때문에 해당 위치 결정 데이터 설정에 문제가 있음을 알려주기 위해 붉은 색(그림에서 ▭ 부분)으로 표시된다. 따라서 기존에 설정된 위치 결정 데이터 중에서 위치 데이터만 변경해야 하는 작업일 경우에는 [실습 과제 9-1]과 [실습 과제 9-2]에서 사용한 티칭 방법을 사용해도 되지만, 아무 설정도 되어있지 않은 위치 결정 데이터의 티칭에는 위치 결정 식별자, 위치 데이터 및 속도 데이터를 설정할 수 있어야 한다.

No.	Operation pattern	Control method	Axis to be interpolated	Acceleration time No.	Deceleration time No.	Positioning address	Arc address	Command speed	Dwell time	M-code
1	0:END	01h:ABS Linear 1	-	0:100	0:100	85333.3 μm	0.0 μm	12000.00 mm/min	0 ms	0
	<Positioning Comment>									
2	0:END	01h:ABS Linear 1	-	0:100	0:100	39555.5 μm	0.0 μm	12000.00 mm/min	0 ms	0
	<Positioning Comment>									
3	0:END	01h:ABS Linear 1	-	0:100	0:100	251733.3 μm	0.0 μm	12000.00 mm/min	0 ms	0
	<Positioning Comment>									
4	0:END	01h:ABS Linear 1	-	0:100	0:100	230000.0 μm	0.0 μm	12000.00 mm/min	0 ms	0
	<Positioning Comment>									
5	0:END	01h:ABS Linear 1	-	0:100	0:100	0.0 μm	0.0 μm	12000.00 mm/min	0 ms	0
	<Positioning Comment>									
6						271910.1 μm				
	<Positioning Comment>									
7						236695.3 μm				
	<Positioning Comment>									
8						186680.5 μm				

[그림 9-3] 위치 결정 식별자가 등록되지 않은 위치 결정 데이터 No.6 ~ No.8에 티칭한 사례

위치 결정 식별자, 위치 데이터, 속도 데이터, M코드를 설정하기 위한 [표 9-3]의 화면은 상단의 공통 조작 화면과, 하단의 티칭 기능 조작을 위한 전용 화면으로 구성되어 있다. 티칭은 수동 운전인 JOG 운전 또는 인칭 운전을 사용해서 사용자가 원하는 목표 위치로 이송테이블을 이동시킨 후에, QD77MS의 이송 현재값을 사용자가 설정한 위치 결정 데이터 No.의 위치 데이터로 설정하는 기능이다. 따라서 티칭 전용 화면을 살펴보면 제일 좌측에 JOG 운전과 인칭 운전을 위한 설정 화면과 조작 버튼이 위치하고 있다.

JOG 운전과 인칭 운전에 사용된 숫자 표시 및 설정창과 조작 버튼은 수동 조작 화면의 버튼과 동일한 메모리 번지를 가진다. 그리고 위치 결정 식별자를 설정하기 위한 운전 패턴, 제어 방식, 가감속시간은 각각의 증가 및 감소 버튼으로 설정할 수 있다. 이들 표시창에 숫자 '1'을 '01'로 표시하기 위해 [그림 9-4]와 같이 [Numerical Display] 창 설정에서 'Fill with 0' 항목을 체크한다.

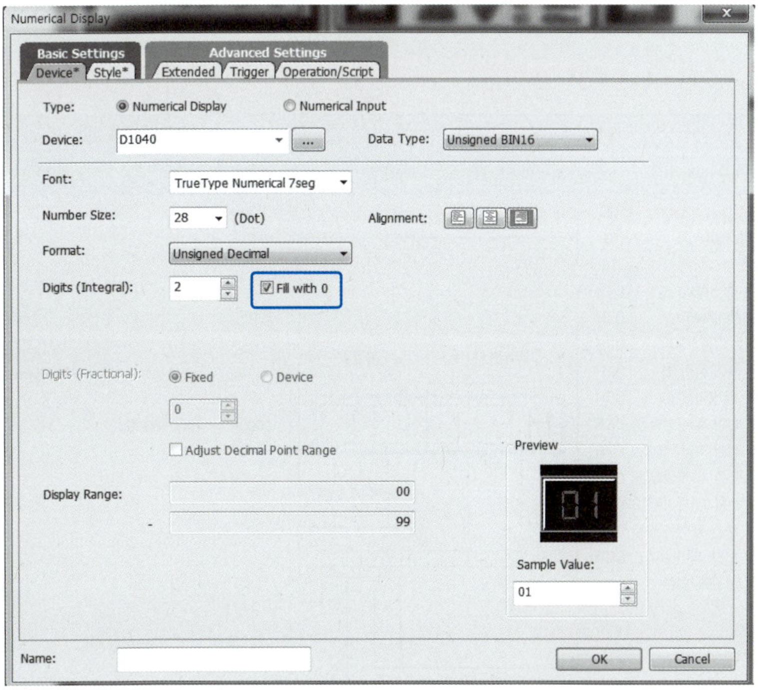

[그림 9-4] 운전 패턴 표시창에서 숫자 표시 빈자리를 0으로 채우기

운전 패턴, 제어 방식, 가감속시간의 티칭

GX Works2의 QD77MS 설정용 소프트웨어인 Simple Motion Module Setting Tool을 사용하여 설정한 위치 결정 데이터는 [그림 9-5]처럼 QD77MS의 버퍼 메모리의 지정된 번지에 저장된다.

Data No.	Positioning identifier	M code	Dwell time	Command speed Low-order	Command speed High-order	Positioning address Low-order	Positioning address High-order	Arc data Low-order	Arc data High-order
1	2000	2001	2002	2004	2005	2006	2007	2008	2009
2	2010	2011	2012	2014	2015	2016	2017	2018	2019
3	2020	2021	2022	2024	2025	2026	2027	2028	2029
4	2030	2031	2032	2034	2035	2036	2037	2038	2039
5	2040	2041	2042	2044	2045	2046	2047	2048	2049
6	2050	2051	2052	2054	2055	2056	2057	2058	2059
7	2060	2061	2062	2064	2065	2066	2067	2068	2069
8	2070	2071	2072	2074	2075	2076	2077	2078	2079
9	2080	2081	2082	2084	2085	2086	2087	2088	2089
10	2090	2091	2092	2094	2095	2096	2097	2098	2099

Data No.	Positioning identifier	M code	Dwell time	Command speed Low-order	Command speed High-order	Positioning address Low-order	Positioning address High-order	Arc data Low-order	Arc data High-order
11	2100	2101	2102	2104	2105	2106	2107	2108	2109
12	2110	2111	2112	2114	2115	2116	2117	2118	2119
13	2120	2121	2122	2124	2125	2126	2127	2128	2129
14	2130	2131	2132	2134	2135	2136	2137	2138	2139
15	2140	2141	2142	2144	2145	2146	2147	2148	2149
16	2150	2151	2152	2154	2155	2156	2157	2158	2159
17	2160	2161	2162	2164	2165	2166	2167	2168	2169
18	2170	2171	2172	2174	2175	2176	2177	2178	2179
19	2180	2181	2182	2184	2185	2186	2187	2188	2189
20	2190	2191	2192	2194	2195	2196	2197	2198	2199

[그림 9-5] 위치 결정 데이터 No.1 ~ No.20이 저장되는 QD77MS의 버퍼 메모리 번지

[표 9-3]의 화면에서 설정하는 운전 패턴, 제어 방식, 가속시간, 감속시간은 각각에 할당된 증가 및 감소 버튼에 의해 각각의 16비트 크기의 데이터 레지스터에 저장된다. 하지만 최종적으로 QD77MS의 버퍼 메모리에 저장할 때에는 16비트 크기의 4개의 데이터 레지스터의 데이터를 [그림 9-6]처럼 조합하여 QD77MS의 지정된 버퍼 메모리에 저장해야 한다.

항목		설정값: GX Works2에 의한 설정값	설정값: 프로그래에 의한 설정값	공장 출하 시의 초깃값	설정용 버퍼 메모리 어드레스: QD77MS2 QD77MS4	설정용 버퍼 메모리 어드레스: QD77MS16
위치 결정 식별자	Da.1 운전 패턴	00 : 위치 결정 종료	00	0000H	2000+6000n	6000+1000n
		01 : 연속 위치 결정 제어	01			
		11 : 연속 궤적 제어	11			
	Da.2 제어 방식	ABSI : 1축의 직선 제어(ABS)	01H			
		INCI : 1축의 직선 제어(INC)	02H			
		FEEDI : 1축의 정치수 이송 제어	03H			
		VF1 : 1축의 속도 제어(정회전)	04H			
		VR1 : 1축의 속도 제어(역회전)	05H			
		VPF : 속도·위치 전환 제어(정회전)	06H			
		VPR : 속도·위치 전환 제어(역회전)	07H			
		PVF : 위치·속도 전환 제어(정회전)	08H			
		PVR : 위치·속도 전환 제어(역회전)	09H			
		ABS2 : 2축의 직선 보간 제어(ABS)	0AH			
		INC2 : 2축의 직선 보간 제어(INC)	0BH			
		FEED2 : 2축의 적선 보간에 의한 정치수 이송 제어	0CH			
	Da.3 가속시간	0 : Pr.9 가속시간0	00			
		1 : Pr.25 가속시간1	01			
		2 : Pr.26 가속시간2	10			
		3 : Pr.27 가속시간3	11			
	Da.4 감속시간	0 : Pr.10 감속시간0	00			
		1 : Pr.28 감속시간1	01			
		2 : Pr.29 감속시간2	10			
		3 : Pr.30 감속시간3	11			
	Da.5 보간 대상 축 QD77MS2 QD77MS4	0 : 축1 지정	00			
		1 : 축2 지정	01			
		2 : 축3 지정	10			
		3 : 축4 지정	11			

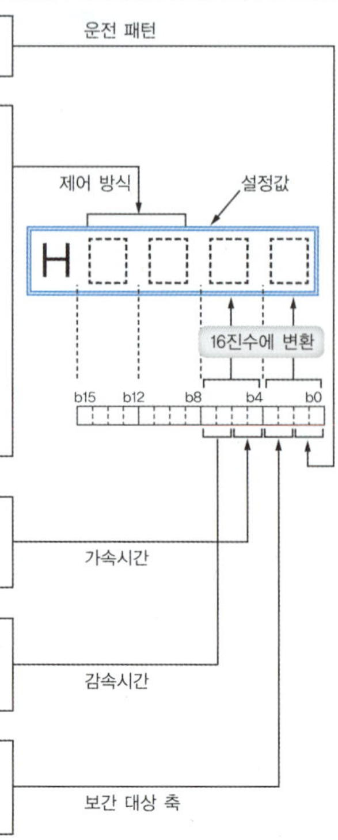

n : 축No.-1

[그림 9-6] 운전 패턴, 제어 방식, 가감속시간, 보간 대상축 설정 방법

설정 기계 위치 데이터는 32비트 크기의 메모리 D1044, D1055를 사용해서 사용자가 직접 입력할 수 있다. 현재 위치(M1112) 버튼을 누르면, QD77MS의 이송 현재값(D1002, D1003)과 동일한 값이 설정 기계 위치 데이터의 메모리 번지에 복사된다. 한편 설정 기계 속도는 32비트 크기의 메모리 D1046, D1047을 사용해서 사용자가 직접 속도값을 입력할 수 있도록 되어 있다.

M코드는 증가 및 감소 버튼을 사용해서 0~100까지 설정할 수 있다. M코드는 사용하지 않을 때에는 0으로 설정되어 있어야 한다. 티칭하고자 하는 위치 결정 데이터 No.를 설정함으로써 앞에서 설정한 위치 결정 데이터를 해당 메모리 영역에 저장한다. 여기서는 1~600번까지 설정할 수 있다.

현재 위치 버튼(M1112)을 누르면 QD77MS의 이송 현재값(D1002, D1003)이 설정 기계 위치(D1044, D1045)에 복사된다. 티칭 버튼(M1113)은 티칭 화면에서 설정한 내용을 QD77MS의 RAM 영역의 버퍼 메모리에 저장한다. QD77MS의 전원이 꺼지거나 PLC CPU를 리셋하면 RAM에 저장한 티칭 데이터는 삭제되고, EEPROM에 저장된 데이터가 새롭게 설정된다.

SAVE 버튼(M1114)은 티칭 데이터를 EEPROM에 저장하는 버튼이다. 티칭 화면에서 설정한 내용은 QD77MS의 버퍼 메모리에 저장되기 때문에 반영구적으로 사용할 수 있다.

실습과제 9-1 티칭 기능을 이용한 현재 위치 데이터 변경

티칭 기능을 사용해서 QD77MS의 버퍼 메모리 중 위치 결정 데이터의 Positioning address 영역에 저장되어 있는 위치 데이터를 이송 기계 위치값으로 설정하는 방법에 대해 살펴보자.

[Section 9.1]

해당 프로그램명 : EXEC_8_1

실습에 사용하는 티칭 제어 화면은 티칭 제어_01과 티칭 제어_02의 2개의 화면으로 구성되어 있다. [표 9-4]에 티칭 기능을 사용해서 설정 위치 데이터를 변경할 수 있는 GOT2000 화면을 나타내었다.

[표 9-4] GOT2000의 티칭 제어_01 화면의 구성

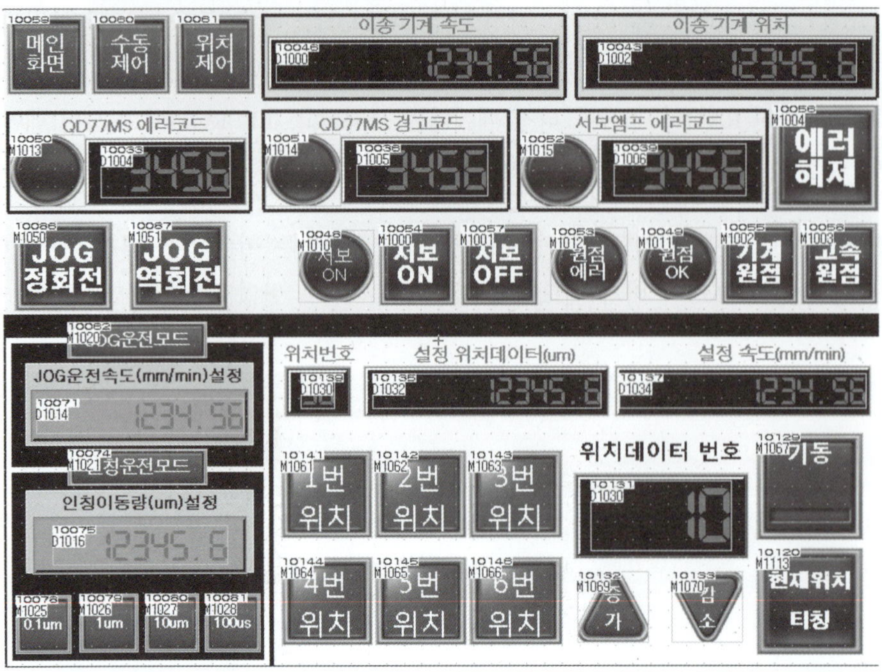

구분	메모리 번지
현재 위치 티칭	M1113

화면을 살펴보면, 수동 제어 화면에서 사용했던 JOG 운전 모드와 인칭 운전 모드의 기능 일부 및 위치 제어 화면의 기능 일부가 배치되어 있음을 알 수 있다. 수동 운전과 위치 제어 기능 관련 프로그램은 앞의 [실습과제 8-2, 8-3, 8-4, 8-5]에서 살펴보았다. 현재 위치 티칭 버튼(M1113)이 눌리면, 선택된 위치 결정 데이터의 No.(D1030)의 'Da.6 위치 결정 어드레스Positioning address'에 QD77MS의 이송 현재 위치에 해당되는 이송 기계 위치(D1002, D1003) 값이 설정된다.

PLC 프로그램 작성법

GOT2000의 티칭 제어_01의 제어 프로그램은 EXEC_8_1에서 작성한다.

① 기존에 작성한 프로그램을 사용해서 기계 원점복귀를 완료한 후에, 1번(M1061)~6번(M1066) 위치 버튼, 증가(M1069) 및 감소(M1070) 버튼을 사용하여 위치 좌표값을 변경할 위치 결정 데이터 번호를 선택한다.

② 기존에 작성한 프로그램의 JOG 운전 또는 인칭 운전 모드로 서보 모터를 구동시켜 이송테이블을 원하는 위치로 이동시킨다. 이때 상단의 모니터링 화면의 이송 기계 위치 표시창의 값은 서보 모터의 움직임에 따라 실시간으로 변경된다.

③ 원하는 위치에 이송테이블이 위치하면, 현재 위치 티칭 버튼(M1113)을 누른다. QD77MS의 버퍼 메모리 U4\G1548과 U4\G1549를 사용해서 이송 기계 위치값을 현재 설정된 위치 제어 결정 데이터의 위치 좌표값으로 설정한다. EXEC_8_1의 프로그램은 현재 위치 티칭 버튼(M1113)의 기능만 작성하면 된다.

PLC 프로그램

■ QD77MS 버퍼 메모리 위치 결정 데이터 티칭 프로그램 : EXEC_8_1

PLC의 파라미터 Program에서 [표 9-5]와 같이 실행 프로그램의 EXEC_8_1을 포함시킨다. 해당 프로그램과 파라미터를 PLC로 전송한 후에 프로그램의 동작을 테스트한다.

[표 9-5] 티칭 동작 구현을 위한 PLC 프로그램의 구성

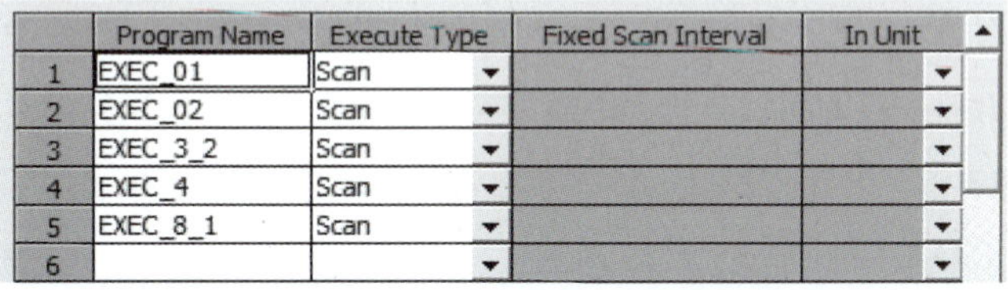

	Program Name	Execute Type	Fixed Scan Interval	In Unit
1	EXEC_01	Scan		
2	EXEC_02	Scan		
3	EXEC_3_2	Scan		
4	EXEC_4	Scan		
5	EXEC_8_1	Scan		
6				

프로그램 명칭	기능
EXEC_01	QD77MS 버퍼 메모리 모니터링을 위한 프로그램
EXEC_02	수동 운전(JOG, 인칭, 수동펄스) 프로그램
EXEC_3_2	전용 명령어를 이용한 기계 원점 / 고속 원점복귀 프로그램
EXEC_4	위치 제어 프로그램
EXEC_8_1	티칭을 위한 프로그램

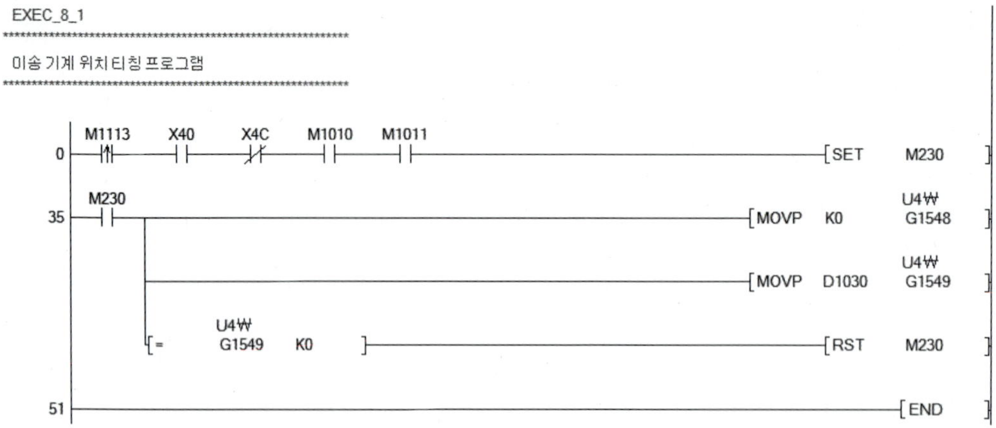

[프로그램 9-1] EXEC_8_1 : 티칭

프로그램 라인 0번은, 현재 위치 티칭 버튼이 눌리면 인터락 신호인 QD77MS READY 신호 ON, BUSY 신호 OFF, 서보 ON, 원점 OK 신호를 확인하여 티칭을 위한 동작 비트 M230을 ON한다.

프로그램 라인 35번은, M230이 ON되면 QD7MS의 이송 기계 위치를 현재 선택된 위치 결정 데이터 번호의 위치 데이터로 설정하기 위해, [표 9-1]에 나타낸 것처럼 QD77MS의 버퍼 메모리 U4\G1548에는 '0', U4\G1549에는 위치 결정 데이터 번호를 기억하고 있는 D1030의 값을 설정한다. 이때 사용하는 MOV 명령어의 끝에 P가 붙어 있기 때문에 M230은 ON되어 있어도 MOVP는 M230이 ON되는 순간만 작동한다. MOVP를 사용하는 이유는, M230을 사용해서 티칭이 완료되는 시점, 즉 U4\G1549가 '0'으로 설정되는 시점을 확인하기 위해서는 M230을 ON 상태로 유지해야 하기 때문이다.

EXEC_8_1을 완성한 후, [표 9-5]와 같이 티칭 동작을 구현하기 위한 PLC 실행 프로그램을 PLC 파라미터에 등록한다. 그 다음, 프로그램과 파라미터를 PLC로 전송한 후에 PLC CPU를 리셋한다. 기계 원점복귀 동작을 통해 원점을 확립한 후 수동으로 이송테이블의 위치를 변경한다. 이송테이블이 원하는 위치에 도달하면, 현재 위치에 대한 위치 데이터 번호를 설정한 후에 현재 위치 티칭 버튼(M1113)을 누른다.

티칭 동작에 의해 위치 결정 데이터 번호의 위치 데이터가 변경된 것을 확인하면, PLC CPU를 리셋 또는 전원 OFF 후에 변경된 위치 결정 데이터 번호를 선택하고 기동 버튼을 눌러보자. 티칭 전에 설정된 위치 데이터로 이송테이블이 이동하는 것을 확인할 수 있을 것이다. [실습과제 9-1]에서 구현한 티칭 동작은 티칭 버튼을 눌렀을 때 QD77MS의 이송 현재값을, U4\G1549에 설정한 위치 결정 데이터 번호의 위치 데이터 값으로 설정하는 역할을 하는데, 이 값이 설정되는 영역이 QD77MS의 RAM 영역이다.

→ 실습과제 9-2 티칭 전용 명령어를 이용한 현재 위치 데이터 변경

티칭 전용 명령어 ZP.TEACH를 사용해서 현재 이송 기계 위치 절대 좌표를, 선택한 위치 결정 데이터의 위치값으로 설정하는 방법에 대해 살펴보자.

[Section 9.1]

해당 프로그램명 : EXEC_8_2

PLC 프로그램 작성법

티칭 전용 명령어는 QD77MS의 BUSY 신호가 OFF일 때 실행할 수 있기 때문에 해당 명령어를 실행하기 전에 반드시 BUSY 신호가 OFF되었는지를 확인해야 한다. 그리고 동일 축에 대해 위치 결정 기동 전용 명령어인 ZP.PSTRT1과 ZP.TEACH1을 동시에 실행할 수 없다. 따라서 동일 스캔 시간에 두 개의 전용 명령어가 동시에 실행되지 않도록 주의해서 프로그램을 작성한다.

PLC 프로그램

■ QD77MS 버퍼 메모리 위치 결정 데이터 티칭 프로그램 : EXEC_8_2

PLC의 파라미터 Program에서 [표 9-6]과 같이 실행 프로그램의 EXEC_8_1을 삭제한 후, EXEC_8_2를 포함시킨다. 해당 프로그램과 파라미터를 PLC로 전송한 후에 프로그램 동작을 테스트한다.

[표 9-6] 티칭 동작 구현을 위한 PLC 프로그램 구성

	Program Name	Execute Type	Fixed Scan Interval	In Unit
1	EXEC_01	Scan		
2	EXEC_02	Scan		
3	EXEC_3_2	Scan		
4	EXEC_4	Scan		
5	EXEC_8_2	Scan		
6				

프로그램 명칭	기능
EXEC_01	QD77MS 버퍼 메모리 모니터링을 위한 프로그램
EXEC_02	수동 운전(JOG, 인칭, 수동펄스) 프로그램
EXEC_3_2	전용 명령어를 이용한 기계 원점 / 고속 원점복귀 프로그램
EXEC_4	위치 제어 프로그램
EXEC_8_2	티칭 전용 명령어를 사용한 프로그램

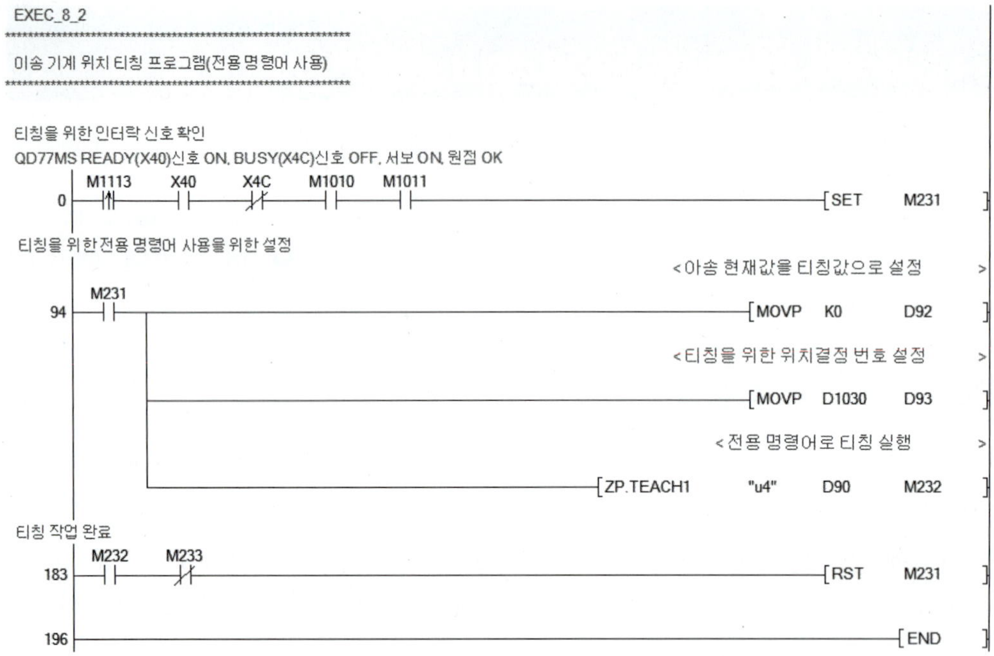

[프로그램 9-2] EXEC_8_2 : 티칭 전용 명령어 사용

→ 실습과제 9-3 QD77MS의 위치 결정 데이터 버퍼 메모리 쓰기

QD77MS의 위치 결정 데이터를 저장하는 버퍼 메모리에 필요한, 위치 결정 식별자, 위치 데이터, 속도 데이터, M코드를 직접 설정하는 프로그램 작성법에 대해 살펴보자.

[Section 9.1]

해당 프로그램명 : EXEC_8_3

■ QD77MS의 버퍼 메모리에 저장되어 있는 위치 결정 데이터 읽어오기

기계 원점을 확립한 후, JOG 운전과 인칭 운전을 통하여 이송테이블을 원하는 위치로 이동시킨 다음에 이송테이블의 현재 위치를 사전에 설정한 위치 결정 데이터 테이블에 설정하는 티칭 기능에 대해 살펴보자. [표 9-7]과 같이 [Simple Motion Setting Tool]에서 QD77MS의 [Positioning Data]를 읽어온다.

[표 9-7] QD77MS의 버퍼 메모리 읽어오기

순서	작업 내용	작업 화면
1	**버퍼 메모리 읽어오기 메뉴 선택** [Simple Motion Setting Tool]의 메인 메뉴인 [Online]에서 [Read from Module...]을 선택한다.	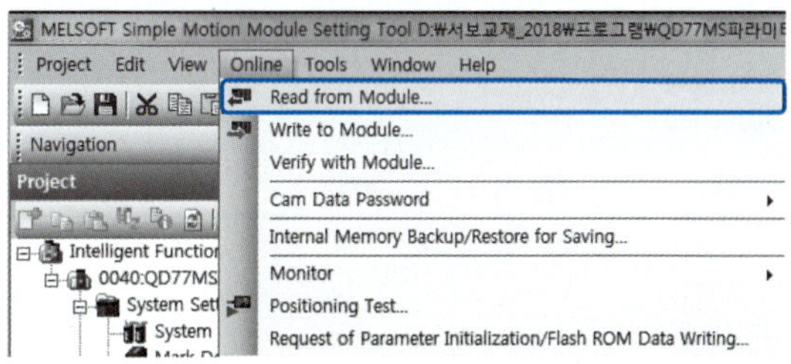
2	**설정한 위치 데이터(Positioning Data) 읽어오기** QD77MS에 설정되는 여러 종류의 항목 중에서 [Positioning Data] 항목만을 체크한 후에 [Execute] 버튼을 누른다. 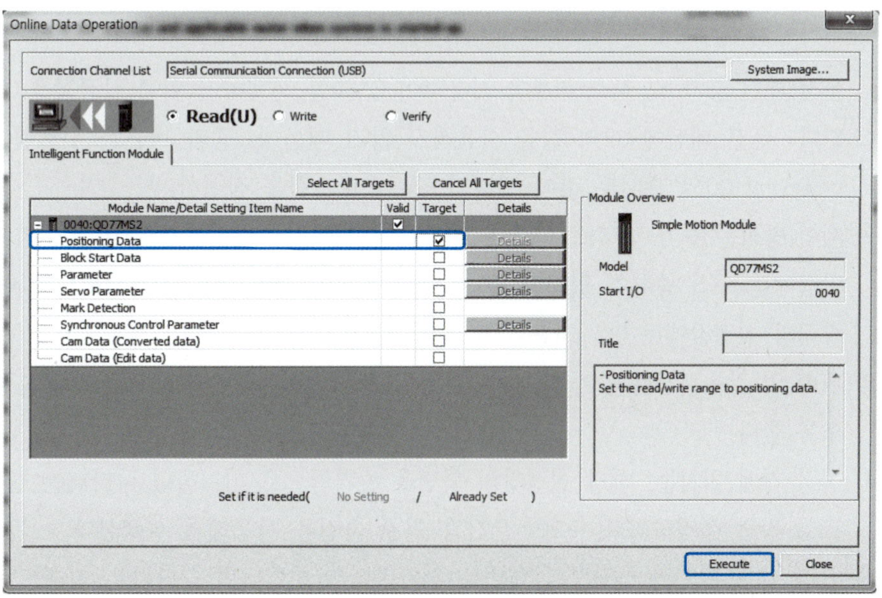	

(계속)

3	**위치 데이터(Positioning Data) 설정 내용 확인하기** 좌측의 내비게이션에서 [Positioning Data] 폴더 하위의 [Axis #1 Positioning Data]를 클릭하면 우측 창에 1번 축에 설정한 위치 데이터 설정 내역이 나타난다. 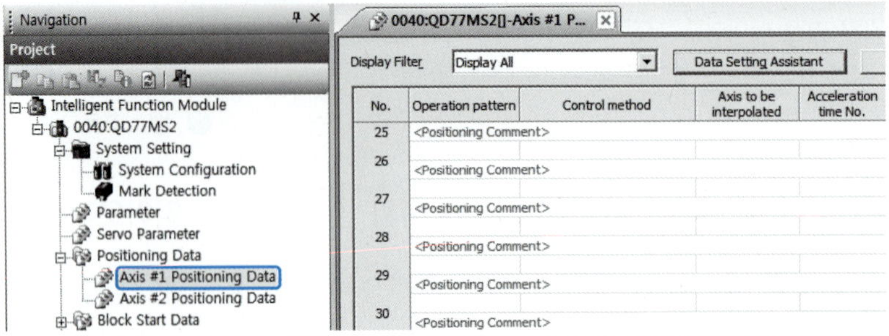

QD77MS의 위치 결정 데이터 메모리를 읽어온 내용에서 No.30을 살펴보면 위치 결정 데이터가 설정되어 있지 않음을 확인할 수 있다. No.30에 티칭 기능을 사용해서 다음과 같은 위치 결정 데이터를 설정해보자.

[표 9-8] **위치 결정 데이터 No.30의 위치 식별자, 위치 데이터, 속도 데이터 설정 내역**

위치 결정 데이터 No.	운전 패턴	제어 방식	가속시간 (ms)	감속시간 (ms)	위치값 (μm)	속도 (mm/min)	M코드 설정값
30	END	ABS1	200	400	125000.0	2800.00	0

PLC 프로그램 작성법

■ 프로그램 작성 순서

① 운전 패턴 증가 및 감소 버튼을 사용하여 END를 선택하기 위해 설정값을 0으로 설정한다. 운전 패턴에 02의 값을 사용하지 않기 때문에, 증가 버튼은 누르면 00 → 01 → 03 → 00의 순서로 값이 변경되도록 프로그램을 작성한다.

② 제어 방식은 증가 및 감소 버튼을 사용하여 ABS1이 선택되도록 01을 설정한다. 제어 방식에는 수십 종류가 있지만, 그 중에서 3개의 제어 방식만 선택되도록 한다. 제어 방식의 설정값에는 0을 사용할 수 없다.

③ 가속 및 감속시간은 증가 및 감소 버튼을 조작해서 [표 9-8]의 값으로 설정될 수 있도록 한다.

④ 설정 기계 위치는, 해당 설정창의 화면을 손가락으로 터치하면 나타나는 설정값 키패드로 직접 설정하거나, JOG 운전과 인칭 운전을 사용해서 설정한다.

⑤ 설정 기계 속도는 설정창의 화면을 손가락으로 터치하면 나타나는 키패드로 직접 설정한다.

⑥ M코드는 사용하지 않기 때문에 0의 설정값을 그대로 사용한다. 필요에 따라 M코드를 설정할 수 있도록 하기 위해 증가 및 감소 버튼을 사용해서 0~100의 값을 설정하도록 한다. 그리고 설정값의 범위가 넓기 때문에, 증가 및 감소 버튼을 1.5초 이상 계속 누르면 0.1초 간격으로 숫자 값이 증가 또는 감소하는 기능을 추가한다.

⑦ 설정 위치 데이터 선택의 증가 및 감소 버튼을 사용하여 해당 설정 데이터를 저장할 위치 결정 데이터 번호를 30으로 설정한다.

⑧ 티칭 버튼을 누르면 설정한 위치 결정 데이터가 No.30에 저장된다.

■ 프로그램 작성을 위한 인덱스 레지스터 사용법

[실습과제 8-4]에서 학습한 인덱스INDEX 레지스터 사용법을 기억하고 있는가? 만약 기억하지 못한다면 해당 내용을 살펴보기 바란다. QD77MS에 티칭할 때 위치 결정 데이터가 저장되는 메모리 번지를 자유롭게 사용하기 위해서 인덱스 레지스터를 사용한다. 주어진 티칭 동작을 완료하기 위해서는 운전 패턴, 제어 방식, 가속시간, 감속시간을 설정하는 메모리, 위치값을 설정하는 메모리, 속도값을 설정하는 메모리, M코드를 설정하는 메모리에 데이터를 쓸 수 있어야 한다.

[그림 9-5]에서 위치 결정 데이터를 저장하는 메모리 번지를 살펴보면, 위치 결정 데이터 번호 1개당 16비트 크기 메모리의 번지가 10씩 증가함을 알 수 있다. 위치 결정 식별자가 저장되는 메모리 번지는 2000번지부터 2010, 2020, … 순서로 증가하고, 위치값을 저장하는 메모리 번지는 2006, 2016, 2026, … 순서로 증가한다. 그리고 속도값을 저장하는 메모리 번지는 2004, 2014, 2024, … 순서로 증가함을 볼 수 있다. 다시 말해 각각의 값을 저장하는 메모리 선두 번지를 고정한 후에, 티칭 화면에서 설정한 위치 결정 데이터 선택 번호(D1049) 값에 10을 곱한 값을 인덱스 레지스터에 설정하면 된다.

PLC 프로그램

■ QD77MS 버퍼 메모리 위치 결정 데이터 티칭 프로그램 : EXEC_8_3

PLC의 파라미터 Program에서 [표 9-9]와 같이 실행 프로그램의 EXEC_8_2를 삭제하고 EXEC_8_3을 포함시킨다. 해당 프로그램과 파라미터를 PLC로 전송한 후에 프로그램의 동작을 테스트한다.

[표 9-9] QD77MS의 버퍼 메모리에 위치 결정 데이터를 설정하는 PLC 프로그램의 구성

	Program Name	Execute Type	Fixed Scan Interval	In Unit
1	EXEC_01	Scan		
2	EXEC_02	Scan		
3	EXEC_3_2	Scan		
4	EXEC_4	Scan		
5	EXEC_8_3	Scan		
6				

프로그램 명칭	기능
EXEC_01	QD77MS 버퍼 메모리 모니터링을 위한 프로그램
EXEC_02	수동 운전(JOG, 인칭, 수동펄스) 프로그램
EXEC_3_2	전용 명령어를 이용한 기계 원점 / 고속 원점복귀 프로그램
EXEC_4	위치 제어 프로그램
EXEC_8_3	위치 식별자, 위치, 속도, M코드 설정을 위한 프로그램

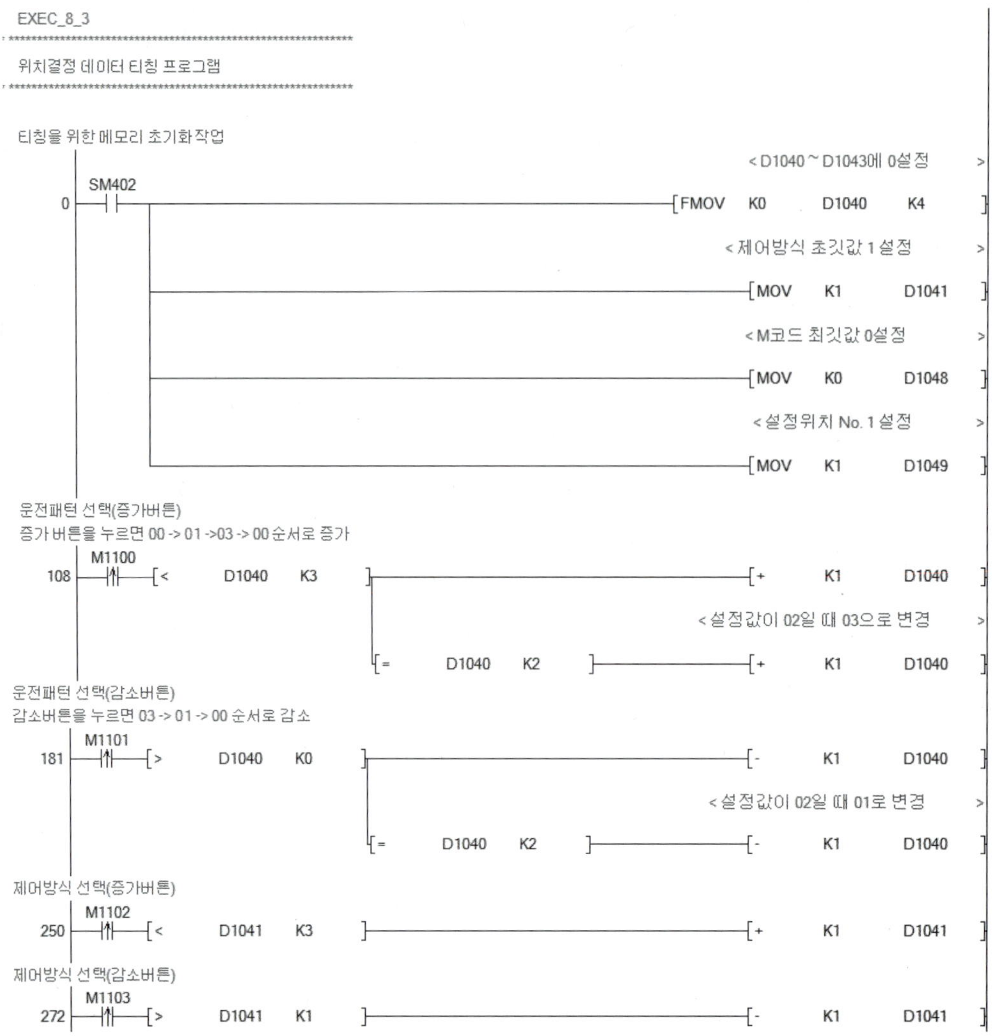

(계속)

```
가속시간 선택(증가버튼)
294   M1104 ─┤↑├─[<  D1042  K3 ]──────────────[+  K1  D1042 ]

가속시간 선택(감소버튼)
316   M1105 ─┤↑├─[>  D1042  K0 ]──────────────[-  K1  D1042 ]

감속시간 선택(증가버튼)
338   M1106 ─┤↑├─[<  D1043  K3 ]──────────────[+  K1  D1043 ]

감속시간 선택(감소버튼)
360   M1107 ─┤↑├─[>  D1043  K0 ]──────────────[-  K1  D1043 ]

M코드 선택(증가버튼)
증가버튼을 1.5초 이상 누르고 있으면 0.1초 간격으로 증가
382   M1108 ─┤↑├──────────┬─[<  D1048  K100 ]──[+  K1  D1048 ]
      T120 ─┤ ├─ SM410 ─┤↑├─┘

증가버튼 눌린 시간체크
437   M1108 ─┤ ├──────────────────────────────(T120  K15)

M코드선택(감소버튼)
감소버튼을 1.5초 이상 누르고 있으면 0.1초 간격으로 감소
456   M1109 ─┤↑├──────────┬─[>  D1048  K0 ]──[-  K1  D1048 ]
      T121 ─┤ ├─ SM410 ─┤↑├─┘

감소버튼 눌린 시간체크
510   M1109 ─┤ ├──────────────────────────────(T121  K15)

설정위치데이터 선택(증가버튼)
증가버튼을 1.5초 이상 누르고 있으면 0.1초 간격으로 증가
529   M1110 ─┤↑├──────────┬─[<  D1049  K600 ]──[+  K1  D1049 ]
      T122 ─┤ ├─ SM410 ─┤↑├─┘

588   M1110 ─┤ ├──────────────────────────────(T122  K15)

설정위치데이터 선택(증가버튼)
감소버튼을 1.5초 이상 누르고 있으면 0.1초 간격으로 감소
593   M1111 ─┤↑├──────────┬─[>  D1049  K1 ]──[-  K1  D1049 ]
      T123 ─┤ ├─ SM410 ─┤↑├─┘

652   M1111 ─┤ ├──────────────────────────────(T123  K15)

현재위치 버튼이 눌러지면 이송기계위치를 설정기계위치로 복사
657   M1112 ─┤↑├──────────────────────────────[DMOV  D1002  D1044 ]

각각 설정된 운전패턴, 제어방식, 가감속시간을 1개 데이터로 조합
                                              <가속 설정시간을 복사 >
693   SM400 ─┤ ├─┬────────────────────────────[MOV  D1042  D1060 ]
```

(계속)

```
                                            <가속시간 4비트 좌시프트                    >
                                            [SFL    D1060     K4                   ]
                                            <감속 설정시간을 복사                       >
                                            [MOV    D1043     D1061                ]
                                            <감속 시간을 6비트 좌시프트                  >
                                            [SFL    D1061     K6                   ]
                                            <제어 방식을 복사                          >
                                            [MOV    D1041     D1062                ]
                                            <제어방식을 8비트 좌시프트                    >
                                            [SFL    D1062     K8                   ]
                                            <운전패턴 설정                             >
      SM400
828 ──┤ ├──                                 [MOV    D1040     D1070                ]
                                            <운전패턴+가속시간                          >
                                            [WOR    D1060     D1070                ]
                                            <운전패턴+가속+감속시간                      >
                                            [WOR    D1061     D1070                ]
                                            <운전패턴+가속+감속+제어방식                  >
                                            [WOR    D1062     D1070                ]
티칭 버튼이 눌러졌을 때 설정한 위치결정데이터 QD77MS메모리 설정
인덱스 레지스터 설정값은 0, 10, 20...단위로 증가
                                            <설정위치데이터 번호 복사                    >
      M1113
890 ──┤↑├──                                 [MOV    D1049     D1050                ]
                                            <설정위치데이터 번호 - 1                    >
                                            [-      K1        D1050                ]
                                            <0보다 작으면 0으로 강제 설정                 >
          [<    D1050    K0    ]            [MOV    K0        D1050                ]
                                            <위치번호(0 ~ 599) * 10을 설정              >
                                     [*     D1050     K10       Z1                 ]
                                            <위치결정식별자 쓰기                        >
                                                              U4₩
                                            [MOV    D1070     G2000Z1              ]
                                            <M코드 설정값 쓰기                         >
                                                              U4₩
                                            [MOV    D1048     G2001Z1              ]
                                            <속도설정값 쓰기                           >
                                                              U4₩
                                            [DMOV   D1046     G2004Z1              ]
                                            <위치설정값 쓰기                           >
                                                              U4₩
                                            [DMOV   D1044     G2006Z1              ]
1094 ──────────────────────────────────────────────────────────────[END              ]
```

[프로그램 9-3] EXEC_8_3 : QD77MS의 버퍼 메모리에 위치 결정 데이터 설정

프로그램 라인 0번은 PLC의 전원이 ON되거나 리셋될 때 티칭에 사용할 메모리 값을 초깃값으로 설정하는 부분이다.

프로그램 라인 108번과 181번은 증가 및 감소 버튼을 사용해서 운전 패턴을 설정하기 위한 부분이다. 운전 패턴에 02를 사용할 수 없으므로 02가 설정되면, 증가 버튼은 03으로, 감소 버튼은 01로 재설정하는 부분이 포함된다.

프로그램 라인 250번과 272번은 제어 방식을 선택하는 부분이다. 그리고 프로그램 라인 294번부터 360번은 가속시간과 감속시간을 선택하는 부분이다.

프로그램 라인 382번과 456번은 M코드를 선택하는 부분이다. M코드를 0~100까지 증가 및 감소 버튼으로 설정하기 때문에, 큰 값을 설정할 때 증가 및 감소 버튼을 1.5초 이상 계속 누르면 0.1초 간격으로 설정값이 증가 또는 감소하는 기능이 포함된다.

프로그램 라인 529번과 593번은 위치 결정 데이터 번호를 1~600까지 증가 및 감소 버튼으로 설정하는 부분이다. 큰 값을 설정할 때 증가 및 감소 버튼을 1.5초 이상 계속 누르면 0.1초 간격으로 설정값이 증가 또는 감소하는 기능이 포함된다.

프로그램 라인 693번은 운전 패턴, 제어 방식, 가감속시간이 설정되어 있는 각각의 16비트 데이터 레지스터의 값을 조합하여 [그림 9-7]처럼 한 개의 16비트 크기의 데이터 레지스터를 만든다.

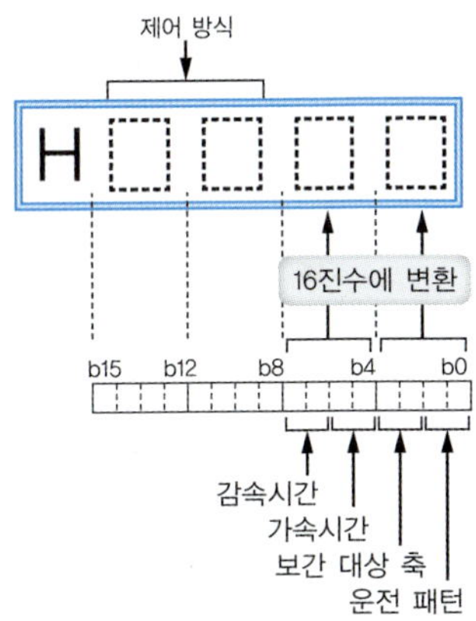

[그림 9-7] 위치 결정 식별자 구조

[그림 9-7]에서 가속시간은 b0을 기준으로 좌측으로 4비트 시프트된 위치에 2비트로 설정된다. D1042에 설정되는 값은 00~03의 값인데, 실제로 해당 데이터 레지스터에 설정되는 값은 하위 2비트만 사용되기 때문에 이 데이터를 좌측으로 4비트 시프트시키면 [그림 9-7]의 가속시간 비트 위치가 된다. 감속시간은 D1043의 데이터를 좌측으로 6비트 시프트시키면 되고, 제어 방식은 좌측으로 8비트 시프트시킨다. 이때 설정된 값의 원본 데이터를 손상시키면 GOT2000에 표시되는 값이 변경되므로 좌시프트시키고자 하는 값은 복사본을 사용한다. 이렇게 시프트된 값은 프로그램 라인 828번에서 WOR 명령어를 통해 [그림 9-7]과 같은 구조를 가진 1개의 데이터 레지스터 설정값으로 변환되어 D1070에 저장된다.

프로그램 라인 890번은 티칭 버튼이 눌렸을 때 인덱스 레지스터를 사용해서 위치 결정 식별자, M코드, 위치 및 속도값을 QD77MS의 버퍼 메모리에 설정한다.

[표 9-8]과 같이 위치 결정 데이터를 각각 설정하고 티칭 버튼을 누른 후에, QD77MS의 위치 결정 데이터를 저장하고 있는 버퍼 메모리의 내용을 읽어서 No.30에 설정된 데이터를 확인하면, [그림 9-8]처럼 사용자가 GOT2000의 티칭 화면에서 설정한 내용이 그 데이터에 설정되어 있음을 확인할 수 있다. 티칭 버튼을 눌러서 QD77MS의 메모리에 설정한 위치 결정 데이터는 QD77MS의 RAM 영역에 저장되기 때문에, PLC CPU를 리셋하면 해당 내용이 삭제되어 버린다.

No.	Operation pattern	Control method	Axis to be interpolated	Acceleration time No.	Deceleration time No.	Positioning address	Arc address	Command speed	Dwell time	M-code
30	0:END	01h:ABS Linear 1	-	1:200	3:400	125000.0 μm	0.0 μm	2000.00 mm/min	0 ms	0
	<Positioning Comment>									

[그림 9-8] 위치 결정 데이터 No.30에 설정한 데이터 내역

9.2 실행 데이터 백업 기능

[실습과제 9-4]

QD77MS에서 설정하는 파라미터나 위치 데이터 등의 모든 관련 데이터는 QD77MS가 가지고 있는 두 종류의 메모리인 RAM 또는 플래시 ROM을 선택해서 저장할 수 있다. [그림 9-9]는 Simple Motion Module Setting Tool에서 설정한 다양한 항목을 선택해서 QD77MS의 버퍼 메모리에 쓰기를 위한 화면을 나타낸 것이다.

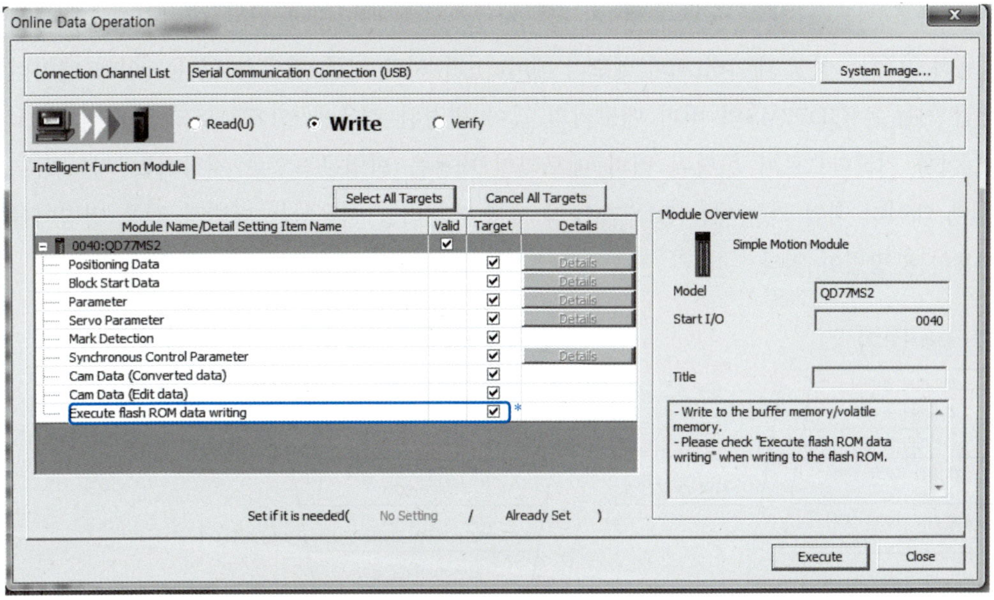

[그림 9-9] QD77MS의 버퍼 메모리에 데이터 쓰기

Simple Motion Module Setting Tool에서 설정한 데이터를 QD77MS에 쓰기할 때, 'Execute flash ROM data writing'*이 체크되어 있으면 RAM과 ROM 영역에 데이터 쓰기가 실행되고, 해당 항목이 체크되어 있지 않으면 RAM 영역에 데이터 쓰기가 된다.

RAM에 저장된 데이터는 QD77MS의 전원이 OFF되거나 CPU가 리셋될 때마다 데이터가 삭제된다는 문제가 있다. 그래서 QD77MS의 전원 ON/OFF와 PLC CPU의 리셋에 관계없이 데이터를 백업하기 위한 플래시 ROM이 존재한다. 플래시 ROM은 반영구적으로 설정한 데이터를 저장할 수 있지만, 고속으로 데이터를 처리하는 일은 불가능한 메모리이기 때문에, 실제 작업이 실행되는 데이터는 RAM에 저장되어 있는 데이터이다.

사용자가 QD77MS를 사용하기 위해 설정한 위치 결정 데이터는 플래시 ROM에 저장되어 있다. [그림 9-10]처럼 PLC의 전원이 ON되거나 CPU가 리셋될 때 QD77MS의 플래시 ROM에 저장되어 있는 모든 데이터가 RAM으로 복사되고, 서보 앰프에 관한 데이터는 서보 앰프로 전송된다. 즉 QD77MS는 RAM 영역에 복사되어 있는 데이터로 위치 제어를 하는 것이다.

그런데 문제는, 위치 제어 도중에 필요에 의해 위치 데이터 또는 파라미터 등의 설정이 변경되면, 변경된 데이터와 파라미터가 RAM에 변경되어 저장된다는 것이다. 변경된 데이터를 반영구적으로 사용하기 위해서는 이를 플래시 ROM에 저장해야 한다. 이처럼 위치 제어 동작 중에 필요에 의해 티칭 등을 통하여 RAM에 QD77MS의 버퍼 메모리의 내용을 바꿔 기록한 경우, 'QD77MS의 플래시 ROM에 백업되어 있는 데이터'와 '제어에 사용하고 있는 실행 데이터(버퍼 메모리 데이터)'가 서로 다른 경우가 있다. '실행 데이터 백업 기능'은 QD77MS의 버퍼 메모리의 값이 변경된 경우에 QD77MS의 플래시 ROM에 이를 기록함으로써 변경된 버퍼 메모리의 내용을 반영구적으로 저장하는 기능이다. '실행 데이터 백업 기능'에는 QD77MS의 제어 데이터를 이용하는 방법과 전용 명령어를 이용하는 방법이 있다.

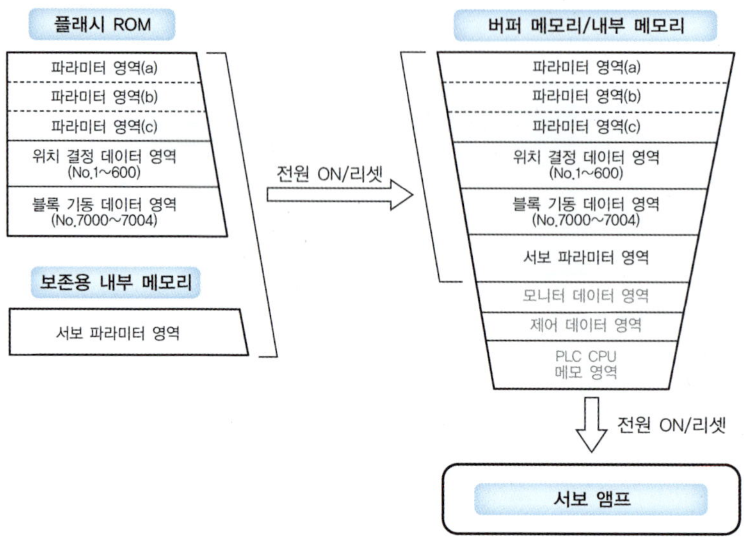

[그림 9-10] QD77MS의 플래시 ROM의 데이터가 RAM으로 복사되는 시점과 그 데이터의 종류

9.2.1 실행 데이터 백업을 위한 제어 기본 사항

실행 데이터 백업은 QD77MS의 버퍼 메모리(RAM 영역)에 저장된 파라미터, 위치 결정 데이터, 블록 기동 데이터를 QD77MS의 플래시 ROM에 저장하는 제어 동작이다.

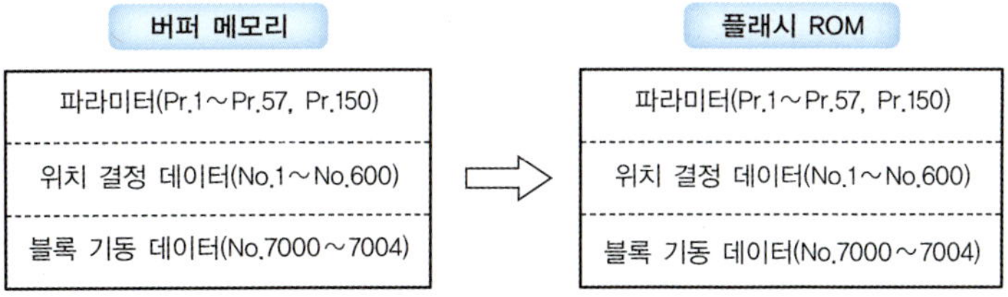

[그림 9-11] **실행 데이터 백업에 의해 플래시 ROM에 저장되는 데이터의 종류**

QD77MS의 제어 데이터를 이용한 백업

QD77MS의 버퍼 메모리에 제어 데이터를 설정하여 실행 데이터를 백업할 때에는 다음 사항에 주의한다.

- 실행 데이터 백업은 반드시 'PLC Ready' 신호가 OFF인 상태에서 실행한다.
- 플래시 ROM 기록 횟수는 10만 회이다.
- PLC 전원을 ON한 후 연속해서 플래시 ROM에 기록할 수 있는 횟수는 25회이다. 25회를 초과했을 경우에는 PLC 전원을 OFF한 후 다시 ON한다.
- 플래시 ROM 기록 중에 PLC 전원 ON/OFF 또는 PLC 리셋 등을 할 경우에는 플래시 ROM이 손상될 수 있다.
- PLC Ready 신호를 OFF한다. QD77MS의 플래시 ROM에 데이터를 기록하기 위해서는 QD77MS의 PLC Ready 신호가 반드시 OFF되어야 한다.
- 플래시 ROM으로 기록 요구를 한다. 제어 데이터 메모리 어드레스 '1900번지'에 '0'을 설정한다.

실행 데이터 백업을 위한 시퀀스 프로그램에서 사용할 QD77MS의 제어 데이터를 [표 9-10]에 나타내었다.

[표 9-10] **실행 데이터 백업을 위한 QD77MS의 버퍼 메모리 번지와 기능**

설정 항목		설정값	설정 내용	제어 데이터 메모리 어드레스			
				축1	축2	축3	축4
Cd. 1	플래시 ROM 기록 요구	1	설정한 내용을 플래시 ROM에 기록한다. (변경한 데이터를 백업한다.)	1900			

* 플래시 ROM으로 기록을 완료하면, QD77MS에 의해 'Cd.1 플래시 ROM 기록 요구' 제어 데이터에 자동으로 '0'이 설정된다.

실행 데이터 백업 전용 명령어를 이용한 백업

QD77MS는 다음과 같은 실행 데이터 백업 전용 명령어를 가지고 있다.

[명령 기호] [실행 조건]

PFWRT

[그림 9-12] 실행 데이터 백업 전용 명령어

전용 명령어는 다음과 같이 세 부분으로 구성되어 있다.

- "Un" : "Un"은 QD77MS의 입출력 선두 번지를 기재하는 부분으로, 입출력 번호를 3자리로 표현했을 경우 상위 2자리를 기재한다. PLC CPU 1개에 여러 개의 QD77MS를 사용할 수 있기 때문에 실행 데이터 백업 명령어를 실행할 QD77MS를 지정하기 위한 입출력 선두 번지가 설정된다. 실습에서 사용하는 QD77MS의 입출력 시작 번지가 H40이므로 "U4"를 기재한다.

- (S) : 이 부분은 컨트롤 데이터가 저장되어 있는 PLC 디바이스의 선두 번호를 의미한다. 티칭 전용 명령어는 [표 9-11]과 같이 2개의 16비트 디바이스를 필요로 한다.

[표 9-11] 실행 데이터 백업 전용 명령어(ZP.PFWRT)의 컨트롤 데이터 설정 내역

디바이스	항목	설정 데이터	설정 범위	세트측*
(S)+0	시스템 영역	–	–	–
(S)+1	완료 상태	완료 시의 상태가 저장된다. • 0 : 정상 종료 • 0 이외 : 이상 완료(에러 코드)	–	시스템

*세트측은 다음과 같은 의미를 가진다.
사용자 : 전용 명령 실행 전에 사용자가 저장하는 데이터
시스템 : 전용 명령 실행 결과를 PLC CPU가 저장하는 데이터

- (D) : 이 부분은 실행 데이터 백업 전용 명령어의 명령 완료 여부를 나타내는 비트 정보를 저장하는 영역이다. 이 비트는 명령어 수행 완료 시 1스캔 시간 동안 ON/OFF 되는 비트로, 2개의 비트 메모리 영역을 사용하여 명령어 정상 수행 여부를 나타낸다. 예를 들어 이 부분을 'M0'으로 지정하면 'M0, M1' 두 개의 비트를 사용한다는 의미이다. 그러면 정상적인 명령어의 정상 수행 후에는 1스캔 시간 동안 'M0=1, M1=0'이 설정되고, 에러 발생 시에는 명령어 수행 후 1스캔 시간 동안 'M0=1, M1=1'이 된다.

실습과제 9-4 실행 데이터 백업

티칭 기능을 통해, QD77MS의 RAM 영역에 저장된 실행 데이터를 플래시 ROM에 등록하는 프로그램 작성법에 대해 살펴보자.

[Section 9.2]

해당 프로그램명 : EXEC_9_1, EXEC_9_2

앞에서 QD77MS의 버퍼 메모리에 위치 결정을 위한 실행 데이터를 티칭하는 방법에 대해 살펴보았다. 티칭한 실행 데이터는 QD77MS의 버퍼 메모리 RAM 영역에 저장되어 있기 때문에, PLC 전원이 OFF되거나 CPU가 리셋되면 그 데이터는 삭제된다. 플래시 ROM에 저장해 놓은 QD77MS의 파라미터와 실행 데이터는 RAM에 복사되므로 티칭을 완료한 후에는 티칭한 실행 데이터를 플래시 ROM에 저장하는 절차를 거쳐야 한다.

PLC 프로그램 작성법

티칭한 실행 데이터의 백업 방법에는 두 가지 있다. 첫 번째는 QD77MS의 버퍼 메모리 1900번지에 '1'을 설정함으로써 실행 데이터를 플래시 ROM에 백업하는 방법이고, 두 번째는 실행 데이터 백업을 위한 QD77MS의 전용 명령어 ZP.PFWRT를 사용하는 방법이다. 두 방법 모두, RAM에 저장된 위치 결정 데이터가 플래시 ROM에 저장되기 위해서는 [그림 9-13]의 타임 차트와 같이 PLC Ready 신호(Y40)가 OFF되어 있어야 한다. 이 책에서 사용하는 입출력 번지는 [그림 9-13]의 값에 0×40을 더한 번지이다(예 Y10→Y50).

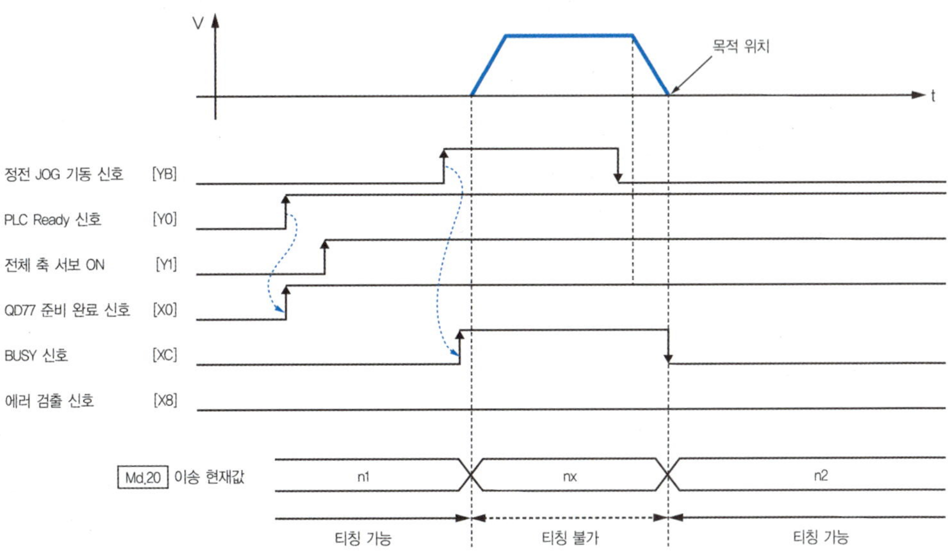

[그림 9-13] 티칭 데이터 백업을 위한 타임 차트

PLC 프로그램

■ QD77MS 버퍼 메모리 위치 결정 데이터 티칭 프로그램 : EXEC_9_1

PLC의 파라미터 Program에서 [표 9-12]와 같이 실행 프로그램에 EXEC_9_1을 포함시킨다. PLC Ready 신호(Y40)를 OFF시키는 동작을 구현하기 위해 EXEC_02의 프로그램을 [프로그램 9-5] 또는 [프로그램 9-6]처럼 일부 수정한 후에 전체 동작을 테스트한다.

[표 9-12] QD77MS의 버퍼 메모리에 위치 결정 데이터를 설정하는 PLC 프로그램 구성

	Program Name	Execute Type	Fixed Scan Interval	In Unit
1	EXEC_01	Scan		
2	EXEC_02	Scan		
3	EXEC_3_2	Scan		
4	EXEC_4	Scan		
5	EXEC_8_3	Scan		
6	EXEC_9_1	Scan		
7				

프로그램 명칭	기능
EXEC_01	QD77MS 버퍼 메모리 모니터링을 위한 프로그램
EXEC_02	수동 운전(JOG, 인칭, 수동펄스) 프로그램
EXEC_3_2	전용 명령어를 이용한 기계 원점 / 고속 원점복귀 프로그램
EXEC_4	위치 제어 프로그램
EXEC_8_3	위치 식별자, 위치, 속도, M코드 설정을 위한 프로그램
EXEC_9_1	실행 데이터 플래시 ROM 백업(버퍼 메모리 사용)

QD77MS의 버퍼 메모리를 사용하는 실행 데이터 백업용 프로그램을 [프로그램 9-4]에 나타내었다. 실행 데이터 백업 작업 동안 PLC Ready 신호(Y40)가 OFF되어야 하기 때문에, [프로그램 9-5]의 프로그램 라인 0번에 M300을 사용하여 Y40 신호를 OFF했다.

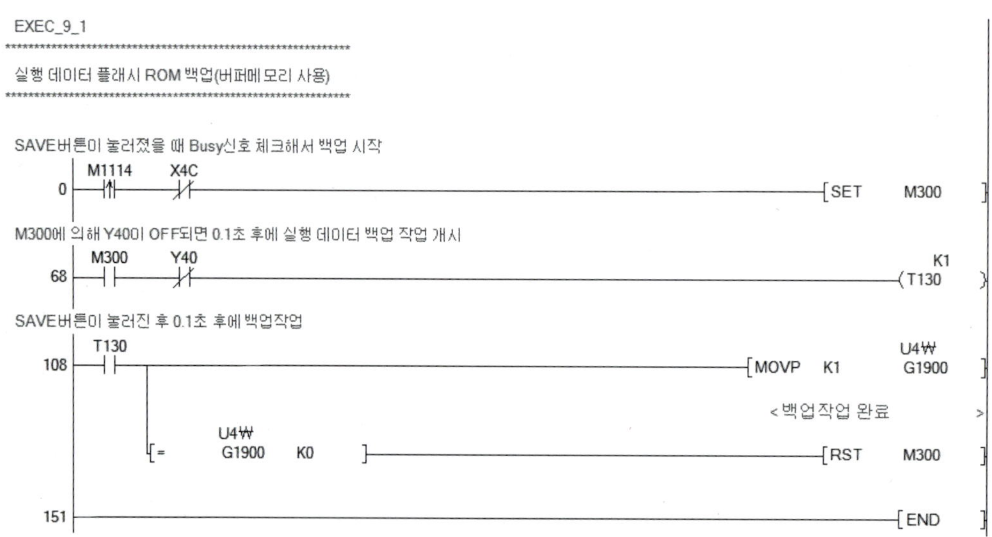

[프로그램 9-4] EXEC_9_1 : QD77MS의 버퍼 메모리를 사용한 실행 데이터 백업

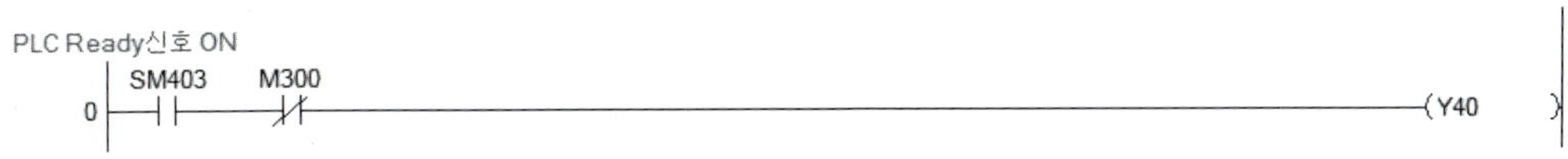

[프로그램 9-5] EXEC_02 프로그램 수정 내용

PLC Ready 신호는 M코드의 AFTER 및 WITH 모드를 변경할 때에도 OFF시켜야 하는데, 이때에는 [프로그램 9-6]처럼 수정한다.

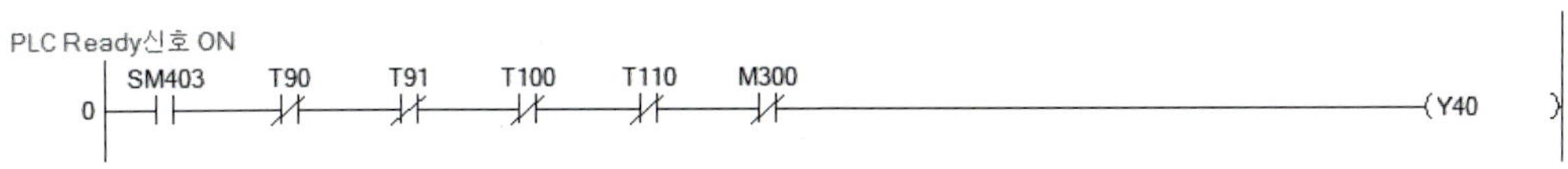

[프로그램 9-6] EXEC_02 프로그램 수정 내용

[프로그램 9-6]에서 T90, T91은 프로그램 EXEC_7_1에서 M코드의 AFTER 및 WITH 모드 선택 시 PLC Ready 신호를 OFF하기 위한 것이고, T100은 프로그램 EXEC_7_2에서 M코드의 AFTER 모드를 선택하기 위한 것이다. T110은 프로그램 EXEC_7_3에서 M코드의 WITH 모드를 선택하기 위한 것이다.

[프로그램 9-4]와 [표 9-12]의 파라미터를 PLC에 전송하고, 위치 결정 데이터의 내용을 수정하거나 또는 새롭게 작성 후에 QD77MS에 쓰기 할 여러 항목 중에서 위치 데이터만 선택해서 QD77MS에 쓰기를 한다. 위치 데이터 쓰기가 완료된 후에 PLC CPU를 리셋하고, QD77MS의 버퍼 메모리에 저장된 위치 데이터를 읽어 온다. CPU를 리셋하기 직전에 설정한 위치 데이터 변경 내용이 저장되어 있지 않고, 이전에 설정한 위치 데이터 내용임을 확인할 수 있다. 다시 말해, 새롭게 설정한 위치 데이터가 ROM에 백업되지 않았기 때문에 PLC CPU가 리셋되면 RAM에 저장된 변경 위치 데이터가 삭제되고, ROM에 저장된 위치 데이터가 RAM에 복사되어 저장되기 때문에 생기는 문제이다. 이번에는 위치 데이터를 변경한 후에 SAVE 버튼을 눌러 실행 데이터 백업 작업을 한 다음, QD77MS의 위치 결정 데이터를 읽어온 결과를 비교해보자. 실행 데이터 백업 작업을 완료한 후에 읽어온 QD77MS의 위치 결정 데이터의 내용에는 티칭 작업한 내용이 고스란히 저장되어 있음을 확인할 수 있을 것이다.

전용 명령어를 사용한, 실행 데이터 백업 프로그램 작성법을 살펴보자. ZP.PFWRT 명령어를 사용한 실행 데이터 백업 프로그램을 EXEC_9_2에 작성한다.

QD77MS 버퍼 메모리 위치 결정 데이터 티칭 프로그램 : EXEC_9_2

PLC의 파라미터 Program에서 [표 9-13]과 같이 실행 프로그램의 EXEC_9_1을 삭제하는 대신, EXEC_9_2를 포함시킨다. PLC Ready 신호(Y40)를 OFF시키는 동작을 구현하기 위해 EXEC_02 프로그램을 [프로그램 9-5] 또는 [프로그램 9-6]에 있는 M300 대신 M301로 변경하거나, [프로그램 9-8]처럼 M301을 추가한 후에 동작 여부를 테스트한다.

[표 9-13] QD77MS의 버퍼 메모리에 위치 결정 데이터를 설정하는 PLC 프로그램 구성

	Program Name	Execute Type	Fixed Scan Interval	In Unit
1	EXEC_01	Scan		
2	EXEC_02	Scan		
3	EXEC_3_2	Scan		
4	EXEC_4	Scan		
5	EXEC_8_3	Scan		
6	EXEC_9_2	Scan		
7				

프로그램 명칭	기능
EXEC_01	QD77MS 버퍼 메모리 모니터링을 위한 프로그램
EXEC_02	수동 운전(JOG, 인칭, 수동펄스) 프로그램
EXEC_3_2	전용 명령어를 이용한 기계 원점 / 고속 원점복귀 프로그램
EXEC_4	위치 제어 프로그램
EXEC_8_3	위치 식별자, 위치, 속도, M코드 설정을 위한 프로그램
EXEC_9_2	실행 데이터 플래시 ROM 백업(전용 명령어 사용)

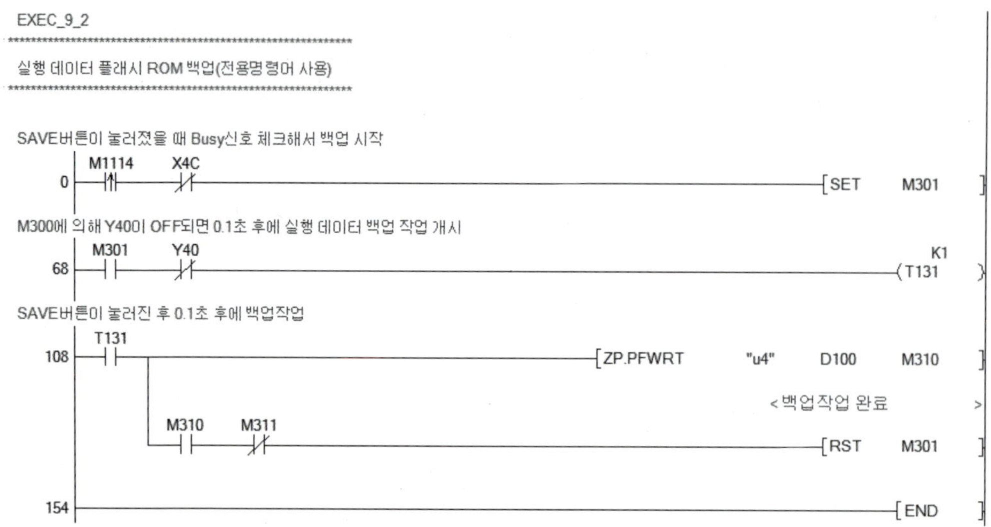

[프로그램 9-7] EXEC_9_2 : QD77MS의 전용 명령어를 사용한 실행 데이터 백업

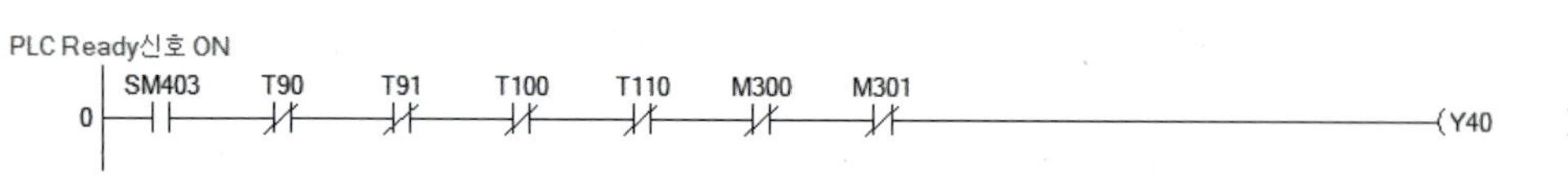

[프로그램 9-8] EXEC_02 프로그램 수정 내용

Chapter 10

직선 보간과 원호 보간

이 장에서는 QD77MS와 2축의 서보 드라이브를 이용한 직선 보간 및 원호 보간에 대한 프로그램 작성법에 대해 살펴본다. CNC와 MCT는 정밀한 기계 부품을 가공하는 장치로, 다양한 형상을 가진 금속 제품을 가공할 때 직선 및 원호 보간 제어를 사용한다. 보간 제어가 어떤 방식으로 이루어지는지 학습해보자.

10.1 보간 제어

[실습과제 10-1, 10-2, 10-3]

보간 제어interpolation control란 두 개 이상의 축이 연동되어 위치 제어를 하는 방식으로, 직선 보간과 원호 보간으로 구분된다. 보간 제어는 사용자가 설정한 목표 위치에 도달하기 위해 각 축에 사용된 서보 모터의 속도가 자동으로 조절되면서 목표 위치로 이동하는 제어를 의미한다. 이 책의 실습에서 다루는 QD77MS의 보간 제어는 2~4축의 직선 보간과 2축의 원호 보간 제어가 가능하다.

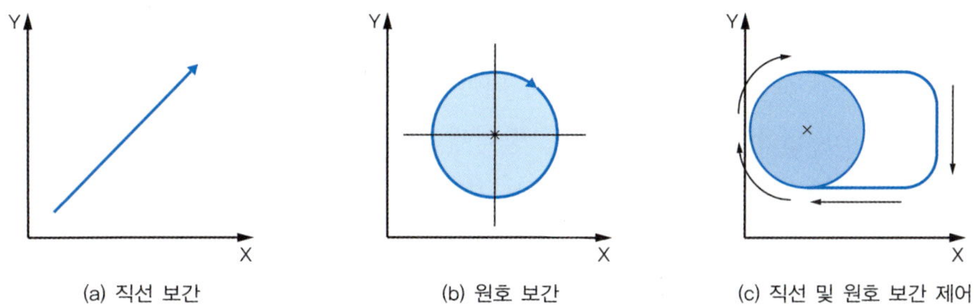

[그림 10-1] 직선 보간과 원호 보간

10.1.1 직선 보간

직선 보간linear interpolation 제어는 가장 기본이 되는 보간 제어로, 2축 또는 3축의 서보 모터가 각각 다른 위치에서 출발하여 동시에 정해진 목표 위치에 도착하기 위해, 서보 모터 각각의 속도와 가속도를 계산하고 각 모터를 그 값대로 이동시킨다. 그 이동 경로는 [그림 10-1(a)]처럼 공간상에서 직선을 만들어낸다. 이 책의 실습에서는 위치 결정 제어 모듈로 QD77MS2를 사용하기 때문에 2축 직선 보간 제어에 대해서만 살펴보자.

QD77MS에서의 2축 직선 보간 제어에는 앱솔루트absolute와 인크리멘털incremental의 두 가지 방식이 있다. [그림 10-2]의 (a)는 시점 어드레스(X축 : 1000, Y축 : 1000)에서 종점 어드레스(X축 : 10000, Y축 : 4000)로 이동하는 앱솔루트 2축 직선 보간 제어 방식을 나타내었다. (b)는 시점 어드레스(X축 : 10000, Y축 : 4000)에서 종점 어드레스(X축 : 9000, Y축 : -3000)로 이동하는 인크리멘털 2축 직선 보간 제어 방식을 나타낸 것이다. 앱솔루트 방식과 인크리멘털 방식의 차이는 종점 어드레스 설정에 있다. 앱솔루트는 말 그대로 절대 좌표값을 설정하는 방식이고, 인크리멘털 방식의 2축 직선 보간 제어는 이동량의 값을 설정하는 방식이다.

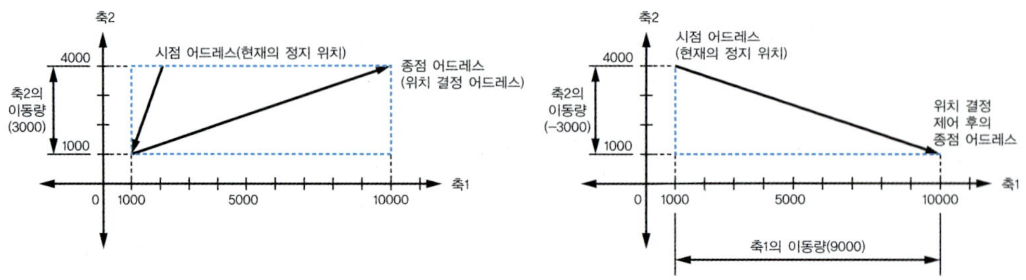

(a) 앱솔루트 방식의 2축 직선 보간 제어　　(b) 인크리멘털 방식의 2축 직선 보간 제어

[그림 10-2] **앱솔루트 및 인크리멘털 방식의 2축 직선 보간 제어**

[표 10-1]은 [그림 10-2(a)]의 앱솔루트 방식의, [표 10-2]는 [그림 10-2(b)]의 인크리멘털 방식의 2축 직선 보간 제어를 위한 위치 데이터 설정 내역이다. 두 내역의 차이점을 살펴보면, [Control methode]가 앱솔루트 방식에서는 ABS Linear 2로, 좌표는 절대 좌표로 설정되어 있지만, 안크리멘털 방식에서는 INC Linear 2로, 좌표는 상대 좌표로 설정되어 있다.

[표 10-1] **앱솔루트 방식의 2축 직선 보간 제어를 위한 위치 데이터 설정**

	Operation pattern	Control method	Axis to be interpolated	Acceleration time No.	Deceleration time No.	Positioning address	Arc address	Command speed	Dwell time	M-code
축1 기준 축	0:END	0Ah:ABS Linear 2	#2	0:100	0:100	1000.0 μm	0.0 μm	6000.00 mm/min	0 ms	0
축2 보간 축						10000.0 μm	0.0 μm	0.00 mm/min		

[표 10-2] 인크리멘털 방식의 2축 직선 보간 제어를 위한 위치 데이터 설정

축	Operation pattern	Control method	Axis to be interpolated	Acceleration time No.	Deceleration time No.	Positioning address	Arc address	Command speed	Dwell time	M-code
축1 기준 축	0:END	0Bh:INC Linear 2	#2	0:100	0:100	-3000.0 μm	0.0 μm	6000.00 mm/min	0 ms	0
축2 보간 축						10000.0 μm	0.0 μm	0.00 mm/min		

10.1.2 원호 보간

원호 보간circular interpolation은 위치 결정에서 가로 방향 이송 및 세로 방향 이송 시, 두 대의 서보 모터를 구동하여 원호를 그리도록 하는 위치 제어 방식이다. 원호 보간은 보조점 지정의 2축 원호 보간 제어 방식과 중심점 지정의 2축 원호 보간 제어 방식으로 구분된다.

보조점 지정의 2축 원호 보간 제어

이 방식은 시점과 보조점, 종점을 사용하여 원호 보간을 하는 방식이다. 보조점을 지정하는 2축 원호 보간은, 세 점을 지나는 원의 방정식을 사용하여 중심점과 반지름을 계산한다. 원호 보간을 위한 원의 중심점과 반지름을 어떻게 구하는지 살펴보자.

■ 원의 방정식을 이용하여 원의 중심 좌표와 반지름 구하기

원은 한 점(정점)에서 같은 거리에 있는 점들의 집합이다. 이때 그 정점을 원의 중심이라 한다. [그림 10-3]처럼 좌표평면에서 한 점 C에서 같은 거리(반지름, r)에 있는 점들을 좌표 P로 나타낸다고 하자. 이때 좌표평면 위의 두 점 간의 거리 공식에 의해 C와 P 간의 거리를 구하는 원의 방정식은 다음과 같다.

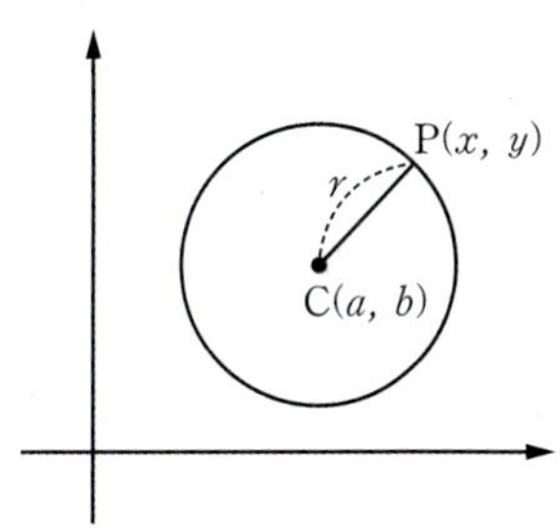

[그림 10-3] 좌표평면 위의 두 점 간의 거리

$$\overline{CP} = \sqrt{(x-a)^2 + (y-b)^2} = r$$

$$\text{즉, } (x-a)^2 + (y-b)^2 = r^2$$

원의 방정식을 이용하여 [그림 10-4]와 같은 좌표평면 위의 임의의 세 점을 지나는 원의 중심 좌표와 반지름을 구하는 방법을 살펴보자. 먼저 원의 방정식을 전개하여 일반형으로 변형한다.

$$(x-a)^2+(y-b)^2=r^2$$

$$x^2-2ax+a^2+y^2-2by+b^2=r^2$$

$$x^2+y^2-2ax-2by+a^2+b^2-r^2=0$$

여기서 $-2a=A$, $-2b=B$, $a^2+b^2-r^2=C$로 치환하면 다음과 같은 원의 방정식 일반형을 구할 수 있다.

$$x^2+y^2+Ax+By+C=0$$

[그림 10-4]와 같이 세 점 $(-2, 2)$, $(4, -6)$, $(5, -5)$를 지나는 원이 있다고 할 때, 원의 방정식 일반형을 사용해서 세 점을 지나는 원의 중심 좌표와 반지름을 구해보자. 원의 방정식 일반형에 세 점의 좌표를 대입해보자.

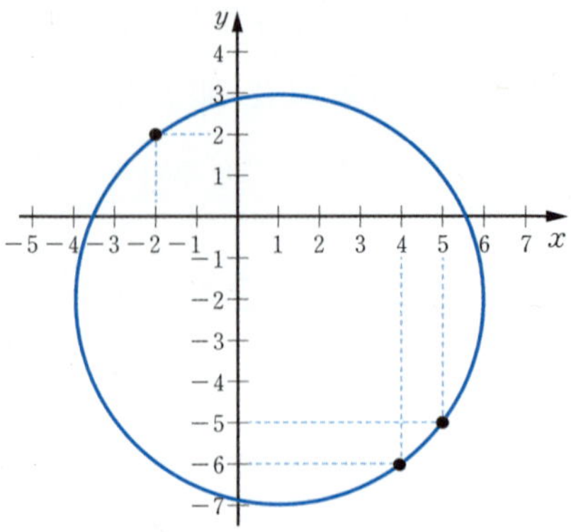

[그림 10-4] 세 점을 지나는 원

- **$(-2, 2)$의 좌표에 대한 원의 방정식 일반형**

$$(-2)^2+2^2-2A+2B+C=0$$

$$2A-2B-C=8 \quad \cdots\cdots ❶$$

- **$(4, -6)$의 좌표에 대한 원의 방정식 일반형**

$$(4)^2+(-6)^2+4A-6B+C=0$$

$$4A-6B+C=-52 \quad \cdots\cdots ❷$$

- **$(5, -5)$의 좌표에 대한 원의 방정식 일반형**

$$(5)^2+(-5)^2+5A-5B+C=0$$

$$5A-5B+C=-50 \quad \cdots\cdots ❸$$

이 세 개의 연립 일차방정식을 풀어보자. 먼저 ❶ + ❷ $=6A+8B=-44$를 2로 나누면

$$3A+4B=-22 \quad \cdots\cdots ❹$$

이고, ❶ + ❸ $=7A-7B=-42$를 7로 나누면

$$A=B=-6 \quad \cdots\cdots ❺$$

이다. ❹와 ❺를 연립해서 풀면 $A=-2$, $B=4$가 된다. ❶의 수식에 이 값을 대입하면 $C=-20$이 된다.

원의 방정식 일반형을 다시 원의 방정식 기본형으로 변형하면 다음과 같다.

$$x^2+y^2+Ax+By+C=0$$

$$x^2+Ax+y^2+By+C=0$$

$$x^2+Ax+\left(\frac{A}{2}\right)^2-\left(\frac{A}{2}\right)^2+y^2+By+\left(\frac{B}{2}\right)^2-\left(\frac{B}{2}\right)^2+C=0$$

$$\left(x+\frac{A}{2}\right)^2+\left(y+\frac{B}{2}\right)^2-\frac{A^2}{4}-\frac{B^2}{4}+C=0$$

$$\left(x+\frac{A}{2}\right)^2+\left(y+\frac{B}{2}\right)^2=\frac{A^2+B^2-4C}{4}$$

따라서 원의 중심 좌표는 $(-\frac{A}{2},\ -\frac{B}{2})$이고, 반지름은 $\frac{\sqrt{A^2+B^2-4C}}{2}$이다. 여기에 $A=-2$, $B=4$, $C=-20$을 대입하면 원의 중심 좌표는 $(1,\ -2)$, 반지름은 5가 된다.

■ 접선의 방정식을 이용하여 원의 중심 좌표와 반지름 구하기

세 점의 위치를 알고 있을 때 접선의 기울기를 이용하여 원의 중심 좌표와 반지름을 구하는 방법을 살펴보자. [그림 10-5]에서 시점 어드레스를 $(x_1,\ y_1)$, 보조점 어드레스를 $(x_2,\ y_2)$, 종점 어드레스를 $(x_3,\ y_3)$라고 하자.

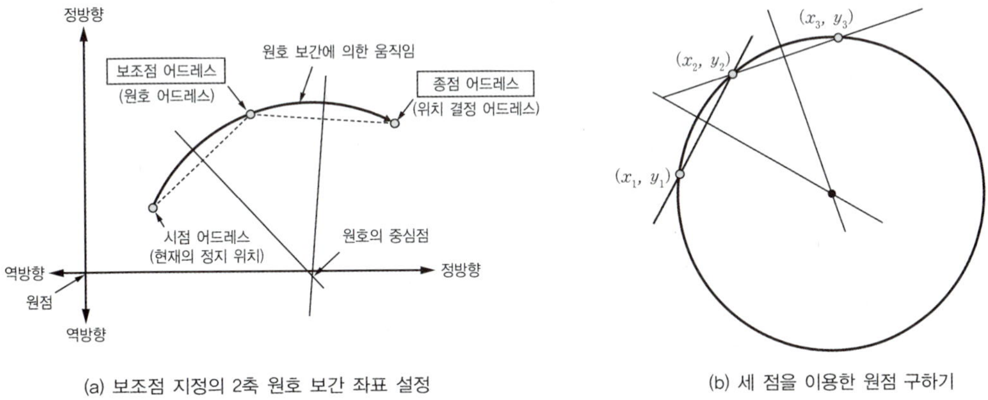

[그림 10-5] 접선의 방정식을 이용하여 세 점을 지나는 원의 중심 좌표 구하기

시점과 보조점 어드레스를 잇는 선분의 기울기를 rd_1이라 하고, 보조점과 종점 어드레스를 잇는 선분의 기울기를 rd_2라 하면 다음이 성립한다.

$$rd_1 = \frac{y_2 - y_1}{x_2 - x_1}, \quad rd_2 = \frac{y_3 - y_2}{x_3 - x_2}$$

이 선분을 수직이등분하는 선의 기울기는 위에서 구한 기울기의 음의 역수이다. 또한 수직이등분선은 선분의 중점을 지나는 직선이므로, 두 수직이등분선의 방정식은 다음과 같다.

$$y_c = -d_1\left(x_c - \frac{x_1 + x_2}{2}\right) + \frac{y_1 + y_2}{2}$$

$$y_c = -d_2\left(x_c - \frac{x_2 + x_3}{2}\right) + \frac{y_2 + y_3}{2}$$

위 수식에서 d는 rd의 역수이다. 그리고 x_c와 y_c는 원의 중심점이다. 두 개의 수직이등분선의 교점이 원의 중심 좌표이다. 교점에서 두 수식의 x_c, y_c 좌표는 일치한다. 따라서 두 개의 식을 연립하여 x_c의 좌표를 구하면 다음과 같다.

$$x_c = \frac{(y_3 - y_1) + (x_2 + x_3)d_2 - (x_1 + x_2)d_1}{2(d_2 - d_1)}$$

위 식으로부터 원의 중심 좌표 (x_c, y_c)를 구하면, 원의 방정식으로부터 반지름 r을 구할 수 있다.

$$r = \sqrt{(x - x_c)^2 + (y - y_c)^2}$$

[그림 10-5]에서 세 점까지의 반지름은 동일하므로, 위의 수식에서 x, y는 세 점 중 1개의 좌표값이다. [그림 10-4]에 표기된 세 점의 좌표 $(-2, 2)$, $(4, -6)$, $(5, -5)$를 적용하여 원의 중심점과 반지름을 구해보자.

d는 rd의 역수이므로 두 수직이등분선의 기울기는 다음과 같다.

$$d_1 = \frac{x_2 - x_1}{y_2 - y_1} = \frac{4-(-2)}{(-6)-2} = -\frac{6}{8} = -0.75$$

$$d_2 = \frac{x_3 - x_2}{y_3 - y_2} = \frac{5-4}{(-5)-(-6)} = \frac{1}{1} = 1$$

원의 중심 좌표 중 먼저 x_c의 값을 구해보자.

$$\begin{aligned} x_c &= \frac{(y_3 - y_1) + (x_2 + x_3)d_2 - (x_1 + x_2)d_1}{2(d_2 - d_1)} \\ &= \frac{(-5-2) + (4+5)\times 1 - ((-2)+4)\times(-0.75)}{2\times(1-(-0.75))} = \frac{3.5}{3.5} = 1 \end{aligned}$$

이제 x_c의 값으로부터 y_c의 값을 구해보자.

$$y_c = d_1\left(x_c - \frac{x_1 + x_2}{2}\right) + \frac{y_1 + y_2}{2}$$

$$= -0.75 \times \left\{1 - \frac{(-2) + 4}{2}\right\} + \frac{2 + (-6)}{2} = -2$$

따라서 원의 중심 좌표는 $(1,\ -2)$이다. 이를 이용해 반지름을 구하면 다음과 같다.

$$r = \sqrt{(x - x_c)^2 + (y - y_c)^2}$$

$$= \sqrt{\{(-2) - 1\}^2 + \{2 - (-2)\}^2} = 5$$

원의 방정식을 이용해서 구한 원의 중심 좌표 및 반지름과, 접선의 방정식을 이용해서 구한 원의 중심 좌표 및 반지름이 서로 동일함을 확인할 수 있다. QD77MS에서 보조점을 지정하는 2축 원호 보간 제어에서는 접선의 기울기를 사용한다. 단, 보조점 지정 2축 원호 보간 제어에서는 (시점 어드레스)=(종점 어드레스)이거나 (시점 어드레스)=(보조점 어드레스), 또는 (종점 어드레스)=(보조점 어드레스), (시점 어드레스)=(보조점 어드레스)=(종점 어드레스)인 경우에는 에러가 발생하니 주의해야 한다.

중심점 지정의 2축 원호 보간 제어

중심점 지정의 2축 원호 보간 제어는, [그림 10-6]처럼 원호의 중심점을 기준으로 시점 어드레스에서 시작하여 종점 어드레스까지 원호를 그리는 위치 제어를 의미한다.

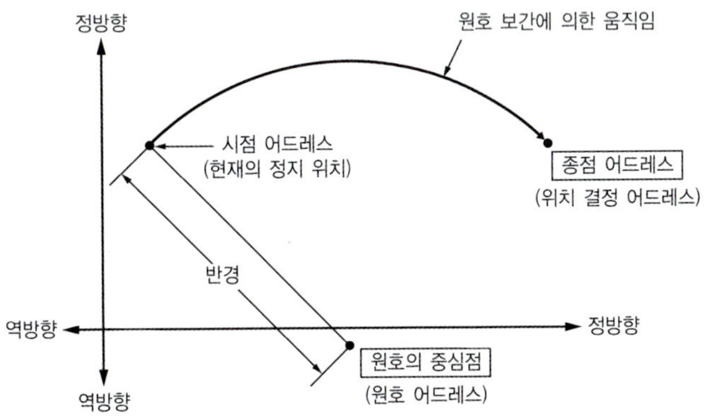

[그림 10-6] 중심점 지정의 2축 원호 보간 제어

QD77MS에서 중심점 지정의 2축 원호 보간 제어 방식은 [표 10-3]과 같이 네 가지로 구분된다. 이 책의 실습에서는 ABS 원호 우측 방식과 좌측 방식만을 사용한다.

[표 10-3] 중심점 지정의 2축 원호 보간 제어 방식의 종류

<table>
<tr><th>제어 방식</th><th>회전 방향</th><th>제어 가능한 원호의 중심각</th><th>위치 결정 경로</th></tr>
<tr><td>ABS 원호 우측</td><td rowspan="2">우회전</td><td rowspan="4">$0 < \theta \leq 360°$</td><td rowspan="2">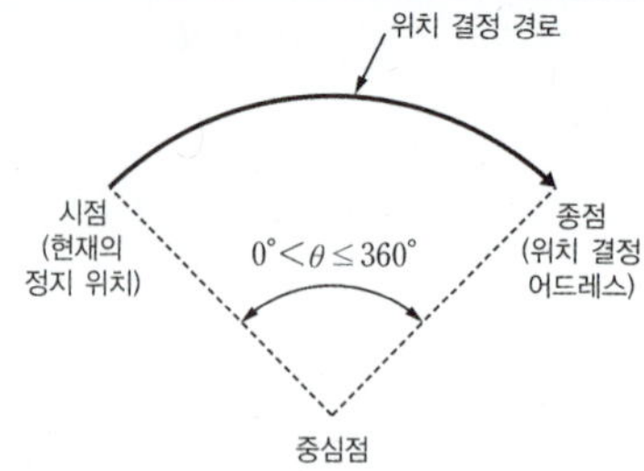
</td></tr>
<tr><td>INC 원호 우측</td></tr>
<tr><td>ABS 원호 좌측</td><td rowspan="2">좌회전</td><td rowspan="2">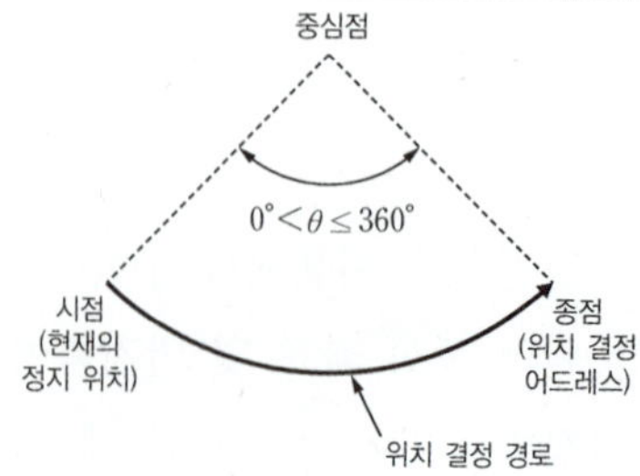
</td></tr>
<tr><td>INC 원호 좌측</td></tr>
</table>

중심점 지정의 2축 원호 보간에서 종점 어드레스와 시점 어드레스가 동일하면, [그림 10-7]처럼 원호의 중심점으로부터 시점(종점)까지의 거리를 반경으로 하는 원을 그릴 수 있다.

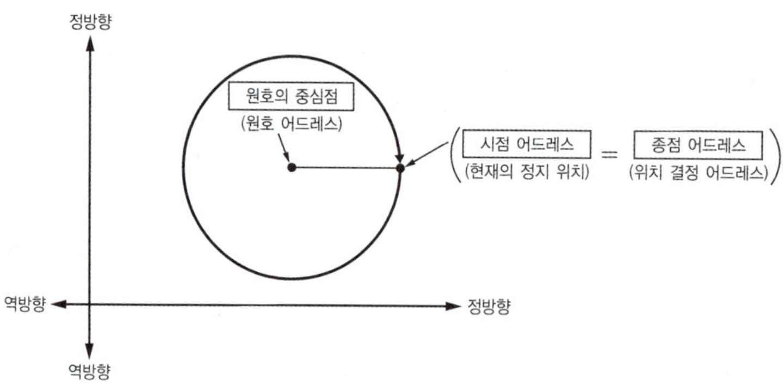

[그림 10-7] 원호의 중심점을 반경으로 하는 원 그리기

10.2 보간 제어를 위한 시스템 구성

직선 및 원호 보간 제어를 하기 위해서는 서보 시스템이 2축으로 구성되어야 한다. [그림 10-8]은 이 책에서 사용하는 서보 2축 시스템의 구성을 보여준다. 서보 2축으로 X축과

Y축을 구성하였고, Y축의 이송테이블에 장착된 펜pen의 상승, 하강 동작을 제어함으로써 그림을 그릴 수 있도록 편솔레노이드 공압밸브와 공압실린더를 사용한다. 즉 편솔레노이드 공압밸브와 공압실린더를 사용하여 도형을 그리기 위한 펜의 동작을 제어한다. 도형을 그리기 시작할 위치에 도착하면 공압실린더가 전진 동작을 하면서 펜이 하강하여 종이에 도형을 그리고, 도형 그리기가 끝나면 공압실린더가 후진하여 펜이 상승하게 된다.

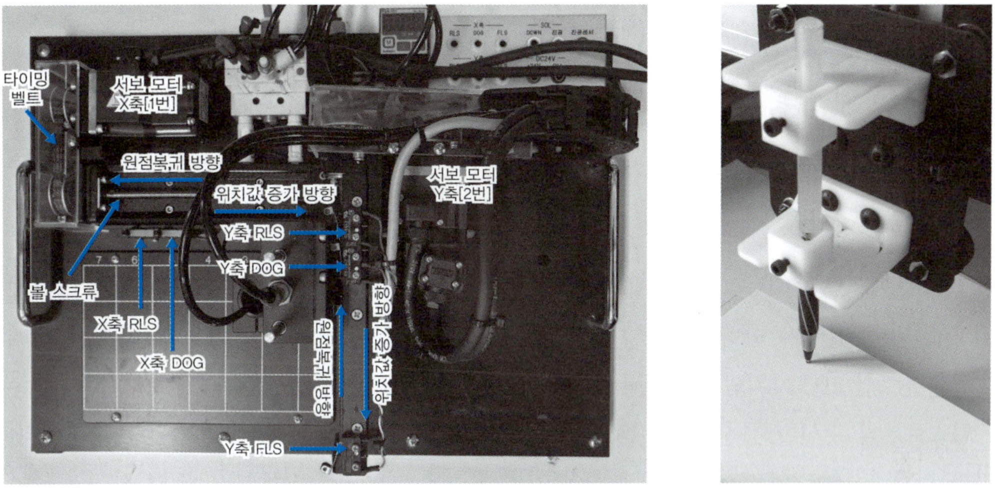

(a) (b)

[그림 10-8] 보간 제어를 위한 서보 2축 시스템의 구성과 Y축에 설치된 펜

이 책의 실습에 사용하는 위치 결정 모듈은 QD77MS2 타입이기 때문에 서보 모터 2축 제어가 가능하고, 따라서 2축을 이용한 직선 및 원호 보간 제어가 가능하다. 보간 제어를 위한 X축 및 Y축 제어 파라미터 설정에 대해 살펴보자.

10.2.1 보간 제어를 위한 시스템 설정

X축과 Y축

[그림 10-8]과 같이 서보 모터의 축에 연결된 타이밍 벨트 폴리와 볼 스크류 축에 연결된 타이밍 폴리가 타이밍 벨트에 의해 수평 방향(X축)으로 나란히 체결되어 있다. 따라서 서보 모터의 축이 정회전 방향(반시계방향)으로 회전했을 때, 볼 스크류에 연결된 이송테이블은 위치값이 증가하는 방향으로 이동한다. 여기에 사용된 볼 스크류의 리드는 1mm이다.

[그림 10-8]에서 Y축은 X축의 이송테이블에 연결되어 있고, X축과 동일하게 Y축 서보

모터의 축과 볼 스크류가 타이밍 벨트를 사용하여 수직 방향으로 나란히 체결되어 있다. 따라서 서보 모터의 축이 정회전 방향(반시계방향)으로 회전했을 때, 볼 스크류에 연결된 이송테이블은 위치값이 증가하는 방향으로 이동한다. 여기에 사용된 볼 스크류의 리드는 1mm이다.

서보 앰프(MR J4-10B)

직선 및 원호 보간 제어에는 X축과 Y축을 사용하기 때문에 서보 앰프 MR-J4-10B 두 개를 사용해야 한다. 따라서 서보 앰프에서 광케이블의 연결과 통신을 위한 축 번호를 설정한다.

QD77MS에서 MR-J4-10B 서보 앰프를 제어하기 위해서는 광케이블을 사용한 광통신이 연결되어 있어야 한다. 광케이블을 사용하여 SSCNET Ⅲ 방식으로 통신하려면 광케이블을 [그림 10-9]처럼 연결한다. 서보 앰프의 CN1A는 광통신 수신단이고, CN1B는 CN1A로부터 수신한 통신데이터를 다른 서보 앰프로 전송할 수 있는 광통신 출력단이다. 다음 그림과 같이 QD77MS의 광통신 단자와 X축에 해당되는 1번 축의 서보 앰프 CN1A를 광케이블로 연결하고, X축의 CN1을 Y축에 해당되는 2번 축의 서보 앰프 CN1A에 연결하면 QD77MS와 서보 앰프 X축과 Y축이 SSCNET Ⅲ 통신으로 사용해서 제어가 이루어질 수 있다.

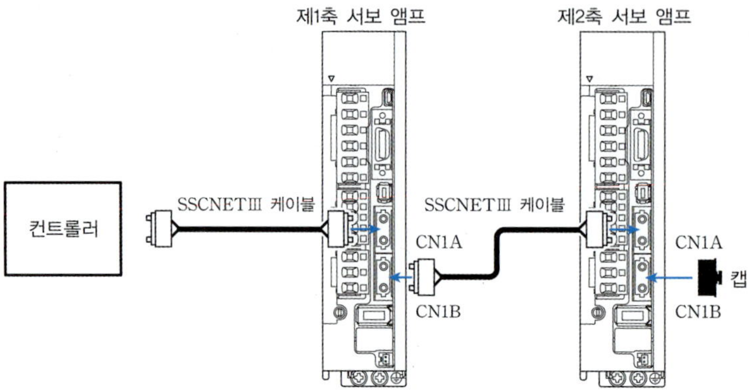

[그림 10-9] QD77MS2와 서보 앰프의 광케이블 연결

광통신 케이블을 연결한 후에, 서보 앰프 전면 상단에 있는 축 선택 스위치와 로터리 스위치를 사용하여 서보 앰프 각각의 SSCNET 통신에서 사용할 축 번호를 [표 10-4]처럼 설정해야 한다.

[표 10-4] 축 번호 설정을 위한 스위치 및 로터리 스위치 설정 방법

서보 앰프 축 선택 스위치	제어축 설정 스위치	X축(1축) 로터리 스위치	Y축(2축) 로터리 스위치
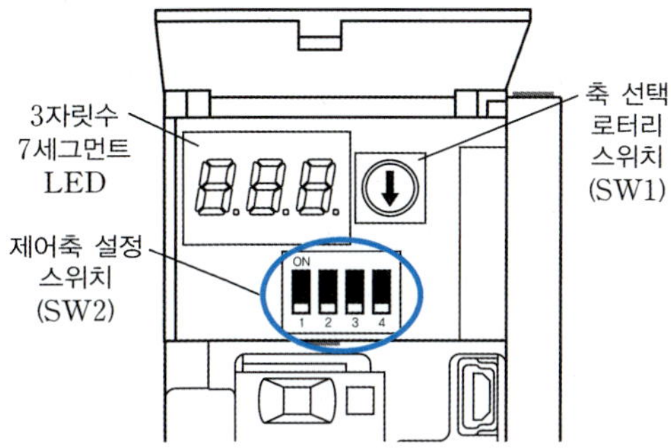	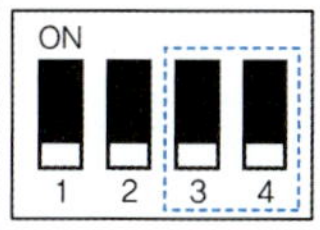	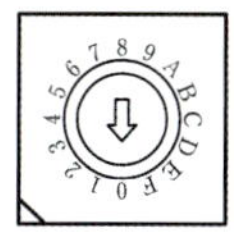 0번 선택	 1번 선택

X축과 Y축의 근점 및 상하한 검출 센서의 연결

위치 제어에 필요한 X축과 Y축의 근점 및 상한, 하한 센서의 신호선을 PLC의 입력 모듈의 X10~X17에 연결한다.

[표 10-5] X축과 Y축의 근점과 상한, 하한 센서의 입력 번지 할당 내역

입력 번호	X축(1축) 근점 및 상하한 센서	입력 번호	Y축(2축) 근점 및 상하한 센서
X10	상한(FLS)	X14	상한(FLS)
X11	하한(RLS)	X15	하한(RLS)
X12	근점(DOG)	X16	근점(DOG)

10.2.2 보간 제어를 위한 파라미터 설정

QD77MS 파라미터 설정

X축, Y축을 사용하는 보간 제어를 위한 QD77MS의 파라미터 설정 내역은 [표 10-6], [표 10-7]과 같다. 해당 표는 전체 파라미터 항목 중에서 변경된 내용만을 나타낸 것이다. 2축을 사용하기 위해서는, [표 10-6]과 같은 작업 순서로 서보 모터 활성화 작업을 수행해야 한다. 해당 축이 활성화되면 흐릿했던 서보 모터의 그림이 선명해진다. QD77MS 모듈의 종류에 따라 2축, 4축, 16축의 서보 모터 제어를 하는데, 활성화된 서보 모터 축에 대해서만 파라미터 설정이 가능하기 때문이다. 이 책에서는 QD77MS2 모듈을 사용하고, 1번과 2번 축을 조합해서 보간 제어를 하기 때문에 1번과 2번 축 모두를 활성화해야 한다.

[표 10-6] 서보 모터의 활성화 작업 순서

순서	작업 내용 및 작업 화면
1	**서보 모터의 활성화 작업** ❶ [System Setting] 폴더에 있는 [System Configuration]을 클릭한다. ❷ 활성화된 우측 창에서 서보 모터 [Axis #1] 그림을 더블클릭한다. ❸ 팝업된 [Amplifier Setting[Axis #1]]의 창에서 사용하는 서보 앰프의 모델명을 확인한 후에 [OK] 버튼을 클릭한다. ❹ [Axis #2] 그림을 더블클릭한 후 ❸의 작업을 수행한다. 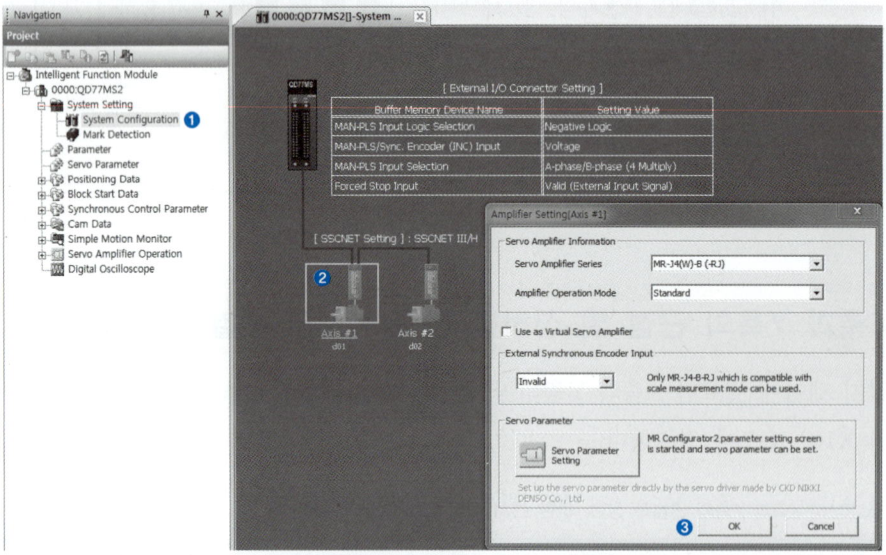
2	**서보 모터의 활성화 완료** 서보 모터의 활성화가 완료되면 [Axis #1]과 [Axis #2] 그림이 활성화된다. 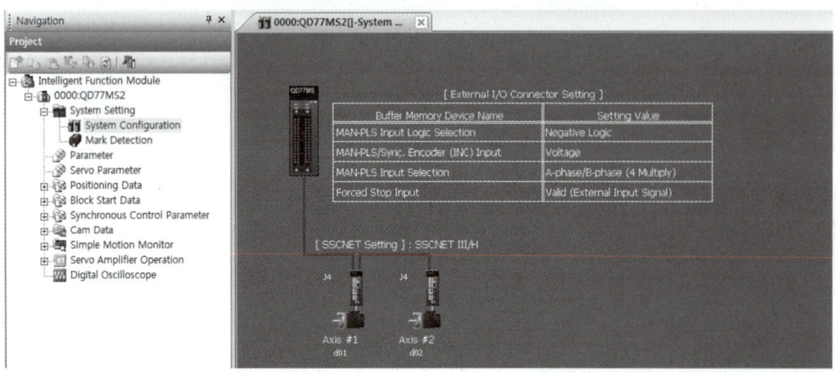

QD77MS를 사용하기 위해서는 설정해야 할 파라미터가 많지만, 이 책에서는 2축 보간 제어에 설정할 필요가 있는 파라미터들만 나타낸다. 나머지 파라미터들은 독자들이 사용하는 시스템에 따라 추가로 설정하거나, 필자가 제시한 파라미터를 변경해서 사용한다.

■ 기본 파라미터 설정

기본 파라미터로 서보 모터 1회전당 이송테이블의 이동량과 최고 속도, 가감속시간을 설정한다. X축(1축)과 Y축(2축)에 사용한 볼 스크류 리드가 1mm이므로 [표 10-7]처럼 설정한다.

[표 10-7] QD77MS2 기본 파라미터 설정

파라미터 번호	내용	Axis #1	Axis #2
Pr.1	단위 설정	0 : mm	0 : mm
Pr.2	1회전에 필요한 펄스 수	4194304 pls	4194304 pls
Pr.3	1회전 이동 거리	1000.0 µm	1000.0 µm
Pr.8	속도 제한값	3000.00 mm/min	3000.00 mm/min
Pr.9	가속시간 0	100 ms	100 ms
Pr.10	감속시간 0	100 ms	100 ms

■ 상세 파라미터 설정

상세 파라미터에서는 위치 제어에 사용하는 FLS, RLS, DOG의 신호를 어디를 통해 받을 것인지를 설정해야 한다. 보간 제어 실습에서는 PLC의 입력 모듈을 통해 해당 신호를 받기 때문에 [표 10-8]처럼 설정한다. 한편 서보 앰프에 연결한 긴급 정지 신호는 사용하지 않기 때문에 무효로 설정한다.

[표 10-8] QD77MS2 상세 파라미터 설정

파라미터 번호	내용	Axis #1	Axis #2
Pr.80	외부 신호 선택	0:Use Buffer Memory QD77MS	0:Use Buffer Memory QD77MS
Pr.82	긴급 정지 유효/무효 설정	0:Valid	

[표 10-9]는 PLC의 입력 모듈에 연결된 X축, Y축의 FLS, RLS, DOG 신호의 입력 번지를 나타낸 것이다.

[표 10-9] 입력 모듈에 연결된 FLS, RLS, DOG의 신호의 입력 번지

축	Y축(2축)				X축(1축)			
입력 번지	X17	X16	X15	X14	X13	X12	X11	X10
신호명	–	DOG	RLS	FLS	–	DOG	RLS	FLS

■ 원점복귀 파라미터 설정

보간 제어 실습에 사용하는 장치의 X축, Y축의 FLS, RLS, DOG를 검출하기 위해 리밋

스위치를 사용한다. 따라서 기존에 사용하던 원점복귀와는 다른 방법을 사용해야 한다.

[그림 10-10(a)]에서 DOG는 원점복귀 동작이 진행될 때 하한인 RLS가 ON될 때까지 계속 ON 상태를 유지하기 때문에, 근점 도그 방식의 원점복귀 방법을 사용할 수 없다. 따라서 이 경우엔 QD77MS의 다양한 원점복귀 방식 중에서 [그림 10-10(b)]와 같은 카운터 방식(1)의 원점복귀 방법을 사용해야 한다. 카운터 방식의 원점복귀 방식은 다음과 같다. DOG가 ON되면 크리프creep 속도(원점 검출 속도)로 감속하면서 DOG가 ON된 시점부터 파라미터에서 설정한 거리만큼 이동한 후에, 첫 번째 발생하는 서보 모터 엔코더의 원점 센서가 ON되는 지점에 원점을 확립한다.

(a) 리밋 스위치를 사용한 DOG, RLS

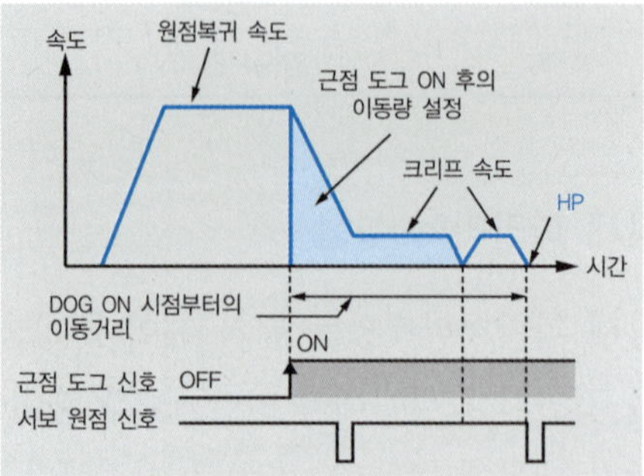

(b) 카운터 방식(1)의 원점복귀

[그림 10-10] **카운터 방식의 원점복귀**

원점복귀 파라미터는 [표 10-10]과 같이 설정한다.

[표 10-10] **원점복귀 파라미터 설정**

파라미터 번호	내용	Axis #1	Axis #2
Pr.43	원점복귀 방식 선택	4 : Counter Methode(1)	4 : Counter Methode(1)
Pr.44	원점복귀 방향	1 : Reverse Direction Methode	1 : Reverse Direction Methode
Pr.45	원점 어드레스	0.0 μm	0.0 μm
Pr.46	원점복귀 속도	1000.00 mm/min	1000.00 mm/min
Pr.47	크리프 속도	100.00 mm/min	100.00 mm/min
Pr.48	원점복귀 리트라이	1:Retry HPR with Limit Switch	1:Retry HPR with Limit Switch
Pr.50	DOG ON 시점부터의 이동 거리	5000.0 μm	5000.0 μm

■ 서보 앰프 파라미터 설정

서보 앰프가 동작하기 위해서는 서보 앰프의 입력 중에 비상정지 신호가 평상시 ON 상태여야 한다. 하지만 실습에서는 서보 앰프에 해당 신호를 연결하지 않고 사용하기 때문에 해당 입력을 파라미터 설정을 통해서 무효화해야 한다. [표 10-11]의 서보 앰프 파라미터 PA04는 서보 앰프의 외부 비상 정지 신호를 사용하지 않을 때 하는 설정이다. PA14는 서보 모터의 정회전 방향을 반시계방향으로 설정한다.

[표 10-11] 서보 앰프 파라미터 설정 항목

항목	Axis #1	Axis #2
PA04 : Function selection A-1	0100	0100
PA14 : Rotation direction selection	0	0

파라미터 설정이 끝난 후에 설정한 파라미터를 PLC로 전송하고 CPU를 리셋하면 설정된 파라미터가 적용된다. 설정한 파라미터에 문제가 없다면, 축 1번의 서보 앰프 FND 표시창에는 'b01', 2번의 서보 앰프 FND 표시창에는 'b02'가 표시된다. 만약 FND에 에러 코드가 표시되면, [표 5-7]과 [표 5-8]을 참고하여 에러 발생 원인을 확인한 후에 에러 해제 조치를 취하고 CPU를 리셋한다.

테스트 운전

설정한 파라미터를 PLC로 전송한 후에 '심플 모션 셋팅 툴'을 사용해서 설정한 파라미터에서 보간 제어에 사용할 시스템이 정상 동작하는지를 확인한다. 정상 동작 여부를 확인할 때 X축과 Y축의 FLS, RLS, DOG를 입력에 연결하여 사용하기 때문에, 아래와 같은 프로그램을 전송한 후에 동작 테스트를 진행해야 한다.

[프로그램 10-1] X축과 Y축의 FLS, RLS, DOG의 신호를 버퍼 메모리에 전달하기

[프로그램 10-1]이 실행되면 입력 번지에 연결된 X축과 Y축의 FLS, RLS, DOG의 신호가 [표 10-12]처럼 QD77MS2의 버퍼 메모리 1928번지에 복사된다.

[표 10-12] 외부 입력 신호 버퍼 메모리와 입력 메모리의 비트별 연결

QD77MS 버퍼 메모리 1928번지															
4축				3축				2축				1축			
b15	b14	b13	b12	b11	b10	b9	b8	b7	b6	b5	b4	b3	b2	b1	b0
STOP	DOG	RLS	FLS	STOP	DOG	RLS	FLS	STOP	DOG	RLS	FLS	STOP	DOG	RLS	FLS
입력 메모리 ⇨								-	X16	X15	X14	-	X12	X11	X10

GOT2000 화면 작화

[표 10-13]에 직선 및 원호 보간 제어와 모니터링을 위한 GOT 화면의 구성과 메모리 할당 내역을 나타내었다. 보간 제어에 서보 2축을 사용하고 있기 때문에 2축에 대한 모니터링 화면과 직선 및 원호 보간 제어 버튼들이 보인다.

[표 10-13] 보간 제어를 위한 GOT2000의 화면 구성과 메모리 번지 할당 내역

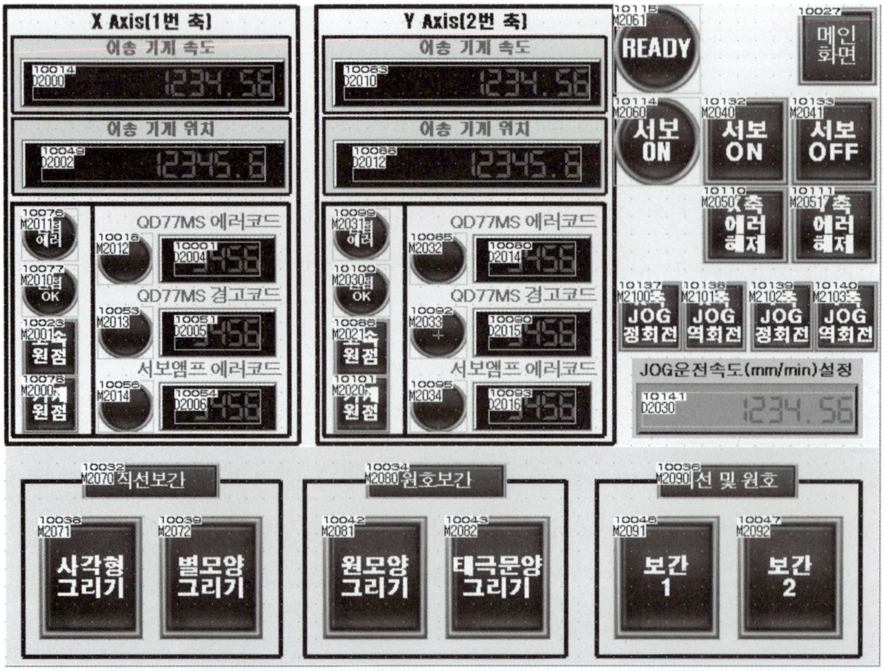

구분	메모리 번지	추가 기능		구분	메모리 번지	추가 기능	
이송기계 속도	D2000	32비트		이송기계 속도	D2010	32비트	
이송기계 위치	D2002	32비트		이송기계 위치	D2012	32비트	
QD77MS 에러 코드	D2004			QD77MS 에러 코드	D2014		
QD77MS 에러 램프	M2012			QD77MS 에러 램프	M2032		
QD77MS 경고 코드	D2005			QD77MS 경고 코드	D2015		
QD77MS 경고 램프	M2013		X축	QD77MS 경고 램프	M2033		Y축
서보 앰프 에러 코드	D2006			서보 앰프 에러 코드	D2016		
서보 앰프 에러 램프	M2014			서보 앰프 에러 램프	M2034		
원점 에러 램프	M2011			원점 에러 램프	M2031		
원점 OK 램프	M2010			원점 OK 램프	M2030		
고속 원점 버튼	M2001			고속 원점 버튼	M2021		
기계 원점 버튼	M2000			기계 원점 버튼	M2020		

(계속)

서보 ON 램프	M2060		사각형 그리기	M2071	
READY 램프	M2061		별 모양 그리기	M2072	
서보 ON 버튼	M2040		원호 보간	M2080	램프(M2085)
서보 OFF 버튼	M2041		원 모양 그리기	M2081	
X축 에러 해제 버튼	M2050		태극 문양 그리기	M2082	
Y축 에러 해제 버튼	M2051		직선 및 원호	M2090	램프(M2095)
			보간 1	M2091	
직선 보간 버튼	M2070	램프(M2075)	보간 2	M2092	

직선 및 원호 보간을 위한 기본 프로그램

직선 및 원호 보간을 위한 하드웨어 구성과 파라미터 설정이 앞에서 학습한 1축 제어와는 다르므로, GOT2000의 화면은 함께 사용해도 프로그램은 처음부터 끝까지 새롭게 작성해야 한다. QD77MS의 동작 제어 및 모니터링을 위한 프로그램을 작성해보자.

■ 보간 제어 모니터링

X축과 Y축의 이송기계 속도, 이송기계 위치, QD77MS와 서보 앰프의 에러 코드 및 경고 코드 확인을 위한 버퍼 메모리와 비트 메모리 번지는 [표 10-14]와 같다. X축(1번 축)의 버퍼 메모리 번지에 100을 더한 값이, Y축(2번 축)의 버퍼 메모리 번지가 된다. 즉 모니터 항목 이송 현재값의 1번 축의 버퍼 메모리 시작 번지가 800번지이므로 2번 축의 이송 현재값 버퍼 메모리 번지는 900번지가 된다. 이송 현재값의 각 축에 대한 버퍼 메모리 번지는 '800+100n'으로 나타낼 수 있다. 여기서 n은 0~3의 값이 되며, '0'은 1번 축을 나타낸다.

[표 10-14] X축과 Y축에서 모니터할 QD77MS의 버퍼 메모리 내역

모니터 항목	X축 버퍼 메모리 번지	Y축 버퍼 메모리 번지	메모리 크기 및 위치
이송 현재값	800번지	900번지	32비트 크기
이송기계 속도	804번지	904번지	32비트 크기
축 에러 코드	806번지	906번지	16비트 크기
축 경고 코드	807번지	907번지	16비트 크기
서보 앰프 에러 코드	888번지	988번지	16비트 크기
QD77MS 경고 램프	817번지	917번지	Bit 9번
서보 앰프 에러 및 경고 램프	877번지	977번지	Bit 7번, 15번
에러 리셋	1502번지	1602번지	

■ X축과 Y축 모니터링 프로그램 작성

[프로그램 10-2]는 보간 제어를 위한 기본 프로그램이다. 이 프로그램은 위치와 속도, 에러와 경고 모니터링, JOG 운전과 원점복귀를 위한 기본 기능을 구현하고 있다. 이 프로그램의 끝 부분에 이어서 보간 제어를 위한 프로그램을 작성한다.

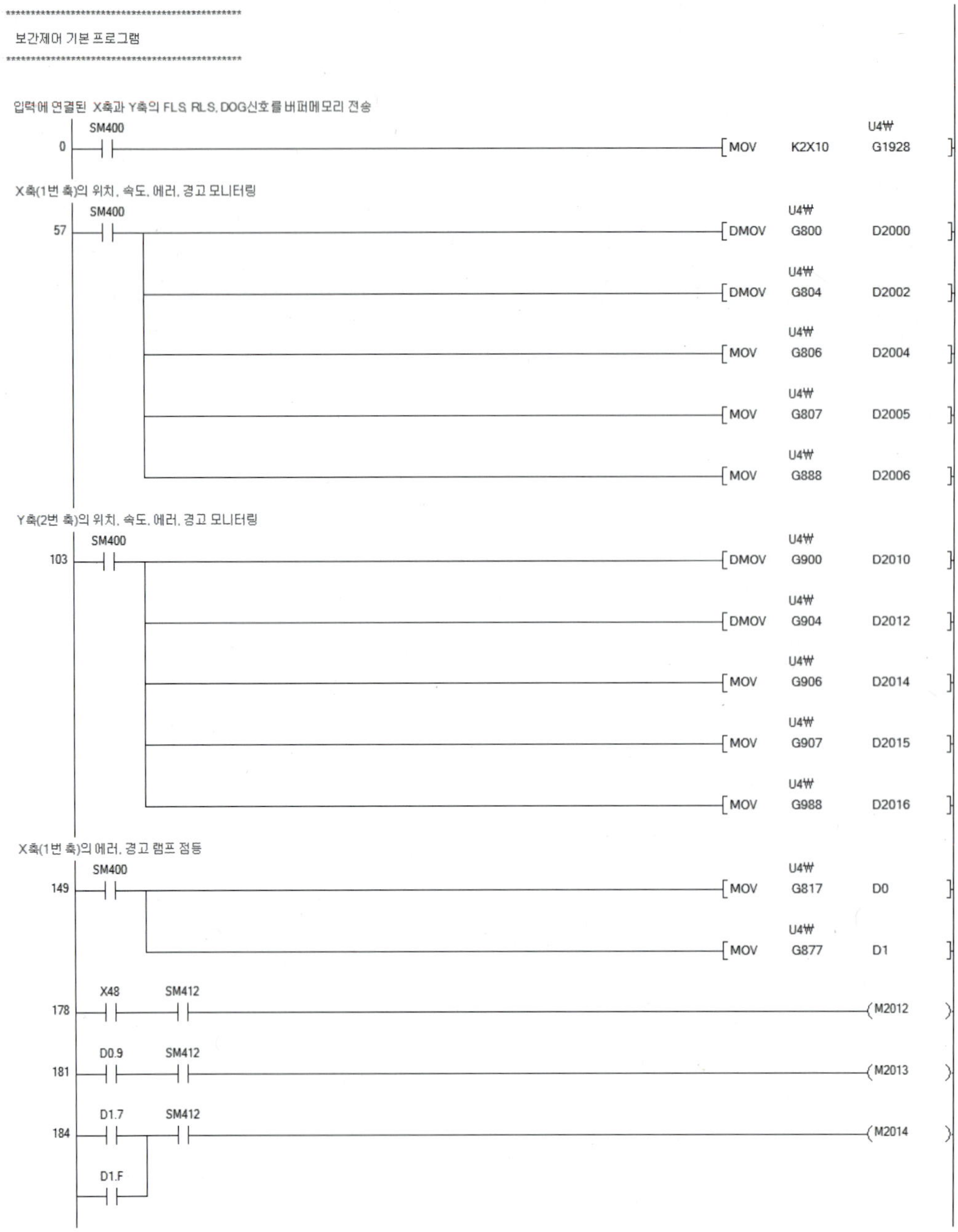

(계속)

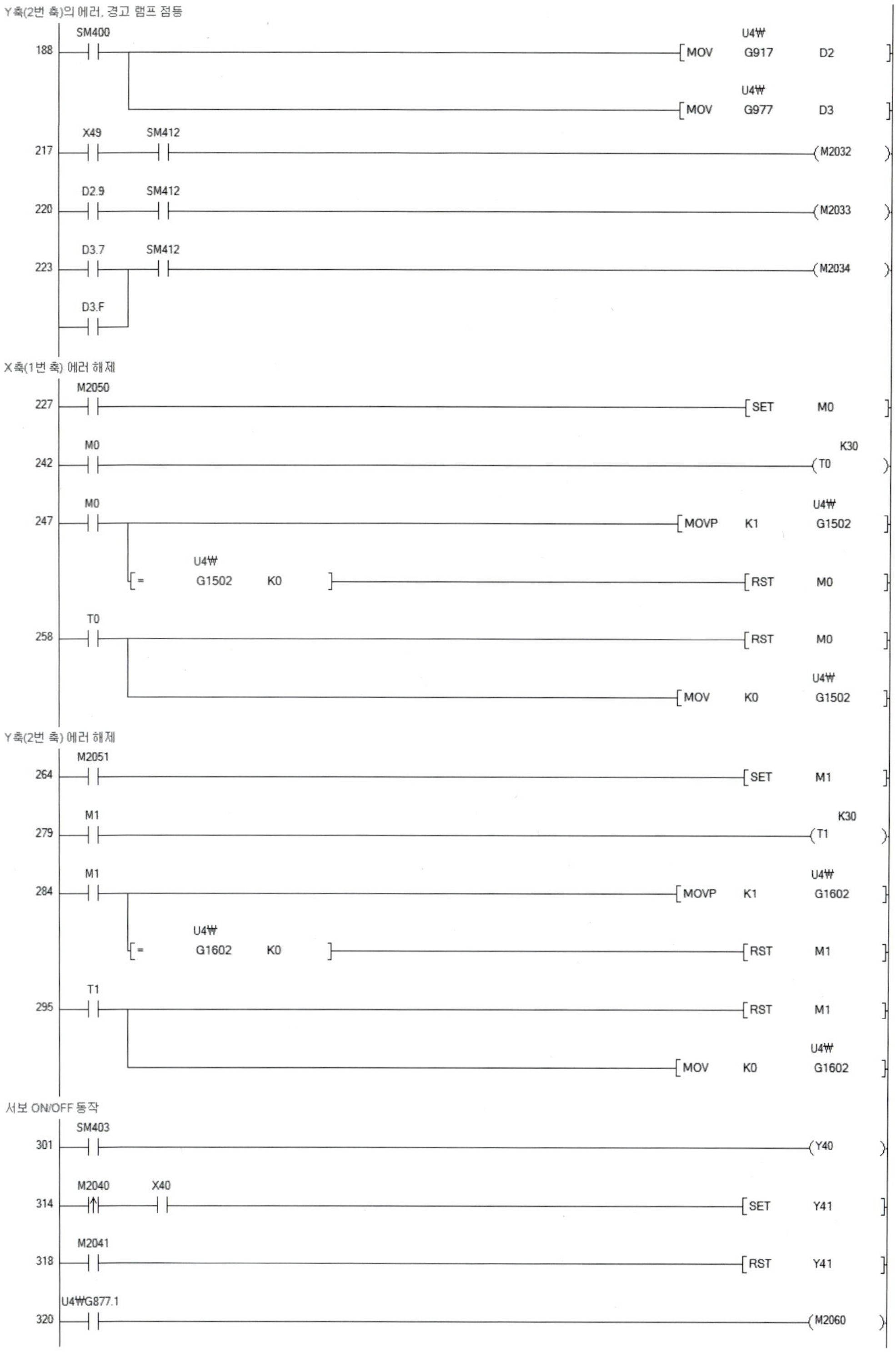

Y축(2번 축)의 에러, 경고 램프 점등
188 SM400 [MOV U4₩G917 D2]
[MOV U4₩G977 D3]
217 X49 SM412 (M2032)
220 D2.9 SM412 (M2033)
223 D3.7 SM412 (M2034)
D3.F
X축(1번 축) 에러 해제
227 M2050 [SET M0]
242 M0 (T0 K30)
247 M0 [MOVP K1 U4₩G1502]
[= U4₩G1502 K0] [RST M0]
258 T0 [RST M0]
[MOV K0 U4₩G1502]
Y축(2번 축) 에러 해제
264 M2051 [SET M1]
279 M1 (T1 K30)
284 M1 [MOVP K1 U4₩G1602]
[= U4₩G1602 K0] [RST M1]
295 T1 [RST M1]
[MOV K0 U4₩G1602]
서보 ON/OFF 동작
301 SM403 (Y40)
314 M2040 X40 [SET Y41]
318 M2041 [RST Y41]
320 U4₩G877.1 (M2060)

(계속)

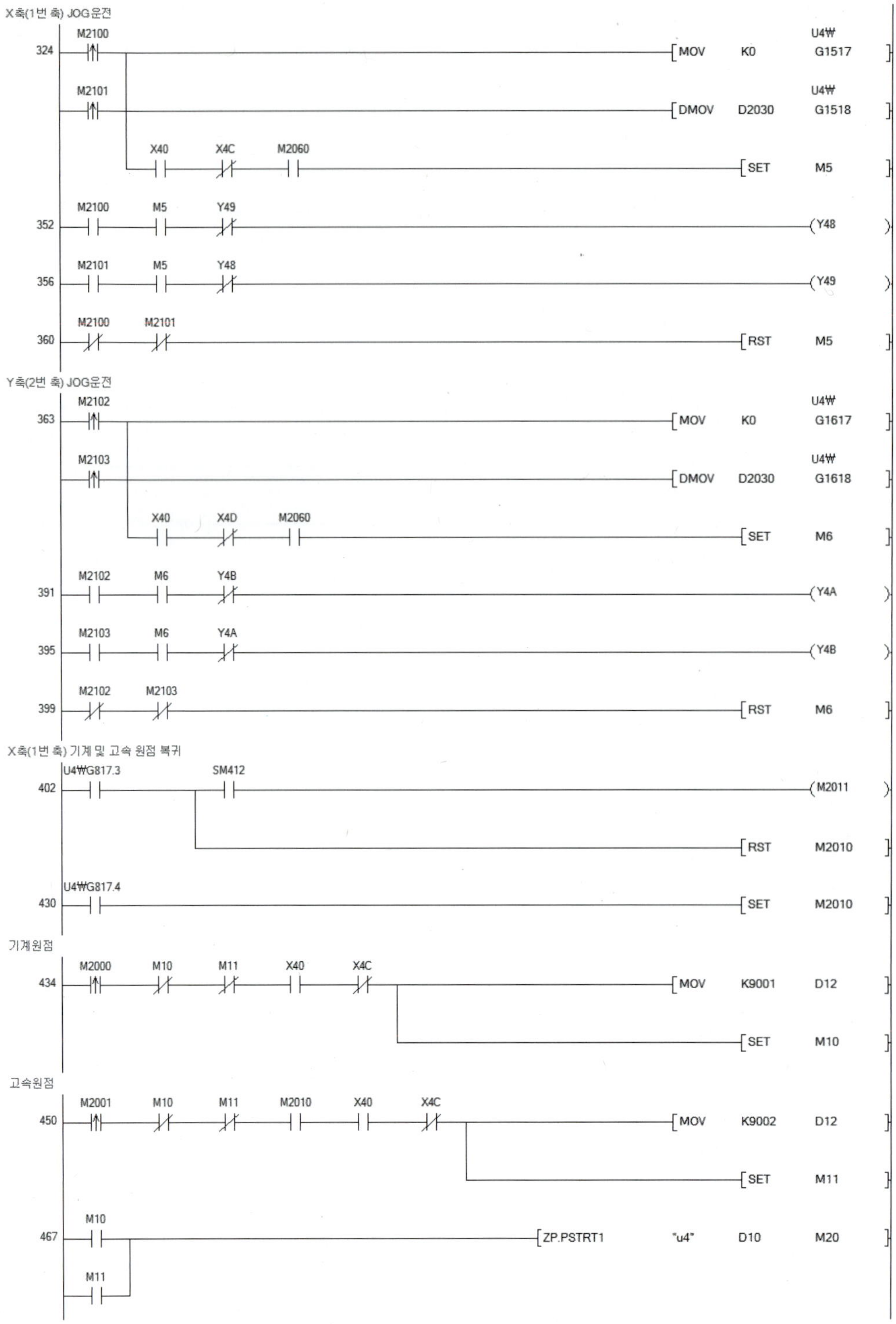
X축(1번 축) JOG운전
324 M2100 MOV K0 U4₩ G1517
M2101 DMOV D2030 U4₩ G1518
X40 X4C M2060 SET M5
352 M2100 M5 Y49 Y48
356 M2101 M5 Y48 Y49
360 M2100 M2101 RST M5
Y축(2번 축) JOG운전
363 M2102 MOV K0 U4₩ G1617
M2103 DMOV D2030 U4₩ G1618
X40 X4D M2060 SET M6
391 M2102 M6 Y4B Y4A
395 M2103 M6 Y4A Y4B
399 M2102 M2103 RST M6
X축(1번 축) 기계 및 고속 원점 복귀
402 U4₩G817.3 SM412 M2011
RST M2010
430 U4₩G817.4 SET M2010
기계원점
434 M2000 M10 M11 X40 X4C MOV K9001 D12
SET M10
고속원점
450 M2001 M10 M11 M2010 X40 X4C MOV K9002 D12
SET M11
467 M10 ZP.PSTRT1 "u4" D10 M20
M11

(계속)

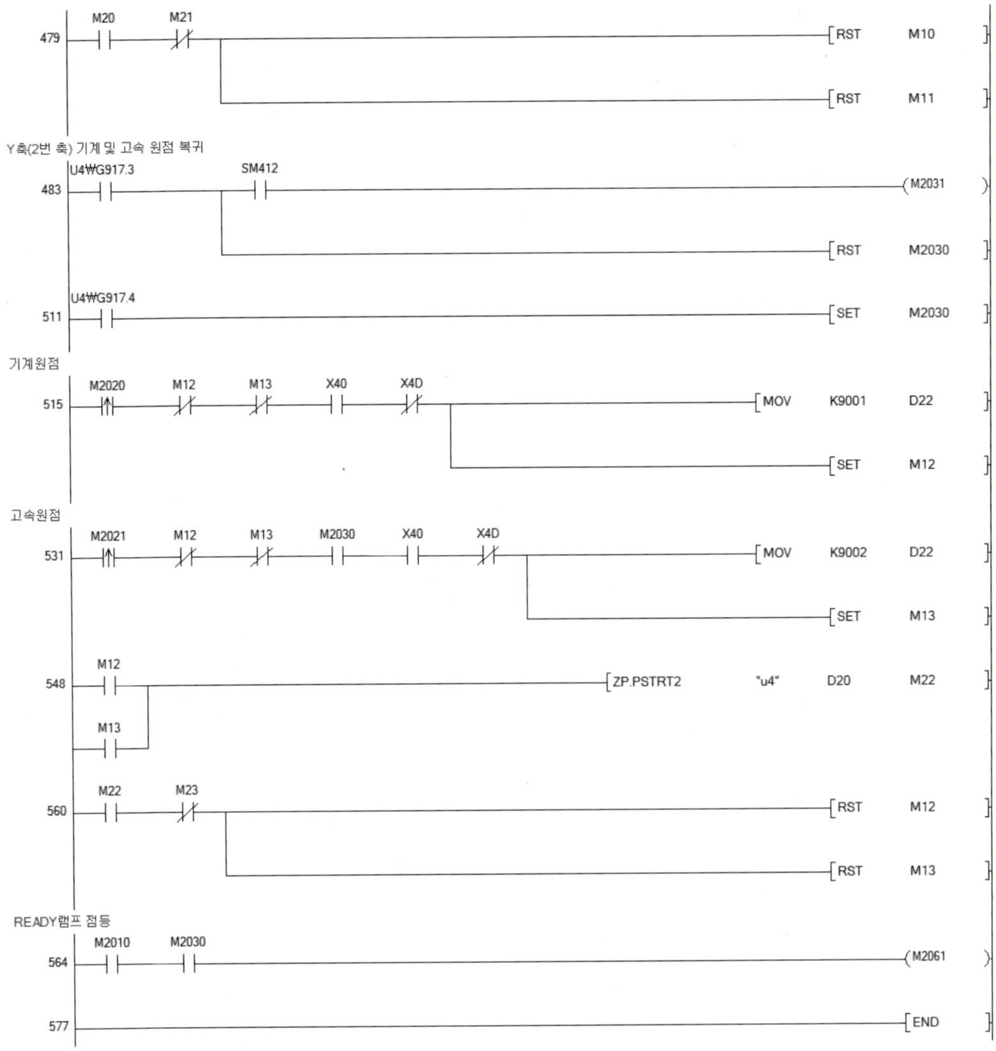

[프로그램 10-2] 보간 제어를 위한 기본 프로그램

→ 실습과제 10-1 직선 보간을 이용하여 도형 그리기

직선 보간을 이용하여 사각형 박스를 그리기 위한 위치 데이터 설정과 PLC의 프로그램 작성법에 대해 살펴보자.

[Section 10.1]

■ 앱솔루트와 인크리멘털 방식의 직선 보간 선택 방법

직선 보간은 X축과 Y축을 이용하여 직선 형태로 이동할 때 사용하는 기능으로, [그림 10-2]와 같이 좌표를 지정하는 방식에 따라 앱솔루트 방식과 인크리멘털 방식으로 구분된다. [그림 10-11]처럼 QD77MS의 위치 데이터 설정의 [Control method]에서 [ABS Linear 2]를 선택하면 앱솔루트 방식이고, [INC Linear 2]를 선택하면 인크리멘털 방식의 직선 보간 동작이 된다.

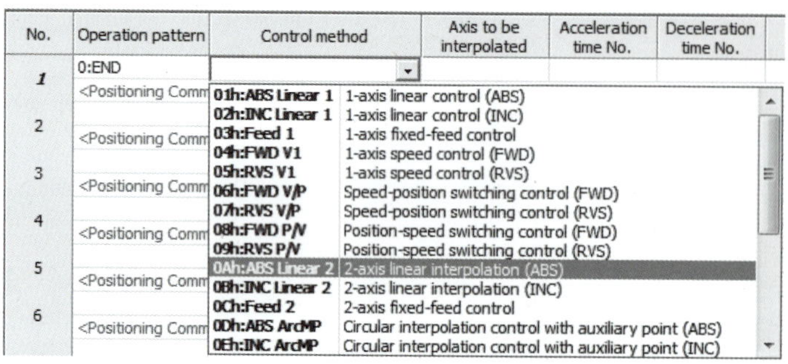

[그림 10-11] 직선 보간 제어 방법의 선택

■ 앱솔루트 직선 보간을 이용하여 사각형 그리기

앱솔루트 직선 보간 방식을 이용하여 [그림 10-12]와 같은 사각형을 그리기 위한 위치 데이터 설정 방법에 대해 살펴보자. [그림 10-12]에서 4개의 점을 이어 그려진 사각형과 그 내부에 그려진 사선을 볼 수 있다. 굵은 선으로 표시된 사각형은 X축과 Y축을 각각 제어하여 그릴 수도 있지만, 2축 제어의 경우에는 직선 동작도 사선처럼 직선 보간으로 설정하면 손쉽게 도형을 그릴 수 있다.

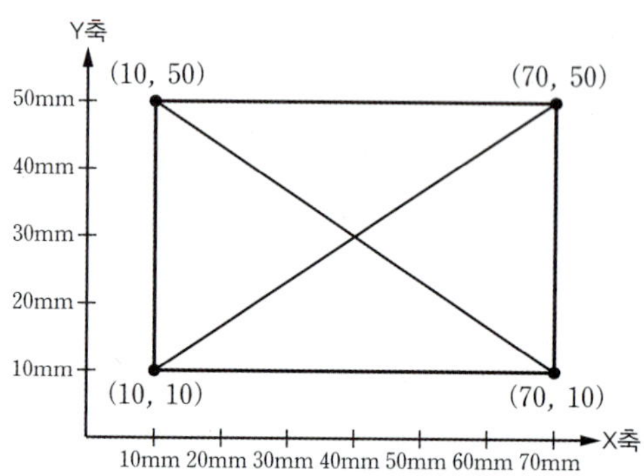

[그림 10-12] 직선 보간으로 그리는 사각형의 좌표

[그림 10-13]의 사각형을 그리기 위한 QD77MS의 위치 데이터 설정 순서와, 펜의 동작을 제어하기 위한 솔 밸브의 동작을 [표 10-15]에 나타내었다.

[표 10-15] 사각형 그리기 좌표

동작 순서	좌표(단위 : mm)	제어 방법	솔 밸브
초기 위치	(0, 0)	원점복귀를 통한 원점 위치 대기	OFF
1	(10, 10)	직선 보간(ABS Linear 2)	ON
2	(10, 50)	직선 보간(ABS Linear 2)	ON
3	(70, 50)	직선 보간(ABS Linear 2)	ON
4	(70, 10)	직선 보간(ABS Linear 2)	ON
5	(10, 10)	직선 보간(ABS Linear 2)	ON
6	(70, 50)	직선 보간(ABS Linear 2)	ON
7	(10, 50)	직선 보간(ABS Linear 2)	OFF
8	(70, 10)	직선 보간(ABS Linear 2)	ON
9	(0, 0)	직선 보간(ABS Linear 2)	OFF

[표 10-15]의 사각형을 그리기 위한 위치 데이터를 [그림 10-13]과 [그림 10-14]처럼 1축과 2축으로 나누어 설정한다.

No.	Operation pattern	Control method	Axis to be interpolated	Acceleration time No.	Deceleration time No.	Positioning address	Arc address	Command speed	Dwell time	M-code
1	1:CONT	0Ah:ABS Linear 2	#2	0:100	0:100	10000.0 μm	0.0 μm	1000.00 mm/min	0 ms	1
	<Positioning Comment>									
2	1:CONT	0Ah:ABS Linear 2	#2	0:100	0:100	10000.0 μm	0.0 μm	1000.00 mm/min	0 ms	2
	<Positioning Comment>									
3	1:CONT	0Ah:ABS Linear 2	#2	0:100	0:100	70000.0 μm	0.0 μm	1000.00 mm/min	0 ms	2
	<Positioning Comment>									
4	1:CONT	0Ah:ABS Linear 2	#2	0:100	0:100	70000.0 μm	0.0 μm	1000.00 mm/min	0 ms	2
	<Positioning Comment>									
5	1:CONT	0Ah:ABS Linear 2	#2	0:100	0:100	10000.0 μm	0.0 μm	1000.00 mm/min	0 ms	2
	<Positioning Comment>									
6	1:CONT	0Ah:ABS Linear 2	#2	0:100	0:100	70000.0 μm	0.0 μm	1000.00 mm/min	0 ms	2
	<Positioning Comment>									
7	1:CONT	0Ah:ABS Linear 2	#2	0:100	0:100	10000.0 μm	0.0 μm	1000.00 mm/min	0 ms	1
	<Positioning Comment>									
8	1:CONT	0Ah:ABS Linear 2	#2	0:100	0:100	70000.0 μm	0.0 μm	1000.00 mm/min	0 ms	2
	<Positioning Comment>									
9	0:END	0Ah:ABS Linear 2	#2	0:100	0:100	0.0 μm	0.0 μm	1000.00 mm/min	0 ms	1
	<Positioning Comment>									

[그림 10-13] X축(1축)의 위치 데이터 설정

No.	Operation pattern	Control method	Axis to be interpolated	Acceleration time No.	Deceleration time No.	Positioning address	Arc address	Command speed	Dwell time	M-code
1						10000.0 μm	0.0 μm	0.00 mm/min		
	<Positioning Comment>									
2						50000.0 μm	0.0 μm	0.00 mm/min		
	<Positioning Comment>									
3						50000.0 μm	0.0 μm	0.00 mm/min		
	<Positioning Comment>									
4						10000.0 μm	0.0 μm	0.00 mm/min		
	<Positioning Comment>									
5						10000.0 μm	0.0 μm	0.00 mm/min		
	<Positioning Comment>									
6						50000.0 μm	0.0 μm	0.00 mm/min		
	<Positioning Comment>									
7						50000.0 μm	0.0 μm	0.00 mm/min		
	<Positioning Comment>									
8						10000.0 μm	0.0 μm	0.00 mm/min		
	<Positioning Comment>									
9						0.0 μm	0.0 μm	0.00 mm/min		
	<Positioning Comment>									

[그림 10-14] Y축(2축)의 위치 데이터 설정

[그림 10-13]의 1축 위치 데이터 설정 내역을 살펴보면 M코드를 사용하고 있음을 확인할 수 있다. 도형을 그리기 위한 펜이 [그림 10-15]처럼 Y축의 이송테이블에 설치되어 있다. PLC 출력 Y20에 의해 제어되는 공압실린더의 상승과 하강에 의해 이 펜의 위치가 제어된다. 펜이 하강하면 도형을 그릴 수 있는 상태가 되고, 펜이 상승하면 도형을 그릴 수 없다.

[그림 10-15] 도형을 그리기 위한 펜

직선 보간 동작을 하면서 도면을 그려야 하는 위치 이동일 때는 공압실린더가 하강을 해야 하기 때문에 M코드 설정을 2로, 위치 이동만을 해야 할 때에는 M코드 설정을 1로 한다. 그리고 위치 이동 중에는 도면을 그릴 펜이 하강 위치를 유지해야 하기 때문에 M코드 동작 모드는 WITH 모드여야 한다. QD77MS의 파라미터 초기 설정값이 M코드 WITH 모드이기 때문에 별도의 설정 변경이 필요치 않다.

PLC 프로그램 작성법 및 PLC 프로그램

■ 직선 보간으로 사각형 그리기

[그림 10-13], [그림 10-14]와 같이 위치 데이터를 정확하게 설정하고 이를 PLC로 전송한 후, [프로그램 10-3]의 내용을 [프로그램 10-2]의 마지막 부분에 이어서 작성한다.

(계속)

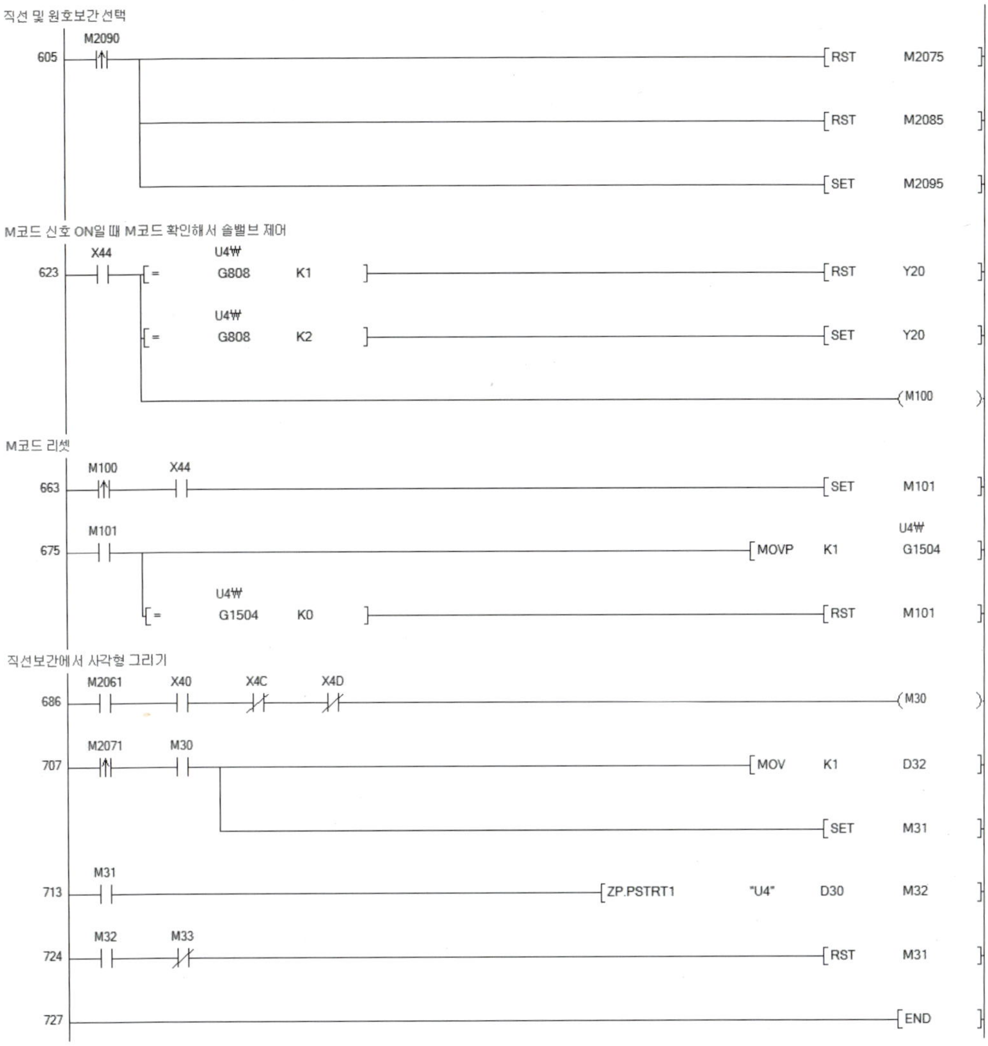

[프로그램 10-3] 직선 보간 제어를 이용한 사각형 그리기

[프로그램 10-3]의 프로그램 라인 577번부터 605번까지를 살펴보면, 터치 화면에 작화한 직선 보간, 원호 보간, 직선 및 원호 보간의 버튼을 선택했을 때, 선택된 버튼에 내장된 램프를 점등해서 선택 모드를 표시하도록 하고 있다.

프로그램 라인 623번부터 675번까지는 위치 결정 동작 중에 M코드가 발생했을 때 M코드를 처리하기 위한 프로그램이다. M코드가 1이면 솔 밸브가 OFF, M코드가 2이면 솔 밸브가 ON 동작을 해야 하기 때문에, M코드 발생 신호 X44가 ON되면 설정된 M코드를 판별해서 솔 밸브의 ON/OFF 동작을 선택한 후에 M코드를 해제한다. 해당 M코드에 의해 펜을 움직여 도형을 그릴 수 있다.

직선 보간이 선택된 상태에서 사각형 그리기 버튼이 눌리면, 프로그램 라인 686번은 QD77MS의 전용 명령어에 의해 [그림 10-13]과 [그림 10-14]에 등록된 1번부터 9번까지의 위치 데이터로 2축 서보를 제어하며 직선 보간 동작을 실행한다.

■ 직선 보간으로 별 모양 그리기

직선 보간을 사용해서 [그림 10-16]과 같은 별 모양을 그려보자. 별 모양도 앞에서 학습한 사각형 그리기처럼 직선과 사선이 포함된 모습이다. 별 모양의 각 꼭짓점의 좌표를 위치 데이터로 등록한 후에 위치 결정 기동을 하면 별 모양을 그릴 수 있다.

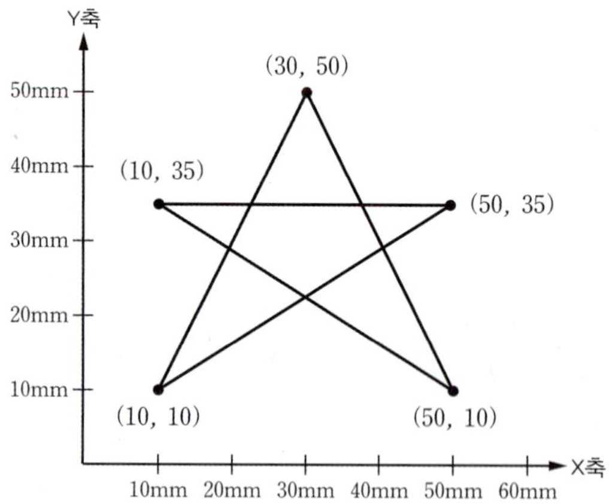

[그림 10-16] 별 모양 도형의 좌표

별 모양을 그리기 위한 위치 데이터 설정은 [그림 10-17], [그림 10-18]과 같다. 위치 데이터 11번부터 등록해서 사용한다.

No.	Operation pattern	Control method	Axis to be interpolated	Acceleration time No.	Deceleration time No.	Positioning address	Arc address	Command speed	Dwell time	M-code
11	1:CONT	0Ah:ABS Linear 2	#2	0:100	0:100	10000.0 µm	0.0 µm	2000.00 mm/min	0 ms	1
	<Positioning Comment>									
12	1:CONT	0Ah:ABS Linear 2	#2 .	0:100	0:100	30000.0 µm	0.0 µm	2000.00 mm/min	0 ms	2
	<Positioning Comment>									
13	1:CONT	0Ah:ABS Linear 2	#2	0:100	0:100	50000.0 µm	0.0 µm	2000.00 mm/min	0 ms	2
	<Positioning Comment>									
14	1:CONT	0Ah:ABS Linear 2	#2	0:100	0:100	10000.0 µm	0.0 µm	2000.00 mm/min	0 ms	2
	<Positioning Comment>									
15	1:CONT	0Ah:ABS Linear 2	#2	0:100	0:100	50000.0 µm	0.0 µm	2000.00 mm/min	0 ms	2
	<Positioning Comment>									
16	1:CONT	0Ah:ABS Linear 2	#2	0:100	0:100	10000.0 µm	0.0 µm	2000.00 mm/min	0 ms	2
	<Positioning Comment>									
17	0:END	0Ah:ABS Linear 2	#2	0:100	0:100	0.0 µm	0.0 µm	2000.00 mm/min	0 ms	1

[그림 10-17] X축(1축) 위치 데이터 설정

No.	Operation pattern	Control method	Axis to be interpolated	Acceleration time No.	Deceleration time No.	Positioning address	Arc address	Command speed	Dwell time	M-code
11						10000.0 µm	0.0 µm	0.00 mm/min		
	<Positioning Comment>									
12						50000.0 µm	0.0 µm	0.00 mm/min		
	<Positioning Comment>									
13						10000.0 µm	0.0 µm	0.00 mm/min		
	<Positioning Comment>									
14						35000.0 µm	0.0 µm	0.00 mm/min		
	<Positioning Comment>									
15						35000.0 µm	0.0 µm	0.00 mm/min		
	<Positioning Comment>									
16						10000.0 µm	0.0 µm	0.00 mm/min		
	<Positioning Comment>									
17						0.0 µm	0.0 µm	0.00 mm/min		

[그림 10-18] Y축(2축) 위치 데이터 설정

[프로그램 10-4]는 [프로그램 10-3]의 프로그램 라인 686번부터 새롭게 작성한 것이다. [프로그램 10-4]는 사각형 그리기와 별 모양 그리기를 위한 프로그램으로, 해당 버튼이 눌리면 1개의 위치 결정 전용 명령어를 사용해서 직선 보간 동작을 구현하고 있다. 위치 데이터 11번을 등록한 후에 별 모양 그리기 버튼이 눌리면, 위치 결정 전용 명령어에 의해 위치 데이터 11번부터 16번까지가 순차적으로 실행되면서 각각의 위치 데이터에 등록된 M코드에 의해 펜의 동작이 제어되어 별 모양을 그리게 된다.

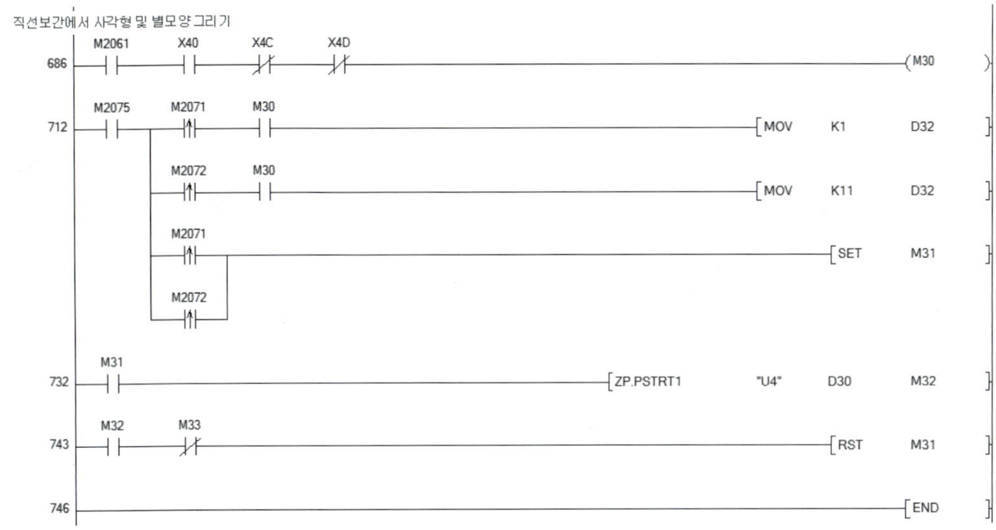

[프로그램 10-4] 직선 보간을 이용한 사각형 및 별 모양 그리기 프로그램

➔ 실습과제 10-2 원호 보간을 이용하여 도형 그리기

원호 보간을 사용해서 반원과 완전한 원을 그리기 위한 위치 데이터 설정과 PLC의 프로그램 작성법에 대해 살펴보자.

[Section 10.1]

■ 원호 보간 제어

10.1.2절에서 살펴보았듯이 원호 보간 제어는 보조점 지정의 2축 원호 보간 제어와 중심점 지정의 원호 보간 제어로 구분된다. 각 원호 보간 제어는 [그림 10-19]처럼 좌표 설정 방법에 따라 앱솔루트와 인크리멘털 방식으로 구분된다. 이 책에서는 중심점 지정 앱솔루트 방식의 원호 보간을 사용해서 원 모양 도형을 그려본다.

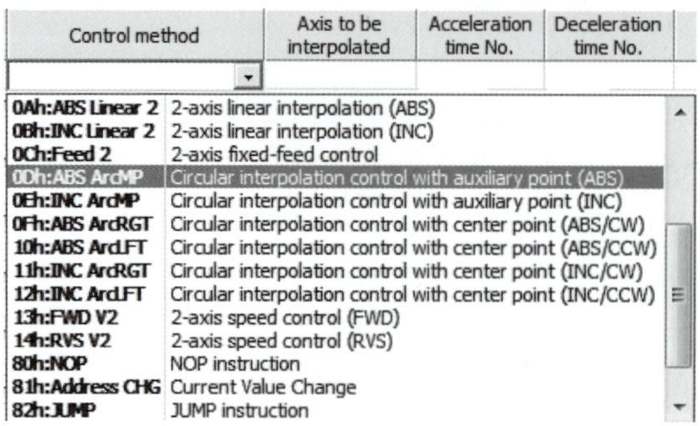

[그림 10-19] 원호 보간 제어 방법의 선택

중심점 지정과 보조점 지정의 원호 보간 제어 간의 가장 큰 차이점은, 전자는 완전한 원을 그릴 수 없지만, 후자는 완전한 원을 그릴 수 있다는 점이다. 중심점 지정 원호 보간 제어를 사용해서 완전한 원을 그릴 때는 원을 그릴 방향(시계방향 또는 반시계방향)을 선택할 수 있다.

PLC 프로그램 작성법

■ 앱솔루트 원호 보간 제어를 이용한 원 도형 그리기

앱솔루트 원호 보간 제어를 사용하여 원을 그리기 위해서는 [그림 10-20]처럼 원호의 중심점과 시점, 종점을 알아야 한다. 시점과 종점의 좌표가 동일하면 완전한 원이 그려진다.

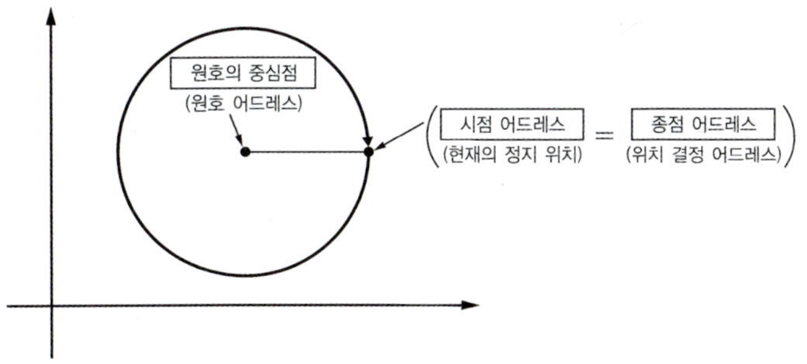

[그림 10-20] **원호 보간 제어를 위한 중심점, 시점, 종점**

[그림 10-21]과 같은 원을 그리기 위한 위치 데이터 설정 방법을 알아보자. 큰 원의 중심점 절대 좌표는 (25mm, 25mm)이고, 그 반지름은 20mm이다. 따라서 시점과 종점의 절대 좌표는 (45mm, 25mm)이다. 한편 작은 원의 중심점 절대 좌표는 (15mm, 25mm), 그 반지름은 10mm이기 때문에 시점과 종점의 절대 좌표는 (25mm, 25mm)이다. 큰 원은 시계방향으로 그리고, 작은 원은 반시계방향으로 그려보자.

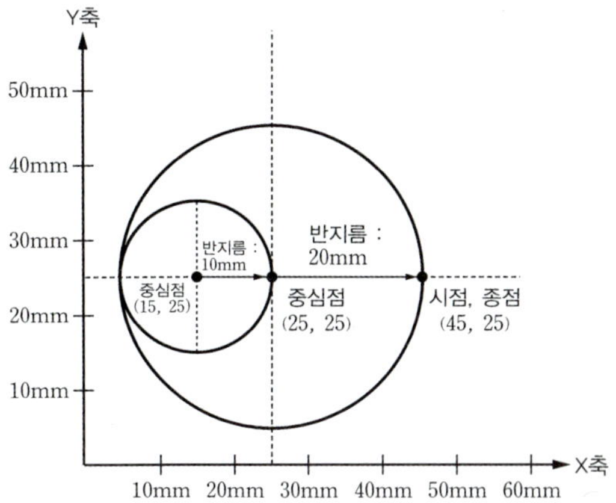

[그림 10-21] **원호 보간 제어를 이용해서 그릴 원 도형의 좌표**

[그림 10-21]에 나타낸 두 개의 원을 그리기 위한 위치 데이터 설정 순서는 [표 10-16]과 같다. 초기 위치가 원점일 때, 원 모양 그리기 버튼을 누르면, 큰 원을 그리기 위한 시점으로 직선 보간 동작을 하여 펜이 이동하고, 시점부터 종점까지 원의 중심점을 기준으로 시계방향으로 회전하면서 원을 그린다. 그 다음, 작은 원을 그리기 위해 시점으로 직선 보간 동작을 하여 이동한 후에 시점부터 종점까지 원의 중심점을 기준으로 반시계 방향으로 원을 그리고, 완료되면 원점으로 복귀한다.

[표 10-16] 원 도형을 그리기 위한 좌표 설정 순서와 방법

동작 순서	Positioning 좌표 (단위 : mm)	Arc 좌표 (단위 : mm)	동작 구분	제어 방법	솔 밸브
초기 위치	(0, 0)			원점복귀를 통한 원점	OFF
1	(45, 25)		시점	직선 보간(ABS Linear 2)	OFF
2	(45, 25)	(25, 25)	종점	원호 보간(ABS Arc RGT)	ON
3	(25, 25)		시점	직선 보간(ABS Linear 2)	OFF
4	(25, 25)	(15, 25)	종점	원호 보간(ABS Arc LFT)	ON
5	(0, 0)			직선 보간(ABS Linear 2)	OFF

[표 10-16]을 QD77MS의 위치 데이터로 설정하면 [그림 10-22], [그림 10-23]과 같다.

No.	Operation pattern	Control method	Axis to be interpolated	Acceleration time No.	Deceleration time No.	Positioning address	Arc address	Command speed	Dwell time	M-code
21	1:CONT	0Ah:ABS Linear 2	#2	0:100	0:100	45000.0 µm	0.0 µm	2000.00 mm/min	0 ms	1
	<Positioning Comment>									
22	1:CONT	0Fh:ABS ArcRGT	#2	0:100	0:100	45000.0 µm	25000.0 µm	2000.00 mm/min	0 ms	2
	<Positioning Comment>									
23	1:CONT	0Ah:ABS Linear 2	#2	0:100	0:100	25000.0 µm	0.0 µm	2000.00 mm/min	0 ms	1
	<Positioning Comment>									
24	1:CONT	10h:ABS ArcLFT	#2	0:100	0:100	25000.0 µm	15000.0 µm	2000.00 mm/min	0 ms	2
	<Positioning Comment>									
25	0:END	0Ah:ABS Linear 2	#2	0:100	0:100	0.0 µm	0.0 µm	2000.00 mm/min	0 ms	1

[그림 10-22] X축(1축) 위치 데이터 설정

No.	Operation pattern	Control method	Axis to be interpolated	Acceleration time No.	Deceleration time No.	Positioning address	Arc address	Command speed	Dwell time	M-code
21						25000.0 µm	0.0 µm	0.00 mm/min		
	<Positioning Comment>									
22						25000.0 µm	25000.0 µm	0.00 mm/min		
	<Positioning Comment>									
23						25000.0 µm	0.0 µm	0.00 mm/min		
	<Positioning Comment>									
24						25000.0 µm	25000.0 µm	0.00 mm/min		
	<Positioning Comment>									
25						0.0 µm	0.0 µm	0.00 mm/min		

[그림 10-23] Y축(2축) 위치 데이터 설정

■ 앱솔루트 원호 보간 제어를 이용한 태극 문양 그리기

앱솔루트 원호 보간 제어를 사용하여 [그림 10-24]와 같은 태극 문양을 그리기 위해서는 위치 데이터를 어떻게 설정하는지 살펴보자.

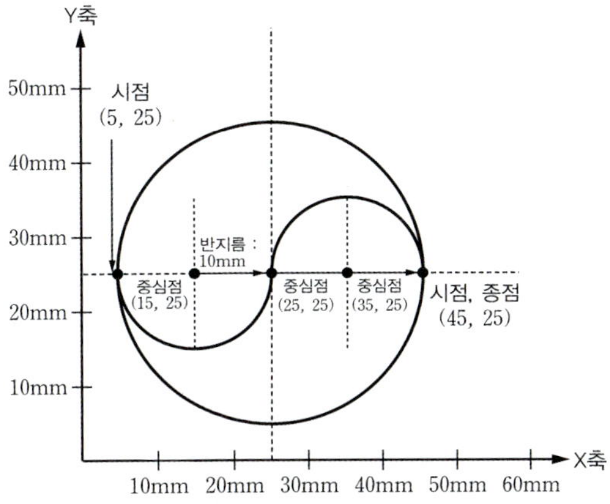

[그림 10-24] **원호 보간을 이용하여 태극 문양을 그리기 위한 좌표**

[그림 10-24]의 태극 문양은 큰 원 내부에 중심점을 기준으로 작은 반원이 좌측에는 아래로, 우측에서 위로 그려진 형태이다. 좌측의 작은 반원은 시점 좌표 (5mm, 25mm)에서 시작하여 반시계방향으로 종점 좌표 (25mm, 25mm)로 그려지고, 우측의 작은 반원은 시점 좌표 (25mm, 25mm)에서 시작하여 시계방향으로 종점 좌표 (45mm, 25mm)까지 그려진다.

[표 10-17] **태극 도형을 그리기 위한 좌표 설정 순서와 방법**

동작 순서	Positioning 좌표 (단위 : mm)	Arc 좌표 (단위 : mm)	동작 구분	제어 방법	솔 밸브
초기 위치	(0, 0)	-	-	원점복귀를 통한 원점	OFF
1	(45, 25)	-	시점	직선 보간(ABS Linear 2)	OFF
2	(45, 25)	(25, 25)	종점	원호 보간(ABS Arc RGT)	ON
3	(5, 25)	-	시점	직선 보간(ABS Linear 2)	OFF
4	(25, 25)	(15, 25)	종점/시점	원호 보간(ABS Arc LFT)	ON
5	(45, 25)	(35, 25)	종점	원호 보간(ABS Arc RGT)	ON
6	(0, 0)	-	-	직선 보간(ABS Linear 2)	OFF

[표 10-17]에서 동작 순서 4번은 좌측의 작은 반원을 그리기 위한 종점 위치이자, 우측의 작은 반원을 그리기 위한 시점 위치이기도 하다. [그림 10-25]와 [그림 10-26]은 [표 10-17]의 태극 도형을 그리기 위한 좌표를 X축과 Y축으로 각각 구분하여 위치 데이터로 설정한 것이다.

No.	Operation pattern	Control method	Axis to be interpolated	Acceleration time No.	Deceleration time No.	Positioning address	Arc address	Command speed	Dwell time	M-code
31	1:CONT	0Ah:ABS Linear 2	#2	0:100	0:100	45000.0 μm	0.0 μm	2000.00 mm/min	0 ms	1
	<Positioning Comment>									
32	1:CONT	0Fh:ABS ArcRGT	#2	0:100	0:100	45000.0 μm	25000.0 μm	2000.00 mm/min	0 ms	2
	<Positioning Comment>									
33	1:CONT	0Ah:ABS Linear 2	#2	0:100	0:100	5000.0 μm	0.0 μm	2000.00 mm/min	0 ms	1
	<Positioning Comment>									
34	1:CONT	0Fh:ABS ArcRGT	#2	0:100	0:100	25000.0 μm	15000.0 μm	2000.00 mm/min	0 ms	2
	<Positioning Comment>									
35	1:CONT	10h:ABS ArcLFT	#2	0:100	0:100	45000.0 μm	35000.0 μm	2000.00 mm/min	0 ms	2
	<Positioning Comment>									
36	0:END	0Ah:ABS Linear 2	#2	0:100	0:100	0.0 μm	0.0 μm	2000.00 mm/min	0 ms	1

[그림 10-25] X축(1축) 위치 데이터 설정

No.	Operation pattern	Control method	Axis to be interpolated	Acceleration time No.	Deceleration time No.	Positioning address	Arc address	Command speed	Dwell time	M-code
31						25000.0 μm	0.0 μm	0.00 mm/min		
	<Positioning Comment>									
32						25000.0 μm	25000.0 μm	0.00 mm/min		
	<Positioning Comment>									
33						25000.0 μm	0.0 μm	0.00 mm/min		
	<Positioning Comment>									
34						25000.0 μm	25000.0 μm	0.00 mm/min		
	<Positioning Comment>									
35						25000.0 μm	25000.0 μm	0.00 mm/min		
	<Positioning Comment>									
36						0.0 μm	0.0 μm	0.00 mm/min		

[그림 10-26] Y축(2축) 위치 데이터 설정

PLC 프로그램

[프로그램 10-5]는 [프로그램 10-4]의 끝부분에 이어서 작성한다. [프로그램 10-5]는 원 모양 그리기와 태극 문양 그리기를 위한 프로그램으로, 해당 버튼이 눌리면 1개의 위치 결정 전용 명령어를 사용해서 원호 보간 동작을 구현한다. 원 모양 그리기 버튼이 눌리면, 위치 데이터 21번을 등록한 후에 위치 결정 전용 명령어를 실행한다. 그러면 위치 데이터 21번부터 25번까지 위치 데이터가 순차적으로 실행되어 [그림 10-21]과 같은 원을 그린다. 한편 태극 문양 그리기 버튼이 눌리면, 위치 데이터 31번부터 37번까지가 순차적으로 실행되어 [그림 10-24]와 같은 태극 문양을 그리게 된다.

[프로그램 10-5] 원호 보간을 이용한 원 모양 및 태극 문양 그리기 프로그램

실습과제 10-3 직선 및 원호 보간을 이용하여 도형 그리기

직선 및 원호 보간을 이용하여 다양한 형상을 가진 도면을 그릴 수 있는 위치 데이터 설정 방법과 프로그램 작성법에 대해 살펴보자.

[Section 10.1]

■ 직선 보간과 원호 보간 제어의 조합

[실습과제 10-1]과 [실습과제 10-2]에서 직선 보간과 원호 보간을 사용하여 각각의 도형을 그리기 위한 위치 데이터 설정 방법과 프로그램 작성법에 대해 살펴보았다. 직선 및 원호 보간 제어에서는 위치 데이터 설정이 중요하다. 프로그램은 QD77MS의 위치 결정 전용 명령어를 사용하면 손쉽게 작성할 수 있다. 이제는 직선 보간과 원호 보간을 함께 사용하여 [표 10-18]에 나타낸 도형을 그리는 방법에 대해 살펴보자.

[표 10-18] 직선 및 원호 보간 제어를 이용한 도형 그리기

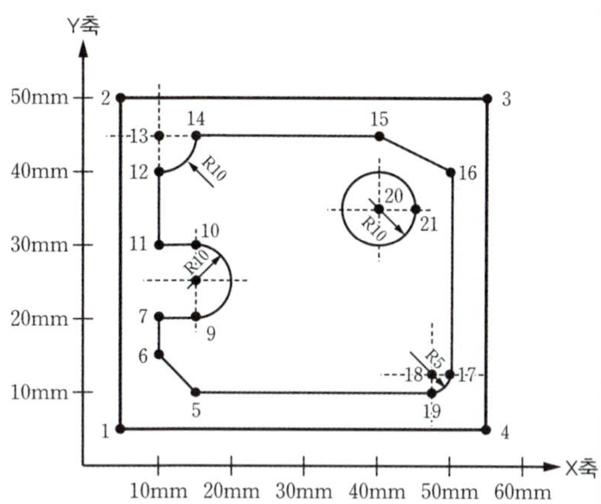

좌표 번호	X-Y 좌표 (단위 : mm)	좌표 번호	X-Y 좌표 (단위 : mm)
1	(5, 5)	12	(10 , 40)
2	(5, 50)	13	(10, 45)
3	(55, 50)	14	(15, 45)
4	(55, 5)	15	(40, 45)
5	(15, 10)	16	(50, 40)
6	(10, 15)	17	(50, 12.5)
7	(10, 20)	18	(47.5, 12.5)
8	(15, 25)	19	(47.5, 10)
9	(15, 20)	20	(40, 35)
10	(15, 30)	21	(45, 35)
11	(10, 30)	22	

PLC 프로그램 작성법

[표 10-18]은 직선 및 원호 보간이 결합된 도형으로, 우측에 각각의 위치 좌표가 설정되어 있고, 원호 보간이 필요한 좌표는 음영으로 표시되어 있다. 주어진 도형을 그리기 위해 어떤 순서로 어떤 제어가 이루어져야 하는지 살펴보자.

[표 10-19]는 [표 10-18]에 나타낸 좌표 번호를 적용하여 직선 또는 중심점 지정 원호 보간 제어로 도형을 그리기 위한 순서와 제어 방법을 나타낸 것이다. 원을 그릴 때 필요한 중심점, 시점, 종점이 각각 어떻게 사용되는지 잘 살펴보기 바란다.

[표 10-19] [표 10-18]의 도형을 그리기 위한 좌표 설정 순서와 방법

동작 순서	Positioning 좌표 (단위 : mm)	Arc 좌표 (단위 : mm)	동작 구분	제어 방법	솔 밸브
초기 위치	(0, 0)			원점복귀를 통한 원점	OFF
1	(5, 5)			직선 보간(ABS Linear 2)	ON
2	(5, 50)			직선 보간(ABS Linear 2)	ON
3	(55, 50)			직선 보간(ABS Linear 2)	ON
4	(55, 5)			직선 보간(ABS Linear 2)	ON
5	(5, 5)			직선 보간(ABS Linear 2)	ON
6	(15, 10)			직선 보간(ABS Linear 2)	OFF
7	(10, 15)			직선 보간(ABS Linear 2)	ON
8	(10, 20)			직선 보간(ABS Linear 2)	ON
9	(15, 20)		시점	직선 보간(ABS Linear 2)	ON
10	(15, 30)	(15, 25)	종점	원호 보간(ABS Arc LFT)	ON
11	(10, 30)			직선 보간(ABS Linear 2)	ON
12	(10, 40)		시점	직선 보간(ABS Linear 2)	ON
13	(15, 45)	(10, 45)	종점	원호 보간(ABS Arc LFT)	ON
14	(40, 45)			직선 보간(ABS Linear 2)	ON
15	(50, 40)			직선 보간(ABS Linear 2)	ON
16	(50, 12.5)		시점	직선 보간(ABS Linear 2)	ON
17	(47.5, 10)	(47.5, 12.5)	종점	원호 보간(ABS Arc RGT)	ON
18	(15, 10)			직선 보간(ABS Linear 2)	ON
19	(45, 35)		시점	직선 보간(ABS Linear 2)	OFF
20	(45, 35)	(40, 35)	종점	원호 보간(ABS Arc LFT)	ON
21	(0, 0)			직선 보간(ABS Linear 2)	OFF

[그림 10-27]과 [그림 10-28]은 [표 10-19]의 [표 10-18]에 나타낸 도형 그리기 좌표를 X축과 Y축으로 각각 구분하여 위치 데이터로 설정한 것이다.

No.	Operation pattern	Control method	Axis to be interpolated	Acceleration time No.	Deceleration time No.	Positioning address	Arc address	Command speed	Dwell time	M-code
42	1:CONT	0Ah:ABS Linear 2	#2	0:100	0:100	5000.0 µm	0.0 µm	2000.00 mm/min	0 ms	2
	<Positioning Comment>									
43	1:CONT	0Ah:ABS Linear 2	#2	0:100	0:100	55000.0 µm	0.0 µm	2000.00 mm/min	0 ms	2
	<Positioning Comment>									
44	1:CONT	0Ah:ABS Linear 2	#2	0:100	0:100	55000.0 µm	0.0 µm	2000.00 mm/min	0 ms	2
	<Positioning Comment>									
45	1:CONT	0Ah:ABS Linear 2	#2	0:100	0:100	5000.0 µm	0.0 µm	2000.00 mm/min	0 ms	2
	<Positioning Comment>									
46	1:CONT	0Ah:ABS Linear 2	#2	0:100	0:100	15000.0 µm	0.0 µm	2000.00 mm/min	0 ms	1
	<Positioning Comment>									
47	1:CONT	0Ah:ABS Linear 2	#2	0:100	0:100	10000.0 µm	0.0 µm	2000.00 mm/min	0 ms	2
	<Positioning Comment>									
48	1:CONT	0Ah:ABS Linear 2	#2	0:100	0:100	10000.0 µm	0.0 µm	2000.00 mm/min	0 ms	2
	<Positioning Comment>									
49	1:CONT	0Ah:ABS Linear 2	#2	0:100	0:100	15000.0 µm	0.0 µm	2000.00 mm/min	0 ms	2
	<Positioning Comment>									
50	1:CONT	10h:ABS ArcLFT	#2	0:100	0:100	15000.0 µm	15000.0 µm	2000.00 mm/min	0 ms	2
	<Positioning Comment>									
51	1:CONT	0Ah:ABS Linear 2	#2	0:100	0:100	10000.0 µm	0.0 µm	2000.00 mm/min	0 ms	2
	<Positioning Comment>									
52	1:CONT	0Ah:ABS Linear 2	#2	0:100	0:100	10000.0 µm	0.0 µm	2000.00 mm/min	0 ms	2
	<Positioning Comment>									
53	1:CONT	10h:ABS ArcLFT	#2	0:100	0:100	15000.0 µm	10000.0 µm	2000.00 mm/min	0 ms	2
	<Positioning Comment>									
54	1:CONT	0Ah:ABS Linear 2	#2	0:100	0:100	40000.0 µm	0.0 µm	2000.00 mm/min	0 ms	2
	<Positioning Comment>									
55	1:CONT	0Ah:ABS Linear 2	#2	0:100	0:100	50000.0 µm	0.0 µm	2000.00 mm/min	0 ms	2
	<Positioning Comment>									
56	1:CONT	0Ah:ABS Linear 2	#2	0:100	0:100	50000.0 µm	0.0 µm	2000.00 mm/min	0 ms	2
	<Positioning Comment>									
57	1:CONT	0Fh:ABS ArcRGT	#2	0:100	0:100	47500.0 µm	47500.0 µm	2000.00 mm/min	0 ms	2
	<Positioning Comment>									
58	1:CONT	0Ah:ABS Linear 2	#2	0:100	0:100	15000.0 µm	0.0 µm	2000.00 mm/min	0 ms	2
	<Positioning Comment>									
59	1:CONT	0Ah:ABS Linear 2	#2	0:100	0:100	45000.0 µm	0.0 µm	2000.00 mm/min	0 ms	1
	<Positioning Comment>									
60	1:CONT	10h:ABS ArcLFT	#2	0:100	0:100	45000.0 µm	40000.0 µm	2000.00 mm/min	0 ms	2
	<Positioning Comment>									
61	0:END	0Ah:ABS Linear 2	#2	0:100	0:100	0.0 µm	0.0 µm	2000.00 mm/min	0 ms	1

[그림 10-27] X축(1축) 위치 데이터 설정

No.	Operation pattern	Control method	Axis to be interpolated	Acceleration time No.	Deceleration time No.	Positioning address	Arc address	Command speed	Dwell time	M-code
41						5000.0 µm	0.0 µm	0.00 mm/min		
	<Positioning Comment>									
42						50000.0 µm	0.0 µm	0.00 mm/min		
	<Positioning Comment>									
43						50000.0 µm	0.0 µm	0.00 mm/min		
	<Positioning Comment>									
44						5000.0 µm	0.0 µm	0.00 mm/min		
	<Positioning Comment>									
45						5000.0 µm	0.0 µm	0.00 mm/min		
	<Positioning Comment>									
46						10000.0 µm	0.0 µm	0.00 mm/min		
	<Positioning Comment>									
47						15000.0 µm	0.0 µm	0.00 mm/min		
	<Positioning Comment>									
48						20000.0 µm	0.0 µm	0.00 mm/min		
	<Positioning Comment>									
49						20000.0 µm	0.0 µm	0.00 mm/min		
	<Positioning Comment>									
50						30000.0 µm	25000.0 µm	0.00 mm/min		
	<Positioning Comment>									
51						30000.0 µm	0.0 µm	0.00 mm/min		
	<Positioning Comment>									
52						40000.0 µm	0.0 µm	0.00 mm/min		
	<Positioning Comment>									
53						45000.0 µm	45000.0 µm	0.00 mm/min		
	<Positioning Comment>									
54						45000.0 µm	0.0 µm	0.00 mm/min		
	<Positioning Comment>									
55						40000.0 µm	0.0 µm	0.00 mm/min		
	<Positioning Comment>									
56						12500.0 µm	0.0 µm	0.00 mm/min		
	<Positioning Comment>									
57						10000.0 µm	12500.0 µm	0.00 mm/min		
	<Positioning Comment>									
58						10000.0 µm	0.0 µm	0.00 mm/min		
	<Positioning Comment>									
59						35000.0 µm	0.0 µm	0.00 mm/min		
	<Positioning Comment>									
60						35000.0 µm	35000.0 µm	0.00 mm/min		
	<Positioning Comment>									
61						0.0 µm	0.0 µm	0.00 mm/min		

[그림 10-28] Y축(2축) 위치 데이터 설정

PLC 프로그램

[프로그램 10-6]은 [프로그램 10-5]의 끝부분에 이어서 작성한다. [프로그램 10-6]은 보간1 버튼이 눌리면 직선 및 원호 보간을 사용하여 도형을 그린다. 해당 버튼이 눌리면 1개의 위치 결정 전용 명령어를 사용해서 [표 10-18]의 도형을 그린다.

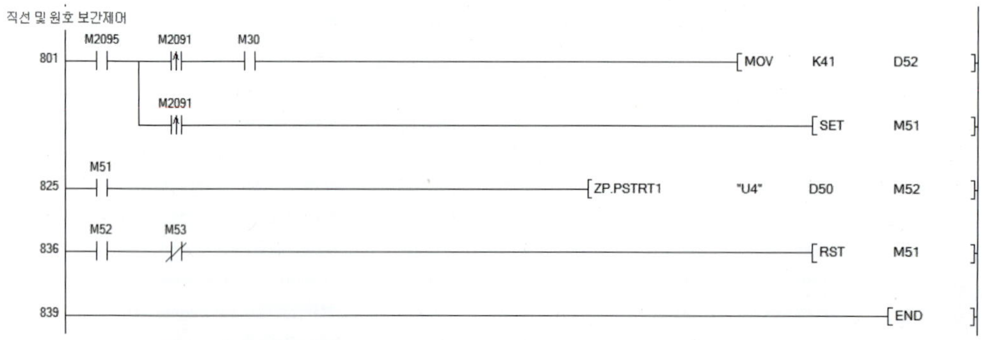

[프로그램 10-6] 직선 및 원호 보간을 이용한 도형 그리기 프로그램

PART 4

생산자동화 실습 장치(MPS) 제어

자동화 산업현장에 취업을 했거나 또는 취업을 준비하고 있다면, 모터 제어 기술과 공압실린더 제어 기술이 복합적으로 적용된 장치를 설계, 제작, 조립, 시운전할 수 있어야 하며, 관련 프로그램을 작성할 수 있는 능력을 갖추어야 한다. 국가에서는 이러한 분야의 전문 기술 인력을 양성하고, 해당 분야의 기술 역량을 갖춘 인재임을 증명해주기 위해 국가 기술 자격 제도를 운영하고 있다. 자동화 분야에는 이러한 국가 기술 자격 제도로 '생산자동화 기능사/산업기사/기사'가 있다. 기능사와 산업기사의 실기 역량을 평가할 때 사용하는 자동화 장치를 생산자동화 장치 또는 MPS[Mini Production System]라 한다.

4부에서는 생산자동화 산업기사 실기 역량 평가에 사용하는 MPS를 활용하여, 앞에서 학습한 서보를 이용한 위치 제어에 대한 내용에 더하여, 자동화 현장에 필요한 자동화 장치의 시운전 및 제어와 관련한 프로그램 작성법에 대해 학습한다.

Chapter 11

MPS 동작 테스트 프로그램

생산자동화 산업기사 검정용 실습 장치(MPS)는, 산업현장에서 자동화 장치의 시운전과 운영을 구현하는 PLC 프로그램 작성법을 평가하기 위해 만들어진 장치이다. 이는 한국 산업 인력 공단이 주관하는 생산자동화 기능사 및 산업기사 실기 시험 장치로 사용되고 있으며, 실제로 산업현장에서 필요한 자동화 제어에 관련된 기본적인 프로그램 작성법을 학습할 수 있는 좋은 교보재이기도 하다.

11.1 생산자동화 실습 장치(MPS)

[그림 11-1]은 생산자동화 실습 장치(이하 MPS로 표기)의 구성도를 나타낸 것이다. 구성 장치에는 공압실린더와 DC 모터, 서보 모터가 있고, 각종 운전 상태의 정보를 표시하거나 제어하기 위한 HMI 모듈(이후 GOT2000으로 표기)이 설치되어 있다.

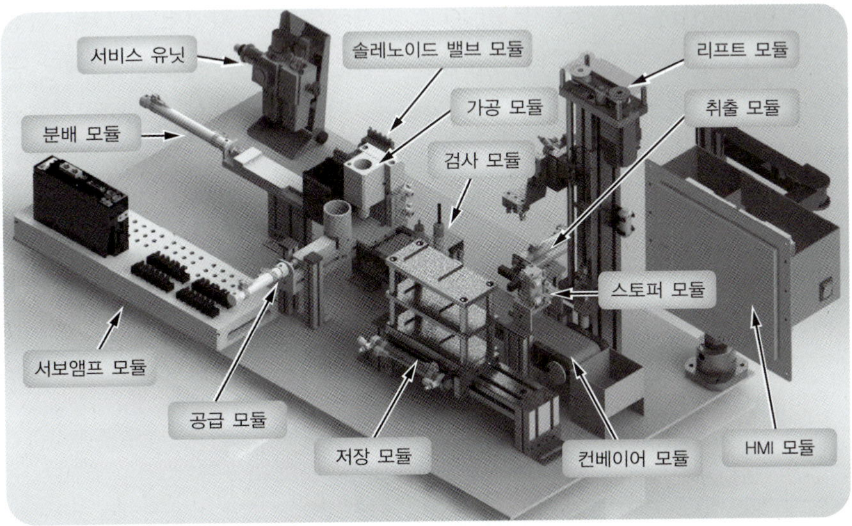

[그림 11-1] 생산자동화 산업기사 검정용 실습 장치(MPS) 전체 구성도

11.1.1 MPS의 모듈별 구성

공급 모듈

[그림 11-1]의 공급 모듈은 [그림 11-2] 도면의 부품을 조립하여 만든 것이다. 공급 모듈은 부품 번호 ①번인 매거진magazine[1]에 적재되어 있는 작업물의 유무를 ⑨와 ⑩의 광화이버(광섬유)optical fiber 센서를 사용해 검사하고, ⑧의 공압실린더를 사용하여 가공 모듈에 작업물을 공급하는 역할을 한다. 공급 모듈에 사용된 공압실린더는 양솔로 제어한다.

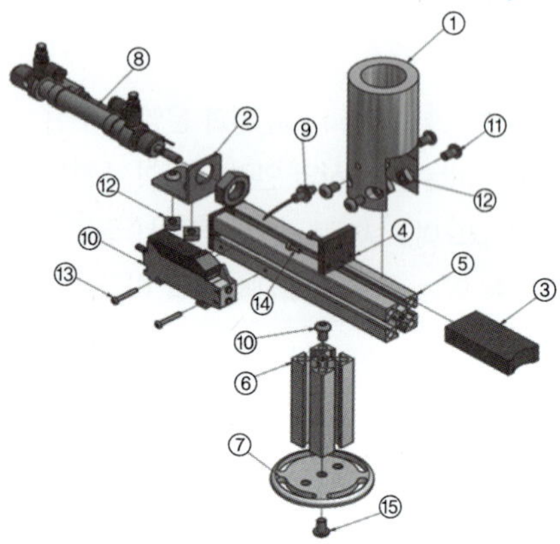

(a) 공급 모듈 조립 도면

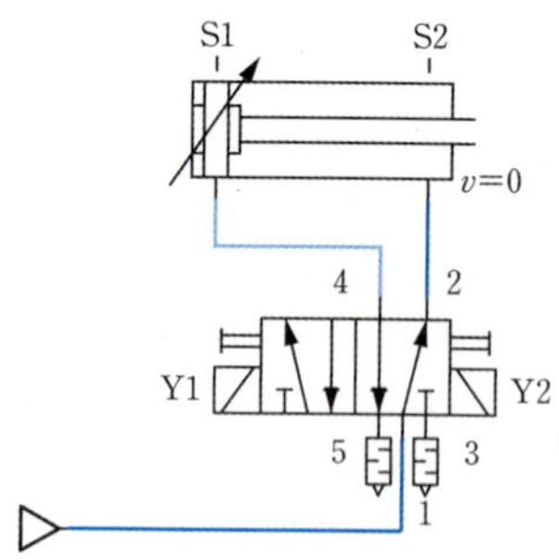

(b) 공급 모듈 공압실린더 도면

[그림 11-2] 공급 모듈의 조립 및 공압실린더 도면

가공 모듈

[그림 11-3(a)]의 DC 모터(④)로 가공 드릴(⑤)을 회전시키고, 공압실린더(②)의 하강 및 상승 동작을 이용하여 공급 모듈로부터 공급받은 작업물에 구멍을 가공한다. 해당 공정에서 공압실린더의 초기 위치는 [그림 11-3(b)]의 도면과 같이 상승 상태이며, 편솔밸브를 사용한다.

1 매거진(magazine)은 권총의 총알이 탄창에 장전되듯이 사각 또는 원통의 보관함에 가공 또는 공급하기 위한 작업물이 적재되는 장치를 말한다.

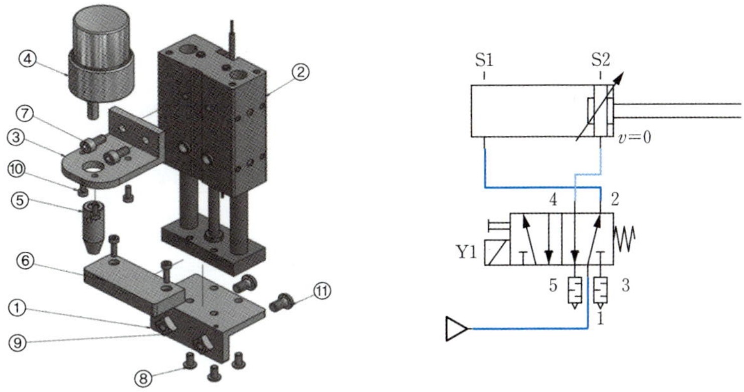

(a) 가공 모듈 조립 도면 (b) 가공 모듈 공압실린더 도면

[그림 11-3] **가공 모듈의 조립 및 공압실린더의 도면**

분배(송출) 모듈

분배 모듈은 가공 공정에 의해 드릴 가공이 완료된 작업물을 컨베이어 벨트로 분배하는 역할을 하는 장치이다. [그림 11-4(a)]의 분배 매거진(②)과 작업물 검사용 광화이버 센서(⑩, ⑪)가 있어서, 공급 공정과 가공 공정 과정을 거치지 않고 별도의 공작물을 컨베이어 벨트로 공급하는 역할을 할 수도 있다. 이 공정에 사용되는 공압실린더를 살펴보면, 초기 위치는 전진 상태이지만, ③번 부품의 위치를 기준으로 작업 위치를 표시하기 때문에 [그림 11-4(b)]에서는 S2가 후진 센서, S1이 전진 센서로 표기되어 있다. 이에 대해 혼동하기 쉬우니 조심하도록 하자. 분배 모듈은 송출 모듈이라 불리기도 한다.

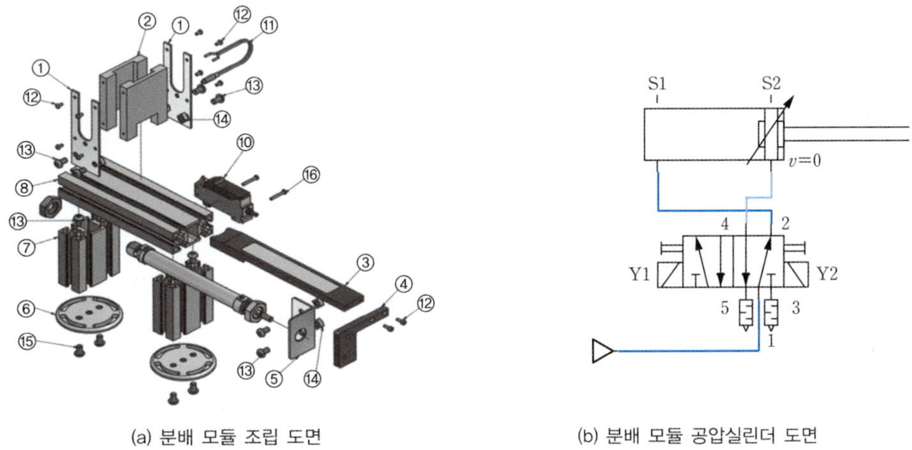

(a) 분배 모듈 조립 도면 (b) 분배 모듈 공압실린더 도면

[그림 11-4] **분배 모듈의 조립 및 공압실린더 도면**

컨베이어 모듈

분배 공정에 의해 공급된 작업물은, [그림 11-5]의 DC 모터(⑪) 회전에 의해 컨베이어 벨트(⑱)가 회전하여 검사 모듈, 취출 모듈, 저장 모듈로 이동된다.

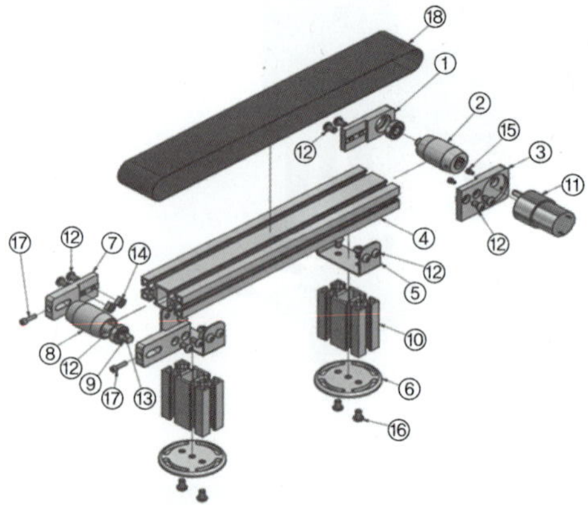

[그림 11-5] 컨베이어 모듈 도면

검사 모듈

검사 모듈은 컨베이어 벨트를 통해 이동하는 작업물의 소재를 검사하는 역할을 한다. [그림 11-6(a)]의 ②는 금속을 검출할 수 있는 유도형 센서이고, ③은 정전용량형 센서이다. 이러한 센서들을 사용하여 금속과 비금속을 검출한다.

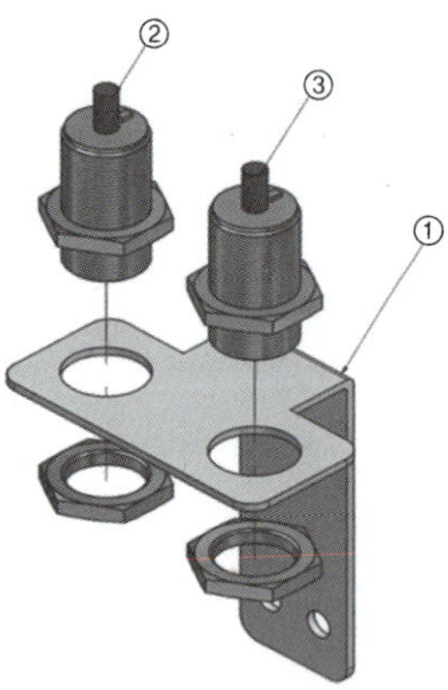

(a) 검사 모듈 조립 도면

(b) 유도형 센서 외형

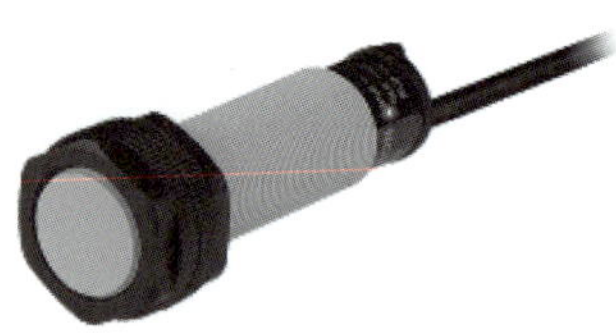

(c) 정전용량형 센서 외형

[그림 11-6] 검사 모듈의 조립 및 센서 외형

취출 모듈

컨베이어 벨트를 통해 이동되는 작업물은 검사 모듈에 의해 금속과 비금속 판별을 마친 후, 취출 모듈에 의해 배출 상자로 분류된다. 공압실린더는 초기에는 후진 위치이며, 양솔 밸브를 사용한다.

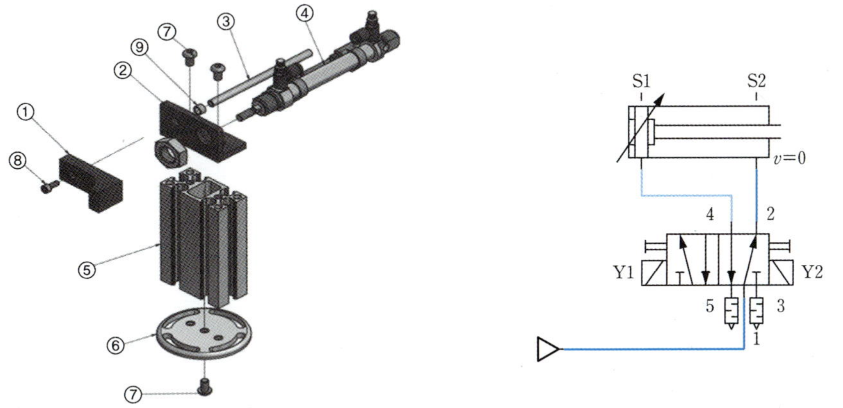

(a) 취출 모듈 조립 도면 (b) 취출 모듈 공압실린더 도면

[그림 11-7] **취출 모듈의 조립 및 공압실린더 도면**

스토퍼 모듈

스토퍼 stopper 모듈은 컨베이어 벨트를 따라 이동하는 작업물의 이동을 중지시킬 때 사용한다. 이때 [그림 11-8(a)]의 광화이버 센서(⑤)로 작업물을 검출할 수 있다. 스토퍼 실린더는 초기에는 상승 위치이며, 편솔 밸브를 사용한다.

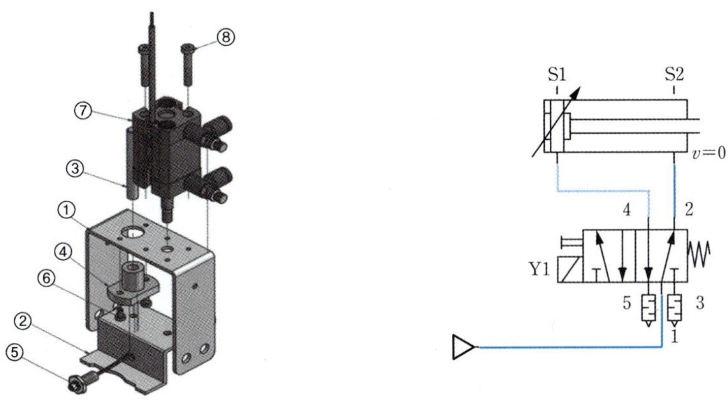

(a) 스토퍼 모듈 조립 도면 (b) 스토퍼 모듈 공압실린더 도면

[그림 11-8] **스토퍼 모듈의 조립 및 공압실린더 도면**

리프트 모듈

리프트 lift 모듈은, 컨베이어 벨트에 의해 이동하던 작업물을 스토퍼 실린더로 정지시킨 후에, 서보 모터에 의해 상하 운동을 하는 리프트 모듈에 장착된 공압실린더와 흡착 패드를 사용해서 작업물을 저장 모듈에 적재한다. 이 모듈은 1개의 공압실린더와 흡착 컵으로 구성

되어 있다. 실린더 제어에는 양솔 밸브를, 흡착 패드 제어에는 편솔 밸브를 사용한다.

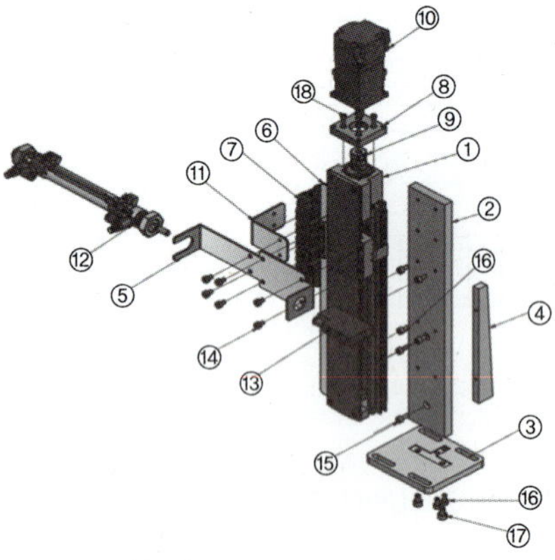
(a) 리프트 모듈 조립 도면

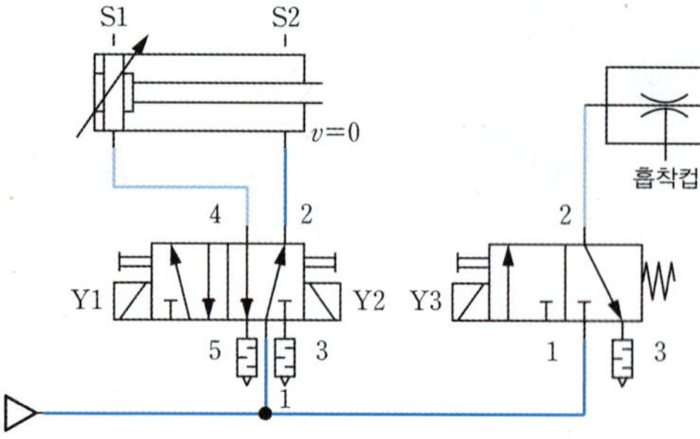

(b) 흡착 실린더 및 흡착 패드 공압실린더 도면

[그림 11-9] **리프트 모듈의 조립 및 흡착용 공압실린더 도면**

저장 모듈

저장 모듈은 리프트 모듈과 흡착용 실린더에 의해 진공 흡착된 작업물을 정해진 창고로 저장 또는 반출하기 위한 모듈이다. [그림 11-10(a)]의 공압실린더(⑨)의 전후진 동작으로 창고의 위치를 좌우로 이동시킨다.

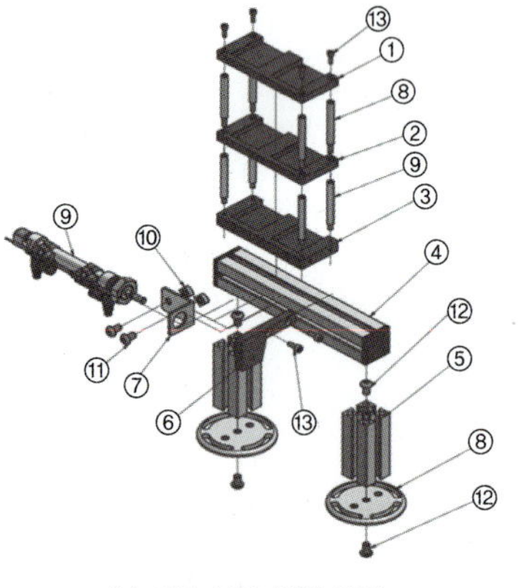
(a) 저장 모듈 조립 도면

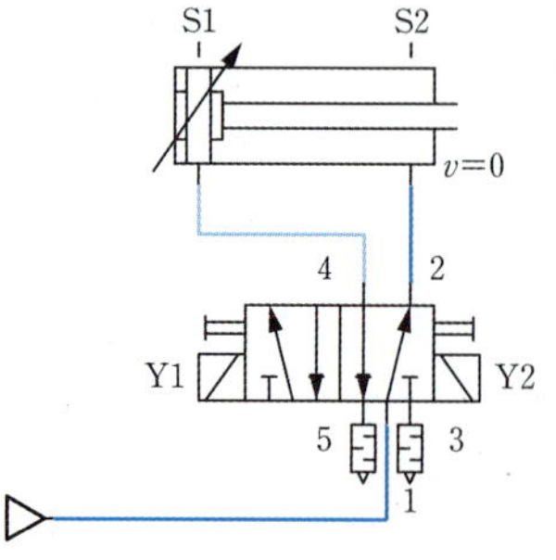

(b) 저장 모듈 공압실린더 도면

[그림 11-10] **저장 모듈의 조립 및 창고 전후진 공압실린더 도면**

11.1.2 MPS의 PLC 입출력 번지 할당

앞에서 살펴보았듯이 생산자동화 실습 장치(MPS)는 9개의 모듈로 구성되어 있다. 컨베이어 모듈을 제외한 8개 모듈의 공압 시스템 구성도를 [그림 11-11]에 나타내었다.

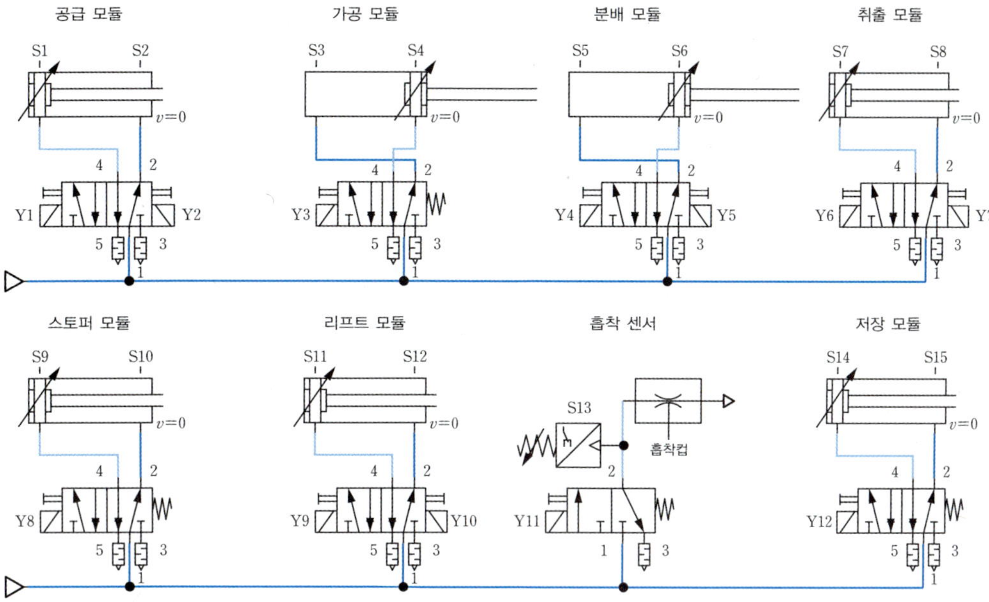

[그림 11-11] MPS에 사용되는 전체 공압 시스템 구성도

9개의 모듈을 구동하기 위해 7개의 복동 실린더, 1개의 흡착 패드와 이들의 동작을 제어하기 위한 5개의 양솔, 3개의 편솔, 그리고 2개의 DC 모터를 사용한다. 이 책에서 사용하는 MPS에서는 [그림 11-11]에서 알 수 있듯이 가공 모듈과 분배 모듈에 사용한 공압 실린더의 초기 상태가 전진 상태로 설정되어 있다. [그림 11-11]의 전체 공압 시스템 외에도 작업물 검출을 위한 광화이버 센서, 컨베이어 벨트의 이동량을 검출하기 위한 엔코더 센서 등이 포함되어야 한다.

MPS를 제어하기 위해 적용하는 PLC의 입출력 할당 내역을 [그림 11-12]에 나타내었다. 32점 입력 및 출력 카드가 장착되어 있고, 서보를 제어하기 위한 QD77MS2가 PLC의 베이스 슬롯에 장착되어 있다.

I/O Assignment(*1)

No.	Slot	Type	Model Name	Points	Start XY
0	PLC	PLC			
1	0(0-0)	Input	입력모듈 32점	32Points	0000
2	1(0-1)	Output	출력모듈 32점	32Points	0020
3	2(0-2)	Intelligent	QD77MS2	32Points	0040
4	3(0-3)				

[그림 11-12] MPS의 제어에 사용하는 PLC의 입출력 번지 할당

MPS의 전체 입출력 리스트는 [표 11-1]과 같다. 해당 입출력 리스트는 독자들이 사용하는 MPS와 다를 수 있기 때문에, 이 리스트는 참고만 하길 바란다. 독자들이 사용하는

입출력 리스트에 맞추어 저자가 제시한 프로그램을 수정해서 사용해야 한다.

[표 11-1] MPS의 입출력 할당 리스트

입력(INPUT)				출력(OUTPUT)			
NO	PLC	기능	기호	NO	PLC	기능	기호
1	X00	푸시 버튼 1		1	Y20	공급 전진 SOL	
2	X01	푸시 버튼 2		2	Y21	공급 후진 SOL	
3	X02	푸시 버튼 3		3	Y22	분배 전진 SOL	
4	X03	공급 후진 센서		4	Y23	분배 후진 SOL	
5	X04	공급 전진 센서		5	Y24	가공 하강 SOL(편솔)	
6	X05	분배 후진 센서		6	Y25	취출 전진 SOL	
7	X06	분배 전진 센서		7	Y26	취출 후진 SOL	
8	X07	가공 하강 센서		8	Y27	스토퍼 하강 SOL(편솔)	
9	X08	가공 상승 센서		9	Y28	흡착 실린더 전진 SOL	
10	X09	취출 후진 센서		10	Y29	흡착 실린더 후진 SOL	
11	X0A	취출 전진 센서		11	Y2A	흡착 패드 동작 SOL(편솔)	
12	X0B	스토퍼 상승 센서		12	Y2B	저장 실린더 전진 SOL	
13	X0C	스토퍼 하강 센서		13	Y2C	저장 실린더 후진 SOL	
14	X0D	리프트 흡착 후진 센서		14	Y2D	드릴 가공 모터	
15	X0E	리프트 흡착 전진 센서		15	Y2E	컨베이어 모터	
16	X0F	흡착 패드 흡착 검출 센서		16	Y2F	램프1	
17	X10	저장 후진 센서		17	Y30	램프2	
18	X11	저장 전진 센서		18	Y31	램프3	
19	X12	공급 검출 센서		19	Y32	램프4	
20	X13	분배 검출 센서		20	Y33	램프5	
21	X14	검사 센서(정전용량형)		21	Y34		
22	X15	검사 센서(유도형)		22	Y35		
23	X16	스토퍼 검출 센서		23	Y36		
24	X17	토글스위치1		24	Y37		
25	X18	토글스위치2		25	Y38		
26	X19	컨베이어 엔코더		26	Y39		

11.2 MPS의 모듈별 동작 테스트

MPS의 동작 제어 프로그램을 작성하기 전에 우선 모듈별 동작을 확인할 수 있는 테스트 프로그램 작성법에 대해 살펴보자.

실제 산업현장에서 사용하는 자동화 제어기기와 이 책에서 사용하는 MPS를 비교한다면, 전자가 후자보다 최소 10배 이상 난이도가 높다고 할 수 있다. 난이도가 높은 장비를 제어하는 프로그램을 작성하기 위한 첫 걸음은, 제어할 대상 장비에 사용된 각 장치를 개별적으로 테스트하는 것이다. 테스트 동작이 끝나면 공정별로 장비의 동작을 구분하고, 구분된 공정별로 동작 프로그램을 작성하고 테스트해본다. 그 결과에 이상이 없으면 공정별로 작성한 프로그램을 묶어서 전체 공정을 제어하는 프로그램을 작성한다. 한꺼번에 장치 전체의 제어 프로그램을 작성하는 일에 비해 작은 공정으로 분할된 프로그램의 작성이 쉽다. 프로그램에 문제가 생겨도 해당 공정에 대한 프로그램만 수정하면 되기 때문에, 프로그램의 유지 보수도 쉽게 할 수 있다. 이와 같은 장점 때문에 실제 자동화 산업현장에서 프로그램을 작성할 때 공정별로 분할된 프로그램 작성법을 많이 사용한다.

먼저 MPS의 9개 모듈 중에서 리프트 모듈을 제외한 8개의 모듈에 사용된 공압실린더와 모터의 동작을 테스트하기 위해 [그림 11-13(a)]와 같이 HMI 화면을 작화해서 사용한다. 리프트 모듈을 사용한 서보의 제어와 함께 저장 모듈에서의 작업물의 적재와 반출을 위한 테스트에는 [그림 11-13(b)]의 HMI 화면을 작화해서 사용한다.

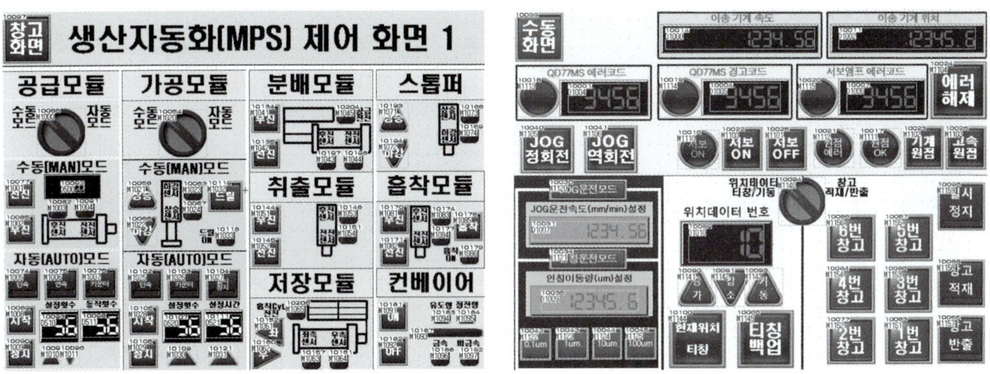

(a) 모듈별 동작 테스트 화면

(b) 서보를 이용한 창고 적재 테스트 화면

[그림 11-13] 모듈별 동작 테스트를 위한 GOT2000의 화면 구성

11.2.1 공급 모듈 제어 프로그램

공급 모듈은 [그림 11-2]와 같이 1개의 복동 실린더와 양솔 밸브, 그리고 매거진에 작업물의 유무를 검출하는 광화이버 센서로 구성되어 있다. 공급 모듈을 제어하기 위한 프로그램 작성에 대해 살펴보자.

HMI 화면 작성

[표 11-2]에 공급 모듈의 동작을 제어하기 위해 GOT2000에서 작성한 HMI 화면을 나타내었다. 공급 모듈에 사용된 공압실린더의 전후진 동작을 제어하는 수동 모드 또는 자동 모드를 선택하기 위한 셀렉터 스위치가 설치되어 있다. 수동 모드에는 공압실린더의 전후진 상태를 한글 '전진 / 후진'으로 표시한 문자 표시창이 있고, 자동 모드에는 반복 동작의 횟수를 설정하기 위한 숫자 표시창이 있다. 자동 모드가 선택되면 단속, 연속, 카운터로 표시된 동작 모드를 선택하는 버튼이 있고, 해당 버튼에는 선택 모드를 표시해주는 램프 기능이 내장되어 있다.

[표 11-2]에는 GOT2000 화면에 사용한 PLC의 내부 메모리 할당 내역을, [표 11-3]에는 공급 모듈을 제어하기 위한 입출력 리스트를 나타내었다.

[표 11-2] 공급 모듈 동작 테스트를 위한 HMI 화면 구성 및 메모리 할당 내역

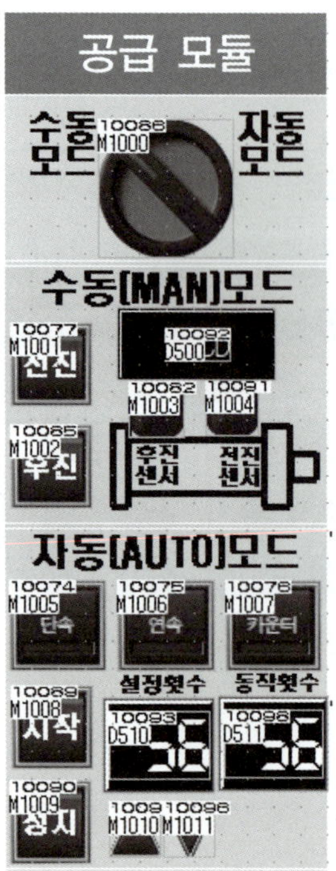

구분	메모리 번지
모드 선택 셀렉터 스위치(램프)	M1000(M1000)
수동 모드	
구분	메모리 번지
전진 버튼	M1001
후진 버튼	M1002
후진 센서	M1003
전진 센서	M1004
문자 표시창	D500
자동(AUTO) 모드	
구분	메모리 번지
단속(램프)	M1005(M1015)
연속(램프)	M1006(M1016)
카운터(램프)	M1007(M1017)
시작 버튼	M1008
정지 버튼	M1009
증가 버튼	M1010
감소 버튼	M1011
설정 횟수 표시창	D510
동작 횟수 표시창	D511

[표 11-3] 공급 모듈의 외형 및 입출력 번지

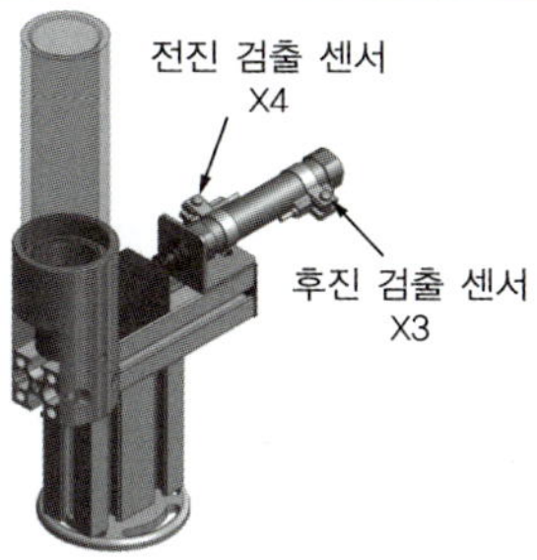

입력 번지	기능
X03	공급 실린더 후진 위치
X04	공급 실린더 전진 위치
출력 번지	**기능**
Y20	공급 실린더 전진 SOL
Y21	공급 실린더 후진 SOL

[표 11-2]의 셀렉터 스위치를 사용하기 위해 [그림 11-14]처럼 Action 설정을 한다. 'Alternate'을 선택하고, 자신의 접점을 이용해서 동작 상태 ON/OFF를 표시한다.

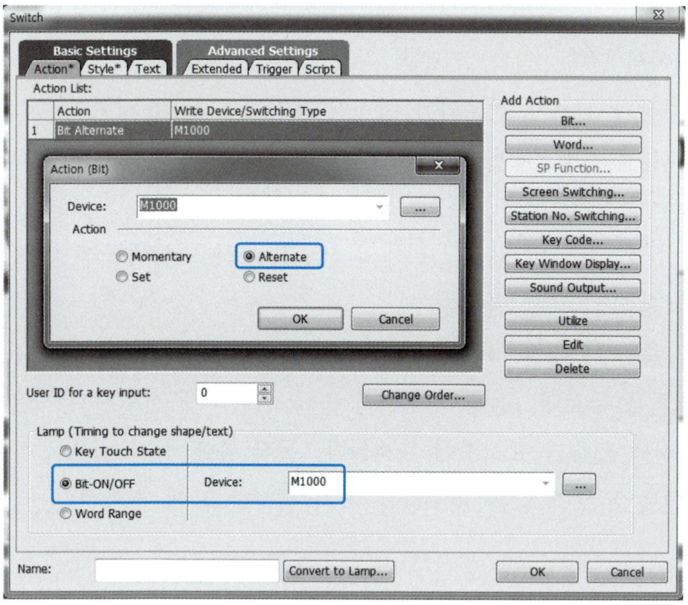

[그림 11-14] 셀렉터 스위치의 설정 내역

제어 조건

공급 모듈의 동작은 수동 모드와 자동 모드로 구분된다. 동작 모드는 셀렉터 버튼(M1000)으로 선택할 수 있다.

■ 수동 모드

- 수동(MAN 또는 MANUAL) 모드는 셀렉터 버튼이 수동 모드에 있을 때 동작한다.

- 동작 모드에 관계없이 작업물 공급용 공압실린더의 전진 및 후진 상태를 검출하는 센서의 ON/OFF 상태가 표시되고, 문자 표시창에 공압실린더의 전후진 상태에 따라 '전진' 또는 '후진'이 표시된다.
- 공압실린더가 후진 상태일 때 전진 버튼을 누르면 실린더는 전진 상태가 된다.
- 공압실린더가 전진 상태일 때 후진 버튼을 누르면 실린더는 후진 상태가 된다.

■ 자동 모드

- 자동(AUTO) 모드는 셀렉터 버튼이 자동 모드에 있을 때 동작한다.
- 자동 모드가 선택되면 단속 동작이 선택되고, 설정 횟수 표시창에는 숫자 3이 표시된다. 자동 모드가 해제될 때 선택된 동작은 모두 해제되고, 설정 횟수 표시창에는 숫자 0이 표시된다.
- 자동 모드가 선택된 상태에서 단속, 연속, 카운터 동작 버튼을 누르면 해당 동작이 선택되고, 동작 버튼에 내장된 램프가 점등되어 선택된 동작 모드를 표시한다.
- 단속 동작 모드는 시작 버튼을 누를 때마다 공급 실린더의 전후진 동작을 1회 진행한다.
- 연속 동작의 경우, 시작 버튼을 누르면 공급 실린더의 전후진 동작을 실행한다. 정지 버튼을 누를 때까지 해당 동작을 무한 반복한다.
- 카운터 동작이 선택되면, 증가 및 감소 버튼을 이용해서 설정 횟수를 1부터 10까지 설정할 수 있다. 시작 버튼을 누르면, 설정 횟수만큼 공급 실린더가 전후진 동작을 하고, 현재 진행 중인 동작의 횟수가 표시창에 표시된다. 동작 중에 정지 버튼을 누르면 정지하고, 시작 버튼을 누르면 남은 횟수만큼 마저 동작한 후에 정지한다.

제어 조건 프로그램 작성 : 자기유지 회로 이용

MPS와 같은 자동화 장치의 동작은, 정해진 순서에 따라 동작하는 시퀀스 제어 동작이다. 시퀀스 제어 동작을 PLC 프로그램으로 작성하는 방법에는 여러 가지가 있다. 그 첫 번째는 자기유지 회로를 사용한 방법이고, 두 번째는 SET과 RST 명령어를 사용하는 방법, 세 번째는 BSFL 명령어를 사용하는 방법, 네 번째는 카운터를 이용하는 방법 등이다.

공급 모듈 제어 프로그램은 첫 번째 방법인 자기유지 회로를 사용한 방법으로 작성한다. 앞에서 열거한 방법 중에서 두 번째, 세 번째 방법도 뒤에서 학습할 다른 모듈을 제어할 때 사용된다. 따라서 여러분은 다양한 시퀀스 제어 프로그램 작성 방법을 비교해보고, 본인에게 맞는 방법을 선택해서 프로그램을 작성하자.

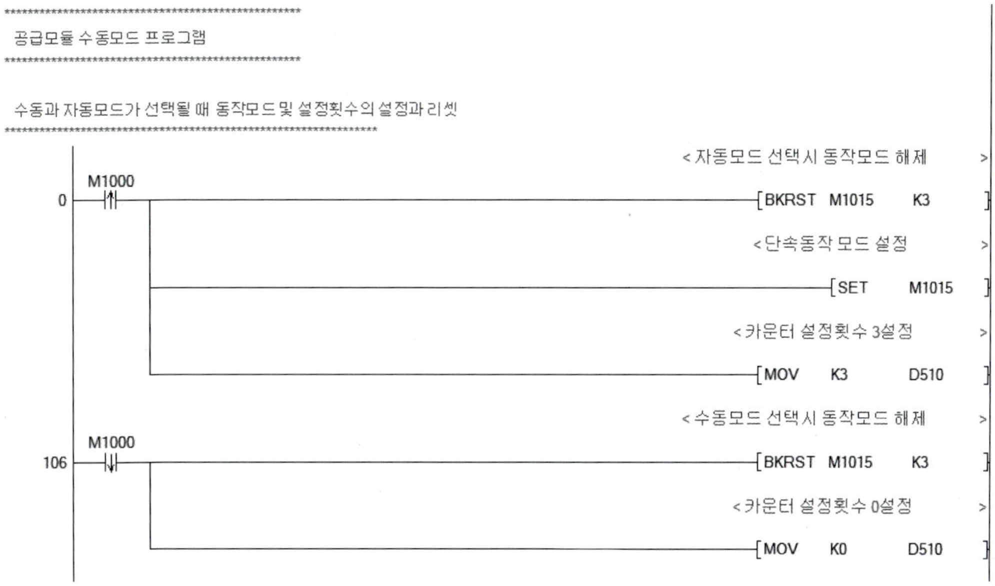

[프로그램 11-1] **공급 모듈 수동 및 자동 모드 선택 시 초기 상태 설정 프로그램**

[프로그램 11-1]은 모드 선택 셀렉터 스위치에 의해 수동/자동 모드가 선택될 때 초기 동작을 설정하는 부분이다. 프로그램 라인 0번은 자동 모드가 선택될 때 단속 동작과 설정 횟수에 3을 설정하는 부분이다. 프로그램 라인 106번은 수동 모드가 선택될 때 자동 모드에서 선택된 동작을 해제하고, 설정 횟수에 0을 설정하기 위한 것이다.

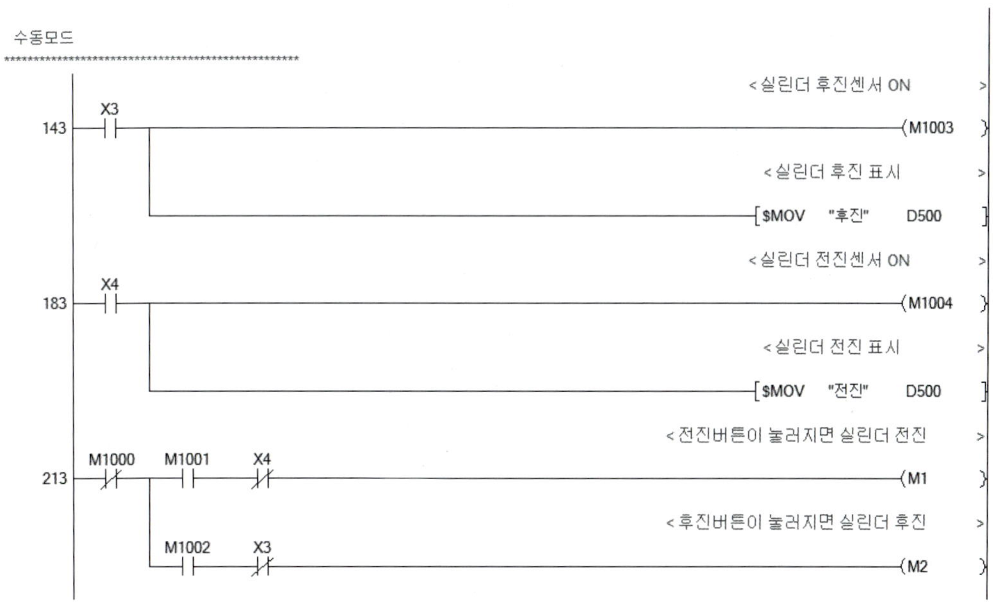

[프로그램 11-2] **공급 모듈 수동 모드 동작 프로그램**

[프로그램 11-2]는 수동 모드가 선택되었을 때 실행되는 프로그램이다. 프로그램 라인 143번과 183번은 공급 모듈의 공압실린더의 전후진 위치를 표시하기 위한 부분과 문자 표시창에 '전진'과 '후진'을 표시하기 위한 것이다. PLC의 명령어 앞에 '$'가 붙어있는 명령어는 문자열을 처리하기 위한 명령어이다. 이와 유사하게 실린더의 위치를 문자로 표시하기 위해 '$MOV' 명령어를 사용한다.

프로그램 라인 213번은, 수동 모드에서 전진 버튼이 눌렸을 때 전진 센서가 OFF되어 있으면 M1을 ON하고, 후진 버튼이 눌렸을 때 후진 센서가 OFF되어 있으면 M2를 ON한다. 이처럼 실린더의 동작이 완료한 후에는 해당 센서의 신호가 ON 상태가 되기 때문에 자동으로 솔 밸브를 제어하는 M1과 M2가 OFF된다. 그리고 전진/후진 버튼이 눌렸을 때 실린더의 위치가 해당 위치에 있다면, 센서가 ON되어 있기 때문에 M1과 M2는 ON되지 않는다. 최종적으로 M1과 M2로 공급 실린더의 솔 밸브 Y20과 Y21을 제어한다.

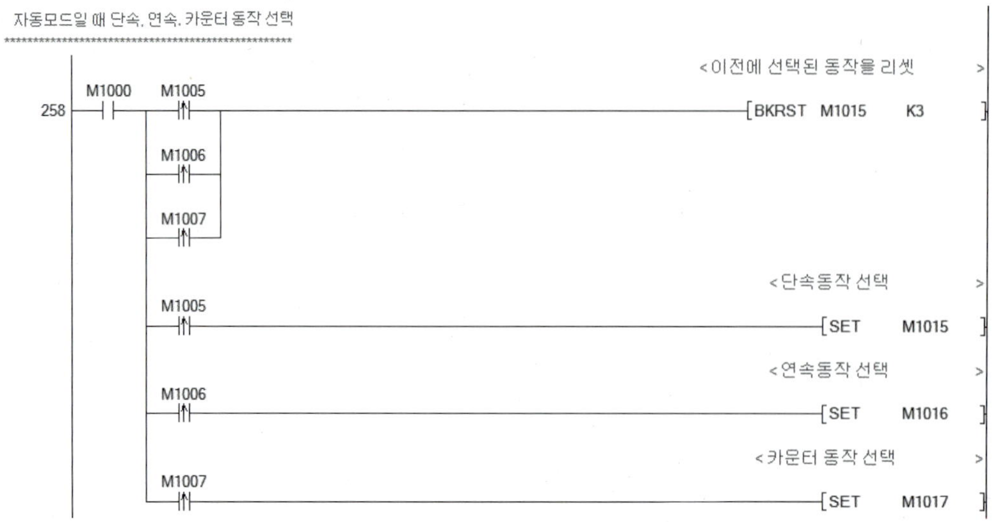

[프로그램 11-3] 자동 모드에서 단속, 연속, 카운터 동작을 선택하는 프로그램

[프로그램 11-3]은 자동 모드가 선택된 상태에서 단속, 연속, 카운터 동작을 선택하기 위한 것이다. 동작을 선택하는 버튼에는 램프 기능이 내장되어 있어 해당 동작의 선택을 표시한다. 동작 선택 버튼이 눌리면, 이전에 선택된 동작은 모두 해제한 후에 마지막에 선택된 동작이 실행된다.

[프로그램 11-4]는 자동 모드에서 시작 버튼을 눌렀을 때 1사이클만 동작하는 단속 동작 프로그램이다. 공급 모듈에서 공압실린더의 기본 동작은 '실린더 전진 → 실린더 후진'의 2개의 동작으로 구성되어 있다. 2개의 동작을 PLC 프로그램으로 구현하기 위해서는 2개의 자기유지 회로와 1개의 사이클 종료 신호가 필요하다.

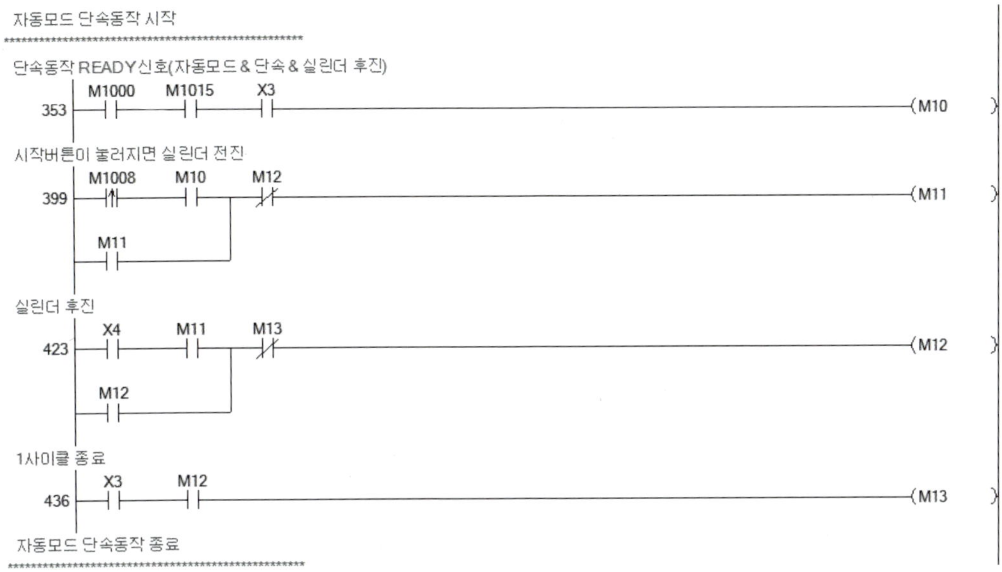

[프로그램 11-4] 자동 모드에서의 단속 동작 프로그램

프로그램 라인 353번을 살펴보면, 자동 모드가 선택된 상태에서 단속 동작이고 공급 실린더가 후진 상태에 있을 때, 단속 동작을 시작하기 위한 준비 신호인 M10이 ON된다. 이 상태에서 프로그램 라인 399번의 시작 버튼이 눌리면, 시퀀스 제어 동작인 실린더 전진과 후진이 이루어진다.

[프로그램 11-5]는 자동 모드에서 연속 동작이 선택되고 시작 버튼이 눌리면, 정지 버튼이 눌릴 때까지 해당 동작을 무한 반복한다. 프로그램 라인 511번에서는 시작 및 정지 버튼에 의해 M21이 SET(자기유지 상태)과 RST(자기유지 해제 상태)가 된다. 프로그램 라인 530번에서는 시작 버튼(M1008)에 의해 M21이 자기유지될 때 실린더가 전진 동작을 한다. 그리고 M21이 ON 상태를 유지하고 있는 동안 1사이클 종료의 하강 펄스 신호(M24)가 ON될 때마다 반복 동작이 이루어진다. 반복 동작의 시작 신호로 M24의 하강 펄스 신호를 사용하는 이유가 있다. 자기유지 회로를 사용하여 시퀀스 제어 프로그램을 작성하면, 동일 스캔 시간에 M23과 M24의 신호가 동시에 ON된다. M24의 a접점을 반복 동작 시작 신호로 사용하면, 신호 간섭에 의해 이 신호가 시작 신호 역할을 제대로 할 수 없다. 따라서 M22 ~ M24가 모두 OFF되는 시점의 M24의 하강 펄스 신호를 반복 동작의 시작 신호로 사용하는 것이다.

자동 모드에서 단속 동작과 연속 동작의 프로그램을 비교해보면, 사이클 종료 신호인 M24의 사용 여부가 다르다. 자동 모드에서는 시작 버튼이 눌리면, M21이 ON 상태를 유지하고 있는 동안에 사이클 종료의 하강 펄스 신호가 새로운 시작 신호로 사용된다. 반면 정지 버튼이 눌리면 M21이 OFF되기 때문에 사이클 종료 신호가 시작 신호로 사용될 수 없다. 사이클 종료 신호는 1사이클 동작이 완료된 시점에서 1스캔 동안 ON되는 신호이다.

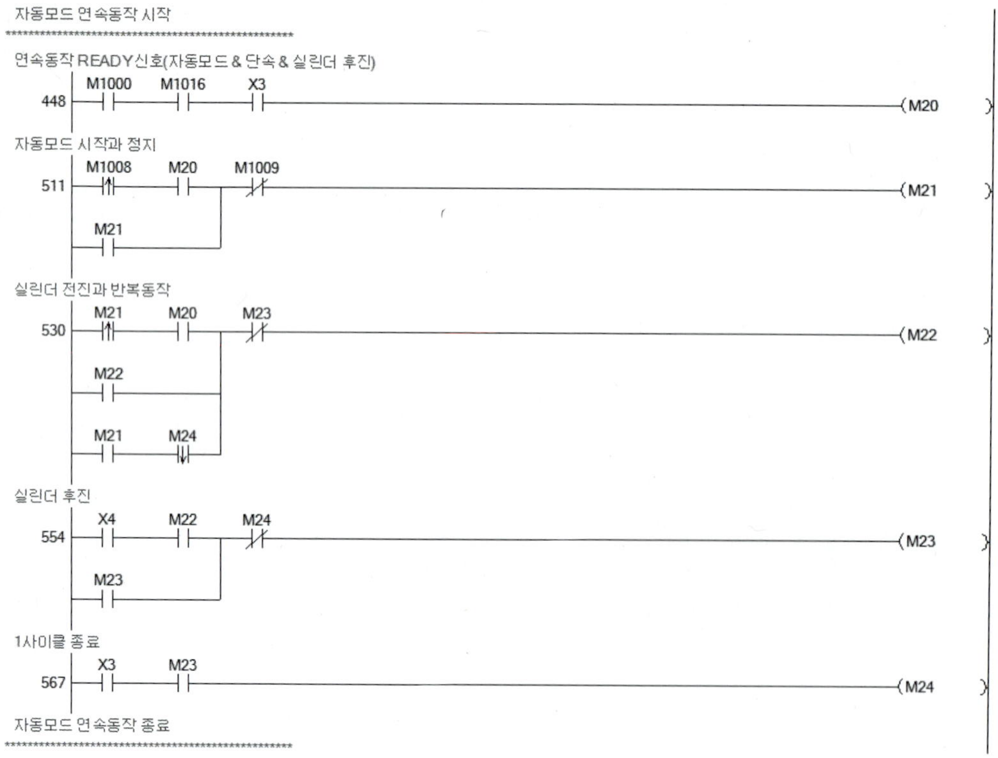

[프로그램 11-5] 자동 모드에서의 연속 동작 프로그램

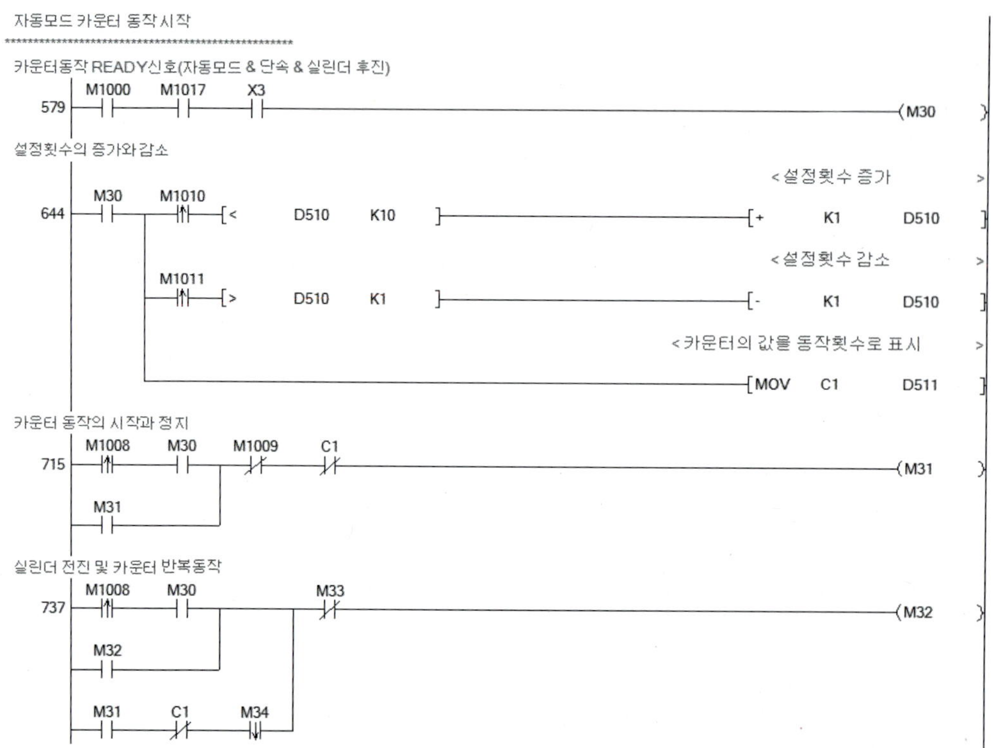

(계속)

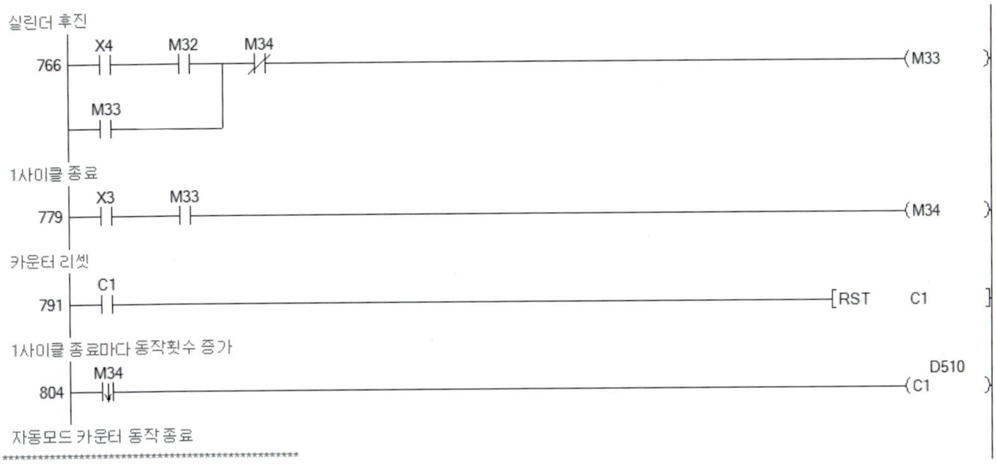

[프로그램 11-6] **자동 모드에서 카운터 동작 프로그램**

[프로그램 11-6]은 자동 모드에서 카운터 동작이 선택되고 시작 버튼이 눌리면 설정된 동작 횟수만큼 동작한 후에 정지하거나, 또는 반복 동작 중에 정지 버튼이 눌렸을 때 해당 사이클 동작을 완료한 후에 정지하는 동작 프로그램이다. 프로그램 라인 644번에서 카운터 동작이 선택되었을 때 증가 및 감소 버튼으로 설정 횟수를 변경할 수 있고, 카운터의 현재값이 현재 횟수 표시창에 표시될 수 있도록 C1의 값을 D511에 전달한다.

카운터 동작에서 반복 동작 중에, 반복 동작이 완료되지 않았는데도 불구하고 정지 버튼이 눌릴 수 있다. 그러면 프로그램 라인 715번은 현재 진행 중인 동작을 완료한 후에 정지 동작을 구현하기 위해 연속 동작에서 사용하던 시작 및 정지 버튼을 사용해서 M31을 자기유지할 수 있도록 한다.

프로그램 라인 737번은 카운터 동작의 시작 부분으로, 시작 버튼이 눌리면 실린더의 전진 동작이 이루어진다. 1사이클 종료 신호를 사용해서 M31이 ON되어 있고 카운터 접점이 OFF되어 있는 조건을 이용하여 반복 동작을 구현하고 있다. 따라서 반복 동작은, 정지 버튼에 의해 M31이 OFF되거나 또는 카운터에 의해 설정한 횟수가 되어 카운터 접점이 ON될 때 종료된다.

프로그램 라인 791번은 설정한 횟수가 되면 카운터 접점 출력이 ON되는 동작을 이용해서 카운터 자신을 리셋하기 위한 부분이다. 카운터의 리셋은 특정한 조건을 제외하고는 카운터의 앞에 위치하고 있어야 한다.

프로그램 라인 804번은 1사이클 작업 종료 신호의 하강 펄스 신호가 ON될 때마다 카운터의 값을 증가시키고, 그 값을 카운터의 설정 횟수와 비교하기 위한 부분이다. 카운터의 입력 접점으로 1사이클 종료 신호의 하강 펄스 신호를 사용했다면, 프로그램 라인 737번의 반복 동작에 사용한 1사이클 종료 신호도 동일한 하강 펄스 신호를 사용해야 한다. 만약 카운터의 입력 신호와 반복 동작 신호를 일치시키지 않으면 신호의 ON/OFF에 시간 차이가 발생하기 때문에 반복 동작이 구현되지 않거나 무한 루프 동작에 빠질 수 있다.

[프로그램 11-7] **공급 모듈 제어를 위한 출력 제어 프로그램**

[프로그램 11-7]은 공급 실린더의 솔 밸브 ON/OFF로서 전후진 동작 제어를 위한 것이다. 1개의 출력을 수동 모드, 단속, 연속, 카운터 동작에서 각각 제어하기 때문에 출력을 제어하기 위한 입력 접점이 여러 개이며, 해당 입력은 병렬로 연결되고 있다. [프로그램 11-7]은 [프로그램 11-8]처럼 사용할 수도 있다.

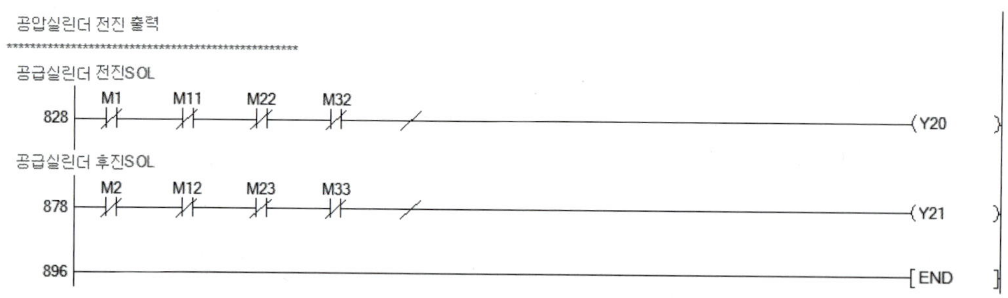

[프로그램 11-8] **공급 모듈 제어를 위한 출력 제어 프로그램의 변경**

11.2.2 가공 모듈 제어 프로그램

가공 모듈은 [표 11-5]의 그림처럼 1개의 공압실린더와 드릴링 작업을 위한 DC 모터로 구성되어 있다. 가공 모듈에 사용된 공압실린더의 초기 상태는 실린더가 전진한 상태인 상승 위치에 있음을 확인할 수 있다. 실린더의 상하 제어를 위해 편솔 밸브를 사용한다.

HMI 화면 작성

[표 11-4]는 가공 모듈 동작을 제어하기 위해 GOT2000에서 작성한 화면이다. 화면은 가공 모듈에 사용된 공압실린더의 전후진 동작을 제어하기 위한 수동 모드와, 단속 및 카운터 제어 동작을 위한 자동 모드로 구분되어 있다. 수동 모드는 공압실린더의 전후진 제어와, 드릴을 작동하기 위한 버튼으로 구성되어 있다. 한편 자동 모드는 단속, 카운터 동작을 선택하기 위한 버튼과, 카운터 동작 중에 일시정지를 위한 버튼으로 구성되어 있다. 이 각 버튼에는 선택 모드를 표시하기 위한 램프가 내장되어 있다.

[표 11-4] 가공 모듈 동작 테스트를 위한 HMI 화면 구성 및 메모리 할당 내역

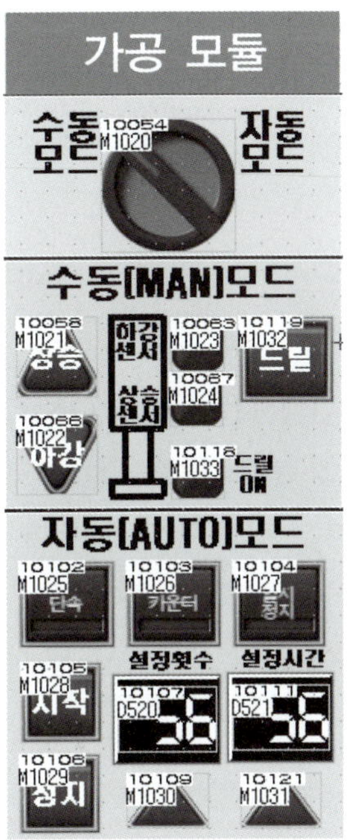

구분	메모리 번지
모드 선택 셀렉터 스위치(램프)	M1020(M1020)
수동 모드	
구분	**메모리 번지**
상승 버튼	M1021
하강 버튼	M1022
드릴 버튼	M1032
상승 센서	M1023
하강 센서	M1024
드릴 동작 램프	M1033
자동(AUTO) 모드	
구분	**메모리 번지**
단속(램프)	M1025(M1035)
카운터(램프)	M1026(M1036)
일시정지(램프)	M1027(M1037)
시작 버튼	M1028
정지 버튼	M1029
횟수 설정 증가 버튼	M1030
시간 설정 증가 버튼	M1031
설정 횟수 표시창	D520
설정 시간 표시창	D521

[표 11-5]에 공급 모듈을 제어하기 위한 입출력 신호를 나타내었다.

[표 11-5] **가공 모듈의 외형 및 입출력 번지**

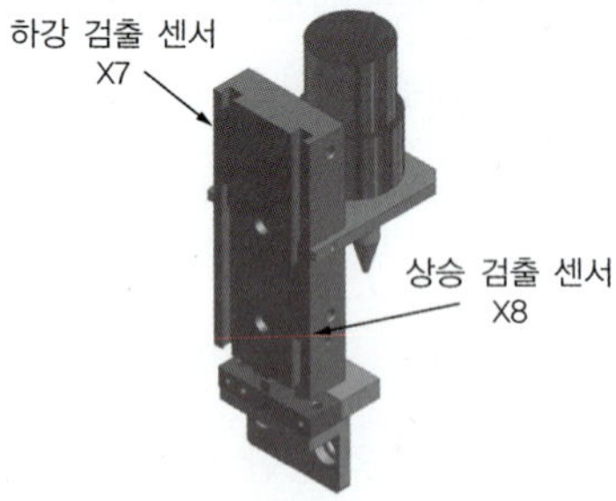

입력 번지	기능
X07	가공 실린더 하강 센서
X08	가공 실린더 상승 센서
출력 번지	**기능**
Y24	가공 실린더 전진 SOL(편솔)
Y2D	드릴 가공 모터

앞에서 학습한 공급 모듈과 가공 모듈의 차이점을 비교했을 때 가장 큰 차이점은 실린더의 상하 동작 제어에 편솔 밸브를 사용하느냐의 여부이다. 편솔 밸브에 전원이 공급되고 있는 동안에는 밸브가 작동하여 가공 실린더가 하강하고, 전원이 차단되면 가공 실린더는 즉시 상승 동작을 한다. 따라서 편솔 밸브를 사용하는 경우에는 해당 동작이 완료될 때까지 편솔 밸브의 전원을 ON으로 유지하도록 프로그램을 작성해야 한다.

제어 조건

가공 모듈의 동작은 수동 모드와 자동 모드로 구분되고, 수동/자동 모드는 셀렉터 버튼(M1020)으로 선택할 수 있다.

■ 수동 모드

- 수동 모드는 수동 모드에 있을 때 동작한다.
- 동작 모드에 관계없이 가공 실린더의 전진 및 후진 상태를 검출하는 센서의 ON/OFF 상태가 표시된다. 가공 모터가 동작할 때 모터 ON(M1032) 램프가 점등된다.
- 가공 실린더가 하강 상태일 때 상승 버튼을 누르면 실린더는 상승 상태가 된다.
- 가공 실린더가 상승 상태일 때 하강 버튼을 누르면 실린더는 하강 상태가 된다.
- 드릴 버튼을 얼마나 오랫동안 눌렀는지에는 관계없이 버튼이 눌릴 때마다 드릴 모터가 3초 동안 회전을 한다.

■ 자동 모드

- 자동 모드는 셀렉터 버튼이 자동 모드에 있을 때 동작한다.

- 자동 모드가 선택되면 자동으로 단속 동작이 선택되고, 설정 횟수 표시창에는 숫자 3이, 설정 시간 표시창에는 1이 표시된다. 자동 모드가 해제될 때 자동 모드에서 작동했던 단속 동작과 카운터 동작 진행 상태 모두가 리셋된다. 동시에 선택된 동작 모드는 해제되고, 설정 횟수 및 설정 시간 표시창에 숫자 0이 표시된다.
- 자동 모드가 선택된 상태에서 단속 및 카운터 동작 버튼을 누르면, 해당 동작이 선택되고 동작 버튼에 내장된 램프가 점등되어 선택된 동작을 표시한다.
- 단속 동작의 시작 버튼이 눌릴 때마다 가공 실린더 하강(드릴 모터 ON) → 3초 대기 → 가공 실린더 상승(드릴 모터 OFF) 동작이 1회 실행된다.
- 카운터 동작이 선택되면, 횟수 및 시간 증가 버튼(M1030/M1031)을 이용해서 설정 횟수를 1부터 10까지 설정할 수 있다. 설정값이 10인 상태에서 증가 버튼을 누르면 설정값은 1로 설정된다. 시작 버튼을 누르면 설정 횟수와 설정 시간만큼 가공 실린더 하강(드릴 모터 ON) → 설정 시간 대기 → 가공 실린더 상승(드릴 모터 OFF) 동작을 한다.
- 동작 중에 정지 버튼을 누르면 현재 진행 중인 사이클을 완료한 후에 정지하고, 시작 버튼을 누르면 남은 횟수만큼 동작을 완료한 후에 정지한다. 그리고 동작 중에 일시정지 버튼을 누르면, 현재 진행 중인 동작을 정지한다. 드릴 모터 ON 시간도 일시정지 버튼이 눌린 시점에서 정지한다. 일시정지 상태에서 다시 일시정지 버튼을 누르면 정지된 시간부터 남은 시간만큼 드릴 모터가 ON된다.

제어 조건 프로그램 작성 : SET과 RST 명령 사용

가공 실린더 제어를 위한 시퀀스 제어 프로그램을 SET과 RST 명령어를 사용해서 작성한다. 앞에서 자기유지 회로를 사용해서 작성한 프로그램과 어떻게 다른지 비교해보자.

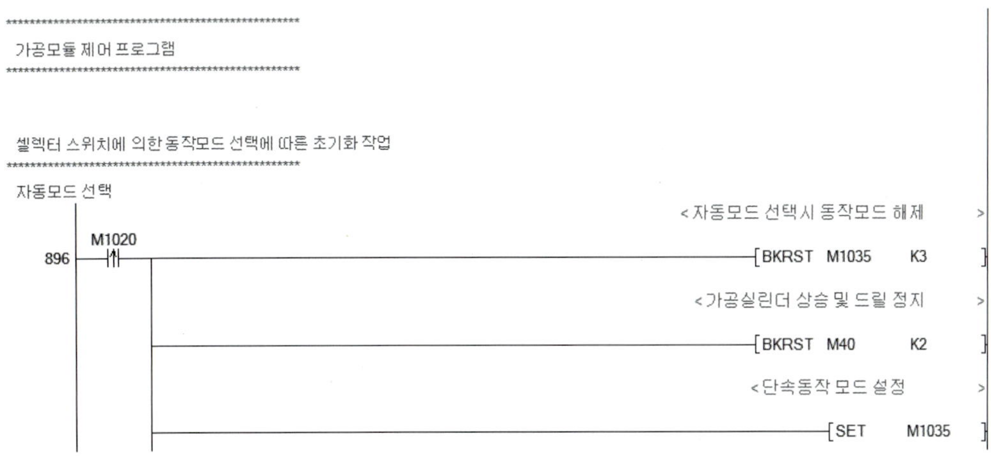

(계속)

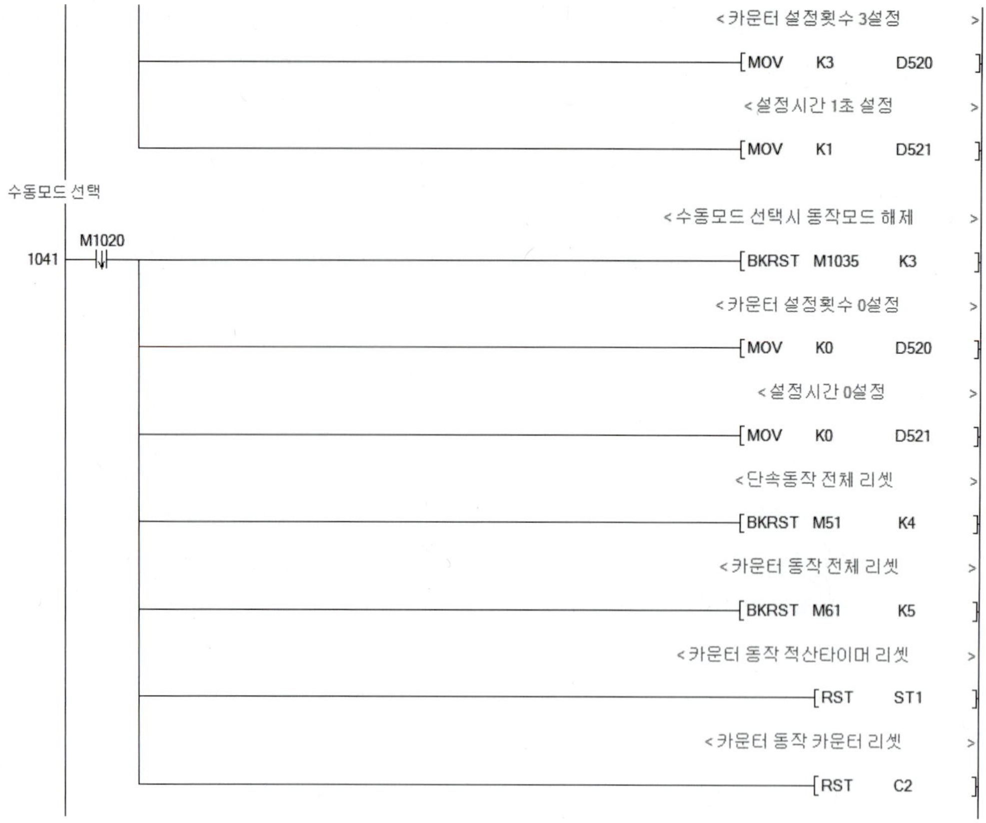

[프로그램 11-9] **가공 모듈 셀렉터 스위치를 이용한 모드 선택 프로그램**

[프로그램 11-9]는 앞에서 학습한 공급 모듈의 프로그램 END 라인에서부터 새롭게 작성한다. 해당 프로그램은, 동작 모드 선택 셀렉터 스위치에 의해 자동/수동 모드가 선택되었을 때 초기화 및 설정 부분을 나타낸 것이다. 프로그램 라인 896번은, 자동 모드가 선택되었을 때 수동 모드에서 동작 중이던 가공 모듈의 동작 상태를 초기화 상태(가공 실린더 상승, 드릴 모터 OFF)로 만든다. 또, 자동 모드의 초기 상태인 단속 동작 선택과 카운터 동작에서 사용할 설정 횟수 및 설정 시간을 설정한다.

프로그램 라인 1041번은, 수동 모드가 선택되었을 때 카운터 동작에서 사용하던 설정 횟수와 설정 시간을 0으로 설정한다. 또한 단속 또는 카운터 동작에서의 일시정지, 또는 카운터 동작의 정지로 인해 가공 모듈의 동작 상태가 초기화되어 있지 않을 때 강제로 동작 상태를 초기화한다. 그리고 카운터 값과 적산 타이머의 값을 리셋한다.

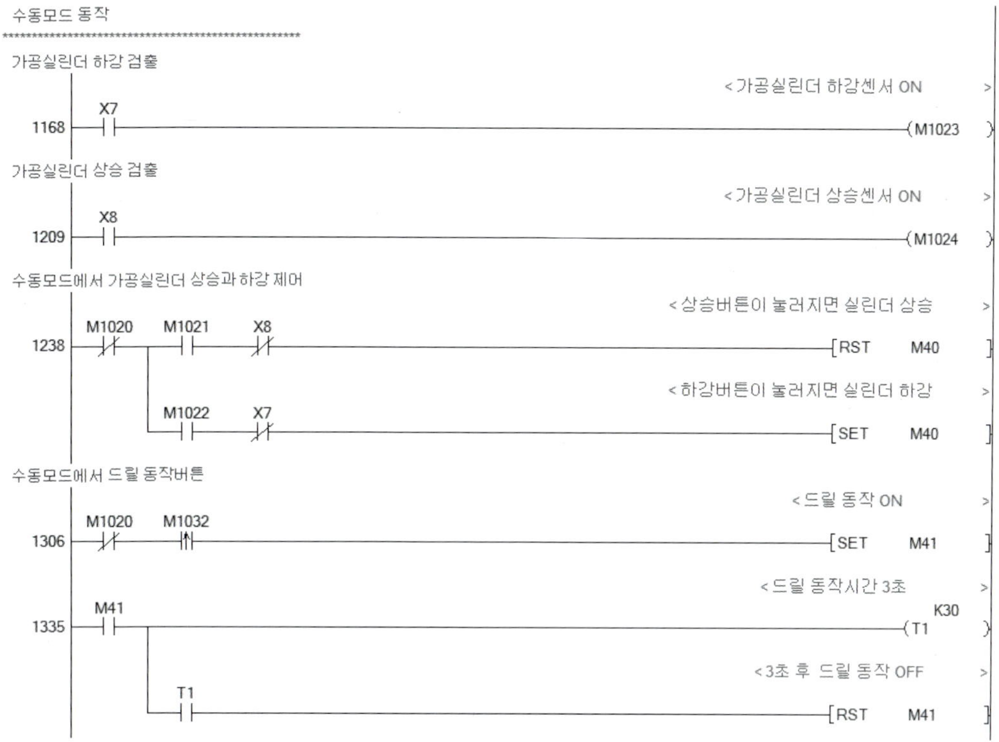

[프로그램 11-10] 가공 모듈 수동 모드 동작 제어 프로그램

[프로그램 11-10]은 가공 모듈의 수동 모드 동작 프로그램이다. 프로그램 라인 1168번과 1209번은 가공 실린더의 상승 및 하강 위치를 나타내기 위한 것이다. 프로그램 라인 1238번은 상승 및 하강 버튼을 통해 가공 실린더의 상승 및 하강 동작을 제어한다.

프로그램 라인 1306번은 드릴 버튼이 눌렸을 때 3초 동안 드릴 모터를 ON한다. 드릴 버튼의 상승 펄스 신호와 SET 명령어, 타이머를 사용해서 M41을 3초 동안 동작시키고, 이 신호를 사용해서 드릴 모터와 드릴 ON 램프를 제어한다.

[프로그램 11-11] 가공 모듈에서 자동 모드가 선택되었을 때 동작 모드 선택 프로그램

[프로그램 11-11]은 셀렉터 스위치에 의해 자동 모드가 선택되었을 때 단속과 카운터 동작을 선택하는 부분이다. 동작 선택 버튼이 눌리면, 이전에 설정된 동작을 해제한 후에 눌린 버튼의 동작을 설정한다. 동작 버튼에 내장된 램프 점등을 위한 메모리를 이용해서 어떤 동작이 선택되었는지를 표시하고, 더불어 프로그램에서 선택된 동작을 확인한다.

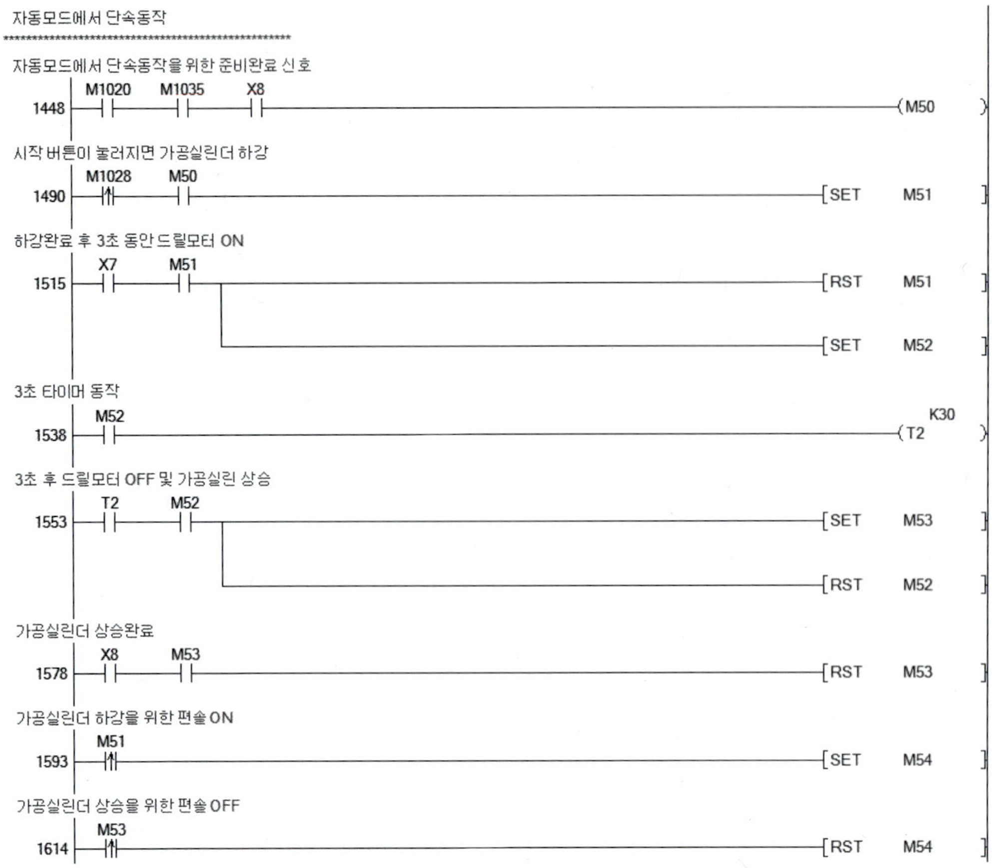

[프로그램 11-12] **가공 모듈 자동 모드에서 단속 동작 프로그램**

[프로그램 11-12]는 자동 모드에서의 단속 동작에 대한 프로그램이다. 공급 모듈의 제어 프로그램 작성에는 리셋 우선 자기유지 회로를 사용했지만, 가공 모듈에서는 SET과 RST 명령을 사용해서 작성했다. 시퀀스 제어 동작 프로그램을 작성하는 데 리셋 우선 자기유지 회로를 사용한 방법과, SET 및 RST 명령을 사용한 프로그램 작성법이 어떻게 다른지 잘 살펴보기 바란다.

프로그램 라인 1448번은 자동 모드에서 단속 시작을 위한 준비가 되었는지 확인하는 부분이다. 단속 시작을 위한 준비 조건은, 셀렉터 스위치(M1020)가 자동 모드 선택, 가공 실린더의 위치가 상승 상태임을 나타내는 센서 신호(X08)가 ON, 그리고 단속 모드 선택 램프가 ON 상태일 때이다. 단속 시작을 위한 준비가 완료되면 M50이 ON 상태가 된다. M50이 ON된 상태에서 시작 버튼이 눌리면, '가공 실린더 하강 →3초 대기(드릴 모터 ON) →가공 실린더 상승'의 동작을 시퀀스 제어하게 된다.

시퀀스 제어 동작에서 주의 깊게 살펴봐야 할 부분이 프로그램 라인 1593번과 1614번이다. 가공 실린더의 상승/하강 동작을 제어할 때는 편솔 밸브를 사용하는데, 실습에 사용하는 SET과 RST을 사용한 시퀀스 제어 동작은 [표 11-6]처럼 M51부터 M53번까지 3개의 동작으로 구성된다. M51번이 ON될 때 편솔 밸브 제어 동작 비트 M54를 ON 상태로 만들고, M53이 ON될 때 M54를 OFF로 만들어서 가공 실린더의 하강/상승 동작을 제어한다.

[표 11-6] 시퀀스 제어 동작에서 편솔 밸브를 제어하는 방법

비트 번호	시퀀스 제어 동작 순서	가공 실린더 편솔 제어
M51	가공 실린더 하강	M54를 ON
M52	드릴 모터 ON	-
M53	가공 실린더 상승	M54를 OFF

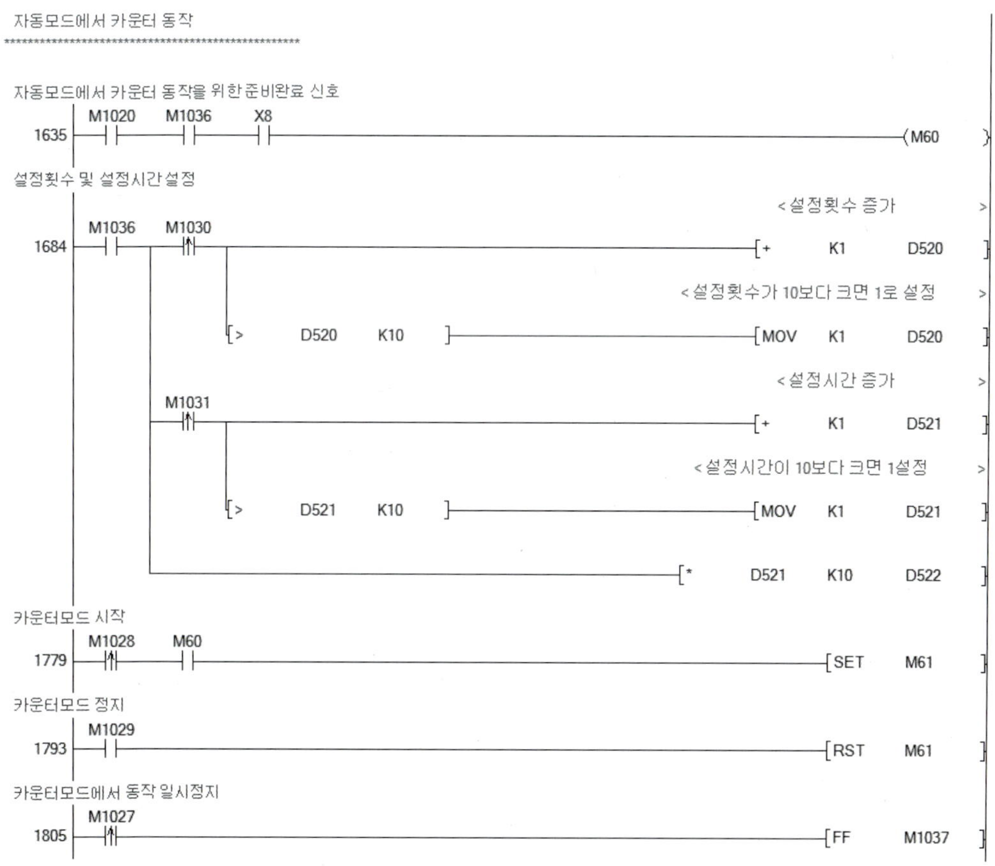

(계속)

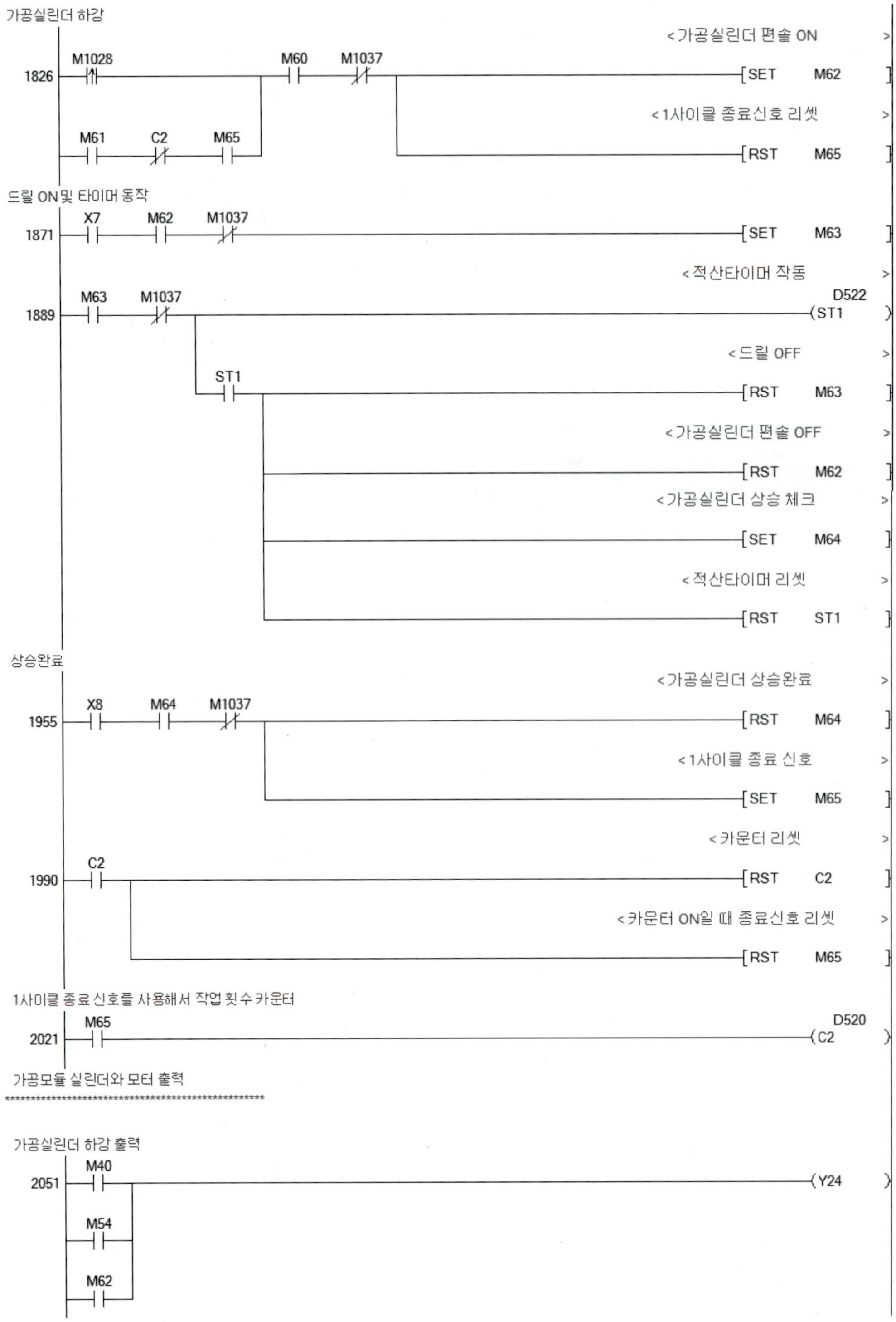
가공실린더 하강
<가공실린더 편솔 ON>
1826 M1028 M60 M1037 [SET M62]
<1사이클 종료신호 리셋>
M61 C2 M65 [RST M65]
드릴 ON및 타이머 동작
1871 X7 M62 M1037 [SET M63]
<적산타이머 작동>
1889 M63 M1037 (ST1 D522)
<드릴 OFF>
ST1 [RST M63]
<가공실린더 편솔 OFF>
[RST M62]
<가공실린더 상승 체크>
[SET M64]
<적산타이머 리셋>
[RST ST1]
상승완료
<가공실린더 상승완료>
1955 X8 M64 M1037 [RST M64]
<1사이클 종료 신호>
[SET M65]
<카운터 리셋>
1990 C2 [RST C2]
<카운터 ON일 때 종료신호 리셋>
[RST M65]
1사이클 종료신호를 사용해서 작업횟수 카운터
2021 M65 (C2 D520)
가공모듈 실린더와 모터 출력
****
가공실린더 하강 출력
2051 M40 (Y24)
M54
M62

(계속)

[프로그램 11-13] 가공 모듈 자동 모드에서 카운터를 이용한 반복 동작 프로그램

[프로그램 11-13]은 자동 모드에서 카운터 동작을 제어하는 프로그램이다. 자동 모드에서 카운터 동작이 선택된 상태에서 가공 실린더가 상승 위치에 있을 때, 프로그램 라인 1635번에 의해 작업을 위한 준비 완료 신호 M60이 ON된다.

프로그램 라인 1684번은, 카운터 동작이 선택된 상태에서 설정 횟수와 설정 시간을 각각의 증가 버튼을 사용해서 설정하는 부분이다. 설정 시간은 1씩 증가하지만 실제로 타이머에서 사용되는 값은 다르다. 설정 시간이 1일 때 타이머에 설정되는 값은 10이므로 D521의 값에 10을 곱해서 D522에 저장해두고, 이 값을 타이머 설정 시간으로 사용한다. 프로그램 라인 1779번과 1793번은, 카운터 동작에서 시작 버튼을 눌러 설정한 횟수만큼 반복 동작을 하는 중에 정지 버튼을 눌러 현재 진행 중인 사이클 완료 후 정지하기 위한 부분이다. 카운터에 동작 횟수가 카운트되어 있기 때문에 정지 버튼에 의해 정지했다가, 다시 시작 버튼을 누르면 남은 동작 횟수만큼 동작한 후에 반복 동작을 정지한다.

프로그램 라인 1805번은 카운터 동작 중 일시정지를 위한 것이다. 일시정지 버튼이 눌리면 현재 진행 중인 동작이 정지한다. 일시정지시키는 방법은, 일시정지 버튼에 의해 ON/OFF가 제어되는 일시정지 램프용 비트 메모리 M1037의 b접점을 사용해 다음 동작이 진행되지 못하도록 하는 것이다.

프로그램 라인 1826번은 시작 버튼이 눌렸을 때 시퀀스 제어 동작이 시작되는 부분으로, 가공 실린더 하강을 위한 부분과, 1사이클 완료 후에 카운터에 의한 반복 동작(C2의 b접점과 M65의 1사이클 종료 신호)과 정지 버튼에 의한 반복 동작 정지 부분(M65)이 구현되어 있다.

프로그램 라인 1871번과 1889번은 가공 실린더 하강 후 드릴 모터의 동작 부분으로, 일시정지되었을 때 드릴 모터의 동작 시간을 정지시키기 위해 적산 타이머(ST1)를 사용한다. 적산 타이머는 해당 입력 접점이 ON 상태일 때만 시간이 계측되는 타이머로, 별도로 적산 타이머의 계측 시간을 리셋하기 전까지는 계측 시간을 유지하는 특성이 있다. 적산 타이머를 사용하기 위해서는 PLC의 파라미터 설정에서 [그림 11-15]처럼 따로 메모리를 할당해야 한다.

Q Parameter Setting

PLC Name | PLC System | PLC File | PLC RAS | Boot File | Program | SFC | Device | I/O Assignment | Multiple CPU Setting | Built-in

	Sym.	Dig.	Device Points	Latch (1) Start	Latch (1) End	Latch (2) Start	Latch (2) End	Local Device Start	Local Device End
Input Relay	X	16	8K						
Output Relay	Y	16	8K						
Internal Relay	M	10	9K						
Latch Relay	L	10	8K						
Link Relay	B	16	8K						
Annunciator	F	10	2K						
Link Special	SB	16	2K						
Edge Relay	V	10	2K						
Step Relay	S	10	8K						
Timer	T	10	2K						
Retentive Timer	ST	10	1K						
Counter	C	10	1K						
Data Register	D	10	13K						
Link Register	W	16	7K						
Link Special	SW	16	2K						
Index	Z	10	20						

[그림 11-15] 적산 타이머 사용을 위한 메모리 할당

GX Works2 Project의 [Parameter]에서 [PLC Parameter]를 더블클릭하면, [그림 11-15]의 [Q Parameter Setting] 창이 나타난다. [Device] 탭을 클릭한 후에 [Retentive Timer]의 [Device Points]를 1K로, [Link Register]를 7K로 설정하고 해당 파라미터를 저장한다. 이를 PLC로 전송하고 PLC를 리셋하면 적산 타이머를 사용할 수 있다.

프로그램 라인 1955번은 가공 실린더가 상승 완료되는 시점을 파악해서 1사이클 완료 신호 M65를 만드는 부분이다. M65의 신호는 프로그램 라인 1826번의 반복 신호로 사용됨과 동시에 리셋된다. 가공 모듈의 반복 동작 제어에서, 앞의 공급 모듈에서 사용한 반복 신호인 1사이클 완료 신호를 SET 명령으로 만드는 이유는, 이 신호에 일시정지 기능이 있기 때문이다. 1사이클 완료 신호는 1스캔 시간 동안만 동작하므로 해당 스캔 시간이 지나면 해당 신호는 OFF된다. 따라서 일시정지가 동작하는 시점에 따라 1스캔 시간 동안 동작하는 작업 종료 신호를 놓칠 수도 있으므로, 일시정지 조건에 관계없이 해당 신호가 적용될 때까지 계속 신호를 ON으로 유지하기 위해 SET 명령을 사용하는 것이다.

프로그램 라인 1955번과 1990번은 동작 횟수를 카운트하기 위한 부분이다. 1사이클 종료 신호를 카운터의 입력 신호로 사용하고 있다. 이때 카운터의 입력 신호로 사용하는 M65와, 반복 동작의 시작 신호로 사용하는 프로그램 라인 1826번의 M65의 접점 신호가 동일해야 한다. 만약 한쪽에 a접점을 사용하고 다른 쪽에 상승 또는 하강 펄스 신호 접점을 사용하면, 반복 동작이 이루어지지 않거나 무한 반복 동작이 만들어진다.

프로그램 라인 2051번과 2087번은 가공 실린더 편솔 밸브 제어 출력과 드릴 모터 제어 출력 부분이다. 카운터 동작에서 일시정지 버튼이 눌렸을 때 드릴 모터의 동작을 중지시키기 위해 M63과 일시정지 M1037의 b접점을 직렬로 연결한다. 그리고 수동 모드에 있는 드릴 모터 ON 램프를 점등하기 위한 M1033도 있다.

11.2.3 분배(송출), 취출, 저장 모듈 제어 프로그램

분배 모듈에 사용된 공압실린더에서 초기 상태가 실린더를 기준으로 전진한 상태로 보이겠지만, 실제로는 실린더에 의해 움직이는 긴 막대를 기준으로 전진과 후진을 구분한다. 실린더를 기준으로 전진할 때 긴 막대가 후진한 것처럼 동작하기 때문에, PLC 입력 X5에 연결된 신호가 분배 실린더 후진 센서이다. 취출 모듈과 저장 모듈에 사용된 실린더의 초기 상태는 후진 상태이다.

HMI 화면 작성

[표 11-7]은 분배, 취출, 저장 모듈의 동작을 제어하기 위한 GOT2000 작성 화면으로 분배, 취출, 저장 모듈의 실린더 동작 제어 버튼과 실린더 위치 파악용 램프로 구성되어 있다. 저장 모듈에서 흡착 실린더는 전진 상태에서는 기계 동작 간섭으로 인해 좌우로 이동할 수 없으므로, 흡착 실린더의 전진 상태를 파악하기 위한 램프도 추가되어 있다.

[표 11-7] 분배, 취출, 저장 모듈 동작 테스트를 위한 HMI 화면 구성 및 메모리 할당 내역

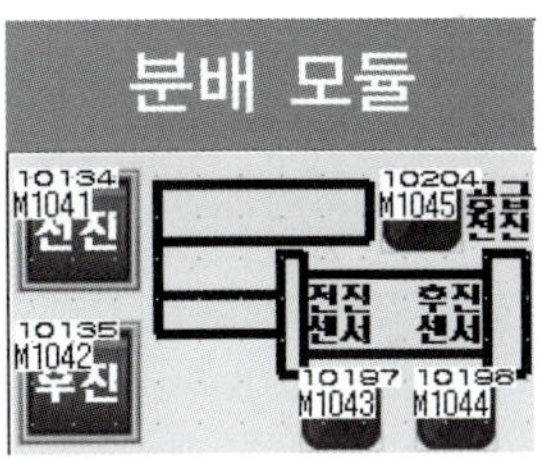

분배 모듈	
구분	메모리 번지
전진 버튼	M1041
후진 버튼	M1042
전진 센서	M1043
후진 센서	M1044
공급 모듈 전진 센서	M1045

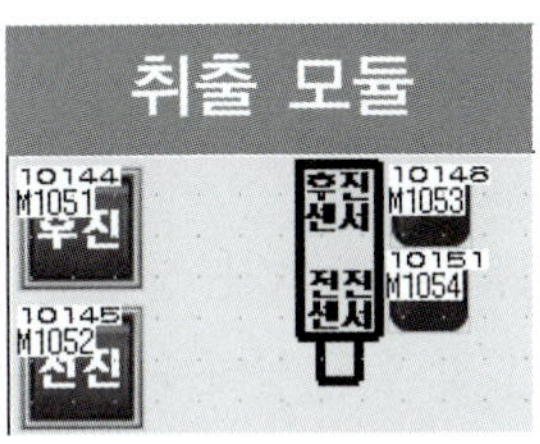

취출 모듈	
구분	메모리 번지
후진 버튼	M1051
전진 버튼	M1052
후진 센서	M1053
전진 센서	M1054

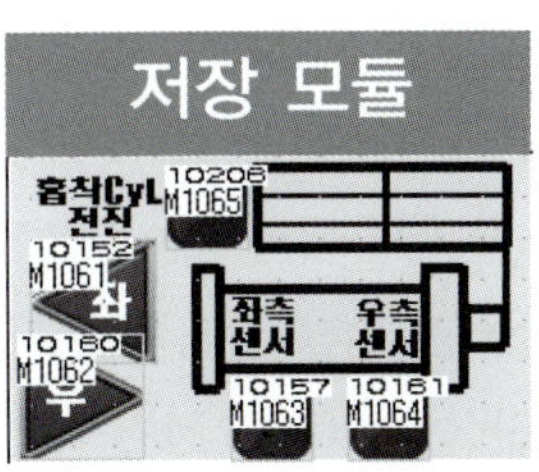

저장 모듈	
구분	메모리 번지
좌이동 버튼	M1061
우이동 버튼	M1062
좌측 센서	M1063
우측 센서	M1064
흡착 모듈 전진 센서	M1065

[표 11-8]은 분배, 취출, 저장 모듈의 실린더를 제어하기 위한 센서와 양솔 밸브의 입출력 할당표이다. 분배 모듈의 입출력 번지를 할당할 때 실린더를 기준으로 전진과 후진을 나타내었기 때문에 독자들이 사용하는 입출력과 다를 수 있으니, 여러분이 사용하는 장비의 입출력 번호에 맞추어 입출력 번지를 변경한 후, 동작을 테스트하기 바란다.

[표 11-8] **분배, 취출, 저장 모듈 제어를 위한 입출력 할당표**

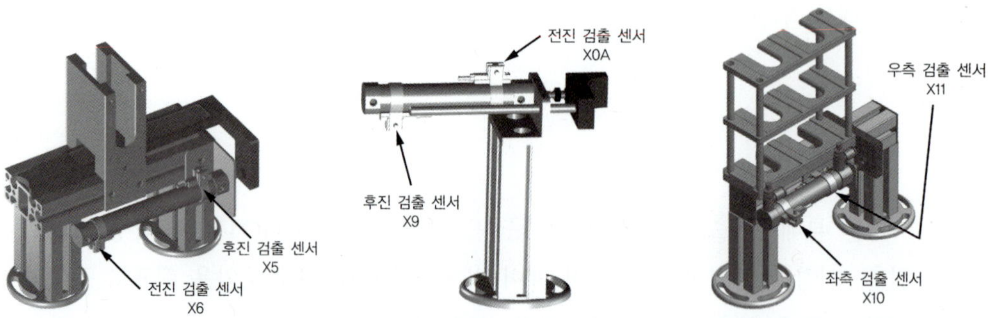

(a) 분배 모듈 및 센서 위치 (b) 취출 모듈 및 센서 위치 (c) 저장 모듈 및 센서 위치

입력 번호	기능	출력 번호	기능
X05	분배 실린더 전진 센서	Y22	분배 실린더 후진
X06	분배 실린더 후진 센서	Y23	분배 실린더 전진
X09	취출 실린더 후진 센서	Y25	취출 실린더 전진 SOL
X0A	취출 실린더 전진 센서	Y26	취출 실린더 후진 SOL
X10	저장 실린더 좌측 센서	Y2B	저장 실린더 좌이동 SOL
X11	저장 실린더 우측 센서	Y2C	저장 실린더 우이동 SOL

제어 조건

■ 분배 모듈

- 분배 모듈의 후진 검출 센서가 ON되어 있는 상태가 작업을 위한 초기 상태이다.
- 동작 모드에 관계없이 분배 모듈에 사용된 공압실린더의 전진 및 후진 상태를 검출하는 센서의 ON/OFF 상태가 표시된다. 분배 모듈에 사용된 공압실린더와 공급 모듈에 사용된 공압실린더의 동작이 서로 간섭을 일으킬 수 있는 구조이므로, 공급 모듈의 공압실린더가 전진 상태일 때 분배 모듈의 작업물 투입 막대가 전진할 수 없게 된다. 따라서 공급 모듈의 공압실린더가 전진 상태일 때 M1045의 램프가 점등되어야 한다.
- 분배 모듈이 전진 상태일 때 후진 버튼을 누르면 분배 모듈은 후진 상태가 된다.
- 분배 모듈이 후진 상태이고 공급 모듈의 공급 실린더가 후진 상태일 때, 전진 버튼을 누르면 분배 모듈은 전진 상태가 된다.

■ 취출 모듈

- 취출 모듈 공압실린더의 전진 및 후진 상태를 검출하는 센서의 ON/OFF 상태가 표시되어야 한다.
- 공압실린더가 후진 상태일 때 전진 버튼을 누르면, 실린더는 전진 상태가 된다.
- 공압실린더가 전진 상태일 때 후진 버튼을 누르면, 실린더는 후진 상태가 된다.

■ 저장 모듈

- 저장 모듈 공압실린더의 좌측과 우측의 위치를 검출하는 센서의 ON/OFF 상태가 표시되어야 한다. 리프트 모듈에 사용된 흡착 실린더가 전진 상태에 있을 때 저장 모듈에서 간섭이 발생하기 때문에, 흡착 실린더가 전진 상태일 때 M1065 램프가 점등되어야 한다.
- 공압실린더가 좌이동 상태이고 흡착 실린더가 후진 상태일 때, 우이동 버튼을 누르면 저장 모듈은 우측으로 이동한다.
- 공압실린더가 우이동 상태이고 흡착 실린더가 후진 상태일 때, 좌이동 버튼을 누르면 저장 모듈은 좌측으로 이동한다.

분배, 취출, 저장 모듈의 제어를 위한 프로그램 작성

분배, 취출, 저장 모듈의 실린더를 제어하기 위한 프로그램 작성법을 살펴보자.

[프로그램 11-14] **분배 실린더 동작 테스트 프로그램**

[프로그램 11-14]는 분배 모듈의 동작을 테스트하기 위한 것이다. 분배 모듈을 살펴보면 작업물 투입 막대가 후진된 상태이다. 장비에 따라 공압실린더를 기준으로 전진과 후진을 정하는 게 아니고 사용자의 편의에 따라 전진과 후진이 변경될 수 있다. 이 책에서 분배 모듈의 전후진은 공압실린더 기준이 아닌 작업물 투입 막대 기준으로 정해진 것이다.

프로그램 라인 2014번, 2131번, 2147번은 실린더의 위치를 검출하기 위한 것이다. 특히 분배 모듈과 공급 모듈의 동작은 기계적 간섭이 발생할 수 있는 구조이다. 따라서 공급 실린더가 전진된 상태에서는 분배 모듈의 작업물 투입 막대의 전진 동작을 금지하기 위해 공급 모듈의 공압실린더 전진 상태를 확인해야 한다.

프로그램 라인 2163번, 2198번은 전진 및 후진 버튼이 눌렸을 때 분배 실린더의 전후진 동작을 위한 것이다. 앞에서 언급한 것처럼 공급 실린더가 전진 상태에서는 동작하지 않도록 M1045를 사용해서 인터락을 걸고 있다.

[프로그램 11-15] **취출 모듈 동작 테스트 프로그램**

[프로그램 11-15]는 취출 모듈의 동작을 테스트하기 위한 것이다. 프로그램 라인 2236번, 2265번은 실린더의 위치를 검출하기 위한 것이고, 프로그램 라인 2281번과 2313번은 전진 및 후진 버튼을 조작하여 실린더의 전후진을 제어하기 위한 것이다.

[프로그램 11-16]은 저장 모듈의 실린더 동작을 테스트하기 위한 것이다. 저장 모듈은 장비를 정면에서 보았을 때 좌우로 움직이기 때문에 좌우 이동한다고 하였다. 저장 모듈에서도 흡착 모듈의 실린더가 전진되어 있으면 기계 간섭이 발생하기 때문에 흡착 모듈의 실린더 전진 위치를 검출하고 있다. 프로그램 라인 2409번, 2447번은 좌우 버튼에 의해 저장 모듈의 실린더를 좌측과 우측으로 제어한다.

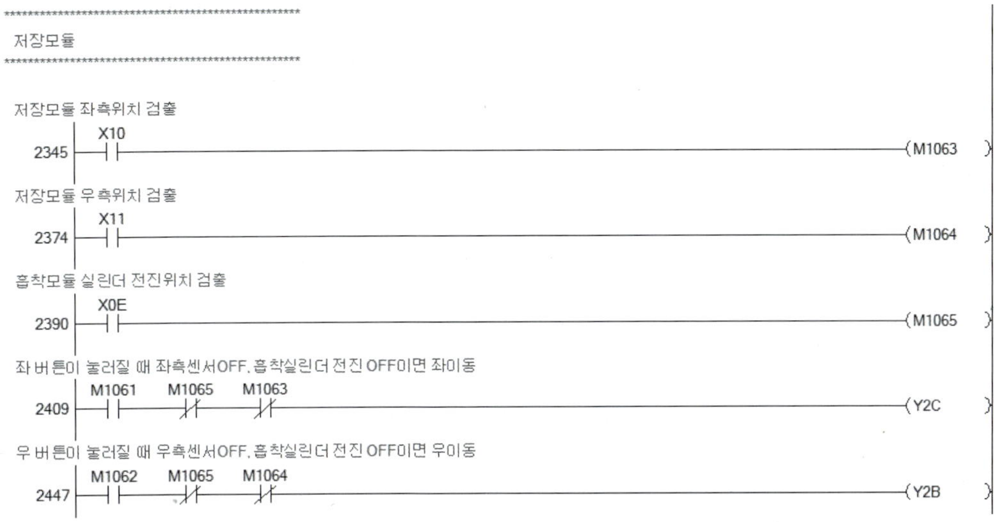

[프로그램 11-16] **저장 모듈 동작 테스트 프로그램**

11.2.4 스토퍼, 흡착, 컨베이어 모듈 제어 프로그램

스토퍼 모듈, 흡착 모듈, 컨베이어 모듈에 대한 동작 테스트 프로그램 작성법에 대해 살펴보자.

HMI 화면 작성

[표 11-9]는 분배, 취출, 저장 모듈의 동작을 제어하기 위해 HMI에서 작성한 화면이다. 화면은 스토퍼, 흡착 모듈, 저장 모듈의 실린더의 동작을 제어하기 위한 버튼과, 실린더의 위치를 파악하기 위한 램프로 구성되어 있다. 흡착 모듈의 실린더가 전진된 상태에서 저장 모듈은 기계적 간섭으로 좌우로 움직일 수 없다. 따라서 흡착 모듈 실린더의 전진 상태를 파악하기 위한 램프가 추가되어 있다.

[표 11-9] **스토퍼, 흡착, 컨베이어 모듈 동작 테스트를 위한 HMI 화면 구성 및 메모리 할당 내역**

	스토퍼 모듈	
	구분	메모리 번지
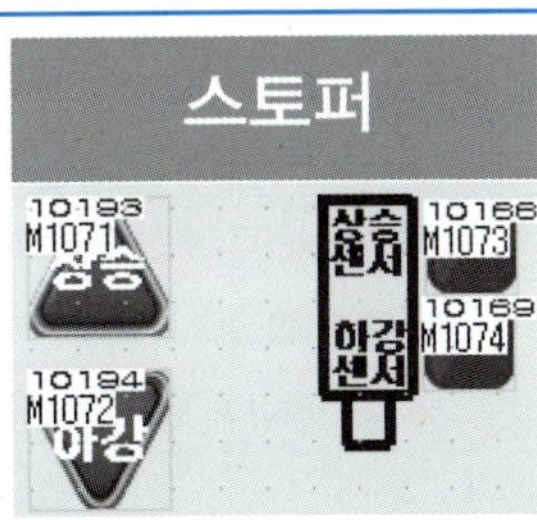	상승 버튼	M1071
	하강 버튼	M1072
	상승 검출 센서	M1073
	하강 검출 센서	M1074

(계속)

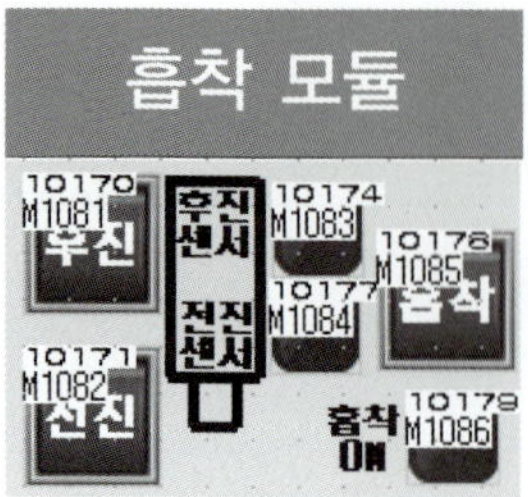

흡착 모듈	
구분	메모리 번지
후진 버튼	M1081
전진 버튼	M1082
후진 검출 센서	M1083
전진 검출 센서	M1084
흡착 버튼	M1085
흡착 ON	M1086

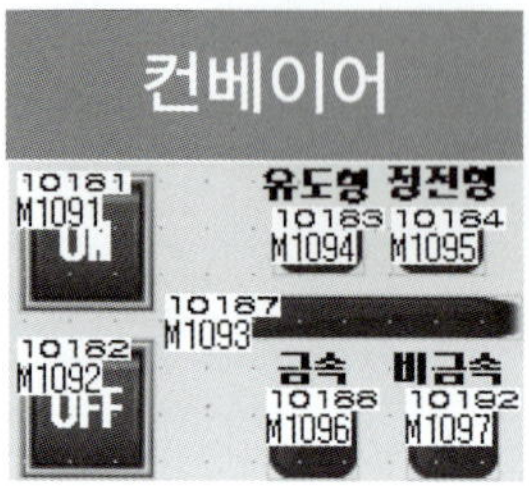

컨베이어 모듈	
구분	메모리 번지
ON 버튼	M1091
OFF 버튼	M1092
컨베이어 ON 램프	M1093
유도형 센서 검출 램프	M1094
정전용량형 센서 검출 램프	M1095
금속 검출 램프	M1096
비금속 검출 램프	M1097

스토퍼, 흡착 모듈을 제어하기 위한 센서와 솔 밸브의 입출력 할당표는 [표 11-10]과 같다. 스토퍼 실린더는 편솔 밸브를, 흡착 실린더는 양솔 밸브를 사용한다.

[표 11-10] **스토퍼, 흡착 모듈, 소재 검출용 센서의 입출력 할당표**

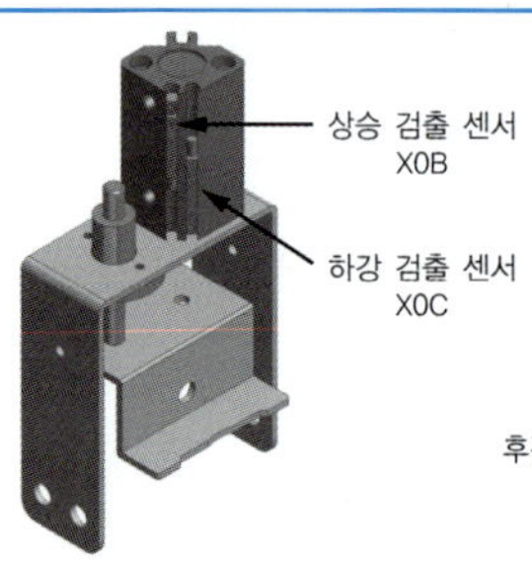

(a) 스토퍼 모듈 및 센서 위치

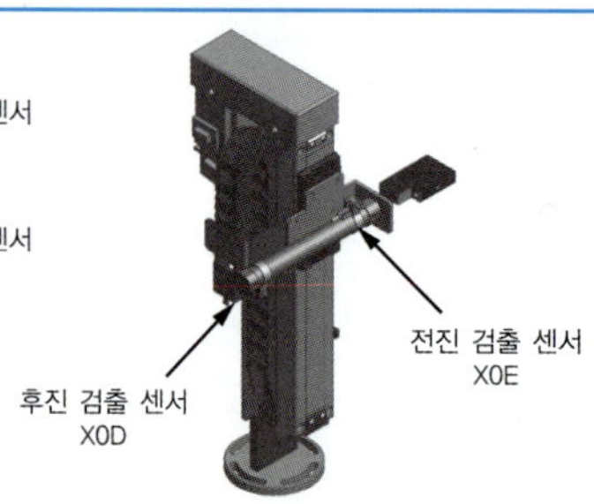

(b) 흡착 모듈 및 센서 위치

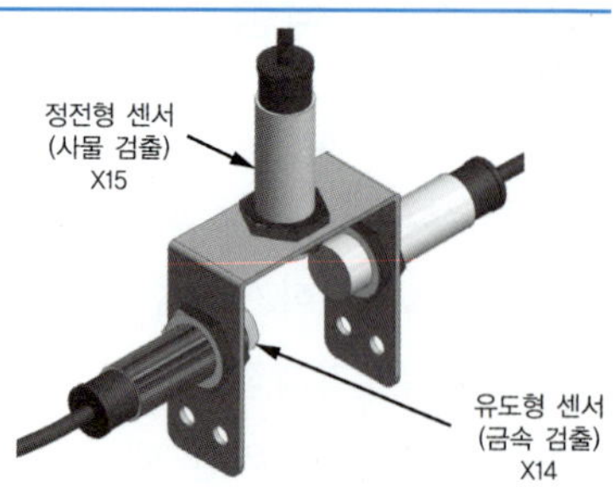

(c) 센서 모듈 및 센서 위치

입력 번호	기능	출력 번호	기능
X0B	스토퍼 실린더 상승 센서	Y27	스토퍼 실린더 하강 SOL(편솔)
X0C	스토퍼 실린더 하강 센서	Y28	흡착 실린더 전진 SOL
X0D	흡착 실린더 후진 센서	Y29	흡착 실린더 후진 SOL
X0E	흡착 실린더 전진 센서	Y2A	흡착 컵 SOL(편솔)
X0F	흡착 검출 센서	Y2E	컨베이어 모터
X14	유도형 센서		
X15	정전용량형 센서		

제어 조건

■ 스토퍼 모듈

- 스토퍼 모듈의 초기 상태는, 공압실린더가 상승(후진)되어 상승 검출 센서가 ON되어 있는 상태이다.
- 동작 모드에 관계없이 스토퍼 모듈의 공압실린더의 상승 및 하강 상태를 검출하는 센서의 ON/OFF 상태가 표시된다.
- 스토퍼 모듈이 하강 상태일 때 상승 버튼을 누르면, 스토퍼는 상승 상태가 된다.
- 스토퍼 모듈이 상승 상태일 때 하강 버튼을 누르면, 스토퍼는 하강 상태가 된다.

■ 흡착 모듈

- 흡착 모듈의 공압실린더 전진 및 후진 상태를 검출하는 센서의 ON/OFF 상태가 표시되어야 한다.
- 흡착 실린더가 후진 상태일 때 전진 버튼을 누르면, 실린더는 전진 상태가 된다.
- 흡착 실린더가 전진 상태일 때 후진 버튼을 누르면, 실린더는 후진 상태가 된다.
- 흡착 버튼을 누르고 있는 동안 진공 발생 흡착 패드 SOL 밸브가 ON된다. 흡착이 완료되면 흡착 완료 센서의 신호로 흡착 ON 램프가 점등된다.

■ 컨베이어 모듈

- 컨베이어에 설치된 작업물 검출 센서가 동작할 때 유도형과 정전용량형 램프가 동작한다.
- 컨베이어 벨트는 ON 버튼을 누르면 작동하고, OFF 버튼을 누르면 작동을 멈춘다.
- 컨베이어 벨트 작동 중에 작업물 검출 센서에 의해 작업물이 검출되면, 금속인지 비금속인지를 판별하여 금속 또는 비금속 램프를 1초 동안 점등한다.

스토퍼, 흡착, 컨베이어 모듈의 제어를 위한 프로그램 작성

스토퍼, 흡착, 컨베이어 모듈을 제어하기 위한 프로그램 작성법을 살펴보자.

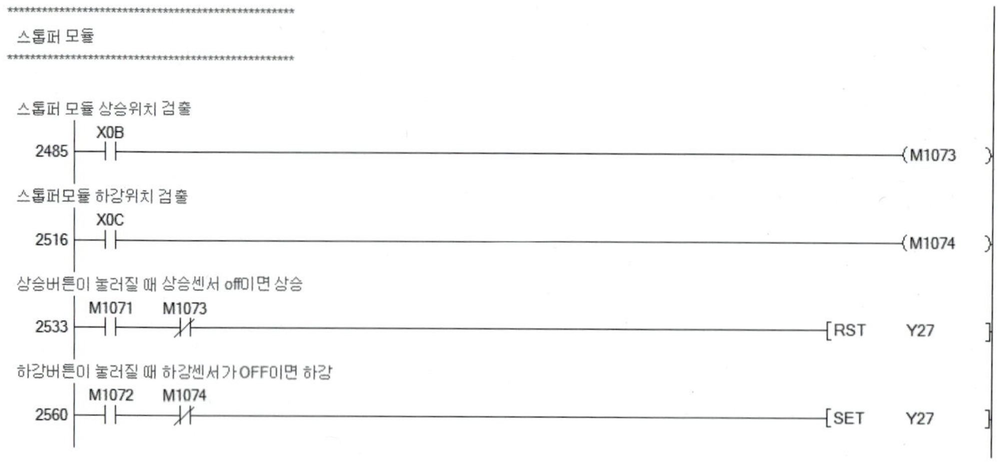

[프로그램 11-17] **스토퍼 모듈 테스트 프로그램**

[프로그램 11-17]은 스토퍼 모듈을 제어하기 위한 것이다. 스토퍼 모듈은 편솔 밸브를 사용하기 때문에 프로그램 라인 2533번과 2560번에서 출력에 SET과 RST 명령을 사용하고 있다. 한편 M1073과 M1074 대신 X0B와 X0C를 사용해도 된다.

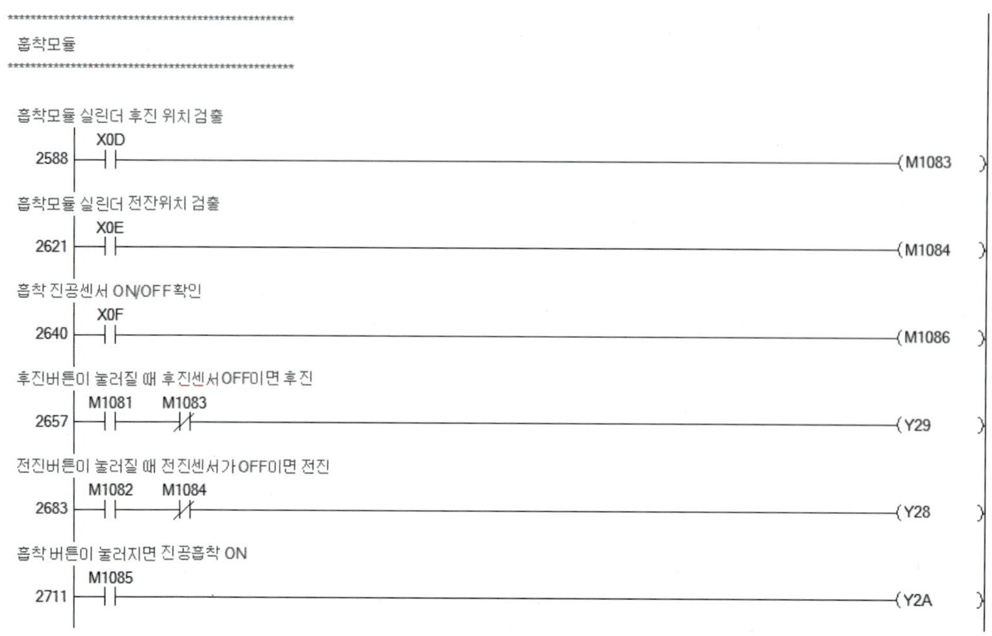

[프로그램 11-18] **흡착 모듈 테스트 프로그램**

[프로그램 11-18]은 흡착 모듈을 제어하기 위한 프로그램이다. 흡착 모듈은 1개의 공압 실린더와, 작업물을 흡착하기 위한 진공 발생 밸브로 구성되어 있다. 공압실린더 제어에는 양솔 밸브, 진공 발생에는 편솔 밸브를 사용한다.

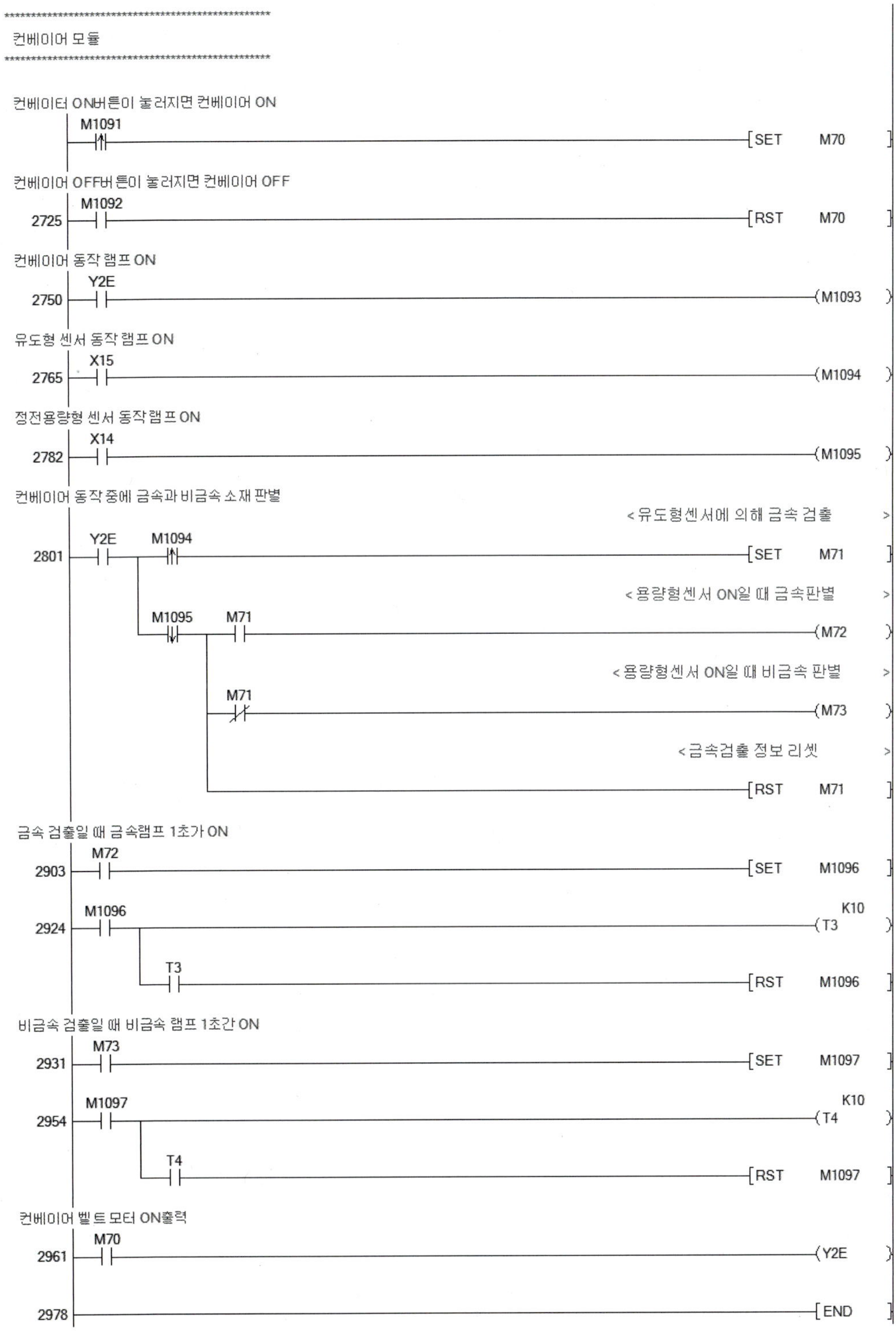

[프로그램 11-19] 컨베이어 모듈 동작 테스트 프로그램

[프로그램 11-19]는 컨베이어와 금속을 검출하는 유도형 센서와, 금속, 비금속 관계없이 사물을 검출하는 정전용량형 센서를 사용해서 작업물의 소재를 검출하는 부분이다. 컨베이어 동작 중에 유도형과 정전용량형 센서에 의해 작업물의 소재를 금속 또는 비금속으로 구분할 수 있다.

[그림 11-16]처럼 작업물이 컨베이어를 통해 이동할 때 유도형과 정전용량형 센서에 의해 작업물의 소재가 검출된다. 작업물 소재 검출용 센서가 컨베이어 이동 방향에 따라 순서대로 설치되어 있는 경우인지, 또는 유도형과 정전형이 동일 위치에 설치되어 있는 경우인지에 따라 센서의 검출 방법을 다르게 사용해야 한다.

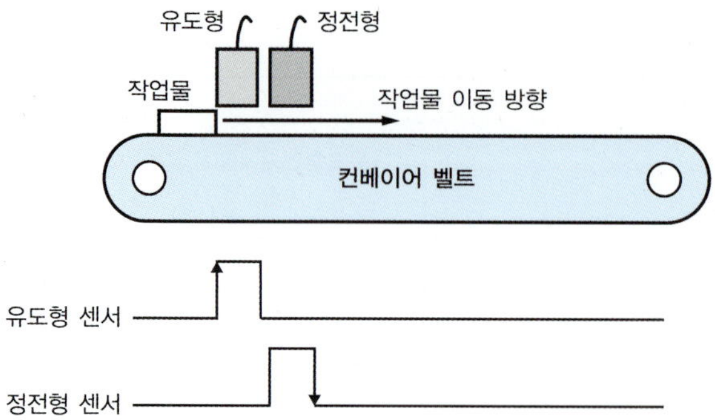

[그림 11-16] 컨베이어 이동 중에 소재 판별 센서의 동작 타임 차트

[그림 11-17(a)]와 같이 센서가 컨베이어 이동 방향에 따라 순서대로 설치되어 있는 경우에는, 먼저 유도형 센서가 ON될 때 해당 정보를 기록한다. 그런 후에 정전형 센서가 ON 또는 OFF되는 시점에, 앞서 기록한 유도형 센서의 정보를 사용해서 금속과 비금속을 판별하고, 그 후 기록된 정보를 삭제해야 한다.

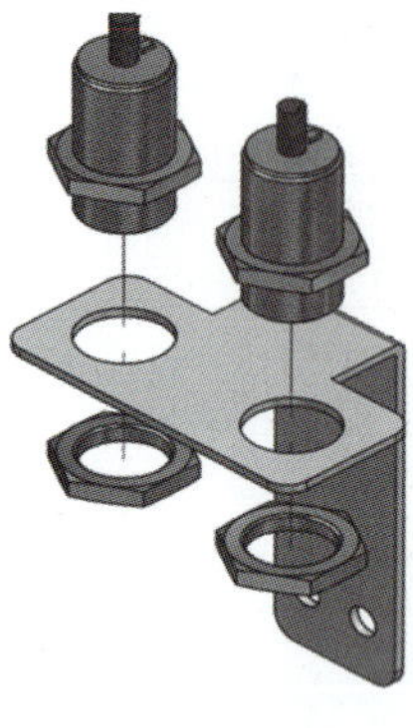

(a) 컨베이어 이동 방향에 따라 설치된 센서

(b) 동일 위치에 설치된 센서

[그림 11-17] 작업물의 소재를 검출하기 위한 센서의 설치 위치

그렇다면 [그림 11-17(b)]와 같이 동일 위치에 센서가 설치되어 있는 경우, 컨베이어 벨트의 작동을 중지한 상태에서[2] 금속 작업물을 이동시켰을 때 유도형과 정전형 센서가 어떻게 동작하는지 살펴보자.

소재를 검출하기 위한 2개의 센서가 동시에 동작하는 것처럼 보이지만, 좀 더 세밀하게 [그림 11-18]의 센서 동작을 살펴보면, 유도형 센서가 먼저 동작하는 경우와, 정전형 센서가 먼저 동작하는 경우로 구분할 수 있다. 따라서 동일 선상에 설치된 센서의 경우에는 어떤 순서로 센서가 동작하는지를 확인해야 한다. 유도형 센서의 검출 신호를 저장한 후에 정전용량 센서의 신호가 ON에서 OFF될 때의 조건을 사용한다면, 동일 위치에 센서가 설치된 경우에도 [그림 11-16]에서 적용한 소재 판별 조건을 동일하게 적용할 수 있다.

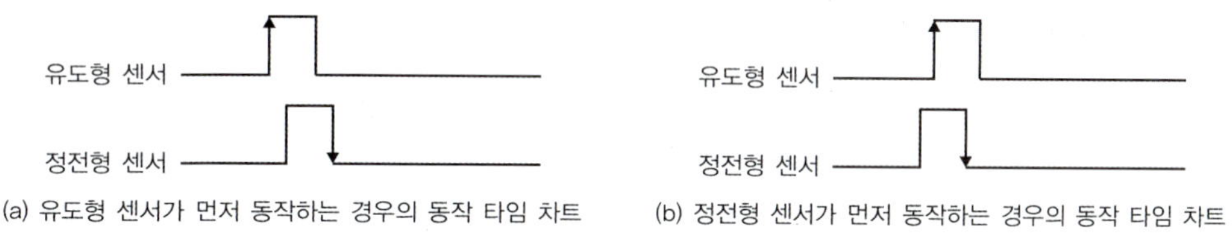

[그림 11-18] **작업물의 소재를 검출하기 위해 동일 선상에 설치된 센서의 동작 상태**

[프로그램 11-19]에서 프로그램 라인 2801번이 작업물의 소재를 판별하는 부분이다. 판별 정보를 바탕으로 프로그램 라인 2903번과 2931번에서 판별 결과 램프를 1초 동안 점등한다.

지금까지 MPS 장치를 구성하는 각각의 모듈의 동작 여부를 테스트하는 HMI 화면의 작성과 동작 테스트 프로그램 작성에 대해 살펴보았다. MPS를 이용한 다양한 제어 방법에 대해 살펴보기 전에, 앞에서 학습한 프로그램을 전체적으로 정리해보자. 앞에서 학습한 프로그램에서 출력 번지는 모듈별로 작성됐기 때문에, 다양한 동작을 제어하기 위한 프로그램 작성을 위해서는 출력을 프로그램의 마지막 부분으로 모아서 관리하는 게 좋다. 다음에 실제 실습에 사용할 전체 프로그램을 나타내었다.

2 컨베이어 이동 중에는 센서가 물체를 검출하는 동작이 빨라서 육안 확인이 쉽지 않다. 따라서 센서 동작의 확인을 쉽게 하기 위해 컨베이어를 정지한 상태에서 물체를 수작업으로 이동시켜 센서의 동작 상태를 파악하기 위함이다.

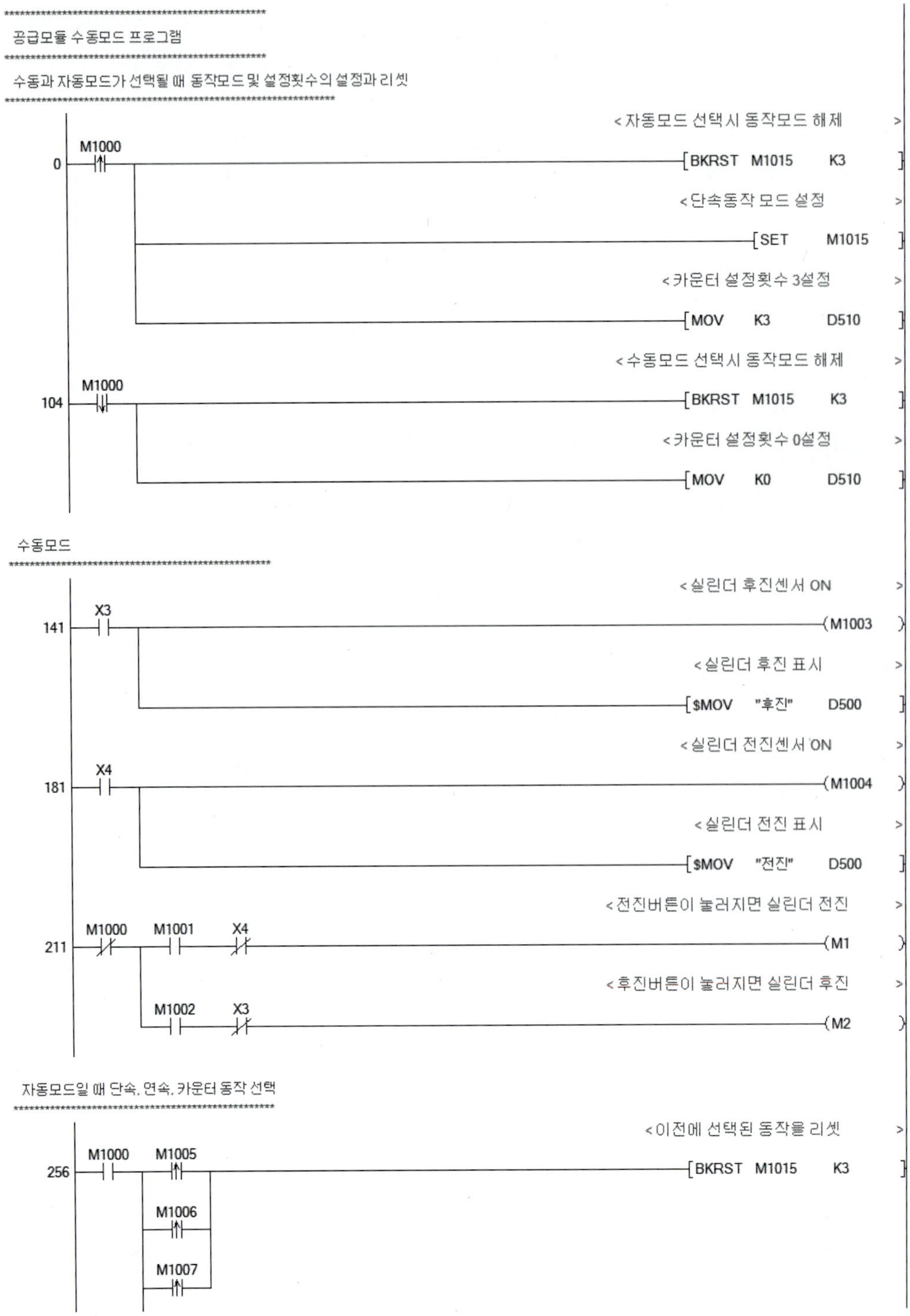

공급모듈 수동모드 프로그램
수동과 자동모드가 선택될 때 동작모드 및 설정횟수의 설정과 리셋
<자동모드 선택시 동작모드 해제 >
0 M1000 [BKRST M1015 K3]
<단속동작 모드 설정 >
[SET M1015]
<카운터 설정횟수 3설정 >
[MOV K3 D510]
<수동모드 선택시 동작모드 해제 >
104 M1000 [BKRST M1015 K3]
<카운터 설정횟수 0설정 >
[MOV K0 D510]
수동모드
<실린더 후진센서 ON >
141 X3 (M1003)
<실린더 후진 표시 >
[$MOV "후진" D500]
<실린더 전진센서 ON >
181 X4 (M1004)
<실린더 전진 표시 >
[$MOV "전진" D500]
<전진버튼이 눌러지면 실린더 전진 >
211 M1000 M1001 X4 (M1)
<후진버튼이 눌러지면 실린더 후진 >
M1002 X3 (M2)
자동모드일 때 단속, 연속, 카운터 동작 선택
<이전에 선택된 동작을 리셋 >
256 M1000 M1005 [BKRST M1015 K3]
M1006
M1007

(계속)

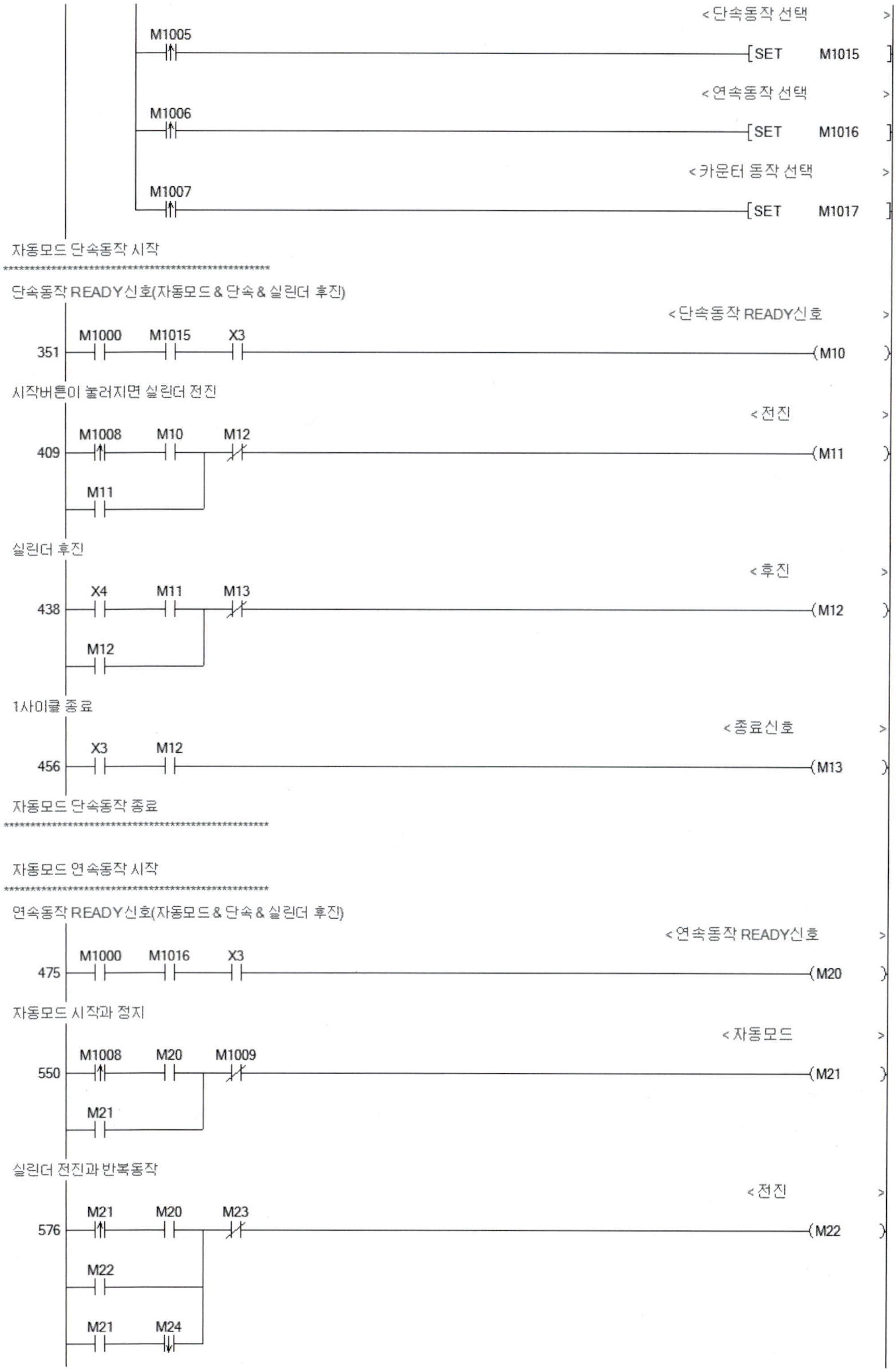

<단속동작 선택 >
M1005
[SET M1015]
<연속동작 선택 >
M1006
[SET M1016]
<카운터 동작 선택 >
M1007
[SET M1017]
자동모드 단속동작 시작
****
단속동작 READY신호(자동모드 & 단속 & 실린더 후진)
<단속동작 READY신호 >
351
M1000
M1015
X3
(M10)
시작버튼이 눌러지면 실린더 전진
<전진 >
409
M1008
M10
M12
(M11)
M11
실린더 후진
<후진 >
438
X4
M11
M13
(M12)
M12
1사이클 종료
<종료신호 >
456
X3
M12
(M13)
자동모드 단속동작 종료
****
자동모드 연속동작 시작
****
연속동작 READY신호(자동모드 & 단속 & 실린더 후진)
<연속동작 READY신호 >
475
M1000
M1016
X3
(M20)
자동모드 시작과 정지
<자동모드 >
550
M1008
M20
M1009
(M21)
M21
실린더 전진과 반복동작
<전진 >
576
M21
M20
M23
(M22)
M22
M21
M24

(계속)

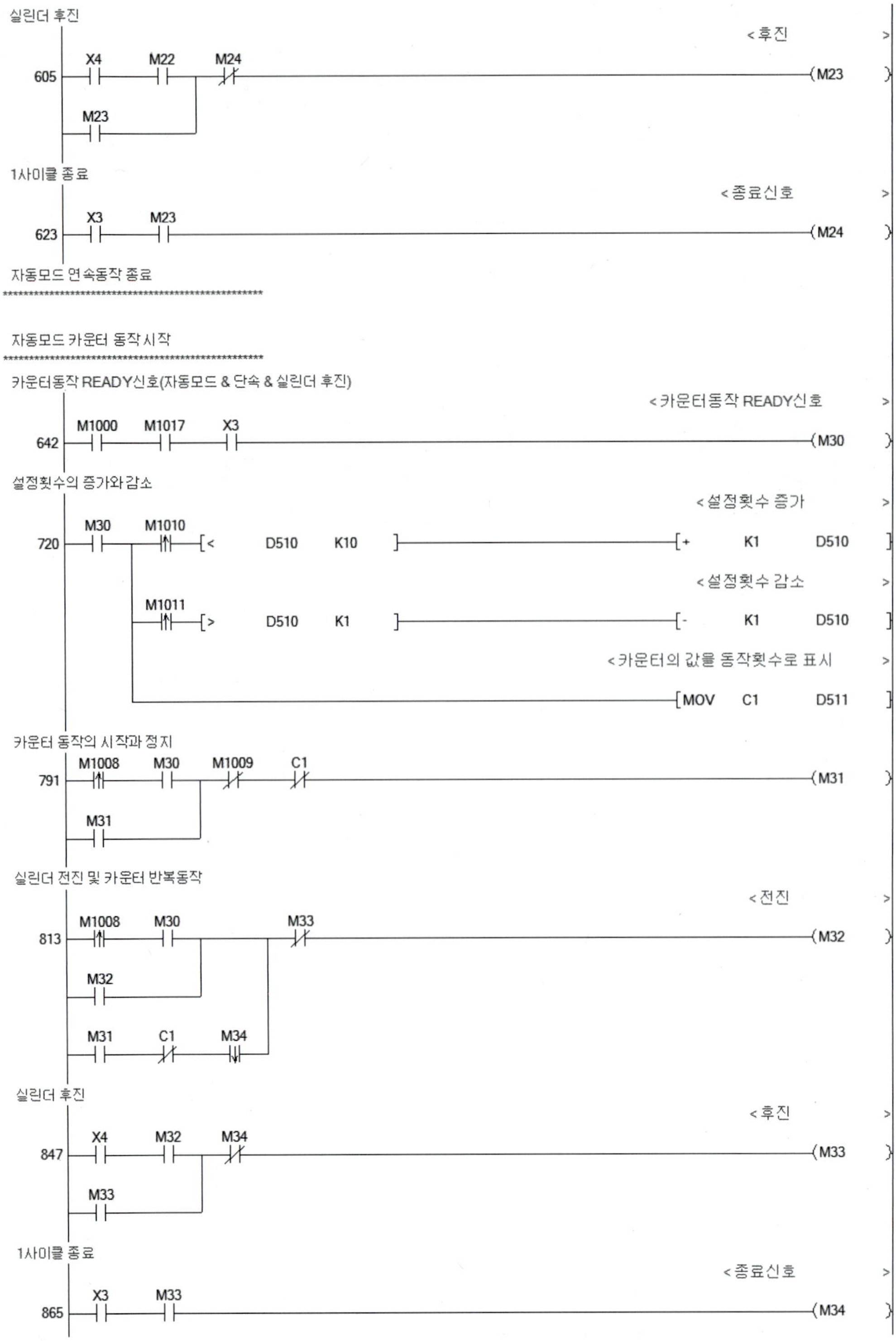
실린더 후진
<후진>
605 X4 M22 M24 (M23)
M23
1사이클 종료
<종료신호>
623 X3 M23 (M24)
자동모드 연속동작 종료
****
자동모드 카운터 동작시작
****
카운터동작 READY신호(자동모드 & 단속 & 실린더 후진)
<카운터동작 READY신호>
642 M1000 M1017 X3 (M30)
설정횟수의 증가와 감소
<설정횟수 증가>
720 M30 M1010 [< D510 K10] [+ K1 D510]
<설정횟수 감소>
M1011 [> D510 K1] [- K1 D510]
<카운터의 값을 동작횟수로 표시>
[MOV C1 D511]
카운터 동작의 시작과 정지
791 M1008 M30 M1009 C1 (M31)
M31
실린더 전진 및 카운터 반복동작
<전진>
813 M1008 M30 M33 (M32)
M32
M31 C1 M34
실린더 후진
<후진>
847 X4 M32 M34 (M33)
M33
1사이클 종료
<종료신호>
865 X3 M33 (M34)

(계속)

```
카운터 리셋
        C1
884 ──┤ ├──────────────────────────────────────────[RST      C1       ]

1사이클 종료마다 동작횟수 증가
                                            <동작횟수 카운터         >
        M34                                                   D510
897 ──┤↓├──────────────────────────────────────────(C1               )

자동모드 카운터 동작종료
*****************************************************

*****************************************************
가공모듈 제어 프로그램
*****************************************************

셀렉터 스위치에 의한 동작모드 선택에 따른 초기화 작업
*****************************************************
자동모드 선택
                                       <자동모드 선택시 동작모드 해제    >
        M1020
931 ──┤↑├──┬───────────────────────────────[BKRST  M1035     K3       ]
           │                           <가공실린더 상승 및 드릴 정지    >
           ├───────────────────────────────[BKRST  M40       K2       ]
           │                                  <단속동작 모드 설정        >
           ├──────────────────────────────────────[SET      M1035     ]
           │                               <카운터 설정횟수 3설정       >
           ├───────────────────────────────[MOV    K3        D520     ]
           │                                    <설정시간 1초 설정       >
           └───────────────────────────────[MOV    K1        D521     ]

수동모드 선택
                                       <수동모드 선택시 동작모드 해제    >
        M1020
1090 ─┤↓├──┬───────────────────────────────[BKRST  M1035     K3       ]
           │                               <카운터 설정횟수 0설정       >
           ├───────────────────────────────[MOV    K0        D520     ]
           │                                     <설정시간 0설정         >
           ├───────────────────────────────[MOV    K0        D521     ]
           │                                  <단속동작 전체 리셋        >
           ├───────────────────────────────[BKRST  M51       K4       ]
           │                                 <카운터 동작 전체 리셋      >
           ├───────────────────────────────[BKRST  M61       K5       ]
           │                           <카운터 동작 적산타이머 리셋     >
           ├──────────────────────────────────────[RST      ST1       ]
           │                                <카운터 동작 카운터 리셋     >
           └──────────────────────────────────────[RST      C2        ]
```

(계속)

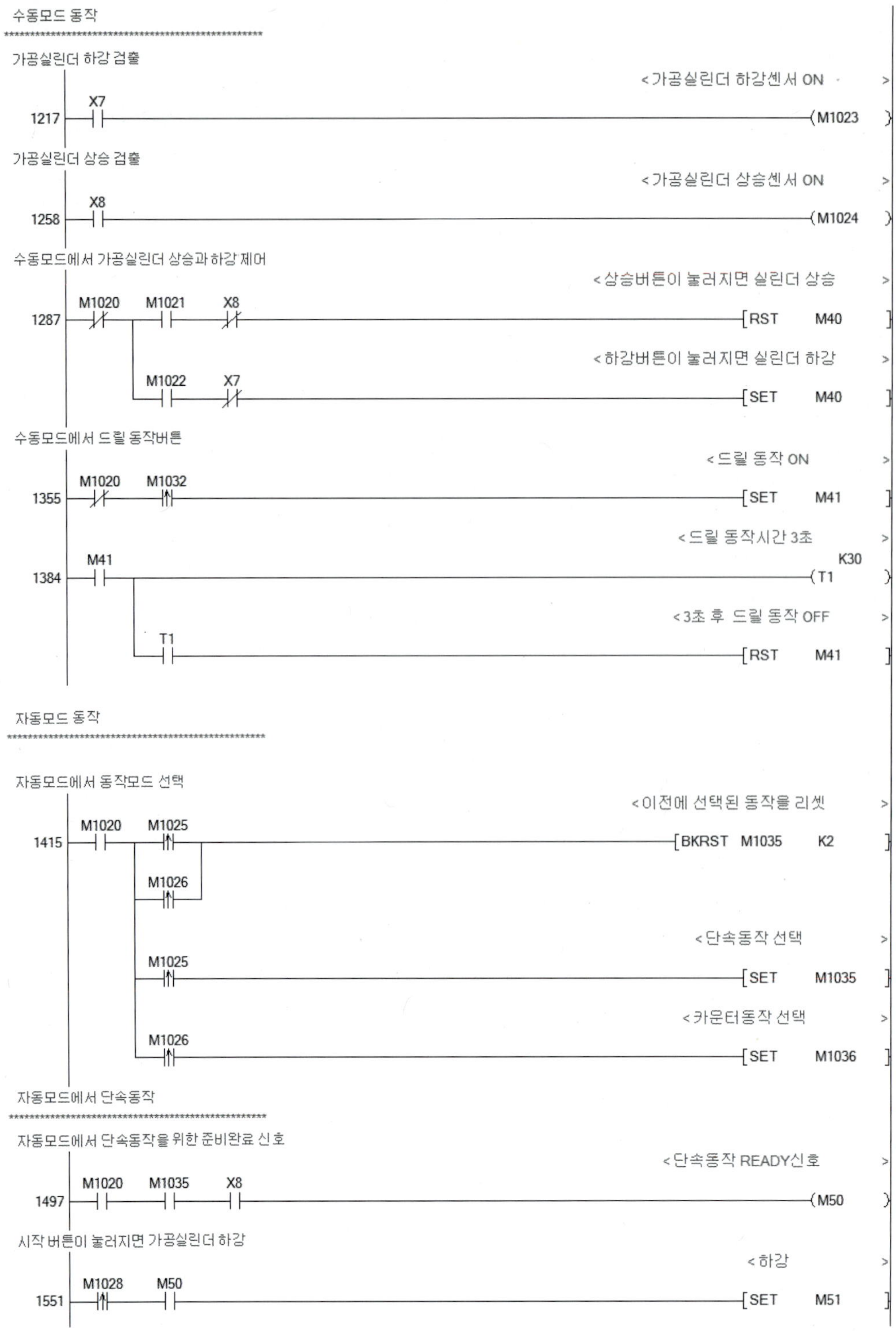
수동모드 동작
가공실린더 하강 검출
<가공실린더 하강센서 ON >
1217 X7 M1023
가공실린더 상승 검출
<가공실린더 상승센서 ON >
1258 X8 M1024
수동모드에서 가공실린더 상승과 하강 제어
<상승버튼이 눌러지면 실린더 상승 >
1287 M1020 M1021 X8 RST M40
<하강버튼이 눌러지면 실린더 하강 >
M1022 X7 SET M40
수동모드에서 드릴 동작버튼
<드릴 동작 ON >
1355 M1020 M1032 SET M41
<드릴 동작시간 3초 >
1384 M41 K30 T1
<3초 후 드릴 동작 OFF >
T1 RST M41
자동모드 동작
자동모드에서 동작모드 선택
<이전에 선택된 동작을 리셋 >
1415 M1020 M1025 BKRST M1035 K2
M1026
<단속동작 선택 >
M1025 SET M1035
<카운터동작 선택 >
M1026 SET M1036
자동모드에서 단속동작
자동모드에서 단속동작을 위한 준비완료 신호
<단속동작 READY신호 >
1497 M1020 M1035 X8 M50
시작 버튼이 눌러지면 가공실린더 하강
<하강 >
1551 M1028 M50 SET M51

(계속)

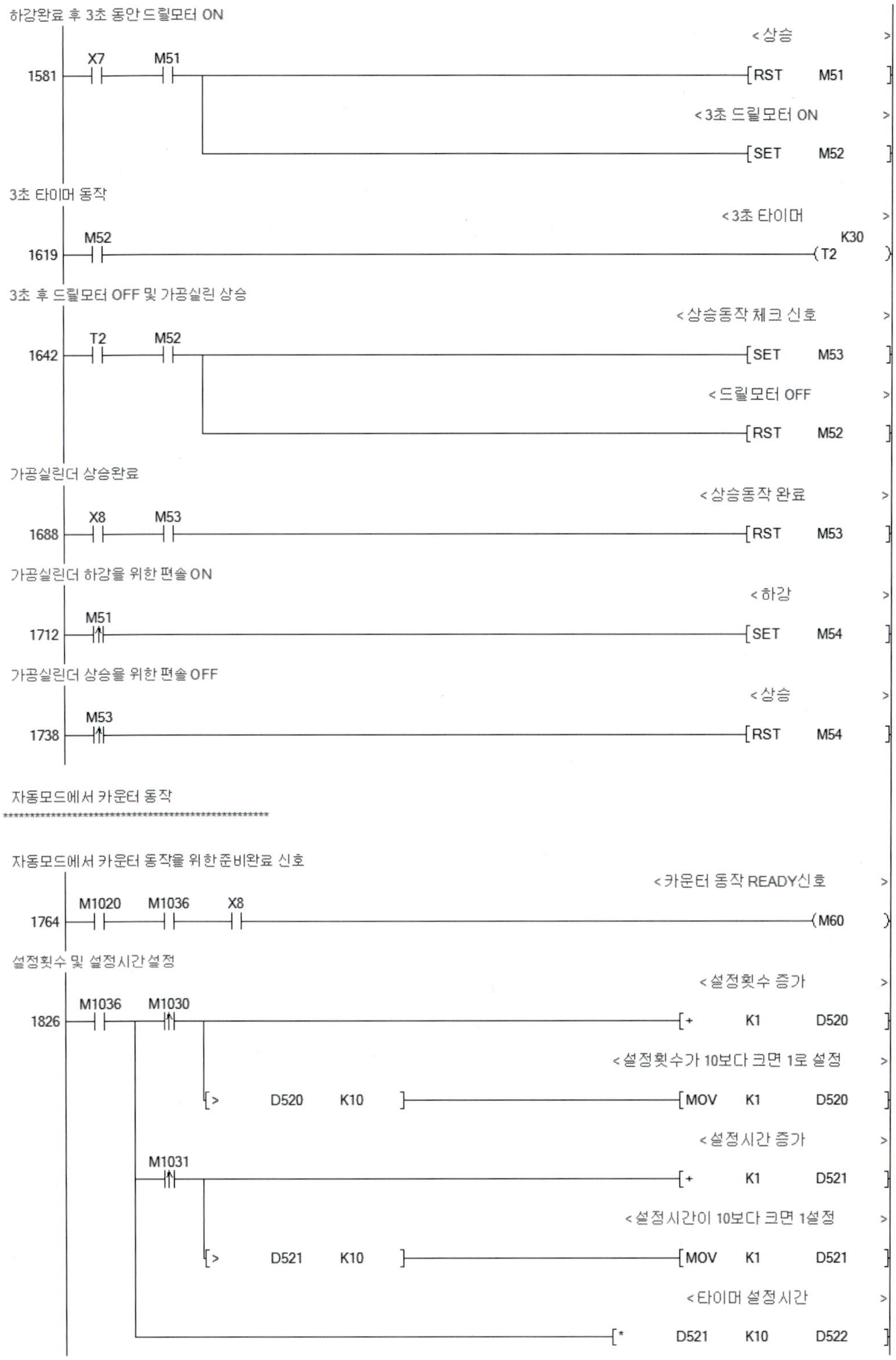
하강완료 후 3초 동안 드릴모터 ON
<상승 >
1581
X7
M51
RST M51
<3초 드릴모터 ON >
SET M52
3초 타이머 동작
<3초 타이머 >
1619
M52
K30
T2
3초 후 드릴모터 OFF 및 가공실린 상승
<상승동작 체크 신호 >
1642
T2
M52
SET M53
<드릴모터 OFF >
RST M52
가공실린더 상승완료
<상승동작 완료 >
1688
X8
M53
RST M53
가공실린더 하강을 위한 편솔 ON
<하강 >
1712
M51
SET M54
가공실린더 상승을 위한 편솔 OFF
<상승 >
1738
M53
RST M54
자동모드에서 카운터 동작
자동모드에서 카운터 동작을 위한 준비완료 신호
<카운터 동작 READY신호 >
1764
M1020
M1036
X8
M60
설정횟수 및 설정시간설정
<설정횟수 증가 >
1826
M1036
M1030
+ K1 D520
<설정횟수가 10보다 크면 1로 설정 >
> D520 K10
MOV K1 D520
<설정시간 증가 >
M1031
+ K1 D521
<설정시간이 10보다 크면 1설정 >
> D521 K10
MOV K1 D521
<타이머 설정시간 >
* D521 K10 D522

(계속)

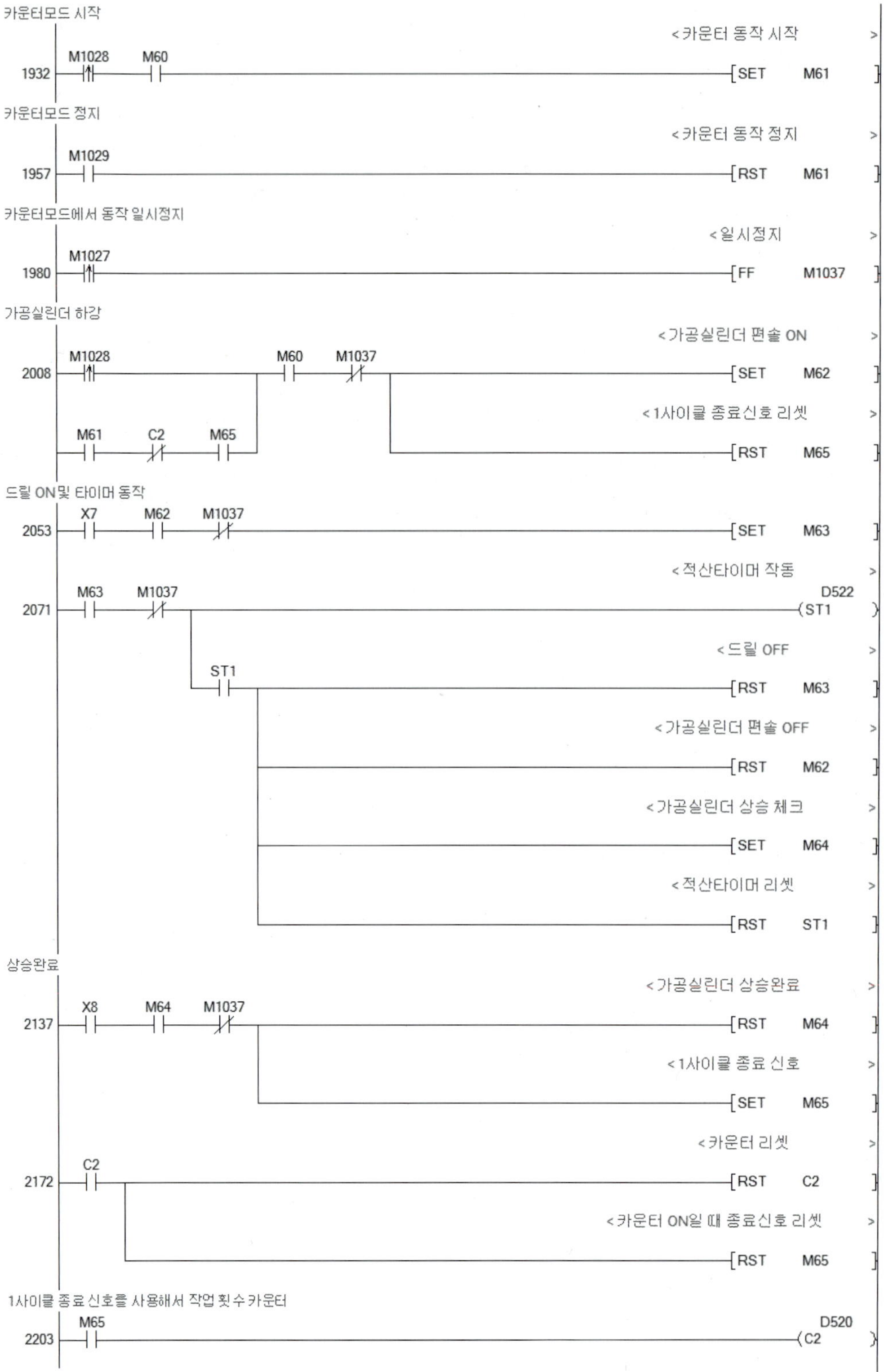
카운터모드 시작
<카운터 동작 시작>
1932 M1028 M60
[SET M61]
카운터모드 정지
<카운터 동작 정지>
1957 M1029
[RST M61]
카운터모드에서 동작 일시정지
<일시정지>
1980 M1027
[FF M1037]
가공실린더 하강
<가공실린더 편솔 ON>
2008 M1028 M60 M1037
[SET M62]
<1사이클 종료신호 리셋>
M61 C2 M65
[RST M65]
드릴 ON및 타이머 동작
2053 X7 M62 M1037
[SET M63]
<적산타이머 작동>
2071 M63 M1037
D522
(ST1)
<드릴 OFF>
ST1
[RST M63]
<가공실린더 편솔 OFF>
[RST M62]
<가공실린더 상승 체크>
[SET M64]
<적산타이머 리셋>
[RST ST1]
상승완료
<가공실린더 상승완료>
2137 X8 M64 M1037
[RST M64]
<1사이클 종료 신호>
[SET M65]
<카운터 리셋>
2172 C2
[RST C2]
<카운터 ON일 때 종료신호 리셋>
[RST M65]
1사이클 종료신호를 사용해서 작업 횟수 카운터
2203 M65
D520
(C2)

(계속)

```
*****************************************************
분배모듈
*****************************************************

분배모듈 후진위치 검출
        X6
2233 ──┤ ├──────────────────────────────────(M1044 )

분배모듈 전진위치 검출
        X5
2262 ──┤ ├──────────────────────────────────(M1043 )

공급모듈 전진위치 검출
        X4
2278 ──┤ ├──────────────────────────────────(M1045 )

*****************************************************
취출모듈
*****************************************************

취출모듈 후진위치 검출
        X9
2294 ──┤ ├──────────────────────────────────(M1053 )

취출모듈 전진위치 검출
        X0A
2323 ──┤ ├──────────────────────────────────(M1054 )

*****************************************************
저장모듈
*****************************************************

저장모듈 좌측위치 검출
        X10
2339 ──┤ ├──────────────────────────────────(M1063 )

저장모듈 우측위치 검출
        X11
2368 ──┤ ├──────────────────────────────────(M1064 )

흡착모듈 실린더 전진위치 검출
        X0E
2384 ──┤ ├──────────────────────────────────(M1065 )

*****************************************************
스토퍼 모듈
*****************************************************

스토퍼 모듈 상승위치 검출
        X0B
2403 ──┤ ├──────────────────────────────────(M1073 )

스토퍼모듈 하강위치 검출
        X0C
2434 ──┤ ├──────────────────────────────────(M1074 )

상승버튼이 눌러질 때 상승센서 off이면 상승
        M1071     M1073
2451 ──┤ ├───────┤/├────────────────────────[RST     Y27 ]

하강버튼이 눌러질 때 하강센서가 OFF이면 하강
        M1072     M1074
2478 ──┤ ├───────┤/├────────────────────────[SET     Y27 ]
```

(계속)

```
*****************************************************
흡착모듈
*****************************************************

흡착모듈 실린더 후진 위치검출
        X0D
2506 ──┤ ├──────────────────────────────────────(M1083    )

흡착모듈 실린더 전진위치 검출
        X0E
2539 ──┤ ├──────────────────────────────────────(M1084    )

흡착 진공센서 ON/OFF확인
        X0F
2558 ──┤ ├──────────────────────────────────────(M1086    )

*****************************************************
컨베이어 모듈
*****************************************************

컨베이터 ON버튼이 눌러지면 컨베이어 ON
        M1091
2575 ──┤↑├──────────────────────────────────[SET    M70    ]

컨베이어 OFF버튼이 눌러지면 컨베이어 OFF
        M1092
2615 ──┤ ├──────────────────────────────────[RST    M70    ]

컨베이어 동작 램프 ON
        Y2E
2640 ──┤ ├──────────────────────────────────────(M1093    )

유도형 센서 동작 램프 ON
        X15
2655 ──┤ ├──────────────────────────────────────(M1094    )

정전용량형 센서 동작램프 ON
        X14
2672 ──┤ ├──────────────────────────────────────(M1095    )

컨베이어 동작중에 금속과 비금속 소재 판별
                                            <유도형센서에 의해 금속 검출    >
        Y2E      M1094
2691 ──┤ ├──┬──┤↑├──────────────────────────[SET    M71    ]
            │
            │                               <용량형센서 ON일 때 금속판별    >
            │  M1095      M71
            └──┤↓├──┬──┤ ├──────────────────────(M72    )
                    │
                    │                       <용량형센서 ON일 때 비금속 판별    >
                    │  M71
                    ├──┤/├──────────────────────(M73    )
                    │
                    │                       <금속검출 정보 리셋    >
                    └───────────────────────[RST    M71    ]

금속 검출일 때 금속램프 1초가 ON
        M72
2793 ──┤ ├──────────────────────────────────[SET    M1096    ]

        M1096                                          K10
2814 ──┤ ├──┬───────────────────────────────────(T3    )
            │
            │  T3
            └──┤ ├──────────────────────────[RST    M1096    ]
```

(계속)

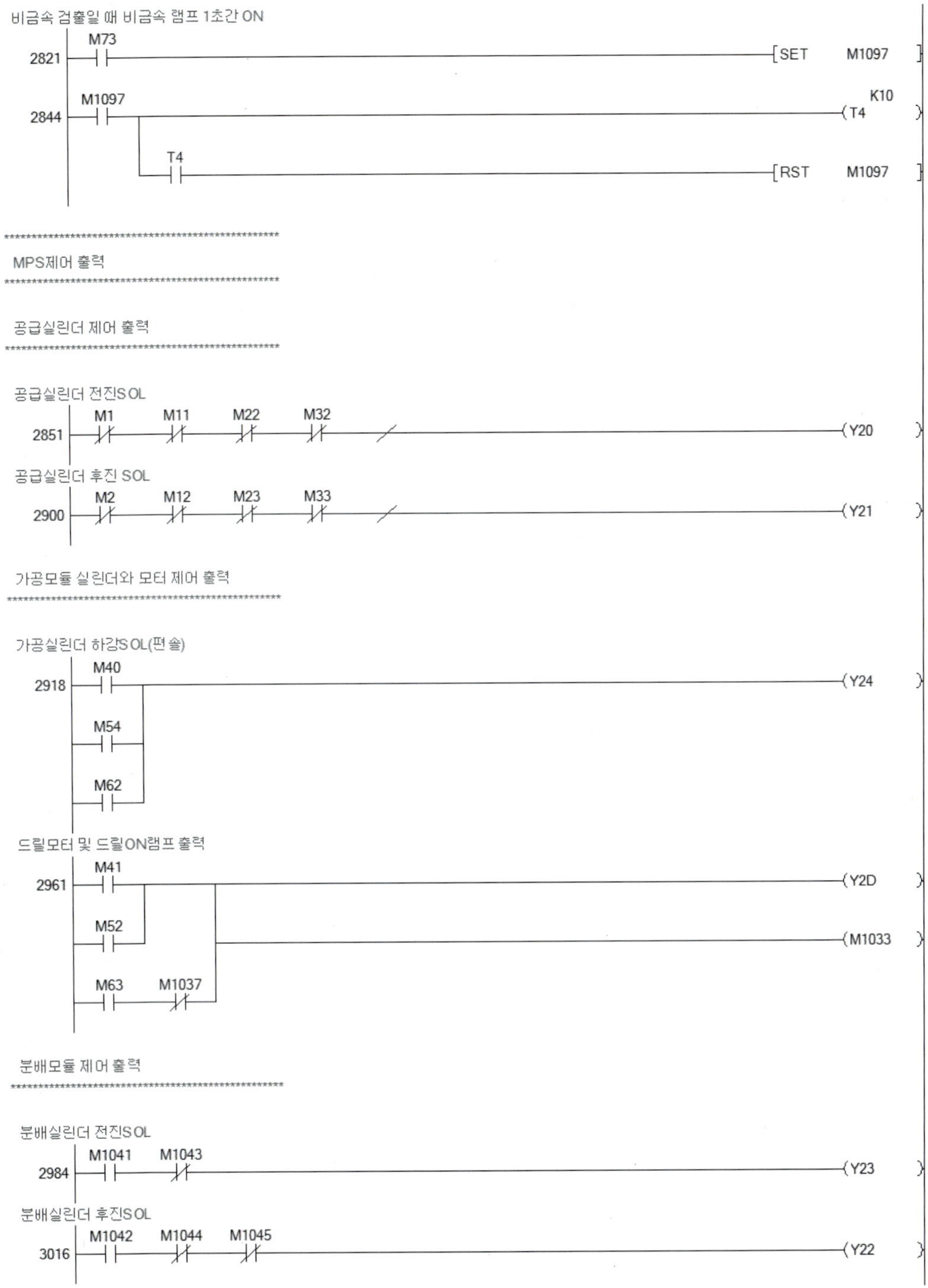
비금속 검출일 때 비금속 램프 1초간 ON
2821 M73 SET M1097
2844 M1097 T4 K10
T4 RST M1097
****
MPS제어 출력
****
공급실린더 제어 출력
****
공급실린더 전진SOL
2851 M1 M11 M22 M32 Y20
공급실린더 후진 SOL
2900 M2 M12 M23 M33 Y21
가공모듈 실린더와 모터 제어 출력
****
가공실린더 하강SOL(편솔)
2918 M40 M54 M62 Y24
드릴모터 및 드릴ON램프 출력
2961 M41 M52 M63 M1037 Y2D M1033
분배모듈 제어 출력
****
분배실린더 전진SOL
2984 M1041 M1043 Y23
분배실린더 후진SOL
3016 M1042 M1044 M1045 Y22

(계속)

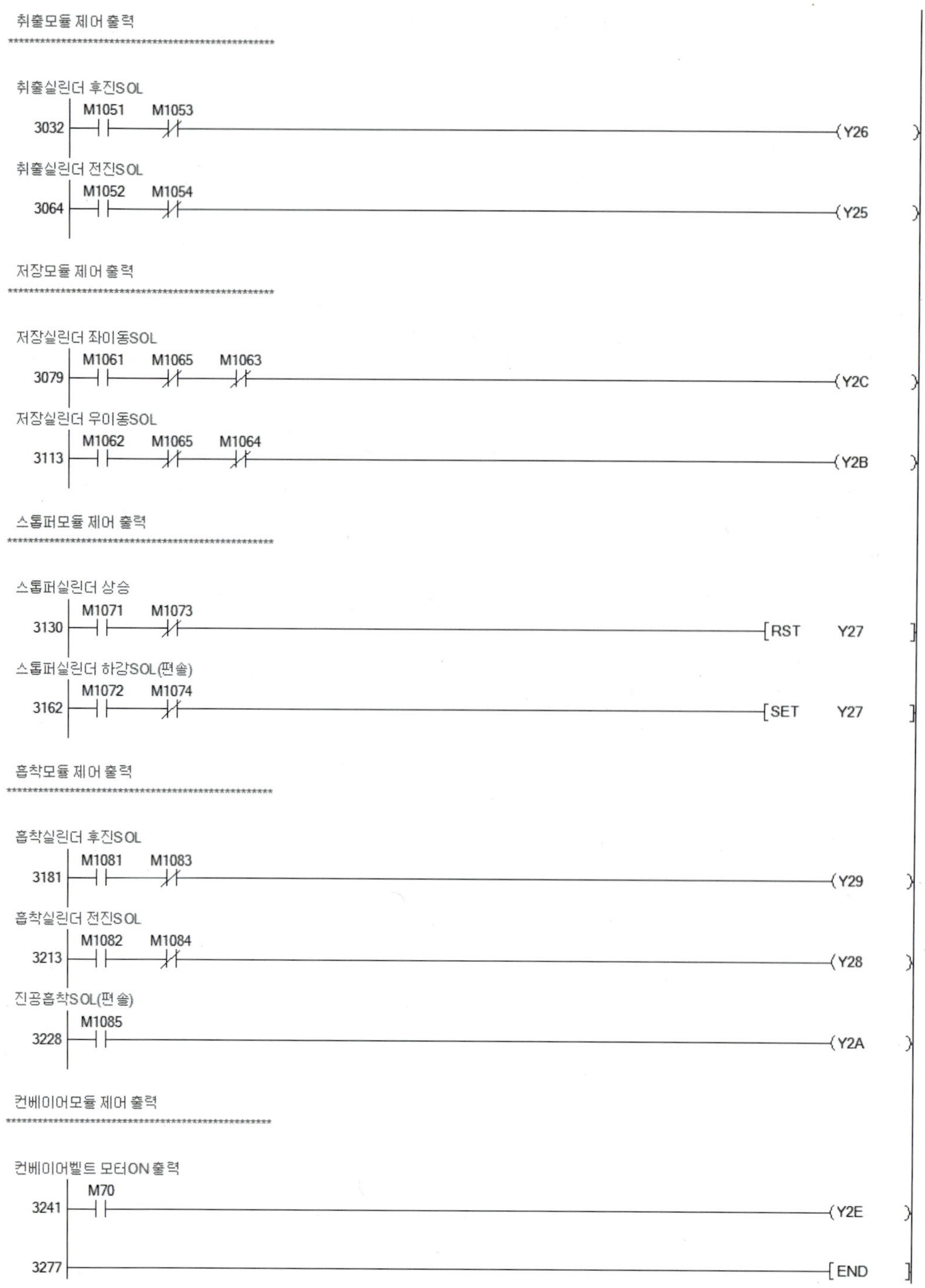

[프로그램 11-20] 8개의 모듈의 동작 테스트를 위한 전체 프로그램

11.2.5 작업물 적재와 반출을 위한 제어 프로그램

앞에서 8개의 모듈에 대한 동작 테스트 프로그램 작성법에 대해 살펴보았다. 이제는 리프트 모듈과 흡착 모듈, 스토퍼 모듈, 저장 모듈을 조합하여 작업물을 저장 모듈에 적재 또는 반출하는 프로그램 작성법에 대해 살펴보자.

[그림 11-19]에서 리프트 모듈은 서보 모터를 사용해 흡착 모듈을 상하로 이동시키는 역할을 한다. 따라서 컨베이어에 의해 이동하는 작업물을 창고에 적재하거나 반출하기 위해서는 리프트 모듈과 흡착 모듈, 그리고 저장 모듈이 연결되어 동작하는 제어 프로그램이 필요하다.

[그림 11-19] 저장 모듈의 창고 위치 번호

작업물을 저장하는 저장 모듈의 저장 위치를 살펴보자. 1, 2, 3번에서는 저장 모듈의 실린더가 후진(저장 모듈의 좌이동)되어 있는 상태에서 흡착 모듈을 사용하여 작업물을 저장할 수 있다. 4, 5, 6번은 저장 모듈의 실린더가 전진(저장 모듈의 우이동)된 상태에서 작업물을 저장할 수 있는 위치이다. 작업물을 저장하기 위해서는 서보 제어를 통해 작업물을 흡착하기 위한 위치와, 저장 모듈에 작업물을 저장하기 위한 위치의 데이터를 파라미터나 티칭을 통해 등록해야 한다.

이번 실습에서는 리프트 모듈을 사용하기 위한 서보 파라미터 및 등록한 위치 데이터의 정확도를 테스트하기 위한 프로그램과, 작업물을 원하는 위치에 적재 또는 반출하는 프로그램 작성법에 대해 살펴볼 것이다.

HMI 화면 작성

[표 11-11]에 리프트 모듈과 저장 모듈을 제어하기 위한 HMI 화면의 구성을 나타내었다. 좌측 상단의 수동 화면 버튼은 화면 이동 버튼으로, 앞에서 학습한 8개 모듈에 대한 제어 화면으로 전환하기 위한 것이다. 화면 상단은 3장의 서보 제어에서 학습한 QD77MS의 모니터링과 동작 제어에 대한 부분이다. 하단 부분은 JOG 운전과 티칭을 사용해서 작업물 흡착과 저장 모듈의 위치를 티칭하기 위한 부분과, 저장 모듈의 적재 및 반출 장소의 번호를 지정해서 작업물을 적재하거나 반출하는 작업을 위한 화면으로 구성되어 있다.

[표 11-11] QD77MS의 동작 모니터링 및 티칭, 그리고 작업물의 적재 및 반출 화면

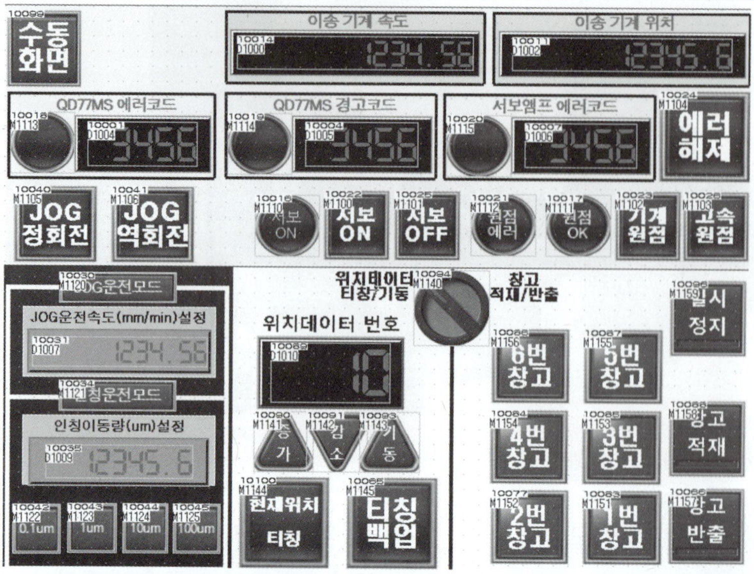

구분	메모리 번지	구분	메모리 번지
수동 화면	Go To Screen Switch	서버 앰프 에러 램프	M1115
이송 기계 속도(32bit)	D1001/D1000	JOG 운전 모드 버튼(램프)	M1120(M1130)
이송 기계 위치(32bit)	D1003/D1002	인칭 운전 모드 버튼(램프)	M1121(M1131)
QD77MS 에러 코드	D1004	0.1μm 버튼	M1122
QD77MS 경고 코드	D1005	1μm 버튼	M1123
서보 앰프 에러 코드	D1006	10μm 버튼	M1124
JOG 운전 속도 설정(32bit)	D1007/D1007	100μm 버튼	M1125
인칭 이동량 설정	D1009	셀렉터 스위치	M1140
위치 데이터 번호	D1010	증가 버튼	M1141

(계속)

서보 ON 버튼	M1100	감소 버튼	M1142
서보 OFF 버튼	M1101	기동 버튼	M1143
기계 원점 버튼	M1102	현재 위치 티칭 / 백업	M1144 / M1145
고속 원점 버튼	M1103	1번 창고 버튼(램프)	M1151(M1161)
에러 해제 버튼	M1104	2번 창고 버튼(램프)	M1152(M1162)
JOG 정회전	M1105	3번 창고 버튼(램프)	M1153(M1163)
JOG 역회전	M1106	4번 창고 버튼(램프)	M1154(M1164)
서보 ON 램프	M1110	5번 창고 버튼(램프)	M1155(M1165)
원점 OK 램프	M1111	6번 창고 버튼(램프)	M1156(M1166)
원점 에러 램프	M1112	창고 반출 버튼(램프)	M1157(M1167)
QD77MS 에러 램프	M1113	창고 적재 버튼(램프)	M1158(M1168)
QD77MS 경고 램프	M1114	일시정지 버튼(램프)	M1159(M1169)

서보 제어를 위한 파라미터 설정 내역

리프트 모듈을 사용하기 위해서는 QD77MS의 파라미터와 위치 데이터를 등록해야 한다. 10장에서 QD77MS의 파라미터를 설정할 때, 볼 스크류의 리드와 서보 모터의 회전 방향과 원점복귀 방향이 장치에 따라 달라질 수 있음을 알았다. 따라서 이 부분을 주의 깊게 살펴보아야 한다.

[표 11-12]는 리프트 모듈에 장착된 서보 모터를 제어하기 위한 QD77MS의 파라미터 설정을 나타낸 것이다. 서보 모터와 볼 스크류가 타이밍 벨트에 의해 수직으로 나란히 연결되어 있기 때문에 서보 모터가 정회전 방향(모터축을 정면에서 바라보았을 때 반시계 방향)으로 회전하면 흡착 모듈이 하강하는 방향(위치값이 증가)으로 이동한다. 파라미터 설정에서 주의할 부분은 첫 번째 Pr.3의 볼 스크류 리드를 설정하는 부분이다.

MPS 제조사마다 사용하는 볼 스크류의 리드가 다를 수 있기 때문에, 사용하는 장치의 볼 스크류 리드를 정확하게 파악한 후에 값을 설정해야 한다. 그리고 서보 파라미터 PA14는, [표 11-12]와 같이 서보 모터와 볼 스크류가 서로 마주보는 형태로 타이밍 벨트에 연결되어 있으면 '0'으로 설정하고, 볼 스크류 끝단에 커플링을 사용해서 일직선으로 연결되어 있다면 '1'로 설정해야 한다.

[표 11-12] 서보 제어를 위한 QD77MS의 파라미터 설정 내역

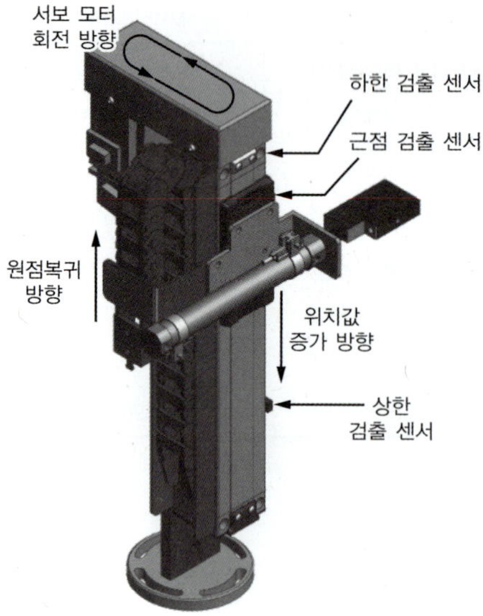

파라미터 번호	설정 내용
Pr.1	0 mm
Pr.2	4194304 pulse
Pr.3	10000.0 μm
Pr.8	15000.00 mm/min
Pr.9	100 ms
Pr.10	100 ms
Pr.80	0 : use External... of QD77MS
Pr.82	1 : Invalid
Pr.31	15000.00 mm/min
Pr.43	0 : Proximity Dog Signal
Pr.44	1 : Reverse Direction
Pr.45	0.0 μm
Pr.46	3000.00 mm/min
Pr.47	500.00 mm/min
Pr.48	1 : Retry HPR with Limit Switch
서보 파라미터	**설정 내용**
PA04	0100
PA14	0

위치 데이터 설정

리프트 모듈에 설치되어 있는 흡착 모듈을 사용해 컨베이어에 있는 작업물을 저장 모듈에 적재 및 반출하기 위해서는 기본적으로 8개의 위치 데이터를 설정해야 한다.

[그림 11-20]에서 ❶, ❸, ❺번은 저장 모듈의 1, 2, 3층에 설치된 흡착 실린더의 전진 위치이고, ❷, ❹, ❻번은 작업물 적재 또는 반출을 위한 흡착 해제 또는 흡착 위치이다. ❼번은 컨베이어 벨트에 있는 작업물의 흡착 위치이고, ❽번은 작업 대기 위치이다.

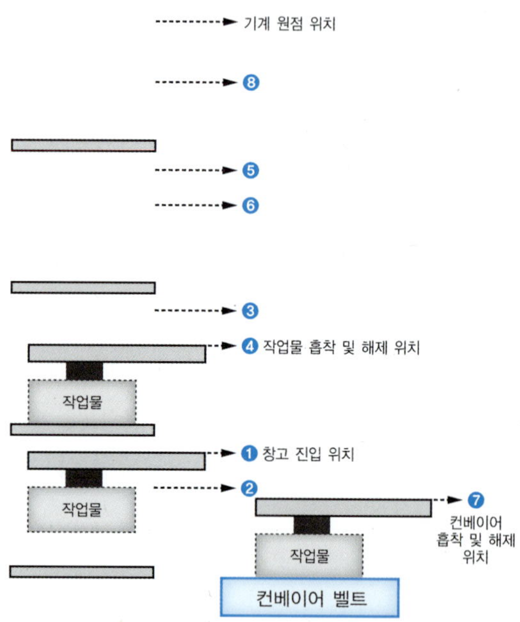

[그림 11-20] 저장 모듈에 적재 및 반출을 위해 설정해야 할 위치

[그림 11-20]에 표시한 8개의 위치 데이터를 설정하기 위해 실습에서는 티칭 동작을 사용할 것이다. 따라서 [그림 11-21]과 같이 위치값을 설정하지 않은 8개의 위치 데이터를 사전 설정한 후에 티칭 동작을 통해 작업에 필요한 위치 데이터를 설정한다.

No.	Operation pattern	Control method	Axis to be interpolated	Acceleration time No.	Deceleration time No.	Positioning address	Arc address	Command speed	Dwell time	M-code
1	0:END	01h:ABS Linear 1	-	0:100	0:100	0.0 μm	0.0 μm	1500.00 mm/min	0 ms	0
	<Positioning Comment>									
2	0:END	01h:ABS Linear 1	-	0:100	0:100	0.0 μm	0.0 μm	1500.00 mm/min	0 ms	0
	<Positioning Comment>									
3	0:END	01h:ABS Linear 1	-	0:100	0:100	0.0 μm	0.0 μm	1500.00 mm/min	0 ms	0
	<Positioning Comment>									
4	0:END	01h:ABS Linear 1	-	0:100	0:100	0.0 μm	0.0 μm	1500.00 mm/min	0 ms	0
	<Positioning Comment>									
5	0:END	01h:ABS Linear 1	-	0:100	0:100	0.0 μm	0.0 μm	1500.00 mm/min	0 ms	0
	<Positioning Comment>									
6	0:END	01h:ABS Linear 1	-	0:100	0:100	0.0 μm	0.0 μm	1500.00 mm/min	0 ms	0
	<Positioning Comment>									
7	0:END	01h:ABS Linear 1	-	0:100	0:100	0.0 μm	0.0 μm	1500.00 mm/min	0 ms	0
	<Positioning Comment>									
8	0:END	01h:ABS Linear 1	-	0:100	0:100	0.0 μm	0.0 μm	1500.00 mm/min	0 ms	0
	<Positioning Comment>									

[그림 11-21] **위치 데이터 설정**

제어 조건

■ 서보 동작 모니터링 및 JOG 운전

- 서보의 이송 기계 속도, 이송 기계 위치, 에러 및 경고 코드가 모니터링된다. 에러 및 경고가 발생하면 해당 램프가 1초 주기로 점멸 동작한다. 에러 해제 버튼을 누르면 발생된 에러가 해제된다.
- 서보 ON/OFF 버튼에 의해 서보 ON/OFF가 제어된다. 서보가 ON되었을 때 서보 ON 램프가 점등된다.
- 기계 원점복귀 동작이 필요할 때 원점 에러 램프가 1초 주기로 점멸한다. 기계 원점복귀 버튼을 누르면, 기계 원점복귀 동작이 실행된다. 원점복귀가 완료되면, 원점 OK 램프가 점등된다. 원점 OK 램프가 점등된 상태에서 고속 원점복귀 버튼을 누르면 원점복귀가 이루어진다.
- JOG 운전 모드와 인칭 운전 모드 버튼의 선택에 따라 운전 모드가 선택된다. JOG 정회전과 JOG 역회전 버튼을 누르고 있는 동안 설정된 값에 따라 JOG 운전 또는 인칭 운전이 이루어진다.

■ 위치 데이터 티칭 및 기동

- 셀렉터 스위치로 위치 데이터 티칭 및 기동 기능을 선택한다.
- 증가 및 감소 버튼을 사용해 위치 결정 데이터 번호 1번~10번을 설정할 수 있다. JOG 운전과 인칭 운전을 사용해서 위치 결정 데이터에 설정할 이송 기계 위치를 찾

고, 현재 위치 티칭 버튼을 눌러 위치값을 설정한다.

- 위치 결정 데이터 설정이 끝나면, 증가 및 감소 버튼을 사용해 위치 데이터 번호를 설정한다. 그 다음에 기동 버튼을 누르면 설정한 위치 결정 데이터 번호에 등록된 위치값으로 흡착 모듈이 이동한다.
- 티칭 백업 버튼을 누르면 위치 결정 데이터가 QD77MS 플래시 메모리에 저장된다.

■ 창고 적재/반출

- 셀렉터 스위치에 의해 창고 적재/반출 기능이 선택된다.
- 1번 ~ 6번 창고 버튼에는 램프 기능이 내장되어 있다. 해당 버튼을 누르면 선택된 창고의 램프가 점등되어 그 위치를 표시한다.
- 창고 적재 버튼을 누르면, 선택된 창고로 컨베이어 위에 있는 작업물을 이동시켜 적재한다.
- 창고 반출 버튼을 누르면, 선택된 창고의 작업물을 컨베이어로 반출한다.
- 창고 적재 및 반출 작업 중에 일시정지 버튼을 누르면 현재 작업(위치 제어 동작 포함)이 정지되고, 일시정지 램프가 점등된다.
- 일시정지 상태에서 다시 일시정지 버튼을 누르면, 현재 정지된 작업에 이어서 작업이 시작된다.

작업물 적재와 반출을 위한 제어 프로그램 작성

리프트 모듈, 흡착 모듈, 저장 모듈을 사용해서 작업물을 저장 모듈에 적재 또는 반출하는 시퀀스 제어 동작 프로그램은, BSFL 명령과 MC와 MCR 명령을 사용해서 기능별로 작성한다.

이번 실습에서 기능은 크게 3부분으로 분류할 수 있다. 첫 번째는 서보 모니터링과 JOG 운전 및 인칭 운전, 두 번째는 위치 데이터 티칭 및 기동, 세 번째는 창고 적재 및 반출이다. 두 번째와 세 번째 기능은 동시에 동작할 수 없기 때문에, MC와 MCR 명령을 사용해서 두 개의 기능이 동시에 사용되는 일이 발생하지 않도록 프로그램을 작성한다. 세 번째 기능인 창고 적재 및 반출 동작은 시퀀스 제어 동작이기 때문에 세 번째 기능 동작 프로그램에는 BSFL 명령을 사용한다.

■ BSFL 명령어를 이용한 시퀀스 제어 프로그램 작성 방법

시퀀스 제어 프로그램은 다양한 방법으로 작성될 수 있다. 앞에서는 자기유지 회로와 SET/RST 명령어를 사용한 시퀀스 제어 프로그램을 살펴보았으니, 이번 실습에서는 BSFL 명령어를 사용한 시퀀스 제어 프로그램 작성법을 살펴보자. BSFL 명령어를 사용하여 제어할 시퀀스 제어 동작은 [표 11-13]과 같이 저장 모듈에 작업물을 적재하거나 반출하는 동작이다. 표에서 알 수 있듯이 적재 및 반출 공정은 9개의 작업으로 이루어진다.

[표 11-13] 저장 모듈에서 작업물의 적재 및 반출 순서

창고에 작업물 적재 순서		창고에 작업물 반출 순서	
순서	작업 내용	순서	작업 내용
1	컨베이어 벨트 흡착 위치로 이동	1	창고 진출입 위치로 이동
2	흡착	2	흡착 실린더 전진
3	설정 창고 진출입 위치로 이동	3	설정 창고 흡착 및 해제 위치 이동
4	흡착 실린더 전진	4	흡착
5	설정 창고 흡착 및 해제 위치 이동	5	설정 창고 진출입 위치로 이동
6	흡착 해제	6	흡착 실린더 후진
7	설정 창고 진출입 위치로 이동	7	컨베이어 벨트 흡착 위치로 이동
8	흡착 실린더 후진	8	흡착 해제
9	작업 대기 위치로 이동	9	작업 대기 위치로 이동

따라서 9개의 작업을 각각 제어할 수 있는 9개의 비트가 필요하다. 동작이 완료될 때마다 비트를 좌측으로 시프트시키면서 작업하는 명령어가 BSFL이다.

[표 11-14] BSFL 명령을 사용해서 창고에 작업물을 적재하는 시퀀스 제어 동작의 구현

작업 내용	M529	M528	M527	M526	M525	M524	M523	M522	M521
0. 대기 상태	0	0	0	0	0	0	0	0	0
1. 컨베이어 흡착 위치	0	0	0	0	0	0	0	0	1
2. 흡착	0	0	0	0	0	0	0	1	0
3. 창고 진출입 위치	0	0	0	0	0	0	1	0	0
4. 흡착 실린더 전진	0	0	0	0	0	1	0	0	0
5. 창고 흡착 해제 위치	0	0	0	0	1	0	0	0	0
6. 흡착 해제	0	0	0	1	0	0	0	0	0
7. 창고 진출입 위치	0	0	1	0	0	0	0	0	0
8. 흡착 실린더 후진	0	1	0	0	0	0	0	0	0
9. 작업 대기 위치	1	0	0	0	0	0	0	0	0

■ 일시정지 동작의 구현 방법

저장 모듈에서 적재 및 반출 공정 동작 중에 일시정지를 하게 되면, 공압실린더 및 흡착 밸브의 동작과 함께 서보의 위치 제어도 일시정지를 해야 한다. [실습과제 8-5]의 축 정지 동작 구현하기에서 위치 결정 전용 명령어를 사용한 기동 중에 축의 일시정지 방법에 대해 살펴보았다. 시퀀스 제어에서는 실습과제에서 사용한 일지정지 방법을 사용할 수 없는 경우도 있기 때문에, QD77MS의 축 정지 신호(X44)를 이용한 일시정지 방법을 사용한다.

위치 결정 완료 신호는, [그림 11-22]와 같이 위치 결정이 완료된 후, 드웰 타임 경과 후에 'PA.40 위치 결정 완료 신호 출력 시간'에서 설정한 시간(기본값 300ms로 설정) 동안 ON되는 신호이다. 이 신호를 사용하기 위해서는 위치 결정을 할 때 QD77MS의 버퍼 메모리 U4\G1500번지를 사용한다.

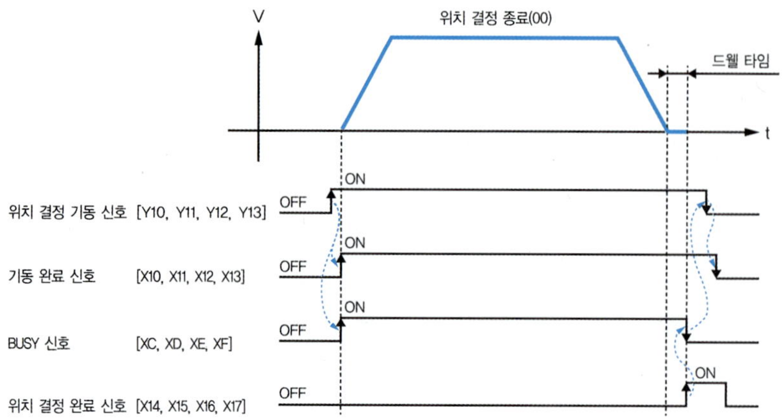

[그림 11-22] **위치 결정 완료 신호의 타임 차트**

프로그램 작성 위치

작업물 적재와 반출을 위한 제어 프로그램은 [그림 11-23]과 같이 [프로그램 11-20]의 프로그램 라인 2844번과 프로그램 라인 2851번 사이에 작성한다.

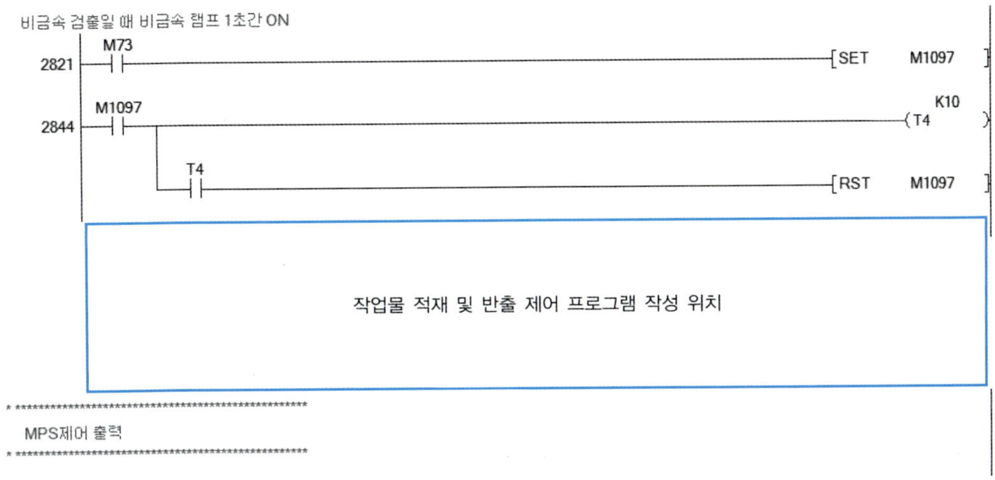

[그림 11-23] **작업물의 적재 및 반출 동작을 위한 프로그램 작성 위치**

아래에 이어지는 프로그램은 서보 제어를 통해 작업물의 적재 및 반출 동작을 구현한 프로그램이다.

■ BSFL 명령어를 사용한, 저장 모듈의 적재 및 반출 프로그램

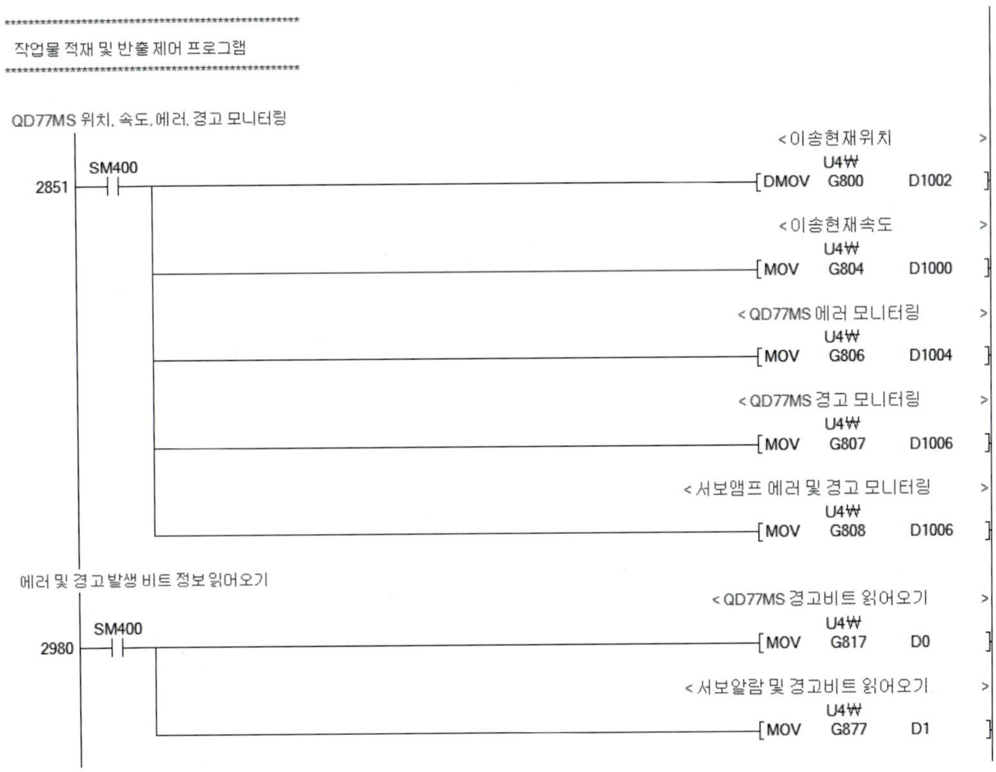

(계속)

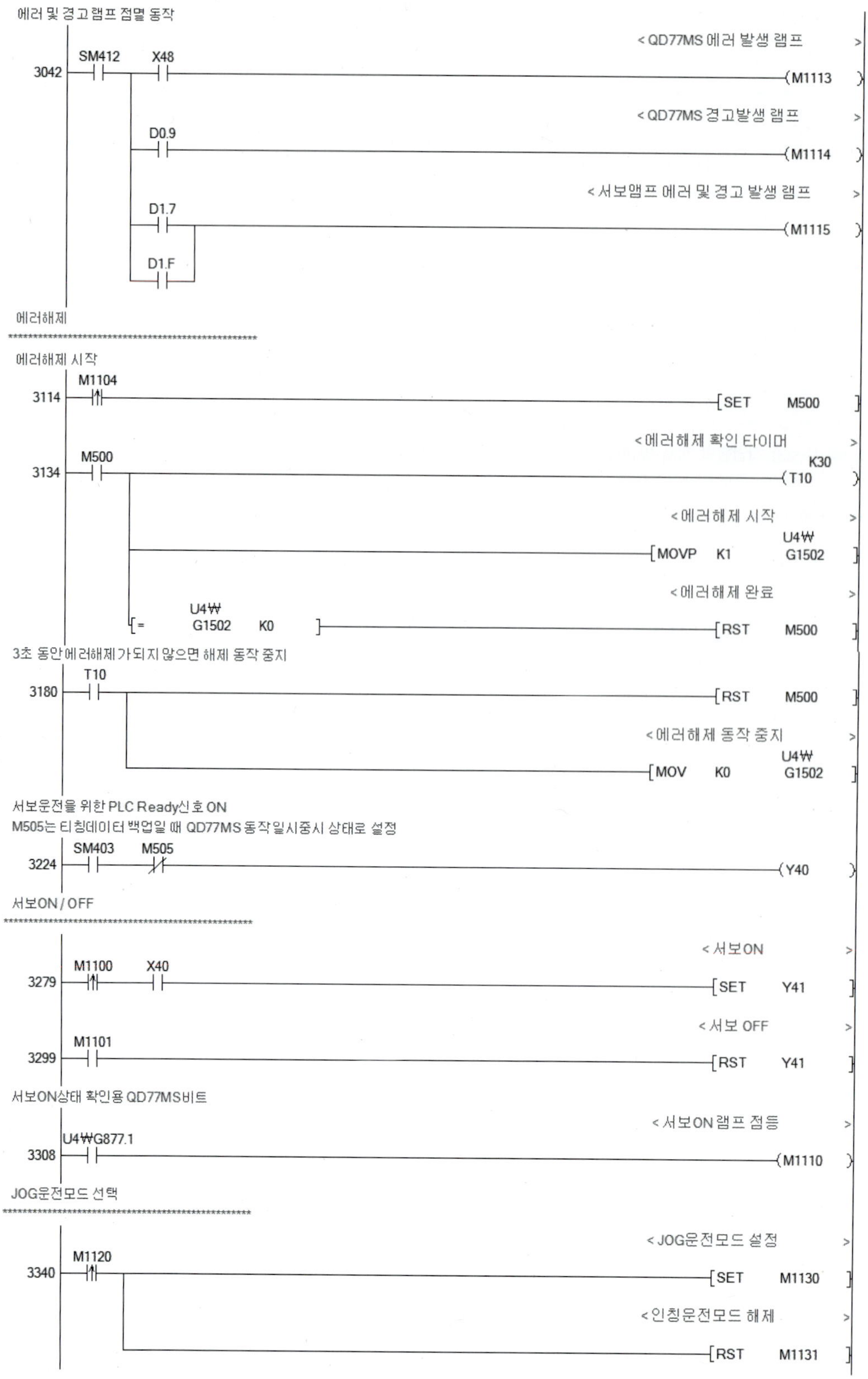

에러 및 경고 램프 점멸 동작
3042
SM412
X48
<QD77MS 에러 발생 램프 >
M1113
<QD77MS 경고발생 램프 >
D0.9
M1114
<서보앰프 에러 및 경고 발생 램프 >
D1.7
M1115
D1.F
에러해제
****
에러해제 시작
3114
M1104
SET M500
<에러해제 확인 타이머 >
3134
M500
K30
T10
<에러해제 시작 >
MOVP K1 U4₩ G1502
<에러해제 완료 >
= U4₩ G1502 K0
RST M500
3초 동안 에러해제가 되지 않으면 해제 동작 중지
3180
T10
RST M500
<에러해제 동작 중지 >
MOV K0 U4₩ G1502
서보운전을 위한 PLC Ready신호 ON
M505는 티칭데이터 백업일 때 QD77MS 동작일시중시 상태로 설정
3224
SM403
M505
Y40
서보ON / OFF
****
<서보ON >
3279
M1100
X40
SET Y41
<서보 OFF >
3299
M1101
RST Y41
서보ON상태 확인용 QD77MS비트
<서보ON 램프 점등 >
3308
U4₩G877.1
M1110
JOG운전모드 선택
****
<JOG운전모드 설정 >
3340
M1120
SET M1130
<인칭운전모드 해제 >
RST M1131

(계속)

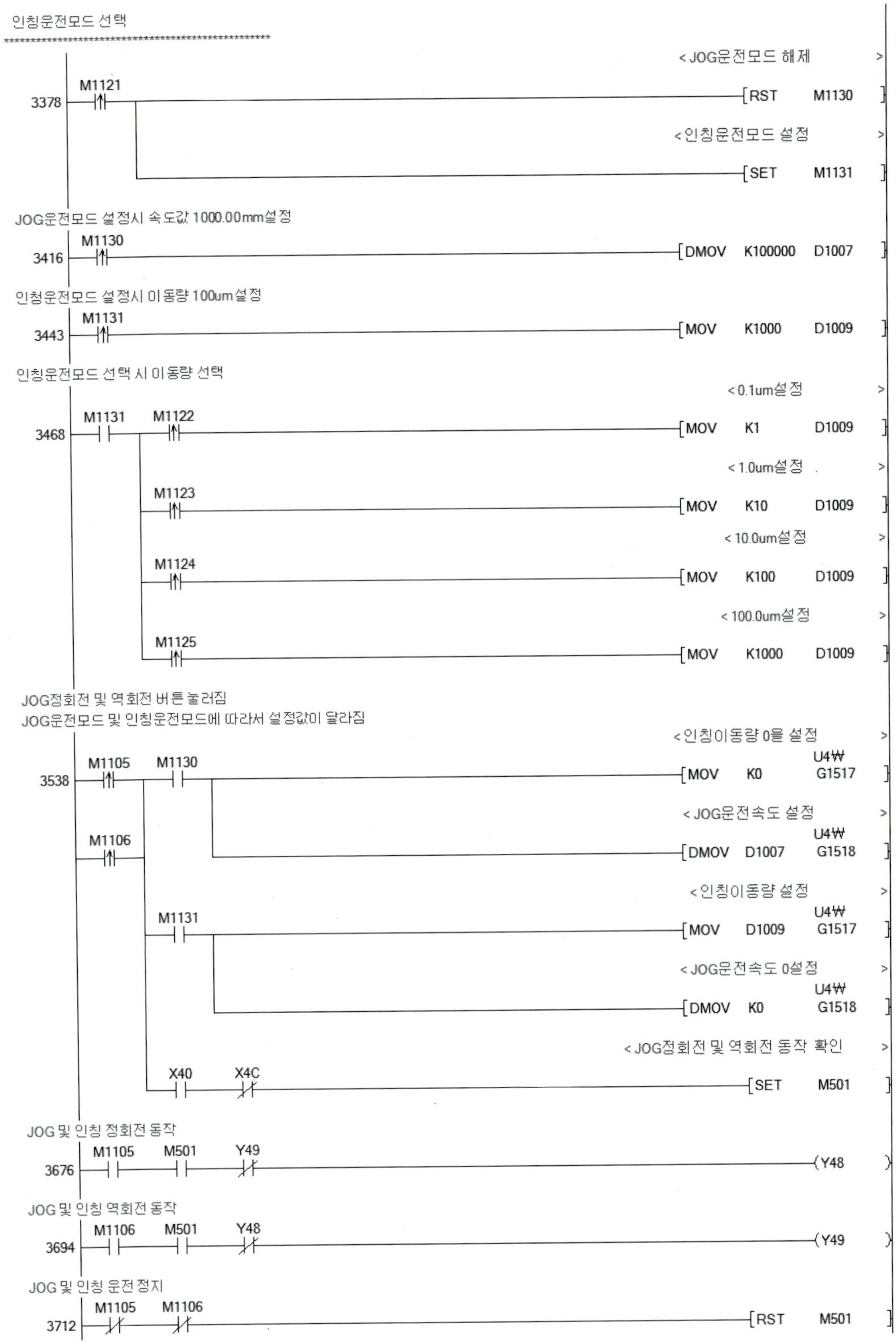
인칭운전모드 선택
<JOG운전모드 해제>
3378 M1121 [RST M1130]
<인칭운전모드 설정>
[SET M1131]
JOG운전모드 설정시 속도값 1000.00mm설정
3416 M1130 [DMOV K100000 D1007]
인칭운전모드 설정시 이동량 100um설정
3443 M1131 [MOV K1000 D1009]
인칭운전모드 선택 시 이동량 선택
<0.1um설정>
3468 M1131 M1122 [MOV K1 D1009]
<1.0um설정>
M1123 [MOV K10 D1009]
<10.0um설정>
M1124 [MOV K100 D1009]
<100.0um설정>
M1125 [MOV K1000 D1009]
JOG정회전 및 역회전 버튼 눌러짐
JOG운전모드 및 인칭운전모드에 따라서 설정값이 달라짐
<인칭이동량 0를 설정>
3538 M1105 M1130 [MOV K0 U4₩G1517]
<JOG운전속도 설정>
M1106 [DMOV D1007 U4₩G1518]
<인칭이동량 설정>
M1131 [MOV D1009 U4₩G1517]
<JOG운전속도 0설정>
[DMOV K0 U4₩G1518]
<JOG정회전 및 역회전 동작 확인>
X40 X4C [SET M501]
JOG 및 인칭 정회전 동작
3676 M1105 M501 Y49 (Y48)
JOG 및 인칭 역회전 동작
3694 M1106 M501 Y48 (Y49)
JOG 및 인칭 운전정지
3712 M1105 M1106 [RST M501]

(계속)

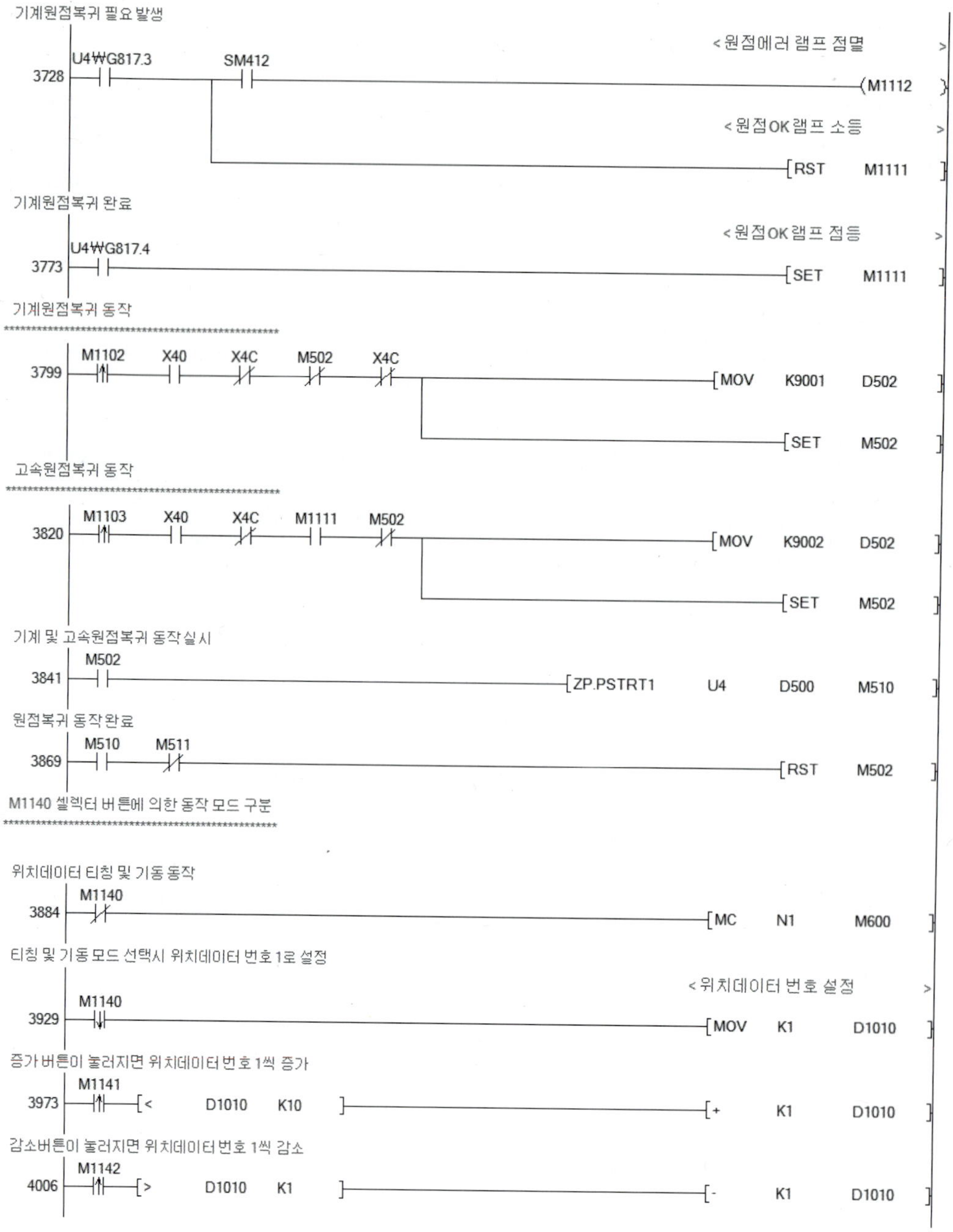
기계원점복귀 필요 발생
<원점에러 램프 점멸>
3728 U4\G817.3 SM412 (M1112)
<원점OK 램프 소등>
[RST M1111]
기계원점복귀 완료
<원점OK 램프 점등>
3773 U4\G817.4 [SET M1111]
기계원점복귀 동작
3799 M1102 X40 X4C M502 X4C [MOV K9001 D502]
[SET M502]
고속원점복귀 동작
3820 M1103 X40 X4C M1111 M502 [MOV K9002 D502]
[SET M502]
기계 및 고속원점복귀 동작실시
3841 M502 [ZP.PSTRT1 U4 D500 M510]
원점복귀 동작완료
3869 M510 M511 [RST M502]
M1140 셀렉터 버튼에 의한 동작 모드 구분
위치데이터 티칭 및 기동 동작
3884 M1140 [MC N1 M600]
티칭 및 기동 모드 선택시 위치데이터 번호 1로 설정
<위치데이터 번호 설정>
3929 M1140 [MOV K1 D1010]
증가버튼이 눌러지면 위치데이터 번호 1씩 증가
3973 M1141 [< D1010 K10] [+ K1 D1010]
감소버튼이 눌러지면 위치데이터 번호 1씩 감소
4006 M1142 [> D1010 K1] [- K1 D1010]

(계속)

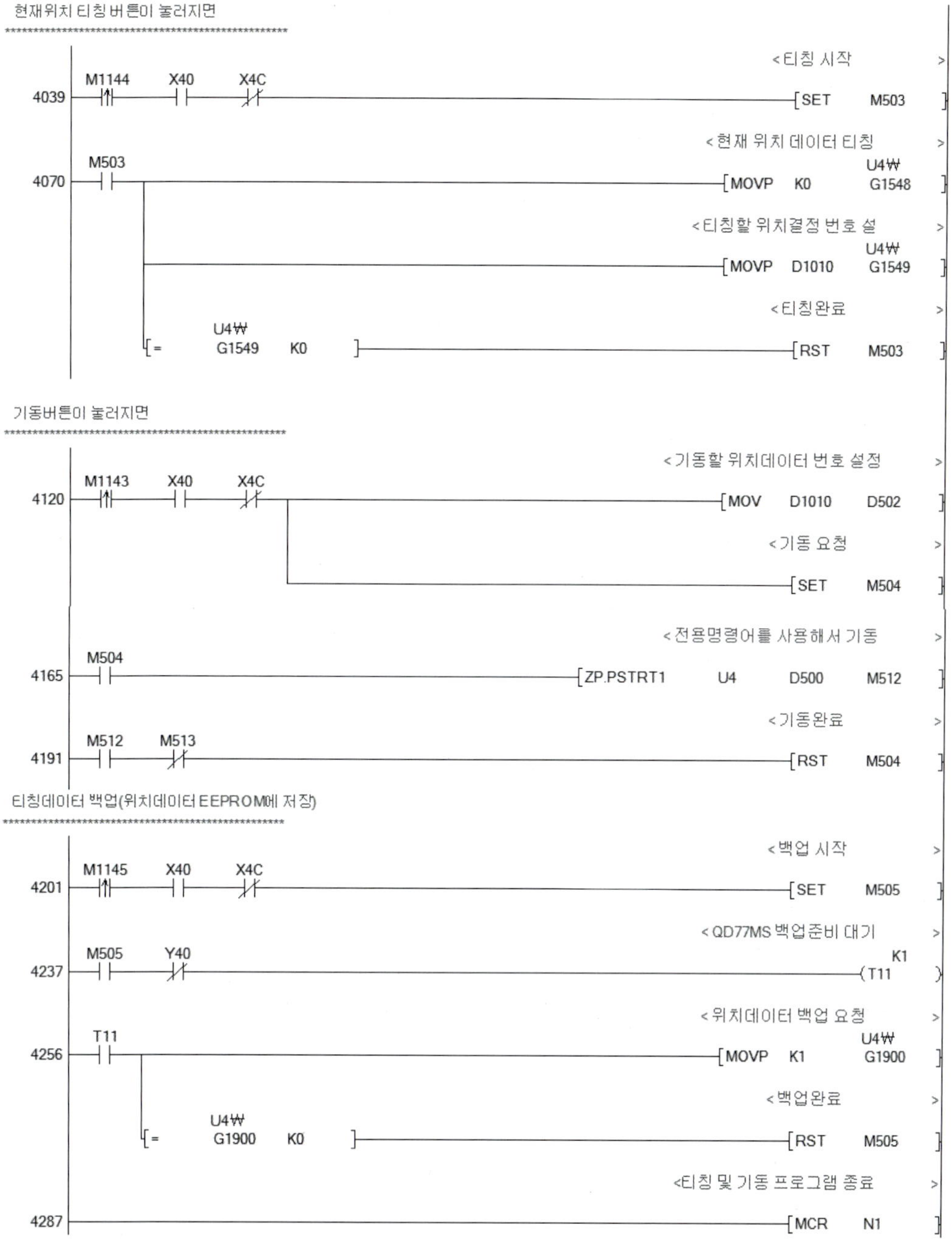

[프로그램 11-21] **QD77MS의 모니터링 및 제어와 위치 데이터 티칭 프로그램**

[프로그램 11-21]은 QD77MS의 동작 상태를 모니터링하고, 원점복귀 동작, JOG와 인칭 운전을 통해 위치 데이터의 티칭과 기동 기능을 구현한 것이다. 해당 내용은 이미 7장의 [실습과제 7-1]에서 학습했기 때문에, 프로그램 내용 중에 이해되지 않는 부분이 있다면 7장의 내용을 복습하기 바란다.

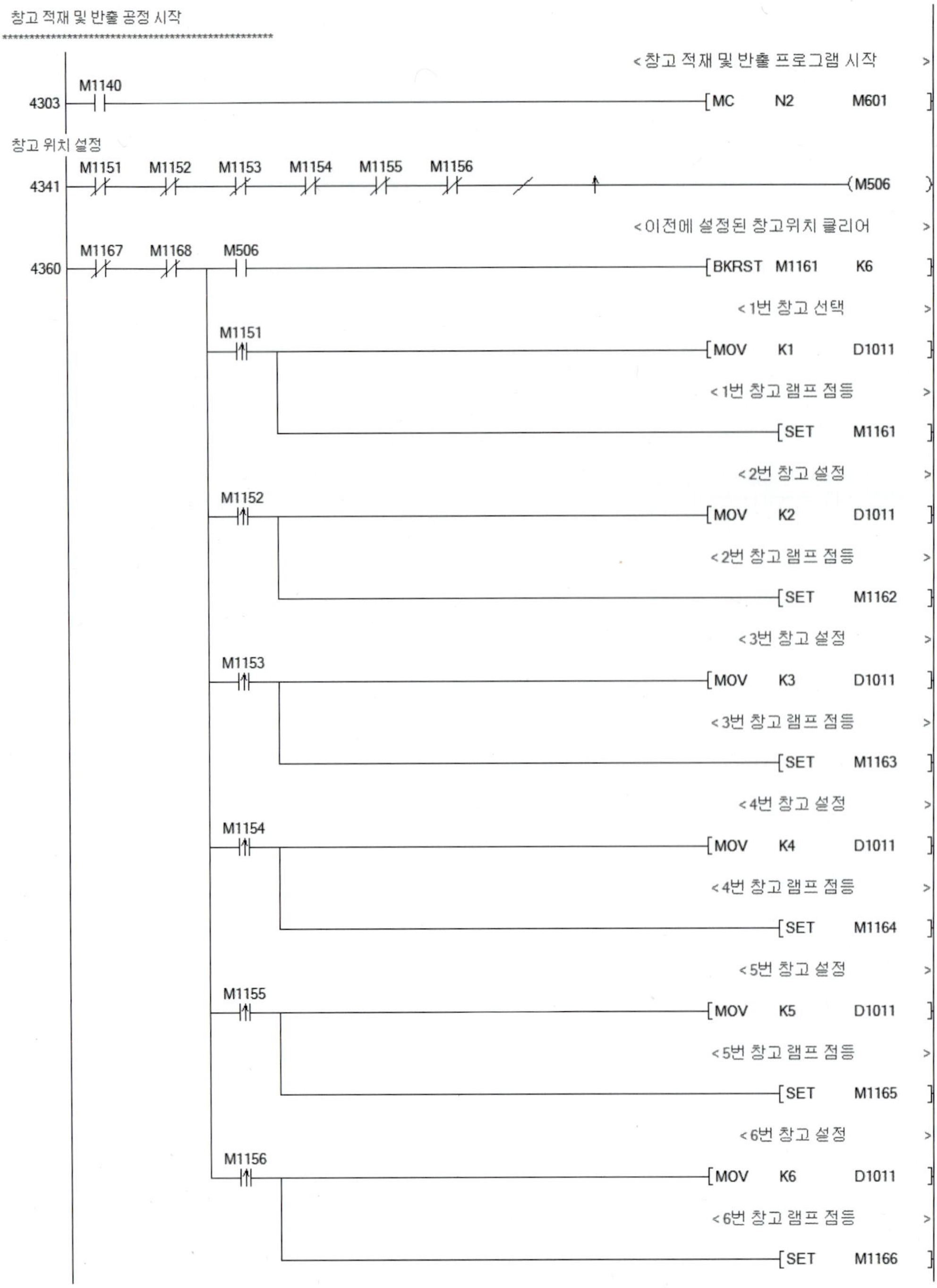

[프로그램 11-22] **저장 모듈에 대한 작업물의 적재 및 반출을 위한 창고 번호 설정**

[프로그램 11-22]는 저장 모듈에 대한 작업물의 적재와 반출 동작을 위해 창고 번호를 선택하는 부분이다. 1번부터 6번 창고의 버튼이 눌리면, 해당 창고 버튼에 내장된 램프가 점등되며 선택된 창고를 표시하고, 설정된 창고 번호를 D1011에 저장한다.

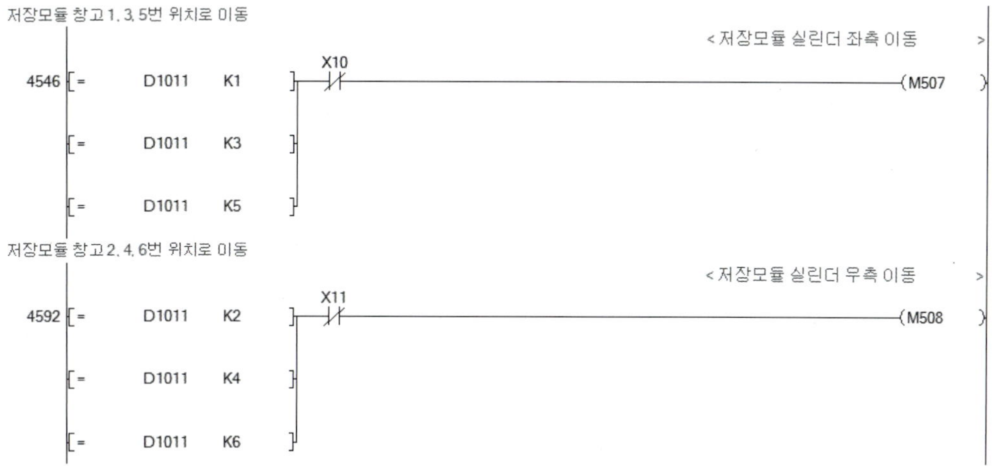

[프로그램 11-23] 작업물이 저장될 창고의 위치 번호 설정에 따른 저장 모듈의 좌우 이동

[프로그램 11-23]은 선택된 창고 번호에 의해 작업물이 저장될 저장 모듈을 좌우로 이동시키는 부분이다. [그림 11-19]에서 보듯이 창고 번호 1, 3, 5는 저장 모듈이 좌측에 위치하고 있을 때이고, 창고 번호 2, 4, 6은 저장 모듈이 우측에 위치하고 있을 때이다. 창고 번호가 선택되면 저장 모듈이 자동으로 좌측이나 우측으로 이동하여 해당 창고 번호에 작업물이 들어갈 수 있도록 한다.

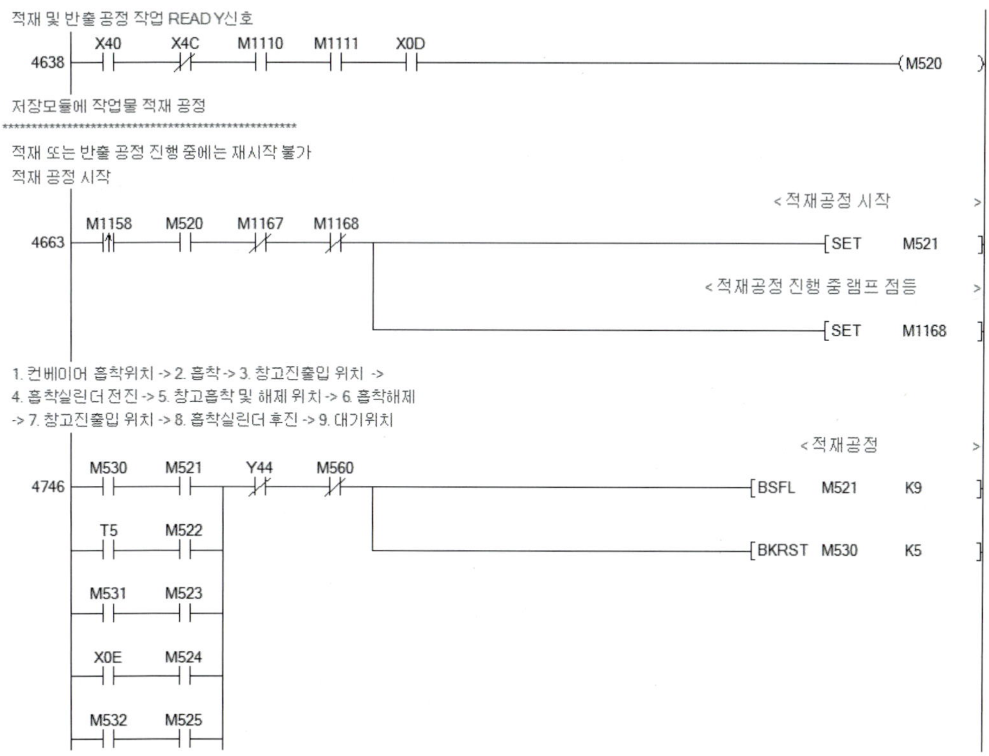

(계속)

[프로그램 11-24] 설정된 창고 위치에 작업물을 적재하기 위한 시퀀스 제어 동작 프로그램

[프로그램 11-24]는 저장 모듈에 작업물을 적재하기 위해 BSFL 명령을 사용한 시퀀스 제어 프로그램이다. 프로그램 라인 4638번은 창고 적재 버튼(M1158)이 눌렸을 때 서보 ON, 원점복귀, 흡착 실린더 후진의 조건을 검사해서 작업 준비 신호인 M520을 ON한다. 프로그램 라인 4663번은 적재 공정의 시작 부분이다. 적재 공정이 시작될 때 적재 공정 및 반출 공정이 동작 중은 아닌지를 확인한다. 다른 작업이 진행 중이 아니면, 적재 공정을 시작하고 적재 공정 버튼에 내장된 램프를 점등한다.

[프로그램 11-24]에서 BSFL 명령어를 사용한 적재 공정의 시퀀스 제어 동작을 [표 11-15], [표 11-16]과 비교해보면, 시퀀스 제어 동작이 어떻게 진행되는지 쉽게 이해할 수 있을 것이다.

[표 11-15] 창고에 작업물 적재 동작의 시퀀스 제어 순서와 BSFL에 사용된 비트 메모리

창고에 작업물 적재 순서			
순서	작업 내용	비트 번호	작업 내용 구현
1	컨베이어 벨트 흡착 위치로 이동	M521	위치 데이터 7번 위치로 이동
2	흡착	M522	솔 밸브 Y2A를 ON하기 위한 SET 동작
3	설정 창고 진출입 위치로 이동	M523	위치 데이터 1, 3, 5번(선택) 위치로 이동
4	흡착 실린더 전진	M524	솔 밸브 Y28을 ON
5	설정 창고 흡착 및 해제 위치 이동	M525	위치 데이터 2, 4, 6번(선택) 위치로 이동
6	흡착 해제	M526	솔 밸브 Y2A를 OFF하기 위한 RST 동작
7	설정 창고 진출입 위치로 이동	M527	위치 데이터 1, 3, 5번(선택) 위치로 이동
8	흡착 실린더 후진	M528	솔 밸브 Y29를 ON
9	작업 대기 위치로 이동	M529	위치 데이터 8번 위치로 이동

따라서 9개의 작업을 각각 제어할 수 있는 9개의 비트가 필요하다. 동작이 완료될 때마다 [표 11-16]처럼 비트를 좌측으로 시프트시키면서 작업을 하는 명령어가 BSFL이다.

[표 11-16] BSFL에 의해 좌측으로 이동하는 비트의 동작에 따른 시퀀스 제어 동작

작업 내용	M529	M528	M527	M526	M525	M524	M523	M522	M521
0. 대기 상태	0	0	0	0	0	0	0	0	0
1. 컨베이어 흡착 위치	0	0	0	0	0	0	0	0	1
2. 흡착	0	0	0	0	0	0	0	1	0
3. 창고 진출입 위치	0	0	0	0	0	0	1	0	0
4. 흡착 실린더 전진	0	0	0	0	0	1	0	0	0
5. 창고 흡착 해제 위치	0	0	0	0	1	0	0	0	0
6. 흡착 해제	0	0	0	1	0	0	0	0	0
7. 창고 진출입 위치	0	0	1	0	0	0	0	0	0
8. 흡착 실린더 후진	0	1	0	0	0	0	0	0	0
9. 작업 대기 위치	1	0	0	0	0	0	0	0	0

프로그램 라인 4746번이 BSFL 명령을 사용하여 설정된 창고에 작업물을 적재하는 시퀀스 제어 프로그램이다. Y44와 M560의 b접점은 일시정지 버튼을 눌렀을 때 BSFL 명령의 실행을 중지시켜 일시정지 동작을 구현한다.

프로그램 라인 4884를 살펴보면, [표 11-15]의 2번 흡착 동작에서 물건을 흡착하는 데 소요되는 시간이 있기 때문에, 타이머로 약 200ms를 지연시킨 후 동작하는 타이머 T5의 신호를 흡착 동작의 완료 신호로 사용하고 있다. 그 이유는 위치 결정 완료 신호(X54)를 사용하여 위치 결정 기동 동작을 구현하기 때문이다. [프로그램 11-27]을 보면, 위치 결정 완료 신호를 사용해서 BSFL 명령어를 실행하기 위한 피드백 신호인 M531번이, 흡착 패드의 흡착 센서 신호(X0F)가 ON됨과 동시에 ON되기 때문에, 시퀀스 제어 동작에 문제가 발생하게 된다. 위치 결정 완료 신호 X54, Y50, X50을 직렬로 연결하여 사용하면, 여러 스캔 시간에 걸쳐 해당 신호가 ON 상태를 유지하므로 흡착 센서 신호가 ON되면 M531도 함께 ON된다.

이러한 신호 간섭 문제를 방지하기 위해, 타이머로 약 200ms 지연 후에 ON되는 타이머 신호 T5를 흡착 완료 신호(X0F)로 사용한다. [프로그램 11-24]에서 T5를 X0F로 변경한 후에 프로그램을 실행시켜보면 오류가 발생함을 확인할 수 있을 것이다. 작업물의 흡착과 동시에 흡착 실린더가 전진하기 때문에 저장 모듈과 충돌할 수도 있다. 따라서 해당 동작을 테스트해보려면 먼저 저장 모듈의 창고를 해제해야 한다.

프로그램 라인 4890번에서 M529의 하강 펄스 신호는 적재 공정이 끝남을 알리는 작업 완료 신호로 창고 적재 버튼에 내장된 램프를 소등하기 위한 것이다. 한편 프로그램 라인 4663번에서는 적재 공정 진행 중 램프(M1168)를 사용해서 적재 공정 진행 중일 때 창고 적재 버튼 또는 창고 반출 버튼이 눌리면 해당 신호를 무효화한다.

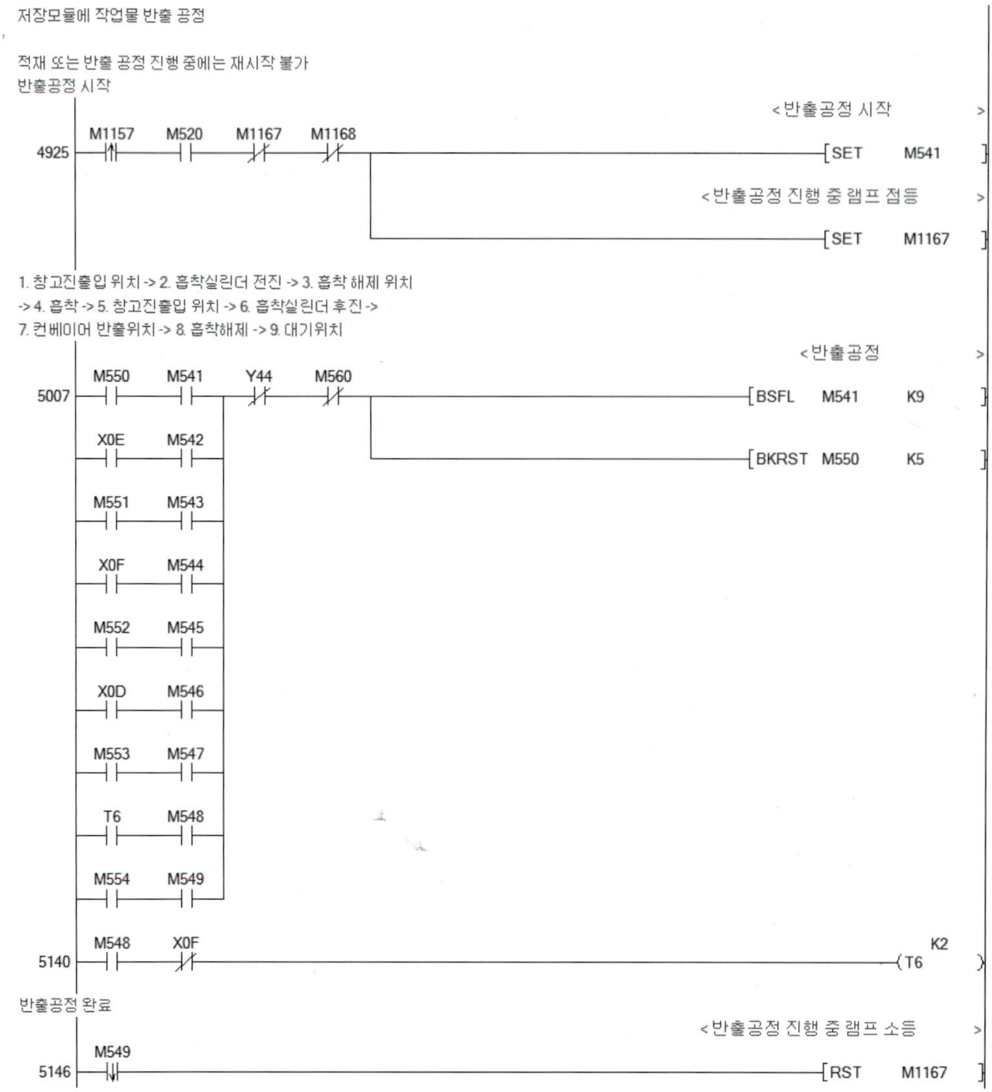

[프로그램 11-25] **창고에 저장된 작업물을 반출하는 공정 프로그램**

[프로그램 11-25]는 창고에 적재된 저장물을 컨베이어로 반출하는 공정이다. 반출 공정의 동작 순서는 [표 11-17]과 같다. 표의 동작 순서와 [프로그램 11-25]의 BSFL 명령어의 동작 순서를 비교하여 BSFL 명령어를 사용한 시퀀스 제어 동작 프로그램을 어떻게 작성하는지 살펴보기 바란다.

[표 11-17] 창고에 적재된 작업물을 컨베이어로 반출하는 동작 순서와 BSFL에 사용된 비트 메모리

창고에 작업물 적재 순서			
순서	작업 내용	비트 번호	작업 내용 구현
1	창고 진출입 위치로 이동	M541	위치 데이터 1, 3, 5번(선택) 위치로 이동
2	흡착 실린더 전진	M542	솔 밸브 Y28을 ON
3	설정 창고 흡착 및 해제 위치 이동	M543	위치 데이터 2, 4, 6번(선택) 위치로 이동
4	흡착	M544	솔 밸브 Y2A의 ON을 위한 SET 동작
5	설정 창고 진출입 위치로 이동	M545	위치 데이터 1, 3, 5번(선택) 위치로 이동
6	흡착 실린더 후진	M546	솔 밸브 Y29를 ON
7	컨베이어 벨트 흡착 위치로 이동	M547	위치 데이터 7번 위치로 이동
8	흡착 해제	M548	솔 밸브 Y2A의 OFF를 위한 RST 동작
9	작업 대기 위치로 이동	M549	위치 데이터 8번 위치로 이동

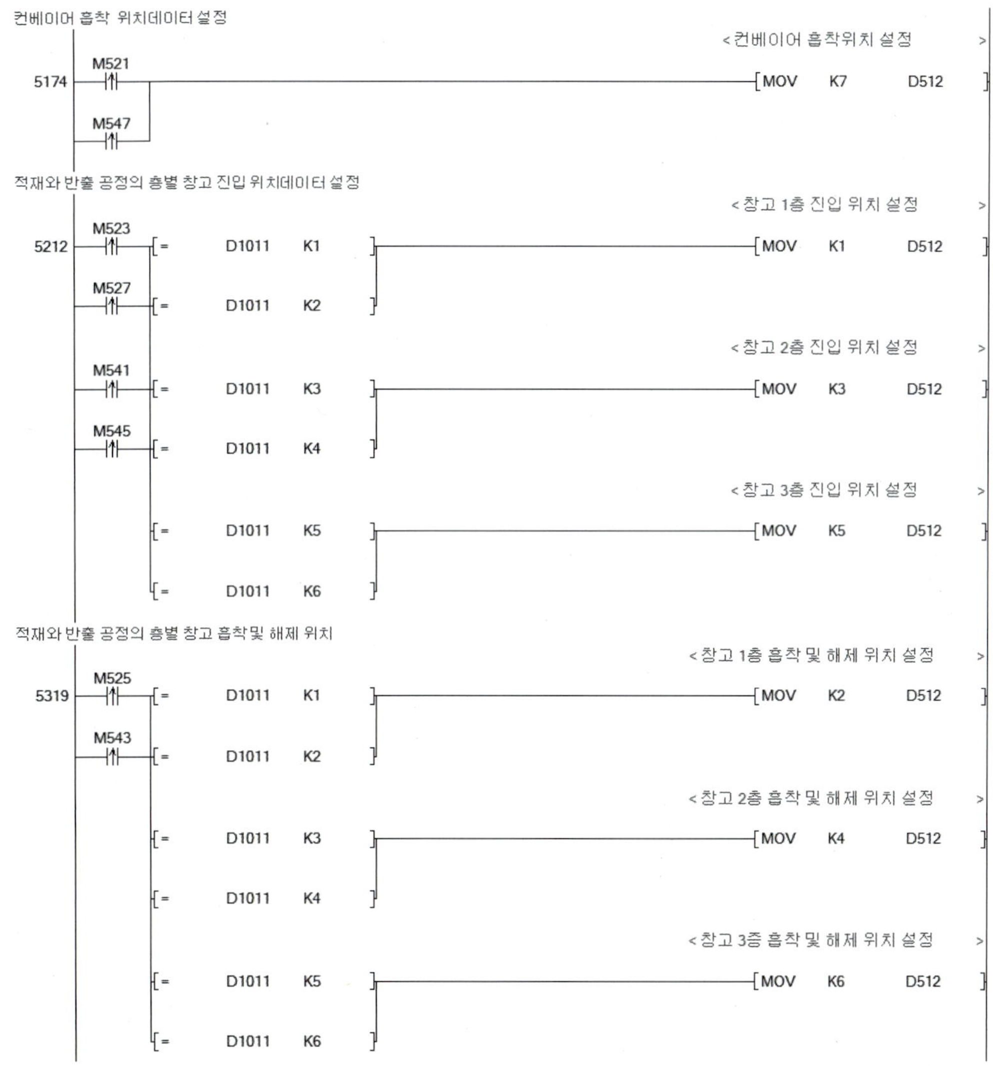

(계속)

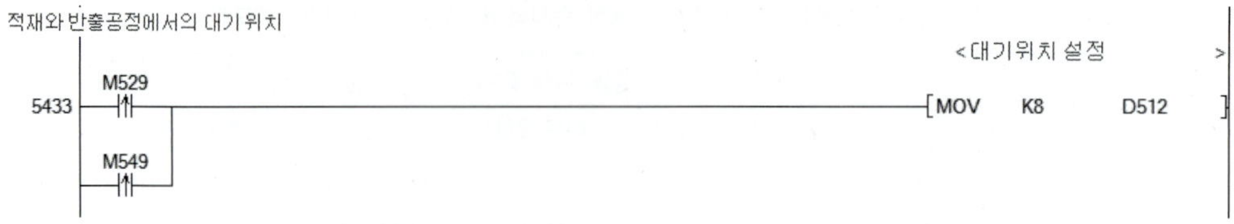

[프로그램 11-26] 작업물을 창고에 적재 또는 반출하기 위한 위치 결정 데이터 번호 설정

[프로그램 11-26]은 저장 모듈의 적재 공정과 반출 공정에서 위치 결정 제어가 필요한 접점을 이용하여 위치 제어에 필요한 위치 데이터 번호를 설정하는 부분이다. 프로그램 라인 5212에서 M523과 M527 부분은 적재 공정에서, M541과 M545 부분은 반출 공정에서 각각 창고 진입 위치 데이터 번호를 설정하기 위한 부분이다. 창고 번호 설정에 의해 창고 진입 위치 데이터 번호가 설정된다. 창고 번호 1, 2번은 1층에 위치하므로 [그림 11-20]에 의해 1이 설정되고, 창고 번호 3, 4번은 2층이기 때문에 3이 설정된다.

프로그램 라인 5319번은 창고 층별 흡착 및 해제를 위한 위치 데이터 번호를 설정하는 부분이다. M525는 적재 공정에서, M543은 반출 공정에서 설정된 창고의 층수에 따라 흡착 및 해제 위치 데이터 번호를 설정한다. 또한 프로그램 라인 5433번은 작업 대기 위치로 이동하기 위한 위치 데이터 번호 8번을 설정하는 부분이다.

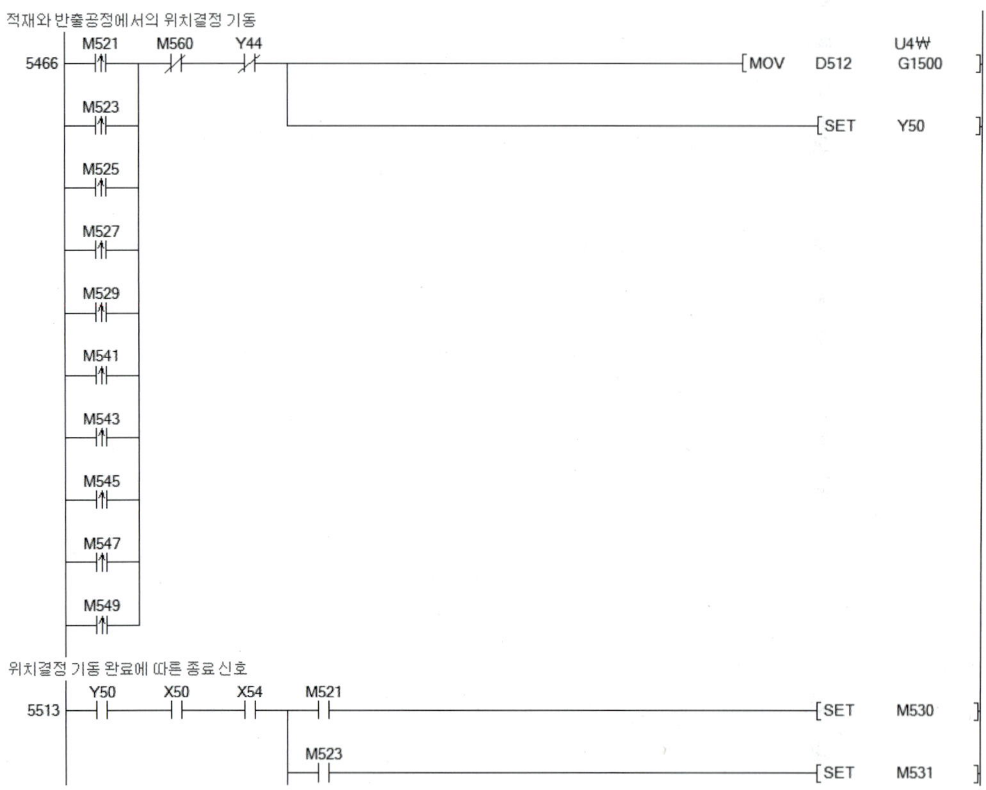

(계속)

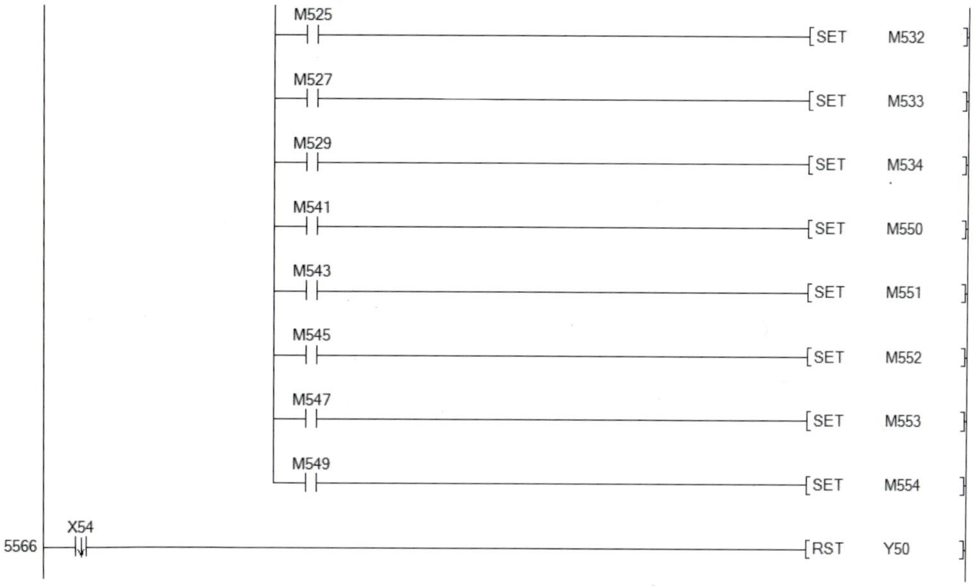

[프로그램 11-27] 위치 결정 제어를 위한 기동 프로그램

[프로그램 11-27]은 저장 모듈의 적재 및 반출에 필요한 위치 결정 제어 동작을 실행한다. 프로그램 라인 5466번에서, 창고의 위치 번호 선택에 의해 위치 결정 데이터 번호가 D512에 저장된다. 이 값이 QD77MS의 버퍼 메모리 U4\G1500번지에 전달되어 위치 결정 제어 동작이 이루어지는 것이다. 프로그램 라인 5513번에서는, 위치 결정 제어 동작이 완료될 때 ON되는 위치 결정 기동 완료 신호(X54)에 의해 다음 동작을 실행하기 위한 피드백 신호를 만든다. 피드백 신호를 SET 명령어로 만든 이유는 일시정지 때문이다. 만약 해당 신호를 일반 출력 접점으로 만들면, X54 신호와 직렬로 연결된 Y50과 X50 신호가 수십 ms시간 동안만 ON되기 때문에, 해당 신호가 사라져버리면 일시정지 해제 후에 다음 동작이 불가능해진다. 따라서 SET 명령을 사용해서 피드백 신호를 유지하고, 일시정지가 해제되면 BSFL 명령 실행과 함께 피드백 신호를 리셋한다.

(계속)

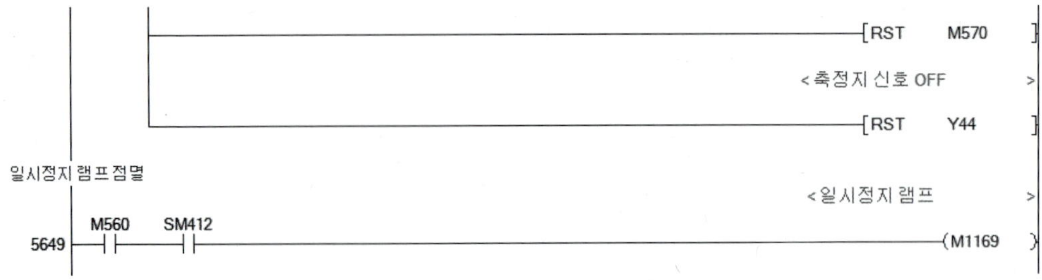

[프로그램 11-28] **일시정지 동작을 위한 프로그램**

[프로그램 11-28]은 일시정지 동작을 위한 프로그램이다. 일시정지 버튼이 눌리면 QD77MS의 축 정지 신호(Y44)를 ON시켜 서보의 기동을 정지한다. 일시정지 상태에서 다시 해당 버튼이 눌리면, QD77MS의 버퍼 메모리 1503번지에 1을 설정하고 축정지 신호를 OFF하면서 일시정지가 해제된다.

[프로그램 11-29] **흡착을 위한 편솔 밸브 제어 방법**

[프로그램 11-29]는 저장 모듈에 작업물을 적재 또는 반출하기 위한 공정에서 흡착 및 흡착 해제를 위한 편솔 밸브 출력(Y24)을 제어하는 부분이다. BSFL 명령은 비트를 시프트시킨다. 따라서 BSFL에 사용한 M메모리를 사용해서 출력을 제어하면 편솔 밸브는 자기유지가 되지 않기 때문에 동작 오류가 발생한다. 그러므로 BSFL 명령에 의해 시프트되는 비트 중에서 자기유지가 필요한 비트 출력은 별도의 셋과 리셋 명령을 사용해서 자기유지가 되도록 한다.

여기까지가 저장 모듈에 작업물을 적재 또는 반출하기 위한 서보 제어 및 위치 데이터 티칭, 그리고 적재 및 반출 공정을 구현한 프로그램이다. 그리고 출력 부분에는 앞에서 학습한 수동 제어 부분과 중복되는 부분은 표기하지 않고 출력이 추가된 부분만을 표시해 놓았기 때문에, 프로그램을 입력할 때 수동 제어 부분에서 작성한 출력 부분에 책에 표시한 출력 부분을 추가하기 바란다.

[프로그램 11-30] **저장 모듈의 실린더 동작 제어 출력 추가 부분**

[프로그램 11-30]은 저장 모듈의 좌우 이동을 위한 출력 부분을 나타낸 것이다. 기존의 수동 제어 출력 부분에 M507과 M508 부분이 추가되었다.

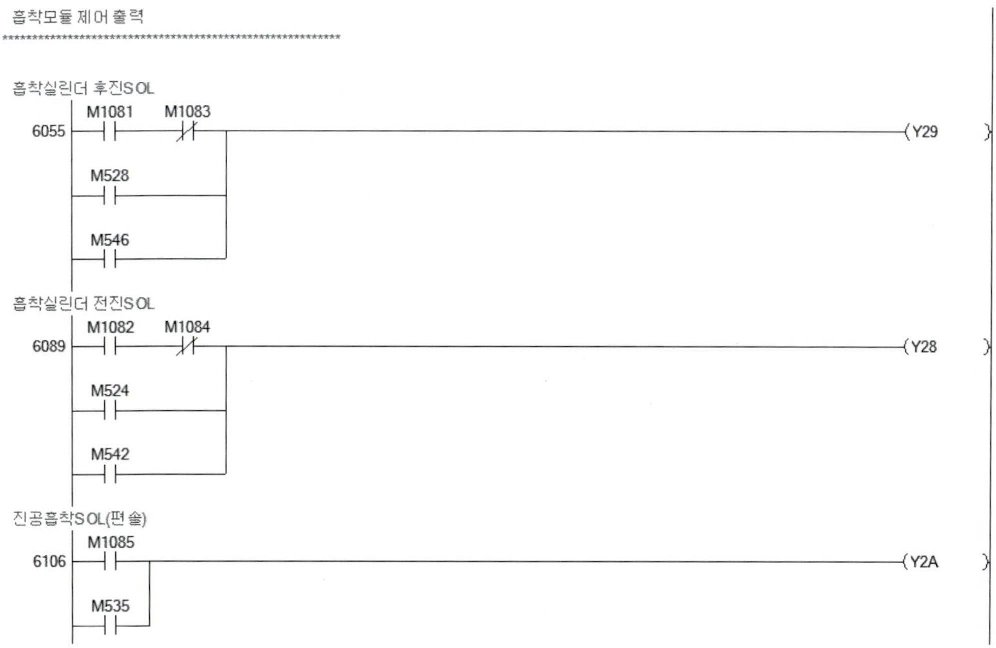

[프로그램 11-31] **흡착 실린더와 흡착용 편솔 밸브 제어를 위한 출력 추가**

[프로그램 11-31]은 흡착 모듈의 실린더 출력과, 흡착을 위한 진공 발생 편솔 밸브의 출력을 나타낸 것이다. 흡착 실린더 후진 출력 제어에 M528, M546이 추가되었고, 전진 출력 제어에는 M524, M542 부분이 추가되었다. 그리고 진공 흡착 편솔 밸브 제어에는 M535가 추가되었다.

이상으로 MPS에 사용되는 9개 모듈을 테스트하기 위한 프로그램을 살펴보았다. 다음 12장에서는 9개의 모듈을 조합하여 프로그램을 작성하는 방법에 대해 살펴볼 것이다.

m.e.m.o

Chapter 12

MPS 제어 프로그램

11장에서 MPS 장치에 사용된 9개 모듈의 동작 테스트를 위한 프로그램 작성법에 대해 살펴보았다. 12장에서는 11장에서 학습한 내용을 바탕으로 MPS의 전체 동작을 제어하는 프로그램 작성법에 대해 살펴본다. MPS는 생산자동화 기능사 및 산업기사 검정용 장치로도 사용될 수 있기 때문에, 기능사 및 산업기사 실기 시험을 대비한 프로그램 작성법도 함께 학습한다.

12.1 MPS 제어 프로그램 작성 : 생산자동화 기능사

MPS를 이용한 국가 자격시험에는 생산자동화 기능사 시험과 산업기사 시험이 있다. 11장에서 살펴본 MPS는 생산자동화 산업기사 실기 시험에 사용하는 장치이고, 생산자동화 기능사 시험에 사용하는 MPS 장치는 [그림 12-1]과 같다.

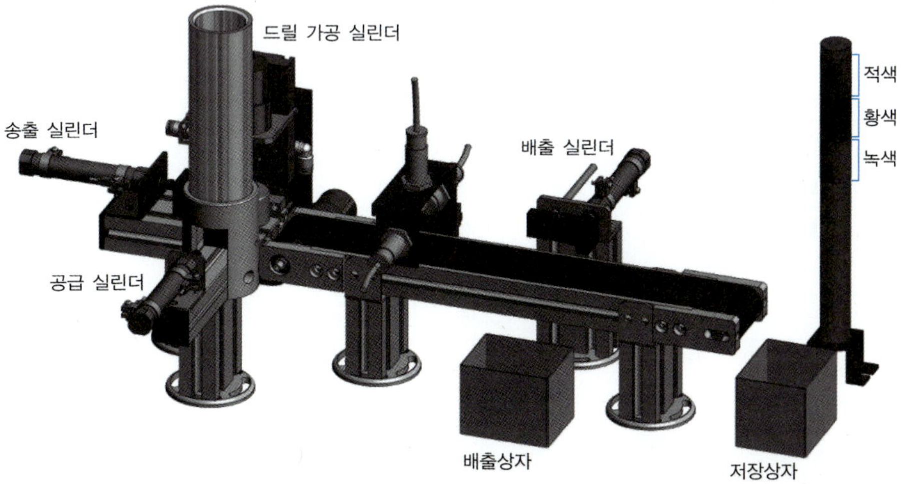

[그림 12-1] 생산자동화 기능사 검정용 장치의 구성

[그림 12-1]의 장치는 11장에서 살펴본 산업기사용 장치와 유사하다. 생산자동화 기능사 실기 시험에 사용하는 장치는 산업기사 장치에서 리프트와 스토퍼 모듈이 제외된 형태이다. 대신 검사 공정에 광센서가 추가되어 3개의 센서로 작업물을 검사하도록 구성되어 있다. 또한 [그림 12-1]에서 '송출 실린더'로 표기된 장치는 '분배 실린더'라고도 불린다(즉, [그림 12-1]의 송출 실린더는 11장에서의 분배 실린더와 같은 기능을 가진 실린더임). [그림 12-1]의 송출 실린더가 작업물 투입 막대를 사용하지 않고 공압실린더의 전후진 동작으로 이루어지는 점 외에는 위의 장치와 11장의 산업기사용 장치와의 차이점이 없다.

11장에서 해당 장치에 대한 각각의 모듈 동작 테스트 프로그램을 작성하고 그 테스트를 해보았기 때문에, 12장에서는 전체 동작의 프로그램을 작성하는 방법에 대해 살펴본다. [표 12-1]은 [그림 12-1]의 기능사 장치 제어를 위한 입출력 할당표이다.

[표 12-1] 생산자동화 기능사 검정용 장치(MPS)의 입출력 할당표[1]

입력(INPUT)				출력(OUTPUT)			
No.	PLC	기능	기호	No.	PLC	기능	기호
1	X00	푸시 버튼 1		1	Y20	공급 전진 SOL	
2	X01	푸시 버튼 2		2	Y21	공급 후진 SOL	
3	X02	푸시 버튼 3		3	Y22	분배(송출) 전진 SOL	
4	X03	공급 후진 센서		4	Y23	분배(송출) 후진 SOL	
5	X04	공급 전진 센서		5	Y24	가공 하강 SOL	
6	X05	분배(송출) 후진 센서		6	Y25	취출 전진 SOL	
7	X06	분배(송출) 전진 센서		7	Y26	취출 후진 SOL	
8	X07	가공 하강 센서		8	Y27		
9	X08	가공 상승 센서		9	Y28		
10	X09	취출 후진 센서		10	Y29		
11	X0A	취출 전진 센서		11	Y2A		
12	X0B	스토퍼 상승 센서		12	Y2B		
13	X0C	스토퍼 하강 센서		13	Y2C		
14	X0D			14	Y2D	드릴 가공모터	
15	X0E			15	Y2E	컨베이어 모터	
16	X0F			16	Y2F	적색 램프1	

(계속)

1 독자들이 가지고 있는 각 장비에 따라 그에 맞는 기호를 표기할 수 있도록 본 표의 '기호' 부분을 공란으로 두었다.

17	X10			17	Y30	황색 램프2	
18	X11			18	Y31	녹색 램프3	
19	X12	공급 모듈 작업물 검출 센서		19	Y32	램프4	
20	X13			20	Y33	램프5	
21	X14	검사 센서(정전 용량형)		21	Y34		
22	X15	검사 센서(유도형)		22	Y35		
23	X16			23	Y36		
24	X17	토글 스위치1		24	Y37		
25	X18	토글 스위치2		25	Y38		
26	X19			26	Y39		
27	X1A	검사 센서(광센서)		27	Y3A		
28	X1B			28	Y3B		

12.1.1 기본 동작 프로그램 작성법

생산자동화 기능사 실기 시험에서는 HMI를 사용하지 않고 버튼 조작을 통해 장치를 제어하도록 되어 있다. 따라서 이 책에서도 [표 12-1]의 MPS 입출력 할당표와 같이, X00~X02의 3개의 푸시 버튼과 X17~X18의 2개의 토글 스위치를 사용해서 MPS를 제어한다.

생산자동화 기능사 및 산업기사 실기 시험을 살펴보면, 기본 동작과 응용 동작을 구분하여 프로그램을 작성하도록 되어 있다. 따라서 이 책에서도 기본 동작 프로그램 작성 방법과 응용 동작 프로그램 작성법을 구분해서 학습한다. 기본 동작 시험은 실기 시험에 사용하는 장치의 입출력과 램프의 점등을 테스트하기 위한 내용으로 구성되어 있다. 기본 동작 테스트 프로그램을 바탕으로 실기 시험에 출제될 수 있는 사례를 살펴보고, 그 프로그램을 작성해보자.

기본 동작 프로그램 제어 조건

기본 동작 제어 프로그램의 기본 목적은 검정용 장비의 개별 부품의 동작을 확인하는 것이다. 아래와 같은 동작 조건을 구현하기 위한 프로그램 작성법에 대해 살펴보자.

❶ 장치에 전원이 공급되고 PLC가 리셋되면 적색 램프(Y2F)가 점등된다. 이 상태에서 시작 버튼(X00)을 누르면, 적색 램프는 소등되고 녹색 램프가 점등되면서 [표 12-2]의 순서대로 1초 간격으로 해당 동작이 실행된다. 동작이 완료된 후에 녹색 램프가 소등되고 적색 램프가 점등된다.

❷ 스텝 동작 버튼(X01)을 누를 때마다 [표 12-2]의 순서대로 1스텝씩 동작한다.

❸ 스텝 동작 중에 리셋 버튼(X02)을 누르면 모든 장치는 초기 상태로 되돌아간다.

[표 12-2] 1초 시간 간격을 두고 제어되는 시퀀스 제어 동작 순서

작업 순서	작업 내용	작업 시작 입력	제어 출력
1	공급 실린더 전진	시작 버튼(X00)	공급 전진 SOL(Y20)
2	공급 실린더 후진	공급 전진 센서(X04)	공급 후진 SOL(Y21)
3	드릴 가공 실린더 하강	공급 후진 센서(X03)	가공 하강 SOL(Y24 SET)
4	드릴 가공 실린더 상승	가공 하강 센서(X7)	가공 하강 SOL(Y24 RST)
5	드릴 모터 3초 ON	가공 상승 센서(X8)	모터 릴레이(Y2D)
6	분배(송출) 실린더 전진	타이머(T1)	분배 전진 SOL(Y22)
7	분배(송출) 실린더 후진	분배 전진 센서(X6)	분배 후진 SOL(Y23)
8	취출(배출) 실린더 전진	분배 후진 센서(X5)	취출 전진 SOL(Y25)
9	취출(배출) 실린더 후진	취출 전진 센서(XA)	취출 후진 SOL(Y26)
10	작업 종료	취출 후진 센서(X9)	

기본 동작 제어 프로그램 작성

기본 동작 제어 프로그램을 두 가지 방식으로 작성해본다. 첫 번째는 SET과 RST 명령을 사용하는 작성법이고, 두 번째는 BSFL 명령을 사용한 작성법이다. 실제 자격 검정 시험에서는 위 [기본 동작 프로그램 제어 조건]의 ❶의 내용이 주어진다. 이와 같이 문장으로 표현된 ❶의 내용을, [표 12-2]처럼 동작 순서를 나열하고 동작 순서에 따라 입출력이 이루어지는 과정을 함께 표현하면, 전체 동작이 어떤 순서로 작동하는지 쉽게 파악할 수 있다.

■ SET과 RST 명령을 사용한 작성법

기본 동작 프로그램을 작성하는 데는 [표 12-2]와 같이 10개의 비트 메모리가 필요하다. 작업 순서 1~9번은 SET과 RST 명령을 사용해서 ON/OFF를 제어하고, 작업 순서 10번은 9번의 동작 비트를 리셋(RST)하는 데 필요하다. 시퀀스 제어는 정해진 순서대로 동작한다. 예를 들어 1번 동작이 이루어진 상태에서 작업 시작 입력이 ON되어야 2번 작업이 동작하는 형태로 프로그램을 작성해야 한다.

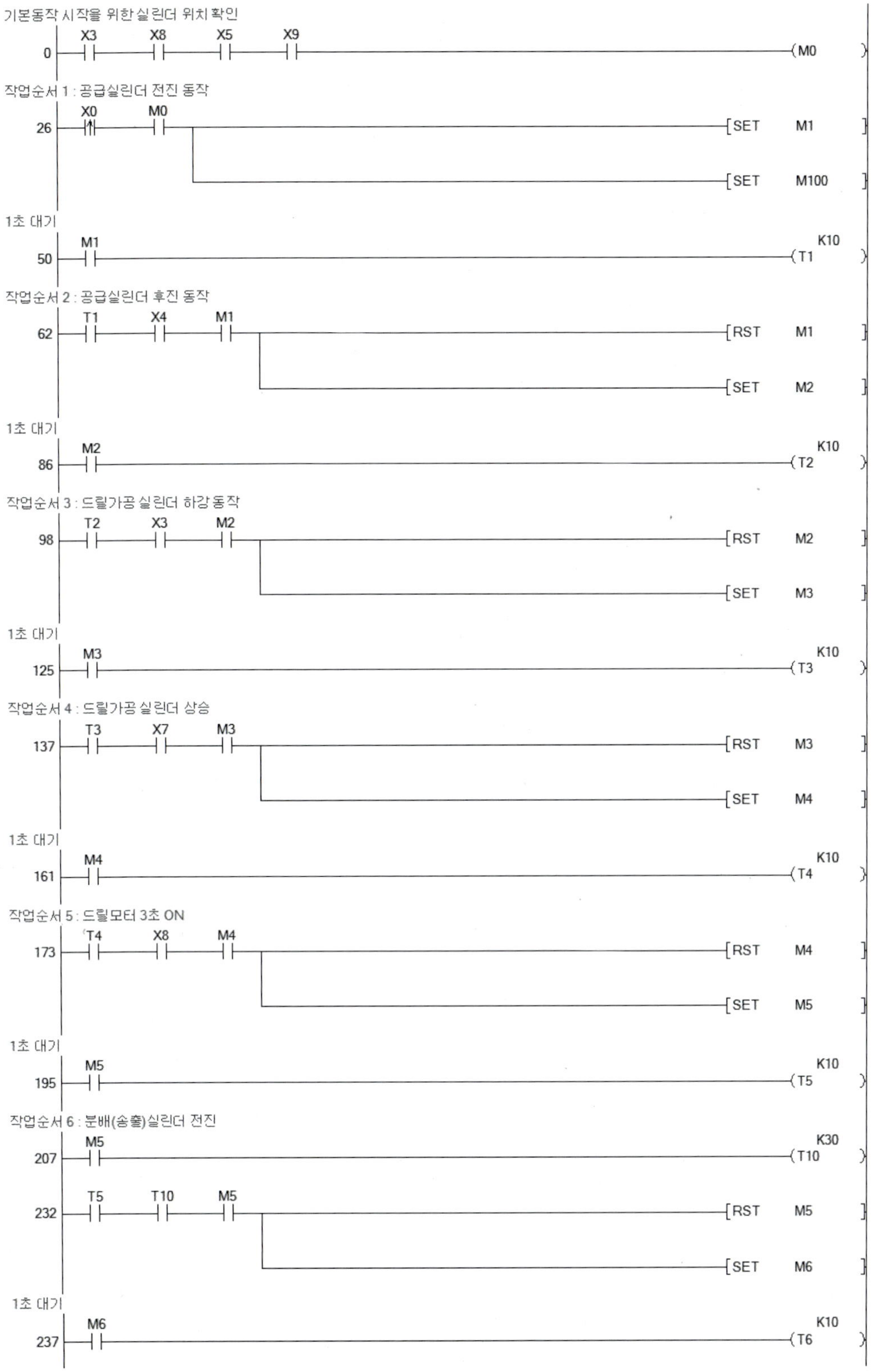
기본동작 시작을 위한 실린더 위치 확인
0 X3 X8 X5 X9 M0
작업순서 1 : 공급실린더 전진 동작
26 X0 M0 SET M1
SET M100
1초 대기
50 M1 K10 T1
작업순서 2 : 공급실린더 후진 동작
62 T1 X4 M1 RST M1
SET M2
1초 대기
86 M2 K10 T2
작업순서 3 : 드릴가공 실린더 하강 동작
98 T2 X3 M2 RST M2
SET M3
1초 대기
125 M3 K10 T3
작업순서 4 : 드릴가공 실린더 상승
137 T3 X7 M3 RST M3
SET M4
1초 대기
161 M4 K10 T4
작업순서 5 : 드릴모터 3초 ON
173 T4 X8 M4 RST M4
SET M5
1초 대기
195 M5 K10 T5
작업순서 6 : 분배(송출)실린더 전진
207 M5 K30 T10
232 T5 T10 M5 RST M5
SET M6
1초 대기
237 M6 K10 T6

(계속)

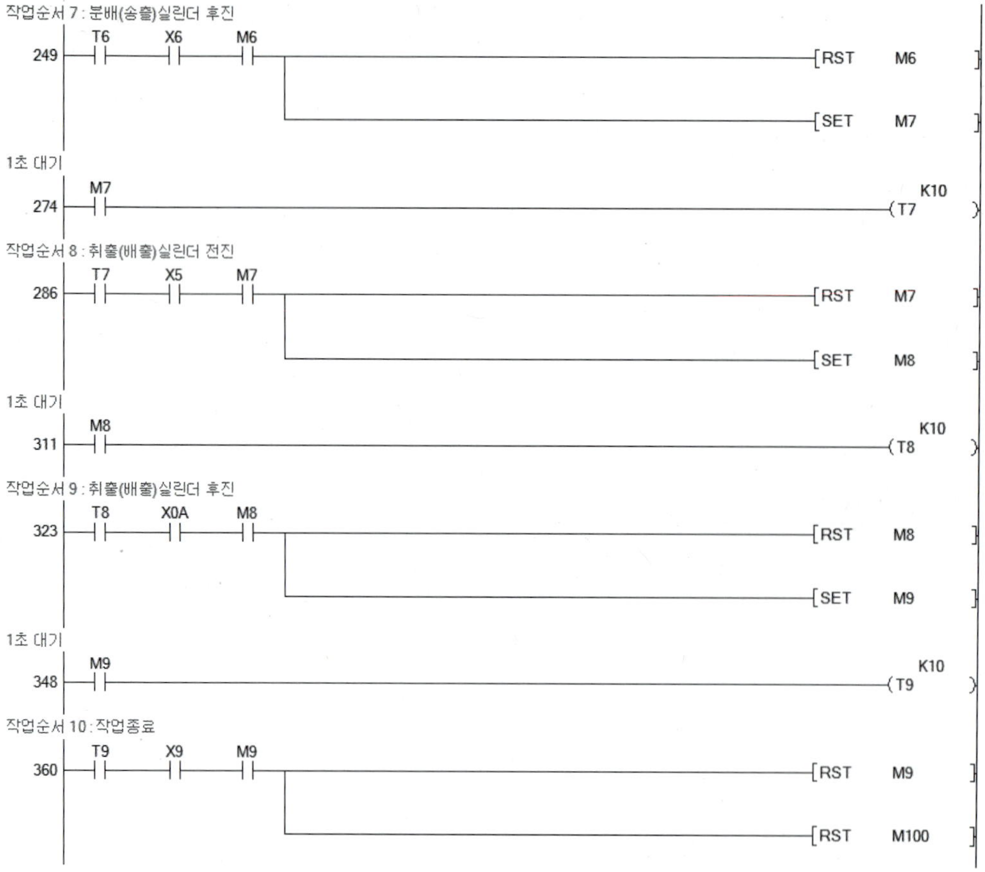

[프로그램 12-1] SET 및 RST 명령을 사용한, 1초 간격으로 정해진 순서에 의해 동작하는 프로그램

[프로그램 12-1]은 시작 버튼이 눌리면 1초 간격으로 [표 12-2]의 작업 순서대로 MPS 장치를 구동한다. 프로그램을 살펴보면, SET 및 RST 명령을 사용하여 시퀀스 제어 동작을 구현하고 있음을 확인할 수 있다. 해당 프로그램에 표기된 작업 순서와, [표 12-2]에 표기된 작업 순서에 따른 작업 시작 입력을 비교해보자. 1초 간격으로 작업이 순차적으로 진행되기 때문에 각 작업마다 1초 타이머를 사용한다.

■ BSFL 명령을 사용한 작성법

[프로그램 12-1]에서 SET과 RST 명령어를 사용해서 시작 버튼을 누른 후 1초 간격으로 [표 12-2]의 작업이 순서대로 동작하도록 구현했다면, 이번에는 BSFL 명령어를 사용해서 시작 버튼이 눌릴 때마다 [표 12-2]의 작업을 한 스텝씩 구현하는 프로그램 작성법에 대해 살펴보자.

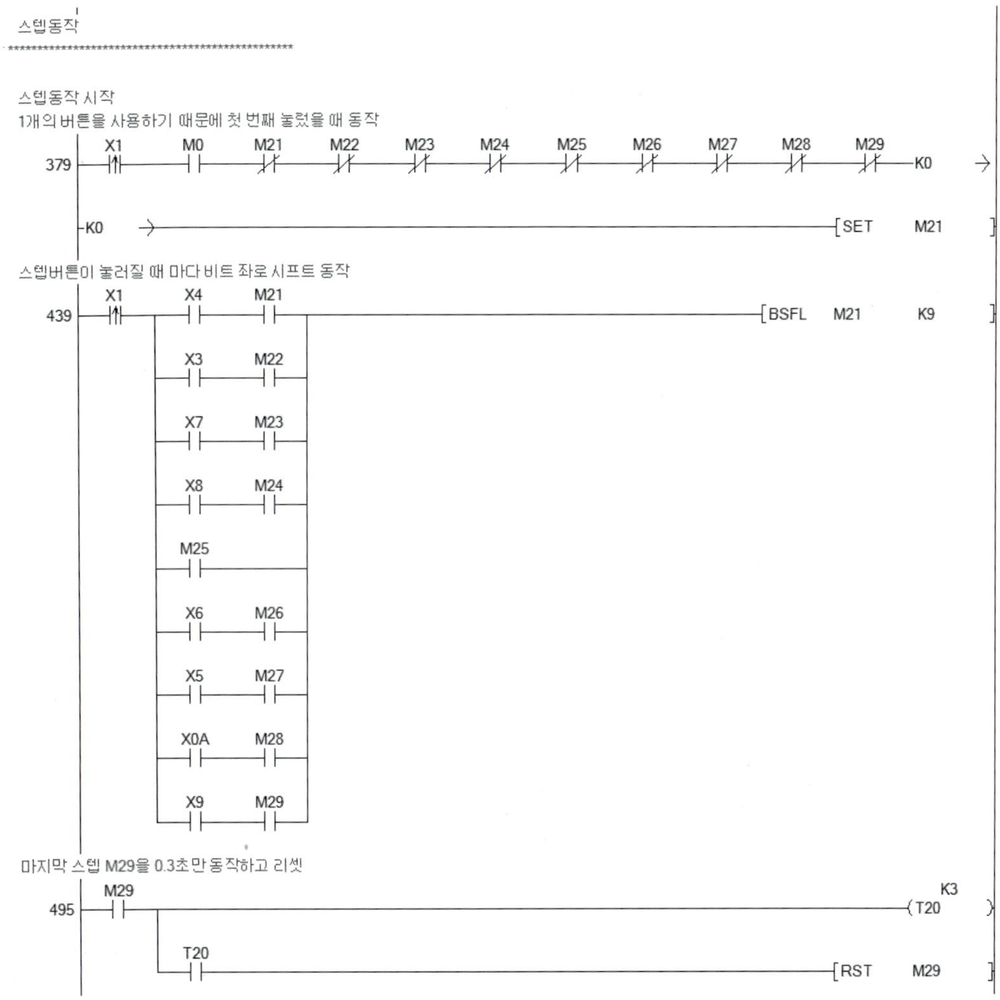

[프로그램 12-2] **스텝 동작 프로그램**

[프로그램 12-2]는 스텝 동작 버튼(X01)이 눌릴 때마다 [표 12-2]의 동작을 1스텝씩 실행한다. 프로그램 라인 379번은 스텝 버튼이 처음 눌렸을 때 M21의 비트를 1로 설정하기 위한 것이다. 따라서 스텝 동작이 진행 중이라면 프로그램 라인 379번은 동작하지 않는다. 한편 프로그램 라인 439번은 BSFL 명령을 사용해서 스텝 버튼이 눌릴 때마다 M21 ~ M29까지의 비트를 좌측으로 1비트씩 이동시켜 스텝 동작을 구현한다.

프로그램 라인 495번은 마지막 스텝인 M29를 0.3초 동안 ON한 후에 M29 비트를 리셋시키는 역할을 한다. 이 비트를 리셋하지 않으면 M29가 계속 ON 상태를 유지하기 때문에, 스텝 동작 버튼을 1번 더 눌러서 M29를 OFF시켜야 한다.

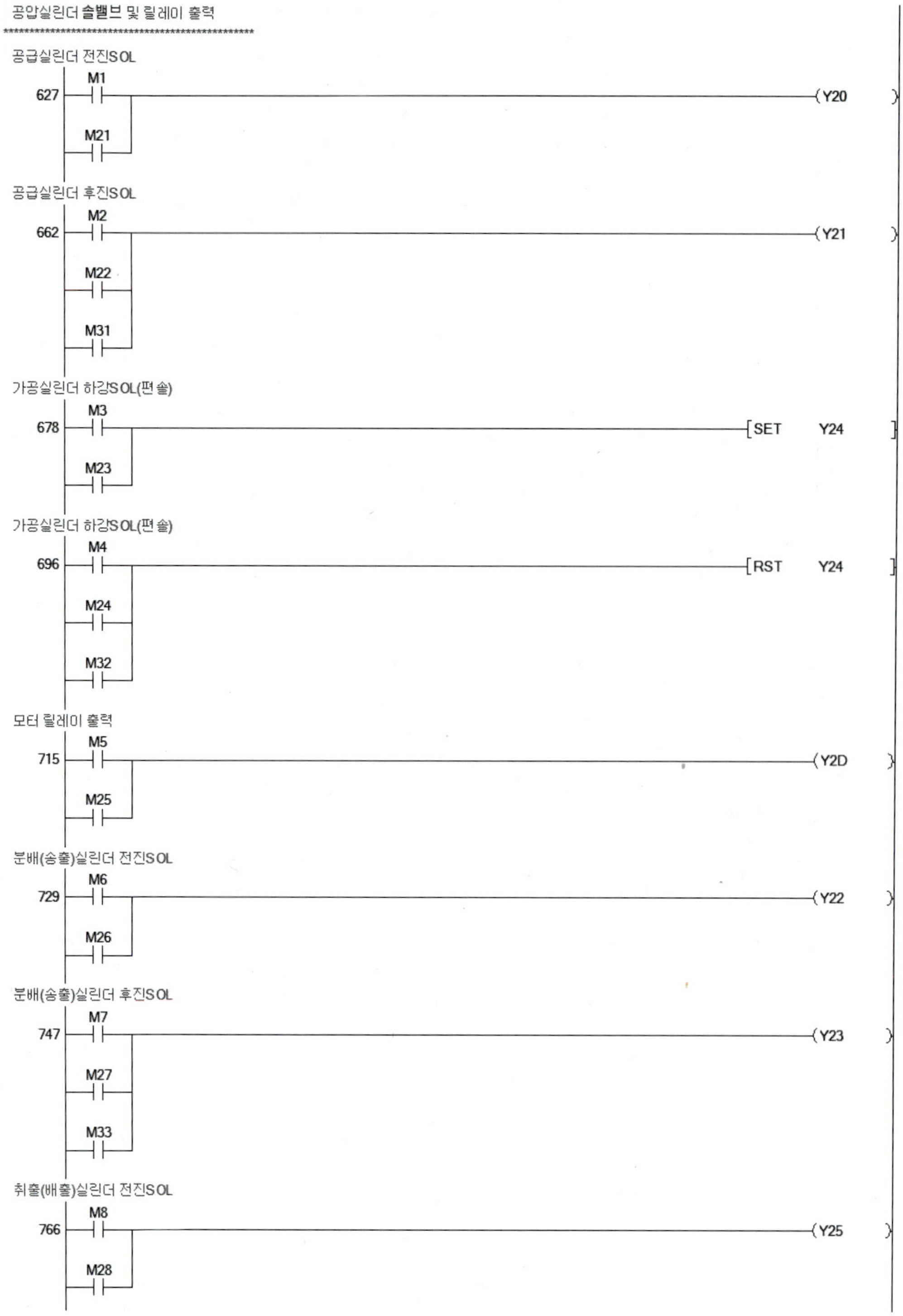
공압실린더 솔밸브 및 릴레이 출력
공급실린더 전진SOL
627
M1
M21
Y20
공급실린더 후진SOL
662
M2
M22
M31
Y21
가공실린더 하강SOL(편솔)
678
M3
M23
SET Y24
가공실린더 하강SOL(편솔)
696
M4
M24
M32
RST Y24
모터 릴레이 출력
715
M5
M25
Y2D
분배(송출)실린더 전진SOL
729
M6
M26
Y22
분배(송출)실린더 후진SOL
747
M7
M27
M33
Y23
취출(배출)실린더 전진SOL
766
M8
M28
Y25

(계속)

[프로그램 12-3] **기본 동작 제어를 위한 출력**

[프로그램 12-3]은 [프로그램 12-1]과 [프로그램 12-2]의 시퀀스 제어와 스텝 동작의 출력을 제어하기 위한 프로그램이다.

12.1.2 응용 동작 프로그램 작성법

일반적으로 기본 동작을 완료한 후에 응용 동작 1과 응용 동작 2의 제어 프로그램을 작성하도록 되어 있다. 응용 동작의 프로그램 작성법을 살펴보자.

응용 동작 1 프로그램 제어 조건

응용 동작 1은, 시작 버튼을 누르면 생산자동화 기능사 MPS의 공급, 가공, 검사, 분배로 구분된 공정 전체를 연속으로 1사이클 동작시키는 프로그램의 작성 능력을 평가하기 위한 것이다. 아래의 주어진 응용 동작 1의 프로그램 작성법에 대해 살펴보자.

❶ 매거진에 물품이 있는 상태에서 시작 버튼(X00)이 눌리면 녹색 표시등이 점등된다. 1초 후 공급 실린더가 전진하고 작업물을 고정한 후에 가공 실린더가 하강하면서 드릴 모터를 구동한다.

❷ 가공 실린더가 하강 후 5초 있다가 상승한다. 1초 후에 가공 실린더가 하강했다가 3초 후에 상승한다. 이어서 드릴 모터를 정지시킨 후 공급 실린더는 후진한다.

❸ 컨베이어 동작과 동시에 분배(송출) 실린더가 전진하여 작업물을 컨베이어로 이송한다. 그 후 분배(송출) 실린더는 후진하고, 작업물이 컨베이어 끝에 있는 보관상자에 적재된 후에 컨베이어가 정지한다. 녹색등은 소등되고 작업이 종료된다.

응용 동작 1 프로그램 작성을 위한 기계 동작 구분

모든 기계 장치는 정해진 순서에 따라 동작하도록 되어 있다. 따라서 기본 동작이나 응용 동작 프로그램은 정해진 순서에 따라 기계 장치의 동작을 제어하기 때문에 동일한 방법으로 작성된다. 글로 만들어진 제어 동작 조건을 표로 만들면 동작 순서가 명확해지고 프로그램을 쉽게 작성할 수 있다. 응용 동작 1의 제어 동작 조건의 작업 순서를 도표로 작성하면 [표 12-3]과 같다. 그 전체 동작은 15가지 동작으로 이루어진다.

[표 12-3] 응용 동작 1의 시퀀스 제어 동작 순서

작업 순서	작업 시작 입력	작업 내용	제어 출력
1	시작 버튼(X00)	녹색 램프 점등 1초 대기	녹색 램프(Y2F) SET 처리
2	타이머(T1)	공급 실린더 전진	공급 실린더 전진 SOL(Y20)
3	공급 전진 센서(X04)	가공 실린더 하강 드릴 ON	가공 실린더 SOL(Y24) SET 처리 드릴 모터(Y2D) SET 처리
4	가공 하강 센서(X07)	5초 대기	
5	타이머(T2)	가공 실린더 상승	가공 실린더 SOL(Y24) RST 처리
6	가공 상승 센서(X08)	1초 대기	
7	타이머(T3)	가공 실린더 하강	가공 실린더 SOL(Y24) SET 처리
8	가공 하강 센서(X07)	3초 대기	
9	타이머(T4)	가공 실린더 상승 드릴 OFF	가공 실린더 SOL(Y24) RST 처리 드릴 모터(Y2D) RST 처리
10	가공 상승 센서(X08)	공급 실린더 후진	공급 실린더 후진 SOL(Y21)
11	공급 후진 센서(X03)	컨베이어 ON 분배(송출) 실린더 전진	컨베이어 모터(Y2E) SET 처리 분배 실린더 SOL(Y22)
12	분배 전진 센서(X06)	분배(송출) 실린더 후진	분배 실린더 SOL(Y23)
13	분배 후진 센서(X05)	5초 대기	
14	타이머(T5)	컨베이어 OFF 녹색 램프 소등	컨베이어 모터(Y2E) SET 처리 녹색 램프(Y2F) RST 처리
작업 종료	타이머(T6)	작업 종료	

응용 동작 1 제어 프로그램 작성

[표 12-3]과 같이 응용 동작 1의 제어 동작 조건으로 BSFL 명령을 사용한 프로그램을 작성해보자.

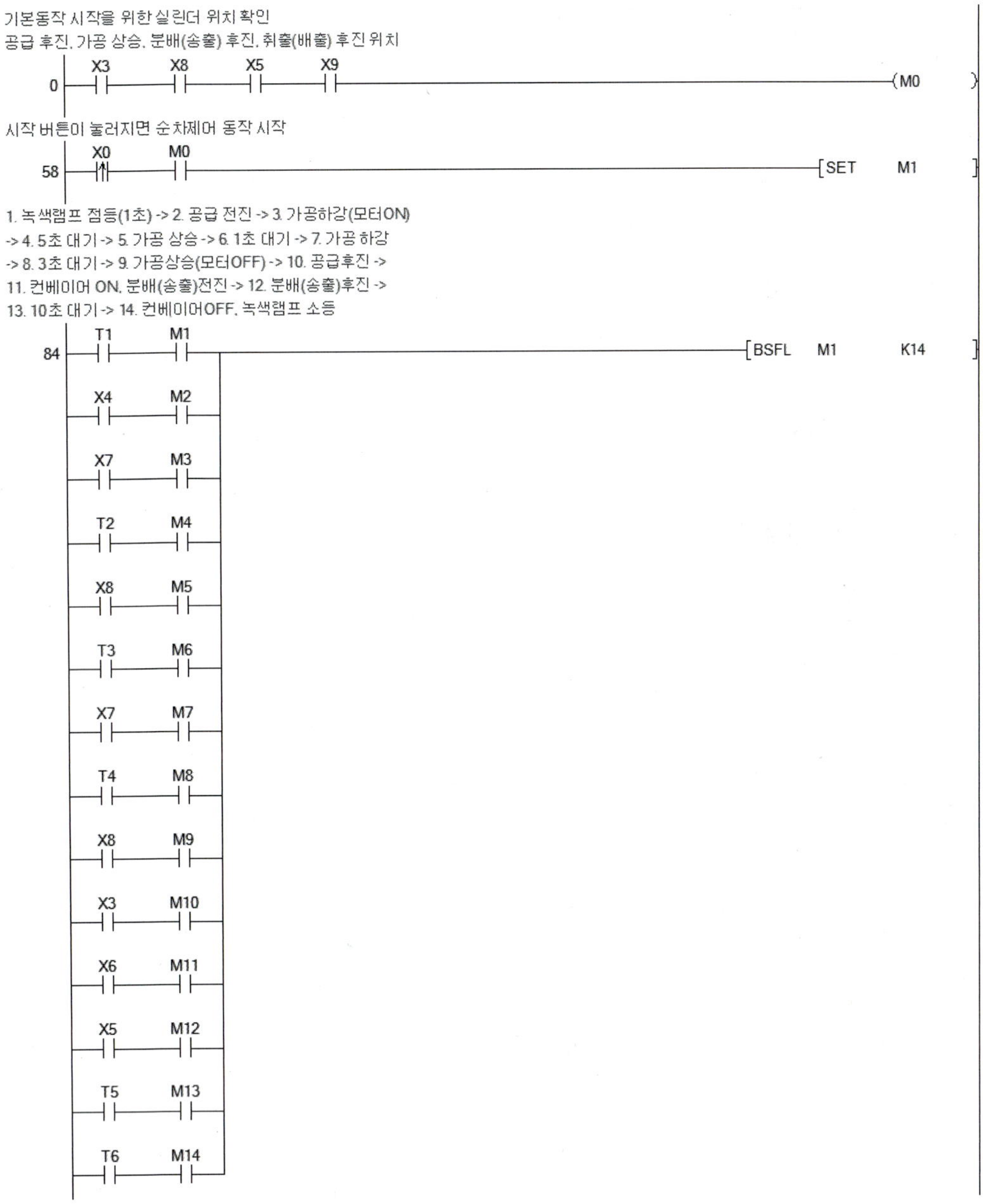

[프로그램 12-4] **BSFL 명령어를 사용한 시퀀스 제어 동작 프로그램**

[프로그램 12-4]는 응용 동작 1의 시퀀스 제어 동작을 위한 것이다. [표 12-3]에서 살펴보았듯이 이 전체 동작에는 14개의 순차 동작이 필요하기 때문에 BSFL 명령어로 M1~M14까지 14개의 비트를 좌측으로 시프트시키면서 시퀀스 제어 동작을 구현한다.

[프로그램 12-5] **BSFL 명령어에 의해 시프트되는 비트로 타이머를 동작시키는 프로그램**

[표 12-3]을 살펴보면, 시퀀스 제어 동작 중에 일정 시간 작업을 하거나 또는 대기해야 하는 경우가 있다. 시간 제어를 필요로 하는 시퀀스 제어 동작 비트가 ON되면, [프로그램 12-5]처럼 타이머를 동작시키고, 해당 타이머의 출력 신호를 BSFL 명령어의 실행 조건으로 사용해서 다음 동작이 이루어지도록 한다.

(계속)

[프로그램 12-6] **응용 동작 제어를 위한 출력**

[프로그램 12-6]은 응용 동작 1의 제어를 위한 출력 프로그램이다. 해당 프로그램까지 작성을 완료한 후에 PLC로 전송해서 동작의 정상 여부를 확인한다.

기본 동작과 응용 동작 1의 프로그램 작성을 끝냈다면, 응용 동작 2의 프로그램을 작성해야 한다.

응용 동작 2 제어 조건

응용 동작 2 프로그램은, 응용 동작 1을 통해 컨베이어에 공급한 작업물의 소재(금속, 비금속) 또는 색깔(흑색, 백색)을 판별해서 분류하는 작업을 추가하거나, 또는 일시정지, 비상정지 및 비상정지 해제 등의 기능을 구현하기 위한 프로그램 작성 능력을 평가하기 위한 것이다. 아래와 같은 동작을 구현하는 프로그램 작성법에 대해 살펴보자.

❶ 응용 동작 2의 동작은 응용 동작 1과 동일하고, 녹색 램프가 0.5초 간격으로 점멸 동작한다.

❷ 컨베이어에 공급된 작업물의 소재가 금속으로 판별되면 주황색 램프가 3초 동안 점등되고, 비금속으로 판별되면 주황색 램프가 0.5초 간격으로 3초 동안 점멸 동작한다.

❸ 금속이면 취출(반출) 실린더를 작동시켜 적재 상자로 보내고, 비금속이면 컨베이어 끝단에 있는 상자에 적재한다.

❹ 작업물의 적재를 완료한 후 공급 매거진에 작업물이 남아 있다면, 자동으로 ❶~❸의 동작을 반복한다. 매거진에 작업물이 없다면, 녹색 표시등을 소등하고 작업을 종료한다.

❺ 작업 중에 일시정지(X01) 버튼을 누르면, 현재 진행 중인 작업과 컨베이어 동작이 중지되고 적색 램프가 0.5초 간격으로 점멸 동작한다. 일시정지 상태에서 다시 일시정지 버튼을 누르면 작업이 재시작된다.

❻ 작업 중에 비상정지(X02) 버튼을 누르면, 현재 진행 중인 작업과 컨베이어 동작이 중지되고 적색 램프가 점등된다. 비상정지 상태에서 다시 비상정지 버튼을 누르면, 모든 장치는 초기화 상태가 되고 적색 램프는 소등된다.

응용 동작 2 프로그램 작성을 위한 기계 동작 구분

응용 동작 2는 [그림 12-2]와 같이, 응용 동작 1의 동작에 작업물 검사에 따른 취출(반출) 작업과, 컨베이어 벨트 끝단에 위치한 적재 상자에서 작업물을 처리하는 공정이 추가된 것이다. 따라서 우선 응용 동작 1에서 작성한, 작업물을 가공해서 컨베이어에 공급하는 과정을 제어하는 프로그램은 응용 동작 2에 변경 없이 사용한다. 그리고 응용 동작 2에 해당하는 검사, 취출, 적재 과정을 추가한 기본 동작 프로그램을 먼저 작성한 후에, 일시정지 기능과 비상정지 기능을 추가한다.

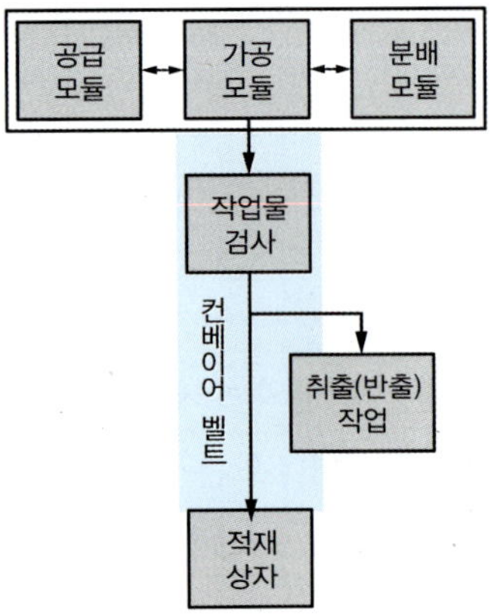

[그림 12-2] MPS의 전체 공정

프로그램을 작성하기 전에 전체 동작을 작은 공정들로 분할하여, [표 12-4], [표 12-5], [표 12-6], [표 12-7]과 같이 4개의 동작 순서 도표로 만들 수 있다.

[표 12-4] 공급, 가공, 분배 작업을 위한 시퀀스 제어 동작 순서

작업 순서	작업 시작 입력	작업 내용	제어 출력
1	시작 버튼(X00)	녹색 램프 점등 1초 대기	녹색 램프 점멸(Y2F) SET 처리
2	타이머(T1)	공급 실린더 전진	공급 실린더 전진 SOL(Y20)
3	공급 전진 센서(X04)	가공 실린더 하강 드릴 ON	가공 실린더 SOL(Y24) SET 처리 드릴 모터(Y2D) SET 처리
4	가공 하강 센서(X07)	5초 대기	
5	타이머(T2)	가공 실린더 상승	가공 실린더 SOL(Y24) RST 처리
6	가공 상승 센서(X08)	1초 대기	
7	타이머(T3)	가공 실린더 하강	가공 실린더 SOL(Y24) SET 처리
8	가공 하강 센서(X07)	3초 대기	
9	타이머(T4)	가공 실린더 상승 드릴 OFF	가공 실린더 SOL(Y24) RST 처리 드릴 모터(Y2D) RST 처리
10	가공 상승 센서(X08)	공급 실린더 후진	공급 실린더 후진SOL(Y21)
11	공급 후진 센서(X03)	컨베이어 ON 분배(송출) 실린더 전진	컨베이어 모터(Y2E) SET 처리 분배 실린더 SOL(Y22)
12	분배 전진 센서(X06)	분배(송출) 실린더 후진	분배 실린더 SOL(Y23)
작업 종료	분배 후진 센서(X05)		

[표 12-5] 검사 공정 동작 순서

작업 순서	작업 시작 입력	작업 내용	제어 출력
작업 시작 조건	컨베이어 ON 상태		
검사 조건	유도형 센서(X15) OFF 정전형 센서(X14) ON	비금속 검출	황색 램프 점멸(3초)
검사 조건	유도형 센서(X15) ON 정전형 센서(X14) ON	금속 검출	황색 램프 점등(3초)

[표 12-6] 비금속 검출 처리를 위한 시퀀스 제어 동작 순서

작업 순서	작업 시작 입력	작업 내용	제어 출력
작업 시작 조건	컨베이어 ON 상태		
1	비금속 검출 입력	1초 대기	검사 후 취출 위치 도착 소요 시간
2	타이머(T10)	취출 실린더 전진	취출 실린더 전진 SOL(Y25)
3	취출 전진 센서(XA)	취출 실린더 후진	취출 실린더 후진 SOL(Y26)
작업 종료	취출 후진 센서(X9)		

[표 12-7] **금속 검출 처리를 위한 시퀀스 제어 동작 순서**

작업 순서	작업 시작 입력	작업 내용	제어 출력
작업 시작 조건	컨베이어 ON 상태		
1	금속 검출 입력	3초 대기	검사 후 적재 창고 도착 소요 시간
2	타이머(T11)		
작업 종료	타이머(T12)	작업 종료 타이머	

[그림 12-3]은 응용 동작 2의 내용을 공정별로 구분하여 동작 순서대로 나열한 것으로, [표 12-4]~[표 12-7]의 내용을 그림으로 표현한 것이다.

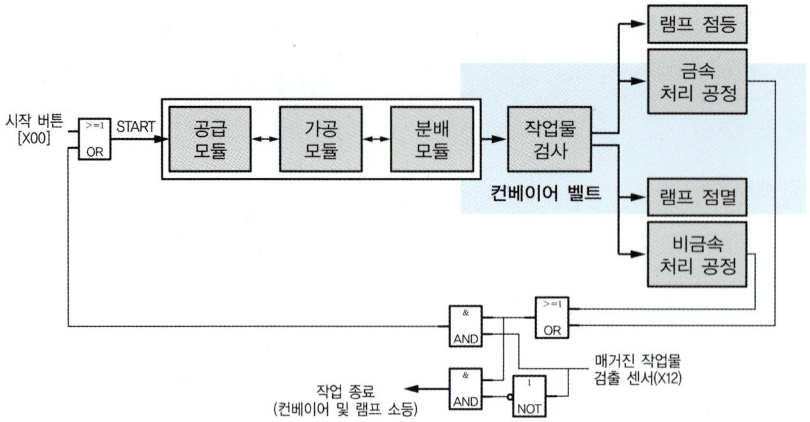

[그림 12-3] **전체 공정의 처리 과정**

시작 조건은, 시작 버튼에 의한 시작과 1사이클이 완료된 피드백 신호에 의한 시작으로 구분된다. 응용 동작 2가 시작되면 공급, 가공, 분배 작업을 순서대로 진행한 후에, 작업물 검사에서 금속과 비금속의 판별을 통해 금속 처리 공정과 비금속 처리 공정으로 구분된다. 금속 또는 비금속 처리 공정이 완료되면 새로운 작업이 시작되어야 하는데, 이때 매거진에 작업물 유무를 검출하는 센서의 신호에 의해 새로운 시작과 작업 종료로 구분된다.

이처럼 문장으로 구현된 내용을 그림 등을 사용해서 표현하면 전체의 내용을 손쉽게 파악할 수 있다.

응용 동작 2 제어 프로그램 작성

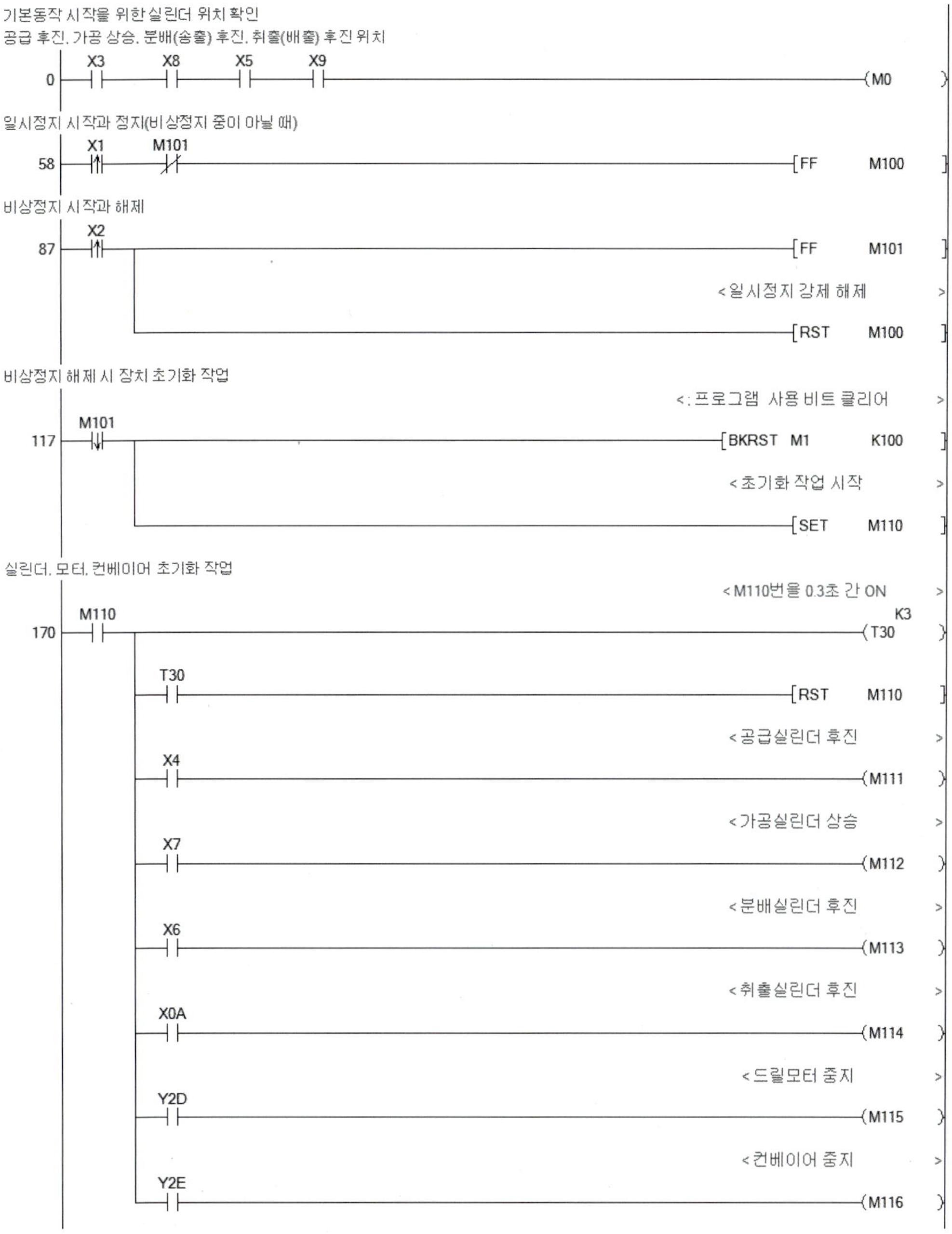

[프로그램 12-7] **응용 동작 2의 일시정지 및 비상정지 동작 프로그램**

[프로그램 12-7]은 응용 동작 2에서 추가된 일시정지 및 비상정지 동작을 구현하는 프로그램이다. 일시정지 버튼이 눌리면 프로그램 라인 50번이 M100을 ON시키고, [프로그램 12-8]에서 BSFL 명령의 실행에 M100의 b접점을 사용하여 일시정지를 시킨다. 프로그램 라인 87번부터는 비상정지 및 해제될 때의 초기화 부분이다.

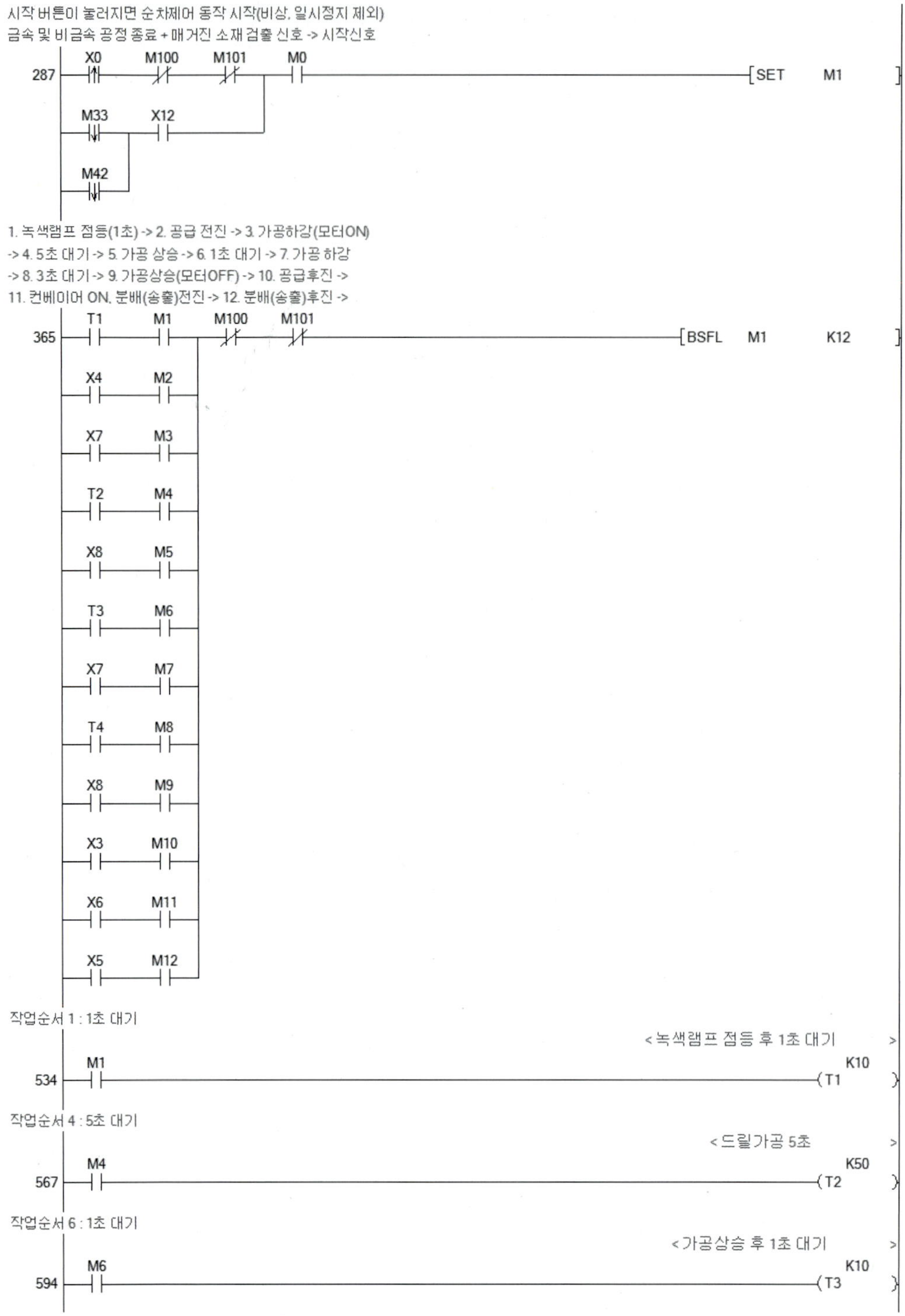

[프로그램 12-8] **공급, 가공, 분배 모듈의 시퀀스 제어 동작 프로그램**

[프로그램 12-8]은 [표 12-4]의 내용처럼 공급, 가공, 분배 모듈의 시퀀스 제어 동작을 BSFL 명령어로 구현한 프로그램이다. 프로그램 라인 287번은 시작과 연속시작을 위한

것이다. 프로그램 라인 365번은 BSFL 명령을 사용해서 시퀀스 제어 동작을 구현한다. 또한 일시정지나 비상정지일 때 BSFL 명령이 실행되지 않도록 한다.

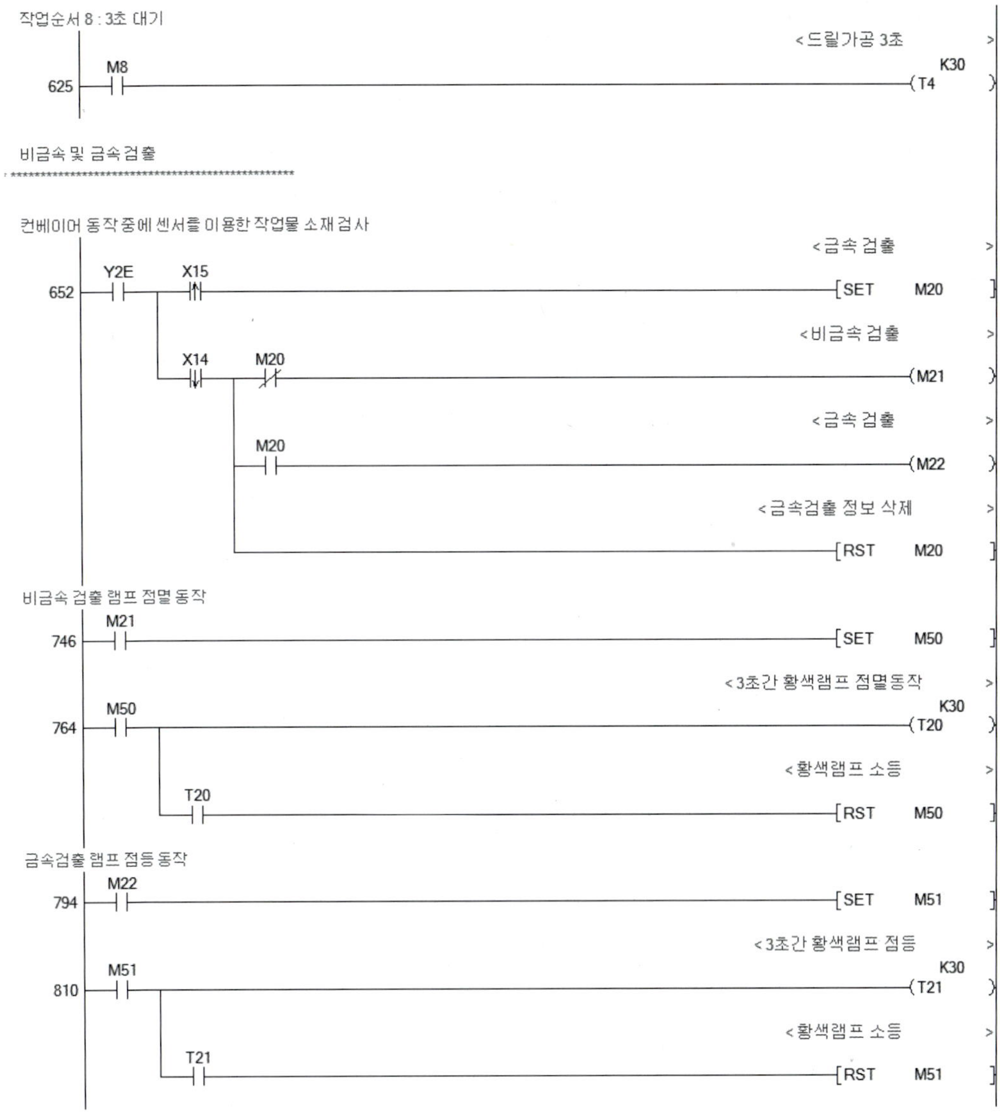

[프로그램 12-9] 작업물 검사를 통한 비금속 및 금속 판별

[프로그램 12-9]는 [표 12-5]와 같이 컨베이어의 의해 이송되는 작업물의 소재를 검사하고, 소재의 종류에 따라 램프를 점등하는 프로그램이다.

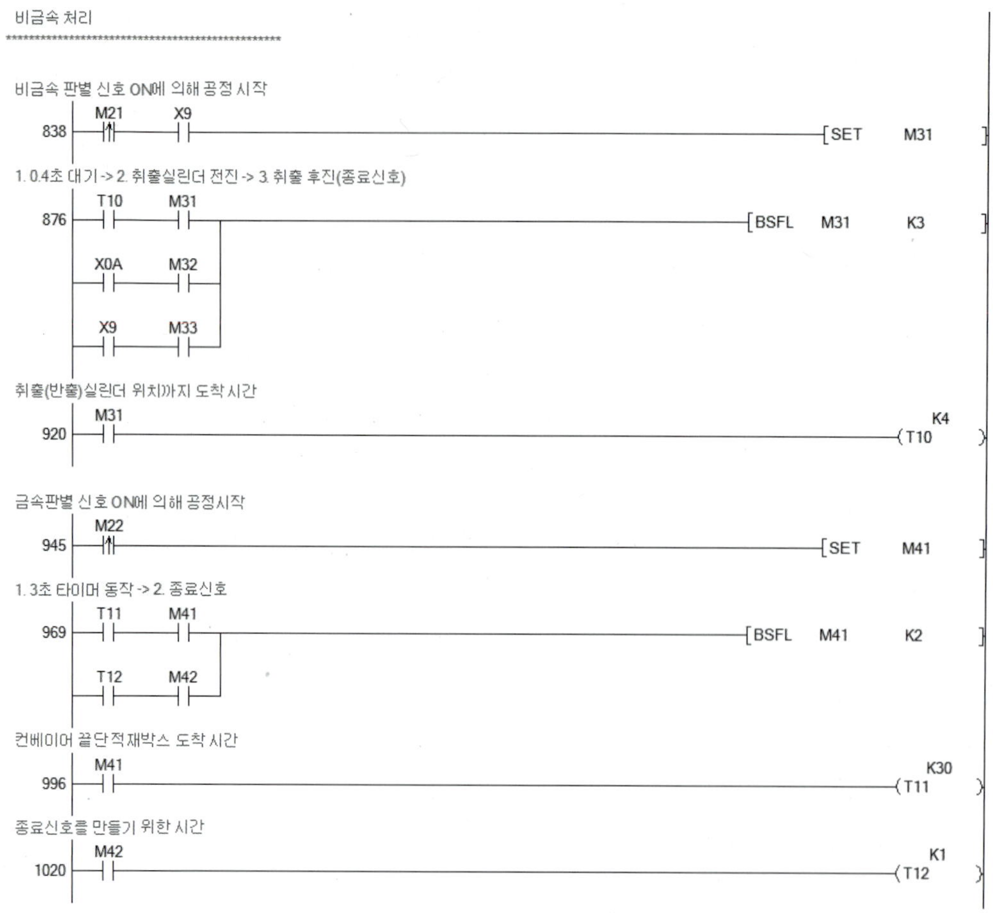

[프로그램 12-10] 비금속과 금속 판별에 따른 시퀀스 제어 동작

[프로그램 12-10]은 [표 12-6]과 [표 12-7]과 같이 작업물의 소재 검사에서 비금속이나 금속이 검출되었을 때의 시퀀스 제어 동작을 나타낸 것이다.

프로그램 라인 838번은 비금속이 검출되었을 때의 처리 동작이다. [표 12-6]에서 이 동작이 3개의 동작으로 구성되어 있기 때문에, 프로그램 라인 876번에서 BSFL 명령으로 3개의 비트를 시프트시켜서 동작을 구현한다.

프로그램 라인 945번은 금속 처리를 위한 것이다. [표 12-7]에서 금속 처리 동작은 2개의 동작으로 구성되어 있다. 따라서 프로그램 라인 969번에 BSFL 명령으로 2개의 비트를 시프트시켜서 동작을 구현한다.

앞서 말한 바와 같이, BSFL 명령은 조건이 만족되면 설정된 비트를 좌측으로 시프트시키는 역할을 하기 때문에, 타이머와 같은 동작이 필요한 경우에는 해당 비트를 사용해서 타이머를 별도로 동작시켜야 한다.

```
출력
; ****************************************************

녹색램프 점멸 시작
        M1
1041 ──┤ ├──────────────────────────────────[SET    M60  ]
                                             <녹색램프      >
        M60      SM412
1065 ──┤ ├──────┤ ├─────────────────────────(Y2F         )
공급실린더 전진
                                             <공급 전진SOL  >
        M2
1075 ──┤ ├──────────────────────────────────(Y20         )
공급실린더 후진(M111 : 비상정지 해제에 의한 후진)
                                             <공급 후진SOL  >
        M10
1096 ──┤ ├──┬───────────────────────────────(Y21         )
        M111│
     ──┤ ├──┘
가공실린더 하강
                                             <가공 하강SOL  >
        M3
1135 ──┤ ├──┬───────────────────────────────[SET    Y24  ]
        M7  │
     ──┤ ├──┘
가공실린더 상승(M112 : 비상정지 해제에 의한 상승
        M5
1157 ──┤ ├──┬───────────────────────────────[RST    Y24  ]
        M9  │
     ──┤ ├──┤
        M112│
     ──┤ ├──┘
드릴모터 ON
        M3
1188 ──┤ ├──────────────────────────────────[SET    M61  ]
드릴모터 OFF
        M9
1198 ──┤ ├──────────────────────────────────[RST    M61  ]
일시정지 및 비상정지 발생 시 모터 OFF
                                             <드릴모터      >
        M61      M100     M101
1209 ──┤ ├──────┤/├──────┤/├────────────────(Y2D         )
분배 실린더 전진
                                             <분배 전진SOL  >
        M11
1241 ──┤ ├──────────────────────────────────(Y22         )
분배 실린더 후진(M113 : 비상정지 해제에 의한 후진)
                                             <분배 후진SOL  >
        M12
1263 ──┤ ├──┬───────────────────────────────(Y23         )
        M113│
     ──┤ ├──┘
```

(계속)

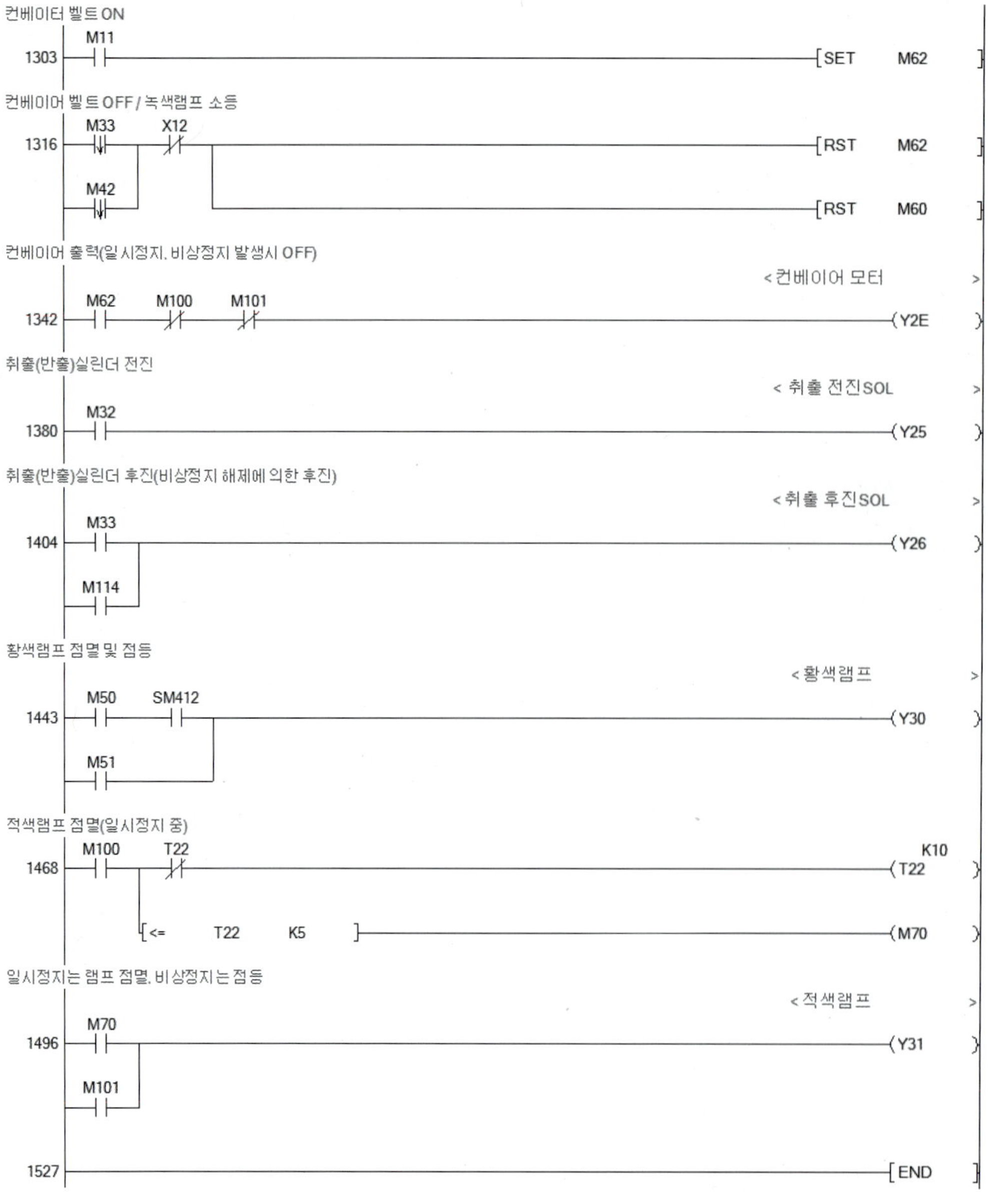

[프로그램 12-11] 응용 동작 2의 출력

[프로그램 12-11]은 응용 동작 2의 출력 부분을 나타낸 것이다. 프로그램 라인 1468번에서는 적색 램프의 점멸 동작을 구현할 때, PLC에서 제공하는 1초 주기 클록 신호 SM412를 사용하지 않고, 타이머로 1초 주기의 클록 신호를 만들어 사용하고 있음을 확인할 수 있다.

12.2 MPS 제어 프로그램 작성 : 생산자동화 산업기사

생산자동화 산업기사 검정용 장치(MPS)는 기능사 검정용 장치에 HMI와 서보 모터를 이용한 리프트 모듈과 저장 모듈, 스토퍼 모듈이 추가되어 있지만, 그 제어 방법은 기능사 검정용 장치와 크게 다르지 않다. 생산자동화 산업기사 실기 문제도 기본 동작과 응용 동작으로 구분된다. 생산자동화 산업기사의 MPS 장치의 입출력 할당 리스트는 11장의 [표 11-1]을 사용한다.

12.2.1 기본 동작 프로그램 작성법

기본 동작의 목적은 검정용 장치의 동작 상태를 확인하기 위한 프로그램 작성 능력을 평가하기 위함이다. 따라서 검정용 장치의 동작을 제어하는 공압실린더와 모터의 동작 상태를 확인하다. 그리고 기본 동작의 시작과 정지, 그리고 동작의 상태를 모니터링하기 위한 방법으로 HMI를 사용한다. 기능사에 비해 산업기사는 동작 조건이 좀 더 복잡하고, HMI를 사용하기 때문에 램프에 대한 제어 조건이 많이 추가된다. 기본 동작 프로그램 작성법은 기능사 MPS에서 살펴보았기 때문에 여기서는 램프 제어 방법에 대해 살펴본다.

단순 패턴의 램프 동작 제어

기본 동작에서 램프를 제어하는 방법은 타임 차트를 제시하거나, 또는 문장으로 일정 시간 간격의 점등 및 점멸 동작을 구현하는 방법이 대부분이다. 문장으로 제시된 제어 조건을 타임 차트로 표현하면 동작 내용을 쉽게 파악할 수 있다. 타임 차트를 이용해서 램프 동작을 제어하는 방법에 대해 살펴보자.

■ 타임 차트를 이용한 램프 점멸 동작 제어 방법

1 PLC는 입력 신호에 반응하여 출력을 제어한다.

PLC의 입력에는 외부 입력과 내부 입력이 있다. PLC의 외부 입력은 입력 모듈에 연결된 스위치와 센서에 의해 ON/OFF가 제어되는 전기 신호를 의미하고, 내부 입력은 PLC 내부의 특수 기능을 가진 비트 메모리(특수 기능 플래그)를 의미한다. PLC 프로그램은 입력 신호를 처리해서 출력을 제어하기 때문에, 입력이 존재하지 않으면 출력도 존재하지 않는다는 점을 반드시 기억하자. 즉 출력을 제어하기 위해서는 그 출력이 어떤 입력에 의해 발생한 것인지를 잘 파악해야 한다.

2 입력 신호는 4종류로 구분된다.

PLC의 입력 신호는 a접점과 b접점, 그리고 상승 펄스 신호와 하강 펄스 신호의 4가지로 구분되어 사용된다. 특히 타임 차트를 이용해 입력 신호에 대한 출력을 제어하기 위해서는 입력 신호를 정확하게 구분해서 사용할 수 있어야 한다.

3 타임 차트의 동작도 결국 시퀀스 제어이다.

타임 차트의 동작을 PLC 프로그램으로 구현하는 방법은 앞에서 학습한 시퀀스 제어 방식과 동일하다. 시퀀스 제어는 자기유지 회로, 타이머, 카운터의 조합에 의한 프로그램을 의미한다.

4 일정 주기를 가진 클록 신호는 타이머를 이용해서 만든다.

[프로그램 12-11]의 프로그램 라인 1468번의 내용처럼 램프의 점멸 동작에 일정 주기를 가진 클록 신호가 필요한 경우가 있다. 일반적으로 램프의 점멸 동작에는 PLC의 특수 기능 플래그 SM412(1초 주기 클록)를 이용하는 경우가 많은데, 이 신호는 시작 시에 정확한 신호 주기를 맞추기 어렵고, ON/OFF 주기가 500ms로 고정되어 있다. 따라서 시험 문제에서 요구하는 다양한 주기를 가진 클록 신호를 만들기 위해서는 타이머를 사용해야 한다.

[프로그램 12-12]는 일정 주기를 가진 클록 신호를 타이머를 사용해서 만드는 프로그램을 나타낸 것이고, [그림 12-4]는 [프로그램 12-12]의 동작 타임 차트를 나타낸 것이다.

[프로그램 12-12] 타이머를 이용하여 일정 주기를 가진 클록 신호 만들기

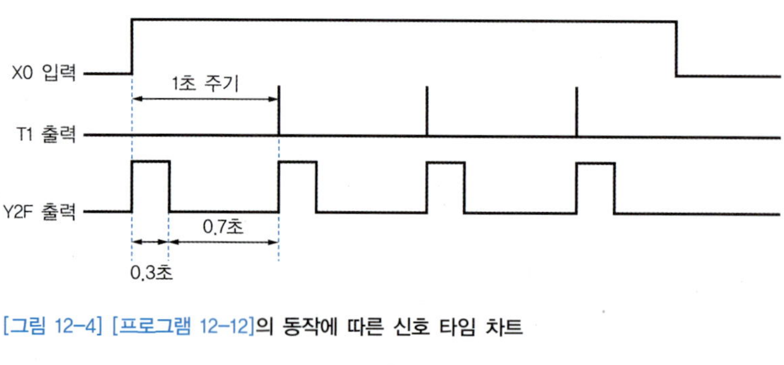

[그림 12-4] [프로그램 12-12]의 동작에 따른 신호 타임 차트

[프로그램 12-12]와 [그림 12-4]를 비교해서 살펴보면, X0의 입력이 ON되고 있는 동안 T1은 1초 주기로 동작한다. T1이 1초 주기로 동작할 때 T1의 값은 0.1초 단위로 0~10까지 증가하는데, 이 값을 비교해서 ON/OFF의 주기를 변경할 수 있다. [프로그

램 12-12]에서 T1의 값을 '3보다 작다'와 비교했기 때문에, ON 주기가 0.3초, OFF 주기가 0.7초가 되는 펄스가 만들어진다. 만약 '3보다 크다'와 비교하면, OFF 주기가 0.3초 먼저 진행되고 0.7초 ON되는 펄스가 만들어진다.

■ 일정 패턴으로 동작하는 램프 제어하기

[그림 12-5(a)]의 HMI 화면에서 시작 버튼이 눌리면, [그림 12-5(b)]에 표시된 동작 타임 차트와 같이 1초 간격으로 정지 버튼이 눌릴 때까지 램프가 순차적으로 점등 동작하는 프로그램의 작성 방법에 대해 살펴보자.

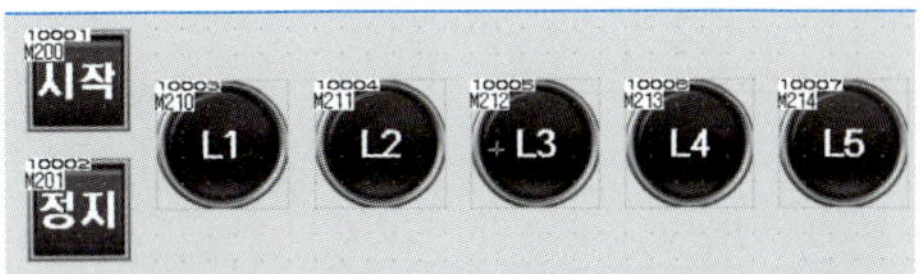

명칭	메모리 번지	명칭	메모리 번지
시작	M200	L3	M213
정지	M201	L4	M214
L1	M211	L5	M215
L2	M212		

(a) HMI 화면 구성

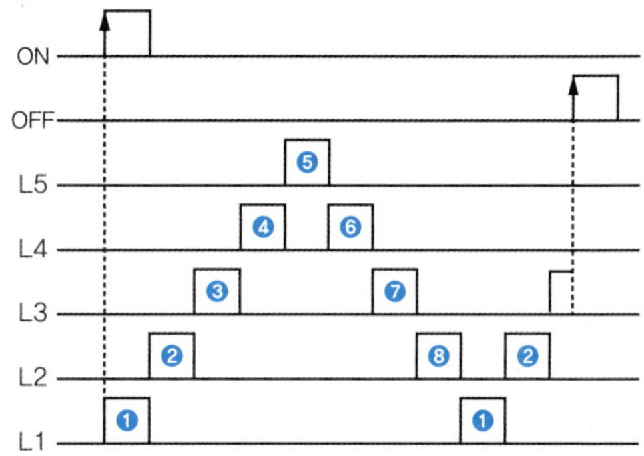

(b) 램프 동작 타임 차트

[그림 12-5] **일정 주기를 가진 램프 점멸 동작**

1 동작 패턴을 살펴본다.

[그림 12-5(b)]의 램프 점등을 위한 동작 타임 차트를 살펴보면, ❶번 ~ ❽번까지의 동작을 반복하고 있음을 확인할 수 있다.

2 프로그램 작성에 필요한 것이 무엇인지 파악한다.

1초 점등 주기를 가진 램프를 제어하기 위해서는 1초 주기를 가진 펄스 신호를 만들어야 한다. 그리고 해당 펄스 신호를 1~8까지 카운트하는 동작을 정지 버튼이 눌릴 때까지 반복하고, 카운터의 값을 비교해서 해당 조건의 램프를 점등한다. ON 딜레이 타이머의 경우, 시작 버튼이 눌린 후 1초 지나서 1초 주기를 가진 펄스 신호가 만들어지기 때문에, 시작 버튼이 눌리는 순간 카운터의 값을 1로 설정해야 한다. 그리고 카운트 중에 정지 버튼이 눌리면, 카운터의 현재값도 클리어되도록 카운터도 리셋되어야 한다.

위의 두 가지 조건을 충족하는, [그림 12-5(b)]와 같은 램프 점멸 동작 제어를 위한 프로그램을 작성해보자.

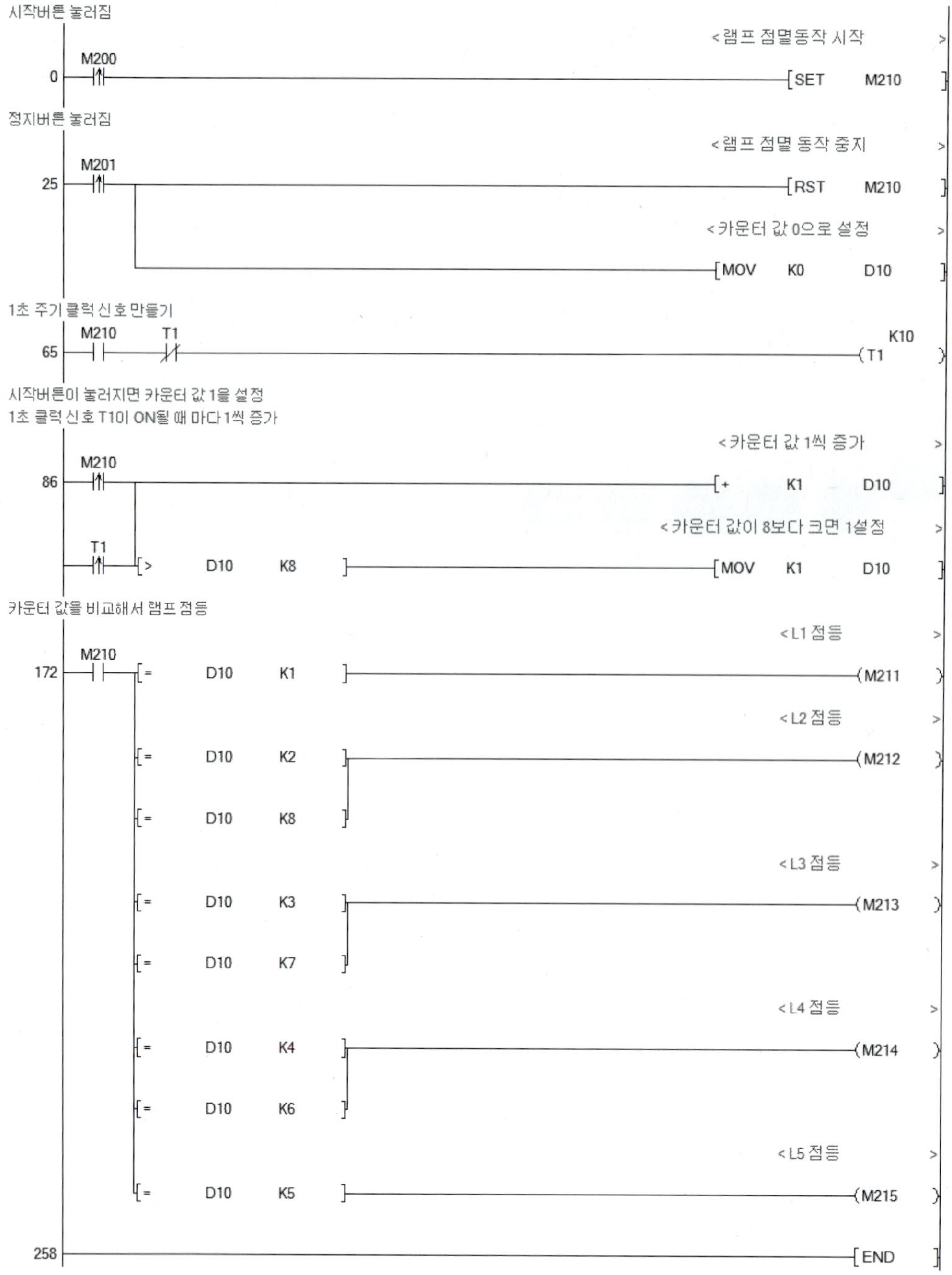

[프로그램 12-13] [그림 12-5]의 램프 점멸 동작 프로그램

[프로그램 12-13]을 살펴보면, 시작 버튼이 눌릴 때 프로그램 라인 65번에서 타이머를 사용하여 1초 주기의 클록 신호를 만들고, 해당 클록 신호가 ON될 때마다 프로그램 86번 라인에서 덧셈 연산을 통해서 클록 신호의 ON 횟수를 D10에 더한다. D10의 값과 설정값(1~8)을 비교해서 램프의 ON/OFF를 제어한다.

복잡한 패턴의 램프 동작 제어

이번에는 복잡한 패턴을 가진 램프를 제어하는 프로그램의 작성 방법에 대해 살펴보자. [그림 12-6]의 타임 차트와 [그림 12-5]의 HMI 화면을 사용해서 램프 점등을 제어한다.

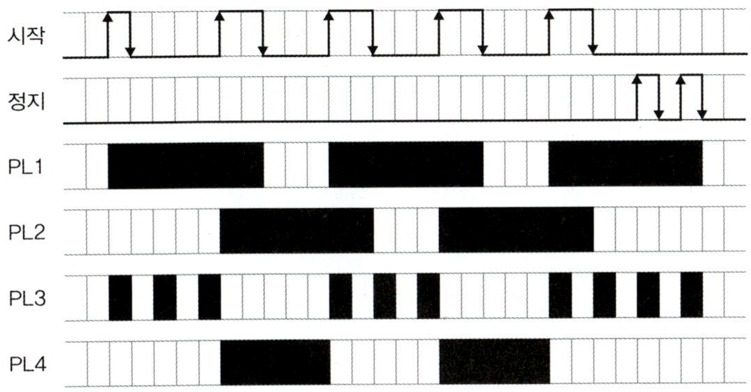

[그림 12-6] 램프 점등을 위한 타임 차트

1 동작 패턴을 살핀다.

앞에서 설명했듯이 PLC의 출력은 입력 신호에 의해 결정되며, 입력 신호는 4가지로 구분된다. [그림 12-6]의 타임 차트에서 출력 제어에 사용된 입력은 시작 및 정지 버튼이므로, 출력은 이 두 입력 버튼의 동작에 의해 제어된다. 이처럼 각 출력이 어떤 신호에 의해 ON/OFF되는지를 정확하게 파악하는 것이 PLC 프로그램 작성의 첫걸음이라 할 수 있다.

2 프로그램 작성에 필요한 것이 무엇인지 파악한다.

[그림 12-7]은 시작 및 정지 버튼의 입력 ON/OFF에 따른 램프의 출력 ON/OFF의 동작 조건을 표시한 타임 차트이다. 이 타임 차트에서 시작 및 정지 버튼의 ON/OFF에 의해 램프 출력이 어떻게 제어되는지 살펴보자. 그림에서는 시작 버튼의 상승 펄스 신호와 하강 펄스 신호의 동작 순서에 따라 번호를 표시하였다. 램프의 동작 ON/OFF는 시작 버튼의 상승과 하강 펄스 신호에 의해 제어된다.

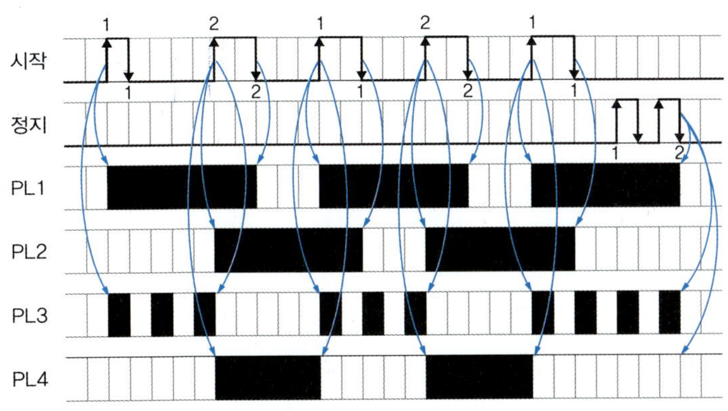

[그림 12-7] 입력 신호에 따른 램프 출력 동작 분석 타임 차트

▶ **출력 PL1은 언제 ON/OFF되는가?**

- PL1 램프 ON 조건 : 시작 버튼의 첫 번째 상승 펄스 신호
- PL1 램프 OFF 조건 : 시작 버튼의 두 번째 하강 펄스 신호
  ; 정지 버튼의 두 번째 하강 펄스 신호

▶ **출력 PL2은 언제 ON/OFF되는가?**

- PL2 램프 ON 조건 : 시작 버튼의 두 번째 상승 펄스 신호
- PL2 램프 OFF 조건 : 시작 버튼의 첫 번째 하강 펄스 신호
  ; 정지 버튼의 두 번째 하강 펄스 신호

▶ **출력 PL3은 언제 ON/OFF되는가?**

- PL3 램프 ON 조건 : 시작 버튼의 첫 번째 상승 펄스 신호
- PL3 램프 OFF 조건 : 시작 버튼의 두 번째 상승 펄스 신호
  ; 정지 버튼의 두 번째 하강 펄스 신호

▶ **출력 PL4는 언제 ON/OFF되는가?**

- PL4 램프 ON 조건 : 시작 버튼의 두 번째 상승 펄스 신호
- PL4 램프 OFF 조건 : 시작 버튼의 첫 번째 상승 펄스 신호
  ; 정지 버튼의 두 번째 하강 펄스 신호

[그림 12-7]에서 시작 및 정지 버튼에 의해 PL1부터 PL4까지 4개 램프가 점멸 동작하는 제어 조건을 파악해보면, 시작 및 정지 버튼의 상승 및 하강 펄스를 2개씩 카운트하고, 카운트한 값을 비교할 때 카운터 명령을 사용하지 않고 산술연산 명령어를 사용해서 각각의 램프 ON/OFF를 제어하는 것을 알 수 있다.

[프로그램 12-14] **시작 및 정지 버튼의 상승과 하강 펄스 신호 카운터**

[프로그램 12-14]는 시작 및 정지 버튼의 상승과 하강 펄스 신호를 산술연산의 덧셈 명령어를 사용해서 카운트하는 부분이다. 프로그램 라인 0번은 시작 버튼의 상승 펄스를, 프로그램 라인 30번은 하강 펄스를, 프로그램 라인 50번은 정지 버튼의 하강 펄스를 카운트하고 있다.

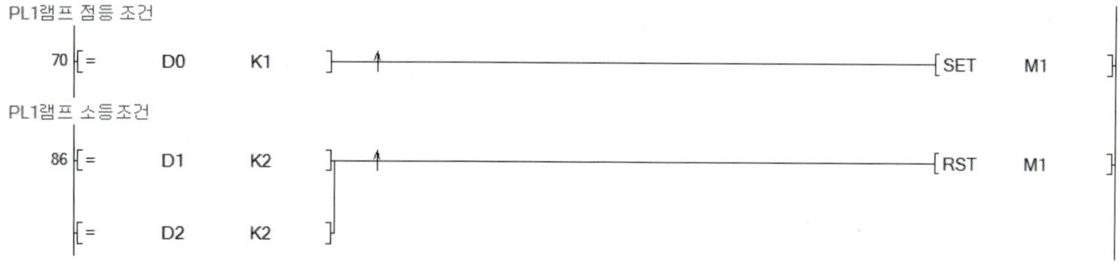

[프로그램 12-15] **PL1 램프의 점등 및 소등 조건**

PL1 램프의 점등 조건은 시작 버튼의 첫 번째 상승 펄스일 때, 소등 조건은 시작 버튼의 두 번째 하강 펄스일 때와 정지 버튼의 두 번째 하강 펄스일 때이다. 이 조건이 만족되는 순간에만 출력의 SET과 RST이 실행되도록 펄스 처리 기능을 [프로그램 12-15]의 래더 라인에 추가했다. 비교 조건을 펄스 처리하지 않으면 신호 간섭으로 인해 정확한 동작이 이뤄지지 않을 수 있다.

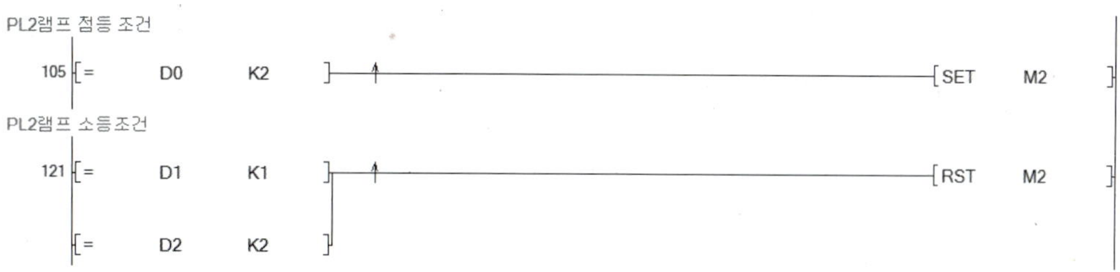

[프로그램 12-16] **PL2 램프의 점등 및 소등 조건**

앞에서 언급한 PL2 램프의 점멸 조건과 작성한 [프로그램 12-16]을 비교해보면, 프로그램이 동일한 조건으로 PL2 램프의 ON/OFF 동작을 제어하고 있음을 확인할 수 있다.

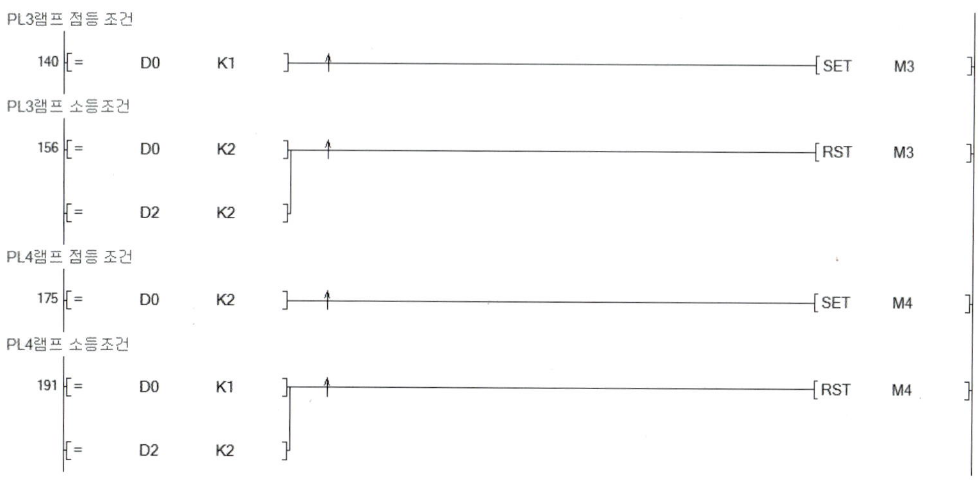

[프로그램 12-17] **PL3과 PL4 램프의 점등 및 소등 조건**

[프로그램 12-17]은 PL3과 PL4 램프의 점멸 조건이다. 앞에서 언급한 PL3과 PL4 램프의 점멸 조건과 비교해보기 바란다.

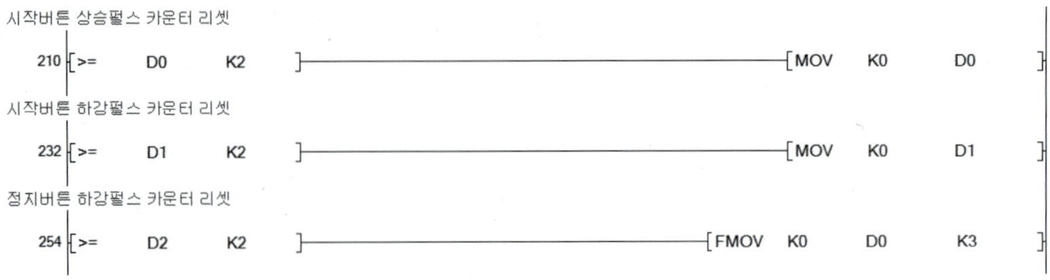

[프로그램 12-18] **시작 및 정지 버튼의 펄스 신호 카운터 리셋**

[프로그램 12-18]은 시작 버튼의 상승 및 하강 펄스 2개를 카운트했을 때 카운터 값을 0으로 리셋하고, 정지 버튼의 하강 펄스 2개를 카운트했을 때에도 카운터 값을 0으로 리셋한다. 상승 및 하강 펄스를 카운트하는 부분은 [프로그램 12-14]처럼 프로그램의 시작 부분에 작성한다. 램프의 점등 및 소등 조건을 처리한 후에, 펄스 카운터 값을 비교해서 0으로 리셋하는 부분을 카운터하는 프로그램의 뒤에 두는 이유는, PLC의 스캔 구조를 사용하기 위함이다. PLC 프로그램은 프로그램 라인 0번부터 시작해서 END 라인까지 순서대로 프로그램을 실행한다. 따라서 시작 버튼의 상승과 하강 펄스의 카운터 값이 2일 때 램프의 점등과 소등 조건의 처리를 완료한 후에, 카운터 값을 0으로 리셋하기 위해 [프로그램 12-18]의 내용을 현재의 위치에 두는 것이다.

[프로그램 12-19] **램프 출력**

[프로그램 12-19]는 HMI 화면에 작화되어 있는 램프의 출력을 제어하는 부분이다. PL3 램프는 타이머를 사용해서 일정 주기로 점멸 동작을 한다.

이와 같이 PLC의 출력은 반드시 입력에 의해서 동작한다. 램프 점등처럼 출력 조건이 어떤 일정한 규칙 없이 동작할 경우, 입력 신호의 상승과 하강, ON과 OFF 조건 등을 분석하여 출력을 제어하는 방법을 사용하면 프로그램 작성이 수월해질 수 있다.

12.2.2 응용 동작 프로그램 작성법

[그림 12-8]은 MPS의 전체 공정 순서를 나타낸 작업 순서도이다. 해당 작업 순서도를 기본으로 하여 단속 동작 및 연속 동작의 프로그램을 작성하고, 해당 동작이 완료되었을 경우에 일시정지 또는 비상정지 동작을 구현하여 MPS의 응용 동작 프로그램을 작성한다.

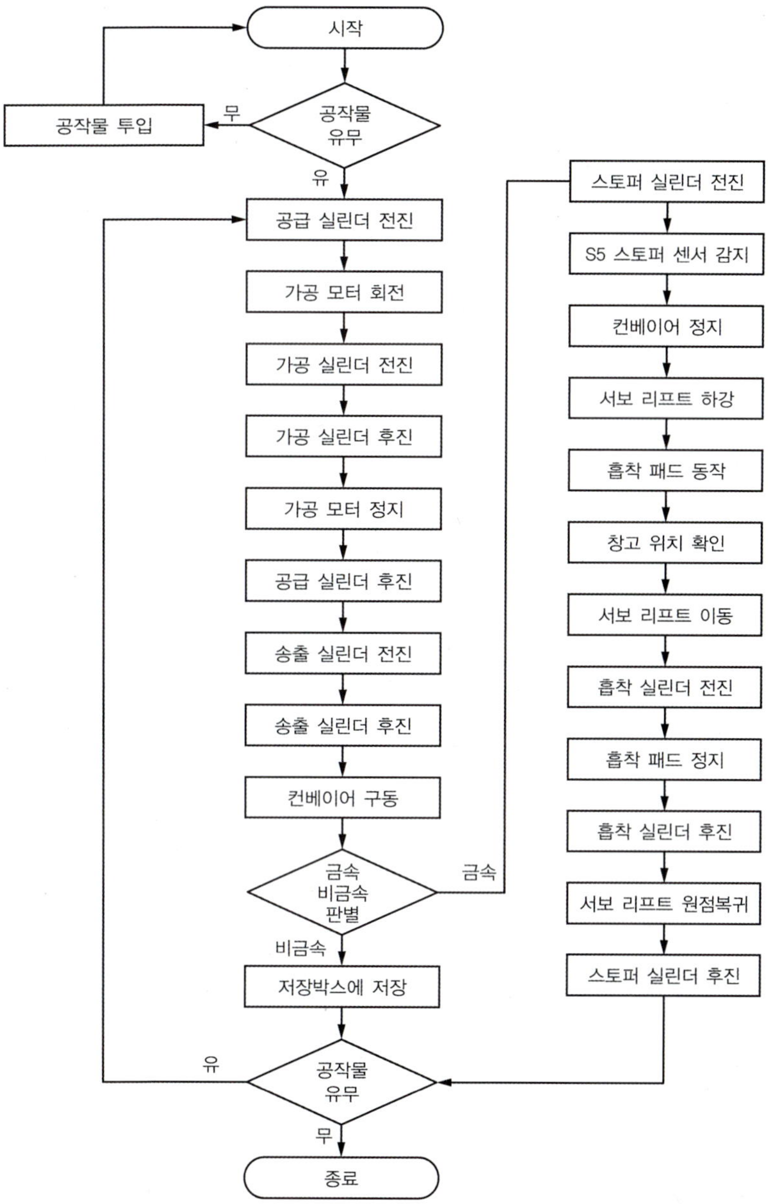

[그림 12-8] MPS의 전체 공정 순서도

공정 순서도를 도표로 표현하기

공정 순서도를 살펴보면, 공작물 판별 앞까지의 순서도가 MPS 기능사 장치의 동작 순서와 크게 다르지 않음을 알 수 있다. [그림 12-8]의 작업 순서도를, 프로그램을 작성하기 위한 도표로 만들어보자. [표 12-8]에서 [표 12-11]은 [그림 12-8]에 나타낸 MPS의 전체 공정 순서를 공정별로 분류해서 나타낸 것이다.

[표 12-8]은 시작 버튼이 눌리면 공작물 유무 판별부터 시작해서 컨베이어 구동까지의 동작 순서를 나타낸 것이다. [표 12-9]는 금속/비금속 판별 동작 순서를 나타낸 것이고, [표 12-10]은 비금속 소재 처리를 위한 동작 순서, [표 12-11]은 금속 소재 처리를 위한 동작 순서를 나타낸 것이다. [그림 12-8]의 전체 동작을 공정별로 분류해서 공정별 동작 순서를 표로 정리하면 프로그램 작성에 많은 도움이 된다.

[표 12-8] **작업물 가공 및 컨베이어 벨트 투입 공정**

작업 순서	작업 시작 입력	작업 내용	제어 출력
1	시작 버튼(X00) AND 공작물 유무(X12)	공급 실린더 전진	공급 실린더 전진 SOL(Y20)
2	공급 전진 센서(X04)	가공 모터 회전	드릴 모터(Y2D) SET 처리
3	타이머(T1)	가공 실린더 하강	가공 실린더 SOL(Y24) SET 처리
4	가공 하강 센서(X07)	가공 실린더 상승	가공 실린더 SOL(Y24) RST 처리
5	가공 상승 센서(X08)	가공 모터 정지	드릴 모터(Y2D) RST 처리
6	타이머(T2)	공급 실린더 후진	공급 실린더 후진 SOL(Y21)
7	공급 후진 센서(X03)	분배(송출) 실린더 전진	분배 실린더 전진 SOL(Y22)
8	분배 전진 센서(X06)	분배(송출) 실린더 후진	분배 실린더 후진 SOL(Y23)
9	분배 후진 센서(X05)	컨베이어 구동	컨베이어 모터(Y2E) SET 처리
작업 종료	타이머 T3		

[표 12-9] **작업물 소재 검사 공정**

작업 순서	작업 시작 입력	작업 내용	제어 출력
작업 시작 조건	컨베이어 ON 상태		
검사 조건	유도형 센서(X15) OFF 정전형 센서(X14) ON	비금속 검출	비금속 처리 공정 시작 신호
검사 조건	유도형 센서(X15) ON 정전형 센서(X14) ON	금속 검출	금속 처리 공정 시작 신호

[표 12-10] 비금속 검출에 따른 작업물 저장박스의 저장 공정

작업 순서	작업 시작 입력	작업 내용	제어 출력
작업 시작 조건	컨베이어 ON 상태		
1	비금속 검출 입력	3초 대기	검사 후 저장박스 도착 소요 시간
2	타이머(T11)	컨베이어 정지	컨베이어 모터(Y2E) RST 처리
작업 종료	타이머(T12)	작업 종료 타이머	

[표 12-11] 금속 검출에 따른 저장 모듈의 작업물 적재 공정

작업 순서	작업 시작 입력	작업 내용	제어 출력
작업 시작 조건	컨베이어 ON 상태		
1	금속 검출 입력	스토퍼 하강	스토퍼 실린더 SOL(Y27) SET
2	스토퍼 하강 센서(X0C) AND 검출 센서(X16)	컨베이어 정지	컨베이어 모터(Y2E) RST 처리
3	타이머(T21)	리프트 하강(흡착 위치)	흡착 위치 도착 피드백 신호
4	흡착 위치 도달 신호	흡착 패드 ON	흡착 SOL(Y2A) SET
5	흡착 패드 센서 ON(X0F)	창고 진입 위치로 이동	창고 진입 위치로 기동
6	진입 위치 도달 신호	흡착 실린더 전진	흡착 실린더 전진 SOL(Y28)
7	흡착 전진 센서(X0E)	흡착 패드 OFF	흡착 SOL(Y2A) RST
8	흡착 패드 센서OFF(X0F)	흡착 실린더 후진	흡착 실린더 후진 SOL(Y29)
9	흡착 후진 센서(X0D)	원점 위치로 이동	원점 위치로 기동
10	원점 위치 도달 신호	스토퍼 상승	스토퍼 실린더 SOL(Y27) RST
작업 종료	T스토퍼 상승 센서(X0B)		

생산자동화 산업기사의 실기 시험에 사용되는 장치의 프로그램 작성법도 기능사 실기 시험 장치와 동일하다. 기능사 실기시험 장치와의 차이점은, 금속 처리 공정에 [표 12-11]의 리프트 모듈의 작업 공정이 추가된다는 점뿐이다.

공정 순서도를 이용한 프로그램 작성

공정 순서도로부터 프로그램 작성을 위한 도표를 만들어 보았다. 이 도표를 사용해서 기본적인 동작을 하는 프로그램을 작성해보자. 11.2.4절을 참고하여 리프트 모듈을 사용하기 위한 QD77MS의 파라미터에 더하여 아래와 같이 8개의 위치 데이터를 설정한다.

- 1번 위치 데이터 : 1층 창고 진입 위치
- 2번 위치 데이터 : 1층 창고 흡착 및 해제 위치

• 3번 위치 데이터 : 2층 창고 진입 위치
• 4번 위치 데이터 : 2층 창고 흡착 및 해제 위치
• 5번 위치 데이터 : 3층 창고 진입 위치
• 6번 위치 데이터 : 3층 창고 흡착 및 해제 위치
• 7번 위치 데이터 : 컨베이어 작업물 흡착 위치
• 8번 위치 데이터 : 기계 원점 위치

[표 12-12] MPS의 서보 제어를 위한 GOT2000의 화면 구성

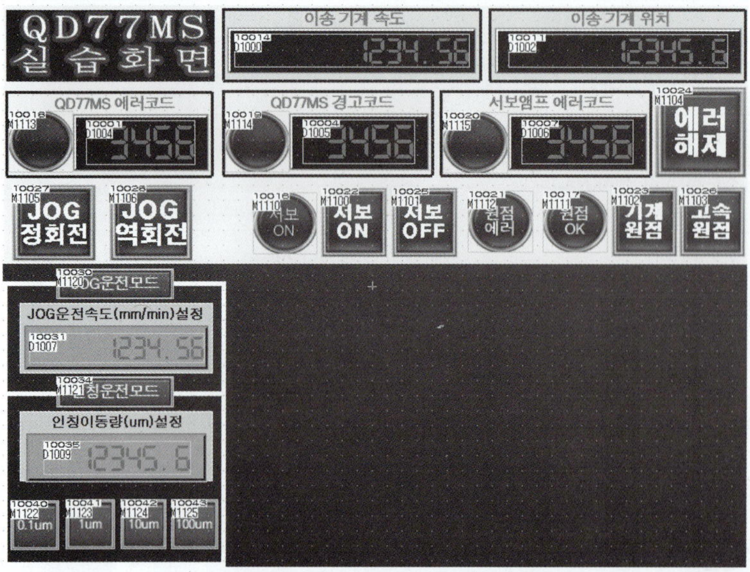

구분	메모리 번지	구분	메모리 번지
수동 화면	Go To Screen Switch	JOG 정회전	M1105
이송기계 속도(32bit)	D1001/D1000	JOG 역회전	M1106
이송기계 위치(32bit)	D1003/D1002	서보 ON 램프	M1110
QD77MS 에러 코드	D1004	원점 OK 램프	M1111
QD77MS 경고 코드	D1005	원점 에러 램프	M1112
서보 앰프 에러 코드	D1006	QD77MS 에러 램프	M1113
JOG 운전 속도 설정(32bit)	D1007/D1008	QD77MS 경고 램프	M1114
인칭 이동량 설정	D1009	서보 앰프 에러 램프	M1115
위치 데이터 번호	D1010	JOG 운전 모드 버튼(램프)	M1120(M1130)
서보 ON 버튼	M1100	인칭 운전 모드 버튼(램프)	M1121(M1131)
서보 OFF 버튼	M1101	0.1μm 버튼	M1122
기계 원점 버튼	M1102	1μm 버튼	M1123
고속 원점 버튼	M1103	10μm 버튼	M1124
에러 해제 버튼	M1104	100μm 버튼	M1125

QD77MS의 파라미터와 위치 데이터를 설정하고, 이를 QD77MS의 플래시 메모리에 전송한 후에 PLC CPU를 리셋한다. 그리고 QD77MS의 동작을 제어하기 위한 [표 12-12]의 HMI 화면을 작화한다. MPS를 제어하기 위한 최종적인 HMI 화면은 [표 12-14]를 사용하지만, 프로그램 작성 조건에 맞게 HMI의 화면을 표시하기 위해 1개의 화면을 3개로 구분해서 설명한다. MPS를 제어하기 위한 첫 번째 동작 HMI 화면은 [표 12-12]와 같으며, 이는 서보 동작을 제어하기 위한 것이다.

■ 제어 조건

MPS에서 사용하는 서보의 기본 동작을 제어하기 위해, [표 12-12]의 HMI 화면에 구성된 서보의 동작 상태 모니터링, 서보 및 QD77MS 알람 / 경고 모니터링, 서보 ON/OFF 제어, 원점복귀와 JOG 운전을 위한 프로그램을 작성한다.

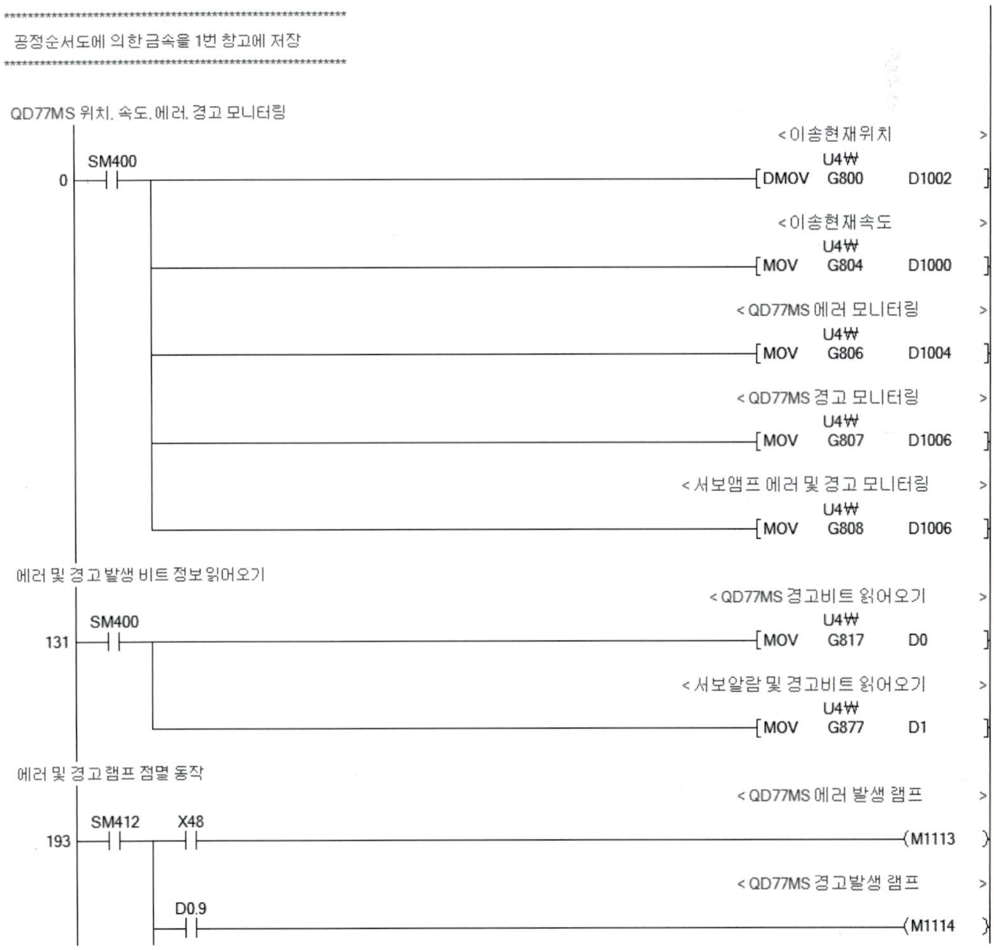

(계속)

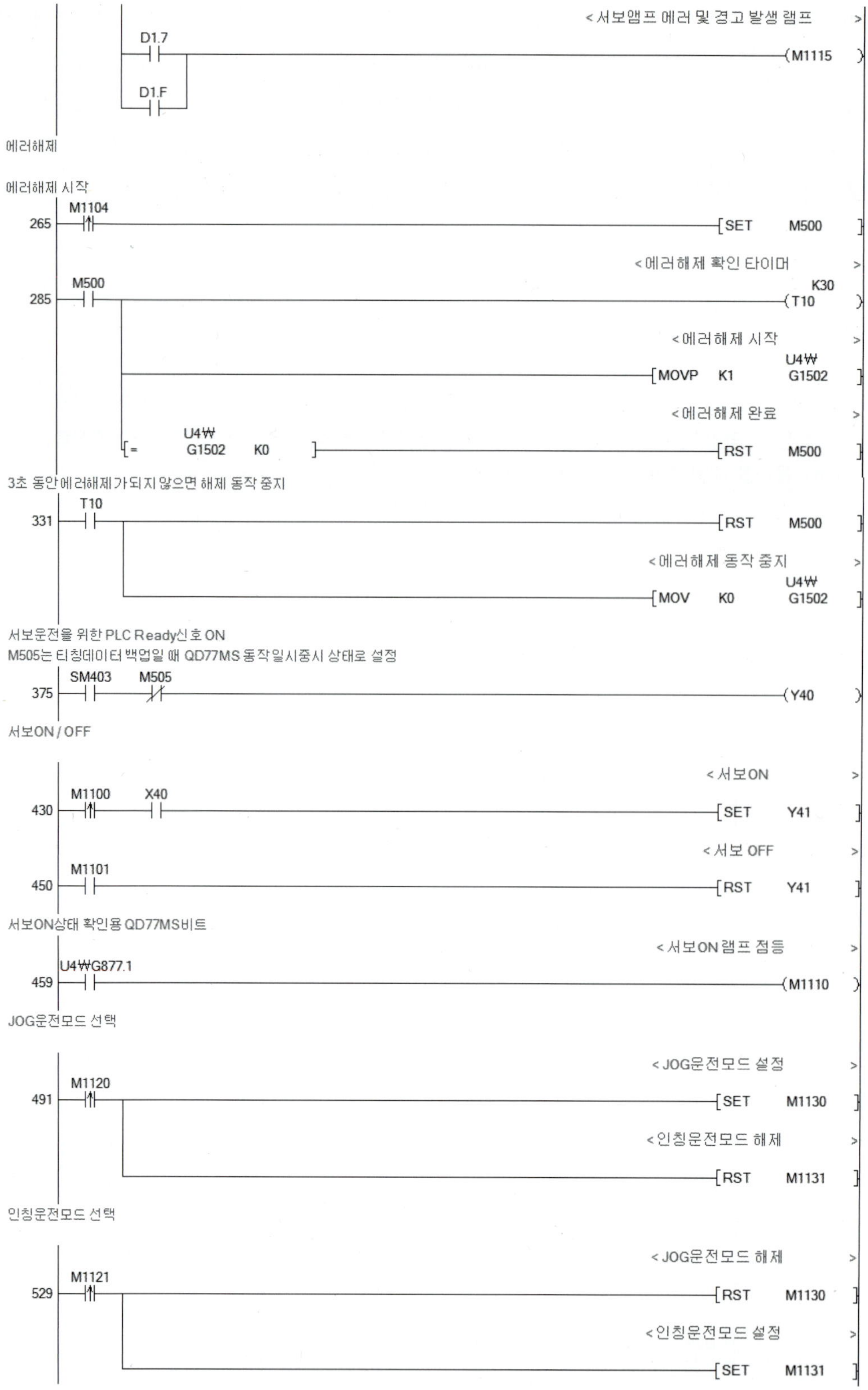

<서보앰프 에러 및 경고 발생 램프 >
D1.7
M1115
D1.F
에러해제
에러해제 시작
M1104
265
SET M500
<에러해제 확인 타이머 >
M500
285
K30
T10
<에러해제 시작 >
U4₩
MOVP K1 G1502
<에러해제 완료 >
U4₩
= G1502 K0
RST M500
3초 동안 에러해제가 되지 않으면 해제 동작 중지
T10
331
RST M500
<에러해제 동작 중지 >
U4₩
MOV K0 G1502
서보운전을 위한 PLC Ready신호 ON
M505는 티칭데이터 백업일 때 QD77MS 동작일시중시 상태로 설정
SM403 M505
375
Y40
서보ON / OFF
<서보ON >
M1100 X40
430
SET Y41
<서보 OFF >
M1101
450
RST Y41
서보ON상태 확인용 QD77MS비트
<서보ON 램프 점등 >
U4₩G877.1
459
M1110
JOG운전모드 선택
<JOG운전모드 설정 >
M1120
491
SET M1130
<인칭운전모드 해제 >
RST M1131
인칭운전모드 선택
<JOG운전모드 해제 >
M1121
529
RST M1130
<인칭운전모드 설정 >
SET M1131

(계속)

```
JOG운전모드 설정시 속도값 1000.00mm설정
      M1130
567 ──┤↑├──────────────────────────────────[DMOV   K100000   D1007  ]

인칭운전모드 설정시 이동량 100um설정
      M1131
594 ──┤↑├──────────────────────────────────[MOV    K1000     D1009  ]

인칭운전모드 선택 시 이동량 선택
                                            <0.1um설정                >
      M1131    M1122
619 ──┤ ├──┬───┤↑├─────────────────────────[MOV    K1        D1009  ]
           │                                <1.0um설정                >
           │   M1123
           ├───┤↑├─────────────────────────[MOV    K10       D1009  ]
           │                                <10.0um설정               >
           │   M1124
           ├───┤↑├─────────────────────────[MOV    K100      D1009  ]
           │                                <100.0um설정              >
           │   M1125
           └───┤↑├─────────────────────────[MOV    K1000     D1009  ]

JOG정회전 및 역회전 버튼 눌러짐
JOG운전모드 및 인칭운전모드에 따라서 설정값이 달라짐
                                            <인칭이동량 0을 설정       >
      M1105    M1130                                         U4₩
689 ─┬┤↑├──┬───┤ ├──┬──────────────────────[MOV    K0        G1517  ]
     │     │        │                       <JOG운전속도 설정         >
     │M1106│        │                                        U4₩
     └┤↑├──┤        └──────────────────────[DMOV   D1007     G1518  ]
           │                                <인칭이동량 설정          >
           │   M1131                                         U4₩
           ├───┤ ├──┬──────────────────────[MOV    D1009     G1517  ]
           │        │                       <JOG운전속도 0설정        >
           │        │                                        U4₩
           │        └──────────────────────[DMOV   K0        G1518  ]
           │                                <JOG정회전 및 역회전 동작 확인 >
           │   X40      X4C
           └───┤ ├──────┤/├────────────────────────[SET    M501     ]

JOG 및 인칭 정회전 동작
      M1105    M501     Y49
827 ──┤ ├──────┤ ├──────┤/├─────────────────────────────(Y48        )

JOG 및 인칭 역회전 동작
      M1106    M501     Y48
845 ──┤ ├──────┤ ├──────┤/├─────────────────────────────(Y49        )

JOG 및 인칭 운전정지
      M1105    M1106
863 ──┤/├──────┤/├─────────────────────────────────[RST    M501     ]

기계원점복귀 필요 발생
                                            <원점에러 램프 점멸       >
      U4₩G817.3          SM412
879 ──┤ ├───────────┬────┤ ├────────────────────────────(M1112      )
                    │                       <원점OK 램프 소등         >
                    └──────────────────────────────[RST    M1111    ]

기계원점복귀 완료
                                            <원점OK 램프 점등         >
      U4₩G817.4
924 ──┤ ├──────────────────────────────────────────[SET    M1111    ]
```

(계속)

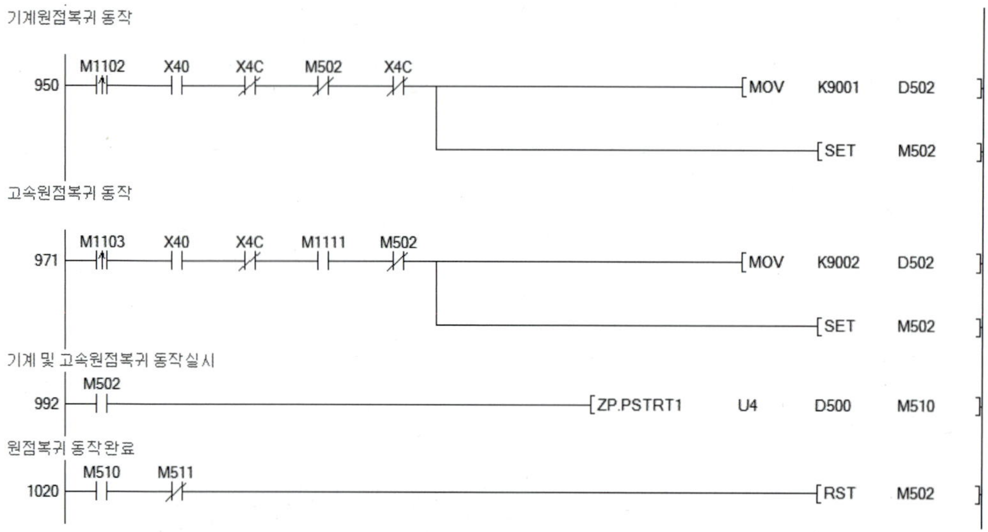

[프로그램 12-20] 생산자동화 산업기사 MPS 제어를 위한 QD77MS 모니터링 및 제어

[프로그램 12-20]은 QD77MS를 사용하여 위치 결정 기동을 하는 기본 프로그램으로, QD77MS의 서보 ON/OFF, 기계 및 고속 원점복귀 동작, JOG 및 인칭 운전, 동작 상태 모니터링을 수행한다.

서보 제어를 위한 프로그램의 동작 테스트가 끝나면, 이번에는 MPS의 전체 공정의 동작을 살펴보기 위해 11장의 [표 11-1]의 입출력 할당 리스트에 있는 X0의 푸시 버튼을 사용해서 주어진 동작 조건을 만족하는 프로그램을 작성해보자.

> 시작 버튼(X00)을 누를 때마다 [그림 12-8]의 공정 순서도와 같이 비금속은 저장박스에 저장하고 금속은 저장 모듈 1번 창고에 저장한다.

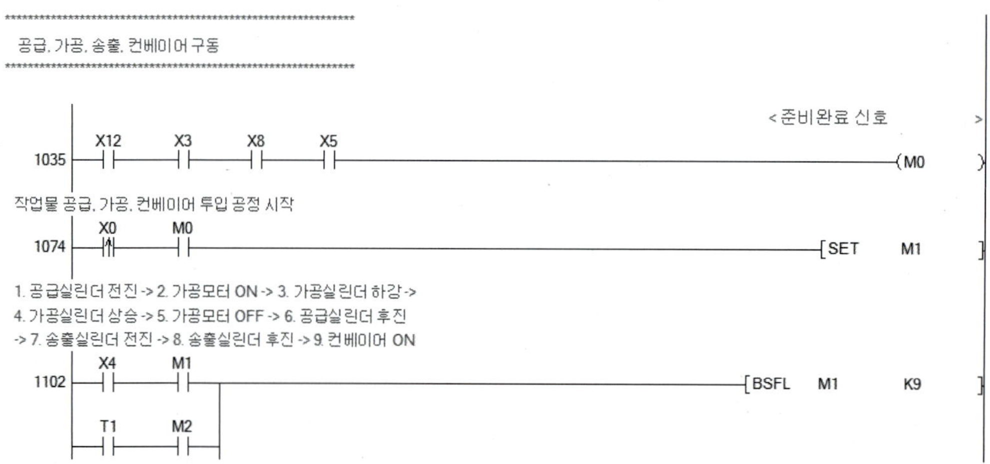

(계속)

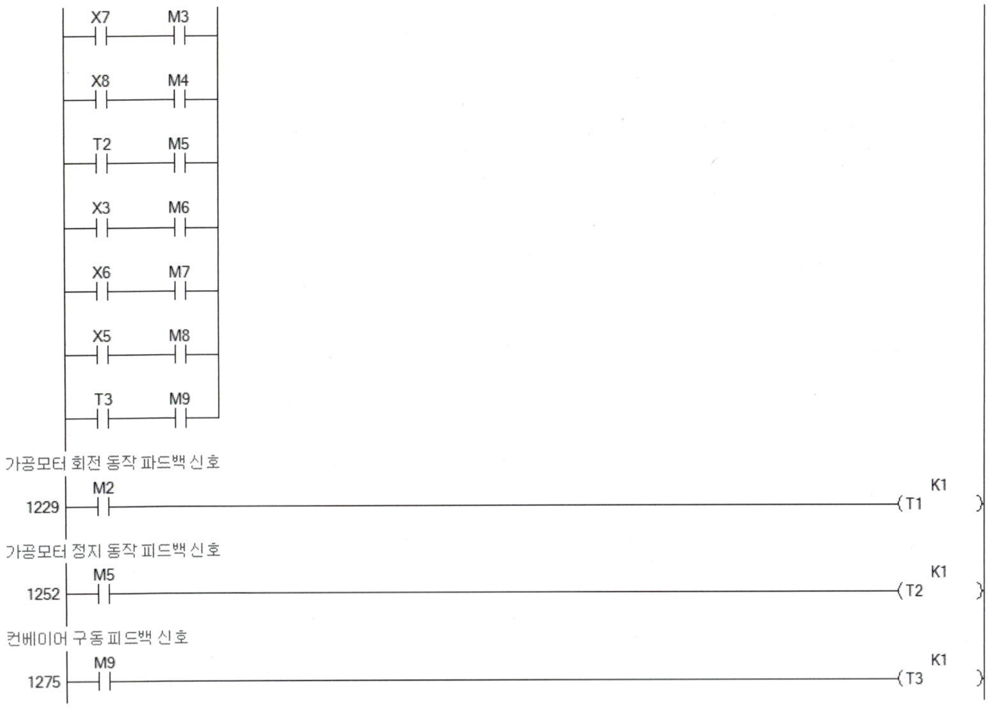

[프로그램 12-21] **공급, 가공, 분배(송출), 컨베이어 구동 프로그램**

[프로그램 12-21]은 [표 12-18]의 공급, 가공, 분배, 컨베이어 구동까지의 시퀀스 제어 동작을 구현한 프로그램이다. 표에는 가공 모터의 회전과 정지, 그리고 컨베이어 벨트의 구동 여부를 확인할 수 있는 입력 신호가 없다. 원래 시퀀스 제어에서는 출력에 의해 동작하는 장치의 동작 유무를 확인하는 센서 신호를 사용해서 다음 동작을 실행시킨다. 그러나 가공 모터 및 컨베이어 구동 모터에는 동작 여부를 확인하는 센서 신호가 없기 때문에 타이머를 이용한다. 즉 M2, M5, M9는 다음 동작을 실행하는 신호로서 타이머를 사용한다.

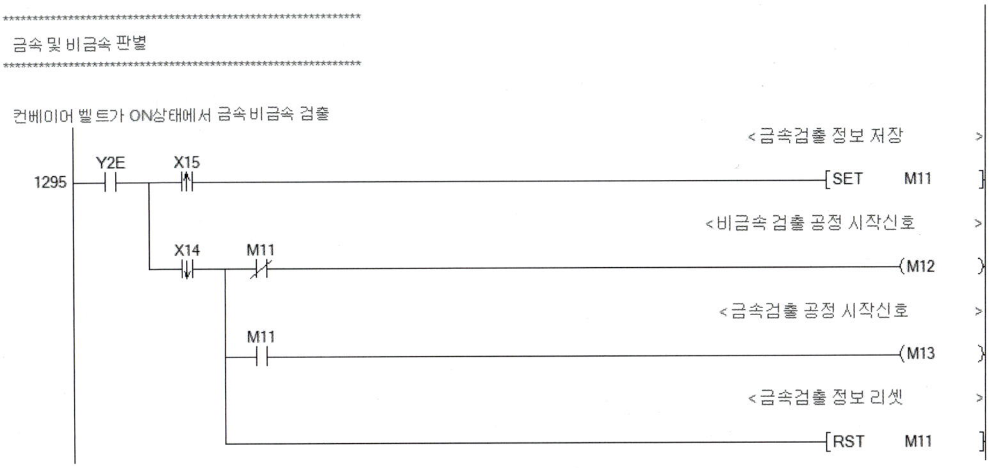

[프로그램 12-22] **작업물 소재(금속/비금속) 판별**

[프로그램 12-22]는 컨베이어 구동 중에 작업물의 소재를 검사해서 금속과 비금속으로 분류한다. 금속을 검출하는 유도형 센서의 신호가 ON될 때 SET 명령을 사용해 금속 정보를 저장한 후, 정전용량형 센서의 신호가 OFF될 때 앞에서 저장한 금속 정보로부터 금속/비금속을 판별한다. 앞서 저장한 금속 판별 저장 신호는 다음 검사를 위해서 리셋한다.

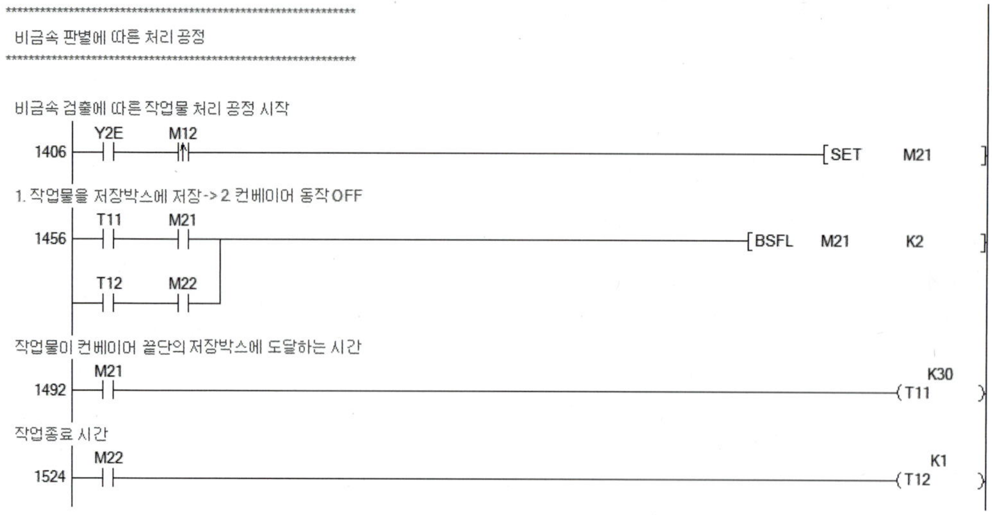

[프로그램 12-23] 비금속 처리 프로그램

[프로그램은 12-23]은 비금속으로 판별된 작업물을 컨베이어 끝단에 있는 저장박스에 저장한다. [표 12-10]의 내용과 프로그램을 비교해보자. 작업물의 소재가 비금속으로 판별된 시점에서부터 3초간 컨베이어가 계속 ON 상태를 유지하면, 그 작업물은 컨베이어 끝단에 설치된 저장박스에 저장된다. 작업 종료를 위해 타이머 T12를 사용한다.

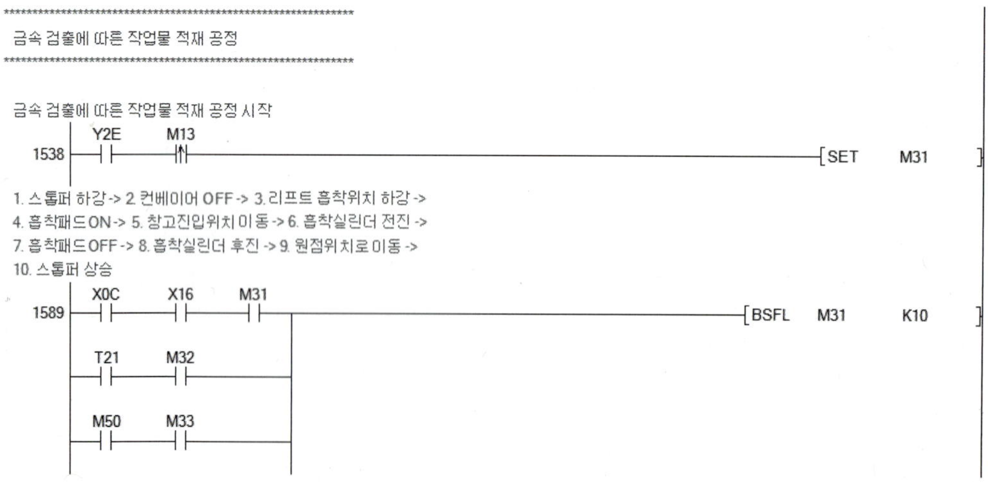

(계속)

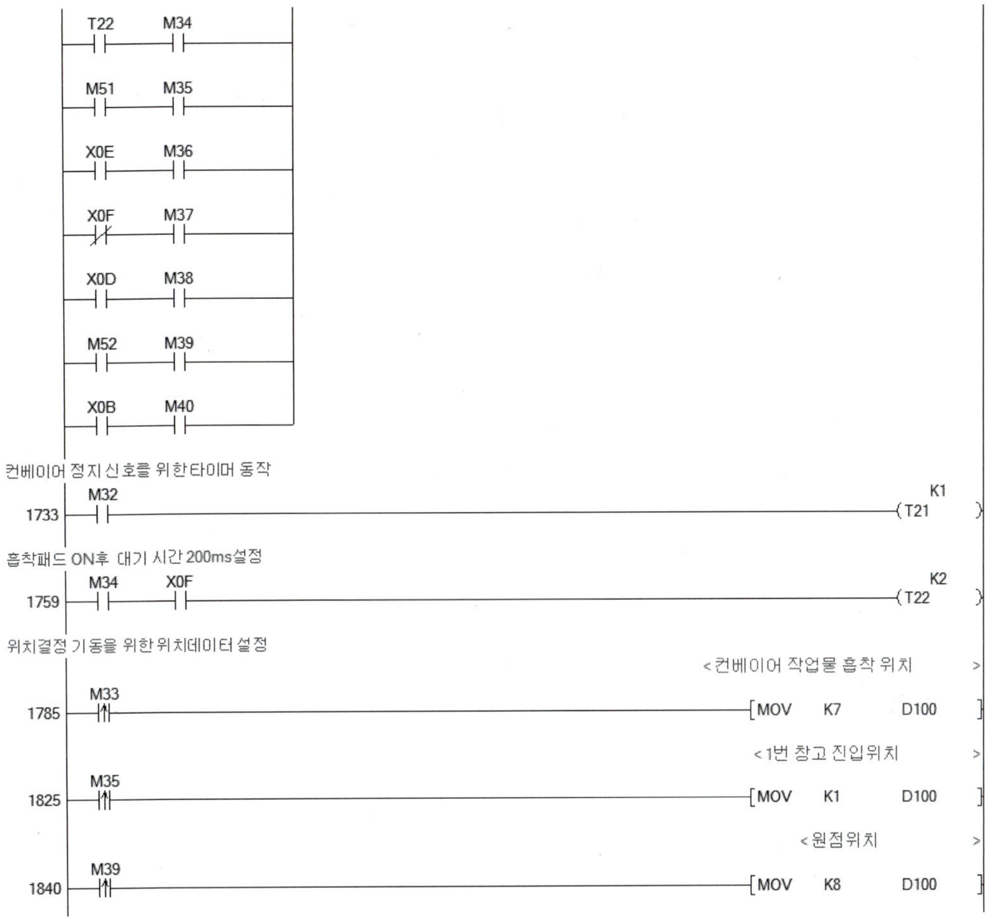

[프로그램 12-24] **금속 처리 프로그램**

[프로그램 12-24]는 [표 12-11]과 같이 금속이 검출되었을 때 1번 창고에 작업물을 저장한다. 이를 위해 3개의 위치 데이터를 사용한다. 첫 번째는 M33이 ON되었을 때, 컨베이어 벨트 위, 위치 데이터 7번에 설정된 위치에 있는 작업물을 흡착하기 위한 것이다. 두 번째는 M35가 ON되었을 때 1번 창고의 진입 위치를 등록한 위치 데이터 1번이다. 세 번째는 M39가 ON되었을 때 위치 데이터 8번에 설정한 원점 위치 데이터이다. 따라서 프로그램 라인 1785번, 1825번, 1840번에 리프트 모듈이 이동해야 할 위치 데이터 번호가 설정되어 있다.

흡착 패드가 ON될 때 흡착 센서의 채터링 문제로 신호 간섭이 발생하기 때문에, 프로그램 라인 1759번은 흡착 센서가 ON되고 약 200ms의 시간이 경과한 후에 1번 창고의 진입 위치로 위치 결정 기동을 실행시킨다.

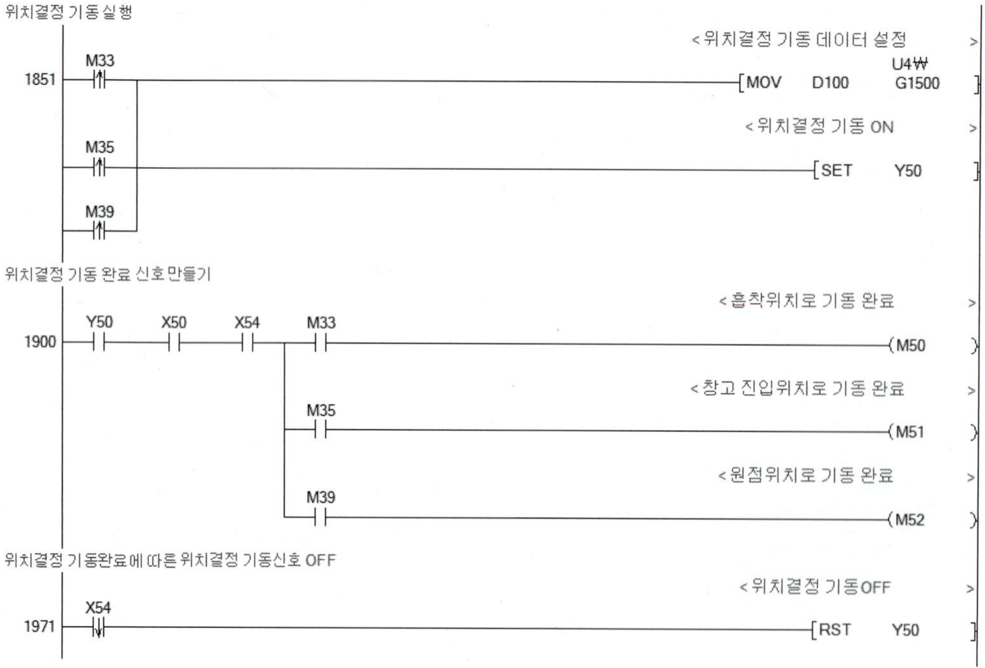

[프로그램 12-25] **금속을 창고에 적재하기 위한 위치 결정 기동 프로그램**

[프로그램 12-25]는 위치 결정 기동을 위한 프로그램이다. 앞에서 M33, M35, M39에 의해 설정된 위치 결정 데이터에 따라 위치 결정 기동 동작이 실행되고 완료되면, 위 프로그램에서 다음 동작을 위한 피드백 신호인 M50, M51, M52를 만든다.

(계속)

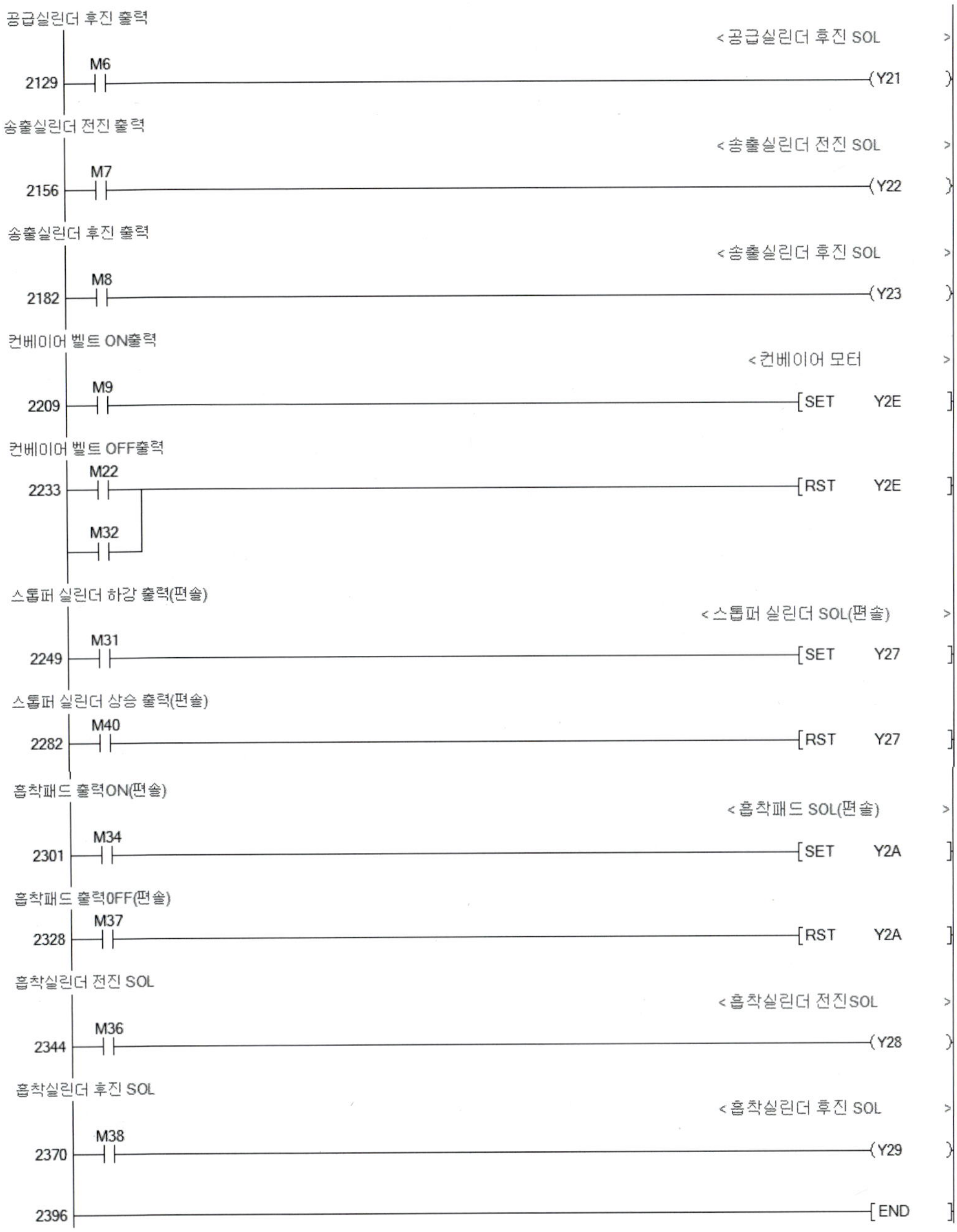

[프로그램 12-26] **출력 제어**

여기까지가 시작 버튼(X00)을 누를 때마다 금속 작업물을 1번 창고에 저장하는 프로그램이다.

12.2.3 설정한 창고에 작업물 저장하는 프로그램 작성법

앞에서 시작 버튼이 눌리면 금속 작업물을 1번 창고에 저장하는 응용 동작의 기본 프로그램 작성법에 대해 살펴보았다. 이제부터는 사용자가 설정한 창고에 작업물을 저장하는 프로그램 작성법에 대해 살펴보자.

[표 12-13] 위치 결정 식별자와 위치 및 속도값을 티칭하기 위한 HMI의 화면 구성

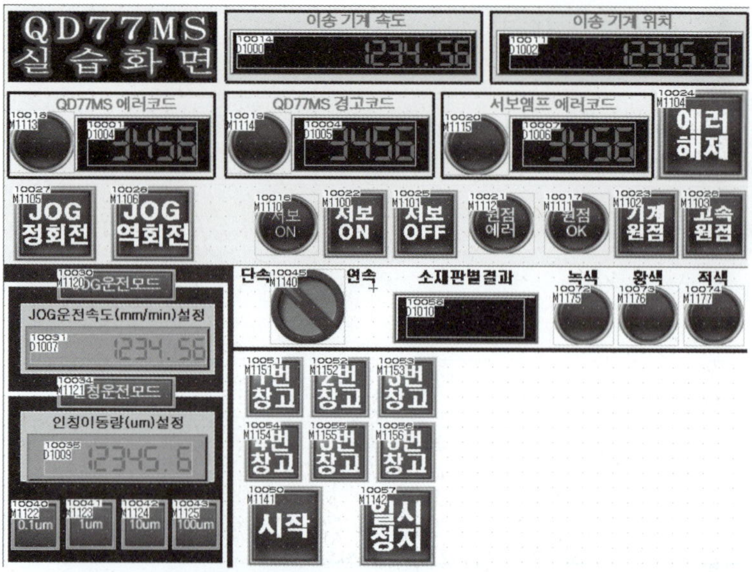

구분	메모리 번지	구분	메모리 번지
단속/연속 셀렉터	M1140(토글 기능)	1번 창고(램프 내장)	M1151(M1161)
소재 판별 결과(텍스트 창)	D1013 ~ D1010	2번 창고(램프 내장)	M1152(M1162)
녹색 램프	M1175	3번 창고(램프 내장)	M1153(M1163)
황색 램프	M1176	4번 창고(램프 내장)	M1154(M1164)
적색 램프	M1177	5번 창고(램프 내장)	M1155(M1165)
시작	M1141	6번 창고(램프 내장)	M1156(M1166)
일시정지	M1142(토글 기능)		

HMI 화면에 단속 동작을 구현하기 위한 내용을 추가해보자. 서보 동작을 제어하기 위한 프로그램은 앞에서 작성한 [프로그램 12-20]의 내용을 수정 없이 복사해서 사용한다. [프로그램 12-20]에 이어, 다음과 같은 단속 동작의 제어 조건을 만족하는 프로그램을 작성해보자.

■ 단속 동작 제어 조건

❶ 단속 또는 연속을 선택하는 셀렉터 스위치에 의해 단속 동작이 선택된다.

❷ 소재 판별 문자 표시창과 녹색, 황색, 적색 램프는 동작 모드에 관계없이 동작한다.

❸ 작업물 검사에서 금속으로 판별되면 소재 판별 표시창에 '금속'이, 비금속으로 판별되면 '비금속' 문자가 2초 동안 표시된다. 그리고 평상시에는 '대기 중'으로 표시된다.

❹ 단속 동작이 시작되면 녹색 램프가 점등되고, 단속 동작이 종료되면 녹색 램프가 소등된다.

❺ 단속 동작 중에 일시정지 버튼이 눌려서 일시정지 모드가 되면 황색 램프가 점멸 동작하고, 일시정지 모드가 해제되면 황색 램프가 소등된다.

❻ 작업물을 적재할 창고의 번호 버튼을 누르면, 해당 창고가 선택되었음을 표시하기 위해 버튼에 내장된 램프가 점등된다. 적재할 창고가 선택된 상태에서는 시작 버튼을 누를 때마다 작업물이 투입된다.

❼ 단속 동작 중에 일시정지 버튼을 누르면 모든 동작이 일시정지되고, 일시정지 버튼에 내장된 램프가 점등된다. 일시정지 상태에서 다시 일시정지 버튼을 누르면 일시정지가 해제된다.

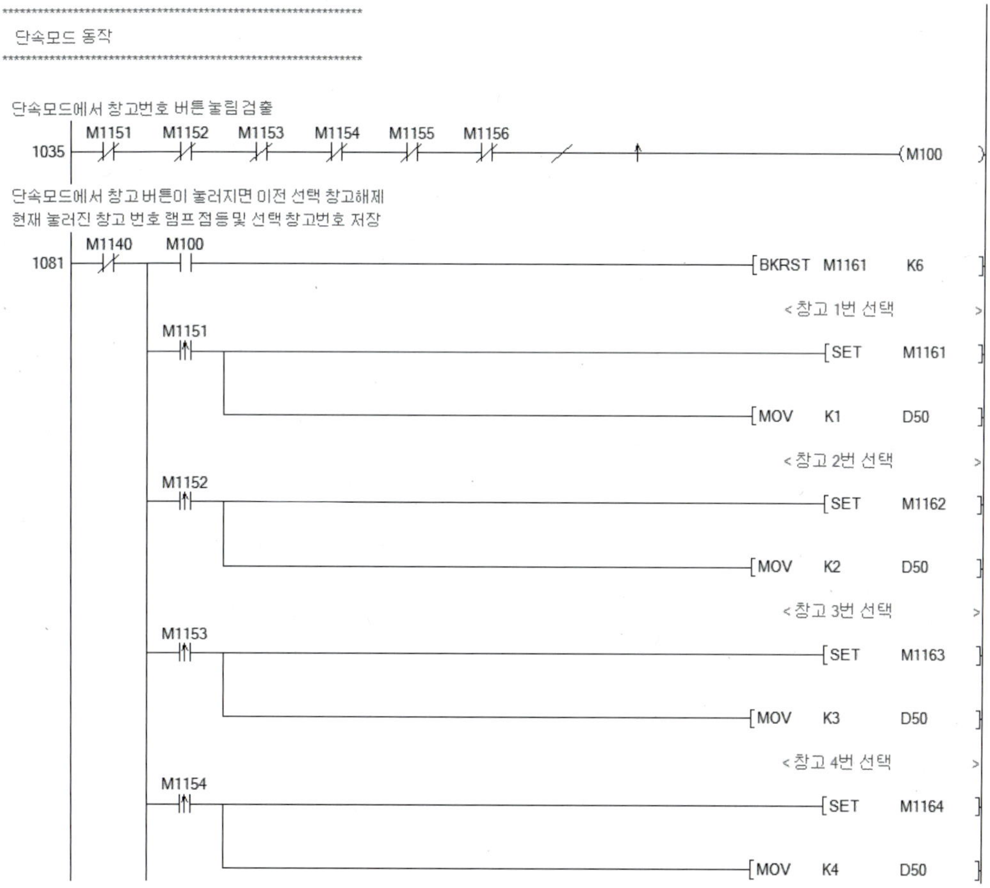

(계속)

[프로그램 12-27] **금속 작업물을 적재할 창고 위치 설정**

[프로그램 12-27]은, 단속 모드에서 금속 작업물을 적재할 창고 번호를 설정하면 해당 창고 번호 버튼에 내장된 램프를 점등하고, 위치 결정 기동에 필요한 창고 번호를 D50에 설정하는 부분이다.

[프로그램 12-28] **창고 번호 설정에 따른 창고의 위치 이동**

[프로그램 12-28]은 [그림 12-9]처럼 3단 창고에 번호가 지정되어 있을 때, 창고 번호의 선택에 따라 창고 위치를 좌우로 이동시키는 역할을 한다. 창고 번호 ❶, ❷, ❸번이 선택될 경우, 창고를 이동시키는 공압실린더가 후진되어야 하기 때문에 공압실린더의 후진 센서가 OFF된 상태에서 공압실린더를 후진시킨다. 창고 번호 ❹, ❺, ❻번이 선택될 경우, 공압실린더의 전진 센서가 OFF된 상태에서 공압실린더를 전진시킨다. 공압실린더가 전후진할 때, 공압실린더와 리프트 모듈에 장착된 흡착 실린더 간에 기계적 간섭이 발생하기 때문에, 흡착 실린더가 후진되어 있을 때에만 저장 모듈의 좌우 이동을 허용해야 한다.

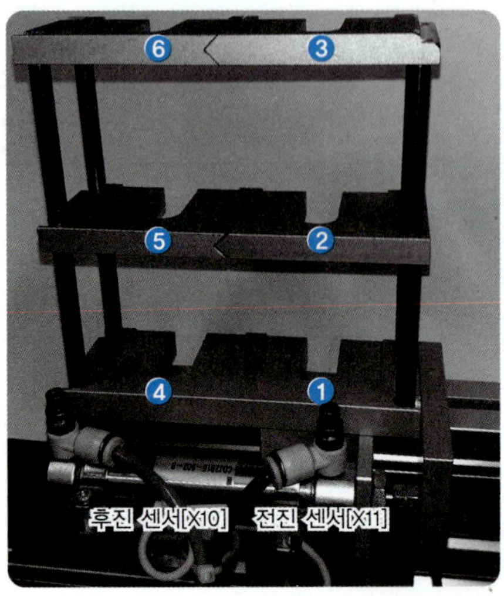

[그림 12-9] **창고 번호**

다음 [프로그램 12-29]는 단속 모드에서 일시정지 동작을 실행한다. 일시정지 버튼이 눌리면 축 정지(Y44)를 ON시켜 서보의 동작을 일시정지한다. 그리고 비트 메모리 M70을 사용하여 BSFL 명령이 실행되지 않도록 한다. 일시정지 해제를 위해서는 QD77MS의 버퍼 메모리 1503번지에 1을 설정하고, 축 정지(Y44)를 OFF한다. 그리고 일시정지가 되면 타이머를 사용해서 0.5초 간격으로 황색 램프를 점등한다.

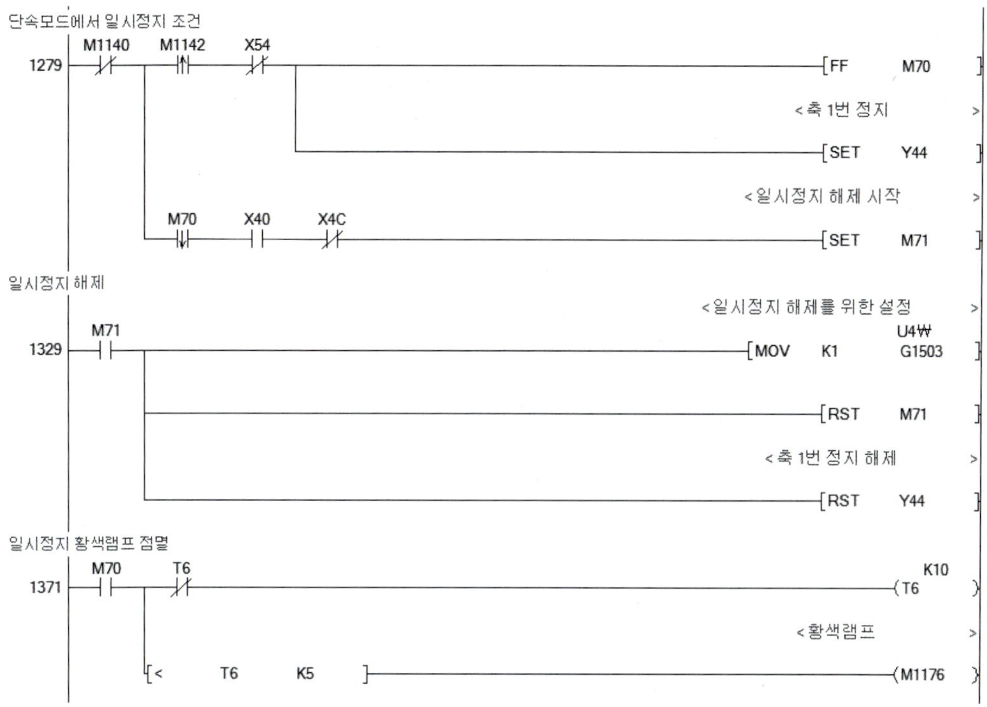

[프로그램 12-29] **일시정지**

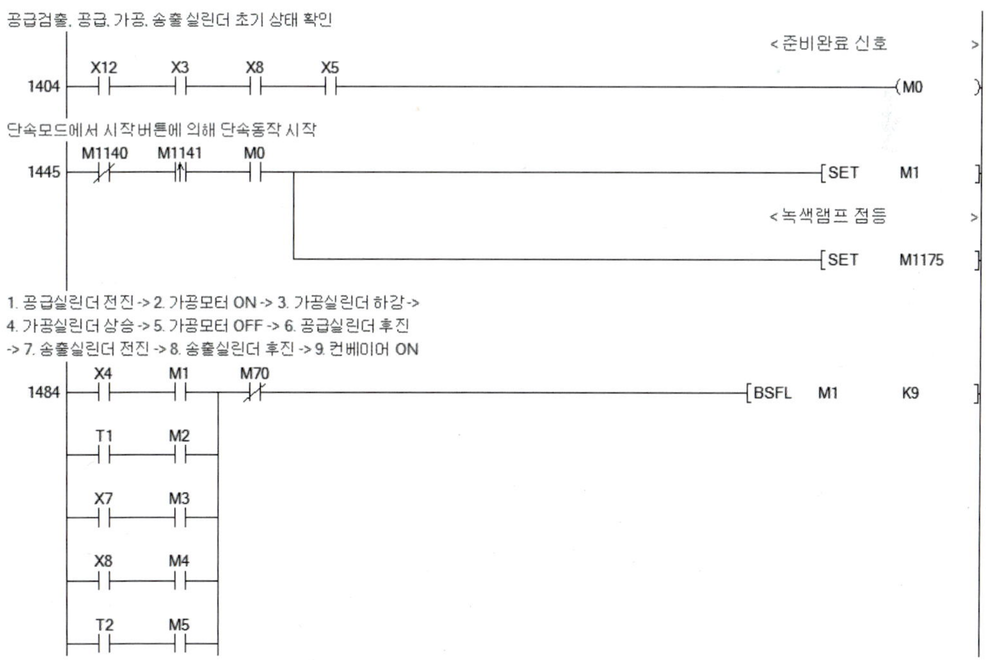

(계속)

[프로그램 12-30] **공급, 가공, 분배(송출), 컨베이어 구동 프로그램**

[프로그램 12-30]은 [표 12-8]의 동작을 구현한 프로그램이다. [프로그램 12-21]과 비교해보면, 프로그램 라인 1445번에 단속 모드가 선택되었음을 확인하는 M1140의 b접점과, 동작 시작을 나타내는 녹색 램프 점등이 추가되었음을 알 수 있다. 그리고 일시정지 버튼이 눌렸을 때 동작을 일시정지시키기 BSFL 명령어에 위해 BSFL 명령어에 M70의 b접점이 추가되었다.

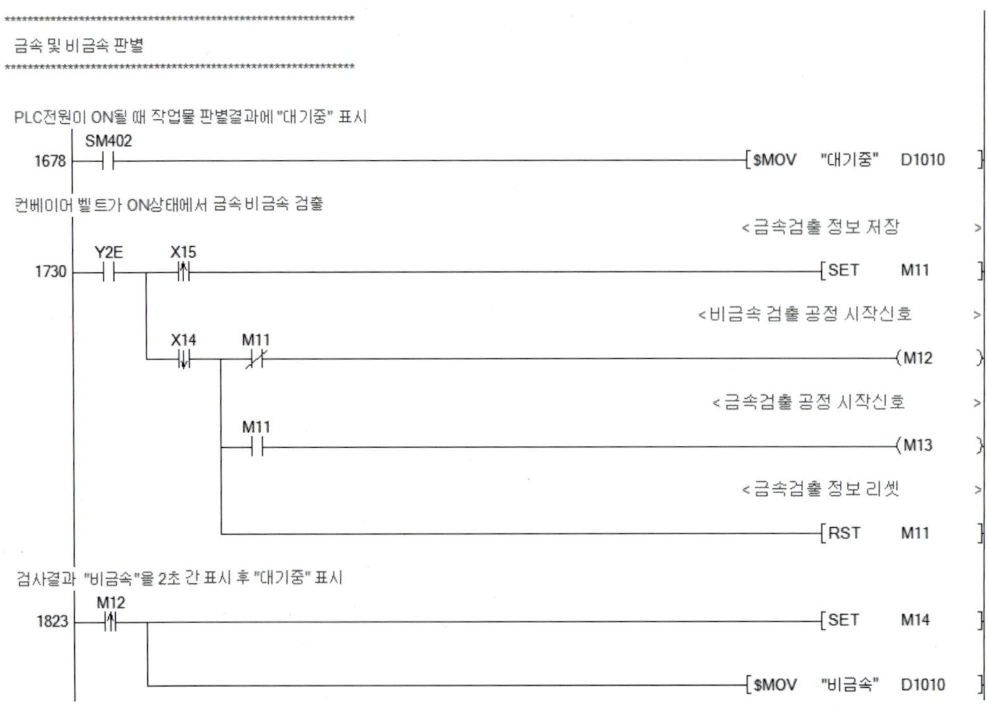

(계속)

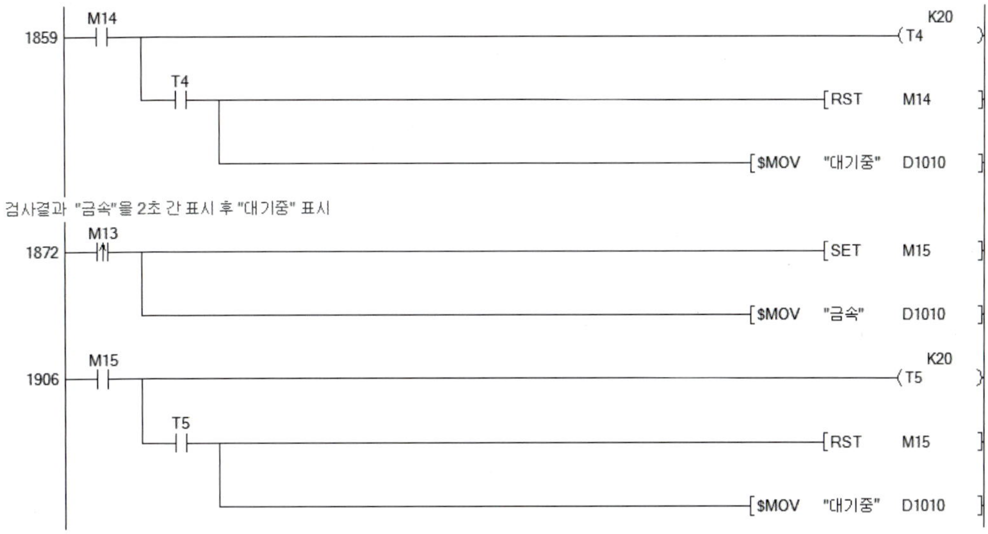

[프로그램 12-31] **금속 및 비금속 판별**

[프로그램 12-31]은 금속/비금속 판별을 위한 것으로, 판별에 따라 작업물의 소재 종류를 표시하기 위한 기능이 추가되었다. 작업물의 소재가 판별되면 2초 동안 '금속' 또는 '비금속'을 표시하고, 그 이후에는 '대기 중'이라는 문자를 표시한다.

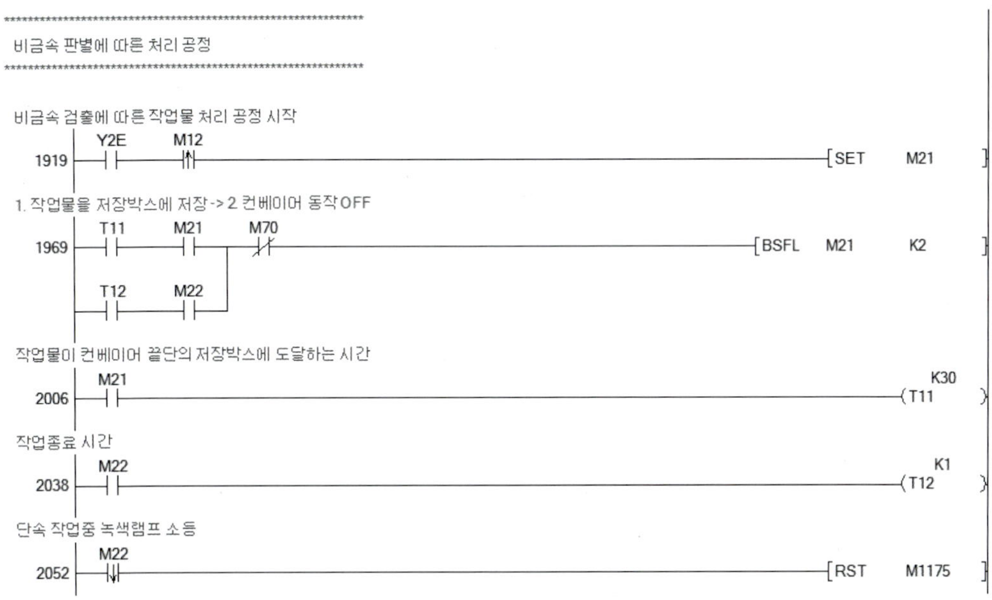

[프로그램 12-32] **비금속 처리**

[프로그램 12-32]는 작업물의 검사에서 비금속이 검출되었을 때 컨베이어 끝단의 저장박스에 작업물을 저장한다. 앞에서 학습한 프로그램과 비교해보면, 해당 작업이 완료될 때 작업 중을 표시하는 녹색 램프를 소등하는 부분이 프로그램 라인 2052번에 추가되어 있다.

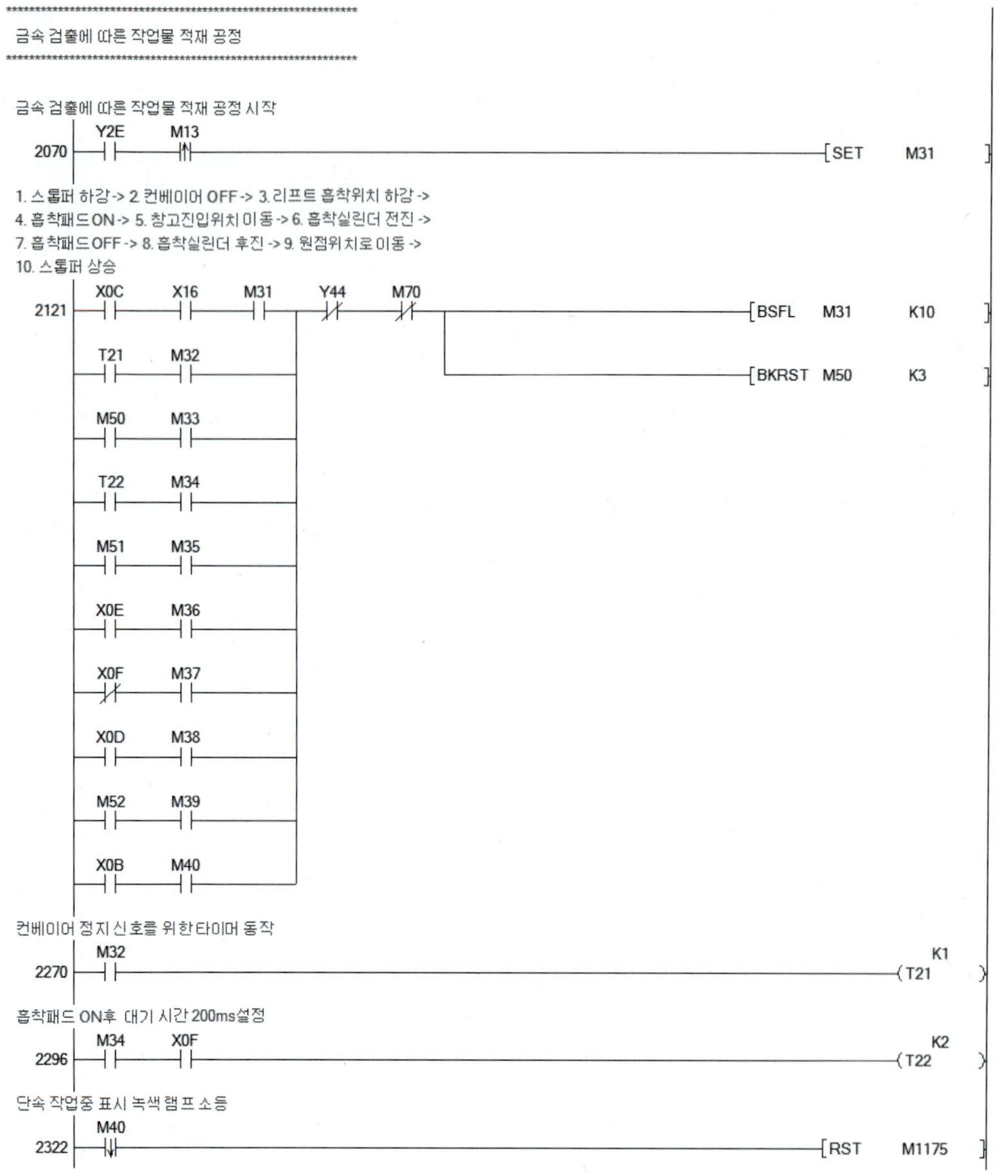

[프로그램 12-33] **금속을 창고에 적재하기 위한 프로그램**

[프로그램 12-33]은 작업물의 검사에서 금속이 검출되었을 때 사용자가 설정한 창고 위치에 작업물을 적재하기 위한 공정이다. [프로그램 12-24]와 비교해보면, 일시정지를 위한 프로그램 라인 2121번에 Y44, M70의 접점이 추가되어 있다. M70은 일시정지용 비트이고, Y44는 QD77MS의 축 정지 신호이다. M70과 Y44가 동작하는 신호 타이밍에 차이가 있을 수 있기 때문에 2개의 b접점을 사용해서 일시정지 동작을 구현한다.

일시정지 동작을 구현하기 위해서는 일시정지 동작 중에 피드백 신호를 ON 상태로 유지해야 할 필요가 있다. 그러므로 위치 결정 기동 완료 신호에 해당되는 비트 M50~M52

를 출력 접점으로 사용하지 않고 SET으로 신호를 유지한다. 따라서 해당 신호를 이용해서 다음 동작이 진행될 때 M50~M52의 신호를 강제로 RST하기 위한 BKRST 명령어가 추가된다. 그리고 금속 처리 공정의 마지막 동작인 원점 위치로의 리프트 복귀가 완료되면, 동작 중 램프(녹색 램프)를 소등하는 기능으로 프로그램 라인 2322번이 추가되었다.

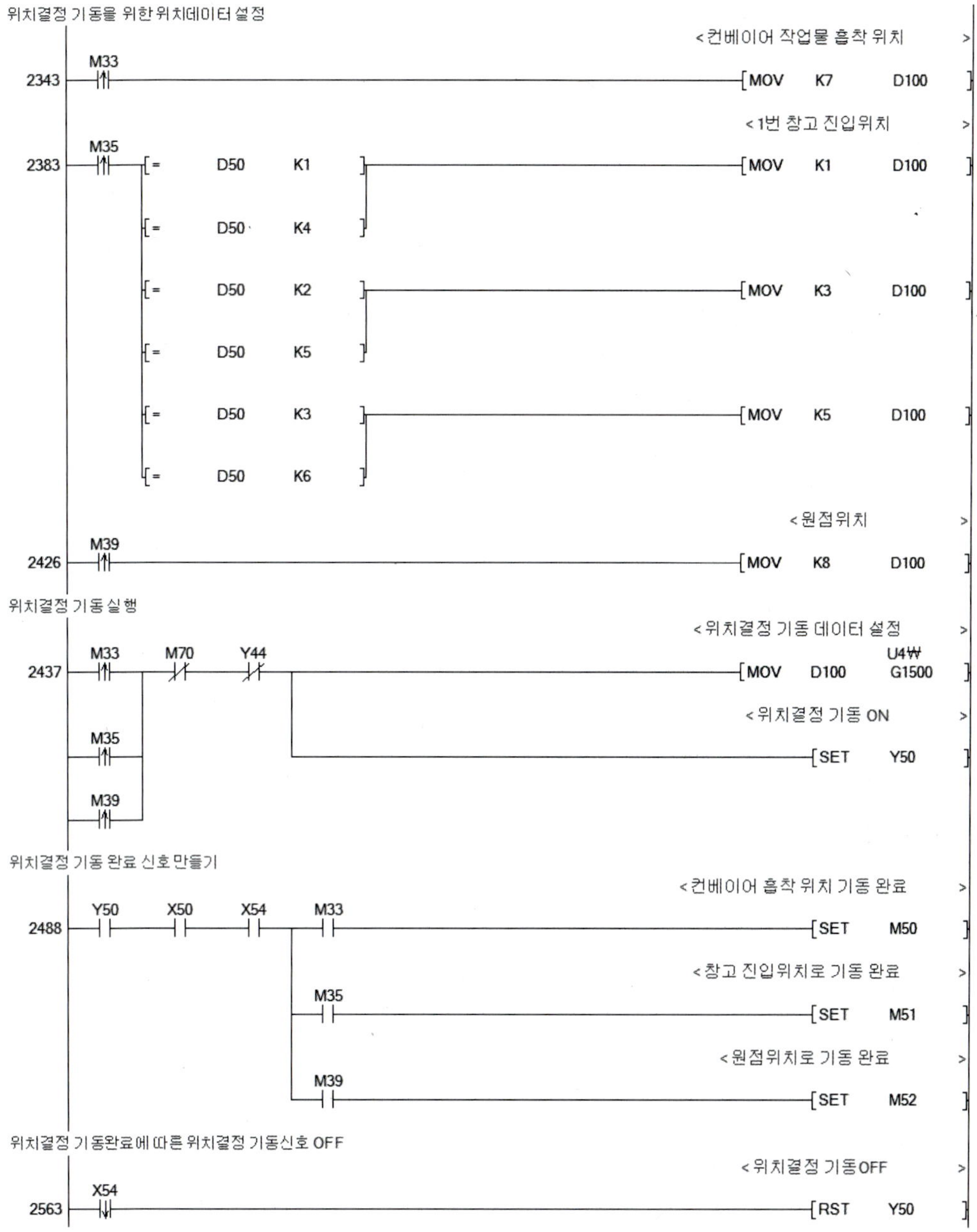

[프로그램 12-34] **위치 결정 기동**

[프로그램 12-34]는 금속을 사용자가 지정한 창고에 적재하기 위한 위치 결정 제어 프로그램이다. [프로그램 12-33]의 금속물 검출에 따른 작업물 적재를 위한 시퀀스 제어 공정에서 위치 제어 동작을 위한 비트 메모리는 M33, M35, M39이다. [프로그램 12-34]에서 M33, M35, M39가 ON되었을 때의 동작은 다음과 같다.

- **M33이 ON될 때** : 컨베이어에 있는 금속 작업물 흡착을 위한 위치 데이터 번호 7번의 설정 위치로 이동
- **M35가 ON될 때** : 흡착한 금속 작업물을 창고에 적재하기 위한 위치 데이터 번호 1, 3, 5번 중에 선택된 창고 번호에 적재
- **M39가 ON될 때** : 원점복귀를 위한 위치 데이터 번호 8번의 설정 위치로 이동

각 비트 동작에 따른 위치 데이터 번호를 설정한 후, 그 다음에는 프로그램 라인 2437번을 통해 위치 결정 기동을 한다. 그리고 프로그램 라인 2488번을 통해 위치 결정 기동 완료 신호를 만든다. 앞에서 학습한 일시정지 기능이 없는 프로그램에서는 위치 결정 기동 신호인 M50, M51, M52를 단순 출력으로 사용했다. 하지만 일시정지 기능을 구현하기 위해서는 일시정지 동안에도 해당 신호가 계속해서 ON 상태를 유지해야 하기 때문에 SET을 이용한다.

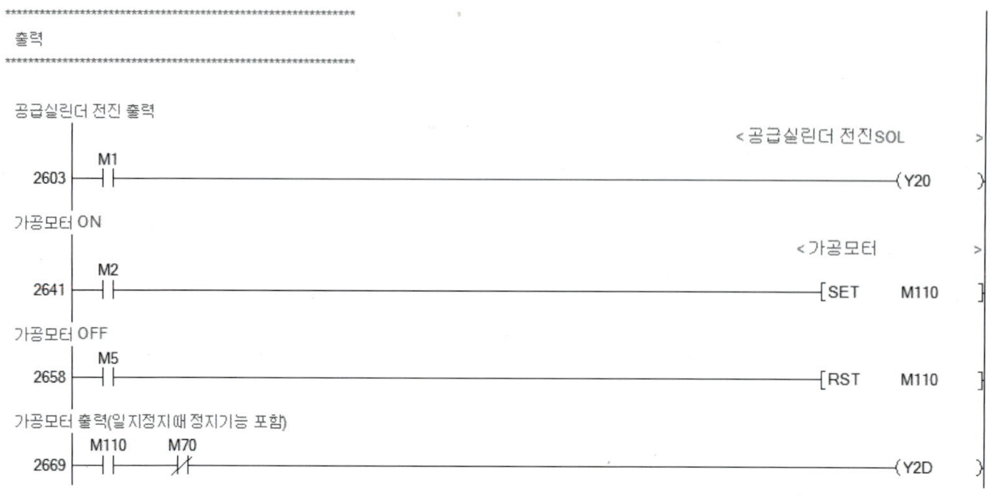

[프로그램 12-35] **가공 모터 출력**

[프로그램 12-35]는 제어 동작을 통해 실제로 PLC의 출력을 제어하기 위한 부분이다. 앞에서 학습한 일시정지 기능이 없는 프로그램에서는 가공 모터의 출력 번지 Y2D를 직접 SET과 RST 명령으로 제어했었다. 위 프로그램에서 응용 동작의 제어가 일시정지되면, 가공 모터의 동작도 일시정지시키기 위해 비트 메모리 M110을 SET과 RST으로 제어하고, 프로그램 라인 2669에서와 같이 M70의 b접점을 사용해서 출력을 OFF한다.

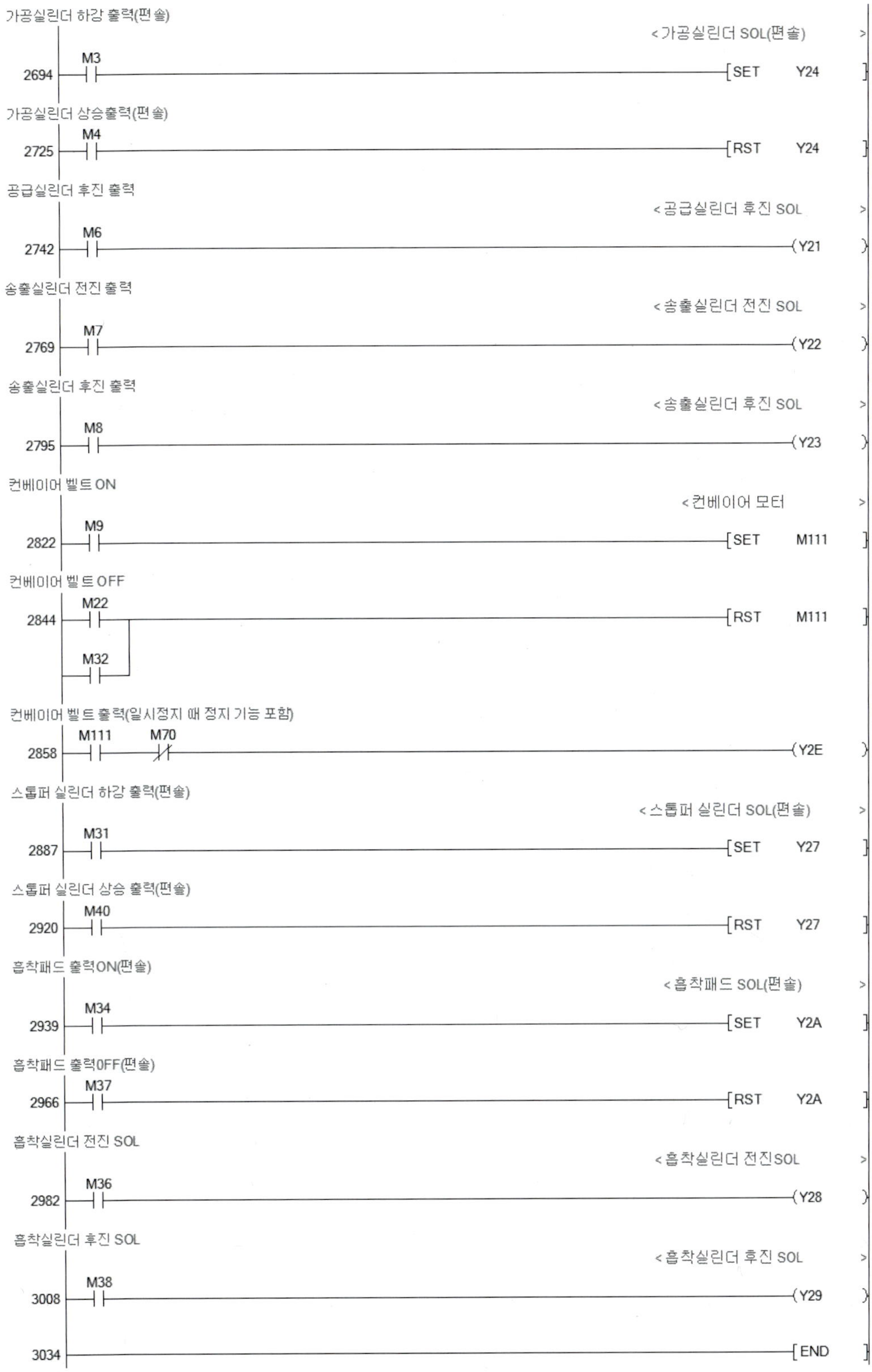

[프로그램 12-36] 출력 제어

[프로그램 12-36]은 [프로그램 12-35]에서 이어지는 PLC 출력 제어를 위한 것이다. 프로그램 라인 2822번을 살펴보면, 컨베이어 벨트를 일시정지시키기 위해 M111을 사용해서 컨베이어 벨트 출력을 제어하고 있음을 확인할 수 있다.

여기까지가 단속과 일시정지 기능이 추가된 프로그램이다. 앞에서 학습한 단순한 시작 버튼에 의한 동작 프로그램([프로그램 12-21 ~ 12-26])과 일시정지 기능이 추가된 프로그램이 어떻게 다른지 비교해보기 바란다.

12.2.4 설정 순서대로 창고에 작업물 적재하는 프로그램 작성법

[표 12-14]와 같이 HMI 화면에 연속 작업을 위한 기능을 추가한 후, HMI로 다운로드하여 제어 프로그램을 작성한다.

[표 12-14] 연속 작업을 추가한 HMI 화면

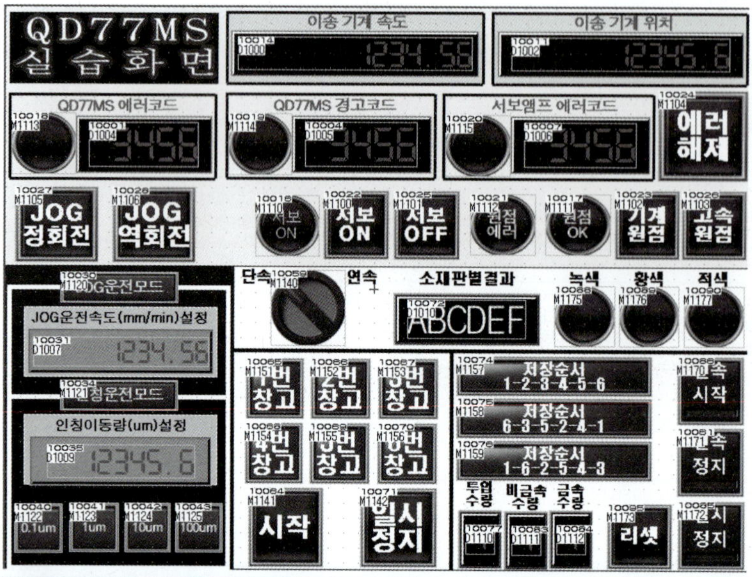

구분	메모리 번지	구분	메모리 번지
저장 순서(1-2-3...)(램프)	M1157(M1167)	금속 수량	D1112
저장 순서(6-4-4...)(램프)	M1158(M1168)	연속시작(램프)	M1170(M1180)
저장 순서(1-3-5...)(램프)	M1159(M1169)	연속정지(램프)	M1171(M1171)
투입 수량	D1110	일시정지(램프)	M1172(M1182)
비금속 수량	D1111	리셋(램프)	M1173(M1183)

12.2.3절에서 작성한 단속 동작 제어 프로그램에 연속 동작 제어 프로그램을 추가하는 형태로 프로그램을 작성한다.

■ 연속 동작 제어 조건

❶ 단속/연속을 선택하는 셀렉터 스위치에서 연속 동작을 선택한다. 연속 동작이 선택될 때, 단속 동작에서 설정한 창고 번호의 램프는 소등되고, 연속 동작의 창고 저장 순서 버튼(M1157)에 내장된 램프가 점등되어 해당 저장 순서가 선택되었음을 표시한다.

❷ 저장 순서를 표시한 버튼을 누르면, 이전에 설정된 저장 순서 버튼의 선택은 해제되고, 누른 저장 순서 버튼의 램프가 점등된다.

❸ 투입 수량은 공정에 투입된 작업물의 개수를 표시한다. 리셋 버튼이 눌리기 전까지 이 값은 누적되어 표시된다.

❹ 투입된 작업물 중 비금속의 수량을 표시한다. 리셋 버튼이 눌리기 전까지 이 값은 누적되어 표시된다.

❺ 투입된 작업물 중 금속의 수량을 표시한다. 리셋 버튼이 눌리기 전까지 이 값은 누적되어 표시된다.

❻ 연속시작 버튼이 눌릴 때, 매거진에 작업물이 있으면 녹색 램프가 점등되면서 작업이 시작된다. 매거진에 작업물이 남아있으면 연속적으로 작업이 이루어진다. 연속 작업 중 매거진에 작업물이 더 이상 없으면, 녹색 램프는 소등, 적색 램프는 점등되고 작업은 종료된다. 다시 매거진에 작업물을 공급한 후에 연속시작 버튼을 누르면, 녹색 램프는 점등, 적색 램프는 소등되면서 작업이 이어서 이루어진다. 창고에 6개의 작업물이 모두 적재되면 리셋 버튼에 내장된 램프가 점등된다. 리셋 버튼의 램프가 점등된 상태에서는 연속시작 버튼이 동작하지 않는다. 창고에 적재된 작업물을 모두 제거한 후에 리셋 버튼을 누르면, 투입 수량, 금속, 비금속 수량 표시가 0으로 설정되고, 리셋 램프는 소등된다.

❼ 연속 동작 중에 연속정지 버튼을 누르면, 현재 진행 중인 작업을 종료한 후에 동작이 정지하고, 녹색 램프는 소등된다.

❽ 연속 동작 중에 일시정지 버튼을 누르면, 현재 진행 중인 작업이 정지되고, 일시정지 버튼에 내장된 램프가 점등되며, 황색 램프가 점멸 동작을 한다. 일시정지 중에 일시정지 버튼을 다시 누르면, 일시정지 상태가 해제되면서 일시정지 버튼에 내장된 램프와 황색 램프가 소등되고, 정지 직전의 작업부터 이어서 진행된다.

연속 작업은 앞에서 작성한 단속 작업 프로그램에 연속 작업을 추가한 형태로 작성된다. 새롭게 작성하려면 [프로그램 12-37]과 같이 [프로그램 12-20]에 이어서 작성한다.

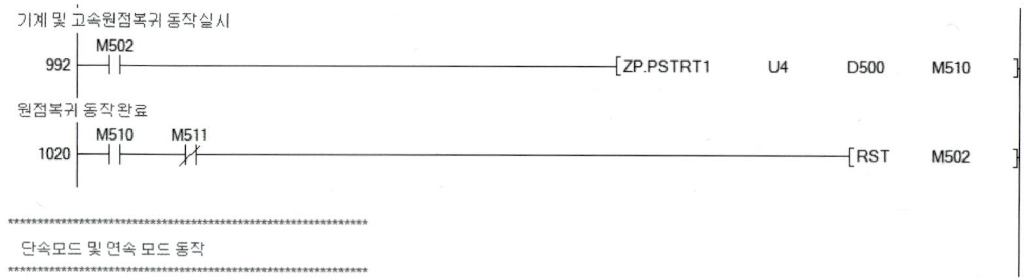

[프로그램 12-37] [프로그램 12-20]에 이어서 나타낸 연속 작업 프로그램의 작성 위치

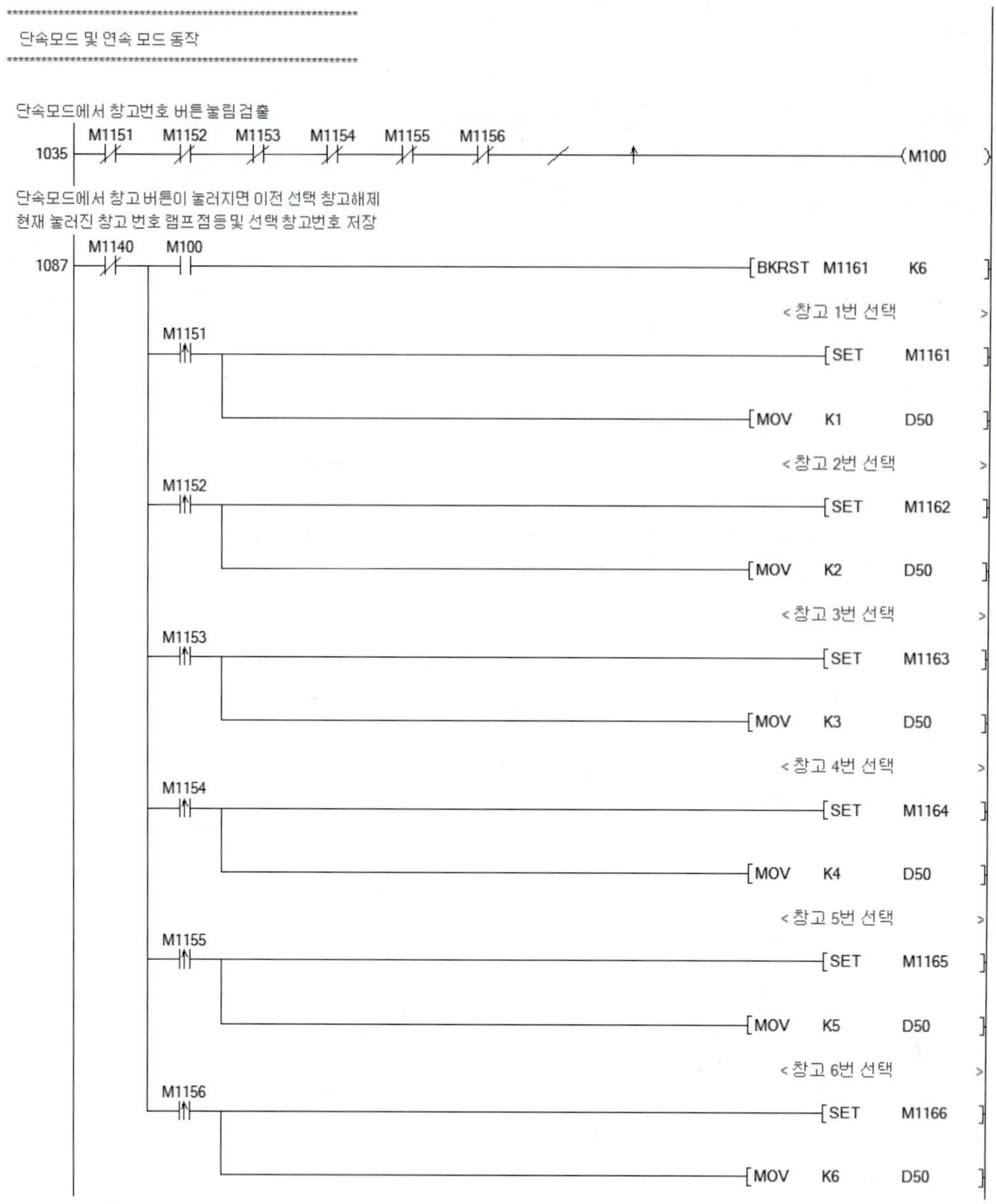

[프로그램 12-38] 단속 모드에서 금속 작업물을 저장할 창고 위치 설정

[프로그램 12-38]은 단속 모드일 때 작업물을 저장할 창고 번호를 설정하는 부분으로, 앞에서 학습한 [프로그램 12-27]과 동일하다.

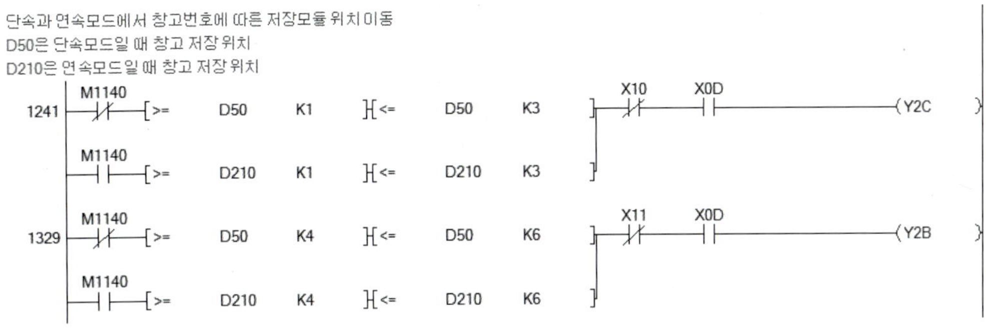

[프로그램 12-39] **창고 번호 설정에 따른 저장 모듈의 위치 변경**

[프로그램 12-39]는 단속/연속 모드에서 작업물을 적재할 창고 번호 설정에 따라 저장 모듈을 좌우로 이송하는 부분이다. 단속/연속 모드에 따라 창고 번호 설정 메모리가 각각 다르기 때문에 단속/연속 모드를 선택하는 셀렉터 스위치의 접점에 의해 단속/연속 모드를 구분해서 저장 모듈이 동작하도록 하였다.

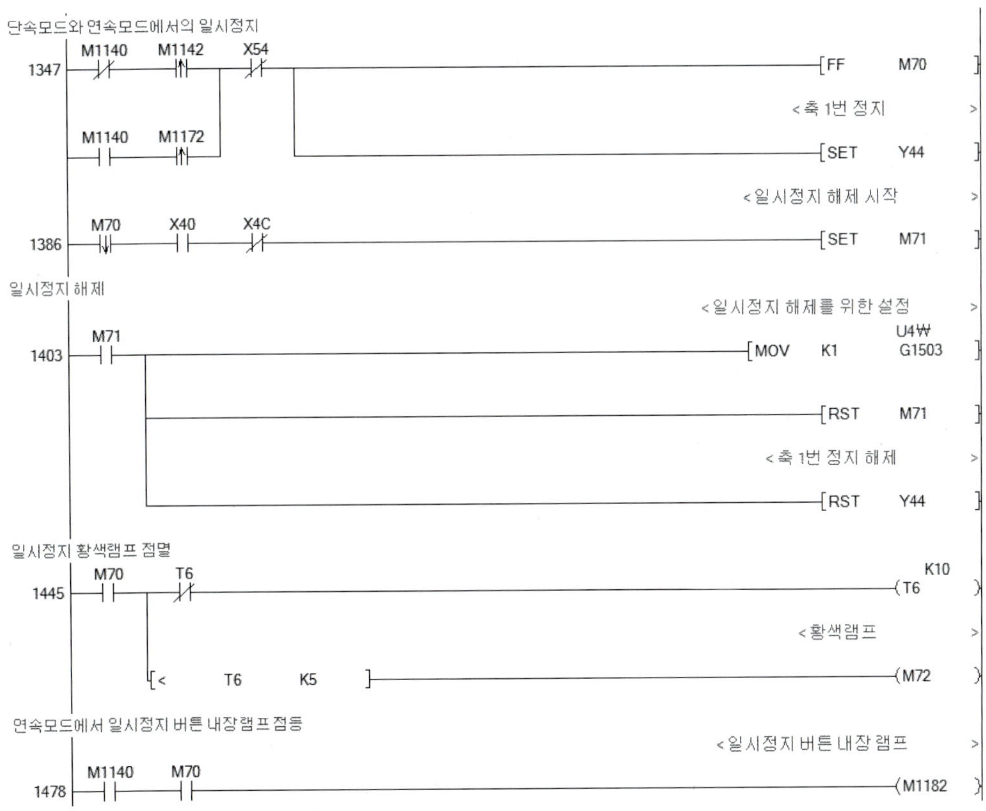

[프로그램 12-40] **단속/연속 모드에서의 일시 정지 기능**

[프로그램 12-40]은 단속/연속 모드에서 일시정지를 위한 프로그램이다. 연속 모드에서 단속의 일시정지 프로그램에 추가된 사항은, 일시정지 버튼이 눌렸을 때 프로그램 라인 1347번에서 일시정지를 실행시키는 부분과, 프로그램 라인 1478번에서 일시정지 버튼에 내장된 램프를 점등하는 기능이다.

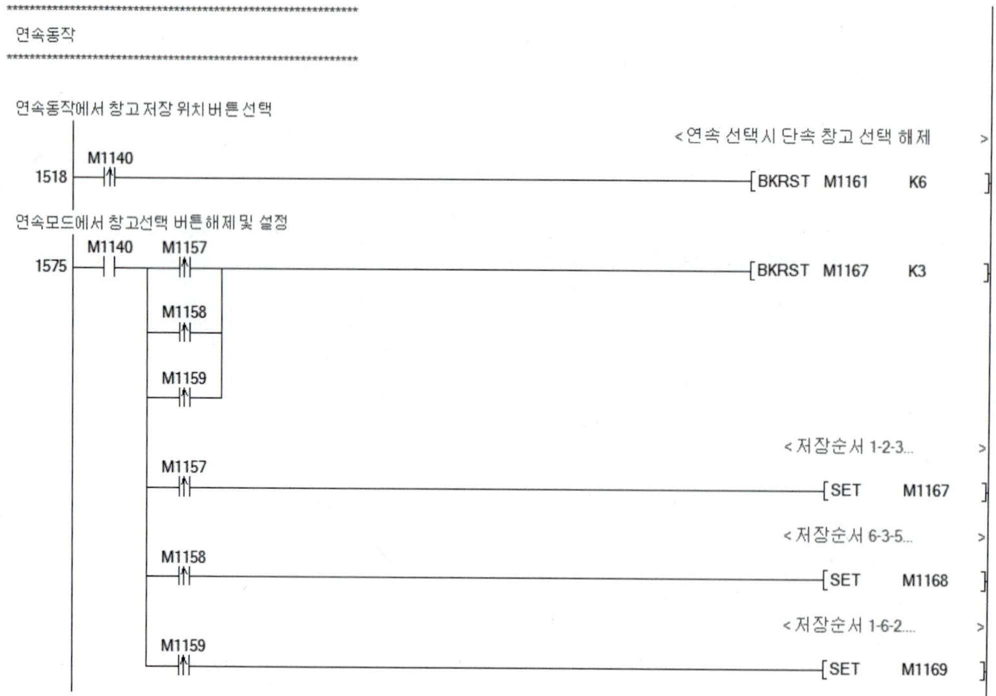

[프로그램 12-41] **연속 모드에서 금속 작업물을 순서대로 적재할 창고 위치 버튼 표시**

[프로그램 12-41]은 연속 모드에서 저장할 창고 위치를 표시한 버튼의 입력을 처리하는 부분이다. 버튼이 눌리면, 이전에 선택된 창고 위치 선택을 해제한 후에 눌린 버튼의 내장 램프를 점등시켜 새로 선택된 창고 위치를 표시한다.

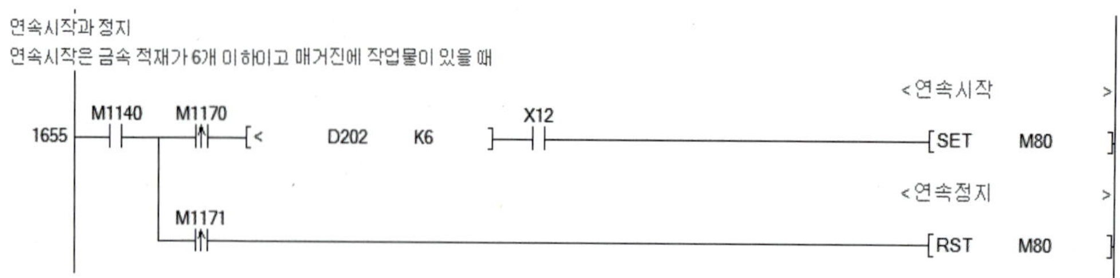

[프로그램 12-42] **연속 시작과 연속 정지 동작 확인**

연속 모드에서 연속시작 버튼을 눌렀을 때 창고에 적재된 금속 물품이 6개 미만이고 매거진에 작업물이 남아있으면, [프로그램 12-42]는 연속 동작 시작 비트 M80을 ON한다. 이때 정지 버튼을 누르면 M80을 OFF하여 연속 동작을 정지시킨다.

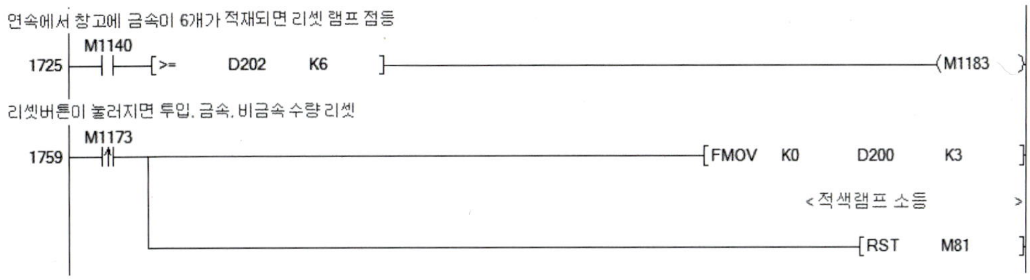

[프로그램 12-43] **연속 모드에서 리셋 버튼과, 리셋 버튼에 내장된 램프 동작**

연속 모드에서 창고에 금속 작업물 6개가 저장되면, [프로그램 12-43]은 리셋 버튼에 내장된 램프를 점등한다. 이후 리셋 버튼(M1173)이 눌리면, 투입 수량, 금속, 비금속의 개수를 저장하는 데이터 레지스터를 0으로 설정하고, 매거진에 작업물이 없음을 표시하는 적색 램프의 점멸 동작을 정지시킨다.

[프로그램 12-44] **투입 수량, 비금속, 금속 수량 표시**

[프로그램 12-44]는 연속 모드일 때 작업물의 투입 수량, 비금속 수량, 금속 수량을 표시한다.

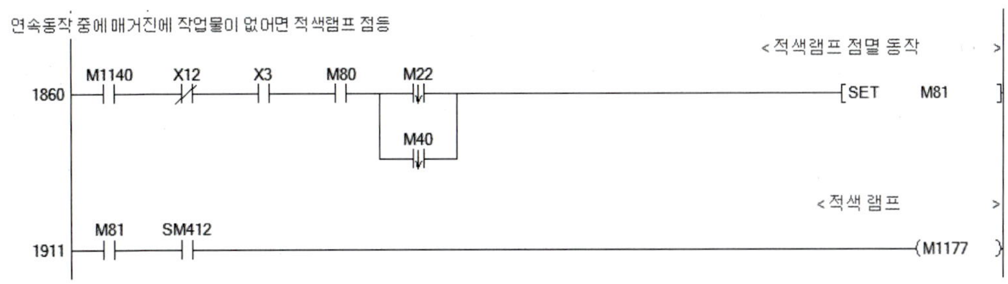

[프로그램 12-45] **연속 동작 중 매거진에 작업물의 유무 검출**

[프로그램 12-45]는, 연속 모드에서 공급 실린더가 후진 상태이고 연속 동작을 위한 시작 신호(M22, M40)가 입력되었을 때, 매거진에 작업물이 없을 경우에 적색 램프의 점멸 동작을 실행하는 프로그램이다.

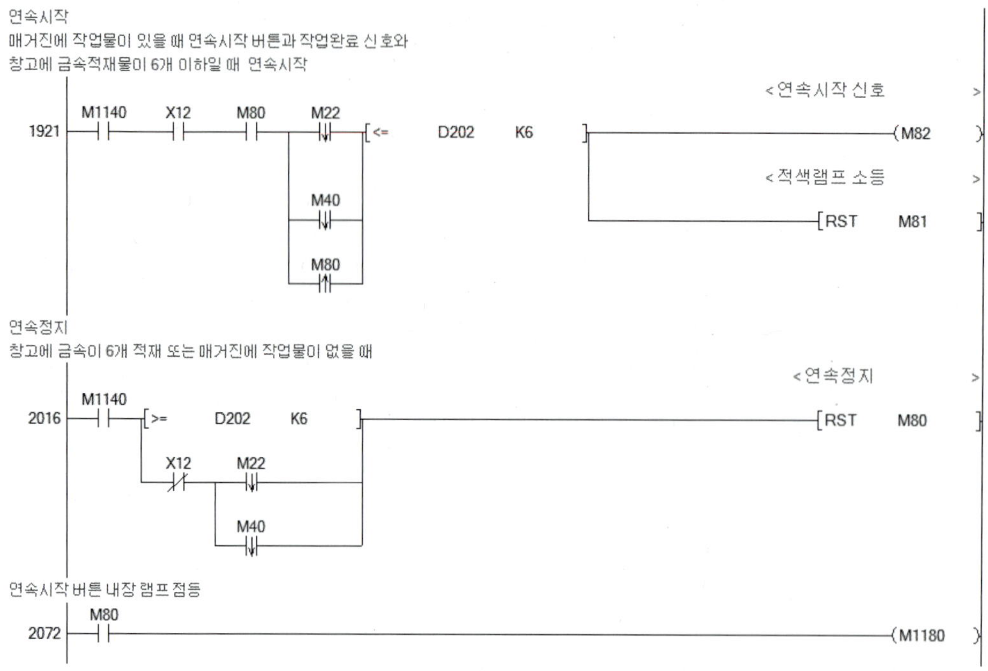

[프로그램 12-46] **연속 시작과 연속 정지**

[프로그램 12-46]의 연속시작은, 연속시작 버튼이 눌렸을 때의 신호(M80), 비금속 작업물의 처리 공정이 끝났을 때의 신호(M22), 금속 작업물의 처리 공정이 끝났을 때의 신호(M40)로 이루어진다. 연속시작 신호는, 연속 모드가 선택되어 있고 매거진에 작업물이 있으며, 창고에 적재된 금속 작업물이 6개 이하일 때 유효하다. 그리고 연속시작과 연속정지 버튼에 의해 연속 작업의 지속 여부를 판단할 M80이 ON되어 있어야 한다. 이러한 조건이 만족되면, 연속시작이 이루어지면서 매거진에 작업물 없음을 표시하는 적색 램프가 소등된다.

프로그램 라인 2016번과 같이 창고에 금속 작업물이 6개가 적재가 되었을 때, 또 비금속 및 금속 작업물의 처리 공정이 끝나서 새로운 연속시작이 이루어질 때, 매거진에 작업물이 없다면 연속정지가 이루어진다. 한편 연속시작이 이루어지는 동안에는 프로그램 라인 2072에 의해 연속시작 버튼에 내장된 램프가 점등되어 연속시작 동작 중임을 알린다.

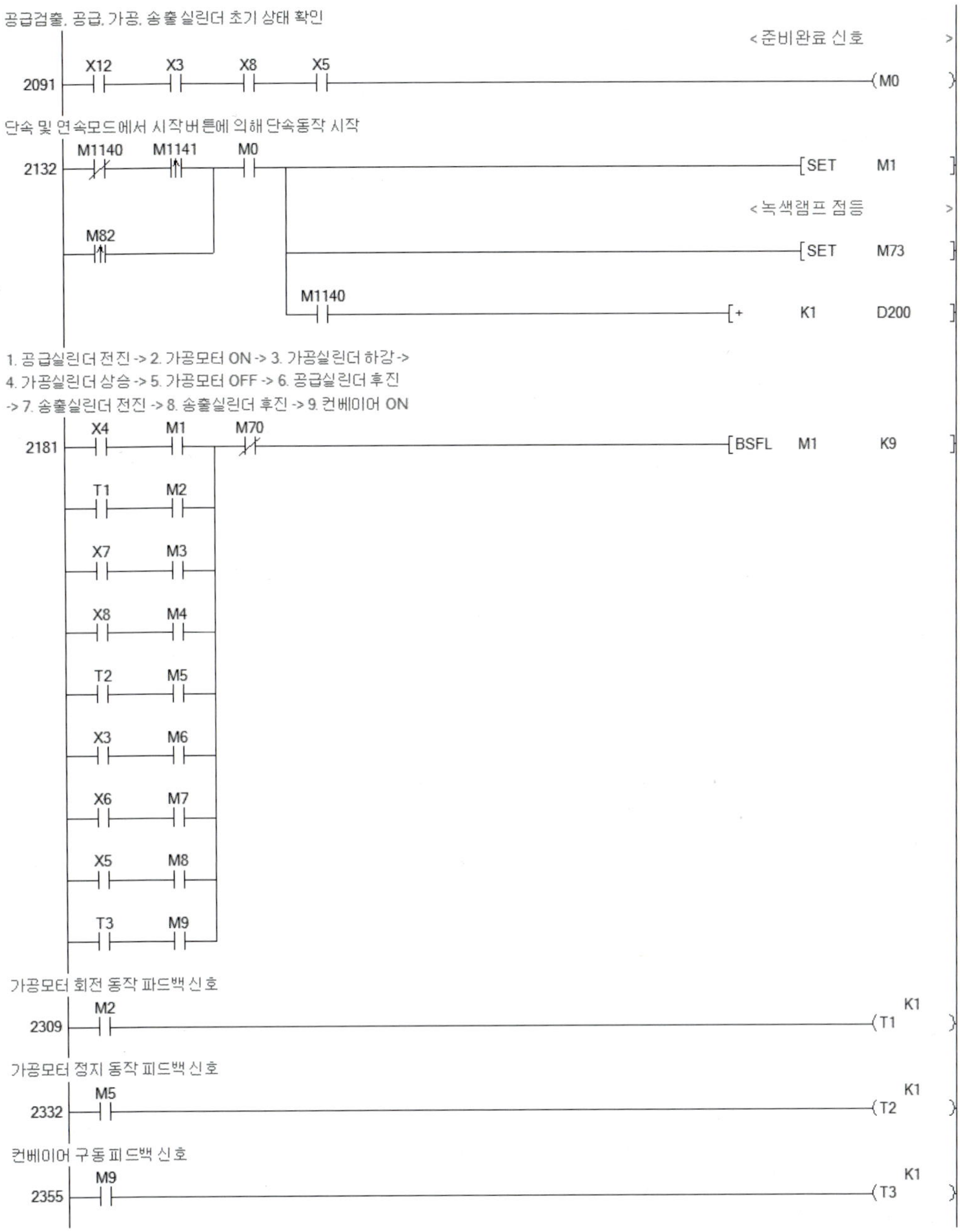

[프로그램 12-47] **단속/연속 모드에서 작업물의 공급, 가공, 분배(송출)와 컨베이어 제어**

[프로그램 12-47]은 매거진에 있는 작업물을 가공 공정을 거쳐 컨베이어 벨트로 이송하는 부분으로, 연속 작업을 위한 기능이 프로그램 라인 2132번에 추가되어 있다. 단속 및 연속 모드에서 해당 프로그램이 공동으로 사용되기 때문에, 단속의 시작 버튼(M1141)의 조건에 단속 모드 셀렉터 스위치의 상태(M1140 b접점)가 추가되었고, 연속 모드에서의 시작 신호인 M82가 병렬로 추가되었다. 그리고 연속 모드에서 필요한 작업물의 개수를

파악하기 위해 해당 시작 신호를 사용해서 가공 공정에 투입된 작업물의 개수를 카운트하는 기능을 추가하였다.

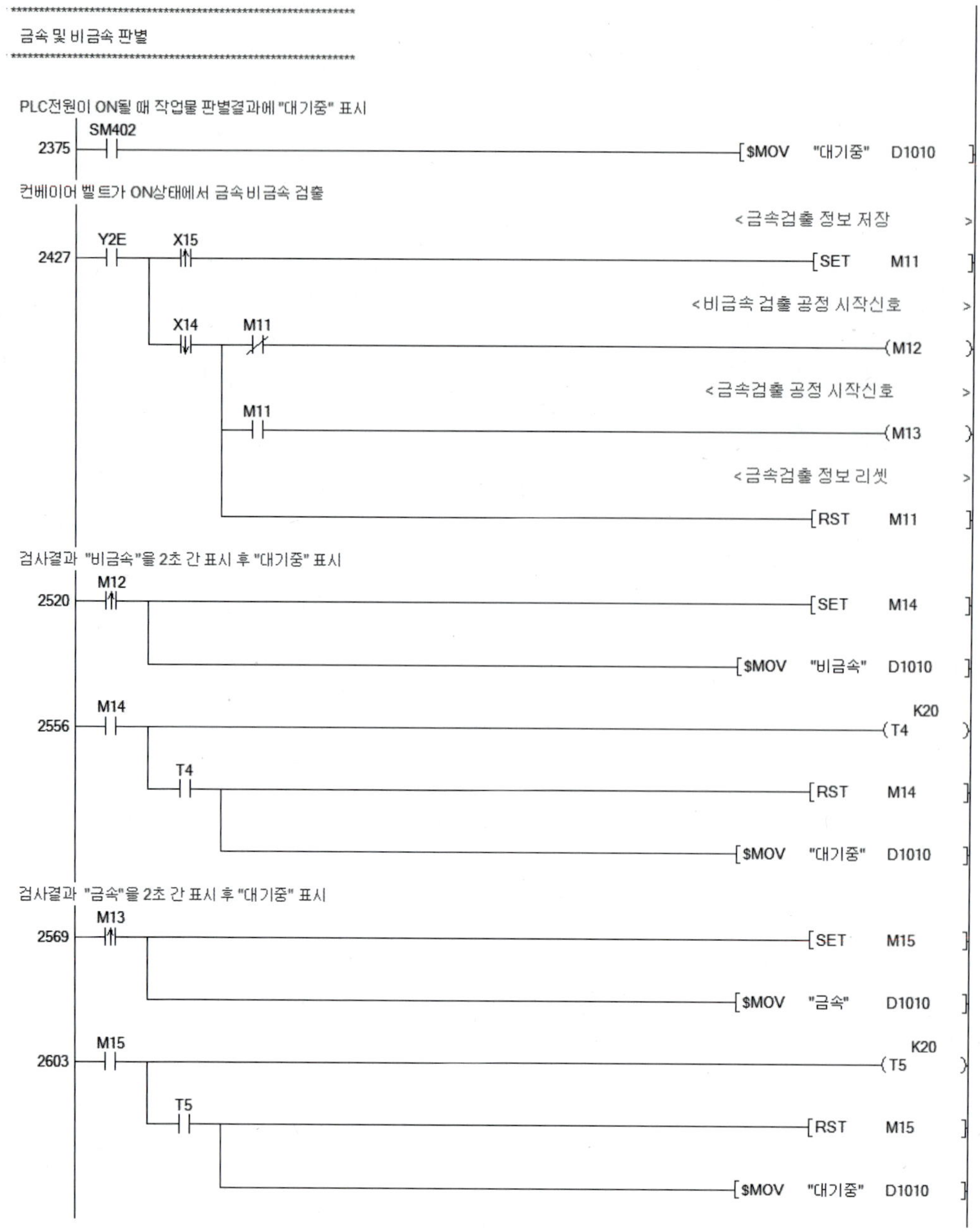

[프로그램 12-48] **금속 및 비금속 판별**

[프로그램 12-48]은 금속 및 비금속을 판별하는 공정의 프로그램으로, 단속 및 연속 모드에서 동일하게 사용된다.

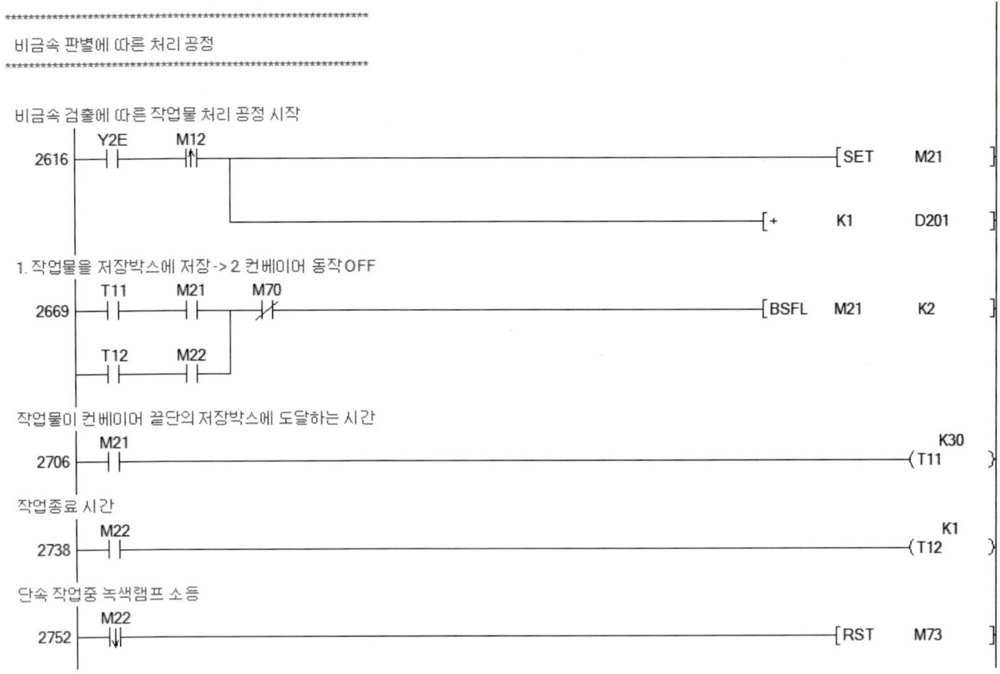

[프로그램 12-49] **비금속 처리를 위한 시퀀스 제어 프로그램**

[프로그램 12-49]의 비금속 판별에 따른 프로그램도 단속/연속 모드에 관계없이 동일한 프로그램을 사용한다.

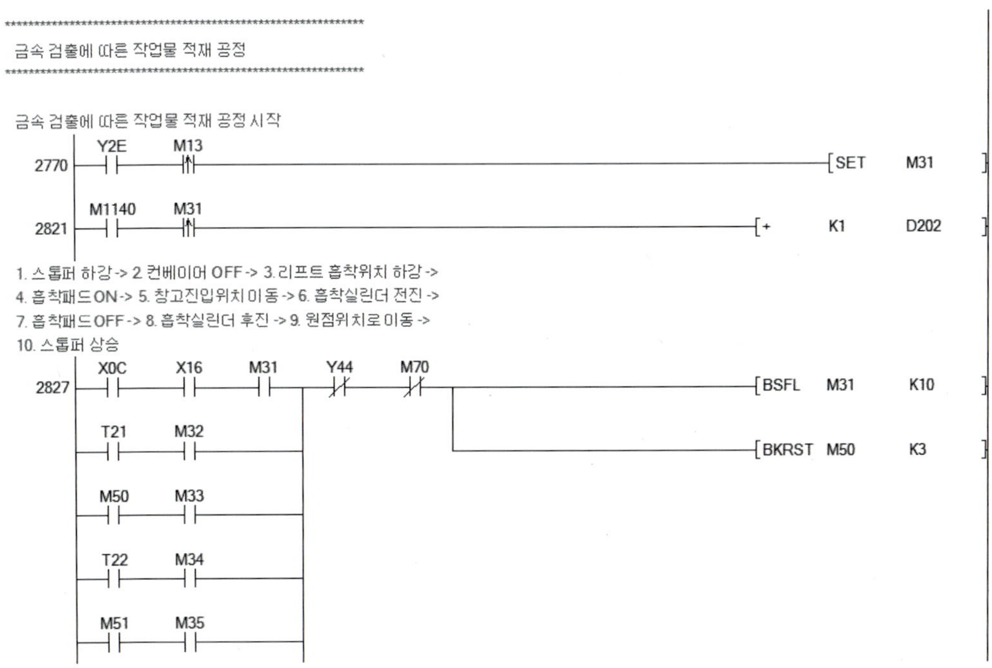

(계속)

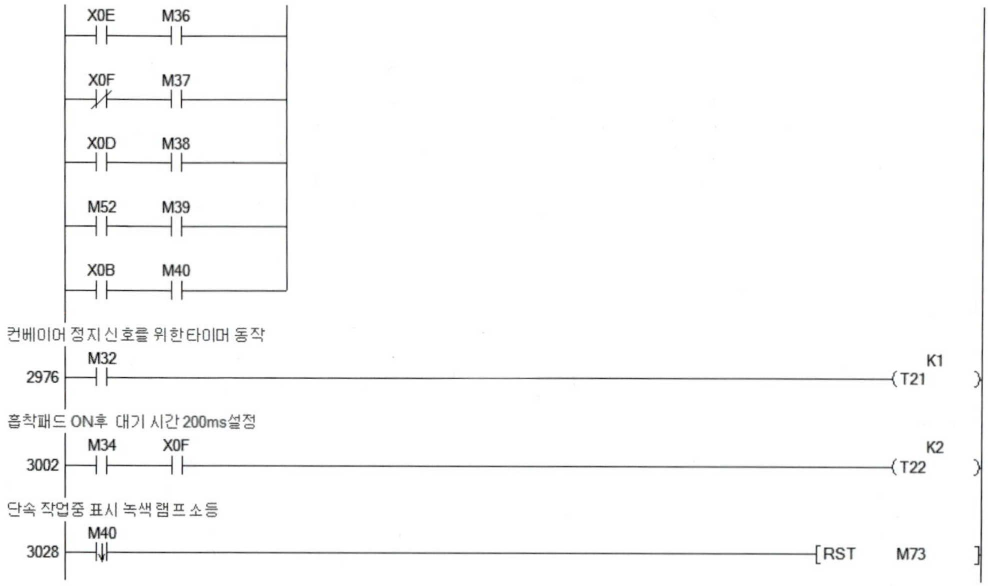

[프로그램 12-50] **금속 처리를 위한 시퀀스 제어 프로그램**

금속 판별에 따른 [프로그램 12-50]도 단속/연속 모드에 관계없이 동일한 프로그램을 사용한다.

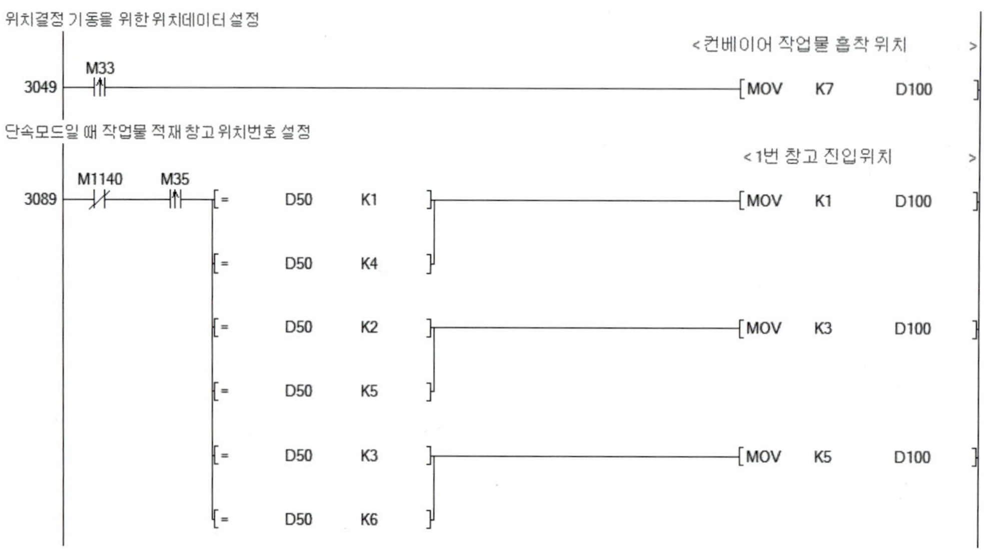

[프로그램 12-51] **단속 모드에서 금속 작업물 적재 창고 위치에 따른 위치 데이터 번호 설정**

[프로그램 12-51]은 단속 모드에서 작업물을 적재할 창고 번호의 선택에 따라 작업물이 창고에 저장될 위치 데이터를 설정하는 부분이다. 단속/연속 모드에 따라 작업물이 적재할 위치 데이터가 달라져야 하는데, 위 프로그램은 단속 모드에서만 사용되므로 프로그램 라인 3089번에 단속 모드 선택 접점(M1140 b접점)을 추가하였다.

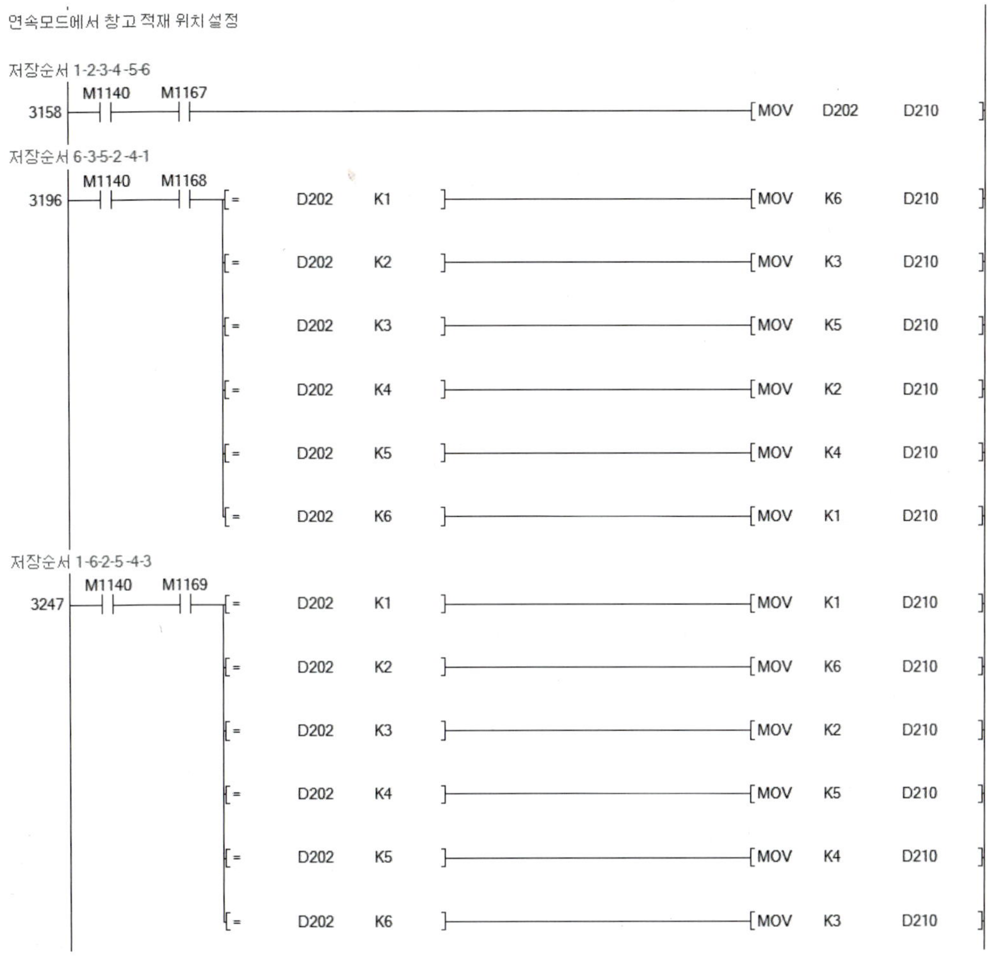

[프로그램 12-52] **연속 모드에서 금속 작업물 적재 순서에 따른 창고 위치 번호 설정**

[프로그램 12-52]는 연속 모드에서 작업물을 적재할 창고의 위치 데이터를 설정하는 부분이다. 검사 공정에서 작업물이 금속으로 판별될 때마다 금속의 수량을 카운트하는 데이터 레지스터 D202의 값이 1씩 증가한다. D202의 값은 금속이 투입되는 순번을 의미한다. 실제로 창고에 저장되는 위치는 투입되는 순번에 따라 적재될 창고의 번호대로여야 한다.

프로그램 라인 3158번에서는 저장 순서(1-2-3-4-5-6) 버튼이 눌리면, 금속이 투입되는 순번과 창고에 저장되는 순번이 동일하기 때문에 금속의 투입 순번을 기억하고 있는 D202의 값이, 실제로 작업물을 적재할 창고의 번호를 기억하는 D210으로 전달된다.

프로그램 라인 3196번에서는 저장 순서(6-3-5-2-4-1) 버튼이 눌리면, 금속이 투입되는 순서와 실제로 작업물이 적재할 창고의 번호가 각기 다르기 때문에 금속이 투입되는 순번대로 실제 작업물이 적재될 창고의 번호가 설정된다.

프로그램 라인 3247번은 프로그램 라인 3158번과 동일하게 저장 순서(1-6-2-5-4-3) 버튼이 눌렸을 때 금속을 저장할 실제 창고의 위치를 저장하는 부분이다. 이처럼 금속이 투입되는 순서에 따라 금속이 적재될 창고의 위치를 다르게 설정하면, 다양한 창고 위치에 적재물을 저장할 수 있다.

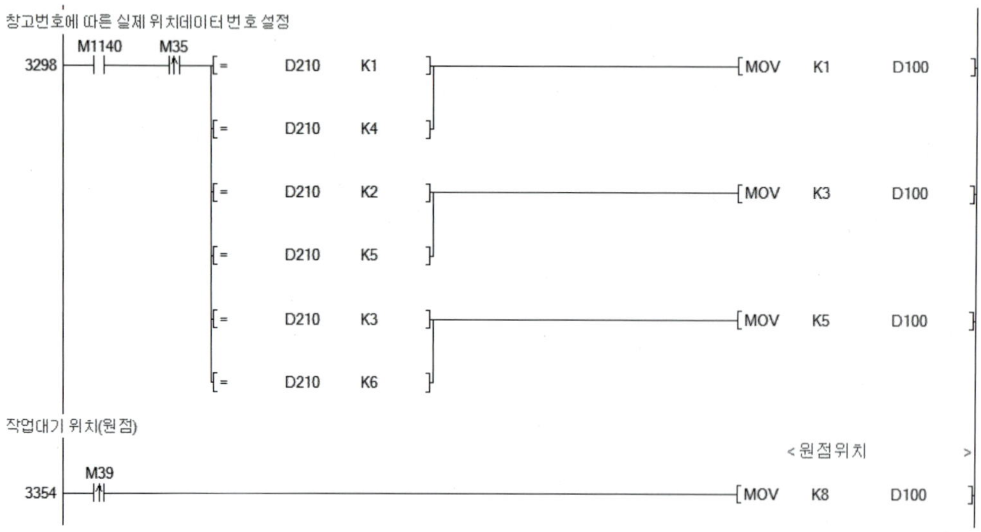

[프로그램 12-53] **연속 모드에서 금속 작업물 적재 창고 위치에 따른 위치 데이터 번호 설정**

[프로그램 12-53]은 연속 모드에서 금속 작업물이 적재될 실제의 창고 위치를 기억하고 있는 D210의 설정값을 금속 작업물이 적재될 창고의 번호와 비교해서 1층, 2층, 3층의 창고 위치에 해당하는 위치 데이터를 설정하는 부분이다. 앞에서 설명했듯이 QD77MS에 설정한 위치 데이터는 총 8개이다. 그 중에서 7번의 위치 데이터는 컨베이어 벨트의 금속 작업물을 흡착하기 위한 위치이고, 1번은 1층 창고 진입 위치, 3번은 2층 창고 진입 위치, 5번은 3층 창고 진입 위치이다. 창고 1번과 4번은 1층에 위치하고 있기 때문에 1번의 위치 데이터 번호가 설정되고, 창고 2번과 5번은 2층에 위치하고 있기 때문에 3번의 위치 데이터 번호가, 창고 3번과 6번은 3층에 위치하고 있기 때문에 5번의 위치 데이터 번호가 설정되어 있다. 본 과제에서는 창고의 적재 기능만 사용하기 때문에 창고의 흡착 위치에 해당하는 위치 데이터 2, 4, 6번은 사용하지 않는다.

프로그램 라인 3354번은 창고에 금속 작업물 적재 작업을 마친 후에 다음 작업 대기를 위해 위치 데이터 8번의 위치로 흡착 모듈이 설치된 리프트 장치를 이동시킨다.

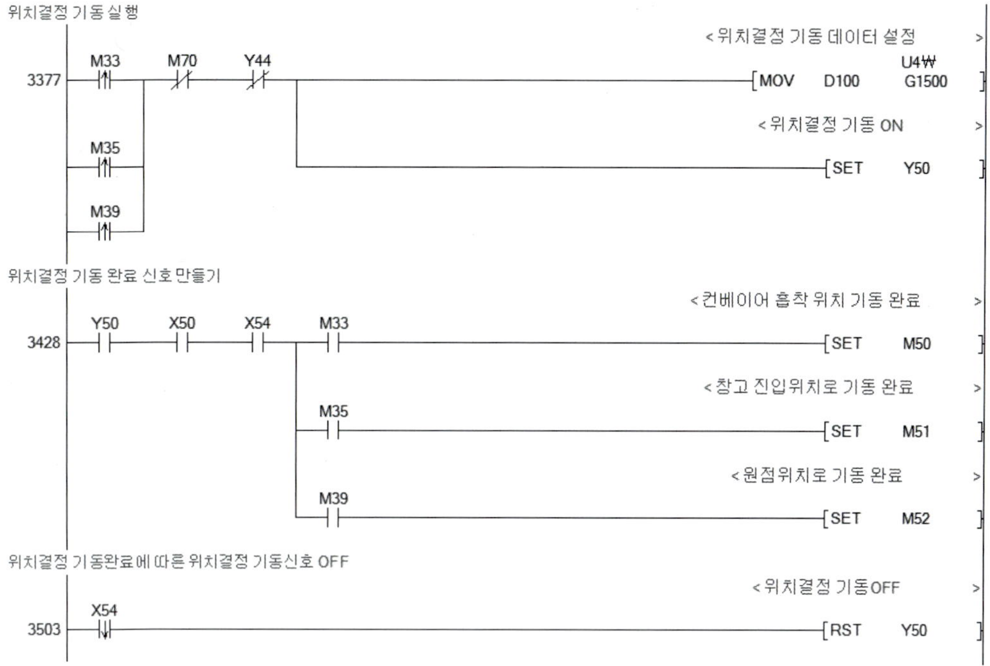

[프로그램 12-54] QD77MS의 위치 결정 기동

[프로그램 12-54]는 창고에 금속물을 적재하기 위해 QD77MS로 위치 결정 기동을 실행하는 부분이다. M33번은 컨베이어 벨트 위치의 금속 작업물 흡착 위치로 흡착 모듈이 설치된 리프트 장치를 이동시키고, M35번은 적재를 위한 창고 진입 위치로, M39번은 대기 위치로 위치 결정 기동을 한다. 단속 동작의 프로그램과 동일한 프로그램을 사용한다.

(계속)

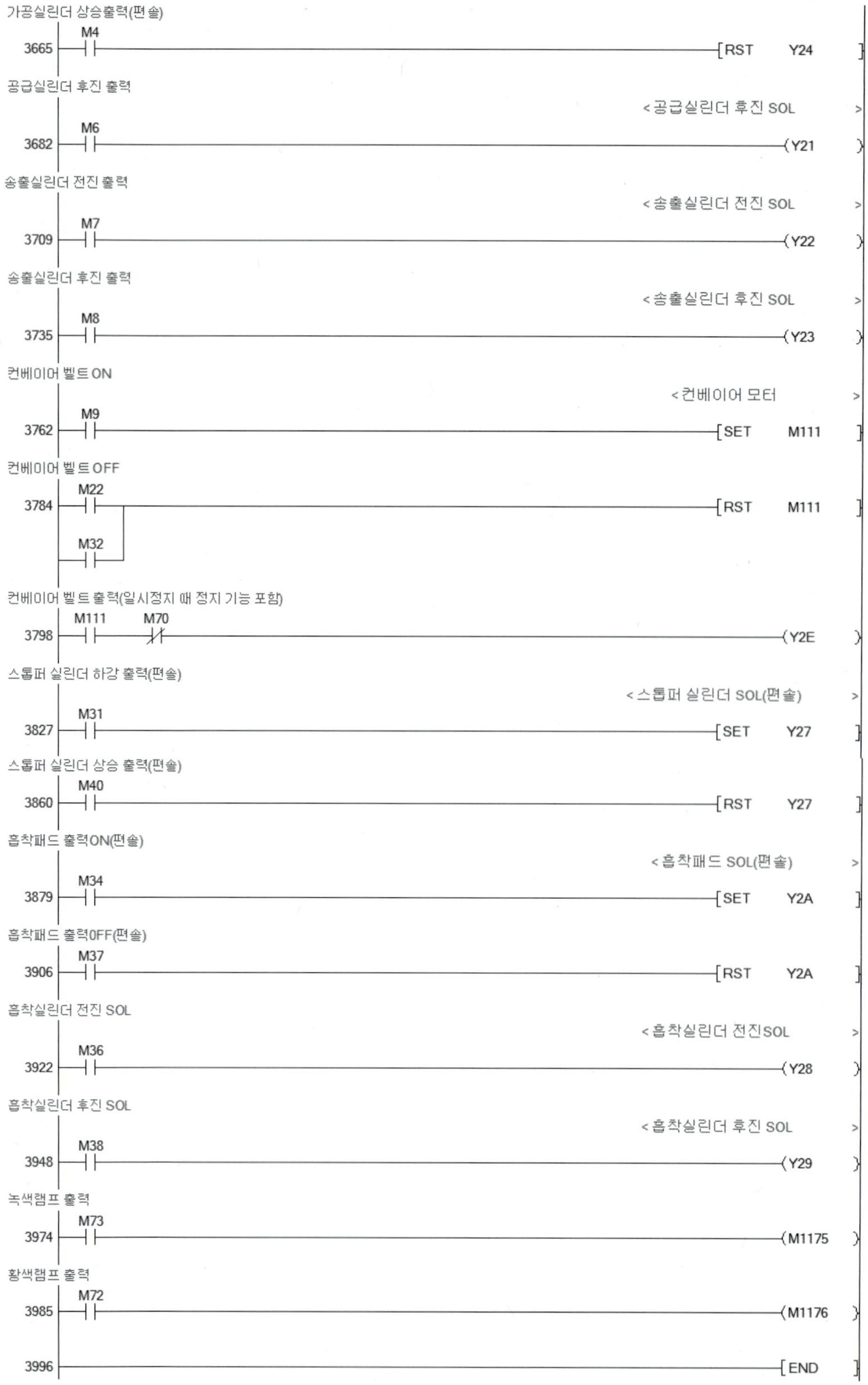

[프로그램 12-55] 출력 제어

[프로그램 12-55]는 실제로 장치를 구동하기 위한 출력 부분이다. 이는 앞에서 학습한 단속 프로그램 [프로그램 12-35]와 별 차이가 없다. 차이가 있다면 프로그램 마지막 부분인 프로그램 라인 3974번과 3985번이다. 녹색과 황색 램프를 별도의 출력 부분으로 이동시킨 것을 제외하고는 단속 프로그램과 동일하다.

여기까지가 MPS를 이용한 제어 프로그램 작성법이다. 앞에서 작성한 단순한 단속 프로그램과, 금속 작업물을 적재할 창고의 번호를 설정해서 동작하는 단속 프로그램, 그리고 지정된 창고 번호에 따라 순서대로 금속 작업물이 창고에 적재되는 연속 프로그램을 비교해보면, 동작 방법에 따라 프로그램 작성에 어떤 차이점이 있는지 확인할 수 있을 것이다.

실제 산업현장에서 사용하는 장치들 대부분은 수동 동작 모드, 단속 동작 모드, 연속 동작 모드로 구분되어 제어되고 있다. 수동 동작 모드는 대부분 사용되는 장치 각각의 동작을 테스트하기 위해 사용한다. 단속과 연속의 차이는 동일한 공정을 1번만 실행하는지, 아니면 연속해서 반복적으로 실행하는지의 여부이다. 두 모드가 동일한 공정을 사용하기 때문에 단속 공정 프로그램을 먼저 작성한 후에 연속 공정의 동작이 가능하도록 프로그램을 추가하거나 수정해서 단속/연속 공정을 하나의 프로그램을 만든다. 또는 각각의 공정을 분리해서 별도로 만들 수도 있다. 우리는 단속 공정의 프로그램을 만든 후에 연속 공정의 기능을 추가했기 때문에, 두 프로그램이 어떻게 다른지 비교해보면서 단속/연속 공정 프로그램 작성법의 차이를 알 수 있다.

생산자동화 기능사 시험에 사용하는 장치와 산업기사 시험에 사용하는 장치에 대한 프로그램 작성법에 대해 살펴보았지만, 결국은 두 장치에 동일한 프로그램 작성법이 적용됨을 확인할 수 있었다. 산업현장에 사용되는 모든 장치는 설계될 때부터 동작 순서가 정해져 있다. 모든 장치의 동작을 순서대로 나열해서 동작하도록 만든 프로그램이 바로 시퀀스 제어 프로그램이다. 이러한 시퀀스 제어에는 앞에서 살펴본 바와 같이 자기유지 회로를 사용하는 방법, SET/RST을 사용하는 방법, BSFL을 사용하는 방법 등이 있고, 이 외에도 여기에서 언급하지 않는 많은 방법들이 존재한다.

여러분은 어떤 것이 좋다 나쁘다 평가하지 말고, 책에서 언급한 모든 방법을 사용해서 프로그램을 작성할 수 있어야 한다. 그 이유는, 프로그램을 내가 작성할 때도 있지만, 남이 작성한 프로그램을 수정해야 할 때도 있기 때문이다. 하지만 중요한 점은, 기계 장치를 제어하는 프로그램은 이미 기계가 설계될 때부터 동작의 순서가 정해져 있기 때문에 프로그램을 작성하거나 수정하기 전에 제어할 대상 기계 장치의 동작을 면밀히 분석해야 한다는 것이다. 이 과정만 제대로 이루어지면 프로그램은 누구나 어렵지 않게 작성할 수 있다.

저자의 짧은 현장 경험과 학생들을 가르친 경험을 토대로 독자들이 보다 손쉽게 PLC 프로그램을 작성하는 방법을 학습하기 위한 하나의 방편으로 생산자동화 자격 검정에 사용하는 장치에 대한 프로그램 작성법을 살펴보았다. 어떤 독자는 자격 검정과 다른 문제해결 방법을 제시했다고 아쉬워할지도 모르겠다. 하지만 필자는 해당 내용을 이해한다면 자격 검정에 필요한 모든 기초 체력을 완벽하게 다졌을 거라 생각한다. 이제부터는 끊임없는 반복 연습을 통해 필자가 제시한 방법을 머리로 이해하고 몸으로 익히길 바란다.

Appendix

QD77MS 에러 알람표

A.1 QD77MS 축 1번의 위치 결정 데이터 설정용 버퍼 메모리 번지

데이터 No.	위치결정식별자	M코드	드웰타임	지령 속도		위치값		원호 데이터		데이터 No.	위치결정식별자	M코드	드웰타임	지령 속도		위치값		원호 데이터	
				하위워드번지	상위워드번지	하위워드번지	상위워드번지	하위워드번지	상위워드번지					하위워드번지	상위워드번지	하위워드번지	상위워드번지	하위워드번지	상위워드번지
1	2000	2001	2002	2004	2005	2006	2007	2008	2009	51	2500	2501	2502	2504	2505	2506	2507	2508	2509
2	2010	2011	2012	2014	2015	2016	2017	2018	2019	52	2510	2511	2512	2514	2515	2516	2517	2518	2519
3	2020	2021	2022	2024	2025	2026	2027	2028	2029	53	2520	2521	2522	2524	2525	2526	2527	2528	2529
4	2030	2031	2032	2034	2035	2036	2037	2038	2039	54	2530	2531	2532	2534	2535	2536	2537	2538	2539
5	2040	2041	2042	2044	2045	2046	2047	2048	2049	55	2540	2541	2542	2544	2545	2546	2547	2548	2549
6	2050	2051	2052	2054	2055	2056	2057	2058	2059	56	2550	2551	2552	2554	2555	2556	2557	2558	2559
7	2060	2061	2062	2064	2065	2066	2067	2068	2069	57	2560	2561	2562	2564	2565	2566	2567	2568	2569
8	2070	2071	2072	2074	2075	2076	2077	2078	2079	58	2570	2571	2572	2574	2575	2576	2577	2578	2579
9	2080	2081	2082	2084	2085	2086	2087	2088	2089	59	2580	2581	2582	2584	2585	2586	2587	2588	2589
10	2090	2091	2092	2094	2095	2096	2097	2098	2099	60	2590	2591	2592	2594	2595	2596	2597	2598	2599
11	2100	2101	2102	2104	2105	2106	2107	2108	2109	61	2600	2601	2602	2604	2605	2606	2607	2608	2609
12	2110	2111	2112	2114	2115	2116	2117	2118	2119	62	2610	2611	2612	2614	2615	2616	2617	2618	2619
13	2120	2121	2122	2124	2125	2126	2127	2128	2129	63	2620	2621	2622	2624	2625	2626	2627	2628	2629
14	2130	2131	2132	2134	2135	2136	2137	2138	2139	64	2630	2631	2632	2634	2635	2636	2637	2638	2639
15	2140	2141	2142	2144	2145	2146	2147	2148	2149	65	2640	2641	2642	2644	2645	2646	2647	2648	2649
16	2150	2151	2152	2154	2155	2156	2157	2158	2159	66	2650	2651	2652	2654	2655	2656	2657	2658	2659
17	2160	2161	2162	2164	2165	2166	2167	2168	2169	67	2660	2661	2662	2664	2665	2666	2667	2668	2669
18	2170	2171	2172	2174	2175	2176	2177	2178	2179	68	2670	2671	2672	2674	2675	2676	2677	2678	2679
19	2180	2181	2182	2184	2185	2186	2187	2188	2189	69	2680	2681	2682	2684	2685	2686	2687	2688	2689
20	2190	2191	2192	2194	2195	2196	2197	2198	2199	70	2690	2691	2692	2694	2695	2696	2697	2698	2699
21	2200	2201	2202	2204	2205	2206	2207	2208	2209	71	2700	2701	2702	2704	2705	2706	2707	2708	2709
22	2210	2211	2212	2214	2215	2216	2217	2218	2219	72	2710	2711	2712	2714	2715	2716	2717	2718	2719
23	2220	2221	2222	2224	2225	2226	2227	2228	2229	73	2720	2721	2722	2724	2725	2726	2727	2728	2729
24	2230	2231	2232	2234	2235	2236	2237	2238	2239	74	2730	2731	2732	2734	2735	2736	2737	2738	2739
25	2240	2241	2242	2244	2245	2246	2247	2248	2249	75	2740	2741	2742	2744	2745	2746	2747	2748	2749
26	2250	2251	2252	2254	2255	2256	2257	2258	2259	76	2750	2751	2752	2754	2755	2756	2757	2758	2759
27	2260	2261	2262	2264	2265	2266	2267	2268	2269	77	2760	2761	2762	2764	2765	2766	2767	2768	2769
28	2270	2271	2272	2274	2275	2276	2277	2278	2279	78	2770	2771	2772	2774	2775	2776	2777	2778	2779
29	2280	2281	2282	2284	2285	2286	2287	2288	2289	79	2780	2781	2782	2784	2785	2786	2787	2788	2789
30	2290	2291	2292	2294	2295	2296	2297	2298	2299	80	2790	2791	2792	2794	2795	2796	2797	2798	2799
31	2300	2301	2302	2304	2305	2306	2307	2308	2309	81	2800	2801	2802	2804	2805	2806	2807	2808	2809
32	2310	2311	2312	2314	2315	2316	2317	2318	2319	82	2810	2811	2812	2814	2815	2816	2817	2818	2819
33	2320	2321	2322	2324	2325	2326	2327	2328	2329	83	2820	2821	2822	2824	2825	2826	2827	2828	2829
34	2330	2331	2332	2334	2335	2336	2337	2338	2339	84	2830	2831	2832	2834	2835	2836	2837	2838	2839
35	2340	2341	2342	2344	2345	2346	2347	2348	2349	85	2840	2841	2842	2844	2845	2846	2847	2848	2849
36	2350	2351	2352	2354	2355	2356	2357	2358	2359	86	2850	2851	2852	2854	2855	2856	2857	2858	2859
37	2360	2361	2362	2364	2365	2366	2367	2368	2369	87	2860	2861	2862	2864	2865	2866	2867	2868	2869
38	2370	2371	2372	2374	2375	2376	2377	2378	2379	88	2870	2871	2872	2874	2875	2876	2877	2878	2879
39	2380	2381	2382	2384	2385	2386	2387	2388	2389	89	2880	2881	2882	2884	2885	2886	2887	2888	2889
40	2390	2391	2392	2394	2395	2396	2397	2398	2399	90	2890	2891	2892	2894	2895	2896	2897	2898	2899
41	2400	2401	2402	2404	2405	2406	2407	2408	2409	91	2900	2901	2902	2904	2905	2906	2907	2908	2909
42	2410	2411	2412	2414	2415	2416	2417	2418	2419	92	2910	2911	2912	2914	2915	2916	2917	2918	2919
43	2420	2421	2422	2424	2425	2426	2427	2428	2429	93	2920	2921	2922	2924	2925	2926	2927	2928	2929
44	2430	2431	2432	2434	2435	2436	2437	2438	2439	94	2930	2931	2932	2934	2935	2936	2937	2938	2939
45	2440	2441	2442	2444	2445	2446	2447	2448	2449	95	2940	2941	2942	2944	2945	2946	2947	2948	2949
46	2450	2451	2452	2454	2455	2456	2457	2458	2459	96	2950	2951	2952	2954	2955	2956	2957	2958	2959
47	2460	2461	2462	2464	2465	2466	2467	2468	2469	97	2960	2961	2962	2964	2965	2966	2967	2968	2969
48	2470	2471	2472	2474	2475	2476	2477	2478	2479	98	2970	2971	2972	2974	2975	2976	2977	2978	2979
49	2480	2481	2482	2484	2485	2486	2487	2488	2489	99	2980	2981	2982	2984	2985	2986	2987	2988	2989
50	2490	2491	2492	2494	2495	2496	2497	2498	2499	100	2990	2991	2992	2994	2995	2996	2997	2998	2999

A.2 QD77MS 에러 코드

에러 구분	에러 코드	에러명	내용
–	000	(정상)	–
치명적 에러	001	·FALT	하드웨어 이상
	002	내부회로 이상	
공통	101	운전 중 PLC Ready OFF	운전 중에 PLC Ready 신호가 OFF
	102	서보 Ready OFF	운전 중에 서보 Ready 신호가 OFF
	103	운전 중 테스트 모드 이상	PC와 CPU 모듈 간의 통신을 할 수 없다.
	104	하드웨어 스트로크 리밋(+)	하드웨어 스트로크 리밋 상한 신호 입력
	105	하드웨어 스트로크 리밋(−)	하드웨어 스트로크 리밋 하한 신호 입력
	106	기동 시 정지 신호 ON	정지 신호가 ON인 상태에서 기동 요구
	107	BUSY 중 PLC Ready ON → OFF	BUSY 신호가 ON인 상태에서 PLC Ready 신호를 ON → OFF
	108	기동 불가	기동 불가의 축 동작 상태에서 기동 요구
	109	서보 앰프 시리즈 에러	서보 앰프 시리즈가 설정한 파라미터와 다르다.
원점 복귀	201	원점 기동	원점복귀 리트라이 무효 설정 시 원점복귀 완료 플래그 ON인 상태에서 근점 도그 원점복귀 기동 실행
	203	도그 검출 타이밍 이상	근점 도그식 원점복귀에서 크리프 속도의 감속 중에 근점 도그 신호가 OFF
	206	카운트식 이동량 이상	카운트식 ①, ② 원점복귀에서, 파라미터 '근점 도그 ON 후의 이동량 설정'이 원점복귀 속도에서 감속 정지하기까지에 필요한 거리보다도 작다.
	207	원점 복귀요구 ON	고속 원점복귀 기동(No.9002) 시, 원점복귀 요구 플래그가 ON되어 있다.
	209	원점복귀 재가동 불가	원점복귀를 정지 신호로 정지시킨 후, 재기동 요구를 ON
	210	원점복귀 영점 미통과	원점복귀의 재이동 시 또는 데이터 세트 방법의 원점복귀 시에 영점을 통과하지 않았다.
	211	ZCT 리드 에러	원점복귀 시 서보 앰프로부터 정상적 데이터 취득 오류
	212	ABS 기준점 리드 에러	원점복귀 시 서보 앰프로부터 정상적 데이터 취득 오류
	215	클리어 출력 OFF 대기 에러	원점복귀 시 클리어 출력이 OFF하지 않음
	230	엔코더 절대 위치 미확립	DD 모터 사용 시 절대 위치 데이터 손실 상태에서 원점복귀 실시
	231	Z상 통과 파라미터 오류	스케일 원점신호 검출식에서 서보 앰프 파라미터 설정 오류
	232	원점복귀 방식 에러	잘못된 원점복귀 방식 실행
JOG 인칭	300	JOG 속도 범위 외	JOG 기동 시에 JOG 속도가 설정 범위 외 설정
	301	인친 이동량 에러	인칭 이동량이 JOG 속도 제한값을 초과

에러 구분	에러 코드	에러명	내용
위치결정운전	500	조건 데이터 No. 부정	특수 기동에 의한 블록 기동 시, 조건 데이터를 사용하는 것이 기동했을 때(조건 기동, 웨이트 기동, 동시 기동, FOR(조건)), 조건 데이터 No.가 설정 범위 외로 설정 (1 ≤ 조건 데이터 No. ≤ 10)
	501	동시기동 전 에러	**〈블록 기동이 동시기동일 경우〉** 동시기동을 할 상대축이 축 BUSY **〈복수축 동시기동 제어의 경우〉** • 동시기동을 하는 상대축이 축 BUSY • 기동 축의 '동시기동 대상 축 기동 데이터 No.'가 0 또는 설정 범위 외로 설정 • 기동 축 이외의 '동시기동 대상 축 기동 데이터 No.'가 설정 범위 외로 설정
	502	데이터 No. 부정	• 실행하고자 한 위치결정 데이터 No.가 1~600, 7000~7004, 9001~9004 이외였다. • JUMP 대상의 지정이 현재 실행 중 • JUMP 대상의 지정이 1~600 이외였다.
	503	지령 속도 없음	• 위치결정 기동 시, 최초로 실행하는 위치결정 데이터의 지령 속도로 카렌트 속도(−1)를 설정 • 속도 제어로 카렌트 속도를 설정 • 속도, 위치 전환 제어로 카렌트 속도를 설정
	504	직선 이동량 범위 외	• 파라미터 '보간속도 지정 방법'이 '합성속도'의 설정으로 직선보간을 할 때, 위치결정 데이터마다의 각 축 이동량이 1073741824(230)를 초과 • 단위 'degree'에서 소프트웨어 스트로크 리밋 상한≠소프트웨어 스트로크 리밋 하한의 설정에서, INC 명령으로 위치결정 어드레스가 (−)360.00000 이하 또는 360.00000 이상
	506	원호 오차 차이 큼	중심점 지정의 원호 보간을 할 때, 시점 중심점의 반경과 종점 중심점의 반경의 차가 파라미터 '원호 보간 오차 허용 범위'를 초과
	507	소프트웨어 스트로크 리밋(+)	• 소프트웨어 스트로크 리밋 상한을 초과한 위치에서 위치결정 • 위치결정 어드레스, 현재값이 소프트웨어 스트로크 리밋 상한을 초과 • 보조점 지정의 원호 보간에서, 보조점이 소프트웨어 스트로크 리밋 상한을 초과
	508	소프트웨어 스트로크 리밋(−)	• 소프트웨어 스트로크 리밋 하한을 초과한 위치에서 위치결정 • 위치결정 어드레스, 현재값이 소프트웨어 스트로크 리밋 하한을 초과 • 보조점 지정의 원호 보간에서, 보조점이 소프트웨어 스트로크 리밋 하한을 초과
	514	현재값 변경 범위 외	단위 'degree' 시, 현재값 변경하는 어드레스가 0~359.99999의 범위 외로 설정
	515	현재값 변경 불가	• 제어 방식이 현재값 변경의 위치결정 데이터로 운전패턴 '연속궤적 제어'를 설정 • 운전패턴이 '연속궤적 제어'의 위치결정 데이터의 다음 데이터에서 제어 방식에 '현재값 변경'을 설정

에러 구분	에러 코드	에러명	내용
위치 결정 운전	516	연속, 연속궤적 제어불가	• 속도 제어, 속도/위치 전환, 위치/속도 전환 제어, 치수 이송 등 연속궤적 제어를 할 수 없는 제어 방식으로 연속궤적 제어를 설정 • 속도 제어, 속도/위치 전환, 위치/속도 전환 제어, 치수 이송 등의 앞 데이터가 연속궤적 제어로 설정 • 속도 제어, 위치/속도 전환 제어에서 연속 위치결정 제어를 설정
	518	운전 패턴 범위 외	• 운전 패턴의 설정값이 2로 설정 • ABS1, INC1 이외의 제어 방식에 관해, 목표위치 변경 요구 • 연속궤적 제어 시에 목표위치 변경 • 변경 어드레스가 소프트웨어 스트로크 리밋 범위 외로 설정 • 정지 감속 중에 목표위치 변경
	519	상대 축 BUSY 보간	상대 축 운전 중에 보간 기동을 했다.
	520	단위그룹 불일치	파라미터 '보간속도 지정 방법', '합성속도'의 설정에서 기준 축과 보간 축의 단위가 다르다.
	521	보간기술 명령 부정	• 보간 운전에 필요한 축 수가 모듈에 존재하지 않는다. • 2축 보간에서 보간 대상 축의 설정이 자축 또는 존재하지 않는 축으로 되어 있다.
	522	지령속도 설정 에러	• 지령속도가 설정 범위 외로 되어 있다. • 직선 보간, 원호 보간 : 기준 축이 설정 범위 외 • 속도 제어 보간 : 기준 축, 보간 축 중 하나가 속도 범위 외이다.
	523	보간 모드 에러	• 속도 제어의 보간 제어, 4축 직선 보간 제어에서 기준 축의 파라미터 '보간속도 지정 방법'에 합성속도를 지정해서 기동을 했다. • 원호 보간 제어에서 기준축의 파라미터 '보간속도 지정 방법'에 기준 축 속도를 지정해서 기동을 했다.
	524	제어 방식 설정 에러	• 제어 방식의 설정값이 범위 외로 되어 있다. • 연속 위치결정 제어, 연속궤적 제어에서 연속 실행할 경우에 제어 축 수가 앞 데이터와 다르다. • 무 배선모드(결선되지 않은 상태)에서 원점복귀, 고속 원점복귀, 속도/위치 및 위치/속도 전환 제어를 했다. • 데이터 No.600의 제어 방식에 NOP 명령을 설정했다.
	525	보조점 설정 에러	보조점 지정의 원호 보간에서 아래 중 하나에 해당 • 시점=보조점 • 종점=보조점 • 시점, 종점, 보조점이 일직선상에 있다. • 보조점, 중심점이 −2147483648~2147483647의 범위 외
	526	종점 설정 에러	• 보조점 지정의 원호 보간에서 시점=종점으로 되어 있다. • 종점 어드레스가 −2147483648~2147483647
	527	중심점 설정 에러	중심점 지정의 원호에서 아래 중 하나에 해당 • 시점=중심점 • 종점=중심점 • 중심점 어드레스가 −2147483648~2147483647

에러 구분	에러 코드	에러명	내용
위치 결정 운전	530	어드레스 범위 외	• 속도/위치, 위치/속도 전환 제어에서 위치결정 어드레스의 설정값이 올바르지 않은 값으로 되어 있다. • ABS1, ABS2, ABS3, ABS4에서, 위치결정 어드레스의 설정값이 0～359.99999[degree]의 범위 외로 되어 있다.
	532	동시기동 불가	동시기동의 대상 축 중에서 본 에러 외 에러가 발생한 축이 있다.
	533	조건 데이터 에러	• 조건 대상의 설정값이 미설정이나 범위 외 • 조건 연산자의 설정값이 미설정이나 범위 외 • 조건 연산자나 비트 연산자에게, 파라미터1이 32 이상으로 되어 있다. • 설정한 조건 대상에 대해 사용할 수 없는 조건 연산자를 설정했다. • 조건 연산자가 범위 연산자에서 파라미터1>파라미터2로 되어 있다.
	534	특수 기동명령 에러	동시기동의 상대 축 지정이 자축을 포함, 해당하는 특수 기동명령이 없다.
	535	원호 보간 불가	단위 'degree'의 축에서 원호 보간을 했다.
	536	M코드 ON 신호 ON기동	M코드 ON 신호(X4～X7)가 ON일 때 위치결정 기동을 했다.
	537	PLC Ready OFF 기동	PLC Ready(YO)가 OFF일 때에 위치결정 기동을 했다.
	538	준비완료 OFF 기동	QD95 준비완료(XO)가 OFF 때에 위치결정 기동을 했다.
	543	기동번호 범위 외	• 위치결정 기동 시, 축 제어 데이터의 '위치결정 기동번호'의 설정값이 1～600, 7000～7004, 9000～9004 이외로 되어 있다. • 기동 시, 축 제어 데이터의 '위치결정 기동번호'의 설정값이 1～600 이외로 되어 있다.
	544	반경 범위 외	원호의 반경이 536870912를 초과한다.
	545	제어 방식 LOOP 설정 에러	제어 방식 'LOOP'에 0이 설정되어 있다.
	546	degree 시 ABS 방향 설정 부정	• 단위 'degree'시의 ABS 방향 설정값이 설정 범위 외로 설정되어 있다. • 소프트웨어 스트로크 리밋 유효 시에 0 이외를 설정했다.
	547	원점복귀 미완료 기동	원점복귀 미완료 상태에서 기동 동작 실시
I/F	800	유지 에러	CPU 모듈의 파라미터 '에러정지 시의 출력'에서 QD77MS에 대한 설정이 '유지'로 되어 있다.
	801	플래시 ROM 쓰기 에러	플래시 ROM에 기록할 수 없다.
	802	플래시 ROM 체크 에러	플래시 ROM에 기록 도중 전원이 OFF되었다.
	803	PLC CPU 에러	PLC CPU에 에러가 발생했다.
	804	전용 명령 파라미터 에러	전용 명령에서 사용한 파라미터의 값이 잘못되어 있다.
	805	플래시 ROM 기록횟수 에러	시퀀스 프로그램에서 연속 25회를 초과하여 플래시 ROM 기록을 했다.
	806	전용 명령 I/F 에러	PLC CPU와 QD77MS의 I/F에 부정합이 발생했다.
	900	단위 설정 범위 외	기본 파라미터1 '단위 설정'의 설정 범위가 설정 범위 외로 되어 있다.

에러 구분	에러 코드	에러명	내용
I/F	901	1회전 펄스 수 범위 외	기본 파라미터1 '1회전당 펄스 수'의 설정 범위가 설정 범위 외로 되어 있다.
	902	1회전 이동량 범위 외	기본 파라미터1 '1회전당 이동량'의 설정 범위가 설정 범위 외로 되어 있다.
	903	단위배율 범위 외	기본 파라미터1 '단위배율'의 설정 범위가 설정 범위 외로 되어 있다.
	904	펄스 출력 모드 에러	기본 파라미터1 '펄스 출력 모드'의 설정 범위가 설정 범위 외로 되어 있다.
	905	회전 방향 설정 에러	기본 파라미터1 '회정 방향 설정'의 설정 범위가 설정 범위 외로 되어 있다.
	906	바이어스 속도 범위 외	• 기본 파라미터1 '기동 시 바이어스 속도'의 설정 범위가 설정 범위 외로 되어 있다. • 바이어스 속도가 속도 제한값을 초과한다.
	907	전자기어 설정 범위 외	전자기어비의 설정 범위가 잘못되었다.
	910	속도 제한값 범위 외	• 기본 파라미터2 '속도 제한값'의 설정 범위가 설정 범위 외로 되어 있다. • 속도 제한값을 주파수 환산한 값이 모듈의 최고출력 주파수를 초과한다. • 속도 제한값이 원점복귀 속도보다 작다.
	911	가속시간0 범위 외	기본 파라미터2 '가속시간0'의 설정 범위가 설정 범위 외로 되어 있다.
	912	감속시간0 범위 외	기본 파라미터2 '감속시간0'의 설정 범위가 설정 범위 외로 되어 있다.
	920	백러시 보정량 에러	1펄스당 이동량에서 펄스 수로 환산한 값이 256펄스 이상 되어 있다.
	921	소프트웨어 스트로크 리밋 상한	• 단위 'degree'의 경우에 상세 파라미터 '소프트웨어 스트로크 리밋 상한값'의 설정값이 설정 범위 외로 되어 있다. • 단위 'degree' 이외의 경우에 소프트웨어 스트로크 리밋 상한값 < 소프트웨어 스트로크 리밋 하한값으로 되어 있다.
파라미터	922	소프트웨어 스트로크 리밋 하한	• 단위 'degree'의 경우에 상세 파라미터 '소프트웨어 스트로크 리밋 하한값'의 설정값이 설정 범위 외로 되어 있다. • 단위 'degree' 이외의 경우에 소프트웨어 스트로크 리밋 상한값 < 소프트웨어 스트로크 리밋 하한값으로 되어 있다.
	923	소프트웨어 스트로크 리밋 선택	상세 파라미터1 '소프트웨어 스트로크 리밋 선택'의 설정 범위가 설정 범위 외로 되어 있다.
	924	소프트웨어 스트로크 리밋 유효/무효 설정	상세 파라미터1 '소프트웨어 스트로크 리밋 유효/무효 설정'의 설정 범위가 설정 범위 외로 되어 있다.
	925	지령인 포지션 범위	상세 파라미터1 '지령인 포지션 범위'의 설정 범위가 설정 범위 외로 되어 있다.
	926	토크 제한 설정값 부정	상세 파라미터1 '토크 제한 설정값'의 설정 범위가 설정 범위 외로 되어 있다.

에러 구분	에러 코드	에러명	내용
파라미터	927	M코드 ON 타이밍 에러	상세 파라미터1 'M코드 ON 타이밍'의 설정 범위가 설정 범위 외로 되어 있다.
	928	속도전환 모드 에러	상세 파라미터1 '속도전환 모드'의 설정 범위가 설정 범위 외로 되어 있다.
	929	보간속도 지정 방법	상세 파라미터1 '보간속도 지정 방법'의 설정 범위가 설정 범위 외로 되어 있다.
	930	현재값 갱신 요구 에러	상세 파라미터1 '속도제한 시 이송 현재값'의 설정 범위가 설정 범위 외로 되어 있다.
	932	수동펄스 입력 모드 에러	상세 파라미터1 '수동펄스 입력 선택'의 설정 범위가 설정 범위 외로 되어 있다.
	935	속도/위치 기능 선택 에러	상세 파라미터1 '속도/위치 기능 선택'이 2로 설정되어 있어서 아래의 세 가지 조건을 만족시키지 않는다. • 단위가 'degree' • 소프트웨어 스트로크 리밋이 무효 • 이송 현재값 갱신 있음
	936	외부 신호 선택 에러	외부 신호 선택 파라미터 에러
	937	긴급정지 설정 에러	긴급정지 설정 파라미터 에러
	950	가속시간1 설정 에러	상세 파라미터2 '가속시간1'의 설정 범위가 설정 범위 외로 되어 있다.
	951	가속시간2 설정 에러	상세 파라미터2 '가속시간2'의 설정 범위가 설정 범위 외로 되어 있다.
	952	가속시간3 설정 에러	상세 파라미터2 '가속시간3'의 설정 범위가 설정 범위 외로 되어 있다.
	953	감속시간1 설정 에러	상세 파라미터2 '감속시간1'의 설정 범위가 설정 범위 외로 되어 있다.
	954	감속시간2 설정 에러	상세 파라미터2 '감속시간2'의 설정 범위가 설정 범위 외로 되어 있다.
	955	감속시간3 설정 에러	상세 파라미터2 '감속시간3'의 설정 범위가 설정 범위 외로 되어 있다.
	956	JOG 속도 제한값 에러	• 상세 파라미터2 'JOG 속도 제한값'의 설정 범위가 설정 범위 외로 되어 있다. • 상세 파라미터2 '감속시간3'의 설정값이 속도 제한값을 초과한다.
	957	JOG 가속시간 선택 설정 에러	상세 파라미터2 'JOG 가속시간 선택'의 설정 범위가 설정 범위 외로 되어 있다.
	958	JOG 감속시간 선택 설정 에러	상세 파라미터2 'JOG 감속시간 선택'의 설정 범위가 설정 범위 외로 되어 있다.
	959	가감속 처리 선택 설정 에러	상세 파라미터2 '가감속 처리 선택'의 설정 범위가 설정 범위 외로 되어 있다.
	960	S자 비율 선정 에러	상세 파라미터2 'S자 비율 선정'의 설정 범위가 설정 범위 외로 되어 있다.

에러 구분	에러 코드	에러명	내용
파라미터	961	급정지 감속시간 부정	상세 파라미터2 '급정지 감속시간'의 설정 범위가 설정 범위 외로 되어 있다.
	962	정지그룹 1급 정지 선택 에러	상세 파라미터2 '정지그룹 1급 정지 선택'의 설정 범위가 설정 범위 외로 되어 있다.
	963	정지그룹 2급 정지 선택 에러	상세 파라미터2 '정지그룹 2급 정지 선택'의 설정 범위가 설정 범위 외로 되어 있다.
	964	정지그룹 3급 정지 선택 에러	상세 파라미터2 '정지그룹 3급 정지 선택'의 설정 범위가 설정 범위 외로 되어 있다.
	966	원호 보간 오차허용 범위 외	상세 파라미터2 '원호 보간 오차 허용범위'의 설정 범위가 설정 범위 외로 되어 있다.
	967	외부지령 기능 선택 에러	상세 파라미터2 '외부지령 기능 선택'의 설정 범위가 설정 범위 외로 되어 있다.
	970	재기동 허용 범위 에러	재기동 설정 범위 파라미터 에러
	972	마스트 축 수 에러	마스터 연결 축 수의 설정 파라미터(PD15) 에러
	973	마스터 축 번호 에러	마스터 축 번호 설정 파라미터(PD20~PD23) 에러
	974	마스터 축 지정 에러	마스터 축 지정 파라미터(PD20~PD23) 에러
	975	통신 설정 에러	통신 연결된 서보 앰프 간의 통신 방식 설정 에러
	976	수동펄스 엔코더 에러	엔코더 타입 설정 파라미터 에러
	980	원점복귀 방식 에러	원점복귀 기본 파라미터 '원점복귀 방식'의 설정 범위가 설정 범위 외로 되어 있다.
	981	원점복귀 방향 에러	원점복귀 기본 파라미터 '원점복귀 방향'의 설정 범위가 설정 범위 외로 되어 있다.
	982	원점 어드레스 설정 에러	원점복귀 기본 파라미터 '원점 어드레스'의 설정 범위가 설정 범위 외로 되어 있다.
	983	원점복귀 속도 에러	• 원점복귀 기본 파라미터 '원점복귀 속도'의 설정 범위가 설정 범위 외로 되어 있다. • 원점복귀 기본 파라미터 '원점복귀 속도'의 설정값이 기동 시 바이어스 속도보다 작다.
	984	크리프 속도 에러	• 원점복귀 기본 파라미터 '크리프 속도'의 설정 범위가 설정 범위 외로 되어 있다. • 원점복귀 기본 파라미터 '크리프 속도'의 설정값이 원점복귀 속도보다 크다. • 원점복귀 기본 파라미터 '크리프 속도'의 설정값이 기동 시 바이어스 속도보다 작다.
	985	원점복귀 리트라이 에러	원점복귀 기본 파라미터 '원점복귀 리트라이'의 설정 범위가 설정 범위 외로 되어 있다.
	990	원점복귀 드웰 타임 에러	원점복귀 기본 파라미터 '원점복귀 드웰 타임'의 설정 범위가 설정 범위 외로 되어 있다.
	991	근점 도그 ON 이동량 설정 에러	원점복귀 기본 파라미터 '근점 도그 ON 후의 이동량 설정'의 설정 범위가 설정 범위 외로 된다.

에러 구분	에러 코드	에러명	내용
파라미터	992	원점복귀 가속시간 선택 에러	원점복귀 기본 파라미터 '원점복귀 가속시간 선택'의 설정 범위가 설정 범위 외로 되어 있다.
	993	원점복귀 감속시간 선택 에러	원점복귀 기본 파라미터 '원점복귀 감속시간 선택'의 설정 범위가 설정 범위 외로 되어 있다.
	995	원점복귀 토크 제한값 에러	• 원점복귀 기본 파라미터 '원점복귀 토크 제한값'의 설정 범위가 설정 범위 외로 되어 있다. • 원점복귀 기본 파라미터 '원점복귀 토크 제한값'이 상세 파라미터1 '토크 제한 설정값'을 초과한다.
	996	편차 카운터 클리어 신호 출력시간 설정 에러	원점복귀 기본 파라미터 '편차 카운터 클리어 신호 출력시간'의 설정 범위가 설정 범위 외로 되어 있다.
	997	원점 시프트 시 속도 지정 에러	원점복귀 기본 파라미터 '원점 시프트 속도 지정'의 설정 범위가 설정 범위 외로 되어 있다.

A.3 QD77MS 경고 코드

<table>
<tr><th>에러 구분</th><th>에러 코드</th><th>에러명</th><th>에러 구분</th><th>에러 코드</th><th>에러명</th></tr>
<tr><td rowspan="19">공통 경고</td><td>100</td><td>운전 중 기동</td><td rowspan="2">JOG 운전</td><td>300</td><td>감속 정지 중에 속도 변경</td></tr>
<tr><td>104</td><td>재기동 불가</td><td>301</td><td>JOG 속도 제어한 값 초과</td></tr>
<tr><td>109</td><td>BUSY 중 티칭</td><td>수동펄스</td><td>401</td><td>수동펄스 입력 배율 범위 외</td></tr>
<tr><td>110</td><td>최저 속도 미만</td><td rowspan="18">위치 결정 운전</td><td>500</td><td>감속 정지 중에 속도 변경</td></tr>
<tr><td>111</td><td>PLC Ready 중</td><td>501</td><td>속도 제한값 초과</td></tr>
<tr><td>112</td><td>오버라이드 값 부정</td><td>503</td><td>위치결정 동작 중에 M코드 신호 ON 상태 유지</td></tr>
<tr><td>113</td><td>토크 변경값 범위 외</td><td>505</td><td>블록 기동에 의한 위치결정에서 운전 종료 설정 없음</td></tr>
<tr><td>114</td><td>바이어스 속도 미만</td><td>506</td><td>FOR～NEXT 구조</td></tr>
<tr><td>115</td><td>역전토크 변경값 범위 외</td><td>508</td><td>가속 중 속도 및 위치 전환 요구</td></tr>
<tr><td>116</td><td>모니터 데이터 타입 이상</td><td>509</td><td>연속운전 중지 시 감속 거리 부족</td></tr>
<tr><td>120</td><td>BUSY 중 제어 모드 전환</td><td>511</td><td>스텝 기동 불가</td></tr>
<tr><td>121</td><td>영속도(Md.108) OFF 중 제어 전환</td><td>512</td><td>외부지령 불가</td></tr>
<tr><td>122</td><td>제어 모드 범위 외</td><td>513</td><td>자동 감속 이동량 부족</td></tr>
<tr><td>123</td><td>제어 모드 전환 중</td><td>514</td><td>지령 속도 범위 초과</td></tr>
<tr><td>124</td><td>제어 모드 전환 실패</td><td>516</td><td>티칭 데이터 번호 오류</td></tr>
<tr><td>125</td><td>제어 모드 전환 불가</td><td>517</td><td>티칭 데이터 오류</td></tr>
<tr><td>126</td><td>VCⅡ 파라미터 설정 이상</td><td>518</td><td>목표 위치 변경 불가</td></tr>
<tr><td>130</td><td>마크 검출 신호 설정 범위 오류</td><td>520</td><td>토크 제한값 초과</td></tr>
<tr><td>131</td><td>마크 검출 데이터 타입 오류</td><td>521</td><td>토크 초깃값 선택 불가</td></tr>
<tr><td>132</td><td>마크 검출 데이터 버퍼 메모리 오류</td><td>–</td><td>–</td><td>–</td></tr>
</table>

참고문헌

1 미쯔비시『QD77MS형 위치결정모듈 사용자 매뉴얼(상세편)』

2 미쯔비시『QCPU프로그램 매뉴얼(공통명령편)』

3 야스카와 전기『서보 드라이버의 기초』

4 정완보,『실전에 강한 PLC』, 한빛아카데미, 2015

5 정완보,『기초부터 시작하는 PLC : 멜섹Q』, 한빛아카데미, 2017

찾아보기

찾아보기